Conversion Factors *A* to Convert Input *X* to Output *Y* Using the Formula $Y = AX$*

Multiply Input X	By Factor A	To Get Output Y
British thermal unit, Btu	1055	joule, J
Btu/second, Btu/s	1.05	kilowatt, kW
calorie	4.19	joule, J
centimeter of mercury (0°C)	1.333	kilopascal, kPa
centipoise, cP	0.001	pascal-second, Pa · s
degree (angle)	0.0174	radian, rad
foot, ft	0.305	meter, m
foot², ft²	0.0929	meter², m²
foot/minute, ft/min	0.0051	meter/second, m/s
foot-pound, ft · lbf	1.35	joule, J
foot-pound/second, ft · lbf/s	1.35	watt, W
foot/second, ft/s	0.305	meter/second, m/s
gallon (U.S.), gal	3.785	liter, L
horsepower, hp	0.746	kilowatt, kW
inch, in	0.0254	meter, m
inch, in	25.4	millimeter, mm
inch², in²	645	millimeter², mm²
inch of mercury (32°F)	3.386	kilopascal, kPa
kilopound, kip	4.45	kilonewton, kN
kilopound/inch², kpsi (ksi)	6.89	megapascal, MPa (N/mm²)
mass, lbf · s²/in	175	kilogram, kg
mile, mi	1.610	kilometer, km

Multiply Input X	By Factor A	To Get Output Y
mile/hour, mi/h	1.61	kilometer/hour, km/h
mile/hour, mi/h	0.447	meter/second, m/s
moment of inertia, lbm · ft²	0.0421	kilogram-meter², kg · m²
moment of inertia, lbm · in²	293	kilogram-millimeter², kg · mm²
moment of section (second moment of area), in⁴	41.6	centimeter⁴, cm⁴
ounce-force, oz	0.278	newton, N
ounce-mass	0.0311	kilogram, kg
pound, lbf[†]	4.45	newton, N
pound-foot, lbf · ft	1.36	newton-meter, N · m
pound/foot², lbf/ft²	47.9	pascal, Pa
pound-inch, lbf · in	0.113	joule, J
pound-inch, lbf · in	0.113	newton-meter, N · m
pound/inch, lbf/in	175	newton/meter, N/m
pound/inch², psi (lbf/in²)	6.89	kilopascal, kPa
pound-mass, lbm	0.454	kilogram, kg
pound-mass/second, lbm/s	0.454	kilogram/second, kg/s
quart (U.S. liquid), qt	946	milliliter, mL
section modulus, in³	16.4	centimeter³, cm³
slug	14.6	kilogram, kg
ton (short 2000 lbm)	907	kilogram, kg
yard, yd	0.914	meter, m

*Approximate.

[†]The U.S. Customary system unit of the pound-force is often abbreviated as lbf to distinguish it from the pound-mass, which is abbreviated as lbm.

9th Edition

SI Units

기계설계

Shigley's MECHANICAL ENGINEERING DESIGN

Richard G. Budynas
J. Keith Nisbett

9th Edition

SI Units

기계설계

Shigley's MECHANICAL ENGINEERING DESIGN

김태우 · 민승재 · 이건상 · 최재붕 · 허남수 공역

Mc Graw Hill

McGraw Hill

Shigley's Mechanical Engineering Design, 9th Edition in SI Units

6 7 8 9 10 MHE-KOREA 20 21

Original: Shigley's Mechanical Engineering Design, 9/e SI Units
By Richard G. Budynas / J. Keith Nisbett
ISBN 978-0-07-352928-8

Korean ISBN 979-11-321-0713-2 93550

Printed in Korea

기계설계, 9판 SI Units

발 행 일 / 2013년 1월 3일 1쇄
2021년 2월 22일 6쇄
저 자 / Richard G. Budynas / J. Keith Nisbett
역 자 / 김태우, 민승재, 이건상, 최재붕, 허남수
발 행 인 / 총텍멩(CHONG TECK MENG)
발 행 처 / 맥그로힐에듀케이션코리아 유한회사
등록번호 / 제 2013-000122호(2012.12.28)
주 소 / 서울시 마포구 양화로 45, 8층 801호
(서교동, 메세나폴리스)
전 화 / (02)325-2351

ISBN 979-11-321-0713-2

판 매 처 / 퍼스트북
문 의 / 02)3141-2953~4
정 가 / 36,000원

저자 서문

목적

이 책은 기계(요소)설계를 배우는 학생의 교재용, 그리고 현장 엔지니어의 기본 참고서용으로 만들었다. 이 책의 목적은,

- 기본지식(설계과정, 재료역학, 재료학, 파손 이론, 각 요소의 특징)을 다룬다.
- 실제 현장에 적용될 수 있는 예제를 통하여 주제를 잘 이해하도록 한다.
- 설계와 해석 간의 관계를 이해하게 한다.
- 기본 개념을 실제 부품설계에 적용할 수 있도록 한다.

이 판의 특징

- **연습문제 보강:** 기본 개념을 충분히 숙지하도록 연습문제를 추가함.
- **개념종합문제:** 여러 챕터의 개념을 종합한 문제를 소개함(1-16절의 표 1-1과 14장 참조).
- **내용 보강:** 예제, 참고문헌을 최신 정보로 교체함. 내용 보강의 예로는,
  - 횡전단응력 (3-11절, 예제 3-7)
  - 방향이 완전히 바뀐 응력표시를 위한 변수 σ_{rev}의 개념 (5-8절)
  - 전단하중에 대한 노치 민감도를 결정하는 방법 (5-10절)
  - 인장하중을 받는 볼트이음에서, 항복안전계수를 정의함 (7-9절)
  - 일반 변동응력의 적용을 위한, 볼트이음에서 피로하중의 표현법 (7-11절)
  - 베어링 수명을 회전수 또는 시간수명으로 표시하는 방법(10-3절)
  - 경사가 있는 원통 베어링의 재료에 대한 기술 (10-9절)

- SI 판으로 책을 만들었지만, 많은 제품이 미국전통단위를 사용하므로, 이 책에서도 두 단위에 대한 연습을 병행하도록 하였다. 예를 들면, 7장에서 유니파이 나사는 인치단위이며, 기어에서 지름피치는 미국전통단위에서의 정의이므로, 이 책의 11장과 12장의 일부 내용에서 미국전통단위를 사용하였다. 또한, AGMA(미국 기어제조인 협회)의 경험식이 미국전통단위의 제품에 대한 연구결과에 기초하므로, 일부 예제는 미국전통단위로 설명하였다.

역자 서문

이 책은 Budynas 및 Nisbett 교수가 지은 'Shigley의 기계공학설계'(Shigley's Mechanical Engineering Design) SI 버전 9판을 번역한 것이다. 기계설계는 기계공학 분야에서 기초가 되는 과목 중 하나로 대학에서 가르치고 있으며, 현장에서 부품 또는 시스템 설계 엔지니어에게 기본 지식을 제공한다.

2006년 7판에 대한 번역 출판 이후, 두 번 개정되어 출간된 영문 9판에 대한 번역 출판을 진행하였다. 한글 7판 작업 때 참여하셨던 김영진 교수님은 그간 유명을 달리하셨고, 김현수 교수님은 개인사정으로 불참하신 대신 두 분이 새로 작업에 참여하게 되었다.

이 책의 1, 2부에서는 3부의 설계법을 설명하는 데 필요한 선수과목 지식을 요약하였고, 3부에서는 각종 기계요소의 특징과 설계법을 다루고 있다. 각 요소의 설계 관련 지식은, 국내에서 시행되는 기계 관련 분야의 자격시험에서도 중요하게 다뤄지고 있어서, 이 책이 대학에서 공부하는 학생들에게 기본적인 지식 습득과 함께, 수험서로써의 기능도 가능하도록 작업하였다. 따라서, 원저에서는 기술되어 있지 않지만, 곳에 따라 주석이 필요한 부분은 보충설명을 시도하였다.

전문용어사전을 근거로 용어 번역을 하였으나, 문맥상 오해를 줄이기 위하여 일부 용어에 대하여는 한글과 영어를 병기하였다. 국내에서 시행되는 시험은 대부분이 SI 단위를 사용하고 있지만, 저자가 서문에서 언급한 이유로 인하여 이 책은 두 단위의 혼용으로 구성되어 있다. 역자의 노력에도 불구하고, 본의 아니게 오류로 알려지는 부분은 쇄를 거듭함에 따라 차차 수정할 예정이다.

끝으로 이 책이 나오기까지 많은 수고를 아끼지 않으신 McGraw-Hill Korea 관계자 분들께 감사의 뜻을 표합니다. 다양하고 방대한 기계설계 지식의 일부를 다룬, 이 책의 내용이 독자 분들께 도움이 되기를 바랍니다.

2013년 1월

역자 일동

차례

Shigley's Mechanical Engineering Design

07 나사, 결합요소, 비영구적 이음에 대한 설계 361

08 용접, 접착, 영구적 이음에 대한 설계 427

09 기계적 스프링 469

10 구름베어링 523

11 기어–일반 573

기호 정리

A	면적, 계수
$\mathbf{A}$	면적 변량(變量, variate)
a	거리, 회귀 상수
$\hat{a}$	회귀 상수 추정(estimate)
$\mathbf{a}$	거리 변량(變量, variate)
B	계수
Bhn	브리넬(Brinell) 경도
$\mathbf{B}$	변량(變量, variate)
b	거리, Weibull 형상변수, 영역수(range number), 회귀 상수, 폭
$\hat{b}$	회귀 상수 추정(estimate)
$\mathbf{b}$	거리 변량(變量, variate)
C	기본 부하용량, 볼트체결 상수, 중심간 거리, 변동계수(coefficient of variation), 기둥 끝 상태, 수정인자, 비(比) 열용량, 스프링 지수
c	거리, 점성감쇠, 속도 계수
CDF	누적분포함수
CV	변동계수
$\mathbf{c}$	거리 변량(變量, variate)
D	나선 지름
d	지름, 거리
E	탄성계수, 에너지, 오차
e	거리, 편심, 효율, 자연로그의 밑

F	힘, 기본단위 힘
f	마찰계수, 진동수, 함수
fom	Figure of merit(성능지수)
G	비틀림 탄성계수
g	중력가속도, 함수
H	열, 동력
H_B	브리넬(Brinell) 경도
HRC	로크웰(Rockwell) C-scale 경도
h	거리, 박막 두께
$\hbar_{CR}$	복합 전체 대류 및 복사 열전달계수
I	적분, 선형 충격량, 질량 관성모멘트, 단면 2차모멘트
i	지수
$\mathbf{i}$	x 방향 단위벡터
J	열의 일당량, 극 단면 2차모멘트, 기하 계수
$\mathbf{j}$	y 방향 단위벡터
K	사용계수, 응력집중계수, 응력확대계수, 토크 계수
k	Marin 내구한도 수정계수, 스프링 상수
$\mathbf{k}$	k 변량(變量, variate), z 방향 단위벡터
$\mathcal{L}$	시간단위 정격수명
L	길이, 수명, 기본단위 길이
LN	대수정규분포
l	길이
M	기본단위 질량, 모멘트
$\mathbf{M}$	모멘트 벡터, 모멘트 변량(變量, variate)
m	질량, 기울기, 변형경화 지수
N	수직력, 수, 회전속도
N	정규분포
n	하중계수, 회전속도, 안전계수
n_d	설계인자
P	힘, 압력, 지름피치
PDF	확률밀도함수
p	피치, 압력, 확률
Q	단면 1차모멘트, 가상력, 부피
q	분포하중, 노치 민감도
R	반지름, 반력, 신뢰도, 로크웰(Rockwell) 경도, 응력비(比)
$\mathbf{R}$	벡터 반력
r	상관계수, 반지름
$\mathbf{r}$	거리벡터
S	Sommerfeld 수, 강도

S	*S* 변량(變量, variate)
s	거리, 표본 표준편차, 응력
T	온도, 공차, 토크, 기본단위 시간
T	토크 벡터, 토크 변량(變量, variate)
t	거리, Student t-분포, 시간, 공차
U	변형에너지
U	균등분포
u	단위부피당 변형에너지
V	선속도, 전단력
v	선속도
W	냉간가공 인자, 하중, 무게
W	Weibull 분포
w	거리, 간극, 하중 밀도
w	벡터 거리
X	좌표, 절단 수(truncated number)
x	좌표, 수의 참값, Weibull 변수
x	*x* 변량(變量, variate)
Y	좌표
y	좌표, 처짐
y	*y* 변량(變量, variate)
Z	좌표, 단면계수 (斷面係數)
z	단위 정규분포의 표준편차
z	*z* 변량(變量, variate)
α	계수, 선형 열팽창계수, 스프링 끝부분 상태, 나선각
β	베어링 각, 계수
Δ	변화량, 처짐
δ	편차, 연신
ϵ	공칭 변형률
$\boldsymbol{\epsilon}$	평균이 0이고, 편차가 s인 정규분포
ε	진 변형률
Γ	감마 함수
γ	피치각, 전단변형률, 비중
λ	스프링의 세장비
$\boldsymbol{\lambda}$	평균 1과 표준편차는 COV와 동일한 단위 대수정규
μ	절대 점도, 모집단 평균
ν	Poisson 비(比)
ω	각속도, 회전진동수
ϕ	각, 파장

ψ	기울기 적분
ρ	곡률반경
σ	수직응력
σ'	von Mises 응력
$\boldsymbol{\sigma}$	수직응력 변량(變量, variate)
$\hat{\sigma}$	표준편차
τ	전단응력
$\boldsymbol{\tau}$	전단응력 변량(變量, variate)
θ	각, Weibull 특성변수
¢	단위무게당 비용
$	비용

기계설계

Shigley's **M**echanical **E**ngineering **D**esign

P·A·R·T

01

Shigley's Mechanical Engineering Design

기본

CHAPTER 01

Shigley's Mechanical Engineering Design

서론

Chapter Outline

기계설계(mechanical design)는 다양한 세부 기술을 필요로 하는 복잡한 업무로서, 이러한 복잡하고 방대한 관계들을 여러 개의 단순한 문제들로 세분화시킬 수 있는 풍부한 능력이 요구된다.

먼저 설계의 본질에 대해 개괄적으로 소개하고, 이어서 기계공학 설계에 대해 보다 상세히 설명한다. 설계는 상호 작용하는 많은 단계가 서로 얽혀 있는 반복적인 과정이다. 우리 주위에는 많은 정보 자원과 컴퓨터 설계 도구들을 포함하여 설계자를 도와줄 많은 자원들이 존재한다. 설계 엔지니어들은 그들의 분야에서 능력을 개발하는 것뿐만 아니라 강한 책임감과 전문적인 연구 윤리를 축적하는 것 또한 필요하다.

또한 기술 기준과 표준(codes and standards), 경제성, 안전성, 그리고 제조물 책임 등도 고려하여야 한다. 기계 구조물의 건전성은 일반적으로 응력(stress)과 강도(strength)에 의해 결정된다. 공학 설계에서 불확실성의 문제는 항상 존재하여 왔고 이는 일반적으로 결정론적 또는 통계학적인 형태의 설계계수와 안전계수를 이용하여 다루어진다. 후자인 통계학적인 방법은 설계의 **신뢰성** 측면을 다루며 정확한 통계 데이터가 필요하다.

기계공학 설계에서는 치수와 공차, 단위, 계산과 같은 다양한 사항을 고려해야 한다.

이 책은 총 3부로 구성되어 있다. 제1부에서는 설계와 해석(analysis)의 차이에 대해 설명하고, 설계에 대한 기본 개념과 방법에 대해 소개한다. 그리고 이 책의 나머지 부분 학습에 필요한 재료 물성, 응력 해석에 대해 복습한다.

제2부에서는 기계요소의 **파손 방지**에 대한 내용을 다룬다. 기계요소 파손의 원인을 규명하고, 파손을 방지하기 위한 설계 방법을 도출하는 것은 어려운 문제이다. 따라서 이와 같은 문제를 해결하기 위해 제2부를 2개의 장으로 구성하여 정적 하중(static loads)에 의한 파손 방지와 시간에 따라 변하는 반복하중에 의한 피로(fatigue) 파손 방지에 대해 다룬다.

제3부에서는 1, 2부에서 다룬 내용을 축, 체결요소, 용접, 스프링, 구름 베어링, 기어, 클러치, 브레이크, 커플링과 같은 특정 기계요소에 대한 해석, 선정, 그리고 설계에 적용하는 과정을 다룬다.

이 책의 마지막 부분에는 세 가지 부록이 제공되었다. 부록 A에는 책 전반에서 적용되는 여러 표들이 포함되어 있으며, 부록 B와 C에는 각각 주요 기어 식과 각 장 연습문제 가운데 몇몇 문제에 대한 해답이 제공되었다.

1-1 설계

설계란 고객의 특정 요구를 만족시키기 위한 계획을 수립하는 것 또는 특정 문제를 해결하는 것이라고 정의할 수 있다. 만약 수립된 계획이 물리적 실체를 지닌 것을 제작하는 것이라면, 그 제조물(product)은 반드시 기능적(functional)이고, 안전하며(safe), 신뢰성(reliable), 경쟁성(competitive), 사용성(usable), 제조성(manufacturable), 시장성(marketable)이 있어야 한다.

설계는 매우 혁신적이며 반복적인 과정이다. 설계는 또한 의사결정 과정(decision-making process)이다. 때로는 의사결정을 내리는 데 필요한 정보가 부족하거나, 때로는 필요한 만큼 있거나 혹은 상충되는 정보가 있는 경우도 있다.

향후 설계자가 더 많은 정보를 갖게 되었을 때 수정할 수 있도록 하기 위해서 때로는 의사결정이 임시적으로 수행되기도 한다. 무엇보다도 중요한 것은 공학 설계자는 의사결정, 문제해결 임무에 부담을 느끼지 말고 만족해야 한다는 점이다.

설계는 글과 그림, 그리고 문자와 언어가 사용되는 상호 간의 의사소통이 중요한 활동(communication-intensive activity)이다. 엔지니어는 다양한 분야의 전문가들과 효과적으로 의사소통을 할 수 있어야 하며, 함께 일할 수 있어야 한다. 이러한 의사소통 및 협업 능력은 매우 중요하며, 엔지니어의 성공 역시 이에 좌우된다.

설계자 개인의 창조성, 의사소통능력, 문제해결능력은 기술(technology)에 대한 지식 및 근본 법칙들과 결부되어야 한다. 수학, 통계학, 컴퓨터, 그래픽 그리고 언어와 같은 공학 도구들을 이용해 계획을 수립하고 이를 추진한다면 누가 만들든, 누가 사용하든 상관없이 기능성, 안전성, 신뢰성, 경쟁성, 사용성, 제조성 그리고 시장성 있는 제품을 만들 수 있다.

1-2 기계공학 설계

기계공학 엔지니어는 에너지의 생산과 에너지 공정 업무를 다루며 또한 생산 방법, 운송 도구, 그리고 자동화 기술 업무도 다룬다. 기계공학 엔지니어에게 요구되는 교과목과 지식은 매우 광범위하다. 교과목에는 고체역학, 유체역학, 열전달, 생산 공정, 전기 및 정보 이론 등이 있다. 기계공학 설계는 모든 기계공학 교과목에서 다루는 내용을 포함한다.

실제 설계문제들은 어떤 특정 학문 영역으로만 국한되지 않는다. 예를 들어 간단한 저널 베어링의 설계문제는 유체 유동, 열전달, 마찰, 에너지 전달, 재료 선정, 열처리, 통계학 등과 관련된다. 대형건물의 환경에는 중앙제어장치를 사용한다. 이를 위한 난방, 환기, 그리고 공조기기는 충분히 전문화되어 있어 혹자는 난방, 환기, 공조 설계는 기계공학 설계와는 별개라고 주장한다. 마찬가지로, 내연기관 설계, 터보기계설계 그리고 제트기관 설계도 때때로 별개의 것처럼 여겨진다. '설계'라는 단어의 앞에 붙는 수식어는 엔지니어들에게 의사소통을 돕기 위한 제품 설명수단에 불과하다. 또한 기계설계, 기계요소설계, 기계부품설계, 시스템설계, 유압설계와 같은 단어들은 기계공학 설계의 주요 예이다. 이러한 설계분야는 모두 동일한 지식 체계에 의존하고 있으며, 비슷하게 조직화되고, 비슷한 기술을 필요로 한다.

1-3 설계과정의 단계와 상호작용

설계과정이란 무엇인가? 설계는 어떻게 시작할 것인가? 엔지니어가 책상에 앉아서 빈 종이에 자기 생각을 간단히 적는다고 하자. 그러면 다음 단계는 무엇일까? 어떤 요인들이 최종 결정에 영향을 끼칠 것인가? 최종적으로 설계과정이 어떻게 마무리될까?

그림 1-1은 전체 설계과정을 설명하고 있다. 설계단계는 설계에 대한 필요성의 인식과 이를 위해 엔지니어가 무엇을 할 것인지 결정하는 것으로부터 시작하는데 많은 반복 과정을 거친 후, 필요성을 만족시키는 계획을 제시함으로써 종료된다. 설계 업무의 특성에 따라 몇몇 설계 단계는 제품의 전수명 동안 반복된다. 다음의 몇 절에서 설계과정의 각 단계에 대해 보다 자세히 살펴보도록 하자.

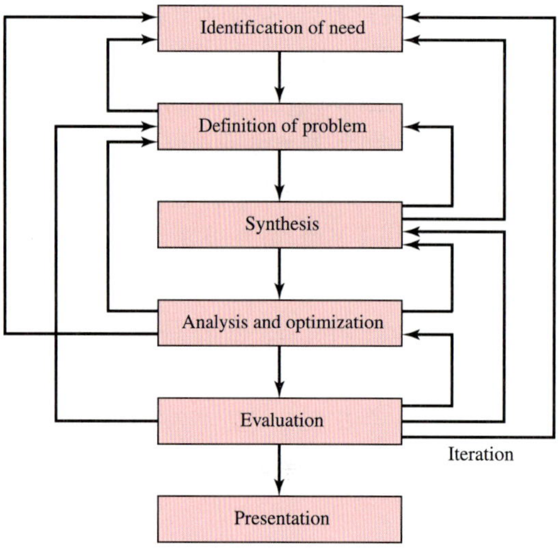

그림 1-1
많은 피드백과 반복 작업으로 이루어진 설계 단계

설계과정은 일반적으로 필요성의 인식으로부터 시작된다. 필요성이란 약간의 불만, 불편함 또는 무엇인가 옳지 않은 것을 감지하는 것이기 때문에 **필요성의 인식**(*recognition of the need*)과 필요성을 표현하는 것은 매우 창조적인 행동을 필요로 한다. 흔히 필요성 자체가 불명확한 경우도 있다. 인식은 보통 특정한 역경이나 거의 동시에 발생하는 일련의 상황에 의해 야기된다. 예를 들면, 식품포장기계에 어떤 조치를 취하기 위한 필요성은 기계에서 발생하는 소음의 수준, 포장무게의 변화, 포장의 약간의 질적 변화(허용범위 이내에서)에 의해 나타날 수 있다.

필요성에 대한 기술과 이 기술에 따른 문제의 정의 사이에는 큰 차이가 있다. **문제의 정의**(*definition of problem*)는 보다 구체적이며 설계 제품에 대한 모든 세부 사양(specifications)을 포함해야 한다. 설계 사양이란 제품의 입력과 출력, 점유 공간의 특징과 치수, 그리고 이에 대한 모든 제한 조건이다. 우리는 설계 대상을 블랙 박스 속에 있는 무언가로 생각할 수 있다. 이 경우, 우리는 블랙 박스의 입력과 출력, 그리고 그것들의 특징과 제약 조건들을 명시해야 한다. 사양은 가격, 제품수량, 예상수명, 범위, 가동온도, 신뢰성 등을 정의한다. 구체적인 특징은 속도, 급수, 온도 제한, 최대 범위, 변수들의 예상 변동량, 크기 및 무게 제한 등을 포함할 수 있다.

설계자의 특수한 여건이나 문제 자체의 본질 등에서 기인하는 많은 암시적인 설계 사양(implied specifications)이 있다. 특정 공장의 설비와 함께 사용 가능한 제조 공정은 설계자의 자유에 제한을 주므로 이는 암시적인 설계 사양의 일부이다. 예를 들어 소규모 공장에는 냉간 가공 기계가 없을 수도 있다. 이를 안다면, 설계자는 그 공장에서 사용 가능한 다른 가공 방법을 선택해야 할 것이다. 노동자의 숙련도와 경쟁력 수준 또한 암시적인 제약이 된다. 즉 설계자의 자유로운 선택을 제한하는 모든 것이 암시적인 제약이다. 예를 들어, 다양한 재료의 종류와 크기가 공급자의 카탈로그에 나와 있다 하더라도 항상 쉽게 공급받을 수 있는 것은 아니며 자주 재고가 부족할 수 있다. 특히, 재고 관리 측면에서 제조자는 최소한의 수량만을 보유하고 있다. 설계 사양에 대한 예가 1-17절에 주어져 있다. 이 예는 본 교재에서 다뤄지는 동력전달요소에 대한 사례 해석에 대한 것이다.

가능한 모든 시스템 요소를 연결하는 방법의 **종합**(*synthesis*)은 때때로 **개념의 발명**(*invention of the concept*) 또는 **개념 설계**(*concept design*)라 일컬어진다. 이는 종합 업무의 첫 번째 단계이자 가장 중요한 단계이다. 다양한 방법이 제시되어야 하며, 평가되어야 하며, 확립된 측정도구에 의해 정량화되어야 한다.[1] 방법론의 진행이 보다 구체화되면, 설계안의 성능이 만족스러운지 아니면 더 향상되었는지, 만족스럽다면 잘 작동될 것인지를 평가하기 위한 해석(analysis)을 수행하여야 한다. 시스템 방법론이 해석을 만족하지 못하면 설계안을 변경하거나, 개선하거나 아니면 폐기하여야 한다. 가능성 있는 설계안은 시스템이 최고의 성능을 발휘할 수 있도록 최적화하여야 한다. 이어서 제안된 여러 설계안들을 비교함으로써 가장 경쟁력 있는 제품을 만들 수 있는 방안을 선택할 수 있다. 그림 1-1은 종합, **해석** 그리고 **최적화** 단계가 서로 밀접하고 반복적으로 연결되어 있음을 보여준다.

앞에서 여러 번 언급했듯이, 설계란 몇 단계를 진행시켜 그 결과를 평가하고, 다시 그 전 과정으로 되돌아가서 수정해 나가는 반복과정이다. 그러므로 시스템의 여러 요소들을 종합하여 해석하고 최적화하고, 그리고 그 결과가 시스템의 나머지 부분에 어떤 영향을 미치는지 알아보기 위해 다시 종합 과정으로 돌아갈 것이다. 예를 들면, 동력전달 시스템의 설계는 개별적인 부품들(예를 들어, 기어, 베어링, 축과 같은)의 설계와 선정에 대한 주의를 요한다. 그러나 설계에서 종종 있는 일이듯이 이러한 개별 부품들은 서로 독립적이지 않다. 축에 대한 응력과 처짐 설계를 위해서는 작용 하중을 알아야 한다. 만약 힘이 기어를 통해 전달된다면, 축에 전달되는 힘을 결정하기 위해서 기어의 사양을 알아야 한다. 그러나 기성품으로 판매되는 기어들은 일반적으로 특정 보어(bore) 크기를 기준으로 제작되기에 이는 역시 연결되는 축의 지름에 대한 정보를 필요로 한다. 따라서 설계과정을 진행하기 위해서는 먼저 대략적인 가정을 수행해야 하며, 개별 부품과 전체 시스템에 대한 설계 사양을 만족하는 최종 설계를 얻을 때까지 반복 작업을 수행해야 한다. 본 교재를 통하여 동력전달 시스템 설계에 대한 사례 해석에 대해 이 과정을 보다 자세히 기술할 것이다.

해석과 최적화 단계는 수학적 해석을 가능하게 하는 시스템에 대한 단순화된 모델을 필요로 한다. 우리는 이러한 모델을 수학적 모델이라고 한다. 수학적 모델을 정립할 때는 실제 물리적 시스템을 잘 모사할 수 있는 모델을 찾는 것이 바람직하다. 그림 1-1에 나와 있듯이, **평가**(*evaluation*)는 전체 설계과정에서 매우 중요한 단계이다. 평가는 성공적인 설계에 대한 최종 입증 단계이며, 일반적으로 실험실 수준의 시제품(prototype)을 이용한 실험을 통해 수행된다. 이를 통해 설계가 필요성에 잘 부합하는지를 찾고자 하는 것이다. 신뢰성은 있는가? 타 회사의 유사 제품에 비해 경쟁력은 갖추었나? 제작자 및 사용자 입장에서 볼 때 경제적인가? 유지보수는 용이한가? 판매이익이나 사용상의 이점을 기대할 수 있는가? 제조물 책임(product-liability)과 관련된 법적소송을 야기할 가능성은 없는가? 보험은 쉽고 싸게 가입할 수 있는가? 불량부품 때문에 사용 도중에 리콜(recall)의 가능성은 없는가? 설계자 혹은 설계팀은 무수하게 많은 공학적 혹은 비공학적 질문에 대응할 수 있어야 할 것이다.

---

[1] 참고문헌: Stuart Pugh, *Total Design—Integrated Methods for Successful Product Engineering*, Addison-Wesley, 1991. 또는 David G. Ullman, *The Mechanical Design Process*, Chap. 8, 3rd ed., McGraw-Hill, 2003.

발표(*presentation*)는 설계안에 대해 타인과 의견교환(communication)을 하는 것으로 설계 단계에서 최종적이며 가장 핵심적인 단계이다. 많은 위대한 설계와 발명, 그리고 창조적인 일들이 개발자가 그들의 성과를 타인들에게 제대로 설명하지 못했기 때문에 애석하게도 역사 속으로 사라진 경우가 허다하다. 발표란 타인들에게 무엇인가를 설득하는 것이다. 회사 내의 행정이나 관리부서의 사람, 혹은 상사에게 새로운 설계안을 설명할 때, 설계자는 이 설계안이 더 좋은 것이라는 사실을 그들에게 설득하고 입증하려고 한다. 만약 이것이 실패하면, 해답을 찾기 위해 투자한 시간과 노력이 모두 수포로 돌아간다. 설계자가 새로운 아이디어를 도출하고 판다는 것은 설계자 스스로를 또한 파는 것이다. 만약 설계자의 아이디어나 설계안이 관리자를 설득하는 데 계속해서 성공한다면, 설계자의 연봉이 오르거나 승진을 하게 될 것이다. 사실 이것이 모든 엔지니어들이 그들의 직업에서 성공하는 방법이다.

설계 시 고려사항

재료의 강도(strength)는 부품의 형상과 크기를 결정하는 데 중요한 요소가 되기도 한다. 이런 경우, 우리는 "강도"가 중요한 "**설계 시 고려사항**(*design consideration*)"이라고 일컫는다. "설계 시 고려사항"이라는 표현은 흔히 부품 또는 전체 시스템의 설계에 영향을 미치는 어떤 특성을 일컫는다. 일반적으로 많은 특성들이 주어진 설계 환경에서 고려되어야 하는데 중요한 내용들을 정리하면 다음과 같다(중요성의 순서를 나타낸 것은 아님).

1. 기능성(Functionality)
2. 강도/응력(Strength/Stress)
3. 비틀림/처짐/강성(Distortion/Deflection/Stiffness)
4. 마모(Wear)
5. 부식(Corrosion)
6. 안전성(Safety)
7. 신뢰성(Reliability)
8. 제작성(Manufacturability)
9. 유용성(Utility)
10. 가격(Cost)
11. 마찰(Friction)
12. 무게(Weight)
13. 수명(Life)
14. 소음(Noise)
15. 외관(Styling)
16. 형상(Shape)
17. 크기(Size)
18. 제어(Control)
19. 열적 특성(Thermal Properties)
20. 표면 처리(Surface)
21. 윤활(Lubrication)
22. 시장성(Marketability)
23. 유지보수(Maintenance)
24. 부피(Volume)
25. 책임(Liability)
26. 재생/재활용(Remanufacturing/Resource Recovery)

이러한 특성 가운데 일부는 치수, 재료, 공정 및 시스템의 요소결합에 직접 관련되며 일부는 전체 시스템의 구성에 영향을 미친다.

1-4 설계도구와 자원

최근 엔지니어가 설계 문제를 해결하기 위해 사용할 수 있는 방법과 자원(resource)들이 매우 다양해지고 있다. 저렴한 PC와 안정적인 소프트웨어 패키지를 이용하면 기계 구조물에 대한 설계, 해석 그리고 수치적 모사를 손쉽게 할 수 있다. 그 밖에도 엔지니어는 항상 특정 규격 구조물(off-the-shelf components)의 기본 과학적/공학적 기초이론이나 특성과 같은 기술적 정보를 필요로 한다. 여기서 자원이란 과학/공학 교재부터 제조자의 브로슈어나 카탈로그까지 해당된다. 컴퓨터 역시 정보를 수집하는 데 중요한 역할을 한다.[2]

계산 도구

CAD(Computer-Aided Design) 소프트웨어를 이용하면 3차원 도면을 작성할 수 있으며, 이로부터 기존의 2차원 평면도도 작성할 수 있다. 공작기계 공구의 경로(paths) 역시 3차원 모델로부터 생성할 수 있으며, 몇몇 경우에 있어 쾌속 조형기(rapid prototyping, R.P.)나 스테레오리소그래피(stereolithography)와 같은 제조 방법을 이용함으로써 3차원 데이터베이스로부터 부품을 제작할 수도 있다(**무문서 생산**). 3차원 데이터베이스의 또 다른 장점은 질량, 무게 중심의 위치, 질량관성모멘트와 같은 질량과 관계된 특성을 빠르고 정확하게 계산할 수 있다는 것이다. 면적이나 점 사이의 거리 같은 형상 관련 특성 역시 쉽게 구할 수 있다. CAD 관련 대표적인 소프트웨어로는 Aries, AutoCAD, CadKey, I-Deas/Unigraphics, Solid Works, Inventor 그리고 ProEngineer 등을 들 수 있다.

CAE(Computer-Aided Engineering)라는 용어는 일반적으로 컴퓨터와 관련된 모든 공학적 응용 분야에 적용된다. 이 정의에 의하면 CAD는 CAE의 일부분으로 생각될 수 있다. 어떤 컴퓨터 소프트웨어는 설계자에게 도움이 되는 특정 공학적 해석이나 수치적 모사를 수행하지만 CAD처럼 설계를 창조하기 위한 도구로 인식되지는 않는다. 이러한 소프트웨어는 공학 기반과 비공학 기반의 두 부류로 나눌 수 있다. 기계공학적 응용을 위한 공학 기반 소프트웨어(이러한 소프트웨어는 CAD 시스템에 통합되어 있을 수도 있다)에는 다음과 같은 것들이 포함된다: 응력과 처짐, 진동 그리고 열전달 해석을 위한 유한요소해석(Finite Element Analysis, FEA) 프로그램(예, Algor, ANSYS, MSC/NASTRAN 등), 유체유동 해석과 수치적 모사를 위한 전산유체동역학(Computational Fluid Dynamics, CFD) 프로그램(예, CFD++, FIDAP, Fluent 등), 기구 시스템에서의 동적 힘과 운동에 대한 수치 모사를 위한 프로그램(예, ADAMS, DADS, Working Model 등).

비공학용 컴퓨터 프로그램의 예는 다음과 같다: 문서 작업(word processing)용 소프트웨어; 계산용 소프트웨어(spreadsheet software) (예, Excel, Lotus, Quattro-Pro 등); 수학 계산 소프트웨어(예, Maple, MathCad, Matlab,[3] Mathmatica, TKsolver 등).

독자들이 어떤 업무를 수행하는 데 있어 사용할 수 있는 프로그램에 대한 가장 좋은 정보를 제공하고, 또한 적절한 프로그램을 추천해 줄 수 있는 사람은 담당교수이다. 여기서 한 가지 주의해야 할 점은 컴퓨터 소프트웨어는 인간의 사고 과정을 대신할 수는 없다는 것이다. 즉 컴퓨터 소프트웨어를 사용할 때 **독자**는 운전자이며, 컴퓨터는 해답을 향한 여정에서 독자를 돕기 위한 교통수단이다. 만약 독자가 잘못된 입력 정보를 사용하거나, 사용방법이

[2] 참고문헌: George E. Dieter, *Engineering Design, A Materials and Processing Approach*, Chap. 4, 3rd ed., McGraw-Hill, New York, 2000.

[3] MATLAB is a registered trademark of The MathWorks, Inc.

나 계산결과를 잘못 이해하거나, 혹은 프로그램에 결함(bug)이 있다면 컴퓨터가 생성한 결과는 무의미한 숫자에 지나지 않는다. 계산결과의 타당성을 보장하는 것은 독자의 책임이며, 따라서 문제와 결과를 주의 깊게 확인하고 해가 알려진 문제를 이용하여 검증하고, 소프트웨어 회사와 사용자 그룹의 소식지를 항상 살펴보아야 한다.

기술정보 수집

우리는 현재 놀라운 속도로 정보가 양산되는 "**정보화 시대**(*information age*)"에 살고 있다. 우리가 종사하는 학업이나 전문분야에서 과거와 현재의 발전 상황에 뒤쳐지지 않게 유지하는 것은 어렵지만 매우 중요한 일이다. 다음에 열거하는 소스로부터 설계자가 필요로 하는 정보를 구할 수 있다.

- **도서관(학교, 국공립)**: 공학 사전과 백과사전, 교재, 논문, 핸드북(handbook), 색인과 초록 서비스, 정기간행물, 번역물, 기술 보고서, 특허, 사업 정보/안내책자/카탈로그
- **정부 자료**: 국방, 통상, 에너지 그리고 운송 부처, NASA, 정부 출판국, 특허청, 국가 기술 정보 서비스, NIST(National Institute for Standards and Technology)
- **전문가 집단**: ASME(American Society of Mechanical Engineers), SME(Society of Manufacturing Engineers), SAE(Society of Automotive Engineers), ASTM(American Society for Testing and Materials), AWS(American Welding Society).
- **상업적인 판매자**: 카탈로그, 전문서적, 실험 데이터, 샘플, 가격정보
- **인터넷**: 위에 열거된 모든 것과 관련 있는 웹사이트에 연결할 수 있는 네트워크[4]

위에 모든 것이 열거된 것은 아니다. 독자들은 정기적으로 다양한 정보 제공 자원들을 검토하고, 얻어진 지식 정보들을 잘 간직하도록 노력해야 한다.

1-5 설계 엔지니어의 전문가적 책임

일반적으로 설계자의 책임은 고객(경영자, 고객, 소비자 등)의 요구를 만족시키는 것이며, 이를 실현하기 위해서 설계자는 유능하고, 책임감 있고, 윤리적이며, 전문가답게 행동해야 한다. 대다수의 대학 교과목과 직장 실무 경험은 엔지니어의 업무처리 능력에 초점을 맞추고 있는데, 그렇다면 설계자는 공학적 책임감과 프로의식의 개발을 언제부터 시작할 것인가? 창의적인 능력을 갖춘 엔지니어로 성공하기 위해서 공학도는 대학 교육 과정 초기부터 이러한 것들을 개발하기 시작해야 한다. 공학도들은 대학을 졸업하기 전이라도 직업 윤리의식과 실무 기술을 닦을 필요가 있으며, 이와 같은 능력을 갖춘 공학도는 직장인으로 일을 시작할 때 당면하는 난관을 극복할 준비가 되는 것이다.

많은 공학도들에게 의사소통(communication) 기술은 매우 중요하다. 따라서 비록 학교 과제에서 직접 요구하지 않더라도 의사소통 기술을 향상시키기 위해 끊임없이 노력하는 공학

[4] 몇몇 도움이 되는 웹사이트: www.globalspec.com, www.engnetglobal.com, www.efunda.com, www.thomasnet.com, 그리고 www.uspto.gov.

도는 매우 현명한 학생이다. 공학도로서의 성공(업적, 승진, 급여인상 등)을 위해서는 물론 공학문제 해결 능력이 가장 중요하지만, 만약 엔지니어가 자신의 아이디어를 동료에게 명확하고 간결하게 전달할 수 없다면 엔지니어의 기술적 성취는 반감될 것이다.

이를 위해서 엔지니어가 날짜별로 자신의 업무일지를 일목요연하게 작성하는 것으로 의사소통 기술을 개발하기 시작할 수 있다(실제로 많은 회사들이 엔지니어에게 특허나 제조물 책임과 관련된 사항을 작성하여 보관할 것을 요구하고 있다). 각각의 설계 프로젝트(또는 교과목)를 위해 개별 업무일지를 사용하여야 한다. 새 프로젝트나 문제를 시작할 때, 문제정의 단계에서 업무일지 항목을 매우 자주 만들어야 한다. 당사자뿐만 아니라 다른 사람들도 후에 설계 초기단계에 이런 결정을 내렸는지에 대해 물어볼 수 있다. 시간 순으로 잘 정리된 기록은 시간이 지난 후에도 당시에 결정을 내린 이유를 한층 쉽게 설명해 줄 것이다.

많은 공학도들은 졸업 후 제품과 공정을 설계하고, 개발하고, 해석하는 현장 엔지니어가 된 자신을 상상하면서, 말이나 글로 하는 의사소통 기술은 상대적으로 덜 중요하다고 생각한다. 그러나 이는 사실과 다르다. 대부분의 실무 엔지니어는 다른 사람과 의사소통하고, 제안서(proposal)와 기술 보고서를 작성하고, 발표를 하고, 다른 공학관련 혹은 비공학 관련 지원팀과 상호 협력하는 데 많은 시간을 보낸다. 따라서 공학도들은 학교 다닐 때 의사소통 기술을 더욱 연마해야 한다. 학교에서 어떤 기술적 혹은 비기술적 발표자료를 작성해야 하는 과제가 있으면 열성적으로 임하고, 본인의 의사소통 기술을 향상시키기 위해 노력해야 한다. 학생시절은 직장보다 의사소통 능력을 개발하기 위해 훈련하기 좋은 시기일 것이다.

공학도가 설계문제를 접할 때, 체계적인 접근법을 개발하는 것은 매우 중요하다. 다음에 열거된 실천 단계에 주의를 기울이면 공학도들의 문제 해결 기술을 체계화하는 데 도움이 될 것이다.

- **설계문제를 이해한다:** 설계문제의 정의는 공학 설계과정에서 가장 중요한 단계이다. 따라서 설계문제를 세심하게 읽고, 이해하고 세분화한다.
- **이미 알고 있는 것을 확인한다:** 보다 상세해진 문제 정의로부터 이미 알려진 정보는 무엇인지, 관련된 정보가 무엇인지 정확하게 기술한다.
- **모르는 것을 확인하고, 해결 전략을 구상한다:** 무엇이 결정되어야만 하고, 문제의 해답을 어떻게 도출할 것인지에 대해 명확히 제시하라. 현재 고려 중인 구조물이나 시스템을 스케치(sketch)하고, 알려진 변수와 알려지지 않은 변수를 명확히 구분하라. 최종 해답에 도달하기 위해 필요한 단계에 대한 업무 흐름도를 작성하라. 각 단계별로 자유물체도(free-body diagrams), 표 등에서 얻을 수 있는 재료 물성치, 기본 원리에 대한 식, 교과서, 알려진 혹은 알려지지 않은 변수와 관계된 핸드북, 실험 혹은 수치해석에 기반한 도표(chart), 1-4절에서 다루어진 특정 수치해석 도구 등이 사용될 것이다.
- **모든 가정과 결정을 제시한다:** 일반적으로 실제 설계문제는 매우 복잡하기 때문에 유일한, 이상적인, 이론 해는 없다. 재료나 열처리 방법의 선정과 같이 어떤 의사결정을 필요로 한다. 해석은 실제 구조물이나 시스템의 모델링과 관련된 가정을 필요로 한다. 모든 가정과 결정은 명확해야 하며 기록되어야 한다.
- **설계문제를 해석한다:** 설계자의 결정과 가정, 그리고 문제 해결 전략을 이용하여 문제에 대한 해석을 실행한다. 관련된 각종 공식, 표, 도표, 소프트웨어 결과 등을 참조한다. 그리

고 당신이 제시한 결과의 신빙성을 확인하고, 크기(magnitude), 차원(dimensionality), 경향(trends), 부호(signs) 등을 확인하라.

- **설계안을 평가한다:** 각 설계단계에서 전략이나 결정, 가정, 그리고 실행 시의 변경 사항들이 결과에 미친 영향(긍정적이든 혹은 부정적이든)을 유의하면서 각 설계단계를 평가한다. 가능한 한 설계의 최종안에 긍정적인 변화들이 반영될 수 있도록 한다.
- **설계안을 발표한다:** 이 단계에서 설계자의 발표 능력이 매우 중요하다. 여기서는 설계자 자신과 설계자의 기술적 능력을 평가자에게 파는 것이라고 볼 수 있다. 만약 설계자가 수행한 일을 상대방에게 능숙하게 설명하지 못하면 수행한 일의 일부 혹은 전부가 곡해되거나 받아들여지지 않을 수도 있다. 따라서 설계자는 평가자의 수준이나 원하는 것을 잘 파악하여야 한다.

앞서 언급한 바와 같이, 모든 설계과정은 상호의존적이며 반복적이다. 그러므로 만약 설계안이 기대 이하라고 평가되면 위에 열거한 설계단계의 일부 혹은 전체를 한 번 이상 반복해야 할 수도 있다.

전문가들은 현재 그들이 종사하는 전문분야의 최신정보를 항상 파악하기 위해 노력해야 한다. 이를 위해서 설계자는 미국기계학회(ASME), 자동차공학회(SAE), 생산공학회(SME) 등의 전문 학회에 가입하거나, 미팅이나 학회, 그리고 세미나(전문 학회, 제조자, 대학 등에서 개최하는)에 참석하거나, 대학 등에서 제공하는 특정 학위 강좌나 프로그램에 참여하거나, 기술 잡지나 전문 잡지를 정기적으로 구독하는 등의 방법을 이용할 수 있다. 엔지니어에게 교육이란 졸업과 동시에 끝나는 것이 결코 아니다.

설계 엔지니어의 전문가적 책임은 윤리적 측면에서 수행되는 일련의 행위들을 포함한다. 여기서 태동된 것이 바로 National Society of Professional Engineers(NSPE)에서 제시한 "엔지니어의 강령(*Engineer's Creed*)"이다.[5]

> 나는 전문 엔지니어로서 나의 전문적인 지식과 기술을 인류 복지의 진보와 증진을 위해 바친다.
>
> 이에 나는 다음의 사항을 맹세한다:
>
> 최선을 다해 최고의 성과를 달성한다.
>
> 정직한 기업 혹은 일에만 참여한다.
>
> 인류의 법과 직업적 행동의 최고 기준에 따라 생활하고 일한다.
>
> 영리(營利)보다는 서비스에 가치를 두며, 개인의 이익보다는 직업의 명예와 명성을 소중히 여기며,
>
> 다른 모든 가치보다 공공의 복지를 최우선적으로 여긴다.
>
> 겸허하게 신의 가호를 빌며, 나는 상기와 같이 서약하는 바입니다.

[5] 1954년 6월에 NSPE(National Society of Professional Engineers)에 의해 채택. NSPE의 허락 하에 수록하였음. NSPE는 실행 규칙과 전문가적 책임과 같은 폭넓은 엔지니어를 위한 윤리 규정도 발간하였음. 최신판은 www.nspe.org/Ethics/CodeofEthics/index.html에서 참고.

1-6 표준과 기술기준

표준(*standard*)이란 통일성(uniformity), 효율성(efficiency), 그리고 특정 수준의 품질에 도달하기 위한 부품, 재료, 공정에 대한 상세 사양을 의미한다. 표준의 주요 목적 중의 하나는 부품, 재료, 공정을 임의로 만들 때 야기될 수 있는 큰 변동의 폭을 제한하는 것이다.

기술기준(*code*)이란 어떤 제품의 해석, 설계, 제작, 건설에 대한 상세 규정을 의미한다. 기술기준의 목적은 규정된 수준의 안전성, 효율, 성능, 또는 품질에 도달하는 것이다. 안전성에 대한 기술기준이 결코 **절대적인 안전**(*absolute safety*)을 의미하지는 않는다는 것에 주의해야 한다. 사실 절대적인 안전성에 도달하는 것은 불가능하다. 때때로 우리가 예상치 못한 사건이 발생할 수 있다. 풍속 190 km/h의 바람을 견디도록 빌딩을 설계한다고 해서 설계자가 풍속 220 km/h의 바람이 부는 것은 불가능하다고 생각하는 것은 아니다. 다만 그와 같은 경우가 거의 생기지 않을 것이라고 생각할 따름이다.

아래에 열거하는 각종 단체와 협회는 표준이나 안전성 혹은 설계 기술기준을 확립해 왔다. 각 단체의 이름으로부터 표준이나 기술기준의 성격을 유추할 수 있다. 몇몇 표준과 기술기준은 도서관이나 인터넷에서 구할 수 있다. 기계공학도들이 특히 관심을 가질 단체는 다음과 같다.

Aluminum Association(AA)
American Bearing Manufacturers Association(ABMA)
American Gear Manufacturers Association(AGMA)
American Institute of Steel Construction(AISC)
American Iron and Steel Institute(AISI)
American National Standards Institute(ANSI)
American Society of Heating, Refrigerating and Air-Conditioning Engineers (ASHRAE)
American Society of Mechanical Engineers(ASME)
American Society of Testing and Materials(ASTM)
American Welding Society(AWS)
ASM International
British Standards Institution(BSI)
Industrial Fasteners Institute(IFI)
Institute of Transportation Engineers(ITE)
Institution of Mechanical Engineers(IMechE)
International Bureau of Weights and Measure(BIPM)
International Federation of Robotics(IFR)
International Standards Organization(ISO)
National Association of Power Engineers(NAPE)
National Institute for Standards and Technology(NIST)
Society of Automotive Engineers(SAE)

1-7 설계의 경제성

설계결정과정(design decision process)에서 가격에 대한 고려는 매우 중요한 역할을 하므로 전체 설계 항목에 대한 학습 못지 않게 가격 요소에 대한 학습에도 많은 시간을 할애해야 한다. 여기서 몇 가지 일반적인 개념과 간단한 규칙에 대해 소개한다.

먼저 가격에 대해 절대적으로 말하기는 어렵다. 재료와 노동력에 대한 비용은 해마다 증가하고 있다. 반면 재료 가공에 소요되는 비용은 자동화설비와 로봇의 사용으로 감소될 것으로 예상된다. 제품 생산에 소요되는 비용은 간접비, 인건비, 세금, 운송비, 부득이한 공정상의 변수 등으로 인해 도시에 따라 혹은 공장에 따라 달라질 수 있다.

규격품

규격품 또는 표준 사이즈의 사용은 원가 절감의 첫째 원칙이다. 만약 동일하게 기능을 함에도 불구하고 엔지니어가 권장 치수인 50 mm 또는 60 mm 사각 단면봉(bar) 대신 53 mm 사각 단면봉을 지정한다면 이는 제품 가격을 인상시키는 요인이 된다. 53 mm 크기의 자재는 특별 주문이나 60 mm 자재를 재가공해야만 얻을 수 있으며 이는 제품 가격을 인상시킨다. 규격품 혹은 권장 치수 자재가 사용되었는지를 확인하기 위해 설계자는 반드시 사용할 재료의 재고 목록을 확인하여야 한다.

권장 치수 선정에 관해 좀 더 언급해야 할 필요가 있다. 비록 카탈로그에는 일반적으로 매우 많은 크기의 자재가 수록되어 있어도 모든 치수를 손쉽게 얻을 수 있는 것은 아니다. 어떤 크기의 자재는 별로 사용되지 않기 때문에 재고가 없는 경우도 있다. 이런 종류의 자재를 긴급으로 주문하면 가격이 비싸지거나 늦어질 수도 있다. 그러므로 표 A-17과 같은 권장 치수에 대한 목록을 항상 확인해야 한다.

설계자가 모터, 펌프, 베어링, 고정구 등의 상용제품을 지정하는 경우에도 역시 쉽게 구매할 수 있는 제품인지를 잘 파악해야 한다. 만약 대량으로 제작되고 팔리는 제품이라면 그렇지 않은 제품에 비해 가격이 저렴하다. 예를 들어, 구름 베어링(rolling bearing)의 가격은 베어링의 크기보다는 생산량에 좌우된다.

큰 공차

설계 사양이 가격에 미치는 영향 중에서 가장 큰 것은 아마 공차의 영향일 것이다. 공차, 생산공정, 표면처리 등은 서로 밀접하게 연관되어 있으며 제품의 생산성에 다양한 영향을 미친다. 공차가 작으면 제작 및 검사 공정에 추가 단계가 필요하거나, 심지어 경제적으로 부품을 생산하는 것을 아예 불가능하게 만들 수도 있다. 공차는 치수 편차나 표면 조도 범위를 보상하고, 열처리나 가공법으로 인한 재료 물성치 편차도 보상한다.

허용 공차가 큰 부품은 생산 시 생산성이 높은 기계를 이용할 수 있기에 생산 비용을 크게 감소시킬 것이다. 또한 검사과정에서 불합격률도 저하되며 조립하기도 쉬워진다. 생산 비용과 공차/가공공정과의 관계를 그림 1-2에 나타내었으며, 이는 세밀한 가공공정으로 공차가 감소함에 따라 생산 비용이 가파르게 상승함을 보여주고 있다.

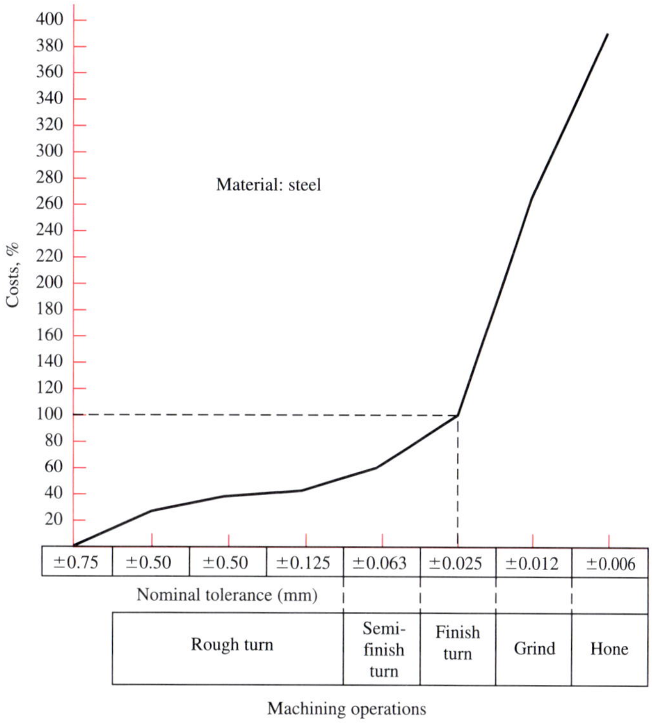

그림 1-2
생산 비용과 공차/가공과정의 관계 (From David G. Ullman, The Mechanical Design Process, 3rd ed., McGraw-Hill, New York, 2003.)

손익분기점

때때로 어떤 제품설계에 2개 이상의 설계안이 제안되어 이를 가격 측면에서 비교해야 하는 경우에는 생산량, 조립 라인의 속도 또는 기타 다른 사항 등과 같은 여러 조건에 의해 결정되는 경우가 많다. 이때 생산비가 같아지는 점이 생기는데, 이 점을 **손익분기점**(*breakeven points*)이라고 한다.

예를 들어, 자동 설비로는 시간당 25개를 제작할 수 있고, 수동 설비로는 시간당 10개를 제작할 수 있는 부품을 고려하자. 또한 자동 설비는 준비하는 데 3시간이 소요되고 두 기계의 인건비는 시간당 20달러라고 하자. 그림 1-3은 두 가지 제작법에 대한 가격과 생산량

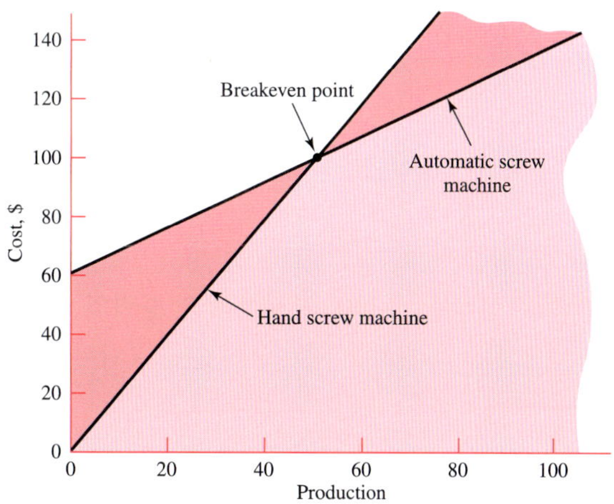

그림 1-3
손익분기점

의 그래프를 나타낸 것이다. 이 예의 손익분기점은 생산량이 50개일 때가 된다. 만약 50개 이상을 제작한다면 자동 설비를 사용해야 한다.

가격 평가

상대적인 가격 통계를 얻기 위한 여러 방법이 있으며 이를 통해 2개 이상의 설계안을 대략적으로 비교할 수 있다. 어떤 경우에는 설계자의 판단력을 필요로 한다. 예를 들어 단위 무게당 가격을 비교함으로써 두 자동차 설계안의 상대적인 가격을 비교할 수 있다. 또 다른 방법은 부품의 숫자를 세는 것이다. 아마도 부품 개수가 적은 설계일수록 저렴할 것이다. 사용 목적에 따라 면적, 부피, 동력, 토크, 용량, 속도 및 여러 다른 성능비 등이 가격을 가늠하는 잣대로 사용될 수 있다.[6]

1-8 안전성과 제조물 책임

제조물 책임에 대한 **엄격한 책임** 개념은 일반적으로 선진국일수록 잘 지켜지고 있다. 제조물 책임이란 제품의 생산자가 제품의 결함으로부터 야기된 그 어떤 상해나 위험에 대해 법적인 책임을 져야 한다는 것이다. 생산자가 사전에 그 결함을 인지하고 있었는지는 중요하지 않다. 예를 들어, 10년 전에 제품이 제작되었다고 가정하자. 또한 제작 당시의 공학지식 수준으로는 아무런 하자가 없었다고 가정하자. 엄격한 제조물 책임 개념에 의하면 10년이 지난 후에도 여전히 생산자는 해당 제조물에 대한 책임이 있다. 그러므로 이 개념 하에서 고소인은 제품에 하자가 있었고, 그 하자가 어떤 상해나 위험을 유발했는지를 보이기만 하면 된다. 고소인은 제작자의 과실까지 입증할 필요는 없다.

제조물 책임을 방지하는 최선의 방법으로 해석과 설계, 품질관리 및 종합적인 시험 등 일련의 공학적 과정을 철저히 해야 한다. 광고 담당자는 흔히 제품에 대한 품질 보증서나 판매 책자에서 과대한 약속을 한다. 이러한 문구들은 담당 엔지니어가 철저히 검토하여 지나친 약속은 배제하고 적절한 사용상의 주의나 사용 설명을 추가할 수 있도록 해야 한다.

1-9 응력과 강도

많은 제품의 파손 여부 혹은 사용 가능 여부는 취약부(critical locations)에서 발생하는 최대 응력이 구조물의 강도에 비해 작도록 설계자가 얼마나 잘 설계하는지에 달려 있다. 설계자는 최대 응력이 강도에 비해 충분한 여유도를 가지고 작도록 설계해야 하며, 이와 같이 되면 불확실성에도 불구하고 파손은 거의 발생하지 않는다.

취약부에서의 응력–강도 비교에 초점을 맞추다 보면 우리는 종종 "사용 중인 형상과 조건에서의 강도"를 찾는다. 강도란 비례한도, 0.2% 오프셋(offset) 항복 또는 파괴(fracture)와 같은 특정 관심 있는 현상이 발생할 때의 응력의 크기이다(2-1절 참조). 많은 경우 이러한 현상은 기능 상실이 발생할 때의 응력 수준을 나타낸다.

[6] 참고문헌: Karl T. Ulrich and Steven D. Eppinger, *Product Design and Development*, Chap. 11, 3rd ed., McGraw-Hill, New York, 2004.

강도(*strength*)는 재료나 기계요소의 고유한 **특성**(*property*)이다. 요소의 강도는 재료의 선택, 처리, 공정에 의해 영향을 받는다. 예를 들어 스프링을 고려해 보자. 특정 스프링과 연관하여 강도를 생각해 볼 수 있다. 이 스프링이 기계에 조립되어 있다면 작용하는 외력에 의해 스프링에 응력이 발생한다. 이 응력의 크기는 형상에 의존하며 재료와 제조 공정과는 무관하다. 만약 스프링이 손상되지 않은 채 기계로부터 분리된다면 외력에 의한 응력은 "0"으로 되돌아갈 것이다. 그러나 강도는 스프링의 고유 성질로 남는다. 그러므로 강도는 특정 재료나 공정의 사용으로 인해 부품에 주어진 특성, 즉 **부품 고유의 특성**(*inherent property of a part*)이다.

단조, 압연, 냉간 가공과 같은 다양한 금속 가공이나 열처리 과정은 전체 부품의 위치에 따른 강도 편차를 야기한다. 앞서 언급된 스프링의 경우, 냉간 감음(cold winding) 공정으로 성형되었기 때문에 코일 바깥쪽의 강도는 안쪽의 강도와 다를 것이며, 또한 두 면이 같은 양만큼 변형하지는 않을 것이다. 그러므로 부품에 대해 주어진 강도값은 부품의 특정 위치나 특정 위치들에 대해서만 적용될 수 있다는 점을 염두에 두어야 한다.

이 책에서 **강도**는 대문자 S로 나타내며, 강도의 종류를 나타내기 위해 여러 하첨자를 사용한다. 따라서 항복강도는 S_y, 인장강도는 S_u, 전단강도는 S_{sy}, 그리고 내구한도는 S_e이다.

일반적으로 받아들여지는 공학적 관례에 따라 **수직응력**과 **전단응력**은 그리스 문자 σ(sigma)와 τ(tau)로 표기한다. 이 경우에도 여러 특별한 성질을 표기하기 위해 다양한 하첨자가 사용될 것이다. 예를 들면 σ_1은 주응력, σ_y는 y방향 수직응력 성분, 그리고 σ_r은 반지름방향 수직응력 성분이다.

응력(*stress*)은 물체의 특정 위치에서의 **상태를 나타내는 성질**(*state property*)로 하중, 형상, 온도 그리고 제조 공정에 따라 달라진다. 기본 재료역학 수업에서는 하중 형태 및 구조물 형상에 따른 응력 계산 방법을 주로 학습하며 열응력에 대한 내용도 다뤄지게 된다. 그러나 열처리, 성형(molding), 조립 등에 의한 응력 역시 중요하며, 때에 따라서는 무시된다. 기본적인 하중 상태와 형상에 대한 응력 해석 복습을 3장에서 다룰 것이다.

1-10 불확실성

기계설계에는 많은 불확실성이 있다. 응력 및 강도와 관계된 불확실성의 예는 다음과 같다.

- 재료의 화학적 조성과 편차가 재료 물성치에 미치는 영향
- 위치에 따른 재료 물성치의 편차
- 가공법이 국부적으로 재료 물성치에 미치는 영향
- 용접부나 끼워맞춤과 같은 인접한 체결법이 응력 상태에 미치는 영향
- 열처리가 재료 물성치에 미치는 영향
- 하중의 크기와 분포
- 실제 현상을 모사하기 위해 적용된 수학적 모델의 타당성
- 응력집중의 크기
- 시간이 강도와 형상에 미치는 영향

- 부식의 영향
- 마모의 영향
- 불확실성 목록의 범위에 관한 불확실성

엔지니어들은 불확실성을 잘 감안해야 한다. 불확실성은 항상 변화를 수반한다. 재료 물성치, 하중의 변화, 제작의 정확성 그리고 수학적 모델의 타당성은 설계자들의 관심 사항이다.

불확실성을 고려하는 수학적 방법이 있는데 주된 기법들이 결정론적 방법과 통계적 방법이다. 결정론적 방법은 기능상실변수(기능상실하중)와 최대허용변수(최대허용하중)의 절대적인 불확실성에 근거하여 **설계계수**(*design factor*) 개념을 이용한다. 여기서 변수로는 하중, 변형 등이 이용될 수 있다. 최종적으로 설계계수 n_d는 다음과 같이 정의된다.

$$n_d = \frac{\text{기능상실변수}}{\text{최대허용변수}} \tag{1-1}$$

만약 변수가 하중이라면 최대허용하중은 다음과 같이 구한다.

$$\text{최대허용하중} = \frac{\text{기능상실하중}}{n_d} \tag{1-2}$$

예제 1-1 구조물에 작용하는 최대하중의 불확실성이 ±20%이고 파손유발하중의 불확실성이 ±15%라고 하자. 만일 파손유발하중이 9 kN이라고 하면 절대적 불확실성을 상쇄시키는 설계계수와 최대허용하중을 구하라.

풀이 불확실성을 고려하려면 기능상실하중은 1/0.85로 증가하고 최대허용하중은 1/1.2로 감소하여야 한다. 따라서 절대적인 불확실성을 상쇄시키기 위해 설계계수는 식 (1-1)로부터 다음과 같이 되어야 한다.

답
$$n_d = \frac{1/0.85}{1/1.2} = 1.4$$

식 (1-2)로부터 최대허용하중을 구하면,

답
$$\text{최대허용하중} = \frac{9}{1.4} = 6.4\ \text{kN}$$

통계적 방법은 설계 변수의 통계적 특성에 기반하고 있으며 의도된 설계적 기능을 유지할 확률(신뢰성)에 초점을 맞추고 있다. 4-13절과 5-17절에서 통계적 방법이 어떻게 적용되는지 설명한다.

1-11 설계계수와 안전계수

허용하중-기능상실하중 문제에 대한 일반적인 접근법은 결정론적 설계계수법이며, 때때로 고전적인 설계방법(classical method of design)이라고 일컬어진다. 기본적인 방정식은 식 (1-1)과 같고, 여기서 n_d를 **설계계수**라고 한다. 모든 기능상실 모드가 분석되어야 하며, 가장 작은 설계계수를 나타내는 모드가 지배적인 모드가 된다. 설계가 종료된 후, **실제** 최종 설계계수값은 표준 크기 부품 적용으로 인한 치수 변화 혹은 설계계수를 적용하여 구한 부품을 적용하는 대신 다른 좋은 기성품을 적용하는 등의 변경으로 인해 변할 수 있다. 따라서 이 계수는 **안전계수**(n)라고 일컬어진다. 안전계수와 설계계수의 정의는 동일하지만 일반적으로 수치적으로 다르다.

응력이 하중에 선형비례하지 않을 수 있기에(3-19절 참조), 기능상실 변수로 하중을 사용하는 것은 허용되지 않을 수 있다. 따라서 응력과 조건에 맞는 강도를 이용하여 설계계수를 표현하는 것이 보다 일반적이며, 그러므로 식 (1-1)은 다음과 같이 다시 표현될 수 있다.

$$n_d = \frac{\text{기능상실강도}}{\text{허용응력}} = \frac{S}{\sigma(\text{or } \tau)} \tag{1-3}$$

식 (1-3)에서 응력과 강도의 형태와 단위가 반드시 같아야 하며, 적용되는 취약부의 위치도 동일해야 한다.

예제 1-2 지름이 d인 중실봉에 굽힘모멘트 $M = 100$ N·m가 작용한다. 이때 응력은 $\sigma = 16M/\pi d^3$과 같이 계산된다. 재료의 강도는 170 MPa이고 **설계계수**를 2.5라 할 때 봉의 최소 지름을 결정하라. 표 A-17을 사용하여 권장 지름 치수를 선정하고 최종 **안전계수**를 결정하라.

풀이 식 (1-3)으로부터, $\sigma = S/n_d$

$$\sigma = \frac{16M}{\pi d^3} = \frac{S}{n_d}$$

지름 d를 구하면

답 $$d = \left(\frac{16Mn_d}{S\pi}\right)^{1/3} = \left(\frac{16(100)2.5}{170(10)^6 2.5}\right)^{1/3} = 0.02111 \text{ m} = 21.11 \text{ mm}$$

표 A-17에서 계산으로 구한 값보다 큰 첫 번째 치수는 22 mm이다. 따라서 위의 식에서 설계계수 n_d는 안전계수 n으로 변경되며 안전계수 n은 다음과 같다.

답 $$n = \frac{\pi S d^3}{16M} = \frac{\pi(170)(10^6)0.022^3}{16(100)} = 3.55$$

1-12 신뢰성

제조물 책임에 대한 소송 건수가 급증하고 EPA나 OSHA와 같은 정부 기관에서 정한 규제를 준수할 의무가 강화된 요즘, 제품의 신뢰성을 파악하는 것은 설계자와 생산자에게 매우 중요하다. 설계에 대한 신뢰성 방법(reliability method)이란 응력분포와 강도 분포를 얻고, 허용가능한 합격률을 달성하기 위해 이 두 가지를 연관시키는 것이다.

기계요소가 사용 중 파손되지 않을 확률에 대한 통계적 측정을 그 요소의 신뢰도 혹은 **신뢰성**(*reliability*)이라 한다. 신뢰성 R은 다음과 같이 표현될 수 있다.

$$R = 1 - p_f \tag{1-4}$$

여기서, p_f는 **파손 확률**로 전체 경우에 대한 파손 횟수를 의미한다. 신뢰성 R의 값은 $0 \le R \le 1$의 범위에 있다. 신뢰성 $R = 0.90$이라면 이는 부품이 파손 없이 의도된 기능을 수행할 가능성이 90%라는 것을 의미한다. 매 1000개의 생산품 가운데 6개에서 파손이 일어난다면, 이는 특정 제품군에 대해 허용 가능한 파손율로 생각될 수 있다. 이 경우 신뢰성은 다음과 같다.

$$R = 1 - \frac{6}{1000} = 0.994$$

즉 99.4%이다.

설계의 신뢰성 방법에서 설계자의 임무는 특정 신뢰성 목표를 이룰 수 있도록 재료, 공정, 형상(크기)을 적절하게 선정하는 것이다. 그러므로 만약 목표 신뢰도가 99.4%라면 이 목표를 만족하기 위해 재료, 공정, 치수를 어떻게 조합해야 하는가? 만약 하나의 요소에서라도 파손이 발생하였을 때 전체 기계시스템이 파손이 된다면 이러한 시스템을 **직렬 시스템**(*series system*)이라 한다. 만약 n개의 부품으로 구성된 직렬 시스템에서 부품 i의 신뢰성을 R_i라고 한다면 전체 시스템의 신뢰성은 다음과 같이 표현된다.

$$R = \prod_{i=1}^{n} R_i \tag{1-5}$$

예를 들어 신뢰성이 각각 95%와 98%인 두 개의 베어링이 장착된 축을 고려해 보자. 식 (1-5)로부터 축 시스템의 전체 신뢰성은

$$R = R_1\,R_2 = 0.95\,(0.98) = 0.93$$

즉 93%이다.

신뢰도 평가를 위한 해석은 불확실성을 다루거나 또는 현상을 기술하는 매개변수의 측정을 다룬다. 응력, 강도, 하중, 그리고 크기와 같은 통계적 변수들은 평균, 표준편차, 그리고 분포 등으로 표현된다. 만약 베어링 볼이 제조 공정에 의해 제조되고 지름에 대한 분포가 작성된다면, 우리는 크기에 대한 불확실성이 있는 볼의 선정에 대해 이야기할 수 있다. 만약 우리가 구름(rolling) 시 무게나 관성모멘트를 고려하고자 한다면, 이 크기에 대한 불확실성이 무게나 관성에 대한 우리의 지식으로 확장 **전파된다**고 생각할 수 있다. 크기나 밀도에 대한 통계적 변수로부터 무게나 관성에 대한 통계적 변수를 측정하는 여러 방법이 있다. 이러한 방법들은 **오류 전파**(*propagation of error*), **불확실성 전파**(*propagation of uncertainty*) 또는 **분산 전파**(*propagation of dispersion*) 등으로 다양하게 일컬어진다. 이러한 방법들은 파손확률이 관계될 때 해석을 통합해 주는 부분이거나 종합해 주는 역할을 한다.

실제 적용가능한 신뢰도 해석을 위해서는 통계적 데이터와 평가의 정확성이 필수 사항임에 유의해야 한다. 이를 위해서는 실험과 데이터의 검증이 정확하게 수행되어야 한다. 많은 경우에 이러한 것들을 실제 수행할 수 없기에 설계에 대한 결정론적 접근법이 수행되어야 한다.

1-13 치수와 공차

다음 용어들이 일반적으로 치수를 표현하는 데 사용된다.

- **공칭 크기(Nominal size)**: 요소에 대해 설명할 때 사용하는 크기. 예를 들어, 40 mm 배관 또는 12 mm 볼트와 같이 표현할 것이다. 이론적인 크기와 실제 측정된 크기는 모두 다를 것이다. 이론적 크기가 40 mm인 배관은 바깥지름의 경우에 47.5 mm이다. 그리고 지름이 12 mm인 볼트를 실제 측정하면 11.8 mm일 수 있다.
- **한계(Limits)**: 기술된 최대와 최소 치수
- **공차(Tolerance)**: 두 한계 사이의 차이
- **양측 공차(Bilateral tolerance)**: 기본 치수로부터 양 방향으로의 편차. 예를 들어 25 ± 0.05 mm와 같이 기본 치수는 두 한계 사이에 있다. 공차의 양쪽 한계값이 같을 필요는 없다.
- **편측 공차(Unilateral tolerance)**: 기본 치수값이 한계값 중 하나가 되고 편차는 다음과 같이 한쪽에 대해서만 주어진다.

$$25^{+0.05}_{-0.000}\ \text{mm}$$

- **틈새(Clearance)**: 볼트와 구멍과 같은 원통형 부품의 체결 시 일반적으로 사용되는 용어. 틈새라는 용어는 내부 요소가 외부 요소보다 더 작을 때만 사용된다. **지름의 틈새**는 두 지름의 차이를 의미하며, **반지름의 틈새**는 두 반지름의 차이를 의미한다.
- **간섭(Interference)**: 틈새의 반대적 의미로 실린더형 부품의 체결 시 내부 요소가 외부 요소보다 더 클 때 사용된다(예, press-fits).
- **허용차(Allowance)**: 부품 체결 시 최소 규정 틈새 혹은 최대 규정 간섭

여러 부분이 조립될 때, 간격(또는 간섭)은 개별 부품의 치수와 공차에 달려 있다.

예제 1-3 숄더 스크류(shouldered screw)는 숄더에 대해 너트가 체결되기 전에 나사에 3개의 중공 원형 실린더형 부품이 포함되어 있다. 기능을 유지하기 위해서, 그 간격 w는 0.08 mm와 같거나 그 이상이어야 한다. 그림 1-4에 나타난 바와 같이 각 부품은 다음과 같은 치수와 공차를 갖는다.

$$a = 44.50 \pm 0.08\ \text{mm} \qquad b = 19.05 \pm 0.02\ \text{mm}$$
$$c = 3.05 \pm 0.13\ \text{mm} \qquad d = 22.23 \pm 0.02\ \text{mm}$$

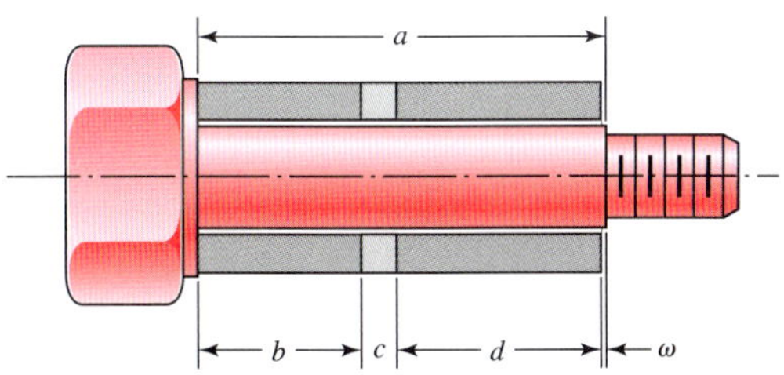

그림 1-4
그림 1-4 길이가 a인 숄더 볼트 기둥에 존재하는 길이가 각각 b, c, d인 세 개의 실린더형 슬리브 집합체. 간격 w가 관심사항임.

치수가 d인 부품을 제외한 나머지 모든 부품은 공급자에 의해 제공된다. 치수가 d인 부품은 직접 제작된다.

(a) 간격 w값의 평균과 공차를 계산하라.

(b) $w \geq 0.08$ mm를 만족하는 기본 d값은 얼마인가?

풀이 (a) 간격 w의 평균값은 다음과 같이 구한다.

답
$$\bar{w} = \bar{a} - \bar{b} - \bar{c} - \bar{d} = 44.50 - 19.05 - 3.05 - 22.23 = 0.17 \text{ mm}$$

동일한 양측 공차에 대해 간격값의 공차는 다음과 같다.

답
$$t_w = \sum_{\text{all}} t = 0.08 + 0.02 + 0.13 + 0.02 = 0.25 \text{ mm}$$

그러므로, $w = 0.17 \pm 0.25$이고,

$$w_{\max} = \bar{w} + t_w = 0.17 + 0.25 = 0.42 \text{ mm}$$

$$w_{\min} = \bar{w} - t_w = 0.17 - 0.25 = -0.08 \text{ mm}$$

따라서, 틈새와 간섭이 둘 다 가능하다.

(b) 만약 $w_{\min}$이 0.08 mm가 되면, $\bar{w} = w_{\min} + t_w = 0.08 + 0.25 = 0.33$ mm이다. 그러므로,

답
$$\bar{d} = \bar{a} - \bar{b} - \bar{c} - \bar{w} = 44.50 - 19.05 - 3.05 - 0.33 = 22.07 \text{ mm}$$

앞의 예제는 **절대 공차 시스템**을 보여준다. 통계적으로 간격 제한값 근처의 간격 치수는 드문 경우이다. **통계적인 공차 시스템**을 사용하면 주어진 한계를 만족하는 확률이 결정된다. 이 확률은 개별 치수의 통계적 분포를 다룬다. 예를 들어, 앞의 예제에서 치수의 분포형이 정규분포이고, 공차 t가 치수 분포형의 표준편차로 주어진다면, 간격 $\bar{w}$의 표준편차는 $t_w = \sqrt{\sum_{\text{all}} t^2}$이 될 것이다. 그러나 이는 개별 치수를 정규분포로 가정하며 이는 드문 경우이다. w의 분포형과 특정 한계 내에 w가 있을 확률을 찾기 위해서는 대부분의 경우에 있어 컴퓨터 시뮬레이션이 필요하다. *Monte Carlo* 시뮬레이션이 w의 분포형을 결정하기 위해서 사용되며 절차는 다음과 같다.

1 확률분포에 기초한 개별 치수의 값을 선정하여 개별 치수의 사례를 생성한다.
2 1단계에서 얻어진 치수의 값을 이용하여 w를 계산한다.
3 w의 분포를 얻기 위해 1, 2단계를 N번 반복한다. 시도 횟수가 많아질수록 분포형의 신뢰도가 높아진다.

1-14 단위

$F = ma$로 표현되는 뉴턴의 운동 제2법칙을 차원의 형태로 나타내면 다음과 같이 표현된다.

$$F = MLT^{-2} \tag{1-6}$$

여기서 F는 힘을 의미하며, M은 질량, L은 길이, T는 시간을 나타낸다. 이 물리량 가운데 무엇이 되었건 선택된 3가지 단위를 **기본 단위**(*base* unit)라고 한다. 앞서 결정된 3가지 단위로부터 결정되는 네 번째 단위를 **유도 단위**(*derived unit*)라고 한다. 힘, 길이, 시간이 기본 단위로 선정되면, 질량이 유도 단위가 되는데, 이런 시스템을 **중력 단위계**(*gravitational system of units*)라 한다. 질량, 길이, 시간이 기본단위로 선정되면, 힘이 유도 단위가 되는데, 이 시스템을 **절대 단위계**(*absolute system of units*)라 한다.

일부 영어권 국가에서는 **미국식** *foot-pound-second* (fps) 단위계와 *inch-pound-second* (ips) 단위계가 표준 중력 단위계로 널리 사용된다. fps 단위계에서 질량의 단위는 다음과 같다.

$$M = \frac{FT^2}{L} = \frac{\text{(pound-force)(second)}^2}{\text{foot}} = \text{lbf} \cdot \text{s}^2/\text{ft} = \text{slug} \tag{1-7}$$

따라서 fps 중력 단위계에서는 길이, 시간, 그리고 힘이 3개의 기본단위이다.

fps 단위계에서 힘의 단위는 pound이며 엄밀히 말하면 *pound-force*이다. 이 경우 이 단위의 약어로 lbf를 일반적으로 사용한다. 약어로 lb도 사용할 수 있다. 어떤 공학 분야에서는 1000 lbf를 kilopound로 나타내거나, kip로 줄여서 나타내는 것이 유용하다. 또한 식 (1-7)의 fps 중력 단위계에서 질량에 대한 유도단위는 lbf · s^2/ft이며, 이를 slug라 한다. slug에 대한 약어는 없다.

ips 중력 단위계에서 질량의 단위는 다음과 같다.

$$M = \frac{FT^2}{L} = \frac{\text{(pound-force)(second)}^2}{\text{inch}} = \text{lbf} \cdot \text{s}^2/\text{in} \tag{1-8}$$

여기서 질량의 단위인 lbf · s^2/in에 대한 공식적인 이름은 없다.

국제 단위계(*International System of Units*, SI)는 절대 단위계이다. 기본 단위는 meter, kilogram(질량), 그리고 second이다. 힘의 단위는 뉴턴의 제2법칙으로부터 유도되며, **뉴턴**(*Newton*)이라 한다. Newton (N)을 구성하는 단위들은 다음과 같다.

$$F = \frac{ML}{T^2} = \frac{\text{(kilogram)(meter)}}{\text{(second)}^2} = \text{kg} \cdot \text{m/s}^2 = \text{N} \tag{1-9}$$

물체의 무게란 중력에 의해서 물체에 부과된 힘이다. 무게를 W로 표시하고, 중력가속도를 g라 하면, 무게는 다음과 같다.

$$W = mg \tag{1-10}$$

fps 단위계에서 표준 중력은 $g = 32.1740$ ft/s^2이다. 대부분의 경우에 32.2로 간주한다. 그러므로 fps 단위계에서 질량 1 slug의 무게는 다음과 같다.

$$W = mg = (1\ \text{slug})(32.2\ \text{ft/s}^2) = 32.2\ \text{lbf}$$

ips 단위계에서 표준 중력은 386.088 또는 약 386 in/s^2이다. 따라서 이 시스템에서 단위 질량의 무게는 다음과 같다.

$$W = (1\ \text{lbf} \cdot \text{s}^2/\text{in})(386\ \text{in/s}^2) = 386\ \text{lbf}$$

SI 단위계를 사용하면, 표준 중력은 9.806 또는 약 9.81 m/s^2이다. 따라서 질량 1-kg의 무게는 다음과 같다.

$$W = (1\,\text{kg})(9.81\,\text{m/s}^2) = 9.81\,\text{N}$$

SI 단위계에서 10의 거듭제곱 혹은 약수로 주어진 값을 표현하기 위한 이름과 기호들이 정의되어 있으며, 표 A-1에 이러한 접두사와 기호를 나타내었다.

4자리 혹은 그 이상의 자리수로 된 숫자는 3자리씩 그룹으로 기입하거나 혹은 콤마(,) 대신 공란(space)으로 구분한다. 그러나 4자리 숫자의 경우는 공란으로 한 칸을 띄지 않을 수도 있다. 소수점으로는 마침표(.)를 사용한다. 이런 권고는 소수점으로 콤마를 사용하는 일부 유럽 국가와 중앙점을 사용하는 영국 등으로 인해 야기되는 혼란을 피하게 한다. 다음에서 바른 표기와 잘못된 표기의 예를 보여준다.

바른 예: 1924 또는 1 924, 잘못된 예: 1,924
바른 예: 0.1924 또는 0.192 4, 잘못된 예: 0.192,4
바른 예: 192 423.618 50, 잘못된 예: 190,423.61850

1보다 작은 숫자의 경우 소수점 앞에는 항상 "0"이 와야 한다.

1-15 계산과 유효 숫자

이 절의 내용은 정수가 아닌 실수에 적용된다. 실수의 정확성은 숫자를 표현하는 유효 숫자의 수에 달려 있다. 항상 그렇지는 않지만 일반적으로 공학적인 정확성의 측면에서는 3자리 혹은 4자리의 유효 숫자가 필요하다. 다른 언급이 없다면, 3자리 이상의 유효 숫자가 계산에 사용된다. 유효 숫자의 수는 일반적으로 주어진 숫자의 개수(앞의 0은 제외하고)로부터 추론된다. 예를 들어 706, 3.14, 그리고 0.002 19는 3자리의 유효 숫자를 가진 숫자로 생각할 수 있다. 뒤에 오는 0에 대해 약간의 보충 설명이 필요하다. 706을 유효 숫자가 4개인 수로 나타내기 위해서는 뒤에 0을 추가하여 706.0, 7.060×10^2, 또는 0.7060×10^3으로 표기한다. 91 600 같은 수를 고려해 보자. 정확성을 명확히 하기 위해서는 과학적 기수법(scientific notation)이 사용되어야 한다. 유효 숫자가 3자리인 경우에는 91.6×10^3으로 표기한다. 유효 숫자가 4자리인 경우에 대해서는 91.60×10^3으로 표기한다.

컴퓨터와 계산기는 많은 유효 숫자들을 표시한다. 그러나 계산에 사용된 숫자들의 최소 유효 숫자보다 많은 유효 숫자로 결과를 표기해서는 안 된다. 물론 계산 시 가능한 최대의 정확성을 사용해야 한다. 예를 들어, 지름 $d = 11$ mm인 중실 축의 원주 길이를 결정하라. 원주 길이는 $C = \pi d$로 주어진다. 여기서 d의 유효 숫자가 2자리이기 때문에, 원주 C 역시 2자리의 유효 숫자로 주어져야 한다. 만약 π에 대해 2자리의 유효 숫자를 사용한다면 $C = 3.1(11) = 34.1$ mm가 될 것이다. 2자리의 유효 숫자로 반올림하면 $C = 34$ mm이다. 그러나 계산기에 프로그램화되어 있는 대로 $\pi = 3.141\ 592\ 654$를 사용하면 $C = 3.141\ 592\ 654\ (11) = 34.557\ 519\ 190$ mm가 된다. 이것을 반올림하면 $C = 35$ mm이고, 첫 번째 계산한 것에 비해 8.3% 정도 증가한다. 그러나 *d*가 2자리의 유효 숫자로 주어졌기에, 이는 *d*의 범위가 11 ± 0.12임을 의미함에 주의해야 한다. 이는 또한 계산된 *C*는 ±0.12/11 = ±0.0109 = ±1.09%의 범위 안에서 정확하다는 것을 의미한다. 계산은 여러 계산 과정 가운데 하나일 수 있으며, 각 계산에서의 개별 반올림은 큰 오차의 누적을 야기할 수 있다. 그러므로 모든 계산이 가능한 한 가장 정확하게 수행될 수 있도록 하고 주어진 입력 조건의 정확성 안에서 결과를 도출하는 것이 훌륭한 공학실무이다.

1-16 설계 주제의 상호 의존성(Design Topic Interdependencies)

기계설계 문제의 특성 중 하나는 주어진 기계 시스템을 구성하는 다양한 요소의 상호 의존성이다. 예를 들어, 구동축의 스퍼 기어를 헬리컬 기어로 변경하면 축방향 힘이 추가되며, 이로 인해 축의 배치 및 크기, 베어링의 종류 및 크기도 변경되어야 할 것이다. 단일 부품이라고 하더라도 과도한 변형, 정적 항복, 피로 파손, 접촉 응력, 재료 특성 등과 같은 역학과 파손 모드의 여러 다른 측면을 고려해야 할 것이다. 그러나 개별 주제에 대해 상세하게 설명하기 위해 대부분의 기계설계 관련 교재들은 각 주제별로 분리해서 다루며 해당 주제와 관계있는 연습문제만을 각 장 끝부분에 제공하고 있다.

독자들이 다양한 설계 주제 사이의 상호 의존성을 파악할 수 있도록 하기 위해 이 교재에서는 서로 연관성을 가지고 계속 진행되는 많은 연습문제를 제공하였다. 표 1-1의 각 행은 동일한 기계 시스템에 대해서 개별 장에서 다뤄지는 주제를 이용하여 해석되는 문제 번호를 나타낸 것이다. 예를 들어, 2행에 주어진 문제 3-40, 4-65, 4-66은 너클 조인트의 핀에 대한 것으로 3장에서는 응력 측면에서 다뤄지고 4장에서는 정적 파손 측면에서 다뤄진다. 이는 상호 의존성에 대한 간단한 사례이지만 표에서 확인할 수 있는 바와 같이 다른 시스템의 경우는 10개 정도의 다른 문제에서 다뤄지고 있다. 설계의 다양한 상호 의존성을 이해하는 능력을 배양하기 위해 여기서 다뤄지고 있는 것과 같은 서로 의존성을 가지고 진행되는 여러 문제를 다뤄보는 것이 도움이 될 것이다.

표 1-1에 주어진 문제 외에 1-17절에서는 동력전달에 대한 사례 해석을 다루게 되며 여기서는 전체 교재 과정 동안 다양한 서로 연관되는 해석이 수행된다. 사례 해석에 대한 최종 결과는 14장에 기술되어 있다.

1-17 동력전달요소 사례 해석 사양

동력전달요소의 감속기 설계과정의 여러 측면을 다루는 사례 해석이 이 교재를 통하여 다뤄질 것이다. 여기서는 설계하고자 하는 제품의 정의와 사양이 제시될 것이다. 보다 세부적인 내용과 부품 해석은 이어지는 장에서 기술될 것이다. 14장에서는 설계 절차, 부품 설계상의 상호 의존성, 동력 전달과 관련된 기타 세부 사항 등에 중점을 두어 전체 과정에 대한 개략적인 내용을 제공한다. 또한 여기서 소개된 동력 전달 감속기에 대한 전체 사례 해석을 포함하고 있다.

많은 산업 현장에서 엔진이나 전기 모터에 의해 구동되는 기계 시스템이 사용되고 있

표 1-1 서로 관련되는 연습문제 번호*

3–40	4–65	4–66								
3–68	4–39	5–37	6–7	10–14						
3–69	4–40	5–38	6–8	10–15						
3–70	4–41	5–39	6–9	10–16						
3–71	4–42	5–40	6–10	10–17						
3–72	4–43	5–41	6–11	6–19	6–20	6–34	10–27	10–28	11–38	12–36
3–73	4–44	5–42	6–12	6–21	6–22	6–35	10–29	10–30	11–39	12–37
3–74	4–45	5–43	6–13	10–41	11–42					
3–76	4–46	5–44	6–14	10–42	11–42					
3–77	4–47	5–45	6–15	10–18	11–40	12–38				
3–79	4–48	5–46	6–16	10–19	11–41	12–39				
3–80	4–49	5–47								
3–81	4–50	5–48								
3–82	4–51	5–49								
3–83	4–52	5–50								
3–84	4–53	4–56	5–51							
3–85	4–54	5–52								
3–86	4–55	5–53								
3–87	4–56									

*각 행은 동일한 기계요소가 서로 다른 설계 개념에 대해 반복되는 것을 의미.

다. 이때 구동력은 일반적으로 회전속도의 범위가 적을 때 가장 효율적으로 작용한다. 만약 기계 시스템에서 모터에 의해 공급되는 속도보다 작은 속도에서 공급되는 동력이 필요할 때 감속기가 사용되게 된다. 감속기는 속도를 줄이는 동시에 토크를 증가시키면서도 가능한 한 에너지 손실이 적도록 모터에서 기계 시스템으로 동력을 전달해야 한다. 예를 들어, 회사에서 광범위한 분야로 판매할 수 있도록 다양한 용량과 감속비 범위를 가진 기성품 감속기 제품군을 공급하기 원한다고 하자. 마케팅 팀에서는 다음과 같은 고객의 요구 사항을 만족시키기 위해 감속기 제품군 가운데 하나에 대해 다음과 같은 사양을 결정하였다.

설계 요건

전달 동력: 15 kW
입력 속도: 30 rev/s
출력 속도: 2 rev/s
적용 대상: 컨베이어 벨트, 송풍기, 발전기와 같이 균일하게 하중이 작용하는 시스템
출력축과 입력축은 일렬 정렬
4 bolts로 고정된 베이스(base)

계속적인 운전
6년 수명 (하루 8시간 운전 및 주당 5일 운전)
낮은 유지비
경쟁력 있는 가격
산업 지구의 일반 운전 조건
일반적인 커플링에 대한 표준 크기 입출력축 사용

사실 회사는 각 동력 용량에 대해 모든 속도비 범위에 대해 작동할 수 있는 설계를 원할 것이며, 전체 설계는 동일하게 유지하면서 기어의 크기만을 변경하여 이를 달성하려 할 것이다. 설계문제를 단순화하기 위해 본 사례 해석에서는 한 가지 속도비만을 고려할 것이다.

고객의 설계 요건 목록에서는 숫자로 표현된 기술적 요건뿐만 아니라 낮은 유지비, 가격 경쟁력 등과 같은 일반 요건도 포함되어 있음에 유의하라. 이러한 일반 요건은 설계과정에서 무엇을 고려해야 하는지에 대한 지침을 제공하지만 어떤 정량적 확신을 가지고 달성하기는 어렵다. 이와 같은 불명확한 요건을 명확하게 하기 위해서는 고객의 요구사항을 측량 가능한 제품 사양으로 만드는 것이 가장 바람직하다. 이러한 업무는 공학, 마케팅, 경영, 고객을 포함하는 팀의 업무를 통하여 대개 이루어진다. 요건의 우선순위를 정하고, 달성해야 할 업무 목록을 정하고, 각 업무 목록의 목표 값을 수립하기 위해 다양한 도구들이 사용될 수 있다. 이 과정의 목표는 제품이 만족해야 할 사항이 무엇인지가 정확하게 규명된 제품 사양을 얻는 것이다. 다음의 제품 사양은 이러한 설계 업무에 대한 대표적인 예를 보여준다.

설계 사양

전달 동력: 15 kW
동력 효율: >95%
정상상태 입력 속도: 30 rev/s
최대 입력 속도: 40 rev/s
정상상태 출력 속도: 1.5~2 rev/s
일반적으로 낮은 충격 수준, 때때로 보통 충격
입출력축은 기어박스 외부로 4 in 확장되어 있음
입출력축 지름의 공차: ±0.025 mm
입출력축 정렬: 중심점 ±0.125 mm, 축정렬 ±0.001 rad
입력축에 작용하는 최대허용하중: 축방향, 220 N; 횡방향, 440 N
출력축에 작용하는 최대허용하중: 축방향, 220 N; 횡방향, 2220 N
최대 기어박스 크기: 350 mm × 350 mm 베이스, 550 mm 높이
4 bolts로 고정된 베이스
베이스의 바닥면만을 고정
100% 사용률 (duty cycle)
유지 계획: 2000시간마다 윤활 확인; 8000 운전 시간마다 윤활유 교체; 기어와 베어링 수명 >12,000시간; 무한 축 수명; 기어, 베어링, 축은 교체 가능
가스킷 조인트의 분해 또는 개방 없이 윤활유의 점검, 배출, 충전이 가능하도록 해야 함

장비 한 개당 생산 비용: <$300
생산량: 매년 10,000개
운전 온도 범위: −23°~65℃
일반 날씨 조건에서 물과 먼지의 유입을 방지할 수 있는 밀폐
소음: 1 meter 떨어진 지점에서 <85 dB

연습문제 Problems

1-1 Select a mechanical component from Part 3 of this book (roller bearings, springs, etc.), go to your university's library or the appropriate internet website, and, using the *Thomas Register of American Manufacturers* (www.thomasnet.com), report on the information obtained on five manufacturers or suppliers.

1-2 Select a mechanical component from Part 3 of this book (roller bearings, springs, etc.), go to the Internet, and, using a search engine, report on the information obtained on five manufacturers or suppliers.

1-3 Select an organization listed in Sec. 1–6, go to the Internet, and list what information is available on the organization.

1-4 Go to the Internet and connect to the NSPE website (www.nspe.org/ethics). Read the history of the *Code of Ethics* and briefly discuss your reading.

1-5 Go to the Internet and connect to the NSPE website (www.nspe.org/ethics). Read the complete *NSPE Code of Ethics for Engineers* and briefly discuss your reading.

1-6 Go to the Internet and connect to the NSPE website (www.nspe.org/ethics). Go to *Ethics Resources* and review one or more of the topics given. A sample of some of the topics may be:
(*a*) Education Publications
(*b*) Ethics Case Search
(*c*) Ethics Exam
(*d*) FAQ
(*e*) Milton Lunch Contest
(*f*) Other Resources
(*g*) You Be the Judge
Briefly discuss your reading.

1-7 Estimate the relative cost of grinding a steel part to a tolerance of ± 0.0125 mm versus turning it to a tolerance of ± 0.075 mm.

1-8 The costs to manufacture a part using methods A and B are estimated by $C_A = 10 + 0.8\,P$ and $C_B = 60 + 0.8\,P - 0.005\,P^2$ respectively, where the cost C is in dollars and P is the number of parts. Estimate the breakeven point.

1-9 A cylindrical part of diameter d is loaded by an axial force P. This causes a stress of P/A, where $A = \pi d^2/4$. If the load is known with an uncertainty of ± 10 percent, the diameter is known within ± 5 percent (tolerances), and the stress that causes failure (strength) is known within ± 15 percent, determine the minimum design factor that will guarantee that the part will not fail.

1-10 When one knows the true values x_1 and x_2 and has approximations X_1 and X_2 at hand, one can see where errors may arise. By viewing error as something to be added to an approximation to attain a true value, it follows that the error e_i, is related to X_i, and x_i as $x_i = X_i + e_i$
(*a*) Show that the error in a sum $X_1 + X_2$ is

$$(x_1 + x_2) - (X_1 + X_2) = e_1 + e_2$$

(*b*) Show that the error in a difference $X_1 - X_2$ is

$$(x_1 - x_2) - (X_1 - X_2) = e_1 - e_2$$

(*c*) Show that the error in a product $X_1 X_2$ is

$$x_1x_2 - X_1X_2 = X_1X_2\left(\frac{e_1}{X_1} + \frac{e_2}{X_2}\right)$$

(*d*) Show that in a quotient X_1/X_2 the error is

$$\frac{x_1}{x_2} - \frac{X_1}{X_2} = \frac{X_1}{X_2}\left(\frac{e_1}{X_1} - \frac{e_2}{X_2}\right)$$

1–11 Use the true values $x_1 = \sqrt{7}$ and $x_2 = \sqrt{8}$

(*a*) Demonstrate the correctness of the error equation from Prob. 1–10 for addition if three correct digits are used for X_1 and X_2.

(*b*) Demonstrate the correctness of the error equation for addition using three-digit significant numbers for X_1 and X_2.

1–12 A rod with a cross-sectional area of A and loaded in tension with an axial force of $P = 9$ kN undergoes a stress of $\sigma = P/A$. Using a material strength of 168 N/mm^2 and a *design factor* of 3.0, determine the minimum diameter of a solid circular rod. Using Table A–17, select a preferred fractional diameter and determine the rod's *factor of safety*.

1–13 A mechanical system comprises three subsystems in series with reliabilities of 98, 96, and 94 percent. What is the overall reliability of the system?

1–14 Three blocks A, B, and C and a grooved block D have dimensions a, b, c, and d as follows:

$$a = 37.5 \pm 0.025 \text{ mm} \qquad b = 50 \pm 0.075 \text{ mm}$$

$$c = 75 \pm 0.1 \text{ mm} \qquad d = 163 \pm 0.25 \text{ mm}$$

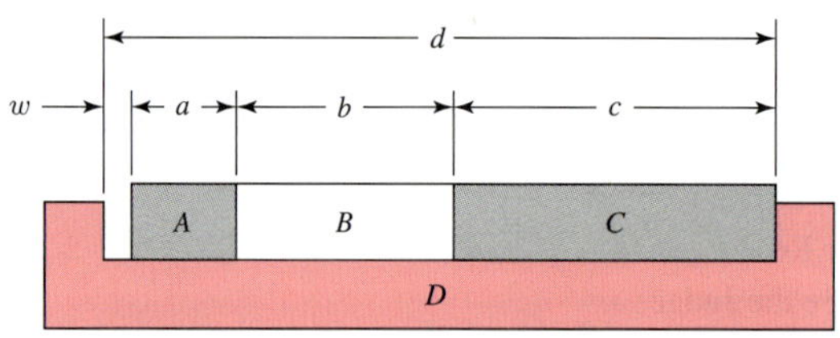

Problem 1–14

(*a*) Determine the mean gap $\bar{w}$ and its tolerance.

(*b*) Determine the mean size of d that will assure that $w \geq 0.25$ mm.

1–15 The volume of a rectangular parallelepiped is given by $V = xyz$. If

$x = a \pm \Delta a$, $y = b \pm \Delta b$, $z = c \pm \Delta c$, show that

$$\frac{\Delta V}{\bar{V}} = \frac{\Delta a}{\bar{a}} + \frac{\Delta b}{\bar{b}} + \frac{\Delta c}{\bar{c}}$$

Use this result to determine the bilateral tolerance on the volume of a rectangular parallelepiped with dimensions

$$a = 37.5 \pm 0.05 \text{ mm} \qquad b = 47 \pm 0.075 \text{ mm} \qquad c = 75 \pm 0.1 \text{ mm}$$

1–16 A pivot in a linkage has a pin in the figure whose dimension $a \pm t_a$ is to be established. The thickness of the link clevis is 37.5 ± 0.125 mm. The designer has concluded that a gap of between 0.1 and 1.25 mm will satisfactorily sustain the function of the linkage pivot. Determine the dimension a and its tolerance.

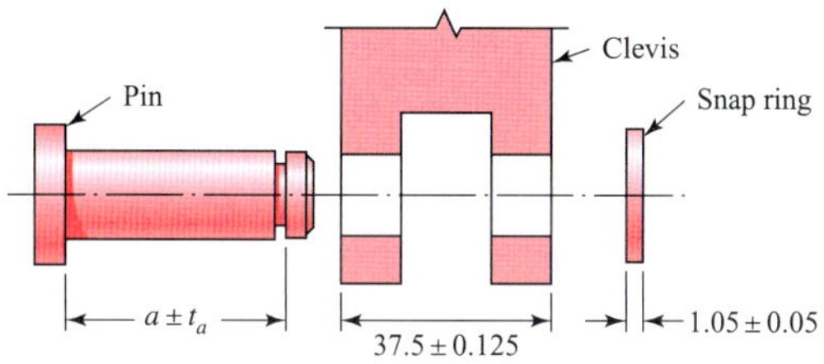

Problem 1–16
Dimensions in mm.

1–17 A circular cross section O ring has the dimensions shown in the figure. In particular, an AS 568A standard No. 240 O ring has an inside diameter D_i and a cross-section diameter d of

$$D_i = 84.4 \pm 0.7 \text{ mm} \qquad d = 3.5 \pm 0.1 \text{ mm}$$

Estimate the mean outside diameter $\bar{D}_o$ and its bilateral tolerance.

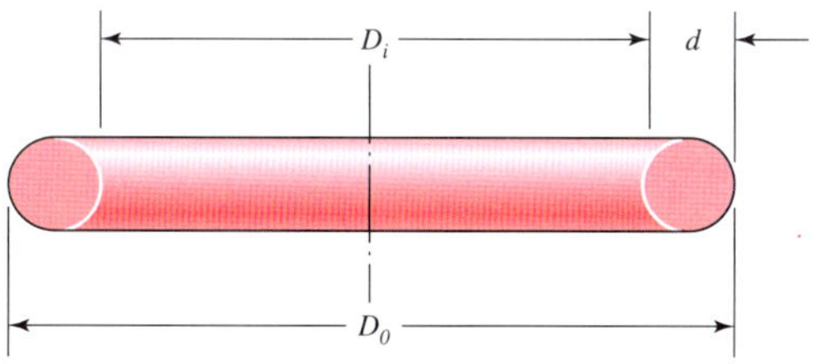

Problem 1–17

1–18 to 1–21 For the table given, repeat Prob. 1–17 for the following O rings, given the AS 568A standard number. *Note:* The solutions require research.

Problem number	1–18	1–19	1–20	1–21
AS 568A No.	110	220	160	320

1–22 Generally, final design results are rounded to or fixed to three digits because the given data cannot justify a greater display. In addition, prefixes should be selected so as to limit number strings to no more than four digits to the left of the decimal point. Using these rules, as well as those for the choice of prefixes, solve the following relations:
(*a*) $\sigma = M/Z$, where $M = 200$ N · m and $Z = 15.3 \times 10^3$ mm^3.
(*b*) $\sigma = F/A$, where $F = 42$ kN and $A = 600$ mm^2.
(*c*) $y = Fl^3/3EI$, where $F = 1200$ N, $l = 800$ mm, $E = 207$ GPa, and $I = 64 \times 10^3$ mm^4.
(*d*) $\theta = Tl/GJ$, where $T = 1100$ N · m, $l = 250$ mm, $G = 79.3$ GPa, and $d = 25$ mm.

1–23 Repeat Prob. 1–22 for the following:
(*a*) $\sigma = F/wt$, where $F = 1$ kN, $w = 25$ mm, and $t = 5$ mm.
(*b*) $I = bh^3/12$, where $b = 10$ mm and $h = 25$ mm.
(*c*) $I = \pi d^4/64$, where $d = 25.4$ mm.
(*d*) $\tau = 16\,T/\pi d^3$, where $T = 25$ N · m, and $d = 12.7$ mm.

1–24 Repeat Prob. 1–22 for:
(*a*) $\tau = F/A$, where $A = \pi d^2/4$, $F = 120$ kN, and $d = 20$ mm.
(*b*) $\sigma = 32\,Fa/\pi d^3$, where $F = 800$ N, $a = 800$ mm, and $d = 32$ mm.
(*c*) $Z = \pi(d_o^4 - d_i^4)/(32\,d_o)$ for $d_o = 36$ mm and $d_i = 26$ mm.
(*d*) $k = (d^4\,G)/(8\,D^3\,N)$, where $d = 1.6$ mm, $G = 79.3$ GPa, $D = 19.2$ mm, and $N = 32$ (a dimensionless number).

CHAPTER 02

Shigley's Mechanical Engineering Design

재료

Chapter Outline

기계 부품이나 구조재의 재료 선택은 설계자가 내려야 할 중요한 결정 가운데 하나이다. 보통 재료 선택에 대한 결정은 부품의 치수가 확정되기 전에 내려진다. 설계자는 원하는 형상과 재료(이 둘은 결코 분리할 수 없다)를 만들기 위한 공정을 선택한 후에, 부재를 조절하고 배치하여 기능 상실을 피하거나 기능 상실의 가능성을 허용할 수 있는 수준의 위험도(risk) 이내로 유지되도록 한다.

기계 부품의 응력과 처짐량 계산은 재료 성질에 바탕을 두고 있으며 이를 통해 부재가 제작된다. 예를 들어 처짐량 및 안정성(stability)의 평가를 위해서는 재료의 탄성 (강성) 물성치가 필요하고, 기계 부품의 취약부에서의 응력 상태를 평가하려면 해당부위에서의 사용 조건에 따른 재료 강도와의 비교가 필요하다. 이러한 재료 강도는 실험을 통해 구할 수 있는 재료의 성질이며, 필요에 따라 사용 형상과 조건을 고려하여 보정하여 사용한다.

기계 부품의 설계에서 응력과 처짐이 중요하지만, 재료가 항상 이 두 가지 사항을 기반으로 선정되는 것은 아니다. 어떤 부재는 단순히 공간을 메우거나 미관상 사용되며, 이런 경우는 하중을 받지 않는다. 부재들은 종종 내부식성을 고려하여 설계되며, 때로는 응력 및 변형률에 비해 온도의 영향을 더 중요하게 고려한다. 응력과 변형률 이외에도 수많은 인자들이 부품의 설계에 영향을 미칠 수 있으므로, 설계자는 재료와 공정에 대한 풍부한 기초 지식 등 다방면에 대해 알고 있어야 한다.

2-1 재료 강도와 강성

설계 시 필요한 재료의 다양한 특성과 강도를 얻기 위해서는 표준 인장 시험을 이용한다. 그림 2-1은 대표적인 인장 시험 시편과 주요 치수를 나타낸 것이다.[1] 변위 측정에 사용되는 초기 직경 d_0와 표점 거리(gauge length) l_0는 시험을 시작하기 전에 기록해 둔다. 그런 다음 시편을 시험기에 고정하고 서서히 인장하중을 가하면서 하중 P와 변위를 측정한다. 하중은 다음의 계산식을 이용하여 응력으로 변환한다.

$$\sigma = \frac{P}{A_0} \tag{2-1}$$

여기서, $A_0 = \frac{1}{4}\pi d_0^2$은 시편의 초기 면적이다.

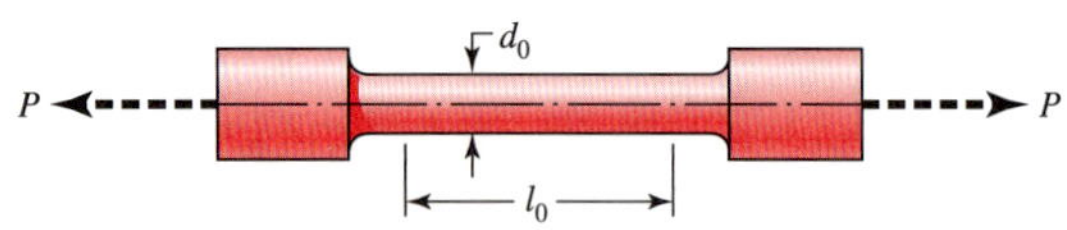

그림 2-1
대표적인 인장 시편. d_0의 표준 치수로는 2.5, 6.25, 12.5 mm 그리고 0.505 in 등이 사용되며, 다른 단면과 치수가 사용되기도 한다. 일반적으로 사용되는 표점 거리 l_0는 10, 25, 50 mm 그리고 1, 2 in이다.

[1] 표준 치수를 위해 ASTM standards E8과 E-8 m을 참조.

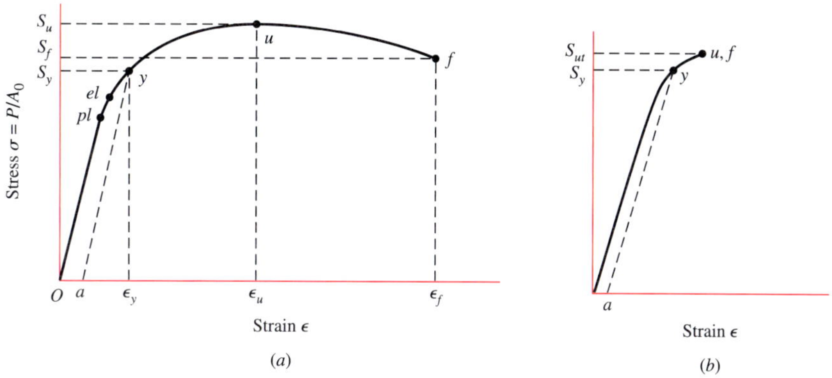

그림 2-2
표준 인장 시험으로 구한 응력-변형률 선도 (*a*) 연성 재료 (*b*) 취성 재료. *pl*은 비례 한도, *el*은 탄성 한도, *y*는 오프셋(offset) 변형률 *a*로 정의된 오프셋 항복강도, *u*는 최대(maximum) 혹은 인장(ultimate) 강도 그리고 *f*는 파괴(fracture) 강도이다.

변위 또는 표점 거리의 증가는 $l - l_0$로 구할 수 있으며, 여기서 l은 하중 P에 따른 표점 거리이다. 수직 변형률은 다음과 같이 계산할 수 있다.

$$\epsilon = \frac{l - l_0}{l_0} \tag{2-2}$$

시험 결과는 **응력-변형률 선도**로 작성한다. 그림 2-2는 연성(ductile)과 취성(brittle) 재료에 대한 전형적인 응력-변형률 선도를 나타낸 것이다. 일반적으로 연성 재료는 취성 재료보다 더 많이 변형된다.

그림 2-2*a*에서 점 *pl*을 **비례 한도**라 한다. 비례 한도는 응력-변형률 선도가 직선에서 곡선으로 변하기 시작하는 점이다. 만약 이 점에서 하중을 제거하면 시편에서는 어떠한 영구 변형도 관찰되지 않는다. 선형 구간에서 일축(uniaxial) 응력-변형률 관계는 다음과 같은 **후크의 법칙**(*Hooke's law*)을 따른다.

$$\sigma = E\epsilon \tag{2-3}$$

여기서, 비례 상수 E는 응력-변형률 선도에서 선형 부분의 기울기로서, *Young* **계수** 또는 **탄성 계수**(*modulus of elasticity*)라 한다. E는 재료의 강성에 대한 척도이며, 변형률이 무차원이므로 E의 단위는 응력의 단위와 같다. 예를 들어 강의 탄성 계수는 **열처리, 탄소 함량, 합금** 등에 관계없이 약 207 GPa (30 Mpsi) 정도이다. 스테인리스 강의 경우는 약 190 GPa(27.5 Mpsi) 정도이다.

그림 2-2에서 점 *el*을 **탄성 한도**라 한다. 만약 이 점 이상으로 시편에 하중이 작용하면 소성 변형이 발생하였다고 표현하며, 이 경우 하중을 제거하더라도 재료에는 영구 변형이 남는다. 비록 시편이 탄성적인 경우에도 *pl*과 *el* 사이의 선도는 완전한 직선이 아니다.

많은 재료가 인장 시험 도중 응력의 큰 증가 없이도 변형률이 급격하게 증가하기 시작하는 점에 도달하는데 그 점을 **항복점**(*yield point*)이라 한다. 모든 재료에서 항복점이 명백하게 나타나는 것은 아니다(특히 취성 재료의 경우). 이런 이유로 **항복강도** S_y는 흔히 그림 2-2에 나타난 바와 같이 **오프셋 방법**(*offset method*)으로 정의된다. 여기서 직선 *ay*의 기울기는 E이다. 점 *a*는 특정 영구 변형률에 해당되는 값으로, 일반적으로 초기 표점 길이의 0.2%가 사용되며($\epsilon = 0.002$), 경우에 따라 0.01, 0.1 또는 0.5%가 사용되기도 한다.

극한 혹은 인장강도, S_u 또는 S_{ut}는 그림 2-2의 점 *u*에 해당하며, 응력-변형률 선도에서 최대 응력이다.[2] 그림 2-2*a*에 나타난 바와 같이 어떤 재료는 최대 응력값에 도달한 후 감소하는 경향을 보이며, 선도의 점 *f*에서 파괴된다. 주철이나 고강도 강과 같은 다른 재료들은 그림 2-2*b*에 나타난 바와 같이 응력-변형률 선도가 계속 증가하는 도중에 파괴되며, 이 경우 점 *u*와 *f*는 동일하다.

1-9절에서 언급한 바와 같이, **강도**는 특정 재료의 선정 혹은 공정(혹은 두 가지 모두)으로 인해 재료나 기계 부재가 갖게 되는 고유의 성질이다. 예를 들어, 특정 형상과 가동조건 하에서의 커넥팅로드의 위험부위 강도는 언제나 같다. 즉, 이미 가동 중인 기계에서 부품으로 사용 중이거나 혹은 다른 부품과 조립되기 위해 작업대에서 대기하고 있는 상태이거나 상관없이 강도는 같다. 반면, 응력은 기계의 부품으로 조립되어 하중을 받아야 발생하는 값이다. 그러나 응력이 제작공정이나 취급 과정에서 부품에 생성되는 경우도 있다. 예를 들어, 숏 피닝(shot peening)은 부품의 표면에 압축 **응력**을 발생시키고, 이를 통해 부품의 피로 강도를 향상시킨다. 응력과 강도는 서로 다른 의미를 갖는다. 따라서 이 책에서는 *S*로 표시되는 **강도**와 σ와 τ로 표시되는 **응력**을 주의 깊게 구별하여야 한다.

식 (2-1)과 (2-2)를 이용하여 계산되는 응력-변형률은 **참**값이 아니기 때문에 그림 2-2의 선도를 **공칭** 응력-변형률 선도(*engineering* stress-strain diagram)라 한다. 식 (2-1)을 이용하여 계산되는 응력은 하중이 작용하기 전의 원 단면적을 기준으로 한다. 실제로는 하중이 가해지면 단면적이 감소하기 때문에 **실제 응력** 또는 **진**(*true*)**응력**은 **공칭응력**보다 커진다. 정확한 진응력값을 얻기 위해서는 인장 시험을 하는 동안에 하중과 단면적을 동시에 측정해야 한다. 그림 2-2*a*는 응력이 점 *u*에서 *f*까지 감소하는 경향을 보이는 대표적 연성 재료의 특성을 나타낸다. 일반적으로 그림 2-3에 나타난 바와 같이, 점 *u*를 넘어서면 시편의 취약한 부분에서 단면이 국부적으로 급격히 감소하면서 넥킹(necking) 현상이 발생한다. 따라서 넥킹이 발생한 단면에서의 진응력은 공칭응력에 비해 매우 크다.

식 (2-2)의 공칭 변형률은 **원** 길이를 기준으로 한 길이의 변화량으로 구한다. **진응력-변형률 선도**를 그릴 때는 통상적으로 진변형률 또는 **대수 변형률**(*logarithmic strain*)이라는 용어를 사용한다. 진변형률은 점증하는 길이의 변화량을 현재의 하중 *P*에서의 해당 표점 거리로 나눈 것의 합을 의미하며, 다음과 같이 표현된다.

$$\varepsilon = \int_{l_0}^{l} \frac{dl}{l} = \ln \frac{l}{l_0} \tag{2-4}$$

여기서, ε은 진변형률을 나타낸다. 진응력-변형률 선도(그림 2-4)의 가장 중요한 특성은 진응력은 파괴가 될 때까지 계속 증가한다는 것이다. 따라서 그림 2-4에 나타난 바와 같이 진파괴응력(true fracture stress) σ_f는 진 인장응력 σ_u보다 크다. 이 결과는 공칭 파괴강도 S_f가 공칭 인장강도 S_u보다 작은 그림 2-2*a*의 결과와 반대가 된다.

그림 2-3
넥킹이 발생한 후의 인장 시편

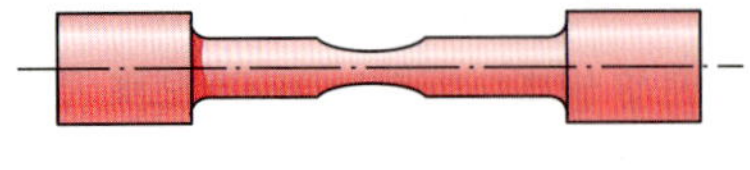

[2] 용어가 다를 수 있다. 오랜 기간 동안 엔지니어는 극한강도(*ultimate strength*)라는 용어를 사용하였다. 따라서 S_u와 S_{ut}에서 하첨자 *u*가 사용된다. 그러나 재료과학과 금속학에서는 인장강도(*tensile strength*)라는 용어가 사용된다.

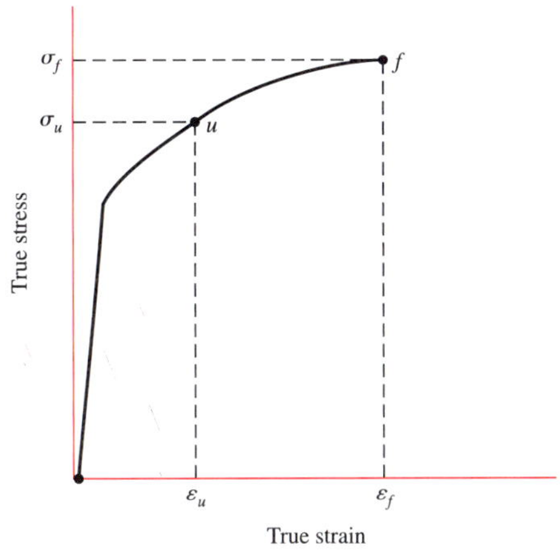

그림 2-4
직교좌표계로 표현된 진응력-변형률 선도

압축 시험(compression test)은 인장 시험보다 수행하기가 어렵고, 시편 형상 역시 인장 시험 시 사용되는 시편과 다르다. 그 이유는 시험 도중 좌굴 현상이 발생할 수도 있으며 응력이 균일하게 분포되는 것도 어려울 수 있기 때문이다. 연성 재료는 항복 후에 벌지(bulge) 현상이 발생한다는 점도 또 다른 원인이 된다. 하지만, 압축 시험 결과 역시 응력-변형률 선도로 나타낼 수 있으며, 인장 시험에서 사용된 강도의 정의가 동일하게 적용된다. 대부분의 재료의 경우 압축강도는 인장강도와 거의 같다. 그러나 주철의 경우처럼 인장강도와 압축강도가 확연하게 다른 경우에는 인장강도와 압축강도는 S_{ut}와 S_{uc}로 구분되어야 하며, 여기서 S_{uc}는 양수로 표현된다.

비틀림 강도(torsional strength)는 중실 원형 봉(solid circular bar)을 비틀고 그때의 토크와 비틀림 각을 측정하여 구한다. 그 결과는 **토크-비틀림**(*torque-twist*) **선도**로 표현된다. 시편에서의 전단응력은 반지름 방향에 대해 선형적으로 변하며, 시편 중심에서는 0이며 바깥쪽반지름(outer radius) r에서 최대이다(3장 참조). 최대전단응력 $\tau_{\max}$와 비틀림각 θ의 관계는 다음과 같다.

$$\tau_{\max} = \frac{Gr}{l_0}\theta \tag{2-5}$$

여기서, θ의 단위는 라디안(radian)이며, r은 시편 반경, l_0는 표점 거리, 그리고 G는 재료의 강성 특성으로 **전단 계수**(*shear modulus*) 또는 **강성 계수**(*modulus of rigidity*)라고 한다. 최대전단응력과 작용 토크 T의 관계는 다음과 같다.

$$\tau_{\max} = \frac{Tr}{J} \tag{2-6}$$

여기서, $J = \frac{1}{2}\pi r^4$은 단면의 극단면 2차 모멘트(polar second moment of area)이다.

토크-비틀림 선도는 그림 2-2와 유사하며, 식 (2-5)와 (2-6)을 이용하면 강성 계수, 탄성 한계(elastic limit) 그리고 **비틀림 항복강도** S_{sy}를 구할 수 있다. 그림 2-2의 점 u에 해당하는 토크-비틀림 선도의 최대점을 T_u라 정의하면, 비틀림 시험에서의 **파열 계수**(*modulus of rupture*)를 다음과 같이 정의할 수 있다.

$$S_{su} = \frac{T_u r}{J} \tag{2-7}$$

토크 T_u 하에서 봉의 최외곽 부분은 소성 상태이기 때문에 봉의 응력분포가 더 이상 선형적이지 않다. 따라서 S_{su}를 극한 비틀림 강도(ultimate torsional strength)라고 하는 것은 정확한 표현이 아니다.

그림 2-2의 응력-변형률 선도나 다른 비슷한 선도에서 정의된 모든 응력과 강도를 특히 **공칭응력**과 **공칭강도**(*engineering* or *nominal stresses* and *strengths*)라 하며, 이들 값이 보통 모든 공학 설계 계산에 사용된다. "**공칭**(*engineering* and *nominal*)"이라는 말은 하중이 작용하기 전의 원 단면적을 이용하여 응력이 계산되었다는 것을 강조하기 위해 사용하는 용어다. 이 책에서는 특별히 내용상으로 구별할 필요가 있을 때에만 이 용어를 언급하고자 한다.

응력-변형률 선도는 재료의 강도 값을 제공할 뿐만 아니라 재료의 에너지 흡수 특성에 대한 통찰력도 제공한다. 이는 응력-변형률 선도가 에너지와 직접적으로 관련이 있는 하중과 변위를 모두 포함하고 있기 때문이다. 탄성 범위 내의 에너지를 흡수하기 위한 재료의 능력을 **복원력**(또는 **탄력**, *resilience*)이라고 한다. 재료의 **복원계수** u_R은 영구 변형 없이 단위 부피당 흡수된 에너지로 정의된다. 이는 탄성 한계까지의 응력-변형률 곡선의 아래 면적으로 정의된다. 결정하기가 쉽기 때문에 탄성 한계를 근사적으로 항복점으로 간주할 수 있으며 따라서 u_R을 다음과 같이 정의할 수 있다.

$$u_R \cong \int_0^{\epsilon_y} \sigma \, d\epsilon \tag{2-8}$$

여기서 ϵ_y는 항복점에서의 변형률이다. 만약 응력-변형률이 항복점까지 선형이라면 곡선 아래 부분의 면적은 삼각형의 면적이므로 다음과 같이 표현된다.

$$u_R \cong \frac{1}{2} S_y \epsilon_y = \frac{1}{2}(S_y)(S_y/E) = \frac{S_y^2}{2E} \tag{2-9}$$

이는 항복강도가 같은 두 재료에 대하여 강성이 작은 재료(즉 E가 더 작은 재료)의 복원력이 더 크고 항복 없이 더 많은 에너지를 흡수할 수 있음을 의미한다.

파단이 없이 에너지를 흡수하기 위한 재료의 능력을 **인성**(*toughness*)이라 한다. **재료의 인성계수** u_T는 파단 없이 단위 부피당 흡수된 에너지로 정의되는데, 이는 응력-변형률 곡선에서 파괴점까지 곡선의 전체 아래 면적과 같다. 이를 수식으로 표현하면 다음과 같다.

$$u_T = \int_0^{\epsilon_f} \sigma \, d\epsilon \tag{2-10}$$

여기서, ϵ_f는 파괴점에서의 변형률이다. 이 적분은 흔히 응력-변형률 데이터로부터 도식적으로 수행되거나 다음과 같이 항복강도와 인장강도의 평균값과 파단변형률을 이용하여 근사적으로 구할 수도 있다.

$$u_T \cong \left(\frac{S_y + S_{ut}}{2}\right) \epsilon_f \tag{2-11}$$

인성과 복원력의 단위는 단위 부피당 에너지(lbf-in/in^3 또는 J/m^3)이며, 수치적으로 psi 또는 Pa과 등가이다. 이와 같은 인성과 복원력은 응력-변형률 선도를 얻기에 적합한 변형률 속도(strain rate)가 느린 경우에 대해 정의되며, 변형률 속도가 빠른 경우에 대해서는 2-5절의 충격 특성을 참고하라.

2-2 재료 물성치의 통계적 의미

앞 절에서 다루어진 내용 가운데 깊이 생각해봐야 할 부분이 있다. 그림 2-2는 하나의 시편에 대한 인장 시험 결과를 나타낸 것이다. 보통 엔지니어들은 점 *pl*, *el*, *y*, *u*, *f* 등과 같이 중요한 응력값을 물성치로 고려하며, 소문자 σ 대신 대문자 S에 하첨자를 더해 강도라 표기한다. 예를 들어, S_{pl}은 비례 한도, S_y는 항복강도, S_u는 인장강도(만약 인장강도와 압축강도의 구분이 필요하면 S_{ut} 혹은 S_{uc}로 표기)이다.

만약 동일한 1000개의 시편이 있다면 강도 값은 어떤 최소와 최대값 사이에서 분포할 것이다. 이는 재료 물성치인 강도는 분포로 표현되며 따라서 기본적으로 통계적임을 의미한다. 아래의 표는 동일조건에서 제작된 1020강에 대해서 1000번의 인장 시험을 수행하여 구한 최대 응력을 히스토그램 방식으로 나타낸 것이다. 여기서 극한 인장강도 S_{ut}를 구한다. 계급도수(class frequency)는 계급 중앙값(class midpoint)으로 나타내어진 7 MPa 범위 내에서의 발생 빈도를 의미한다. 예를 들어, 23회의 최대 응력값이 400~406 MPa 범위 내에서 발생하였다.

Class Frequency f_i	2	18	23	31	83	109	138	151	139	130	82	49	28	11	4	2
Class Midpoint x_i, MPa	390	397	404	411	418	425	432	439	446	453	460	467	474	481	488	495

확률 밀도는 발생 수를 전체 샘플 수로 나눈 것으로 정의된다. 그림 2-5의 막대 도표는 확률 밀도의 히스토그램을 나타낸 것이다. 만약 데이터가 *Gaussian* **분포**나 **정규분포** 형태를 따른다면 **확률밀도함수**는 다음과 같이 표현된다.

$$f(x) = \frac{1}{18.16\sqrt{2\pi}} \exp\left[-\frac{1}{2}\left(\frac{x-445.4}{18.16}\right)^2\right]$$

여기서, 평균응력이 445.4 MPa이고 표준편차는 18.16 MPa이다. $f(x)$의 그래프도 그림 2-5에 함께 나타내었다. 이제 강도 S_{ut}는 통계적 매개변수와 분포 형태로 표현된다. 이 경우 $\mathbf{S}_{ut} = \mathbf{N}(445.4, 18.16)$ MPa이며, 이는 평균응력이 445.4 MPa이고 표준편차가 18.16 MPa인 정규분포임을 의미한다.

예시된 내용의 시험 프로그램은 하나의 공급자에 의해 제공된 단일 열처리 조건 하의 1020강의 $\mathbf{S}_{ut}$ 값에 대해 설명하고 있음에 주목할 필요가 있다. 시험은 꼭 필요하며 많은 비용이 소요되는 과정이다. 물성치 표는 종종 다른 사용자에게 도움을 주기 위해 준비된다. 통계학적 성질은 평균, 표준편차 그리고 분포 형태로 설명된다. 대부분의 표는 한 가지 값을

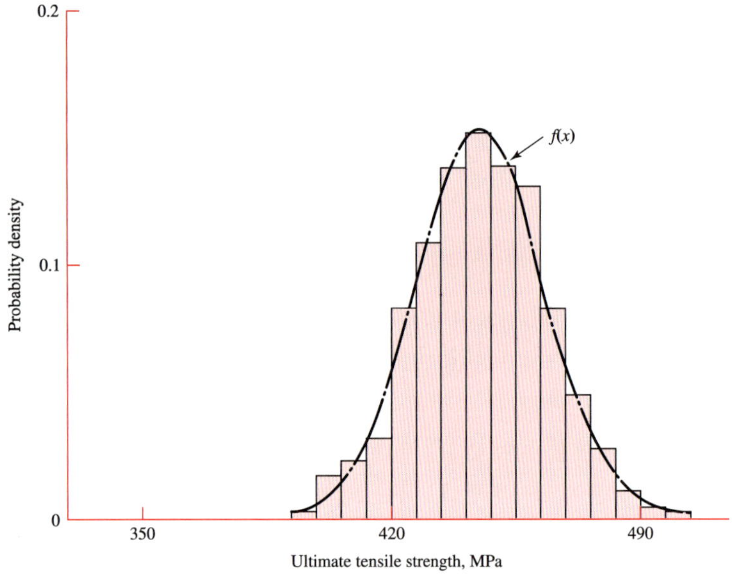

그림 2-5
단일 조건의 1020강에 대해 1000회의 인장시험 결과에 대한 히스토그램

나타내는데 보통 평균값, 최소값 혹은 99%와 같은 특정 %에 해당하는 값이다. 항상 표의 주석을 확인해야 한다. 단일 값이 표기된 표에 어떤 인증이나 조건이 없다면 그 표의 신뢰성은 의심을 받게 된다.

물성치에 대한 유용한 설명이 그 본질상 통계적 표현이라는 것은 놀라운 사실이 아니기 때문에 엔지니어가 물성치 시험을 요구할 때에는 시험법이나 지시사항에 대해 정확히 설명해야 한다. 이를 통해 엔지니어가 통계적 변수와 분포 특성을 파악하기에 충분한 데이터를 확보할 수 있다. 1000개의 시편을 이용한 1020강에 대한 인장 시험 프로그램은 매우 큰 과제이다. 만약 당신이 극한 강도 표에 단일 값을 기입해야 하는 상황에 직면했다면 어떤 값을 넣어야 하며, 주석은 어떻게 달아야 하겠는가?

2-3 강도와 냉간 가공

냉간 가공은 재료의 재결정 온도 이하에서 응력-변형률 선도 상의 소성 구간에 해당되는 변형을 주는 공정이다. 재료는 단조 또는 열간 압연처럼 열을 가함으로써 소성적으로 변형될 수 있다. 하지만 이런 과정을 거친 재료의 기계적 특성은 냉간 가공을 통하여 얻은 재료의 기계적 특성과는 크게 다르다. 이번 절의 목적은 재료가 냉간 가공되었을 때 재료의 기계적 특성에 어떤 중요한 변화가 발생하는가를 설명하는 것이다.

그림 2-6*a*의 응력-변형률 선도를 고려해 보자. 이 재료는 항복점 y를 넘어 소성영역인 i점까지 응력을 받은 후에 다시 하중이 제거되었다. 이를 통해 재료에는 영구소성변형 ϵ_p가 발생하게 된다. 만약 여기서 i점에 해당하는 하중이 다시 가해지면 재료는 ϵ_e만큼 탄성적으로 변형할 것이다. 따라서 점 i에서의 전체 변형률은 ϵ_p와 ϵ_e로 구성되며 다음과 같이 표현할 수 있다.

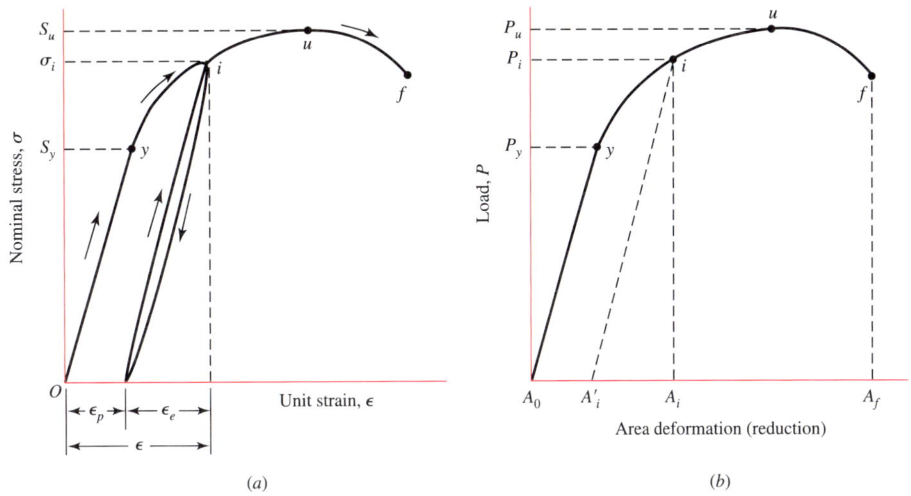

그림 2-6
(a) 소성 영역의 점 i에서 하중을 제거하고 다시 가하는 경우를 보여주는 응력-변형률 선도, (b) 하중-변형 선도로 나타낸 경우

$$\epsilon = \epsilon_p + \epsilon_e \tag{a}$$

이 재료는 점 i부터 i까지 하중 제거와 작용이 몇 번이고 반복될 수 있으며, 이 과정은 초기 탄성부분의 직선 Oy와 거의 평행한 직선을 따라 발생함을 알 수 있다. 그러므로

$$\epsilon_e = \frac{\sigma_i}{E} \tag{b}$$

이제 재료의 항복점은 더 높아졌지만, 변형률 능력의 감소로 연성은 저하되었다. 이런 경우를 **변형률 경화**(*strain-hardening*)되었다고 표현한다. 만약 이러한 과정이 계속되어 ϵ_p가 증가하면 재료는 취성화되어 갑작스럽게 파괴될 수 있다.

그림 2-6b에 나타낸 바와 같이 단면의 변화를 가로축으로 하고 작용 하중을 세로축으로 하는 선도를 작성할 수 있다. 파괴가 발생할 때의 하중 P_f에 대응하는 **단면 감소량**(*reduction in area*)은 다음과 같이 정의된다.

$$R = \frac{A_0 - A_f}{A_0} = 1 - \frac{A_f}{A_0} \tag{2-12}$$

여기서 A_0는 원 단면적이다. 식 (2-12)에서 R은 보통 퍼센트로 표현되며 **연성**의 척도로서 기계적 물성치 표에 나타내어진다. 예로 부록의 표 A-20을 참조하라. 연성은 재료가 과하중(overload)을 흡수할 수 있는 능력과 냉간 가공될 수 있는 능력을 나타내기 때문에 중요한 물성치이다. 따라서 굽힘, 인발, 압조(heading), 스트레치 포밍(stretch forming) 등과 같은 가공 공정에는 반드시 연성재료가 필요하다.

그림 2-6b는 또한 냉간 가공의 양(quantity of cold work)을 정의하기 위해 사용될 수 있다. **냉간가공 계수**(*cold-work factor*) W는 다음과 같이 정의된다.

$$W = \frac{A_0 - A'_i}{A_0} \approx \frac{A_0 - A_i}{A_0} \tag{2-13}$$

여기서 A'_i은 하중 P_i가 제거된 후의 면적이다. 식 (2-13)에서 근사값으로 표현한 이유는 탄성 영역에서 지름의 작은 변화를 측정하는 것이 어렵기 때문이다. 만약 냉간 가공 양을 알고 있다면 식 (2-13)을 이용하여 A_i'을 구할 수 있으며, 그 결과는 다음 식과 같다.

$$A_i' = A_0(1 - W) \tag{2-14}$$

응력-변형률 선도에서 볼 수 있듯이 냉간 가공에 의해 재료는 새로운 강도값을 나타내게 된다. Datsko[3]는 진응력-진변형률 선도의 소성 부분을 다음의 식으로 표현하였다.

$$\sigma = \sigma_0 \varepsilon^m \tag{2-15}$$

여기서 σ = 진응력

σ_0 = 강도 계수(strength coefficient) 또는 변형률-강화 계수 (strain-strengthening coefficient)

ε = 진 소성변형률

m = 변형률-강화 지수(strain-strengthening exponent)

이때 기울기가 0인 점이 있는 하중-변형량 곡선으로부터 다음의 관계를 유도할 수 있다.[4]

$$m = \varepsilon_u \tag{2-16}$$

소성 영역에서 진변형률을 계산하기 위해 표점 거리를 사용할 때 어려움이 생기는데 그 이유는 넥킹으로 인해 변형률이 일정하지 않기 때문이다. 이 경우 좀 더 효과적인 방법은 넥킹이 일어난 부분의 단면적을 이용하는 것이다. 만약 재료 부피의 변화가 작다고 가정하면 $Al = A_0 l_0$가 된다. 따라서 $l/l_0 = A_0/A$가 되고 진변형률은 다음과 같이 주어진다.

$$\varepsilon = \ln \frac{l}{l_0} = \ln \frac{A_0}{A} \tag{2-17}$$

그림 2-6*b*로 돌아가서, 만약 점 i가 점 u의 왼쪽에 있으면, 즉 $P_i < P_u$이면, 새로운 항복강도는 다음과 같이 표현된다.

$$S_y' = \frac{P_i}{A_i'} = \sigma_0 \varepsilon_i^m \qquad P_i \le P_u \tag{2-18}$$

단면적의 감소($A_i' < A_0$) 때문에 인장강도도 다음과 같이 변한다.

$$S_u' = \frac{P_u}{A_i'} \tag{c}$$

그리고 $P_u = S_u A_0$이므로, 식 (2-14)를 이용하면 다음과 같이 표현된다.

$$S_u' = \frac{S_u A_0}{A_0(1 - W)} = \frac{S_u}{1 - W} \qquad \varepsilon_i \le \varepsilon_u \tag{2-19}$$

이 식은 점 i가 점 u의 왼쪽에 있을 때에만 유효하다.

---

[3] Joseph Datsko, "Solid Materials," Chap. 32 in Joseph E. Shigley, Charles R. Mischke, and Thomas H. Brown, Jr. (eds.), *Standard Handbook of Machine Design*, 3rd ed., McGraw-Hill, New York, 2004. 참고, 또는 Joseph Datsko, "New Look at Material Strength," *Machine Design*, vol. 58, no. 3, Feb. 6, 1986, pp. 81 – 85. 참고

[4] J. E. Shigley and C. R. Mischke, *Mechanical Engineering Design*, Sec. 5 – 2, 6th ed., McGraw-Hill, New York, 2001. 참고

점 i가 점 u의 오른편에 있으면 항복강도가 인장강도에 접근하며 다음과 같이 근사적으로 표현할 수 있다.

$$S'_u \doteq S'_y \doteq \sigma_0 \varepsilon_i^m \qquad \varepsilon_i > \varepsilon_u \tag{2-20}$$

잠시 생각해 보면 봉이 인장에 의해 변형률-강화된 후에도 인장 실험에서 이전과 동일한 크기의 극한 하중을 가짐을 알 수 있다. 새로운 강도가 흥미로운 이유는 정적 극한 하중이 증가되었기 때문이 아니라 피로강도가 향상되었기 때문이다(피로강도는 국부 인장강도와 관련이 있다). 또한 항복강도가 증가하면서 **탄성** 범위가 더 넓어지는 특성을 나타낸다.

예제 2-1

풀림 가공(annealing)한 AISI 1018강(표 A-22 참조, S_y = 220 MPa, S_u = 341 MPa, σ_f = 628 MPa, σ_o = 620 MPa, m = 0.25, ε_f = 1.05 mm/mm)이 있다. 15% 냉간 가공을 하였을 경우, 재료의 새로운 강도를 구하라.

풀이 식 (2-16)으로부터 인장강도에 해당하는 진변형률을 구하면

$$\varepsilon_u = m = 0.25$$

식 (2-13)에서 A_0/A_i는

$$\frac{A_0}{A_i} = \frac{1}{1-W} = \frac{1}{1-0.15} = 1.176$$

15% 냉간 가공에 해당하는 진변형률은 식 (2-17)로부터 구할 수 있다.

$$\varepsilon_i = \ln\frac{A_0}{A_i} = \ln 1.176 = 0.1625$$

$\varepsilon_i < \varepsilon_u$이므로, 식 (2-18)과 (2-19)를 적용하면,

답 $$S'_y = \sigma_0 \varepsilon_i^m = 620(0.1625)^{0.25} = 394.6 \text{ MPa}$$

답 $$S'_u = \frac{S_u}{1-W} = \frac{341}{1-0.15} = 401.2 \text{ MPa}$$

2-4 경도

재료 표면의 단단함의 정도를 나타내는 재료 성질(날카로운 기구가 표면을 뚫고 들어오는 것에 대한 저항성)을 **경도**(*hardness*)라 한다. 재료 경도를 측정하는 장치는 여러 가지가 있지만, 여기서는 가장 널리 사용되는 두 가지 경우만 다루기로 한다.

로크웰(*Rockwell*) **경도** 시험은 ASTM 표준 경도 시험법 E-18에 기술되어 있으며, 측정이 빠르고 용이하다. 또한 시험 결과의 재현성이 뛰어나며, 시험기가 사용하기 쉽다. 경도값은 계측기의 눈금으로부터 직접 읽을 수 있다. 로크웰 경도의 크기는 A, B, C 등과 같이 표

시된다. 압입자(indenter)는 다이아몬드형, 1.6-mm 지름의 볼, 그리고 크기 스케일 *A*, *B*, *C*에 대한 다이아몬드 등이 있으며, 작용하중은 60, 100, 150 kg이다. R_B로 표시되는 로크웰 *B* 스케일의 경우는 100 kg의 하중과 1.6-mm 지름의 볼인 2번 압입자를 사용한다. 로크웰 *C* 스케일인 R_C는 원추형 다이아몬드 압입자(1번 압입자)를 사용하며, 하중은 150 kg이다. 따라서 얻어진 경도값은 상대적이다. 그러므로 경도 $R_C = 50$은 같은 크기 스케일을 사용한 경우들에 대해서만 의미가 있다.

브리넬(*Brinell*) **경도**는 가장 널리 사용되는 또 다른 시험 방법이다. 시험 시 하중이 가해지는 압입자는 볼이며, 경도 번호 H_B는 작용하중을 압입부위의 구형 표면적으로 나눈 값이다. 그러므로 H_B의 단위는 응력의 단위와 같다. 브리넬 경도 시험은 측정된 데이터를 이용하여 H_B를 계산하여야 하므로 다소 시간이 걸린다. 이 두 가지 방법의 중요한 장점은 비파괴적인 시험이라는 것이다. 두 가지 경도값 모두 시험되는 재료의 인장강도와 실험적/직접적으로 관련이 있다. 이는 필요 시 생산 도중에 부품의 강도를 개별적으로 측정할 수도 있다는 것을 의미한다.

경도 시험은 재료 강도 특성을 측정하는 편리하고 비파괴적인 수단을 제공한다. 특히 브리넬 경도 시험은 많은 재료에 대해 최소 인장강도와 브리넬 경도값의 관계가 거의 선형적이기 때문에 강도와 경도의 관계가 많이 알려져 있다. 비례 상수는 재료의 종류에 따라 변하고 또한 경도를 결정하기 위해 사용된 하중에 따라서도 변한다. 데이터가 넓게 퍼져 있지만, 강의 경우 대략적인 관계는 다음과 같다.

$$S_u = \begin{cases} 0.5H_B & \text{kpsi} \\ 3.4H_B & \text{MPa} \end{cases} \tag{2-21}$$

주철에 대한 유사한 관계를 Krause의 실험 결과를 통해 유도할 수 있다.[5] 이로부터 ASTM에 의해 정의된 최소 강도를 다음과 같이 구할 수 있다.

$$S_u = \begin{cases} 0.23H_B - 12.5 \text{ kpsi} \\ 1.58H_B - 86 \text{ MPa} \end{cases} \tag{2-22}$$

Walton[6]은 SAE 최소 강도를 구할 수 있는 표를 제시하였으며 제시된 결과는 식 (2-22)로 구한 결과보다 보수적이다.

예제 2-1

주철로 제작되어 공급된 특정 부품이 항상 ASTM No. 20 규격(표 A-24 참조)을 만족하거나 초과함을 확인해야 한다. 이 경우 경도값은 얼마로 규정해야 하는가?

풀이 $(S_u)_{\min} = 138$ MPa과 식 (2-22)를 이용하면

답

$$H_B = \frac{S_u + 86}{1.58} = \frac{138 + 86}{1.58} = 142$$

[5] D. E. Krause, "Gray Iron—A Unique Engineering Material," ASTM Special Publication 455, 1969, pp. 3–29, as reported in Charles F. Walton (ed.), *Iron Castings Handbook*, Iron Founders Society, Inc., Cleveland, 1971, pp. 204, 205.

[6] 위의 문헌과 동일.

만약 주조소에서 20개 점 내에서 경도값을 조절할 수 있다면 $145 < H_B < 165$로 규정하라. 이는 주조소에 별다른 어려움을 끼치지 않는 상태에서, ASTM grade 20 강이 예측 가능한 가격으로 지속적으로 공급될 수 있음을 설계자가 확신할 수 있도록 할 것이다.

2-5 충격 특성

구조물이나 부품에 작용하는 외력의 작용 시간이 부품이나 구조물의 가장 낮은 고유 진동 주기의 1/3 이하이면 그 하중을 **충격 하중**이라 한다. 그 밖의 경우를 간단하게 **정하중**이라 한다.

샤르피(*Charpy*, 일반적으로 사용됨)와 **아이조드**(*Izod*, 특별한 경우에만 사용됨) **노치바 시험**(*notched-bar test*)은 취성과 충격 강도를 결정하기 위해 특정 형상의 바를 사용한다. 이 시험은 여러 재질을 비교하고 저온 취성을 결정하는 데 유용하다. 이들 시험에서는 일정 높이에서 진자를 떨어뜨려 시편을 타격 파손시킨 후 진자가 시편을 통과하여 상승한 높이로부터 시편의 흡수 에너지(**충격값**)를 구한다. 계측기에는 눈금이 있는데 높이가 아니라 이미 흡수 에너지로 계산된 눈금이 새겨져 있어 에너지 값을 바로 읽을 수 있다.

연성-취성 천이 거동을 보이는 재료에 대해 온도가 충격값에 미치는 영향을 그림 2-7에 나타내었다. 모든 재료가 이러한 천이 거동을 보이지는 않는다. 충격값이 급격히 증가하는 좁은 영역의 임계 온도(critical temperature)에 주의할 필요가 있다. 저온 영역에서는 취성 파괴(산산이 부서지는 형태)가 발생하며, 임계 온도 이상의 영역에서는 질기고 찢어지는 형태가 된다. 임계 온도는 재료와 노치의 형상에 의존적이다. 그러므로 설계자는 노치바 시험 결과에 크게 의존해서는 안 된다.

유력-변형률 선도를 구하기 위해 사용되는 평균 변형률 속도는 약 0.025 mm/(mm · s) 또는 그 이하이다. 변형률 속도가 증가하면 충격 조건 이하라도 그림 2-8에 나타낸 바와 같이 강도가 증가한다. 사실 매우 높은 변형률 속도에서는 항복강도가 인장강도에 근접하게 된다. 그러나 연신률에서는 거의 변화가 없는데 이는 연성은 거의 동일하게 유지됨을 의미한다. 또한 항복강도가 급격히 증가한다는 관점에서 보면, 연강(mild steel)은 충격 조건 하에서 전체 강도 영역에 대해 탄성적으로 거동한다고 볼 수 있다.

샤르피와 아이조드 시험은 정적인 상태보다는 동적인 상태 하에서의 인성(toughness)

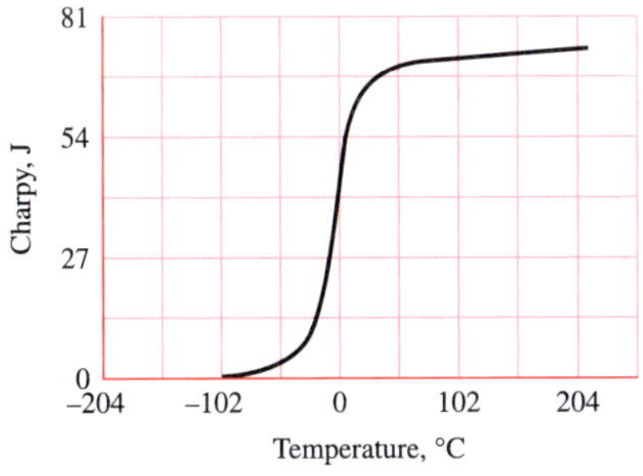

그림 2-7
온도가 충격값에 미치는 영향. 관심이 있는 결과는 흔히 평균 선도가 20 J 수준을 지날 때의 온도로 정의되는 연성-취성 천이 온도이다. 임계 온도는 노치 형상에 의존하며 따라서 샤르피 V-노치의 형상은 엄격하게 규정되어 있다.

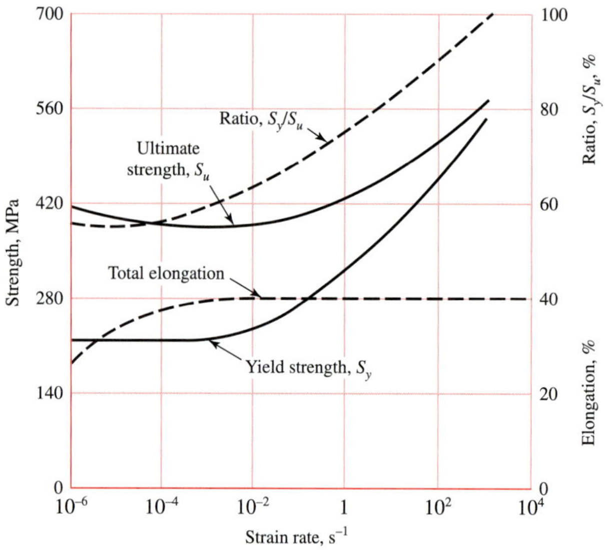

그림 2-8
변형률 속도가 인장 특성에 미치는 영향

데이터를 제공한다. 시험에서 얻은 충격 데이터는 변형률 속도에 의존하는 것처럼 노치 형상에 의존적이다. 이러한 이유로 균열이나 파괴 가능성을 평가하기 위해서는 4장과 5장에서 다뤄지는 노치 민감도, 파괴인성, 파괴역학 개념을 이용하는 것이 더 유용하다.

2-6 온도의 영향

강도, 연성 또는 취성은 가동 온도에 의해 영향을 받는 재료 물성치이다.

강의 정적 물성치에 미치는 온도의 영향을 그림 2-9의 강도–온도의 관계로 나타내었다. 특히 특정 온도에 도달하기 전까지 인장강도의 변화는 매우 작다가 이 온도 이후 급격히 떨어진다. 그러나 항복강도는 가동 온도가 증가함에 따라 계속해서 감소한다. 그리고 고온에서 연성은 예측할 수 있는 바와 같이 증가한다.

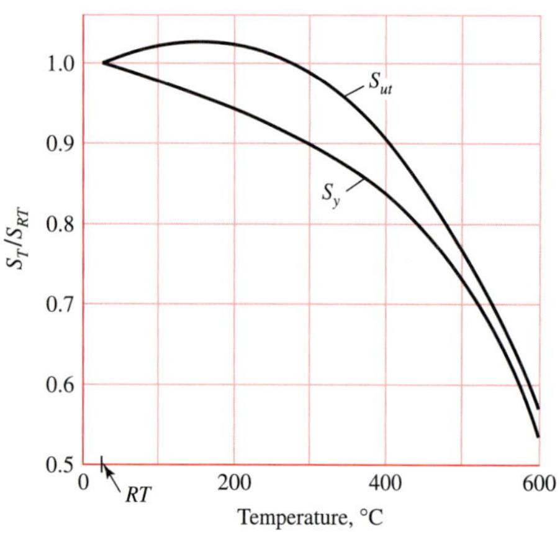

그림 2-9
가동 온도가 항복강도 S_y와 인장강도 S_{ut}에 미치는 영향을 보여주는 21개의 탄소강과 합금강에 대한 145개의 시험 결과. 세로축은 가동 온도에서의 강도와 상온에서의 강도의 비이다. 표준편차는 S_y의 경우 $0.0442 \leq \hat{\sigma}_{Sy} \leq 0.152$이고 S_{ut}의 경우는 $0.099 \leq \hat{\sigma}_{Sut} \leq 0.11$이다. (데이터 출처: *E.A. Brandes (ed.)*, Smithells Metal Reference Book, 6th ed., *Butterworth, London, 1983, pp. 22-128 to 22-131.*)

그림 2-10
크리프-시간 곡선

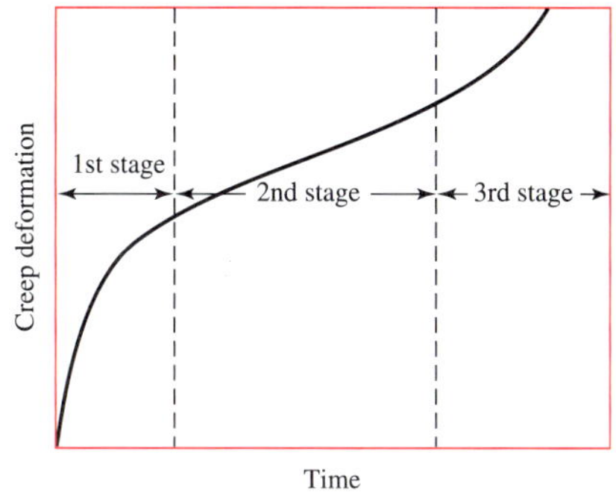

고온에서 크기가 일정한 하중을 장시간 동안 철금속(ferrous metal)에 작용시키는 시험이 다수 수행된 바 있다. 이들 시편들은 같은 온도에서 단기간의 인장 시험으로 구한 항복강도보다 낮은 응력을 작용시켰음에도 불구하고 시간이 경과함에 따라 영구변형이 발생하는 것으로 관찰되었다. 이와 같이 항복강도보다 작은 하중 하에서 발생하는 연속적인 변형을 **크리프**(*creep*)라고 한다.

크리프 특성 파악을 위해 고안된 가장 유용한 시험법 가운데 하나가 일정 하중 하에서의 장시간 크리프 시험이다. 그림 2-10은 전형적인 크리프 시험 곡선을 나타내고 있다. 크리프 곡선은 일정한 온도 하에서 작성된다. 일반적으로 다른 응력강도(stress intensity) 하에서 여러 개의 시험이 동시에 수행된다. 크리프 곡선은 세 개의 다른 구간으로 구별할 수 있다. 첫 번째 구간은 탄성과 소성 변형을 같이 포함하고 있다. 이 구간에서는 변형률 경화로 인하여 크리프 변형률이 감소한다. 두 번째 단계는 풀림 효과에 의해서 일정 최소 크리프 변형률을 나타낸다. 세 번째 단계에서는 급격한 단면 감소로 인해 진응력이 증가하고 큰 크리프 변형으로 인해 파괴가 발생한다.

가동 온도가 그림 2-7에 나타낸 천이 온도 이하이면 부품이 취성 파괴에 의해 파손될 가능성이 생긴다. 이에 대해서는 4장에서 다룬다.

물론 뒤에서도 다뤄지겠지만 재료의 기계적 성질을 크게 변화시키기 위해 열처리가 사용된다.

전기나 가스 용접에 의한 가열 역시 기계적 성질을 변화시킨다. 이러한 변화는 열뿐만 아니라 용접 공정 시의 클램핑(clamping)에 의해서도 일어나는데, 부품을 냉각하거나 클램프를 제거하여도 응력이 남게 된다. 경도 시험은 용접에 의해 강도가 변화되었는지를 파악하기 위해 사용될 수 있지만 잔류 응력의 존재 여부는 이를 통해 확인할 수 없다.

2-7 번호 체계

미국자동차공학회(The Society of Automotive Engineers, SAE)는 강에 번호를 부여해야 할 필요성을 제일 처음 인식하고 이를 도입하였다. 그 후 미국철강협회(American Iron and Steel Institute, AISI)도 이와 유사한 체계를 도입하였다. 1975년에 SAE는 강과 합금에 대한 통일화된 번호 체계(Unified Numbering System, UNS)를 발표하였다. 이 체계에는 다른 재료 규격과의 상호 참조 번호도 포함되어 있다. UNS는 재료를 나타내기 위해 접두사를 사용한다. 예를 들면, G는 탄소강과 합금강을 나타내며, A는 알루미늄 합금을 나타낸다. C는 구리 합금강을, S는 스테인리스나 내부식성 강을 나타낸다. 그러나 어떤 재료에 대해서는 아직 표시 체계 확립에 대해 산업계에서 충분한 동의가 이루어지지 않은 경우도 있다.

강의 경우, 문자 접두사 다음의 두 개의 숫자는 탄소 함량을 제외한 조성을 나타낸다. 사용되는 다양한 조성은 다음 표와 같다.

G10	Plain carbon	G46	Nickel-molybdenum
G11	Free-cutting carbon steel with more sulfur or phosphorus	G48	Nickel-molybdenum
		G50	Chromium
G13	Manganese	G51	Chromium
G23	Nickel	G52	Chromium
G25	Nickel	G61	Chromium-vanadium
G31	Nickel-chromium	G86	Chromium-nickel-molybdenum
G33	Nickel-chromium	G87	Chromium-nickel-molybdenum
G40	Molybdenum	G92	Manganese-silicon
G41	Chromium-molybdenum	G94	Nickel-chromium-molybdenum
G43	Nickel-chromium-molybdenum		

두 번째 두 개의 숫자는 대략적인 탄소 함량을 나타낸다. 그러므로 G10400은 공칭 탄소 함량이 0.40%(0.37~0.44%)인 탄소강을 나타낸다. 접두사 다음의 다섯 번째 숫자는 특별한 상태를 나타내기 위해 사용된다. 예를 들어 과거 표기법의 AISI 52100은 약 100개의 탄소를 가진 크롬 합금을 표시한다. UNS 표기법으로는 G52986이다.

스테인리스 강에 대한 UNS 표기법(접두사 S)은 접두사 다음의 첫 3자리 숫자로 과거의 AISI 표기법을 사용한다. 다음의 두 숫자는 특수 목적을 표시하기 위해 예약되어 있는 구간이다. 그룹의 첫 번째 숫자는 대략적인 조성을 가리킨다. 따라서 2는 크롬-니켈-망간 강, 3은 크롬-니켈 강, 그리고 4는 크롬 합금강이다. 때때로 스테인리스 강은 합금 함량으로 표시한다. 따라서 S30200은 흔히 18-8 스테인리스 강이라 불리며, 이는 18% 크롬과 8% 니켈을 의미한다.

알루미늄에 대한 접두사는 A이다. 접두사 다음의 첫 번째 숫자는 공정을 나타낸다. 예를 들어 A9는 단조 알루미늄이며, A0은 주조 합금(casting alloy)이다. 두 번째 숫자는 표 2-1에 나타낸 바와 같은 주 합금 그룹(main alloy group)을 표시한다. 세 번째 숫자는 원래의 합금을 변형하거나 불순물 한도를 나타내기 위해 사용한다. 마지막 두 숫자는 기본 그룹과 함께 사용되는 다른 합금을 표시한다.

주철에 대한 ASTM(The American Society for Testing and Materials)의 번호 체계는 널리 사용되고 있다. 이 체계는 인장강도에 기초를 두고 있다. 따라서 ASTM A20이라고 하면 등급을 의미한다. 예를 들어 30 주철은 최소 인장강도가 138 MPa이다. 그러나 부록

표 2-1 알루미늄 합금 표시

Aluminum 99.00% pure and greater	Ax1xxx
Copper alloys	Ax2xxx
Manganese alloys	Ax3xxx
Silicon alloys	Ax4xxx
Magnesium alloys	Ax5xxx
Magnesium-silicon alloys	Ax6xxx
Zinc alloys	Ax7xxx

A-24에 표시된 30 주철의 대표적인 인장강도가 152 MPa임을 주목할 필요가 있다. 따라서 설계 시에는 안전계수의 중요성을 감안하여 두 값 가운데 어떤 값을 사용할지 신중하게 결정해야 한다.

2-8 사형 주조

사형 주조는 기본 저비용 공정이며, 크기, 형상, 생산되는 부품의 복잡성 등에 대한 제한 없이 대량 생산 시 경제적인 생산이 가능한 방법이다.

사형 주조의 경우 주조는 모래 주형에 녹은 금속을 부어서 만든다. 금속이나 나무로 만들어진 패턴이 빈 형틀을 만들기 위해 사용되고 녹은 금속을 이 빈 형틀에 붓는다. 주조에서 움푹 들어간 곳이나 구멍은 형틀 안에 만들어진 모래 모형에 의해 만들어진다. 설계자는 주물에서 패턴과 주형을 시각화하기 위해 노력을 기울여야 한다. 이런 방식으로 모형 설치, 패턴 제거, 통풍, 응고와 관련된 문제를 배울 수 있다. 주철의 시험 봉으로 이용되는 주물은 별도로 주조되며, 이때의 물성치는 변할 수 있다.

강은 주물에 사용되는 모든 재료 가운데 용융점이 가장 높기 때문에, 강 주물(steel casting)은 가장 생산하기 어렵다. 이러한 고온 문제는 모든 주조 문제를 어렵게 만든다.

아래의 규칙들은 대부분의 사형 주조 설계에 매우 유용하다.

1. 모든 단면이 균일한 두께로 설계되어야 한다.
2. 단면변화가 필요한 부위가 있다면 해당 단면이 서서히 변하도록 주물이 설계되어야 한다.
3. 접합부는 완만한 필릿이나 반지름을 갖도록 설계되어야 한다.
4. 복잡한 부분은 두 개 혹은 그 이상의 단순한 주물로 설계되어 고정구나 용접으로 조립되도록 설계되어야 한다.

강, 회주철, 황동, 청동 그리고 알루미늄은 주조에서 가장 많이 사용되는 재료들이다. 일반적으로 이들 재료들에 대한 최소 두께는 약 5 mm이지만, 어떤 재료의 경우 특별한 주의를 기울이면 이보다 더 얇은 단면을 만들 수 있다.

2-9 쉘 조형

쉘 조형 공정은 일반적으로 주철, 알루미늄, 황동 등으로 만들어진 가열된 금속 모형을 사용한다. 가열된 금속 모형은 건조된 모래와 열경화성 수지(thermosetting resin) 혼합물이 들어가 있는 쉘 조형기에 장착된다. 뜨거운 금속 모형으로 인해 플라스틱이 녹아 모래와 함께 금속 모형을 따라 약 5~10 mm 두께의 쉘(shell)을 형성한다. 성형된 쉘을 금속 모형과 함께 205~370°C 정도로 짧은 시간 동안 가열한다. 그리고 금속 조형에서 쉘을 분리시켜 주물에 사용하기 위해 보관한다.

다음 단계에서는 클램핑, 볼트, 또는 접착으로 쉘을 조립한 다음 스틸샷(steel shot)과 같은 백업(backup) 재료에 위치시킨다. 그리고 용융된 금속을 빈 틀 안으로 붓는다. 쉘이 얇기 때문에 열전도가 빠르게 일어나며 이로 인해 빨리 응고가 된다. 응고가 되면서 쉘을 형성했던 플라스틱은 타버리고 몰드박스는 깨져 없어진다. 백업 재료의 투과성으로 인해 가스는 빠져나가고, 주물은 공냉 상태로 냉각된다. 이를 통해 정밀도가 높고 잔류응력이 없는 주물을 제작할 수 있다.

쉘 조형의 특징으로는 매끄러운 표면, 매우 작은 통풍구, 그리고 높은 정밀도를 들 수 있다. 일반적으로 사형 주조에 적용되는 규칙이 쉘 조형 주조에도 적용된다.

2-10 인베스트먼트 주조

인베스트먼트 주조는 밀랍, 플라스틱 또는 다른 재료로 만들어진 모형을 이용한다. 모형 특성상 주형이 만들어진 후에 모형은 녹아 없어진다. 따라서 많은 모형을 주조하기 위해서는 기계화된 방법이 필요하다. 주형 재료는 주조 금속의 용융점에 따라 달라진다. 즉, 어떤 재료의 경우에는 석고 주형이 사용될 수 있지만 어떤 경우에는 세라믹 주형이 필요하다. 모형이 녹아 제거된 후에는 주형을 굽거나 가열하고, 가열이 완료되면 용융된 금속을 뜨거운 주형에 붓고 냉각시킨다.

만약 많은 주물을 만들고자 한다면, 금속이나 영구적인 주형 제작이 적합할 것이다. 이와 같은 주물의 장점은 표면이 매끄럽고 밝으며 정확하다는 것이며, 이로 인해 기계적 가공이 거의 필요하지 않다. **금형 주조**(*metal-mold casting*)는 또한 **다이캐스팅**(*die casting*)이나 **원심 주조**(*centrifugal casting*)로도 알려져 있다.

2-11 분말-야금 공정

분말 야금 공정은 단일 금속, 여러 가지 금속 또는 금속과 비금속의 혼합물로 만든 분말을 이용한 대량 생산 공정이다. 이 공정은 기본적으로 기계적으로 분말을 혼합하고, 금형에서 높은 압력으로 압축하고, 압축된 부품을 주성분의 용융점보다 낮은 온도에서 가열하는 과정으로 구성되어 있다. 이 같은 방식으로 성분 입자들을 모두 용융시켜 만든 부품과 유사한 강도의 일체화된 강한 부품을 제작할 수 있다. 이 공정의 장점은 다음과 같다. (1) 쓰레기나 폐재료가 없음, (2) 기계적 가공이 필요 없음, (3) 대량 생산 시 단가가 낮음, (4) 조성의 정확한 조절이 가능. 반면, 단점은 다음과 같다. (1) 금형이 고가임, (2) 물리적 물성치가 낮음,

(3) 재료가 고가임, (4) 디자인이 제한됨, (5) 사용할 수 있는 재료가 제한됨. 이 공정을 통해 일반적으로 제작되는 부품은 함유 베어링, 백열 전구용 필라멘트, 공구의 초경 팁(cemented-carbide tips), 그리고 영구자석 등이다. 몇 가지 제품들은 분말-야금으로만 생산할 수 있다. 예로써 외과적으로 신체에 이식되는 삽입물이 있다. 분말-야금으로 만든 제품의 미세구조는 같은 성분을 용융하여 만든 제품과 다르다.

2-12 열간 가공 공정

열간 가공은 압연(rolling), 단조(forging), 고온 압출(hot extrusion) 그리고 열간 프레스(hot press)와 같은 공정을 의미하며, 금속을 재결정 온도 이상에서 열처리하여 가공한다.

열간 압연은 일반적으로 재료를 특정 모양과 크기의 바(bar) 형태로 만들기 위해 사용된다. 그림 2-11은 열간 압연 공정으로 흔히 만들어지는 다양한 형상을 나타낸 것이다. 이들은 다른 재료들뿐만 아니라 다양한 다른 크기로도 만들 수 있다. 열간 압연된 바로서 가장 유용한 재료는 강, 알루미늄, 마그네슘 그리고 구리 합금이다.

배관은 열간 압연된 판재로 만들 수 있다. 판재의 모서리를 둥글게 말아 맞대기 용접(butt weld)이나 겹치기 용접(lap weld)으로 용접한다. 용접 이음새가 없는(seamless) 배관은 천공 축(piercing mandrel)을 이용하여 가열된 중실 봉을 압연 천공하여 만든다.

압출은 열처리된 금속 강편(metal billet)이나 블랭크(blank)에 고압을 가하여, 고정된 오리피스 관을 통해 흐르게 하는 공정이다. 이 공정은 알루미늄, 구리, 마그네슘, 납, 주석, 아연과 같이 용융점이 낮은 재료에 흔히 적용된다. 스테인리스 강 압출은 보다 제한된 조건에서 사용된다.

단조는 햄머, 프레스 또는 단조 기계를 이용하여 금속을 열간 가공하는 것이다. 다른 열간 가공 공정과 마찬가지로, 단조는 조밀한 결정립 구조를 만들어 강도와 연성을 향상시킨다. 주조와 비교하면, 단조는 같은 무게에 대해 더 큰 강도를 가지고 있다. 뿐만 아니라, 낙하 단조는 사형 주조에 비해 더 매끄럽고 정확한 제품을 만들 수 있으며, 따라서 기계적 가공도 줄일 수 있다. 비록 공정 선택 시 (단조와 주조 중) 강도가 가격에 비해 더 중요한 결정 인자이긴 하지만, 단조 금형(forging die) 제작을 위한 초기 비용이 주조 모형에 비해 비싸다.

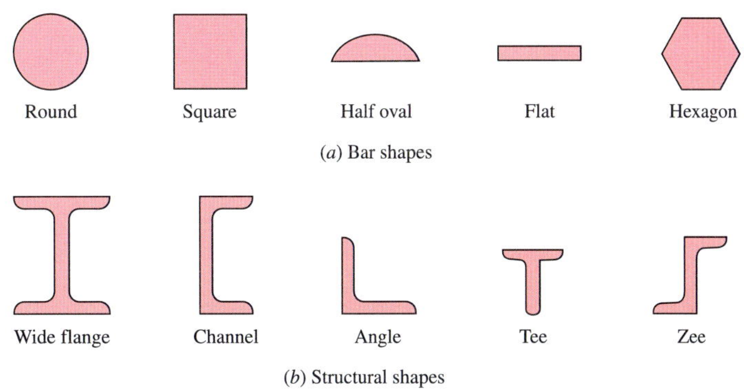

그림 2-11
열간 압연으로 제작 가능한 일반적인 형상

2-13 냉간 가공 공정

냉간 가공은 낮은 온도에서(일반적으로 상온) 금속을 성형하는 것을 의미한다. 열간 가공에 의해 생산된 부품에 비하면 냉간 가공된 부품은 마무리가 윤택하고, 보다 정확하며, 기계적 가공이 적게 필요하다.

냉간 가공 처리된 바와 축은 압연, 인발(drawing), 선삭(turning), 연삭(grinding), 연마(polishing)에 의해 만들어진다. 이 방법 가운데 많은 제품이 냉간 압연이나 냉간 인발 공정으로 만들어진다. 냉간 압연은 대부분 넓은 판재나 박판 제작에 사용된다. 실제적으로 모든 냉간 가공 처리된 바는 냉간 인발로 제작되지만, 때로 "냉간 압연 바"로 잘못 불려지기도 한다. 인발 공정 시, 제일 먼저 열간 압연된 바의 산화물 조각 등을 깨끗하게 제거하고, 크기를 약 0.03~0.06 mm로 줄이는 금형을 통해 바를 당겨 인발한다. 이 공정은 바에서 재료를 제거하는 것이 아니라 크기를 줄이는 것이다. 많은 다른 모양의 열간 압연 바가 냉간 인발을 위해 사용될 수 있다.

냉간 압연과 냉간 인발이 기계적 물성치에 미치는 영향은 같다. 냉간 가공 공정은 결정립 크기는 변화시키지 않고 단지 변형만 시킨다. 냉간 가공은 재료의 항복강도를 크게 증가시키고, 인장강도와 경도 역시 증가시키며, 반면 연성은 감소시킨다. 그림 2-12에 냉간 인발한 바의 물성치를 같은 재료에 대해 열간 압연한 바의 물성치와 비교하여 나타내었다.

압조는 재료를 빨아 당기거나 압축하는 냉간 가공 공정이다. 이 공정은 흔히 나사, 리벳 머리 등을 만들기 위해 사용되며, 다양한 모양을 생산할 수 있다. **롤 스레딩**(*roll threading*)은 두 개의 톱니 모양의 금형 사이에서 블랭크를 압착하고 압연함으로써 나사산을 압연하는 공정이다. **스피닝**(*spinning*)은 회전하는 물체 주위의 판재를 원형으로 만드는 공정이다. **스탬핑**(*stamping*)은 **블랭킹**(*blanking*), **코이닝**(*coining*), **성형**(*forming*), **얕은 드로잉**(*shallow drawing*)과 같은 펀치-프레스 작업(punch-press operation)을 설명하는 데 사용되는 용어이다.

2-14 강 열처리

강 열처리는 잔류응력을 제거하고, 경도, 연성, 인성과 같은 재료 물성치를 바꾸는 시간 및

그림 2-12
열간 압연 및 냉간 인발한 UNS G10350 강의 응력-변형률 선도

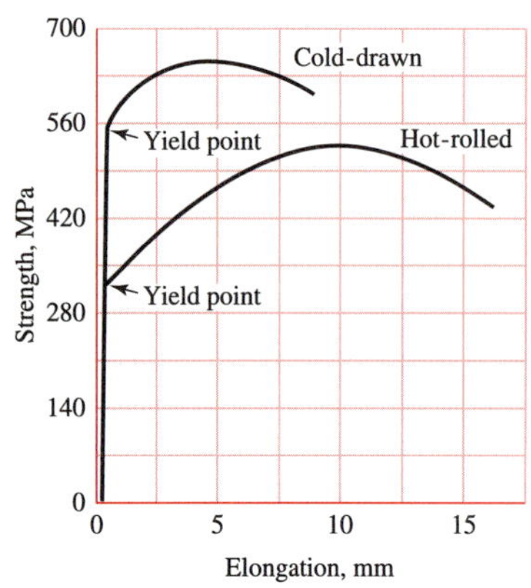

온도 조절 과정을 일컫는다. 때로는 다른 기계적 혹은 화학적 공정도 열처리 방법의 하나로 취급되기도 한다. 일반적인 열처리 공정은 풀림(annealing), 담금질(quenching), 뜨임(tempering) 그리고 표피 경화(case hardening)이다.

풀림

재료가 냉간 또는 열간 가공되면 잔류 응력이 생기고, 이러한 가공의 결과로 재료의 경도는 높아지게 된다. 이러한 공정은 재료의 구조를 변화시키며 결국 평형 선도(equilibrium diagram)로 더 이상 나타낼 수 없게 된다. 완전 풀림(full annealing)과 불림(normalizing)은 재료가 상태 평형 선도를 따라 변화하도록 하는 열처리 공정이다. 풀림 처리되는 재료는 임계 온도보다 약 38°C 이상의 온도까지 가열된다. 그리고 탄소가 용해되고 재료를 통해 확산되는 충분한 시간만큼 그 온도에서 유지된다. 이와 같이 열처리된 재료는 일반적으로 열처리용 노(furnace) 내에서 천천히 냉각한다. 이때 변태(transformation)가 완료되면 완전 풀림되었다고 한다. 풀림은 재료를 연화시키거나 보다 연성적으로 만들기 위해서 사용되며 또한 잔류 응력을 제거하고 결정립 구조를 조밀화하기 위해 사용된다.

풀림 과정은 **불림**이라 일컬어지는 과정을 포함한다. 불림되는 부품은 완전 풀림과정보다 약간 더 높은 온도까지 가열된다. 이 과정을 통해 거친 결정립 구조가 형성되며, 만약 재료가 저탄소강이라면 기계 가공이 보다 쉽게 된다. 불림 과정에서 부품은 상온에서 공냉된다. 이 경우 완전 풀림에 비해 더 빠른 속도로 냉각되기 때문에 평형상태에 도달하기까지 보다 적은 시간이 소요되고 재료는 완전 풀림 강에 비해 단단해진다. 불림은 흔히 강의 마지막 처리 과정으로 사용된다. 결과적으로 공냉은 느린 담금질과 마찬가지 과정이라 할 수 있다.

담금질

완전 풀림된 공석강(eutectoid steel)은 전체적으로 펄라이트(pearlite) 조직으로 구성되어 있으며, 평형 소선 하에서 오스테나이트로부터 얻어진다. 완전 풀림된 아공석강(hypoeutectoid steel)은 펄라이트와 페라이트(ferrite)로 구성되어 있으며, 완전 풀림 조건에서 과공석강(hypereutectoid steel)은 펄라이트와 시멘타이트(cementite)로 구성되어 있다. 완전 풀림 과정이 적용되지 않은 경우, 주어진 탄소함량 하에서의 강의 경도는 펄라이트를 대체하는 미세구조에 의해 결정된다.

완전 풀림이 되지 않았다는 것은 보다 빠른 냉각률을 의미한다. 냉각률은 경도를 결정하는 요인이다. 냉각률을 조절하는 것을 **담금질**이라 한다. 연담금질(mild quenching)은 잔잔한 공기에 의해 냉각하는 과정으로, 이는 앞서 언급했듯이 불림 과정을 통해 얻어진다. 담금질을 위해 가장 널리 사용되는 두 개의 매체는 물과 오일이다. 오일 담금질은 매우 속도가 늦지만 열처리되는 물체의 급속한 팽창으로 야기하는 담금질 균열을 방지할 수 있다. 물을 이용한 담금질은 탄소강과 중탄소강(medium-carbon), 저합금강의 경우에 사용된다.

오스테나이트가 냉각될 때 펄라이트로 급격하게 변태되지 않아야 하는데, 이를 위해서는 공정이 시작되고 종료되는 데 시간이 필요하며 이것이 냉각 효율성의 결정 요인이다. 변태는 약 425°C에서 끝나기 때문에 이보다 낮은 온도로 재료를 빠르게 냉각시킴으로써 방지할 수 있다. 재료가 204°C 또는 그 이하로 빠르게 냉각되면 오스테나이트는 **마르텐사이트**

(*martensite*) 조직으로 변태한다. 마르텐사이트는 페라이트에서 탄소의 과포화 고용체로써, 가장 단단하고 강한 강의 형태이다.

만약 강이 204~425°C 사이의 온도로 빠르게 냉각되고 충분한 시간 동안 유지되면 오스테나이트는 **베이나이트**(*bainite*) 조직으로 변태한다. 베이나이트는 펄라이트와 마르텐사이트의 중간 조직이다. 비록 열처리에 사용된 온도에 따라 많은 조직이 존재할 수 있지만 총칭하여 베이나이트로 분류하고 있다. 이 변태 온도를 선택함으로써 거친 펄라이트부터 조밀한 마르텐사이트까지 거의 모든 조직 변화를 얻을 수 있다.

뜨임

강 시편이 완전 경화되면 매우 단단하고 취성적이 되며, 높은 잔류응력이 남는다. 강은 불안정하게 되고, 시효(aging)에 취약해진다. 이러한 경향은 시편에 외력이 작용할 때 증가하며, 그 이유는 발생하는 응력이 불안정 상태에 더 기여하기 때문이다. 이러한 내부 응력들은 **응력 완화**(*stress relieving*)라 일컬어지는 적당한 열처리 과정이나 응력 **완화**와 **뜨임**이라 일컬어지는 연화의 조합으로 제거될 수 있다. 임계 온도 이상에서 시편이 담금질에 의해 완전 경화된 후, 특정 시간 동안 임계 온도 이하로 재가열하고 공냉한다. 재가열 온도는 조성과 요구되는 경도 혹은 인성 정도에 따라 달라진다.[7] 이 재가열 공정은 탄화물(carbide) 결정을 형성하는 마르텐사이트 조직 내에 있는 탄소를 제거한다. 이를 통해 얻어진 조직을 **템퍼드 마르텐사이트**(*tempered martensite*)라 한다. 본질적으로 이는 미세 결정 페라이트 내에 탄화철(iron carbide)이 극세 분산된 것을 의미한다.

열처리 공정이 저합금강의 다양한 기계적 물성치에 미치는 영향을 그림 2-13에 나타내었다.

표피 경화

표피 경화의 목적은 부품 내부의 연성과 인성을 유지하면서 저탄소강 부재의 바깥쪽 표면만을 단단하게 경화하는 것이다. 이는 표면의 탄소 함량을 증가시킴으로써 가능하다. 고체, 액체, 그리고 가스 침탄 재료가 사용된다. 이 과정은 경화를 시키고자 하는 표피의 두께와 부품의 조성에 따라 원하는 시간과 온도에서 침탄시킬 부품을 침탄재에 넣는 과정으로 이루어져 있다. 그리고 그 부품은 침탄 온도에서 바로 담금질 및 뜨임 처리한다. 또는 경우에 따라 내부와 표피가 모두 원하는 조건에 만족되도록 이중 열처리하기도 한다. 보다 유용한 표피 경화법으로는 고체 침탄(pack carburizing), 가스 침탄(gas carburizing), 질화(nitriding), 청화법 혹은 시안화법(cyaniding), 고주파 경화(induction hardening), 그리고 화염 경화(flame hardening) 등이 있다. 마지막 두 가지 방법의 경우, 탄소는 경화되는 강(일반적으로 SAE/AISI 1144와 같은 중탄소강)에 첨가되지 않는다.

[7] 탄소강과 저합금강에서 뜨임에 대한 정량적 측면에 대해서는 다음을 참고하라. Charles R. Mischke, "The Strength of Cold-Worked and Heat-Treated Steels," Chap. 33 in Joseph E. Shigley, Charles R. Mischke, and Thomas H. Brown, Jr. (eds.), *Standard Handbook of Machine Design*, 3rd ed., McGraw-Hill, New York, 2004.

그림 2-13
열-기계적 이력이 AISI 4340 강의 기계적 물성치에 미치는 영향. (*Prepared by the International Nickel Company.*)

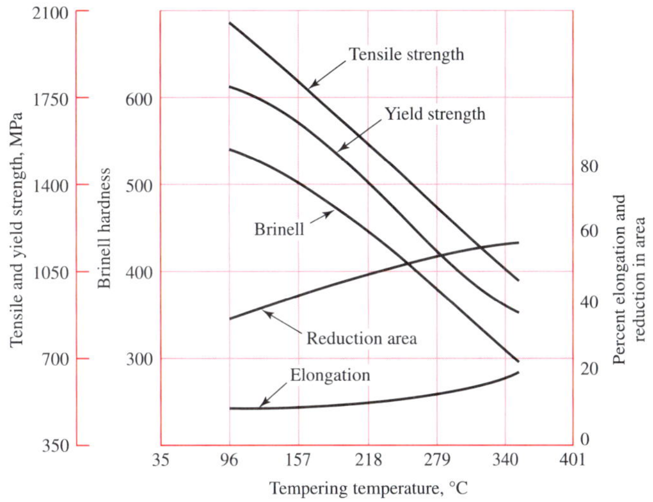

Condition	Tensile strength, MPa	Yield strength, MPa	Reduction in area, %	Elongation in 50 mm, %	Brinell hardness, Bhn
Normalized	1400	1029	20	10	410
As rolled	1330	1008	18	9	380
Annealed	840	693	43	18	228

열처리된 강의 물성치에 대한 정량적 평가

기계공학도를 위한 재료과학 과정은 일반적으로 탄소강에 대한 Jominy 실험으로부터 열처리된 강의 물성치를 예측하기 위한 Crafts와 Lamont의 가산법을 다룬다.[8] 만약 이에 대한 선행 학습 경험이 없다면, 예제를 이용해 가산법에 대해 기술한 "*Standard Handbook of Machine Design*"을 참고하라.[9] 만약 이 책이 기계요소설계 과정의 교재라면 이 방법에 대해 공부하고 보고서를 작성하는 것이 좋은 수업 프로젝트가 될 것이다(백지장도 맞들면 낫다).

저합금강의 경우, Grossman과[10] Field의[11] 상승법(multiplication method)이 "*Standard Handbook of Machine Design* (Secs. 29.6 and 33.6)"에 설명되어 있다.

"*Modern Steels and Properties Handbook*"에는 레이들(ladle) 분석과 결정립 크기를 이용하여 Grossman과 Field의 방법으로 Jominy 곡선을 예측하는 방법이 설명되어 있다.[12] Bethlehem Steel에서는 이러한 목적에 쉽게 적용할 수 있는 원형 플라스틱 계산자를 개발하였다.

[8] W. Crafts and J. L. Lamont, *Hardenability and Steel Selection*, Pitman and Sons, London, 1949.

[9] Charles R. Mischke, Chap. 33 in Joseph E. Shigley, Charles R. Mischke, and Thomas H. Brown, Jr. (eds.), *Standard Handbook of Machine Design*, 3rd ed., McGraw-Hill, New York, 2004, p. 33.9.

[10] M. A. Grossman, *AIME*, February 1942.

[11] J. Field, *Metals Progress*, March 1943.

[12] *Modern Steels and Their Properties*, 7th ed., Handbook 2757, Bethlehem Steel, 1972, pp. 46–50.

2-15 합금강

탄소강도 소량의 망간, 규소, 황, 인이 함유된 철과 탄소의 합금이지만, **합금강**이라는 용어는 탄소 외의 하나 혹은 그 이상의 다른 성분이 재료의 물성치를 변화시키기 위해 충분한 양으로 첨가되는 경우에 사용된다. 합금강은 보다 좋은 물리적 특성을 가지고 있을 뿐만 아니라 보다 폭넓은 열처리 공정을 가능하게 한다.

크롬

크롬을 첨가하면 매우 단단한 여러 크롬 탄화물이 생성되지만, 단순히 탄소 함량을 증가시켜 만든 동일한 경도의 강에 비해 보다 연성적이다. 크롬은 또한 결정립 구조를 조밀하게 하며, 따라서 이 두 가지의 효과가 결합되면 인성과 경도가 증가하게 된다. 크롬의 첨가는 온도의 임계 범위를 증가시키고 공석점(eutectoid point)을 왼쪽으로 이동시킨다. 따라서 크롬은 매우 유용한 합금 요소라 할 수 있다.

니켈

강에 니켈을 첨가하면 역시 공석점은 왼쪽으로 이동하고, 온도의 임계 범위가 증가한다. 니켈은 페라이트에서 가용성이며, 탄화물이나 산화물을 형성하지 않는다. 이를 통해 연성의 감소 없이 강도를 증가시킨다. 니켈강에 표피 경화 작업을 하면 내부 성질이 탄소강으로 얻을 수 있는 것보다 훨씬 좋아진다. 크롬은 흔히 니켈과 함께 사용되는데 이를 통해 니켈에 의한 인성과 연성의 향상, 크롬에 의한 내마모성과 경도 향상을 함께 얻을 수 있다.

망간

망간은 탈산과 탈황 작용을 위해 모든 강에 첨가된다. 그러나 황 함량이 낮고 망간 함량이 1% 이상인 강은 망간 합금으로 분류된다. 망간은 페라이트에서 용해되며 탄화물을 생성한다. 이를 통해 공석점은 왼쪽으로 이동하며 온도의 임계 범위는 낮아진다. 또한 변태에 소요되는 시간을 증가시키므로 오일 담금질이 유용하게 된다.

규소

규소는 탈산 작용을 위해 모든 강에 첨가된다. 초저탄소강(very-low-carbon steel)에 첨가되면 낮은 히스테리시스(hysteresis) 손실과 높은 자기 투자율(磁氣 透磁率)의 취성 재료가 된다. 규소는 망간, 크롬, 바나듐(vanadium)과 같은 다른 합금 요소와 함께 탄화물을 안정화시키기 위해 주로 사용된다.

몰리브덴

몇몇 재료에서 몰리브덴이 단독으로 사용되는 경우도 있으나, 니켈, 크롬 등과 같이 사용될 경우에 가장 유용하다. 몰리브덴은 탄화물을 형성하며, 페라이트에서 어느 정도까지는 용해된다. 따라서 경도와 인성을 향상시킨다. 몰리브덴은 온도의 임계 범위를 증가시키고 변태

점을 감소시킨다. 이러한 변태점의 저하로 인해 몰리브덴은 특정 오일 경화 혹은 공기 경화 특성을 만드는 데 매우 효과적이다. 탄소를 제외하면 경화 효과가 가장 크며 결정립 크기를 조밀하게 하기 때문에 상당한 인성이 유지된다.

바나듐

바나듐은 탄화물을 생성하려는 경향이 매우 강하다. 따라서 소량만이 사용된다. 바나듐은 탈산 작용이 매우 강하며 결정립 크기를 조밀하게 한다. 약간의 바나듐은 페라이트에서 용해되기 때문에 강을 강화시킨다. 바나듐으로 인해 강의 경화 범위는 넓어지고 합금은 높은 온도부터 경화될 수 있다. 뜨임으로 바나듐 강을 연화시키기는 매우 어렵기 때문에, 공구강으로 널리 사용된다.

텅스텐

텅스텐은 적열(red heat) 상태에서도 공구의 경도가 유지되기 때문에 공구강에서 광범위하게 사용된다. 텅스텐은 세밀하고 조밀한 구조를 만들고 인성과 경도를 모두 증가시킨다. 텅스텐은 다량으로 첨가되어야 한다는 점만 제외하면 그 효과는 몰리브덴과 비슷하다.

2-16 내부식성 강

최소 12%의 크롬을 함유한 철을 기본으로 하는 합금강을 스테인리스 강이라 한다. 스테인리스 강의 가장 중요한 특성은 많은 (전부는 아닌) 부식 조건에서의 강의 저항성이다. 사용할 수 있는 네 가지 타입은 페라이트계 크롬 강, 오스테나이트계 크롬–니켈 강, 그리고 마르텐사이트계 및 석출–경화(precipitation-hardenable) 스테인리스 강이다.

페라이트계 크롬 강은 12~27% 정도의 크롬을 함유한다. 이 강의 내부식성은 크롬 함량의 함수이며, 12% 이하로 함유하고 있는 합금강도 비록 부식은 되겠지만 어느 정도 내부식성을 나타낸다. 이 강의 담금질–경화능(quench-hardenability)은 크롬과 탄소 함량의 함수이다. 초고탄소강은 약 18% 크롬까지 좋은 담금질–경화능을 가지고 있지만, 낮은 탄소 범위에서는 (약 13% 정도) 이러한 성질을 잃게 된다. 만약 소량의 니켈이 첨가되면, 이 강의 경화능은 약 20% 크롬까지 어느 정도 유지된다. 만약 크롬 함량이 18%를 초과하면, 용접이 어려워지고 크롬 함량이 매우 높은 경우 경도가 아주 커지게 되므로 운전 조건에 매우 주의해야 한다. 또한 크롬은 가격이 비싸기 때문에 설계자는 부식 조건에 부합하는 가장 적은 크롬 함량을 선택해야 한다.

크롬–니켈 스테인리스 강은 상온에서 오스테나이트 구조를 유지한다. 그러므로 열처리가 쉽지 않다. 이 강의 강도는 냉간 가공에 의해 크게 향상될 수 있다. 냉간 가공을 하지 않으면 자성을 띠지 않는다. 이 강의 가공 경화능 특성은 또한 기계 가공을 어렵게 한다. 모든 크롬–니켈 강은 용접 가능하며, 이 강은 일반 크롬 강에 비해 내부식성이 더 좋다. 더 좋은 내부식성을 얻기 위해 더 많은 크롬이 첨가되면 오스테나이트계 특성을 유지하기 위해 더 많은 니켈이 첨가되어야 한다.

2-17 주물 재료

회주철

회주철은 모든 주물 재료 가운데 가장 널리 사용된다. 그 이유는 가격이 저렴하고 대량으로 쉽게 주조할 수 있으며, 가공이 쉽기 때문이다. 회주철 사용의 단점은 취성적이고 인장에 약하다는 점이다. 높은 탄소 함량(1.7% 이상, 보통 2%보다 크다) 외에 주철은 규소 함량이 높고 황, 망간, 인의 함량은 낮다. 따라서 최종 합금은 펄라이트, 페라이트, 흑연(graphite)으로 구성되어 있으며, 특정 조건 하에서 펄라이트는 흑연과 페라이트 조직으로 분리된다. 그러므로 최종 제품은 페라이트와 흑연상을 모두 포함한다. 박편(薄片)의 형태로 전 조직에 균일하게 분포되어 있는 흑연상은 조직을 어둡게 하기에 **회주철**이라 불린다.

회주철은 쉽게 용접되지 않는데 그 이유는 균열이 발생할 수 있기 때문이며 이런 현상은 부품이 주의 깊게 예열 처리되면 감소한다. 비록 주조는 일반적으로 주조처리 상태 그대로 사용하지만, 약한 풀림처리 과정을 거치면 냉각에 따른 잔류 응력을 저감시키고, 절삭성을 향상시킨다. 회주철의 인장강도는 100~400 MPa(15~60 kpsi)까지 변하며, 압축강도는 인장강도의 3~4배이다. 탄성 계수 역시 75~150 GPa(11~22 Mpsi)까지 크게 변한다.

연성 주철 및 구상 흑연 주철(球狀黑鉛鑄鐵)

가단 주철(malleable cast iron)을 만들기 위해서는 긴 열처리 시간이 소요되므로 엔지니어는 가단 주철의 연성 특성과 회주철의 주조 편리성 및 가공 편리성을 동시에 갖추면서도 주조 후 상태 그대로 사용할 수 있는 주철을 오래도록 필요로 했다. 이러한 재료를 만들기 위한 공정에서 망간을 함유한 재료를 이용하면 앞의 조건을 상당부분 만족시킬 수 있다.

연성 주철 또는 **구상 흑연 주철**(*nodular cast iron*)은 기본적으로 가단 주철과 동일하며, 그 이유는 두 가지 모두 구상의 흑연을 포함하기 때문이다. 주조 후 상태에서 연성 주철의 물성치는 가단 주철과 유사한 반면, 약 1시간 정도 간단하게 풀림 처리를 하고 서냉하면 가단 주철보다 더 연성적 거동을 보인다. 연성 주철은 용해물에 MgFeSi를 첨가하여 만들어지며, 이 온도에서 망간은 끓기 때문에 작업 전에 다른 성분과 함께 합금하는 것이 필요하다.

연성 주철은 회주철에 비해 탄성 계수가 매우 높고(172 GPa 또는 25 Mpsi), 응력-변형률 곡선이 직선이라는 점에서 탄성이다. 반면에 회주철은 응력의 증가에 따라 탄성 계수가 점차 감소하기 때문에 Hooke의 법칙을 따르지 않는다. 그러나 회주철과 비슷하게 구상 흑연 주철의 압축 강도는 (그 차이가 크지는 않지만) 인장강도보다 크며, 40여 년간 널리 사용되어 왔다.

백색 주철

만약 주철 내의 모든 탄소가 시멘타이트나 펄라이트의 형태이고 흑연상이 없다면, 최종 조직은 흰색이며 이는 **백색 주철**(*white cast iron*)로 알려져 있다. 백색 주철은 두 가지 방법으로 만들 수 있다. 먼저 탄소와 규소 함량을 낮게 유지하면서 조성을 조절할 수 있으며, 또는 냉각을 빠르게 하기 위해 회주철 조성을 냉각판에 대고 주조할 수 있다(冷剛鑄造法, chilled casting). 두 가지 방법 모두 시멘타이트가 풍부한 주물을 생산하며 결과적으로 제품은 매우 취성적이고 가공하기가 어렵다. 반면 내마모성은 뛰어나다. 일반적으로 냉경(冷硬)은 특정 영역 내에 매우 단단한 표면을 만들기 위한 회주철 주물 생산 시 사용된다. 이때 나머지 부분에서는 보다 바람직한 회주철 구조를 유지해야 한다. 이 방법으로 내마모성이 우수한 부분을 가진 상대적으로 강화된 주물을 생산한다.

가단 주철

만약 특정 조성 범위 내에서 백색 주철이 풀림 처리되면, **가단 주철**이라 불리는 재료가 형성된다. 풀림 공정은 탄소를 제거하며 따라서 형태는 다르지만 회주철처럼 흑연상으로 존재한다. 회주철에서 흑연은 박편의 형태로 존재하지만 가단 주철의 경우는 구상 형태이며 **뜨임 탄소**로 알려져 있다. 좋은 등급의 가단 주철은 인장강도가 350 MPa(50 kpsi) 이상이고, 연신율은 18% 정도이다. 반면 회주철의 연신율은 1%를 넘는 경우가 드물다. 풀림에 소요되는 시간(크고 무거운 주물의 경우 6일 정도) 때문에 가단 주철은 회주철에 비해 어느 정도 비쌀 수밖에 없다.

합금 주철

니켈, 크롬, 그리고 몰리브덴은 주철에 가장 일반적으로 사용되는 합금 성분이다. 니켈은 범용 합금 성분으로 일반적으로 5%까지 첨가된다. 니켈은 강도와 밀도를 향상시키고, 마모성질을 향상시키며, 절삭성을 높인다. 만약 니켈 함량이 10~18%까지 증가하면, 매우 유용한 내열성과 내부식성을 가진 오스테나이트 구조가 얻어진다. 크롬은 경도와 내마모성을 증가시키고, 냉경과 함께 사용되면 백색 주철을 생성하는 성질을 향상시킨다. 크롬과 니켈을 함께 첨가하면 절삭성의 감소 없이 경도와 강도를 향상시킬 수 있다. 1.25%까지 첨가되는 몰리브덴은 강성, 경도, 인장강도, 충격 저항성을 향상시킨다. 이 역시 광범위하게 사용되는 합금 성분이다.

주강

주조 공정의 장점은 복잡한 모양을 가진 부품을 용접과 같은 다른 방법을 이용한 경우에 비해 저렴하게 생산할 수 있다는 것이다. 따라서 부품이 복잡하고 동시에 강도가 높아야 할 경우에 강 주물을 선택하는 것은 필연적이다. 강의 높은 용융 온도로 인해 주조 문제는 더욱 어려워지며, 이로 인해 내부 설계, 단면 두께, 필렛, 냉각 과정과 같은 세부 사항에 면밀한 주의를 기울여야 한다. 연강에 사용되는 합금 성분이 강도 및 기타 기계적 물성치를 향상시키기 위해 주철에도 사용될 수 있다. 또한 주강 부품은 기계적 물성치를 바꾸기 위해 열처리될 수 있으며, 일반 주철과는 달리 용접될 수 있다.

2-18 비철 금속

알루미늄

알루미늄과 알루미늄 합금의 대표적인 특징은 강도-무게비(strength-weight ratio), 내부식성, 높은 열 및 전기 전도도이다. 알루미늄의 밀도는 약 2770 kg/m^3, 강은 7750 kg/m^{3}이다. 순수 알루미늄의 인장강도는 약 90 MPa이며, 이는 냉간 가공이나 다른 재료와 합금함으로써 크게 향상될 수 있다. 알루미늄 합금뿐만 아니라 알루미늄의 탄성 계수는 71.7 GPa이며, 이는 강성이 강의 1/3 정도임을 의미한다.

알루미늄과 알루미늄 합금의 가격과 강도를 감안하면, 제조의 관점에서 가장 다목적으로 사용되는 재료 가운데 하나라고 할 수 있다. 알루미늄은 사형 주조, 다이캐스트, 열간 혹은 냉간 가공, 압출 성형으로 가공될 수 있다. 알루미늄 합금은 기계가공, 프레스가공, 연납땜(soldered), 경납땜(brazed) 또는 용접될 수 있다. 순수 알루미늄은 660°C에서 용융되는데, 이로 인해 알루미늄은 영구 주물(permanent casting)이나 사형 주물 제작에 적합하다. 알루미늄은 플레이트, 바, 얇은 판, 포일(foil), 봉 그리고 튜브의 형태로 판매되고, 구조적 형태나 압출된 형태로 판매된다. 연납땜이나 경납땜, 또는 용접으로 알루미늄을 접합할 때는 주의를 해야 한다. 이러한 접합 방법이 모든 합금에 추천되는 것은 아니다.

알루미늄 합금의 내부식성은 얇은 산화막의 형성에 좌우된다. 알루미늄은 원래 반응적이기 때문에 이 막은 자연적으로 생성된다. 지속적인 침식(erosion)이나 마멸(abrasion)은 이 막을 제거하고 부식이 일어나게 한다. 매우 두꺼운 산화막은 **양극산화피막**(陽劇酸化被膜) 처리법으로 만들어진다. 이 과정에서 시편은 크롬산, 옥살산(혹은 수산, oxalic acid), 황산 같은 전해질에서 양극화(陽極化)되도록 만들어진다. 이 공정에서는 최종 막의 색을 매우 정확하게 조절하는 것이 가능하다.

알루미늄의 경우 가장 유용한 합금 성분은 구리, 규소, 망간, 마그네슘, 그리고 아연이다. 알루미늄 합금은 **주조 합금** 또는 **전신용**(展伸用) **합금**으로 분류된다. 주조 합금은 주조를 용이하게 하는 합금 성분을 많이 포함하고 있으나, 이는 냉간 가공을 어렵게 하는 요인이 된다. 많은 주조 합금과 일부 전신용 합금은 열처리로 경화될 수 없다. 열처리가 가능한 합금은 알루미늄에서 용해되는 합금 성분을 사용한다. 열처리는 합금 성분이 용해되는 온도까지 시편을 가열하는 과정과 합금 성분이 석출되지 않도록 빠르게 담금질하는 과정으로 이루어져 있다. 시효 과정은 약간의 가열로 가속화되고 이에 따라 경도와 강도가 커진다. 잘 알려진 열처리 가능 합금 가운데 하나가 듀랄루미늄(duraluminum) 또는 2017(4% Cu, 0.5% Mg, 0.5% Mn)이다. 이 합금은 상온에서 4일간 경화된다. 이런 빠른 시효 때문에 합금은 담금질 후나 성형 전에 반드시 냉동 환경에서 보관되어야 하며, 또는 담금질 후에 바로 성형되어야 한다. 따라서 매우 느리게 시효-경화되는 5053 같은 다른 합금들이 개발되었으며, 성형 전에 가벼운 냉동 환경 하에서 보관하면 된다. 성형 후에는 노에서 인위적으로 시효 처리되며, 강도와 경도는 2024 합금과 거의 같다. 열처리를 할 수 없는 알루미늄 합금은 냉간 가공에 의해서만 경화될 수 있다. 가공 경화와 열처리에 의한 경화 모두 풀림 과정에 의해 제거될 수 있다.

마그네슘

마그네슘의 밀도는 약 1800 kg/m^{3}이며, 이는 알루미늄 밀도의 2/3, 강 밀도의 1/4이다. 이는 모든 상용 금속 중 가장 가볍기 때문에 항공기나 자동차 산업에서 널리 사용되고 있으며, 다른 분야에서 사용하기 위한 방안은 연구 중이다. 비록 마그네슘 합금의 강도가 크지는 않지만 무게가 가볍기 때문에 강도-무게비는 보다 강한 알루미늄 합금이나 강 합금에 필적하거나 낫다. 그렇다 하더라도 마그네슘 합금은 주로 강도가 중요 고려사항이 아닌 분야에 널리 적용된다. 마그네슘은 고온에서는 잘 견디지 못하며, 항복점은 물이 끓는 온도까지 온도가 상승하면 감소한다.

일부 합금의 경우 압축에서 인장만큼 강하지는 않지만, 마그네슘과 마그네슘 합금은 인장과 압축 모두에서 탄성 계수가 45 GPa(6.5 Mpsi)이다. 특이하게 냉간 가공을 하면 탄성 계수는 감소하며, 여러 주조 마그네슘 합금 역시 사용 가능하다.

티타늄

티타늄과 티타늄 합금의 강도는 보통 강도의(moderate-strength) 강과 비슷하지만 무게는 일반강의 절반 정도이다. 티타늄은 내부식성이 뛰어나며, 열전도도가 낮고, 비자성이며, 고온 강도를 나타낸다. 탄성 계수는 강과 알루미늄 사이의 114 GPa(16.5 Mpsi)이다. 강이나 알루미늄에 비해 많은 장점 때문에 항공 우주나 군사용 항공기 구조물, 해상 장비, 화학 탱크와 공정 설비, 유체 조절 시스템, 그리고 인체 내 대체 삽입물 등의 많은 부분에 적용된다. 티타늄의 단점은 강이나 알루미늄에 비해 고가라는 점과 기계 가공이 어렵다는 점이다.

구리 기반 합금

구리와 아연의 합금을 일반적으로 황동이라 한다. 만약 구리에 다른 성분을 합금하면, 이를 흔히 **청동**(*bronze*)이라 한다. 때때로 **주석청동**(*tin bronze*) 또는 **인청동**(*phosphor bronze*)처럼 다른 성분이 명시된다. 각 범주마다 수백 개의 이형(異形)이 있다.

5~15%의 아연이 함유된 황동

저아연 황동은 냉간 가공이 용이하고, 특히 아연 함량이 높을수록 용이하다. 이 합금은 연성 재료이지만 기계 가공이 어렵고 대신 내부식성은 좋다. 이 분류에 속하는 합금에는 **길딩 브라스**(*gilding brass*, 5% 아연), **상용브론즈**(*commercial bronze*, 10% 아연), 그리고 **레드 브라스**(*red brass*, 15% 아연) 등이 있다. 길딩 브라스는 주로 장신구, 금도금이 필요한 물건 등에 사용된다. 이것은 구리와 같은 연성을 보이나 강도는 더 크고 기계 가공성은 떨어진다. 상용브론즈는 장신구에 사용되며 연성이 좋아 단조나 스탬핑을 위해 사용된다. 기계 가공 특성은 좋지 않지만 냉간 가공 특성은 매우 좋다. 레드 브라스는 고온 강도와 내부식성이 매우 좋다. 이 때문에 방열기(radiator)나 응축기(condenser)와 같은 장치에서 뜨거운 물을 수송하기 위해 튜브나 배관의 형태로 많이 사용된다.

20~36%의 아연이 함유된 황동

아연 함량이 중간 정도인 합금에는 **로우 브라스**(*low brass*, 20% 아연), **캐트리지 브라스**(*cartridge brass*, 30% 아연) 그리고 **옐로우 브라스**(*yellow brass*, 35% 아연) 등이 있다. 아연은 구리보다 저렴하기 때문에 이러한 합금의 가격은 구리가 많이 포함되고 아연이 적게 포함된 합금에 비해 저렴하다. 이 합금들은 절삭성이 더 좋으며 강도도 약간 더 크다. 그러나 내부식성이 떨어지고 잔류 응력이 존재하는 위치에서 균열이 발생할 수 있기 때문에 이러한 장점의 가치는 상쇄된다. 로우 브라스는 레드 브라스와 매우 유사하며, 디프 드로잉(deep drawing) 공정이 필요한 제품에 사용된다. 구리–아연 합금 가운데 캐트리지 브라스는 연성과 강도가 가장 잘 조화를 이루고 있는 합금이다. 탄피는 원래 전체적으로 냉간 가공에 의해 제작된다. 제작 공정은 일련의 디프 드로잉 공정으로 이루어져 있다. 각 디프 드로잉 공정 후에는 풀림을 수행하여 다음 공정에 알맞도록 재료 상태를 맞추므로, 이를 캐트리지 브라스라 한다. 옐로우 브라스는 비록 열간 가공 능력은 좋지 않지만 여러 제작 공정에 사용될 수 있다. 따라서 매우 다양한 생산품에 이용된다.

소량의 납이 황동에 첨가되면, 절삭성은 크게 향상되고, 열간 가공 능력도 어느 정도 향상된다. 납의 첨가는 냉간 가공 및 용접 특성을 저하시킨다. 이러한 합금에는 **저연 브라스**(*low-leaded brass*, 32.5% 아연, 0.5% 납), **고연 브라스**(*high-leaded brass*, 34% 아연, 2% 납) 그리고 **프리컷팅 브라스**(*free-cutting brass*, 35.5% 아연, 3% 납) 등이 있다. 저연 브라스는 기계 가공이 용이할 뿐만 아니라 냉간 가공 특성도 좋다. 이는 다양한 스크류 기계 부품에 사용된다. 고연 브라스는 정밀 기계, 잠금 장치, 그리고 시계 등에 사용된다. 프리컷팅 브라스 역시 스크류 기계 부품에 사용되며, 내부식성과 기계적 특성이 매우 좋다.

애드미럴티 금속(*admiralty metal*, 28% 아연)은 1%의 주석을 포함하며, 특히 바닷물과 같은 염수에 대해 내부식성이 뛰어나다. 강도와 연성은 매우 좋으나 절삭이나 가공성은 보통 수준이다. 내부식성으로 인해 발전소나 화학 설비에 사용된다. **알루미늄 황동**(22% 아연)은 2%의 알루미늄을 포함하며, 애드미럴티 금속과 거의 특성이 같기 때문에 같은 용도로 사용된다. 다만 고속 유동에 의한 침식에 대한 저항성이 좋기 때문에 튜브나 배관의 형태로 사용될 때는 애드미럴티 금속보다 더 유용하다.

36~40%의 아연이 함유된 황동

38% 이상의 아연이 함유된 황동은 캐트리지 브라스에 비해 연성이 떨어지며 냉간 가공 역시 어렵다. 따라서 일반적으로 열간 가공하거나 압출 성형한다. **먼츠 금속**(*Muntz metal*, 40% 아연)은 가격이 저렴하고 다소 내부식성이 있다. **해양용 황동**(*naval brass*)은 먼츠 금속과 조성이 같지만 0.75%의 주석이 추가로 첨가된다. 이는 내부식성을 향상시킨다.

청동

구리 외에 3% 규소와 1% 망간을 포함한 **규소 청동**은 내부식성이 좋으며, 연강과 같은 기계적 특성을 가지고 있다. 이는 열간 가공, 냉간 가공, 기계 가공 또는 용접될 수 있다. 강도와 내부식성이 동시에 요구되는 경우에 유용하다.

11% 이하의 주석과 소량의 인이 포함된 **인청동**은 특히 피로와 부식에 대한 저항성이 좋다. 인장강도가 크고, 에너지 흡수 능력이 좋으며, 마모에 대한 저항성도 있다. 따라서 스프링 재료로 매우 유용하다.

알루미늄 청동은 12% 이하의 알루미늄이 첨가된 열처리가 가능한 합금이다. 이 합금의 강도와 내부식 특성은 황동의 경우보다 뛰어나며 냉간 가공, 열처리 또는 조성 변화에 의해 그 특성이 폭넓게 변할 수 있다. 4% 이하의 철이 추가되면 합금의 내구한도(endurance limit)가 높아지고 충격 저항성과 마모 저항성이 향상된다.

베릴륨(*beryllium*) 청동은 약 2%의 베릴륨이 포함된 열처리가 가능한 또 하나의 합금이다. 이 합금은 내부식성이 좋으며, 강도, 경도, 그리고 내마모성이 우수하다. 비록 고가이지만 스프링이나 부식 저항성이 필요한 피로하중을 받는 부품에 사용한다.

약간 변화시키면 대부분의 구리 기반 합금은 주조 성형의 형태로 사용 가능하다.

2-19 플라스틱

열가소성(熱可塑性) 플라스틱이란 열이 가해졌을 때 연화되어 성형될 수 있는 모든 플라스틱을 의미한다. 이 용어는 때때로 가압상태의 주조 플라스틱에도 사용되며, 이러한 플라스틱은 가열하면 재성형될 수 있다.

열경화성(熱硬化性) 수지는 고온의 성형 프레스 내에서 가압상태로 액화되면서 중합(重合) 과정이 완료되는 플라스틱이다. 열경화성 플라스틱은 재성형되지 않는다.

표 2-2는 가장 널리 사용되는 몇몇 열가소성 플라스틱과 그 특성, 그리고 물성치의 범위 등을 나타낸 것이다. 표 2-3은 열경화성 수지에 대한 것으로 내용은 표 2-2와 유사하다. 이

표 2-2 열가소성 플라스틱 출처: 이 데이터는 Penton/IPC(Cleveland)에서 발간한 *Machine Design Materials Reference Issue*에서 발췌한 것임. 이 참고문헌은 2년마다 발간되며 매우 다양한 재료에 대한 데이터가 포함된 우수한 자료이다.

Name	S_u MPa	E GPa	Hardness Rockwell	Elongation %	Dimensional Stability	Heat Resistance	Chemical Resistance	Processing
ABS group	14–55	0.69–2.55	60–110R	3–50	Good	*	Fair	EMST
Acetal group	55–69	2.83–3.59	80–94M	40–60	Excellent	Good	High	M
Acrylic	34–69	1.38–3.24	92–110M	3–75	High	*	Fair	EMS
Fluoroplastic group	3.4–48	. . .	50–80D	100–300	High	Excellent	Excellent	MPR †
Nylon	55–97	1.24–3.10	112–120R	10–200	Poor	Poor	Good	CEM
Phenylene oxide	48–124	2.41–6.34	115R, 106L	5–60	Excellent	Good	Fair	EFM
Polycarbonate	55–110	2.34–5.93	62–91M	10–125	Excellent	Excellent	Fair	EMS
Polyester	55–124	1.93–11.03	65–90M	1–300	Excellent	Poor	Excellent	CLMR
Polyimide	41–345	. . .	88–120M	Very low	Excellent	Excellent	Excellent †	CLMP
Polyphenylene sulfide	97–131	0.76	122R	1.0	Good	Excellent	Excellent	M
Polystyrene group	10.3–83	0.97–4.14	10–90M	0.5–60	. . .	Poor	Poor	EM
Polysulfone	69	2.48	120R	50–100	Excellent	Excellent	Excellent †	EFM
Polyvinyl chloride	10.3–52	2.41–4.14	65–85D	40–450	. . .	Poor	Poor	EFM

*Heat-resistant grades available.

†With exceptions.

C Coatings L Laminates R Resins E Extrusions M Moldings S Sheet F Foams P Press and sinter methods T Tubing

표 2-3 열경화성 플라스틱 **출처:** 이 데이터는 Penton/IPC(Cleveland)에서 발간한 *Machine Design Materials Reference Issue*에서 발췌한 것임. 이 참고문헌은 2년마다 발간되며 매우 다양한 재료에 대한 데이터가 포함된 우수한 자료이다.

Name	S_u MPa	E GPa	Hardness Rockwell	Elongation %	Dimensional Stability	Heat Resistance	Chemical Resistance	Processing
Alkyd	20–62	0.34–2.07	99M*	···	Excellent	Good	Fair	M
Allylic	28–69	···	105–120M	···	Excellent	Excellent	Excellent	CM
Amino group	34–55	0.90–1.65	110–120M	0.30–0.90	Good	Excellent*	Excellent*	LR
Epoxy	34–138	0.21–2.07*	80–120M	1–10	Excellent	Excellent	Excellent	CMR
Phenolics	34–62	0.69–1.72	70–95E	···	Excellent	Excellent	Good	EMR
Silicones	34–41	···	80–90M	···	···	Excellent	Excellent	CLMR

*With exceptions.

C Coatings L Laminates R Resins E Extrusions M Moldings S Sheet F Foams P Press and sinter methods T Tubing

표는 단지 정보 제공을 위한 것으로 최종 설계 결정을 위해 사용되어서는 안 된다. 플라스틱으로 얻을 수 있는 물성치와 특성의 범위는 매우 좋다. 가격, 성형성, 마찰 계수, 풍화작용, 충격 강도 그리고 충전재와 보강재의 영향 등과 같은 많은 인자의 영향을 고려해야 한다. 제조업자의 카탈로그를 이용하면 설계 시 재료 선택에 있어 매우 유용하다.

2-20 복합재료[13]

복합재료는 두 가지 또는 그 이상의 다른 재료로 만들어지며, 각각의 재료가 최종 특성을 만드는 데 기여한다. 금속 합금과 달리, 복합재료 내의 재료는 거시적인 수준에서 서로 뚜렷하게 구별된다.

대부분의 공학적 복합재료들은 **충전재**(*filler*)로 불리는 강화재와 **기지**(matrix)의 두 가지 재료로 구성된다. 충전재는 강성과 강도를 제공하고 기지는 재료를 서로 잡아주고 불연속적인 보강재 사이로 하중을 전달하는 역할을 한다. 그림 2-14는 가장 일반적인 보강재인 연속성 섬유(직선 또는 직조 섬유), 짧게 잘라진 섬유, 그리고 미립자들이다. 비록 금속을 포함한 다른 재료가 사용되기도 하지만 가장 일반적인 기지는 다양한 플라스틱 수지이다.

금속과 다른 전통적인 공학적 재료들은 균질하거나 등방성이다. 이는 강도, 강성 그리고 열전도성과 같은 재료 특성이 재료 내의 위치와 좌표계의 선택과 무관하다는 것을 의미한다. 복합 강화재의 비연속적 성질은 재료 특성이 위치와 방향에 따라 달라질 수 있다는 것을 의미한다. 예를 들어, 연속적인 흑연 섬유로 강화된 에폭시 수지(epoxy resin)의 경우 섬유 방향으로는 강도와 강성이 매우 크지만, 섬유에 수직 또는 가로 방향으로는 매우 낮다.

[13] 참고문헌: I. M. Daniel and O. Ishai, *Engineering Mechanics of Composite Materials*, Oxford University Press, 1994, 그리고 *ASM Engineered Materials Handbook: Composites*, ASM International, Materials Park, OH, 1988.

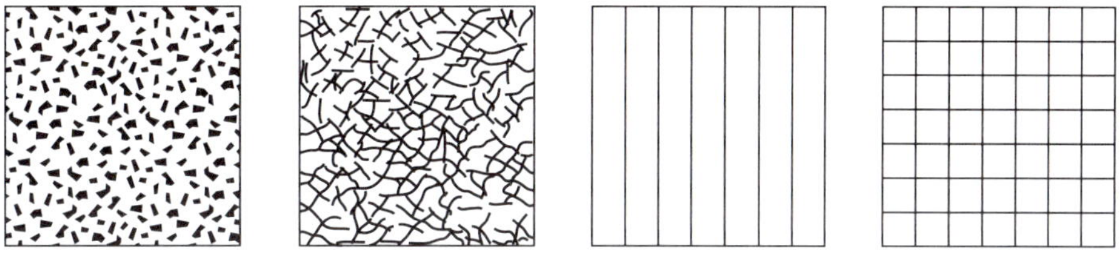

그림 2-14 보강재 형태에 따른 복합재료 분류

이러한 이유로, 복합재료의 구조는 일반적으로 다수의 층으로 이루어져 있으며, 각 층은 최적의 강성과 강도 성능을 얻을 수 있도록 배치된다.

복합재료로는 고강도 강의 강도-무게비의 5배에 달하는 높은 강도-무게비를 얻을 수 있다. 또한 구조용 금속보다 8배 정도 큰 높은 강성-무게비도 얻을 수 있다. 이러한 이유로 인해, 복합재료는 자동차, 해양, 항공, 그리고 우주 산업 등 무게가 매우 중요한 분야에서 인기가 크게 올라가고 있다.

복합재료 물성치의 방향성은 구조 해석의 복잡성을 증가시킨다. 등방성 재료는 두 가지 공학적 상수(탄성 계수 E와 포아송 비 ν)만으로 완전히 정의된다. 그러나 단일 층으로 된 복합재료의 경우는 층의 좌표계에 대해 정의된 4개의 상수가 필요하다. 이 4개의 상수는 2개의 탄성 계수(섬유 방향으로의 세로 탄성 계수 E_1, 섬유 방향에 수직한 가로 탄성 계수 E_2), 1개의 포아송 비(주 포아송의 비라 불리는 ν_{12}), 그리고 1개의 전단 계수(G_{12})이다. 다섯 번째 상수인 보조 포아송 비(ν_{21})는 $\nu_{21}/E_2 = \nu_{12}/E_1$의 관계를 이용하여 얻어진다. 만약 이것이 다른 각으로 배치된 다수의 층에 적용된다면 수계산으로는 복잡한 구조의 구조 해석을 수행할 수 없다. 이러한 이유로, 적층 복합 구조의 물성치를 계산하기 위한 컴퓨터 소프트웨어가 개발되어 있다(복합재 해석에 관한 소프트웨어는 다음 사이트를 참조할 것, http://composite.about.com/cs/software/index.htm).

2-21 재료 선정

앞서 언급한 바와 같이, 기계 부품이나 구조적 부재에 대한 재료의 선정은 설계자가 내려야 할 가장 중요한 결정사항 가운데 하나이다. 이제까지 많은 중요한 물리적 재료 특성, 전형적인 공학재료들의 다양한 성질, 다양한 재료 제작 공정에 대해 학습해 살펴봤다. 만약 실제 특정 설계를 위한 재료 선정 시 이전 경험을 참고한다면 이는 쉬운 문제일 것이다(예로 1020 강은 많은 좋은 특성을 가지고 있기에 항상 좋은 후보재가 될 수 있다). 또는 재료 선정 과정이 재료의 많은 물리적 특성, 경제적 특성, 공정 특성에 대한 평가로 인해 설계 문제에 영향을 미칠 수도 있다. 재료 선정에 대한 체계적이고 최적화된 접근법이 있다. 여기서 여러 재료 특성에 접근하는 방법을 고찰할 것이다. 한 가지 기본적인 방법은 강도, 강성, 가격 등과 같은 설계와 연관된 주요 재료 특성을 정리하는 것이다. 이를 통해 설계 결과에 대한 상대적 중요성을 평가하여 우선순위를 결정할 수 있다. 그 후 각 특성에 대해 모든 적용 가능한 재료를 선정하고 가장 적합한 재료부터 시작하여 순위를 매긴다. 예로 강도에 대해서는 4340 강과 같은 고강도 강이 순위 목록의 최상단부에 위치할 것이다. 적용 가능한 재료들을 가능한 모두 고려하기 위해서 방대한 재료 데이터 출처가 필요할 것이다. 목록이 작성되면 각 목록의 높은 순위부터 취급할 수 있는 양만큼의 재료를 선정한다. 각 특성 목록에 대해 어느 정도 재료들이 추려지면 다음 검토를 위해 모든 목록에 공통적으로 포함되어 있는 재료를 선정한다. 어느 정도 추려진 목록에 있는 재료들은 목록 내에서 등급을 매길 수 있으며 개별 특성의 중요성에 따라 가중치를 줄 수 있다.

M. F. Ashby는 "*materials selection charts*"를 이용한 체계적이고 강력한 방법을 개발하였다.[14] 이 방법은 또한 "CES Edupack"이라는 소프트웨어 패키지에 적용되어 있다.[15] "Materials selection charts"는 표 2-4에 수록되어 있는 재료의 족(family)과 클래스(class)에 대한 다양한 물성들의 데이터를 보여준다. 예를 들어, 재료의 강성 특성을 고려한다면 y축 값으로 탄성 계수 E를 도시한 간단한 바 형태의 차트가 그림 2-15에 주어져 있다.

몇몇 재료에 대해서만 이름을 기재하였지만 각각의 수직선은 특정 재료의 E값의 범위를 의미한다. 만약 x축에 밀도와 같은 다른 재료 특성을 나타낸다면 더 많은 재료 정보가 나타내어질 수 있다. 버블(bubble) 차트라고 일컬어지는 그림 2-16은 밀도에 대해 탄성 계수

표 2-4
재료의 족(families)과 클래스(classes)

Family	Classes	Short Name
Metals	Aluminum alloys	Al alloys
(the metals and alloys of	Copper alloys	Cu alloys
engineering)	Lead alloys	Lead alloys
	Magnesium alloys	Mg alloys
	Nickel alloys	Ni alloys
	Carbon steels	Steels
	Stainless steels	Stainless steels
	Tin alloys	Tin alloys
	Titanium alloys	Ti alloys
	Tungsten alloys	W alloys
	Lead alloys	Pb alloys
	Zinc alloys	Zn alloys
Ceramics	Alumina	Al_2O_3
Technical ceramics (fine	Aluminum nitride	AlN
ceramics capable of	Boron carbide	B_4C
load-bearing application)	Silicon carbide	SiC
	Silicon nitride	Si_3N_4
	Tungsten carbide	WC
Nontechnical ceramics	Brick	Brick
(porous ceramics of	Concrete	Concrete
construction)	Stone	Stone

[14] M. F. Ashby, *Materials Selection in Mechanical Design*, 3rd ed., Elsevier Butterworth-Heinemann, Oxford, 2005.

[15] Produced by Granta Design Limited. See www.grantadesign.com.

표 2-4 (계속)

Family	Classes	Short Name
Glasses	Soda-lime glass	Soda-lime glass
	Borosilicate glass	Borosilicate glass
	Silica glass	Silica glass
	Glass ceramic	Glass ceramic
Polymers	Acrylonitrile butadiene styrene	ABS
(the thermoplastics and	Cellulose polymers	CA
thermosets of engineering)	Ionomers	Ionomers
	Epoxies	Epoxy
	Phenolics	Phenolics
	Polyamides (nylons)	PA
	Polycarbonate	PC
	Polyesters	Polyester
	Polyetheretherkeytone	PEEK
	Polyethylene	PE
	Polyethylene terephalate	PET or PETE
	Polymethylmethacrylate	PMMA
	Polyoxymethylene(Acetal)	POM
	Polypropylene	PP
	Polystyrene	PS
	Polytetrafluorethylene	PTFE
	Polyvinylchloride	PVC
Elastomers	Butyl rubber	Butyl rubber
(engineering rubbers, natural	EVA	EVA
and synthetic)	Isoprene	Isoprene
	Natural rubber	Natural rubber
	Polychloroprene (Neoprene)	Neoprene
	Polyurethane	PU
	Silicon elastomers	Silicones
Hybrids	Carbon-fiber reinforced polymers	CFRP
Composites	Glass-fiber reinforced polymers	GFRP
	SiC reinforced aluminum	Al-SiC
Foams	Flexible polymer foams	Flexible foams
	Rigid polymer foams	Rigid foams
Natural materials	Cork	Cork
	Bamboo	Bamboo
	Wood	Wood

From M. F. Ashby, *Materials Selection in Mechanical Design*, 3rd ed., Elsevier Butterworth-Heinemann, Oxford, 2005. Table 4–1, pp. 49–50.

를 함께 나타낸 것이다. 2차원적으로 도시되어 각 재료 특성의 범위를 나타내는 직선은 이제 타원을 형성한다. 표 2-4의 재료 족(material families)에 따라 윤곽선으로 묶어진 버블의 그룹도 함께 나타나 있다. 이러한 그림은 각 물성에 대한 두 개의 분리된 형식의 바 그래프

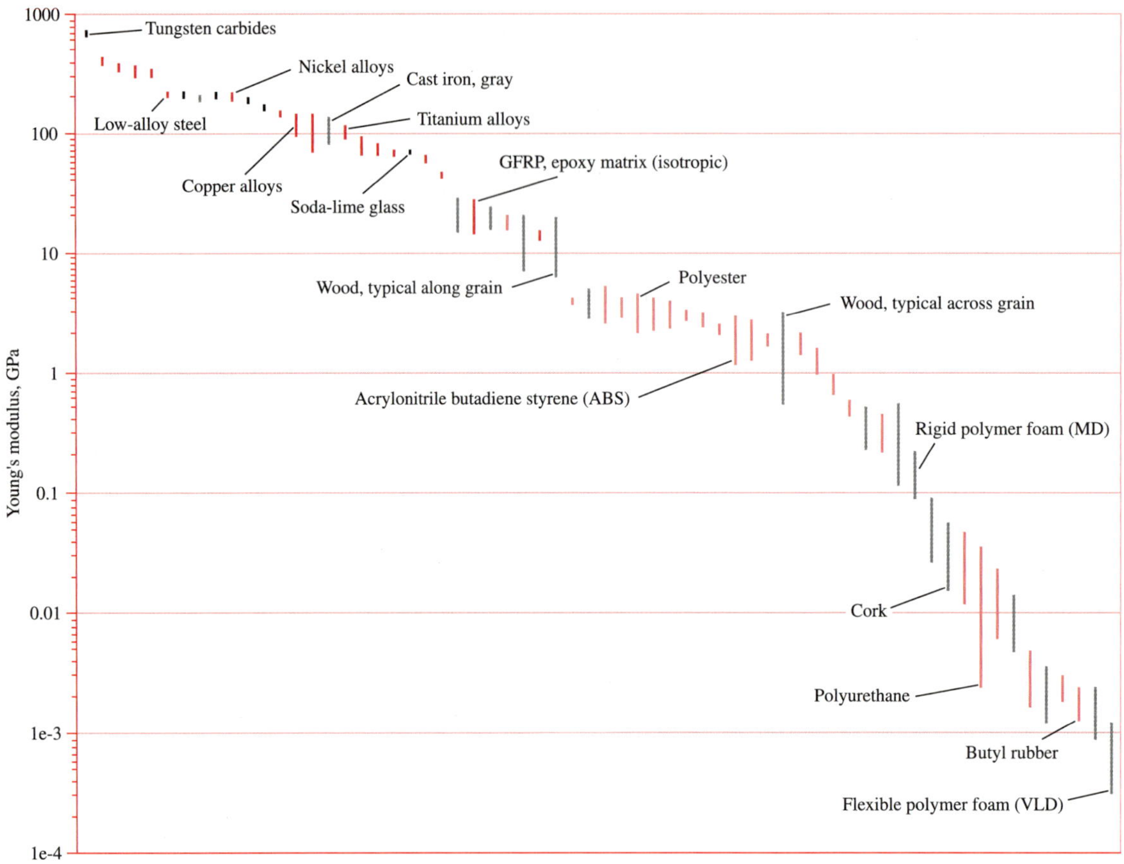

그림 2-15
다양한 재료에 대한 탄성 계수 E. (*Figure courtesy of Prof. Mike Ashby, Granta Design, Cambridge, U.K.*)

보다 훨씬 유용하다. 지금부터 어떻게 다양한 재료에 대해 강성/무게가 연관되어 있는지 살펴본다. 탄성 계수와 밀도의 비(E/ρ)는 비강성(*specific modulus* 또는 *specific stiffness*)으로 알려져 있다. 이 비는 초기 설계 제한 조건이 강도보다는 처짐, 강성 또는 고유 진동수가 되는 무게를 최소화할 필요가 있는 경우에 특히 관심 있게 다뤄진다. 비강성이 높은 재료로 만들어진 기계 부품은 처짐이 작고 강성이 높으며 고유 진동수도 높은 특성을 보인다.

그림 2-16의 우측 하단부에서 점선은 E^{β}/ρ 값을 나타낸다. $\beta = 1$인 경우에 대해 몇 개의 평행한 점선이 주어져 있으며, 이는 서로 다른 비강성(E/ρ) 값을 나타낸다. 이를 통해 재료 간의 비강성 특성을 간단히 비교할 수 있다. 예를 들어 특정 목재와 알루미늄 합금은 강과 비강성 값이 같음을 볼 수 있다. 다른 β값은 하중 조건이 다른 경우에 대해 강성과 무게의 다양한 관계를 비교할 수 있게 해준다. 축하중의 경우 이 관계는 선형적($\beta = 1$)이나 굽힘 하중의 경우에는 비선형적($\beta = 1/2$)이다(식 (2-31)과 전개 과정을 참고). 로그-로그 스케일로 그려졌기 때문에 지수 함수 이지만 직선으로 나타난다. $\beta = 1$의 선은 재료에서 일정한 음속값을 나타내기 위해서도 사용될 수 있다. 이는 E와 ρ의 관계가 재료의 음속 식 ($c = (E/\rho)^{1/2}$)에서 선형적이기 때문이다. 고유 진동수의 경우도 마찬가지이며 이는 강성과 질량의 비의 함수이다.

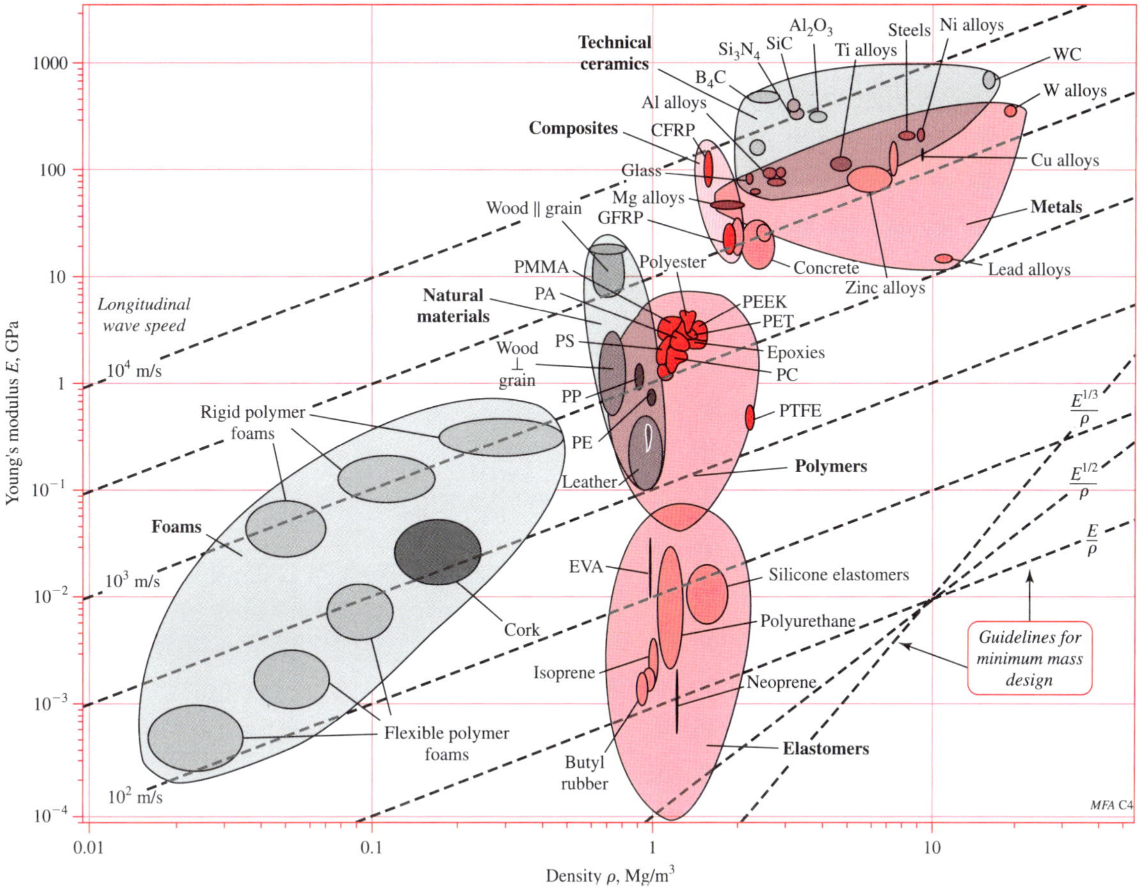

그림 2-16
다양한 재료에 대한 탄성 계수와 밀도의 관계. (*Figure courtesy of Prof. Mike Ashby, Granta Design, Cambridge, U.K.*)

β가 얼마나 여러 요소가 혼합된 경우에 잘 맞는지 보기 위해서 다음 사항을 고려하자. 구조적 요소의 성능 행렬 P는 (1) 기능 요건, (2) 형상 그리고 (3) 재료 물성치에 의존한다. 즉, 다음과 같이 표현된다.

$$P = [(\text{기능 요건 } F), (\text{기하학적 매개변수 } G), (\text{재료 물성치 } M)]$$

또는

$$P = f(F, G, M) \tag{2-23}$$

만약 변수 분리가 가능하다면(대부분 가능함), 식 (2-23)은 다음과 같이 표현할 수 있다.

$$P = f_1(F) \cdot f_2(G) \cdot f_3(M) \tag{2-24}$$

최적 설계를 위해 P를 최대화 혹은 최소화해야 한다. 재료 물성치 측면만을 고려한다면 이는 **재료효율계수**(*material efficiency coefficient*)라 일컬어지는 $f_3(M)$을 최대화하거나 최소화하여 수행될 수 있다.

예를 들어 설명하기 위해 원형 단면의 가볍고 강성이 있으며 끝단에 하중이 작용하는 외팔보를 설계하기 원한다고 하자. 이를 위해 보의 질량 m을 최소화시킬 성능 행렬을 위해 사용하자. 보의 강성은 보의 재료와 형상과 관계가 있다. 보의 강성은 $k = F/\delta$로 표현되며 여기서 F는 힘이며 δ는 처짐이다. 한 끝단에 하중을 받는 외팔보의 끝단에서의 처짐량은 표 A-9의 첫 번째 경우에 주어져 있으며 $\delta = y_{\max} = (Fl^3)/(3EI)$로 표현된다. 여기서 E는 탄성계수이며, I는 단면 2차 모멘트이다. 또한 l은 보의 길이이다. 그러므로 강성은 다음과 같이 주어진다.

$$k = \frac{F}{\delta} = \frac{3EI}{l^3} \tag{2-25}$$

표 A-18로부터 원형 단면의 단면 2차모멘트는 다음과 같다.

$$I = \frac{\pi D^4}{64} = \frac{A^2}{4\pi} \tag{2-26}$$

여기서 D와 A는 각각 지름과 단면의 면적이다. 식 (2-26)을 식 (2-25)에 대입하고 A에 대해 정리하면 다음과 같다.

$$A = \left(\frac{4\pi k l^3}{3E}\right)^{1/2} \tag{2-27}$$

보의 질량은 다음과 같다.

$$m = Al\rho \tag{2-28}$$

식 (2-27)을 식 (2-28)에 대입하고 재정리하면 다음과 같이 표현된다.

$$m = 2\sqrt{\frac{\pi}{3}}(k^{1/2})(l^{5/2})\left(\frac{\rho}{E^{1/2}}\right) \tag{2-29}$$

식 (2-29)는 식 (2-24)의 형태로 표현된 것이다. 여기서 $2\sqrt{\pi/3}$은 상수이며 어떤 함수와도 연관시킬 수 있지만 여기서는 $f_1(F)$와 관련이 있다고 고려하자. 따라서 $f_1(F) = 2\sqrt{\pi/3}(k^{1/2})$은 기능 요건(강성)이며, $f_2(G) = (l^{5/2})$는 기하학적 매개변수(길이) 이고 재료효율계수는 아래와 같다.

$$f_3(M) = \frac{\rho}{E^{1/2}} \tag{2-30}$$

이 재료효율계수는 밀도와 탄성 계수로 표현된 재료 물성치이다. m을 최소화하기 위해 $f_3(M)$을 최소화하거나 아래와 같은 $f_3(M)$의 역수를 최대화해야 한다.

$$M = \frac{E^{1/2}}{\rho} \tag{2-31}$$

여기서 M은 **재료 인덱스**(*material index*)라 일컬어지며 $\beta = \frac{1}{2}$이다. 그림 2-16으로 돌아가서 그림 2-17에 나타낸 바와 같이 다양한 $E^{1/2}/\rho$ 값 선을 그려 보아라. M값이 증가하면 선은 그림에 나타난 바와 같이 위로 이동하는 동시에 좌측으로 이동한다. 그러므로 단면이 원형

그림 2-17
다양한 재료 인덱스 $M = E^{1/2}/\rho$ 값에 대한 선을 나타낸 탄성 계수 E와 밀도 ρ 관계 차트. (*From M.F. Ashby, Materials Selection in Mechanical Design, 3rd ed., Elsevier Butterworth-Heinemann, Oxford, 2005.*)

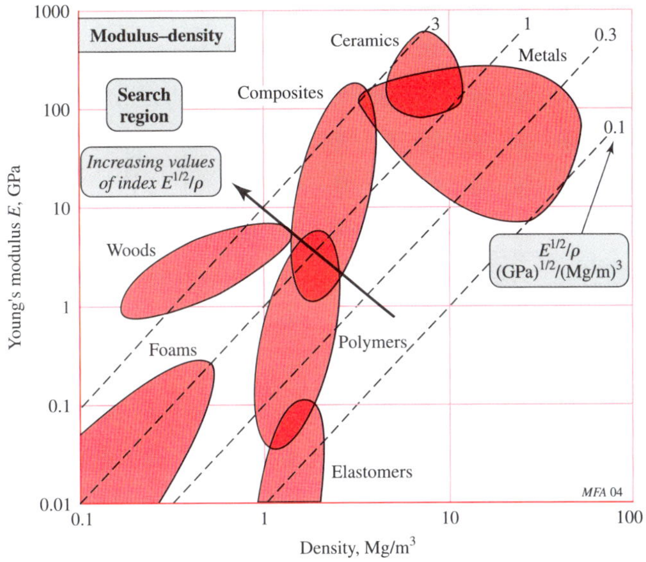

그림 2-18
$E \geq 50$ GPa인 추가적인 제약 조건으로 인해 더 줄어든 그림 2-16의 사용 가능 재료 영역. (*From M.F. Ashby, Materials Selection in Mechanical Design, 3rd ed., Elsevier Butterworth-Heinemann, Oxford, 2005.*)

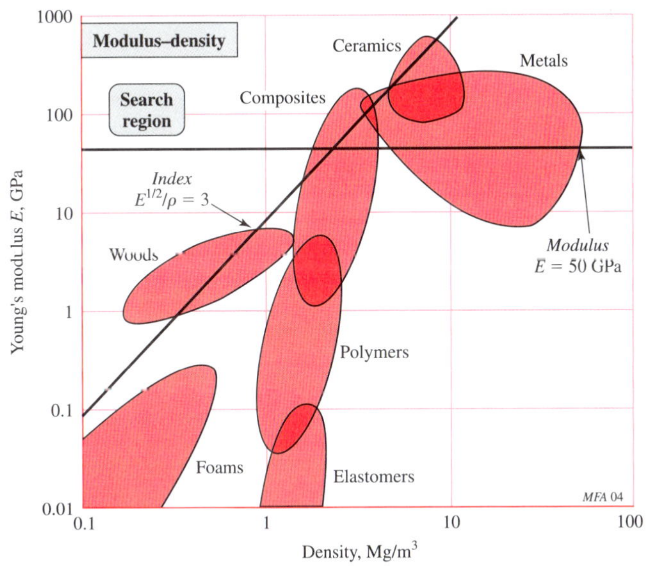

인 가볍고, 강성이 좋으며 한쪽 끝단에 하중을 받는 외팔보에 알맞은 후보 재료는 목재, 복합재료 그리고 세라믹임을 알 수 있다.

그 외 다른 제한 조건이 있다면 이를 고려한 추가적인 평가를 수행해야 할 것이다. 이런 경우에 대해 설명하기 위해 설계 요건상 탄성 계수가 50 GPa 이상인 재료를 사용해야 한다는 제한 조건을 추가해 보자. 그림 2-18은 이 추가적인 제한 조건이 후보 재료의 범위를 어떻게 제한하는지를 보여준다. 이 추가적인 제한 조건으로 인해 목재는 사용 가능 재료군에서 탈락되었다.

그림 2-19는 매우 유용한 다른 차트로 재료 족(material families)에 대한 강도와 밀도의 관계를 나타낸 것이다. 강도와 밀도의 비는 **비강도**(*specific strength*)로 알려져 있으며, 이는

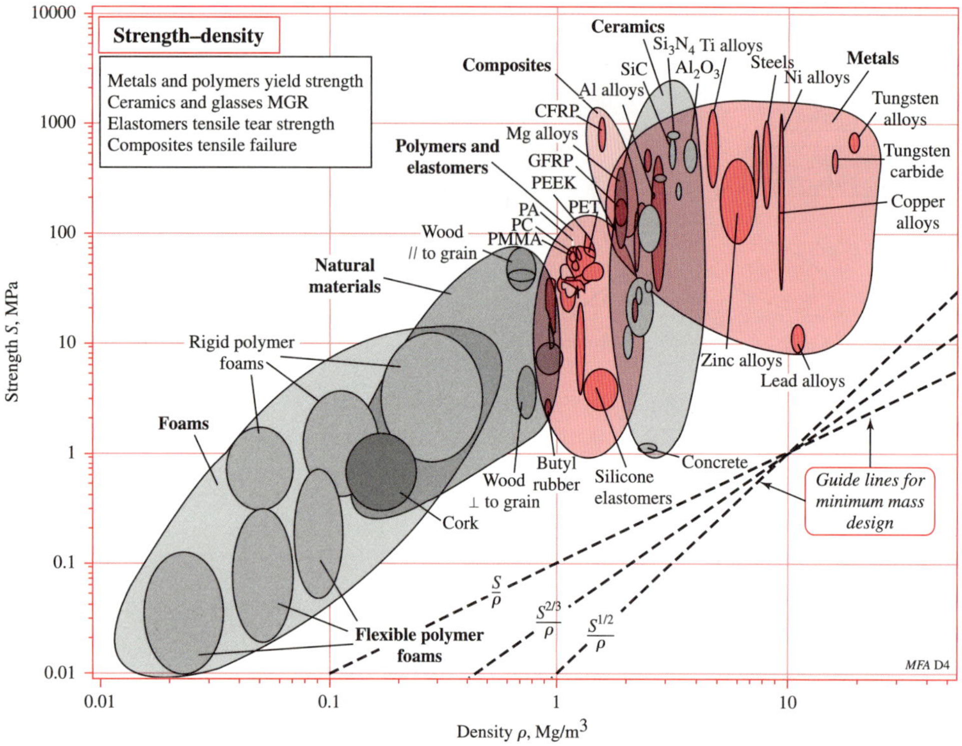

그림 2-19

다양한 재료에 대한 강도 S와 밀도 ρ의 관계. 강의 경우 S는 0.2% 오프셋 항복강도이며 폴리머의 경우 S는 1% 항복강도이다. 세라믹과 유리의 경우 S는 압축강도이다. 복합재료의 경우 S는 인장강도이며 탄성중합체(*elastomers*)의 경우 S는 인열강도(tear strength)이다. (*Figure courtesy of Prof. Mike Ashby, Granta Design, Cambridge, U.K.*)

초기 설계 제약 조건이 처짐이 아닌 강도이기에 무게를 최소화할 필요가 있는 경우 특히 유용하다. 우측 하단의 가이드라인은 S^{β}/ρ의 형태로 표현된 강도와 밀도의 여러 다른 관계를 나타낸다. 앞의 경우와 유사하게 축하중의 경우 $\beta = 1$이며, 굽힘 하중의 경우 $\beta = 2/3$ 이다.

틀림없이 주어진 설계 문제에는 환경, 가격, 유용성 그리고 기계 가공성과 같은 다른 고려사항들이 있을 것이며 이에 대한 평가를 위해서는 다른 종류의 차트가 필요할 것이다. 또한 재료 공정 선정 부분도 고려하지 않았다. 만약 이 역시 정확하게 고려한다면 재료 선정을 위해 표기해야 할 것이 상당히 많아질 것이다. 따라서 CES Edupack 같은 소프트웨어 패키지를 이용하면 매우 효과적이다.

연습문제 Problems

2-1 Determine the tensile and yield strengths for the following materials:
(*a*) UNS G10200 hot-rolled steel.
(*b*) SAE 1050 cold-drawn steel.
(*c*) AISI 1141 steel quenched and tempered at 540°C.
(*d*) 2024-T4 aluminum alloy.
(*e*) Ti-6Al-4V annealed titanium alloy.

2-2 Assume you were specifying an AISI 1060 steel for an application. Using Table A–21,
(*a*) how would you specify it if you desired to maximize the yield strength?
(*b*) how would you specify it if you desired to maximize the ductility?

2-3 Determine the yield strength-to-weight density ratios (specific strength) in units of kN · m/kg for AISI 1018 CD steel, 2011-T6 aluminum, Ti-6Al-4V titanium alloy, and ASTM No. 40 gray cast iron.

2-4 Determine the stiffness-to-weight density ratios (specific modulus) in units of meters for AISI 1018 CD steel, 2011-T6 aluminum, Ti-6Al-4V titanium alloy, and ASTM No. 40 gray cast iron.

2-5 *Poisson's ratio* ν is a material property and is the ratio of the lateral strain and the longitudinal strain for a member in tension. For a homogeneous, isotropic material, the modulus of rigidity G is related to Young's modulus as

$$G = \frac{E}{2(1+\nu)}$$

Using the tabulated values of G and E in Table A–5, calculate Poisson's ratio for steel, aluminum, beryllium copper, and gray cast iron. Determine the percent difference between the calculated values and the values tabulated in Table A–5.

2-6 A specimen of steel having an initial diameter of 12.8 mm was tested in tension using a gauge length of 50 mm. The following data were obtained for the elastic and plastic states:

Elastic State		Plastic State	
Load P kN	Elongation mm	Load P kN	Area A_i mm^2
4.5	0.01	39.6	128
9.0	0.015	41.4	127
13.5	0.025	41.0	126
18.0	0.0325	59.4	124
31.5	0.0575	68.4	121
37.8	0.07	76.5	101
39.6	0.09	73.8	84
41.4	0.2225	66.6	70

Note that there is some overlap in the data.
(*a*) Plot the engineering or nominal stress-strain diagram using two scales for the unit strain ϵ, one scale from zero to about 0.02 mm/mm and the other scale from zero to maximum strain.
(*b*) From this diagram find the modulus of elasticity, the 0.2 percent offset yield strength, the ultimate strength, and the percent reduction in area.
(*c*) Characterize the material as ductile or brittle. Explain your reasoning.
(*d*) Identify a material specification from Table A–20 that has a reasonable match to the data.

2-7 Compute the true stress and the logarithmic strain using the data of Prob. 2–6 and plot the results on log-log paper. Then find the plastic strength coefficient σ_0 and the strain-strengthening exponent m. Find also the yield strength and the ultimate strength after the specimen has had 20 percent cold work.

2-8 The stress-strain data from a tensile test on a cast-iron specimen are

Engineering stress, MPa	35	70	112	133	182	224	280	332	343	378
Engineering strain, $\epsilon \cdot 10^{-3}$ mm/mm	0.20	0.44	0.80	1.0	1.5	2.0	2.8	3.4	4.0	5.0

Plot the stress-strain locus and find the 0.1 percent offset yield strength, and the tangent modulus of elasticity at zero stress and at 140 MPa.

2-9 A part made from annealed AISI 1018 steel undergoes a 20 percent cold-work operation.

(*a*) Obtain the yield strength and ultimate strength before and after the cold-work operation. Determine the percent increase in each strength.

(*b*) Determine the ratios of ultimate strength to yield strength before and after the cold-work operation. What does the result indicate about the change of ductility of the part?

2-10 Repeat Prob. 2–9 for a part made from hot-rolled AISI 1212 steel.

2-11 Repeat Prob. 2–9 for a part made from 2024-T4 aluminum alloy.

2-12 A steel member has a Brinell of $H_B = 275$. Estimate the ultimate strength of the steel in MPa.

2-13 A gray cast iron part has a Brinell hardness number of $H_B = 200$. Estimate the ultimate strength of the part in MPa. Make a reasonable assessment of the likely grade of cast iron by comparing both hardness and strength to material options in Table A–24.

2-14 A part made from 1040 hot-rolled steel is to be heat treated to increase its strength to approximately 700 MPa. What Brinell hardness number should be expected from the heat-treated part?

2-15 Brinell hardness tests were made on a random sample of 10 steel parts during processing. The results were H_B values of 230, 232(2), 234, 235(3), 236(2), and 239. Estimate the mean and standard deviation of the ultimate strength in MPa.

2-16 Repeat Prob. 2–15 assuming the material to be cast iron.

2-17 For the material in Prob. 2–6: (*a*) Determine the modulus of resilience, and (*b*) Estimate the modulus of toughness, assuming that the last data point corresponds to fracture.

2-18 Some commonly used plain carbon steels are AISI 1010, 1018, and 1040. Research these steels and provide a comparative summary of their characteristics, focusing on aspects that make each one unique for certain types of application. Product application guides provided on the Internet by steel manufacturers and distributors are one source of information.

2-19 Repeat Prob. 2–18 for the commonly used alloy steels, AISI 4130 and 4340.

2-20 An application requires the support of an axial load of 400 kN with a round rod without exceeding the yield strength of the material. Assume the current cost per pound for round stock is given in the table below for several materials that are being considered. Material properties are available in Tables A–5, A–20, A–21, and A–24. Select one of the materials for each of the following additional design goals.

(*a*) Minimize diameter.

(*b*) Minimize weight.

(*c*) Minimize cost.

(*d*) Minimize axial deflection.

Material	Cost/N
1020 HR	\$0.06
1020 CD	\$0.07
1040 Q&T @800°F	\$0.08
4140 Q&T @800°F	\$0.18
Wrought Al 2024 T3	\$0.24
Titanium alloy (Ti-6Al-4V)	\$1.56

2–21 to 2–23 A 25-mm-diameter rod, 1 m long, of unknown material is found in a machine shop. A variety of inexpensive nondestructive tests are readily available to help determine the material, as described below:

(*a*) Visual inspection.

(*b*) Scratch test: Scratch the surface with a file; observe color of underlying material and depth of scratch.

(*c*) Check if it is attracted to a magnet.

(*d*) Measure weight (±0.25 N).

(*e*) Inexpensive bending deflection test: Clamp one end in a vise, leaving 0.6 m cantilevered. Apply a force of 450 N (±4.5 N). Measure deflection of the free end (within ±0.8 mm).

(*f*) Brinell hardness test.

Choose which tests you would actually perform, and in what sequence, to minimize time and cost, but to determine the material with a reasonable level of confidence. The table below provides results that would be available to you if you choose to perform a given test. Explain your process, and include any calculations. You may assume the material is one listed in Table A–5. If it is carbon steel, try to determine an approximate specification from Table A–20.

Test	Results if test were made		
	Prob. 2-21	Prob. 2-22	Prob. 2-23
(*a*)	Dark gray, rough surface finish, moderate scale	Silvery gray, smooth surface finish, slightly tarnished	Reddish-brown, tarnished, smooth surface finish
(*b*)	Metallic gray, moderate scratch	Silvery gray, deep scratch	Shiny brassy color, deep scratch
(*c*)	Magnetic	Not magnetic	Not magnetic
(*d*)	$W = 36$ N	$W = 14$ N	$W = 40$ N
(*e*)	$\delta = 8$ mm	$\delta = 22$ mm	$\delta = 14$ mm
(*f*)	$H_B = 200$	$H_B = 95$	$H_B = 70$

2–24 Search the website noted in Sec. 2–20 (http://composite.about.com/cs/software/) and report your findings. Your instructor may wish to elaborate on the level of this report. The website contains a large variety of resources. The activity for this problem can be divided among the class.

2–25 Research the material Inconel, briefly described in Table A–5. Compare it to various carbon and alloy steels in stiffness, strength, ductility, and toughness. What makes this material so special?

2–26 Consider a rod transmitting a tensile force. The following materials are being considered: tungsten carbide, high-carbon heat-treated steel, polycarbonate polymer, aluminum alloy. Using the Ashby charts, recommend one or two of the materials for a design situation in which failure is by exceeding the strength of the material, and it is desired to minimize the weight.

2–27 Repeat Prob. 2–26, except that the design situation is failure by excessive deflection, and it is desired to minimize the weight.

2–28 Consider a cantilever beam that is loaded with a transverse force at its tip. The following materials are being considered: tungsten carbide, high-carbon heat-treated steel, polycarbonate polymer, aluminum alloy. Using the Ashby charts, recommend one or two of the materials for a design situation in which failure is by exceeding the strength of the material and it is desired to minimize the weight.

2–29 Repeat Prob. 2–28, except that the design situation is failure by excessive deflection, and it is desired to minimize the weight.

2–30 For an axially loaded rod, prove that $\beta = 1$ for the E^{β}/ρ guidelines in Fig. 2–16.

2–31 For an axially loaded rod, prove that $\beta = 1$ for the S^{β}/ρ guidelines in Fig. 2–19.

2–32 For a cantilever beam loaded in bending, prove that $\beta = 1/2$ for the E^{β}/ρ guidelines in Fig. 2–16.

2–33 For a cantilever beam loaded in bending, prove that $\beta = 2/3$ for the S^{β}/ρ guidelines in Fig. 2–19.

2–34 Consider a tie rod transmitting a tensile force F. The corresponding tensile stress is given by $\sigma = F/A$, where A is the area of the cross section. The deflection of the rod is $\delta = (Fl)/(AE)$, where l is the length of the rod. Using the Ashby charts of Figs. 2–16 and 2–19, explore what ductile materials are best suited for a light, stiff, *and* strong tie rod.
Hint: Consider stiffness and strength separately.

CHAPTER

03

Shigley's Mechanical Engineering Design

하중과 응력 해석

Chapter Outline

이 책의 주요 목적 중의 하나는 특정 기계요소의 동작 원리를 설명하고 구조적 파손 없이 기계요소들이 안전하게 동작하게 하려면 어떻게 설계해야 하는지에 대해 설명하는 것이다. 앞에서 하중/응력과 강도의 항으로 구조적 강도에 대해 설명하였으나 구조적 이유에 의한 기능 상실은 과도한 변형이나 처짐과 같은 다른 원인에 의해서도 야기될 수 있다.

여기에서는 독자들이 강체 정역학과 재료역학과 같은 기초적인 과목을 이수하였고, 기본 하중이 작용하는 단순한 균일 단면 요소 등에 대한 하중, 응력 그리고 변형 해석에 매우 능숙하다고 가정하였다. 이 장에서는 이러한 하중, 응력 해석 등에 대한 내용을 간단하게 복습한다.

이 장에서는 먼저 하중이 작용하는 구조물에 대한 평형(equilibrium)과 자유물체도(free-body diagrams) 개념에 대해 복습한다. 기계구조물에 대한 많은 응력 혹은 변형 해석을 시작하기 전에 먼저 힘의 성질에 대해 완벽히 이해해야 한다. **매콜리**(*Macaulay*) 또는 **특이함수**(*singularity functions*)는 구조물에 불연속적인 하중이 작용하는 경우에 매우 유용하게 사용된다. 3-3절에서 특이함수를 이용한 보의 전단력과 굽힘모멘트 해석에 대해 설명한다.

기계요소는 한 지점에서 다른 지점으로 힘과 운동을 전달한다. 힘의 전달은 구조물에서 내부 표면을 격리함으로써 가시화될 수 있는 유동 혹은 힘의 분포로 생각할 수 있다. 표면에 걸쳐 분포하는 힘으로부터 한 점 상의 모든 표면에 대한 응력의 개념, 응력 성분, 응력 변환(Mohr 원) 등을 다룰 수 있게 된다.

이 장의 후반부에서는 단면이 일정한 요소에 균일 하중, 굽힘모멘트, 비틀림 모멘트와 같은 기본 하중이 작용할 경우에 대한 응력 해석에 대해 다루고, 응력 집중, 압력이 작용하는 두께가 얇은/두꺼운 실린더, 회전링, 프레스 맞춤과 억지끼워맞춤, 열응력, 곡선 보 그리고 접촉 응력과 같은 다른 주요 사항에 대해서도 다룬다.

3-1 평형과 자유물체도

평형

계(*system*)는 해석하고자 하는 전체 기계 혹은 구조물에서 따로 떼어내 **분리시킨 부품** 혹은 부위(필요하다면 전체 기계 혹은 구조물이 될 수도 있음)를 의미한다. 계는 하나의 질점(particle), 여러 질점, 강체의 일부, 전체 강체 혹은 여러 강체로 구성될 수 있다.

만약 고려 대상이 되는 계가 정지 상태에 있거나 혹은 일정 속도로 운동하고 있다면 이 계의 가속도는 0이다. 이 조건 하에서 "계는 **평형** 상태에 있다"라고 한다. 특히 **정적 평형**(*static equilibrium*)은 정지 상태에 있는 계를 의미할 때 사용된다. 계가 평형 상태에 있기 위해서 계에 작용하는 힘과 모멘트는 평형을 이뤄야 하며 이는 다음과 같이 표현된다.

$$\sum \mathbf{F} = 0 \qquad (3\text{-}1)$$

$$\sum \mathbf{M} = 0 \qquad (3\text{-}2)$$

이 식은 평형 상태에 있는 계에 작용하는 **모든 힘**과 **모멘트 벡터의 합**이 0임을 의미한다.

자유물체도

자유물체도를 이용하여 전체 구조물이나 기계에서 각 요소를 분리하고 해석하는 작업을 반복적으로 수행하면 복잡한 해석을 크게 단순화시킬 수 있다. 모든 요소에 대하여 동일한 방법을 적용하여 얻은 결과를 종합하면 전체 계의 거동에 대한 정보를 파악할 수 있다. 따라서 자유물체도는 복잡한 문제를 여러 단순한 문제로 만든 후 개별 단순 문제에 대한 해석 결과를 종합하여 전체 구조물의 거동을 파악할 수 있게 한다.

힘의 해석 시 자유물체도를 사용하는 주요 목적은 다음과 같다.

- 자유물체도는 기준 축의 방향을 설정하고, 분리한 하부계의 치수 및 알고 있는 힘의 방향과 크기를 나타낼 수 있게 하며, 알지 못하는 힘의 방향을 가정할 수 있도록 도와준다.
- 자유물체도는 단계별로 문제를 풀 때 전 단계까지의 사고(thought)의 저장소 역할을 하기 때문에 당신의 생각을 간결하게 정리해 준다.
- 자유물체도는 당신의 생각을 명료하게 다른 사람에게 전달하는 방법을 제공한다.
- 자유물체도를 완벽하게 작성하면 전체 계의 형상이나 상태 내에서 불명확하던 생각에 대해 다양한 관점을 이끌어 냄으로써 명쾌히 정리할 수 있다. 그러므로 자유물체도는 문제의 모든 일면을 이해하는 데 도움을 준다.
- 자유물체도는 문제의 논리적 해결방법을 모색하고 수학적 관계를 수립하는 데 도움을 준다.
- 자유물체도는 문제해결에 사용한 방법과 해 도출 과정을 기록하는 데 도움을 준다.
- 자유물체도는 모든 힘을 도시함으로써 다른 사람이 당신의 논리를 유추할 수 있도록 한다.

예제 3-1

그림 3-1*a*는 입력 축 *AB*, 출력 축 *CD*가 각각 일정한 속도 ω_i, ω_o로 회전하고 있는 기어 감속기의 형상을 단순화하여 나타낸 것이다. 입력 및 출력 토크(비틀림 모멘트)는 각각 T_i = 28 N · m와 T_o이다. 입력 및 출력 축은 *A*, *B*, *C*, *D*에서 베어링에 의해 지지된다. 기어 G_1과 G_2의 피치 반지름은 각각 r_1 = 20 mm와 r_2 = 40 mm이다. 각 부재에 대한 자유물체도를 그리고 모든 점에서의 반력과 모멘트를 결정하라.

풀이 먼저 모든 단순화된 가정들을 나열해 보자.

1. 기어 G_1과 G_2는 표준 압력각 ϕ = 20°인 단순 평기어(spur gear)이다(11-5절 참조).
2. 베어링은 자기 정렬되어 있으며, 축은 단순 지지되어 있다고 간주한다.
3. 각 부재의 무게는 무시한다.
4. 마찰력 역시 무시한다.
5. *E*, *F*, *H*, *I*점의 체결 나사의 치수는 같다.

각 부재에 대한 자유물체도를 그림 3-1*b*~*d*에 각각 제시하였다. 각 부재가 맞물리는 곳에서 뉴턴의 제3법칙(작용-반작용의 법칙)을 광범위하게 사용하였다. 평기어 사이에서 전달되는 힘은 접선 방향이 아니고 압력각 ϕ의 방향으로 전달된다. 따라서 $N = F \tan \phi$이다.

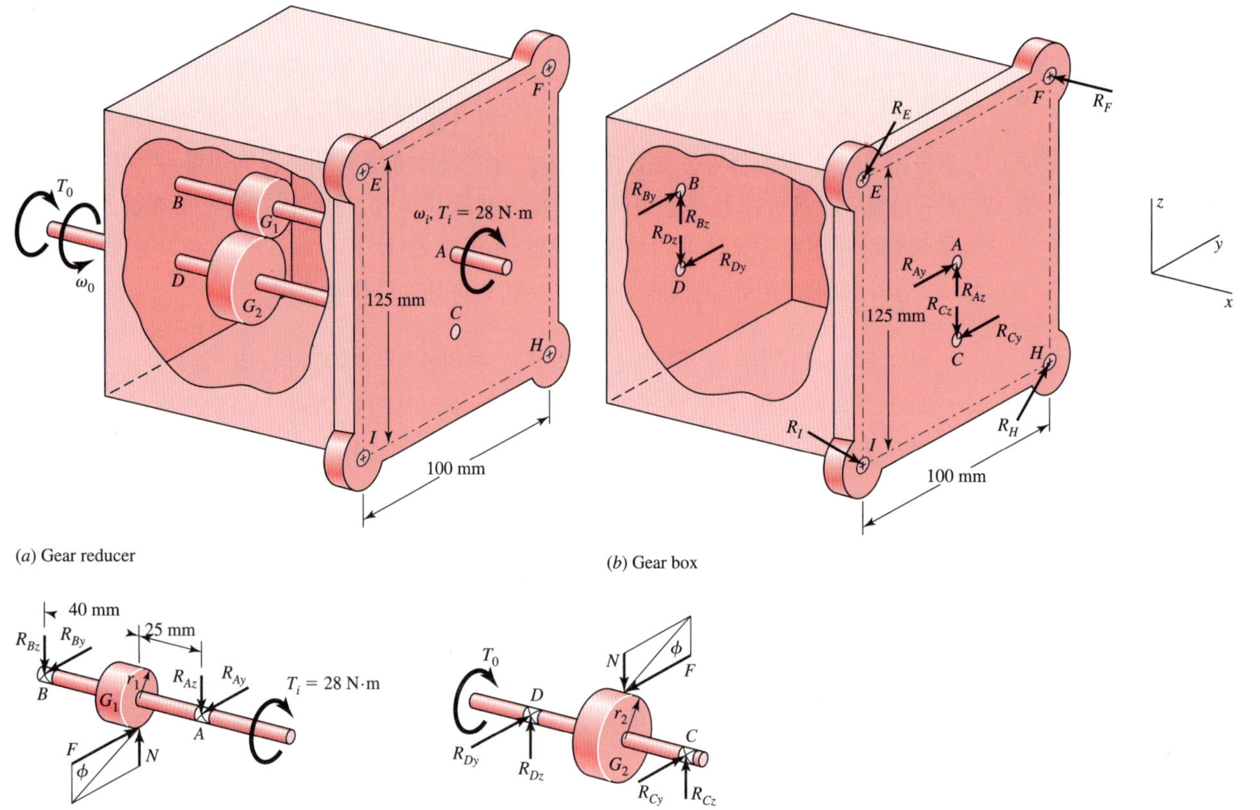

(a) Gear reducer (b) Gear box (c) Input shaft (d) Output shaft

그림 3-1
(a) 기어 감속기, (b~d) 자유물체도

그림 3-1c의 축 AB에 대해 x축에 대한 모멘트의 합은 다음과 같다.

$$\sum M_x = F(0.02) - 28 = 0$$

$$F = 1400 \text{ N}$$

수직방향 힘 $N = 320 \tan 20° = 509.6$ N이다.

그림 3-1c와 d에 대하여 평형방정식을 사용하면, $R_{Ay} = 861.5$ N, $R_{Az} = 313.6$ N, $R_{By} = 538.5$ N, $R_{Bz} = 196$ N, $R_{Cy} = 861.5$ N, $R_{Cz} = 313.6$ N, $R_{Dy} = 538.5$ N, $R_{Dz} = 196$ N 그리고 $T_o = 56$ N · m이다. 출력 토크 T_o의 방향은 ω_o와 반대이며, 그 이유는 ω_o의 반대 방향으로 계에 발생하는 저항력이기 때문이다.

그림 3-1b에서 베어링 반력에 의한 전체 합력은 0이나 x축에 대한 모멘트는 0.06(861.5) + 0.06(538.5) = 84 N · m이다. 이 값은 그림 3-1a에 도시된 바와 같이 $T_i + T_o = 28 + 56 = 84$ N · m와 동일하다. 또한 단지 $\Sigma F_y = \Sigma F_z = \Sigma M_x = 0$의 3개의 평형방정식만이 이용 가능하기에 체결 나사의 반력 R_E, R_F, R_H, R_I는 많은 미지값으로 인하여 결정할 수 없다. 앞에서 가정 5의 이유에 대해 궁금해 했을 수 있는데 여기서 이 가정 5를 활용한다(7-12절 참조). 기어 박스는 순수 비틀림 모멘트(84

N · m)로 인해 x축에 대하여 회전하려는 경향이 있다. 나사 힘은 평형을 이루기 위해 이 비틀림 모멘트와 크기는 같고 방향은 반대인 비틀림 모멘트를 발생시켜야 한다. 나사와 관련된 회전 중심은 나사 단면적의 도심에 위치한다. 따라서 나사 단면적이 모두 같다면, 회전 중심은 네 개 나사의 중심에 있으며, 각 나사로부터의 거리는 $\sqrt{(100/2)^2 + (125/2)^2} = 80$ mm이다. 나사 힘은 모두 동일하고($R_E = R_F = R_H = R_I = R$), 각각의 나사 힘은 나사에서 회전 중심으로 이어지는 선분에 수직인 방향으로 작용한다. 이로부터 네 개의 나사에 의한 토크는 $4R(0.08) = 84$이며, $R_E = R_F = R_H = R_I = 262.5$ N이 된다.

3-2 보에서의 전단력과 굽힘모멘트

그림 3-2a는 집중 하중 F_1, F_2, F_3가 작용하고 반력 R_1, R_2로 **지지되는 보를 나타낸다**. 만약 $x = x_1$에서 단면을 절단하고 왼쪽 부분을 자유물체도로 고려하면 평형을 이루기 위해 절단면에 내력인 **전단력** V와 **굽힘모멘트** M이 작용해야 한다(그림 3-2b 참조). 전단력은 분리된 부분에 대한 힘의 합을 구하여 결정한다. 굽힘모멘트는 분리된 왼쪽 단면의 임의의 축에 대한 힘에 의한 모멘트의 합이다. 그림 3-3에 이 책에서 굽힘모멘트와 전단력을 표현하기 위해 사용한 부호규약을 나타내었다. 전단력과 굽힘모멘트의 관계는 다음 식과 같다.

$$V = \frac{dM}{dx} \tag{3-3}$$

그림 3-2
양의 방향으로 나타낸 V와 M이 작용하는 단순 지지보의 자유물체도

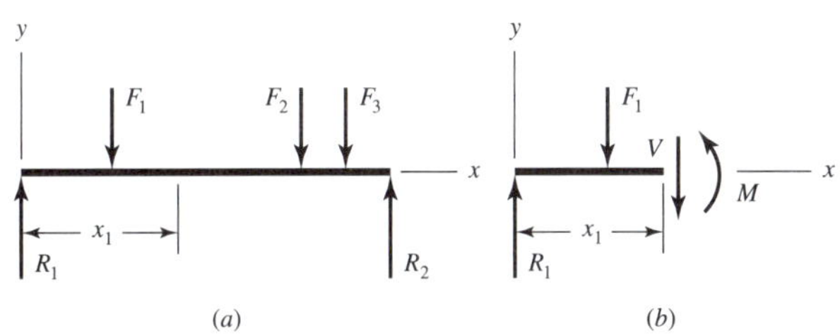

그림 3-3
굽힘모멘트와 전단력에 대한 부호규약

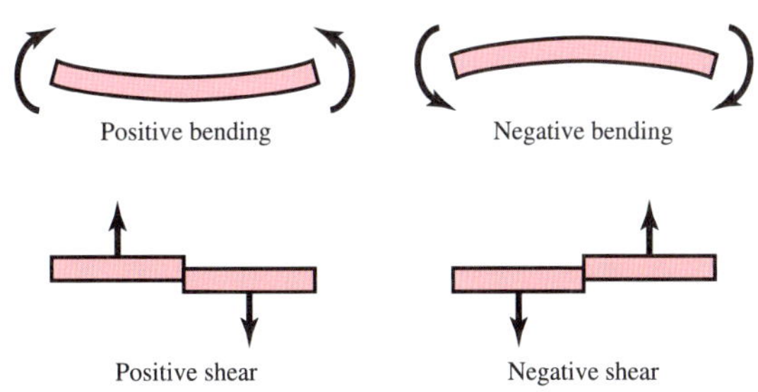

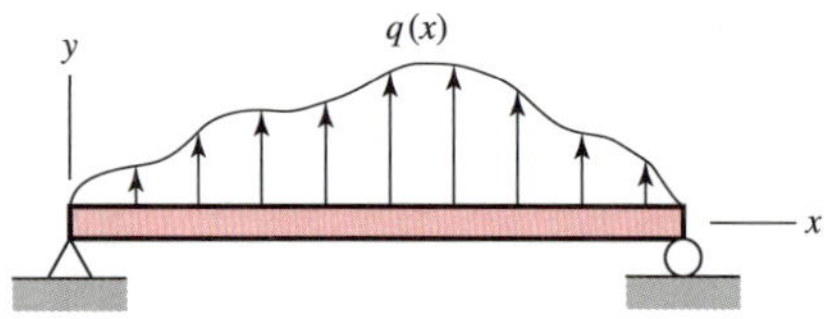

그림 3-4
보에 작용하는 분포 하중

그림 3-4에 나타낸 것처럼 분포 하중 $q(x)$에 의해 굽힘이 발생하기도 한다. $q(x)$는 하중 강도(*load intensity*)라 하며 단위는 단위길이당 하중이며, 양의 y축 방향으로 작용할 때 양의 부호를 갖는다. 식 (3-3)을 미분하여 다음 식을 얻을 수 있다.

$$\frac{dV}{dx} = \frac{d^2M}{dx^2} = q \tag{3-4}$$

일반적으로 분포 하중은 아래 방향으로 작용하며, w로 표시된다(예로 그림 3-6 참조). 이 경우, $w = -q$이다.

식 (3-3)과 (3-4)를 적분한다면 추가적인 관계를 얻을 수 있다. 따라서 x_A와 x_B 구간에서 적분을 수행하면 다음 식을 얻을 수 있다.

$$\int_{V_A}^{V_B} dV = V_B - V_A = \int_{x_A}^{x_B} q\,dx \tag{3-5}$$

이는 A에서 B까지의 전단력의 변화는 x_A와 x_B 사이의 하중 선도의 면적과 동일함을 의미한다.

유사한 방법으로,

$$\int_{M_A}^{M_B} dM = M_B - M_A = \int_{x_A}^{x_B} V\,dx \tag{3-6}$$

이는 A에서 B까지의 모멘트의 변화는 x_A와 x_B 사이의 전단력 선도의 면적과 동일함을 의미한다.

3-3 특이함수

표 3-1에서 꺾쇠 괄호(*angle brackets*)를 이용하여 정의된 4가지 특이함수를 사용하면 불연속부를 따른 적분을 쉽게 수행할 수 있다. 특이함수를 이용하면 보에 집중 모멘트나 힘이 작용할 때 보에서의 전단력과 굽힘모멘트의 일반 표현식 도출이 가능하다. 표에 나타낸 바와 같이, 집중 모멘트와 힘 함수는 a와 같지 않은 x의 모든 값에 대하여 0이다. 함수는 $x = a$인 경우에 대해서는 정의되지 않는다. 단위 계단(unit step)과 경사(ramp) 함수에서는 $x < a$일 때만 0이다. 또한 각 함수의 적분에 대한 정의는 표에 나타낸 바와 같다. $V(x)$와 $M(x)$를 구하기 위해 $q(x)$를 한 번 혹은 두 번 적분하는 경우 만약 보에 작용하는 모든 하중이 $q(x)$에 고려되어 있다면 적분 상수는 필요 없다. 다음 예들은 특이함수를 이용한 보 해석 방법을 나타낸 것이다.

표 3-1 특이함수

Function	Graph of $f_n(x)$	Meaning
Concentrated moment (unit doublet)	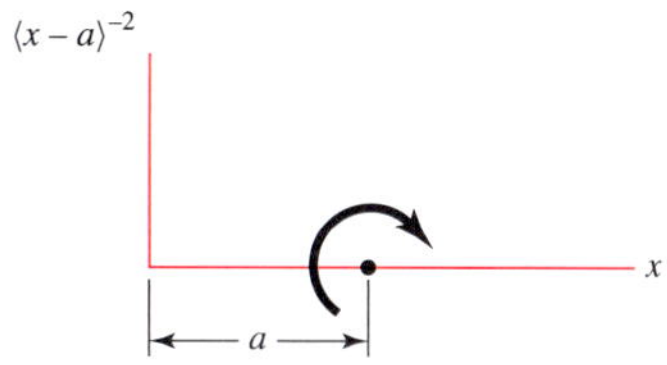	$\langle x-a\rangle^{-2}=0 \quad x\neq a$ $\langle x-a\rangle^{-2}=\pm\infty \quad x=a$ $\int \langle x-a\rangle^{-2}\,dx=\langle x-a\rangle^{-1}$
Concentrated force (unit impulse)	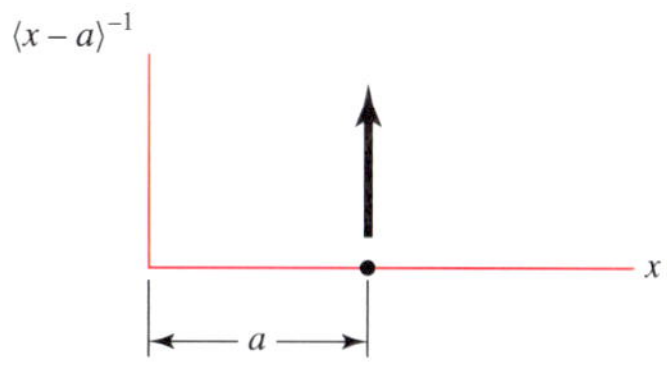	$\langle x-a\rangle^{-1}=0 \quad x\neq a$ $\langle x-a\rangle^{-1}=+\infty \quad x=a$ $\int \langle x-a\rangle^{-1}\,dx=\langle x-a\rangle^{0}$
Unit step	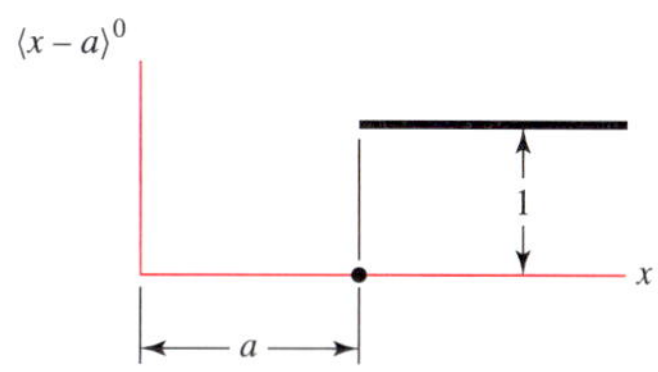	$\langle x-a\rangle^{0}=\begin{cases}0 & x<a\\ 1 & x\geq a\end{cases}$ $\int \langle x-a\rangle^{0}\,dx=\langle x-a\rangle^{1}$
Ramp	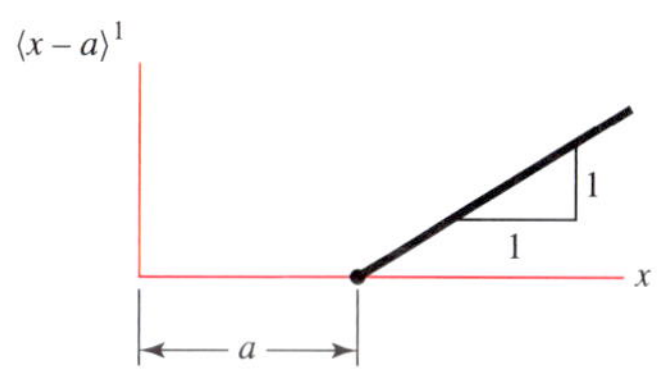	$\langle x-a\rangle^{1}=\begin{cases}0 & x<a\\ x-a & x\geq a\end{cases}$ $\int \langle x-a\rangle^{1}\,dx=\dfrac{\langle x-a\rangle^{2}}{2}$

[†]W. H. Macaulay, "Note on the deflection of beams," *Messenger of Mathematics*, vol. 48, pp. 129–130, 1919.

예제 3-2 그림 3-5a와 같은 보에 대하여 하중, 전단력, 굽힘모멘트 선도에 대한 표현식을 유도하라.

풀이 표 3-1과 하중 함수에 대한 $q(x)$를 사용하면, 다음 식을 얻을 수 있다.

답 $$q = R_1\langle x\rangle^{-1} - 800\langle x-0.1\rangle^{-1} - 400\langle x-0.25\rangle^{-1} + R_2\langle x-0.5\rangle^{-1} \tag{1}$$

이 식을 계속 적분하면,

답 $$V = \int q\,dx = R_1\langle x\rangle^{0} - 800\langle x-0.1\rangle^{0} - 400\langle x-0.25\rangle^{0} + R_2\langle x-0.5\rangle^{0} \tag{2}$$

답 $$M = \int V\,dx = R_1\langle x\rangle^{1} - 800\langle x-0.1\rangle^{1} - 400\langle x-0.25\rangle^{1} + R_2\langle x-0.5\rangle^{1} \tag{3}$$

여기서, $x = 0$에서 $V = M = 0$이다.

일반적으로 반력 R_1, R_2는 모멘트와 힘의 합으로부터 구할 수 있으며, 또는 $0 \leq x \leq 0.5$ m을 제외한 모든 구간에서 모멘트와 힘이 0이라는 것을 이용하여 계산할 수 있다. 이는 식 (2)에서 x가 0.5 m보다 약간 큰 지점에서 $V = 0$이 되어야 한다는 것을 의미한다. 따라서

$$R_1 - 800 - 400 + R_2 = 0 \tag{4}$$

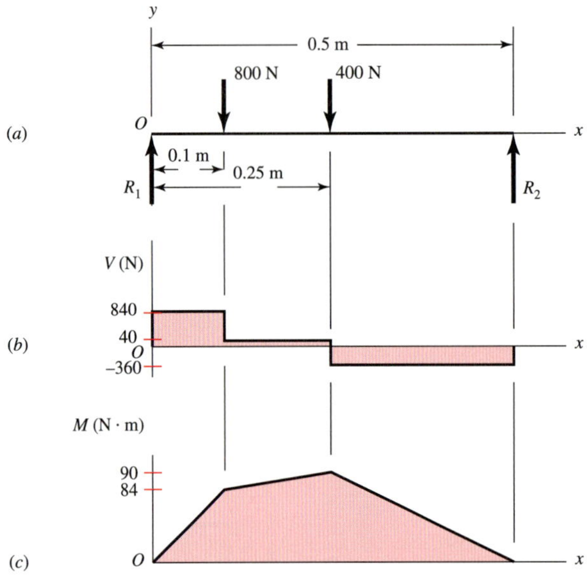

그림 3-5
(*a*) 단순 지지보의 하중 선도, (*b*) 전단력 선도, (*c*) 굽힘모멘트 선도

동일한 영역에서 굽힘모멘트 역시 0이어야 하므로, 식 (3)으로부터 다음 식을 얻을 수 있다.

$$R_1(0.5) - 800(0.5-0.1) - 400(0.5-0.25) = 0 \tag{5}$$

식 (4)와 (5)를 이용하면 반력 $R_1 = 840$ N, $R_2 = 360$ N이 된다.

이렇게 구한 R_1과 R_2 값을 식 (2)와 (3)에 대입하여 그림 3-5*b*와 3-5*c*를 그린다.

예제 3-3 그림 3-6*a*는 *A* 지점에서 지지되어 있는 외팔보의 하중 선도를 나타낸 것으로 75 mm $\le x \le$ 175 mm 영역에 3.5 kN/m의 균일 하중이 작용하고 있으며 x = 250 mm에서 1 kN/m의 모멘트가 반시계 방향으로 작용하고 있다. 전단력과 굽힘모멘트의 관계를 유도하고 지지 반력 M_1, R_1을 구하라.

풀이 예제 3-2의 절차에 따라 하중 밀도 함수를 다음과 같이 정의할 수 있다.

$$q = -M_1\langle x\rangle^{-2} + R_1\langle x\rangle^{-1} - 3.5\langle x-0.075\rangle^0 + 3.5\langle x-0.175\rangle^0 - 1\langle x-0.25\rangle^{-2} \tag{1}$$

$3.5\langle x - 0.175\rangle^0$ 항은 *C*점에서 균일 하중을 없애기 위해 포함되었다. 이에 대해 적분을 수행하면 다음과 같이 된다.

답
$$V = -M_1\langle x\rangle^{-1} + R_1\langle x\rangle^{0} - 3.5\langle x-0.075\rangle^1 + 3.5\langle x-0.175\rangle^1 - 1\langle x-0.25\rangle^{-1} \tag{2}$$
$$M = -M_1\langle x\rangle^{0} + R_1\langle x\rangle^{1} - 1.75\langle x-0.075\rangle^2 + 1.75\langle x-0.175\rangle^2 - 1\langle x-0.25\rangle^{0} \tag{3}$$

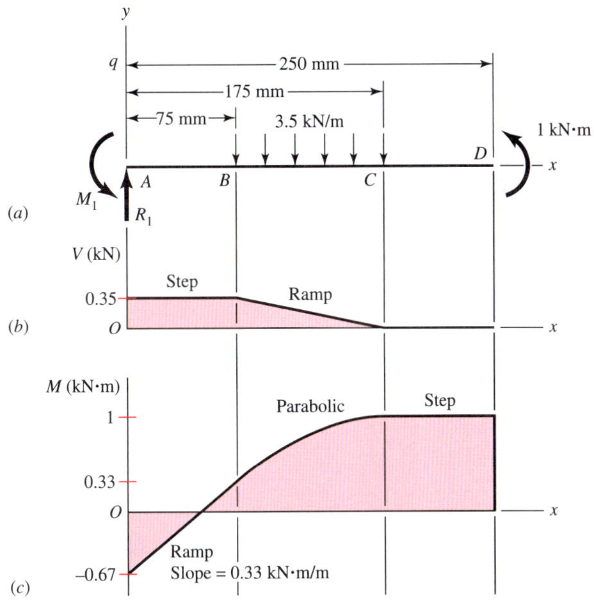

그림 3-6

(*a*) 점 *A*에서 지지된 외팔보의 하중 선도, (*b*) 전단력 선도, (*c*) 굽힘모멘트 선도

반력은 x가 250 mm보다 약간 큰 경우 V, M은 모두 0이 된다는 것을 이용하여 구할 수 있다. 따라서 식 (2)는 다음과 같이 정리된다.

$$-M_1(0) + R_1(1) - 3.5(0.25 - 0.075) + 3.5(0.25 - 0.175) - 1(0) = 0$$

답 여기서 $R_1 = 350$ N이다.

식 (3)으로부터 다음 식을 얻을 수 있다.

$$-M_1(1) + 0.35(0.25) - 1.75(0.25 - 0.075)^2 + 1.75(0.25 - 0.175)^2 - 1(0.025) = 0$$

답 여기서 $M_1 = 0.67$ kN/m이다.

그림 3-6*b*와 *c*는 전단력 및 굽힘모멘트 선도를 나타낸다. 식 (2)에서 $-M_1\langle x\rangle^{-1}$과 $-1\langle x - 0.25\rangle^{-1}$과 같은 충격(impulse) 항들은 물리적으로 힘이 아니며, V 선도에서는 나타나지 않는다. 또한 M_1과 1 kN/m 크기의 모멘트 모두 반시계 방향이며 음의 특이함수이다. 그러나 그림 3-2에 나타낸 부호규약에 의하면, M_1과 1 kN/m 크기의 모멘트는 각각 음과 양의 굽힘모멘트이며, 그림 3-6*c*에 이를 반영하였다.

3-4 응력

그림 3-2*b*와 같이 내면이 분리되어 있을 때, 표면에 작용하는 순수 힘과 모멘트가 전체 영역을 따른 힘 분포가 된다. 표면의 한 지점에서의 힘 분포는 유일하고, 각각 수직응력과 전단응

력으로 일컬어지는 수직 및 접선 방향 성분을 갖는다. 수직 및 전단응력은 각각 그리스 기호 σ와 τ로 표기된다. 만약 σ방향이 표면 바깥쪽이면, 이는 **인장응력**이며 양의 수직응력이 된다. 또한 σ방향이 표면 안쪽이면, 이는 **압축응력**이며 음의 값을 갖게 된다. U.S. 규격 단위에서 응력의 단위는 psi이다. SI 단위계에서는 응력 단위가 N/m^{2}이다(1 N/m^2 = 1 Pa).

3-5 직교 좌표계에서 응력 성분

직교 응력 성분은 물체 내의 한 점에서 세 개의 서로 직교하는 표면을 정의함으로써 확립된다. 각 면에 수직인 방향을 이용하여 x, y, z축을 정의할 수 있다. 일반적으로 각 면은 수직 및 전단응력을 갖는다. 전단응력은 두 개의 직각 좌표축을 따른 성분을 갖는다. 예를 들어, 그림 3-7은 물체 내의 한 점 Q에 대한 미소 면적을 나타낸 것으로 x축이 면에 수직인 방향이다. 수직응력은 σ_x로 표시된다. 기호 σ는 수직응력을 나타내고, 하첨자 x는 평면에 수직인 방향을 의미한다. $(\tau_x)_{\text{net}}$은 평면에 작용하는 순수 전단응력으로 각각 y, z방향 성분 τ_{xy}, τ_{xz}로 분리하여 나타낼 수 있다(그림 3-7 참조). 전단응력의 경우 두 개의 하첨자가 필요하다. 첫 번째 하첨자는 평면에 수직인 방향을 나타내며, 두 번째 하첨자는 전단응력의 방향을 나타낸다.

한 점에서의 응력 상태를 세 개의 수직면에 대해 모두 나타내면 그림 3-8a와 같다. 이 응력 성분들과 좌표 변환을 이용하면 한 점을 통과하는 임의의 모든 단면에서의 응력 상태

그림 3-7
x방향에 수직한 평면에 대한 응력 성분

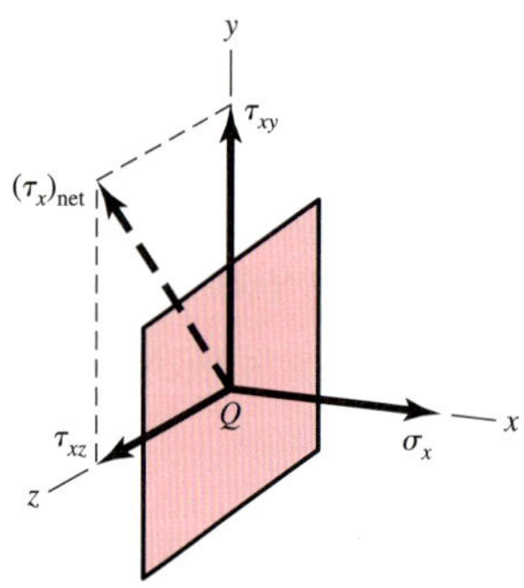

그림 3-8
(a) 일반적인 3차원 응력,
(b) 교차 전단응력이 동일한 평면응력 상태

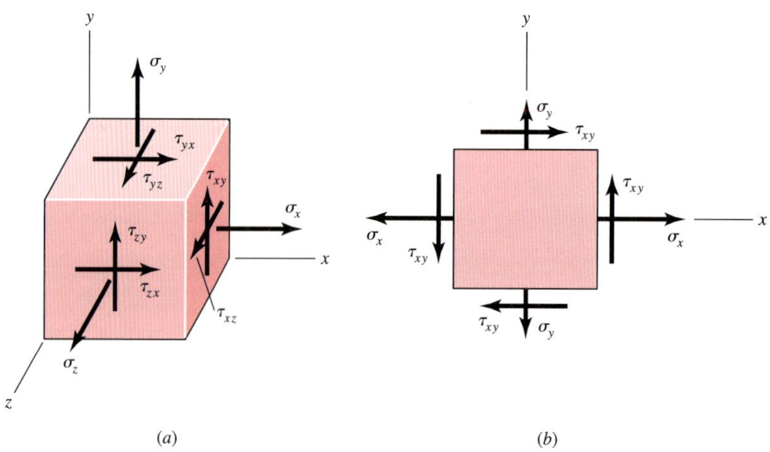

를 모두 결정할 수 있다. 그림 3-8*a*에서 각 변의 길이가 0에 접근함에 따라 보이지 않는 평면의 응력은 보이는 반대쪽 평면의 응력과 크기는 같고 방향이 반대가 된다. 그러므로 일반적으로 완전한 응력상태는 9개의 응력 성분, 즉 σ_x, σ_y, σ_z, τ_{xy}, τ_{xz}, τ_{yx}, τ_{yz}, τ_{zx}, τ_{zy}로 정의된다.

평형 조건을 만족하기 위해서 교차 전단응력(cross-shear)은 다음과 같이 동일해야 한다.

$$\tau_{yx} = \tau_{xy} \qquad \tau_{zy} = \tau_{yz} \qquad \tau_{xz} = \tau_{zx} \tag{3-7}$$

따라서 3차원 응력상태에 대한 응력성분의 개수는 9개에서 6개, 즉 σ_x, σ_y, σ_z, τ_{xy}, τ_{yz}, τ_{zx}로 감소된다.

한 표면상의 응력이 모두 0이 되는 경우는 매우 일반적인 응력 상태이며, 이러한 응력 상태를 **평면응력**(*plane stress*)이라 한다. 그림 3-8*b*는 평면응력 상태를 나타낸 것으로 응력이 없는 평면에 수직한 방향을 *z*방향으로 가정하였으며 따라서 $\sigma_z = \tau_{zx} = \tau_{zy} = 0$이다. 다만 그림 3-8*b*에 도시된 응력 요소는 여전히 3차원 상태임을 유의해야 하며(*z*방향 성분이 없는), 교차 전단응력은 $\tau_{yx} = \tau_{xy}$, $\tau_{yz} = \tau_{zy} = \tau_{xz} = \tau_{zx} = 0$과 같다.

3-6 평면응력에 대한 Mohr 원

그림 3-9와 같이 경사진 미소 요소를 고려한다. 이 그림에서 *n*은 *x*축과 반시계 방향으로 임의의 각 ϕ만큼 각을 이루고 있는 경사 평면에 수직인 방향이다. 여기서 이 경사 평면에 작용하는 응력 σ, τ를 고려한다. 모든 응력성분에 의해 유발되는 힘의 합은 0이 되어야 하므로, 응력 σ, τ는 다음과 같다.

$$\sigma = \frac{\sigma_x + \sigma_y}{2} + \frac{\sigma_x - \sigma_y}{2}\cos 2\phi + \tau_{xy}\sin 2\phi \tag{3-8}$$

$$\tau = -\frac{\sigma_x - \sigma_y}{2}\sin 2\phi + \tau_{xy}\cos 2\phi \tag{3-9}$$

식 (3-8)과 (3-9)를 **평면응력에 대한 응력 변환식**이라 한다.

식 (3-8)을 ϕ에 대하여 미분하고, 이를 0과 같다고 하면 다음 식을 얻을 수 있다.

그림 3-9

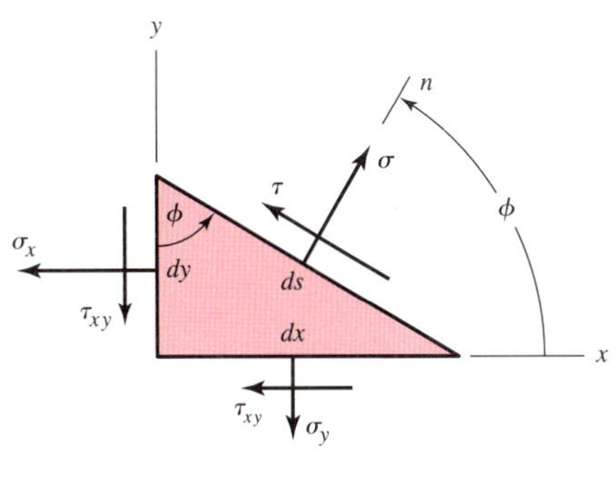

$$\tan 2\phi_p = \frac{2\tau_{xy}}{\sigma_x - \sigma_y} \tag{3-10}$$

식 (3-10)은 각도 $2\phi_p$에 대하여 2개의 특별한 값을 정의하며, 이는 최대수직응력 σ_1과 최소수직응력 σ_2이다. 이 2개의 응력을 **주응력**(*principle stress*)이라 하며, 해당 방향을 **주응력 방향**(*principal direction*)이라 한다. 주응력 방향 사이의 각도는 90°이다. 식 (3-10)은 다음의 형태로 나타낼 수 있다.

$$\frac{\sigma_x - \sigma_y}{2}\sin 2\phi_p - \tau_{xy}\cos 2\phi_p = 0 \tag{a}$$

이 식을 식 (3-9)와 비교하면 $\tau = 0$이며, **주응력을 포함하는 평면에서는 전단응력이 *0*임을** 의미한다.

유사한 방법으로 식 (3-9)를 미분하여, 그 결과를 0으로 놓으면 다음 식을 얻을 수 있다.

$$\tan 2\phi_s = -\frac{\sigma_x - \sigma_y}{2\tau_{xy}} \tag{3-11}$$

식 (3-11)은 전단응력 τ가 극한값(extreme value)이 되는 2개의 $2\phi_s$ 값을 정의한다. 최대전단응력을 포함하는 두 평면 사이의 각도는 90°이다. 식 (3-11)은 다음과 같이 표현할 수 있다.

$$\frac{\sigma_x - \sigma_y}{2}\cos 2\phi_p + \tau_{xy}\sin 2\phi_p = 0 \tag{b}$$

이를 식 (3-8)에 대입하면 다음 식을 구할 수 있다.

$$\sigma = \frac{\sigma_x + \sigma_y}{2} \tag{3-12}$$

식 (3-12)는 최대전단응력이 발생하는 두 표면에는 크기가 $(\sigma_x + \sigma_y)/2$로 모두 동일한 수직응력이 작용함을 의미한다.

식 (3-10)과 (3-11)을 비교하면 tan $2\phi_s$는 tan $2\phi_p$와 음의 역수 관계이다. 이것은 $2\phi_s$와 $2\phi_p$는 90°만큼 떨어져 있음을 의미하며, 그러므로 최대전단응력을 포함하는 면과 주응력을 포함하는 면 사이의 각도는 ±45°이다.

2개의 주응력에 관한 식은 식 (3-10)의 $2\phi_p$를 식 (3-8)에 대입함으로써 다음과 같이 얻을 수 있다.

$$\sigma_1, \sigma_2 = \frac{\sigma_x + \sigma_y}{2} \pm \sqrt{\left(\frac{\sigma_x - \sigma_y}{2}\right)^2 + \tau_{xy}^2} \tag{3-13}$$

유사한 방법으로 2개의 극한값 전단응력은 다음과 같이 얻어진다.

$$\tau_1, \tau_2 = \pm\sqrt{\left(\frac{\sigma_x - \sigma_y}{2}\right)^2 + \tau_{xy}^2} \tag{3-14}$$

이때 주의할 사항은 전단응력의 극한값이 **실제 최대전단응력과 동일하지 않을 수 있다는** 사실이다(3-7절 참조).

이러한 주어진 식들은 임의의 평면응력변환을 수행하기에 매우 충분하지만, 이들을 적용할 때 세심한 주의가 요구된다. 예를 들어, $\sigma_x = 14$ MPa, $\sigma_y = -10$ MPa, $\tau_{xy} = -16$ MPa이 작용하는 문제에 대하여 주응력 상태를 결정하고자 한다. 식 (3-10)을 이용하여 주응력 발생위치 $\phi_p = -26.57°$와 63.43°를 계산하였으며, 식 (3-13)을 이용하여 주응력 $\sigma_1 = 22$ MPa, $\sigma_2 = -18$ MPa를 얻었다. 만약 주응력을 구하고 싶었다면, 위 식들을 사용하여 원하는 답을 얻을 수 있다. 그러나 주응력을 포함하는 요소가 x, y축으로부터 얼마만큼 기울어져 있는지를 도시하기 위해서는 어떻게 해야 할까? 여기서 우리는 2개의 ϕ_p 값과 2개의 주응력값을 알고 있다. 각각의 각도가 어떤 주응력값에 대응되는지 어떻게 알 수 있을까? 이를 명확하게 하기 위하여 ϕ_p 값을 특정 각도에 대응하는 수직응력을 결정하는 식 (3-8)에 대입하는 것이 필요하다.

이 절에서 유도한 관련 식을 나타내는 도식적 방법(*Mohr* **원 선도**)은 특정 지점에서의 응력 상태를 나타내고 평면응력과 관련된 다양한 성분 방향을 추적하는 데 매우 효과적으로 사용된다. 식 (3-8)과 (3-9)는 변수가 2ϕ일 때 σ와 τ에 대한 매개 방정식을 나타내고 있다. σ와 τ 사이의 관계는 σ, τ 평면에서 그려지는 원이다. 여기서 원의 중심 $C = (\sigma, \tau) = [(\sigma_x + \sigma_y)/2, 0]$이며, 반지름 $R = \sqrt{[(\sigma_x - \sigma_y)/2]^2 + \tau_{xy}^2}$이다. 이때 전단응력의 부호 문제가 야기된다. 변환 방정식들은 그림 3-9에서와 같이 반시계 방향이 양인 ϕ에 기반하고 있다. 만약 양의 τ가 σ축 위에 도시된다면, 점은 원에서 2ϕ만큼 시계 방향으로 회전해야 하며 이는 요소에서의 회전 방향과 반대가 된다. 만약 회전 방향이 서로 동일하다면 그것은 더욱 편리할 것이다. 따라서 축 아래에 양의 τ를 도시함으로써 쉽게 문제를 해결할 수 있다. 그러나 Mohr 원에 대한 전통적인 접근방법은 전단응력에 대한 다른 규약을 사용한다.

Mohr 원 전단 규약

이 규약은 Mohr 원을 그리는 데 사용된다.

- 요소를 시계 방향으로 회전시키는 전단응력은 σ축 **위**에 도시한다.
- 요소를 반시계 방향으로 회전시키는 전단응력은 σ축 **아래**에 도시한다.

예를 들어, 그림 3-8b에 도시한 요소의 오른쪽 면을 고려하자. Mohr 원 규약에 의하여 전단응력은 σ축 **아래**에 도시한다. 그 이유는 전단응력이 요소를 반시계 방향으로 회전시키는 경향이 있기 때문이다. 요소의 윗면에 작용하는 전단응력은 σ축 위에 도시하였으며, 그 이유는 요소를 시계 방향으로 회전시키는 경향이 있기 때문이다.

그림 3-10에 도시한 바와 같이 수직응력이 가로축이고 전단응력이 세로축인 좌표계를 생성한다. 가로축 상에는 인장(양) 수직응력이 원점 O의 오른쪽에 도시되며 압축(음) 수직응력은 왼쪽에 위치한다. 세로축 상에는 시계 방향(cw) 전단응력이 위쪽으로 도시되며 반시계 방향(ccw) 전단응력은 아래쪽에 위치한다.

그림 3-8b의 응력 상태를 이용하여 그림 3-10과 같은 Mohr 원을 작성한다. σ_x의 부호와 전단응력의 방향(cw 혹은 ccw)을 결정하기 위해 요소의 오른쪽 면을 먼저 고려한다. 오른쪽 면은 $\phi = 0°$인 x**면**이 된다. 그림 3-8b에서와 같이 σ_x가 양이고 전단응력 τ_{xy}가 반시계 방향이라면 그림 3-10에서 좌표 $(\sigma_x, \tau_{xy}^{ccw})$인 점 A를 도시할 수 있다. 다음으로 $\phi = 90°$인 σ_y를 포함하는 위쪽 y**면**을 살펴보자. 이때 그림 3-10에서와 같이 좌표 $(\sigma_x, \tau_{xy}^{cw})$인 점 B를

그림 3-10
Mohr 원 선도

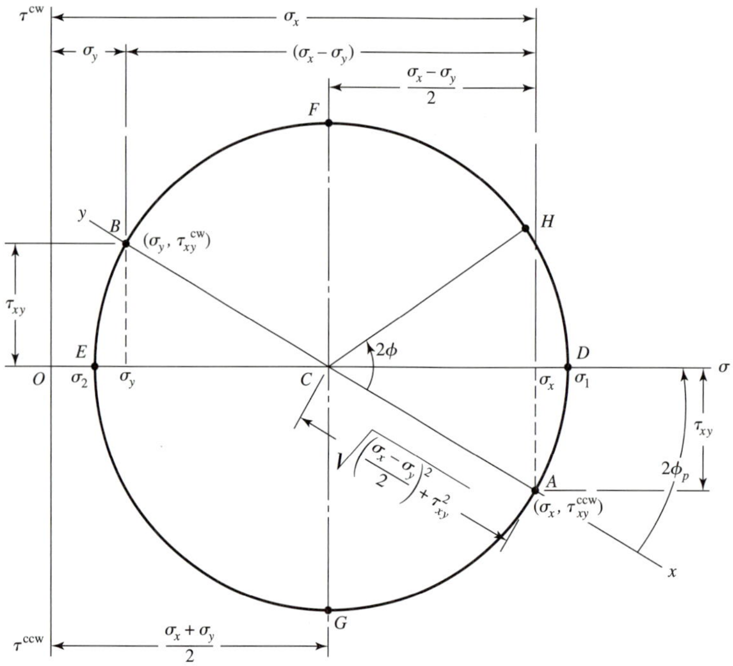

얻기 위한 과정을 반복한다. 2개의 응력 상태는 각각 요소에 대하여 $\Delta\phi = 90°$이며, Mohr 원에 대해서는 $2\Delta\phi = 180°$가 된다. 점 A와 B는 σ축으로부터 동일한 수직 거리만큼 떨어져 있다. 그러므로 선분 AB는 원 지름에 해당하고, 원 중심 C는 σ축과 선분 AB의 교차점이다. 원 위의 점 A, B 그리고 원 중심 C를 이용하여 완전한 원을 그릴 수 있다. 여기서 선분 AB에 대한 연장선의 끝에 x, y를 표시하였으며, 이는 점 A, B로 응력 상태가 표현된 표면에 대한 기준 축을 의미한다.

전체 Mohr 원은 구조물의 한 점에서의 응력 상태를 나타낸다. 원 상의 각 점은 구조물에서 특정 지점을 통과하는 **특정** 평면에 대한 응력 상태를 의미한다. 원 위에서 180°만큼 떨어진 두 점은 서로 90°만큼 떨어진 평면에서의 응력 상태를 나타낸다. 일단 Mohr 원이 그려지면, 해석하고자 하는 점을 지나는 여러 평면에 대한 응력 상태를 가시적으로 확인할 수 있다. 예를 들어, 주응력 σ_1, σ_2는 각각 점 D와 E이며 그 값은 식 (3-13)과 일치한다. 또한 주응력 σ_1, σ_2를 포함하는 평면에서의 전단응력은 0임을 알 수 있다. 시계 및 반시계 방향인 2개의 전단응력 극한값은 원의 반지름과 크기가 같으며 F, G 지점에서 나타난다. 또한 F, G 평면에는 식 (3-12)에 나타낸 바와 같이 $(\sigma_x + \sigma_y)/2$ 크기의 수직응력이 작용한다. 최종적으로 점 H는 x면으로부터 반시계 방향으로 임의의 각 ϕ만큼 떨어진 임의의 평면에 대한 응력 상태를 나타낸다.

과거에는 Mohr 원을 매우 정확하게 비율에 따라 작성하고 자와 각도기를 이용하여 값을 구하기도 하였다. 여기서는 Mohr 원을 시각적인 표현 도구로만 이용하고 원의 기하학적 특성을 이용하여 다음의 예와 같은 준도식적 방법(semigraphical approach)으로 응력해석을 수행한다.

예제 3-4 그림 3-11*a*와 같이 $\sigma_x = 80$ MPa, $\tau_{xy} = 50$ MPa (cw)인 응력 요소를 고려하자.

(*a*) Mohr 원을 이용하여 주응력과 주응력 방향을 구하고, 이때의 응력 요소를 *xy* 좌표계에 대하여 나타내어라. τ_1, τ_2를 나타내기 위한 응력 요소를 그리고 그때의 수직 응력값을 구하라. 응력 요소에 모든 정보를 정확하게 표시하라.

(*b*) 응력변환식을 이용하여 (*a*)를 반복 수행하라.

풀이 (*a*) 준도식적 방법을 이용하기 위해 Mohr 원을 개략적으로 그리고 원의 성질을 이용하여 값을 얻는다.

먼저 σ와 τ축을 그리고(그림 3-11*b* 참조) σ축을 따라 *x*면에 작용하는 $\sigma_x = 80$ MPa의 위치를 표시한다. 요소의 *x*면 상에 전단응력 50 MPa이 시계 방향으로 작용한다. 따라서 *x*면에 대하여 점 *A* $(80, 50^{\text{cw}})$ MPa을 표시한다. 이때 *y*면에 작용하는 응력은 $\sigma = 0$, 반시계 방향 $\tau = 50$ MPa이다. 이를 이용하여 점 *B* $(0, 50^{\text{ccw}})$ MPa을 표시한다. 선분 *AB*는 원의 지름이며 이를 이용하여 원을 작성한다. 그림에서와 같이 σ축과 원이 교차하는 점이 σ_1과 σ_2이다. 삼각형 *ACD*에서 선분 *AD*, *CD*의 길이는 각각 50, 40 MPa이다. *AC*의 길이는 τ_1과 같으며 다음과 같다(그림에도 표시).

답
$$\tau_1 = \sqrt{(50)^2 + (40)^2} = 64.0 \text{ MPa}$$

교점 *C*는 원점으로부터 40 MPa이기 때문에, 주응력은 다음과 같다.

답
$$\sigma_1 = 40 + 64 = 104 \text{ MPa이고 } \sigma_2 = 40 - 64 = -24 \text{ MPa}$$

*x*축으로부터 시계 방향으로 σ_1까지의 각 2ϕ는 다음과 같다.

답
$$2\phi_p = \tan^{-1}\tfrac{50}{40} = 51.3^\circ$$

주응력 요소를 그리기 위하여(그림 3-11*c*), 원래 축과 평행한 *x*, *y*축을 그린다. 응력요소의 각 ϕ_p는 Mohr 원 상의 각 $2\phi_p$와 동일한 방향으로 설정되어야 한다. 따라서, σ_1축은 *x*축으로부터 시계 방향으로 25.7°(51.3°의 반)만큼 회전되어야 한다. σ_2축은 σ_1축으로부터 90°만큼 떨어져 있기에 최종 응력 요소는 그림과 같다. 이 주응력 요소에는 전단응력이 작용하지 않는다.

2개의 최대전단응력은 그림 3-11*b*에서와 같이 점 *E*, *F*에서 발생한다. 최대전단응력에 대응되는 2개의 수직응력은 각각 40 MPa이다. 점 *E*는 Mohr 원 상에서 점 *A*로부터 반시계 방향으로 38.7°만큼 떨어져 있다. 그러므로 그림 3-11*d*에서와 같이 응력요소를 *x*축으로부터 반시계 방향으로 19.3°(38.7°의 반)만큼 회전하여 그린다. 응력요소에는 크기와 방향을 모두 표기해야 한다.

위와 같은 응력 요소를 작성하는 데 있어 기존 좌표계의 *x*, *y*방향 설정은 매우 중요하며 이를 통해 기존 요소에서의 응력 상태와 주응력 상태를 서로 연관지을 수 있다.

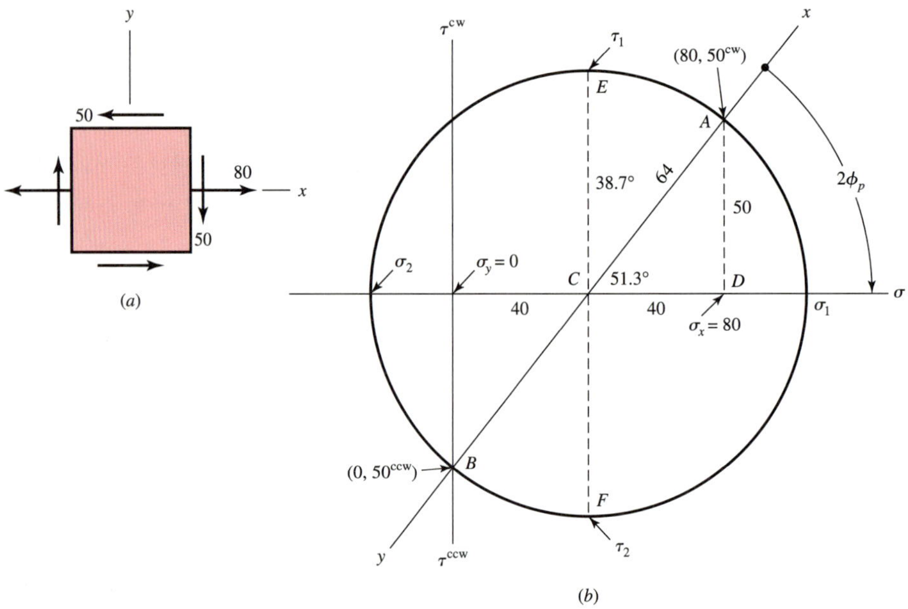

그림 3-11
모든 응력의 단위는 MPa임

답

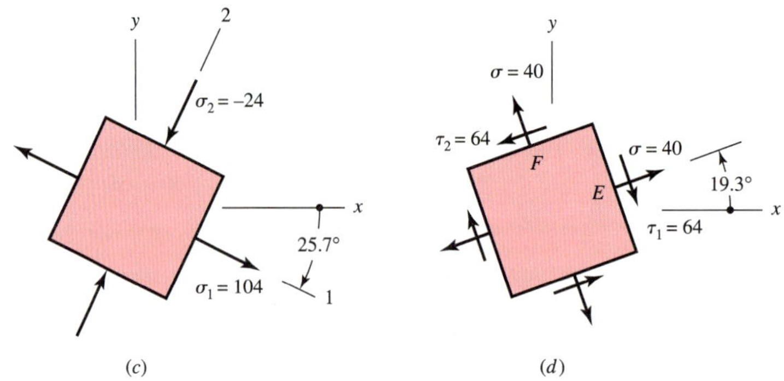

(*b*) 응력변환식을 이용하면 다음과 같이 계산할 수 있다. 식 (3-10)으로부터 다음을 구할 수 있다.

$$\phi_p = \frac{1}{2}\tan^{-1}\left(\frac{2\tau_{xy}}{\sigma_x - \sigma_y}\right) = \frac{1}{2}\tan^{-1}\left(\frac{2(-50)}{80}\right) = -25.7°, 64.3°$$

식 (3-8)에 첫 번째 각 $\phi_p = -25.7°$를 대입하면 수직응력은 다음과 같다.

$$\sigma = \frac{80+0}{2} + \frac{80-0}{2}\cos[2(-25.7)] + (-50)\sin[2(-25.7)] = 104.03\ \text{MPa}$$

이때의 전단응력은 식 (3-9)로부터 얻을 수 있다.

$$\tau = -\frac{80-0}{2}\sin[2(-25.7)] + (-50)\cos[2(-25.7)] = 0\ \text{MPa}$$

이로부터 위에서 구한 104.03 MPa은 주응력임을 확인할 수 있다. 다시 식 (3-8)에 $\phi_p = 64.3°$를 대입하면 수직응력은 다음과 같다.

$$\sigma = \frac{80+0}{2} + \frac{80-0}{2}\cos[2(64.3)] + (-50)\sin[2(64.3)] = -24.03 \text{ MPa}$$

답 여기서 $\phi_p = 64.3°$를 식 (3-9)에 대입하면 $\tau = 0$을 얻을 수 있으며, 역시 -24.03 MPa은 주응력임을 확인할 수 있다. 주응력이 계산되면 그 크기에 따라 $\sigma_1 = 104.03$ MPa, $\sigma_2 = -24.03$ MPa로 결정된다.

$\sigma_1 = 104.03$ MPa에 대하여 $\phi_p = -25.7°$이고 ϕ는 변환 방정식에서 양의 반시계 방향으로 정의하기 때문에, σ_1을 포함하는 평면에 대하여 **시계 방향**으로 25.7°만큼 회전한다. 그림 3-11*c*에서 이는 준도식적 방법과 일치함을 확인할 수 있다.

τ_1, τ_2를 결정하기 위해 먼저 식 (3-11)을 이용하여 ϕ_s를 구한다.

$$\phi_s = \frac{1}{2}\tan^{-1}\left(-\frac{\sigma_x - \sigma_y}{2\tau_{xy}}\right) = \frac{1}{2}\tan^{-1}\left(-\frac{80}{2(-50)}\right) = 19.3°,\ 109.3°$$

$\phi_s = 19.3°$에 대하여, 식 (3-8)과 (3-9)로부터 다음을 얻을 수 있다.

답

$$\sigma = \frac{80+0}{2} + \frac{80-0}{2}\cos[2(19.3)] + (-50)\sin[2(19.3)] = 40.0 \text{ MPa}$$

$$\tau = -\frac{80-0}{2}\sin[2(19.3)] + (-50)\cos[2(19.3)] = -64.0 \text{ MPa}$$

식 (3-8)과 (3-9)는 **좌표계** 변환 방정식임을 기억하자. 또한 x, y축을 반시계 방향으로 19.3°만큼 회전시켰고, y는 왼쪽을 향하는 위쪽을 가리킨다. 따라서 회전된 x면에서 음의 전단응력은 그림 3-11*d*에서와 같이 오른쪽을 향하는 아래 방향을 향하게 되어 역시 준도식적 방법과 잘 일치함을 확인할 수 있다.

$\phi_s = 109.3°$에 대하여, 식 (3-8)과 (3-9)로부터 $\sigma = 40.0$ MPa, $\tau = +64.0$ MPa을 구할 수 있다. 좌표변환에 대하여 동일한 논리를 적용함으로써, 이 결과는 그림 3-11*d*와 일치함을 알 수 있다.

3-7 일반적인 3차원 응력

평면응력의 경우에서와 같이 3차원 공간 상에서 응력 요소의 특정 방향에 대해 모든 전단응력이 0이 될 수 있다. 이러한 방향에서 각 면에 수직인 축은 서로 직교하며 주응력 방향에 해당한다. 또한 이 면에 작용하는 수직응력은 주응력이 된다. 3개의 면이 있기 때문에 3개의 주응력 방향이 있고 3개의 주응력 σ_1, σ_2, σ_3가 존재한다. 평면응력 상태는 3개의 주응력 가운데 3번째 주응력이 0인 경우이다(즉, 1개의 응력이 없는 표면이 존재).

평면응력의 경우, 임의의 응력 상태인 σ_x, σ_y, τ_{xy}로부터 주응력과 주응력 방향을 결정할 수 있다. 그러나 3차원의 경우는 일반적인 응력 상태를 표현하기 위해 6개의 응력성분이 필요하기에 주응력과 주응력 방향을 결정하기가 어렵다. 설계 시, 대부분의 최대 응력 상태는 평면응력 조건에서 발생하기 때문에 3차원적 변환은 거의 수행되지 않는다. 그러나 접촉응력이 평면응력이 아닌 대표적인 예외 조건으로, 3개의 주응력이 3-19절에 제시되었다. 사

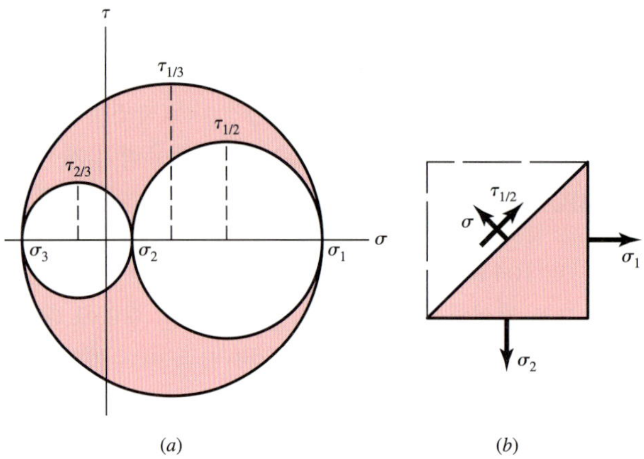

그림 3-12
3차원 응력에 대한 Mohr 원

실 모든 응력 상태는 3차원이며, 특정 좌표축에 대하여 1차원 또는 2차원적으로 나타내어질 수 있다. 여기서 3개의 주응력 사이의 관계를 이해하는 것이 매우 중요하다. 6개의 응력성분 σ_x, σ_y, σ_z, τ_{xy}, τ_{yz}, τ_{zx}으로부터 3개의 주응력을 계산하려면 다음과 같은 3차 방정식의 해를 찾아야 한다.[1]

$$\sigma^3 - (\sigma_x + \sigma_y + \sigma_z)\sigma^2 + \left(\sigma_x\sigma_y + \sigma_x\sigma_z + \sigma_y\sigma_z - \tau_{xy}^2 - \tau_{yz}^2 - \tau_{zx}^2\right)\sigma \\ - \left(\sigma_x\sigma_y\sigma_z + 2\tau_{xy}\tau_{yz}\tau_{zx} - \sigma_x\tau_{yz}^2 - \sigma_y\tau_{zx}^2 - \sigma_z\tau_{xy}^2\right) = 0 \tag{3-15}$$

3차원 응력 상태에 대하여 Mohr 원을 그릴 때 그림 3-12*a*와 같이 주응력의 크기를 $\sigma_1 \geq \sigma_2 \geq \sigma_3$의 순서로 표시한다. 임의의 평면에 대한 응력 좌표 σ, τ는 항상 경계선이나 음병된 영역 내에 존재할 것이다.

그림 3-12*a*에 3개의 최대전단응력 $\tau_{1/2}$, $\tau_{2/3}$, $\tau_{1/3}$도 나타내었다.[2] 각각은 그림 3-12*b*에서와 같이 2개의 평면 상에 발생한다. 최대전단응력은 다음 식과 같이 표현된다.

$$\tau_{1/2} = \frac{\sigma_1 - \sigma_2}{2} \qquad \tau_{2/3} = \frac{\sigma_2 - \sigma_3}{2} \qquad \tau_{1/3} = \frac{\sigma_1 - \sigma_3}{2} \tag{3-16}$$

물론 주응력 크기의 순서가 $\sigma_1 > \sigma_2 > \sigma_3$이므로 $\tau_{max} = \tau_{1/3}$이 된다. 따라서 주응력 크기에 항상 주의해야 한다.

3-8 탄성 변형률

수직 변형률 ϵ은 인장시편에 대해 2-1절에서 정의된 바 있으며 식 (2-2)에 주어진 바와 같이 $\epsilon = \delta/l$로 표현된다. 여기서 δ는 길이 l에 대한 봉의 전체 연신량이다. 인장시편에 대한 Hooke의 법칙은 식 (2-3)에 나타낸 바와 같이 다음 식처럼 표현된다.

---

1 이 식의 유도와 3차원 응력 변환에 대한 더 자세한 내용은 다음을 참고하라: Richard G. Budynas, *Advanced Strength and Applied Stress Analysis*, 2nd ed., McGraw-Hill, New York, 1999, pp. 46–78.

2 여기서 사용된 표기법과 τ_{xy}와 같은 전단응력의 표기법의 차이에 유의하라. 실링기호(/)가 인정된 표기법은 아니지만 여기서는 구분을 위해 사용되었다.

$$\sigma = E\epsilon \tag{3-17}$$

여기서 상수 E는 *Young* **계수** 또는 **탄성 계수**이다.

재료가 인장 상태에 있을 때 축방향 변형률뿐만 아니라 축방향 변형률에 수직인 방향으로 음의 변형률(수축)도 발생한다. 선형적이며 등방성의 균질한 재료로 가정하면 이러한 가로 변형률은 축방향 변형률에 비례한다. 축방향을 x라 하면, 가로 변형률은 $\epsilon_y = \epsilon_z = -\nu\epsilon_x$ 이다. 비례상수 ν는 *Poisson* **비**라고 불리며, 구조용 금속의 경우 대부분 0.3 정도이다. 표 A-5에 일반적인 재료에 대한 Poisson 비 값을 나타내었다.

축방향 응력이 x방향으로 작용하고 있다면, 식 (3-17)로부터 다음과 같이 표현된다.

$$\epsilon_x = \frac{\sigma_x}{E} \qquad \epsilon_y = \epsilon_z = -\nu\frac{\sigma_x}{E} \tag{3-18}$$

응력요소에 σ_x, σ_y, σ_z가 동시에 작용한다면 수직 변형률은 다음과 같이 표현된다.

$$\begin{aligned}
\epsilon_x &= \frac{1}{E}\left[\sigma_x - \nu(\sigma_y + \sigma_z)\right] \\
\epsilon_y &= \frac{1}{E}\left[\sigma_y - \nu(\sigma_x + \sigma_z)\right] \\
\epsilon_z &= \frac{1}{E}\left[\sigma_z - \nu(\sigma_x + \sigma_y)\right]
\end{aligned} \tag{3-19}$$

전단 변형률 γ는 순수 전단응력이 작용할 때 응력 요소의 직각부의 각 변화로 정의가 되며 전단에 대한 Hooke의 법칙은 다음과 같다.

$$\tau = G\gamma \tag{3-20}$$

여기서 상수 G는 **탄성 전단계수** 또는 **강성 계수**이다.

선형적이며 등방성의 균질한 재료의 경우 3개의 탄성상수 사이에는 다음의 관계가 성립한다.

$$E = 2G(1 + \nu) \tag{3-21}$$

3-9 균일 분포 응력

응력이 균일하게 분포한다는 가정은 설계 시 자주 사용된다. 이러한 응력 상태의 대표적인 경우로는 외력의 형태에 따라 **순수 인장**, **순수 압축**, **순수 전단** 등이 있다. 그 어떠한 복잡한 효과가 없다는 측면에서 **순수**(*pure*) 대신 **단순**(*simple*)이라는 말이 사용되기도 한다. 인장 하중을 받는 봉이 대표적인 경우로 여기서 인장 하중 F는 바(bar) 끝단의 핀을 통해 작용된다. 균일 응력이란 끝단에서 어느 정도 떨어진 지점에서 바를 자르고 제거했을 때 잘려진 끝단에 크기 σA의 균일 분포 하중을 작용시켜 그 효과를 대신할 수 있다는 것을 의미한다. 그러면 응력 σ는 균일하게 분포되었다고 일컬어진다. 이 응력은 다음과 같이 계산된다.

$$\sigma = \frac{F}{A} \tag{3-22}$$

균일 분포 응력으로 가정하려면 다음의 조건이 필요하다.

- 해당 봉은 곧으며, 균질한 재질이다.
- 힘의 작용선이 단면의 도심에 위치해야 한다.
- 해당 단면은 끝단이나 불연속 지점 또는 갑작스럽게 변화하는 단면으로부터 충분히 멀리 떨어져 있어야 한다.

단순 압축의 경우, 음의 F를 고려하면 식 (3-22)의 적용이 가능하다. 또한 압축 하중 하에 있는 가는 봉은 좌굴에 의해 파손될 수 있으므로, 식 (3-22)를 적용하기 전에 이러한 가능성을 충분히 고려하여야 한다.

균일 분포 응력 상태로 가정되는 하중의 또 다른 형태는 **직접 전단**으로 알려져 있다. 이는 굽힘이 없이 오직 전단 효과만 있는 경우에 발생한다. 한 예로 가위의 양날에 의해 금속 박판에 발생하는 하중 상태가 있다. 전단 하중을 받는 볼트와 핀이 대부분 직접 전단 상태에 놓이게 된다. 외팔보에 아래 방향으로 집중 하중이 작용한다고 가정한다. 그리고 집중 하중을 외팔보가 지지되어 있는 벽으로 옮기면 굽힘모멘트는 발생하지 않으며 힘은 오로지 벽에서 보를 전단시키려고 한다. 이것이 직접 전단이다. 직접 전단은 일반적으로 단면에 대해 균일하다고 가정하며 다음과 같이 구할 수 있다.

$$\tau = \frac{V}{A} \tag{3-23}$$

여기서 V는 전단력이고 A는 전단이 되는 단면적이다. 균일 분포 응력 가정은 정확하지 않으며 힘이 작용되는 부근에서 특히 그렇다. 그러나 이 가정은 일반적으로 허용 가능한 결과를 제공한다.

3-10 굽힘 하중 하에서 보의 수직응력

곧은 보에서의 수직 굽힘 응력식은 다음과 같은 가정에 기초하고 있다.

- 보에는 순수 굽힘 하중이 작용한다. 즉, 전단력은 0이며, 비틀림이나 축 하중이 존재하지 않는다(대부분의 공학 문제의 경우 이러한 하중이 굽힘 응력에 미치는 영향은 미미하다고 가정).
- 재료는 등방성이며 균질하다.
- 재료는 Hooke의 법칙을 따른다.
- 보는 초기에 곧으며, 보의 길이 방향을 따라 단면이 일정하다.
- 보는 굽힘 평면에서 대칭축을 갖는다.
- 보는 충돌(crushing), 구김(wrinkling), 측면 좌굴(sidewise buckling)에 의해서보다는 굽힘에 의하여 파손된다.
- 보의 단면은 구부러지는 동안 평면을 유지한다.

그림 3-13은 양의 굽힘모멘트 M이 작용하는 곧은 보의 일부를 나타낸 것이다. 여기서 곡선 화살표는 모멘트의 물리적 작용 형태를 나타낸 것이며 직선 화살표는 모멘트 벡터를 의미한다. 또한 x축은 단면의 **중립축**과 일치하며 xz 평면은 모든 단면의 중립축을 포함하고 있으며 이를 **중립면**이라 한다. 중립면과 동일한 보의 요소에서는 응력이 0이다. 단면에 대한 중립축의 위치는 단면의 **도심축**과 일치한다.

굽힘 응력은 중립축으로부터의 거리 y에 대해 선형적으로 변하며 다음과 같이 표현된다.

$$\sigma_x = -\frac{My}{I} \tag{3-24}$$

여기서, I는 z축에 관한 단면 **2차 모멘트**이며, 다음과 같이 표현된다.

$$I = \int y^2 dA \tag{3-25}$$

식 (3-24)로 표현되는 보의 응력분포를 그림 3-14에 나타내었다. 최대 굽힘 응력은 y값이 최대인 경우 발생하며 굽힘 응력의 최대값을 σ_{max}라 하고 y의 **최대값**을 c라고 하면 최대 **굽힘** 응력은 다음과 같이 표현된다.

$$\sigma_{max} = \frac{Mc}{I} \tag{3-26a}$$

식 (3-24)의 σ_{max}는 인장/압축에 관계없이 적용될 수 있다.

식 (3-26*a*)는 다음과 같이 흔히 표현된다.

$$\sigma_{max} = \frac{M}{Z} \tag{3-26b}$$

여기서 $Z = I/c$는 **단면계수**(*section modulus*)이다.

그림 3-13
양(positive)의 굽힘모멘트가 작용하는 곧은 보

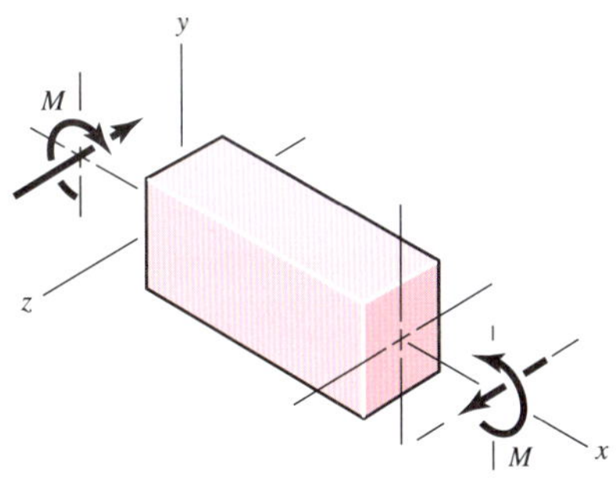

그림 3-14
식 (3-24)를 따른 굽힘 응력

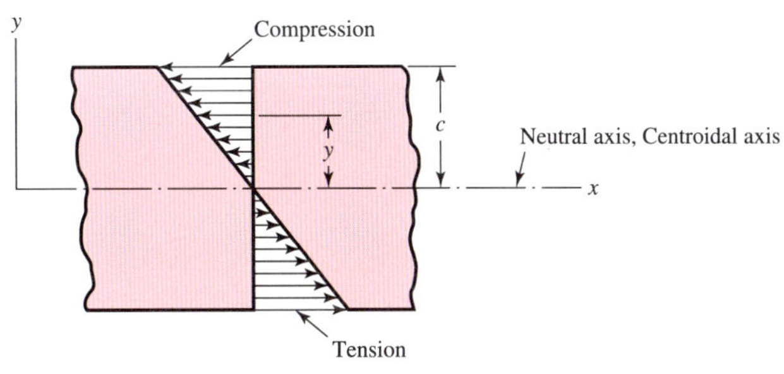

예제 3-5 그림 3-15와 같은 T형 단면 보에 1600 N · m의 굽힘모멘트가 z축에 대해 음의 방향으로 작용하고 있다. 따라서 상단면에 인장응력이 발생한다. 중립축의 위치를 결정하고 최대 인장/압축 굽힘 응력을 구하라.

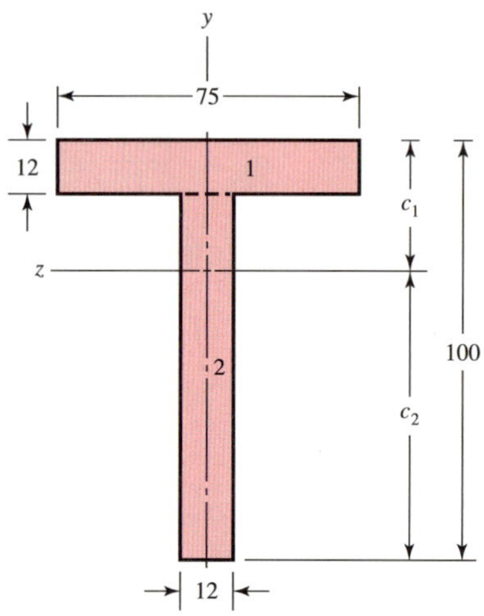

그림 3-15
단위는 mm임

풀이 T형 단면을 2개의 사각 단면(1과 2)으로 나누면 전체 단면의 면적은 $A = 12(75) + 12(88) = 1956 \text{ mm}^2$이다. 상단 모서리에 대하여 단면 1과 단면 2의 모멘트 팔의 길이(즉, 상단 모서리로부터 개별 단면의 도심까지의 거리)는 각각 6 mm와 $(12 + 88/2) = 56$ mm이며 이를 이용하여 각 단면의 면적 모멘트를 더하면 다음과 같다.

$$1956c_1 = 12(75)(6) + 12(88)(56)$$

따라서 $c_1 = 32.99$ mm이고 $c_2 = 100 - 32.99 = 67.01$ mm이다.

다음으로 각각의 도심축에 대하여 각 사각형의 단면 2차 모멘트를 계산한다. 표 A-18을 이용하여, 윗부분 사각형(1번)에 대하여 다음과 같이 단면 2차 모멘트를 구할 수 있다.

$$I_1 = \frac{1}{12}bh^3 = \frac{1}{12}(75)12^3 = 1.080 \times 10^4 \text{ mm}^4$$

아래 부분 사각형(2번)의 단면 2차 모멘트는 다음과 같다.

$$I_2 = \frac{1}{12}(12)88^3 = 6.815 \times 10^5 \text{ mm}^4$$

복합 단면 도심축에 대한 복합 단면의 단면 2차 모멘트를 구하기 위해 **평행축 정리**를 이용한다. 평행축의 정리는 다음과 같다.

$$I_z = I_{ca} + Ad^2$$

여기서 I_{ca}는 도심축에 대한 단면 2차 모멘트이고, I_z는 d만큼 떨어진 임의의 평행축에 대한 단면 2차 모멘트이다. 윗부분 사각형(1번)에 대하여 거리는 다음과 같다.

$$d_1 = 32.99 - 6 = 26.99 \text{ mm}$$

아래 부분 사각형(2번)에 대하여 거리는 다음과 같다.

$$d_2 = 67.01 - \frac{88}{2} = 23.01 \text{ mm}$$

두 사각형에 대하여 평행축 정리를 적용하면 다음과 같다.

$$\begin{aligned} I &= [1.080 \times 10^4 + 12(75)26.99^2] + [6.815 \times 10^5 + 12(88)23.01^2] \\ &= 1.907 \times 10^6 \text{ mm}^4 \end{aligned}$$

최종적으로 최상단면에서 발생하는 최대 인장응력은 다음과 같다.

답 $$\sigma = \frac{Mc_1}{I} = \frac{1600(32.99)10^{-3}}{1.907(10^{-6})} = 27.68(10^6) \text{ Pa} = 27.68 \text{ MPa}$$

유사한 방법으로, 최하단면에서 발생하는 최대 압축응력은 다음과 같다.

답 $$\sigma = -\frac{Mc_2}{I} = -\frac{1600(67.01)10^{-3}}{1.907(10^{-6})} = -56.22(10^6) \text{ Pa} = -56.22 \text{ MPa}$$

굽힘 평면이 2개인 경우

기계 설계에서는 xy 평면과 xz 평면 모두에서 굽힘이 발생하는 경우가 매우 자주 발생한다. 하나 혹은 두 개의 대칭면을 가진 단면을 고려하면 굽힘 응력은 다음과 같이 표현된다.

$$\sigma_x = -\frac{M_z y}{I_z} + \frac{M_y z}{I_y} \tag{3-27}$$

여기서 우측의 첫 번째 항은 식 (3-24)와 동일하며 M_y는 xz 평면에서 작용하는 굽힘모멘트(모멘트 벡터는 y방향)이다. z는 중립축 y로부터의 거리이며 I_y는 y축에 대한 단면 2차 모멘트를 의미한다.

비원형 단면의 경우 식 (3-27)은 두 개의 굽힘모멘트 성분에 의해 발생하는 응력을 중첩한 것이다. 최대 인장 및 압축 굽힘 응력은 그 합이 각각 가장 큰 양수이거나 음수인 경우이다. 중실 **원형** 단면의 경우에는 두 모멘트를 벡터 합하여 최대 굽힘 응력을 구할 수 있다. 지름이 d인 보의 경우 중립축으로부터의 최대 거리는 $d/2$이고, 표 A-18로부터 $I = \pi d^4/64$이다. 따라서 중실 원형 단면의 최대 굽힘 응력은 다음과 같다.

$$\sigma_m = \frac{Mc}{I} = \frac{(M_y^2 + M_z^2)^{1/2}(d/2)}{\pi d^4/64} = \frac{32}{\pi d^3}(M_y^2 + M_z^2)^{1/2} \tag{3-28}$$

예제 3-6

그림 3-16a에 나타낸 바와 같이 보 OC에는 xy 평면 상에서 9 kN/m의 균일 하중이 작용하고 있으며 xz 평면에 대해 끝단 C에 0.4 kN의 집중 하중이 작용하고 있다. 보의 길이는 0.2 m이다.

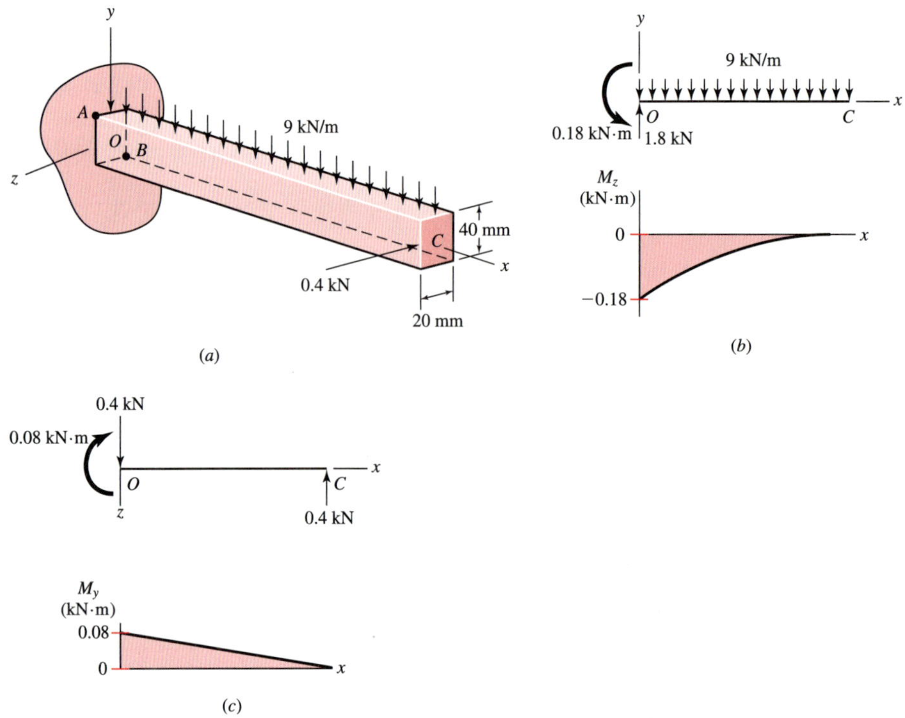

그림 3-16
(*a*) 두 평면에 대해 하중이 작용하는 보, (*b*) *xy* 평면에서의 하중 및 굽힘모멘트 선도, (*c*) *xz* 평면에서의 하중 및 굽힘모멘트 선도

(*a*) 단면에 대해 최대 인장과 압축 굽힘 응력을 결정하고 발생 위치를 결정하라.

(*b*) 단면이 지름 $d = 30$ mm인 중실 원형 봉이라면, 최대 굽힘 응력의 크기를 결정하라.

풀이 (*a*) *O*점에서의 반력과 *xy* 평면 및 *xz* 평면에 대한 굽힘모멘트 선도를 그림 3-16*b*와 *c*에 각각 나타내었다. 두 평면에서 최대 모멘트는 *O*점에서 발생하며 그 크기는 다음과 같다.

$$(M_z)_O = -\frac{1}{2}(9)0.2^2 = -\ 0.18\ \text{kN·m} \qquad (M_y)_O = 0.4(0.2) = 0.08\ \text{kN·m}$$

두 평면에 대한 단면 2차 모멘트는 다음과 같다.

$$I_z = \frac{1}{12}(0.02)0.04^3 = 106.7 \times 10^{-9}\ \text{m}^4 \qquad I_y = \frac{1}{12}(0.04)0.02^3 = 26.7 \times 10^{-9}\ \text{m}^4$$

최대 인장응력은 그림 3-16*a*에 나타낸 바와 같이 점 *A*에서 발생한다. 여기서 최대 인장응력은 두 모멘트에 의한 것이다. *A*점에 대해 $y_A = 0.02$ m이고, $z_A = 0.01$ m이다. 따라서 식 (3-27)로부터

답
$$(\sigma_x)_A = -\frac{-0.18(0.02)}{106.7 \times 10^{-9}} + \frac{0.08(0.01)}{26.7 \times 10^{-9}} = 63\ 702\ \text{kPa} = 63.7\ \text{MPa}$$

최대 압축 굽힘 응력은 점 *B*에서 발생하며 $y_B = -0.02$ m이고, $z_B = -0.01$ m이다. 따라서

답 $$(\sigma_x)_B = -\frac{-0.18(-0.02)}{106.7\times10^{-9}} + \frac{0.08(-0.01)}{26.7\times10^{-9}} = -63\ 702\ \text{kPa} = -63.7\ \text{MPa}$$

(*b*) 지름이 30 mm인 중실 원형 단면의 경우 끝점 *O*에서의 최대 굽힘 응력은 식 (3-28)을 이용하여 다음과 같이 구해진다.

답 $$\sigma_m = \frac{32}{\pi(0.03)^3}\left[0.08^2 + (-0.18)^2\right]^{1/2} = 2229\ \text{kPa} = 2.2\ \text{MPa}$$

비대칭 단면을 갖는 보[3]

식 (3-24)와 (3-27)에 주어진 굽힘 응력식은 비대칭 단면을 갖는 보에도 적용될 수 있다. 다만 굽힘 평면이 **단면의 면적 주축**과 일치해야 한다. 면적 주축의 위치와 주축에 대한 **주단면 2차 모멘트** 값을 구하는 방법은 정역학 교재를 참고한다. 단면이 대칭축을 갖는다면 대칭축과 대칭축에 수직하는 축이 면적 주축이다.

예를 들어, 굽힘을 받는 보를 고려해 보자. 표 A-6에 나타낸 바와 같은 등변 앵글(equal leg angle) 형상이다. 식 (3-27)은 만약 굽힘모멘트가 축 1−1 또는 2−2에 대하여 분해된다면 사용될 수 없을 것이다. 그러나 모멘트가 3−3축과 이 축에 수직인 축(4−4축)에 대해 분해된다면 식 (3-27)은 사용할 수 있다. 이 단면에서 대해 4−4축은 대칭축임에 주목한다. 표 A-6은 표준 표이며 간결하게 하기 위해 사용에 필요한 모든 정보를 수록하지는 않았다. 면적 주축의 방향과 I_{2-2}, I_{3-3}, I_{4-4}의 값은 다음과 같이 구할 수 있기 때문에 표에 주어져 있지 않다. 등변이기 때문에 주축의 방향은 1−1축으로부터 ±45° 방향이고, $I_{2-2} = I_{1-1}$이다. 단면 2차 모멘트 I_{3-3}은 다음과 같이 나타낼 수 있다.

$$I_{3-3} = A(k_{3-3})^2 \qquad (a)$$

여기서 k_{3-3}은 **회전 반지름**이라 한다. 단면에 대한 단면 2차 모멘트의 합은 불변항(invariant)이며 따라서 $I_{1-1} + I_{2-2} = I_{3-3} + I_{4-4}$이다. 그러므로 I_{4-4}는 다음과 같이 주어진다.

$$I_{4-4} = 2\,I_{1-1} - I_{3-3} \qquad (b)$$

여기서 $I_{2-2} = I_{1-1}$이다. 예를 들어 80 × 80 × 6 앵글을 고려해 보자. 표 A-6과 식 (*a*), 식 (*b*)를 이용하면 $I_{3-3} = 9.35(1.57)^2 = 23.047\ \text{mm}^4$, $I_{4-4} = 2(55.8) - 23.047 = 88.553\ \text{mm}^4$이다.

3-11 굽힘 하중 하에서 보의 전단응력

대부분의 보에는 전단력과 굽힘모멘트가 모두 존재하며, 전단력 없이 순수 굽힘만 받는 경우는 흔치 않다. 휨(flexure) 식은 순수 굽힘 가정 하에 유도되었다. 이는 식을 유도하는 데

[3] 보다 상세한 내용은 다음을 참고한다. Richard G. Budynas, *Advanced Strength and Applied Stress Analysis*, Sec. 5.3, 2nd ed., McGraw-Hill, New York, 1999.

있어 전단력에 의한 복잡한 영향을 배제하기 위해서이다. 공학적 측면에서 휨 식은 전단력의 유무와 관계없이 유효하다. 따라서 전단력이 존재하는 경우에도 동일한 수직 굽힘응력분포[식 (3-24)와 (3-26)]를 사용할 수 있다.

그림 3-17a는 x만큼 떨어진 지점에 전단력 V와 굽힘모멘트 M이 작용하고 단면이 일정한 보의 일부를 나타낸 것이다. 외력과 전단력 V로 인해 전단력과 굽힙모멘트는 x축을 따라 변한다. $x + dx$에서 전단력과 굽힘모멘트는 각각 $V + dV$, $M + dM$이다. x방향의 힘만을 고려하면 그림 3-17b는 굽힘모멘트에 의한 응력분포 σ_x를 보여준다. dM이 양수이고 굽힘모멘트가 증가한다면 주어진 y점에 대해 우측 면에 발생하는 응력은 좌측 면에서의 응력보다 더 큰 값이다. 만약 $y = y_1$을 기준으로 보 요소를 더 분리하면(그림 3-17b 참조) x방향으로의 순수 힘은 왼쪽을 향하며 그 크기는 다음과 같다(그림 3-17c 참조).

$$\int_{y_1}^{c} \frac{(dM)y}{I} dA$$

평형 조건에 따라 바닥면에서의 전단력은 오른쪽 방향이어야 한다. 이 전단력은 전단응력 τ를 발생시키며 균일 분포로 가정하면 힘의 크기는 $\tau b\, dx$이다. 그러므로 다음과 같이 표현할 수 있다.

$$\tau b\, dx = \int_{y_1}^{c} \frac{(dM)y}{I} dA \qquad (a)$$

dM/I 항을 적분항에서 빼내고 $b\, dx$를 식의 우측 항으로 옮긴다. 또한 식 (3-3)으로부터 $V = dM/dx$이므로 식 (a)는 다음과 같이 표현된다.

$$\tau = \frac{V}{Ib} \int_{y_1}^{c} y\, dA \qquad (3\text{-}29)$$

이 식에서, 적분은 중립축에 대한 면적 A'의 1차 모멘트이다(그림 3-17c 참조). 이 적분은 보통 다음과 같이 Q로 표시한다.

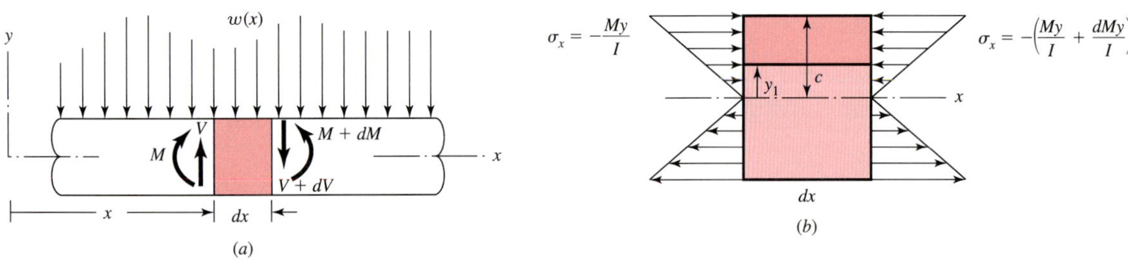

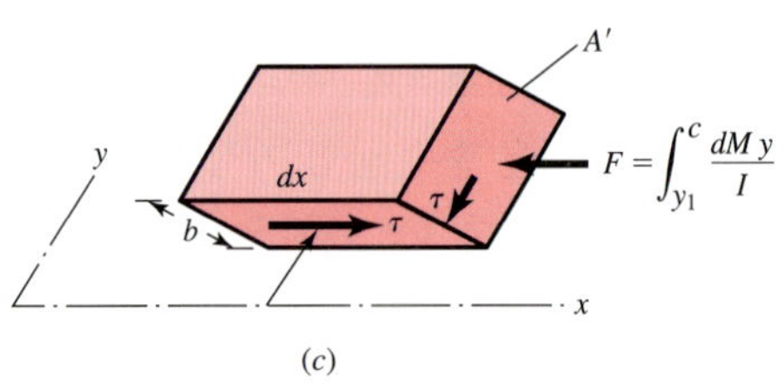

그림 3-17
분리된 보의 단면. 단, (b)의 dx 요소에는 x방향의 힘만 나타내었음

$$Q = \int_{y_1}^{c} y\,dA = \bar{y}'A' \tag{3-30}$$

여기서, y_1부터 c까지 분리된 면에 대해 $\bar{y}'$은 중립면으로부터 면적 A'의 도심까지의 y방향 거리이다. 이를 이용하여 식 (3-29)는 다음과 같이 나타낼 수 있다.

$$\tau = \frac{VQ}{Ib} \tag{3-31}$$

이 응력을 **횡전단응력**(*transverse shear stress*)이라 하며 굽힘 응력이 있을 경우 항상 발생한다.

이 식을 사용할 때 b는 $y = y_1$에서의 단면 폭임을 주의해야 한다. 또한 I는 중립축에 대한 전체 단면의 단면 2차 모멘트이다.

교차 전단은 같고 면적 A'은 유한하기 때문에 식 (3-31)과 그림 3-17c에 나타낸 전단응력 τ는 $y = y_1$일 때만 성립한다. 측면의 전단응력은 y에 따라 변하며 일반적으로 $y = 0$($\bar{y}'A'$이 최대)에서 최대이며 $A' = 0$이 되는 보의 바깥 면에서 0이다.

보의 전단응력분포는 Q/b값이 y_1의 함수로써 어떻게 변화하느냐에 따라 달라진다. 여기서는 사각단면을 갖는 보에 대하여 어떻게 전단응력을 결정하는지를 유도하고, 이를 바탕으로 다른 표준 단면들에 대해서도 어떻게 전단응력의 최대값을 얻는지 살펴본다. 그림 3-18은 전단력 V와 굽힘모멘트 M이 작용하는 사각단면 보의 일부를 나타낸 것이다. 굽힘모멘트로 인하여 $A-A$와 같은 단면에 수직응력 σ가 발생한다. 이때 중립축의 위쪽에서는 압축, 아래쪽에서는 인장이 발생한다. 중립축 위쪽으로 거리 y_1만큼 떨어진 지점에서의 전단응력을 구하기 위하여 중립축 위쪽으로 거리 y만큼 떨어진 면적 dA를 갖는 요소를 선정한다. $dA = b\,dy$이므로 식 (3-30)은 다음과 같이 된다.

$$Q = \int_{y_1}^{c} y\,dA = b\int_{y_1}^{c} y\,dy = \frac{by^2}{2}\bigg|_{y_1}^{c} = \frac{b}{2}\left(c^2 - y_1^2\right) \tag{b}$$

이를 식 (3-31)에 대입하면 다음과 같다.

$$\tau = \frac{V}{2I}\left(c^2 - y_1^2\right) \tag{3-32}$$

이것은 사각단면 보의 전단응력에 대한 일반적인 식이다. 표 A-18로부터 사각단면의 단면 2차 모멘트는 $I = bh^3/12$이고 $h = 2c$, $A = bh = 2bc$이므로 I는 다음과 같이 표현된다.

$$I = \frac{Ac^2}{3} \tag{c}$$

위에서 구한 I 값을 식 (3-32)에 대입하고 정리하면, 다음 식을 얻을 수 있다.

$$\tau = \frac{3V}{2A}\left(1 - \frac{y_1^2}{c^2}\right) \tag{3-33}$$

최대전단응력은 $y_1 = 0$, 즉 굽힘에 대한 중립축에서 발생함을 확인할 수 있다. 따라서 사각단면 보의 경우 최대전단응력은 다음과 같다.

그림 3-18
사각단면 보에서의 횡전단응력

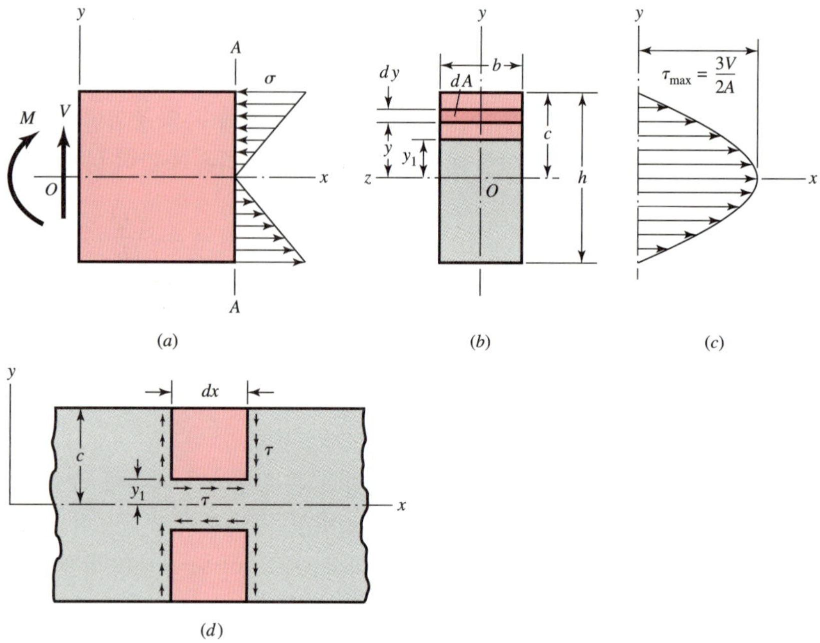

$$\tau_{\max} = \frac{3V}{2A} \qquad (3\text{-}34)$$

그림 3-18c에서 보듯이 중립축으로부터 멀어짐에 따라 전단응력은 포물선 형태로 감소하며 $y_1 = \pm c$인 외면에서 0이 된다. 수평 전단응력과 수직 전단응력은 항상 크기가 같고 같이 발생하기에 전단응력의 분포는 그림 3-18d와 같이 나타낼 수 있다. 그림 3-18c는 수직 면에 대해 y를 따라 전단응력 τ가 변하는 것을 나타낸 것이다. 대부분의 경우 그림 3-18d의 수평 전단 τ가 주 관심사이며 이는 $y = y_1$에서 dx에 대해 거의 균일하다. 최대 수평 전단은 수직 전단이 가장 큰 곳에서 발생한다. 이 위치는 보통 중립축이지만 다른 곳의 폭 b가 작다면 그렇지 않을 수도 있다. 더욱이 폭 b가 수평이 아닌 평면에서 최소가 될 수 있는 단면이라면 수평 전단응력은 경사진 면에서 발생한다. 예를 들어 튜브라면 수평 전단응력은 반지름 방향 평면에서 발생하며 이에 따른 수직 전단응력은 사실 수직이 아니고 원주 방향이 된다.

몇몇 일반적으로 사용되는 단면에 대한 횡전단응력분포를 표 3-2에 나타내었다. 분포는 VQ/Ib의 관계를 나타내며 이는 중립축으로부터의 거리 y의 함수이다. 각 분포에 대해 중립축에서의 최대값도 함께 나타내었다. I형 보에 대해 주어진 식은 일반적으로 사용되는 근사식이며 웹(web)이 얇은 표준 I형 보에 타당하게 적용된다. 또한 I형 보에 대한 분포는 이상화된 것이다. 실제로 웹과 플랜지의 경계부는 국부적으로 매우 복잡하며 단순하게 변하지 않는다.

이와 같이 일반적으로 사용되는 단면에서 최대 횡전단응력은 중립축에서 발생하며 외면에서 0이 된다는 사실은 중요하다. 이는 굽힘 및 비틀림 응력의 최대 및 최소값이 나타나는 위치와 완벽하게 반대이기 때문에 횡전단응력은 일반적으로 설계 관점에서 중요하게 여겨지지 않는다.

횡전단응력의 중요성을 사례를 통해 평가해 보자. 이를 위해 길이가 L인 외팔보를 고려

표 3-2
최대 횡전단응력식 (VQ/Ib의 관계를 이용)

Beam Shape	Formula	Beam Shape	Formula
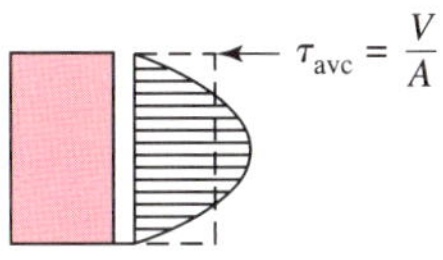 Rectangular	$\tau_{max} = \frac{3V}{2A}$	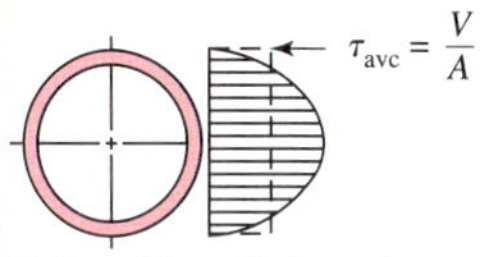 Hollow, thin-walled round	$\tau_{max} = \frac{2V}{A}$
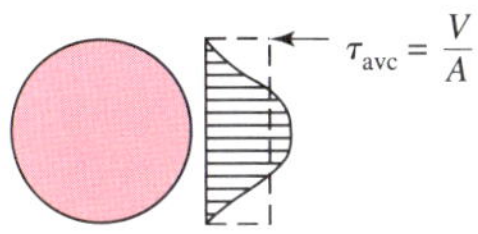 Circular	$\tau_{max} = \frac{4V}{3A}$	 Structural I beam (thin-walled)	$\tau_{max} \doteq \frac{V}{A_{web}}$

한다. 보의 단면은 $b \times h$의 사각단면이며 전단력 F가 자유단 끝단에 작용한다. 굽힘모멘트가 가장 큰 벽에서 중립축으로부터 거리 y만큼 떨어진 응력 요소를 선정하면 이 응력 요소에는 굽힘 응력과 횡전단응력이 동시에 발생할 것이다. 4-4절에서 논의되겠지만 복합 응력에 의한 영향을 고려하기 위해서는 최대전단응력을 결정해야 한다. 굽힘 응력(My/I)과 횡전단응력(VQ/Ib)을 식 (3-14)의 최대전단응력식에 대입하면 사각 단면의 외팔보에 대한 최대 전단응력식을 얻을 수 있게 된다. 이 식을 L/h와 y/c에 대해 무차원화하면 다음과 같이 된다.

$$\tau_{max} = \sqrt{\left(\frac{\sigma}{2}\right)^2 + \tau^2} = \frac{3F}{2bh}\sqrt{4(L/h)^2(y/c)^2 + \left[1 - (y/c)^2\right]^2} \tag{d}$$

여기서 c는 중립축으로부터 외면($h/2$)까지의 거리이다.

횡전단응력의 중요성을 평가하기 위해 그림 3-19와 같이 τ_{max}를 L/h의 함수로 다양한 y/c값에 대해 도시한다. F와 b는 선형 상수로 볼 수 있기 때문에 그림의 경향에는 영향을 미치지 않으며 값만 변화시킨다. 중립축, 즉 $y/c = 0$인 지점에서 τ_{max}는 보의 길이와 상관없이 상수이다. 그 이유는 굽힘 응력이 중립축에서는 0이고 횡전단응력은 길이 L과 무관하기 때문이다. 반면에 $y/c = 1$인 외변에서 τ_{max}는 굽힘모멘트 때문에 L/h에 대해 선형적으로 증가한다. y/c가 0과 1 사이인 경우는 L/h가 작은 경우 τ_{max}가 비선형적이며 L/h가 증가할수록 선형적으로 거동한다. 이는 모멘트 팔이 길어짐에 따라 굽힘 응력의 영향이 커지기 때문이다. 이 그림으로부터 임계응력요소(τ_{max}가 최대)는 항상 외면($y/c = 1$)과 중립축($y/c = 0$)이며 외면과 중립축 사이의 임의의 위치는 임계위치가 될 수 없음을 확인할 수 있다. 사각단면의 경우 이 두 임계위치의 천이점은 $L/h = 0.5$인 경우이며 여기서 $y/c = 1$인 선과 $y/c = 0$인 경우의 수평선이 서로 교차하게 된다. 임계응력 요소는 횡전단응력이 0이 되는 외면과 만약 L/h가 충분히 작다면 굽힘 응력이 0이 되는 중립축이 된다.

그림 3-19로부터 얻은 결론은 중립축으로부터 떨어진 단면의 폭이 증가하지 않는 모든 단면에 대해 유사하다. 이는 중실 원형 단면은 포함되지만 I형 보나 채널은 포함되지 않는다. 중립축으로부터 충분히 긴 얇은 웹이 있는 I형 보나 채널의 경우에는 굽힘과 전단이 모두 중요할 수 있기 때문에 특히 주의해야 한다(예제 3-7 참조). 일반적인 단면을 가진 보의 경우 보의 길이와 높이의 비가 10보다 크면 단면 내의 모든 점에 대해서 횡전단응력은 굽힘 응력에 비해 무시할 수 있다.

그림 3-19
굽힘 및 횡전단응력에 의한 영향을 나타낸 외팔보의 최대전단응력 선도

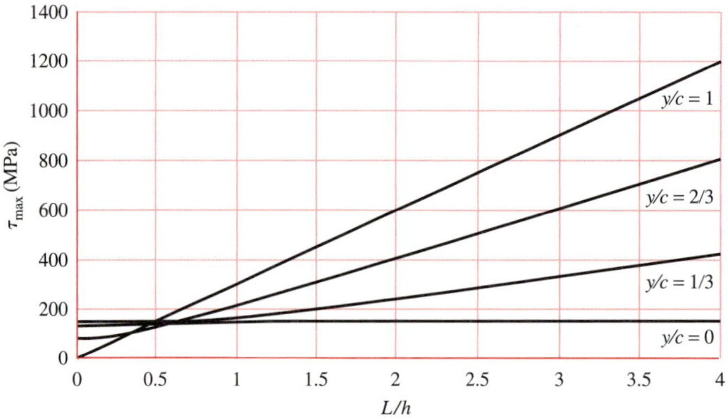

예제 3-7

그림 3-20a에 나타낸 바와 같이, 길이가 0.3 m인 보에 왼쪽에서 80 mm 떨어진 지점에 2 kN의 하중이 작용하고 있다. 보는 I형 보이며 치수는 그림에 나타나 있다. 계산을 단순화하기 위해서 그림 3-20c와 같이 단면 모서리는 사각으로 가정한다. 주요 관심위치는 a, b, c, d이며 중립축으로부터의 거리 y는 각각 0, 32^-, 32^+, 38 mm이다. 보의 임계 축방향 위치에서 다음 사항을 구하라.

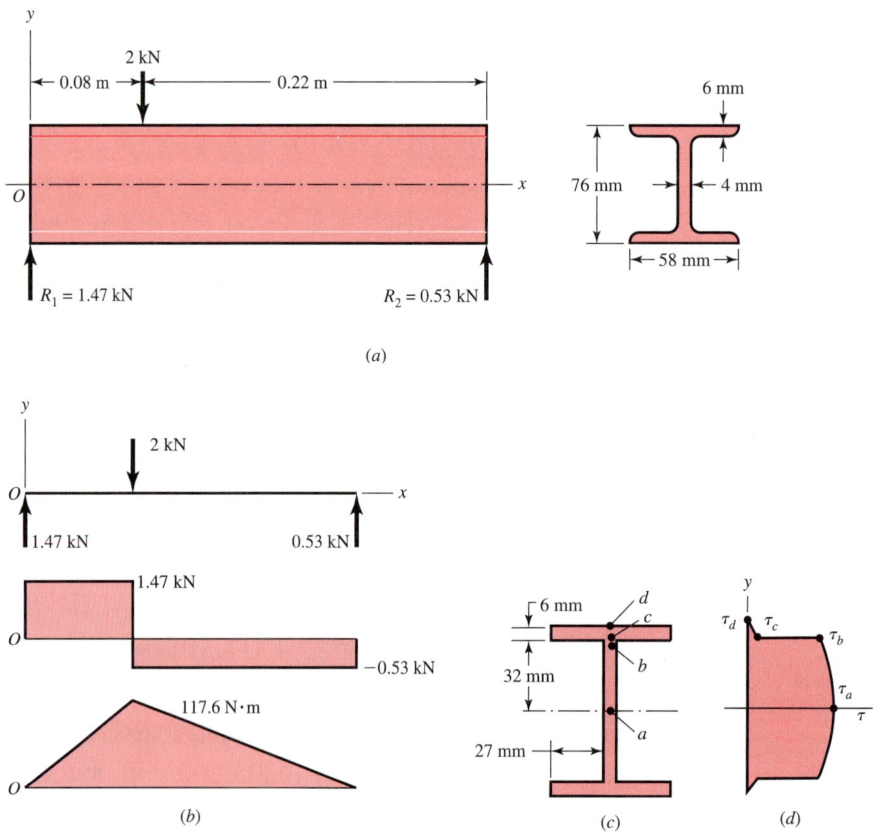

그림 3-20

(*a*) 횡전단응력의 분포를 결정하고 각 관심점에서의 값을 구하라.

(*b*) 관심점에서의 굽힘 응력을 결정하라.

(*c*) 관심점에서의 최대전단응력을 결정하고 비교하라.

풀이 먼저 이 경우 보의 길이와 높이의 비가 10보다 매우 작고 얇은 웹과 넓은 플랜지로 인해 횡전단응력이 커질 것이기 때문에 횡전단응력을 무시할 수 없음에 주의해야 한다. 하중, 전단력, 굽힘모멘트 선도는 그림 3-20*b*에 나타내었다. 임계 축방향 위치는 전단력과 굽힘모멘트가 모두 최대가 되는 $x = 0.08$ m인 지점이다.

(*a*) 단면 2차 모멘트 I는 76 mm × 58 mm 사각 단면에 대한 값에서 양쪽 빈 2개의 사각 단면의 값을 빼서 구한다.

$$I = \frac{(58)(76)^3}{12} - 2\left[\frac{(27)(64)^3}{12}\right] = 942\,069\ \text{mm}^4$$

식 (3-30)을 사용하면 각 관심점에서의 Q를 구할 수 있다.

$$Q_a = \left(32 + \frac{6}{2}\right)[(58)(6)] + \left(\frac{32}{2}\right)[(32)(4)] = 14\,228\ \text{mm}^3$$

$$Q_b = Q_c = \left(32 + \frac{6}{2}\right)[(58)(6)] = 12\,180\ \text{mm}^3$$

$$Q_d = (38)(0) = 0\ \text{mm}^3$$

식 (3-31)과 각 지점의 V와 I, 단면의 폭 b값을 이용하면 횡전단응력을 다음과 같이 구할 수 있다.

답

$$\tau_a = \frac{VQ_a}{Ib_a} = \frac{(1470)(14\,228 \times 10^{-9})}{(942\,069 \times 10^{-12})(0.004)} = 5.55\ \text{MPa}$$

$$\tau_b = \frac{VQ_b}{Ib_b} = \frac{(1470)(12\,180 \times 10^{-9})}{(942\,069 \times 10^{-12})(0.004)} = 4.75\ \text{MPa}$$

$$\tau_c = \frac{VQ_c}{Ib_c} = \frac{(1470)(12\,180 \times 10^{-9})}{(942\,069 \times 10^{-12})(0.058)} = 0.33\ \text{MPa}$$

$$\tau_d = \frac{VQ_d}{Ib_d} = \frac{(1470)(0)}{(942\,069 \times 10^{-12})(0.058)} = 0\ \text{MPa}$$

보 깊이를 따른 이상화된 횡전단응력분포는 그림 3-20*d*에 나타내었다.

(*b*) 각 관심점에서의 굽힘 응력은 다음과 같다.

답

$$\sigma_a = \frac{My_a}{I} = \frac{(117.6)(0)}{942\,069 \times 10^{-12}} = 0\ \text{MPa}$$

$$\sigma_b = \sigma_c = -\frac{My_b}{I} = -\frac{(117.6)(0.032)}{942\,069 \times 10^{-12}} = -3.99\ \text{MPa}$$

$$\sigma_d = -\frac{My_d}{I} = -\frac{(117.6)(0.038)}{942\,069 \times 10^{-12}} = -4.74\ \text{MPa}$$

(*c*) 각 관심점에서 굽힘 응력과 횡전단응력을 포함하는 응력 요소를 고려하자. 각

응력 요소에 대한 최대전단응력은 Mohr 원이나 식 (3-14)를 이용하여 구할 수 있다. 이때 $\sigma_y = 0$이다.

$$\tau_{\max} = \sqrt{\left(\frac{\sigma}{2}\right)^2 + \tau^2}$$

따라서 각 점에서의 최대전단응력 값은 다음과 같다.

$$\tau_{\max,a} = \sqrt{0 + (5.55)^2} = 5.55 \text{ MPa}$$

$$\tau_{\max,b} = \sqrt{\left(\frac{-3.99}{2}\right)^2 + (4.75)^2} = 5.15 \text{ MPa}$$

$$\tau_{\max,c} = \sqrt{\left(\frac{-3.99}{2}\right)^2 + (0.33)^2} = 2.02 \text{ MPa}$$

$$\tau_{\max,d} = \sqrt{\left(\frac{-4.74}{2}\right)^2 + 0} = 2.37 \text{ MPa}$$

답 흥미롭게도 임계위치는 최대전단응력이 가장 큰 a점이지만 이 점의 굽힘 응력은 0이다. 다음 임계위치는 웹의 b점이며 이 점은 얇은 웹 두께로 인해 c점이나 d점과 비교하여 횡전단응력이 갑자기 증가하는 위치이다. 이는 굽힘 응력이 점 d에서 최대이지만 점 d보다 점 a와 b가 더 취약부인 것으로 밝혀졌기 때문에 직관적인 예측과 반대이다. 얇은 웹과 넓은 플랜지는 횡전단응력의 영향을 증가시킨다. 보의 길이와 높이비가 증가하면 임계위치는 a점에서 b점으로 이동할 것이다. 이는 a점에서 횡전단응력은 변하지 않지만 b점에서의 굽힘 응력은 증가하기 때문이다. 설계자는 중립축으로부터 멀어질수록 점점 넓어지는 단면을 가진 경우 임계위치가 단면의 외면이 아닐 가능성에 특히 주의해야 한다. 특히 웹이 얇고 플랜지가 넓은 경우가 그렇다. 그러나 사각이나 원형 단면의 경우는 그림 3-19에 나타난 바와 같이 외면에서의 최대 굽힘 응력이 지배적이다.

3-12 비틀림

기계요소의 축과 동일 선상에 있는 모멘트 벡터를 **토크**(*torque*) 벡터라 하고, 이 모멘트는 요소가 축에 대하여 비틀림을 유발하도록 작용한다. 또한 이러한 모멘트가 작용하는 봉은 **비틀림**(*torsion*) 하에 있다고 한다.

그림 3-21에 나타낸 것처럼 봉에 작용하는 토크 T는 방향을 표기하기 위하여 표면에 화살표를 그리거나, 봉의 비틀림 축을 따라 토크 벡터 화살표를 그려서 나타낼 수 있다. 토크 벡터는 그림 3-21의 x축에 나타낸 빈(hollow) 화살표이다. 또한 벡터에 대하여 오른손 법칙을 따른다.

중실 원형 봉에 대한 **비틀림각**(단위: radian)은 다음과 같다.

| 그림 3-21

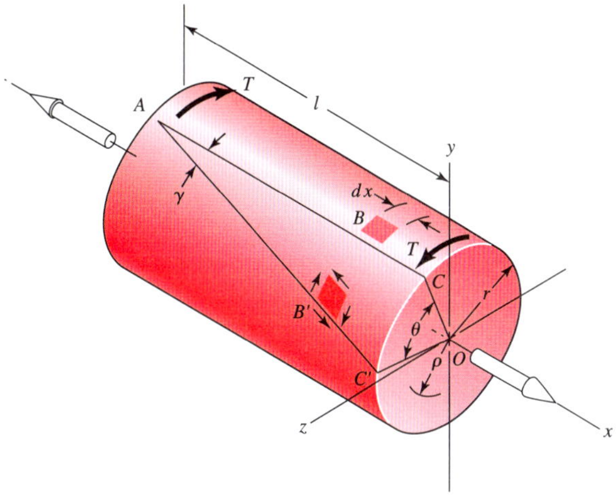

$$\theta = \frac{Tl}{GJ} \quad \text{(3-35)}$$

여기서 T = 토크
l = 길이
G = 강성 계수
J = 극 단면 2차 모멘트

토크로 인해 단면에는 전단응력이 발생한다. 토크가 작용하는 원형 봉의 경우 전단응력은 반지름 ρ에 비례하면 다음과 같이 주어진다.

$$\tau = \frac{T\rho}{J} \quad \text{(3-36)}$$

외면에 대한 반지름을 r이라 하면

$$\tau_{\max} = \frac{Tr}{J} \quad \text{(3-37)}$$

해석에 사용된 가정들은 다음과 같다.

- 봉은 순수 비틀림을 받으며, 해당 단면은 하중의 작용점과 지름이 변하는 곳으로부터 멀리 위치한다.
- 재료는 Hooke의 법칙을 따른다.
- 초기부터 평면이고 평행한 인접 단면은 비틀림 후에도 평면과 평행함을 유지한다. 그리고 모든 반지름방향 선은 직선을 유지한다.

마지막 가정은 부재의 축대칭성에 달려 있으며 따라서 비원형 단면에는 적용될 수 없다. 결과적으로 식 (3-35)~(3-37)은 원형 단면에 대해서만 적용된다. 중실 원형 단면의 경우

$$J = \frac{\pi d^4}{32} \quad \text{(3-38)}$$

여기서 d는 봉의 지름이다. 또한 중공 원형 단면의 경우

$$J = \frac{\pi}{32}(d_o^4 - d_i^4) \tag{3-39}$$

여기서 아래첨자 o와 i는 각각 바깥지름과 안지름을 의미한다.

축방향으로 서로 다른 위치에 설치된 기어나 풀리에 대한 토크 전달을 용이하게 하기 위해 어떤 경우에는 규칙적인 다각형 단면 형상을 갖는 비원형 단면 부재나 축이 사용되기도 한다. 이 경우 키 혹은 키홈이 필요 없기 때문에 가동 중 키를 분실할 위험이 없기 때문이다. 비원형 단면의 비틀림 하중에 대한 응력과 변위식은 탄성이론으로부터 구할 수 있다. 일반적으로 전단응력은 축으로부터의 거리에 대해 선형적으로 변하지 않고 특정 단면에 의존한다. 사실 사각 단면의 경우 전단응력은 축으로부터의 거리가 가장 큰 모서리에서 0이다. $b \times c$의 사각 단면 봉에서 최대전단응력은 가장 긴 변 b의 중앙에서 발생하고, 크기는 다음과 같다.

$$\tau_{\max} = \frac{T}{\alpha bc^2} \doteq \frac{T}{bc^2}\left(3 + \frac{1.8}{b/c}\right) \tag{3-40}$$

여기서 b는 폭(가장 긴 쪽), c는 두께(짧은 쪽)이다. 서로 바뀌면 안 된다. α는 아래 표에 주어진 바와 같이 b/c의 함수로 주어지는 계수이다.[4] 비틀림각은 다음과 같다.

$$\theta = \frac{Tl}{\beta bc^3 G} \tag{3-41}$$

여기서 β는 표에 제시된 바와 같이 b/c의 함수이다.

b/c	1.00	1.50	1.75	2.00	2.50	3.00	4.00	6.00	8.00	10	∞
α	0.208	0.231	0.239	0.246	0.258	0.267	0.282	0.299	0.307	0.313	0.333
β	0.141	0.196	0.214	0.228	0.249	0.263	0.281	0.299	0.307	0.313	0.333

식 (3-40)은 정사각형 단면에 대해서도 근사적으로 유효하다. 즉, 이들은 각각 반씩의 토크를 전달하는 2개의 직사각형으로 고려할 수 있다.[5]

회전축의 동력과 속도로부터 토크 T를 계산해야 하는 경우가 자주 있다. 편의를 위하여 U.S. Customary 단위를 사용할 경우 다음의 3가지 관계가 사용될 수 있다.

$$H = \frac{FV}{33\,000} = \frac{2\pi Tn}{33\,000(12)} = \frac{Tn}{63\,025} \tag{3-42}$$

여기서 H = 동력, hp
T = 토크, lbf·in

[4] S. Timoshenko, *Strength of Materials*, Part I, 3rd ed., D. Van Nostrand Company, NewYork, 1955, p. 290.

[5] 다른 단면 형상의 경우는 다음을 참고하라. W. C. Young and R. G. Budynas, *Roark's Formulas for Stress and Strain*, 7th ed., McGraw-Hill, New York, 2002.

n = 회전속도, rev/min
F = 힘, lbf
V = 속도, ft/min

SI 단위를 사용할 경우 관계식은 다음과 같다.

$$H = T\omega \tag{3-43}$$

여기서 H = 동력, W
T = 토크, N · m
ω = 각속도, rad/s

동력(단위: Watt)에 해당하는 토크 T는 다음과 같이 주어질 수 있다.

$$T = 9.55\frac{H}{n} \tag{3-44}$$

여기서 n은 분당 회전수이다.

예제 3-8

그림 3-22는 힘 F = 1.3 kN이 작용하는 크랭크를 나타낸 것으로 이 힘은 기준 좌표계의 원점에서 고정된 지름 20 mm 축에 비틀림과 굽힘을 야기한다. 실제 지지(support)는 회전 시 발생하는 관성(inertia)이 되어야 하나, 응력해석 관점에서는 이를 정적 문제로 고려할 수 있다.

(*a*) 축 *AB*와 암 *BC*에 대하여 각각 자유물체도를 작성하고, 모든 힘, 모멘트, 토크 값을 계산하라. 자유물체도에 좌표축의 방향도 함께 표시하라.

(*b*) 암 *BC*에 작용하는 비틀림 응력과 굽힘 응력의 최대값을 계산하고, 해당 위치를 표기하라.

(*c*) *A* 위치에서 축의 윗면에 응력 요소를 위치시키고, 이 요소에 작용하는 모든 응력성분을 구하라.

(*d*) *A* 위치에서 최대 수직 및 전단응력을 구하라.

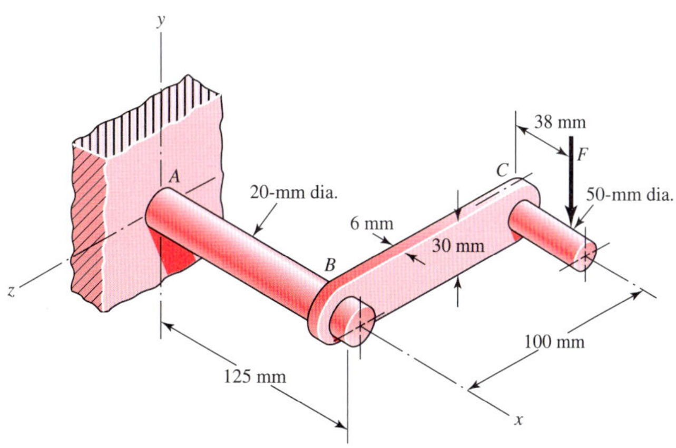

그림 3-22

풀이 (*a*) 2개의 자유물체도는 그림 3-23에 나타내었으며, 그 결과는 다음 식과 같다.

암 BC의 끝점 C에서: $\mathbf{F} = -1.3\mathbf{j}$ kN, $\mathbf{T}_C = -0.05\mathbf{k}$ kN·m
암 BC의 끝점 B에서: $\mathbf{F} = 1.3\mathbf{j}$ kN, $\mathbf{M}_1 = 0.13\mathbf{i}$ kN·m, $\mathbf{T}_1 = 0.05\mathbf{k}$ kN·m
축 AB의 끝점 B에서: $\mathbf{F} = -1.3\mathbf{j}$ kN, $\mathbf{T}_2 = -0.13\mathbf{i}$ kN·m, $\mathbf{M}_2 = -0.05\mathbf{k}$ kN·m
축 AB의 끝점 A에서: $\mathbf{F} = 1.3\mathbf{j}$ kN, $\mathbf{M}_A = 0.66\mathbf{k}$ kN·m, $\mathbf{T}_A = 0.13\mathbf{i}$ kN·m

(*b*) 암 BC에 대하여, 굽힘모멘트는 B점에서 최대가 될 것이다. 그 값을 0.13 kN·m이라 가정하면, 사각 단면에 대한 굽힘 응력은 다음과 같다.

답 $$\sigma = \frac{M}{I/c} = \frac{6M}{bh^2} = \frac{6(130)}{0.006(0.03)^2} = 144.4 \text{ MPa}$$

물론 이 값은 정확한 값은 아니다. 왜냐하면 실제 B점에서의 모멘트는 용접부를 통해 축으로 전달되기 때문이다.

비틀림 응력에 대하여 식 (3-43)을 사용하면 다음과 같다.

답 $$\tau_{\max} = \frac{T}{bc^2}\left(3 + \frac{1.8}{b/c}\right) = \frac{50}{0.03(0.006)^2}\left(3 + \frac{1.8}{0.03/0.006}\right) = 155.6 \text{ MPa}$$

이 응력은 30 mm 면의 중앙에서 발생한다.

(*c*) A점의 응력 요소에 대하여 굽힘 응력은 인장이며 다음과 같이 표현할 수 있다.

답 $$\sigma_x = \frac{M}{I/c} = \frac{32M}{\pi d^3} = \frac{32(660)}{\pi(0.02)^3} = 840.3 \text{ MPa}$$

비틀림 응력은 다음과 같다.

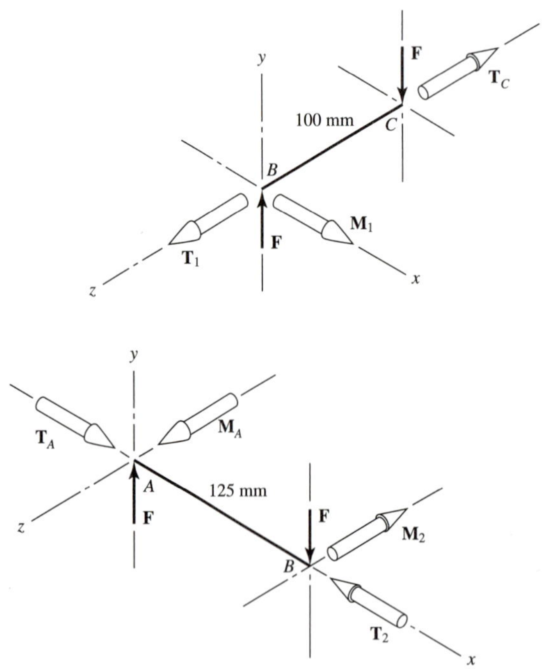

그림 3-23

답

$$\tau_{xz} = \frac{-T}{J/c} = \frac{-16T}{\pi d^3} = \frac{-16(130)}{\pi(0.02)^3} = -82.8 \text{ MPa}$$

여기서 τ_{xz}는 음의 방향을 갖는 것을 확인해야 한다.

(*d*) *A*점은 응력이 *xz* 평면 내에 존재하는 평면응력 상태에 있다. 따라서 주응력은 *x*, *z*축에 상응하는 아래첨자가 들어간 식 (3-13)으로부터 계산할 수 있다.

답 최대수직응력은 다음과 같다.

$$\sigma_1 = \frac{\sigma_x + \sigma_z}{2} + \sqrt{\left(\frac{\sigma_x - \sigma_z}{2}\right)^2 + \tau_{xz}^2}$$

$$= \frac{840.3 + 0}{2} + \sqrt{\left(\frac{840.3 - 0}{2}\right)^2 + (-82.8)^2} = 848.4 \text{ MPa}$$

답 *A*점에서 최대전단응력은 주응력을 포함하는 면 또는 굽힘 및 비틀림 전단응력을 포함하는 면과는 다른 면에서 발생한다. 최대전단응력은 식 (3-14)로부터 구할 수 있으며, 수정된 아래첨자를 반영하면 다음 식과 같이 구할 수 있다.

$$\tau_1 = \sqrt{\left(\frac{\sigma_x - \sigma_z}{2}\right)^2 + \tau_{xz}^2} = \sqrt{\left(\frac{840.3 - 0}{2}\right)^2 + (-82.8)^2} = 428.2 \text{ MPa}$$

예제 3-9

그림 3-24*a*와 같이 지름 40 mm인 중실 금속 축은 양 끝단에서 단순 지지되어 있다. 2개의 풀리는 축에 키로 고정되어 있으며, 풀리 *B*는 지름이 100 mm이고 풀리 *C*의 지름은 200 mm이다. 굽힘 응력과 비틀림 응력만을 고려하여 축에서 발생하는 최대 인장, 압축, 전단응력의 크기와 위치를 구하라.

풀이 그림 3-24*b*는 축에 발생하는 힘, 반력, 비틀림 모멘트를 나타낸다. 이것은 3차원 문제이고 벡터로 표현하는 것이 타당하지만, 2개의 평면해석을 수행하여 모멘트 벡터의 성분을 살펴볼 것이다. 그림 3-24*c*는 *xy* 평면에서의 하중을 나타내며, 실제 굽힘모멘트는 *z*방향의 벡터이다. 따라서 모멘트 선도를 M_z와 *x*에 대하여 도시한다. *xz* 평면에 대한 모멘트 선도는 그림 3-24*d*에 나타낸 바와 같이 M_y와 *x*에 대하여 작성한다.

단면에 작용하는 모멘트는 각 성분의 벡터 합이며 다음과 같다.

$$M = \sqrt{M_y^2 + M_z^2} \tag{1}$$

*B*점에서 모멘트는 다음과 같다.

$$M_B = \sqrt{225^2 + 900^2} = 928 \text{ N}\cdot\text{m}$$

*C*점에서 모멘트는 다음과 같다.

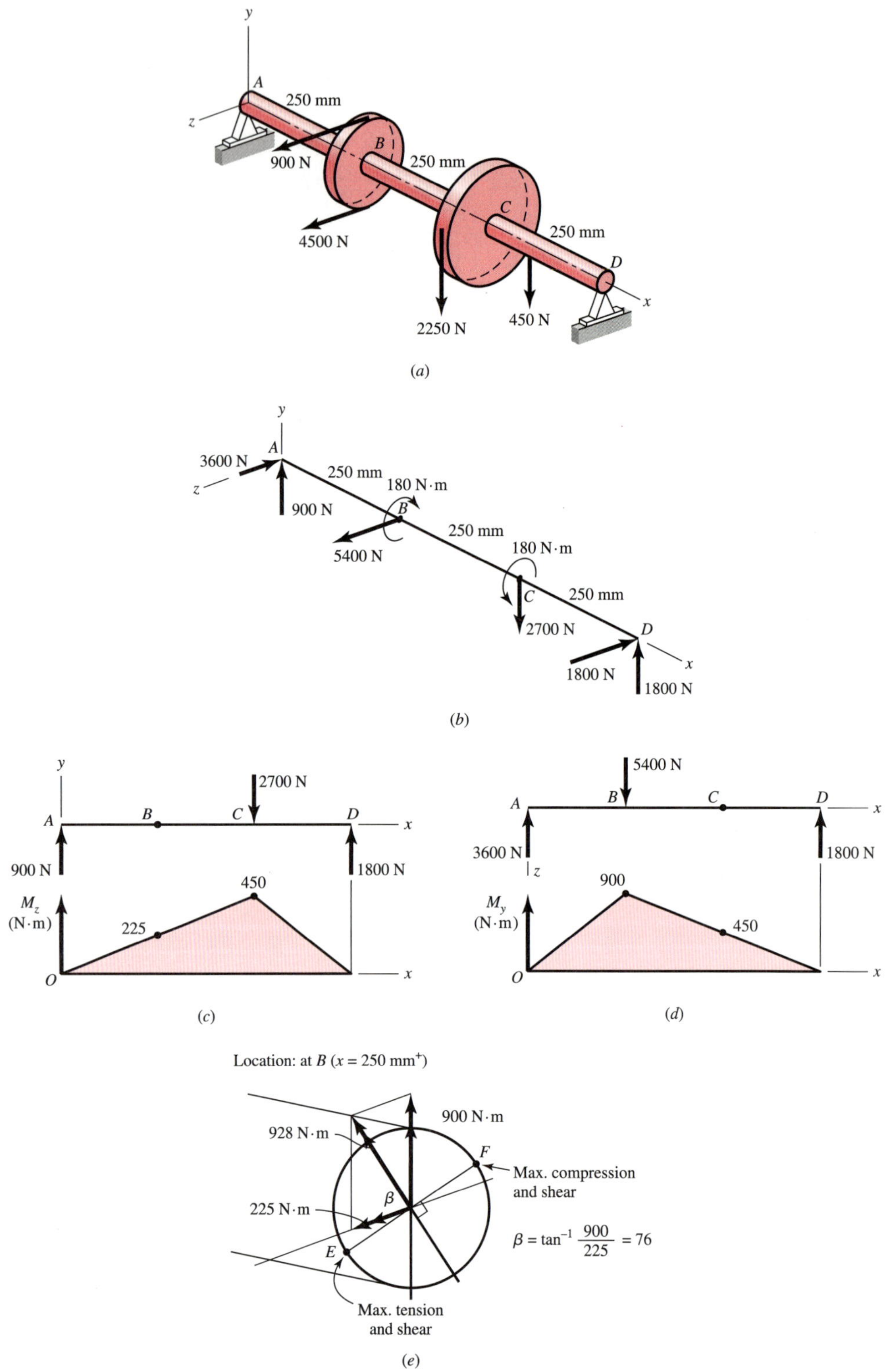

y
A
z
250 mm
B
900 N
250 mm
4500 N
C
250 mm
D
x
2250 N
450 N
(a)
y
3600 N
A
z
250 mm
180 N·m
900 N
B
5400 N
250 mm
180 N·m
C
250 mm
2700 N
D
x
1800 N
1800 N
(b)
y
2700 N
A
B
C
D
x
900 N
1800 N
450
M_z
(N·m)
225
O
x
(c)
5400 N
A
B
C
D
x
3600 N
z
1800 N
900
M_y
(N·m)
450
O
x
(d)
Location: at B (x = 250 mm+)
900 N·m
928 N·m
F
Max. compression
and shear
β
225 N·m
β = tan−1 900/225 = 76
E
Max. tension
and shear
(e)

| 그림 3-24

$$M_C = \sqrt{450^2 + 450^2} = 636 \text{ N}\cdot\text{m}$$

따라서 최대 굽힘모멘트는 928 N·m이고, 풀리 B에서 최대 굽힘 응력은 다음과 같다.

$$\sigma = \frac{M\,d/2}{\pi d^4/64} = \frac{32M}{\pi d^3} = \frac{32(928)}{\pi(0.04)} = 147.7 \text{ MPa}$$

최대 비틀림 전단응력은 B와 C 사이에서 발생하며, 다음 식으로 표현할 수 있다.

$$\tau = \frac{T\,d/2}{\pi d^4/32} = \frac{16T}{\pi d^3} = \frac{16(180)}{\pi(0.04^3)} = 14.3 \text{ MPa}$$

그림 3-24e에 나타낸 바와 같이, 최대 굽힘 및 비틀림 전단응력은 풀리 B의 바로 오른쪽 단면의 점 E와 F에서 발생한다. E점에서 최대 인장응력은 σ_1이며 다음과 같이 주어진다.

답 $$\sigma_1 = \frac{\sigma}{2} + \sqrt{\left(\frac{\sigma}{2}\right)^2 + \tau^2} = \frac{147.7}{2} + \sqrt{\left(\frac{147.7}{2}\right)^2 + 14.3^2} = 149.1 \text{ MPa}$$

F점에서 최대 압축응력은 σ_2이며 다음과 같이 주어진다.

답 $$\sigma_2 = \frac{-\sigma}{2} - \sqrt{\left(\frac{-\sigma}{2}\right)^2 + \tau^2} = \frac{-147.7}{2} - \sqrt{\left(\frac{-147.7}{2}\right)^2 + 14.3^2} = -1.4 \text{ MPa}$$

극한 전단응력 또한 점 E와 F에서 발생한다.

답 $$\tau_1 = \sqrt{\left(\frac{\pm\sigma}{2}\right)^2 + \tau^2} = \sqrt{\left(\frac{\pm 147.7}{2}\right)^2 + 14.3^2} = 75.2 \text{ MPa}$$

닫힌 박판 튜브(closed thin-walled tubes ($t \ll r$))[6]

박판 튜브의 경우, 전단응력과 벽두께의 곱 τt는 일정하며, 이는 전단응력 τ와 벽두께 t가 반비례 관계임을 의미한다. 그림 3-25에 도시한 바와 같이 튜브에 작용하는 전체 토크 T는 다음과 같다.

$$T = \int \tau t r\, ds = (\tau t)\int r\, ds = \tau t(2A_m) = 2A_m t\tau$$

여기서 A_m은 단면 중심선에 의해 둘러싸인 면적이다. τ에 대해 풀면 다음과 같다.

$$\tau = \frac{T}{2A_m t} \tag{3-45}$$

벽두께 t가 일정한 경우, 튜브의 단위길이당 비틀림각(radians) θ_1은 다음과 같다.

[6] F. P. Beer, E. R. Johnston, and J. T. DeWolf, *Mechanics of Materials*, Sec. 3−13, 5th ed., McGraw-Hill, NewYork, 2009. 참고

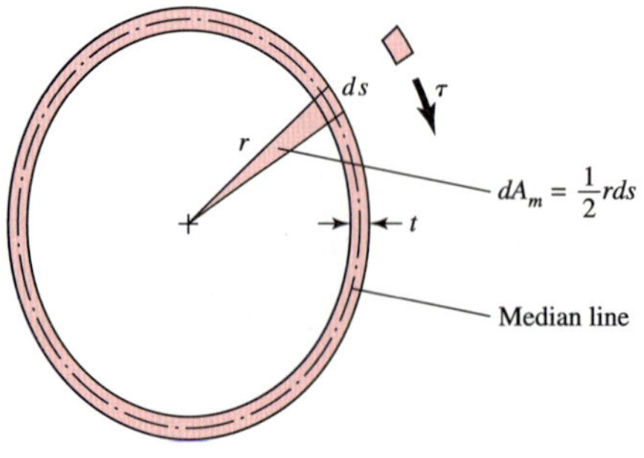

그림 3-25
단면형상은 타원형이며, 단면이 대칭이거나 일정 두께일 필요는 없다.

$$\theta_1 = \frac{T L_m}{4G A_m^2 t} \tag{3-46}$$

여기서 L_m은 **단면 중심선의 길이**이다. 단, 튜브의 좌굴은 여러 다른 요소에 의해 발생하지 않으며 응력은 비례한도를 초과하지 않는다고 가정한다.

예제 3-10

그림 3-26에 나타낸 바와 같이 용접된 금속 튜브의 길이는 1 m이며 벽두께는 3 mm이다. 또한 사각 단면의 길이는 그림에 나타낸 바와 같다. 허용 전단응력은 80 MPa이고 전단 계수는 80 GPa로 가정한다.

(*a*) 허용 토크 *T*를 구하라.

(*b*) 토크에 의한 비틀림각을 구하라.

풀이 (*a*) 단면 중심선의 안쪽으로 둘러싸인 면적은 다음과 같다.

$$A_m = (60 - 3)(90 - 3) = 4959 \text{ mm}^2$$

그리고 중심선 주변 길이는 다음과 같다.

$$L_m = 2[(60 - 3) + (90 - 3)] = 288 \text{ mm}$$

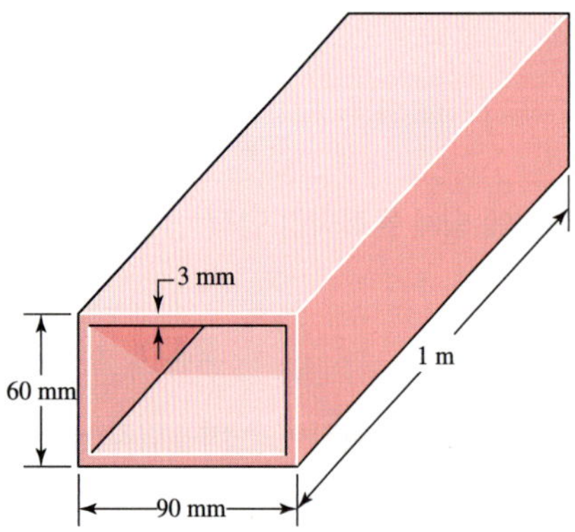

그림 3-26
용접으로 제작된 사각 금속 튜브

답 식 (3-45)로부터 토크 T는 다음과 같다.

$$T = 2A_m t\tau = 2(4959 \times 10^{-6})(0.003)(80 \times 10^6) = 2380 \text{ N}\cdot\text{m}$$

답 (b) 식 (3-46)으로부터 비틀림각 θ는 다음과 같다.

$$\theta = \theta_1 l = \frac{TL_m}{4GA_m^2 t} l = \frac{2380(0.288)}{4(80 \times 10^9)(4959 \times 10^{-6})^2(0.003)}(1) = 0.029 \text{ rad} = 1.66°$$

예제 3-11 식 (3-37)과 (3-45)를 이용하여 바깥지름이 25 mm이고 안지름이 22 mm인 원형 실린더 튜브에 작용하는 전단응력을 각각 구하고 비교하라.

풀이 식 (3-37)로부터,

$$\tau_{\max} = \frac{Tr}{J} = \frac{Tr}{(\pi/32)\left(d_o^4 - d_i^4\right)} = \frac{T\,(0.0125)}{(\pi/32)(0.025^4 - 0.022^4)} = 814\,253\,T$$

식 (3-45)로부터,

$$\tau = \frac{T}{2A_m t} = \frac{T}{2(\pi 0.0235^2/4)0.0015} = 768\,516\,T$$

식 (3-37)을 기준값으로 설정하면, 박판으로 가정함에 따른 오차는 -5.6%이다.

열린 박판 단면(open thin-walled sections)

벽 중심선이 닫혀 있지 않을 때 이와 같은 단면을 **열린 단면**(*open section*)이라 한다. 그림 3-27에 몇몇 예를 나타내었다. 벽이 얇을 경우 비틀림이 작용하는 열린 단면은 막 유사성 이론(membrane analogy theory)으로부터 다음의 관계를 갖는다.[7]

$$\tau = G\theta_1 c = \frac{3T}{Lc^2} \qquad (3\text{-}47)$$

여기서 τ는 전단응력, G는 전단 계수, θ_1은 단위길이당 비틀림각, T는 토크, L은 중앙선의 길이이다. 열린 단면에 대하여 벽두께는 c(t가 아닌)로 표기한다. 식 (3-41)에 따른 표를 살펴보면 막 이론은 $b/c \rightarrow \infty$로 가정함을 확인할 수 있다. 설계 시 열린 박판 단면에 비틀림 하중이 작용하는 경우는 반드시 피해야 한다. 식 (3-47)에 나타낸 바와 같이 전단응력과 비틀림각은 각각 c^2 및 c^3에 반비례한다. 따라서 벽 두께가 얇을 경우, 응력과 비틀림은 매우 커지게 된다. 예를 들어, 그림 3-27에서 갈라진 틈(slit)이 존재하는 얇은 둥근 튜브를 고려

---

[7] S. P. Timoshenko and J. N. Goodier, *Theory of Elasticity*, 3rd ed., McGraw-Hill, New York, 1970, Sec. 109. 참고

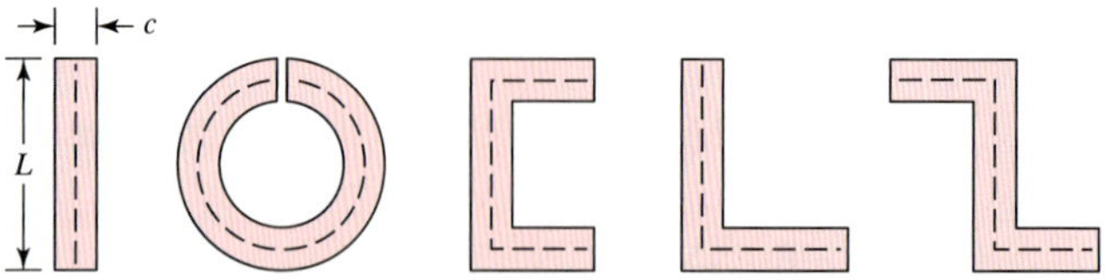

그림 3-27
열린 박판 단면 예

하자. 벽두께와 바깥지름의 비 $c/d_o = 0.1$에 대하여 동일한 치수의 닫힌 단면과 비교하여, 열린 단면에서는 응력과 비틀림각의 크기가 각각 12.3과 61.5배만큼 더 커진다.

예제 3-12

길이가 0.3 m이고 두께는 3 mm, 폭이 25 mm인 긴 부재를 그림 3-28에 나타내었다. 만약 허용 전단응력이 80 MPa이고 전단 계수가 80 GPa이라면 (*a*) 식 (3-47)을 사용하는 경우와 (*b*) 식 (3-40)과 (3-41)을 사용하는 경우에 대하여 각각 허용 전단응력에 해당하는 토크와 비틀림각(단위: degree)을 계산하라.

풀이 (*a*) 중심선의 길이가 25 mm이므로 식 (3-47)로부터 다음을 구할 수 있다.

$$T = \frac{Lc^2\tau}{3} = \frac{(0.025)\,(0.003)^2\,80\times10^6}{3} = 6\ \mathrm{N\cdot m}$$

$$\theta = \theta_1 l = \frac{\tau l}{Gc} = \frac{80\times10^6\,(0.3)}{80\times10^9\,(0.003)} = 0.1\ \mathrm{rad} = 5.7°$$

비틀림 스프링률 k_t는 T/θ로 나타낼 수 있다.

$$k_t = 6/0.1 = 60\ \mathrm{N\cdot m/rad}$$

(*b*) 식 (3-40)으로부터

$$T = \frac{\tau_{\max} bc^2}{3+1.8/(b/c)} = \frac{80\times10^6\,(0.25)\,(0.003)^2}{3+1.8/(25/3)} = 5.6\ \mathrm{N\cdot m}$$

식 (3-41)로부터, $b/c = 25/3 == 8.3$이므로 다음을 구할 수 있다.

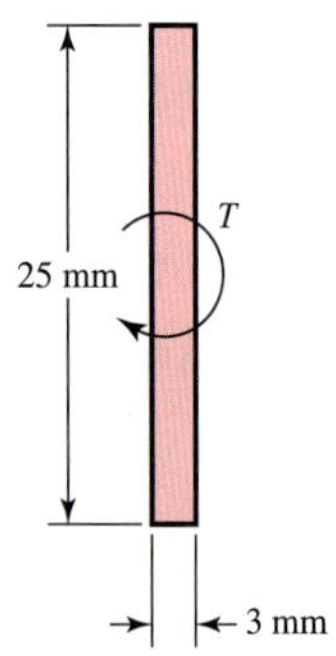

그림 3-28
비틀림 모멘트 *T*가 작용하는 얇고 가느다란 철 부재의 단면

$$\theta = \frac{Tl}{\beta bc^3 G} = \frac{5.6\,(0.3)}{0.307\,(0.025)\,(0.003)^3\,80 \times 10^9} = 0.1011\text{ rad} = 5.8°$$

$$k_t = 5.6/0.1011 = 55.4\text{ N}\cdot\text{m/rad}$$

b가 c보다 적어도 10배 이상 크지 않다면 얇은 단면이 아니다. 토크를 계산하는 경우 식 (3-47)은 식 (3-40)에 비해 약 7.1% 큰 값을 나타낸다. 또한 식 (3-41) 아래에 있는 표를 사용한 결과보다는 8% 큰 값을 제공한다.

3-13 응력 집중

지금까지 인장, 압축, 굽힘, 비틀림에 대한 기본 응력식을 유도하는 데 있어서, 부재에 어떠한 기하학적 형상변화도 없다고 가정하였다. 그러나 부재의 단면 변화 없이 기계를 설계하는 것은 아주 어렵다. 회전축에는 숄더(shoulder)를 설계해야만 베어링을 적절히 설치함으로써 축하중을 받을 수 있게 된다. 그리고 축은 풀리나 기어를 안전하게 체결하기 위하여 반드시 키 슬롯(key slot)을 가공해야 한다. 볼트는 한쪽 끝 부분에는 헤드를 반대쪽에는 나사산(screw threads)을 갖고 있으며, 두 부분 모두 급격한 단면변화가 일어난다. 다른 많은 부품들에도 다양한 종류의 구멍, 오일 그루브(oil groove), 노치 등을 가공해야 한다. 기계 부품에서 특정 불연속부는 이웃한 영역의 응력분포를 변화시키기 때문에, 기본 응력식으로는 불연속부의 응력상태를 나타낼 수 없다. 이러한 불연속부를 **응력 상승부**(*stress raiser*)라 하며, 이 부분을 **응력집중부**라 한다. 응력집중은 부재 고유의 요인이 아닌 자국(tool mark), 구멍(hole), 노치(notch), 홈(groove), 나사산(thread) 등과 같은 어떤 불규칙한 것에 의해서도 발생할 수 있다.

이론적(*theoretical*) 또는 **기하학적 응력집중계수** K_t 또는 K_{ts}는 불연속부에서의 실제 최대 응력과 **공칭응력**(*nominal stress*)을 연관시켜 주기 위해 사용된다. 이 계수는 나음의 식으로 정의할 수 있다.

$$K_t = \frac{\sigma_{\max}}{\sigma_0} \qquad K_{ts} = \frac{\tau_{\max}}{\tau_0} \tag{3-48}$$

여기서 K_t와 K_{ts}는 각각 수직 및 전단응력이 작용하는 경우에 대하여 사용된다. 공칭응력 σ_0 또는 τ_0는 기본 응력식과 순 단면(net area)을 이용하여 계산되는 응력이다. 그러나 때때로 순 단면 대신 전체 단면이 사용되기도 하므로, 최대 응력을 계산하기 이전에 K_t 또는 K_{ts}가 어디에서 도출되었는지를 항상 확인하는 것이 바람직하다.

응력집중계수는 부품의 **형상**에만 의존한다. 즉, 사용된 재질의 특성은 K_t 값에 영향을 미치지 않는다. 이것이 바로 **이론적** 응력집중계수라 불리는 이유이다.

응력집중계수를 결정하기 위한 기하학적 형상 해석은 어려운 문제이며, 이에 대한 해결책 역시 많이 존재하지 않는다. 대부분의 응력집중계수들은 실험적 방법에 의하여 구할 수

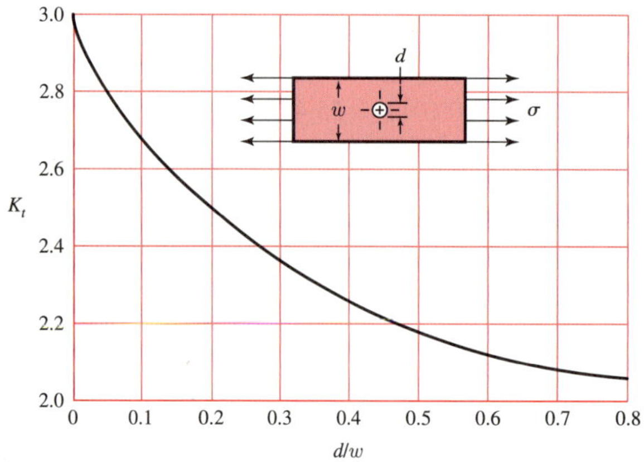

그림 3-29

중앙에 구멍이 존재하는 인장 및 단순 압축을 받는 얇은 평판. 순수 인장력은 $F = \sigma wt$이고 여기서 t는 평판의 두께이다. 공칭응력은 $\sigma_0 = \dfrac{F}{(w-d)t} = \dfrac{w}{(w-d)}\sigma$로 주어진다.

있다.[8] 유한요소법(finite element method)도 사용되나, 요소가 유한하다는 것이 실제 최대 응력을 계산하는 데 방해가 된다(그러나 최근에는 전산역학의 발전으로 매우 정확한 값을 유한요소법을 이용하여 구할 수 있다). 일반적인 실험적인 방법으로는 광탄성법(photoelasticity), 격자법(grid methods), 취성 피막법(brittle-coating methods), 전기적 스트레인게이지법(electrical strain-gauge methods) 등이 있다. 격자법과 스트레인게이지법 역시 유한요소법과 마찬가지로 동일한 한계가 있다.

다양한 기하학적 형상에 대한 응력집중계수는 표 A-15와 A-16에서 구할 수 있다.

중앙에 구멍이 존재하는 평판에 인장하중이 작용하는 경우에 대한 예를 그림 3-29에 나타내었다.

정하중 조건에 대하여 응력집중계수는 다음과 같이 적용한다. **연성재료**($\epsilon_f \geq 0.05$)의 경우, 일반적으로 임계응력을 예측하는 데 응력집중계수를 적용하지 않는다. 그 이유는 응력집중 부위에서 국부적으로 소성 변형이 발생하고, 이로 인해 변형률 강화 효과가 나타나 강도가 향상되기 때문이다. **취성재료**(($\epsilon_f < 0.05$)의 경우, 공칭응력을 강도와 비교하기 이전에 기하학적 응력집중계수 K_t를 공칭응력에 적용한다. 회주철(gray cast iron)은 제조특성상 이미 많은 응력 상승부를 포함하고 있기 때문에, 설계자에 의한 가공으로 인해 형성된 응력 상승부는 비교적 작은 (하지만 더해지는) 효과만을 갖는다.

연성재료로 제작되고 서서히 작용하는 정하중을 받는 부품을 고려하자. 그리고 응력집중부의 응력은 항복 강도를 초과한다. 항복은 매우 작은 영역에서 제한적으로 발생하고 하중이 제거된 후 잔류응력뿐만 아니라 영구 변형은 중요하지 않으며 일반적으로 허용 가능한 범위일 것이다. 항복이 발생하면 응력분포는 변하며 더욱 균일 분포 양상을 보일 것이다. 항복이 발생한 영역에서 연성재료의 경우는 파괴에 대한 위험이 거의 없다. 그러나 취성 파괴의 가능성이 있다면 응력 집중을 심각하게 고려해야 한다. 취성 파괴는 취성재료에 대해서만 일어나는 것이 아니다. 연성적으로 거동할 것으로 생각되는 재료가 특정 조건에서 취성적으로 파손될 수 있다. 반복 하중, 정하중이 빠르게 작용하는 경우, 낮은 온도에서 하중이 작용하는 경우, 재료 구조에 결함을 포함한 부품 등이 대표적인 예이다(4-12절 참조). 공

[8] W. D. Pilkey and D. F. Pilkey, *Peterson's Stress Concentration Factors*, 3rd ed., John Wiley & Sons, New York, 2008. 참고

정이 연성재료에 미치는 영향(경화, 수소취화, 용접 등)도 파손을 가속화할 수 있다. 그러므로 응력 집중을 다룰 때에는 항상 주의해야 한다.

동적 하중의 경우에는 연성 및 취성재료 **모두**에서 응력 집중 효과가 중요하며 항상 고려해야 한다(5-10절 참고).

예제 3-13

그림 3-30에 나타낸 바와 같이 두께가 2 mm인 바에 10 kN의 일정한 힘이 축방향으로 작용하고 있다. 이 바의 재료는 열처리되었으며 강도를 올리기 위해 담금질되었다. 이로 인해 대부분의 연성은 소실되었다. 케이블 통과를 위해 판재의 40 mm 면의 중앙에 구멍을 가공해야 한다. 케이블을 위해서는 4 mm 구멍이면 충분하지만 8 mm의 드릴을 바로 이용할 수 있다. 균열은 큰 구멍, 작은 구멍, 필릿 중 어느 곳에서 발생할 것으로 예상되는가?

풀이 취성재료이기 때문에 불연속부에서의 응력집중에 의한 영향이 고려되어야 한다. 먼저 4 mm의 구멍을 고려하면 공칭응력은

$$\sigma_0 = \frac{F}{A} = \frac{F}{(w-d)t} = \frac{10\ 000}{(40-4)2} = 139 \text{ MPa}$$

그림 A-15-1과 $d/w = 4/40 = 0.1$을 이용하면 이론적인 응력집중계수 $K_t = 2.7$이다. 최대 응력은

답 $$\sigma_{\max} = K_t\sigma_0 = 2.7(139) = 380 \text{ MPa}$$

유사하게, 8 mm의 구멍에 대해서는 다음과 같다.

$$\sigma_0 = \frac{F}{A} = \frac{F}{(w-d)t} = \frac{10\ 000}{(40-8)2} = 156 \text{ MPa}$$

$d/w = 8/40 = 0.2$이므로 $K_t = 2.5$이고 최대 응력은

답 $$\sigma_{\max} = K_t\sigma_0 = 2.5(156) = 390 \text{ MPa}$$

응력 집중이 4 mm의 구멍에서 더 큼에도 불구하고 8 mm 구멍 경우에서의 공칭응력의 증가가 최대 응력에 더 큰 영향을 미쳤다.

필릿의 경우

$$\sigma_0 = \frac{F}{A} = \frac{10\ 000}{(34)2} = 147 \text{ MPa}$$

표 A-15-5와 $D/d = 40/34 = 1.18$, $r/d = 1/34 = 0.026$로부터, $K_t = 2.5$이다.

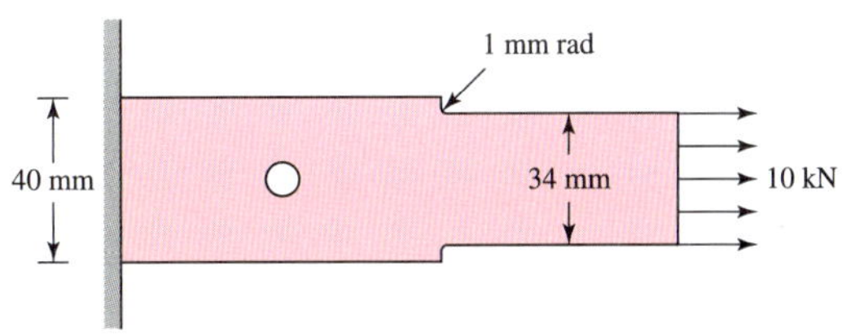

그림 3-30

답 $$\sigma_{\max} = K_t\sigma_0 = 2.5(147) = 368 \text{ MPa}$$

답 결과를 보면 균열은 8 mm 구멍에서 발생하기 쉽고, 다음으로 4 mm 구멍이 발생하기 쉬우며, 필릿에서의 가능성이 가장 작다.

3-14 가압 실린더의 응력

고압으로 유체를 전달하는 실린더형 압력용기, 정수압 실린더, 포신(gun barrels), 배관에서는 반지름 및 접선 방향의 응력이 모두 발생하며, 응력값은 해당 요소의 반지름에 따라 다르게 나타난다. 반지름방향 응력 σ_r과 접선방향 응력 σ_t를 계산하는 경우, 실린더의 축방향 연신량은 원주를 따라 일정하다고 가정한다. 즉, 실린더의 수직단면은 응력을 받은 뒤에도 평면을 유지한다.

그림 3-31에 나타낸 바와 같이 실린더의 안쪽반지름을 r_i, 바깥쪽반지름을 r_o, 내압을 p_i, 외압을 p_o라 하면 접선 및 반지름방향 응력의 크기는 다음과 같다.[9]

$$\sigma_t = \frac{p_i r_i^2 - p_o r_o^2 - r_i^2 r_o^2 (p_o - p_i)/r^2}{r_o^2 - r_i^2}$$
$$\sigma_r = \frac{p_i r_i^2 - p_o r_o^2 + r_i^2 r_o^2 (p_o - p_i)/r^2}{r_o^2 - r_i^2} \tag{3-49}$$

일반적으로 양의 값은 인장, 음의 값은 압축을 나타낸다.

$p_o = 0$인 경우, 즉 내압만 존재하는 경우에 대한 응력은 다음과 같다.

$$\sigma_t = \frac{r_i^2 p_i}{r_o^2 - r_i^2}\left(1 + \frac{r_o^2}{r^2}\right)$$
$$\sigma_r = \frac{r_i^2 p_i}{r_o^2 - r_i^2}\left(1 - \frac{r_o^2}{r^2}\right) \tag{3-50}$$

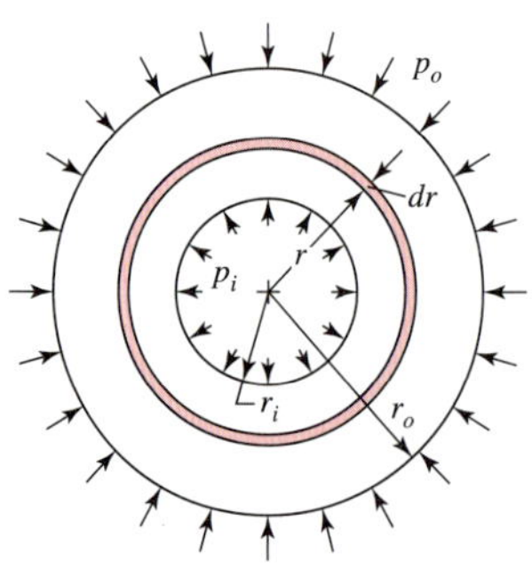

그림 3-31
내압과 외압을 동시에 작용하는 실린더

[9] Richard G. Budynas, *Advanced Strength and Applied Stress Analysis*, 2nd ed., McGraw-Hill, New York, 1999, pp. 348–352. 참고

그림 3-32
내압이 작용하는 후판 실린더의 응력분포

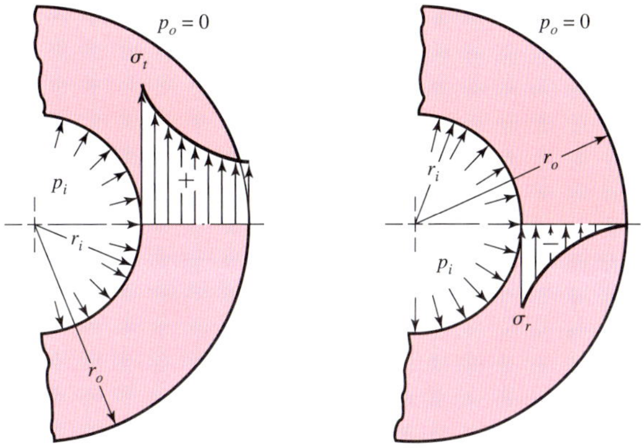

(*a*) Tangential stress distribution

(*b*) Radial stress distribution

그림 3-32는 식 (3-50)을 이용하여 벽두께에 작용하는 응력 분포를 나타낸 것이다. 압력용기에 작용하는 내압에 대하여 끝단 반력(end reactions)이 작용하면, 이로 인한 축방향 응력은 다음과 같다.

$$\sigma_l = \frac{p_i r_i^2}{r_o^2 - r_i^2} \tag{3-51}$$

식 (3-49), (3-50) 및 (3-51)은 응력 집중 영역이나 끝단에서 멀리 떨어진 위치에서의 단면에만 적용 가능하다.

두께가 얇은 용기

실린더형 압력용기에 있어서 벽두께가 반지름의 1/10 이하인 경우, 가압 실린더에 발생하는 반지름방향 응력은 접선방향 응력에 비하여 상당히 작다. 이러한 경우에 대한 접선방향 응력은 다음과 같이 구할 수 있다. 안지름 d_i, 두께 t인 실린더에 내압 p가 작용한다고 하자. 단위 길이의 실린더를 반으로 나누려 하는 힘은 pd_i이다. 이 힘은 응력면에 균일하게 작용하는 접선방향 응력에 의해 지지된다. 이 접선방향 응력을 **원주방향 응력**(*hoop stress*)이라고도 한다. 따라서 $pd_i = 2t\sigma_t$이며 또는 다음과 같이 표현할 수 있다.

$$(\sigma_t)_{\text{av}} = \frac{pd_i}{2t} \tag{3-52}$$

이 식은 **평균** 접선방향 응력을 나타내며, 벽두께에 관계없이 유효하다. 박판 용기인 경우, 최대 접선방향 응력은 근사적으로 다음 식과 같다.

$$(\sigma_t)_{\max} = \frac{p(d_i + t)}{2t} \tag{3-53}$$

여기서 $d_i + t$는 평균 지름이다.

끝단이 막힌 실린더의 경우, 용기 끝단에 압력이 작용하므로 길이방향 응력 σ_l이 발생한다. 이 응력도 벽두께에 걸쳐 균일하게 분포한다고 가정하면, 다음 식을 구할 수 있다.

$$\sigma_l = \frac{pd_i}{4t} \tag{3-54}$$

예제 3-14 벽두께가 6 mm이고, 바깥지름이 200 mm인 튜브로 알루미늄 합금 압력용기를 제작한다.

(*a*) 허용 접선방향 응력이 82 MPa이고 박판 실린더에 대한 이론을 적용할 경우, 실린더에 작용시킬 수 있는 최대 압력은 얼마인가?

(*b*) (*a*)에서 결정한 압력을 기반으로, 후판 실린더에 대한 이론을 사용하여 모든 응력 성분을 구하라.

풀이 (*a*) 여기서 $d_i = 200 - 2(6) = 188$ mm, $r_i = 188/2 = 94$ mm, $r_o = 200/2 = 100$ mm이므로 $t/r_i = 6/94 = 0.064$이다. 이 비는 1/20보다 크기 때문에 박판 용기에 대한 이론은 안전하지 못한 결과를 도출할 수 있다.

허용 압력을 계산하기 위하여 식 (3-53)를 이용하면 다음과 같다.

답 $$p = \frac{2t(\sigma_t)_{\max}}{d_i + t} = \frac{2(0.006)(82)}{0.188 + 0.006} = 5.07 \text{ MPa}$$

식 (3-54)를 이용하여 평균 길이방향 응력을 구하면 다음 식과 같다.

$$\sigma_l = \frac{pd_i}{4t} = \frac{2.54(0.188)}{4(0.006)} = 19.9 \text{ MPa}$$

(*b*) 최대 접선방향 응력은 안쪽반지름에서 발생하며, 식 (3-49)의 첫 번째 식에 $r = r_i$를 대입한다.

답 $$(\sigma_t)_{\max} = \frac{r_i^2 p_i}{r_o^2 - r_i^2}\left(1 + \frac{r_o^2}{r_i^2}\right) = p_i \frac{r_o^2 + r_i^2}{r_o^2 - r_i^2} = 2.54\,\frac{0.1^2 + 0.094^2}{0.1^2 - 0.094^2} = 41.1 \text{ MPa}$$

유사하게 식 (3-50)의 두 번째 식으로부터 최대 반지름방향 응력을 구한다.

답 $$\sigma_r = -p_i = -2.54 \text{ MPa}$$

식 (3-51)로부터 길이방향 응력은 다음과 같다.

답 $$\sigma_l = \frac{p_i r_i^2}{r_o^2 - r_i^2} = \frac{2.54(0.094)^2}{0.1^2 - 0.094^2} = 19.28 \text{ MPa}$$

작용면에 전단응력이 없기 때문에 이 세 가지 응력 σ_r, σ_t, σ_l은 주응력이다. (*a*)와 (*b*)에서 접선방향 응력의 차이는 크지 않으며, 따라서 박판 이론은 충분히 적용 가능하다.

3-15 회전링의 응력

플라이휠(flywheels)이나 송풍기(blowers)와 같은 많은 회전요소는 응력을 구하기 위하여 회전링으로 단순화될 수 있다. 링의 모든 입자 하나하나에 작용하는 관성력이 응력 발생원이라는 점을 제외하면, 후판 실린더에 대한 이론과 동일한 접선 및 반지름방향 응력이 회전링에도 존재하는 것으로 알려져 있다. 이 같은 방식으로 정의된 접선 및 반지름방향 응력은 다음의 제약조건을 따른다.

- 링 또는 디스크의 바깥쪽반지름은 두께와 비교하여 크다($r_o \geq 10t$).
- 링 또는 디스크의 두께는 일정하다.
- 응력은 두께에 따라 일정하다.

응력은 다음 식과 같다.[10]

$$\sigma_t = \rho\omega^2\left(\frac{3+\nu}{8}\right)\left(r_i^2 + r_o^2 + \frac{r_i^2 r_o^2}{r^2} - \frac{1+3\nu}{3+\nu}r^2\right)$$
$$\sigma_r = \rho\omega^2\left(\frac{3+\nu}{8}\right)\left(r_i^2 + r_o^2 - \frac{r_i^2 r_o^2}{r^2} - r^2\right) \quad (3\text{-}55)$$

여기서 r은 응력 요소의 반지름, ρ는 밀도, ω는 링의 각속도(radians/second)이다. 회전하는 디스크의 경우 $r_i = 0$이다.

3-16 억지끼워맞춤

두 개의 실린더형 부품을 억지끼워맞춤으로 조립할 때, 두 부품 사이에서 접촉 압력이 발생한다. 이 접촉 압력에 의한 응력은 앞 절에 제시된 식을 이용하여 쉽게 구할 수 있다.

그림 3-33은 억지끼워맞춤으로 조립된 두 개의 실린더형 부재를 나타낸 것이다. 조립하기 전에 안쪽 부재의 바깥쪽반지름은 바깥쪽 부재의 안쪽반지름보다 반지름방향 **간섭량** δ 만큼 크다. 조립 후, 간섭접촉압력 p가 공칭반지름 R의 부재 사이에서 발생하며 각 부재의 접촉면에서 반지름방향 응력 $\sigma_r = -p$를 야기한다. 이 압력은 다음과 같이 표현된다.[11]

$$p = \frac{\delta}{R\left[\frac{1}{E_o}\left(\frac{r_o^2 + R^2}{r_o^2 - R^2} + \nu_o\right) + \frac{1}{E_i}\left(\frac{R^2 + r_i^2}{R^2 - r_i^2} - \nu_i\right)\right]} \quad (3\text{-}56)$$

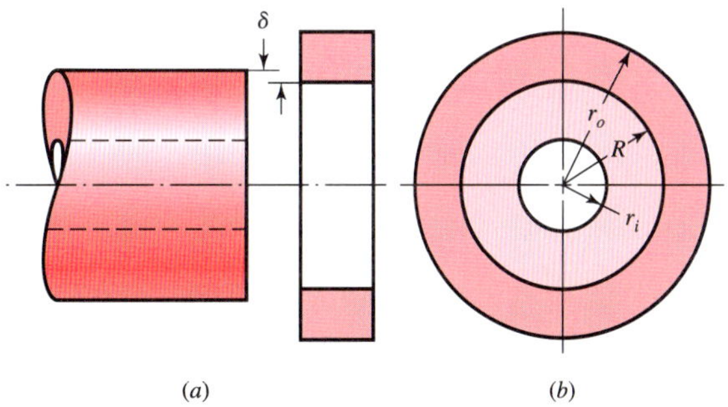

그림 3-33
억지끼워맞춤에 대한 기호설명. (*a*) 조립하기 전의 부품, (*b*) 조립된 모습

[10] 직전 참고문헌과 동일, pp. 348–357.
[11] 직전 참고문헌과 동일, pp. 348–354.

여기서 재료 물성치에 표시된 하첨자 o와 i는 각각 외부 및 내부 요소에 대한 재료 물성을 의미한다. 만약 두 부재의 재료가 같다면($E_o = E_i = E$, $\nu_o = \nu_i$) 이는 다음과 같이 간략화된다.

$$p = \frac{E\delta}{2R^3}\left[\frac{(r_o^2 - R^2)(R^2 - r_i^2)}{r_o^2 - r_i^2}\right] \tag{3-57}$$

식 (3-56) 또는 (3-57)에서 R, r_i, r_o 대신 지름이 사용될 수 있으며 이때 δ는 지름에 대한 간섭량이 사용된다(반지름 간섭량의 2배).

식 (3-49)와 p는 각 부재에서의 반지름 및 접선방향 응력을 결정하기 위해 사용될 수 있다. 내부 부재에 대해서는 $p_o = p$, $p_i = 0$이고, 외부 부재에 대해서는 $p_o = 0$, $p_i = p$이다. 예를 들어 천이반지름(transition radius) R에서 두 부재의 반지름방향 응력의 크기가 최대이며 내부 부재의 경우는 다음과 같다.

$$(\sigma_t)_i\bigg|_{r=R} = -p\frac{R^2 + r_i^2}{R^2 - r_i^2} \tag{3-58}$$

그리고 외부 부재에서는 다음과 같다.

$$(\sigma_t)_o\bigg|_{r=R} = p\frac{r_o^2 + R^2}{r_o^2 - R^2} \tag{3-59}$$

가정

두 부재의 길이는 같다고 가정한다. 축에 억지끼워맞춤한 허브(hub)의 경우, 본 가정은 유효하지 않으며 허브 끝단에서의 압력은 증가할 것이다. 이러한 경우에는 일반적으로 응력집중계수를 도입한다. 응력집중계수 값은 접촉 압력과 암부재(female member)에 따라 달라지나, 이론적 값은 거의 2를 넘지 않는다.

3-17 온도 효과

구속되지 않은 물체의 온도가 일정하게 증가될 때, 물체는 팽창하고 다음과 같은 수직 변형률이 발생한다.

$$\epsilon_x = \epsilon_y = \epsilon_z = \alpha(\Delta T) \tag{3-60}$$

여기서 α는 열팽창계수이고, ΔT는 온도 변화이다. 이때 물체에는 단순 체적 증가가 발생하고 모든 전단변형 성분은 0이다.

만약 직선 바(straight bar)의 끝단이 구속되어 길이방향으로 늘어날 수 없는 상태에서 균일하게 온도가 증가한다면 축방향 구속으로 인해 다음과 같은 압축응력이 발생한다.

$$\sigma = -\epsilon E = -\alpha(\Delta T)E \tag{3-61}$$

유사한 방법으로 경계면이 구속된 균일한 평판에서 균일하게 온도가 상승한다면 이때 발생하는 압축응력은 다음과 같다.

$$\sigma = -\frac{\alpha(\Delta T)E}{1 - \nu} \tag{3-62}$$

표 3-3 열팽창계수(온도범위 0~100°C에 대한 선형적 평균계수)

Material	Celsius Scale (°C^{-1})	Fahrenheit Scale (°F^{-1})
Aluminum	$23.9(10)^{-6}$	$13.3(10)^{-6}$
Brass, cast	$18.7(10)^{-6}$	$10.4(10)^{-6}$
Carbon steel	$10.8(10)^{-6}$	$6.0(10)^{-6}$
Cast iron	$10.6(10)^{-6}$	$5.9(10)^{-6}$
Magnesium	$25.2(10)^{-6}$	$14.0(10)^{-6}$
Nickel steel	$13.1(10)^{-6}$	$7.3(10)^{-6}$
Stainless steel	$17.3(10)^{-6}$	$9.6(10)^{-6}$
Tungsten	$4.3(10)^{-6}$	$2.4(10)^{-6}$

식 (3-61)과 (3-62)에 의해 표현된 응력을 **열응력**이라 하며, 구속된 부재에 대하여 온도 변화가 생길 때 발생한다. 예로 이러한 열응력은 용접 과정에서도 발생하는데 이는 용접되는 부재는 용접 공정 전에 고정되기 때문이다. 표 3-3에 대략적인 열팽창계수를 나타내었다.

3-18 굽힘 하중 하에서의 굽은 보[12]

굽은 부재의 응력분포는 다음과 같은 가정을 이용하여 결정할 수 있다.

- 단면은 굽힘 평면상에서 대칭축이 존재한다.
- 평면 단면은 굽힘 하중이 작용한 후에도 평면을 유지한다.
- 인장과 압축 하중에 대하여 탄성 계수는 동일하다.

곧은 보와 달리 굽은 보의 중립축과 도심축은 서로 일치하지 않으며, 응력 역시 중립축으로부터 선형적으로 변하지 않는다. 그림 3-34에 표시된 기호의 정의는 다음과 같다.

r_o = 외면에 대한 반지름
r_i = 내면에 대한 반지름
h = 단면 깊이
c_o = 중립축으로부터 외면까지의 거리
c_i = 중립축으로부터 내면까지의 거리
r_n = 중립축의 반지름
r_c = 도심축의 반지름
e = 도심축으로부터 중립축까지의 거리
M = 굽힘모멘트; 양의 M은 곡률을 감소시킴

그림 3-34는 중립축과 도심축이 일치하지 않음을 보여준다. 곡률중심 O에 대한 중립축의 위치는 다음 식으로 주어진다.

[12] 본 절의 수식에 대한 완벽한 유도과정을 위해서는 다음 문헌을 참고하라. Richard G. Budynas, *Advanced Strength and Applied Stress Analysis*, 2nd ed., Mcgraw-Hill, New York, 1999, pp. 309–317.

그림 3-34
양의 y방향은 곡률중심 O를 향하는 방향이다.

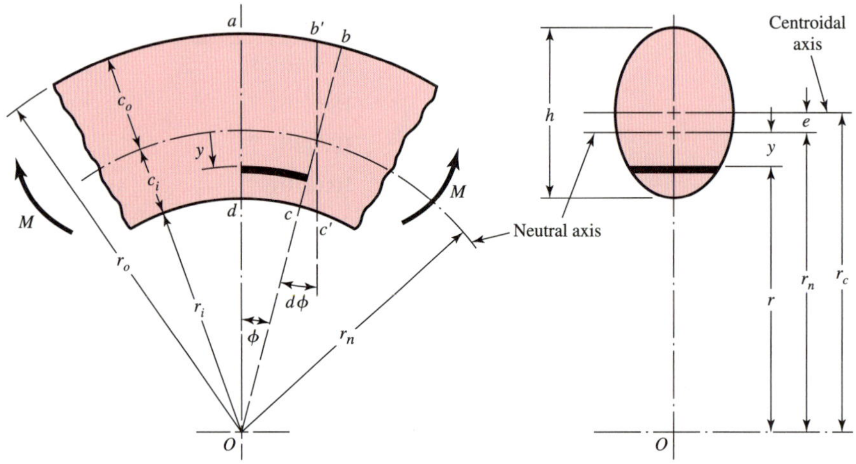

$$r_n = \frac{A}{\int \frac{dA}{r}} \tag{3-63}$$

또한 응력 분포는 다음과 같이 표현된다.

$$\sigma = \frac{My}{Ae(r_n - y)} \tag{3-64}$$

여기서 M은 그림 3-34에 나타낸 방향이 양(positive)의 방향이다. 식 (3-64)로 표현되는 응력 분포는 **쌍곡선** 형태이며 곧은 보의 경우처럼 선형이 아니다. 임계응력은 $y = c_i$, $y = -c_o$인 내면과 외면에서 각각 발생한다. 그리고 그 값은 다음과 같다.

$$\sigma_i = \frac{Mc_i}{Aer_i} \qquad \sigma_o = -\frac{Mc_o}{Aer_o} \tag{3-65}$$

이 식들은 순수 굽힘에 대해서 유효하다. 크레인 갈고리(hook), 프레스의 U 프레임, C 클램프의 프레임과 같은 일반적인 경우에서 굽힘모멘트는 단면에서 어느 정도 떨어진 곳에 작용하는 힘에 의해 발생한다. 그러므로 단면은 굽힘모멘트와 축 하중을 전달한다. 축 하중은 단면의 **도심축**에 위치하며 따라서 굽힘모멘트는 이 위치에서 계산될 수 있다. 식 (3-22)로 계산되는 축 하중에 의한 인장 혹은 압축응력을 식 (3-64)와 (3-65)로 계산되는 굽힘 응력에 더하여 단면에 발생하는 전체 응력을 구할 수 있다.

예제 3-15

그림 3-35a에 도시된 크레인 갈고리의 단면 A-A에 대한 응력분포를 그려라. 단면은 b = 18 mm, h = 100 mm인 직사각형이고, 하중 F = 22 kN이다.

풀이 $A = bh$이므로 $dA = b\,dr$이다. 식 (3-63)으로부터 다음 식을 얻을 수 있다.

$$r_n = \frac{A}{\int \frac{dA}{r}} = \frac{bh}{\int_{r_i}^{r_o} \frac{b}{r}\,dr} = \frac{h}{\ln \frac{r_o}{r_i}} \tag{1}$$

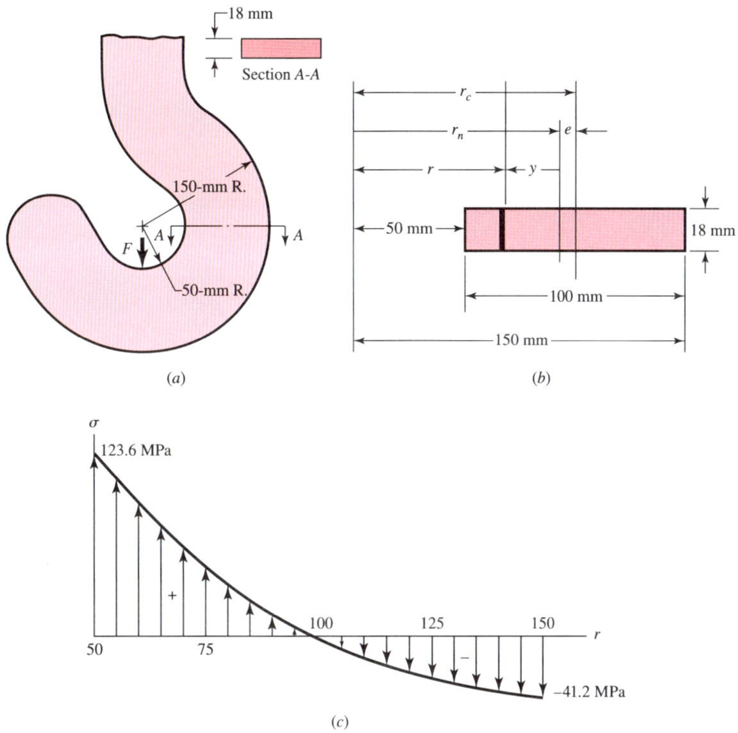

그림 3-35
(*a*) 크레인 갈고리의 평면도, (*b*) 단면과 기호, (*c*) 최종 응력분포. 응력 집중은 없음

그림 3-35*b*에 나타낸 바와 같이 $r_i = 50$ mm, $r_o = 150$ mm, $r_c = 100$ mm, $A = 1800\ \text{mm}^2$ 이다. 따라서 식 (1)로부터 다음을 얻을 수 있다.

$$r_n = \frac{h}{\ln(r_o/r_i)} = \frac{100}{\ln \frac{150}{50}} = 91\ \text{mm}$$

그리고 편심 $e = r_c - r_n = 100 - 91 = 9$ mm이다. 모멘트 M은 양이고, $M = Fr_c = 22(0.1) = 2.2\ \text{kN} \cdot \text{m}$이다. 식 (3-64)에 축방향 응력성분을 더하면 다음과 같다.

$$\sigma = \frac{F}{A} + \frac{My}{Ae(r_n - y)} = \frac{22 \times 10^3}{1800 \times 10^{-6}} + \frac{(2.2 \times 10^3)(0.091 - r)}{1800 \times 10^{-6}\,(0.009)r} \qquad (2)$$

r값을 50에서 150까지 대입하여 그림 3-35*c*에서와 같은 응력 분포를 얻는다. 안쪽반지름과 바깥쪽반지름에서 응력은 각각 123.6과 −41.2 MPa이다.

이 갈고리에 대한 예에서 알 수 있듯이 대칭 직사각형 단면은 최대 압축응력보다 3배 큰 최대 인장응력을 유발한다. 만약 효과적으로 재료를 사용하여 갈고리를 설계하려 한다면, 안쪽반지름 부분에 재료를 더 많이 사용하고 바깥쪽반지름 부분에 덜 사용하면 된다. 이러한 이유로 사다리꼴, T, 비대칭 I 단면이 일반적으로 사용된다. 표 3-4에 굽은 보 응력해석 시 빈번하게 사용되는 단면을 제시하였다.

표 3-4

굽은 보의 단면에 대한 식

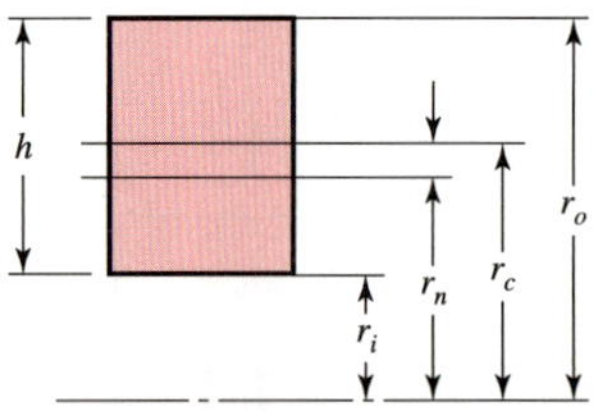

$$r_c = r_i + \frac{h}{2}$$

$$r_n = \frac{h}{\ln (r_o/r_i)}$$

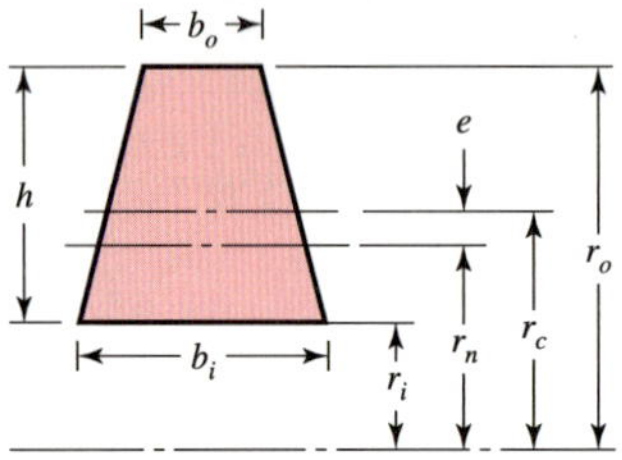

$$r_c = r_i + \frac{h}{3}\frac{b_i + 2b_o}{b_i + b_o}$$

$$r_n = \frac{A}{b_o - b_i + [(b_i r_o - b_o r_i)/h]\ln(r_o/r_i)}$$

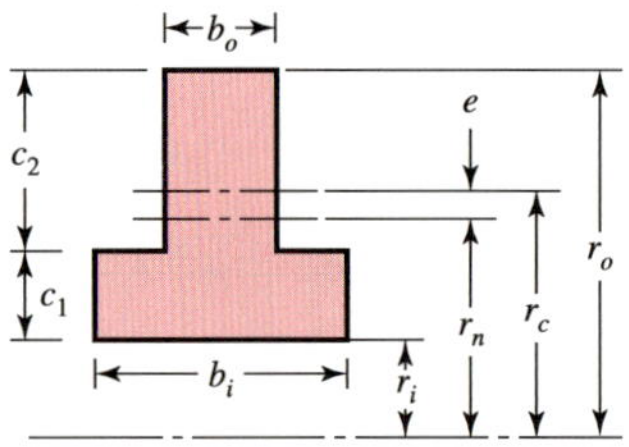

$$r_c = r_i + \frac{b_i c_1^2 + 2b_o c_1 c_2 + b_o c_2^2}{2(b_o c_2 + b_i c_1)}$$

$$r_n = \frac{b_i c_1 + b_o c_2}{b_i \ln[(r_i + c_1)/r_i] + b_o \ln[r_o/(r_i + c_1)]}$$

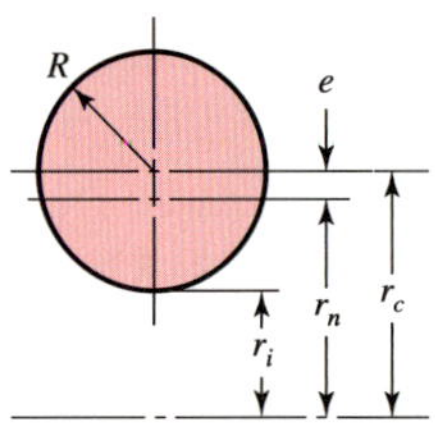

$$r_c = r_i + R$$

$$r_n = \frac{R^2}{2\left(r_c - \sqrt{r_c^2 - R^2}\right)}$$

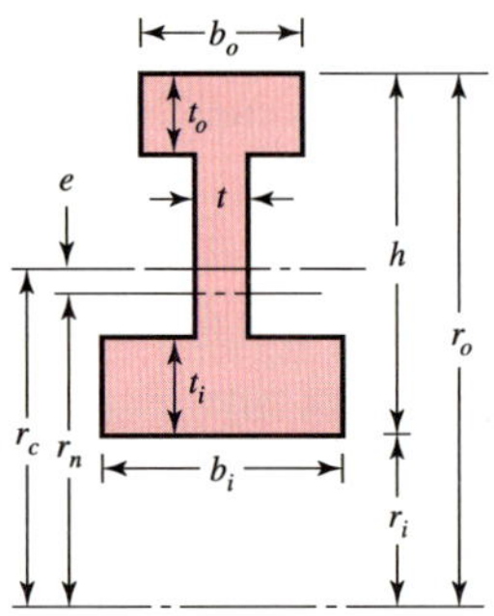

$$r_c = r_i + \frac{\frac{1}{2}h^2 t + \frac{1}{2}t_i^2(b_i - t) + t_o(b_o - t)(h - t_o/2)}{t_i(b_i - t) + t_o(b_o - t) + ht}$$

$$r_n = \frac{t_i(b_i - t) + t_o(b_o - t) + ht_o}{b_i \ln\frac{r_i + t}{r_i} + t\ln\frac{r_o - t_o}{r_i + t_i} + b_o \ln\frac{r_o}{r_o - t_o}}$$

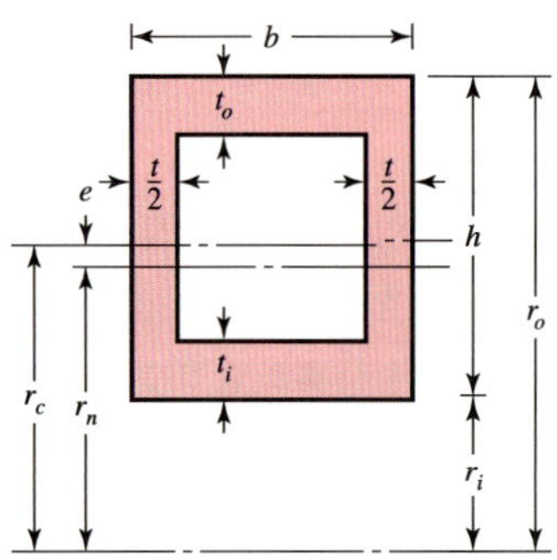

$$r_c = r_i + \frac{\frac{1}{2}h^2 t + \frac{1}{2}t_i^2(b - t) + t_o(b - t)(h - t_o/2)}{ht + (b - t)(t_i + t_o)}$$

$$r_n = \frac{(b - t)(t_i + t_o) + ht}{b\left(\ln\frac{r_i + t_i}{r_i} + \ln\frac{r_o}{r_o - t_o}\right) + t\ln\frac{r_o - t_o}{r_i + t_i}}$$

편심량 e에 대한 다른 계산법(alternative calculations for e)

r_n과 r_c는 일반적으로 e와 비교하여 큰 값이기 때문에 주의를 기울이지 않는다면 r_n과 r_c의 수치적 계산과 차(difference)에 대한 뺄셈 수행 시 큰 오차가 발생할 수 있다. e는 식 (3-64)와 (3-65)의 분모이기 때문에 e에서의 큰 오차는 응력 계산을 부정확하게 만든다. 더욱이 표에 제시되지 않은 복잡한 단면이라면 e를 결정하기 위한 다른 방법이 필요하다. e를 구하기 위한 빠르고 단순한 근사적 방법은 다음과 같다.[13]

$$e \doteq \frac{I}{r_c A} \tag{3-66}$$

이 근사식은 $r_n \doteq r_c$이고 e가 작은 큰 곡률의 경우에 유용하다. 식 (3-66)을 식 (3-64)에 대입하고 $r_n - y = r$ 이므로 다음과 같은 식을 얻을 수 있다.

$$\sigma \doteq \frac{My}{I}\frac{r_c}{r} \tag{3-67}$$

만약 $r_n \doteq r_c$이면[식 (3-67)을 사용하기 위해서는 이 조건이 성립해야 함], r_c를 계산하고 이 축으로부터 y를 측정하기만 하면 된다. 복잡한 단면에 대한 r_c 계산은 대부분의 CAD 프로그램을 이용하여 쉽게 수행되며 혹은 앞서 언급한 참고문헌으로부터 수치적으로 구할 수 있다. 곡률이 증가하면, $r \to r_c$, 식 (3-67)은 곧은 보에 대한 식 (3-24)가 된다. 그림 3-34에서 y는 곧은 보에 대한 식과는 반대로 수직으로 아래 방향을 향하기 때문에 음(negative)의 부호는 생략됨에 유의해야 한다.

예제 3-16 지름 25 mm의 둥근 봉을 이용하여 그림과 같은 갈고리를 제작하였다. 만약 $F = 4$ kN, $L = 250$ mm, $D_i = 80$ mm라면, 단면 A-A의 내면 및 외면에서 발생하는 응력의 크기는 얼마인가?

풀이 $d = 25$ mm, $r_i = 40$ mm, $r_o = 65$ mm.

표 3-4와 $R = 12.5$ mm로부터

$$r_c = 40 + 12.5 = 52.5 \text{ mm}$$
$$r_n = \frac{12.5^2}{2\left(52.5 - \sqrt{52.5^2 - 12.5^2}\right)} = 51.7 \text{ mm}$$
$$e = r_c - r_n = 52.5 - 51.7 = 0.8 \text{ mm}$$
$$c_i = r_n - r_i = 51.7 - 40 = 11.7 \text{ mm}$$
$$c_o = r_o - r_n = 65 - 51.7 = 13.3 \text{ mm}$$
$$A = \pi d^2/4 = \pi(25)^2/4 = 491 \text{ mm}^2$$
$$M = Fr_c = 4000(52.5) = 210\,000 \text{ N}\cdot\text{mm}$$

식 (3-64)를 이용하면 다음과 같다.

답
$$\sigma_i = \frac{F}{A} + \frac{Mc_i}{Aer_i} = \frac{4000}{491} + \frac{210\,000(11.7)}{491(0.8)(40)} = 164.5 \text{ MPa}$$

[13] 직전 참고문헌과 동일(pp. 317–321). 수치적 방법도 기술되어 있음.

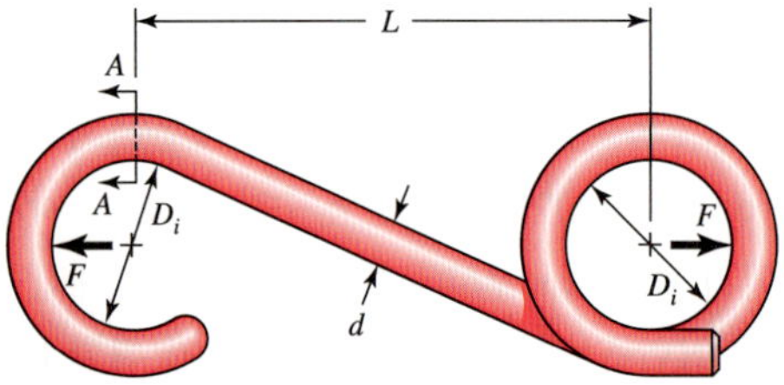

| 그림 3-36

답 $$\sigma_o = \frac{F}{A} - \frac{Mc_o}{Aer_o} = \frac{4000}{491} - \frac{210\,000(13.3)}{491(0.8)(65)} = -117.5\ \text{MPa}$$

3-19 접촉 응력

곡면을 가진 두 물체가 서로 누르고 있을 때, 점 또는 선 접촉은 면 접촉으로 바뀌고 두 물체에서의 응력은 3차원이 된다. 접촉 응력 문제는 바퀴와 레일의 접촉, 자동차의 밸브 캠과 태핏(tappet), 접촉하는 기어 이, 구름 베어링이 운전되는 경우 등에서 발생한다. 전형적인 파손은 균열, 피트(pit) 또는 재료 표면의 박리(flaking) 등으로 나타난다.

접촉 응력의 가장 일반적인 경우는 각 접촉 물체가 2개의 곡률반지름을 갖는 경우에 발생한다. 즉, 구름 평면에서의 반지름이 수직 평면에서의 반지름과 다를 때 두 평면은 접촉힘 축을 따라 설정된다. 여기서 접촉 구면 및 접촉 실린더에 대한 2가지 특별한 경우를 고려해 보자.[14] 여기에 제시한 결과는 헤르츠(Hertz)가 제시한 것이며, 이로 인해 *Hertzian* 응력으로 잘 알려져 있다.

구면 접촉(spherical contact)

지름이 d_1과 d_2인 2개의 중실 구가 힘 F로 서로 누르고 있을 때, 반지름 a의 접촉 원형 영역이 얻어진다. 2개의 구에 대한 탄성상수를 E_1, ν_1과 E_2, ν_2로 나타내면, 반지름 a는 다음 식으로부터 구할 수 있다.

$$a = \sqrt[3]{\frac{3F}{8}\frac{\left(1-\nu_1^2\right)/E_1 + \left(1-\nu_2^2\right)/E_2}{1/d_1 + 1/d_2}} \tag{3-68}$$

각각의 구에 대한 접촉영역 내에서 압력 분포는 그림 3-37*b*에 나타낸 바와 같이 반구형이다. 최대 압력은 접촉영역의 중심에서 발생하며 다음과 같이 표현된다.

$$p_{\max} = \frac{3F}{2\pi a^2} \tag{3-69}$$

[14] 접촉 응력에 대한 보다 자세한 내용은 다음을 참고하라. Arthur P. Boresi and Richard J. Schmidt, *Advanced Mechanics of Materials*, 6th ed., Wiley, New York, 2003, pp. 589 – 623.

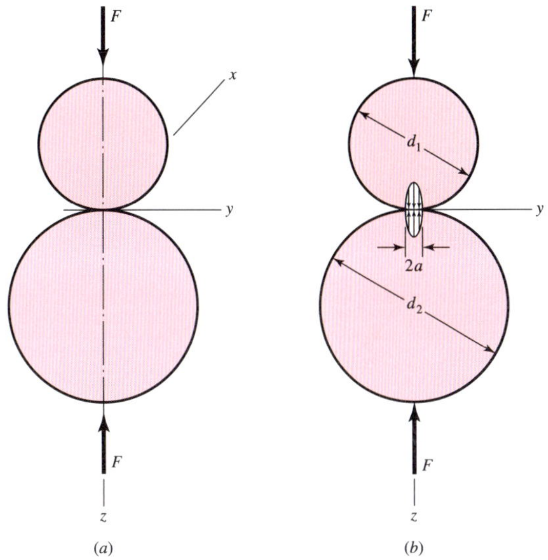

그림 3-37
(*a*) 힘 *F*에 의해 접촉되고 있는 2개의 구, (*b*) 접촉 응력은 지름 $2a$인 접촉영역을 따라 반구형으로 분포한다.

식 (3-68)과 (3-69)는 일반화된 식이며, 구와 평면 또는 구와 내부 구면의 접촉문제에도 적용할 수 있다. 평면의 경우 $d = \infty$를 사용한다. 내부 표면의 경우 지름은 음수로 표현된다.

주응력인 최대 응력은 z축에서 발생하고 그 값은 다음과 같다.

$$\sigma_1 = \sigma_2 = \sigma_x = \sigma_y = -p_{\max}\left[\left(1 - \left|\frac{z}{a}\right|\tan^{-1}\frac{1}{|z/a|}\right)(1+\nu) - \frac{1}{2\left(1+\dfrac{z^2}{a^2}\right)}\right] \tag{3-70}$$

$$\sigma_3 = \sigma_z = \frac{-p_{\max}}{1+\dfrac{z^2}{a^2}} \tag{3-71}$$

이 식은 두 구 모두에 대해 적용 가능하나 Poisson 비로 사용되는 값이 계산하고자 하는 구에 대한 값이어야 한다. z축에서 벗어난 응력상태를 결정하기 위한 식은 더욱 복잡하다. 왜냐하면 x와 y 좌표가 반드시 포함되어야 하기 때문이다. 그러나 최대값은 z축 상에서 발생하기 때문에 설계 목적상 이들 경우에 대한 계산이 필수적이지는 않다.

식 (3-70)과 (3-71)로 표현되는 응력 상태에 대한 Mohr 원은 한 점과 두 개의 동일한 원이다. $\sigma_1 = \sigma_2$이므로, $\tau_{1/2} = 0$이며, 또한 다음과 같다.

$$\tau_{\max} = \tau_{1/3} = \tau_{2/3} = \frac{\sigma_1 - \sigma_3}{2} = \frac{\sigma_2 - \sigma_3}{2} \tag{3-72}$$

그림 3-38은 표면 아래로 $3a$까지의 거리에 대하여 식 (3-70), (3-71) 그리고 (3-72)를 도시한 것이다. 전단응력은 표면 약간 아래 부분에서 최대값에 도달한다. 이 최대전단응력이 접촉 요소의 표면 피로파손과 관련 있다는 것이 많은 전문가들의 견해이다. 이를 통해 균열이 표면 아래의 최대전단응력 지점에서 개시되어 표면까지 성장한다는 것과 윤활제 압력이 부서진 조각을 떨어지도록 밀어낸다는 파손현상에 대한 설명이 가능해진다.

그림 3-38
접촉 구면에 대하여 최대 압력의 함수로 표현되는 표면 아래에서의 응력성분 크기. 최대전단응력은 $z = 0.48a$에서 표면 아래에 발생하며, 약 $0.3p_{max}$이다. 이 선도는 Poisson 비 0.3을 기준으로 작성되었다. 수직응력은 모두 압축응력이다.

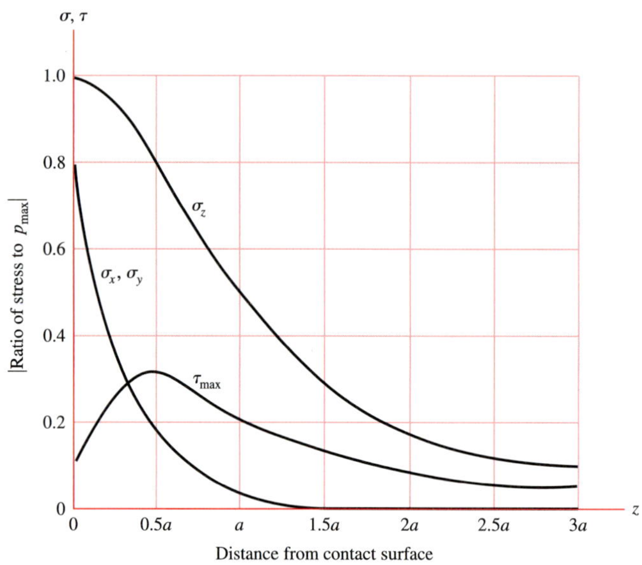

그림 3-39
(*a*) 실린더 길이 *l*을 따라 균일하게 분포된 힘 *F*에 의하여 접촉되는 2개의 수직 원형 실린더, (*b*) 접촉응력은 접촉영역을 따라 너비 2*b*의 타원형 분포이다.

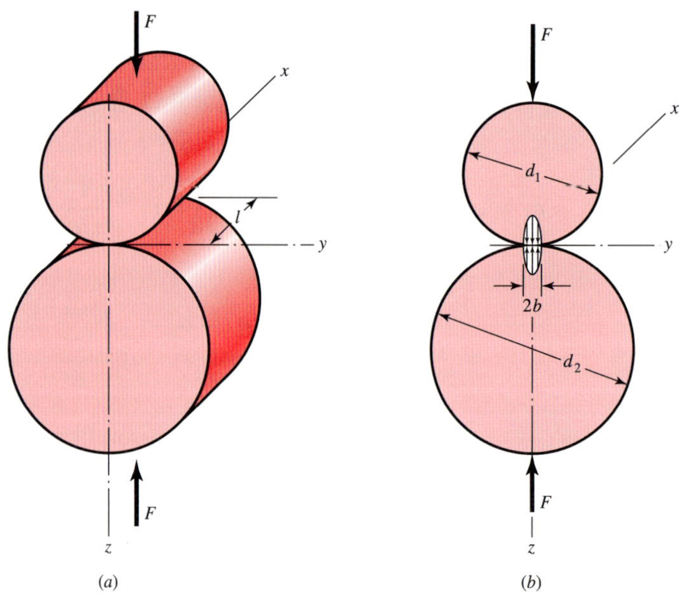

실린더형 접촉(cylindrical contact)

그림 3-39는 길이가 l이고 지름이 d_1과 d_2인 2개의 실린더가 접촉하고 있는 것을 나타낸 것이다. 그림 3-39*b*에서와 같이 접촉영역은 폭 $2b$, 길이 l인 좁은 직사각형이며, 압력 분포는 타원형이다. 폭의 반인 b는 다음 식과 같다.

$$b = \sqrt{\frac{2F}{\pi l} \frac{\left(1-\nu_1^2\right)/E_1 + \left(1-\nu_2^2\right)/E_2}{1/d_1 + 1/d_2}} \qquad \text{(3-73)}$$

최대 압력은 다음과 같다.

$$p_{max} = \frac{2F}{\pi bl} \tag{3-74}$$

식 (3-73)과 (3-74)는 실린더에 적용될 수 있으며 $d = \infty$로 설정함으로써 레일과 같은 평면에도 적용될 수 있다. 이 식은 실린더와 내부 실린더형 표면의 접촉에도 적용된다. 이때, 내부 평면에 대하여 d는 음수가 된다.

z축을 따른 응력 상태는 다음과 같이 주어진다.

$$\sigma_x = -2\nu p_{max}\left(\sqrt{1+\frac{z^2}{b^2}} - \left|\frac{z}{b}\right|\right) \tag{3-75}$$

$$\sigma_y = -p_{max}\left(\frac{1+2\frac{z^2}{b^2}}{\sqrt{1+\frac{z^2}{b^2}}} - 2\left|\frac{z}{b}\right|\right) \tag{3-76}$$

$$\sigma_3 = \sigma_z = \frac{-p_{max}}{\sqrt{1+z^2/b^2}} \tag{3-77}$$

그림 3-40에 이 3개의 식으로 구한 결과를 표면 아래 $3b$의 거리까지 나타내었다. $0 \le z \le 0.436b$인 경우, $\sigma_1 = \sigma_x$, $\tau_{max} = (\sigma_1 - \sigma_3)/2 = (\sigma_x - \sigma_z)/2$이며, $z \ge 0.436b$인 경우에 대하여 $\sigma_1 = \sigma_y$, $\tau_{max} = (\sigma_y - \sigma_z)/2$이다. τ_{max}에 대한 선도는 그림 3-39에 나타내었으며, 최대값은 0.300 p_{max}이고 $z/b = 0.786$ 위치에서 발생한다.

Hertz(1881)는 접촉영역에 전단응력이 없는 경우에 대하여 응력장의 수학적 모델을 앞과 같이 제시하였다. 다른 중요한 접촉 응력 문제는 접촉영역에 전단응력을 발생시키는 마찰이 존재하는 선접촉(*line-of-contact*)의 경우이다. 이러한 전단응력은 캠과 롤러에서는 작다. 그러나 납작한 종동부(follower)를 갖는 캠, 바퀴–레일 접촉, 기어 이 문제에서 응력은 Hertzian 응력장보다 높다. 접촉영역에서 수직 및 전단응력이 응력장에 미치는 영향에 대한 연구는 Lundberg(1939)에 의하여 이론적으로 시작되었으며, Mindlin(1949), Smith-Liu(1949), Poritsky(1949)에 의하여 각각 독립적으로 연구가 계속되었다.

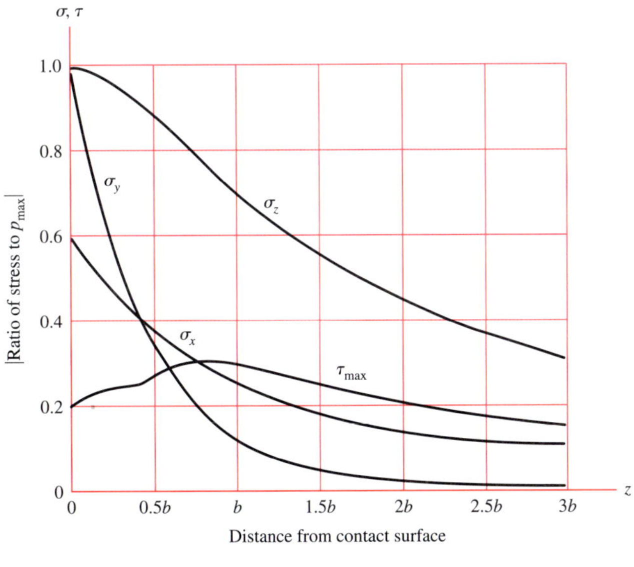

그림 3-40
접촉 실린더에 대하여 최대 압력의 함수로 표현되는 표면 아래에서의 응력성분 크기. τ_{max}의 최대값은 $z/b = 0.786$ 위치에서 발생하며 그 값은 0.30 p_{max}이다. 이 선도는 Poisson 비 0.3을 기준으로 작성되었다. 수직응력은 모두 압축응력이다.

3-20 요약

기계요소의 취약부(critical location)에서의 응력 상태를 정량화하는 능력은 엔지니어에게 매우 중요한 기술이다. 왜 그럴까? 그 이유는 부재의 파손 여부는 취약부에서의 (손상) 응력과 상응하는 재료 강도를 비교함으로써 평가되기 때문이다. 이 장에서는 응력에 대하여 기술하였다.

기하학적 형상이 단순하여 이론적으로 쉽게 필요한 관계식을 구할 수 있는 경우에는 매우 정확한 응력 계산이 가능하다. 그렇지 않은 경우에는 근사화가 필요하다. 형상이 복잡해지면 근사적인 방법이 사용된다. 유한요소해석(Finite Element Analysis, FEA)과 같은 수치적 방법은 정확한 값에 가까운 결과를 제공한다. 또한 실험적 측정법도 있으며 예로 스트레인게이지 같은 경우는 측정된 변형률 값으로부터 응력을 유추할 수 있다. 어떤 방법을 사용하든지 최종 목표는 취약부에서 응력 상태를 정확하게 구하는 것이다.

업무를 오래하면 할수록 고려해야 할 사항이 더 많아지고 복잡한 문제 해결에 도움이 되는 새로운 방법들을 추구하게 된다. 새로운 방법들이 소개되면 기존 방법의 개선을 갈망하던 엔지니어는 새로 도입된 방법을 사용하기 시작한다. 엔지니어가 경험을 쌓을수록 걱정은 더 심해지고, 이에 따라 낙관적인 생각은 점점 없어진다. 비전문가의 능력을 더욱 확대시켜 줄 것이라 생각했던 일들은 결국 전문적 지식이 선택 사항이 아님을 보여준다.

응력해석의 경우, 해석에 필요한 식들이 알려져 있으면 컴퓨터는 도움이 된다. 스프레트시트 해석은 변수 해석을 위한 복잡한 계산을 빠르게 줄여줄 수 있으며, 경제적 결정(trade-offs, 예를 들어 비싼 재료를 줄이거나 싼 재료를 많이 이용하는 결정)과 같은 가정의 문제(what-if questions)를 쉽게 다룰 수 있도록 한다. 심지어 설계 최적화를 위한 통찰력을 줄 수도 있다.

해석에 필요한 식이 없는 경우 FEA와 같은 방법은 매우 매력적이나 주의가 뒤따른다. 매우 강력한 FEA 코드를 사용할 수 있더라도 거의 전문가 수준에 가까이 가 있어야 올바른 해석을 할 수 있다. 불연속부에서의 수렴은 계속되는 문제이다. 탄성해석은 탄소성 해석에 비해 매우 쉽다. FEA 결과는 결국 문제를 공식화하기 위해 사용된 실제 현상에 대한 모델링에 지나지 않는다.

연습문제 Problems

Problems marked with an asterisk (*) are linked with problems in other chapters, as summarized in Table 1–1 of Sec. 1–16, p. 26

3–1 to 3–4 Sketch a free-body diagram of each element in the figure. Compute the magnitude and direction of each force using an algebraic or vector method, as specified.

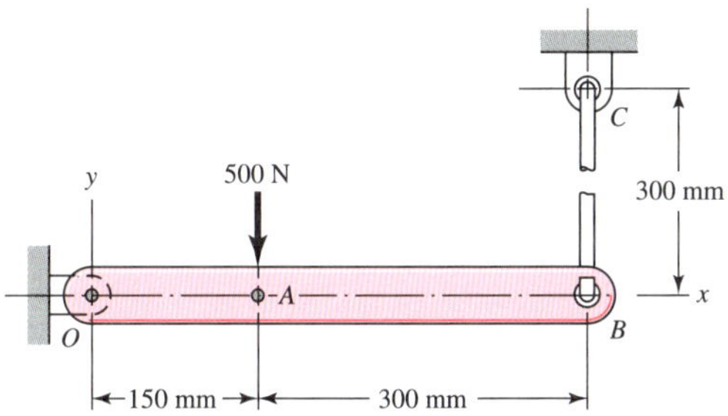

Problem 3–1

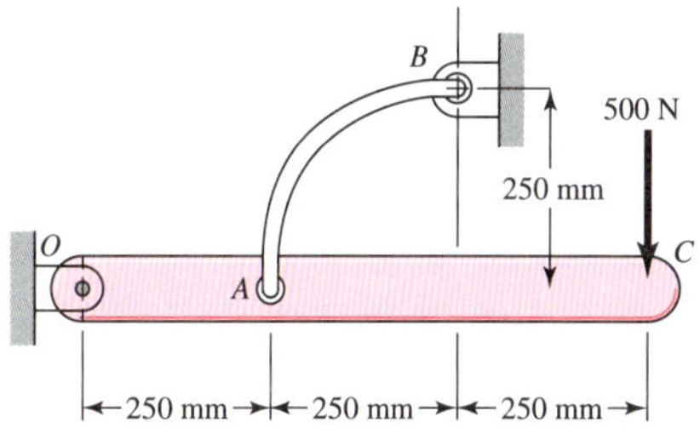

Problem 3–2

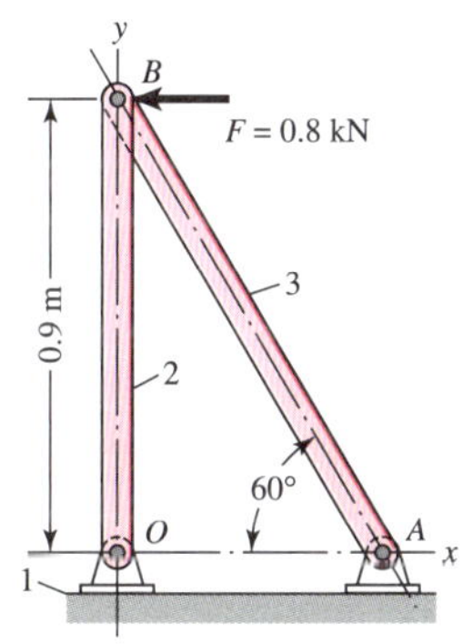

Problem 3–3

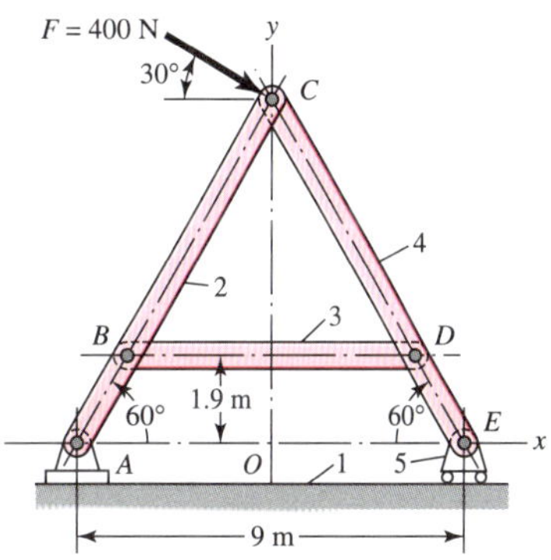

Problem 3–4

3–5 to 3–8 For the beam shown, find the reactions at the supports and plot the shear-force and bending-moment diagrams. Label the diagrams properly and provide values at all key points.

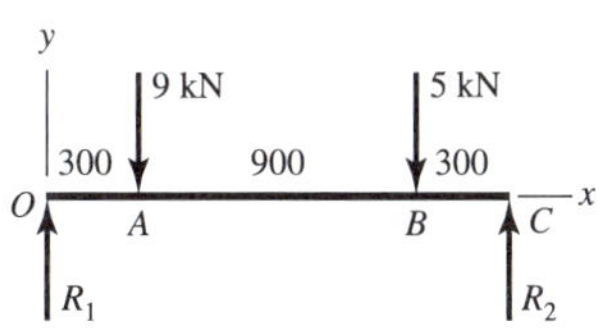

Problem 3–5

Dimensions in millimeters

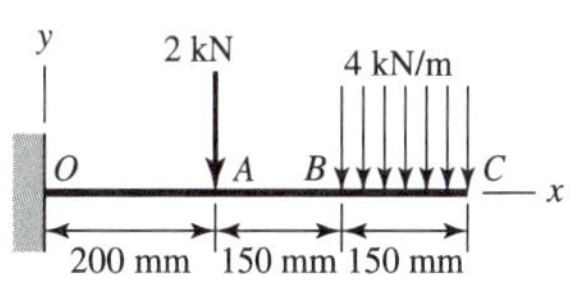

Problem 3–6

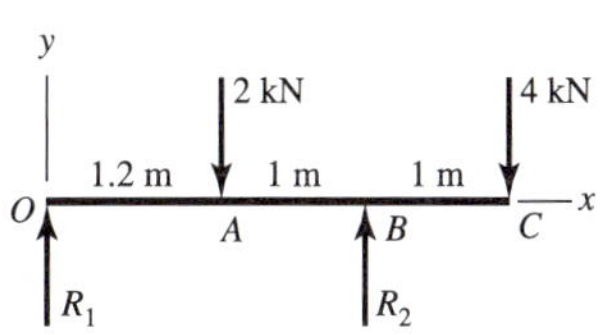

Problem 3–7

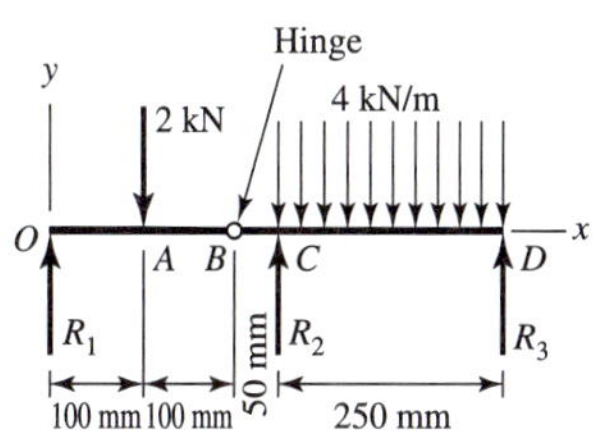

Problem 3–8

3–9 Repeat Prob. 3–5 using singularity functions exclusively (including reactions).

3–10 Repeat Prob. 3–6 using singularity functions exclusively (including reactions).

3–11 Repeat Prob. 3–7 using singularity functions exclusively (including reactions).

3–12 Repeat Prob. 3–8 using singularity functions exclusively (including reactions).

3–13 For a beam from Table A–9, as specified by your instructor, find general expressions for the loading, shear-force, bending-moment, and support reactions. Use the method specified by your instructor.

3–14 A beam carrying a uniform load is simply supported with the supports set back a distance a from the ends as shown in the figure. The bending moment at x can be found from summing moments to zero at section x:

$$\sum M = M + \frac{1}{2}w(a+x)^2 - \frac{1}{2}wlx = 0$$

or

$$M = \frac{w}{2}[lx - (a+x)^2]$$

where w is the loading intensity in kN/m. The designer wishes to minimize the necessary weight of the supporting beam by choosing a setback resulting in the smallest possible maximum bending stress.

(a) If the beam is configured with $a = 0.06$ m, $l = 0.25$ m, and $w = 18$ kN/m, find the magnitude of the severest bending moment in the beam.

(b) Since the configuration in part (a) is not optimal, find the optimal setback a that will result in the lightest-weight beam.

Problem 3–14

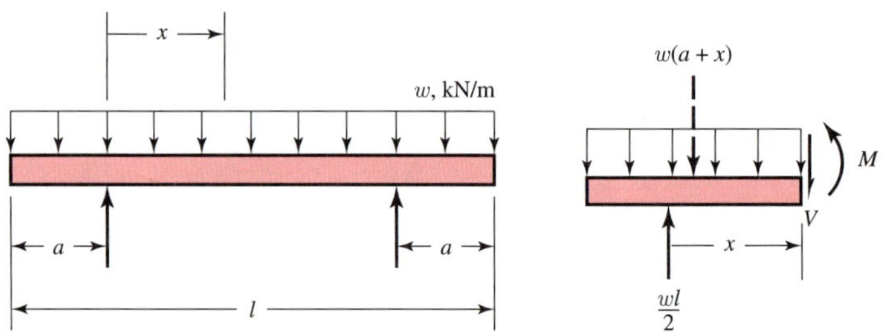

3–15 For each of the plane stress states listed below, draw a Mohr's circle diagram properly labeled, find the principal normal and shear stresses, and determine the angle from the x axis to σ_1. Draw stress elements as in Fig. 3–11c and d and label all details.

(a) $\sigma_x = 20$ MPa, $\sigma_y = -10$ MPa, $\tau_{xy} = 8$ MPa cw

(b) $\sigma_x = 16$ MPa, $\sigma_y = 9$ MPa, $\tau_{xy} = 5$ MPa ccw

(c) $\sigma_x = 10$ MPa, $\sigma_y = 24$ MPa, $\tau_{xy} = 6$ MPa ccw

(d) $\sigma_x = -12$ MPa, $\sigma_y = 22$ MPa, $\tau_{xy} = 12$ MPa cw

3–16 Repeat Prob. 3–15 for:

(a) $\sigma_x = -8$ MPa, $\sigma_y = 7$ MPa, $\tau_{xy} = 6$ MPa cw

(b) $\sigma_x = 9$ MPa, $\sigma_y = -6$ MPa, $\tau_{xy} = 3$ MPa cw

(c) $\sigma_x = -4$ MPa, $\sigma_y = 12$ MPa, $\tau_{xy} = 7$ MPa ccw

(d) $\sigma_x = 6$ MPa, $\sigma_y = -5$ MPa, $\tau_{xy} = 8$ MPa ccw

3–17 Repeat Prob. 3–15 for:
(a) $\sigma_x = 12$ MPa, $\sigma_y = 6$ MPa, $\tau_{xy} = 4$ MPa cw
(b) $\sigma_x = 30$ MPa, $\sigma_y = -10$ MPa, $\tau_{xy} = 10$ MPa ccw
(c) $\sigma_x = -10$ MPa, $\sigma_y = 18$ MPa, $\tau_{xy} = 9$ MPa cw
(d) $\sigma_x = 9$ MPa, $\sigma_y = 19$ MPa, $\tau_{xy} = 8$ MPa cw

3–18 For each of the stress states listed below, find all three principal normal and shear stresses. Draw a complete Mohr's three-circle diagram and label all points of interest.
(a) $\sigma_x = -80$ MPa, $\sigma_y = -30$ MPa, $\tau_{xy} = 20$ MPa cw
(b) $\sigma_x = 30$ MPa, $\sigma_y = -60$ MPa, $\tau_{xy} = 30$ MPa cw
(c) $\sigma_x = 40$ MPa, $\sigma_z = -30$ MPa, $\tau_{xy} = 20$ MPa ccw
(d) $\sigma_x = 50$ MPa, $\sigma_z = -20$ MPa, $\tau_{xy} = 30$ MPa cw

3–19 Repeat Prob. 3–18 for:
(a) $\sigma_x = 10$ MPa, $\sigma_y = -4$ MPa
(b) $\sigma_x = 10$ MPa, $\tau_{xy} = 4$ MPa ccw
(c) $\sigma_x = -2$ MPa, $\sigma_y = -8$ MPa, $\tau_{xy} = 4$ MPa cw
(d) $\sigma_x = 10$ MPa, $\sigma_y = -30$ MPa, $\tau_{xy} = 10$ MPa ccw

3–20 The state of stress at a point is $\sigma_x = -6$, $\sigma_y = 18$, $\sigma_z = -12$, $\tau_{xy} = 9$, $\tau_{yz} = 6$, and $\tau_{zx} = -15$ MPa. Determine the principal stresses, draw a complete Mohr's three-circle diagram, labeling all points of interest, and report the maximum shear stress for this case.

3–21 Repeat Prob. 3–20 with $\sigma_x = 20$, $\sigma_y = 0$, $\sigma_z = 20$, $\tau_{xy} = 40$, $\tau_{yz} = -20\sqrt{2}$, and $\tau_{zx} = 0$ MPa.

3–22 Repeat Prob. 3–20 with $\sigma_x = 10$, $\sigma_y = 40$, $\sigma_z = 40$, $\tau_{xy} = 20$, $\tau_{yz} = -40$, and $\tau_{zx} = -20$ MPa.

3–23 A 12-mm-diameter steel tension rod is 1.8 m long and carries a load of 9 kN. Find the tensile stress, the total deformation, the unit strains, and the change in the rod diameter.

3–24 Repeat Prob. 3–23 except change the rod to aluminum and the load to 1.8 kN.

3–25 A 30-mm-diameter copper rod is 1 m long with a yield strength of 70 MPa. Determine the axial force necessary to cause the diameter of the rod to reduce by 0.01 percent, assuming elastic deformation. Check that the elastic deformation assumption is valid by comparing the axial stress to the yield strength.

3–26 A diagonal aluminum alloy tension rod of diameter d and initial length l is used in a rectangular frame to prevent collapse. The rod can safely support a tensile stress of σ_{allow}. If $d = 15$ mm, $l = 3$ m, and $\sigma_{\text{allow}} = 135$ MPa, determine how much the rod must be stretched to develop this allowable stress.

3–27 Repeat Prob. 3–26 with $d = 16$ mm, $l = 3$ m, and $\sigma_{\text{allow}} = 140$ MPa.

3–28 Repeat Prob. 3–26 with $d = 15$ mm, $l = 3$ m, and $\sigma_{\text{allow}} = 105$ MPa.

3–29 Electrical strain gauges were applied to a notched specimen to determine the stresses in the notch. The results were $\epsilon_x = 0.0019$ and $\epsilon_y = -0.00072$. Find σ_x and σ_y if the material is carbon steel.

3–30 Repeat Prob. 3–29 for a material of aluminum.

3–31 The Roman method for addressing uncertainty in design was to build a copy of a design that was satisfactory and had proven durable. Although the early Romans did not have the intellectual tools to deal with scaling size up or down, you do. Consider a simply supported, rectangular-cross-section beam with a concentrated load F, as depicted in the figure.
(a) Show that the stress-to-load equation is

$$F = \frac{\sigma b h^2 l}{6ac}$$

(*b*) Subscript every parameter with m (for model) and divide into the above equation. Introduce a scale factor, $s = a_m/a = b_m/b = c_m/c$ etc. Since the Roman method was to not "lean on" the material any more than the proven design, set $\sigma_m/\sigma = 1$. Express F_m in terms of the scale factors and F, and comment on what you have learned.

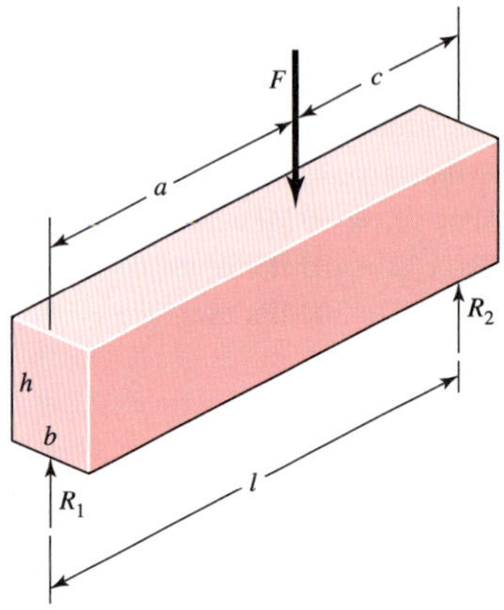

Problem 3–31

3–32 Using our experience with concentrated loading on a simple beam, Prob. 3–31, consider a uniformly loaded simple beam (Table A–9–7).

(*a*) Show that the stress-to-load equation for a rectangular-cross-section beam is given by

$$W = \frac{4}{3}\frac{\sigma b h^2}{l}$$

where $W = wl$.

(*b*) Subscript every parameter with m (for model) and divide the model equation into the prototype equation. Introduce the scale factor s as in Prob. 3–31, setting $\sigma_m/\sigma = 1$. Express W_m and w_m in terms of the scale factor, and comment on what you have learned.

3–33 The Chicago North Shore & Milwaukee Railroad was an electric railway running between the cities in its corporate title. It had passenger cars as shown in the figure, which weighed 460 kN, had 10-m truck centers, 2-m-wheelbase trucks, and a coupled length of 17 m. Consider the case of a single car on a 30-m-long, simply supported deck plate girder bridge.

(*a*) What was the largest bending moment in the bridge?

(*b*) Where on the bridge was the moment located?

(*c*) What was the position of the car on the bridge?

(*d*) Under which axle is the bending moment?

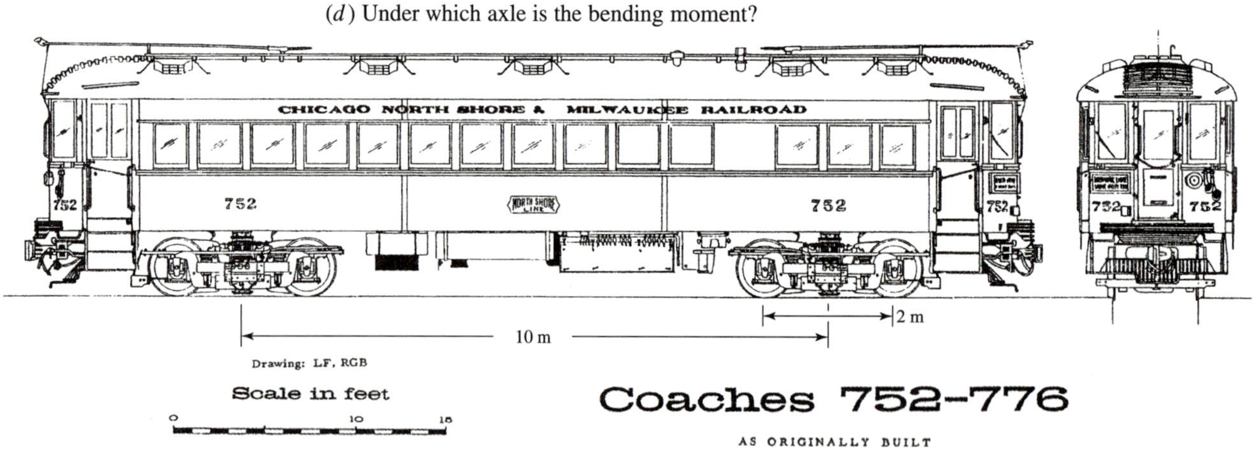

Problem 3–33

3–34 For each section illustrated, find the second moment of area, the location of the neutral axis, and the distances from the neutral axis to the top and bottom surfaces. Consider that the section is transmitting a positive bending moment about the z axis, M_z, where $M_z = 50$ kN · m. Determine the resulting stresses at the top and bottom surfaces and at every abrupt change in the cross section.

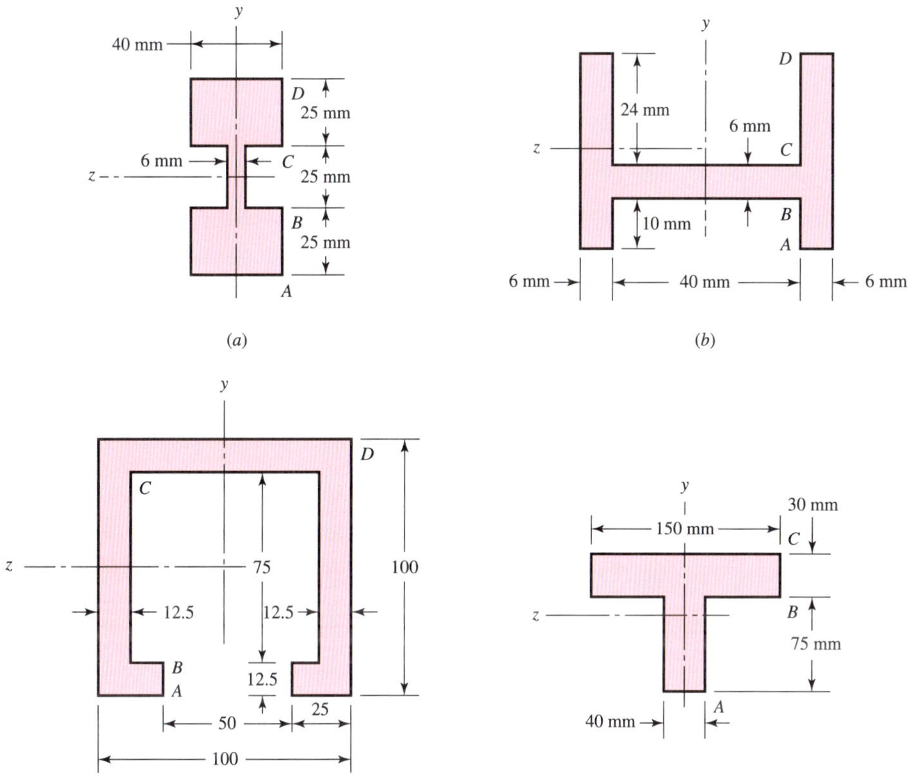

Problem 3–34

3–35 to 3–38 For the beam illustrated in the figure, find the locations and magnitudes of the maximum tensile bending stress due to M and the maximum shear stress due to V.

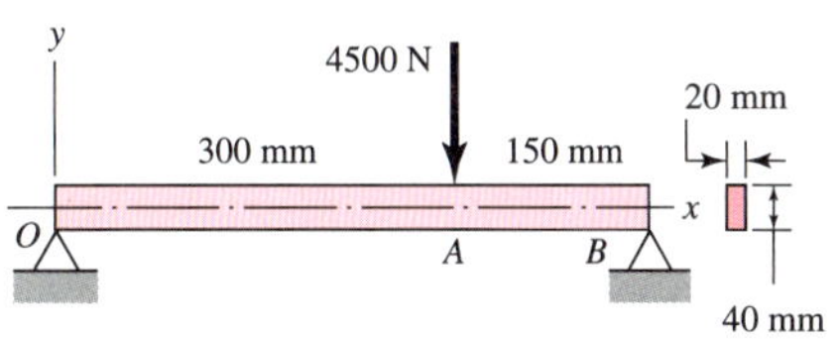

Problem 3–35

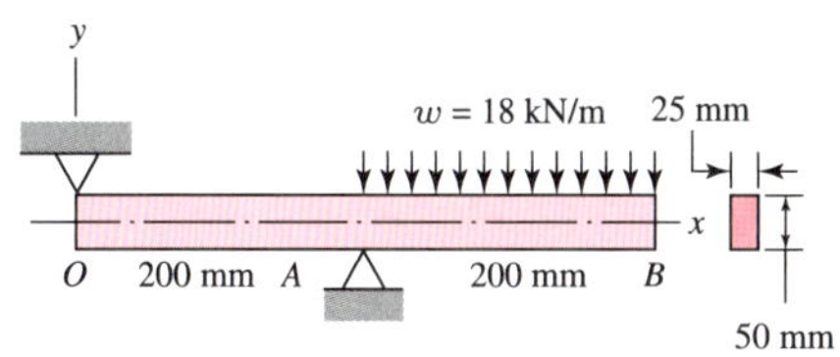

Problem 3–36

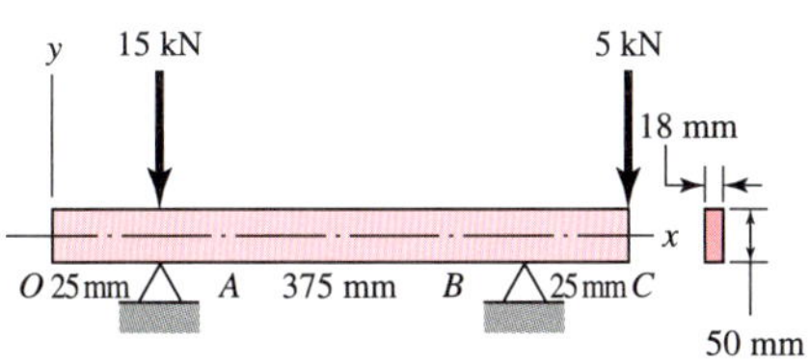

Problem 3–37

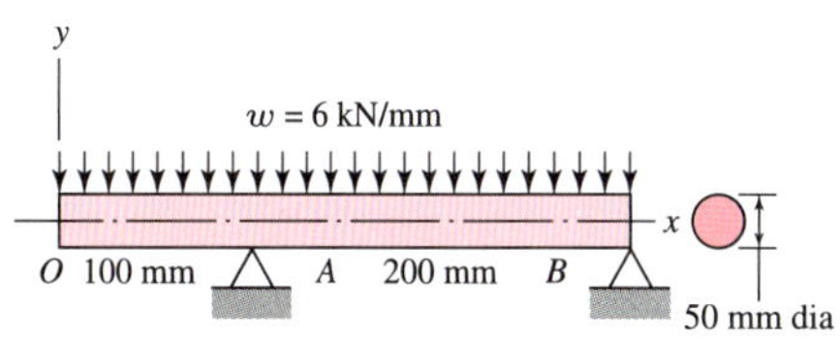

Problem 3–38

3–39 The figure illustrates a number of beam sections. Use an allowable bending stress of 80 MPa for steel and find the maximum safe uniformly distributed load that each beam can carry if the given lengths are between simple supports.

(*a*) Standard 50 mm × 5 mm-tube, 3.6 m long

(*b*) Hollow steel tube 75 by 50 mm, outside dimensions, formed from 5-mm material and welded, 1.2 m long

(*c*) Steel angles 80 × 80 × 6 mm and 1.8 m long

(*d*) A 102 × 51-mm steel channel, 1.8 m long

Problem 3–39

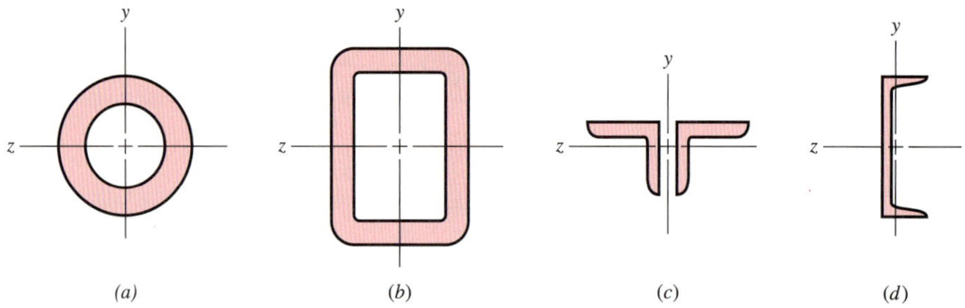

3–40* A pin in a knuckle joint carrying a tensile load F deflects somewhat on account of this loading, making the distribution of reaction and load as shown in part (*b*) of the figure. A common simplification is to assume uniform load distributions, as shown in part (*c*). To further simplify, designers may consider replacing the distributed loads with point loads, such as in the two models shown in parts *d* and *e*. If $a = 12$ mm, $b = 18$ mm, $d = 12$ mm, and $F = 4$ kN, estimate the maximum bending stress and the maximum shear stress due to V for the three simplified models. Compare the three models from a designer's perspective in terms of accuracy, safety, and modeling time.

*Problem 3–40**

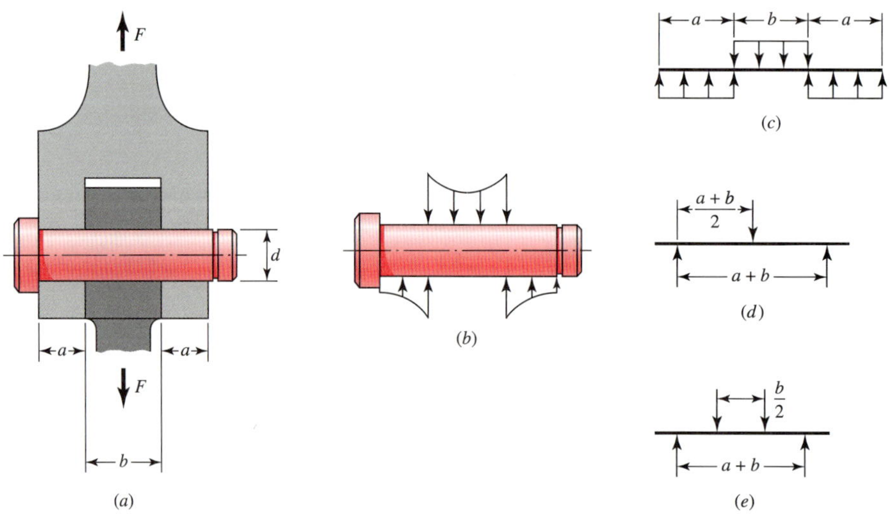

3–41 Repeat Prob. 3–40 for $a = 6$ mm, $b = 18$ mm, $d = 12$ mm, and $F = 4$ kN.

3–42 For the knuckle joint described in Prob. 3–40, assume the maximum allowable tensile stress in the pin is 200 MPa and the maximum allowable shearing stress in the pin is 100 MPa. Use the model shown in part c of the figure to determine a minimum pin diameter for each of the following potential failure modes.

(a) Consider failure based on bending at the point of maximum bending stress in the pin.

(b) Consider failure based on the average shear stress on the pin cross section at the interface plane of the knuckle and clevis.

(c) Consider failure based on shear at the point of the maximum transverse shear stress in the pin.

3–43 The figure illustrates a pin tightly fitted into a hole of a substantial member. A usual analysis is one that assumes concentrated reactions R and M at distance l from F. Suppose the reaction is distributed linearly along distance a. Is the resulting moment reaction larger or smaller than the concentrated reaction? What is the loading intensity q? What do you think of using the usual assumption?

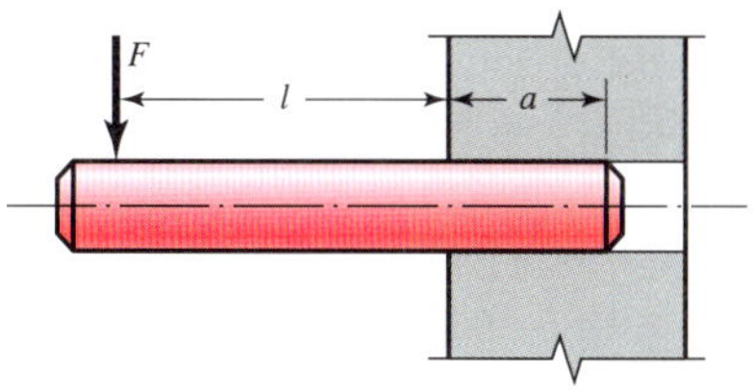

Problem 3–43

3–44 For the beam shown, determine (a) the maximum tensile and compressive bending stresses, (b) the maximum shear stress due to V, and (c) the maximum shear stress in the beam.

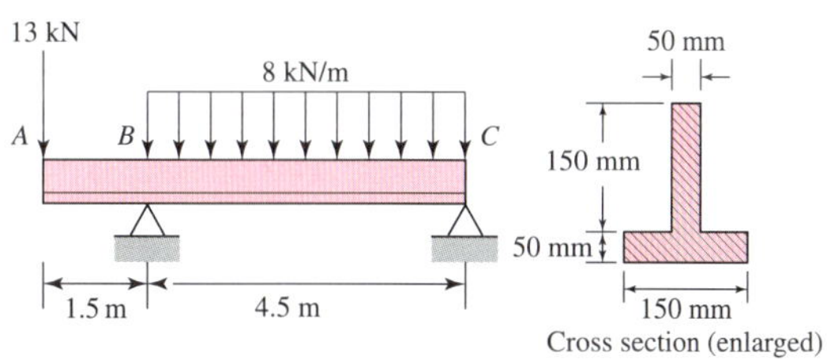

Problem 3–44

3–45 A cantilever beam with a 25-mm-diameter round cross section is loaded at the tip with a transverse force of 5 kN, as shown in the figure. The cross section at the wall is also shown, with labeled points A at the top, B at the center, and C at the midpoint between A and B. Study the

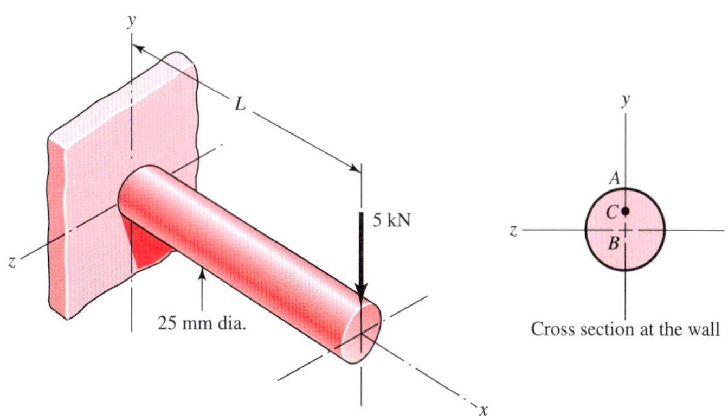

Problem 3–45

significance of the transverse shear stress in combination with bending by performing the following steps.

(*a*) Assume $L = 250$ mm. For points *A*, *B*, and *C*, sketch three-dimensional stress elements, labeling the coordinate directions and showing all stresses. Calculate magnitudes of the stresses on the stress elements. Do not neglect transverse shear stress. Calculate the maximum shear stress for each stress element.

(*b*) For each stress element in part (*a*), calculate the maximum shear stress if the transverse shear stress is neglected. Determine the percent error for each stress element from neglecting the transverse shear stress.

(*c*) Repeat the problem for $L = 100$, 25 and 2.5 mm. Compare the results and state any conclusions regarding the significance of the transverse shear stress in combination with bending.

3–46 Consider a simply supported beam of rectangular cross section of constant width *b* and variable depth *h*, so proportioned that the maximum stress σ_x at the outer surface due to bending is constant, when subjected to a load *F* at a distance *a* from the left support and a distance *c* from the right support. Show that the depth *h* at location *x* is given by

$$h = \sqrt{\frac{6Fcx}{lb\sigma_{\max}}} \qquad 0 \le x \le a$$

3–47 In Prob. 3–46, $h \to 0$ as $x \to 0$, which cannot occur. If the maximum shear stress $\tau_{\max}$ due to direct shear is to be constant in this region, show that the depth *h* at location *x* is given by

$$h = \frac{3}{2}\frac{Fc}{lb\tau_{\max}} \qquad 0 \le x \le \frac{3}{8}\frac{Fc\sigma_{\max}}{lb\tau_{\max}^2}$$

3–48 and 3–49 The beam shown is loaded in the *xy* and *xz* planes.

(*a*) Find the *yz* components of the reactions at the supports.

(*b*) Plot the shear-force and bending-moment diagrams for the *xy* and *xz* planes. Label the diagrams properly and provide the values at key points.

(*c*) Determine the net shear-force and bending-moment at the key points of part (*b*).

(*d*) Determine the maximum tensile bending stress. For Prob. 3–48, use the cross section given in Prob. 3–34, part (*a*). For Prob. 3–49, use the cross section given in Prob. 3–39, part (*b*).

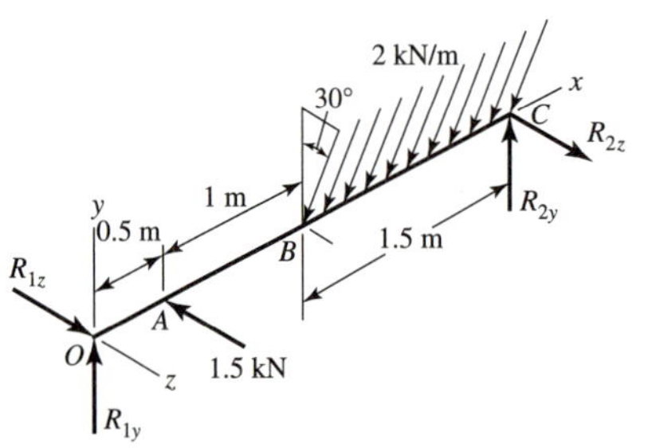

Problem 3–48

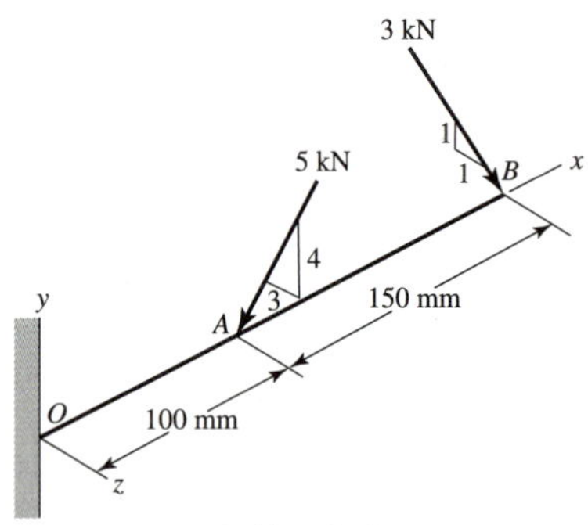

Problem 3–49

3–50 Two steel thin-wall tubes in torsion of equal length are to be compared. The first is of square cross section, side length *b*, and wall thickness *t*. The second is a round of diameter *b* and wall thickness *t*. The largest allowable shear stress is τ_{all} and is to be the same in both cases. How does the angle of twist per unit length compare in each case?

3–51 Consider a 25-mm-square steel thin-walled tube loaded in torsion. The tube has a wall thickness $t = 2$ mm, is 1 m long, and has a maximum allowable shear stress of 80 MPa. Determine the maximum torque that can be applied and the corresponding angle of twist of the tube.
(a) Assume that the internal radius at the corners $r_i = 0$.
(b) Assume that the internal radius at the corners is more realistically $r_i = 3$ mm.

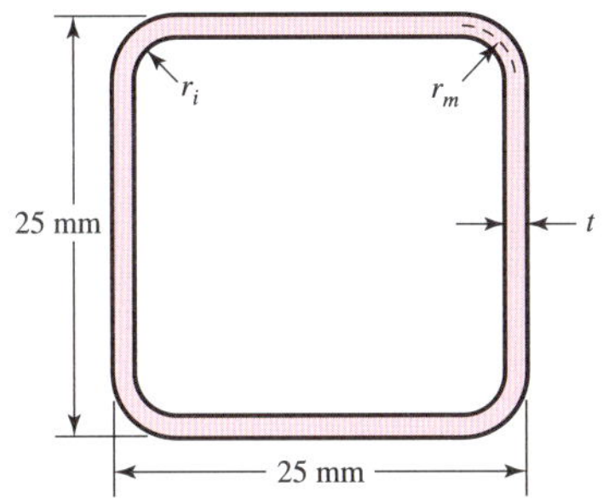

Problem 3–51

3–52 The thin-walled open cross-section shown is transmitting torque T. The angle of twist per unit length of each leg can be determined separately using Eq. (3–47) and is given by

$$\theta_1 = \frac{3T_i}{GL_i c_i^3}$$

where for this case, $i = 1, 2, 3$, and T_i represents the torque in leg i. Assuming that the angle of twist per unit length for each leg is the same, show that

$$T = \frac{G\theta_1}{3}\sum_{i=1}^{3} L_i c_i^3 \qquad \text{and} \qquad \tau_{\max} = G\theta_1 c_{\max}$$

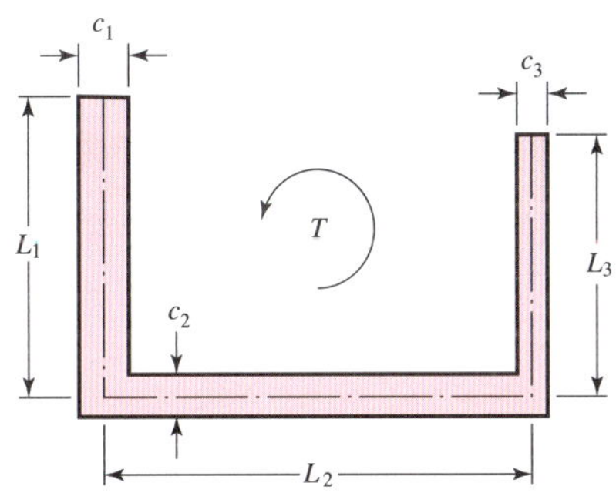

Problem 3–52

3–53 to 3–55 Using the results from Prob. 3–52, consider a steel section with $\tau_{\text{allow}} = 80$ MPa.
(a) Determine the torque transmitted by each leg and the torque transmitted by the entire section.
(b) Determine the angle of twist per unit length.

Problem Number	c_1	L_1	c_2	L_2	c_3	L_3
3–53	2 mm	20 mm	3 mm	30 mm	0	0
3–54	1.5 mm	18 mm	3 mm	25 mm	1.5 mm	15 mm
3–55	2 mm	20 mm	3 mm	30 mm	2 mm	25 mm

3–56 Two 300-mm-long rectangular steel strips are placed together as shown. Using a maximum allowable shear stress of 80 MPa, determine the maximum torque and angular twist, and the torsional spring rate. Compare these with a single strip of cross section 30 mm by 4 mm.

Problem 3–56

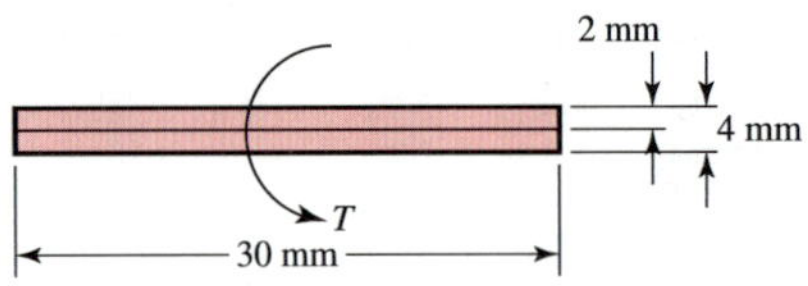

3–57 Using a maximum allowable shear stress of 70 MPa, find the shaft diameter needed to transmit 40 kW when

(*a*) The shaft speed is 2500 rev/min.

(*b*) The shaft speed is 250 rev/min.

3–58 Repeat Prob. 3–57 with an allowable shear stress of 140 MPa and a power of 37 kW.

3–59 Using an allowable shear stress of 50 MPa, determine the power that can be transmitted at 2000 rpm through a shaft with a 30-mm diameter.

3–60 A 20-mm-diameter steel bar is to be used as a torsion spring. If the torsional stress in the bar is not to exceed 110 MPa when one end is twisted through an angle of 15°, what must be the length of the bar?

3–61 A 0.6-m-long steel bar with a 20-mm diameter is to be used as a torsion spring. If the torsional stress in the bar is not to exceed 210 MPa, what is the maximum angle of twist of the bar?

3–62 A 40-mm-diameter solid steel shaft, used as a torque transmitter, is replaced with a hollow shaft having a 40-mm OD and a 36-mm ID. If both materials have the same strength, what is the percentage reduction in torque transmission? What is the percentage reduction in shaft weight?

3–63 Generalize Prob. 3–62 for a solid shaft of diameter d replaced with a hollow shaft of the same material with an outside diameter d, and an inside diameter that is a fraction of the outside diameter, $x \times d$, where x is any fraction between zero and one. Obtain expressions for percentage reduction in torque transmission and percentage reduction in weight in terms of only x. Notice that the length and diameter of the shaft, and the material, are not needed for this comparison. Plot both results on the same axis for the range $0 < x < 1$. From the plot, what is the approximate value of x to obtain the greatest difference between the percent decrease in weight and the percent decrease in torque?

3–64 A hollow steel shaft is to transmit 4200 N · m of torque and is to be sized so that the torsional stress does not exceed 120 MPa.

(*a*) If the inside diameter is 70 percent of the outside diameter, what size shaft should be used? Use preferred sizes.

(*b*) What is the stress on the inside of the shaft when full torque is applied?

3–65 The figure shows an endless-belt conveyor drive roll. The roll has a diameter 120 mm and is driven at 10 rev/min by a geared-motor source rated at 1.5 kW. Determine a suitable shaft diameter d_C for an allowable torsional stress of 80 MPa.

(*a*) What would be the stress in the shaft you have sized if the motor starting torque is twice the running torque?

(*b*) Is bending stress likely to be a problem? What is the effect of different roll lengths B on bending?

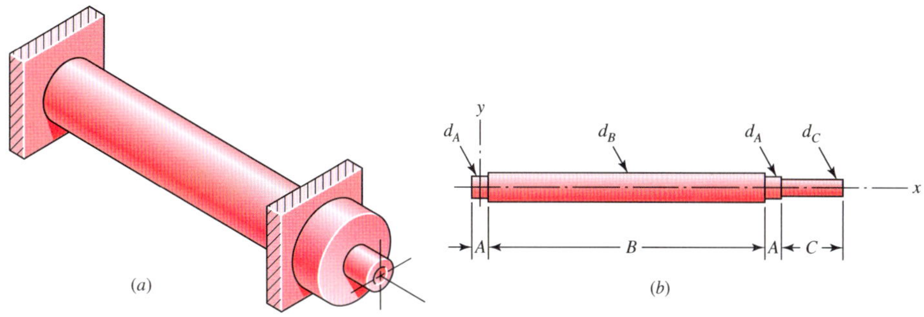

Problem 3–65

3–66 The conveyer drive roll in the figure for Prob. 3–65 is 150 mm in diameter and is driven at 8 rev/min by a geared-motor source rated at 1 kW. Find a suitable shaft diameter d_C based on an allowable torsional stress of 75 MPa.

3–67 Consider two shafts in torsion, each of the same material, length, and cross-sectional area. One shaft has a solid square cross section and the other shaft has a solid circular section.

(*a*) Which shaft has the greater maximum shear stress and by what percentage?

(*b*) Which shaft has the greater angular twist θ and by what percentage?

3–68* to 3–71* A countershaft carrying two V-belt pulleys is shown in the figure. Pulley *A* receives power from a motor through a belt with the belt tensions shown. The power is transmitted through the shaft and delivered to the belt on pulley *B*. Assume the belt tension on the loose side at *B* is 15 percent of the tension on the tight side.

(*a*) Determine the tensions in the belt on pulley *B*, assuming the shaft is running at a constant speed.

(*b*) Find the magnitudes of the bearing reaction forces, assuming the bearings act as simple supports.

(*c*) Draw shear-force and bending-moment diagrams for the shaft. If needed, make one set for the horizontal plane and another set for the vertical plane.

(*d*) At the point of maximum bending moment, determine the bending stress and the torsional shear stress.

(*e*) At the point of maximum bending moment, determine the principal stresses and the maximum shear stress.

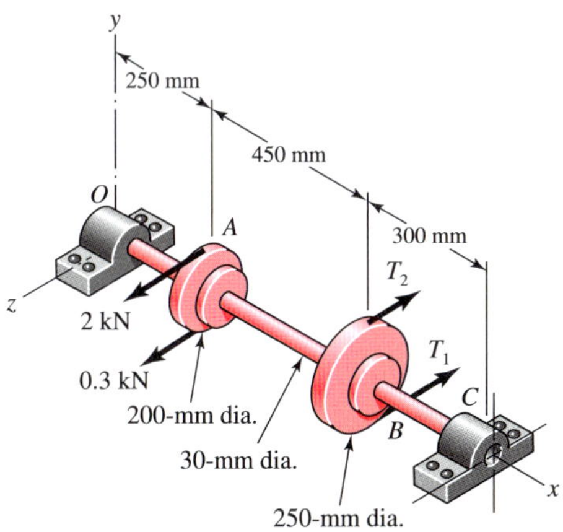

Problem 3–68*

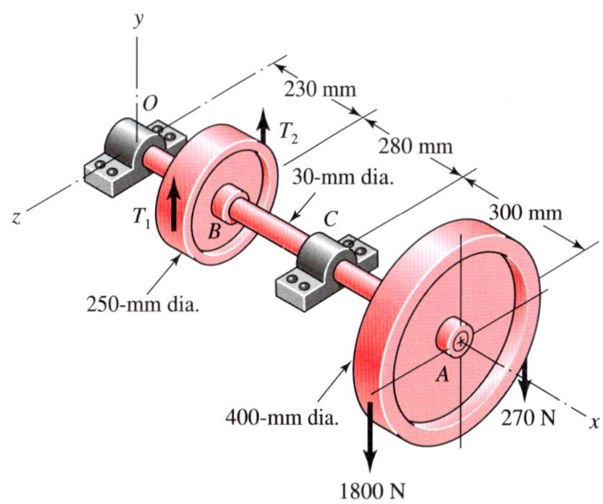

Problem 3–69*

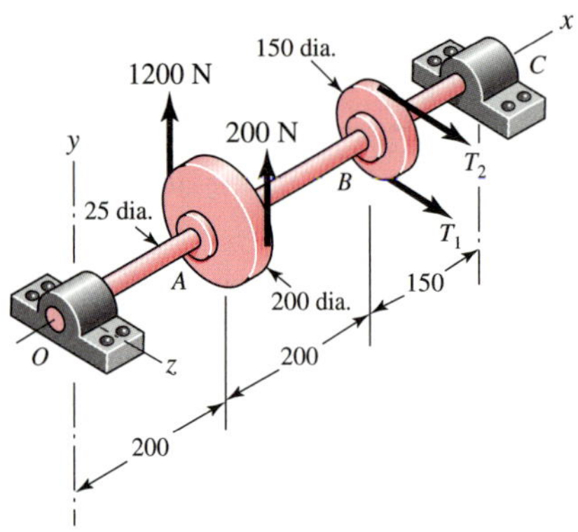

Problem 3–70*

Dimensions in millimeters.

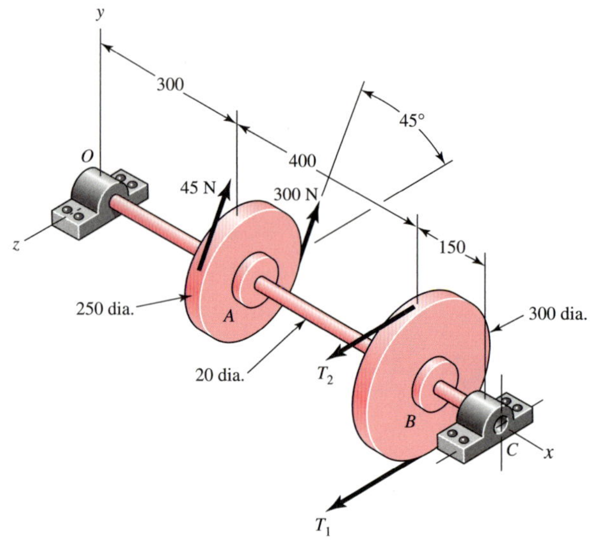

Problem 3–71*

Dimensions in millimeters.

3–72* to 3–73* A gear reduction unit uses the countershaft shown in the figure. Gear A receives power from another gear with the transmitted force F_A applied at the 20° pressure angle as shown. The power is transmitted through the shaft and delivered through gear B through a transmitted force F_B at the pressure angle shown.

(*a*) Determine the force F_B, assuming the shaft is running at a constant speed.

(*b*) Find the magnitudes of the bearing reaction forces, assuming the bearings act as simple supports.

(*c*) Draw shear-force and bending-moment diagrams for the shaft. If needed, make one set for the horizontal plane and another set for the vertical plane.

(*d*) At the point of maximum bending moment, determine the bending stress and the torsional shear stress.

(*e*) At the point of maximum bending moment, determine the principal stresses and the maximum shear stress.

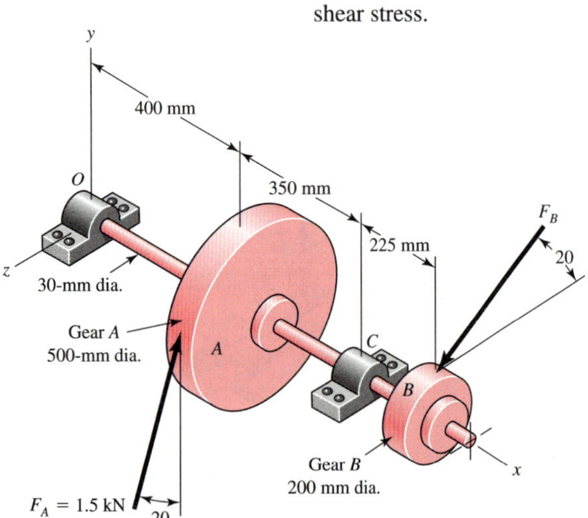

Problem 3–72*

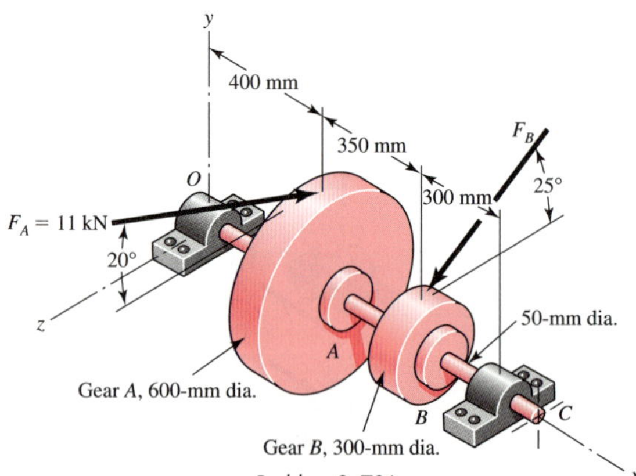

Problem 3–73*

3–74* In the figure, shaft AB transmits power to shaft CD through a set of bevel gears contacting at point E. The contact force at E on the gear of shaft CD is determined to be $(\mathbf{F}_E)_{CD} = -400\mathbf{i} - 1600\mathbf{j} + 3600\mathbf{k}$ N. For shaft CD: (*a*) draw a free-body diagram and determine the reactions at C and D

assuming simple supports (assume also that bearing C carries the thrust load), (b) draw the shear-force and bending-moment diagrams, (c) for the critical stress element, determine the torsional shear stress, the bending stress, and the axial stress, and (d) for the critical stress element, determine the principal stresses and the maximum shear stress.

Problem 3–74*

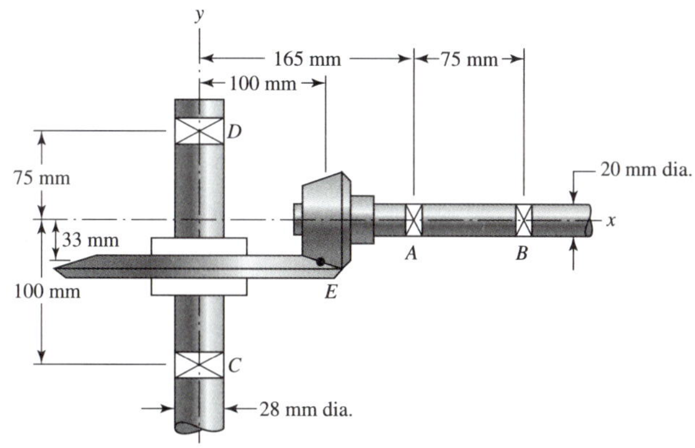

3–75 Repeat Prob. 3–74 except for a contact force at E of $(\mathbf{F}_E)_{CD} = -200\mathbf{i} - 600\mathbf{j} + 1800\mathbf{k}$ N and a shaft diameter of 25 mm.

3–76* Repeat the analysis of Prob. 3–74 for shaft AB. Assume that bearing A carries the thrust load.

3–77* A torque $T = 100$ N · m is applied to the shaft EFG, which is running at constant speed and contains gear F. Gear F transmits torque to shaft $ABCD$ through gear C, which drives the chain sprocket at B, transmitting a force P as shown. Sprocket B, gear C, and gear F have pitch diameters of $a = 150$, $b = 250$, and $c = 125$ mm, respectively. The contact force between the gears is transmitted through the pressure angle $\phi = 20°$. Assuming no frictional losses and considering the bearings at A, D, E, and G to be simple supports, locate the point on shaft $ABCD$ that contains the maximum tensile bending and maximum torsional shear stresses. Combine these stresses and determine the maximum principal normal and shear stresses in the shaft.

Problem 3–77*

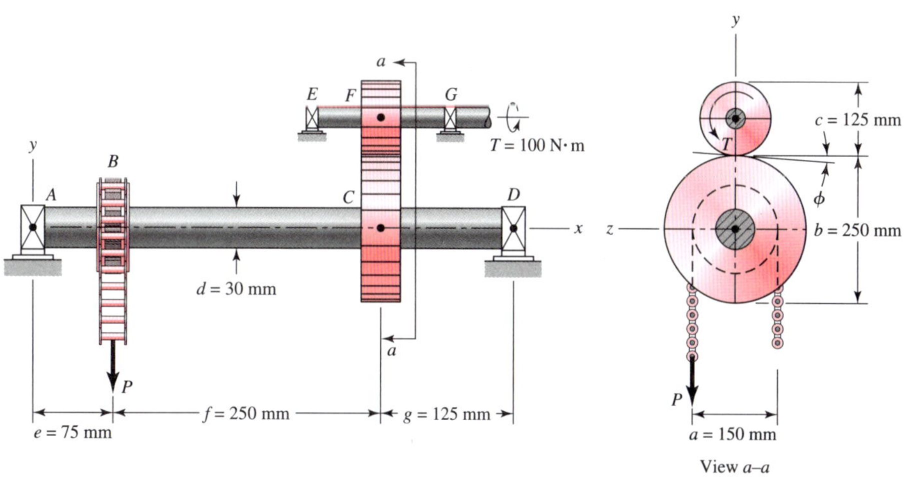

3–78 Repeat Prob. 3–77 with the chain parallel to the z axis with P in the positive z direction.

3–79* Repeat Prob. 3–77 with $T = 100$ N · m, $a = 150$ mm, $b = 125$ mm, $c = 250$ mm, $d = 35$ mm, $e = 100$ mm, $f = 250$ mm, and $g = 150$ mm.

3–80* The cantilevered bar in the figure is made from a ductile material and is statically loaded with $F_y = 800$ N and $F_x = F_z = 0$. Analyze the stress situation in rod AB by obtaining the following information.

(*a*) Determine the precise location of the critical stress element.

(*b*) Sketch the critical stress element and determine magnitudes and directions for all stresses acting on it. (Transverse shear may only be neglected if you can justify this decision.)

(*c*) For the critical stress element, determine the principal stresses and the maximum shear stress.

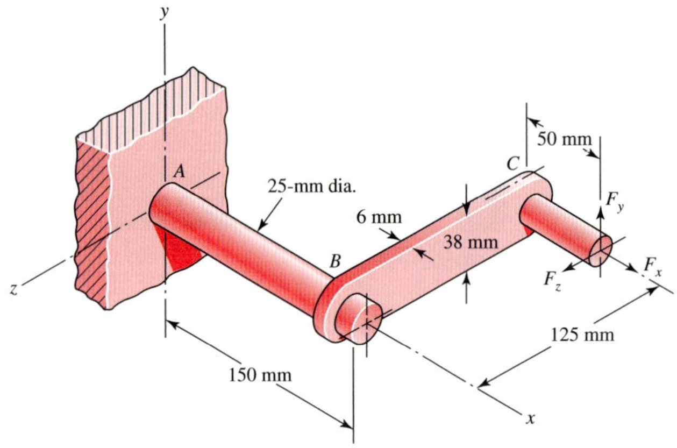

Problem 3–80*

3–81* Repeat Prob. 3–80 with $F_x = 0$, $F_y = 700$ N, and $F_z = 400$ N.

3–82* Repeat Prob. 3–80 with $F_x = 300$ N, $F_y = -800$ N, and $F_z = 400$ N.

3–83* For the handle in Prob. 3–80, one potential failure mode is twisting of the flat plate *BC*. Determine the maximum value of the shear stress due to torsion in the main section of the plate, ignoring the complexities of the interfaces at *B* and *C*.

3–84* The cantilevered bar in the figure is made from a ductile material and is statically loaded with $F_y = 1$ kN and $F_x = F_z = 0$. Analyze the stress situation in the small diameter at the shoulder at *A* by obtaining the following information.

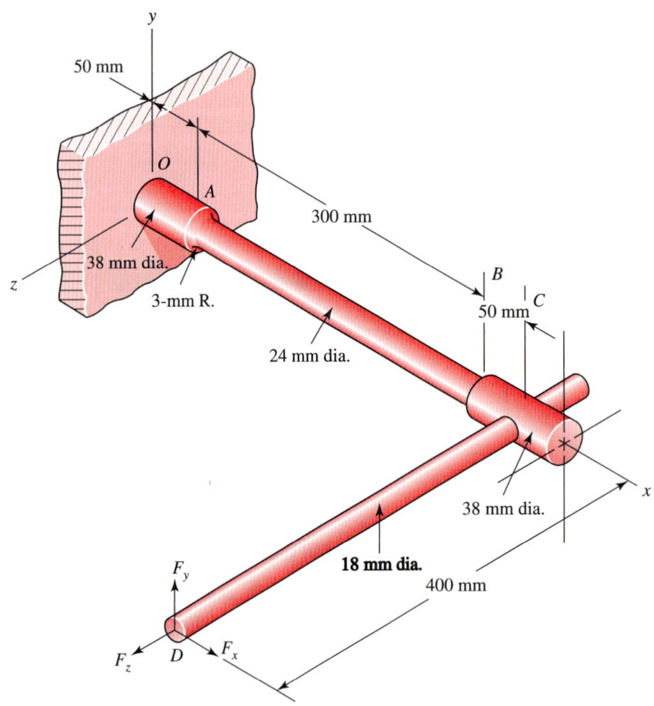

Problem 3–84*

(*a*) Determine the precise location of the critical stress element at the cross section at *A*.

(*b*) Sketch the critical stress element and determine magnitudes and directions for all stresses acting on it. (Transverse shear may be neglected if you can justify this decision.)

(*c*) For the critical stress element, determine the principal stresses and the maximum shear stress.

3-85* Repeat Prob. 3–84 with $F_x = 1.2$ kN, $F_y = 1$ kN, and $F_z = 0$.

3-86* Repeat Prob. 3–84 with $F_x = 1.2$ kN, $F_y = 1$ kN, and $F_z = -0.4$ kN.

3-87* Repeat Prob. 3–84 for a brittle material, requiring the inclusion of stress concentration in the fillet radius.

3-88 Repeat Prob. 3–84 with $F_x = 1.2$ kN, $F_y = 1$ kN, and $F_z = 0$, and for a brittle material, requiring the inclusion of stress concentration in the fillet radius.

3-89 Repeat Prob. 3–84 with $F_x = 1.2$ kN, $F_y = 1$ kN, and $F_z = -0.4$ kN, and for a brittle material, requiring the inclusion of stress concentration in the fillet radius.

3-90 The figure shows a simple model of the loading of a square thread of a power screw transmitting an axial load *F* with an application of torque *T*. The torque is balanced by the frictional force F_f acting along the top surface of the thread. The forces on the thread are considered to be distributed along the circumference of the *mean diameter* d_m over the number of engaged threads, n_t. From the figure, $d_m = d_r + p/2$, where d_r is the *root diameter* of the thread and *p* is the *pitch* of the thread.

(*a*) Considering the thread to be a cantilever beam as shown in the cutaway view, show that the bending stress at the root of the thread can be approximated by

$$\sigma_b = \pm\frac{6F}{\pi d_r n_t p}$$

(*b*) Show that the axial and maximum torsional shear stresses in the body of the shaft can be approximated by

$$\sigma_a = -\frac{4F}{\pi d_r^2} \quad \text{and} \quad \tau_t = \frac{16T}{\pi d_r^3}$$

(*c*) For the stresses of parts (*a*) and (*b*) show a three-dimensional representation of the state of stress on an element located at the intersection of the lower thread root base and the

Problem 3–90

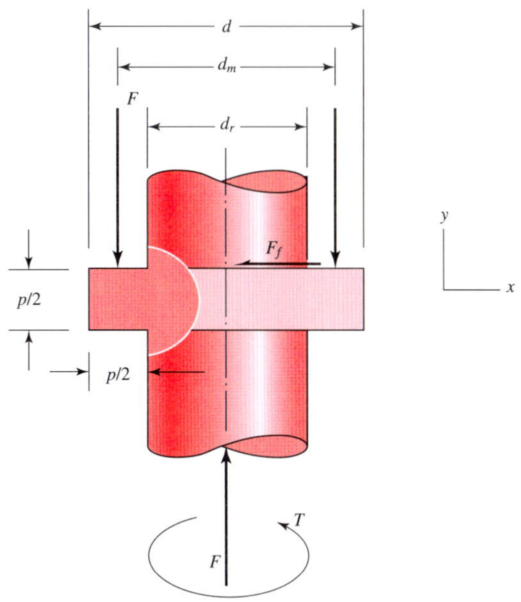

thread body. Using the given coordinate system label the stresses using the notation given in Fig. 3–8*a*.

(*d*) A square-thread power screw has an outside diameter $d = 38$ mm, pitch $p = 6$ mm, and transmits a load $F = 6$ kN through the application of a torque $T = 26$ N · m. If $n_t = 2$, determine the key stresses and the corresponding *principal stresses* (normal and shear).

3-91 Develop the formulas for the maximum radial and tangential stresses in a thick-walled cylinder due to internal pressure only.

3-92 Repeat Prob. 3–91 where the cylinder is subject to external pressure only. At what radii do the maximum stresses occur?

3-93 Develop the equations for the principal stresses in a thin-walled spherical pressure vessel of inside diameter d_i, thickness t, and with an internal pressure p_i. You may wish to follow a process similar to that used for a thin-walled cylindrical pressure vessel on p. 123.

3-94 to 3-96 A pressure cylinder has an outer diameter d_o, wall thickness t, internal pressure p_i, and maximum allowable shear stress τ_{max}. In the table given, determine the appropriate value of x.

Problem Number	d_o	t	p_i	τ_{max}
3–94	150 mm	6 mm	x_{max}	70 MPa
3–95	200 mm	x_{min}	4 MPa	25 MPa
3–96	200 mm	6 mm	3 MPa	x

3-97 to 3-99 A pressure cylinder has an outer diameter d_o, wall thickness t, external pressure p_o, and maximum allowable shear stress τ_{max}. In the table given, determine the appropriate value of x.

Problem Number	d_o	t	p_o	τ_{max}
3–97	150 mm	6 mm	x_{max}	70 MPa
3–98	200 mm	x_{min}	4 MPa	25 MPa
3–99	200 mm	6 mm	3 MPa	x

3-100 An AISI 1040 cold-drawn steel tube has an OD = 50 mm and wall thickness 6 mm. What maximum external pressure can this tube withstand if the largest principal normal stress is not to exceed 80 percent of the minimum yield strength of the material?

3-101 Repeat Prob. 3–100 with an OD of 48 mm and wall thickness of 6 mm.

3-102 Repeat Prob. 3–100 with an internal pressure.

3-103 Repeat Prob. 3–101 with an internal pressure.

3-104 A thin-walled cylindrical steel water storage tank 9 m in diameter and 18 m long is oriented with its longitudinal axis vertical. The tank is topped with a hemispherical steel dome. The wall thickness of the tank and dome is 18 mm. If the tank is unpressurized and contains water 16 m above its base, and considering the weight of the tank, determine the maximum state of stress in the tank and the corresponding principal stresses (normal and shear). The weight density of water is 9810 N/m^3.

3–105 Repeat Prob. 3–104 with the tank being pressurized to 350 kPa.

3–106 Find the maximum shear stress in a 132-mm-diameter circular saw blade if it runs idle at 5000 rev/min. The saw is 14 gauge (1.9 mm) steel and is used on a 15-mm-diameter arbor. The thickness is uniform. What is the maximum radial component of stress?

3–107 The maximum recommended speed for a 250-mm-diameter abrasive grinding wheel is 2000 rev/min. Assume that the material is isotropic; use a bore of 20 mm, $\nu = 0.24$, and a mass density of 3320 kg/m^3, and find the maximum tensile stress at this speed.

3–108 An abrasive cutoff wheel has a diameter of 120 mm, is 1.5 mm thick, and has a 18-mm bore. It weighs 140 g and is designed to run at 12 000 rev/min. If the material is isotropic and $\nu = 0.20$, find the maximum shear stress at the design speed.

3–109 A rotary lawnmower blade rotates at 3500 rev/min. The steel blade has a uniform cross section 3 mm thick by 30 mm wide, and has a 12-mm-diameter hole in the center as shown in the figure. Estimate the nominal tensile stress at the central section due to rotation.

Problem 3–109

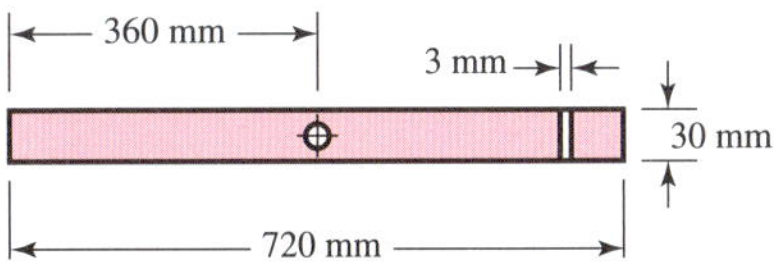

3–110 to 3–115 The table lists the maximum and minimum hole and shaft dimensions for a variety of standard press and shrink fits. The materials are both hot-rolled steel. Find the maximum and minimum values of the radial interference and the corresponding interface pressure. Use a collar diameter of 100 mm and 80 mm for even and odd numbered problems, respectively.

Problem Number	Fit Designation†	Basic Size	Hole		Shaft	
			D_{max}	D_{min}	d_{max}	d_{min}
3–110	50H7/p6	50 mm	50.025	50.000	50.042	50.026
3–111	40H7/p6	40 mm	40.025	40	40.042	40.026
3–112	50H7/s6	50 mm	50.025	50.000	50.059	50.043
3–113	40H7/s6	40 mm	40.025	40	40.059	40.043
3–114	50H7/u6	50 mm	50.025	50.000	50.086	50.070
3–115	40H7/u6	40 mm	40.025	40	40.076	40.060

†Note: See Table 6–9 for description of fits.

3–116 to 3–119 The table gives data concerning the shrink fit of two cylinders of differing materials and dimensional specification in inches. Elastic constants for different materials may be found in Table A–5. Identify the radial interference δ, then find the interference pressure p, and the tangential normal stress on both sides of the fit surface. If dimensional tolerances are given at fit surfaces, repeat the problem for the highest and lowest stress levels.

Problem Number	Inner Cylinder			Outer Cylinder		
	Material	d_i	d_o	Material	D_i	D_o
3–116	Steel	0	50.05	Steel	50	75
3–117	Steel	0	50.05	Cast iron	50	75
3–118	Steel	0	25.48	Steel	25.4/25.43	50
3–119	Aluminum	0	50.88/50.93	Steel	50.8/50.85	75

3–120 Consider the circular section in Table 3–4 with $r_c = 75$ mm and $R = 25$ mm. Determine e by using the formula from the table and approximately by using Eq. (3–66). Compare the results of the two solutions.

3–121 Repeat Example 3-16 with $d = 18$ mm, $F = 3$ kN, $L = 240$ mm, and $D_i = 60$ mm.

3–122 The steel eyebolt shown in the figure is loaded with a force $F = 300$ N. The bolt is formed from wire of diameter $d = 6$ mm to a radius $R = 10$ mm in the eye and at the shank. Estimate the stresses at the inner and outer surfaces at section A–A.

Problem 3–122

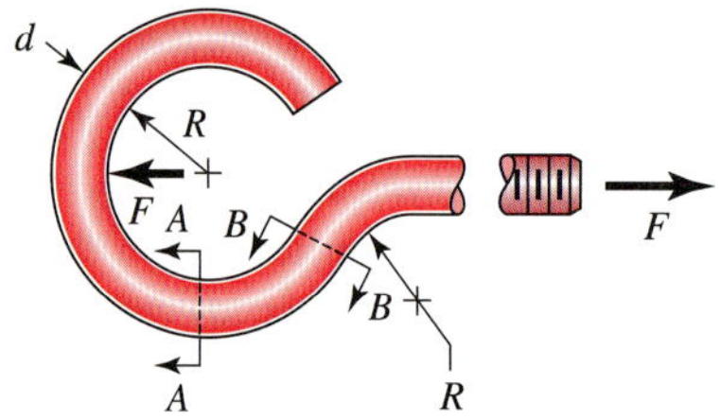

3–123 For Prob. 3–122 estimate the stresses at the inner and outer surfaces at section B–B.

3–124 Repeat Prob. 3–122 with $d = 6$ mm, $R = 12$ mm, and $F = 300$ N.

3–125 Repeat Prob. 3–123 with $d = 6$ mm, $R = 12$ mm, and $F = 300$ N.

3–126 Shown in the figure is a 2.8-mm by 20-mm latching spring that supports a load of $F = 100$ N. The inside radius of the bend is 3 mm.

(a) Using straight-beam theory, determine the stresses at the top and bottom surfaces immediately to the right of the bend.
(b) Using curved-beam theory, determine the stresses at the inner and outer surfaces at the bend.
(c) By comparing the stresses at the bend with the nominal stresses before the bend, estimate effective stress concentration factors for the inner and outer surfaces.

Problem 3–126

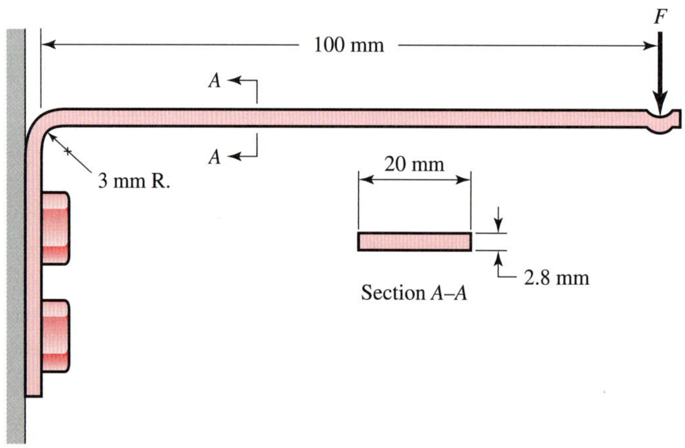

3–127 Repeat Prob. 3–126 with a 3.6-mm material thickness.

3–128 Repeat Prob. 3–126 with a bend radius of 6 mm.

3–129 The cast-iron bell-crank lever depicted in the figure is acted upon by forces F_1 of 2.4 kN and F_2 of 3.2 kN. The section A–A at the central pivot has a curved inner surface with a radius of $r_i = 25$ mm. Estimate the stresses at the inner and outer surfaces of the curved portion of the lever.

Problem 3–129

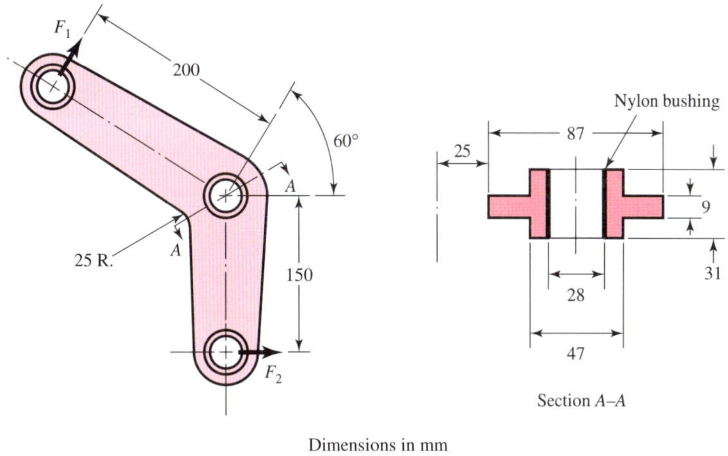

3–130 The crane hook depicted in Fig. 3–35 has an 18-mm-diameter hole in the center of the critical section. For a load of 30 kN, estimate the bending stresses at the inner and outer surfaces at the critical section.

3–131 An offset tensile link is shaped to clear an obstruction with a geometry as shown in the figure. The cross section at the critical location is elliptical, with a major axis of 100 mm and a minor axis of 50 mm. For a load of 90 kN, estimate the stresses at the inner and outer surfaces of the critical section.

Problem 3–131

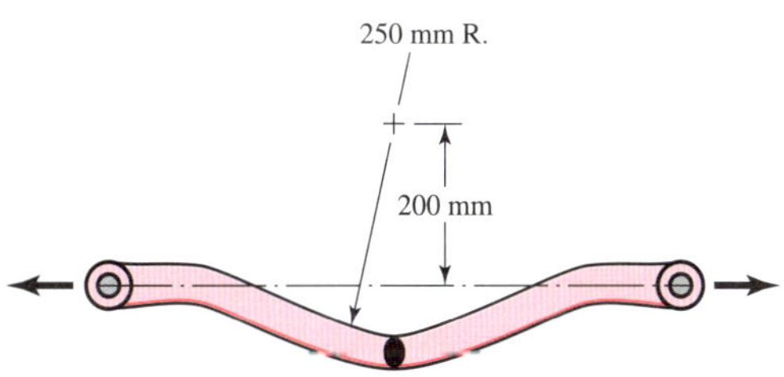

3–132 A cast-steel C frame as shown in the figure has a rectangular cross section of 25 mm by 40 mm, with a 10-mm-radius semicircular notch on both sides that forms midflank fluting as shown. Estimate A, r_c, r_n, and e, and for a load of 13 kN, estimate the inner and outer surface stresses at the throat C. *Note:* Table 3–4 can be used to determine r_n for this section. From the table, the integral $\int dA/r$ can be evaluated for a rectangle and a circle by evaluating A/r_n for each shape [see Eq. (3–64)]. Subtracting A/r_n of the circle from that of the rectangle yields $\int dA/r$ for the C frame, and r_n can then be evaluated.

Problem 3–132

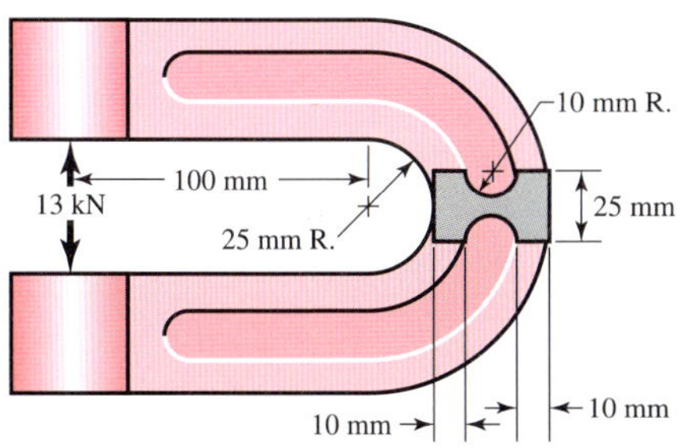

3–133 Two carbon steel balls, each 30 mm in diameter, are pressed together by a force F. In terms of the force F, find the maximum values of the principal stress, and the maximum shear stress, in MPa.

3–134 A carbon steel ball with 25-mm diameter is pressed together with an aluminum ball with a 40-mm diameter by a force of 10 N. Determine the maximum shear stress, and the depth at which it will occur for the aluminum ball. Assume Fig. 3–38, which is based on a typical Poisson's ratio of 0.3, is applicable to estimate the depth at which the maximum shear stress occurs for these materials.

3–135 Repeat Prob. 3–134 but determine the maximum shear stress and depth for the steel ball.

3–136 A carbon steel ball with a 30-mm diameter is pressed against a flat carbon steel plate with a force of 20 N. Determine the maximum shear stress, and the depth in the plate at which it will occur.

3–137 An AISI 1018 steel ball with 25-mm diameter is used as a roller between a flat plate made from 2024 T3 aluminum and a flat table surface made from ASTM No. 30 gray cast iron. Determine the maximum amount of weight that can be stacked on the aluminum plate without exceeding a maximum shear stress of 140 MPa in any of the three pieces. Assume Fig. 3–38, which is based on a typical Poisson's ratio of 0.3, is applicable to estimate the depth at which the maximum shear stress occurs for these materials.

3–138 An aluminum alloy cylindrical roller with diameter 25 mm and length 50 mm rolls on the inside of a cast-iron ring having an inside radius of 100 mm, which is 50 mm thick. Find the maximum contact force F that can be used if the shear stress is not to exceed 28 MPa.

3–139 A pair of mating steel spur gears with an 18-mm face width transmits a load of 200 N. For estimating the contact stresses, make the simplifying assumption that the teeth profiles can be treated as cylindrical with instantaneous radii at the contact point of interest of 11 mm and 15 mm, respectively. Estimate the maximum contact pressure and the maximum shear stress experienced by either gear.

3–140 to 3–142 A wheel of diameter d and width w carrying a load F rolls on a flat rail. Assume that Fig. 3–40, which is based on a Poisson's ratio of 0.3, is applicable to estimate the depth at which the maximum shear stress occurs for these materials. At this critical depth, calculate the Hertzian stresses σ_x, σ_y, σ_z, and τ_{max} for the wheel.

Problem Number	d	w	F	Wheel Material	Rail Material
3–140	125 mm	50 mm	3 kN	Steel	Steel
3–141	150 mm	40 mm	2 kN	Steel	Cast iron
3–142	72 mm	30 mm	1 kN	Cast iron	Cast iron

P·A·R·T

02

Shigley's Mechanical Engineering Design

파손방지

CHAPTER

04

Shigley's Mechanical Engineering Design

정적 하중하의 파손

Chapter Outline

1장에서 강도(*strength*)는 재료나 기계 부품의 성질 또는 특성이라고 학습하였다. 이 성질은 재료의 고유한 것으로 재료의 처리 또는 기하학적 형상을 만들기 위한 공정, 그리고 제어중이거나 위험한 부위(critical location)에서의 하중 상태에 따라 달라진다.

단일 부품의 강도를 고려하는 것과 함께, 우리는 대량 생산된 부재의 강도가 크기, 가공, 성형, 그리고 조립 등의 변화로 인해 전체 혹은 집합체 내의 다른 것들과 어느 정도 다를 수 있다는 것을 알고 있어야 한다. 즉, 강도는 필연적으로 평균값, 표준편차, 그리고 분포를 갖는 통계적인 값이다.

정하중(*static load*)이란 부재에 작용하는 정적 힘이나 모멘트이다. 힘이나 모멘트가 정적이기 위해서는 크기, 작용점, 그리고 작용방향 등이 변하지 않아야 한다. 정하중은 인장력, 압축력, 전단력, 굽힘 하중, 비틀림 하중, 또는 이들의 결합 등으로 작용할 수 있다. 정적으로 작용하는 하중이 되기 위해서는 하중과 관련된 그 어떤 것도 변해서는 안된다.

본 장에서는 제품에 요구되는 기능성, 안전성, 신뢰성, 경쟁력, 사용 편의성, 가공성, 그리고 시장성 등의 조건을 만족시키기 위한 재료와 재료 가공, 제작, 그리고 형상에 대한 결정을 할 수 있도록 강도와 정하중 사이의 관계를 고려할 것이다. 얼마나 이를 자세히 연관시킬지는 예제들이 어디에 초점을 두고 있느냐에 달려 있다.

파손(failure)이란 기계요소 혹은 특정 부품이 둘 또는 그 이상으로 분리되거나 영구적으로 변형되어 초기 형상이 파괴되고 그 신뢰성이 저하되는 것, 또는 본래의 의도한 기능을 수행하지 못하게 되는 것을 의미한다. 파손을 고려해야 하는 설계자는 모든 가능성을 염두에 두어야 하지만, 본 장에서는 영구적인 변형이나 분리에 대한 예측 가능성을 중점적으로 다룰 것이다. 강도에 민감한 문제인 경우에는, 임계지점에서의 평균응력과 평균강도를 확실하게 구분함으로써 설계자의 목적을 충분히 달성할 수 있도록 고려해야 한다.

그림 4-1~그림 4-5는 파손된 몇몇 부품의 사진을 나타낸 것이다. 사진은 파손 방지를 위해 정통한 설계자의 필요성을 보여주는 예이다. 파손 방지를 위해서는 1차원, 2차원, 혹은 3차원 응력 상태, 응력 집중의 유무 등을 연성과 취성재료 모두에 대해 고려해야 한다.

4-1 정적 강도

이상적인 기계요소 설계를 위해서는 해당 설계자는 선정된 특정 재료에 대해 강도 시험 결과

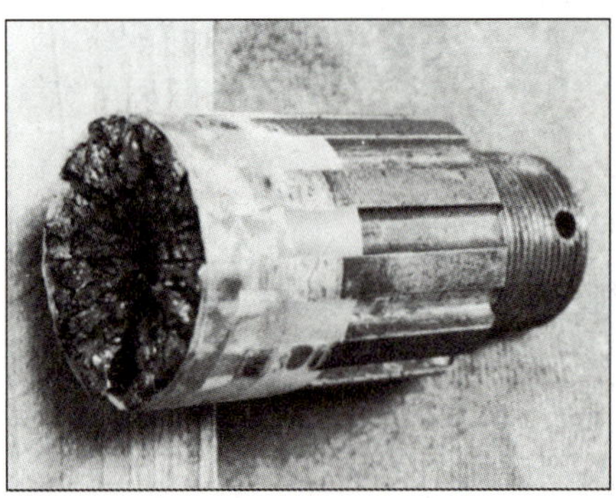

(*a*) (*b*)

그림 4-1
(*a*) 부식 - 피로에 의한 트럭 구동축 스플라인의 파손. 파손된 부품을 하나로 묶어 보여주기 위해 투명 테이프가 사용되었다., (*b*) 파손 파단면.

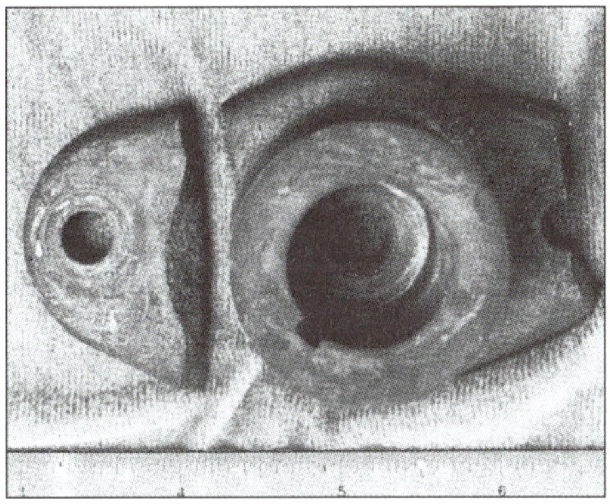

그림 4-2
잔디 깎기 블레이드 드라이버 허브의 충격 파손. 파손된 블레이드는 측량용 배관 표시기에 충격을 주었다.

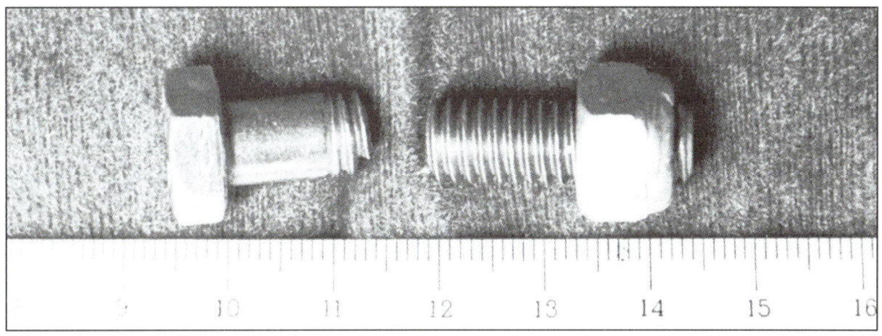

그림 4-3
기중기의 오버헤드 풀리를 고정하는 볼트의 파손. 제작 실수로 인해 틈이 생겼고 이로 인해 볼트에 전체 굽힘 하중이 걸리게 되었다.

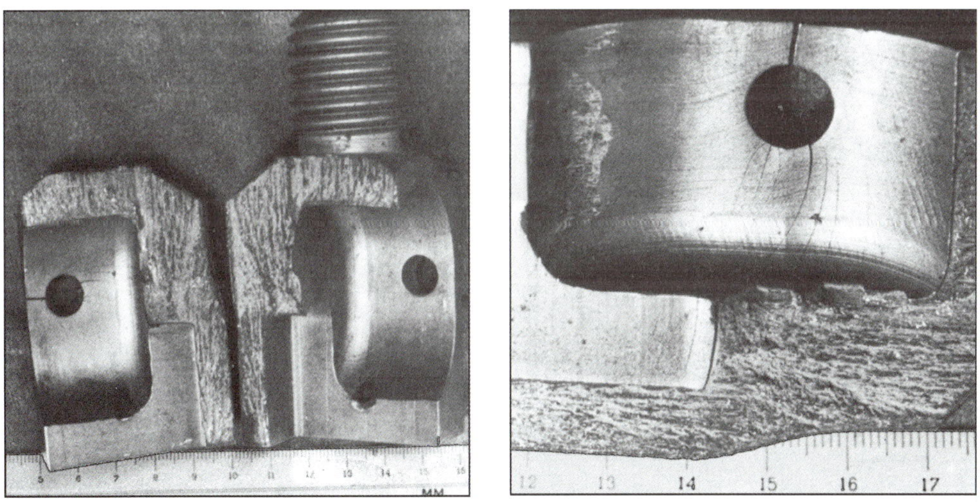

(*a*) (*b*)

그림 4-4
한 사이클 만에 파손된 체인 시험 도구. 과도한 마모의 원인을 줄이기 위하여 표면 경화시키도록 결정하였다. (*a*) 파괴를 보여주는 두 조각. 이는 응력 집중으로 인해 발생한 취성 파괴의 대표적인 예이다. (*b*) 지지 핀 구멍에서의 응력 집중으로 인해 발생한 균열을 보여주기 위해 한쪽 부분을 확대한 그림

를 많이 가지고 있어야 한다. 이들 시험은 설계자가 설계하고자 하는 부품과 동일한 열처리, 표면가공 및 크기를 갖는 시편을 고려해야 하며, 실제 사용되는 경우와 동일한 하중 상태 하에

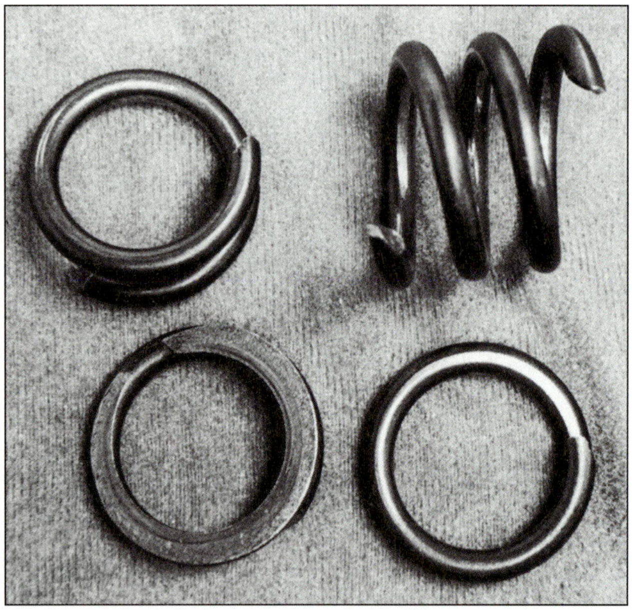

그림 4-5
과회전 엔진의 스프링 서지로 발생한 밸브 스프링의 파손. 파단은 전형적인 45° 전단 파손을 보여준다.

서 수행되어야 한다. 즉, 기계 부품이 굽힘 하중을 받는다면 시편 시험도 굽힘 하중 상태에서 수행되어야 하며, 부품이 굽힘 하중과 비틀림 하중을 동시에 받는다면 시편 시험도 굽힘 하중과 비틀림 하중이 동시에 작용하는 상태에서 수행되어야 한다. 만약 열처리된 AISI 1040강을 500℃에서 인발한 후 연삭 가공하였다면, 시편도 동일한 방법으로 제작되어야 한다. 이러한 시험은 매우 유용하고 정확한 정보를 제공하기 때문이다. 설계를 위해 이러한 데이터를 확보할 수 있다면, 설계자는 자신이 할 수 있는 최선의 업무를 수행할 수 있다.

만약 부품의 파손이 인간의 생명에 위험을 주거나 대량생산 제품이라면 설계 전에 필요한 광범위한 데이터를 모으는 데 필요한 비용은 정당화될 수 있다. 예를 들어, 냉장고나 가정용품 등은 제작 전에 충분히 시험된 많은 부품들로 구성되어 있으므로 매우 좋은 신뢰성을 가지고 있다. 이런 시험에 드는 비용은 전체 제작된 물량에 비하면 매우 경미하다.

다음과 같은 4가지 경우의 설계 범주를 생각할 수 있다.

1. 부품의 파손이 인명에 위험을 주거나 대량생산 제품이라면 설계과정 중에 정밀한 시험을 한다.
2. 생산량이 비교적 많은 경우에는 몇 가지 완화된 시험을 수행한다.
3. 부품이 소량 생산이라 시험을 전혀 할 수 없거나, 시험을 할 만큼 충분한 시간 없이 빨리 설계를 해야 하는 경우도 있다.
4. 이미 설계, 제작, 그리고 시험이 수행되었음에도 불구하고 만족하지 못하는 경우에는 왜 부품이 만족되지 않았는지를 이해하고 개선하기 위한 방법을 찾기 위한 해석이 요구된다.

대개의 경우, 부록 A에 수록된 바와 같이 출판된 항복강도, 인장강도, 단면감소율, 연신율만을 이용해서 설계를 수행하게 된다. 이러한 불충분한 데이터를, 어떻게 정적이나 동적 하중, 2차원이나 3차원 응력 상태, 고온이나 저온, 혹은 매우 크거나 작은 부품의 설계 시에 사용할 수 있을까? 이와 같은 혹은 유사한 질문들이 이 장과 뒤에서 다뤄질 것이다. 그러나 실제 설계 상황을 그대로 복사한 유용한 자료가 있다면 얼마나 좋을지 생각해 보라.

4-2 응력 집중

응력 집중(stress concentration)(3-13절 참고)은 매우 국부적인 영향만을 준다. 어떤 경우에는 표면에 생긴 흠집에서 기인하기도 한다. 만약 설계에 사용되는 재료가 연성이고 정적 하중이 작용한다면, 설계 하중은 노치의 위험 지점에서 항복을 유발할 것이다. 이러한 항복(yield)은 재료의 변형률 경화와 관련될 수 있으며 위험 노치 지점에서 항복강도를 증가시킬 수 있다. 정적 하중 상태이기 때문에 부품은 더 이상의 항복 없이도 만족스럽게 하중을 전달할 수 있다. 이러한 경우 설계자는 이론적 응력집중계수 K_t를 1로 설정한다.

그 이유는 다음과 같이 설명할 수 있다. 가장 심하게 설정한 시나리오는 그림 4-6에 나타낸 바와 같이 변형경화가 없는 이상화된 재료의 경우라고 할 수 있다. 응력-변형률 곡선은 항복강도(yield strength) S_y까지 선형적으로 증가한다. 그림 A-15-5에 나타난 바와 같은 작은 기둥의 단면적이 645 mm^{2}인 필렛 사각 바를 고려해 보자. 만약 항복강도가 280 MPa인 연성재료(ductile material)라면 이론적인 **응력집중계수**(*stress concentration factor*) K_t는 2이다.

- 그림 4-6의 A점에 나타난 바와 같이 90 kN의 하중은 기둥에 140 MPa의 인장응력을 발생시킨다. 필렛의 임계지점에서 응력은 280 MPa이며, 이때 응력집중계수는 $K = \sigma_{\text{max}}/\sigma_{\text{nom}} = 280/140 = 2$이다.
- 135 kN의 하중은 B점에서 기둥에 210 MPa의 인장응력을 발생시킨다. 필렛부의 응력은 여전히 280 MPa(D점)이며 응력집중계수는 $K = \sigma_{\text{max}}/\sigma_{\text{nom}} = S_y/\sigma = 280/210 = 1.33$이다.
- 180 kN의 하중은 기둥에 280 MPa의 인장응력을 발생시킨다(점 C). 필렛의 임계지점에

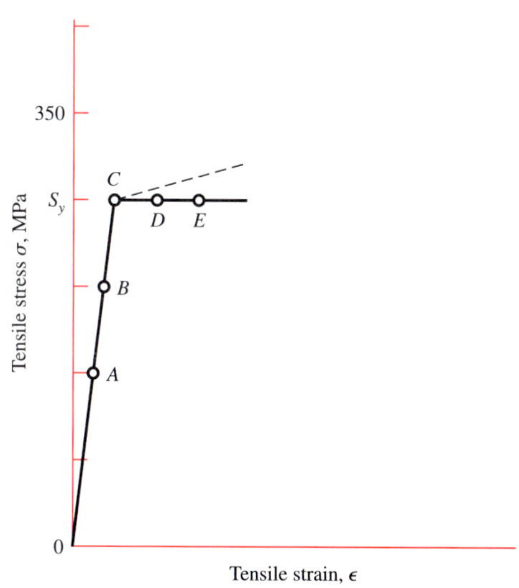

그림 4-6
이상화된 응력-변형률 곡선. 점선은 변형경화 재료를 나타낸다.

서의 응력(점 E)은 280 MPa이다. 응력집중계수는 $K = \sigma_{max}/\sigma_{nom} = S_y/\sigma = 280/280 = 1$이다.

변형경화 재료(strain hardening)의 경우라면, 노치의 임계지점에서 더 높은 S_y값을 갖는다. 기둥의 단면에 작용하는 응력이 280 MPa 보다 약간 낮은 정도로 하중이 작용해야, 기둥 전체단면의 일반적인 항복에 의해 파손에 근접했다고 할 수 있다. 그렇기 때문에 설계자는 **탄성적 정하중**을 받는 **연성재료**에 대해 K_t를 적용하지 않고 $K_t = 1$로 설정한다.

정하중이 작용하는 연성재료에 이와 같은 규칙을 적용할 때에는 재료가 사용 환경 하에서 취성파괴에 민감하지 않다는 것을 확인해야 한다(4-12절 참고). 인장응력과 전단응력에 대한 이론적인 응력집중계수 K_t와 K_{ts}는 일반적으로 다음과 같이 각각 정의된다.

$$\sigma_{max} = K_t \sigma_{nom} \tag{a}$$

$$\tau_{max} = K_{ts} \tau_{nom} \tag{b}$$

주요 관심사항은 응력집중계수이기 때문에 σ_{nom}이나 τ_{nom}의 정의는 그래프나 컴퓨터 프로그램으로부터 주어져야 하며, 주의할 점은 공칭응력의 값이 하중을 전달하는 단면에 평균적으로 작용하는 값이어야 한다는 점이다.

그림 2-2 (*b*)에서와 같이, 취성재료(brittle material)의 경우 소성영역이 나타나지 않는다. 식 (*a*) 혹은 (*b*)에 주어진 응력집중계수는 응력이 증가하는 곳에서 파괴의 발생을 야기하는 단계까지 증가하여 취성재료에 대해 치명적인 파손을 유발한다.

이러한 규칙에 대해 예외적인 경우로는, 제조특성상 미세구조적인 불연속성을 포함하는 재료를 들 수 있다. 이러한 미세구조적 불연속 특성이 일으키는 응력집중은 설계자가 생각하는 거시적인 관점에서의 집중보다 훨씬 더 심각하다. 예를 들어, 모래로 만든 주조틀에는 모래입자, 공기, 증기로 인한 거품 등 불순물이 다수 포함된다. 주철의 미세 구조물에는 거의 강도가 없는 흑연 부스러기(flakes)가 섞여 들어가는데, 이들은 실제로 응고 과정 동안에 생성되는 균열이라고 할 수 있다. 따라서 주철에 대한 인장시험을 수행하여 얻게 되는 강도는 이와 같은 내부적 응력집중을 포함한 값이 되며, 이러한 경우에는 K_t와 K_{ts}를 고려할 필요가 없다.

R.E. Peterson은 응력집중계수에 대한 중요한 자료를 발간하였는데, 여기서 그는 응력집중계수에 대한 자신의 연구결과와 다른 연구의 결과들을 종합하여 정리하였다.[1] Peterson은 국부 영역에서 가장 큰 응력의 크기를 측정하기 위해 응력집중계수 K_t와 공칭응력을 곱하는 수식을 개발하였다. 그의 방법은 2차원 판재들(Hartman and Levan, 1951; Wilson and White, 1973)에 대한 광탄성 연구와 Hartman과 Levan이 수행한 제한된 3차원 광탄성 시험 데이터에 기반하고 있다. 각각의 경우에 대한 결과에는 등고선으로 된 그래프(contoured graph)가 포함되어 있다. 인장하중이 작용하는 필렛 가공된 축은 2차원 판재에 대한 연구결과에 기반하고 있다. 표 A-15는 몇몇의 기본적인 하중 상태와 형상에 대한 많은 이론적인 응력집중계수 차트를 제공하고 있으며 추가적인 차트들도 Peterson의 결과에서 찾을 수 있다.[2]

---

[1] R. E. Peterson, "Design Factors for Stress Concentration," *Machine Design*, vol. 23, no. 2, February 1951; no. 3, March 1951; no. 5, May 1951; no. 6, June 1951; no. 7, July 1951.

[2] Walter D. Pilkey and Deborah Pilkey, *Peterson's Stress-Concentration Factors*, 3rd ed, John Wiley & Sons, New York, 2008.

또한 유한요소해석(FEA)은 응력집중계수를 얻기 위한 매우 훌륭한 수단이다. 필렛 가공된 축에 대한 개선된 K_t와 K_{ts} 결과는 Tipton, Sorem과 Rolovic에 의해서 제시되었다.[3]

4-3 파손 이론

4-1절에서 부재의 기능상실이 명백한 몇 가지 예를 언급하였다. 뒤틀림, 영구변형, 균열, 파열 등과 같은 현상은 기계요소를 파손에 이르게 하는 주요 인자들이다. 재료물성측정을 위한 시험기기들은 1700년대에 도입되었으며, 이를 통해 시편들을 단순하중 상태에서 당기고, 구부리고 비틀었다.

만약 파손 기구가 단순하다면, 간단한 테스트가 단서를 줄 수 있다. 무엇이 단순할까? 인장 시험(tension test)은 단축(이것이 단순하다)이며 연신률은 축방향에서 가장 크다. 따라서 변형률은 측정할 수 있으며 응력으로 "파손"을 추측할 수 있다. 한계 응력, 한계 변형률, 한계 에너지 가운데 무엇이 중요한 것인가? 다음 몇몇 절들에 이러한 문제들에 대해 답을 줄 수 있는 파손 이론들이 제시되어 있다.

불행하게도 모든 재료 물성치나 응력 상태에 적용할 수 있는 만능의 파손 이론은 존재하지 않는다. 대신 몇 년에 걸쳐 여러 가지의 가설들이 제시되고 검증되어 왔으며, 이를 통해 현재 설계에 적용되고 있다. 적용된 이후, 우리는 이러한 "적용(practices)"을 모든 설계자가 사용할 수 있는 **이론**이라 정의한다.

비록 특수한 상황에서는 연성으로 분류되는 재료가 취성재료처럼 파손될 수도 있지만 (4-12절 참고), 일반적인 금속 재료의 거동은 연성과 취성으로 구분할 수 있다. 일반적으로 $\varepsilon_f \geq 0.05$인 경우를 연성재료로 구분하며 인장과 압축상태에서 동일한 항복응력을 가지는 것을 확인할 수 있다($S_{yt} = S_{yc} = S_y$). $\varepsilon_f < 0.05$인 경우를 취성재료라 구분하며 이 경우에는 인장과 압축상태에서 동일한 항복응력을 나타내지 않는다. 그리고 일반적으로 최대 인장 강도(S_{ut})와 최대 압축 강도(S_{uc})는 별도로 구분한다(S_{uc}는 양의 값을 갖는다). 일반적으로 재료별로 적용하는 파손 이론은 다음과 같다.

연성재료(항복 기준)

- 최대전단응력(MSS), 4-4절
- 변형에너지(DE), 4-5절
- 연성 Coulomb-Mohr (DCM), 4-6절

취성재료(항복 기준)

- 최대수직응력(MNS), 4-8절
- 취성 Coulomb-Mohr (BCM), 4-9절
- 수정 Mohr (MM), 4-9절

[3] S. M. Tipton, J. R. Sorem Jr., and R. D. Rolovic, "Updated Stress-Concentration Factors for Filleted Shafts in Bending and Tension," *Trans. ASME, Journal of Mechanical Design*, vol. 118, September 1996, pp. 321–327.

만약 각 재료에 보편적으로 적용되는 이론이 있다면 그것이야말로 모든 이들의 관심을 끌게 될 것이다. 그러나, 한 가지 또는 다른 여러 이유에 의해 위에 열거된 이론들은 모두 사용된다. 어떤 경우에, 어떤 특정한 이론을 선택하는지에 대한 이론적 근거는 추후 논의할 것이다. 먼저 각 이론들의 기본 개념에 대해 설명하고 몇 가지 예제에 적용해 보도록 한다.

4-4 연성재료에 대한 최대전단응력 이론

최대전단응력 이론은 구조물의 최대전단응력이, 동일한 재료의 인장 시험에서 시편이 항복할 때의 최대전단응력과 동일하거나 이를 초과할 때, 항복이 시작된다고 예측하는 이론이다. 최대전단응력 이론(이하 MSS)은 *Tresca* 또는 *Guest* 이론이라 부르기도 한다.

많은 이론은 인장 시험으로부터 구한 결과를 기본으로 한다. 연성재료로 제작된 판재가 인장하중을 받을 때, 슬립 라인(slip lines 또는 *Lüder Lines*)은 판재의 축에서 약 45°방향으로 형성된다. 이 슬립 라인은 항복의 시작을 알려주는 것으로 파괴에 이르기까지 하중을 받는다면 파괴 라인 역시 인장축과 약 45°의 각도에서 나타난다. 전단응력은 인장축과 45°에서 최대값을 갖기 때문에, 이것이 파손 기구임을 유추할 수 있다. 다음 절에서 이보다 좀 더 자세한 내용을 다룰 것이다. 그러나, MSS설은 실제로 적용 가능하지만 파손을 보수적으로 예측한다. 그럼에도 불구하고 엔지니어는 본래 보수성을 추구하기 때문에 MSS설을 자주 사용한다.

단순 인장응력은 $\sigma = P/A$이고 최대전단응력은 인장면으로 부터 45°의 면에서 발생하며 크기는 $\tau_{\max} = \sigma/2$임을 다시 한 번 기억해 보자. 따라서 항복점에서의 최대전단응력은 $\tau_{\max} = S_y/2$이 된다. 일반적인 응력 상태에서 3개의 주응력이 $\sigma_1 \geq \sigma_2 \geq \sigma_3$라면 최대전단응력은 $\tau_{\max} = (\sigma_1 - \sigma_3)/2$이다(그림 3-12 참고). 따라서 일반적인 응력 상태에서, 최대전단응력 이론은 다음의 조건에서 항복이 발생한다고 예측한다.

$$\tau_{\max} = \frac{\sigma_1 - \sigma_3}{2} \geq \frac{S_y}{2} \qquad \text{or} \qquad \sigma_1 - \sigma_3 \geq S_y \tag{4-1}$$

이것은 전단항복강도가 다음과 같이 정의됨을 의미한다.

$$S_{sy} = 0.5S_y \tag{4-2}$$

식 (4-2)는 나중에 확인하겠지만 약 15% 낮은(보수적인) 수치이다.

설계자의 편의를 고려하여 식 (4-1)은 안전계수(factor of safety) n을 도입하여 다음과 같이 수정할 수 있다.

$$\tau_{\max} = \frac{S_y}{2n} \qquad \text{or} \qquad \sigma_1 - \sigma_3 = \frac{S_y}{n} \tag{4-3}$$

평면응력 문제는 설계에서 매우 일반적으로 가정할 수 있는 응력 상태이다. 그러나 실제로는 평면응력이 *3차원* **응력** 상태라는 것을 인식하고 있어야 한다. 3-6절에서의 평면응력에 대한 응력변환식은 면내 응력들만으로 구성되어 있으며 식 (3-13)에 주어져 있는 면내 주응력(principal stress)들은 σ_1과 σ_2로 표시되어 있다. 이들은 **평면 해석상**에서의 주응력인 것이 사실이나 실제로는 면외 상에도 3번째 주응력은 존재하며 평면응력 상태에서 이 값은 항상 0이다. 따라서 식 (4-1)에서와 같이 3차원 해석에 대한 3개의 주응력의 순서를 $\sigma_1 \geq \sigma_2 \geq \sigma_3$라고 사용할 경우, 3차 주응력이 0으로 정의되기 전까지 기존 면내 주응력을 나타냈던 σ_1과 σ_2를 그대로 사용해서는 안 된다. 평면응력 상태를 위한 MSS 이론을 도식적으로 설명하기 위해 식 (3-13)에 주어진 주응력을 σ_A와 σ_B로 나타내고, 이들 값이 0인 주응력과 비교하여 $\sigma_1 \geq \sigma_2 \geq \sigma_3$의 순서를 정하였다. $\sigma_A \geq \sigma_B$라 가정하면, 평면응력의 경우에 대해 식 (4-1)을 적용할 때 고려해야 하는 경우의 수는 3가지가 된다.

경우 1: $\sigma_A \geq \sigma_B \geq 0$인 경우에는 $\sigma_1 = \sigma_A$이고 $\sigma_3 = 0$이다. 식 (4-1)은 다음과 같이 간략화된다.

$$\sigma_A \geq S_y \tag{4-4}$$

경우 2: $\sigma_A \geq 0 \geq \sigma_B$인 경우에는 $\sigma_1 = \sigma_A$ 이고 $\sigma_3 = \sigma_B$ 이다. 그리고 식 (4-1)은 다음과 같다.

$$\sigma_A - \sigma_B \geq S_y \tag{4-5}$$

경우 3: $0 \geq \sigma_A \geq \sigma_B$인 경우에는 $\sigma_1 = 0$ 이고 $\sigma_3 = \sigma_B$이다. 그리고 식 (4-1)은 다음과 같이 주어진다.

$$\sigma_B \leq -S_y \tag{4-6}$$

식 (4-4)~(4-6)을 σ_A, σ_B평면에 나타낸 3개의 선으로 그림 4-7에 표시하였다. 나머지 표시되지 않은 선들은 $\sigma_B \geq \sigma_A$인 경우이고 이를 적용하면 나머지 **응력 항복조건**(*yield condition*)을 완성할 수 있으나 일반적으로 사용되지 않는다. 최대전단응력 이론에서 만일 응력 상태가 응력 항복조건의 음영지역 바깥에 위치할 시 항복이 발생한다고 예측할 수 있다. 그림 4-7에서 점 a가 부재의 취약부에서의 응력 상태를 나타낸다고 가정하자. 만일 하중이 증가한다면, 일반적으로 주응력이 원점과 점 a를 지나는 선을 따라 비례적으로 증가한다고 가정한다. 이 선을 **하중선**(*load line*)이라고 하자. 하중선을 따라 응력 상태가 점 b와 같은 응력 항복조건과 마주칠 때까지 증가한다면, MSS이론에 따라 그 요소가 항복에 이르렀다고 할

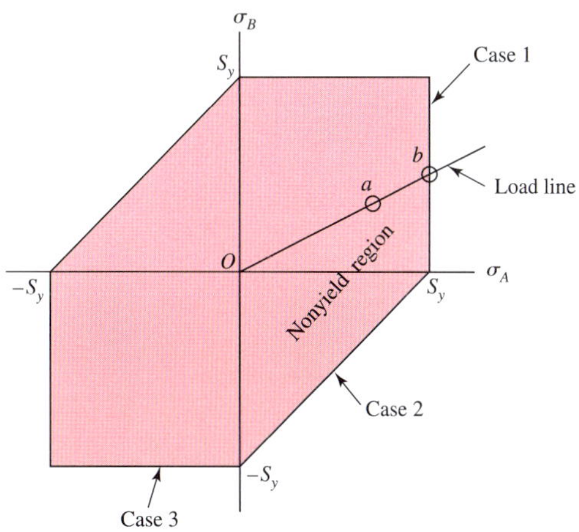

그림 4-7
평면응력에 관한 최대전단응력(MSS) 이론의 항복선도. 여기서 σ_A와 σ_B는 0이 아닌 두 개의 주응력이다.

수 있다. 점 a에서 항복에 대한 안전계수는 강도(점 b까지의 거리)와 응력(점 a까지의 거리)의 비로 나타낼 수 있고 이는 $n = Ob/Oa$와 같다.

만일 설계자가 τ_{max}를 결정하는 데 있어 조심스럽다면 식 (4-3)의 앞부분인 $\tau_{max} = S_y/2n$는 설계 목적을 만족시키는 데 있어 충분하다. 평면응력 상태의 경우, 식 (3-14)의 전단응력의 극한값은 언제나 τ_{max}를 **예측하지는 않는다**. 그러나 평면상의 하나의 수직응력이 0인 특정한 경우를 고려한다면 σ_x와 τ_{xy}는 값을 가지고 $\sigma_y = 0$이라고 말할 수 있다. 이는 경우 2와 같은 경우로 생각할 수 있으며 이때, 식 (3-14)로 결정된 전단응력(shear stress)은 τ_{max}와 동일하다. 굽힘 하중으로 인한 수직응력이나 비틀림으로 인한 전단응력이 작용하는 축의 설계문제가 일반적으로 이러한 경우에 속한다.

4-5 연성재료에 관한 변형에너지 이론

변형에너지 이론에서는, 단위 체적당 변형에너지가 동일 재료에 대한 단순 인장 또는 압축 상태에서 항복이 발생할 때의 단위 체적당 변형에너지와 같거나 클 때 항복이 일어나는 것으로 예측한다.

변형에너지(이하 DE)설은 정수압을 받는 연성재료의 항복강도가 단순 인장 시험에서 얻은 항복강도보다 크다는 현상에서 유래되었다. 그러므로 항복은 단순한 인장이나 압축 현상에 의해서만 나타나는 것이 아니라 응력을 받는 부재의 변형과 어느 정도 관계가 있다고 가정하였다. 이론을 개발하기 위해, 그림 4-8a와 같이 σ_1, σ_2 및 σ_3로 표현되는 3차원 응력 상태의 단위 체적을 정의한다. 그림 4-8b의 응력 상태는 그림 4-8a에서와 같이 동일한 주방향으로 작용하는 평균응력 σ_{av}에 기인한 정수 응력 상태이다. σ_{av}는 간단하게 다음과 같이 주어진다.

$$\sigma_{av} = \frac{\sigma_1 + \sigma_2 + \sigma_3}{3} \tag{a}$$

그러므로 그림 4-8b의 요소는 순수 체적 변화만을 일으키며, 각변형에는 관여하지 않는다. σ_{av}를 σ_1, σ_2 및 σ_3의 성분으로 간주하면, 이 성분은 주응력에서 뺄 수 있으며, 결과적으로 그림 4-8c와 같은 응력 상태를 나타낸다. 이 요소들은 순수 각변형을 유발하지만 체적 변화에는 관여하지 않는다.

단순 인장 하중에 대한 단위 체적당 변형에너지는 $u = \frac{1}{2}\epsilon\sigma$이다. 그림 4-8의 요소에 대한 단위 체적당 변형에너지는 $u = \frac{1}{2}[\epsilon_1\sigma_1 + \epsilon_2\sigma_2 + \epsilon_3\sigma_3]$이다. 식 (3-19)를 주변형률에 대입하면,

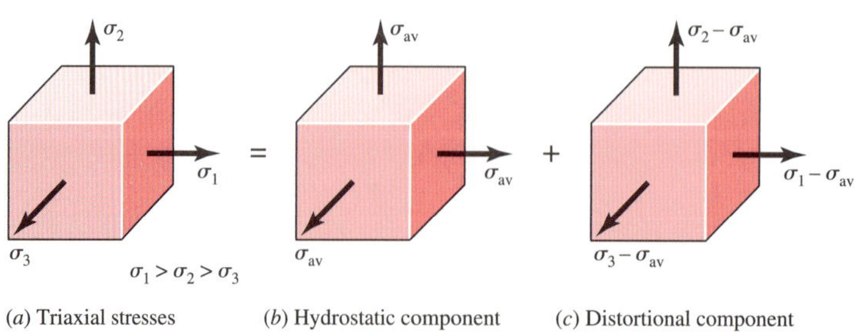

그림 4-8
(a) 3축 응력을 받는 요소; 응력 요소는 체적 변화와 각변형을 일으킴. (b) 정수 인장 하의 요소는 오직 체적 변화만을 일으킴. (c) 체적 변화 없이 오직 각변형만을 갖는 요소.

$$u = \frac{1}{2E}\left[\sigma_1^2 + \sigma_2^2 + \sigma_3^2 - 2\nu(\sigma_1\sigma_2 + \sigma_2\sigma_3 + \sigma_3\sigma_1)\right] \tag{b}$$

오직 체적 변화 u_v만을 일으키는 변형에너지는 σ_1, σ_2 및 σ_3에 대해 σ_{av}를 대입하여 다음과 같이 얻을 수 있다.

$$u_v = \frac{3\sigma_{av}^2}{2E}(1-2\nu) \tag{c}$$

식 (c)에 식 (a)를 제곱하여 대입하고 정리하면 다음과 같다.

$$u_v = \frac{1-2\nu}{6E}\left(\sigma_1^2 + \sigma_2^2 + \sigma_3^2 + 2\sigma_1\sigma_2 + 2\sigma_2\sigma_3 + 2\sigma_3\sigma_1\right) \tag{4-7}$$

따라서 변형에너지는 식 (b)에서 식 (4-7)을 빼서 구할 수 있으며 다음과 같다.

$$u_d = u - u_v = \frac{1+\nu}{3E}\left[\frac{(\sigma_1-\sigma_2)^2 + (\sigma_2-\sigma_3)^2 + (\sigma_3-\sigma_1)^2}{2}\right] \tag{4-8}$$

만약 $\sigma_1 = \sigma_2 = \sigma_3$이면 변형 에너지는 0이 된다.

단순 인장 시험의 경우에 항복점에서 변형에너지는 $\sigma_1 = S_y$이고 $\sigma_2 = \sigma_3 = 0$이므로 식 (4-8)로부터 다음과 같이 구해진다.

$$u_d = \frac{1+\nu}{3E}S_y^2 \tag{4-9}$$

식 (4-8)에서 주어진 일반적인 응력 상태에서의 항복은 식 (4-8)이 식 (4-9)와 같거나 클 때 발생한다. 즉,

$$\left[\frac{(\sigma_1-\sigma_2)^2 + (\sigma_2-\sigma_3)^2 + (\sigma_3-\sigma_1)^2}{2}\right]^{1/2} \geq S_y \tag{4-10}$$

만일 인장응력 σ만이 작용하는 단순한 경우라면 항복은 $\sigma \geq S_y$일 때 발생한다. 그러므로 식 (4-10)의 왼쪽 항은 σ_1, σ_2 및 σ_3에 의해 주어지는 일반적인 응력 상태에 관한 **단일**(*single*), **등가**(*equivalent*), 또는 **유효**(*effective*) 응력으로 생각될 수 있다. 이러한 유효 응력은 이론을 정립한 Dr. R. von Mises의 이름을 따서 **등가응력**(*von Mises stress*), σ'로 불린다. 이에 따라 식 (4-10)은 다음과 같이 표현 될 수 있다.

$$\sigma' \geq S_y \tag{4-11}$$

여기서, von Mises 응력은 다음과 같이 표현된다.

$$\sigma' = \left[\frac{(\sigma_1-\sigma_2)^2 + (\sigma_2-\sigma_3)^2 + (\sigma_3-\sigma_1)^2}{2}\right]^{1/2} \tag{4-12}$$

평면응력 상태에서 von Mises 응력은 주응력 σ_A, σ_B그리고 0에 의해 표현될 수 있고 따라서 식 (4-12)로부터 이를 구할 수 있다.

$$\sigma' = \left(\sigma_A^2 - \sigma_A\sigma_B + \sigma_B^2\right)^{1/2} \tag{4-13}$$

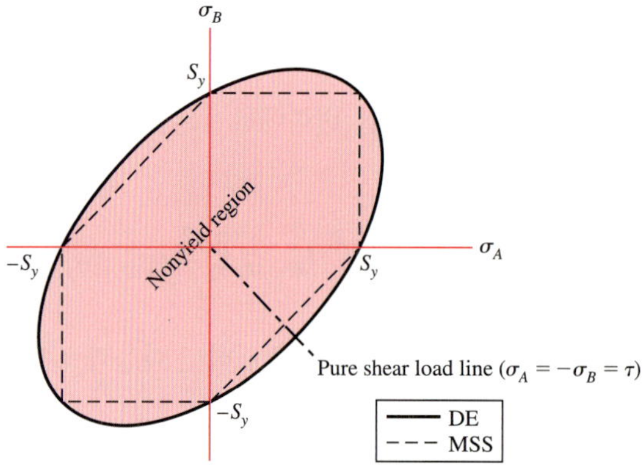

그림 4-9
평면응력 상태에서의 변형에너지(DE) 이론. $\sigma' = S_y$인 경우, 식 (4-13)으로부터 얻은 점들에 대한 그림.

그림 4-9에 표시한 바와 같이 $\sigma' = S_y$인 경우에 식 (4-13)은 σ_A, σ_B 면에 회전시킨 타원으로 그릴 수 있다. 그림에서 점선은 MSS설을 나타낸 것으로 앞서 언급한 바와 같이 보다 보수적임을 알 수 있다.[4]

3차원 응력의 xyz성분을 이용하면 von Mises 응력은 다음과 같이 나타낼 수 있다.

$$\sigma' = \frac{1}{\sqrt{2}}\left[(\sigma_x - \sigma_y)^2 + (\sigma_y - \sigma_z)^2 + (\sigma_z - \sigma_x)^2 + 6\left(\tau_{xy}^2 + \tau_{yz}^2 + \tau_{zx}^2\right)\right]^{1/2} \tag{4-14}$$

그리고 평면응력 상태에서,

$$\sigma' = \left(\sigma_x^2 - \sigma_x\sigma_y + \sigma_y^2 + 3\tau_{xy}^2\right)^{1/2} \tag{4-15}$$

변형에너지 이론은 또한 다음과 같이 불린다:

- von Mises 또는 von Mises-Hencky 이론
- 전단 – 에너지 이론
- 8면체 – 전단응력 이론

8면체 전단응력을 이해하면 MSS가 왜 보수적인가에 대한 이유를 파악하는 데 도움이 된다. 각 면에 작용하는 수직응력이 정수 응력 σ_{av}와 동일한 등방형 요소를 고려해 보자. 그러면, 수직응력들이 작용하는 주방향에 대해 대칭적인 8개의 면이 존재한다. 이것은 그림 4-10에 나타낸 것처럼 8면체 형태이다. 이 면들 위의 전단응력은 서로 같으며 **8면체 전단응력**(*octahedral shear stress*)이라 불린다(그림 4-10에는 한 면에만 응력성분을 표시). 좌표축 변환을 하면 8면체면의 전단응력은 다음과 같이 표기할 수 있다.[5]

[4] The three-dimensional equations for DE and MSS can be plotted relative to three-dimensional σ_1, σ_2, σ_3, coordinate axes. The failure surface for DE is a circular cylinder with an axis inclined at 45° from each principal stress axis, whereas the surface for MSS is a hexagon inscribed within the cylinder. See Arthur P. Boresi and Richard J. Schmidt, *Advanced Mechanics of Materials*, 6th ed., John Wiley & Sons, New York, 2003, Sec. 4.4.

[5] For a derivation, see Arthur P. Boresi, op. cit., pp. 36 – 37.

그림 4-10
8면체 면

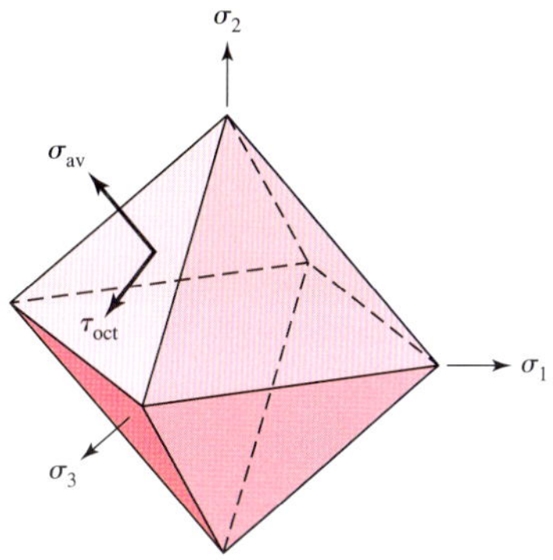

$$\tau_{oct} = \frac{1}{3}\left[(\sigma_1 - \sigma_2)^2 + (\sigma_2 - \sigma_3)^2 + (\sigma_3 - \sigma_1)^2\right]^{1/2} \tag{4-16}$$

8면체 전단응력 이론의 경우, 파손은 어떤 응력 상태에서의 8면체 전단응력이 간단한 인장 시험 시편의 파손에 대한 8면체 전단응력과 같거나 클 때 발생한다고 가정한다.

앞서 설명한 바와 같이 인장 시험 결과를 기초로 한 항복은 $\sigma_1 = S_y$ 이고 $\sigma_2 = \sigma_3 = 0$ 일 때 발생한다. 이러한 조건 하에서 8면체 전단응력은 식 (4-16)으로부터 다음과 같이 표현할 수 있다.

$$\tau_{oct} = \frac{\sqrt{2}}{3} S_y \tag{4-17}$$

일반적인 응력 상태에서 식 (4-16)이 식 (4-17)과 같거나 클 때, 항복이 발생하는 것으로 예측된다. 따라서 다음의 관계가 성립된다.

$$\left[\frac{(\sigma_1 - \sigma_2)^2 + (\sigma_2 - \sigma_3)^2 + (\sigma_3 - \sigma_1)^2}{2}\right]^{1/2} \geq S_y \tag{4-18}$$

이것은 식 (4-10)과 동일하며 최대 8면체 전단응력 이론은 변형에너지 이론과 동일하다는 것을 보여준다.

MSS 이론 모델에서는 인장 시편의 45° 표면에 미치는 수직응력의 영향을 무시한다. 그러나 수직응력은 $P/3A$로 표현되는 정수압 응력이 아닌 $P/2A$이다. 바로 이것이 MSS 이론과 DE 이론 사이의 차이점이다.

DE 이론을 설명하는 수식전개 과정이 복잡해서, 실제 계산값과 결과의 효용성을 좀 모호하게 만드는 경향이 있긴 하다. 그러나 유도된 수식들로 인하여, 가장 복잡한 응력 상태에 대해서도 von Mises 응력이라는 단일한 물리량으로 설명할 수 있게 되었으며, 식 (4-11)을 통해서 재료의 항복강도와도 비교할 수 있게 되었다. 이 식은 다음과 같은 설계식으로 표현할 수 있다.

$$\sigma' = \frac{S_y}{n} \tag{4-19}$$

변형에너지 이론은 정수압 응력 아래에서는 파손이 발생하지 않는다고 예측하며, 이는 연성 거동을 보이는 모든 실험 데이터와 잘 일치한다. 따라서, 연성재료에 대해 가장 광범위하게 적용되고 있으며, 다른 특별한 제한이 없는 대부분의 설계 문제에 적합한 방법으로 추천할 수 있다.

마지막으로 주의해야 할 사항은 전단항복강도이다. $\sigma_x = \sigma_y = 0$인 평면응력 상태에서 순수 전단 τ_{xy}의 경우를 고려해 보자; 항복에 대한 식 (4-11)과 식 (4-15)로부터 다음의 관계를 구할 수 있다.

$$\left(3\tau_{xy}^2\right)^{1/2} = S_y \qquad \text{or} \qquad \tau_{xy} = \frac{S_y}{\sqrt{3}} = 0.577S_y \tag{4-20}$$

그러므로 변형에너지 이론에 의해 예측된 전단항복강도는 다음과 같다.

$$S_{sy} = 0.577S_y \tag{4-21}$$

이것은 전술한 바와 같이 MSS 이론에 의해 예측된 값보다 약 15% 정도 큰 값이다. 순수 전단인 τ_{xy}의 경우, 식 (3-13)에서의 주응력은 $\sigma_A = -\sigma_B = \tau_{xy}$이다. 이러한 경우의 하중선은 그림 4-9에서와 같이 σ_A, σ_B축으로부터 45° 떨어진 4사분면에 나타난다.

예제 4-1

열간 압연재의 항복강도는 $S_{yt} = S_{yc} = 700$ MPa이고, 파손시의 진변형률은 $\varepsilon_f = 0.55$이다. 이 재료에 대해 다음과 같은 주응력 상태에서의 안전계수를 계산하라.

(*a*) 490, 490, 0 MPa

(*b*) 210, 490, 0 MPa

(*c*) 0, 490, −210 MPa

(*d*) 0, −210, −490 MPa

(*e*) 210, 210, 210 MPa

풀이 $\varepsilon_f > 0.05$이고 S_{yc}와 S_{yt}는 같다면 재료는 연성이며 변형에너지(DE) 이론을 적용한다. 최대전단응력(MSS) 이론도 적용될 것이며 DE 이론으로 구한 결과와 비교한다. 여기서 (*a*)~(*d*)는 평면응력 상태이다.

(*a*) 주응력의 크기가 $\sigma_A = \sigma_1 = 490$, $\sigma_B = \sigma_2 = 490$, $\sigma_3 = 0$ MPa인 경우

DE 이론의 경우 식 (4-13)으로부터

$$\sigma' = [490^2 - 490(490) + 490^2]^{1/2} = 490 \text{ MPa}$$

답
$$n = \frac{S_y}{\sigma'} = \frac{700}{490} = 1.43$$

MSS 이론의 경우 식 (4-4)의 경우 1을 사용하면

답
$$n = \frac{S_y}{\sigma_A} = \frac{700}{490} = 1.43$$

(*b*) 주응력의 크기가 $\sigma_A = \sigma_1 = 490$, $\sigma_B = \sigma_2 = 210$, $\sigma_3 = 0$ MPa인 경우

DE 이론의 경우 $\sigma' = [490^2 - 490(210) + 210^2]^{1/2} = 426$ MPa

답 $$n = \frac{S_y}{\sigma'} = \frac{700}{426} = 1.64$$

MSS 이론의 경우 식 (4-4)의 case 1을 사용하면

답 $$n = \frac{S_y}{\sigma_A} = \frac{700}{490} = 1.43$$

(*c*) 주응력의 크기가 $\sigma_A = \sigma_1 = 490,\ \sigma_2 = 0,\ \sigma_B = \sigma_3 = -210$ MPa 인 경우

DE 이론의 경우 $\sigma' = [490^2 - 490(-210) + (-210)^2]^{1/2} = 622$ MPa

답 $$n = \frac{S_y}{\sigma'} = \frac{700}{622} = 1.13$$

MSS 이론의 경우 식 (4-5)의 경우 2를 사용하면

답 $$n = \frac{S_y}{\sigma_A - \sigma_B} = \frac{700}{490 - (-210)} = 1.00$$

(*d*) 주응력의 크기가 $\sigma_1 = 0,\ \sigma_A = \sigma_2 = -210,\ \sigma_B = \sigma_3 = -490$ MPa인 경우

DE 이론의 경우 $\sigma' = [(-490)^2 - (-490)(-210) + (-210)^2]^{1/2} = 426$ MPa

답 $$n = \frac{S_y}{\sigma'} = \frac{700}{426} = 1.64$$

MSS 이론의 경우 식 (4-6)의 경우 3을 사용하면

답 $$n = -\frac{S_y}{\sigma_B} = -\frac{700}{-490} = 1.43$$

(*e*) 주응력의 크기는 $\sigma_1 = 210,\ \sigma_2 = 210,\ \sigma_3 = 210$ MPa

DE 이론의 경우 식 (4-12)로부터

$$\sigma' = \left[\frac{(210-210)^2 + (210-210)^2 + (210-210)^2}{2}\right]^{1/2} = 0 \text{ MPa}$$

답 $$n = \frac{S_y}{\sigma'} = \frac{700}{0} \rightarrow \infty$$

MSS 이론의 경우 식 (4-3)으로부터

답 $$n = \frac{S_y}{\sigma_1 - \sigma_3} = \frac{700}{210 - 210} \rightarrow \infty$$

안전계수의 비교를 위해 표로 정리하였다.

	(*a*)	(*b*)	(*c*)	(*d*)	(*e*)
DE	1.43	1.64	1.13	1.64	∞
MSS	1.43	1.43	1.00	1.43	∞

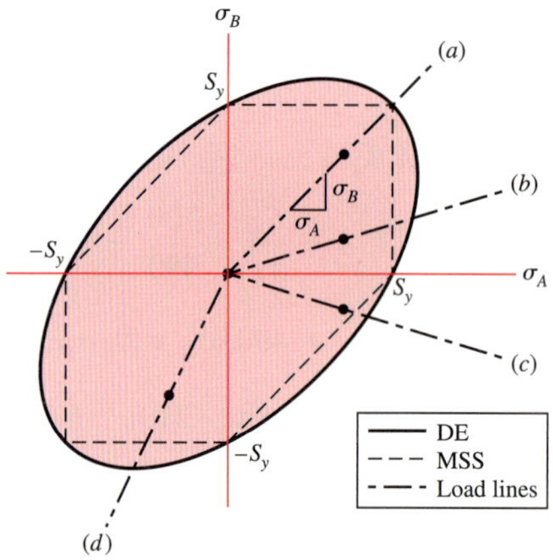

그림 4-11
예제 4-1에 대한 하중선.

MSS 이론의 파손 경계선은 DE 이론의 파손 경계선과 접하거나 안에 있기 때문에, 위의 표에서도 볼 수 있듯이 예측된 안전계수는 DE 이론의 결과와 같거나 작다. (*e*)를 제외한 각각의 경우에 대해, σ_A, σ_B 평면상의 좌표와 하중선을 그림 4-11에 표시하였다. Case (*e*)는 평면응력 상태가 아니다. Case (*a*)의 하중선은 두 이론이 일치하는 지점에 위치한 유일한 평면응력 상태를 보여준다. 결과적으로 두 이론의 안전계수는 같다.

4-6 연성재료에 대한 Coulomb-Mohr 이론

모든 재료들이 인장강도와 동일한 압축강도를 갖는 것은 아니다. 예를 들어, 압축이 작용할 때 마그네슘 합금의 항복강도는 인장 상태에 있을 때의 항복강도보다 50%정도 작다. 또한, 주철의 압축강도는 극한 인장강도보다 3~4배 더 크다. 따라서, 본 절에서는 우선적으로 압축강도와 인장강도가 동일하지 않은 재료들에 대한 파괴를 예측하는 데 사용할 수 있는 이론에 대해 고찰한다.

역사적으로, 1900년에 발표된 파손 예측 이론인 Mohr 이론은 출현 당시 상황과 관련이 있다. 이론이 성립될 당시에는 컴퓨터도 없이 다만 계산자, 컴퍼스, 운형자만을 이용하여 이론을 설명하였다. 이러한 도식적인 과정들은 오늘날에도 여전히 시각화를 위해 유용하게 쓰이고 있다. 만약 재료에 항복이나 파열이 발생한다면, Mohr 이론의 기본적인 개념은 “간단한” 세 가지의 실험인 항복까지의 인장, 압축, 전단에 근거하고 있다. 여기에서 전단항복강도는 실험하는 것보다 S_{sy}로 정의하는 것이 더 용이하다.

실질적인 어려움들은 제쳐두고, Mohr의 가설은 그림 4-12의 축 위의 선 *ABCDE*로써 그려진 파손 경계선을 정의하는 세 개의 원을 구성하기 위해 인장, 압축, 비틀림 전단시험의 결과를 사용했다. 파손 경계선이 직선일 필요는 없다. 응력 상태를 모사하는 세 개의 Mohr 원(그림 3-12 참조)이 하중 증가와 함께 점점 커지다가 그중 하나가 파손 경계선과 접하게 되면 파손이 일어난다는 파손 이론은 많은 논쟁을 불러일으켰다. 과연 파손 경계선은 직선, 원, 혹은 2차 방정식중 어느 형태인가? 당시에는 컴퍼스와 운형자가 파손 경계선을 정의하는 수단이었다.

Coulomb-Mohr 이론 또는 내부 마찰(*internal friction*) 이론으로도 불리우는 이 수정된 Mohr 이론은 그림 4-12에서 경계 *BCD*가 직선이라고 가정한다. 이 가정에 따르면 단지 인장과 압축강도만이 필요하다. 일반적으로 $\sigma_1 \geq \sigma_2 \geq \sigma_3$인 경우 가장 큰 원은 그림 4-13에 나타낸 바와 같이 σ_1과 σ_3을 연결하는 것이다. 그림 5-13에 나타난 원의 중심은 C_1, C_2 그리고 C_3이다. 삼각형 OB_iC_i는 닮은꼴이다. 그러므로

$$\frac{B_2C_2 - B_1C_1}{OC_2 - OC_1} = \frac{B_3C_3 - B_1C_1}{OC_3 - OC_1}$$

또는,

$$\frac{B_2C_2 - B_1C_1}{C_1C_2} = \frac{B_3C_3 - B_1C_1}{C_1C_3}$$

여기서, $B_1C_1 = S_t/2$, $B_2C_2 = (\sigma_1 - \sigma_3)/2$, 그리고 $B_3C_3 = S_c/2$는 각각 우측, 가운데 그리고 좌측 원의 반지름이다. 원점으로부터 C_1까지의 거리는 $S_t/2$, C_3까지의 거리는 $S_c/2$ 그리고 C_2까지의 거리(양의 방향으로)는 $(\sigma_1 + \sigma_3)/2$이다. 그러므로

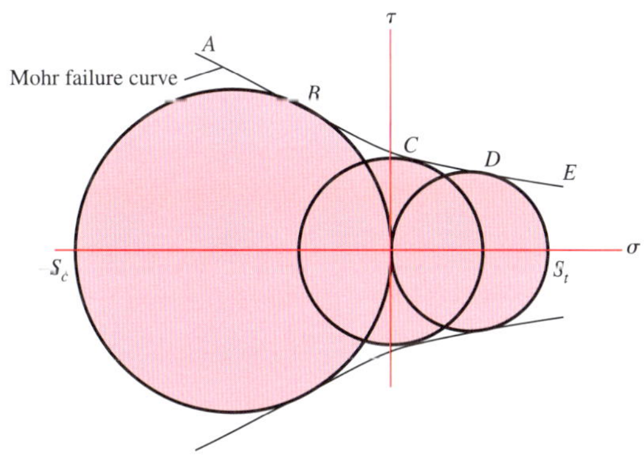

그림 4-12
압축 실험, 전단 실험, 인장 실험에 대한 3가지 Mohr 원. Mohr의 가설에 준해 파손을 정의할 때 사용된다. S_c와 S_t는 각각 압축강도와 인장강도이며, 항복강도나 극한강도가 사용될 수 있다.

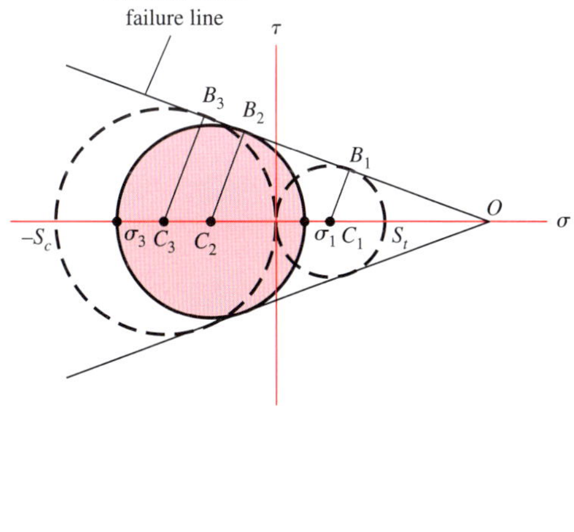

그림 4-13
일반적 응력 상태에서의 가장 큰 Mohr 원.

$$\frac{\dfrac{\sigma_1-\sigma_3}{2}-\dfrac{S_t}{2}}{\dfrac{S_t}{2}-\dfrac{\sigma_1+\sigma_3}{2}}=\frac{\dfrac{S_c}{2}-\dfrac{S_t}{2}}{\dfrac{S_t}{2}+\dfrac{S_c}{2}}$$

각 항에서 2를 소거하고 분모와 분자를 교차로 곱하여 식을 단순화하면 다음과 같다.

$$\frac{\sigma_1}{S_t}-\frac{\sigma_3}{S_c}=1 \tag{4-22}$$

여기서 인장강도나 극한강도가 모두 사용될 수 있다.

평면응력 상태에 대해서 0이 아닌 두 개의 주응력이 $\sigma_A \geq \sigma_B$일 때 MSS 이론에서 식 (4-4)~(4-6)으로 분류한 것과 같이 3가지 경우로 나눌 수 있다.

경우 1: $\sigma_A \geq \sigma_B \geq 0$인 경우에 $\sigma_1 = \sigma_A$이고 $\sigma_3 = 0$ 이다. 이 경우, 식 (4-22)는 다음과 같다.

$$\sigma_A \geq S_t \tag{4-23}$$

경우 2: $\sigma_A \geq 0 \geq \sigma_B$인 경우에 $\sigma_1 = \sigma_A$이고 $\sigma_3 = \sigma_B$이다. 이 경우, 식 (4-22)는 다음과 같다.

$$\frac{\sigma_A}{S_t}-\frac{\sigma_B}{S_c} \geq 1 \tag{4-24}$$

경우 3: $0 \geq \sigma_A \geq \sigma_B$인 경우에 $\sigma_1 = 0$이고 $\sigma_3 = \sigma_B$이다. 이 경우, 식 (4-22)는 다음과 같다.

$$\sigma_B \leq -S_c \tag{4-25}$$

위의 세 가지 경우와 일반적으로 잘 사용되지 않는 $\sigma_B \geq \sigma_A$인 경우를 포함하여 그림 4-14에 나타내었다.

설계식에서는 안전계수 n을 고려하여 모든 강도를 n으로 나눈다. 예를 들면 식 (4-22)는 다음과 같은 설계식으로 표현할 수 있다.

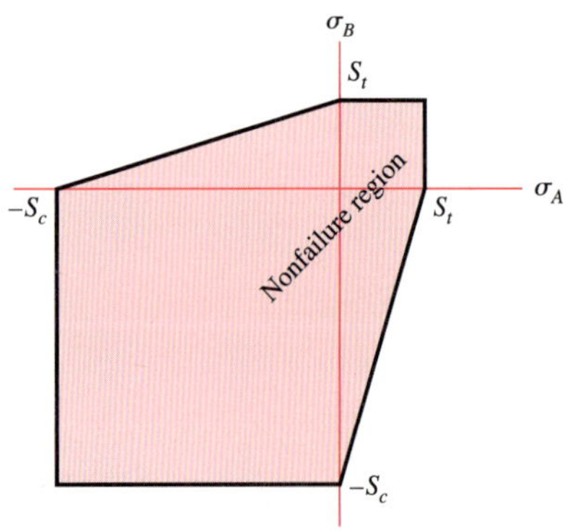

그림 4-14
평면응력 상태에서의 Coulomb-Mohr 이론 파손선도 그림

$$\frac{\sigma_1}{S_t} - \frac{\sigma_3}{S_c} = \frac{1}{n} \tag{4-26}$$

Coulomb-Mohr 이론에서는 비틀림 전단 강도가 필요하지 않기 때문에 식 (4-22)로부터 비틀림 항복 강도를 유추할 수 있다. 순수 전단력 τ는 $\sigma_1 = -\sigma_3 = \tau$이다. 비틀림 항복 강도는 $\tau_{max} = S_{sy}$일 때 발생한다. $\sigma_1 = -\sigma_3 = S_{sy}$를 식 (4-22)에 대입하여 식을 단순화하면 다음과 같다.

$$S_{sy} = \frac{S_{yt}S_{yc}}{S_{yt} + S_{yc}} \tag{4-27}$$

예제 4-2 지름이 25 mm인 축이 230 N · m의 정적 토크를 받고 있다. 축은 cast 195-T6 aluminum이며 인장 상태에서 항복강도는 160 MPa 이고 압축 상태에서 항복강도는 170 MPa이다. 이것이 최종 지름일 경우에 축의 안전계수를 결정하라.

풀이 최대전단응력은 다음과 같다.

$$\tau = \frac{16T}{\pi d^3} = \frac{16(230)}{\pi\left[25\left(10^{-3}\right)\right]^3} = 75\left(10^6\right)\mathrm{N/m^2} = 75\,\mathrm{MPa}$$

두 개의 0이 아닌 주응력은 75, −75 MPa이므로 $\sigma_1 = 75$, $\sigma_2 = 0$, $\sigma_3 = -75$ MPa이다. 식 (4-26)을 이용하면 다음과 같이 구할 수 있다.

답
$$n = \frac{1}{\sigma_1/S_{yt} - \sigma_3/S_{yc}} = \frac{1}{75/160 - (-75)/170} = 1.10$$

다른 방법으로 식 (4-27)을 이용하면 다음과 같다.

$$S_{sy} = \frac{S_{yt}S_{yc}}{S_{yt} + S_{yc}} = \frac{160(170)}{160 + 170} = 82.4\,\mathrm{MPa}$$

그리고 $\tau_{max} = 75$ MPa이다. 따라서

답
$$n = \frac{S_{sy}}{\tau_{max}} = \frac{82.4}{75} = 1.10$$

4-7 연성재료에 대한 파손 이론 요약

지금까지 다양한 파손 이론에 대해 학습한 바 있다. 이제 이들 이론에 대해 각각을 평가해 보고, 설계와 해석에 어떻게 적용하는지 알아보도록 하자. 본 절에서는 연성 거동으로 파손된다고 알려진 재료나 부재에 대해서만 기술하였다. 취성 거동으로 파손되는 재료는 다른 파손 이론이 적용되기 때문에 별도로 고려할 것이다.

파손에 대한 적합하고 적용 가능한 이론을 결정하는 데 도움이 되도록, Marin[6]은 많은 자료로부터 데이터를 수집하였다. 연성재료에 대한 파손 이론 선택을 위해 사용된 몇몇 데이터를 그림 4-15에 나타내었다.[7] Mann은 구리와 니켈 합금에 관한 데이터를 수집하였다. 그 데이터들도 그림 4-15에 함께 나타내었다. 그림 4-15에 나타난 바와 같이 최대전단응력 이론과 변형에너지 이론은 연성 거동으로 파손되는 재료의 디자인과 해석에 적용 가능하다. 다른 이론에 대해 빨간색이나 파란색으로 그림 4-15에 그려보면 이론들이 적합하지 않거나 사용할 수 없다는 것을 알 수 있다.

두 가지 이론 가운데 어느 하나를 선택하는 것은 당신, 즉, 엔지니어의 몫이다. 설계 목적으로는 최대전단응력 이론이 쉽고 빠르게 사용될 수 있으며 보수적이다. 만약 문제가 왜 부품이 파손되었는지 알아내는 것이라면 변형에너지 이론을 사용하는 것이 최선이다. 그림 4-15은 변형에너지 이론에 대한 선도가 데이터들의 가운데를 가장 가깝게 지나가고 있음을

그림 4-15
파손 이론과 실험 데이터
(*From Fig. 7.11, p. 257, Mechanical Behavior of Materials, 2nd ed., N. E. Dowling, Prentice Hall, Englewood Cliffs, N.J., 1999. Modified to show only ductile failures.*)

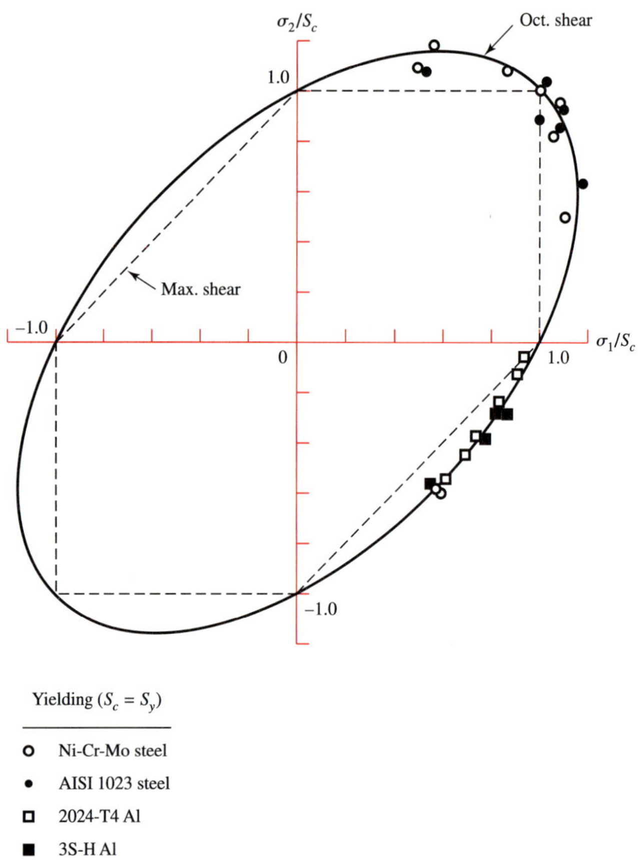

[6] Joseph Marin은 엔지니어링 요소에서 파손된 재료에 대해 수집, 개발, 소개하는데 선구자 중 한 사람이다. 그는 이 주제에 대한 많은 책과 논문을 발표했다. 참고. Joseph Marin, *Engineering Materials*, Prentice-Hall, Englewood Cliffs, N.J., 1952. (여기에 사용된 데이터 요소에 대해서는 pp. 156, 157을 참조한다.)

[7] 그림 4-15에서 $\sigma_B \geq \sigma_A$ 인 상단 수평 경계를 따라 일부 데이터가 표시되어 있다. 이러한 오류데이터는 $\sigma_B = \sigma_A$ 인 라인의 반사된 이미지를 도시함으로써 분류가 가능하다.

보여주고 있으며 이로부터 일반적으로 파손을 가장 잘 예측함을 알 수 있다. 하지만 실험 데이터의 중심을 지나는 파손 선도의 데이터는 일반적인 데이터이지만, 통계학적 관점에서 볼 시 약 50%의 신뢰도를 갖고 있다. 따라서 이와 같은 이론을 사용해 설계를 한다면 보다 큰 안전계수를 사용해야 한다.

인장에서의 항복강도가 S_{yt}이고 압축에서의 항복강도가 S_{yc}인 연성재료의 경우에는 Mohr 이론이 가장 유용하다. 그러나 Mohr 이론은 3가지 다른 하중 모드에 대한 실험 결과와 파손 궤적에 대한 도식적 표현, 그리고 가장 큰 Mohr 원과 파손 궤적의 평가가 필요하다. 대안으로 Coulomb-Mohr 이론을 사용하면 단지 인장과 압축 항복강도만이 필요하며, 방정식의 형태로 쉽게 처리할 수 있다.

예제 4-3 이번 예제에서는 기계요소의 강도를 결정하기 위한 파손 이론의 사용방법에 대해 설명하고자 한다. 또한 기계요소의 강도, 재료의 강도, 한 점에서의 요소의 강도 사이에서 존재하는 어떠한 혼동도 명확하게 할 것이다.

그림 4-16에 나타낸 380 mm 레버의 끝부분 근처의 점 *D*에 작용하는 하중 *F*는 외팔보 *OABC*에서의 응력성분들을 만들어낸다. 이 레버는 소켓 렌치와 매우 유사하다. 이 바(*OABC*)는 AISI 1035강으로 단조되고 열처리되었으며 최소 항복 강도는 560 MPa이다. 여기서 이 요소는 항복이 발생하면 아무 가치도 없어진다고 가정한다. 따라서 항복을 발생시키는 힘 *F*는 이 부재가 견딜 수 있는 강도로 생각할 수 있다. 이 힘을 구하라.

풀이 *DC* 레버는 충분히 강하여 문제되는 부분이 아니라고 가정한다. 열처리된 1035강은

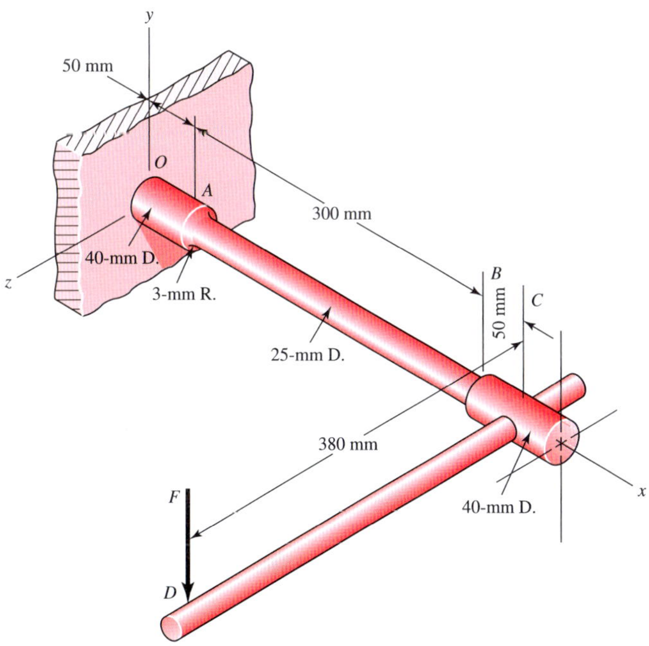

그림 4-16

단면 감소율이 50% 정도로 정상 온도에서 연성재료이다. 즉 A점에서 응력 집중은 고려할 필요가 없다. A점의 위쪽 표면에서의 응력 요소는 굽힘 응력과 비틀림 응력을 받게 될 것이다. 지름 25 mm 바의 바로 이 지점이 가장 약한 지점으로 전체 구조물의 강도를 결정하게 될 것이다. 이 두 응력은

$$\sigma_x = \frac{M}{I/c} = \frac{32M}{\pi d^3} = \frac{32(0.355F)}{\pi(0.025^3)} = 231\,424\ F$$

$$\tau_{zx} = \frac{Tr}{J} = \frac{16T}{\pi d^3} = \frac{16(0.38F)}{\pi(0.025^3)} = 123\,860\ F$$

변형에너지 이론을 적용하면, 식 (4-15)에 의해

$$\sigma' = \left(\sigma_x^2 + 3\tau_{zx}^2\right)^{1/2} = [(231\,424F)^2 + 3(123\,860F)^2]^{1/2} = 315\,564\ F$$

von Mises 응력을 S_y와 같다고 놓으면, 우리는 F에 관하여 풀 수 있다.

답
$$F = \frac{S_y}{315\,564} = \frac{560 \times 10^6}{315\,564} = 1.77\ \text{kN}$$

예제에서 점 A에서의 재료 강도는 $S_y = 560$ MPa이다. 전체 구조물이나 부품의 강도는 $F = 1.8$ kN이 된다.

MSS 이론을 적용하는 방법을 알아보자. 0이 아닌 하나의 수직응력과 하나의 전단응력이 작용하는 평면응력 상태의 지점에서, 두 개의 영이 아닌 주응력 σ_A와 σ_B는 서로 반대 부호를 갖게 될 것이므로 MSS 이론의 두 번째 경우에 해당한다. 식 (3-14)으로부터

$$\sigma_A - \sigma_B = 2\left[\left(\frac{\sigma_x}{2}\right)^2 + \tau_{zx}^2\right]^{1/2} = \left(\sigma_x^2 + 4\tau_{zx}^2\right)^{1/2}$$

MSS 이론의 경우2에 대한 식 (4-3)를 적용하면

$$\left(\sigma_x^2 + 4\tau_{zx}^2\right)^{1/2} = S_y$$

$$[(231\,424F)^2 + 4(123\,860F)^2]^{1/2} = 339\,002\ F = 560 \times 10^6$$

$$F = 1.65\ \text{kN}$$

이 값은 DE 이론으로 구한 값보다 약 7% 정도 작다. 전술한 바와 같이 MSS 이론은 DE 이론보다 보수적이다.

예제 4-4 그림 4-17와 같은 외팔보 튜브가 276 MPa의 최소 항복강도를 갖도록 제련된 2014 알루미늄 합금으로 만들어졌다. 표 A-8에 제시된 표준 튜브(stock-size)를 사용하며 디자인 계수 $n_d = 4$를 적용하고자 한다. 굽힘 하중 $F = 1.75$ kN, 축 인장력 $P = 9.0$ kN, 그리고 비틀림 하중은 $T = 72$ N · m이다. 실제 안전계수를 구하여라.

풀이 가장 큰 응력이 발생하는 응력 요소는 벽에서 가장 상단에 있는 점 A이고 이 점에는 가장 큰 굽힘모멘트가 작용하며 굽힘 응력과 비틀림 응력이 최대가 된다. 이 응력 요

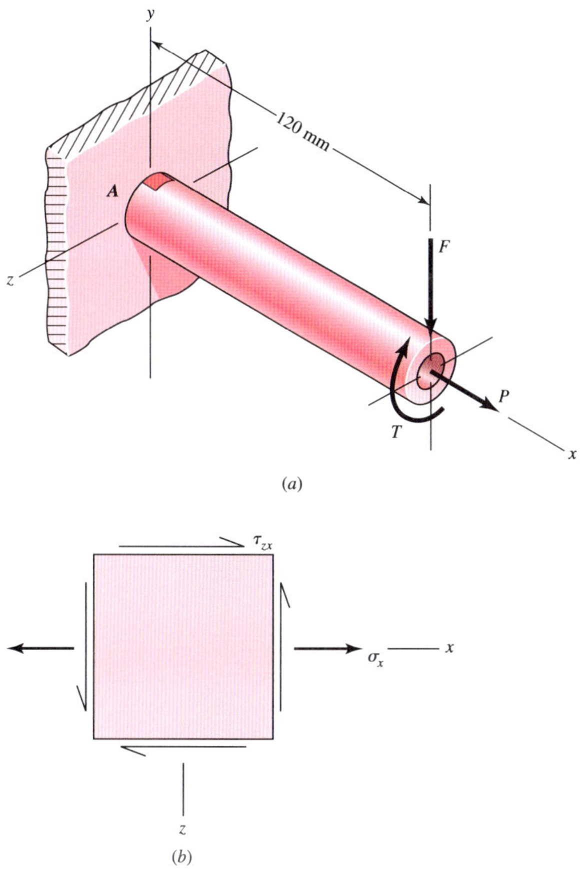

그림 4-17

소를 그림 4-17b에 나타내었다. 인장 응력과 굽힘 응력은 모두 x축을 따라 인장응력으로 작용하기에 수직응력 계산에 포함된다.

$$\sigma_x = \frac{P}{A} + \frac{Mc}{I} = \frac{9}{A} + \frac{120(1.75)(d_o/2)}{I} = \frac{9}{A} + \frac{105d_o}{I} \tag{1}$$

여기서, 만약 면적의 단위로 mm가 사용된다면 응력의 단위는 GPa이다.

같은 점에서 비틀림 응력은 다음과 같다.

$$\tau_{zx} = \frac{Tr}{J} = \frac{72(d_o/2)}{J} = \frac{36d_o}{J} \tag{2}$$

정확한 계산을 위해 설계 이론으로 변형에너지 이론을 적용하였다. 식(4-15)로부터 von Mises 응력을 구하면 다음과 같다.

$$\sigma' = \left(\sigma_x^2 + 3\tau_{zx}^2\right)^{1/2} \tag{3}$$

주어진 설계계수를 적용하면 σ'은 다음과 같다.

$$\sigma' \le \frac{S_y}{n_d} = \frac{0.276}{4} = 0.0690\ \text{GPa} \tag{4}$$

여기서 식 (1)과 (2)에서 사용된 단위에 맞게 GPa의 단위가 사용된다.

스프레드시트에 식 (1), (2), (3)을 프로그래밍하고 표 A-8에 미터 단위의 크기를 대입하면 42 × 5-mm 튜브가 조건을 만족한다는 것을 알게 된다. von Mises 응력은 이 사이즈에 대해 $\sigma' = 0.06043$ GPa가 될 것이다. 그러므로 실제 안전계수는 다음과 같다.

답

$$n = \frac{S_y}{\sigma'} = \frac{0.276}{0.06043} = 4.57$$

다음으로 작은 사이즈(42 × 4-mm)의 경우에 $\sigma' = 0.07105$ GPa을 이용하면 안전계수는 다음과 같다.

$$n = \frac{S_y}{\sigma'} = \frac{0.276}{0.07105} = 3.88$$

4-8 취성재료에 대한 최대수직응력이론

최대수직응력(Maximum-Normal-Stress, MNS) 이론은 3개의 주응력 중 하나가 강도와 같거나 크면 파손이 일어난다는 이론이다. 일반적인 응력 상태에서 주응력을 $\sigma_1 \geq \sigma_2 \geq \sigma_3$와 같이 나타낸다면 최대수직응력이론은 다음과 같을 때 파손이 일어난다고 예측한다.

$$\sigma_1 \geq S_{ut} \qquad \text{or} \qquad \sigma_3 \leq -S_{uc} \tag{4-28}$$

여기서, S_{ut}와 S_{uc}는 각각 극한 인장강도와 압축강도로 양수이다.

평면응력 상태에서 주응력이 식 (3-13)과 같이 주어지고 $\sigma_A \geq \sigma_B$라면 식 (4-28)은 다음과 같다.

$$\sigma_A \geq S_{ut} \qquad \text{or} \qquad \sigma_B \leq -S_{uc} \tag{4-29}$$

식 (4-29)를 그림 4-18에 나타내었다.

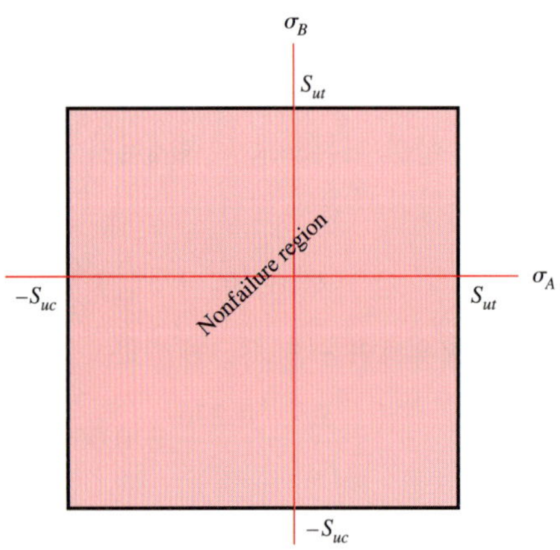

그림 4-18
평면응력 상태에서의 최대수직응력이론 파손선도 그래프

이와 같이, 파손 기준 방정식은 설계 방정식으로 바꿀 수 있다. 우리는 $\sigma_A \geq \sigma_B$인 경우의 하중선에 대해 두 종류의 방정식을 고려할 수 있다.

$$\sigma_A = \frac{S_{ut}}{n} \qquad \text{or} \qquad \sigma_B = -\frac{S_{uc}}{n} \tag{4-30}$$

최대수직응력이론은 σ_A, σ_B 평면의 제 4사분면에서 일어나는 파손 예측에 대해서는 적합하지 않다. 때문에 이 이론을 사용하는 것을 추천하지 않는다. 역사적으로 어떤 이론이 있었는지 보여주기 위해 이곳에 수록하였다.

4-9 취성재료에 대한 수정 Mohr 이론

취성재료 평가를 위한 수정 Mohr 이론에 대해 알아보자. 수정 Mohr 이론은 각각 Brittle-Coulomb-Mohr(BCM) 이론과 수정 Mohr 이론으로 분류된다. 이들 이론들을 위해 제시된 식들은 평면응력의 경우로 한정하였으며, 안전계수를 도입한 설계식으로도 나타내었다.

Coulomb-Mohr 이론은 앞의 4-6절의 식 (4-23)~(4-25)에서 이미 논의한 바 있다. 취성재료에 대한 설계 방정식을 표현하면 다음과 같다.

Brittle-Coulomb-Mohr

$$\sigma_A = \frac{S_{ut}}{n} \qquad \sigma_A \geq \sigma_B \geq 0 \tag{4-31a}$$

$$\frac{\sigma_A}{S_{ut}} - \frac{\sigma_B}{S_{uc}} = \frac{1}{n} \qquad \sigma_A \geq 0 \geq \sigma_B \tag{4-31b}$$

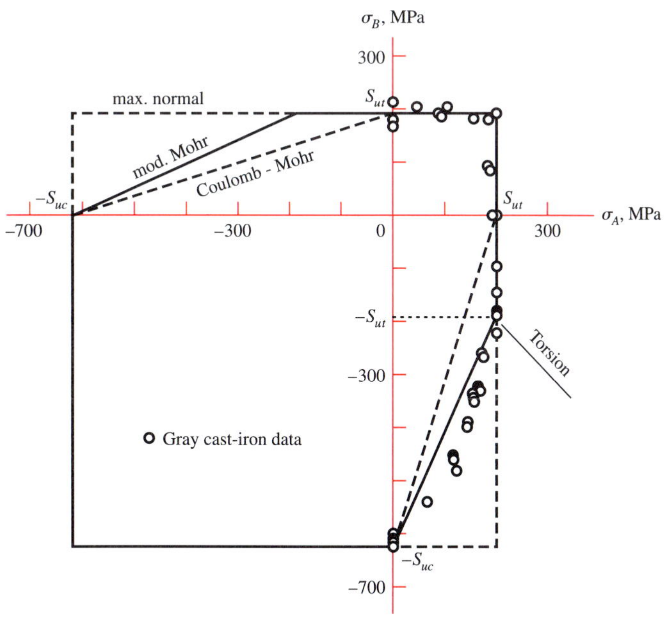

그림 4-19
여러 파손 기준과 비교한 회주철의 양축 파손 데이터(*Dowling, N.E.*, Mechanical Behavior of Materials, 2ye, *1999, P.261. Reprinted by Permission of Pearson Education, Inc., Upper Saddle River, New Jersey.*)

$$\sigma_B = -\frac{S_{uc}}{n} \qquad 0 \ge \sigma_A \ge \sigma_B \tag{4-31c}$$

4사분면에서 관찰된 데이터를 기반으로, 수정 Mohr 이론은 그림 4-19에서 2사분면과 4사분면에서의 실선으로 나타낸 바와 같이 4사분면으로 확장할 수 있다.

수정 Mohr

$$\sigma_A = \frac{S_{ut}}{n} \qquad \sigma_A \ge \sigma_B \ge 0$$
$$\sigma_A \ge 0 \ge \sigma_B \quad \text{and} \quad \left|\frac{\sigma_B}{\sigma_A}\right| \le 1 \tag{4-32a}$$

$$\frac{(S_{uc} - S_{ut})\,\sigma_A}{S_{uc}S_{ut}} - \frac{\sigma_B}{S_{uc}} = \frac{1}{n} \qquad \sigma_A \ge 0 \ge \sigma_B \quad \text{and} \quad \left|\frac{\sigma_B}{\sigma_A}\right| > 1 \tag{4-32b}$$

$$\sigma_B = -\frac{S_{uc}}{n} \qquad 0 \ge \sigma_A \ge \sigma_B \tag{4-32c}$$

실험 데이터는 여전히 확장영역 밖에 존재하고 있다. $\sigma_A \ge 0 \ge \sigma_B$와 $|\sigma_B/\sigma_A| > 1$에 해당하는, 수정 Mohr 이론이 나타내는 선은 데이터의 일부를 더 정확하게 표현할 수 있는 포물선으로 대체할 수 있다.[8] 이러한 비선형 식을 소개하지만, 이 책에서 직접 다루지는 않을 것이다.

예제 4-5

예제 4-3의 그림 4-16에 나타낸 주철로 만들어진 렌치를 고려해 보자. 부품을 파손시키기 위해 필요한 힘 F는 부품의 강도로 간주할 수 있다. 재료가 ASTM grade 30 주철이라 가정하고 다음과 같은 파손 이론을 이용하여 힘 F를 찾아라.

(*a*) Coulomb-Mohr 파손모델

(*b*) 수정 Mohr 파손모델

풀이 우리는 레버 DC가 충분히 단단하고, 문제를 일으키는 부분이 아니라고 가정한다. Grade 30 주철은 취성재료이며 주철이다. 따라서, 응력집중계수 K_t와 K_{ts}는 1이다. 표 A-24에서 극한 인장강도는 210 MPa이고 극한 압축강도는 750 MPa이다. A지점에서의 응력은 굽힘 응력과 비틀림 응력이다. 또한 이 지점은 1인치 지름의 레버로 필렛가 공되어 있어 가장 약한 부분이라 할 수 있으며, 따라서 전체 구조물의 강도를 좌우한다. A에서의 수직응력 σ_x와 전단응력 τ_{xy}는 다음과 같이 구한다.

$$\sigma_x = K_t\frac{M}{I/c} = K_t\frac{32M}{\pi d^3} = (1)\frac{32(0.355)}{\pi(0.025)^3} = 231\,424F$$

$$\tau_{xy} = K_{ts}\frac{Tr}{J} = K_{ts}\frac{16T}{\pi d^3} = (1)\frac{16(0.38)}{\pi(0.025)^3} = 123\,860F$$

식 (3-13)에서 0이 아닌 주응력 σ_A와 σ_B는 다음과 같다.

---

[8] J. E. Shigley, C. R. Mischke, R. G. Budynas, *Mechanical Engineering Design*, 7th ed., McGraw-Hill, New York, 2004, p. 275를 참조하라.

$$\sigma_A,\ \sigma_B = \frac{231\ 424F + 0}{2} \pm \sqrt{\left(\frac{231\ 424F - 0}{2}\right)^2 + (123\ 860F)^2} = 285\ 213F,\ -53\ 789F$$

이 결과는 σ_A, σ_B평면의 4사분면에 위치한다.

(*a*) BCM에 대해, $n = 1$을 사용하여 식 (4-31b)를 적용하면

$$\frac{\sigma_A}{S_{ut}} - \frac{\sigma_B}{S_{uc}} = \frac{285\ 213F}{210 \times 10^6} - \frac{(-53\ 789F)}{750 \times 10^6} = 1$$

이를 F에 대해 정리하면 다음과 같다.

답
$$F = 699\ \text{N}$$

(*b*) MM에 대해, 하중선의 기울기는 $|\sigma_B/\sigma_A| = 53\ 789/285\ 213 = 0.189 < 1$이다. 식 (4-32a)를 적용하면

$$\frac{\sigma_A}{S_{ut}} = \frac{285\ 213F}{210 \times 10^6} = 1$$

답
$$F = 736\ \text{N}$$

그림 4-19로부터 알 수 있듯이, Coulomb-Mohr 모델이 더 보수적이다.

4-10 취성재료에 대한 파손 이론 요약

지금까지, 취성(*brittleness*)이라는 단어의 일반적 의미에 부합하는 취성재료의 파손 또는 강도에 대해 파악해 보았다. 이들 취성재료의 파손에서의 진변형률은 0.05 또는 그 이하이다. 또한 일반적인 연성재료가 천이온도(transient temperature)보다 낮은 영역에서 사용될 경우에는 몇 가지 이유에 의해 취성 파손 또는 균열이 생성된다는 것을 유념해야 한다. 그림 4-20는 이축 응력을 받는 grade 30 주철의 데이터를 나타낸 것으로 몇 가지 취성 파손 가설을 함께 나타내었다. 우리는 다음 사항에 유의해야 한다.

- 1사분면에서는 데이터가 최대수직응력, Brittle-Coulomb-Mohr와 수정 Mohr의 파손 궤적의 주변에 나타난다. 모든 파손 궤적들은 같으며 데이터들은 잘 일치한다.
- 4사분면에서는 수정 Mohr 이론이 데이터와 가장 일치하는 반면, 최대수직응력이론은 잘 일치하지 않는다.
- 3사분면에서는 적합한 파손 궤적을 제시하기에는 *A*, *B*, *C*, *D*점의 데이터 수가 너무 적다.

4-11 파손 기준의 선택

몇몇 설계자들이 적용의 간편성과 결과의 보수성으로 인해 최대전단응력이론을 사용한다

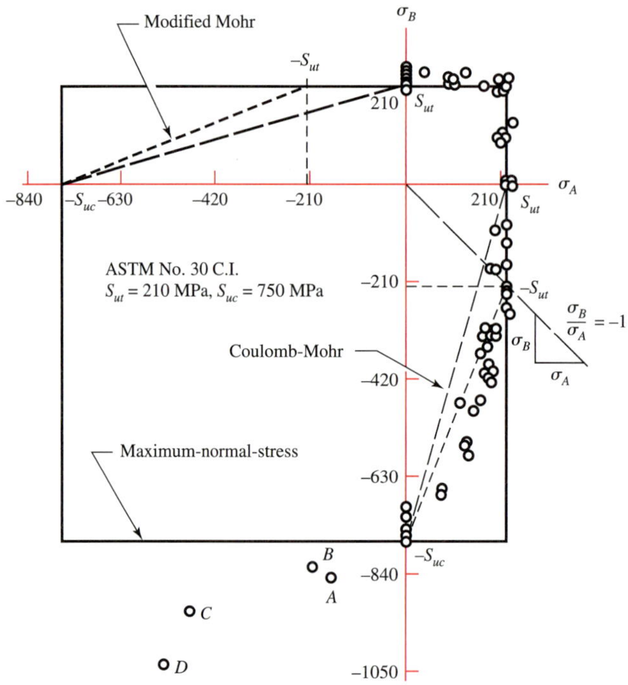

그림 4-20
주철에 대한 실험으로 구한 실험 데이터. 취성재료에 대해 적용할 수 있는 3가지 파손이론 선도도 함께 나타내었다. *A*, *B*, *C*, *D*점에 주목하라. 1사분면의 복잡성을 피하기 위해 $\sigma_A > \sigma_B$ 또는 반대의 경우에 대해서만 도시하였다. (참고: *Charles F. Walton (ed.), Iron Castings Handbook, Iron Founders' Society, 1971, pp. 215, 216, Cleveland, Ohio.*)

하더라도, 연성재료의 거동에 가장 적합한 기준은 변형에너지 이론이다. $S_{yt} \neq S_{yc}$인 특별한 경우에, 연성 Coulomb Mohr의 방법이 사용된다.

취성 거동인 경우에는 인장, 압축, 비틀림 시험을 통해 곡선으로 파손 궤적을 구축하는 초기 Mohr 이론이 지금까지 나온 이론 중 가장 좋은 가설이라고 할 수 있다. 그러나 컴퓨터가 없어서 이를 적용하기 힘든 경우에는 Coulomb Mohr, 수정 Mohr 이론과 같은 수정 이론을 선택한다. 정하중 작용 하에서 재료가 연성 거동이냐 취성 거동이냐에 따라 파손을 분석하거나 예측하기 위해서는 어떤 절차가 가장 효과적인지에 대해 그림 4-21에 순서도를 통해 나타내었다. 다른 이론들이 실험 데이터를 보다 잘 나타내기 때문에, 최대수직응력이론은 순서도에서 제외되었다.

4-12 파괴역학 개론

손상허용 설계란, 기계부품이 가동하기 전부터 이미 균열을 가지고 있으며 이러한 균열은 부품을 사용함에 따라 성장할 수 있다는 개념을 기초로 하고 있다. 이러한 이론의 목표는 부품 내부의 균열이 임계균열 길이까지 성장하여 더 이상 본래의 기능을 수행할 수 없을 때를 찾는 것이다. 손상허용 설계를 위한 해석 방법으로 **선형 탄성 파괴역학**(*Linear Elastic Fracture Mechanics*, LEFM)이 있다. 검사와 유지보수는 균열의 크기가 임계크기까지 도달하기 전에 부품의 교환을 결정하는 데 있어서 필수적인 작업이다. 사람의 안전이 중요한 곳에서는 균열에 대한 주기적인 검사를 기술 기준과 정부 기관의 법령으로 규정하고 있다.

이러한 해석방법에 대해 자세히 설명하기에 앞서 기본적인 이론과 용어들을 간략하게 설명하고자 한다. 이 장의 목적은 소위 연성재료로 알려진 재료의 갑작스런 취성파괴와 같

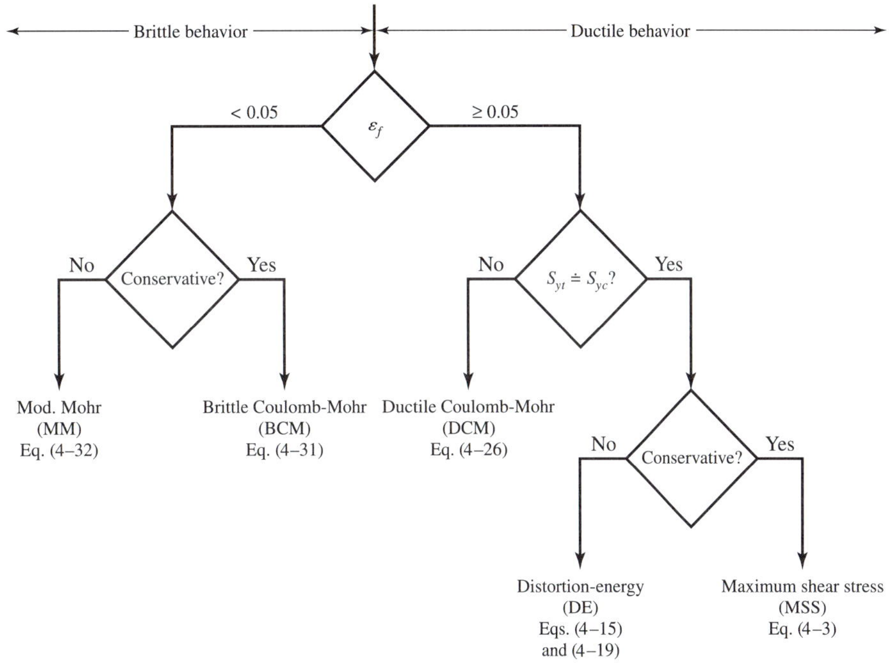

그림 4-21
파손 이론 선택을 위한 순서도

은 위험한 현상을 이해하게 하는 것이다. 사실 이 주제는 여기에서 다루기에는 너무 광범위하기 때문에 보다 복잡한 현상을 이해하고 싶다면 다음의 참고문헌을 참고하라.[9]

탄성 응력집중계수의 사용은 부품이 소성변형을 일으키거나 항복을 하는 데 필요한 평균적인 하중을 예측하는 데 도움을 준다. 또한 응력집중계수는 부품이 피로파손을 일으키는 하중을 분석하는 데도 유용하게 사용된다. 그러나 응력집중계수의 적용은 높은 응력 집중을 받는 부분의 곡률반지름과 같이 모든 구조물의 치수가 정확하게 알려져 있는 구조물에 제한된다. 균열, 결함, 알 수 없는 작은 반지름의 결함이 있는 경우라면, 끝단의 반지름이 0으로 가까이 가며, 따라서 탄성 응력집중계수는 무한대의 값을 가지게 되어 응력집중계수의 표현은 쓸모없게 된다. 더구나, 결함 끝의 반지름이 알려지더라도, 끝단에는 매우 높은 응력이 걸리게 되고 이러한 응력 집중으로 인하여 국부적인 소성 변형이 일어나게 된다. 탄성 응력집중계수는 재료가 이러한 거동을 보일 때는 더 이상 사용할 수가 없으며, 따라서 매우 날카로운 균열이 존재하는 경우에 대해서는 설계 조건으로 적용할 수 없다.

부품 내부의 균열이 성장하는 데 필요한 평균응력은(실제로는 균열이 없더라도) 구조물이나 부품 안에 날카로운 균열이 성장할 때 발생하는 탄성에너지와 새로운 파단면을 만드는데 필요한 에너지의 합으로 계산할 수 있다. 이러한 계산은 부품에 대해 탄성해석이 완료

[9] References on brittle fracture include:

H. Tada, P. C. Paris, and G. R. Irwin, *The Stress Analysis of Cracks Handbook*, 3rd ed., ASME Press, New York, 2000.

D. Broek, *Elementary Engineering Fracture Mechanics*, 4th ed., Martinus Nijhoff, London, 1985.

D. Broek, *The Practical Use of Fracture Mechanics*, Kluwar Academic Pub., London, 1988.

David K. Felbeck and Anthony G. Atkins, *Strength and Fracture of Engineering Solids*, 2nd ed., Prentice-Hall, Englewood Cliffs, N.J., 1995.

Kåre Hellan, *Introduction to Fracture Mechanics*, McGraw-Hill, New York, 1984.

되고, 균열이 상대적으로 취성거동을 나타내는 재료에 대해 파괴에너지가 정밀하게 측정되어 있는 경우에 대해서만 가능하다. **상대적인 취성**이라는 용어는 엄밀하게는 시험절차에 의해 정의되지만 이것의 일반적 의미는 **파단면 전체에 대해 항복이 일어나지 않고 파손되는 것**이다.[10]

따라서 유리, 철, 강한 알루미늄 합금, 그리고 연성-취성 천이온도 이하의 저탄소강도 이와 같은 방법으로 해석할 수 있다. 재료가 상대적 취성과 연성의 사이 영역에 있는 경우에 대해서는 지금도 활발한 연구가 진행 중이지만 이러한 상태의 재료에 대해서는 아직 정확한 설계기준이 제시되어 있지 않다.

준정적 파괴

우리는 주철 시편에 대한 인장 시험에서의 시편의 파단 현상이나 분필 조각의 비틀림 파손 현상 등을 통해 취성파괴 현상을 많이 경험한 바 있다. 파단은 우리가 순식간이라고 생각할 만큼 매우 빠르게 일어나며 전체 형상은 간단하게 파편으로 나눠진다. 아주 드물기는 하지만, 봄에 얼어 있는 연못에서 스케이트를 타다가, 주위에는 아무도 없는 상태에서, 얼음에 금이 가는 소리를 듣고 그것을 관찰하기 위해 멈춘 적이 있을 것이다. 소리는 균열에 의한 것이며, 균열은 그 진전하는 모습을 확인할 수 있을 만큼 충분히 천천히 진전한다. 응력장으로부터 균열이 진전하는 데 필요한 에너지를 공급받는 데는 어느 정도 시간이 필요하기 때문에 균열진전 현상이 순간적이지는 않다. 균열 주위에서 "미세하게" 이러한 현상을 이해하기 위해서는 이러한 것들을 정량화하는 것이 매우 중요하다. 재료의 전체적인 거동에서는 정적 균열이라도 안정될 수 있으며, 이 경우 균열은 진전하지 않는다. 어느 정도 수준 이상의 하중이 되면 균열이 불안정하게 되며, 결국 균열이 진전하여 파괴에 이르게 된다.

파괴역학(Fracture Mechanics)의 기초는 1921년 Griffith에 의해 확립되었으며, 그는 1913년 Inglis가 제시한 타원형 균열이 존재하는 평판의 응력장을 이용하여 이를 제안하였다. 그림 4-22와 같이 무한 평판에 축방향 응력 σ가 작용하는 경우를 고려하면 최대응력은 $(\pm a, 0)$에서 다음 식과 같다.

| 그림 4-22

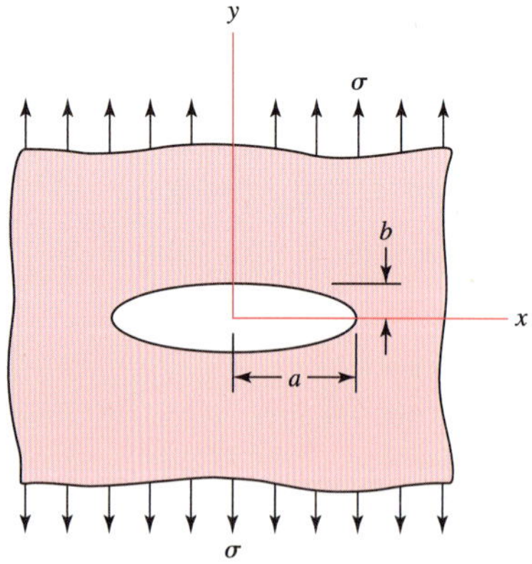

[10] BS 5447:1977 and ASTM E399-78.

$$(\sigma_y)_{\max} = \left(1 + 2\frac{a}{b}\right)\sigma \qquad (4\text{-}33)$$

여기서 $a = b$이면 타원은 원이 되며 식 (4-33)에 의해 응력집중계수는 3이 된다. 이 결과는 이미 잘 알려진 무한평판에 원형 구멍이 존재하는 경우와 같다(표 A-15-1 참고). 예리한 균열($b/a \rightarrow 0$)인 경우에는 $(\sigma_y)_{\max} \rightarrow \infty$이 된다. 그러나 마이크로 수준에서 무한히 날카로운 균열은 이상적인 가정일뿐 물리적으로는 불가능하며 소성 변형이 일어나면 응력은 균열 끝단에서 유한한 값을 갖게 된다.

Griffith는 하중으로 인한 에너지 해방률이 균열이 진전하기 위해 필요한 에너지 해방률(Energy Release Rate) 보다 크면 균열이 진전한다는 것을 보인 바 있다. 균열의 성장은 안정적일 수도 불안정적일 수도 있다. 불안정한 균열의 성장은 해당 균열 길이에 대한 에너지 **해방률**의 변화비가 균열성장을 위한 **에너지율**의 변화비보다 크거나 같을 때 발생한다. Griffith의 실험적인 연구는 유리와 같이 재료의 표면 에너지에 대한 가설이 많이 확인된 취성재료에 국한되었다. 연성재료에 대해서는 표면 에너지보다 균열 끝단에서 소성 변형을 일으키기 위한 에너지가 더 중요하다고 알려져 있다.

균열의 모드와 응력확대계수

그림 4-23과 같이 균열(crach)의 진전에는 3가지 모드가 존재한다. Mode I은 그림 4-23*a*와 같이 응력이 균열면에 수직으로 작용하며, **열림 균열 진전 모드**(*opening crack propagation mode*)이다. 이러한 모드는 실제적으로 가장 일반적이다. Mode II는 그림 4-23*b*와 같은 **미끄럼 모드**(*sliding mode*)로 면내 전단에 의한 것이다. Mode III는 그림 4-23*c*와 같은 **찢김 모드**(*tearing mode*)로 면외 전단에 의한 것이다. 세가지 모드는 복합적으로 발생하기도 한다. Mode I은 가장 일반적이고 중요한 모드이며, 이후 본 절에서는 Mode I 경우만을 고려할 것이다.

그림 4-24와 같이 균열 길이가 $2a$이고 Mode I인 무한평판을 고려하자. 복소수 응력함수를 사용하면 균열 선단에서의 dx, dy요소는 다음과 같은 응력장으로 나타낼 수 있다.

$$\sigma_x = \sigma\sqrt{\frac{a}{2r}}\cos\frac{\theta}{2}\left(1 - \sin\frac{\theta}{2}\sin\frac{3\theta}{2}\right) \qquad (4\text{-}34a)$$

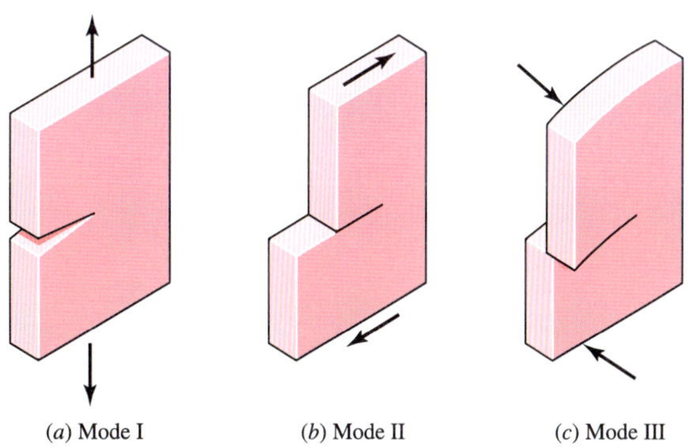

(*a*) Mode I (*b*) Mode II (*c*) Mode III

그림 4-23
균열 진전 모드

그림 4-24
Mode I 균열 모델

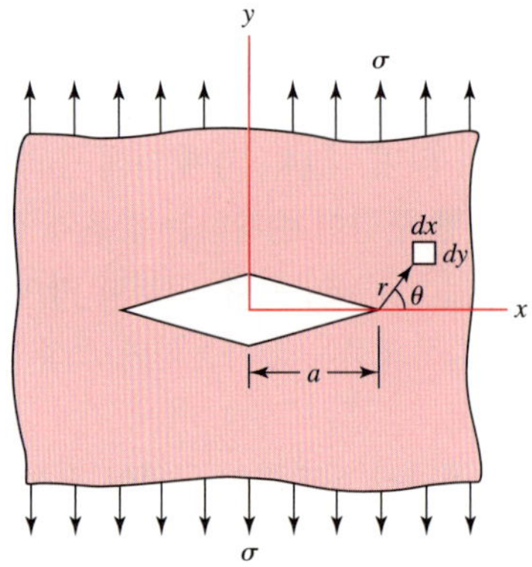

$$\sigma_y = \sigma\sqrt{\frac{a}{2r}}\cos\frac{\theta}{2}\left(1+\sin\frac{\theta}{2}\sin\frac{3\theta}{2}\right) \tag{4-34b}$$

$$\tau_{xy} = \sigma\sqrt{\frac{a}{2r}}\sin\frac{\theta}{2}\cos\frac{\theta}{2}\cos\frac{3\theta}{2} \tag{4-34c}$$

$$\sigma_z = \begin{cases} 0 & \text{(for plane stress)} \\ \nu(\sigma_x+\sigma_y) & \text{(for plane strain)} \end{cases} \tag{4-34d}$$

균열 선단에서 $\theta = 0$일 때의 응력 σ_y는 다음과 같다.

$$\sigma_y|_{\theta=0} = \sigma\sqrt{\frac{a}{2r}} \tag{a}$$

타원형 균열이라면 $r \to 0$ 일때 $\sigma_y|_{\theta=0} \to \infty$임을 알 수 있으며, 균열 선단에서 무한대의 응력 집중이 걸린다는 개념은 적절하지 않다. 그러나 $\sigma_y|_{\theta=0}\sqrt{2r} = \sigma\sqrt{a}$의 값은 $r \to 0$ 이더라도 일정하게 유지된다. **응력확대계수**(*stress intensity factor*) K를 결정하는 일반적인 방법은 다음과 같이 표현된다.

$$K = \sigma\sqrt{\pi a} \tag{b}$$

K의 단위는 $\text{MPa}\sqrt{\text{m}}$ 또는 $\text{kpsi}\sqrt{\text{in}}$이다. Mode I에 대하여 고려하면 식 (*b*)는 다음과 같이 표현된다.

$$K_I = \sigma\sqrt{\pi a} \tag{4-35}$$

응력확대계수를 3-13절과 4-2절에서 다룬 정적 응력집중계수 K_t, K_{ts}와 혼동해서는 안된다.

따라서 식 (4-34)은 다음과 같이 정리된다.

$$\sigma_x = \frac{K_I}{\sqrt{2\pi r}}\cos\frac{\theta}{2}\left(1-\sin\frac{\theta}{2}\sin\frac{3\theta}{2}\right) \tag{4-36a}$$

$$\sigma_y = \frac{K_I}{\sqrt{2\pi r}}\cos\frac{\theta}{2}\left(1+\sin\frac{\theta}{2}\sin\frac{3\theta}{2}\right) \tag{4-36b}$$

$$\tau_{xy} = \frac{K_I}{\sqrt{2\pi r}}\sin\frac{\theta}{2}\cos\frac{\theta}{2}\cos\frac{3\theta}{2} \tag{4-36c}$$

그림 4-25
축방향 인장응력을 받는 평판에 존재하는 비대칭 균열 (실선: 균열 선단 A, 점선: 균열 선단 B)

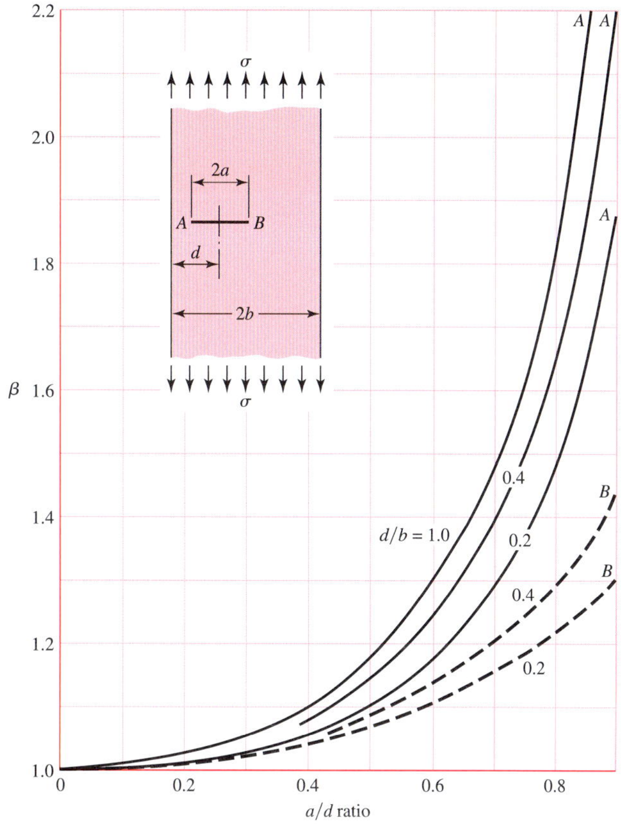

$$\sigma_z = \begin{cases} 0 & \text{(for plane stress)} \\ \nu(\sigma_x + \sigma_y) & \text{(for plane strain)} \end{cases} \tag{4-36d}$$

응력확대계수는 형상, 균열의 크기와 모양, 하중의 함수이다. 다양한 하중과 형상에 대하여 식 (4-35)는 다음과 같이 나타낼 수 있다.

$$K_I = \beta\sigma\sqrt{\pi a} \tag{4-37}$$

여기서 β는 **응력확대수정계수**(*stress intensity modification factor*)이다. 기본 형상에 대한 β는 참고문헌에서 찾을 수 있다.[11] 그림 4-25~4-30은 Mode I에 대한 β의 몇 가지 예를 나타낸 것이다.

[11] See, for example:
H. Tada, P. C. Paris, and G. R. Irwin, *The Stress Analysis of Cracks Handbook*, 3rd ed., ASME Press, New York, 2000.
G. C. Sib, *Handbook of Stress Intensity Factors for Researchers and Engineers*, Institute of Fracture and Solid Mechanics, Lehigh University, Bethlehem, Pa., 1973.
Y. Murakami, ed., *Stress Intensity Factors Handbook*, Pergamon Press, Oxford, U.K., 1987.
W. D. Pilkey, *Formulas for Stress, Strain, and Structural Matrices*, 2nd ed. John Wiley & Sons, New York, 2005.

그림 4-26
축방향 응력이 작용하는 모서리 균열이 있는 평판(실선: 굽힘을 제한하지 않는 경우, 점선: 굽힘을 제한한 경우)

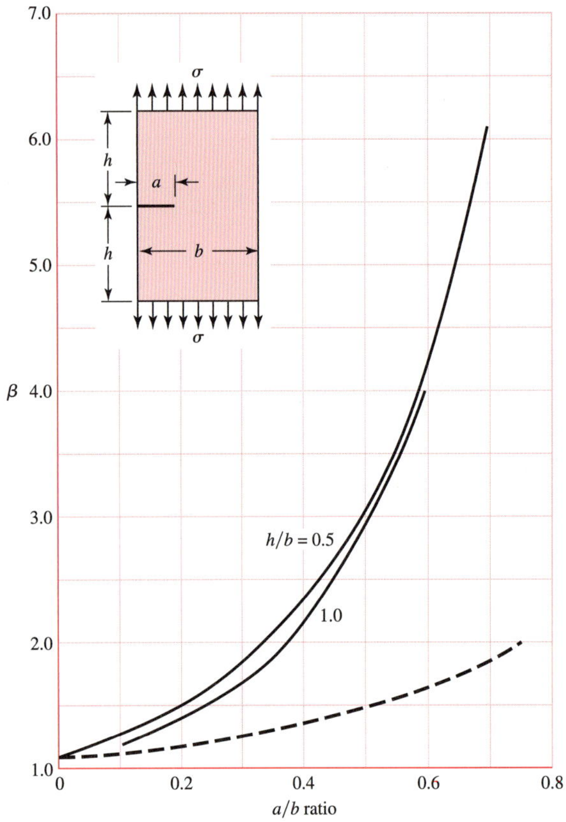

그림 4-27
모서리 균열이 있는 사각 단면 보

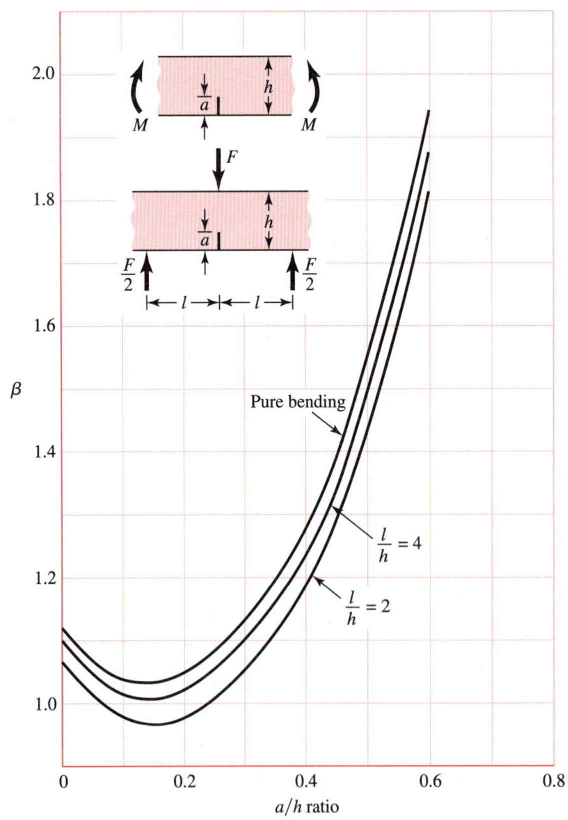

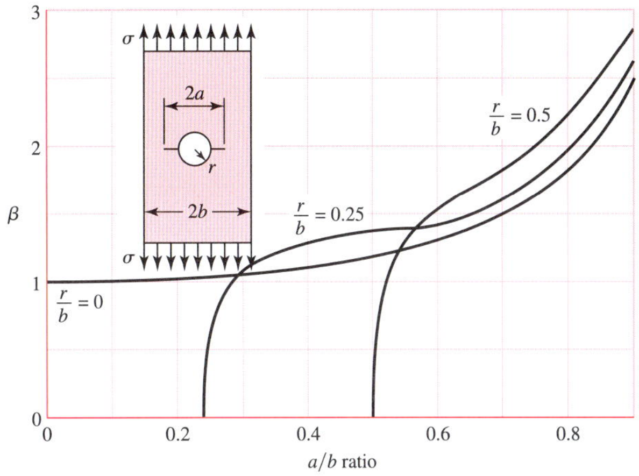

그림 4-28
두 개의 균열이 있는 둥근 구멍을 가진 인장 평판

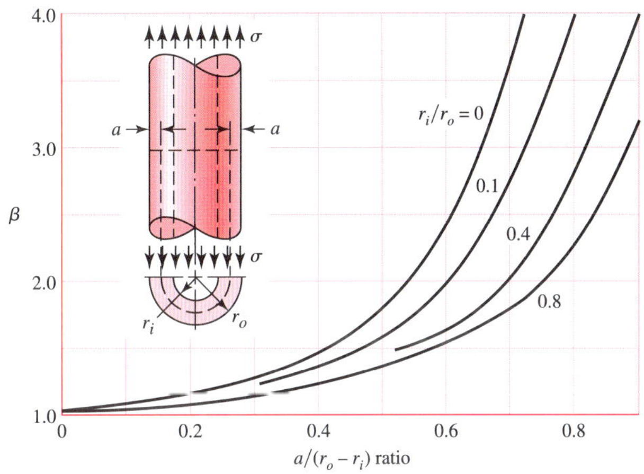

그림 4-29
실린더 전체 원주에 대해 깊이가 a인 반지름방향 균열을 가진 축방향 인장 하중이 작용하는 실린더

파괴인성

Mode I의 응력확대계수가 임계값(K_{Ic})에 도달하면 균열은 진전하게 된다. **임계응력확대계수**(critical stress intensity factor) K_{Ic} 는 재료, 균열의 모드, 재료의 가공방법, 온도, 하중비, 균열주위의 응력상태(평면응력 혹은 평면변형률)에 관련된 재료 물성치이다. 임계응력확대계수 K_{Ic}는 재료의 **파괴인성치**(*fracture toughness*) 라고도 한다. 파괴인성치는 일반적으로 평면변형률 상태가 평면응력 상태보다 작은 값을 가진다. 이러한 이유로 인해 K_{Ic}는 평면변형률 상태에서의 Mode I 균열의 파괴인성치로 정의된다. 파괴인성치 K_{Ic}는 금속에 대해서는 $20 \le K_{Ic} \le 200$ MPa $\cdot \sqrt{\text{m}}$, 폴리머나 세라믹 같은 재료에 대해서는 $1 \le K_{Ic} \le 5$ MPa $\cdot \sqrt{\text{m}}$범위의 값을 가진다. 4340강의 경우 열처리를 하면 항복강도는 800 MPa에서 1600 MPa정도로 증가하지만 K_{Ic}는 190 MPa $\cdot \sqrt{\text{m}}$에서 40 MPa $\cdot \sqrt{\text{m}}$로 감소한다.

표 4-1은 여러 가지 재료에 대한 상온에서의 K_{Ic} 값을 대략적으로 나타낸 것이다. 앞서 언급한 바와 같이 파괴인성치는 여러 인자에 의해 영향을 받으며 표는 K_{Ic}의 몇 가지 특정한 값들을 나타낸 것이다. 실제 적용을 위해서는 표준 시험법에 의해 입증된 결과를 사용해야 한다(American Society for Testing and Materials (ASTM) standard E399 참고).

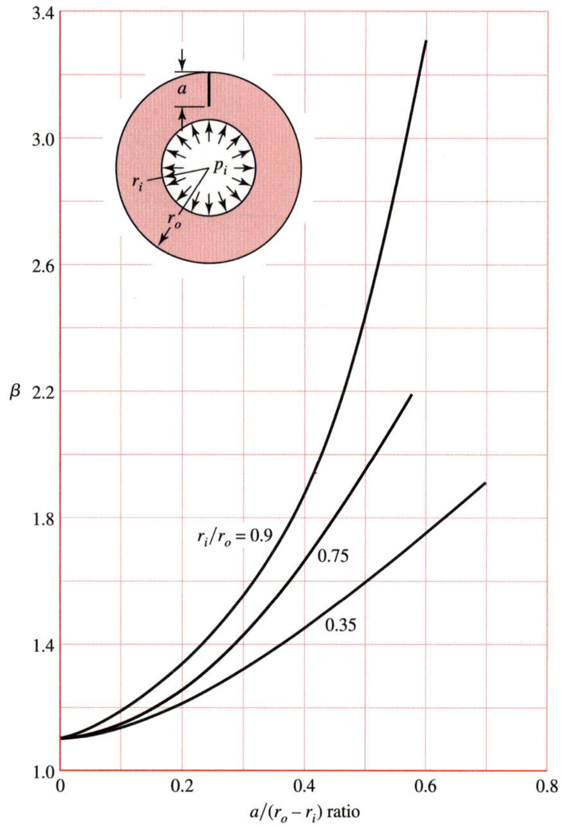

그림 4-30
깊이가 a이고 반지름의 길이방향인 균열이 있는 내압을 받는 실린더 Use for the tangential stress at $r = r_0$.

설계자가 직면하는 첫 번째 문제 중 하나는 취성파괴가 발생할 수 있는 조건의 유무를 결정하는 것이다. 상온보다 낮은 저온에서의 작동은 취성파괴가 발생할 수 있는 중요한 인자가 된다. 다양한 재료에 대한 천이온도 표는 아직 제시되지 못하고 있는데, 이는 단일 재료에 대해서도 값이 큰 변화를 보이기 때문이다. 따라서 많은 경우에 있어서 실험실 수준의

표 4-1
몇 가지 재료에 대한 상온 K_{Ic} 값

Material	K_{Ic}, MPa$\sqrt{m}$	S_y, MPa
Aluminum		
2024	26	455
7075	24	495
7178	33	490
Titanium		
Ti-6AL-4V	115	910
Ti-6AL-4V	55	1035
Steel		
4340	99	860
4340	60	1515
52100	14	2070

시험만이 취성파괴에 대한 유일한 단서를 줄 수 있을 뿐이다. 취성파괴(brittle fracture) 가능성에 대한 다른 인자는 항복강도와 인장강도의 비이다. 항복강도와 인장강도의 비가 크면 소성영역에서 흡수하는 에너지의 양이 작아지고 취성파괴의 가능성이 높아지게 된다.

임계응력확대계수와 응력확대계수의 비 K_{Ic}/K_I는 다음과 같이 안전계수로 사용이 가능하다.

$$n = \frac{K_{Ic}}{K_I} \tag{4-38}$$

예제 4-6

폭이 100 mm, 길이가 200 mm 그리고 두께가 12 mm인 평판에 길이 방향으로 인장하중이 작용하고 있다. 이 평판에 그림 4-26 형태의 균열이 존재하며, 그 길이는 15.65 mm이다. 평판의 재질은 강으로 $K_{Ic} = 490$ Mpa $\cdot \sqrt{\text{m}}$ 이고 $S_y = 1.1$ GPa 이다. 이때, (*a*) 평판에 항복을 발생시키지 않고 (*b*) 균열 성장을 발생시키지 않는 최대 하중을 구하라.

풀이 (*a*) 응력 집중 무시하면

답 $F = S_y A = 1.1(10^9)0.1(0.012) = 1320$ kN

(*b*) 그림 4-26 으로부터. $h/b = 1$, $a/b = 15.65/100 = 0.1565$, $\beta = 1.3$을 식 (4.37)에 적용하면

$$490 = 1.3\frac{F}{100(12)}\sqrt{\pi(15.65)}$$

답 $F = 64.5$ kN

예제 4-7

폭이 1.4 m이고 길이는 2.8 m인 평판이 2.8 m 떨어진 지점에서 작용하는 4.0 MN의 인장력을 지지해야 한다. 지정된 검사방법으로는 길이가 2.7 mm이상인 두께방향 관통 모서리 균열만을 검출할 수 있다. 표 4-1에 있는 두 가지 Ti-6AL-4V 합금이 고려대상일 때, 안전계수는 1.3 이어야만 하고 최소 무게가 중요하다고 할 때 두 가지 중 어떤 합금이 사용되어야 하는가?

풀이 (*a*) 먼저 항복이 발생하지 않는 두께를 구한다. $\sigma = P/wt$ 이므로 $t = P/w\sigma$이다. 표 4-1의 Ti-6AL-4V 중 더 약한 합금의 경우 $S_y = 910$ Mpa이다.
따라서

$$\sigma_{\text{all}} = \frac{S_y}{n} = \frac{910}{1.3} = 700 \text{ MPa}$$

따라서

$$t = \frac{P}{w\sigma_{\text{all}}} = \frac{4.0(10)^3}{1.4(700)} = 4.08 \text{ mm 또는 그 이상}$$

표 4-1의 Ti-6AL-4V 중 더 강한 합금의 경우

$$\sigma_{\text{all}} = \frac{1035}{1.3} = 796 \text{ MPa}$$

따라서 두께는

답

$$t = \frac{P}{w\sigma_{\text{all}}} = \frac{4.0(10)^3}{1.4(796)} = 3.59 \text{ mm} \ \text{또는 그 이상}$$

(*b*) 이제 균열 성장을 방지하기 위한 두께를 계산하자. 그림 4-26을 사용하면 다음과 같다.

$$\frac{h}{b} = \frac{2.8/2}{1.4} = 1 \qquad \frac{a}{b} = \frac{2.7}{1.4(10^3)} = 0.001\,93$$

따라서 그림 4-26으로부터 $\beta \doteq 1.1$이고 $K_I = 1.1\sigma\sqrt{\pi a}$임을 알 수 있다.

$$n = \frac{K_{Ic}}{K_I} = \frac{115\sqrt{10^3}}{1.1\sigma\sqrt{\pi a}}, \qquad \sigma = \frac{K_{Ic}}{1.1n\sqrt{\pi a}}$$

표 4-1로부터 두 가지 합금 중 상대적으로 약한 재료의 $K_{Ic} = 115 \text{ MPa}\sqrt{\text{m}}$이다. $n = 1$일 때 σ에 대한 파괴응력은 다음과 같다.

$$\sigma = \frac{115}{1.1\sqrt{\pi(2.7 \times 10^{-3})}} = 1135 \text{ MPa}$$

이것은 항복강도 910 MPa보다 크므로 항복강도가 형상 결정을 위한 기본 요소가 된다. $S_y = 1035$ MPa인 조금 더 강한 합금의 경우, $n = 1$일 때 파괴응력은 다음과 같다.

$$\sigma = \frac{K_{Ic}}{nK_I} = \frac{55}{1(1.1)\sqrt{\pi(2.7 \times 10^{-3})}} = 542.9 \text{ MPa}$$

이는 항복강도보다 작으며, 두께 t는 다음과 같다.

$$t = \frac{P}{w\sigma_{\text{all}}} = \frac{4.0(10^3)}{1.4(542.9/1.3)} = 6.84 \text{ mm} \ \text{또는 그 이상}$$

이 예제는 강한 합금을 사용할 경우에 파괴인성 K_{Ic}가 형상을 제한하고, 따라서 두께는 6.84 mm이거나 더 커야 한다는 것을 보여주고 있다. 더 약한 합금을 사용할 경우에 형상은 항복강도에 의해 제한되며 두께는 4.08 mm이거나 더 커야 한다는 것을 보여준다. 이와 같이 파손 모드가 다르기 때문에 오히려 약한 합금이 얇고 경량화에 적합하다.

4-13 통계적 해석

신뢰성은 기계 시스템과 부품이 파손 없이 자신의 역할을 만족하게 수행할 확률이다. 이와 같은 관점에서 본 장에서는 지금까지 정적 응력, 강도, 그리고 설계계수 사이의 관계를 결

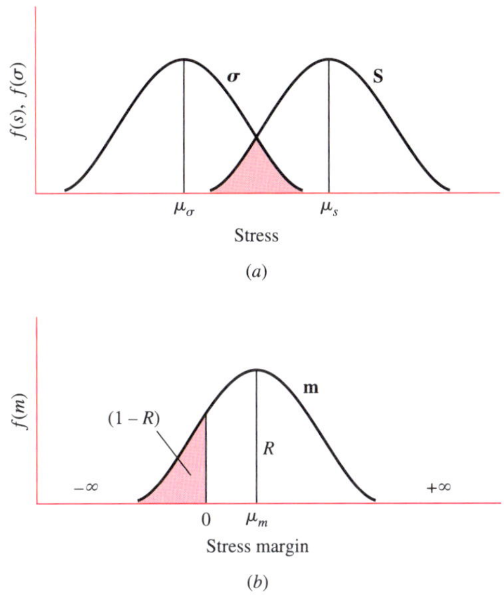

그림 4-31
응력의 크기 **m**을 포함한 **S**와 **σ**의 간섭을 확률밀도 함수를 사용하여 나타냄. (*a*) 응력과 강도의 분포 (*b*) 간섭의 분포; 신뢰도 *R*은 **m**의 밀도함수가 0보다 큰 부분을 나타내며 간섭 부분은 0보다 작은 면적으로서 (1 − *R*)이다.

정론적인 방법에 국한해서 논의하였다. 그러나 실제적으로 응력과 강도는 통계적이며, 이는 응력을 받는 요소의 신뢰성과 밀접한 연관을 가지고 있다. 그림 4-31*a*에 나타낸 바와 같이, 응력과 강도가 각각 **σ**, **S**인 확률밀도함수(probability density function)를 고려해 보자. 응력과 강도의 평균값은 각각 μ_σ와 μ_S이다. 여기서 평균 안전계수는 다음과 같다.

$$\bar{n} = \frac{\mu_S}{\mu_\sigma} \tag{a}$$

임의의 응력과 강도에 대해 안전여유도(*margin of safety*)는 다음과 같이 정의된다.

$$m = S - \sigma \tag{b}$$

평균값 주위의 안전여유도 $\bar{m} = \mu_S - \mu_s$로 나타낼 수 있다. 그러나 그림 4-31*a*에 어둡게 나타낸 분포의 중복되는 부위와 같이 응력이 강도를 초과하면 안전여유도의 크기는 음수가 되며 이 부분은 파손이 예상된다. 이러한 어두운 부분을 **σ**와 **S**의 간섭(*interference*)이라고 부른다.

그림 4-31*b*는 *m*의 분포가 명백히 응력과 강도의 분포에 연관되어 있다는 것을 보여준다. 부품이 파손되지 않을 신뢰도 *R*은 $m > 0$인 안전여유도 분포의 면적이다. 간섭을 일으키는 부분 $1 - R$은 부품의 파손이 기대되는 영역이다. 우리는 앞으로 응력과 강도의 간섭을 일으키게 하는 몇 가지 분명한 경우에 대하여 알아볼 것이다.

정규분포-정규분포의 경우

$\mathbf{S} = \mathbf{N}(\mu_S, \hat{\sigma}_S)$, $\boldsymbol{\sigma} = \mathbf{N}(\mu_\sigma, \hat{\sigma}_\sigma)$의 정규분포를 고려하자. 응력여유도는 $\mathbf{m} = \mathbf{S} - \boldsymbol{\sigma}$이고, 정규분포를 더하거나 빼더라도 정규분포이므로 역시 정규분포가 된다. 따라서 $\mathbf{m} = \mathbf{N}(\mu_m, \hat{\sigma}_m)$이다. 신뢰도(reliability)는 $m > 0$일 확률 *p*이다. 이것은 다음과 같이 나타낼 수 있다.

$$R = p(S > \sigma) = p(S - \sigma > 0) = p(m > 0) \tag{4-39}$$

$m > 0$인 경우를 찾기 위해 **m**의 변수 z를 생성하고 $m = 0$으로 치환한다. $\mu_m = \mu_S - \mu_\sigma$, $\hat{\sigma}_m = (\hat{\sigma}_S^2 + \hat{\sigma}_\sigma^2)^{1/2}$이므로 다음과 같이 된다.

$$z = \frac{m - \mu_m}{\hat{\sigma}_m} = \frac{0 - \mu_m}{\hat{\sigma}_m} = -\frac{\mu_m}{\hat{\sigma}_m} = -\frac{\mu_S - \mu_\sigma}{\left(\hat{\sigma}_S^2 + \hat{\sigma}_\sigma^2\right)^{1/2}} \tag{4-40}$$

식 (4-40)을 **정규화 식**(*normal coupling equation*)이라 한다. z와 관계된 신뢰도는 다음과 같이 주어진다.

$$R = \int_x^\infty \frac{1}{\sqrt{2\pi}} \exp\left(-\frac{u^2}{2}\right) du = 1 - F = 1 - \Phi(z) \tag{4-41}$$

표 A-10에 $z > 0$일 경우의 R과 $z \le 0$일 경우의 $(1 - R = F)$가 주어져 있다. $\bar{n} = \mu_S/\mu_\sigma$이라고 놓고, 식 (4-40)의 양변을 제곱하고 $C_S = \hat{\sigma}_S/\mu_S$와 $C_\sigma = \hat{\sigma}_\sigma/\mu_\sigma$를 도입하여 $\bar{n}$에 대한 2차방정식을 풀면 다음과 같이 된다.

$$\bar{n} = \frac{1 \pm \sqrt{1 - \left(1 - z^2 C_S^2\right)\left(1 - z^2 C_\sigma^2\right)}}{1 - z^2 C_S^2} \tag{4-42}$$

양의 부호는 $R > 0.5$인 경우이며, 음의 부호는 $R < 0.5$일 때이다.

대수정규분포–대수정규분포의 경우

대수정규분포 $\mathbf{S} = \mathbf{LN}(\mu_S, \hat{\sigma}_S)$와 $\boldsymbol{\sigma} = \mathbf{LN}(\mu_\sigma, \hat{\sigma}_\sigma)$를 고려해 보자. 각각에 대응되는 정규분포는 다음과 같이 나타낼 수 있다.

$$\left.\begin{aligned} \mu_{\ln S} &= \ln \mu_S - \ln\sqrt{1 + C_S^2} \\ \hat{\sigma}_{\ln S} &= \sqrt{\ln\left(1 + C_S^2\right)} \end{aligned}\right\} \quad \text{(강도)}$$

그리고

$$\left.\begin{aligned} \mu_{\ln \sigma} &= \ln \mu_\sigma - \ln\sqrt{1 + C_\sigma^2} \\ \hat{\sigma}_{\ln \sigma} &= \sqrt{\ln\left(1 + C_\sigma^2\right)} \end{aligned}\right\} \quad \text{(응력)}$$

정규분포 간섭에 대한 식 (4-40)을 이용하면 다음과 같이 된다.

$$z = -\frac{\mu_{\ln S} - \mu_{\ln \sigma}}{\left(\hat{\sigma}_{\ln S}^2 + \hat{\sigma}_{\ln \sigma}^2\right)^{1/2}} = -\frac{\ln\left(\dfrac{\mu_S}{\mu_\sigma}\sqrt{\dfrac{1 + C_\sigma^2}{1 + C_S^2}}\right)}{\sqrt{\ln\left[\left(1 + C_S^2\right)\left(1 + C_\sigma^2\right)\right]}} \tag{4-43}$$

신뢰도 R은 식 (4-41)와 같이 표현할 수 있다. 설계계수 **n**은 무작위 변수이며 **S**를 $\boldsymbol{\sigma}$로 나눈 값에 해당된다. 대수정규분포를 나눈 값은 대수정규분포이며, 대수정규분포 **n**에서 변수 z를 추출하면 다음과 같이 표현할 수 있다.

$$\mu_n = \frac{\mu_S}{\mu_\sigma} \qquad C_n = \sqrt{\frac{C_S^2 + C_\sigma^2}{1 + C_\sigma^2}} \qquad \hat{\sigma}_n = C_n \mu_n$$

$\mathbf{n} = \mathbf{LN}(\mu_n, \hat{\sigma}_n)$에 대응되는 정규분포는 다음과 같은 평균값과 표준편차를 갖는다.

$$\mu_y = \ln \mu_n - \ln \sqrt{1 + C_n^2} \qquad \hat{\sigma}_y = \sqrt{\ln\left(1 + C_n^2\right)}$$

대응되는 정규분포 y에 대한 변수 z는 다음과 같다.

$$z = \frac{y - \mu_y}{\hat{\sigma}_y}$$

파손(failure)은 $\bar{n} < 1$ 또는 $y < 0$ 일때 응력이 강도보다 큰 경우에 발생한다.

$$z = \frac{0 - \mu_y}{\hat{\sigma}_y} = -\frac{\mu_y}{\sigma_y} = -\frac{\ln \mu_n - \ln \sqrt{1 + C_n^2}}{\sqrt{\ln\left(1 + C_n^2\right)}} \doteq -\frac{\ln\left(\mu_n / \sqrt{1 + C_n^2}\right)}{\sqrt{\ln\left(1 + C_n^2\right)}} \tag{4-44}$$

μ_n에 대해 풀면 다음과 같이 된다.

$$\mu_n = \bar{n} = \exp\left[-z\sqrt{\ln\left(1 + C_n^2\right)} + \ln \sqrt{1 + C_n^2}\right] \doteq \exp\left[C_n\left(-z + \frac{C_n}{2}\right)\right] \tag{4-45}$$

식 (4-42)과 (4-45)는 몇 가지 이유로 인해 중요하다.

- 두 식은 설계계수 $\bar{n}$와 신뢰도 목표(z를 통해) 그리고 강도 및 응력의 변동계수(coefficients of variation)의 관계를 나타낸다.
- 두 식은 응력과 강도의 평균값의 함수가 아니다.
- 두 식은 평균값과 관계된 결정을 내리기 전에, 신뢰도 목표를 달성하기 위한 설계계수를 계산하는 데 사용된다. C_S는 미미하지만 각각의 재료에 연관성이 있다. C_σ는 하중에 대한 분산계수를 가지고 있으며, 일반적으로 수어시는 값이다.

예제 4-8 냉간가공된 1018강으로 만든 둥근 막대는 0.2% 항복강도가 $\mathbf{S}_y = \mathbf{N}(540, 40)$ MPa이고 $\mathbf{P} = \mathbf{N}(220, 18)$ kN의 정적 축 하중을 받고 있다. 항복에 대해 ($z = -3.09$) 신뢰도가 0.999에 해당하는 설계계수 $\bar{n}$의 값은 얼마인가? 해당하는 막대의 지름을 결정하라.

풀이 $C_S = 40/540 = 0.0741$ 그리고

$$\boldsymbol{\sigma} = \frac{\mathbf{P}}{A} = \frac{4\mathbf{P}}{\pi d^2}$$

지름의 공분산이 하중이나 강도의 공분산에 비해 작기 때문에 지름은 결정론적 방법으로 처리된다.

$$C_\sigma = C_P = \frac{18}{220} = 0.082$$

식 (4-42)으로부터

$$\bar{n} = \frac{1 + \sqrt{1 - [1 - (-3.09)^2(0.0741^2)][1 - (-3.09)^2(0.082^2)]}}{1 - (-3.09)^2(0.0741^2)} = 1.41$$

지름은 다음과 같이 결정론적으로 구해진다.

답

$$d = \sqrt{\frac{4\bar{P}}{\pi \bar{S}_y)\bar{n}}} = \sqrt{\frac{4(220\ 000)}{\pi(540 \times 10^6)/1.41}} = 0.027 \text{ m}$$

확인 $\mathbf{S}_y = \mathbf{N}(540, 40)$ MPa, $\mathbf{P} = \mathbf{N}(220, 18)$ kN, 그리고 $d = 0.027$ m이므로

$$A = \frac{\pi d^2}{4} = \frac{\pi(0.027^2)}{4} = 572.6 \times 10^{-6} \text{ m}^2$$

$$\bar{\sigma} = \frac{\bar{P}}{A} = \frac{(220\ 000)}{572 \times 10^{-6}} = 384.6 \text{ MPa}$$

$$C_P = C_\sigma = \frac{18}{220} = 0.082$$

$$\hat{\sigma}_\sigma = C_\sigma \bar{\sigma} = 0.082(384.6) = 31.5 \text{ MPa}$$

$$\hat{\sigma}_S = 40 \text{ MPa}$$

식 (4-40)로부터

$$z = -\frac{540 - 384.6}{(40^2 + 31.5^2)^{1/2}} = -3.09$$

부록에 있는 표 A-10으로부터 $R = \Phi(-3.09) = 0.999$임을 알 수 있다.

예제 4-9 응력과 강도가 대수정규분포라고 할 때 예제 4-8번을 다시 풀어라.

풀이 $C_S = 40/540 = 0.0741$, $C_\sigma = C_p = 18/220 = 0.082$. 따라서

$$\boldsymbol{\sigma} = \frac{\mathbf{P}}{A} = \frac{4\mathbf{P}}{\pi d^2}$$

$$C_n = \sqrt{\frac{C_S^2 + C_\sigma^2}{1 + C_\sigma^2}} = \sqrt{\frac{0.0741^2 + 0.082^2}{1 + 0.082^2}} = 0.111$$

표 A-10으로부터 $z = -3.09$이다. 식 (4-45)로부터

$$\bar{n} = \exp\left[-(-3.09)\sqrt{\ln(1 + 0.111^2)} + \ln\sqrt{1 + 0.111^2}\right] = 1.416$$

$$d = \sqrt{\frac{4\bar{P}}{\pi \bar{S}_y/\bar{n}}} = \sqrt{\frac{4(220\ 000)}{\pi(540 \times 10^6)/1.416}} = 0.0271 \text{ m}$$

확인 $\mathbf{S}_y = \mathbf{LN}(540, 40)$, $\mathbf{P} = \mathbf{LN}(220, 18)$ kN. 따라서

$$A = \frac{\pi d^2}{4} = \frac{\pi(0.0271^2)}{4} = 576.8 \times 10^{-6}\ \text{m}^2$$

$$\bar{\sigma} = \frac{\bar{P}}{A} = \frac{220\,000}{576.8 \times 10^{-6}} = 381.4\ \text{MPa}$$

$$C_\sigma = C_P = \frac{18}{220} = 0.082$$

$$\hat{\sigma}_\sigma = C_\sigma \mu_\sigma = 0.082(381.4) = 31.3\ \text{MPa}$$

식 (4-43)로부터

$$z = -\frac{\ln\left(\dfrac{540}{381.4}\sqrt{\dfrac{1+0.082^2}{1+0.0741^2}}\right)}{\sqrt{\ln[(1+0.0741^2)(1+0.082^2)]}} = -3.1566$$

부록에 있는 표 A-10에서 $R = 0.9998$임을 알 수 있다.

간섭의 일반론

앞에서는 두 가지 분포가 모두 정규분포이거나 대수정규분포인 경우에 대해 신뢰도를 구하기 위한 간섭 이론을 다뤘다. 그러나 때때로 응력은 대수정규분포지만 강도는 와이불(Weibull) 분포를 가지고 있는 것으로 알려져 있다. 사실상 응력들은 대부분 대수정규분포를 보이는데 이는 정규분포인 변량들의 곱을 수행하였을 때의 결과가 대수정규분포에 접근하기 때문이다. 우리는 반드시 혼합된 분포를 가진 간섭문제에 대하여 생각하여야 하며 이러한 문제를 해결하기 위한 일반적인 방법이 필요하다.

강도와 응력을 제외한 다른 분포와 관계된 문제를 해결하기 위해 간섭 이론을 사용할 것이라는 점은 분명하다. 이와 같은 이유로 우리는 강도 분포를 나타내기 위해 하첨자 1을 사용하고, 응력분포를 나타내기 위해 하첨자 2를 사용한다. 그림 4-32는 정렬된 두 분포를 보여주며, 단일 커서(cursor) x가 두 분포의 점을 나타내기 위해 사용될 것이다. 따라서 다음과 같이 표현할 수 있다.

$$\begin{pmatrix}\text{응력이 재료강도}\\ \text{보다 낮을 확률}\end{pmatrix} = dp(\sigma < x) = dR = F_2(x)\,dF_1(x)$$

F_2를 $1 - R_2$로 dF_1을 $-dR_1$으로 대체하면 다음과 같다.

$$dR = -[1 - R_2(x)]\,dR_1(x)$$

커서의 모든 가능한 위치에서의 신뢰도는 $-\infty$에서 ∞까지 x에 대한 적분으로 구할 수 있다. 그러나 이는 신뢰도 R_1에 대해 1에서 0까지 적분한 것에 해당한다. 따라서 다음과 같다.

$$R = -\int_1^0 [1 - R_2(x)]\,dR_1(x)$$

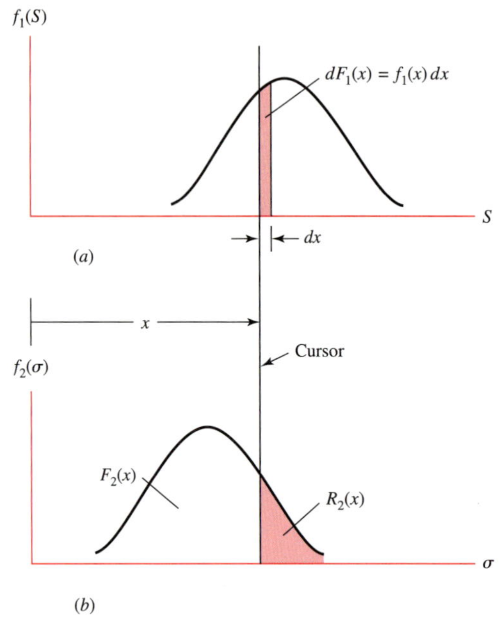

그림 4-32
(*a*) 강도 분포에 대한 확률밀도함수 (*b*) 하중에 의한 응력분포에 대한 확률밀도함수

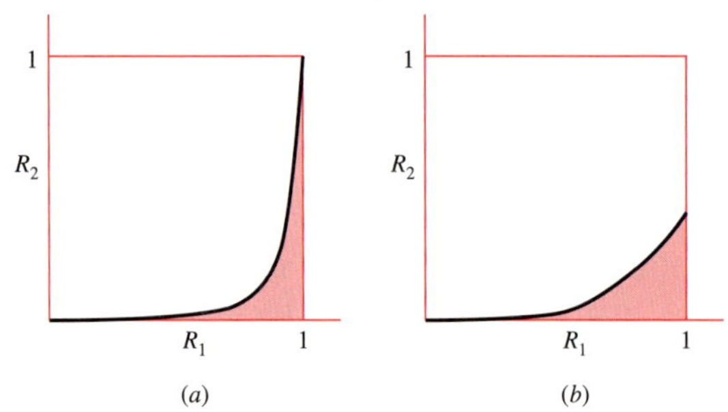

그림 4-33
R_1R_2 선로의 곡선 형상. 각각의 경우 어두운 부분은 $1 - R$과 같고 이는 수치 적분으로 구해진다. (*a*) 점근 분포(asymptotic distribution)에 대한 대표적 곡선. (*b*) 와이블과 같은 하단 생략 분포(lower truncated distribution)로부터 얻어진 곡선 형상.

위의 식을 다시 적으면

$$R = 1 - \int_0^1 R_2\, dR_1 \tag{4-46}$$

여기서,

$$R_1(x) = \int_x^\infty f_1(S)\, dS \tag{4-47}$$

$$R_2(x) = \int_x^\infty f_2(\sigma)\, d\sigma \tag{4-48}$$

일반적인 분포에 대해, $R_1 - R_2$ 그래프는 그림 4-33에 나타내었다. 두 가지 경우 모두 수치 적분이나 컴퓨터 해로부터 쉽게 계산할 수 있음을 보여준다. 신뢰도가 높을 때, 적분 면적은 그림 4-33*a*의 오른쪽 뾰족한 부분 아래에 있다.

4-14 중요 설계 방정식

본 절에서는 주요 방정식들과 그 위치를 요약하여 정리하였다. **평면응력(*plane stress*)에 대해 다음을 주의하라:** 다음 식에서 σ_A와 σ_B로 표기된 주응력은 2차원의 식(3-13)에 의해 구해진 응력을 나타낸다.

최대 전단 이론(Maximum Shear Theory)

$$\tau_{\max} = \frac{\sigma_1 - \sigma_3}{2} = \frac{S_y}{2n} \tag{4-3}$$

변형에너지 이론(Distortion-Energy Theory)

Von Mises stress,

$$\sigma' = \left[\frac{(\sigma_1-\sigma_2)^2 + (\sigma_2-\sigma_3)^2 + (\sigma_3-\sigma_1)^2}{2}\right]^{1/2} \tag{4-12}$$

$$\sigma' = \frac{1}{\sqrt{2}}\left[(\sigma_x-\sigma_y)^2 + (\sigma_y-\sigma_z)^2 + (\sigma_z-\sigma_x)^2 + 6(\tau_{xy}^2 + \tau_{yz}^2 + \tau_{zx}^2)\right]^{1/2} \tag{4-14}$$

평면응력(Plane stress),

$$\sigma' = (\sigma_A^2 - \sigma_A\sigma_B + \sigma_B^2)^{1/2} \tag{4-13}$$

$$\sigma' = (\sigma_x^2 - \sigma_x\sigma_y + \sigma_y^2 + 3\tau_{xy}^2)^{1/2} \tag{4-15}$$

항복 설계식,

$$\sigma' = \frac{S_y}{n} \tag{4-19}$$

전단항복강도,

$$S_{sy} = 0.577\, S_y \tag{4-21}$$

Coulomb-Mohr 이론

$$\frac{\sigma_1}{S_t} - \frac{\sigma_3}{S_c} = \frac{1}{n} \tag{4-26}$$

여기서 S_t는 인장 항복강도(연성) 또는 극한 인장강도(취성)이고, S_c는 압축 항복강도(연성) 또는 극한 압축강도(취성)이다.

수정 Mohr (평면응력)

$$\sigma_A = \frac{S_{ut}}{n} \qquad \sigma_A \geq \sigma_B \geq 0$$

$$\sigma_A \geq 0 \geq \sigma_B \quad \text{and} \quad \left|\frac{\sigma_B}{\sigma_A}\right| \leq 1 \tag{4-32a}$$

$$\frac{(S_{uc} - S_{ut})\sigma_A}{S_{uc}S_{ut}} - \frac{\sigma_B}{S_{uc}} = \frac{1}{n} \qquad \sigma_A \geq 0 \geq \sigma_B \quad \text{and} \quad \left|\frac{\sigma_B}{\sigma_A}\right| > 1 \tag{4-32b}$$

$$\sigma_B = -\frac{S_{uc}}{n} \qquad 0 \geq \sigma_A \geq \sigma_B \tag{4-32c}$$

파손 이론 흐름도

그림 4-21, p.187

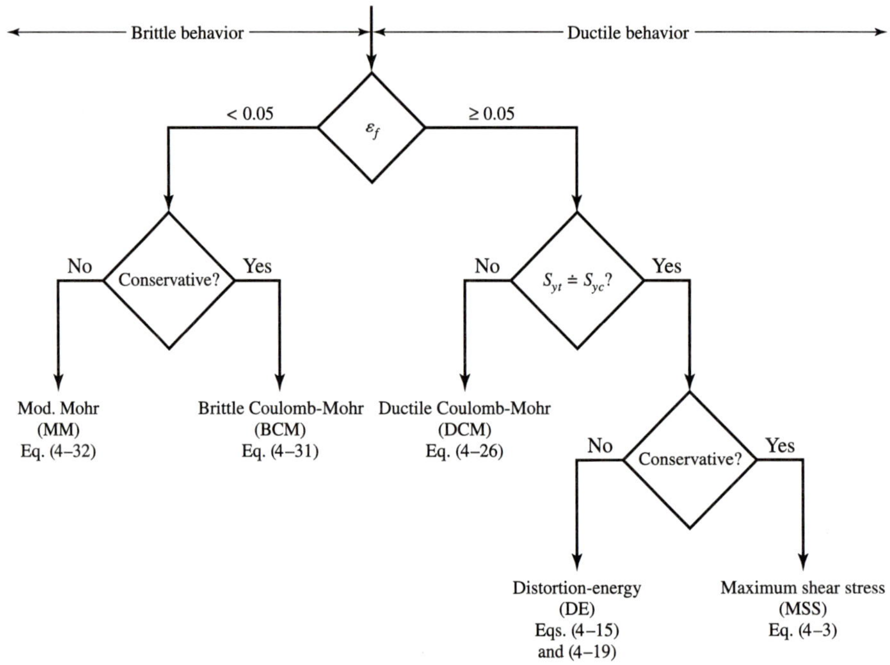

파괴역학

$$K_I = \beta\sigma\sqrt{\pi a} \tag{4-37}$$

여기서 β는 그림 4-25부터 그림 4-30에 제시되어 있다.

$$n = \frac{K_{Ic}}{K_I} \tag{4-38}$$

여기서 K_{Ic}는 표 4-1에 제시되어 있다.

통계적 해석

$\bar{n} = \mu_S/\mu_\sigma$으로 정의된 평균 안전계수 ($\mu_S$와 μ_σ는 각각 평균강도와 응력)

정규분포-정규분포의 경우

$$\bar{n} = \frac{1 \pm \sqrt{1 - (1 - z^2 C_S^2)(1 - z^2 C_\sigma^2)}}{1 - z^2 C_S^2} \tag{4-42}$$

여기서 z는 표 A-10에 제시되어 있다, $C_S = \hat{\sigma}_S/\mu_S$, $C_\sigma = \hat{\sigma}_\sigma/\mu_\sigma$.

대수정규분포-대수정규분포의 경우

$$\bar{n} = \exp\left[-z\sqrt{\ln(1 + C_n^2)} + \ln\sqrt{1 + C_n^2}\right] \doteq \exp\left[C_n\left(-z + \frac{C_n}{2}\right)\right] \tag{4-45}$$

여기서

$$C_n = \sqrt{\frac{C_S^2 + C_\sigma^2}{1 + C_\sigma^2}}$$

(정규분포 - 정규분포의 경우에 있는 다른 정의들을 보라.)

연습문제 Problems

Problems marked with an asterisk (*) are linked to problems in other chapters, as summarized in Table 1–1 of Sec. 1–16, p. 26.

4–1 A ductile hot-rolled steel bar has a minimum yield strength in tension and compression of 350 MPa. Using the distortion-energy and maximum-shear-stress theories determine the factors of safety for the following plane stress states:

(*a*) $\sigma_x = 100$ MPa, $\sigma_y = 100$ MPa
(*b*) $\sigma_x = 100$ MPa, $\sigma_y = 50$ MPa
(*c*) $\sigma_x = 100$ MPa, $\tau_{xy} = -75$ MPa
(*d*) $\sigma_x = -50$ MPa, $\sigma_y = -75$ MPa, $\tau_{xy} = -50$ MPa
(*e*) $\sigma_x = 100$ MPa, $\sigma_y = 20$ MPa, $\tau_{xy} = -20$ MPa

4–2 Repeat Prob. 4–1 with the following principal stresses obtained from Eq. (3–13):

(*a*) $\sigma_A = 100$ MPa, $\sigma_B = 100$ MPa
(*b*) $\sigma_A = 100$ MPa, $\sigma_B = -100$ MPa
(*c*) $\sigma_A = 100$ MPa, $\sigma_B = 50$ MPa
(*d*) $\sigma_A = 100$ MPa, $\sigma_B = -50$ MPa
(*e*) $\sigma_A = -50$ MPa, $\sigma_B = -100$ MPa

4–3 Repeat Prob. 4–1 for a bar of AISI 1030 hot-rolled steel and:

(*a*) $\sigma_x = 175$ MPa, $\sigma_y = 105$ MPa
(*b*) $\sigma_x = 105$ MPa, $\sigma_y = -105$ MPa
(*c*) $\sigma_x = 140$ MPa, $\tau_{xy} = -70$ MPa
(*d*) $\sigma_x = -84$ MPa, $\sigma_y = 105$ MPa, $\tau_{xy} = -63$ MPa
(*e*) $\sigma_x = -168$ MPa, $\sigma_y = -168$ MPa, $\tau_{xy} = -105$ MPa

4–4 Repeat Prob. 4–1 for a bar of AISI 1015 cold-drawn steel with the following principal stresses obtained from Eq. (3–13):

(*a*) $\sigma_A = 210$ MPa, $\sigma_B = 210$ MPa
(*b*) $\sigma_A = 210$ MPa, $\sigma_B = -210$ MPa
(*c*) $\sigma_A = 210$ MPa, $\sigma_B = 105$ MPa
(*d*) $\sigma_A = -210$ MPa, $\sigma_B = -105$ MPa
(*e*) $\sigma_A = -350$ MPa, $\sigma_B = 70$ MPa

4–5 Repeat Prob. 4–1 by first plotting the failure loci in the σ_A, σ_B plane to scale; then, for each stress state, plot the load line and by graphical measurement estimate the factors of safety.

4–6 Repeat Prob. 4–3 by first plotting the failure loci in the σ_A, σ_B plane to scale; then, for each stress state, plot the load line and by graphical measurement estimate the factors of safety.

4–7 to 4–11 An AISI 1018 steel has a yield strength, $S_y = 295$ MPa. Using the distortion-energy theory for the given state of plane stress, (*a*) determine the factor of safety, (*b*) plot the failure locus, the load line, and estimate the factor of safety by graphical measurement.

Problem Number	σ_x (MPa)	σ_y (MPa)	τ_{xy} (MPa)
4–7	75	−35	0
4–8	−100	30	0
4–9	100	0	−25
4–10	−30	−65	40
4–11	−80	30	−10

4–12 A ductile material has the properties $S_{yt} = 420$ MPa and $S_{yc} = 525$ MPa. Using the ductile Coulomb-Mohr theory, determine the factor of safety for the states of plane stress given in Prob. 4–3.

4–13 Repeat Prob. 4–12 by first plotting the failure loci in the σ_A, σ_B plane to scale; then for each stress state, plot the load line and by graphical measurement estimate the factor of safety.

4–14 to 4–18 A material at 427°C exhibits $S_{yt} = 235$ MPa, $S_{yc} = 285$ MPa, and $\varepsilon_f = 0.07$. For the given state of plane stress, (*a*) determine the factor of safety, (*b*) plot the failure locus and the load line, and estimate the factor of safety by graphical measurement.

Problem Number	σ_x (MPa)	σ_y (MPa)	τ_{xy} (MPa)
4–14	150	−50	0
4–15	−150	50	0
4–16	125	0	−75
4–17	−80	−125	50
4–18	125	80	−75

4–19 A brittle material has the properties $S_{ut} = 210$ MPa and $S_{uc} = 630$ MPa. Using the brittle Coulomb-Mohr and modified-Mohr theories, determine the factor of safety for the following states of plane stress.

(*a*) $\sigma_x = 175$ MPa, $\sigma_y = 105$ MPa
(*b*) $\sigma_x = 105$ MPa, $\sigma_y = -105$ MPa
(*c*) $\sigma_x = 140$ MPa, $\tau_{xy} = -70$ MPa
(*d*) $\sigma_x = -105$ MPa, $\sigma_y = -70$ MPa, $\tau_{xy} = -105$ MPa
(*e*) $\sigma_x = -84$ MPa, $\tau_{xy} = 105$ MPa

4–20 Repeat Prob. 4–19 by first plotting the failure loci in the σ_A, σ_B plane to scale; then for each stress state, plot the load line and by graphical measurement estimate the factor of safety.

4–21 to 4–25 For an ASTM 30 cast iron, (*a*) find the factors of safety using the BCM and MM theories, (*b*) plot the failure diagrams in the σ_A, σ_B plane to scale and locate the coordinates of the stress state, and (*c*) estimate the factors of safety from the two theories by graphical measurements along the load line.

Problem Number	σ_x (MPa)	σ_y (MPa)	τ_{xy} (MPa)
4–21	105	70	0
4–22	105	−350	0
4–23	105	0	−70
4–24	−70	−175	−70
4–25	−245	91	−70

4–26 to 4–30 A cast aluminum 195-T6 exhibits $S_{ut} = 252$ MPa, $S_{uc} = 245$ MPa and $\varepsilon_f = 0.045$. For the given state of plane stress, (*a*) using the Coulomb-Mohr theory, determine the factor of safety, (*b*) plot the failure locus and the load line, and estimate the factor of safety by graphical measurement.

Problem Number	σ_x (MPa)	σ_y (MPa)	τ_{xy} (MPa)
4–26	105	−70	0
4–27	−105	70	0
4–28	84	0	−56
4–29	−70	−105	70
4–30	105	56	−56

4–31 to 4–35 Repeat Probs. 4–26 to 4–30 using the modified-Mohr theory.

Problem number	**4–31**	**4–32**	**4–33**	**4–34**	**4–35**
Repeat problem	4–26	4–27	4–28	4–29	4–30

4–36 This problem illustrates that the factor of safety for a machine element depends on the particular point selected for analysis. Here you are to compute factors of safety, based upon the distortion-energy theory, for stress elements at A and B of the member shown in the figure. This bar is made of AISI 1006 cold-drawn steel and is loaded by the forces $F = 0.55$ kN, $P = 4.0$ kN, and $T = 25$ N · m.

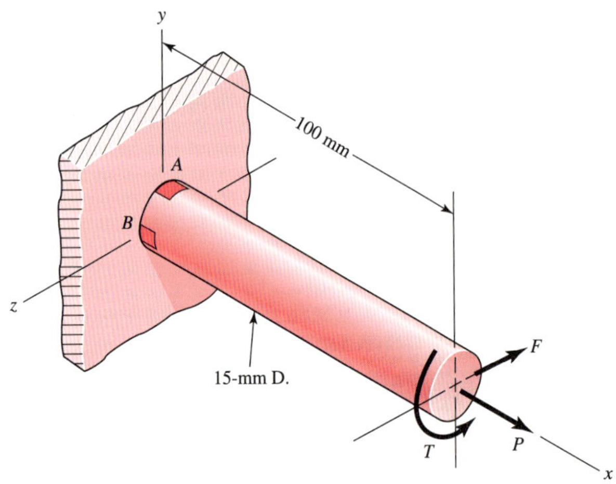

Problem 4–36

4–37 For the beam in Prob. 3–44, p. 143, determine the minimum yield strength that should be considered to obtain a minimum factor of safety of 2 based on the distortion-energy theory.

4–38 A 1020 CD steel shaft is to transmit 15 kW while rotating at 1750 rpm. Determine the minimum diameter for the shaft to provide a minimum factor of safety of 3 based on the maximum-shear-stress theory.

4–39* to 4–55* For the problem specified in the table, build upon the results of the original problem to determine the minimum factor of safety for yielding. Use both the maximum-shear-stress theory and the distortion-energy theory, and compare the results. The material is 1018 CD steel.

Problem Number	Original Problem, Page Number
4–39*	3–68, 147
4–40*	3–69, 147
4–41*	3–70, 147
4–42*	3–71, 147
4–43*	3–72, 148
4–44*	3–73, 148
4–45*	3–74, 148
4–46*	3–76, 149
4–47*	3–77, 149
4–48*	3–79, 149
4–49*	3–80, 149
4–50*	3–81, 150
4–51*	3–82, 150
4–52*	3–83, 150
4–53*	3–84, 150
4–54*	3–85, 151
4–55*	3–86, 151

4–56* Build upon the results of Probs. 3–84 and 3–87 to compare the use of a low-strength, ductile material (1018 CD) in which the stress-concentration factor can be ignored to a high-strength but more brittle material (4140 Q&T @ 400°F) in which the stress-concentration factor should be included. For each case, determine the factor of safety for yielding using the distortion-energy theory.

4–57 Design the lever arm *CD* of Fig. 4–16 by specifying a suitable size and material.

4–58 A spherical pressure vessel is formed of 1.25-mm-thick cold-drawn AISI 1020 sheet steel. If the vessel has a diameter of 200 mm, use the distortion-energy theory to estimate the pressure necessary to initiate yielding. What is the estimated bursting pressure?

4–59 This problem illustrates that the strength of a machine part can sometimes be measured in units other than those of force or moment. For example, the maximum speed that a flywheel can reach without yielding or fracturing is a measure of its strength. In this problem you have a rotating ring made of hot-forged AISI 1020 steel; the ring has a 150-mm inside diameter and a 250-mm outside diameter and is 40-mm thick. Using the distortion-energy theory, determine the speed in revolutions per minute that would cause the ring to yield. At what radius would yielding begin? [*Note:* The maximum radial stress occurs at $r = (r_o r_i)^{1/2}$; see Eq. (3–55).]

4–60 A light pressure vessel is made of 2024-T3 aluminum alloy tubing with suitable end closures. This cylinder has a 100-mm OD, a 1.5-mm wall thickness, and $\nu = 0.334$. The purchase order specifies a minimum yield strength of 320 MPa. Using the distortion-energy theory, determine the factor of safety if the pressure-release valve is set at 3.5 MPa.

4–61 A cold-drawn AISI 1015 steel tube is 300 mm OD by 200 mm ID and is to be subjected to an external pressure caused by a shrink fit. Using the distortion-energy theory, determine the maximum pressure that would cause the material of the tube to yield.

4–62 What speed would cause fracture of the ring of Prob. 4–59 if it were made of grade 30 cast iron?

4–63 The figure shows a shaft mounted in bearings at A and D and having pulleys at B and C. The forces shown acting on the pulley surfaces represent the belt tensions. The shaft is to be made of AISI 1035 CD steel. Using a conservative failure theory with a design factor of 2, determine the minimum shaft diameter to avoid yielding.

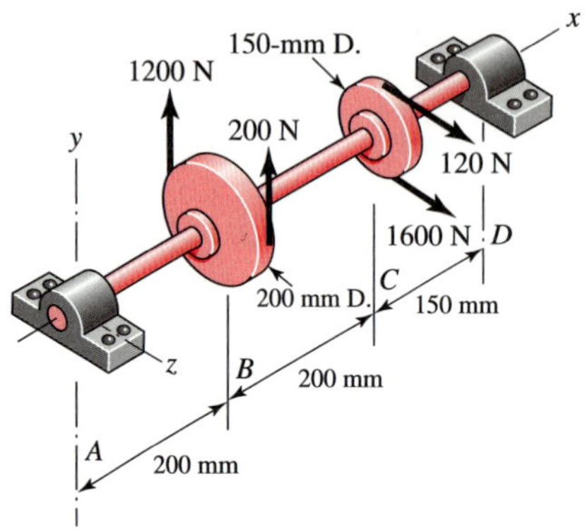

Problem 4–63

4–64 By modern standards, the shaft design of Prob. 4–63 is poor because it is so long. Suppose it is redesigned by halving the length dimensions. Using the same material and design factor as in Prob. 4–63, find the new shaft diameter.

4–65* Build upon the results of Prob. 3–40, p. 142, to determine the factor of safety for yielding based on the distortion-energy theory for each of the simplified models in parts c, d, and e of the figure for Prob. 3–40. The pin is machined from AISI 1018 hot-rolled steel. Compare the three models from a designer's perspective in terms of accuracy, safety, and modeling time.

4–66* For the clevis pin of Prob. 3–40, p. 142, redesign the pin diameter to provide a factor of safety of 2.5 based on a conservative yielding failure theory, and the most conservative loading model from parts c, d, and e of the figure for Prob. 3–40. The pin is machined from AISI 1018 hot-rolled steel.

4–67 A split-ring clamp-type shaft collar is shown in the figure. The collar is 50 mm OD by 25 mm ID by 12 mm wide. The screw is designated as M 6 × 1. The relation between the screw tightening torque T, the nominal screw diameter d, and the tension in the screw F_i is approximately $T = 0.2\,F_i d$. The shaft is sized to obtain a close running fit. Find the axial holding force F_x of the collar as a function of the coefficient of friction and the screw torque.

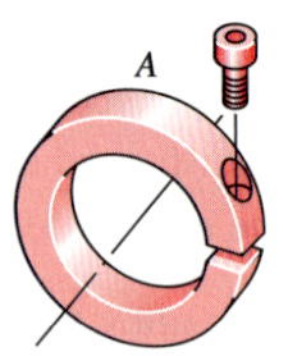

Problem 4–67

4–68 Suppose the collar of Prob. 4–67 is tightened by using a screw torque of 20 N · m. The collar material is AISI 1035 steel heat-treated to a minimum tensile yield strength of 450 MPa.

(a) Estimate the tension in the screw.

(b) By relating the tangential stress to the hoop tension, find the internal pressure of the shaft on the ring.

(c) Find the tangential and radial stresses in the ring at the inner surface.

(d) Determine the maximum shear stress and the von Mises stress.

(e) What are the factors of safety based on the maximum-shear-stress and the distortion-energy theories?

4–69 In Prob. 4–67, the role of the screw was to induce the hoop tension that produces the clamping. The screw should be placed so that no moment is induced in the ring. Just where should the screw be located?

4–70 A tube has another tube shrunk over it. The specifications are:

	Inner Member	Outer Member
ID	25 ± 0.05 mm	49.98 ± 0.01 mm
OD	50 ± 0.01 mm	75 ± 0.1 mm

Both tubes are made of a plain carbon steel.
(*a*) Find the nominal shrink-fit pressure and the von Mises stresses at the fit surface.
(*b*) If the inner tube is changed to solid shafting with the same outside dimensions, find the nominal shrink-fit pressure and the von Mises stresses at the fit surface.

4–71 Two steel tubes have the specifications:

	Inner Tube	Outer Tube
ID	20 ± 0.050 mm	39.98 ± 0.008 mm
OD	40 ± 0.008 mm	65 ± 0.10 mm

These are shrink-fitted together. Find the nominal shrink-fit pressure and the von Mises stress in each body at the fit surface.

4–72 Repeat Prob. 4–71 for maximum shrink-fit conditions.

4–73 A 50-mm diameter solid steel shaft has a gear with ASTM grade 20 cast-iron hub ($E = 100$ GPa) shrink-fitted to it. The specifications for the shaft are

$$50 \begin{array}{l} +0.0000 \\ -0.01 \end{array} \text{ mm}$$

The hole in the hub is sized at 49 mm $\pm$ 0.01 mm with an OD of 100 mm $\pm$ 0.8 mm. Using the midrange values and the modified Mohr theory, estimate the factor of safety guarding against fracture in the gear hub due to the shrink fit.

4–74 Two steel tubes are shrink-fitted together where the nominal diameters are 40, 45, and 50 mm. Careful measurement before fitting determined the diametral interference between the tubes to be 0.062 mm. After the fit, the assembly is subjected to a torque of 900 N · m and a bending-moment of 675 N · m. Assuming no slipping between the cylinders, analyze the outer cylinder at the inner and outer radius. Determine the factor of safety using distortion energy with $S_y = 415$ MPa.

4–75 Repeat Prob. 4–74 for the inner tube.

4–76 to 4–81 For the problem given in the table, the specifications for the press fit of two cylinders are given in the original problem from Chap. 3. If both cylinders are hot-rolled AISI 1040 steel, determine the minimum factor of safety for the outer cylinder based on the distortion-energy theory.

Problem Number	Original Problem, Page Number
4–76	3–110, 153
4–77	3–111, 153
4–78	3–112, 153
4–79	3–113, 153
4–80	3–114, 153
4–81	3–115, 153

4–82 For Eqs. (4–36) show that the principal stresses are given by

$$\sigma_1 = \frac{K_I}{\sqrt{2\pi r}} \cos\frac{\theta}{2}\left(1 + \sin\frac{\theta}{2}\right)$$

$$\sigma_2 = \frac{K_I}{\sqrt{2\pi r}} \cos\frac{\theta}{2}\left(1 - \sin\frac{\theta}{2}\right)$$

$$\sigma_3 = \begin{cases} 0 & \text{(plane stress)} \\ \sqrt{\dfrac{2}{\pi r}}\,\nu K_I \cos\dfrac{\theta}{2} & \text{(plane strain)} \end{cases}$$

4–83 Use the results of Prob. 4–82 for plane strain near the tip with $\theta = 0$ and $\nu = \frac{1}{3}$. If the yield strength of the plate is S_y, what is σ_1 when yield occurs?
(*a*) Use the distortion-energy theory.
(*b*) Use the maximum-shear-stress theory. Using Mohr's circles, explain your answer.

4–84 A steel ship deck plate is 30 mm thick and 12 m wide. It is loaded with a nominal uniaxial tensile stress of 50 MPa. It is operated below its ductile-to-brittle transition temperature with K_{Ic} equal to 28.3 MPa. If a 65-mm-long central transverse crack is present, estimate the tensile stress at which catastrophic failure will occur. Compare this stress with the yield strength of 240 MPa for this steel.

4–85 A cylinder subjected to internal pressure p_i has an outer diameter of 350 mm and a 25-mm wall thickness. For the cylinder material, $K_{Ic} = 80$ MPa $\cdot \sqrt{\text{m}}$, $S_y = 1200$ MPa and $S_{ut} = 1350$ MPa. If the cylinder contains a radial crack in the longitudinal direction of depth 12.5 mm, determine the pressure that will cause uncontrollable crack growth.

4–86 A carbon steel collar of length 25 mm is to be machined to inside and outside diameters, respectively, of

$$D_i = 20 \pm 0.01 \text{ mm} \qquad D_o = 30 \pm 0.05 \text{ mm}$$

This collar is to be shrink-fitted to a hollow steel shaft having inside and outside diameters, respectively, of

$$d_i = 10 \pm 0.05 \text{ mm} \qquad d_o = 20.06 \pm 0.01 \text{ mm}$$

These tolerances are assumed to have a normal distribution, to be centered in the spread interval, and to have a total spread of ± 4 standard deviations. Determine the means and the standard deviations of the tangential stress components for both cylinders at the interface.

4–87 Suppose the collar of Prob. 4–44 has a yield strength of $\mathbf{S}_y = \mathbf{N}(660, 46)$ MPa. What is the probability that the material will not yield?

4–88 A carbon steel tube has an outside diameter of 75 mm and a wall thickness of 3 mm. The tube is to carry an internal hydraulic pressure given as $\mathbf{p} = \mathbf{N}(40, 2)$ MPa. The material of the tube has a yield strength of $\mathbf{S}_y = \mathbf{N}(350, 29)$ MPa. Find the reliability using thin-wall theory.

CHAPTER 05

Shigley's Mechanical Engineering Design

변동 하중으로 인한 피로파손

Chapter Outline

5장에서는 정적 하중이 작용할 때의 부품 설계와 해석에 대하여 살펴보았다. 그러나, 기계 부품들은 시간에 따라 변화하는 하중이 작용했을 때 전혀 다른 거동을 보인다. 이 장에서는 변동 하중 하에서 어떻게 부품이 파손되는지와 어떻게 부품들을 조합하여 파손을 방지할 것인지에 대해 다룬다.

5-1 금속피로의 개요

응력–변형률 선도와 관련된 대부분의 재료 물성 측정 실험에서는 시편이 파손될 때까지 변형률이 완전히 발달될 수 있도록 충분한 시간 동안 하중을 서서히 가한다. 이러한 실험에서는 응력은 한번만 가해지며, 구조물 및 기계 부재에 가해진 하중상태가 정적인 상태와 매우 흡사하다고 가정했을 때 적용할 수 있다.

그러나 실제 구조물에 가해지는 하중은 변화하거나 일정한 범위 내에서 변동하는 경우가 빈번하게 발생한다. 예를 들어, 굽힘 하중을 받는 회전축 표면 위의 특정한 조직은 축의 회전에 따라 압축과 인장을 받는다. 1725 rpm으로 회전하는 전기 모터의 축이라면, 그 표면에는 분당 1725번의 인장 및 압축응력이 발생하게 된다. 또한 헬리컬 또는 웜 기어의 축이 하중을 받는다면 축방향 응력성분은 굽힘에 의한 응력성분과 중첩되며, 축의 모든 부분에서 크기가 변하는 응력이 항상 발생한다. 이와 같이 기계의 부재에는 여러 종류의 하중이 작용하여 다양한 **반복**(*repeated stress*), **교번**(*alternate stress*) 또는 **변동**(*fluctuating stress*) 응력을 발생시킨다.

대부분의 경우 부재에 발생하는 실제 최대 응력은 재료의 극한강도보다 낮거나, 때로는 항복강도보다도 낮음이 면밀한 해석을 통해 입증되어 왔으나, 종종 반복 또는 변동 하중 조건에서 부재가 파손되기도 한다. 이러한 파손의 두드러진 특징은 하중이 매우 여러 번 반복하여 작용하는 것이므로 **피로파손**(*fatigue failure*)이라고 한다.

기계부품이 정적 하중에 의해 파손될 경우, 응력이 항복강도를 초과하기 때문에 대개 매우 큰 변형을 일으킨다. 따라서 육안으로 미리 감지할 수 있기 때문에 파손이 발생하기 전에 해당 부품의 교체가 가능하다. 그러나 눈으로 감지할 수 없는 피로파손은 갑작스럽게 일어나기 때문에 위험하다. 이해하기 용이한 정적 파손에 대한 설계가 상대적으로 쉬운 반면, 피로는 부분적으로만 이해되는 매우 복잡한 현상이므로 엔지니어는 피로에 대해 가능한 많은 지식을 갖출 필요가 있다.

피로파손은 네킹(necking) 현상 없이 파면이 평평하고 응력축에 수직하다는 점에서 취성파괴와 유사하다. 그러나 3단계의 성장과정을 갖는 피로파손의 파괴특성은 정적 취성파괴와는 다르다. **제1단계**에서는 반복적인 소성 변형에 의해 하나 또는 그 이상의 미세균열(micro crack)이 발생한다. 이러한 반복적 소성 변형은 균열 시작점으로부터 2~5개의 결정립들로 확장되는 결정학적 진전의 결과이다. 일반적으로 1단계 균열은 눈으로 확인할 수 없다. **제2단계**에서는 길이 방향 융기 부분에 의해 구분된 평행하고 평평한 파괴면을 형성하면서 미세균열이 거시적 균열(macro crack)로 성장한다. 이러한 파괴면은 일반적으로 부드럽고 최대 인장응력방향에 수직이다. 이 표면은 그림 5-1에서 볼 수 있듯 물결 모양의 어둡고 밝은 띠 모양이다. 이는 **해안 무늬**(beach mark) 또는 **조개껍질 무늬**라 불린다. 반복하중을 받는 동안 균열면은 서로 마찰되면서 열리고 닫힘을 반복한다. 이 해안 무늬는 하중 변화의 정도 및 진동수, 환경의 부식성 등에 따라 바뀐다.

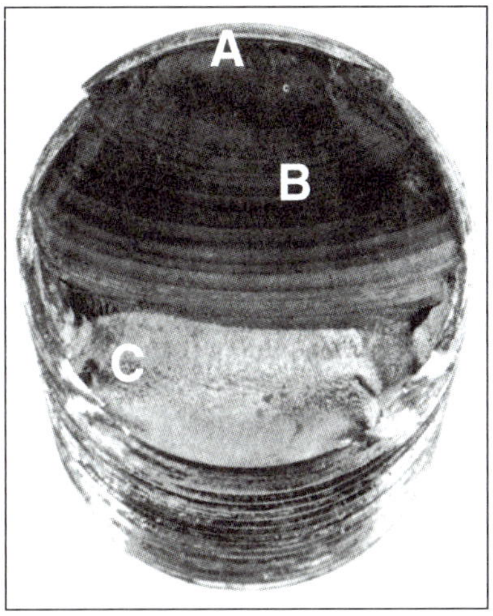

그림 5-1
반복적인 굽힘에 의한 볼트의 피로파손. 파괴는 *A*의 끝단에서 시작하여 *C*에서 급속한 파괴가 일어나기 전까지 *B*부분의 해안 무늬처럼 전체 단면을 가로지르면서 전파하였다. (*From ASM Handbook, Vol. 12: Fractography, 2nd printing, 1992, ASM International, Materials Park, OH 44073-0002, fig 50, p. 120. Reprinted by permission of ASM International®, www.asminternational.org.*)

제3단계에서는 재료가 하중을 더 이상 견디지 못하고 마지막 응력 사이클에서 갑자기 빠른 파괴가 발생한다. 3단계 파괴는 취성, 연성 또는 연성과 취성의 조합형태가 될 수 있다. 만약 해안 무늬가 존재한다면 대개의 경우 이 무늬와 **쉐브론 선**(*chevron lines*)이라 불리는 파괴패턴은 초기균열의 시작점을 향한다.

피로파손의 파괴패턴으로부터 알 수 있는 것들이 있다.[1] 그림 5-2는 여러 가지 하중 상태와 응력 크기 하에 있는 다양한 부품에 대한 파면의 대표적인 형상을 나타낸 것이다. 회전 굽힘의 경우, 회전의 방향도 파괴패턴에 영향을 미친다.

피로파손은 균열 형성과 성장에 기인하며, 피로균열은 전형적으로 반복하중이 최대가 되는 금속의 불연속점에서 시작한다. 불연속점(break point)은 다음과 같은 이유로 발생할 수 있다.

- 3-13절 및 4-2절에서 기술한 바 있는 응력집중이 발생되는 급격한 단면의 변화, 키홈, 구멍 등의 설계.
- 높은 접촉 압력 하에 서로 구르거나 미끄러지는 요소들(베어링, 기어 캠). 이 요소들은 많은 반복하중이 가해진 후에 표면 피팅 이나 부서진 조각 등을 유발하는 집중 표면하부 접촉 응력(3-19절 참고)을 생성한다.
- 스탬프나 공구 자국, 긁힌 자국이나 버(burrs)의 부적절한 위치; 엉성한 연결부위 설계; 부적절한 결합; 그 밖의 제작 결함.
- 압연, 단조, 주조, 압출, 인발, 열처리 등에 의해 생성된 금속자체의 성분. 이물질 함유물, 합금 분리, 동공들, 단단히 응결된 부위들, 결정 불연속과 같은 미세한 표면과 표면 내부의 불연속들이 발생한다.

균열 발생을 가속화하는 다양한 조건에는 잔류 인장응력, 고온, 반복 온도변화, 부식 환경, 고주기 사이클 등이 있다.

[1] See the ASM Handbook, *Fractography*, ASM International, Metals Park, Ohio, vol. 12, 9th ed., 1987.

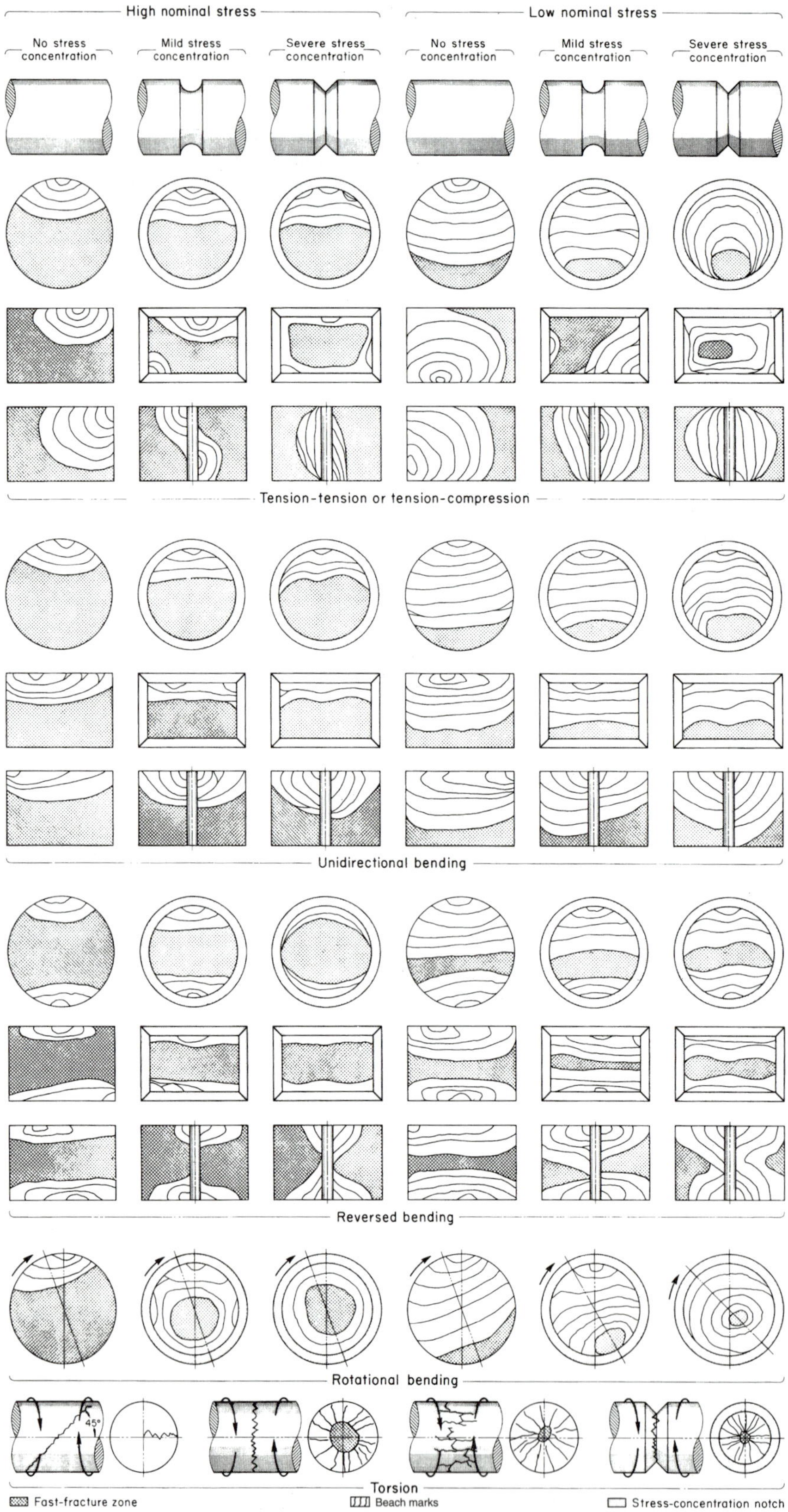

그림 5-2
반복하중이나 공칭응력 하에서 매끈하거나 노치가 있는 원형 또는 사각 단면 구조물에서의 피로파손 단면 (*From ASM Metals Handbook, Vol. 11: Failure Analysis and Prevention, 1986, ASM International, Materials Park, OH 44073-0002, fig 18, p. 111. Reprinted by permission of ASM International®, www.asminternational.org.*)

피로 균열진전의 방향과 진전률은 주로 국부응력이나 균열부의 금속 구조에 의해 정해진다. 균열을 형성할 때와 마찬가지로 환경, 온도, 빈도수와 같은 요소들은 균열 진전 방향이나 진전율에도 큰 영향을 미친다. 앞서 설명한 바와 같이 균열들은 최대 인장응력에 수직한 평면을 따라 성장하며, 균열진전 과정은 파괴역학으로 설명할 수 있다(5-6절 참고).

피로파손연구에 관한 주요 내용은 ASM *Metals Handbook* 21권에서 발췌하였다. 그림 5-1~5-8까지는 핸드북에 수록되어 있는 매우 다양한 예들 중에서 단지 몇 부분의 피로파손에 대한 예에 지나지 않는다. 그림 5-2와 그림 5-3의 비교를 통해 회전 굽힘 응력에 의해 파괴가 발생함을 알 수 있다. 이 회전 굽힘 응력의 회전 방향은 시계 방향이며 낮은 응력 집중과 공칭응력이 존재한다.

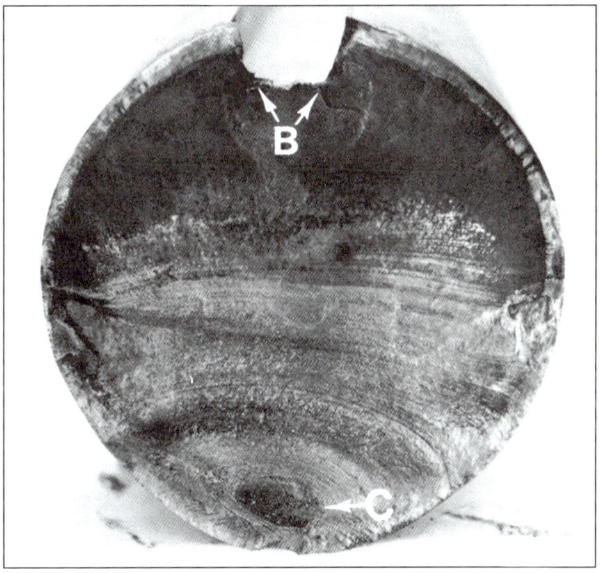

그림 5-3
AISI 4320 축의 피로파손. 피로파손은 점 *B*의 끝단에서 시작하였고 점 *C*의 최종 파괴까지 진전하였다. 최종 파단 영역은 작으며 하중이 매우 낮았음을 의미한다. (*From ASM Handbook, Vol. 12: Fractography, 2nd printing, 1992, ASM International, Materials Park, OH 44073-0002, fig 51, p. 120. Reprinted by permission of ASM International®, www.asminternational.org.*)

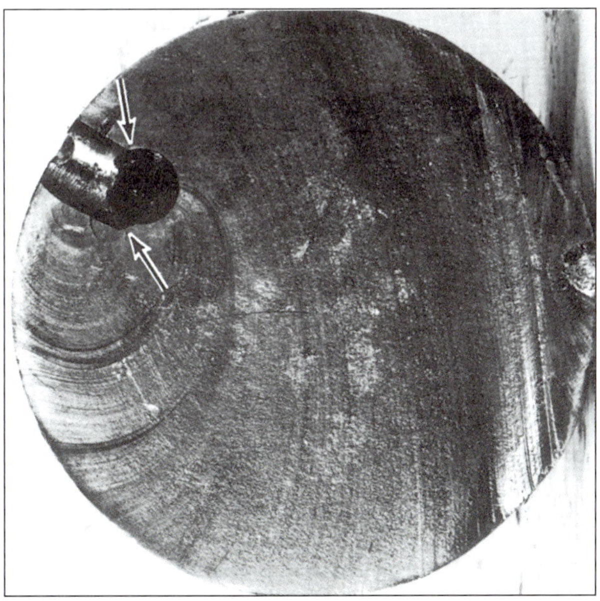

그림 5-4
AISI 8640 핀의 피로파손 표면. 일치되지 않은 그리스 구멍의 날카로운 끝에서 응력 집중이 발생하였고, 이로 인해 화살표로 나타낸 바와 같은 두 개의 피로 균열이 발생하였다. (*From ASM Handbook, Vol. 12: Fractography, 2nd printing, 1992, ASM International, Materials Park, OH 44073-0002, fig 520, p. 331. Reprinted by permission of ASM International®, www.asminternational.org.*)

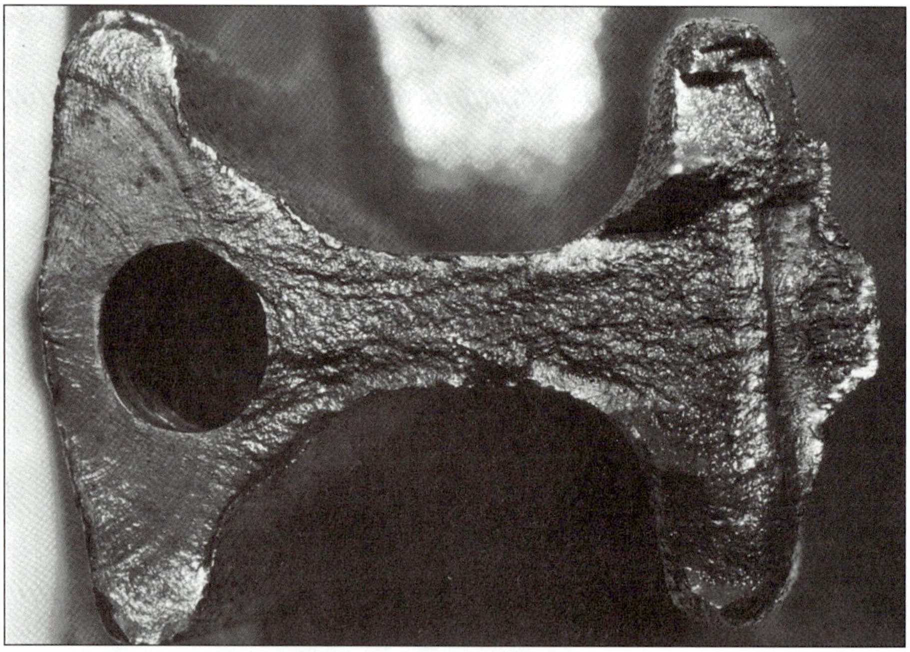

그림 5-5

AISI 8640강으로 단조된 커넥팅 로드의 피로파손 표면. 피로 균열의 시작은 왼쪽 가장자리이지만, 단조된 플래쉬 라인(flash line)에서 깎임에 의한 특별한 조도가 나타나지는 않았다. 급격한 최종 파괴가 일어나기 전까지 해안 무늬로 나타난 바와 같이 왼쪽 오일 구멍의 반 정도까지 피로 균열이 진전하였다. 최종 파괴가 발생한 오른쪽 가장자리에서 뚜렷한 절단 부분이 나타난다. (*From ASM Handbook, Vol. 12: Fractography, 2nd printing, 1992, ASM International, Materials Park, OH 44073-0002, fig 523, p. 332. Reprinted by permission of ASM International®, www.asminternational.org.*)

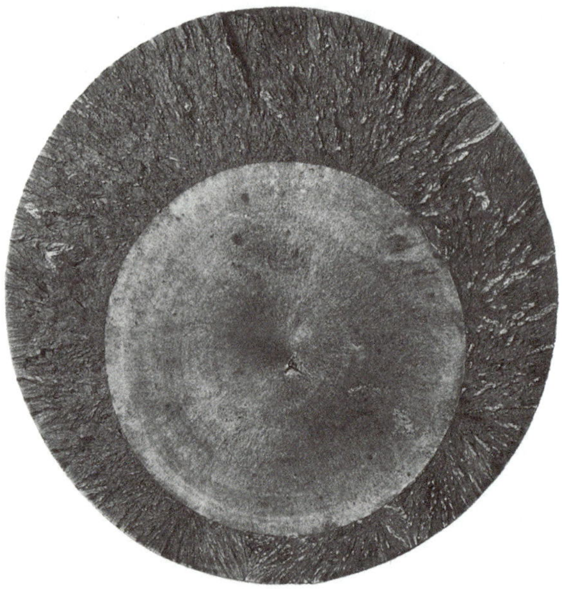

그림 5-6

단조용으로 쓰인 합금강 증기해머의 지름 200 mm 피스톤 로드의 피로파손 표면. 표면 응력 집중이 없이 단면에서 균열이 발생한 순수 인장에 의한 피로파손의 한 예이다. 이때, 초기 균열은 중앙에서 다소 아래인 단조된 작은 부위에서 형성되어, 대칭으로 바깥을 향해 진전하였다. 그 후, 아무런 징후 없이 급격하게 취성파괴되었다. (*From ASM Handbook, Vol. 12: Fractography, 2nd printing, 1992, ASM International, Materials Park, OH 44073-0002, fig 570, p. 342. Reprinted by permission of ASM International®, www.asminternational.org.*)

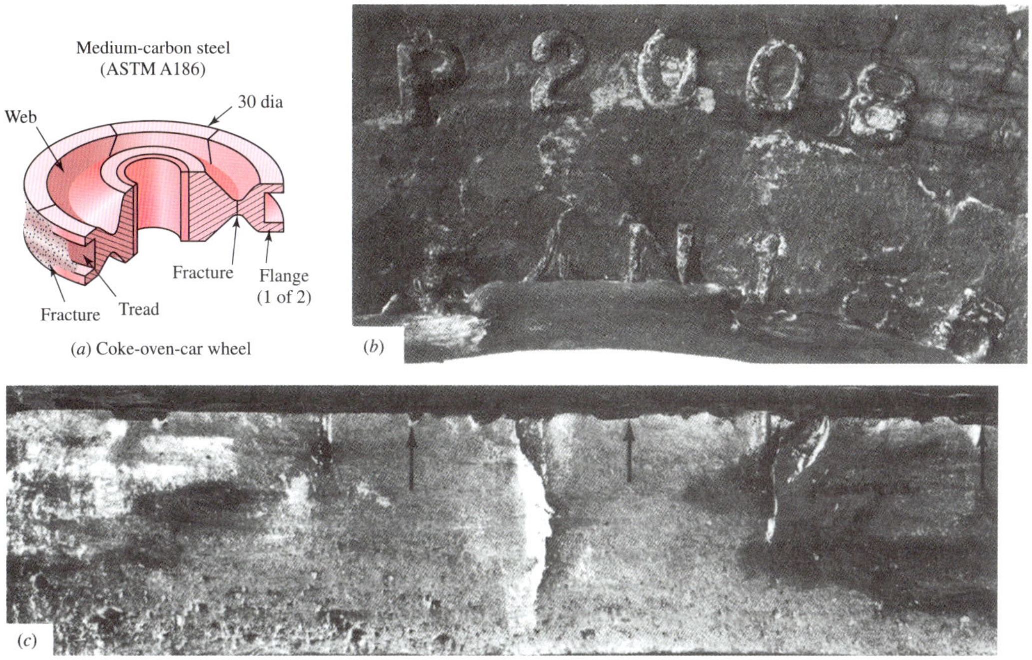

그림 5-7

ASTM A186 강으로 제작된 이중 플랜지 트레일러 바퀴에 스탬프 자국으로 인해 발생한 피로파손. (*a*) 스탬프 자국 위치와 파단면을 나타내는 코크–오븐 차 바퀴. (*b*) 진하게 생성된 스탬프 자국과 숫자의 아래 열을 따라 진전한 파괴 (*c*) 화살표로 표시된 노치들은 강하게 압입된 스탬프 자국으로부터 발생하였다. 균열은 이 스탬프 자국으로부터 윗부분을 따라 발생하였다. (*From ASM Metals Handbook, Vol. 11: Failure Analysis and Prevention, 1986, ASM International, Materials Park, OH 44073-0002, fig 51, p. 130. Reprinted by permission of ASM International®, www.asminternational.org.*)

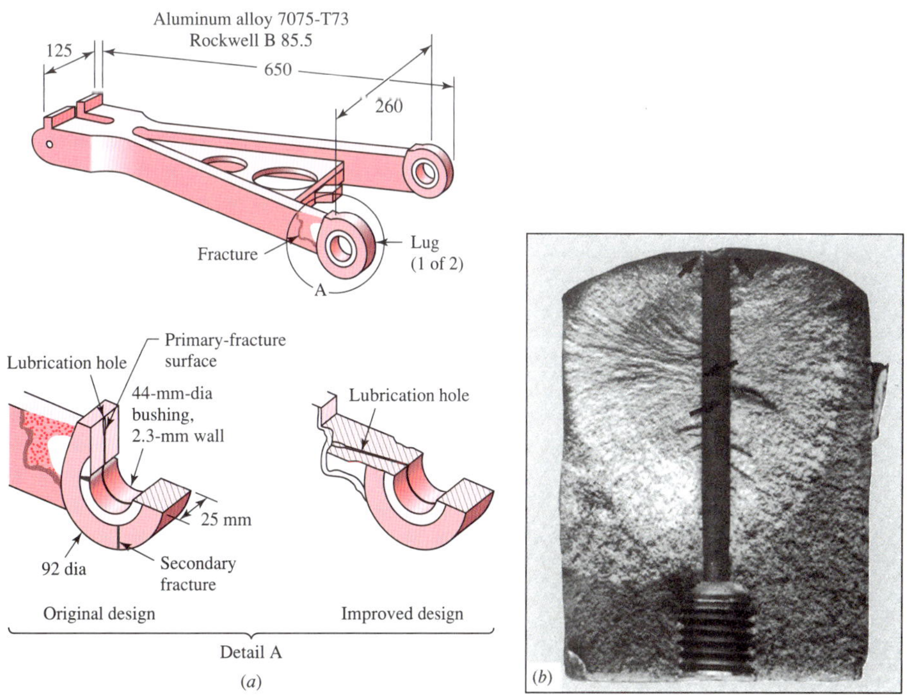

그림 5-8

윤활 구멍에서의 피로파손을 방지하기 위해 다시 설계된 7075-T73 알루미늄 합금 착륙 기어 토크 암 (*a*) 암의 형상, 원본 및 개선된 설계. (*b*) 파단면의 화살표는 다중균열 시작점을 나타낸다. (*From ASM Metals Handbook, Vol. 11: Failure Analysis and Prevention, 1986, ASM International, Materials Park, OH 44073-0002, fig 23, p. 114. Reprinted by permission of ASM International®, www.asminternational.org.*)

5-2 해석과 설계를 위한 피로파손에 대한 접근법

앞 절에서 언급한 바와 같이 비록 간단한 하중이 가해진 경우에도 많은 인자들을 고려하여야 한다. 피로파손 해석 방법은 공학과 과학을 모두 고려해야 한다. 종종 과학은 완벽한 해답을 주지 못하지만 항공기는 안전하게 날 수 있어야 한다. 자동차 역시 오랫동안 고장이 없다는 확실한 신뢰성과 더불어 공장 주주들에게는 이윤을 낼 수 있도록 생산되어야 한다. 그러므로, 과학에서 여전히 피로 메커니즘에 대한 완벽한 설명이 없더라도 엔지니어는 파괴되지 않는 기기를 설계해야 한다. 이는 과학에 대조되는 공학의 고전적인 의미의 한 예이다. 만약 과학을 이용할 수 있다면 엔지니어들은 문제를 해결하기 위해 과학을 적용한다. 반면에 과학을 이용할 수 있든 없든 그 문제를 해결해야만 하는 것, 즉, 이런 조건들 하에 어떤 형태이든 해답을 찾아내는 것이 **공학**(*engineering*)이다.

이 장에서는 피로파손에 대비한 설계에 대해 구조적으로 접근할 것이다. 정적 파괴에서처럼, 우리는 간단한 하중이 작용하는 시편 실험 결과들을 이용하여 관계를 설명할 것이다. 그러나 피로의 복잡한 특성 때문에 고려해야 할 많은 상황들이 있다. 이제부터 모든 단계에서 꼼꼼히 설명할 것이며, 다뤄질 내용에 대한 이해를 돕기 위해 이 장의 전체 내용에 대해 간단하게 요약하였다.

피로-수명 방법 (5-3절~5-6절)

반복 하중이 작용하는 기계요소에 대한 설계 및 해석 시 언제 피로파손이 발생할 것인가를 예측하기 위해 3가지 주요 방법을 이용하였다. 각 접근방법의 기본 전제는 매우 다르지만 피로와 관계된 메커니즘을 이해하는 데 도움을 줄 것이다. 각각의 방법에 대한 적용법과 장단점을 제시하고, 5-6절 이후에는 이 중 한 가지 방법(응력-수명 방법)을 여러 가지 설계에 심화 적용할 것이다.

피로강도와 피로한도 (5-7절, 5-8절)

강도-수명(*S-N*) 선도는 금속의 피로강도(S_f)에 대한 사이클 수명(cycle life)의 관계를 보여준다. 간단한 하중이 작용하는 표준 실험실 시편 실험을 통해 그 결과를 얻을 수 있다. 하중은 주로 사인 곡선형태의 완전 반복 순수 굽힘 하중을 적용한다. 실험실 시편은 국부 구간에서 기하학적 응력 집중이 일어나지 않도록 다듬는다.

강과 철의 경우 *S-N* 선도는 어떤 점에서 평행해진다. 이 점에서의 강도를 **피로한도**(S'_e)라고 하며 10^6과 10^7 사이에서 발생한다. S'_e에서 상첨자 프라임 기호는 **실험실 시편**의 피로한도를 나타낸다. 피로한도를 보이지 않는 비철 금속의 경우 특정한 사이클 수에서 피로강도(S'_f)를 정의한다. 다시 말하지만, 앞에서 상첨자로 표시된 프라임 기호는 실험실 시편의 피로강도를 나타낸다.

강도 데이터는 실제 기계요소와는 달리 많이 제어된 상황에서 얻은 것이다. 이후 내용에서는 시편과 실제 기계요소 사이의 하중과 물리적 조건의 차이를 고려하기 위한 방법을 설명한다.

피로한도 수정계수 (5-9절)

수정계수는 표면 상태, 크기, 가해진 하중, 온도, 신뢰도, 기타 인자들에 따라 실제 기계요소와 시편 사이의 차이를 설명하는 데 사용되거나 정의된다. 하중은 단순 완전 반복 상태로 고려된다.

응력 집중과 노치 민감도 (5-10절)

실제 요소에서는 기하학적인 응력 집중이 발생할 수 있으며, 이로 인해 피로 거동은 정적 응력집중계수와 피로 손상에 대한 기기 재료의 민감도에 좌우된다.

변동응력 (5-11절~5-13절)

이 절들은 순수 사인형태의 완전 반복 축, 굽힘 또는 비틀림 응력들이 아닌 변동 하중이 작용하는 경우에 대한 단순 응력 상태 등을 설명한다.

하중 모드의 중첩 (5-14절)

여기서는 굽힘과 비틀림이 동시에 작용하는 경우와 같이 복합 변동 하중 상태를 해석하기 위한 변형에너지설 기반의 절차에 대해 설명한다. 여기서 변동응력의 변화폭은 시간에 따라 변하지 않는다고 가정한다.

변화하는 변동응력; 누적피로 손상 (5-15절)

기계요소에 작용하는 변동응력 변화폭은 시간에 따라 변할 수 있다. 누적 개념을 기반으로 피로 손상을 평가하는 방법들을 살펴본다.

그 외 절들

나머지 세 절에서는 표면피로강도, 통계적 해석 그리고 중요 방정식 및 로드맵에 대해 다루었다.

5-3 피로-수명 방법

설계 및 해석에 사용되는 세 가지의 주요 피로-수명 방법은 **응력-수명 방법**, **변형률-수명 방법** 그리고 **선형탄성 파괴역학법**이다. 이 방법들은 특정한 하중 범위에서 파괴까지의 사이클수(N)로 수명을 예측한다. $1 \le N \le 10^3$ 사이클 수명은 일반적으로 **저주기 피로**(*low cycle fatigue*)로 분류하고 $N > 10^3$인 경우는 **고주기 피로**(*high cycle fatigue*)로 구분한다.

단지 응력폭만을 이용하는 응력-수명 방법은 저주기 피로의 경우는 부정확하다. 그러나 설계 적용 범위가 넓고 보충 데이터가 많으며 고주기 피로에 대해 정확하기 때문에 가장 전통적인 방법이다.

변형률-수명 방법은 수명 측정을 위해 응력과 변형률들이 고려되어야 하는 국부 지역에서 소성 변형에 대한 상세한 해석이 필요하다. 이는 특히 저주기 피로에 대해 유용하며, 몇가지 이상화 과정이 포함되어야 한다. 결국 몇몇 불확실한 부분들이 결과에 포함되므로, 이 방법은 피로의 본질에 대한 이해를 돕는 차원에서만 기술되었다.

파괴역학법은 이미 균열이 존재하고 발견되었다고 가정하며, 이후, 응력 강도에 따른 균열의 성장을 예측하게 된다. 컴퓨터 코드와 주기적 감시 프로그램이 연계된 대형 구조물에 적용될 때는 이 방법이 매우 유용하다.

5-4 응력-수명 방법

피로하중 하에서 금속의 강도를 결정하기 위해서는 시편이 파손될 때까지의 주기나 응력 반복수를 측정하는 동안 특정한 크기가 반복되거나 변하는 하중이 작용하여야 한다. 가장 폭넓게 사용되는 피로 시험 장치는 R. R. Moore 고속 회전빔 기기이다. 이 기기는 무게를 이용하여 시편에 순수 굽힘 하중을 가한다. 그림 5-9에 나타낸 바와 같이 시편은 매우 조심스럽게 제작되고 연마되어야 하며, 원주방향 스크래치를 없게 하기 위해서는 축방향으로 마무리 연마를 해야한다. 변동 혹은 반복 축 응력, 비틀림 응력 또는 이들을 조합한 형태의 응력들을 시편에 작용시키는 다른 피로 시험기를 사용할 수도 있다.

재료의 피로강도를 알기 위해서는 통계학적 특성 때문에 많은 실험을 수행해야 한다. 회전빔 실험의 경우, 일정한 굽힘 하중이 작용되고, 빔이 파손되기까지의 회전수(응력 반복수)가 기록된다. 첫 실험은 재료의 인장강도보다 조금 낮은 응력 상태에서 시행된다. 두 번째 실험은 첫 실험에서 이용된 응력보다 낮은 응력에서 수행된다. 이 과정을 반복한 후에 그 결과를 *S-N* 선도(그림 5-10)에 표시한다. 이 도표는 세미로그나 로그–로그 용지를 이용하여 작성된다. 철 또는 합금의 경우 특정 사이클 이상 응력이 가해지면 그래프는 수평하게 될 것이다. 로그 스케일 종이에 그리면 곡선 변화 부분이 잘 나타나지만 직교 좌표계의 경우 잘 나타나지 않는다.

S-N 선도에서 수직축을 **피로강도**(S_f)라 한다. 이 강도값들에는 항상 대응되는 사이클 수 N이 함께 기술된다.

곧 우리는 실험 시편이나 실제 기계요소에 대한 *S-N* 선도를 결정하는 법을 배울 것이다. 비록 실험 시편과 기계요소의 재료가 동일하더라도 각 선도들 사이에는 현저한 차이가 있다.

철의 경우, 그래프에서 굽어진 부분이 존재하고 그 굽어진 부분 이하에서는 사이클 수에 상관없이 파괴는 발생하지 않는다. 굽어진 부분에 대응되는 강도를 **내구한도**(S_e) 또는 피

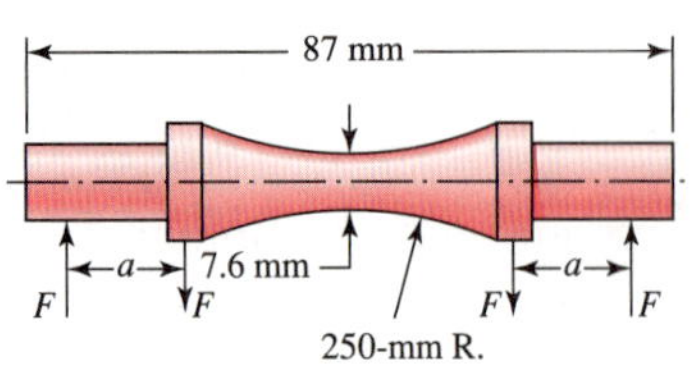

그림 5-9
R.R. Moore 회전빔 기기에 대한 실험 시편 형상. 비록 가장 응력이 높은 시편의 곡면부에서 굽힘모멘트($M = Fa$)가 일정해도 응력이 높지 않은 곳에 존재하는 재질의 결함이 파손을 일으키는 원인이 된다.

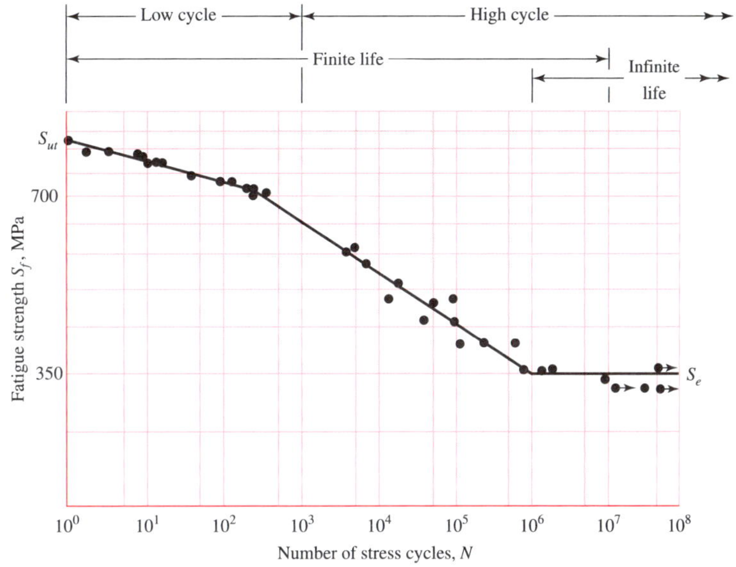

그림 5-10
완전 반복 축 피로 실험의 결과로부터 그려진 *S-N* 선도. 재료: UNS G41300 강, 무차원화; S_{ut} = 810 MPa; 최대 S_{ut} = 105 MPa. (*Data from NACA Tech. Note 3866, December 1966.*)

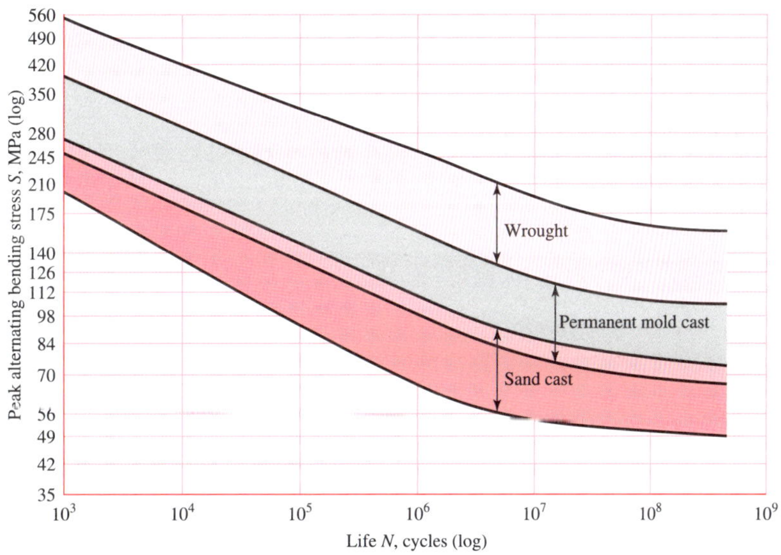

그림 5-11
대표적인 알루미늄 합금의 *S-N* 분포. 단 S_{ut} = 260 MPa인 단조 재료는 제외 (*From R. C. Juvinall, Engineering Considerations of Stress, Strain and Strength. Copyright © 1967 by The McGraw-Hill Companies, Inc. Reprinted by permission.*)

로한도(endurance limit)라 한다. 비철금속이나 합금 등의 경우에는 그림 5-10과 같은 수평 부분이 없다. 그러므로 피로한도가 없다. 그림 5-11은 인장강도가 260 MPa 이하인 단조 합금을 제외하고 대부분의 알루미늄 합금에 대한 *S-N* 곡선에서 나타나는 변동폭을 보여준다. 알루미늄은 피로한도를 가지지 않으므로 피로강도(S_f)는 특정한 사이클 수에서 기록된다. 일반적으로 $N = 5\ (10^8)$로 본다(표 A-24 참고).

S-N 다이어그램은 보통 동일한 크기의 인장과 압축이 반복되는 응력수준 즉, **완벽히 반복**된 응력주기에 의해 얻어진다. 하나의 응력 사이클(N = 1)이란 한 번 하중을 가하고 제거 후 반대 방향에서 다시 하중을 가하고 제거한 것을 말한다. 그러므로, $N = \frac{1}{2}$은 하중이 한 번 작용되고 제거된 경우, 즉 단순 인장 실험과 같은 경우이다.

$N = 1\sim1000$ 사이클까지의 피로파손에 관한 정보들은 그림 5-10에서 보듯이 **저주기 피로파손**으로 분류된다. 10^3 사이클 이상은 **고주기 피로파손**으로 분류된다.

또한 그림 5-10에서 **무한 수명 영역**과 **유한 수명 영역**을 구분한 바 있으나, 이 구역들의 경계는 몇몇 재료를 제외하고는 명확히 정해지지 않았다. 그림 5-10에서 철에 대한 경계는 10^6과 10^7 사이클 사이에 있다는 것을 알 수 있다.

앞서 언급했듯이, 설계나 제작에 사용되는 재료들을 시험해 보는 것은 훌륭한 공학적 실행이 될 수 있다. 사실 이러한 시험은 피로파손 가능성에 대비한다는 점에서 선택 사항이 아니라 필수적인 요구 사항이다. **이런 시험의 필요성 때문에 피로파손에 관한 더 많은 연구를 꼭 진행해야만 하는 이유가 한 가지 있다. 그것은 피로강도를 구하는 최상의 방법을 사용하기 위해서 피로파손이 왜 발생하는지 알고 싶어 하기 때문이다.** 그러므로 피로를 연구하는 주목적은 피로발생 원인을 이해하여 최적화된 방법으로 피로파손을 방지하는 것이다. 이런 이유로 이 책이나 다른 책에 기술된 해석적 설계 방법들이 절대적으로 정확한 결과를 제시하지는 않는다. 그 결과는 단지 피로파손에 대한 설계에서 무엇이 중요하고 무엇이 중요하지 않은지를 알려주는 가이드로 인식되어야 한다.

전술한 바와 같이 응력–수명법은 저주기 피로에서는 다소 부정확하다. 이 방법은 수많은 유용한 정보가 축적된 전통적 방법이다. 또한 광범위한 대상에 대해 적용이 용이하고 고주기 피로의 경우 적절한 결과를 제시한다. 그래서 응력–수명 방법은 이 장에서 계속해서 중요한 부분으로 여겨질 것이다. 그러나, 국부적으로 항복이 발생할 때에는 진응력–진변형률 관계를 고려할 수 없기 때문에 저주기 피로에 적용할 경우에는 주의해야 한다.

5-5 변형률–수명 방법

피로파손의 특성을 설명하기에 가장 적합한 방법은 **변형률–수명** 방법이다. 이 방법은 피로강도를 측정하기 위해 사용될 수 있다. 그러나 적용을 위해서는 여러 가지 이상화 과정이 필요하며 또한 그 결과에 몇 가지 불확실성이 존재하게 된다. 이 책에서는 이런 이유로 단지 피로의 특성을 설명하기 위한 목적으로 이 방법을 기술하였다.

피로파손은 노치, 균열, 또는 응력 집중이 발생하는 기타 영역 등과 같은 국부적인 불연속점에서 시작된다. 불연속점에서의 응력이 탄성 한계를 넘으면 소성 변형(plastic deformation)이 발생한다. 만약 피로파손이 발생한다면 주기적 소성 변형이 존재할 수밖에 없다. 그러므로 반복적인 변형을 하는 재료의 거동을 조사할 필요가 있다.

1910년에 Bairstow는 반복 변동응력이 작용할 경우 강이나 철의 탄성 한계는 증가 혹은 감소하여 변할 수 있다는 Bauschinger 이론을 실험적으로 입증하였다.[2] 일반적으로 어닐링된 강에 주기적 반복 응력을 가하면 이들의 탄성 한계가 증가하는 경향이 있다. 반면에 냉각 인발된 강의 경우 탄성 한계가 감소한다.

R. W. Landgraf는 많은 수의 고강도 강에 대한 저주기 피로 거동을 조사하여 왔으며 많

[2] L. Bairstow, "The Elastic Limits of Iron and Steel under Cyclic Variations of Stress," *Philosophical Transactions*, Series A, vol. 210, Royal Society of London, 1910, pp. 35 – 55.

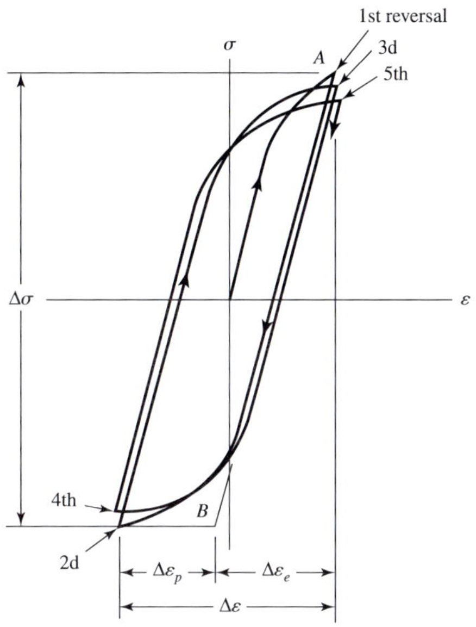

그림 5-12
반복 연화하는 재료의 처음 다섯 번의 응력 반복을 나타내는 진응력-진변형 히스테리시스 루프 그래프. 이 그래프는 명확히 보이게 하기 위해 다소 과장되었다. 선분 AB의 기울기는 탄성계수 E를 나타낸다. 응력의 범위는 $\Delta\sigma$, $\Delta\varepsilon_p$는 소성 변형률 범위, $\Delta\varepsilon_e$는 탄성 변형률 범위이다. 전체 변형률 범위은 $\Delta\varepsilon = \Delta\varepsilon_p + \Delta\varepsilon_e$이다.

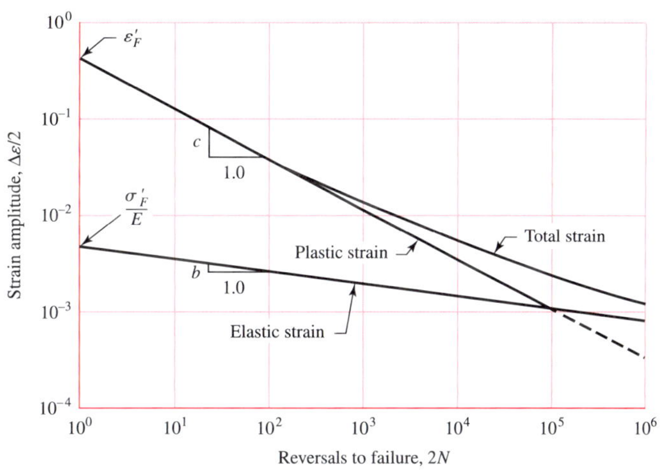

그림 5-13
열간 압연된 SAE 1020 강에 대한 피로 수명과 진변형률 진폭과의 관계를 나타내기 위한 로그-로그 선도 (*Reprinted with permission from SAE J1099_200208 © 2002 SAE International.*)

은 주기적 응력-변형률 그림들을 그렸다.[3] 그림 5-12는 주기적 변형률을 조정하여 그린 처음 몇 사이클의 일반적 모양이다. 이 경우 반복이 작은 응력들에서 발생하기 때문에 응력 반복에 따라 강도가 줄어들게 된다. 반면에, 전술한 바와 같이 다른 재료들은 주기적 응력 반복으로 인해 강해진다.

1975년에 SAE Fatigue Design and Evaluation Steering Committee에서 파괴에 이르는 반복에서의 수명은 변형률 진폭($\Delta\varepsilon/2$)과 관계가 있다는 보고서를 발간하였다.[4] SAE 1020 열간 압연된 강에 대한 그림(그림 5-13)이 보고서에 담겨 있다. 그래프를 설명하기 전에 다음과 같은 용어를 정의하자.

[3] R. W. Landgraf, *Cyclic Deformation and Fatigue Behavior of Hardened Steels*, Report no. 320, Department of Theoretical and Applied Mechanics, University of Illinois, Urbana, 1968, pp. 84 – 90.

[4] *Technical Report on Fatigue Properties*, SAE J1099, 1975.

- **피로 연성 계수**(ε'_F)는 한 번의 하중주기로 파괴가 발생할 때의 진변형률(그림 5-12에서 점 A)이다. 그림 5-13에서 소성 변형률 선은 이 점에서 시작된다.
- **피로강도 계수**(σ'_F)는 한 번의 하중주기로 파괴가 발생할 때의 진응력(그림 5-12에서 점 A)이다. 그림 5-13에서 탄성 변형률 선은 σ'_F/E에서 시작한다.
- **피로 연성 지수** c는 그림 5-13의 소성 변형률 선의 기울기이며, 수명 $2N$이 진 소성 변형률 진폭에 비례하여 증가되도록 하기 위해 지수승이 된다. 만약 응력 주기가 $2N$이면 N은 사이클의 수이다.
- **피로강도 지수**(b)는 그림 5-14의 탄성 변형률 선의 기울기이며, 수명 $2N$이 진응력 진폭에 비례하여 증가되도록 하기 위해 지수승이 된다.

그림 5-12에서 전체 변형률은 탄성과 소성 성분의 합임을 알 수 있다. 따라서, 전체 변형률 진폭은 총 변형률 범위의 절반이다.

$$\frac{\Delta\varepsilon}{2} = \frac{\Delta\varepsilon_e}{2} + \frac{\Delta\varepsilon_p}{2} \tag{a}$$

그림 5-13의 소성 변형률에 대한 식은

$$\frac{\Delta\varepsilon_p}{2} = \varepsilon'_F(2N)^c \tag{5-1}$$

탄성 변형률에 대한 식은

$$\frac{\Delta\varepsilon_e}{2} = \frac{\sigma'_F}{E}(2N)^b \tag{5-2}$$

이 된다.
따라서, 식 (a)로부터 전체 변형률의 진폭을 얻을 수 있다.

$$\frac{\Delta\varepsilon}{2} = \frac{\sigma'_F}{E}(2N)^b + \varepsilon'_F(2N)^c \tag{5-3}$$

이 식을 피로 수명과 전체 변형률 사이의 Manson-Coffin 관계식이라 한다.[5] 표 A-23에 몇 가지 계수와 지수들이 나타나 있다. 더욱 많은 내용은 SAE J1099 보고서에 포함되어 있다.[6]

비록 변형률과 다른 주기적 특성들이 주어질 때 식 (5-3)이 요소의 피로 수명을 얻기에 매우 적합한 식일지라도 설계자는 거의 그 식을 사용하지 않을 것이다. 노치나 불연속부 끝단에서 전체 변형률을 어떻게 결정할 것인가라는 질문에 대한 해답은 아직 쉽게 해결되지 못하고 있다. 문헌에도 변형률 집중 계수들에 관한 어떠한 표나 차트는 없다. 유한요소해석 적용의 증가로 인하여 적합한 변형률 집중계수가 곧 연구 문헌 등에 발표될 수 있을 것이다. 더 나아가, 유한요소해석 자체로 대상 구조물의 모든 점에서 발생하는 변형률의 근사값을 얻을 수 있다.[7]

[5] J. F. Tavernelli and L. F. Coffin, Jr., "Experimental Support for Generalized Equation Predicting Low Cycle Fatigue," and S. S. Manson, discussion, *Trans. ASME, J. Basic Eng.*, vol. 84, no. 4, pp. 533 – 537.

[6] Landgraf의 위의 책을 참고하라.

[7] 변형률-수명 방법에 대한 자세한 설명을 위해 N. E. Dowling, *Mechanical Behavior of Materials*, 2nd ed., Prentice-Hall, Englewood Cliffs, N.J., 1999, Chap. 14. 참조하라.

5-6 선형탄성 파괴역학법

피로 균열이 나타나는 상태를 1단계(Stage I) 피로라고 한다. 여러 인접 결정립, 함유물, 표면 결함을 통한 슬립 현상이 주요 원인으로 추정되고 있다. 이 경우는 육안으로 관찰할 수 없기에 단지 1단계는 여러 개의 결정립들과 관계된다고 말한다. 균열 진전의 두 번째 단계는 2단계(Stage II) 피로라 불려진다. 균열의 진전은 전자 현미경에서 관찰된 마이크로 그래프에서 확인할 수 있다. 이때 균열 성장은 규칙적이다. 3단계(Stage III)에서는 비록 피로와는 관계가 없지만 최종 파괴가 발생한다. 균열이 충분히 길고 주어진 응력 진폭에 대하여 $K_I = K_{Ic}$일 때, K_{Ic}를 손상이 없는 금속의 임계응력확대계수라고 한다. 여기에 인장 과하중이 작용되면 잔여 단면에서 갑작스럽고 극단적 파괴가 일어난다(4-12절 참고). 3단계 피로는 파괴에 이르는 균열 성장의 급속한 가속과 관련되어 있다.

균열 성장

응력들이 변하거나 각 응력 사이클에 인장력이 존재하면 피로 균열은 생성되어 성장한다. σ_{min}과 σ_{max}의 범위에서 변동하는 응력을 고려해 보자. 여기서 응력 진폭은 $\Delta\sigma = \sigma_{max} - \sigma_{min}$으로 정의한다. 식 (4-37)에서 응력확대계수는 $K_I = \beta\sigma\sqrt{\pi a}$와 같이 주어진다. 그러므로 응력 진폭($\Delta\sigma$)에 대해 사이클당 응력확대계수 진폭은 다음과 같이 표현된다.

$$\Delta K_I = \beta(\sigma_{max} - \sigma_{min})\sqrt{\pi a} = \beta\Delta\sigma\sqrt{\pi a} \tag{5-4}$$

피로강도 데이터를 생성하기 위해서는 $\Delta\sigma$를 다양하게 변화시키면서 같은 재료들에 대한 많은 시편 실험을 수행해야 한다. 균열은 자유표면에 매우 가깝거나 큰 불연속부에서 발생한다. a_i(초기 균열 길이)를 가정하면 응력 사이클 N의 함수로써의 균열 성장은 $\Delta\sigma$, 즉 ΔK_I에 의해 결정된다. 경계값 $(\Delta K_I)_{th}$ 이하의 ΔK_I에서는 균열이 성장하지 않는다. 그림 5-14는 세 가지의 응력 범위 $(\Delta\sigma)_3 > (\Delta\sigma)_2 > (\Delta\sigma)_1$, 즉 $(\Delta K_I)_3 > (\Delta K_I)_2 > (\Delta K_I)_1$에 관한 N 함수로써의 균열 길이 a를 나타낸다. 그림 5-14에서 응력 진폭이 큰 경우가 특정 사이클 수에서 균열 길이가 더 길다.

그림 5-14의 사이클당 균열성장율(da/dN)을 그림 5-15과 같이 그리면, 세 가지의 응력

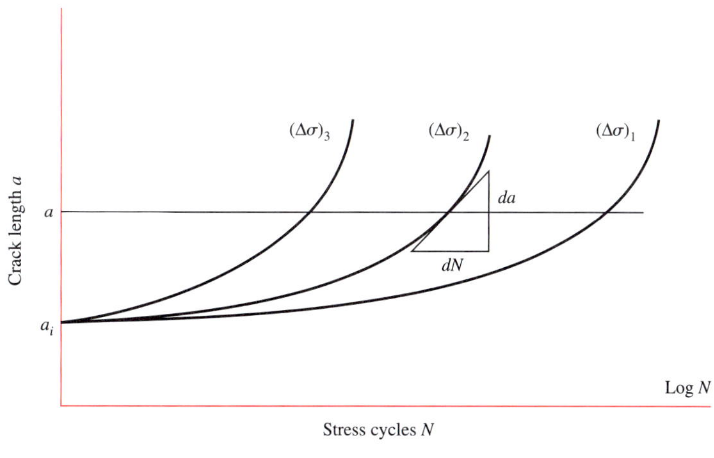

그림 5-14
세가지 응력 범위에 대한 사이클 수에 따른 초기 균열 길이 a_i에서 균열 길이 a까지의 변화. $(\Delta\sigma)_3 > (\Delta\sigma)_2 > (\Delta\sigma)_1$

그림 5-15

그림 5-15에서 da/dN을 구하고 로그–로그 좌표에 나타내면, 3가지 다른 응력 범위에 대한 결과는 겹쳐지고 사인 형태로 증가한다. $(\Delta K_I)_{th}$는 (ΔK_I)의 문턱값으로 더 이상 균열이 진전하지 않는다. 문턱값으로부터 파괴까지 알루미늄 합금은 I구역에서 수명의 85~90%, II 구역에서 5~8%, III 구역에서 1~2%를 사용한다.

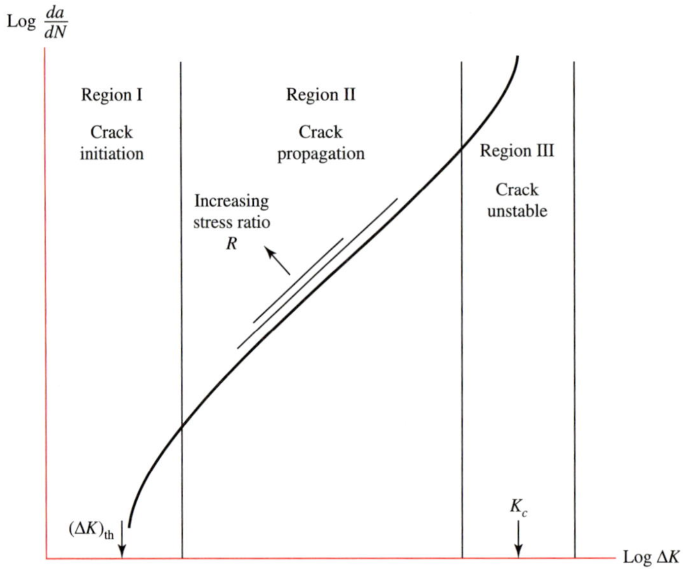

표 5-1

여러 가지 강에 대한 식 (5-5)의 상수 C와 지수 m의 보수적인 값 $(R = \sigma_{max}/\sigma_{min} \doteq 0)$

Material	$C, \frac{\text{m/cycle}}{(\text{MPa}\sqrt{\text{m}})^m}$	$C, \frac{\text{in/cycle}}{(\text{kpsi}\sqrt{\text{in}})^m}$	m
Ferritic-pearlitic steels	6.89(10–12)	3.60(10–10)	3.00
Martensitic steels	1.36(10–10)	6.60(10–9)	2.25
Austenitic stainless steels	5.61(10–12)	3.00(10–10)	3.25

From J. M. Barsom and S. T. Rolfe, *Fatigue and Fracture Control in Structures, 2nd ed.*, Prentice Hall, Upper Saddle River, NJ, 1987, pp. 288–291, Copyright ASTM International. Reprinted with permission.

범위의 데이터들은 S자 모양의 궤적을 나타낸다. 균열 진전의 3단계가 관찰되고 선형탄성 파괴역학의 범위 내에서 2단계 데이터들은 log-log 좌표계에서 선형이다. 비슷한 유형의 곡선들은 응력비 $R = \sigma_{min}/\sigma_{max}$를 변화시킴으로써 얻을 수 있다.

여기서는 반복적으로 응력이 가해진 요소의 균열 발견 후 잔여 수명을 측정하는 간단한 절차를 기술한다. 이를 위해서는 평면 변형률 상태가 지배적이라는 가정이 필요하다.[8] 균열이 2단계 초기에 발견되었다고 가정한다면 그림 5-15의 2단계 영역에서의 균열 성장은 다음과 같은 *Paris* 법칙으로 근사화할 수 있다.

$$\frac{da}{dN} = C(\Delta K_I)^m \tag{5-5}$$

여기서 C와 m은 실험적 상수들이고 ΔK_I은 식 (5-4)에서 주어진다. 다양한 강재들에 대한

[8] Recommended references are: Dowling, op. cit.; J. A. Collins, *Failure of Materials in Mechanical Design*, John Wiley & Sons, New York, 1981; H. O. Fuchs and R. I. Stephens, *Metal Fatigue in Engineering*, John Wiley & Sons, New York, 1980; and Harold S. Reemsnyder, "Constant Amplitude Fatigue Life Assessment Models," *SAE Trans. 820688*, vol. 91, Nov. 1983.

C와 m의 보수적인 대표값이 표 5-1에 주어져 있다. 식 (5-4)를 대입하고 적분하면 다음과 같이 된다.

$$\int_0^{N_f} dN = N_f = \frac{1}{C}\int_{a_i}^{a_f} \frac{da}{(\beta\Delta\sigma\sqrt{\pi a})^m} \tag{5-6}$$

여기서 a_i는 초기 균열 길이이고 a_f는 파괴 시의 최종 균열 길이, N_f는 초기 균열 생성 후 파괴 때까지의 측정된 사이클 수이다. β는 적분 변수에 따라 달라질 수 있다(그림 4-25~4-30 참고). 이런 경우 Reemsnyder는 수치적분 알고리즘을 적용할 것을 제안하였다.[9]

$$\begin{aligned} \delta a_j &= C(\Delta K_I)_j^m(\delta N)_j \\ a_{j+1} &= a_j + \delta a_j \\ N_{j+1} &= N_j + \delta N_j \\ N_f &= \sum \delta N_j \end{aligned} \tag{5-7}$$

여기서 δa_j와 δN_j는 균열 길이와 사이클 수의 증분이다. δN_j의 값을 정하는 과정은 다음과 같다. a_i를 이용하여 β를 결정하고, ΔK_{I}을 계산하여, δa_j를 결정한다. 그 후 다음의 a값을 찾는다. $a = a_f$가 될 때까지 이 과정을 반복한다.

아래 예제는 위의 절차에 대한 이해를 돕기 위해 상수 β가 주어진 매우 간단한 예이다. 일반적으로, 피로 균열 성장에 관한 문제들을 풀기 위하여 더욱 종합적이고 이론적인 모델들을 가진 NASA/FLAGRO 2.0과 같은 컴퓨터 프로그램을 사용한다.

예제 5-1

그림 5-16의 바(bar)에 $0 \le M \le 135$ N · m의 반복 모멘트가 가해진다. 바는 $S_{ut} = 1.28$ GPa, $S_y = 1.17$ GPa, $K_{\mathrm{I}c} = 81$ MPa $\sqrt{\mathrm{m}}$인 AISI 4430 강으로 제작되었다. 동일하게 열처리된 이 재료의 여러가지 시편을 이용한 실험 결과 중에서 가장 보수적인 경우, $C = 114 \times 10^{-15}$(m/cycle)/(MPa $\sqrt{\mathrm{m}}$)^{m}과 $m = 3.0$을 나타냈다. 보이는 바와 같이 바의 끝단에서 0.1 mm의 깨진 홈이 발견되었다. 잔여 수명 사이클의 수를 측정하라.

풀이 응력 범위($\Delta\sigma$)는 항상 공칭 면적(균열이 없는)을 사용하여 계산한다.

$$\frac{I}{c} = \frac{bh^2}{6} = \frac{0.006(0.012)^2}{6} = 144 \times 10^{-9}\ \mathrm{m}^3$$

그러므로 균열이 시작하기 전의 응력 진폭은 다음과 같다.

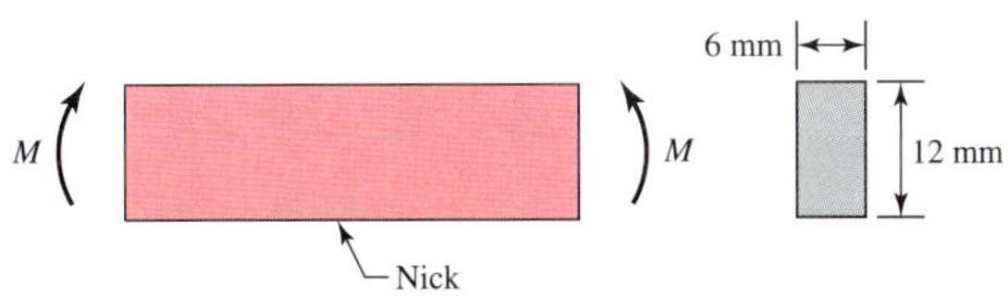

그림 5-16

[9] Op. cit.

$$\Delta\sigma = \frac{\Delta M}{I/c} = \frac{135}{144 \times 10^{-9}} = 937.5 \text{ MPa}$$

이 값은 항복강도 이하이다. 따라서, 균열이 성장함에 따라 결국에는 바가 완전히 항복이 되던가, 취성파괴가 발생할 것이다. S_y/S_{ut}의 비로 보아서는 바가 완전 항복에 도달하지는 않을 것이다. 취성파괴의 경우, 균열의 길이를 a_f로 나타낸다. 만약 $\beta = 1$인 경우 $K_\mathrm{I} = K_\mathrm{Ic}$가 되는 식 (4-37)로부터 a_f를 다음과 같이 나타낼 수 있다.

$$a_f = \frac{1}{\pi}\left(\frac{K_\mathrm{Ic}}{\beta\sigma_\mathrm{max}}\right)^2 \doteq \frac{1}{\pi}\left(\frac{81}{937.5}\right)^2 = 0.0024 \text{ m}$$

그림 4-27로부터 a_f/h의 비를 계산한다.

$$\frac{a_f}{h} = \frac{0.0024}{0.012} = 0.2$$

그러므로 a_f/h가 대략 0~0.2까지 범위를 갖는다. 그림 4-27로부터, 위와 같은 범위에서는 β가 1.05로 거의 상수 값을 갖는다. 이와 같은 가정 하에 a_f를 다시 계산하면

$$a_f = \frac{1}{\pi}\left(\frac{81}{1.05(937.5)}\right)^2 = 0.00216 \text{ m}$$

그러므로, 식 (5-6)으로부터 잔여 수명은 다음과 같이 계산된다.

$$N_f = \frac{1}{C}\int_{a_i}^{a_f} \frac{da}{(\beta\Delta\sigma\sqrt{\pi a})^m} = \frac{1}{114 \times 10^{-15}}\int_{0.0001}^{0.00216} \frac{da}{[1.05(937.5)\sqrt{\pi a}]^3}$$

$$= -\frac{825.8}{\sqrt{a}}\bigg|_{0.0001}^{0.00216} = 64.8(10^3) \text{ cycles}$$

5-7 피로한도

피로 실험 시 피로한도를 결정하는 것은 비록 오래 걸리는 과정이지만 절차화되어 있다. 일반적으로 피로한도에 대한 응력 실험이 변형률 실험보다 선호된다.

예비 설계나 파손 해석 시 피로한도의 빠른 결정법이 필요하다. 문헌들에는 동일한 바(bar) 또는 주괴(ingot)에서 떼어낸 회전빔 실험이나 단순 인장 시험 결과들이 많이 제시되어 있다. 그림 5-17과 같이 이 결과들을 도시하면 두 결과 사이의 어떠한 관계가 있는지 없는지를 알 수 있다. 이 그래프에서는 인장강도가 210 kpsi (1450 MPa) 이내인 강의 경우, 피로한도가 인장강도의 40~60%인 것을 보여준다. S_{ut} = 210 kpsi (1450 MPa)에서부터 데이터의 흩어짐이 증가하지만, (S_e') = 105 kpsi (735 MPa)에서 수평 점선으로 제시된 것처럼 그 경향은 감소하게 된다.

이제 피로한도를 측정하는 방법에 대해 알아보자. 많은 문헌에 제시된 데이터들은 아마도 큰 분산을 가질 것이다. 또한 철저히 준비된 시편의 실제 실험 결과들과도 많은 차이가 발생할 것이다. 불확실한 영역이 더욱 클수록 정적 설계에 사용되는 설계계수들보다 더욱

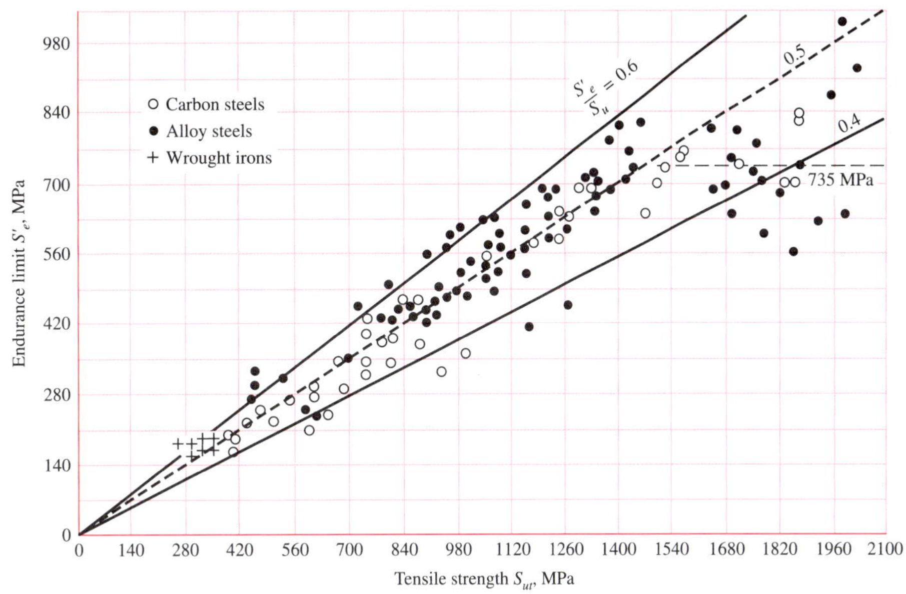

그림 5-17
많은 수의 단조 철과 강에 대한 실제 실험 결과로부터 구한 피로한도와 인장강도 그래프. 0.60, 0.50, 0.40의 S'_e/S_{ut}의 비는 실선 또는 점선으로 나타냈다. S'_e = 735 MPa에서 수평 점선을 주목하자. 1470 MPa보다 큰 인장강도를 갖는 점들은 S'_e = 735 MPa의 평균 피로한도와 95 MPa의 표준편차를 갖는다. (Collated from data compiled by H. J. Grover, S. A. Gordon, and L. R. Jackson in Fatigue of Metals and Structures, Bureau of Naval Weapons Document NAVWEPS 00-25-534, 1960; and from Fatigue Design Handbook, SAE, 1968, p. 42.)

큰 설계계수로 보정되어야 한다.

강의 경우, 그림 5-17에서의 관찰을 단순화하면, 피로한계를 다음과 같이 평가할 수 있다.

$$S'_e = \begin{cases} 0.5S_{ut} & S_{ut} \le 200 \text{ kpsi (1400 MPa)} \\ 100 \text{ kpsi} & S_{ut} > 200 \text{ kpsi} \\ 700 \text{ MPa} & S_{ut} > 1400 \text{ MPa} \end{cases} \tag{5-8}$$

여기서 S_{ut}는 **최소** 인장강도이다. 이 식에서 S'_e의 상첨자 프라임 기호는 **회전빔 시편**의 경우를 의미한다. 우리는 다양한 하중 상태의 다양한 기계요소에 대해 범용적으로 적용할 수 있는 피로한도 S_e를 얻길 원할 것이다. 곧 우리는 두 강도가 매우 다르다는 것을 배우게 될 것이다.

다른 미세 구조를 갖는 강들은 다양한 S'_e/S_{ut} 비를 갖는다. 더욱더 연성적인 미세 구조는 높은 비율을 갖는다. 마르텐사이트는 매우 취성이 강하여 피로를 야기하는 균열에 매우 약하다. 그래서 그 비는 낮다. 설계에 특정 미세 조직을 얻기 위한 열처리 과정이 포함될 때 특정 미세 조직에 대한 실험 데이터를 근간으로 피로한도를 측정할 수 있다. 그런 측정값은 더욱 신뢰성이 있으며 실제로 적용되어야 한다.

잘 연마, 제작된 다양한 주철의 피로한도가 표 A-24에 주어져 있다. 알루미늄 합금들은 피로한도를 갖고 있지 않다. 5 (10^8)의 반복 응력 사이클에서 몇몇 알루미늄 합금들의 피로강도가 표 A-24에 주어져 있다.

5-8 피로강도

그림 5-10에 나타난 바와 같이 저주기 피로 영역은 $N = 1$에서 10^3 정도까지이다. 이 구역에서 피로강도 S_f 는 인장강도 S_{ut}보다 다소 작다. Mischke는 고주기 피로 영역과 저주기 피로 영역에 대하여 해석적인 접근법을 제시한 바 있다. 이 방법에서는 Manson-Coffin 식의 상수와 변형률 경화 지수 m이 사용된다.[10] 엔지니어들은 자주 부족한 정보를 가지고 일을 해야 한다.

그림 5-10은 고주기 피로 영역은 철의 경우 10^3에서부터 10^6~10^7정도의 피로한도 수명 N_e까지의 범위를 갖는다는 것을 보여준다. 이 절의 목적은 간단한 인장실험의 결과와 같은 제한된 정보를 이용하여 고주기 피로 영역에서 S-N 선도를 간략화하는 방법을 개발하는 것이다. 경험적으로 고주기 피로 데이터는 파손까지의 응력과 사이클을 로그 함수로 변형하여 수정할 수 있다. 식 (5-2)는 10^3사이클에서 피로강도를 결정하기 위해 사용된다. $(S_f')_N = E\Delta\varepsilon_e/2$와 같은 특정 사이클에서 시편의 피로 강도를 결정하려면 식 (5-2)를 다음과 같이 쓸 수 있다.

$$(S_f')_N = \sigma_F'(2N)^b \tag{5-9}$$

10^3사이클에서,

$$(S_f')_{10^3} = \sigma_F'(2 \cdot 10^3)^b = f\,S_{ut}$$

여기서 f는 $(S_f')_{10^3}$ 사이클로 나타내는 S_f'의 성분이다. 이를 f에 대해 풀면 다음과 같이 된다.

$$f = \frac{\sigma_F'}{S_{ut}}(2 \cdot 10^3)^b \tag{5-10}$$

식 (2-15)로부터 $\varepsilon = \varepsilon_F'$에서 $\sigma_F' = \sigma_0\varepsilon^m$이 된다. 만약 이 진응력–진변형률 식을 모른다면 $H_B \le 500$인 강에 대해 SAE에서 제시한 다음의 관계식이 적용될 수 있다.[11]

$$\sigma_F' = S_{ut} + 50\ \text{kpsi} \qquad \text{or} \qquad \sigma_F' = S_{ut} + 345\ \text{MPa} \tag{5-11}$$

b를 구하기 위해, 한계 강도(S_e')와 이에 대응하는 사이클(N_e)을 각각 식 (5-9)에 대입하고 b에 대해 계산한다.

$$b = -\frac{\log\left(\sigma_F'/S_e'\right)}{\log\left(2N_e\right)} \tag{5-12}$$

그러므로 식 $S_f' = \sigma_F'(2N)^b$을 알 수 있다. 예를 들어 $N_e = 10^6$ 사이클 파손점에서 $S_{ut} = 735$ MPa이고 $S_e' = 366$ MPa라고 하면,

[10] J. E. Shigley, C. R. Mischke, and T. H. Brown, Jr., *Standard Handbook of Machine Design*, 3rd ed., McGraw-Hill, NewYork, 2004, pp. 29.25 – 29.27.

[11] *Fatigue Design Handbook*, vol. 4, Society of Automotive Engineers, New York, 1958, p. 27.

식 (5-11) $$\sigma'_F = 735 + 345 = 1080\ \text{MPa}$$

식 (5-12) $$b = -\frac{\log(1080/366)}{\log(2\cdot 10^6)} = -0.0746$$

식 (5-10) $$f = \frac{1080}{735}\left(2\cdot 10^3\right)^{-0.0746} = 0.833$$

그리고 식 (5-9)에 대해 $S'_f = (S'_f)_N$임을 이용하면

$$S'_f = 1080(2N)^{-0.0746} = 1026\ N^{-0.0746} \tag{a}$$

이러한 f를 구하는 절차는 다양한 극한강도에서 반복적으로 수행될 수 있다. 그림 5-18은 $490 \le S_{ut} \le 1400$ MPa의 범위에서의 f에 대한 그래프이다. $S_{ut} < 350$ MPa인 경우에 $f = 0.9$를 이용하면 보수적인 결과를 얻을 수 있다.

실제 기계적 요소에서, S'_e는 0.5 S_{ut}보다 작은 S_e로 감소한다(5-9절 참고). 하지만, 실제 데이터가 유효하지 않다면, 그림 5-18을 이용해 f의 값을 찾는 것을 추천한다. 실제 기계적 요소에 대해, 식 (a)를 아래와 같이 쓸 수 있다.

$$S_f = a\ N^b \tag{5-13}$$

여기서, N은 파손까지의 사이클(cycle) 수이다. a와 b는 각각 10^3 사이클에서의 $(S_f)_{10^3}$과 10^6에서의 S_e로부터 $(S_f)_{10^3} = f\ S_{ut}$의 관계를 이용하여 정의된다. 식 (5-13)에 이 두 점을 대입하면 다음과 같이 된다.

$$a = \frac{(f\,S_{ut})^2}{S_e} \tag{5-14}$$

$$b = -\frac{1}{3}\log\left(\frac{f\,S_{ut}}{S_e}\right) \tag{5-15}$$

만약 **완전 반복** 응력 σ_{rev}가 주어지고 식 (5-13)에서 $S_f = \sigma_{rev}$로 놓으면 파괴까지의 사이클 수는 다음과 같이 표현될 수 있다.

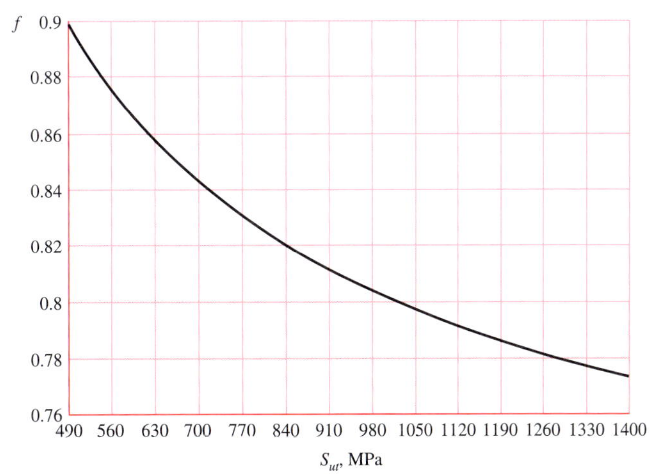

그림 5-18
10^6사이클에서 $S_e = S'_e = 0.5\ S_{ut}$인 경우에 대한 10^3 사이클에서의 S_{ut}의 피로강도 성분 f.

$$N = \left(\frac{\sigma_{\text{rev}}}{a}\right)^{1/b} \tag{5-16}$$

식 (5-16)에 의한 전형적인 *S-N* 그래프는 완전 반복 하중일 경우에만 적용이 가능하다는 것을 기억하자. 일반적인 변동 하중 상황에서는 실제 변동 응력과 피로손상 측면에서 등가인 완전 반복 응력을 이용한다(예제 5-12 참고).

저주기 피로는 일반적으로 $1 \le N \le 10^3$까지의 범위에서 발생하는 피로파손으로 정의된다(그림 5-10 참고). 그림 5-10과 같은 로그–로그 그래프에서 이 구간의 파손 궤적은 10^3까지 거의 선형적이다. 10^3, $f S_{ut}$와 1, S_{ut} 사이의 직선은 보수적이다. 그리고 다음과 같이 주어진다.

$$S_f \ge S_{ut} N^{(\log f)/3} \qquad 1 \le N \le 10^3 \tag{5-17}$$

예제 5-2

주어진 1050 HR 강에 대하여 다음을 평가하라.

(*a*) 10^6 사이클에서 회전빔의 피로한도를 구하여라.

(*b*) 10^4의 파손 사이클에 대응하는 잘 연마된 회전빔 시편의 피로강도를 구하여라.

(*c*) 완전 반복 응력이 385 MPa일 때 잘 연마된 회전빔의 예상 수명을 결정하라.

풀이 (*a*) 표 A-20으로부터 $S_{ut} = 630$ MPa이다. $f \doteq 0.86$. 식 (5-8)로부터

답

$$S'_e = 0.5(630) = 315 \text{ MPa}$$

(*b*) 그림 5-18로부터 $S_{ut} = 630$ MPa이다. 식 (5-14)로부터

$$a = \frac{[0.86(630)^2]}{315} = 1084 \text{ MPa}$$

식 (5-15)로부터

$$b = -\frac{1}{3}\log\left[\frac{0.86(630)}{315}\right] = -0.0785$$

그러므로 식 (5-13)은

$$S'_f = 1084\, N^{-0.0785}$$

답 10^4의 파괴 사이클에 대해, $S'_f = 1084(10^4)^{-0.0785} = 526$ MPa

(*c*) $\sigma_a = 385$ MPa일 때, 식 (5-16)을 이용하면

답

$$N = \left(\frac{385}{1084}\right)^{1/-0.0785} = 53.3(10^4)\text{cycles}$$

이 답들은 예측 값임을 명심해라. 3자리 유효숫자로 표현된 답은 약간 오차가 있을 수 있다.

5-9 피로한도 수정계수

피로한도를 구하기 위해서는 실험실 회전빔 시편을 매우 주의해서 준비하여 잘 제어된 환경에서 실험해야 한다. 실험실에서 얻어진 값들과 기계적, 구조적 요소들의 피로한도들은 현실적으로 같을 수 없다. 이런 차이는 다음과 같은 사항을 포함한다.

- **재료**: 화학조성, 파손의 근거, 변화성
- **공정**: 제조법, 열처리, 마모 부식, 표면 상태, 응력 집중
- **환경**: 부식, 온도, 응력 상태, 완화 시간
- **설계**: 크기, 모양, 수명, 응력 상태, 속도, 마모, 갤링(galling)

Marin[12]은 표면 상태, 크기, 하중, 온도, 기타 인자들의 효과를 정량화하기 위한 특성계수를 정의하였다. 빼거나 증가시키는 보정으로 피로한도를 수정할 수 있는냐 하는 문제는 4340강에 대한 광범위한 통계적 해석으로 해결되었다. 이 분석에서 곱의 형태를 위해 0.85의 수정계수가 결정되었으며, 더하는 형태에 대해서는 0.40의 수정계수가 결정되었다. 그러므로 Marin 식은 다음과 같이 표현된다.

$$S_e = k_a k_b k_c k_d k_e k_f S'_e \tag{5-18}$$

여기서,
k_a = 표면 상태 수정계수
k_b = 크기 수정계수
k_c = 하중 수정계수
k_d = 온도 수정계수
k_e = 신뢰성 계수[13]
k_f = 기타 효과 수정계수
S'_e = 회전빔 시편의 피로한도
S_e = 사용되는 형상과 조건에 대한 기계 부품의 임계 위치에서의 피로한도

요소의 피로한도 실험이 용이하지 아니할 경우, 피로한도에 대한 Marin 계수를 이용하여 구할 수 있다.

표면 계수 k_a

회전빔 시편의 표면은 원주 방향으로 스크래치가 생기지 않도록 하기 위해 최종적으로 축 방향으로 쳐 연마된다. 표면 수정계수는 최종 실제 요소의 표면 상태와 요소 재료의 인장강도에 따라 영향을 받는다. 기계요소에 대한 일반적인 마무리 작업(연삭, 기계가공 또는 냉간 인발, 고온 압연, 단조)에 대한 정량적인 표현을 찾기 위해서, 피로한도와 인장강도 데이터

[12] Joseph Marin, *Mechanical Behavior of Engineering Materials*, Prentice-Hall, Englewood Cliffs, N.J., 1962, p. 224.

[13] 전체 통계적 해석은 5-17절에 나와있다. 5-17절 전까지 다루는 주요내용은 결정론적 해석에 기초한 방법이다. 그러나 우리는 피로 실험 데이터에서 나타내는 분산데이터를 다뤄야 한다. 이는 우리가 진정한 신뢰성 분석을 수행할 수 없음을 의미하지만, "알려진 혹은 가정된 응력이 이 재료 구성으로 만들어진 무작위로 선택된 구성 요소의 강도를 초과될 수 있는 확률은 얼마나 되는지"에 대한 질문에 답변을 시도하는 것이다.

표 5-2
마린(Marin) 표면 수정계수에 대한 매개변수. 식 (5-19)

Surface Finish	Factor a S_{ut}, kpsi	S_{ut}, MPa	Exponent b
Ground	1.34	1.58	−0.085
Machined or cold-drawn	2.70	4.51	−0.265
Hot-rolled	14.4	57.7	−0.718
As-forged	39.9	272.	−0.995

From C.J. Noll and C. Lipson, "Allowable Working Stresses," *Society for Experimental Stress Analysis*, vol. 3, no. 2, 1946 p. 29. Reproduced by O.J. Horger (ed.) *Metals Engineering Design ASME Handbook*, McGraw-Hill, New York. Copyright © 1953 by The McGraw-Hill Companies, Inc. Reprinted by permission.

에 대한 그래프의 데이터를 다시 정리해야 한다. 이 자료들은 Lipson과 Noll에 의해 모아졌고 Horger에 의하여 다시 정리되었다.[14] 데이터는 아래와 같이 표현될 수 있다.

$$k_a = aS_{ut}^b \tag{5-19}$$

여기서 S_{ut}는 최소인장강도이고, a와 b는 표 5-2에서 찾을 수 있다.

예제 5-3 열간압연강의 최소인장강도는 600 MPa이다. K_a를 계산하라.

풀이 표 5-2로부터, $a = 57.7$, $b = -0.718$이다. 따라서 식 (5-19)로부터

답 $$k_a = 57.7(600)^{-0.718} = 0.584$$

일반적으로 데이터들은 산포를 갖기 때문에 이것은 근사값임을 주목해야한다. 이때, 보정법의 이용은 그 사용에 있어서 주의해야 한다. 예를 들어, 바로 이전 예제의 재료가 단조강이라면, 보정계수(correction factor)로 0.540을 사용해야 하고 이는 강도의 상당한 감소를 야기한다.

크기 계수 k_b

크기 계수는 133개의 데이터를 이용하여 구해졌다.[15] 굽힘과 비틀림에 관한 결과들은 다음과 같이 표현된다.

[14] C. J. Noll and C. Lipson, "Allowable Working Stresses," *Society for Experimental Stress Analysis*, vol. 3, no. 2, 1946, p. 29. Reproduced by O. J. Horger (ed.), *Metals Engineering Design ASME Handbook*, McGraw-Hill, New York, 1953, p. 102.C

[15] Charles R. Mischke, "Prediction of Stochastic Endurance Strength," *Trans. of ASME, Journal of Vibration, Acoustics, Stress, and Reliability in Design*, vol. 109, no. 1, January 1987, Table 3.

$$k_b = \begin{cases} (d/0.3)^{-0.107} = 0.879d^{-0.107} & 0.11 \le d \le 2 \text{ in} \\ 0.91d^{-0.157} & 2 < d \le 10 \text{ in} \\ (d/7.62)^{-0.107} = 1.24d^{-0.107} & 2.79 \le d \le 51 \text{ mm} \\ 1.51d^{-0.157} & 51 < d \le 254 \text{ mm} \end{cases} \quad (5\text{-}20)$$

축 하중의 경우 크기 효과가 없다. 따라서,

$$k_b = 1 \quad (5\text{-}21)$$

그러나 k_c는 고려된다.

식 (5-20)을 이용할 때 발생하는 문제는 굽힘을 받는 원형 바가 회전하지 않거나 단면이 원형이 아닌 경우는 어떻게 해야 하는가 하는 것이다. 예를 들면, 두께 6 mm, 폭 40 mm인 바의 크기 계수는 얼마인가? 여기서 사용되는 접근법에서는 **유효 지름**(*equivalent diameter*) d_e를 사용한다. 이는 최대 응력의 95% 이상이 작용하는 부피와 회전빔 시편의 부피를 같게 하여 얻을 수 있다.[16] 즉, 두 부피가 같을 때 길이는 상쇄되기 때문에 단지 면적만 고려하면 된다. 회전 원형 단면의 경우 95% 응력 지역은 바깥지름 d와 안지름 $0.95d$를 갖는 링의 면적이 된다. 여기서, 95% 응력 지역($A_{0.95\sigma}$)을 나타내면 다음과 같다.

$$A_{0.95\sigma} = \frac{\pi}{4}[d^2 - (0.95d)^2] = 0.0766d^2 \quad (5\text{-}22)$$

또한, 이 식은 회전 중공축에도 적용할 수 있다. 회전하지 않는 중실축이나 중공축의 경우, 95% 응력 지역은 $0.95d$의 공간을 갖는 두 평행한 현들의 바깥 면적의 두 배이다. 정확히 계산하면 다음과 같다.

$$A_{0.95\sigma} = 0.01046d^2 \quad (5\text{-}23)$$

유효 지름을 구하기 위해 식 (5-22)과 식 (5-23)를 같다고 두면 다음과 같이 표현된다.

$$d_e = 0.370d \quad (5\text{-}24)$$

이는 비회전 중공 혹은 중실축에 해당하는 유효 크기이다.

$h \times b$인 직사각형 단면의 경우 $A_{0.95\sigma} = 0.05bh$이다. 앞과 같은 방법으로 접근하면,

$$d_e = 0.808(hb)^{1/2} \quad (5\text{-}25)$$

가 된다.

표 5-3은 비회전 굽힘 하에서 일반적인 구조물의 형상에 대한 $A_{0.95\sigma}$를 나타낸 것이다.

예제 5-4

굽힘이 가해지는 강재의 축은 지름이 52 mm이고 지름 38 mm의 필렛 쇼울더가 접해 있다. 축 재료의 평균 인장강도는 690 MPa이다. 축이 다음과 같은 경우에 Marin 크기 계수 k_b를 구하여라.

(*a*) 회전 모드

[16] See R. Kuguel, "A Relation between Theoretical Stress-Concentration Factor and Fatigue Notch Factor Deduced from the Concept of Highly Stressed Volume," *Proc. ASTM*, vol. 61, 1961, pp. 732–748.

(b) 비회전 모드

풀이 (a) 식 (5-20)으로부터

답 $$k_b = 1.51d^{-0.157} = 1.51(52)^{-0.157} = 0.812$$

(b) 표 5-3으로부터

$$d_e = 0.37d = 0.37(52) = 19.24 \text{ mm}$$

식 (5-20)으로부터

답 $$k_b = \left(\frac{19.24}{7.62}\right)^{-0.107} = 0.906$$

표 5-3

일반적인 비회전 구조물 형상에 대한 $A_{0.95\sigma}$ 면적.

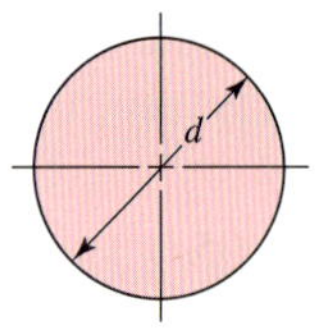

$$A_{0.95\sigma} = 0.01046d^2$$
$$d_e = 0.370d$$

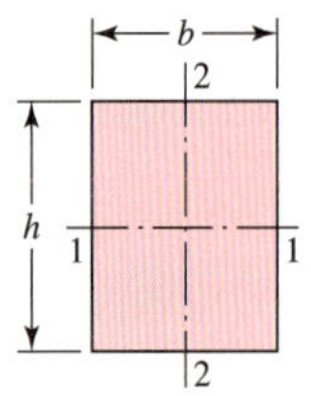

$$A_{0.95\sigma} = 0.05hb$$
$$d_e = 0.808\sqrt{hb}$$

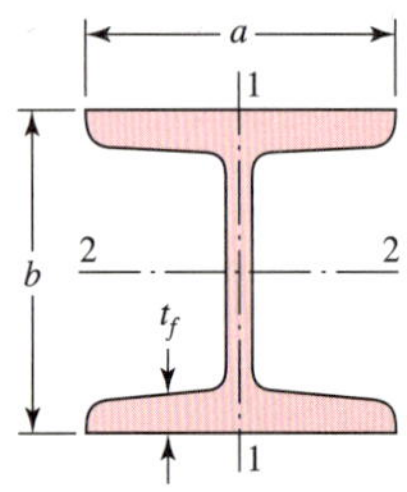

$$A_{0.95\sigma} = \begin{cases} 0.10at_f & & \text{axis 1-1} \\ 0.05ba & t_f > 0.025a & \text{axis 2-2} \end{cases}$$

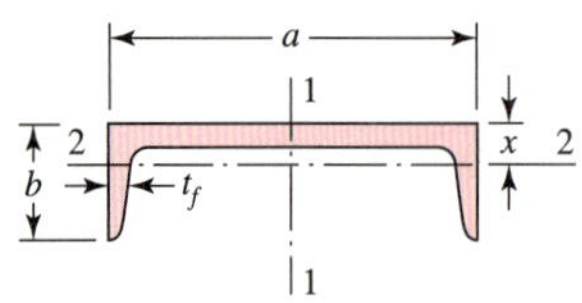

$$A_{0.95\sigma} = \begin{cases} 0.05ab & \text{axis 1-1} \\ 0.052xa + 0.1t_f(b - x) & \text{axis 2-2} \end{cases}$$

하중 계수 k_c

피로 실험이 회전 굽힘, 축(push-pull)과 비틀림 하중 하에서 시행될 때, 피로한도는 S_{ut}와 다르다. 이는 5-17절에서 더 논의될 것이다. 하중 계수의 평균값은 다음과 같이 분류된다.

$$k_c = \begin{cases} 1 & \text{bending} \\ 0.85 & \text{axial} \\ 0.59 & \text{torsion}^{17} \end{cases} \tag{5-26}$$

온도 계수 k_d

작동 온도가 상온 이하일 경우, 취성파괴의 가능성이 높기 때문에 처음부터 온도 영향이 고려되어야 한다. 반면에, 작동 온도가 상온보다 높을 경우에는 그림 2-9에 나타난 바와 같이 항복 강도는 온도 증가에 따라 빠르게 감소하기 때문에 항복이 처음부터 고려되어야 한다. 높은 온도에서 작동하는 재료의 경우에는 크리프에 의한 손상이 발생한다. 따라서 크리프의 영향도 추가적으로 고려되어야 한다. 마지막으로, 높은 온도 영역에서 작동하는 재료는 피로한도가 존재하지 않는다. 감소된 피로 저항성 때문에 파괴 과정은 시간에 의존한다.

제한된 양의 유용한 데이터로부터 온도가 증가함에 따라 철에 대한 피로강도가 증가한다는 것을 알 수 있다. 또한 그림 2-9에서 보이는 인장강도의 거동처럼 400~700°F구역에서 떨어지기 시작한다. 이런 이유로 상온에서와 같이 고온에서도 피로한도는 인장강도와 관계가 있을 것이다.[18] 그러므로, 유효한 데이터가 생길 때까지는 고온에서의 피로한도를 예측하기 위해서 상온의 관계를 적용하는 것은 매우 논리적으로 보인다. 적어도 이러한 응용은 다양한 재료들의 거동을 비교할 수 있는 표준을 제공할 것이다.

표 5-4는 단지 인장강도 데이터만을 이용하여 그림 2-9로부터 얻은 것이다. 표는 21개

표 5-4

강의 인장강도에 미치는 가동 온도의 영향*(S_T = 가동 온도에서의 인장강도, S_{RT} = 상온에서의 인장강도)

Temperature, °C	S_T/S_{RT}	Temperature, °F	S_T/S_{RT}
20	1.000	70	1.000
50	1.010	100	1.008
100	1.020	200	1.020
150	1.025	300	1.024
200	1.020	400	1.018
250	1.000	500	0.995
300	0.975	600	0.963
350	0.943	700	0.927
400	0.900	800	0.872
450	0.843	900	0.797
500	0.768	1000	0.698
550	0.672	1100	0.567
600	0.549		

*Data source: Fig. 2–9.

[17] 순수한 비틀림 피로 하중만을 사용하라. 비틀림이 굽힘과 같은 다른 응력들과 결합될 때, k_c = 1 과 결합된 하중은 5-5절에서와 같이 효과적인 von Mises 응력을 이용하여 다뤄진다. 참고: 순수 비틀림의 경우, 변형에너지설로부터 $(k_c)_{\text{torsion}} = 0.577$이다.

[18] 자세한 내용은 ANSI/ASME B106. 1M-1985 shaft standard의 표2와 100에서 650°C까지 내구한도를 표로 정리해놓은 E. A. Brandes (ed.), *Smithell's Metals Reference Book*, 6th ed., Butterworth, London, 1983, pp. 22 – 134에서 pp. 22 – 136을 참조하라.

의 다른 탄소강 또는 합금강에 대한 145개의 실험 결과들을 나타낸 것이다. 그림 2-9의 데이터들을 4차 방정식으로 곡선 적합하면 다음과 같이 된다.

$$k_d = 0.975 + 0.432(10^{-3})T_F - 0.115(10^{-5})T_F^2 + 0.104(10^{-8})T_F^3 - 0.595(10^{-12})T_F^4 \tag{5-27}$$

여기서 $70 \le T_F \le 1000$°F이다.

온도를 고려할 경우 두 가지의 문제가 발생한다. 만약 상온에서 회전빔의 피로한도를 안다면, 표 5-4 또는 식 (5-27)으로부터 다음을 사용하라.

$$k_d = \frac{S_T}{S_{RT}} \tag{5-28}$$

만약 회전빔의 피로한도가 주어지지 않았으면 식 (5-8)과 표 5-4의 계수로 구한 온도 보정 인장강도를 이용하여 계산하라. 그 다음 $k_d = 1$을 사용하라.

예제 5-5

1035강은 인장강도가 490 MPa이고 230°C에서 이용될 요소에 사용될 것이다. 아래에 대해 Marin 온도 수정계수와 $(S_e)_{230°}$을 구하여라.

(*a*) 실험에 의한 상온 피로한도가 $(S'_e)_{37°} = 270$ MPa로 주어졌을 때

(*b*) 상온에서 인장강도만이 주어졌을 때

풀이 (*a*) 식 (5-27)에서

$$k_d = 0.9877 + 0.6507(10^{-3})(230) - 0.3414(10^{-5})(230^2) + 0.5621(10^{-8})(230^3) - 6.246(10^{-12})(230^4) = 1.00767$$

그러므로,

답 $$(S_e)_{230°} = k_d\,(S'_e)_{37°} = 1.00767(270) = 272.07 \text{ MPa}$$

(*b*) 표 5-4에서 내삽법을 사용하면

$$(S_T)\,S_{RT})_{230°} = 1.02 + (1.0 - 1.02)\,\frac{230 - 200}{250 - 200} = 1.0197$$

그러므로 230°C에서 인장강도는 다음과 같다.

$$(S_{ut})_{230°} = (S_T\,/\,S_{RT})_{230°}\,(S_{ut})_{37°} = 1.0197(490) = 499.7 \text{ MPa}$$

따라서 식 (5-8)로부터

답 $$(S_e)_{230°} = 0.5(S_{ut})_{230°} = 0.5(499.7) = 249.9 \text{ MPa}$$

각 재료의 실제 실험을 통해 *a*의 경우에서 더 좋은 결과를 얻었다.

신뢰성 계수 K_e

여기서는 그림 5-17에 나타난 바와 같이 평균 피로한도가 $S'_e/S_{ut} \doteq 0.5$이거나 식 (5-8)에 의해

주어지는 경우 데이터의 분산을 고려하기 위한 내용을 기술하였다. 대부분의 피로강도는 평균값으로 기술된다. Haugen과 Wirching에 의해 만들어진 데이터들은 피로강도의 표준편차가 8%보다 작다는 것을 보여준다.[19] 그러므로 이를 고려한 신뢰성 수정계수는 다음과 같다.

$$k_e = 1 - 0.08\, z_a \tag{5-29}$$

여기서, z_a는 다음의 식에 의해 정의된다. 요구되는 신뢰성 값들은 표 A-10으로부터 결정될 수 있다. 표 5-5에 표준 신뢰도들에 대한 신뢰성 계수가 주어져 있다.

신뢰성에 대한 보다 깊은 접근 방법을 알려면 5-17절을 참고하라.

기타 효과 계수 k_f

비록 계수 k_f는 모든 다른 효과로 인한 피로한도의 감소를 고려하려 하지만 k_f값을 언제나 알 수 없기 때문에 실제로 이와 같은 사항들이 고려되어야 한다.

잔류응력(residual stress)은 피로한도를 개선하거나 반대의 영향을 미칠 것이다. 일반적으로 만약 요소의 표면에서의 잔류 응력이 압축응력이면 피로한도는 개선된다. 피로파손은 인장 파괴 혹은 적어도 인장응력의 영향을 받게 된다. 그래서 인장응력을 줄이는 것은 피로

표 5-5
피로한도의 8% 표준 편차에 대한 신뢰도 계수 k_e

Reliability, %	Transformation Variate z_a	Reliability Factor k_e
50	0	1.000
90	1.288	0.897
95	1.645	0.868
99	2.326	0.814
99.9	3.091	0.753
99.99	3.719	0.702
99.999	4.265	0.659
99.9999	4.753	0.620

그림 5-19
굽힘 또는 비틀림 하 표피 경화된 부분의 파괴. 이 예에서는 파괴가 코어에서 발생한다.

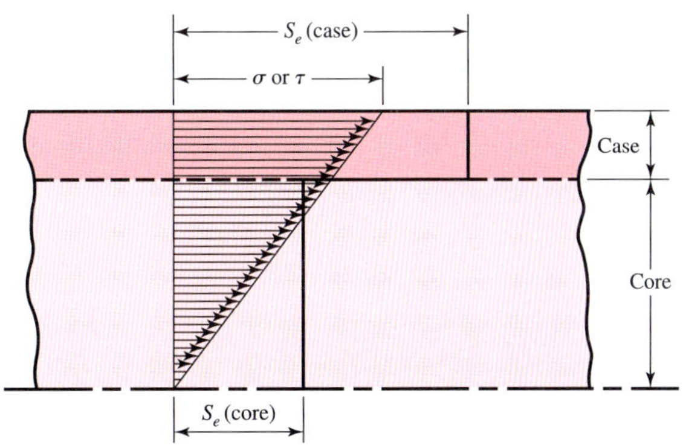

[19] E. B. Haugen and P. H. Wirsching, "Probabilistic Design," *Machine Design*, vol. 47, no. 12, 1975, pp. 10–14.

파손의 가능성을 줄이는 것이다. 숏 피닝(shot peening), 타격(hammering), 냉간 압연과 같은 공정은 표면에 압축응력을 생성시키기 때문에 피로한도를 상당히 개선시킨다. 물론 재료는 적당히 가공되어야 한다.

단조된 부품뿐만 아니라 압연되거나 인발된 판재나 바의 피로한도는 공정의 **방향특성**(*directional characteristics*)에 의해 영향을 받는다. 예를 들면 압연되거나 인발된 요소들은 길이 방향의 피로한도보다 10~20% 정도 작은 횡방향 피로한도를 갖는다.

표면이 경화된 부품들은 응력 구배에 따라 표면이나 최대 코어 반지름에서 파괴가 일어날 것이다. 그림 5-19는 굽힘이나 비틀림 하에서 바의 전형적인 삼각형 응력분포를 나타낸 것이다. 이 그림에서의 굵은 선은 케이스와 코어의 피로한도(S_e)를 나타낸다. 이 예에서 코어의 피로한도는 설계에 중요한 역할을 한다. 왜냐하면 그림에서 응력 σ나 τ가 코어의 바깥쪽반지름에서는 코어의 피로한도보다 크기 때문이다.

부식

기계요소가 부식 환경에서 작동되면 피로 저항성이 저하된다. 이는 부식 재료의 표면이 움푹 패이거나 거칠어지기 때문이다. 그러나 그 문제는 부식되어진 시편의 피로한도를 찾는 것 같이 단순하지 않다. 그 이유는 부식과 응력이 동시에 발생하기 때문이다. 근본적으로 부식 환경 하에서 반복응력이 가해질 때 파괴가 발생하는 것이다. 부식에는 피로한계가 없다. 그러므로 설계자의 문제는 피로 수명에 영향을 주는 인자를 줄이려 하는 것이다. 이때 영향을 주는 인자는 다음과 같다.

- 평균 또는 정적 응력
- 교번 응력
- 전해액 농도
- 전해질에 용융된 산소량
- 재료 물성과 조성
- 온도
- 반복적인 주파수
- 시편 주위의 유량
- 국부적인 틈

전해 도금

크롬 도금, 니켈 도금, 카디늄 도금과 같은 금속 도금은 50% 정도 피로한도를 감소시킨다. 몇몇 경우에 코팅에 의한 피로한도의 감소는 매우 심각하므로 도금과정이 제거되는 것이 필수적이다. 아연 도금은 피로강도에 영향을 주지 않는다. 경화합금의 양산화물은 굽힘 피로한도를 39% 정도 감소시키나 비틀림 피로한도에는 영향을 미치지 않는다.

금속 도장

금속 도장은 균열을 발생시키는 표면 결점의 원인이 된다. 제한된 실험에서 피로강도가 14% 정도 감소하였다.

반복적인 주파수

어떤 이유에서 피로 과정이 시간에 종속적이라면 이것은 또한 주파수(frequency)에 종속적이다. 일반적인 상태 하에서 피로파손은 주파수에 독립적이다. 그러나 부식 또는 높은 온도 하에서는 반복 비율이 중요하다. 반복이 느리고, 온도가 높을수록 균열 진전율은 빨라지고 주어진 응력 하에서 수명은 짧아진다.

마모 부식

마모 부식은 꽉 죄어진 요소들이나 구조들의 미세 운동의 결과로 발생한다. 볼트 결합, 베어링 결합, 자동차 허브, 그리고 다른 형태로 꽉 결합된 요소들이 그 예들이다. 이 과정은 표면의 변색, 피팅, 나아가 피로를 포함한다. 마모 계수 k_f는 상대 운동을 하는 재료에 의존적이며 약 0.24~0.90 정도이다.

5-10 응력 집중과 노치 민감도

3-13절에서 요소에서 구멍, 홈, 노치 같은 불규칙적이거나 불연속부가 존재할 때 불연속 부근에서 이론적 응력이 증가한다고 기술하였다. 식 (3-48)에서 응력집중계수 K_t (K_{ts})를 정의하였으며 이는 불규칙 점이나 결점 때문에 발생하는 최대 응력을 얻기 위하여 공칭응력과 함께 사용된다. 몇몇 재료들은 노치 등에 민감하지 않으므로 감소된 K_t가 사용될 수 있다. 실제로 이러한 재료들의 최대 응력은 다음과 같이 정의한다.

$$\sigma_{\max} = K_f \sigma_0 \qquad \text{or} \qquad \tau_{\max} = K_{fs} \tau_0 \tag{5-30}$$

여기서 K_f는 감소된 K_t이며 σ_0는 공칭응력이다. 계수 K_f는 일반적으로 **피로응력집중계수**이므로 첨자 f를 쓴다. 그러므로 K_f를 줄어든 노치 민감도로 인해 감소된 응력집중계수로 생각하는 것이 편리하다. 결과적으로 계수는 다음 식으로 정의 된다.

$$K_f = \frac{\text{maximum stress in notched specimen}}{\text{stress in notch-free specimen}} \tag{a}$$

노치 민감도(notch toughness, q)는 다음 식으로 정의된다.

$$q = \frac{K_f - 1}{K_t - 1} \qquad \text{or} \qquad q_{\text{shear}} = \frac{K_{fs} - 1}{K_{ts} - 1} \tag{5-31}$$

여기서 q는 0과 1 사이에 존재한다. 식 (5-31)으로부터 만약 $q = 0$이면 $K_f = 1$이고 그 재료는 전혀 노치에 영향을 받지 않는다는 것을 알 수 있다. 반면에, $q = 1$이면 $K_f = K_t$이고 재료는 완전한 노치 민감도를 갖게 된다. 설계나 해석 시 요소 형상으로부터 먼저 K_t를 알아야 한다. 재료가 정해지면 q를 구하고 다음 식으로부터 K_f를 구한다.

$$K_f = 1 + q(K_t - 1) \qquad \text{or} \qquad K_{fs} = 1 + q_{\text{shear}}(K_{ts} - 1) \tag{5-32}$$

특정 재료의 노치 민감도는 실험적으로 얻을 수 있다. 공개된 실험 값은 제한되어 있지만, 몇몇의 값들은 강과 알루미늄에 이용 가능하다. 노치의 반지름과 극한강도의 함수로써 노치 민감도의 경향이 그림 5-20과 그림 5-21에 도시되어 있다. 그림 5-20은 반복 굽힘 또는 축 하중에 대한 노치 민감도 경향을, 그림 5-21은 반복 비틀림에 대한 노치 민감도의 경향을 나타낸다.

이 그래프들을 이용할 경우 곡선을 표시하는 실제 실험 결과값이 많은 분산을 갖는다는 것을 알아야 한다. 이 분산 때문에 만약 q값에 대한 확신이 없다면 $K_f = K_t$를 사용하는 것이 안전하다. 또한, q는 반지름이 큰 재료에 대해 1을 사용해도 큰 차이가 없다.

그림 5-20은 *Neuber* 식에 기반하고 있다. 이 식은 다음과 같다.

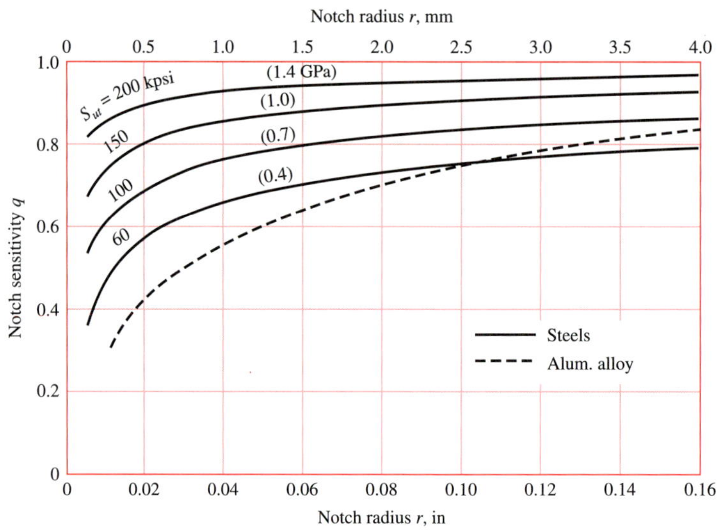

그림 5-20
반복 굽힘 또는 반복 축 하중이 작용하는 강과 UNS A92024-T 단조 알루미늄 합금에 대한 노치 민감도 선도. 큰 노치 반지름들의 경우 r = 0.16 in (4 mm)에 대응하는 q 값들을 사용하라. (*From George Sines and J. L. Waisman (eds.), Metal Fatigue, McGraw-Hill, New York. Copyright © 1969 by The McGraw-Hill Companies, Inc. Reprinted by permission.*)

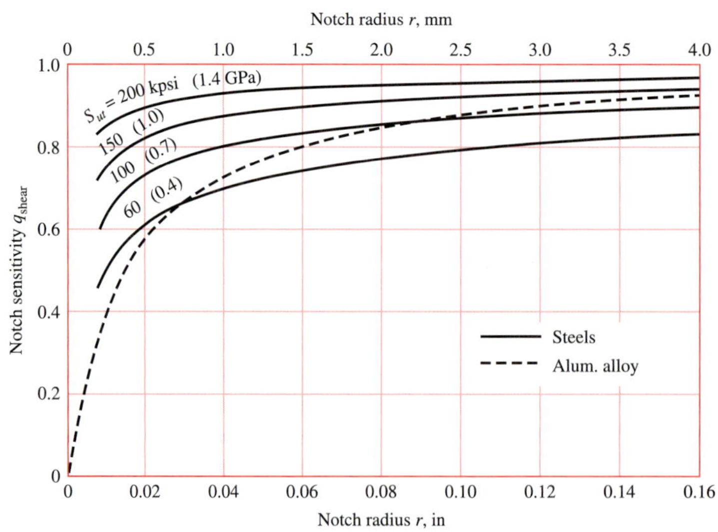

그림 5-21
반복 비틀림 하중이 작용하는 재료에 대한 노치 민감도 선도. 큰 노치 반지름들의 경우에 r = 0.16 in (4 mm)에 대응하는 q_{Shear} 값들을 사용하라.

$$K_f = 1 + \frac{K_t - 1}{1 + \sqrt{a/r}} \tag{5-33}$$

여기서 $\sqrt{a}$는 *Neuber* 상수로 정의되며 재료 상수이다. 식 (5-31)과 (5-33)를 이용하면 다음과 같은 노치 민감도 식을 구할 수 있다.

$$q = \frac{1}{1 + \dfrac{\sqrt{a}}{\sqrt{r}}} \tag{5-34}$$

그림 5-20과 그림 5-21은 강에 대해 관하여

굽힘 또는 축 하중: $\sqrt{a} = 0.246 - 3.08(10^{-3})S_{ut} + 1.51(10^{-5})S_{ut}^2 - 2.67(10^{-8})S_{ut}^3$ (5-35*a*)

비틀림: $\sqrt{a} = 0.190 - 2.51(10^{-3})S_{ut} + 1.35(10^{-5})S_{ut}^2 - 2.67(10^{-8})S_{ut}^3$ (5-35*b*)

여기서, 위 식은 강에 대해 적용 가능하고 S_{ut}는 kpsi단위이다. 식 (5-35)*a*, *b* 및 식 (5-34)를 결합하면 그림 5-20, 그림 5-21과 같다. 그래프에서 곡선 접합식에 의한 결과는 실험 데이터에 대한 근사값만을 제공한다.

주철의 노치 민감도는 매우 작고 인장강도에 따라 대략 0~0.2 범위의 값을 갖는다. 안전을 생각하는 점에서 모든 종류의 주철에 대해 민감도 $q = 0.20$를 사용하는 게 좋다.

예제 5-6

굽힘 하중이 작용하는 강축의 인장강도가 690 MPa이고 지름 32 mm와 지름 38 mm를 잇는 반지름 3 mm의 필렛이 존재하는 쇼울더를 가지고 있다. 여기서 다음 식이나 그림을 사용하여 K_f를 하여라.

(*a*) 그림 5-20

(*b*) 식 (5-33)과 식 (5-35)

풀이 그림 A-15-9에서 $D/d = 38/32 = 1.1875$, $r/d = 3/32 = 0.09375$를 사용하면 K_t가 약 1.65임을 알 수 있다.

(*a*) 그림 5-20으로부터 $S_{ut} = 690$ MPa, $r = 3$ mm일 때, q는 대략 0.84이다. 그러므로 식 (5-32)에서,

답
$$K_f = 1 + q(K_t - 1) \doteq 1 + 0.84(1.65 - 1) = 1.55$$

(*b*) 식 (5-35*a*)와 $S_{ut} = 690 \text{ MPa} = 100 \text{ kpsi}$, $\sqrt{a} = 0.0622\sqrt{\text{in}} = 0.313\sqrt{\text{mm}}$를 이용한다. 이 값들을 $r = 3$ mm와 함께 식 (5-33)에 대입하면 다음과 같다.

답
$$K_f = 1 + \frac{K_t - 1}{1 + \sqrt{a/r}} \doteq 1 + \frac{1.65 - 1}{1 + \dfrac{0.313}{\sqrt{3}}} = 1.55$$

몇몇 설계자들은 S_e를 줄이기 위해 Marin 계수로 $1/K_f$을 사용한다. 단순 하중 및 무한 수명 문제에서 S_e를 K_f로 나누어 줄이는 것과 공칭응력(nominal stress)에 K_f를 곱하는 것은

차이가 없다. 반면에, **유한 수명**의 경우, *S-N* 그래프가 비선형이기 때문에, 앞의 두 가지 접근법은 다른 결과를 만들어 낸다. 어떤 방법이 더 적합하다는 명확한 근거는 없다. 게다가, 5-14절에서 복합적인 하중을 고려할 때, 일반적으로 다중 피로 응력집중 계수(multiplied fatigue stress-concentration factor)가 존재한다(예를 들어 굽힘에 대한 K_f와 비틀림에 대한 K_{fs}). 여기서, 공칭응력을 수정하는 것이 일반적이다. 이 책에서 일관성을 위해, 피로응력집중계수를 공칭응력의 배수로써 사용한다.

예제 5-7

예제 5-6의 스텝축에 대해 완전 보정된 피로한도가 S_e = 280 MPa라고 하자. 축이 필렛에서 $(\sigma_{rev})_{nom}$ = 260 MPa의 완전교번 공칭응력을 받고 있을 때 파괴 사이클 수를 구하라.

풀이 예제 5-6에 의해 K_f = 1.55이고 인장강도는 S_{ut} = 690 MPa = 100 kpsi이다. 최대 교번응력은

$$(\sigma_{rev})_{max} = K_f(\sigma_{rev})_{nom} = 1.55(260) = 403 \text{ MPa}$$

그림 5-18에 의해 f = 0.845이다. 식 (5-14), (5-15) 그리고 (5-16)에 의해

$$a = \frac{(f S_{ut})^2}{S_e} = \frac{[0.845(690)]^2}{280} = 1214 \text{ MPa}$$

$$b = -\frac{1}{3}\log\frac{f S_{ut}}{S_e} = -\frac{1}{3}\log\left[\frac{0.845(690)}{280}\right] = -0.1062$$

답

$$N = \left(\frac{\sigma_{rev}}{a}\right)^{1/b} = \left(\frac{403}{1214}\right)^{1/-0.1062} = 32.3(10^3) \text{ cycles}$$

지금까지 예제들은 Marin 식의 각각 계수들과 응력 집중에 대해서만 다루었다. 이제 동시에 많은 수의 계수가 발생하는 경우를 살펴보자.

예제 5-8

열간 압연된 1015강 바는 지름이 25 mm이다. 300°C에서 파괴 사이클이 70,000인 변동 축하중을 받고 있다. ASTM 최소 물성치와 99%의 신뢰도를 사용하여 70,000 사이클에서 피로한도와 피로강도를 계산하라.

풀이 표 A-20으로부터 20°C에서 S_{ut} = 340 MPa임을 알 수 있다. 회전빔 시편의 피로한도가 상온에 대해 알려지지 않았으므로 먼저 표 5-4를 이용하여 고온에서의 인장강도를 결정한다. 표 5-4로부터

$$\left(\frac{S_T}{S_{RT}}\right)_{300°} = 0.975$$

300°C에서의 인장강도는 다음과 같다.

$$(S_{ut})_{300°} = (S_T / S_{RT})_{300°}(S_{ut})_{20°} = 0.975(340) = 331.5 \text{ MPa}$$

300°C에서 회전빔 시편의 피로한도는 식 (5-8)로부터 다음과 같이 구해진다.

$$S'_e = 0.5(331.5) = 165.8 \text{ MPa}$$

다음으로 Marin 계수을 결정하자. 기계가공된 표면에 대하여 식 (5-19)와 표 5-2를 이용한다.

$$k_a = aS_{ut}^b = 4.51(331.5^{-0.265}) = 0.969$$

축 하중에 대해서는 식 (5-21)로부터 크기 계수 $k_b = 1$, 식 (5-26)으로부터 하중 계수 $k_c = 0.85$이다. 인장강도와 피로한도를 수정할 때 온도를 고려하므로 온도 계수 k_d는 1이다. 표 5-5로부터 99% 신뢰도에 대한 $k_e = 0.814$이다. 마지막으로 다른 조건이 주어지지 않았으므로 기타 계수(k_f)는 1이다. 이 요소의 피로한도는 식 (5-18)을 이용해서 다음과 같이 구할 수 있다.

답

$$\begin{aligned} S_e &= k_a k_b k_c k_d k_e k_f S'_e \\ &= 0.969(1)(0.85)(1)(0.814)(1)165.8 = 111 \text{ MPa} \end{aligned}$$

70,000 사이클에서의 피로강도에 대하여 *S-N* 식을 정의할 필요가 있다. $S_{ut} = 331.5 < 350$ MPa이므로 $f = 0.9$이다. 식 (5-14)로부터

$$a = \frac{(f\,S_{ut})^2}{S_e} = \frac{[0.9(331.5)]^2}{111} = 891 \text{ MPa}$$

$$b = -\frac{1}{3}\log\left(\frac{f\ S_{ut}}{S_e}\right) = -\frac{1}{3}\log\left[\frac{0.9(331.5)}{111}\right] = -0.1431$$

마지막으로 식 (5-13)에서 70,000 사이클의 피로강도에서의 답을 구한다.

답

$$S_f = a\ N^b = 891(70\ 000)^{-0.1431} = 180.5 \text{ MPa}$$

예제 5-9 그림 5-22*a*는 *A*와 *D*에서 볼베어링으로 지지되고 있는 회전축이다. 이 축에 6.8 kN의 비회전력 *F*가 작용되고 있다. ASTM '최소' 강도를 사용하여 이 요소의 수명을 계산하여라.

풀이 그림 5-22*b*로부터 파괴는 최대 응력점이나 *C*점보다는 *B*점에서 발생한다는 것을 알 수 있다. 점 *B*는 최소 단면을 갖고 *C*점보다는 높은 굽힘모멘트와 응력집중계수가 있다. 최대 모멘트 지역은 크기가 크고 또한 응력집중계수가 없다.

강도는 위치에 따라 달라지므로 먼저 *B*점에서 강도를 측정하고 이 강도를 같은 점에서의 응력과 비교함으로써 문제를 해결해야 한다.

표 A-20에서 $S_{ut} = 690$ MPa, $S_y = 580$ MPa임을 알 수 있다. 피로한도 S'_e는 다음과 같이 계산된다.

$$S'_e = 0.5(690) = 345 \text{ MPa}$$

식 (5-19)와 표 5-2로부터

$$k_a = 4.51(690)^{-0.265} = 0.798$$

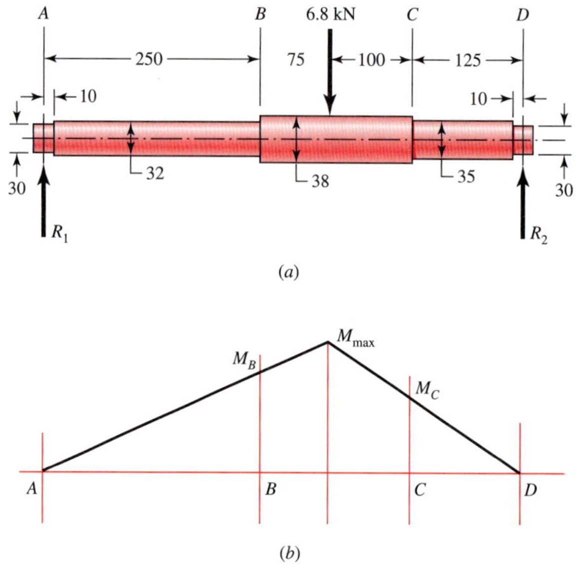

그림 5-22

(*a*) 모든 차원을 밀리미터 단위로 나타낸 축 그림; 모든 필렛은 3 mm의 반지름을 갖는다. 축은 회전하고 하중은 정적이다. 재료는 AISI 1050 냉간 인발된 강으로부터 가공되었다. (*b*) 굽힘모멘트 선도.

식 (5-20)에서

$$k_b = (32/7.62)^{-0.107} = 0.858$$

$k_c = k_d = k_e = k_f = 1$이므로

$$S_e = 0.798(0.858)345 = 236 \text{ MPa}$$

형상 응력집중계수 K_t를 찾기 위해 그림 A-15-9에 $D/d = 38/32 = 1.1875$, $r/d = 3/32 = 0.093\ 75$를 대입하면 대략 K_t는 1.65이다. $S_{ut} = 690/6.89 = 100$ kpsi를 식 (5-35a)에 대입하면 $\sqrt{a} = 0.0622\sqrt{\text{in}} = 0.313\sqrt{\text{mm}}$이다. 이를 식 (5-33)에 대입하면

$$K_f = 1 + \frac{K_t - 1}{1 + \sqrt{a/r}} = 1 + \frac{1.65 - 1}{1 + 0.313/\sqrt{3}} = 1.55$$

다음 단계는 B점에서 굽힘응력을 측정하는 것이다. 굽힘모멘트는

$$M_B = R_1 x = \frac{225F}{550}250 = \frac{225(6.8)}{550}250 = 695.5 \text{ N} \cdot \text{m}$$

점 B의 바로 왼쪽에서 단면계수는 $I/c = \pi d^3/32 = \pi 32^3/32 = 3.217(10^3)\ \text{mm}^3$이다. 무한 수명으로 가정하면 반복 굽힘응력은

$$\sigma_{\text{rev}} = K_f \frac{M_B}{I/c} = 1.55 \frac{695.5}{3.217}(10)^{-6} = 335.1(10^6)\ \text{Pa} = 335.1 \text{ MPa}$$

이 응력은 S_e보다 크고 S_y보다 작다. 이는 유한 수명을 갖고 첫 사이클에서 항복이 발생하지 않는다는 것을 의미한다.

유한 수명에 대해서는 식 (5-16)을 사용해야 한다. 인장강도는 $S_{ut} = 690$ MPa $= 100$ kpsi이다. 그림 5-18로부터 $f = 0.844$이다. 식 (5-14)로부터

$$a = \frac{(f\,S_{ut})^2}{S_e} = \frac{[0.844(690)]^2}{236} = 1437\ \text{MPa}$$

그리고 식 (5-15)로부터

$$b = -\frac{1}{3}\log\left(\frac{f\,S_{ut}}{S_e}\right) = -\frac{1}{3}\log\left[\frac{0.844(690)}{236}\right] = -0.1308$$

식 (5-16)으로부터

답 $$N = \left(\frac{\sigma_{\text{rev}}}{a}\right)^{1/b} = \left(\frac{335.1}{1437}\right)^{-1/0.1308} = 68(10^3)\ \text{사이클}$$

5-11 변동응력의 특성화

회전하는 기계의 특성으로 인해 종종 사인파 형태의 변동응력이 기계에 발생한다. 그러나 불규칙적인 다른 형태를 보이는 경우도 있다. 힘의 최대값과 최소값이 하나인 주기적인 패턴을 보일 경우에는 파형은 중요하지 않은 것으로 알려져 있다. 그러나 최대와 최소쪽에서의 피크(peak)값은 중요하다. 따라서 힘 사이클에서 $F_{\max}$와 $F_{\min}$은 힘의 패턴을 특성화하는 데 사용할 수 있다. 또한 기준선의 위 아래에서 변동하는 것은 힘의 형태를 특성화하는 데 있어서 동일하게 유효할 수 있다. 가장 큰 힘을 $F_{\max}$, 가장 작은 힘을 $F_{\min}$라 하면 일정성분과 변동성분으로 다음과 같이 나타낼 수 있다.

$$F_m = \frac{F_{\max} + F_{\min}}{2} \qquad F_a = \left|\frac{F_{\max} - F_{\min}}{2}\right|$$

여기서 F_m은 힘의 평균, F_a는 힘의 진폭을 나타낸다.

그림 5-23은 다양한 응력–시간 선도를 나타낸 것이다. 그림 5-23d에서 보여지는 응력 성분들은 다음과 같다.

$$\sigma_{\min} = \text{최소응력} \qquad \sigma_m = \text{평균응력}$$
$$\sigma_{\max} = \text{최대응력} \qquad \sigma_r = \text{응력범위}$$
$$\sigma_a = \text{응력진폭} \qquad \sigma_s = \text{정적 또는 일정 응력}$$

일정 또는 정적 응력은 평균응력과 같지는 **않지만** $\sigma_{\min}$과 $\sigma_{\max}$ 사이의 어떤 값이다. 일정응력은 고정하중이나 예비하중이 작용하여 나타나고 하중의 변화와는 독립적이다. 예를 들면, 나선 압축 용수철은 용수철의 초기 길이보다 짧은 공간에서 하중을 받게 된다. 이러한 초기 압축에 의해 발생된 응력을 일정 또는 정적 응력성분이라 한다. 이것은 평균응력과는 다르다.

수직응력뿐만 아니라 전단응력 성분에도 이러한 첨자를 사용할 경우가 있다.

그림 5-23에서 다음의 관계를 알 수 있다.

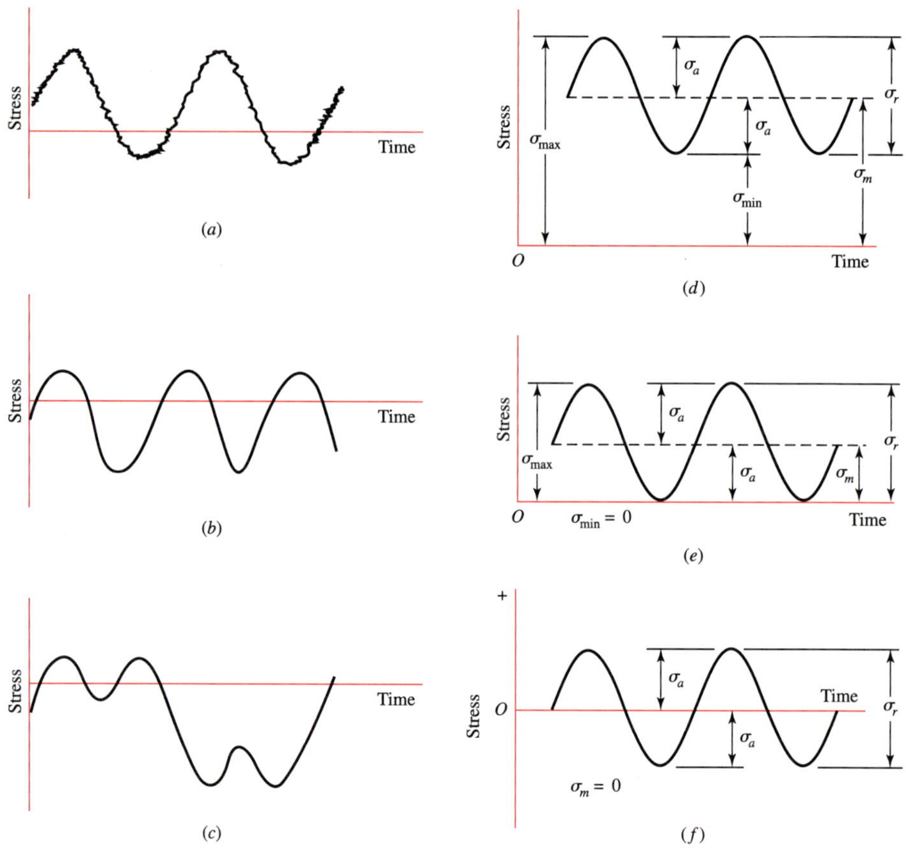

그림 5-23
응력 – 시간의 관계들: (*a*) 고주기파를 가진 변동응력; (*b*와 *c*) 비정현(非正弦) 변동응력; (*d*) 정현(正弦) 변동응력; (*e*) 반복응력; (*f*) 완전 반복 정현응력

$$\sigma_m = \frac{\sigma_{\max} + \sigma_{\min}}{2}$$
$$\sigma_a = \left| \frac{\sigma_{\max} - \sigma_{\min}}{2} \right| \quad (5\text{-}36)$$

식 (5-36)에서 더 나아가, **응력비**는 다음과 같다.

$$R = \frac{\sigma_{\min}}{\sigma_{\max}} \quad (5\text{-}37)$$

또한, 다음과 같이 **진폭비**가 정의되어 변동 하중과의 관계에 사용된다.

$$A = \frac{\sigma_a}{\sigma_m} \quad (5\text{-}38)$$

식 (5-36)는 σ_a와 σ_m을 응력성분으로 사용한다. 이는 노치가 없고 소성 변형이 없는 한 σ_a와 σ_m은 하중 F_a와 F_m에 의해 발생하는 공칭응력 σ_{ao}와 σ_{mo}와 같고, 노치가 존재할 경우에는 $K_f\sigma_{ao}$와 $K_f\sigma_{mo}$와 같다는 것을 의미한다. 즉, 피로응력집중계수 K_f는 두 성분에 **모두** 적용된다.

일정응력성분이 국부적으로 노치를 소성화시킬 만큼 충분히 높을 경우 설계자들에게 문제가 된다. 국부 항복을 일으키는 첫 번째 주기에서 소성 변형률과 변형률 경화가 발생한다. 이런 현상은 피로 균열 생성과 성장이 가장 잘 발생할 수 있는 위치에서 일어난다. 이때, 재료물성(S_y와 S_{ut})은 새로워지고 정량화하기 어렵다. 신중한 엔지니어는 소성 변형률이 발생하지 않도록 재료, 사용 조건, 형상 등을 제어할 것이다. 노치가 존재할 경우 국부적인 또는 일반적인 소성이 발생하는 현상을 정량화할 수 있는 방법에 관련된 다양한 검토를 하고 있다. 이를 위해, **공칭평균응력**법과 **잔류응력**법 등의 기법들을 적용하고자 한다.[20] 공칭평균응력법($\sigma_a = K_f\sigma_{ao}$, $\sigma_m = \sigma_{mo}$)이 잔류응력법에 비해 개략적인 결과를 나타내지만 두 방법 모두 **근사적**인 방법이다.

뚜렷한 항복점을 보이고 탄성–완전소성 거동을 보인다고 가정할 수 있는 연성재료에 대한 Dowling[21]의 방법에서는 일정응력성분의 응력집중계수 K_{fm}을 다음과 같이 정량화할 수 있다.

$$
\begin{aligned}
K_{fm} &= K_f & K_f|\sigma_{\max,o}| &< S_y \\
K_{fm} &= \frac{S_y - K_f\sigma_{ao}}{|\sigma_{mo}|} & K_f|\sigma_{\max,o}| &> S_y \\
K_{fm} &= 0 & K_f|\sigma_{\max,o} - \sigma_{\min,o}| &> 2S_y
\end{aligned}
\tag{5-39}
$$

이 책의 목적과 연성재료에서의 피로를 위해 다음과 같은 가정을 하였다.

- 노치에서의 국부적인 소성 변형을 피하고 $\sigma_a = K_f\sigma_{a,o}$와 $\sigma_m = K_f\sigma_{mo}$라 한다.
- 노치에서의 소성 변형을 피할 수 없을 경우 식 (5-39)를 사용하거나 보수적으로 $\sigma_a = K_f\sigma_{ao}$, $K_{fm} = 1$, 즉 $\sigma_m = \sigma_{mo}$로 사용한다.

5-12 변동응력에 대한 피로파손 기준

지금부터 변동응력에 대한 피로저항에 대해 공부하기 위해 변동응력을 받는 부품에 관련된 다양한 응력성분들을 정의하고, 평균응력과 응력진폭 또는 교번 요소를 변화시킬 것이다. 그러한 실험 결과를 표현하기 위해 3가지 방법이 일반적으로 사용되며 이를 그림 5-24, 5-25, 5-26에 나타내었다.

그림 5-24는 **수정 Goodman 선도**(*modified Goodman diagram*)로서 평균응력을 가로축, 모든 다른 응력성분을 세로축에 나타냈으며 양의 방향을 인장으로 나타냈다. 피로한도, 피로강도 또는 유한 수명 강도 등은 원점 위, 아래쪽에 나타냈다. 평균응력선은 원점에서부터 부품의 인장강도까지의 45°선으로 나타냈다. 수정 Goodman 선도는 원점 위 아래의 S_e(또는 S_f)에 그려진 선으로 이루어진다. $\sigma_{\max}$가 S_y를 초과하면 항복은 파손 기준이 되기 때문에 항복강도는 두 축에 나타낸다.

실험 결과를 표현하는 다른 방법을 그림 5-25에 나타내었다. 여기서 가로축은 평균응력

[20] R. C. Juvinall, *Stress, Strain, and Strength*, McGraw-Hill, New York, 1967, articles 14.9 – 14.12; R. C. Juvinall and K. M. Marshek, *Fundamentals of Machine Component Design*, 4th ed., Wiley, New York, 2006, Sec. 8.11; M. E. Dowling, *Mechanical Behavior of Materials*, 2nd ed., Prentice Hall, Englewood Cliffs, N.J., 1999, Secs. 10.3 – 10.5.

[21] Dowling, op. cit., pp. 437 – 438.

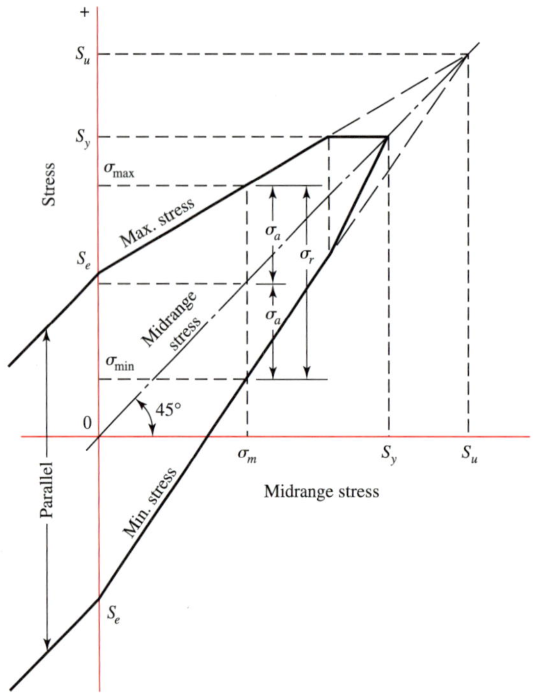

그림 5-24
특정 평균응력에 대한 모든 강도와 모든 응력성분의 한계값을 나타낸 수정 Goodman 선도

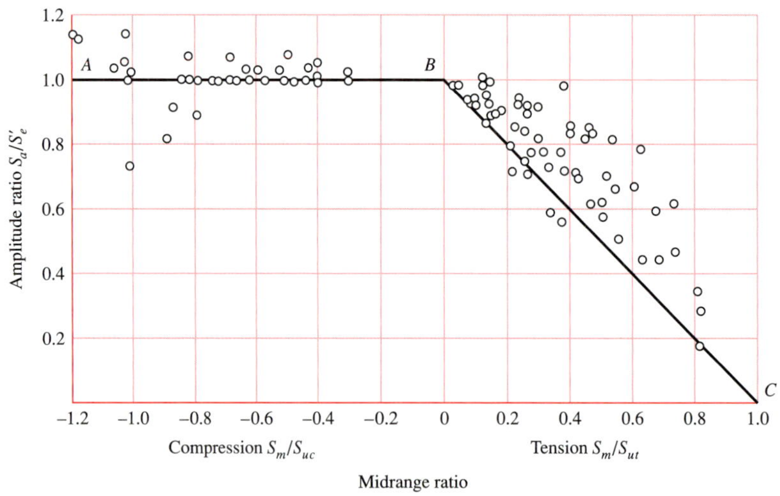

그림 5-25
인장과 압축 영역에서 평균응력에 대한 피로파손 선도. 일정강도성분과 인장강도의 비 S_m/S_{ut}, 일정강도성분과 압축강도의 비 S_m/S_{uc}, 그리고 강도진폭 성분과 내구한도의 비 S_a/S'_e를 이용하여 데이터를 무차원화하면 다양한 강재에 대한 실험 결과를 그림과 같이 나타낼 수 있다. [데이터 출처: *Thomas J. Dolan, "Stress Range," Sec. 6.2 in O. J. Horger (ed.), ASME Handbook—Metals Engineering Design, McGraw-Hill, New York, 1953.*]

S_m과 인장강도의 비를 나타내며 인장은 오른쪽, 압축은 왼쪽에 나타내었다. 세로축은 교번강도와 피로한도의 비를 나타낸다. 선분 *BC*는 수정 Goodman 선도를 나타낸다. 압축영역에서 평균응력은 내구한도에 거의 영향을 미치지 않는다.

매우 유용한 선도인 그림 5-26은 2개의 응력비뿐만 아니라 4개의 응력성분을 모두 나타내기 때문에 아주 훌륭하다. $R = -1 \sim R = 1$까지 피로한도를 나타내는 곡선은 σ_a축의 S_e에서 시작하여 σ_m축의 S_{ut}에서 끝난다. $N = 10^5$과 10^4 사이클에 대한 일정 수명 곡선도 역시 그려질 수 있다.

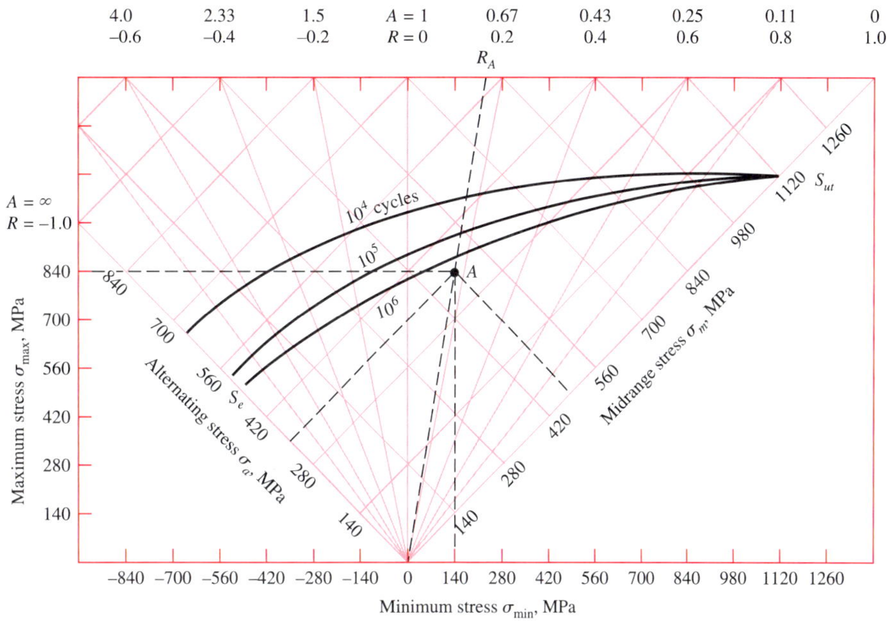

그림 5-26

S_{ut} = 1100 MPa, S_y = 1025 MPa인 AISI 4340 강의 마스터 피로 선도(maSter fatigue diagram). *A*에서 응력성분들은 σ_{min} = 140 MPa, σ_{max} = 840 MPa, σ_m = 490 MPa, σ_a = 350 MPa이다. (출처: *H. J. Grover, Fatigue of Aircraft Structures, U.S. Government Printing Office, Washington, D.C., 1966, pp. 317, 322. See also J. A. Collins, Failure of Materials in Mechanical Design, Wiley, New York, 1981, p. 216.*)

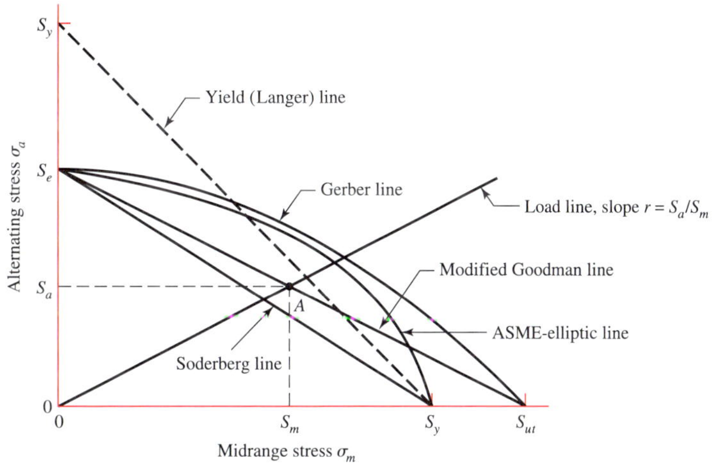

그림 5-27

다양한 파손 기준을 나타내는 피로 선도. 각 기준에 대해 각각의 선 '위' 부분은 파손영역 임을 나타낸다. 예를 들어 Goodman 선도에서 점 *A*는 강도 S_a에 대응하는 σ_m의 극한값으로서 S_m을 나타낸다.

*A*점과 같은 그 어떠한 응력 상태도 최소와 최대성분 혹은 평균 및 교번응력성분으로 기술될 수 있다. 그리고 응력성분으로 기술된 점이 일정 수명 선도의 안쪽에 위치한다면 안전하다고 할 수 있다.

평균응력이 압축일 때, 파손은 $\sigma_a = S_e$이거나 그림 5-25의 좌측에 나타낸 것과 같이 $\sigma_{max} = S_{yc}$일 때 발생한다. 피로 선도나 다른 파손 기준이 필요없다.

그림 5-27에는 그림 5-25의 인장 측을 수정 Goodman 선도 외에 4가지 파손 기준과 함께 강도비 대신 강도를 축으로 하여 비교한 것이다. 이러한 선도는 해석 또는 설계를 목적으로 자주 이용되며 사용하기 쉽고 결과를 바로 확인할 수 있다.

σ_m-σ_a 선도에 대한 초기의 관점은 불안전한 σ_m, σ_a의 조합으로부터 안전하게 나눌 수

있는 궤적이 존재한다는 것이었다. 이를 확실히 하기 위해 Gerber의 포물선(1874), Goodman의 직선(1890)[22], Soderberg의 직선(1930)이 추가되었다. 좀 더 많은 데이터가 생성됨에 따라 피로파손 기준은 영역이나 띠 형태이며 파손확률을 평가할 수 있는 것으로 밝혀졌다. 다음과 같은 이유로 Goodman 선도를 파손 기준으로 포함하였다.

- 직선이며 선형이므로 쉽게 계산할 수 있다.
- 모든 문제에 대해 항상 쉽게 그래프로 표현할 수 있다.
- 피로문제에 대해 정밀하다.
- 답은 선도로 나타내며 대수학적으로 확인할 수 있다.

Goodman 선도를 이용한 파손 기준은 결정론적인 것이며 현상적인 것은 아니라는 점에 주의해야 한다. 또한 편중되어 있으며 그 양을 정량화할 수 없다. Goodman 선도는 비보수적이지만 피로파손의 이해를 돕기 위해 유용하게 이용된다. 그리고 많은 엔지니어들이 연구를 수행하면서, 그들 사이에 많은 의미 있는 정보 교환이 있었다.

피로한도 S_e 또는 유한수명강도 S_f는 그림 5-27의 세로축에 표시된다. 이 값들은 식 (5-18)에 나타낸 Marin 계수를 이용하여 보정될 것이다. 항복강도 S_y도 세로축에 나타낸다. 이는 피로보다는 첫 번째 사이클에 대한 파손 기준이다.

그림 5-27에서 평균응력 축은 항복강도 S_y와 인장강도 S_{ut}를 포함하고 있다.

그림 5-27에는 5가지 파손 기준(Soderberg, modified Goodman, Gerber, ASME-elliptic, yielding)이 나타나 있다. 이 선도는 Soderberg만이 yield line 안에 존재하지만 아래쪽으로 편중되어 있다.

기준으로써 Goodman 선도를 이용하면 점 A는 교번강도 S_a와 평균강도 S_m의 한계점을 나타낸다. 하중선의 기울기는 $r = S_a/S_m$으로 정의된다.

Soderberg 선도의 식은 다음과 같다.

$$\frac{S_a}{S_e} + \frac{S_m}{S_y} = 1 \tag{5-40}$$

이와 유사하게 수정된 Goodman 선도는 다음과 같다.

$$\frac{S_a}{S_e} + \frac{S_m}{S_{ut}} = 1 \tag{5-41}$$

그림 5-25를 보면 타원과 포물선을 이용할 경우에 평균응력의 인장 데이터 영역을 잘 표현하며 파손확률을 정량화할 수 있다. Gerber 선도는 다음과 같다.

$$\frac{S_a}{S_e} + \left(\frac{S_m}{S_{ut}}\right)^2 = 1 \tag{5-42}$$

ASME-elliptic 선도는 다음과 같다.

[22] 이는 몇 번의 수정을 거치고 전혀 출판된 적이 없기 때문에 Goodman이 수행한 내용을 확인하기는 힘들다.

$$\left(\frac{S_a}{S_e}\right)^2 + \left(\frac{S_m}{S_y}\right)^2 = 1 \tag{5-43}$$

*Langer*의 첫번째 사이클 항복(first-cycle-yielding) 선도는 피로 곡선과 함께 사용된다.

$$S_a + S_m = S_y \tag{5-44}$$

$n\sigma_a$와 $n\sigma_m$을 S_a와 S_m 대신 사용할 수 있으며, n은 설계계수 혹은 안전계수이다. 그러면 Soderberg 기준을 나타내는 식 (5-40)은 다음과 같이 나타낸다.

$$\textbf{Soderberg} \quad \frac{\sigma_a}{S_e} + \frac{\sigma_m}{S_y} = \frac{1}{n} \tag{5-45}$$

수정된 Goodman 기준을 나타내는 식 (5-41)은 다음과 같이 나타낸다.

$$\textbf{mod-Goodman} \quad \frac{\sigma_a}{S_e} + \frac{\sigma_m}{S_{ut}} = \frac{1}{n} \tag{5-46}$$

Gerber 기준을 나타내는 식 (5-42)는 다음과 같이 나타낸다.

$$\textbf{Gerber} \quad \frac{n\sigma_a}{S_e} + \left(\frac{n\sigma_m}{S_{ut}}\right)^2 = 1 \tag{5-47}$$

ASME-elliptic 기준을 나타내는 식 (5-43)은 다음과 같이 나타낸다.

$$\textbf{ASME-elliptic} \quad \left(\frac{n\sigma_a}{S_e}\right)^2 + \left(\frac{n\sigma_m}{S_y}\right)^2 = 1 \tag{5-48}$$

이 책에서는 피로파손 기준으로서 Gerber와 ASME-elliptic 선도, 그리고 first-cycle yielding을 위한 Langer 선도에 대해서 강조할 것이다. 그러나 보수적인 설계자는 종종 수정된 Goodman 기준을 사용하기 때문에 이에 대해서 계속해서 다룰 것이나. Langer의 첫 번째 사이클 항복(first-cycle-yielding) 설계식은 다음과 같다.

$$\textbf{Langer static yield} \quad \sigma_a + \sigma_m = \frac{S_y}{n} \tag{5-49}$$

파손 기준들은 하중선인 $r = S_a/S_m = \sigma_a/\sigma_m$과 함께 사용된다. 중요한 교점들을 표 5-6와 표 5-8에 나타내었다. 각 경우에 대한 피로 안전계수도 표 5-6~표 5-8의 하단에 나타내었다. 각 표의 첫 번째 행은 피로 기준, 두 번째 행은 정적 Langer 기준, 그리고 세 번째 행은 정적 기준과 피로 기준의 교점과 관련이 있다. 첫 번째 열은 교점의 식을, 두 번째 열은 교점의 좌표를 나타낸다.

해석을 수행하는 전형적인 두 가지 방법이 있다. 첫 번째 방법은 피로가 처음 발생한다는 것을 가정하고 식 (5-45)~(5-48) 중 하나를 n 또는 크기를 결정하기 위해 사용하는 것이다. 대부분 피로가 지배적인 파손 모드이다. 이후 정적 파손을 점검해야 한다. 만약 정적 파손이 지배적이라면 해석은 식 (5-49)를 이용하여 반복된다.

대신에, 한 가지는 표를 이용할 수 있다. 하중선(load line)을 결정하고 어떤 기준을 사

표 5-6

수정 Goodman, Lan-ger 피로 파손 기준선과 하중 작용선과의 교점. 그리고 수정 Goodman과 Langer 피로 파손 기준의 제1사분면상의 교점.

Intersecting Equations	Intersection Coordinates
$\frac{S_a}{S_e} + \frac{S_m}{S_{ut}} = 1$	$S_a = \frac{r S_e S_{ut}}{r S_{ut} + S_e}$
Load line $r = \frac{S_a}{S_m}$	$S_m = \frac{S_a}{r}$
$\frac{S_a}{S_y} + \frac{S_m}{S_y} = 1$	$S_a = \frac{r S_y}{1 + r}$
Load line $r = \frac{S_a}{S_m}$	$S_m = \frac{S_y}{1 + r}$
$\frac{S_a}{S_e} + \frac{S_m}{S_{ut}} = 1$	$S_m = \frac{(S_y - S_e) S_{ut}}{S_{ut} - S_e}$
$\frac{S_a}{S_y} + \frac{S_m}{S_y} = 1$	$S_a = S_y - S_m, r_{\text{crit}} = S_a / S_m$

Fatigue factor of safety

$$n_f = \frac{1}{\frac{\sigma_a}{S_e} + \frac{\sigma_m}{S_{ut}}}$$

표 5-7

Gerber, Langer 피로 파손 기준선과 하중 작용선과의 교점. 그리고 Gerber와 Langer 피로 파손 기준의 제1사분면상의 교점

Intersecting Equations	Intersection Coordinates
$\frac{S_a}{S_e} + \left(\frac{S_m}{S_{ut}}\right)^2 = 1$	$S_a = \frac{r^2 S_{ut}^2}{2 S_e}\left[-1 + \sqrt{1 + \left(\frac{2 S_e}{r S_{ut}}\right)^2}\right]$
Load line $r = \frac{S_a}{S_m}$	$S_m = \frac{S_a}{r}$
$\frac{S_a}{S_y} + \frac{S_m}{S_y} = 1$	$S_a = \frac{r S_y}{1 + r}$
Load line $r = \frac{S_a}{S_m}$	$S_m = \frac{S_y}{1 + r}$
$\frac{S_a}{S_e} + \left(\frac{S_m}{S_{ut}}\right)^2 = 1$	$S_m = \frac{S_{ut}^2}{2 S_e}\left[1 - \sqrt{1 + \left(\frac{2 S_e}{S_{ut}}\right)^2 \left(1 - \frac{S_y}{S_e}\right)}\right]$
$\frac{S_a}{S_y} + \frac{S_m}{S_y} = 1$	$S_a = S_y - S_m, r_{\text{crit}} = S_a / S_m$

Fatigue factor of safety

$$n_f = \frac{1}{2}\left(\frac{S_{ut}}{\sigma_m}\right)^2 \frac{\sigma_a}{S_e}\left[-1 + \sqrt{1 + \left(\frac{2 \sigma_m S_e}{S_{ut} \sigma_a}\right)^2}\right] \qquad \sigma_m > 0$$

용할지 결정하기 위해 하중선이 처음 교차하는 부분을 찾고 이에 해당하는 표의 식을 이용한다.

몇몇 예제로 위에서 논의되었던 개념들을 확실하게 이해하는 데 도움을 줄 것이다.

표 5-8

ASME-elliptic, Lan-ger 피로 파손 기준선과 하중 작용선과의 교점. 그리고 ASME-elliptic과 Langer 피로 파손 기준의 제1사분면상의 교점

Intersecting Equations	Intersection Coordinates
$\left(\frac{S_a}{S_e}\right)^2 + \left(\frac{S_m}{S_y}\right)^2 = 1$	$S_a = \sqrt{\frac{r^2 S_e^2 S_y^2}{S_e^2 + r^2 S_y^2}}$
Load line $r = S_a/S_m$	$S_m = \frac{S_a}{r}$
$\frac{S_a}{S_y} + \frac{S_m}{S_y} = 1$	$S_a = \frac{r S_y}{1 + r}$
Load line $r = S_a/S_m$	$S_m = \frac{S_y}{1 + r}$
$\left(\frac{S_a}{S_e}\right)^2 + \left(\frac{S_m}{S_y}\right)^2 = 1$	$S_a = 0,\ \frac{2 S_y S_e^2}{S_e^2 + S_y^2}$
$\frac{S_a}{S_y} + \frac{S_m}{S_y} = 1$	$S_m = S_y - S_a,\ r_{\text{crit}} = S_a/S_m$
Fatigue factor of safety $n_f = \sqrt{\frac{1}{(\sigma_a/S_e)^2 + (\sigma_m/S_y)^2}}$	

예제 5-10 ANSI 1050 강을 냉간 가공하여 지름이 40 mm인 바를 제작하였다. 이 부품은 0에서 70 kN으로 변하는 반복하중을 견뎌야 한다. 끝단과 필렛 반지름 때문에 10^6 이상에서 피로응력집중계수 K_f는 1.85이다. S_a와 S_m을 구하고 피로와 first cycle yielding을 방지하는 안전계수를 구하여라. 이때 (*a*) Gerber 선도와 (*b*) ASME-elliptic 선도를 이용하여라.

풀이 약간의 예비지식을 가지고 시작하자. 표 A-20으로부터 $S_{ut} = 690$ MPa, $S_y = 580$ MPa이다. $F_a = F_m = 35$ kN이다. Marin 계수는 다음과 같이 정해진다.

$k_a = 4.51(690)^{-0.265} = 0.798$: 식 (5-19), 표 5-2

$k_b = 1$ (축 하중, k_c 참고)

$k_c = 0.85$: 식 (5-26)

$k_d = k_e = k_f = 1$

$S_e = 0.798(1)0.850(1)(1)(1)0.5(690) = 234$ MPa: 식 (5-8), (5-18)

공칭 축방향 응력성분 σ_{ao}와 σ_{mo}는 다음과 같다.

$$\sigma_{ao} = \frac{4F_a}{\pi d^2} = \frac{4(35000)}{\pi\ 0.04^2} = 27.9 <Pa \qquad \sigma_{mo} = \frac{4F_m}{\pi d^2} = \frac{4(35000)}{\pi\ 0.04^2} = 27.9 <Pa$$

두 응력성분 σ_{ao}와 σ_{mo}에 K_f를 적용하면 다음과 같이 나타낼 수 있다.

$$\sigma_a = K_f \sigma_{ao} = 1.85(27.9) = 51.6 \text{ MPa} = \sigma_m$$

(*a*) 먼저 안전계수를 계산하자. 표 5-7의 맨 아래 행으로부터 피로 안전계수를 구하면

답

$$n_f = \frac{1}{2}\left(\frac{690}{51.5}\right)^2\left(\frac{51.9}{234}\right)\left\{-1 + \sqrt{1 + \left[\frac{2(51.6)234}{690(51.6)}\right]^2}\right\} = 4.13$$

식 (5-49)로부터 첫 번째 사이클 항복(first-cycle yield)에 대한 안전계수는 다음과 같다.

답 $$n_y = \frac{S_y}{\sigma_a + \sigma_m} = \frac{580}{51.6 + 51.6} = 5.62$$

그러므로 피로가 먼저 발생할 것이고 안전계수는 4.13이다. 이는 그림 5-28에서 하중선이 Gerber 선도와 만나는 점 B로 나타난다. 그래프가 실제 스케일로 작성되었다면 $n_f = OB/OA$로 볼 수 있다.

표 5-7의 첫 번째 행과 $r = \sigma_a/\sigma_m = 1$로부터

답 $$S_a = \frac{(1)^2 690^2}{2(234)} \left\{ -1 + \sqrt{1 + \left[\frac{2(234)}{(1)690}\right]^2} \right\} = 211.9 \text{ MPa}$$

답 $$S_m = \frac{S_a}{r} = \frac{211.9}{1} = 211.9 \text{ MPa}$$

앞의 결과를 확인해 보자. $n_f = OB/OA = S_a/\sigma_a = S_m/\sigma_m = 211.9/51.6 = 4.12$로 답이 동일함을 알 수 있다.

r_{crit}을 계산함으로서 그림 5-28을 작성하지 않고도 피로파손이 먼저 발생한다는 것을 알 수도 있다. 표 5-7의 세 번째 행, 두 번째 열로부터 피로와 첫 번째 항복의 교차점을 구하면 다음과 같다.

$$S_m = \frac{690^2}{2(234)} \left[1 - \sqrt{1 + \left(\frac{2(234)}{690}\right)^2 \left(1 - \frac{580}{234}\right)} \right] = 442 \text{ MPa}$$

$$S_a = S_y - S_m = 580 - 442 = 138 \text{ MPa}$$

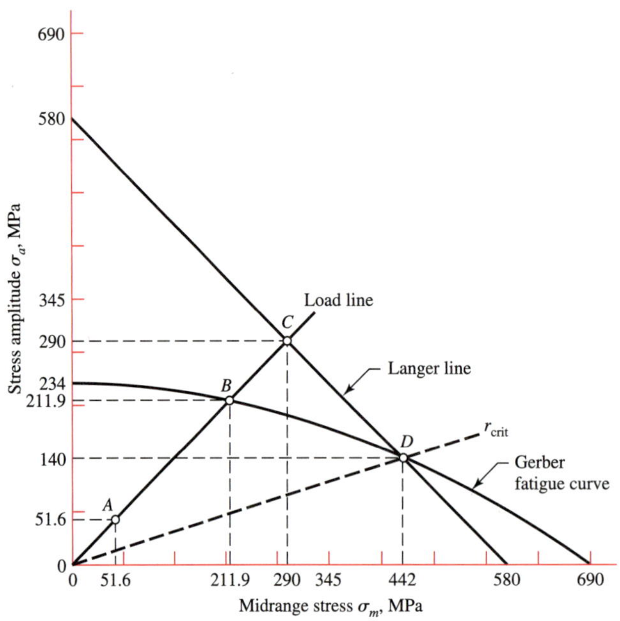

그림 5-28
Gerber 선도, Langer 선도, 그리고 하중선이 도시된 설계자의 그래프에 표시된 주요 점인 A, B, C, D

그러므로 임계 기울기는

$$r_{\text{crit}} = \frac{S_a}{S_m} = \frac{138}{442} = 0.312$$

이 값은 $r = 1$인 실제 하중선의 기울기보다 작다. 이는 피로가 첫 번째 사이클 항복보다 먼저 발생함을 나타낸다.

(*b*) ASME-elliptic 선도로 같은 절차를 반복하면, 피로의 경우

답 $$n_f = \sqrt{\frac{1}{(51.6/234)^2 + (51.6/580)^2}} = 4.21$$

이 또한 $n_y = 5.62$보다 작고 피로가 먼저 발생할 것으로 예측된다. 표 5-8의 첫 번째 행, 두 번째 열과 $r = 1$로부터 점 B의 S_a와 S_m 좌표를 구할 수 있다.

답 $$S_a = \sqrt{\frac{(1)^2 234^2 (580)^2}{234^2 + (1)^2 580^2}} = 217 \text{ MPa}, \quad S_m = \frac{S_a}{r} = \frac{217}{1} = 217 \text{ MPa}$$

피로 안전계수를 검증해 보면, $n_f = S_a/\sigma_a = 217/51.6 = 42.1$이다.

전과 같이 r_{crit}을 계산해 보자. 표 5-8의 세 번째 행, 두 번째 열로부터

$$S_a = \frac{2(580)234^2}{234^2 + 580^2} = 162 \text{ MPa}, \quad S_m = S_y - S_a = 580 - 162 = 418 \text{ MPa}$$

$$r_{\text{crit}} = \frac{S_a}{S_m} = \frac{162}{418} = 0.388$$

이 또한 $r = 1$보다 작으므로 $n_f = 4.21$과 같이 피로가 먼저 발생함을 확인할 수 있다.

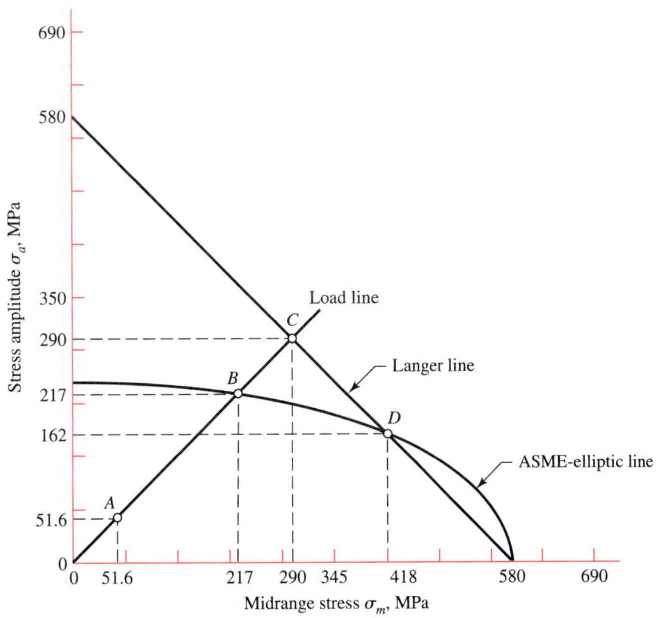

그림 5-29

ASME-elliptic 선도, Langer 선도, 그리고 하중선이 도시된 설계자의 그래프에 표시된 주요 점인 A, B, C, D

ASME-Gerber과 ASME-elliptic 파손 기준은 서로 매우 비슷하며 서로 바꿔서 사용하기도 한다. ANSI/ASME Standard B106.1M-1985에서는 축에 대해 ASME-elliptic를 사용한다.

예제 5-11 판형 캠에 접촉된, 진동하는 평면 종동부를 유지하기 위해 판형 스프링이 사용된다. 종동부의 운동 범위는 50 mm 이내거나 고정되어 있으므로, 굽힘모멘트(힘에 대응되는 요소)와 응력 역시 고정된다. 스프링에 다양한 캠 속도에 맞도록 초기하중이 가해진다. 초기하중은 종동부가 뜨거나 튀지 않도록 하기 위해 증가되어야 한다. 저속에서는 캠과 종동부 표면의 수명을 오래 유지하기 위해 초기하중은 감소되어야 한다. 그림 5-30*a*에서처럼 스프링은 강으로 제작된 외팔보이고 길이 0.8 m, 폭 50 mm, 두께 6 mm이다. 스프링의 강도는 S_{ut} = 1000 MPa, S_y = 880 MPa, S_e = 195 MPa로 완전 보정되었다. 캠의 전체 운동은 50 mm이다. 설계자는 저속에서 50 mm, 고속에서 125 mm 까지 스프링이 휘도록 초기하중을 가하고 싶어한다.

(*a*) 하중선과 함께 Gerber-Langer 파손 궤적으로 그려라.

(*b*) 50 mm, 125 mm 초기하중에 대응하는 안전 강도 계수는 얼마인가?

풀이 약간의 예비지식을 가지고 시작하자. 외팔보 단면의 2차 단면 모멘트는 다음과 같다.

$$I = \frac{bh^3}{12} = \frac{0.05(0.006)^3}{12} = 0.9 + 10^{-9}\ \text{m}^4$$

표 A-9로부터 빔 1의 힘 F와 처짐 y는 $F = 3EIy/l^3$의 관계가 있으므로, 응력 (σ)과 처짐 y가 서로 다음과 같은 관계가 있다.

$$\sigma = \frac{Mc}{I} = \frac{0.8Fc}{I} = \frac{0.8(3EIy)}{l^3}\frac{c}{I} = \frac{2.4Ecy}{l^3} = Ky$$

여기서 $K = \dfrac{2.4Ec}{l^3} = \dfrac{2.4(210 \times 10^9)(0.003)}{0.8^3} = 2.95$ GPa/m이다.

y, σ의 최대 및 최소값은 다음과 같이 정의할 수 있다.

$$y_{\min} = \delta \qquad y_{\max} = 0.05 + \delta$$

$$\sigma_{\min} = K\delta \qquad \sigma_{\max} = K(0.05 + \delta)$$

그러므로 응력성분들은 다음과 같다.

$$\sigma_a = \frac{K(0.05 + \delta) - K\delta}{0.05} = K = 76.9\ \text{MPa}$$

$$\sigma_m = \frac{K(0.05 + \delta) + K\delta}{0.05} = K(1 + 40\delta) = 76.9(1 + 40\delta)$$

$\delta = 0$일 경우, $\sigma_a = \sigma_m = 76.9 = 77$ MPa

$\delta = 50$ mm일 경우, $\sigma_a = 77$ MPa, $\sigma_m = 76.9[1 + 40(0.05)] = 230.7$ MPa

$\delta = 125$ mm일 경우, $\sigma_a = 77$ MPa, $\sigma_m = 76.9[1 + 40(0.125)] = 461.4$ MPa

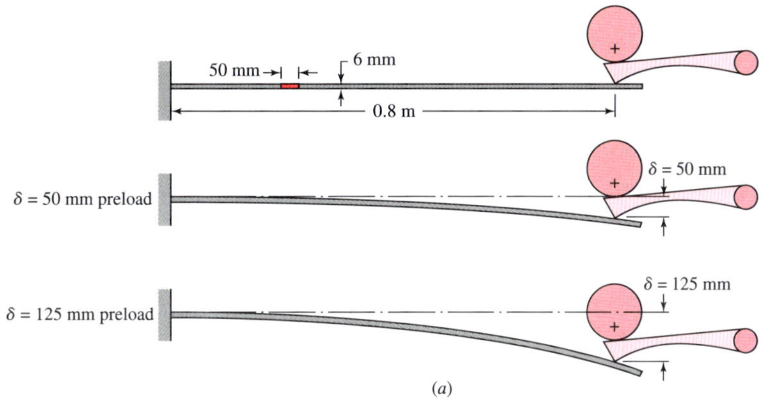

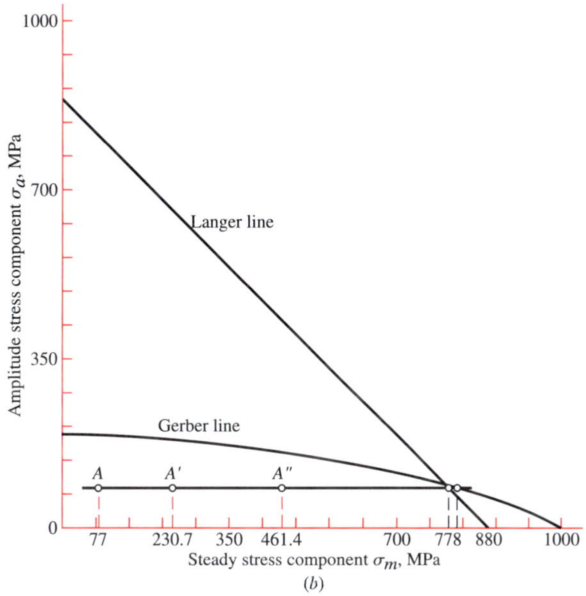

그림 5-30

스프링을 지지하기 위한 캠 종동부 (*a*) 형상 (*b*) 예제 5-11에 대한 설계자의 피로 선도

(*a*) Gerber와 Langer 평가 선도를 그림 5-30*b*에 나타내었다. 0, 50, 125 mm의 3가지 초기하중점을 *A*, *A*′, *A*″ 로 나타내었다. σ_a는 77 MPa에서 상수이므로 하중선은 수평이 되고 원점을 포함하지 않는다. Gerber 선과 하중선 사이의 교차점은 S_m에 대해 식 (5-42)로 풀고 S_a에 77 MPa를 대입하여 구해진다:

$$S_m = S_{ut}\sqrt{1 - \frac{S_a}{S_e}} = 1000\sqrt{1 - \frac{77}{195}} = 778 \text{ MPa}$$

Langer 선과 하중선 사이의 교차점은 S_m에 대해 식 (5-44)로 풀고, S_a에 77 MPa로 대입하여 구해진다:

$$S_m = S_y - S_a = 880 - 77 = 803 \text{ MPa}$$

피로와 first-cycle yielding의 위험도는 거의 비슷하다.

(*b*) $\delta = 50$ mm일 때,

답 $$n_f = \frac{S_m}{\sigma_m} = \frac{778}{230.7} = 3.37 \qquad n_y = \frac{803}{230.7} = 3.48$$

$\delta = 125$ mm일 때

답 $$n_f = \frac{778}{461.4} = 1.69 \qquad n_y = \frac{803}{461.4} = 1.74$$

예제 5-12 그림 5-31은 한쪽 끝이 원형인 외팔보 스프링이며 이는 다양한 힘을 받고 있다. 25개의 스프링에 대한 경도시험에서 최소 경도는 380 Brinell이었다. 스프링에 응력집중이 발생하지 않고 표면은 열간압연으로 마감되었다. 몇 번째 하중 사이클에서 파손이 발생할 것인가? 다음을 이용하여 풀어라.

(*a*) 수정 Goodman 기준

(*b*) Gerber 기준

풀이
$$S_{ut} = 3.41(380) = 1295.8 \text{ MPa}$$
$$S'_e = 0.5(1295.8) = 648 \text{ MPa}$$
$$k_a = 57.7(1295.8)^{-0.718} = 0.336$$

굽힘을 받는 회전하지 않는 봉에 대한 식 (5-24)를 사용하면: $d_e = 0.370d = 0.370(10) = 3.7$ mm

$$k_b = \left(\frac{3.7}{7.62}\right)^{-0.107} = 1.08$$
$$S_e = 0.336(1.08)(648) = 235 \text{ MPa}$$
$$F_a = \frac{120 - 60}{2} = 30 \text{ N}, \quad F_m = \frac{120 + 60}{2} = 90 \text{ N},$$
$$\sigma_m = \frac{32M_m}{\pi d^3} = \frac{32(90)(400)}{\pi(10^3)} = 366.7 \text{ MPa}$$
$$\sigma_a = \frac{32(30)(400)}{\pi(10^3)} = 122.2 \text{ MPa}$$
$$r = \frac{122.2}{366.7} = 0.333$$

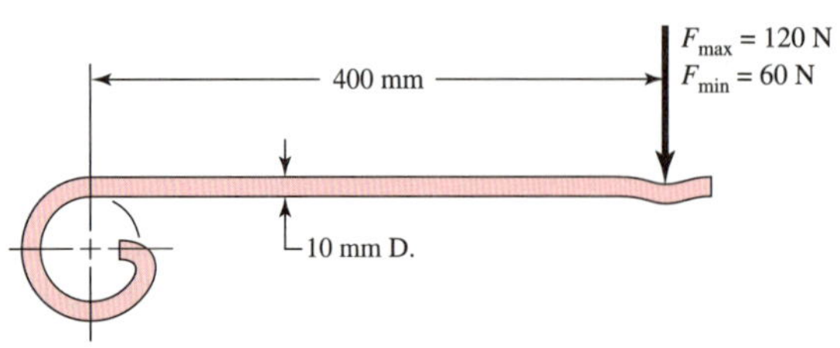

| 그림 5-31

(a) 수정 Goodman 기준, 표 5-6

$$n_f = \frac{1}{(122.2/235) + (366.7/1295.8)} = 1.25$$

그림 5-18, $S_{ut} = 1295.8\text{MPa}, f = 0.78$로부터

$$\text{식 (5-14): } a = \frac{[0.78(1295.8)]^2}{235} = 5573 \text{ MPa}$$

$$\text{식 (5-15): } b = -\frac{1}{3}\log\frac{0.78(1295.8)}{235} = -0.211\ 19$$

$$\frac{\sigma_a}{S_f} + \frac{\sigma_m}{S_{ut}} = 1 \quad \Rightarrow \quad S_f = \frac{\sigma_a}{1 - (\sigma_m/S_{ut})} = \frac{122.2}{1 - (366.7/1295.8)} = 170.4 \text{ MPa}$$

식 (5-16), $\sigma_a = S_f$를 이용하면

답 $$N = \left(\frac{170.4}{5573}\right)^{1/-0.211\ 19} = 14\ 853\ 650 \text{ cycles}$$

(b) Gerber, 표 5-7

$$n_f = \frac{1}{2}\left(\frac{1295.8}{366.7}\right)^2\left(\frac{122.2}{235}\right)\left\{-1 + \sqrt{1 + \left[\frac{2(366.7)(235)}{1295.8(122.2)}\right]^2}\right\} = 1.55$$

답 따라서 무한 수명이 예측된다($N \geq 10^6$ 사이클).

많은 취성재료의 경우에는 제1사분면상의 피로파손 기준은 다음과 같이 표현된 위로 볼록한 형태의 Smith-Dolan 궤적을 따른다.

$$\frac{S_a}{S_e} = \frac{1 - S_m/S_{ut}}{1 + S_m/S_{ut}} \tag{5-50}$$

또는 설계식으로 다음과 같이 나타낼 수 있다.

$$\frac{n\sigma_a}{S_e} = \frac{1 - n\sigma_m/S_{ut}}{1 + n\sigma_m/S_{ut}} \tag{5-51}$$

기울기 r의 반지름방향 하중선과 관련하여 식 (5-50)에서 S_m 대신 S_a/r을 대입하여 S_a의 항으로 정리하면 다음과 같다.

$$S_a = \frac{rS_{ut} + S_e}{2}\left[-1 + \sqrt{1 + \frac{4rS_{ut}S_e}{(rS_{ut} + S_e)^2}}\right] \tag{5-52}$$

취성재료의 피로 선도는 연성재료의 피로 선도와는 크게 다르다. 왜냐하면;

- 항복강도를 가지고 있지 않기 때문에 항복은 발생하지 않는다.
- 특징적으로, 압축 인장강도는 인장강도보다 매우 크다.
- 제1사분면의 피로파손 궤적은 Smith-Dolan과 같이 위로 볼록하고 또한 Goodman 선도

와 같이 평평하다. 취성재료는 평균응력에 대해서 매우 민감하지만, 압축 평균응력이 작용하는 경우에는 안전하다.

- 취성피로에 대해 의미 있는 일반적인 원칙을 찾아내기 위한 연구가 충분하지 않기 때문에 제1사분면 또는 제2사분면 일부분만을 이용한다.

설계자가 가장 많이 사용하는 영역은 $-S_{ut} \le \sigma_m \le S_{ut}$인 범위이다. 제1사분면상의 이러한 궤적은 Goodman, Smith-Dolan 또는 그 사이에 있다. 제2사분면에서는 $-S_{ut}$, S_{ut}와 0, S_e 사이의 직선으로 나타내며 다음 식으로 표현된다.

$$S_a = S_e + \left(\frac{S_e}{S_{ut}} - 1\right) S_m \qquad -S_{ut} \le S_m \le 0 \quad \text{(for cast iron)} \tag{5-53}$$

표 A-24에 회주철에 대한 물성치를 나타내었다. 피로한도는 $k_a k_b S'_e$이며 k_c, k_d, k_e, k_f는 만들어져야 한다. 축방향 하중과 비틀림 하중에 대한 평균 k_c는 0.9이다.

예제 5-13 Grade 30 회주철이 하중 F를 받고 있으며, 그림 5-32a에 나타낸 것과 같이 25 mm × 10 mm 단면 연결부와 중앙에 지름 6 mm의 구멍으로 이루어져 있다. 표면은 기계가공되었다. 구멍 근처에 대해 다음 조건 하에서 파손을 방지할 수 있는 안전계수는 얼마인가?

(a) 정적 인장 하중 F = 4500 N

(b) 반복적으로 작용하는 하중 4500 N

(c) 하중이 −4500 N과 1300 N 사이에서 1축 방향으로 변동함.

Smith-Dolan 파괴 선도를 이용하라.

풀이 몇몇 선행 작업이 필요하다. 표 A-24로부터, S_{ut} = 214 MPa, S_{uc} = 752 MPa, $k_a k_b S'_e$

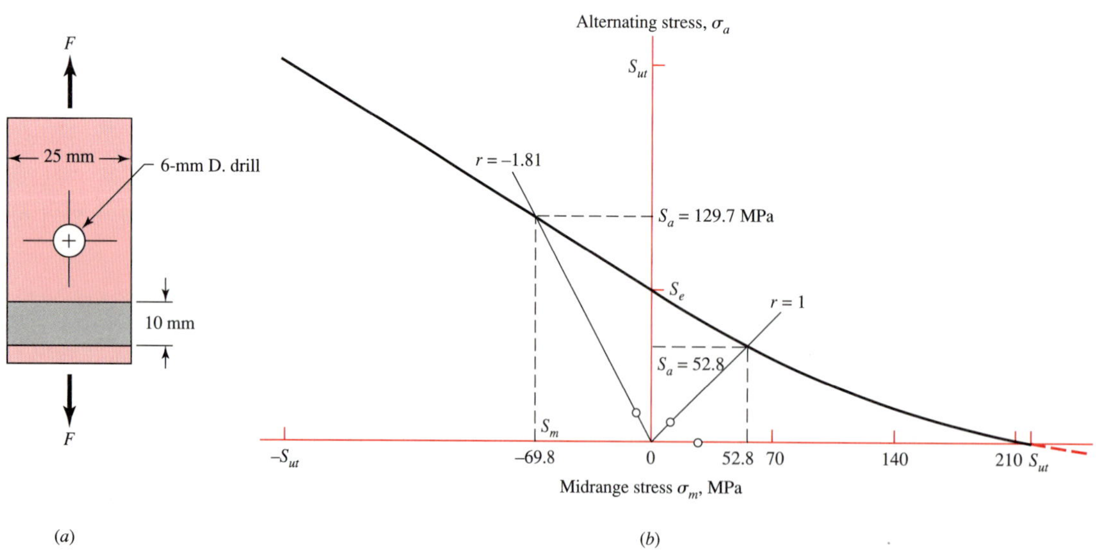

그림 5-32
축방향 피로를 받는 Grade 30 회주철 부분 (a) 기하학적 형상, (b) 예제 5-13에 대한 설계자의 피로 선도

$= 97$ MPa이다. 축방향 하중에 대해서 k_c는 0.9이므로, $S_e = (k_a k S'_e)k_c = 97(0.9) = 87.3$ MPa이다. 표 A-15-1로부터, $A = t(w - d) = 0.01(0.025 - 0.006) = 190 \times 10^{-6}\ \text{m}^2$, $d/w = 6/25 = 0.24$, 그리고 $K_t = 2.45$이다. 주철에 대한 노치 민감도는 0.20이다. 그러므로

$$K_f = 1 + q(K_t - 1) = 1 + 0.20(2.45 - 1) = 1.29$$

(*a*)
$$\sigma_a = \frac{K_f F_a}{A} = \frac{1.29(0)}{A} = 0 \qquad \sigma_m = \frac{K_f F_m}{A} = \frac{1.29(4500)}{190 \times 10^{-6}} = 30.6\ \text{MPa}$$

그리고

답
$$n = \frac{S_{ut}}{\sigma_m} = \frac{214}{30.6} = 6.99$$

(*b*)
$$F_a = F_m = \frac{F}{2} = \frac{4500}{2} = 2250\ \text{N}$$

$$\sigma_a = \sigma_m = \frac{K_f F_a}{A} = \frac{1.29(2250)}{190 \times 10^{-6}} = 15.3\ \text{MPa}$$

$$r = \frac{\sigma_a}{\sigma_m} = 1$$

식 (5-52)로부터

$$S_a = \frac{(1)31 + 12.6}{2}\left[-1 + \sqrt{1 + \frac{4(1)214(87.3)}{[(1)214 + 87.3]^2}}\right] = 52.8\ \text{MPa}$$

답
$$n = \frac{S_a}{\sigma_a} = \frac{52.8}{15.3} = 3.45$$

(*c*)
$$F_a = \frac{1}{2}|1300 - (-4500)| = 2900\ \text{N} \qquad \sigma_a = \frac{1.29(2900)}{190 \times 10^{-6}} = 19.7\ \text{MPa}$$

$$F_m = \frac{1}{2}[1300 + (-4500)] = -1600\ \text{N} \qquad \sigma_m = \frac{1.29(-1600)}{190 \times 10^{-6}} = -10.9\ \text{MPa}$$

$$r = \frac{\sigma_a}{\sigma_m} = \frac{19.7}{-10.9} = -1.81$$

식 (5-53)로부터, $S_a = S_e + (S_e/S_{ut} - 1)S_m$이고 $S_m = S_a/r$이다. 따라서 다음과 같이 된다.

$$S_a = \frac{S_e}{1 - \dfrac{1}{r}\left(\dfrac{S_e}{S_{ut}} - 1\right)} = \frac{87.3}{1 - \dfrac{1}{-1.81}\left(\dfrac{87.3}{214} - 1\right)} = 129.7\ \text{MPa}$$

답
$$n = \frac{S_a}{\sigma_a} = \frac{129.7}{19.7} = 6.58$$

그림 5-32*b*는 작성된 설계자의 피로 선도의 일부분을 나타낸 것이다.

5-13 변동응력에 대한 비틀림 피로강도

Smith에 의해 수행된 많은 실험으로부터 반복 비틀림 피로에 대한 흥미로운 결과를 볼 수 있다.[23] 72개의 실험 결과에 바탕을 둔 Smith의 첫 번째 결과는 비틀림 항복 강도를 초과하지 않는 정적 비틀림 응력은 비틀림 피로한도에 영향을 미치지 않는다는 것을 보여준다. 재료는 연성이고, 연마되었으며, 노치가 없는 실린더였다.

Smith의 두 번째 결과는 응력집중, 노치 또는 표면 결함이 존재하는 재료에 대해 적용하였다. 이러한 경우, 비틀림 피로한도는 비틀림 정적 응력에 따라 점진적으로 감소함을 발견하였다. 대부분의 부품들은 완제품보다는 적은 표면을 가지고 있기 때문에 이 결과는 Gerber, ASME-elliptic 등의 식이 유용하다는 것을 보여준다. Spring-Barnes 그룹의 Joerres는 Smith의 결과를 확인하였고 반복 비틀림에 대해 수정 Goodman 식을 사용하도록 권고하였다. Goodman 선도를 작성할 경우에 Joerres는 다음의 관계를 사용한다.

$$S_{su} = 0.67 S_{ut} \tag{5-54}$$

또한, 4장의 변형에너지설로부터 $S_{sy} = 0.577 S_{yt}$이고 평균하중 계수 k_c는 식 (5-26) 또는 0.577로 주어진다. 이에 대해서는 9장에서 더 논의될 것이다.

5-14 하중 모드의 중첩

피로문제를 다음과 같이 세 가지 형태로 구분하는 것이 도움이 될 수 있다.

- 완전 반복 단순 하중
- 단순 변동 하중
- 하중 모드의 중첩

가장 단순한 형태는 수명에 대한 교번응력의 관계로 나타내어지는 *S-N* 선도를 다루는 완전 반복 단순 하중에 대한 것이다. 오직 한 개의 하중형태만 고려할 수 있으며, 평균응력은 0이 되어야 한다. 다음 카테고리는 평균응력과 교번응력의 관계를 나타내는 기준(modified Goodman, Gerber, ASME-elliptic, or Soderberg)을 이용한 일반적인 변동 하중을 포함한다. 이 또한, 한 번에 오직 하나의 하중 형태만 고려할 수 있다. 이 절에서 설명할 세 번째 타입은 복합 굽힘, 비틀림 그리고 축방향 하중과 같은 다양한 종류의 하중이 결합된 경우를 포함한다.

5-9절에서 하중 계수 k_c는 피로한도를 얻기 위해 사용된다는 것을 배웠고 축방향 하중인지, 굽힘 또는 비틀림 하중인지 그 하중 방향이 결과에 영향을 주는 것을 알 수 있었다. 이 절에서는 다음 질문에 대한 답을 얻고자 한다. "축방향, 굽힘 그리고 비틀림 하중이 복합적으로 작용하는 경우에는 어떻게 고려해야 하는가?" 이러한 종류의 하중은 각각의 교번 하중, 평균하중 그리고 하중의 종류와 연관된 내구한도 결정에 사용되는 몇 가지 요소들이 수

[23] James O. Smith, "The Effect of Range of Stress on the Fatigue Strength of Metals," *Univ. of Ill. Eng. Exp. Sta. Bull.* 334, 1942.

직응력과 전단응력을 결합한 형태로 존재한다는 점에서 몇 가지 문제점을 보여준다. 또한, 하중의 각각의 모드에 하나 또는 복합적인 응력집중 요소들이 있을 수 있다. 복합적인 응력을 어떻게 고려하는가에 대한 문제는 정적 파손 이론을 개발할 때부터 대두되었다. 전단변형에너지 파손 이론은 연성재료의 응력 성분에 다양한 응력들을 결합하여 유일한 등가 von Mises 응력으로 만족시키는 방법을 통해 증명되었다. 동일한 접근 방식이 여기에 사용된다.

첫 번째 단계는 두 응력 성분(교번 응력에 대한 성분 하나와 평균 응력에 대한 성분 하나)을 생성한다. 각각에 응력들에 적절한 피로응력집중 요소들을 적용한다; 즉, 굽힘 응력에 대한 $(K_f)_{\text{bending}}$, 비틀림 응력에 대한 $(K_{fs})_{\text{torsion}}$, 축방향 응력에 대한 $(K_f)_{\text{axial}}$을 적용한다. 다음은 σ'_a와 σ'_m 각각의 두 응력 성분에 대한 von Mises 등가응력을 계산한다. 마지막으로, 피로 분석을 완료할 수 있도록 피로 파손 기준(modified Goodman, Gerber, ASME-elliptic, or Soderberg)을 선택한다. 내구한도 S_e는 굽힘에 대해 내구한도 수정계수 k_a, k_b 그리고 k_c를 이용한다. 비틀림 하중 계수 $k_c = 0.59$는 이미 von Mises 응력 계산으로 설명할 수 있기 때문에 적용되어서는 안 된다(각주 17을 참고하시오). 축 하중에 대한 하중 계수는 축 하중 계수 0.85에 의해 교번 축 응력을 분할함으로써 설명할 수 있다. 예를 들어, 축방향 응력, 비틀림 전단응력 그리고 축방향 응력을 지닌 일반적인 샤프트의 경우를 고려해 보자. 이 경우, von Mises 응력은 $\sigma' = (\sigma_x^2 + 3\tau_{xy}^2)^{1/2}$과 같다. 교번응력과 평균응력을 갖는 굽힘, 비틀림 그리고 축방향 응력을 고려하면, 두 응력 요소들에 대한 von Mises 응력들은 다음 식과 같이 표현할 수 있다.

$$\sigma'_a = \left\{\left[(K_f)_{\text{bending}}(\sigma_a)_{\text{bending}} + (K_f)_{\text{axial}}\frac{(\sigma_a)_{\text{axial}}}{0.85}\right]^2 + 3\left[(K_{fs})_{\text{torsion}}(\tau_a)_{\text{torsion}}\right]^2\right\}^{1/2} \tag{5-55}$$

$$\sigma'_m = \left\{\left[(K_f)_{\text{bending}}(\sigma_m)_{\text{bending}} + (K_f)_{\text{axial}}(\sigma_m)_{\text{axial}}\right]^2 + 3\left[(K_{fs})_{\text{torsion}}(\tau_m)_{\text{torsion}}\right]^2\right\}^{1/2} \tag{5-56}$$

첫 번째 사이클의 국부적 항복을 통해 최대 von Mises 응력이 계산되어진다. 이는 먼저 σ_{max}를 얻기 위해 축방향과 굽힘 교번응력과 평균응력을 더하고 τ_{max}를 얻기 위해 교번 전단응력과 평균전단응력을 더하여 나타낼 수 있다. 그런 다음에 von Mises 응력 방정식을 σ_{max}와 τ_{max}로 대체한다. 더욱 간단하고 보수적인 방법은 식 (5-55)와 식 (5-56)을 더하는 것이다. 즉, $\sigma'_{\text{max}} \doteq \sigma'_a + \sigma'_m$으로 놓는다.

응력성분들이 주파수가 동일하나 위상(phase)이 상이하다면, 각각의 응력성분을 위상각을 이용하여 삼각법으로 표현하고 그 합을 구함으로써 최대값들을 알 수 있다. 둘 또는 그 이상의 응력성분이 다른 주파수를 가지고 있다면 그 문제는 풀기 어려워진다. 한 가지 방법은 둘 또는 그 이상의 응력성분이 동일한 위상이라 가정하고 그 크기를 더하는 것이다.

예제 5-14

회전축은 42 × 4 mm AISI 1018 냉간압연 관으로 제작되었고 수직으로 6 mm 지름의 구멍이 관통되어 있다. Gerber와 Langer 피로기준을 사용하여 다음 하중조건에 따른 피로파손과 정적 파손을 방지하는 안전계수를 구하라.

(*a*) 축에 150 N · m의 완전 반복 굽힘모멘트와 120 N · m의 완전 반복 비틀림이 같은 위상으로 작용하는 경우

(*b*) 20~160 N · m까지 변동하는 비틀림과 150 N · m의 정적 굽힘모멘트가 작용하는 경우

풀이 표 A-20에서 최소 강도는 $S_{ut} = 440$ MPa이고, $S_{yt} = 370$ MPa이다. 회전빔 시편의 피로한도는 0.5(440) = 220 MPa이다. 식 (5-19)와 표 5-2로부터 얻은 표면 계수는 다음과 같다.

$$k_a = 4.51 S_{ut}^{-0.265} = 4.51(440)^{-0.265} = 0.899$$

식 (5-20)으로부터 크기 계수는 다음과 같다.

$$k_b = \left(\frac{d}{7.62}\right)^{-0.107} = \left(\frac{42}{7.62}\right)^{-0.107} = 0.833$$

나머지 Marin 계수는 모두 1이고, 수정된 피로강도 S_e는 다음과 같다.

$$S_e = 0.899(0.833)220 = 165 \text{ MPa}$$

(*a*) 이론적인 응력집중계수는 표 A-16에서 구할 수 있다. $a/D = 6/42 = 0.143$과 $d/D = 34/42 = 0.810$을 사용하고 선형보간법을 이용하면 굽힘인 경우 $A = 0.798$, $K_t = 2.366$; 그리고 비틀림인 경우 $A = 0.89$이고 $K_{ts} = 1.75$을 구할 수 있다. 따라서, 굽힘에 대하여

$$Z_{\text{net}} = \frac{\pi A}{32D}(D^4 - d^4) = \frac{\pi(0.798)}{32(42)}[(42)^4 - (34)^4] = 3.31\ (10^3)\text{mm}^3$$

그리고 비틀림에 대하여

$$J_{\text{net}} = \frac{\pi A}{32}(D^4 - d^4) = \frac{\pi(0.89)}{32}[(42)^4 - (34)^4] = 155\ (10^3)\text{mm}^4$$

다음으로, 노치 반지름이 3 mm인 경우에 대해 그림 5-20과 5-21을 이용하면 굽힘에 대해 노치 민감도는 0.78이고 비틀림인 경우는 0.96임을 알 수 있다. 두 상응하는 피로응력집중계수는 다음과 같이 식 (5-32)로부터 얻는다.

$$K_f = 1 + q(K_t - 1) = 1 + 0.78(2.366 - 1) = 2.07$$
$$K_{fs} = 1 + 0.96(1.75 - 1) = 1.72$$

이제 반복 굽힘응력은 다음과 같이 찾는다.

$$\sigma_{xa} = K_f \frac{M}{Z_{\text{net}}} = 2.07 \frac{150}{3.31(10^{-6})} = 93.8(10^6)\text{Pa} = 93.8 \text{ MPa}$$

그리고 반복 비틀림 응력은 다음과 같다.

$$\tau_{xya} = K_{fs} \frac{TD}{2J_{\text{net}}} = 1.72 \frac{120(42)(10^{-3})}{2(155)(10^{-9})} = 28.0(10^6)\text{Pa} = 28.0 \text{ MPa}$$

von Mises 정적 응력성분 σ'_m은 0이다. 진폭성분 σ'_a는 다음과 같이 주어진다.

$$\sigma'_a = \left(\sigma_{xa}^2 + 3\tau_{xya}^2\right)^{1/2} = [93.8^2 + 3(28^2)]^{1/2} = 105.6 \text{ MPa}$$

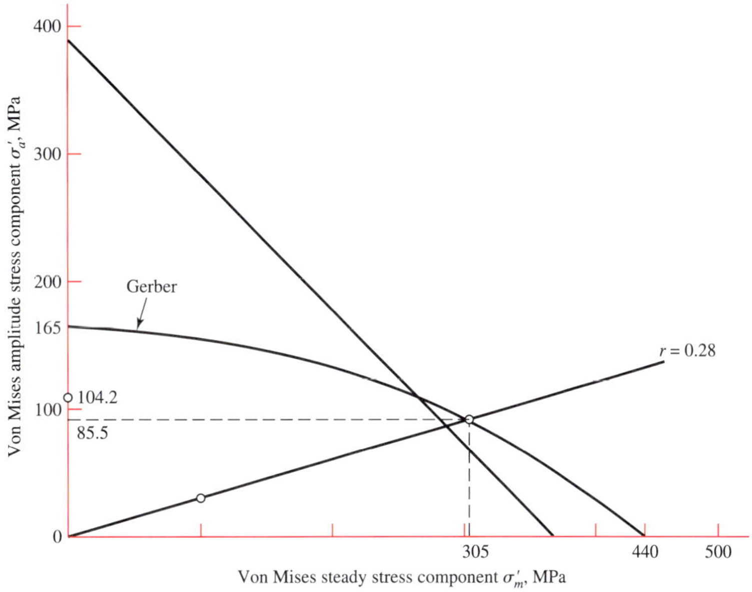

그림 5-33
예제 5-14에 대한 피로 선도

$S_e = S_a$이므로, 피로 안전계수 n_f는

답 $$n_f = \frac{S_a}{\sigma'_a} = \frac{165}{105.6} = 1.56$$

첫 주기 항복에 대한 안전계수는

답 $$n_y = \frac{S_y}{\sigma'_a} = \frac{370}{105.6} = 3.50$$

국부적인 항복은 없으며, 피로가 파손의 주요 요인이다. 그림 5-33을 참고하여라.

(*b*) 이 부분은 교번 성분은 변동하는 비틀림에 의해 생기고 정적 성분은 비틀림과 굽힘에 의해 생길 때 안전계수를 찾도록 요구하고 있다. $T_a = (160 + 20)/2 = 70$ N · m이고 $T_m = (160 + 20)/2 = 90$ N · m를 얻는다. 이에 대응하는 진폭과 정적 응력 성분은 다음과 같다.

$$\tau_{xya} = K_{fs}\frac{T_a D}{2J_{\text{net}}} = 1.72\frac{70(42)(10^{-3})}{2(155)(10^{-9})} = 16.3(10^6)\text{Pa} = 16.3\text{ MPa}$$

$$\tau_{xym} = K_{fs}\frac{T_m D}{2J_{\text{net}}} = 1.72\frac{90(42)(10^{-3})}{2(155)(10^{-9})} = 21.0(10^6)\text{Pa} = 21.0\text{ MPa}$$

정적 굽힘 응력성분 σ_{xm}은

$$\sigma_{xm} = K_f\frac{M_m}{Z_{\text{net}}} = 2.07\frac{150}{3.31(10^{-6})} = 93.8(10^6)\text{Pa} = 93.8\text{ MPa}$$

von Mises 성분 σ'_a, σ'_m은 다음과 같다.

$$\sigma_a' = [3(16.3)^2]^{1/2} = 28.2 \text{ MPa}$$

$$\sigma_m' = [93.8^2 + 3(21)^2]^{1/2} = 100.6 \text{ MPa}$$

표 5-7로부터 피로 안전계수는 다음과 같다.

답

$$n_f = \frac{1}{2}\left(\frac{440}{100.6}\right)^2 \frac{28.2}{165}\left\{-1 + \sqrt{1 + \left[\frac{2(100.6)165}{440(28.2)}\right]^2}\right\} = 3.03$$

$r = \sigma_a'/\sigma_m' = 28.2/100.6 = 0.280$이고 표 5-7로부터 강도를 계산하면 $S_a = 85.5$ MPa, $S_m = 305$ MPa이다. 그림 5-33를 참고하라.

첫 주기 항복에 대한 안전계수 n_y는

답

$$n_y = \frac{S_y}{\sigma_a' + \sigma_m'} = \frac{370}{28.2 + 100.6} = 2.87$$

여기서 노치 항복은 없다. 노치에서는 첫 주기 항복이 위험 요소가 된다. 그림 5-33에 도시된 것을 참고하라.

5-15 변화하는 변동응력; 누적피로 손상

n 사이클 동안 작용하는 하나의 완전 교번응력 대신에 기계요소의 임계 위치에 다음과 같은 하중이 작용한다고 가정하자.

- n_1 사이클 동안 σ_1의 반복응력, n_2 사이클 동안 σ_2의 반복응력, . . . , 또는
- 수많은 다른 피크와 밸리(valley)를 나타내는 '물결 모양'의 응력선

어떤 응력이 중요하고, 어떻게 사이클을 카운팅하며, 손상의 측정은 어떻게 해야 하는가? 그림 5-34*a*에 나타낸 바와 같이 응력이 420, 560, 280, 420 MPa로 완전 반복되는 사이클과 −280, −420, −140, −280 MPa로 완전 반복되는 경우를 고려해 보자. 첫째로, 그림 5-34*a*에 나타낸 응력의 패턴을 부여해주기 위해서는 시간에 따라서 실선과 점선의 자취를 따라야 한다. 그림 5-34*b*는 560 MPa에서 시작해서 560 MPa로 끝나는 간단한 그림을 나타낸 것이다. 단일 응력–시간 궤적을 인정하는 이유는 그림 5-34*b*에서 점선으로 나타낸 '숨은' 사이클을 찾고자 하는 것이다. 100번의 양의 응력 사이클이 작용되고 100번의 음의 응력 사이클이 작용한다면, 한 번의 숨은 사이클이 적용된다. 모든 양의 응력 사이클이 모든 음의 응력 사이클과 반복적으로 작용된다면 숨은 사이클은 100회이다.

숨은 사이클을 놓치지 않기 위해서 가장 큰(또는 가장 작은) 응력에서 스냅사진을 시작하고 그림 5-34*b*에서 수행한 바와 같이 이전의 이력을 오른쪽에 더해야 한다. 사이클은 최대-최소-동일 최대(또는 최소 – 최대 – 동일 최소)의 형태로 표현된다. 560 MPa 최대, 420 MPa 최소, 560 MPa 최대의 사이클을 나타낸 그림 5-34*b*에서 점선을 따라 이동함으로써 숨겨진 사이클을 알 수 있다. 마음속으로 궤적의 사용된 영역(점선)을 지우면 40, 60, 40 주

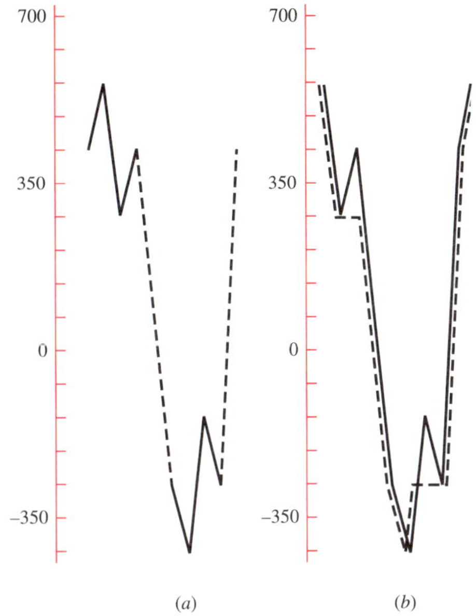

그림 5-34
누적 손상을 평가하기 위해 작성된 변동응력 선도

기와 −40, −20, −40 주기가 남는다. 파손 궤적은 응력 진폭성분 σ_a와 일정 성분 σ_m으로 표현되기 때문에 아래의 표를 만들기 위해 식 (5-36)을 사용한다.

Cycle Number	σ_{max}	σ_{min}	σ_a	σ_m
1	560	−420	490	70
2	420	280	70	350
3	−140	−420	70	−210

가장 큰 손상을 주는 사이클은 1번이다.

사이클을 세는 방법들은 다음 내용을 포함한다.

- 파손까지의 인장 피크 수.
- 파형의 평균값 위의 모든 최대값들과 아래의 모든 최소값들.
- 평균값을 위쪽으로 가로지르는 전체의 최대값과 아래쪽을 가로지르는 전체의 최소값.
- 평균의 위쪽으로 가로지르는 모든 양의 기울기와 아래쪽을 가로지르는 모든 음의 기울기.
- 각각의 계수 크기와 관련된 연속적인 교차들 사이의 단 하나의 계수를 이용하는 앞선 방법을 수정.
- 각각의 국부적인 최대–최소의 반복을 반주기로 세고 관련된 진폭은 반이다.
- 전술한 방법에 국부적인 평균을 고려.
- 낙수계수법(rain-flow counting).

여기서 사용한 방법은 **낙수계수법**의 수정된 방법이다.

*Palmgren-Miner*의 *Miner*의 법칙이라고도 불리는 사이클비 가산 규칙은 다음과 같이 나타낸다.[24]

$$\sum \frac{n_i}{N_i} = c \tag{5-57}$$

여기서 n_i는 응력 σ_i의 사이클수이며 N_i는 응력 σ_i에서 파손이 발생하는 사이클수이다. c는 실험에 의해서 구해지며 보통 $0.7 < c < 2.2$의 범위에 있으며 평균값은 1에 가깝다.

결정론적 공식으로 선형 손상 법칙을 사용하면 다음과 같이 나타낼 수 있다.

$$D = \sum \frac{n_i}{N_i} \tag{5-58}$$

여기서 D는 누적 손상이며 $D = c = 1$일 때, 파손이 발생한다.

예제 5-15 부품의 $S_{ut} = 1057$ MPa이고 취약부에서 $S_e = 472.5$ MPa이다. 그림 5-34의 하중에 대해서, 파괴 전까지 나타날 수 있는 응력-시간 블록의 반복수를 구하라.

풀이 그림 5-18로부터 $S_{ut} = 1057$ MPA, $f = 0.795$이다. 식 (5-14)로부터

$$a = \frac{(f\,S_{ut})^2}{S_e} = \frac{[0.795(1057)]^2}{472.5} = 1494.5 \text{ MPa}$$

식 (5-15)로부터

$$b = -\frac{1}{3}\log\left(\frac{f\,S_{ut}}{S_e}\right) = -\frac{1}{3}\log\left[\frac{0.795(1057)}{472.5}\right] = -0.0833$$

따라서

$$S_f = 1494.5N^{-0.0833} \text{ is } \quad N = \left(\frac{S_f}{1494.5}\right)^{-1/0.0833} \tag{1), (2}$$

이전의 표에 두 열을 더할 준비를 한다. $S_a = S_f$이고 식 (5-47)의 Gerber 선도를 사용하고 $S_e = S_f$, $n = 1$이면 다음과 같이 나타낼 수 있다.

$$S_f = \begin{cases} \dfrac{\sigma_a}{1-(\sigma_m/S_{ut})^2} & \sigma_m > 0 \\ S_e & \sigma_m \le 0 \end{cases} \tag{3}$$

주기 1 : $r = \sigma_a/\sigma_m = 490/70 = 7$, 그리고 표 5-7로부터 강도 진폭은 다음과 같다.

$$S_a = \frac{7^2 1057^2}{2(472.5)}\left\{-1+\sqrt{1+\left[\frac{2(472.5)}{7(1057)}\right]^2}\right\} = 470.4 \text{ MPa}$$

$\sigma_a > S_a$, 즉 $490 > 472.5$이므로, 수명은 감소된다. 식 (3)으로부터

---

[24] A. Palmgren, "Die Lebensdauer von Kugellagern," *ZVDI*, vol. 68, pp. 339–341, 1924; M. A. Miner, "Cumulative Damage in Fatigue," *J. Appl. Mech.*, vol. 12, *Trans. ASME*, vol. 67, pp. A159–A164, 1945.

$$S_f = \frac{490}{1-(70/1057)^2} = 492.1 \text{ MPa}$$

그리고 식 (2)로부터

$$N = \left(\frac{492.1}{1494.5}\right)^{-1/0.0833} = 619(10^3) \text{ cycles}$$

주기 2: $r = 70/350 = 0.2$, 그리고 강도 진폭은

$$S_a = \frac{0.2^2 1057^2}{2(472.5)}\left\{-1+\sqrt{1+\left[\frac{2(472.5)}{0.2(1057)}\right]^2}\right\} = 169.4 \text{ MPa}$$

$\sigma_a < S_a$, 즉 $70 < 169.4$이므로, $S_f = S_e$이고 무한 수명을 따른다. 그러므로 $N \rightarrow \infty$이다.

주기 3: $r = 70/-210 = -0.333$, 그리고 $\sigma_m < 0$, $S_f = S_e$이므로, 무한 수명을 따르고 $N \rightarrow \infty$이다.

Cycle Number	S_f, MPa	N, cycles
1	492.1	$619(10^3)$
2	472.5	∞
3	472.5	∞

식 (5-58)로부터 블록당 손상은 다음과 같다.

$$D = \sum \frac{n_i}{N_i} = N\left[\frac{1}{619(10^3)} + \frac{1}{\infty} + \frac{1}{\infty}\right] = \frac{N}{619(10^3)}$$

답 $D = 1$로 하면 $N = 619(10^3)$ 사이클이 된다.

Miner의 법칙을 좀 더 설명하기 위해 $S_{ut} = 560$ MPa, $S'_{e,0} = 280$ MPa, $f = 0.9$인 철강재료를 선택하였다. 여기서 좀 더 일반적인 S'_e 대신에 사용되지 않은 재료의 피로한도를 나타내기 위해 $S'_{e,0}$를 사용하였다. 이 재료에 대한 log$S$–log$N$ 선도를 그림 5-35에 두꺼운 실선으로 나타내었다. p.285의 식 (5-14)와 식 (5-15)로부터 $a = 907$ MPa, $b = -0.085091$임을 알 수 있다. $n_1 = 3000$ 사이클에 대해 $\sigma_1 = 420$ MPa의 반복 응력을 적용하자. $\sigma_1 > S'_{e,0}$이기 때문에 피로한도는 손상될 것이며, Miner의 법칙을 이용하여 손상된 재료의 새로운 피로한도인 $S'_{e,1}$을 찾고자 할 것이다. 그림 5-35에서 원래 재료의 파손선은 10^3과 10^6 범위에서 다음과 같다.

$$S_f = a\,N^b = 907N^{-0.085\,091}$$

$\sigma_1 = 420$ MPa의 응력에 대해 파손이 발생하는 사이클은 다음과 같다.

$$N_1 = \left(\frac{\sigma_1}{907}\right)^{-1/0.085\,091} = \left(\frac{420}{907}\right)^{-1/0.085\,091} = 8520 \text{ cycles}$$

그림 5-35
유한한 주기의 과응력을 받는 재료의 피로한도를 예측하기 위한 Miner 법칙의 사용

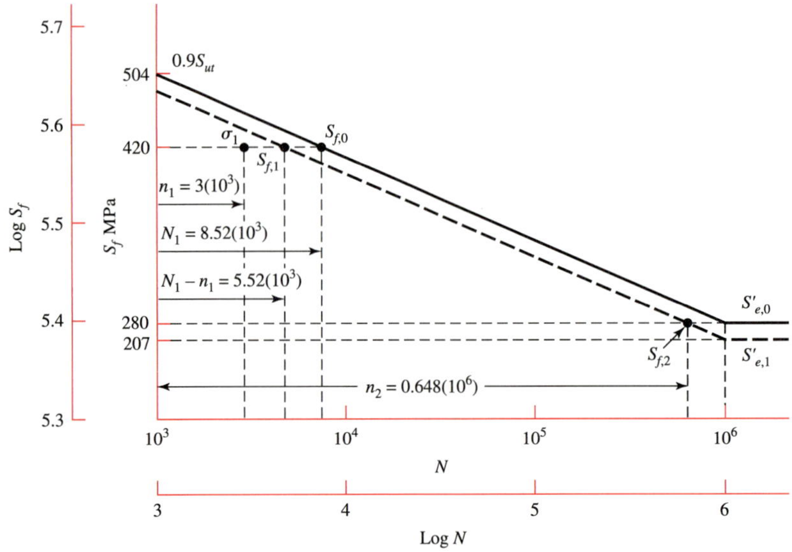

그림 5-35는 재료는 420 MPa에서 $N_1 = 8520$의 수명을 가지고 있고, σ_1이 3000번 작용된 후에 σ_1에서 남은 수명은 $N_1 - n_1 = 5520$ 사이클임을 나타내고 있다. 이는 그림 5-35에 나타난 바와 같이 손상된 재료의 유한수명강도 $S_{f,1}$의 위치를 나타낸다. 다른 한 점을 얻기 위해 다음과 같은 질문을 해보자. 주어진 n_1과 N_1에서 응력 $\sigma_2 = S'_{e,0}$의 응력이 얼마나 많이 손상된 재료의 파손 전에 작용될 수 있을까? 이는 n_2 사이클에 해당되며, 식 (5-58)로부터 다음과 같이 나타낼 수 있다.

$$\frac{n_1}{N_1} + \frac{n_2}{N_2} = 1 \tag{a}$$

n_2에 대해 풀면 다음과 같이 된다.

$$n_2 = (N_1 - n_1)\frac{N_2}{N_1} \tag{b}$$

그리고

$$n_2 = \left[8.52\left(10^3\right) - 3\left(10^3\right)\right]\frac{10^6}{8.52\left(10^3\right)} = 0.648\left(10^6\right) \text{ cycles}$$

이는 그림 5-35에 나타낸 유한수명강도 $S_{f,2}$와 일치한다. $S_{f,1}$과 $S_{f,2}$를 이은 선은 Miner의 법칙에 준한 손상된 재료의 log $S-$log N 선도이다. 새로운 피로 궤적 $S_f = a'N^{b'}$ 위에 $(N_1 - n_1, \sigma_1)$과 (n_2, σ_2)의 두 점이 있다. 따라서, $\sigma_1 = a'(N_1 - n_1)^{b'}$, $\sigma_2 = a'n_2^{b'}$이다. 두 식을 나누고 로그함수를 취하면, b'에 대한 식은 다음과 같다.

$$b' = \frac{\log\,(\sigma_1/\sigma_2)}{\log\left(\dfrac{N_1 - n_1}{n_2}\right)}$$

식 (b)로부터 n_2를 대체하고 단순화하면 b'에 대한 식은 다음과 같다.

$$b' = \frac{\log(\sigma_1/\sigma_2)}{\log(N_1/N_2)}$$

손상되지 않은 재료의 경우, $N_1 = (\sigma_1/a)^{1/b}$이고 $N_2 = (\sigma_2/a)^{1/b}$이다. 그리고

$$b' = \frac{\log(\sigma_1/\sigma_2)}{\log\left[(\sigma_1/a)^{1/b}/(\sigma_2/a)^{1/b}\right]} = \frac{\log(\sigma_1/\sigma_2)}{(1/b)\log(\sigma_1/\sigma_2)} = b$$

이것은 손상된 재료의 선도는 원래 재료의 선도와 동일한 기울기를 가진다는 것을 의미하며 두 선은 평행하다. 그리고 a'의 값은 $a' = S_f/N^b$로부터 알 수 있다.

이 경우를 도시하면, $a' = 420/[5.52(10)^3]^{-0.085091} = 874.2865$ MPa이며, 새로운 내구한도는 $S'_{e,1} = a'N_e^b = 874.286$ MPa $[(10)^6]^{-0.085091} = 207$ MPa이다.

Miner의 법칙은 널리 사용되지만 실험결과와 두 가지 면에서 다르다. 첫 번째로 이 이론에서 정적 강도 S_{ut}는 손상되고, 즉 σ_1이 작용함에 따라 감소한다. 그림 5-35에서 $N = 10^3$인 경우를 참고하라. 그러나 실험으로 이러한 예측을 증명할 수 없다.

식 (5-58)에 주어진 Miner의 법칙은 응력이 적용되는 순서를 고려해주지 못하기 때문에 $S'_{e,0}$ 이하의 응력을 무시한다. 그림 5-35에서 σ_3가 $S'_{e,1}$과 $S'_{e,0}$ 사이의 값이라 할 때 피로한도가 σ_1에 의해 손상된 후에 σ_3가 가해진다면 손상의 원인이 될 수 있다.

Manson의 접근법은 Palmgren-Miner 법칙의 2가지 한계를 모두 보완하였다.[25] 역사적으로 이것은 좀더 최근의 접근법이며 사용하기 쉽다. 약간의 변화를 제외하고는 이 책에서는 Manson의 법칙을 사용하고 이를 권장한다. Manson은 log S-log N 선도 대신 S-log N 선도를 사용하였다. Manson은 여기서 나타낸 바와 같이 $N = 10^3$ 주기에서 $0.9S_{ut}$의 정적 강도를 임의적으로 선택하는 대신에 정적 강도에 대한 S-log N의 수렴점을 구하기 위해 실험을 수행하였다. 물론 항상 실험을 이용하면 좋지만 이 책에서의 목적은 단순 인장 시험 자료를 이용하여 피로파손 가능성에 대해 가능한 많은 정보를 얻기를 바라는 것이다.

여기서 제시한 Manson 법칙은 모두 log S와 log N 선도로 나타나 있고 손상을 받은 재료거나 손상받지 않은 재료 모두 10^3 주기에서 $0.9S_{ut}$ 점으로 수렴하게 된다. 그 외에 log S-log N 선도는 응력이 발생하는 순서대로 구성하여야 한다.

앞의 예제의 데이터를 이용하여 이 방법을 설명하고자 한다. 그 결과는 그림 5-36에 나타내었다. $N_1 - n_1 = 5.52(10^3)$ 주기에 해당되는 강도 $S_{f,1}$은 앞의 방법과 같이 구하였다. 이 점과 10^3 주기에서 $0.9S_{ut}$ 점을 굵은 점선으로 $N = 10^6$ 주기와 만날 때까지 긋는다. 손상된 재료의 피로한도 $S'_{e,1}$을 정의한다. 다시, 선도 상에 두 점 $b' = [\log(504/420)]/\log[(10^3)/5.52(10^3)] = -0.106722$이고 $a' = 420/[5.52(10^3)]^{-0.106722} = 1053.4$ MPa이다. 이 경우, 새로운 내구한도 $S'_{e,1} = a'N_e^{b'} = 1053.4(106)^{-0.106722} = 240.8$ MPa이고 Miner의 법칙으로 구한 결과보다 작다.

그림 5-36을 보면 $\sigma = 252$ MPa의 반복응력은 원래 재료의 피로한도에 영향을 미치지

[25] S. S. Manson, A. J. Nachtigall, C. R. Ensign, and J. C. Fresche, "Further Investigation of a Relation for Cumulative Fatigue Damage in Bending," *Trans. ASME, J. Eng. Ind.*, ser. B, vol. 87, No. 1, pp. 25–35, February 1965.

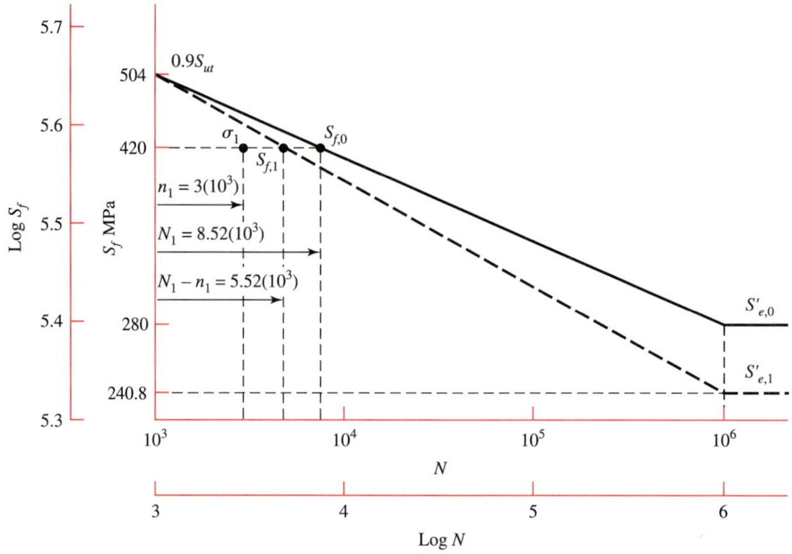

그림 5-36
유한한 주기의 과응력을 받는 재료의 피로한도를 예측하기 위한 Manson 방법의 사용

않으므로 많은 주기의 하중이 가해질 수 있다. 그러나 σ = 252 MPa의 반복응력이 σ_1 = 420 MPa의 응력에 의해 손상된 **후**에 작용되면 추가적인 손상을 받게 된다.

이 두 가지 법칙은 모두 많은 계산과정이 수반되며 파손이 평가되는 모든 경우에 반복된다. 복잡한 응력–시간에 따른 계산이 모든 사이클에 대해 수행되어야 한다. 이러한 일을 수행하는데 있어 컴퓨터 프로그램은 매우 유용하다.

Collins는 "여러 문제들이 언급되었음에도 불구하고 Palmgren 선형 손상 법칙이 자주 사용된다. 그 이유는 그 법칙이 단순하며 다른 복잡한 손상 법칙들이 항상 파손 예측의 신뢰성에 있어 크게 향상된 결과를 주는 것이 아니라는 실험결과 때문이다." 라고 말했다.[26]

5-16 표면피로강도

표면피로 기구는 명확하게 파악되지 않은 실정이다. 표면 전단력이 없는 경우 접촉영향부위에는 압축 주응력이 나타난다. 회전 피로(rotary fatigue)는 균열 성장과 관련된 인장응력이 존재하는 표면 혹은 표면 근처에서 균열 성장을 유발하고 파손에 이르게 된다. 이 경우 전단응력이 존재하는데 표면의 바로 아랫 부분에서 가장 크다. 균열은 표면에서 피팅(pitting)이 발생하기 전까지 이러한 층에서 성장하는 것처럼 보인다. 엔지니어는 표면피로 현상을 명확히 파악하기 전에 내구성 있는 기계를 설계해야 했기 때문에 실험을 수행하여 표면에서 발생하는 피팅을 관찰하였으며 그 홀이 투영된 영역에서 파손이 발생한다고 밝혔다. 이러한 현상을 헤르쯔 접촉 압력(Hertzian contact pressure)과 관련시켰다. 이러한 압축응력(compressive stress)은 직접적으로 파손을 일으키지 않지만 파손 기구와 응력 형태가 무엇이든 파손에 도움을 주며, 접촉 응력은 그 크기의 **척도**이다.

Buckingham은 10^8 주기에서의 피로와 헤르쯔 접촉 압력과 관계된 많은 실험을 수행하

[26] J. A. Collins, *Failure of Materials in Mechanical Design*, John Wiley & Sons, New York, 1981, p. 243.

였다.[27] 주철 재료의 경우 피로한도가 약 $3(10^7)$ 이라는 증거가 있지만 경화된 강은 $4(10^8)$까지 피로한도가 존재하지 않는다. 이후 경화 금속에 대한 실험은 피로한도가 없음을 보여준다. 경화된 강은 높은 피로강도를 나타내기 때문에 표면피로에 저항성을 확보하기 위해 널리 사용된다.

지금까지 우리는 항복, 파괴, 피로에 의해 기계요소가 파손되는 것을 취급하였다. 회전빔 실험에서 구한 피로한도를 흔히 **유연한 피로한도**(*flexural endurance limit*)라 부르는데 이는 회전빔 실험이기 때문이다. 이 절에서는 **표면 내구 전단**(*surface endurance shear*)이라 하는 대응되는 재료의 물성에 대해 공부하고자 한다. 설계자는 하나의 기계요소가 다른 기계요소와 구름, 미끄럼 또는 구름과 미끄럼이 결합된 접촉을 하는 문제를 자주 접하게 된다. 이런 상태의 예로서 기어쌍의 이, 캠과 종동절, 바퀴와 레일 또는 체인과 소켓 등이 있다. 이 경우, 오랫동안 안전하게 쓸 수 있는 기계를 만들기 위해서는 재료의 표면 강도를 알아야 한다.

두 표면이 구름이나 구름과 미끄럼이 함께 나타나면서 충분한 힘이 전달될 때, 얼마의 가동 후 피팅 파손이 생긴다. 이 문제는 매우 복잡해서 피팅 발생 기구에 관하여 학자들의 의견이 일치하지는 않지만 헤르쯔 응력, 회전수, 표면 처리, 경도, 윤활 정도와 온도가 강도에 영향을 미친다는 데에는 의견이 일치한다. 3-19절에서 배운 바와 같이 두 표면이 서로 압력을 받을 때, 최대전단응력은 접촉면의 약간 아래에서 생긴다. 몇몇 학자는 표면피로파손은 이 최대전단응력에서 시작하여 표면으로 급속히 전파된다고 가정한다. 윤활유가 형성된 균열 사이로 들어가서 압력을 받아 얇은 조각들로 분리시킨다.

맞물린 재료의 표면피로강도를 결정하기 위해 Buckingham은 기어 이(gear teeth)의 마모 연구와 관련하여 접촉하는 굴림 표면 쌍에 대한 실험을 위한 단순한 기계를 고안하였다. 그 후, Buckingham과 Talbourdet는 많은 시험 자료를 모아서 설계 자료로 쓰일 수 있도록 하였다. 설계에 유용한 결과로 만들기 위해 Buckingham은 **하중 응력계수**를 정의하였는데 헤르쯔 식에서 유도되며, **마모계수**라고도 한다. 접촉 실린더에 대한 식 (3-73)과 (3-74)은 다음과 같다.

$$b = \sqrt{\frac{2F}{\pi l}\frac{\left(1-\nu_1^2\right)/E_1 + \left(1-\nu_2^2\right)/E_2}{(1/d_1)+(1/d_2)}} \tag{5-59}$$

$$p_{\max} = \frac{2F}{\pi b l} \tag{5-60}$$

여기서 b = 사각 접촉부 넓이의 반
F = 접촉력
l = 실린더의 길이
ν = 포아송 비
E = 탄성 계수
d = 실린더의 지름

실린더의 반지름을 사용하는 것이 편리하므로 $2r = d$로 놓는다. 실린더의 길이를 l 대신 w(기어, 베어링, 캠 등의 폭)라 하고 제곱근을 없애면 식 (5-59)는 다음과 같이 된다.

[27] Earle Buckingham, *Analytical Mechanics of Gears*, McGraw-Hill, New York, 1949.

$$b^2 = \frac{4F}{\pi w}\frac{\left(1-\nu_1^2\right)/E_1 + \left(1-\nu_2^2\right)/E_2}{1/r_1 + 1/r_2} \tag{5-61}$$

아래의 관계를 사용하면 **표면 내구강도** S_C를 다음과 같이 정의할 수 있다.

$$p_{\max} = \frac{2F}{\pi bw} \tag{5-62}$$

$$S_C = \frac{2F}{\pi bw} \tag{5-63}$$

이것은 **접촉강도**(*contact strength*), **접촉 피로강도** 또는 **헤르쯔 접촉 압력**이라고도 불린다. 이 강도는 특정 주기 후에 표면의 파손을 일으키는 접촉 압력이다. 이런 파손을 마모라고 하며, 오랜 시간 후에 발생한다. 그러나 연마와 혼동해서는 안 된다. 식 (5-63)을 제곱한 후에, 식 (5-61)의 b^2값에 대입하고 정리하면 다음의 결과를 얻는다.

$$\frac{F}{w}\left(\frac{1}{r_1}+\frac{1}{r_2}\right) = \pi S_C^2\left[\frac{1-\nu_1^2}{E_1}+\frac{1-\nu_2^2}{E_2}\right] = K_1 \tag{5-64}$$

계수들로 구성된 왼쪽항은 설계자가 독립적으로 조절할 수 있다. 가운데 항은 재료물성으로 이루어져 있다. 마지막 세 번째 항의 매개 변수 K_1은 Buckingham의 하중 응력계수이며, F, w, r_1, r_2와 피로에서 중요한 사이클 수에 의해 결정된다. 기어에 대한 연구에서도 유사한 K 계수가 다음 식에 사용된다.

$$K_g = \frac{K_1}{4}\sin\phi \tag{5-65}$$

여기서 ϕ는 기어 이의 압력각이고 $[(1-\nu_1^2)/E_1 + (1-\nu_2^2)/E_2]$는 $1/(\pi C_P^2)$로 정의된다. 따라서 다음과 같이 나타낼 수 있다.

$$S_C = C_P\sqrt{\frac{F}{w}\left(\frac{1}{r_1}+\frac{1}{r_2}\right)} \tag{5-66}$$

Buckingham 등은 10^8 사이클에서의 K_1을 보고하였다. 이것은 S_CN 선도에 단 하나의 점을 준다. 주철에 대해서 이것은 충분하지만 다른 열처리된 단조 강의 경우에는 기울기에 대한 몇 가지 아이디어가 10^8이 아닌 설계 목표를 이루는 데 유용할 수 있다.

실험은 K_1과 N, K_g와 N, S_C와 N 데이터가 로그로그 변환에 의해 수정될 수 있음을 보였으며, 다음과 같다.

$$K_1 = \alpha_1 N^{\beta_1} \qquad K_g = aN^b \qquad S_C = \alpha N^\beta$$

3개의 지수는 다음과 같이 주어진다.

$$\beta_1 = \frac{\log(K_1/K_2)}{\log(N_1/N_2)} \qquad b = \frac{\log(K_{g1}/K_{g2})}{\log(N_1/N_2)} \qquad \beta = \frac{\log(S_{C1}/S_{C2})}{\log(N_1/N_2)} \tag{5-67}$$

유도 경화된 강과 강에 대한 데이터를 이용하면 $(S_C)_{10^7} = 1897$ MPa, $(S_C)_{10^8} = 1673$ MPa이 되며, 따라서 식 (5-67)로부터 β는 다음과 같이 주어진다.

$$\beta = \frac{\log(1897/1673)}{\log(10^7/10^8)} = -0.055$$

미국기어제작협회(AGMA)에서는 10^7 이상의 사이클에 대한 데이터가 없을 경우에 $10^4 < N < 10^{10}$에서 $\beta = -0.056$을 사용한다.

강에서 10^8 사이클에서의 S_C와 H_B 사이의 관계는 다음과 같다.

$$(S_C)_{10^8} = \begin{cases} 0.4H_B - 10 \text{ kpsi} \\ 2.76H_B - 70 \text{ MPa} \end{cases} \tag{5-68}$$

AGMA는 다음 식을 사용한다.

$$_{0.99}(S_C)_{10^7} = 0.327H_B + 26 \text{ kpsi} \tag{5-69}$$

식 (5-66)은 설계계수를 이용함으로써 허용 가능한 표면 응력을 결정하기 위해 사용될 수 있다. 이 식은 응력–하중 변환에서 비선형이기 때문에 설계자는 기능 상실이 하중전달의 불안정성을 나타내는지 결정해야 한다. 만약 그렇다면 허용 응력을 결정하기 위해 설계계수 n_d로 하중 F를 나누어야 한다.

$$\sigma_C = C_P\sqrt{\frac{F}{wn_d}\left(\frac{1}{r_1}+\frac{1}{r_2}\right)} = \frac{C_P}{\sqrt{n_d}}\sqrt{\frac{F}{w}\left(\frac{1}{r_1}+\frac{1}{r_2}\right)} = \frac{S_C}{\sqrt{n_d}}$$

여기서 $n_d = (S_C/\sigma_C)^2$이다. 만약 기능상실이 응력에 대해 초점이 맞추어져 있다면 $n_d = (S_C/\sigma_C)$이다. 엔지니어에게 다음 사항들이 권장된다.

- 기능 상실이 하중이나 응력을 전달하는지 못하는지 결정해라.
- 설계계수와 안전계수를 타당하게 정의하라.
- 무엇을 사용했는지와 그 사용 이유를 알려라.
- 자신의 위치를 방어할 준비를 해라.

이런 방법으로 기계공학에 관련된 모든 사람들이 설계계수(또는 안전계수) 2가 무엇을 의미하는지를 알고 있으며, 필요하다면, 판단기준을 조절한다.

5-17 통계적 해석

이미 이 장에서 설명했듯이, 피로 해석에서는 정해석에 비교해서 고려해야 할 많은 계수들이 있다. 지금까지 이러한 계수들은 결정론적 방법으로 다루어져왔다. 만약 이러한 계수들이 명확하지 않고 변화가 심하다면 전체 결과의 신뢰성이 위협받게 된다. 신뢰성이 중요할 때에는 피로 시험을 확실히 수행해야 한다. 그 외에는 아무런 방법이 없다. 따라서 여기서나 이 책의 다른 부분에서 나타난 통계적 해석법은 설계자가 다양한 문제점을 정확히 이해하고 안전하고 신뢰성 있는 설계를 할 수 있는 지침을 제시하고 있다.

이번 절에서는 앞서 기술한 결정론적 방법의 특징과 수식에 대한 주요 통계적 제한성에 대해 순서대로 설명한다.

피로한도

피로한도를 평가하는 방법인 **인장강도 상관법**(*tensile strength correlation method*)을 소개하면서 이 절을 시작하도록 하자. $\boldsymbol{\phi} = \mathbf{S}'_e/\bar{S}_{ut}$의 비는 **피로비**(*fatigue ratio*)라 한다.[28] 피로한도를 보이는 철금속의 경우 대부분 피로한도는 피로비의 분자로 사용된다. 피로한도를 보이지 않는 재료의 경우, 파괴에 대한 특정한 사이클수에서 피로한도를 피로비의 분자로 사용한다. Gough는 몇몇의 금속에 대한 피로비 $\boldsymbol{\phi}$의 통계적 특성을 보고하였으며 이를 그림 5-37에 나타내었다.[29] 주의해야 할 첫 번째 사항은 공분산의 계수가 0.10~0.15이고 그 분포는 금속에 따라서 다양하다. 두 번째 주의해야 할 사항은 Gough의 데이터는 엔지니어에게 별로 관심이 없는 재료의 결과를 포함하고 있다는 것이다. 실험을 수행하지 않고도 평균 인장강도 $\bar{S}_{ut}$로부터 피로한도 $\mathbf{S}'_e$를 구하기 위해 엔지니어들은 $\boldsymbol{\phi}$가 나타내는 상관관계를 이용한다.

Gough의 데이터는 전체 금속에 대한 것으로 몇몇은 야금학적인 관심에 관한 것이고 또한 이 데이터는 일반적으로 기계부품에 사용하지 않는 재료들도 포함했다. Mischke는[30] 133개의 일반 강에 대한 다양한 지름의 시편을 이용한 회전 굽힘 실험을 결과를 분석하고,[31] 다음과 같은 결과를 제시하였다.

$$\boldsymbol{\phi} = 0.445d^{-0.107}\mathbf{LN}(1, 0.138)$$

여기서 d는 인치 단위로 표현되는 시편의 지름이며 $\mathbf{LN}(1,\ 0.138)$은 평균이 1이고 표준편차가 0.138인 단위 대수정규분포이다. 표준 Moore 시편에 대해서는 다음과 같이 나타낼 수 있다.

$$\boldsymbol{\phi}_{0.30} = 0.445(0.30)^{-0.107}\mathbf{LN}(1, 0.138) = 0.506\mathbf{LN}(1, 0.138)$$

또한, $S_{ut} > 212$ kpSi인 25개 탄소강과 저합금강에 대해서는 다음과 같이 표현할 수 있다.

$$\mathbf{S}'_e = 107\mathbf{LN}(1, 0.139)\ \text{kpsi}$$

회전빔 시편에 대해 정리하면 다음과 같다.

$$\mathbf{S}'_e = \begin{cases} 0.506\bar{S}_{ut}\mathbf{LN}(1, 0.138)\ \text{kpsi or MPa} & \bar{S}_{ut} \le 212\ \text{kpsi (1460 MPa)} \\ 107\mathbf{LN}(1, 0.139)\ \text{kpsi} & \bar{S}_{ut} > 212\ \text{kpsi} \\ 740\mathbf{LN}(1, 0.139)\ \text{MPa} & \bar{S}_{ut} > 1460\ \text{MPa} \end{cases} \qquad \text{(5-70)}$$

---

[28] 이 절에서부터 우리는 평균, 표준편차 등에 대한 통계적 분포를 다루고자 한다. 여기에서 주요 강도와 인장강도는 평균 인장강도 $\bar{S}_{ut}$로 나타낸다. 이는 최소 인장강도 S_{ut}에 대하여 이전에 정의된 일정한 조건이 다소 변경됨을 의미한다.

[29] In J. A. Pope, *Metal Fatigue*, Chapman and Hall, London, 1959.

[30] Charles R. Mischke, "Prediction of Stochastic Endurance Strength," *Trans. ASME*, *Journal of Vibration, Acoustics, Stress, and Reliability in Design*, vol. 109, no. 1, January 1987, pp. 113 – 122.

[31] Data from H. J. Grover, S. A. Gordon, and L. R. Jackson, *Fatigue of Metals and Structures*, Bureau of Naval Weapons, Document NAVWEPS 00-2500435, 1960.

그림 5-37
Gough의 피로비 ϕ_b에 대한 대수정규 확률 밀도

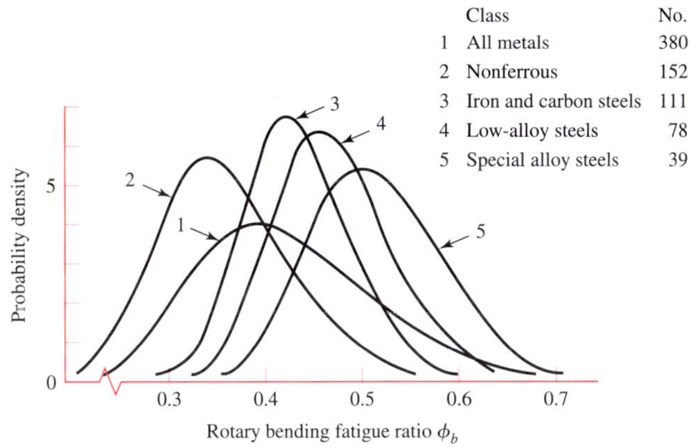

여기서 $\bar{S}_{ut}$는 **평균**극한인장강도다.

식 (5-70)은 엔지니어가 재료를 선정하기 전 정보를 나타낸다. 확률 정보에서의 임의의 선택은 설계자에게 좋지 않는 결과를 안겨줄 가능성이 있다. 선택한 재료에 대해 평균 인장강도를 구하는 실험이 제한된 경우 식 (5-70)은 유용하게 쓰일 수 있다. 회전빔 피로 시험을 할 수 있다면 피로한도에 대한 통계적인 정보를 모을 수 있고 위의 상관식은 필요 없다.

표 5-9는 몇몇 철금속에 대한 피로비 $\bar{\phi}_{0.30}$의 평균값을 대략적으로 비교한 것이다.

피로한도 수정계수

Marin식은 다음과 같이 나타낼 수 있다.

$$\mathbf{S}_e = \mathbf{k}_a k_b \mathbf{k}_c \mathbf{k}_d \mathbf{k}_f \mathbf{S}'_e \tag{5-71}$$

여기서 크기 계수 k_b는 5-9절에서 주어진 것처럼 결정론적이고 변하지 않는다. 통계적 해석을 수행하기 때문에 여기서 '신뢰성 계수' k_e는 불필요하다.

앞서 결정론적인 형태로 식 (5-20)에서 사용된 표면 계수 $\mathbf{k}_a$는 통계적 형태로 다음과 같이 나타낼 수 있다.

$$\mathbf{k}_a = a\bar{S}_{ut}^b \mathbf{LN}(1, C) \qquad (\bar{S}_{ut} \text{ in kpsi or MPa}) \tag{5-72}$$

여기서 표 5-10에 다양한 표면 조건에 대한 a, b, C의 값을 나타내었다.

표 5-9
몇몇 금속에 대한 평균 응력비의 근사값 비교

Material Class	$\bar{\phi}_{0.30}$
Wrought steels	0.50
Cast steels	0.40
Powdered steels	0.38
Gray cast iron	0.35
Malleable cast iron	0.40
Normalized nodular cast iron	0.33

표 5-10
Marin 하중 계수의 매개변수

Surface Finish	$k_a = aS_{ut}^b$ LN(1, C) a kpsi	MPa	b	Coefficient of Variation, C
Ground*	1.34	1.58	−0.086	0.120
Machined or Cold-rolled	2.67	4.45	−0.265	0.058
Hot-rolled	14.5	58.1	−0.719	0.110
As-forged	39.8	271	−0.995	0.145

*Due to the wide scatter in ground surface data, an alternate function is $\mathbf{k_a} = 0.878\mathbf{LN}(1, 0.120)$.

Note: S_{ut} in kpsi or MPa.

예제 5-16 평균극한인장강도가 520 MPa이고 표면이 기계 가공된 강(Steel)이 있다. $\mathbf{k}_a$를 구하라.

풀이 표 5-10으로부터

$$\mathbf{k}_a = 4.45(520)^{-0.265}\mathbf{LN}(1, 0.058)$$

$$\bar{k}_a = 4.45(520)^{-0.265}(1) = 0.848$$

$$\hat{\sigma}_{ka} = C\bar{k}_a = (0.058)4.45(520)^{-0.265} = 0.049$$

답 $\mathbf{k}_a = \mathbf{LN}(0.848, 0.049)$.

축 하중과 비틀림 하중에 대한 하중 계수 $\mathbf{k}_c$는 다음과 같이 주어진다.

$$(\mathbf{k}_c)_{\text{axial}} = 1.23\bar{S}_{ut}^{-0.0778}\mathbf{LN}(1, 0.125) \tag{5-73}$$

$$(\mathbf{k}_c)_{\text{torsion}} = 0.328\bar{S}_{ut}^{0.125}\mathbf{LN}(1, 0.125) \tag{5-74}$$

여기서 $\bar{S}_{ut}$는 kpsi단위로 나타낸다. 축방향 피로에 대해 연구하기 위한 데이터는 거의 없다. 식 (5-73)은 Landgraf, Grover, Gordon, Jackson의 데이터로부터 얻어진 것이다.

비틀림 데이터는 부족하다. 식 (5-74)는 Grover 등의 결과로부터 얻어진 것이다. 축과 비틀림 하중 계수에서 강도에 대한 민감도가 떨어지므로 이 경우 $\mathbf{k}_c$는 일정하지 않다. 평균값은 표 5-11의 마지막 열과 표 5-12 및 5-13의 각주로 제시되었다. 표 5-14는 하중 계수 $\mathbf{k}_c$에 대한 재료의 영향을 나타낸 것이며, 변형 에너지설이 적용되는 재료에서는 $(k_c)_{\text{torsion}} = 0.577$로 예측된다. 굽힘의 경우 $\mathbf{k}_c = \mathbf{LN}(1,0)$이다.

표 5-11
Marin 하중 계수의 매개변수

Mode of Loading	$k_c = \alpha\bar{S}_{ut}^{\beta}$ LN(1, C) α kpsi	MPa	β	C	Average k_c
Bending	1	1	0	0	1
Axial	1.23	1.43	−0.0778	0.125	0.85
Torsion	0.328	0.258	0.125	0.125	0.59

표 5-12
축 하중에 대한 평균 Marin 하중 계수

$\bar{S}_{ut}$, MPa	k_c^*
350	0.907
700	0.860
1050	0.832
1400	0.814

*Average entry 0.85.

표 5-13
비틀림 하중에 대한 평균 Marin 하중 계수

$\bar{S}_{ut}$, MPa	k_c^*
350	0.535
700	0.583
1050	0.614
1400	0.636

*Average entry 0.59.

표 5-14
여러 가지 재료에 대한 평균 Marin 비틀림 하중 계수 k_c

Material	Range	n	$\bar{k}_c$	$\hat{\sigma}_{kc}$
Wrought steels	0.52–0.69	31	0.60	0.03
Wrought Al	0.43–0.74	13	0.55	0.09
Wrought Cu and alloy	0.41–0.67	7	0.56	0.10
Wrought Mg and alloy	0.49–0.60	2	0.54	0.08
Titanium	0.37–0.57	3	0.48	0.12
Cast iron	0.79–1.01	9	0.90	0.07
Cast Al, Mg, and alloy	0.71–0.91	5	0.85	0.09

출처: The table is an extension of P. G. Forrest, *Fatigue of Metals*, Pergamon Press, London, 1962, Table 17, p. 110, with standard deviations estimated from range and sample size using Table A–1 in J. B. Kennedy and A. M. Neville, *Basic Statistical Methods for Engineers and Scientists*, 3rd ed., Harper & Row, New York, 1986, pp. 54–55.

예제 5-17

지름이 25 mm이고 다음과 같은 조건에서 사용되는 바에 대하여 Marin 하중 계수를 결정하라.

(*a*) 굽힘의 경우, $\mathbf{S}_{ut}$ = 690 **LN**(1,0.035) MPa인 강을 만들었다. $\mathbf{S}'_e$을 예상하기 위하여 $\mathbf{S}'_e = \boldsymbol{\phi}_{0.30}\bar{S}_{ut}$의 상관관계를 사용했다.

(*b*) 굽힘의 경우, $\mathbf{S}'_e$ = 379 **LN**(1, 0.081) MPa 관계가 있다

(*c*) 축방향의 반복 하중을 받는 경우, $\mathbf{S}_{ut}$ = **LN**(594,27) MPa이고 설계자가 $\mathbf{S}'_e = \boldsymbol{\phi}_{0.30}\bar{S}_{ut}$의 상관관계를 이용한다.

(*d*) 비틀림 피로의 경우, 재료는 주철을 사용하였으며 $\mathbf{S}'_e$는 실험에 의해 알려져 있다.

풀이 (*a*) 바가 굽힘을 받고 있으므로

답 $$\mathbf{k}_c = (1, 0)$$

(*b*) 실험이 굽힘 하에서 수행되므로 굽힘의 경우를 사용하면

답
$$\mathbf{k}_c = (1, 0)$$

(*c*) 식 (5-73)으로부터

답
$$(\mathbf{k}_c)_{ax} = 1.43(594)^{-0.0778}\mathbf{LN}(1, 0.125)$$
$$\bar{k}_c = 1.43(594)^{-0.0778}(1) = 0.870$$
$$\hat{\sigma}_{kc} = C\bar{k}_c = 0.125(0.870) = 0.109$$

(*d*) 표 5-15로부터, $\bar{k}_c = 0.90$, $\hat{\sigma}_{kc} = 0.07$ 그리고

답
$$C_{kc} = \frac{0.07}{0.90} = 0.08$$

온도 계수 $\mathbf{k}_d$는 다음과 같다.

$$\mathbf{k}_d = \bar{k}_d\mathbf{LN}(1, 0.11) \tag{5-75}$$

여기서 식 (5-27)에 주어진 바와 같이 $\bar{k}_d = k_d$이다.

마지막으로 $\mathbf{k}_f$는 5-9절에 언급한 바와 같이 많은 영향을 고려한 기타 효과 계수이다. 여기서는 실험에서 발생 가능한 통계적 분포가 고려될 것이다.

응력 집중과 노치 민감도

노치 민감도 q의 통계적 등가식은 다음과 같다.

$$\mathbf{q} = \frac{\mathbf{K}_f - 1}{K_t - 1} \tag{5-76}$$

여기서 K_t는 이론적(또는 형상학적) 응력집중계수이며, 결정론적 양이다. 표 20-6의 3, 4번째 행에 대한 연구는 어떤 스칼라 값을 변량 $\mathbf{x}$에 더하거나 빼면 평균값만 영향을 받음을 나타낸다. 그리고, 어떤 상수를 곱하거나 나누면 평균과 표준편차 모두에 영향을 미친다. 이를 고려하면 피로응력집중계수 $\mathbf{K}_f$의 통계적 변수를 노치 민감도 $\mathbf{q}$의 통계적 변수와 연결시킬 수 있으며, 다음과 같이 표현된다.

$$\mathbf{q} = \mathbf{LN}\left(\frac{\bar{K}_f - 1}{K_t - 1}, \frac{C\bar{K}_f}{K_t - 1}\right)$$

표 5-15
Heywood의 변수 $\sqrt{a}$와 강에 대한 공분산 C_{Kf}

Notch Type	$\sqrt{a}(\sqrt{\text{in}})$, S_{ut} in kpsi	$\sqrt{a}(\sqrt{\text{mm}})$, S_{ut} in MPa	Coefficient of Variation C_{Kf}
Transverse hole	$5/S_{ut}$	$174/S_{ut}$	0.10
Shoulder	$4/S_{ut}$	$139/S_{ut}$	0.11
Groove	$3/S_{ut}$	$104/S_{ut}$	0.15

$C = C_{Kf}$ 이며,

$$\bar{q} = \frac{\bar{K}_f - 1}{K_t - 1}$$

$$\hat{\sigma}_q = \frac{C\bar{K}_f}{K_t - 1} \qquad (5\text{-}77)$$

$$C_q = \frac{C\bar{K}_f}{\bar{K}_f - 1}$$

피로응력집중계수 $\mathbf{K}_f$는 미국보다는 영국에서 먼저 연구를 시작하였다. 피로응력집중계수 $\bar{K}_f$는 Neuber equation (after Heywood[32])를 고려하여 다음과 같이 표현된다.

$$\bar{K}_f = \frac{K_t}{1 + \dfrac{2(K_t - 1)}{K_t}\dfrac{\sqrt{a}}{\sqrt{r}}} \qquad (5\text{-}78)$$

여기서 표 5-15는 가로축 구멍, 쇼울더 그리고 측면홈(grooves)에 대한 $\sqrt{a}$와 C_{Kf}값들을 나타낸 것이다. $\mathbf{K}_f$가 서술될 때, $\mathbf{q}$를 식 (5-77)로부터 정량화할 수 있다.

수정된 Neuber식에서 응력집중계수를 다음과 같이 구할 수 있다

$$\mathbf{K}_f = \bar{K}_f \mathbf{LN}\left(1, C_{K_f}\right) \qquad (5\text{-}79)$$

예제 5-18 예제 5-6에서 주어진 축에 대하여 $\mathbf{K}_f$ 와 $\mathbf{q}$를 구하여라.

풀이 예제 5-6으로부터 축은 $S_{ut} = 690$ MPa이며 3 mm의 필렛이 있는 쇼울더에 대한 이론적인 응력–집중계수 $K_t \doteq 1.65$로 구해진다. 표 5-15로부터

$$\sqrt{a} = \frac{139}{S_{ut}} = \frac{139}{690} = 0.2014\sqrt{\text{mm}}$$

식 (5-78)로부터

$$K_f = \frac{K_t}{1 + \dfrac{2(K_t - 1)}{K_t}\dfrac{\sqrt{a}}{\sqrt{r}}} = \frac{1.65}{1 + \dfrac{2(1.65 - 1)}{1.65}\dfrac{0.2014}{\sqrt{3}}} = 1.51$$

이는 예제 5.6보다 2.5% 낮은 값을 나타낸다.

표 5-15로부터, $C_{Kf} = 0.11$이다. 따라서 식 (5-79)로부터

답 $$\mathbf{K}_f = 1.51\ \mathbf{LN}(1, 0.11)$$

식 (5-77)과 $K_t = 1.65$를 이용하면

[32] R. B. Heywood, *Designing Against Fatigue*, Chapman & Hall, London, 1962.

$$\bar{q} = \frac{1.51 - 1}{1.65 - 1} = 0.785$$

$$C_q = \frac{C_{K_f}\bar{K}_f}{\bar{K}_f - 1} = \frac{0.11(1.51)}{1.51 - 1} = 0.326$$

$$\hat{\sigma}_q = C_q\bar{q} = 0.326(0.785) = 0.256$$

따라서,

답 $$\mathbf{q} = \mathbf{LN}(0.785, 0.256)$$

예제 5-19 그림 5-38의 바는 냉간 압연 판재로 가공되었으며 이 바의 최대 인장강도는 $\mathbf{S}_{ut} = \mathbf{LN}(604{,}39.6)$ MPa이다. 완전 반복 축 하중이 작용된다. 하중의 진폭은 $\mathbf{F}_a = \mathbf{LN}(4450{,}534)$ N이다.

(*a*) 신뢰도를 평가하라.

(*b*) 회전 굽힘 피로한도 실험(rotating bending endurance test)에서 $\mathbf{S}'_e = \mathbf{LN}(276{,}13.8)$일 때 신뢰도를 재평가하라.

풀이 (*a*) 식 (5-70)으로부터, $\mathbf{S}'_e = 0.506\bar{S}_{ut}\mathbf{LN}(1, 0.138) = 0.506(604)\mathbf{LN}(1, 0.138)$
$= 305.6\mathbf{LN}(1, 0.138)$ MPa

식 (5-72)와 표 5-10으로부터

$$\mathbf{k}_a = 4.45\bar{S}_{ut}^{-0.265}\mathbf{LN}(1, 0.058) = 4.45(604)^{-0.265}\mathbf{LN}(1, 0.058)$$
$$= 0.816\mathbf{LN}(1, 0.058)$$
$$k_b = 1 \qquad \text{(축방향 하중)}$$

식 (5-73)으로부터

$$\mathbf{k}_c = 1.43\bar{S}_{ut}^{-0.0778}\mathbf{LN}(1, 0.125) = 1.43(604)^{-0.0778}\mathbf{LN}(1, 0.125)$$
$$= 0.869\mathbf{LN}(1, 0.125)$$
$$\mathbf{k}_d = \mathbf{k}_f = (1, 0)$$

식 (5-71)로부터 피로강도는

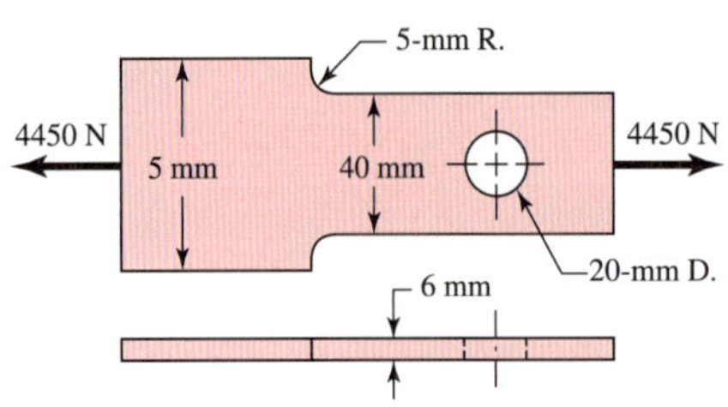

| 그림 5-38

$$\mathbf{S}_e = \mathbf{k}_a k_b \mathbf{k}_c \mathbf{k}_d \mathbf{k}_f \mathbf{S}'_e$$

$$\mathbf{S}_e = 0.816\mathbf{LN}(1, 0.058)(1)0.869\mathbf{LN}(1, 0.125)(1)(1)305.6\mathbf{LN}(1, 0.138)$$

$\mathbf{S}_e$는

$$\bar{S}_e = 0.816(0.869)305.6 = 216.7 \text{ MPa}$$

$$C_{Se} = (0.058^2 + 0.125^2 + 0.138^2)^{1/2} = 0.195$$

따라서 $\mathbf{S}_e = 216.7\mathbf{LN}(1, 0.195)$ MPa이다.

응력을 계산함에 있어 지배적인 부위는 구멍 주위이다. 표 A-15-1을 사용하면 $d/w = 0.50$이다 따라서 $K_t \doteq 2.18$이다. 표 5-15로부터 $\sqrt{a} = 174/S_{ut} = 174/604 = 0.288$ 그리고 $C_{kf} = 0.10$을 구할 수 있다. 식 (5-78), (5-79)로부터 $r = 10$ mm이므로

$$\mathbf{K}_f = \frac{K_t}{1 + \dfrac{2(K_t - 1)}{K_t}\dfrac{\sqrt{a}}{\sqrt{r}}}\mathbf{LN}\left(1, C_{K_f}\right) = \frac{2.18}{1 + \dfrac{2(2.18 - 1)}{2.18}\dfrac{0.280}{\sqrt{10}}}\mathbf{LN}(1, 0.10)$$

$$= 1.98\mathbf{LN}(1, 0.10)$$

구멍 주위의 응력은

$$\boldsymbol{\sigma} = \mathbf{K}_f \frac{\mathbf{F}}{A} = 1.98\mathbf{LN}(1, 0.10)\frac{4450\mathbf{LN}(1, 0.12)}{0.006(0.02)}$$

$$\bar{\sigma} = 1.98\frac{4450}{0.006(0.02)} = 73.4 \text{ MPa}$$

$$C_\sigma = (0.10^2 + 0.12^2)^{1/2} = 0.156$$

따라서 응력은 $\boldsymbol{\sigma} = 73.4\mathbf{LN}(1, 0.156)$ MPa로 나타낼 수 있다.[33]

피로한도는 작용되는 응력보다 상당히 커야 한다. 이는 유한 수명이 문제가 되지 않음을 말한다. 대수정규분포를 고려하여 식 (4-43)을 이용하면 다음과 같다.

$$z = -\frac{\ln\left(\dfrac{\bar{S}_e}{\bar{\sigma}}\sqrt{\dfrac{1 + C_\sigma^2}{1 + C_{S_e}^2}}\right)}{\sqrt{\ln\left[\left(1 + C_{S_e}^2\right)\left(1 + C_\sigma^2\right)\right]}} = -\frac{\ln\left(\dfrac{216.7}{73.4}\sqrt{\dfrac{1 + 0.156^2}{1 + 0.195^2}}\right)}{\sqrt{\ln[(1 + 0.195^2)(1 + 0.156^2)]}} = -4.37$$

표 A-10으로부터 파손확률 $p_f = \Phi(-4.37) = .000\,006\,35$이며 신뢰도는

답

$$R = 1 - 0.000\,006\,35 = 0.999\,993\,65$$

(*b*) 회전 피로 시험은 $S'_e = 275.8\mathbf{LN}(1, 0.05)$ MPa로 나타내고 이 평균응력은 (*a*)에서 예상되던 응력보다 더 낮다. 평균 피로강도 $\bar{S}_e$는

$$\bar{S}_e = 0.816(0.869)275.8 = 195.6 \text{ MPa}$$

$$C_{Se} = (0.058^2 + 0.125^2 + 0.05^2)^{1/2} = 0.147$$

따라서 피로강도는 $\mathbf{S}_e = 195.6\mathbf{LN}(1, 0.147)$ MPa로 나타낼 수 있다. 식 (4-43)으로부터

33 여기에 단순화 방법을 나타내었다. 이 부분은 결정론적인 값이 아니다. 또한 통계적 분산을 갖는다. 그러나 여기서 아무런 정보도 제공하지 않기 때문에 결정론적 방법으로 간주된다.

$$z = -\frac{\ln\left(\dfrac{195.6}{73.4}\sqrt{\dfrac{1+0.156^2}{1+0.147^2}}\right)}{\sqrt{\ln[(1+0.147^2)(1+0.156^2)]}} = -4.65$$

표 A-10을 사용하면 파손확률은 $p_f = \Phi(-4.65) = 0.000\ 001\ 71$이 되고

$$R = 1 - 0.000\ 001\ 71 = 0.999\ 998\ 29$$

즉, 증가되었다. 파손확률의 감소는 $(0.000\ 001\ 71 - 0.000\ 006\ 35)/0.000\ 006\ 35 = -0.73$이 된다. 즉, 73% 감소된다. 현재의 설계를 검토해보면 (*a*)에서는 안전계수가 $\bar{n} = \bar{S}/\bar{\sigma} = 216.7/73.4 = 2.95$이며 (*b*)에서는 $\bar{n} = 195.6/73.4 = 2.66$으로 감소되었다. 이 예로부터 설계변수의 역할을 알 수 있을 것이다. $\bar{S}$, C_S, $\bar{\sigma}$, $C\sigma$그리고 z를 통한 신뢰도의 지식들이 주어짐으로써 평균적인 안전계수를 이용하여 $\bar{S}$와 $\bar{\sigma}$를 구분할 것이다. 그 결과, 목표하는 신뢰도를 얻을 것이다. 단지 $\bar{n}$을 안다는 것은 파손확률에 대해 아무것도 모른다는 것을 의미한다. $\bar{n} = 2.95$과 $\bar{n} = 2.66$을 살펴본다 할지라도 파손확률에 대해서는 아무것도 모른다. 이 실험은 $\bar{S}_e$를 줄였던 것이 아니라 신뢰성을 증가시키려고 분산 C_S를 줄였던 것이다.

$\bar{S}_e/\bar{\sigma}$로 정의되는 평균 설계변수 또는 평균적인 안전계수는 재료의 파손 빈도 문제에는 암묵적이다. 이 말의 의미는 안전계수의 크기 자체로는 파손확률에 대하여 어떠한 정보도 제공하지 않는다는 것이다. 그럼에도 불구하고 몇몇 엔지니어들이 그 안전계수를 중요시 여긴다면 그들은 틀린 결론을 내릴 수도 있다.

예제 5-19를 통해 나타난 것은 설계계수 또는 안전계수의 의미에 관한 것이다. 우리는 (*b*)에 관련된 회전 시험이 부품에 관한 어떤 것도 변화시키지 않았지만 단지 그 부품에 관한 우리의 지식을 바꾸게 하였다. 평균 피로한도는 항상 280 MPa이었고, 우리의 타당성 평가는 알려진 것과 함께 수행되어야 했었다.

변동응력

데이터 중에 결정론적 파손 궤적은 회귀 모델에 가장 적합하다. 이 가운데 하나가 연성재료에 관한 Gerber와 ASME-elliptic이며, 또한, 취성재료에 관한 Smith-Dolan 모델이 있다. 이 모델은 평균값을 사용한다. 결정론적 파손 궤적이 피로강도와 극한 인장(또는 항복) 강도에 의해 결정되는 것처럼 통계적 파괴 선도 역시 $\mathbf{S}_e$와 $\mathbf{S}_{ut}$ 또는 $\mathbf{S}_y$에 의해 나타난다. 그림 5-33는 포물선형의 Gerber 평균 궤적을 보여준다. 또한, 평균으로부터 존재하는 하나의 표준편차를 표현하는 윤곽을 정할 필요가 있다. 통계적 궤적은 반지름방향 하중 선도와 함께 가장 많이 사용되기 때문에 표 5-7의 식을 이용할 것이다. 평균 강도는 다음과 같이 표현된다.

$$\bar{S}_a = \frac{r^2\bar{S}_{ut}^2}{2\bar{S}_e}\left[-1+\sqrt{1+\left(\frac{2\bar{S}_e}{r\bar{S}_{ut}}\right)^2}\,\right] \tag{5-80}$$

$\mathbf{S}_e$와 $\mathbf{S}_{ut}$는 양의 상관관계이기 때문에, $C_{Se}\bar{S}_e$에 대한 $\bar{S}_e$의 증분, $C_{Sut}\bar{S}_{ut}$에 대한 $\bar{S}_{ut}$의 증분, $C_{Sa}\bar{S}_a$에 대한 $\bar{S}_a$의 증분을 식 (5-80)에 대입하고 C_{Sa}에 관해 풀면 다음을 얻는다.

$$C_{Sa} = \frac{(1+C_{Sut})^2}{1+C_{Se}} \frac{\left\{-1+\sqrt{1+\left[\dfrac{2\bar{S}_e(1+C_{Se})}{r\bar{S}_{ut}(1+C_{Sut})}\right]^2}\right\}}{\left[-1+\sqrt{1+\left(\dfrac{2\bar{S}_e}{r\bar{S}_{ut}}\right)^2}\right]} - 1 \tag{5-81}$$

하중 선도 기울기 r에 종속된 C_{Se}와 C_{Sut} 사이에 놓여지는 C_{Sa}에 대해서 보간법을 통해 식 (5-81)을 확인할 수 있다. $\mathbf{S}_a = \bar{S}_a\mathbf{LN}(1, C_{Sa})$임을 주지하라.

유사하게, 표 5-8의 ASME-elliptic 조건은 다음과 같은 평균값의 항으로 표현된다.

$$\bar{S}_a = \frac{r\bar{S}_y\bar{S}_e}{\sqrt{r^2\bar{S}_y^2+\bar{S}_e^2}} \tag{5-82}$$

똑같이, $C_{Se}\bar{S}_e$에 대한 $\bar{S}_e$의 증분, $C_{Sy}\bar{S}_y$에 대한 $\bar{S}_y$의 증분, $C_{Sa}\bar{S}_a$에 대한 $\bar{S}_a$의 증분을 식 (5-82)에 대입하고, C_{Sa} 관해 풀면

$$C_{Sa} = (1+C_{Sy})(1+C_{Se})\sqrt{\frac{r^2\bar{S}_y^2+\bar{S}_e^2}{r^2\bar{S}_y^2(1+C_{Sy})^2+\bar{S}_e^2(1+C_{Se})^2}} - 1 \tag{5-83}$$

많은 취성재료는 Smith-Dolan 파손 기준을 따르고, 결론적으로 다음과 같이 표현된다.

$$\frac{n\sigma_a}{S_e} = \frac{1-n\sigma_m/S_{ut}}{1+n\sigma_m/S_{ut}} \tag{5-84}$$

평균값의 항으로 표현하면,

$$\frac{\bar{S}_a}{\bar{S}_e} = \frac{1-\bar{S}_m/\bar{S}_{ut}}{1+\bar{S}_m/\bar{S}_{ut}} \tag{5-85}$$

반지름방향 하중 선도 기울기 r에 대해, $\bar{S}_m$에 $\bar{S}_a/r$을 대입하고 $\bar{S}_a$에 관해서 풀면 다음과 같이 표현된다.

$$\bar{S}_a = \frac{r\bar{S}_{ut}+\bar{S}_e}{2}\left[-1+\sqrt{1+\frac{4r\bar{S}_{ut}\bar{S}_e}{(r\bar{S}_{ut}+\bar{S}_e)^2}}\right] \tag{5-86}$$

그리고 C_{Sa}에 관해 표현하면 다음과 같다.

$$C_{Sa} = \frac{r\bar{S}_{ut}(1+C_{Sut})+\bar{S}_e(1+C_{Se})}{2\bar{S}_a} \cdot\left\{-1+\sqrt{1+\frac{4r\bar{S}_{ut}\bar{S}_e(1+C_{Se})(1+C_{Sut})}{[r\bar{S}_{ut}(1+C_{Sut})+\bar{S}_e(1+C_{Se})]^2}}\right\} - 1 \tag{5-87}$$

예제 5-20 회전하는 축에 일정 토크 $\mathbf{T} = 154\mathbf{LN}(1, 0.05)$ N · m가 작용하고 있으며, 지름이 28 mm로 작은 쇼울더의 피로응력집중계수 $\mathbf{K}_f = 1.50\mathbf{LN}(1, 0.11)$, $\mathbf{K}_{fs} = 1.28\mathbf{LN}(1, 0.11)$이다. 그리고 그 지점에 $\mathbf{M} = 142\mathbf{LN}(1, 0.05)$ N · m의 굽힘모멘트가 작용하고 있다. 가공된 축의 재료는 열간 압연 1035로 규격화되어 있다. 그리고, 이 재료의 $\mathbf{S}_{ut} = 594\mathbf{LN}(1,0.045)$ MPa 그리고 $\mathbf{S}_y = 386\mathbf{LN}(1,0.077)$ MPa이다. 확률적인 Gerber 파괴영역을 이용하여 신뢰도를 결정하라.

풀이 식 (5-70)~(5-72)와 식 (5-20)을 이용하여 피로강도를 계산한다.

$$\mathbf{S}'_e = 0.506(594)\mathbf{LN}(1, 0.138) = 300.6\mathbf{LN}(1, 0.138)\ \text{MPa}$$

$$\mathbf{k}_a = 4.45(594)^{-0.265}\mathbf{LN}(1, 0.058) = 0.820\mathbf{LN}(1, 0.058)$$

$$k_b = (28/7.62)^{-0.107} = 0.870$$

$$\mathbf{k}_c = \mathbf{k}_d = \mathbf{k}_f = \mathbf{LN}(1, 0)$$

$$\mathbf{S}_e = 0.820\mathbf{LN}(1, 0.058)0.870(300.6)\mathbf{LN}(1, 0.138)$$

$$\bar{S}_e = 0.820(0.870)300.6 = 214.4\ \text{MPa}$$

$$C_{Se} = (0.058^2 + 0.138^2)^{1/2} = 0.150$$

그리고 $\mathbf{S}_e = 214.4\mathbf{LN}(1,0.150)$ MPa이다.

응력(MPa):

$$\sigma_a = \frac{32\mathbf{K}_f\mathbf{M}_a}{\pi d^3} = \frac{32(1.50)\mathbf{LN}(1, 0.11)142\mathbf{LN}(1, 0.05)}{\pi(0.028)^3}$$

$$\bar{\sigma}_a = \frac{32(1.50)142}{\pi(0.028)^3} = 98.8\ \text{MPa}$$

$$C_{\sigma a} = (0.11^2 + 0.05^2)^{1/2} = 0.121$$

$$\boldsymbol{\tau}_m = \frac{16\mathbf{K}_{fs}\mathbf{T}_m}{\pi d^3} = \frac{16(1.28)\mathbf{LN}(1, 0.11)154\mathbf{LN}(1, 0.05)}{\pi(0.028)^3}$$

$$\bar{\tau}_m = \frac{16(1.28)154}{\pi(0.028)^3} = 45.7\ \text{MPa}$$

$$C_{\tau m} = (0.11^2 + 0.05^2)^{1/2} = 0.121$$

$$\bar{\sigma}'_a = \left(\bar{\sigma}_a^2 + 3\bar{\tau}_a^2\right)^{1/2} = [98.8^2 + 3(0)^2]^{1/2} = 98.8\ \text{MPa}$$

$$\bar{\sigma}'_m = \left(\bar{\sigma}_m^2 + 3\bar{\tau}_m^2\right)^{1/2} = [0 + 3(45.7)^2]^{1/2} = 79.2\ \text{MPa}$$

$$r = \frac{\bar{\sigma}'_a}{\bar{\sigma}'_m} = \frac{98.8}{79.2} = 1.25$$

강도: 식 (5-80)과 (5-81)에서

$$\bar{S}_a = \frac{1.25^2 594^2}{2(214.4)}\left\{-1 + \sqrt{1 + \left[\frac{2(214.4)}{1.25(594)}\right]^2}\right\} = 159.2\ \text{MPa}$$

$$C_{Sa} = \frac{(1+0.045)^2}{1+0.150} \frac{-1+\sqrt{1+\left[\dfrac{2(214.4)(1+0.15)}{1.25(594)(1+0.045)}\right]^2}}{-1+\sqrt{1+\left[\dfrac{2(214.4)}{1.25(594)}\right]^2}} - 1 = 0.134$$

신뢰도: $\mathbf{S}_a = 159.2\mathbf{LN}(1, 0.134)$ MPa 그리고 $\boldsymbol{\sigma}'_a = 98.8\mathbf{LN}(1,0.121)$ MPa이기 때문에 식 (4-43)으로부터

$$z = -\frac{\ln\left(\dfrac{\bar{S}_a}{\bar{\sigma}_a}\sqrt{\dfrac{1+C^2_{\sigma_a}}{1+C^2_{S_a}}}\right)}{\sqrt{\ln\left[\left(1+C^2_{S_a}\right)\left(1+C^2_{\sigma_a}\right)\right]}} = -\frac{\ln\left(\dfrac{159.2}{98.8}\sqrt{\dfrac{1+0.121^2}{1+0.134^2}}\right)}{\sqrt{\ln[(1+0.134^2)(1+0.121^2)]}} = -3.83$$

표 A-10에서부터 파괴 확률은 $p_f = 0.000\,065$이고 피로에 대한 신뢰도는

답 $$R = 1 - p_f = 1 - 0.000\,065 = 0.999\,935$$

$\boldsymbol{\sigma}'_{\max}$에 $\mathbf{S}_y$의 간섭으로 첫 번째 주기에서 항복을 일으키는 경우가 있다. $\boldsymbol{\sigma}'_{\max}$의 크기는 $\boldsymbol{\sigma}'_a + \boldsymbol{\sigma}'_m$으로 표현할 수 있다. $\boldsymbol{\sigma}'_{\max}$의 평균 크기는 $\bar{\sigma}'_a + \bar{\sigma}'_m = 98.8 + 79.2 = 178$ MPa, 합의 공분산은 0.121이며 두 공분산이 모두 0.121이면 $C_{\sigma\,\max} = 0.121$이다. $\mathbf{S}_y = 386\mathbf{LN}(1,0.077)$ MPa와 $\boldsymbol{\sigma}'_{\max} = 26.04\mathbf{LN}(1,0.121)$ MPa로 조정하면, 대응하는 변수 z는

$$z = -\frac{\ln\left(\dfrac{386}{178}\sqrt{\dfrac{1+0.121^2}{1+0.077^2}}\right)}{\sqrt{\ln[(1+0.077^2)(1+0.121^2)]}} = -5.39$$

이며, 표 A-10으로부터 필렛 부분이 첫번째 주기에서 파손을 일으킬 확률이 0.0^7358 $[3.58(10^{-8})]$임을 나타낸다.

피로파손의 확률이 항복파괴 확률을 넘어서면 결정론적인 방법으로는 때때로 알 수가 없고 실제로 항복파괴의 원인으로 구할 수 없는 것에 의해 파괴가 일어난다. $\boldsymbol{\sigma}'_a\mathbf{S}_a$의 중복, $\boldsymbol{\sigma}'_{\max}\mathbf{S}_y$의 중복과 z의 표현들을 살펴보자. 이것들은 상대적 확률을 제어한다. 결정론적인 해석으로는 상대확률을 놓치기 쉽고 잘못된 결과를 불러올 수도 있다. 파손확률을 정량화 하기 위하여 상호 배타적이 아닌 독립적인 사건에 대하여 통계학 교재를 확인하자:

$$\begin{aligned} p_f &= p(\text{yield}) + p(\text{fatigue}) - p(\text{yield and fatigue}) \\ &= p(\text{yield}) + p(\text{fatigue}) - p(\text{yield})\,p(\text{fatigue}) \\ &= 0.358(10^{-7}) + 0.65(10^{-4}) - 0.358(10^{-7})0.65(10^{-4}) = 0.650(10^{-4}) \end{aligned}$$

$$R = 1 - 0.650(10^{-4}) = 0.999\,935$$

둘 중의 하나 또는 모두는 파손에 대한 것이다.

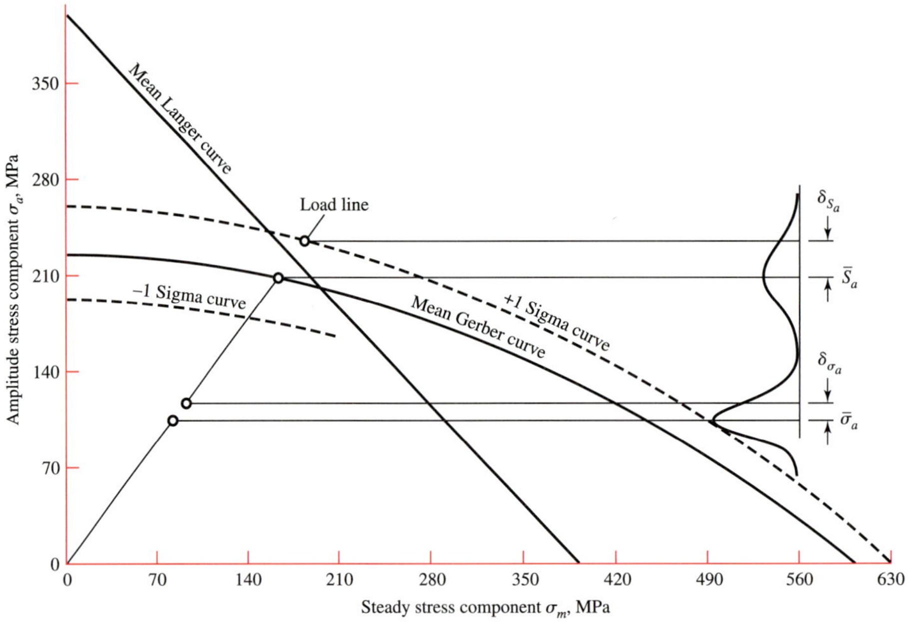

그림 5-39
예제 5-20을 위한 설계자의 피로 선도

예제 5-20의 결과를 나타낸 그림 5-39을 검토하자. $\mathbf{S}_e$에 관한 문제 분포는 $\mathbf{S}'_e$를 갖는 역사적 실험에 의해 구성되었고, 불확실 현상은 Marin 조건이 요구하는 특성에 기인한다. Gerber식의 “파괴 영역”이 이를 나타낸다. 하중 유도 응력의 간섭은 파괴의 위험을 갖고 있다. 추가적인 정보(Marin 특성의 유무에 관계없이 Moore 실험)가 있으면, 통계적 Gerber식의 정보로 이용될 수 있다. 일반적으로, 추가 시험 정보를 조정함으로써 파손 영역의 이동과 축소를 수행할 수 있다. 이렇듯, 통계적 파괴 모델은 결정론적 모델과 보수적인 태도가 의도하는 것을 좀 더 정밀하게 수행한다. 이에 덧붙여, 결정론적 접근으로 설명할 수 없는 것을 확률론적 모델을 통해 파손확률을 측정할 수 있다.

피로에서의 설계계수

구속 조건 하에 있는 부품의 형상을 제작하는 방법을 계획할 경우, 설계자는 설계 과제에 강한 영향을 고려하지 않고 우선적인 결정을 내릴 수 있다. 이러한 것이 신뢰도와 어떻게 관계되는 지를 알아볼 차례다.

설계계수의 평균 값은 식 (4-45)에 의해 주어진다.

$$\bar{n} = \exp\left[-z\sqrt{\ln\left(1 + C_n^2\right)} + \ln\sqrt{1 + C_n^2}\right] \doteq \exp[C_n(-z + C_n/2)] \tag{5-88}$$

여기서, 계수 $\mathbf{n} = \mathbf{S}/\boldsymbol{\sigma}$에 관한 표를 이용하여 다음과 같이 구할 수 있다.

$$C_n = \sqrt{\frac{C_S^2 + C_\sigma^2}{1 + C_\sigma^2}}$$

여기서 C_S는 주요 강도의 공분산이고 C_σ는 취약부위에서의 주요 응력의 공분산이다. $\bar{n}$은 강도, 응력의 공분산과 신뢰성의 함수이다. 평균과 확률 측정값이 존재하지 않는다. 피로상황에서 C_S의 특성은 완전교번하중 하에서의 C_{Se} 또는 C_{Sa}일 것이다. 또한 경험적으로 $C_{Se} > C_{Sa} > C_{Sut}$ 임을 알 수 있다. 그래서 C_{Se}는 C_{Sa}의 보수적인 예측값으로 사용될 수 있다. 만약 하중이 굽힘 또는 축 하중이라면 $\boldsymbol{\sigma}'_a$의 형태는 각각 다음과 같이 표현할 수 있다.

$$\boldsymbol{\sigma}'_a = \mathbf{K}_f \frac{\mathbf{M}_a c}{I} \qquad \text{or} \qquad \boldsymbol{\sigma}'_a = \mathbf{K}_f \frac{\mathbf{F}}{A}$$

이는 $\boldsymbol{\sigma}'_a$의 공분산 즉, $C_{\sigma'_a}$를 만들고 이 공분산은 다음과 같이 확률 함수의 형태로 표현될 수 있다.

$$C_{\sigma'_a} = \left(C_{Kf}^2 + C_F^2\right)^{1/2}$$

$\mathbf{S}_e$의 공분산 즉, C_{Se}도 다음과 같이 확률의 함수로 표현된다.

$$C_{Se} = \left(C_{ka}^2 + C_{kc}^2 + C_{kd}^2 + C_{kf}^2 + C_{Se'}^2\right)^{1/2}$$

예는 매우 유용하다.

예제 5-21 냉간 인발 강판으로 만들어진 띠(strap)에 그림 5-40에 나타낸 바와 같은 완전 반복 축 하중 $\mathbf{F} = \mathbf{LN}(4450{,}534)$ N이 작용된다. 인접한 요소들을 고려함으로써 두께 t를 제외하고 그림에서처럼 형상을 생성했다. 0.999 95의 신뢰도를 만족할 때 설계계수(design factor)를 결정하라. 그런 후 제조품의 두께 t를 결정하라.

풀이 각각 사전 결정을 하고 결과를 주지하자.

A Priori Decision	Consequence
Use 1018 CD steel	$\bar{S}_{ut} = \pm'' \div$ MΠα, $C_{Sut} = 0.0655$
Function:	
Carry axial load	$C_F = 0.12,\ C_{kc} = 0.125$
$R \geq 0.999\ 95$	$z = -3.891$
Machined surfaces	$C_{ka} = 0.058$
Hole critical	$C_{Kf} = 0.10,\ C_{\sigma'_a} = (0.10^2 + 0.12^2)^{1/2} = 0.156$
Ambient temperature	$C_{kd} = 0$
Correlation method	$C_{S'_e} = 0.138$
Hole drilled	$C_{Se} = (0.058^2 + 0.125^2 + 0.138^2)^{1/2} = 0.195$
	$C_n = \sqrt{\dfrac{C_{Se}^2 + C_{\sigma'_a}^2}{1 + C_{\sigma'_a}^2}} = \sqrt{\dfrac{0.195^2 + 0.156^2}{1 + 0.156^2}} = 0.2467$
	$\bar{n} = \exp\left[-(-3.891)\sqrt{\ln(1 + 0.2467^2)} + \ln\sqrt{1 + 0.2467^2}\right] = 2.65$

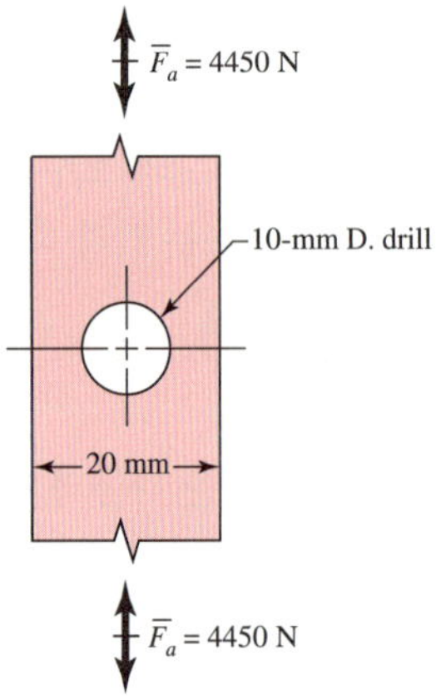

그림 5-40
두께가 t인 띠는 4450 N의 완전 반복 축 하중을 받는다. 예제 5.21은 피로파손에 대해 0.999 95의 신뢰도를 달성하기 위해 필요한 두께를 고려한다.

이 여덟 개의 사전 결정으로부터 $\bar{n} = 2.65$로 평균 설계계수가 정해진다. 이것으로부터

$$\sigma_a' = \frac{\bar{S}_e}{\bar{n}} = \bar{K}_f \frac{\bar{F}}{(w-d)t}$$

따라서

$$t = \frac{\bar{K}_f \bar{n} \bar{F}}{(w-d)\bar{S}_e} \tag{1}$$

선행 식을 계산하기 위해서는 $\bar{S}_e$와 $\bar{K}_f$ 가 필요하다. Marin 계수는

$$\begin{aligned}
\mathbf{k}_a &= 4.45\bar{S}_{ut}^{-0.265}\mathbf{LN}(1, 0.058) = 4.45(604)^{-0.265}\mathbf{LN}(1, 0.058)\\
\bar{k}_a &= 0.816\\
k_b &= 1\\
\mathbf{k}_c &= 1.43\bar{S}_{ut}^{-0.078}\mathbf{LN}(1, 0.125) = 0.868\mathbf{LN}(1, 0.125)\\
\bar{k}_c &= 0.868\\
\bar{k}_d &= \bar{k}_f = 1
\end{aligned}$$

피로강도는

$$\bar{S}_e = 0.816(1)(0.868)(1)(1)0.506(604) = 216.5 \text{ MPa}$$

구멍이 지배적인 역할을 한다. 표 A-15-1로부터 $d/w = 0.50$가 구해지므로 $K_t = 2.18$이다. 표 5-15로부터 $\sqrt{a} = 174/\bar{S}_{ut} = 174/604 = 0.288$, $r = 5$ mm이다. 식 (5-78)로부터 피로응력집중계수는 다음과 같다.

$$\bar{K}_f = \frac{2.18}{1 + \dfrac{2(2.18-1)}{2.18}\dfrac{0.288}{\sqrt{5}}} = 1.91$$

두께 t는 식 (1)로부터 결정된다.

$$t \geq \frac{\bar{K}_f \bar{n} \bar{F}}{(w-d)S_e} = \frac{1.91(2.65)4450}{(0.02-0.01)216.5 \times 10^6} = 0.0104 \text{ m} = 10.4 \text{ mm}$$

12 mm 두께의 띠를 사용하라. 12 mm 두께를 이용하면 유용한 공칭 크기에 근접할 때 신뢰도에 이르거나 넘어선다.

주어진 신뢰도 목표에 도달하기 위한 설계 요소는 상황에 따른 확률에 의하여 결정된다는 것을 이 예에서 보여준다. 또한 필수적인 설계 요소는 개념이 나타나는 방법에 대하여 독립적인 상수가 아니다. 오히려 개념을 정의하는 데 있어 많은 수의 다소 관계없는 우선 결정(priori)의 함수가 만들어진다. 통계적 방법론의 연관성은 필수적인 설계계수를 정의하는 데 있어 제한적이다. 특히, 이 예제에서 설계 요소는 설계 변수 t의 함수가 아니다.

5-18 응력-수명법을 위한 지침 및 중요 설계 방정식

5-15절에서 설명했듯이, 피로 문제에는 세 가지 범주가 있다. 결정적 응력-수명 문제들에 대한 중요한 절차 및 방정식이 여기에 설명하고 있다.

완전 반복 단순 하중

1. 시험 데이터로부터 S_e'를 결정하거나

$$S_e' = \begin{cases} 0.5S_{ut} & S_{ut} \leq 200 \text{ kpsi } (1400 \text{ MPa}) \\ 100 \text{ kpsi} & S_{ut} > 200 \text{ kpsi} \\ 700 \text{ MPa} & S_{ut} > 1400 \text{ MPa} \end{cases} \tag{5-8}$$

2. S_e를 결정하기 위해 S_e'를 수정한다.

$$S_e = k_a k_b k_c k_d k_e k_f S_e' \tag{5-18}$$

$$k_a = a S_{ut}^b \tag{5-19}$$

표 5-2

Marin 표면 수정계수에 대한 매개변수, 식 (5-19)

Surface Finish	Factor a S_{ut}, kpsi	Factor a S_{ut}, MPa	Exponent b
Ground	1.34	1.58	−0.085
Machined or cold-drawn	2.70	4.51	−0.265
Hot-rolled	14.4	57.7	−0.718
As-forged	39.9	272.	−0.995

회전 축. 굽힘이나 비틀림에 관한

$$k_b = \begin{cases} (d/0.3)^{-0.107} = 0.879d^{-0.107} & 0.11 \le d \le 2 \text{ in} \\ 0.91d^{-0.157} & 2 < d \le 10 \text{ in} \\ (d/7.62)^{-0.107} = 1.24d^{-0.107} & 2.79 \le d \le 51 \text{ mm} \\ 1.51d^{-0.157} & 51 < 254 \text{ mm} \end{cases} \tag{5-20}$$

축방향에 관한

$$k_b = 1 \tag{5-21}$$

회전하지 않는 부재. d_e를 구하기 위해 표 5-3을 이용하고, d는 식 (5-20)으로 대체한다.

$$k_c = \begin{cases} 1 & \text{bending} \\ 0.85 & \text{axial} \\ 0.59 & \text{torsion} \end{cases} \tag{5-26}$$

표 5-4를 이용하여 k_d를 구한다.

$$k_d = 0.975 + 0.432(10^{-3})T_F - 0.115(10^{-5})T_F^2 + 0.104(10^{-8})T_F^3 - 0.595(10^{-12})T_F^4 \tag{5-27}$$

pp. 242-243, k_e

표 5-5
피로한도의 8% 표준 편차에 대한 신뢰도 계수 k_e

Reliability, %	Transformation Variate z_a	Reliability Factor k_e
50	0	1.000
90	1.288	0.897
95	1.645	0.868
99	2.326	0.814
99.9	3.091	0.753
99.99	3.719	0.702
99.999	4.265	0.659
99.9999	4.753	0.620

pp. 243-245, k_f

3. 피로 응력집중계수 K_f 또는 K_{fs}를 결정한다. 먼저 표 A-15로부터 K_t 또는 K_{ts}를 찾는다.

$$K_f = 1 + q(K_t - 1) \quad \text{or} \quad K_{fs} = 1 + q(K_{ts} - 1) \tag{5-32}$$

그림 5-20 또는 5-21을 이용하여 q를 구한다.

$$K_f = 1 + \frac{K_t - 1}{1 + \sqrt{a/r}} \tag{5-33}$$

$\sqrt{a}$의 단위는 $\sqrt{\text{in}}$이며, S_{ut}의 단위는 kpsi이다.

Bending or axial: $\sqrt{a} = 0.246 - 3.08(10^{-3})S_{ut} + 1.51(10^{-5})S_{ut}^2 - 2.67(10^{-8})S_{ut}^3$ (5-35a)

Torsion: $\sqrt{a} = 0.190 - 2.51(10^{-3})S_{ut} + 1.35(10^{-5})S_{ut}^2 - 2.67(10^{-8})S_{ut}^3$ (5-35b)

4. S_e로 나누거나 순수 교번응력을 곱하여 K_f 또는 K_{fs}를 적용하라.
5. 피로 수명 상수 a와 b를 결정하라. 만약 $S_{ut} \geq 490$ MPa이면, 그림 5-18을 이용하여 f를 결정하라. 만약 $S_{ut} < 490$ MPa이면, $f = 0.9$이다.

$$a = (f\ S_{ut})^2/S_e \tag{5-14}$$

$$b = -[\log(f\ S_{ut}/S_e)]/3 \tag{5-15}$$

6. N 사이클일 때 피로강도 S_f를 결정하거나, 교번응력 σ_{rev}일 때 파손이 일어나는 N 사이클을 결정한다.

(주: 이는 오직 $\sigma_m = 0$인 순수 교번응력에 적용한다.)

$$S_f = aN^b \tag{5-13}$$

$$N = (\sigma_{\text{rev}}/a)^{1/b} \tag{5-16}$$

단순 변동 하중

S_e, K_f 또는 K_{fs}에 대한 이전 하위 절을 참고하라.

1. σ_m과 σ_a를 계산하라. 두 응력에 K_f를 적용하라.

$$\sigma_m = (\sigma_{\max} + \sigma_{\min})/2 \qquad \sigma_a = |\sigma_{\max} - \sigma_{\min}|/2 \tag{5-36}$$

2. 피로 파손 기준에 적용하라.

$\sigma_m \geq 0$

Soderburg	$\sigma_a/S_e + \sigma_m/S_y = 1/n$	(5-45)
mod-Goodman	$\sigma_a/S_e + \sigma_m/S_{ut} = 1/n$	(5-46)
Gerber	$n\sigma_a/S_e + (n\sigma_m/S_{ut})^2 = 1$	(5-47)
ASME-elliptic	$(\sigma_a/S_e)^2 + (\sigma_m/S_y)^2 = 1/n^2$	(5-48)

$\sigma_m < 0$

$$\sigma_a = S_e/n$$

비틀림. σ_m과 σ_a를 τ_m과 τ_a로 대체하는 것을 제외하고, $\sigma_m \geq 0$일 때 적용하는 같은 식을 이용하라. S_e에 관해서는 $k_c = 0.59$를 이용하라. S_{ut}는 $S_{su} = 0.67S_{ut}$ [식 (5-54)]로 대체하고, S_y는 $S_{sy} = 0.577S_y$ [식 (4-21)]로 대체하라.

3. 국부적 항복을 확인하라.

$$\sigma_a + \sigma_m = S_y/n \tag{5-49}$$

$$\tau_a + \tau_m = 0.577S_y/n$$

4. 유한 수명 피로강도에는 동등한 완전 반복 하중 (예제 5-12를 보라)

$$\text{mod-Goodman} \qquad \sigma_{\text{rev}} = \frac{\sigma_a}{1 - (\sigma_m / S_{ut})}$$

$$\text{Gerber} \qquad \sigma_{\text{rev}} = \frac{\sigma_a}{1 - (\sigma_m / S_{ut})^2}$$

만약 안전계수 n과 유한 수명 N을 결정한다면, 식 (5-16)에서 σ_{rev}를 σ_{rev}/n으로 대체하라.

$$N = \left(\frac{\sigma_{\text{rev}}/n}{a} \right)^{1/b}$$

하중모드의 중첩

이전 정의에 대한 이전 하위 절을 참고하라.

1. 교번응력(σ'_a)과 평균응력(σ'_m)에 대한 von Mises 응력을 계산하라. S_e를 결정할 때, k_c를 이용하거나 K_f 또는 K_{fs}로 나누지 마라. 각각 교번응력과 평균응력에 직접 K_f 또는 K_{fs}를 적용하라. 만약 축방향 응력이면, $k_c = 0.85$로 교번 축방향 응력을 나눠라. 다음은 복합적인 굽힘, 비틀림 전단, 축방향 응력에 대한 특별한 경우를 표현한 것이다.

$$\sigma'_a = \left\{ \left[(K_f)_{bending} (\sigma_a)_{bending} + (K_f)_{axial} \frac{(\sigma_a)_{axial}}{0.85} \right]^2 + 3 \left[(K_{fs})_{torsion} (\tau_a)_{torsion} \right]^2 \right\}^{1/2} \tag{5-55}$$

$$\sigma'_m = \left\{ \left[(K_f)_{bending} (\sigma_m)_{bending} + (K_f)_{axial} (\sigma_m)_{axial} \right]^2 + 3 \left[(K_{fs})_{torsion} (\tau_m)_{torsion} \right]^2 \right\}^{1/2} \tag{5-56}$$

2. 피로 기준에 응력을 적용하라.
3. von Mises 응력을 이용하여 국부적 항복에 대해 보수적으로 확인하라.

$$\sigma'_a + \sigma'_m = S_y / n \tag{5-49}$$

연습문제 Problems

Problems marked with an asterisk (*) are linked to problems in other chapters, as summarized in Table 1–1 of Sec. 1–16, p. 26.

Problems 5–1 to 5–63 are to be solved by deterministic methods. Problems 5–64 to 5–78 are to be solved by stochastic methods. Problems 5–71 to 5–78 are computer problems.

Deterministic Problems

5-1 A 10-mm drill rod was heat-treated and ground. The measured hardness was found to be 300 Brinell. Estimate the endurance strength in MPa if the rod is used in rotating bending.

5-2 Estimate S'_e in MPa for the following materials:
(*a*) AISI 1020 CD steel.
(*b*) AISI 1080 HR steel.
(*c*) 2024 T3 aluminum.
(*d*) AISI 4340 steel heat-treated to a tensile strength of 1750 MPa.

5-3 A steel rotating-beam test specimen has an ultimate strength of 840 MPa. Estimate the life of the specimen if it is tested at a completely reversed stress amplitude of 490 MPa.

5-4 A steel rotating-beam test specimen has an ultimate strength of 1600 MPa. Estimate the life of the specimen if it is tested at a completely reversed stress amplitude of 900 MPa.

5-5 A steel rotating-beam test specimen has an ultimate strength of 1610 MPa. Estimate the fatigue strength corresponding to a life of 150 kcycles of stress reversal.

5-6 Repeat Prob. 5–5 with the specimen having an ultimate strength of 1100 MPa.

5-7 A steel rotating-beam test specimen has an ultimate strength of 1050 MPa and a yield strength of 945 MPa. It is desired to test low-cycle fatigue at approximately 500 cycles. Check if this is possible without yielding by determining the necessary reversed stress amplitude.

5-8 Derive Eq. (5–17). Rearrange the equation to solve for N.

5-9 For the interval $10^3 \leq N \leq 10^6$ cycles, develop an expression for the axial fatigue strength $(S'_f)_{ax}$ for the polished specimens of 4130 used to obtain Fig. 5–10. The ultimate strength is $S_{ut} = 875$ MPa and the endurance limit is $(S'_e)_{ax} = 350$ MPa.

5-10 Estimate the endurance strength of a 32-mm-diameter rod of AISI 1035 steel having a machined finish and heat-treated to a tensile strength of 710 MPa.

5-11 Two steels are being considered for manufacture of as-forged connecting rods. One is AISI 4340 Cr-Mo-Ni steel capable of being heat-treated to a tensile strength of 1820 MPa. The other is a plain carbon steel AISI 1040 with an attainable S_{ut} of 791 MPa. If each rod is to have a size giving an equivalent diameter d_e of 20 mm, is there any advantage to using the alloy steel for this fatigue application?

5-12 A 25-mm-diameter solid round bar has a groove 2.5-mm deep with a 2.5-mm radius machined into it. The bar is made of AISI 1018 CD steel and is subjected to a purely reversing torque of 200 N · m. For the *S-N* curve of this material, let $f = 0.9$.
(*a*) Estimate the number of cycles to failure.
(*b*) If the bar is also placed in an environment with a temperature of 450°F, estimate the number of cycles to failure.

5–13 A solid square rod is cantilevered at one end. The rod is 0.6 m long and supports a completely reversing transverse load at the other end of ±2 kN. The material is AISI 1080 hot-rolled steel. If the rod must support this load for 10^4 cycles with a factor of safety of 1.5, what dimension should the square cross section have? Neglect any stress concentrations at the support end.

5–14 A rectangular bar is cut from an AISI 1018 cold-drawn steel flat. The bar is 60 mm wide by 10 mm thick and has a 12-mm-dia. hole drilled through the center as depicted in Table A–15–1. The bar is concentrically loaded in push-pull fatigue by axial forces F_a, uniformly distributed across the width. Using a design factor of $n_d = 1.8$, estimate the largest force F_a that can be applied ignoring column action.

5–15 A solid round bar with diameter of 50 mm has a groove cut to a diameter of 45 mm, with a radius of 2.5 mm. The bar is not rotating. The bar is loaded with a repeated bending load that causes the bending moment at the groove to fluctuate between 0 and 2825 N · m. The bar is hot-rolled AISI 1095, but the groove has been machined. Determine the factor of safety for fatigue based on infinite life and the factor of safety for yielding.

5–16 The rotating shaft shown in the figure is machined from AISI 1020 CD steel. It is subjected to a force of $F = 6$ kN. Find the minimum factor of safety for fatigue based on infinite life. If the life is not infinite, estimate the number of cycles. Be sure to check for yielding.

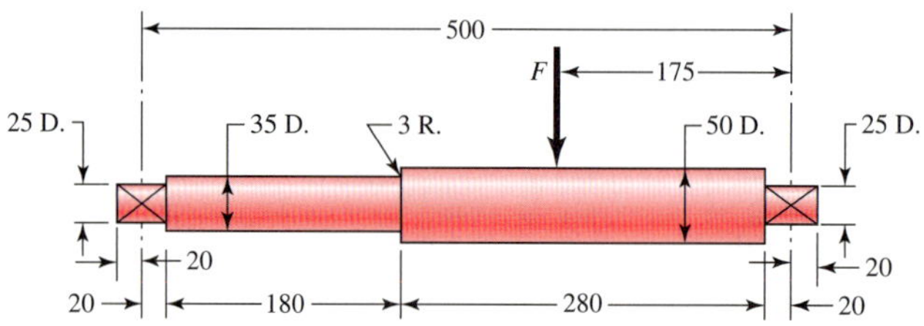

Problem 5–16
Dimensions in millimeters

5–17 The shaft shown in the figure is machined from AISI 1040 CD steel. The shaft rotates at 1600 rpm and is supported in rolling bearings at A and B. The applied forces are $F_1 = 10$ kN and $F_2 = 4$ kN. Determine the minimum fatigue factor of safety based on achieving infinite life. If infinite life is not predicted, estimate the number of cycles to failure. Also check for yielding.

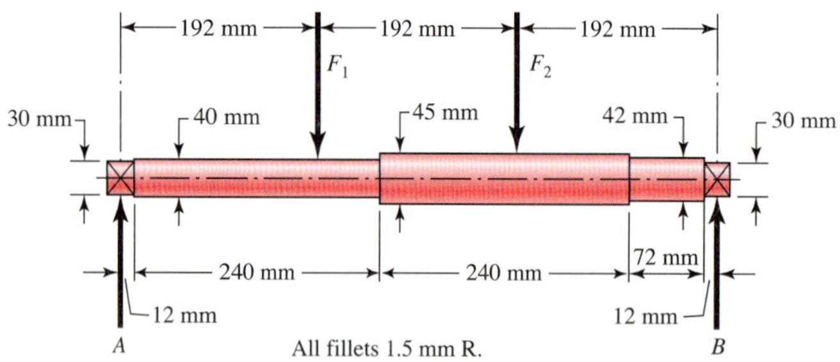

Problem 5–17

5–18 Solve Prob. 5–17 except with forces $F_1 = 4.8$ kN and $F_2 = 9.6$ kN.

5–19 Bearing reactions R_1 and R_2 are exerted on the shaft shown in the figure, which rotates at 1150 rev/min and supports a 45-kN bending force. Use a 1095 HR steel. Specify a diameter d using a design factor of $n_d = 1.6$ for a life of 10 hr. The surfaces are machined.

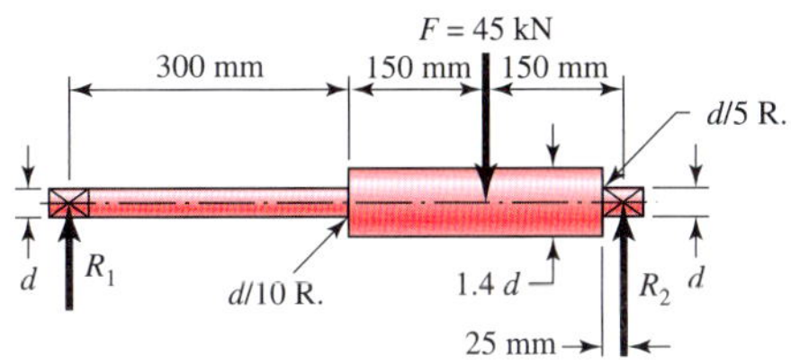

Problem 5–19

5–20 A bar of steel has the minimum properties $S_e = 276$ MPa, $S_y = 413$ MPa, and $S_{ut} = 551$ MPa. The bar is subjected to a steady torsional stress of 103 MPa and an alternating bending stress of 172 MPa. Find the factor of safety guarding against a static failure, and either the factor of safety guarding against a fatigue failure or the expected life of the part. For the fatigue analysis use:
(*a*) Modified Goodman criterion.
(*b*) Gerber criterion.
(*c*) ASME-elliptic criterion.

5–21 Repeat Prob. 5–20 but with a steady torsional stress of 138 MPa and an alternating bending stress of 69 MPa.

5–22 Repeat Prob. 5–20 but with a steady torsional stress of 103 MPa, an alternating torsional stress of 69 MPa, and an alternating bending stress of 83 MPa.

5–23 Repeat Prob. 5–20 but with an alternating torsional stress of 207 MPa.

5–24 Repeat Prob. 5–20 but with an alternating torsional stress of 103 MPa and a steady bending stress of 103 MPa.

5–25 The cold-drawn AISI 1040 steel bar shown in the figure is subjected to a completely reversed axial load fluctuating between 28 kN in compression to 28 kN in tension. Estimate the fatigue factor of safety based on achieving infinite life, and the yielding factor of safety. If infinite life is not predicted, estimate the number of cycles to failure.

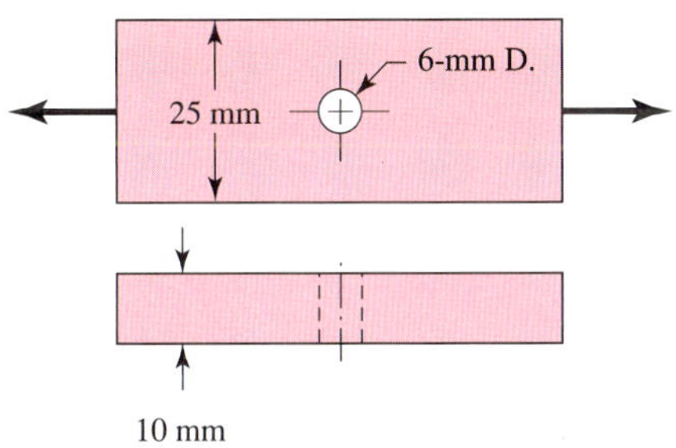

Problem 5–25

5–26 Repeat Prob. 5–25 for a load that fluctuates from 12 kN to 28 kN. Use the Modified Goodman, Gerber, and ASME-elliptic criteria and compare their predictions.

5–27 Repeat Prob. 5–25 for each of the following loading conditions:
(*a*) 0 kN to 28 kN
(*b*) 12 kN to 28 kN
(*c*) –28 kN to 12 kN

5–28 A steel bar undergoes cyclic loading such that $\sigma_{max} = 420$ MPa and $\sigma_{min} = -140$ MPa. For the material, $S_{ut} = 560$ MPa, $S_y = 455$ MPa, a fully corrected endurance limit of $S_e = 280$ MPa, and $f = 0.9$. Estimate the number of cycles to a fatigue failure using:
(*a*) Modified Goodman criterion.
(*b*) Gerber criterion.

5–29 The figure is a drawing of a 4- by 20-mm latching spring. A preload is obtained during assembly by shimming under the bolts to obtain an estimated initial deflection of 2 mm. The latching operation itself requires an additional deflection of exactly 4 mm. The material is ground high-carbon steel, bent then hardened and tempered to a minimum hardness of 490 Bhn. The radius of the bend is 4 mm. Estimate the yield strength to be 90 percent of the ultimate strength.

(*a*) Find the maximum and minimum latching forces.

(*b*) Is it likely the spring will achieve infinite life?

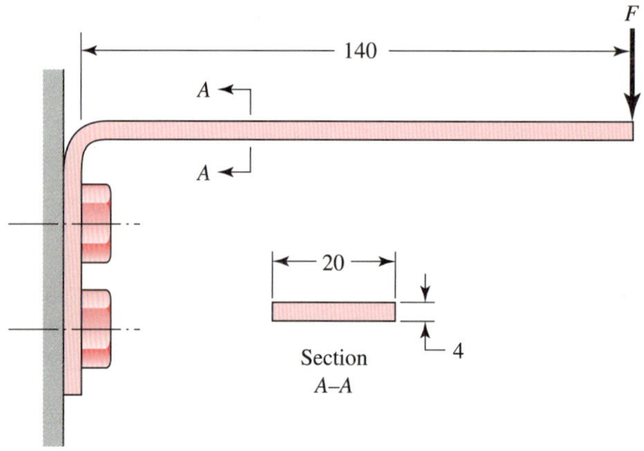

Problem 5–29
Dimensions in millimeters.

5–30 The figure shows the free-body diagram of a connecting-link portion having stress concentration at three sections. The dimensions are $r = 6$ mm, $d = 20$ mm, $h = 12$ mm, $w_1 = 90$ mm, and $w_2 = 60$ mm. The forces F fluctuate between a tension of 18 kN and a compression of 72 kN. Neglect column action and find the least factor of safety if the material is cold-drawn AISI 1018 steel.

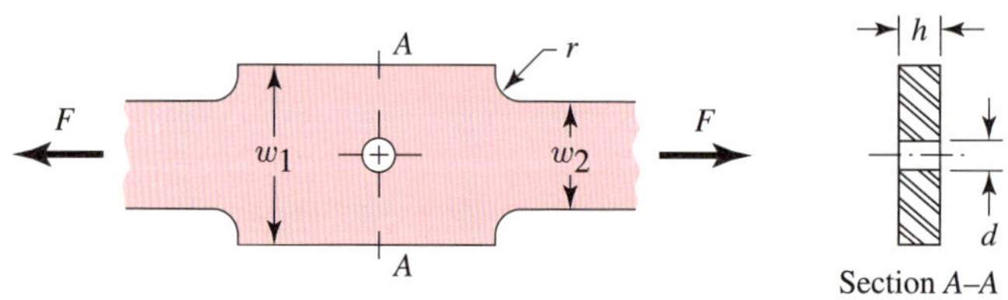

Problem 5–30

5–31 Solve Prob. 5–30 except let $w_1 = 60$ mm, $w_2 = 36$ mm, and the force fluctuates between a tension of 72 kN and a compression of 18 kN.

5–32 For the part in Prob. 5–30, recommend a fillet radius r that will cause the fatigue factor of safety to be the same at the hole and at the fillet.

5–33 The torsional coupling in the figure is composed of a curved beam of square cross section that is welded to an input shaft and output plate. A torque is applied to the shaft and cycles from zero to T. The cross section of the beam has dimensions of 5 × 5 mm, and the centroidal axis of the beam describes a curve of the form $r = 20 + 10\,\theta/\pi$, where r and θ are in mm and radians, respectively ($0 \le \theta \le 4\pi$). The curved beam has a machined surface with yield and ultimate strength values of 420 and 770 MPa, respectively.

(*a*) Determine the maximum allowable value of T such that the coupling will have an infinite life with a factor of safety, $n = 3$, using the modified Goodman criterion.

(*b*) Repeat part (*a*) using the Gerber criterion.
(*c*) Using T found in part (*b*), determine the factor of safety guarding against yield.

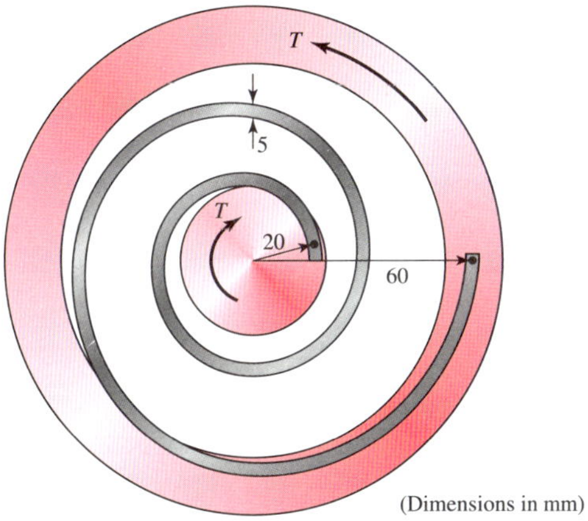

Problem 5–33

5–34 Repeat Prob. 5–33 ignoring curvature effects on the bending stress.

5–35 A part is loaded with a combination of bending, axial, and torsion such that the following stresses are created at a particular location:

Bending:	Completely reversed, with a maximum stress of 60 MPa
Axial:	Constant stress of 20 MPa
Torsion:	Repeated load, varying from 0 MPa to 50 MPa

Assume the varying stresses are in phase with each other. The part contains a notch such that $K_{f,bending} = 1.4$, $K_{f,axial} = 1.1$, and $K_{f,torsion} = 2.0$. The material properties are $S_y = 300$ MPa and $S_u = 400$ MPa. The completely adjusted endurance limit is found to be $S_e = 200$ MPa. Find the factor of safety for fatigue based on infinite life. If the life is not infinite, estimate the number of cycles. Be sure to check for yielding.

5–36 Repeat the requirements of Prob. 5–35 with the following loading conditions:

Bending:	Fluctuating stress from −40 MPa to 150 MPa
Axial:	None
Torsion:	Mean stress of 90 MPa, with an alternating stress of 10 percent of the mean stress

5–37* to 5–46* For the problem specified in the table, build upon the results of the original problem to determine the minimum factor of safety for fatigue based on infinite life. The shaft rotates at a constant speed, has a constant diameter, and is made from cold-drawn AISI 1018 steel.

Problem Number	Original Problem, Page Number
5–37*	3–68, 147
5–38*	3–69, 147
5–39*	3–70, 147
5–40*	3–71, 147
5–41*	3–72, 148
5–42*	3–73, 148
5–43*	3–74, 148
5–44*	3–76, 149
5–45*	3–77, 149
5–46*	3–79, 149

5-47* to 5-50* For the problem specified in the table, build upon the results of the original problem to determine the minimum factor of safety for fatigue based on infinite life. If the life is not infinite, estimate the number of cycles. The force F is applied as a repeated load. The material is AISI 1018 CD steel. The fillet radius at the wall is 2 mm, with theoretical stress concentrations of 1.5 for bending, 1.2 for axial, and 2.1 for torsion.

Problem Number	Original Problem, Page Number
5–47*	3–80, 149
5–48*	3–81, 150
5–49*	3–82, 150
5–50*	3–83, 150

5-51* to 5-53* For the problem specified in the table, build upon the results of the original problem to determine the minimum factor of safety for fatigue at point A, based on infinite life. If the life is not infinite, estimate the number of cycles. The force F is applied as a repeated load. The material is AISI 1018 CD steel.

Problem Number	Original Problem, Page Number
5–51*	3–84, 150
5–52*	3–85, 151
5–53*	3–86, 151

5-54 Solve Prob. 5–17 except include a steady torque of 280 N · m being transmitted through the shaft between the points of application of the forces.

5-55 Solve Prob. 5–18 except include a steady torque of 250 N · m being transmitted through the shaft between the points of application of the forces.

5-56 In the figure shown, shaft A, made of AISI 1010 hot-rolled steel, is welded to a fixed support and is subjected to loading by equal and opposite forces F via shaft B. A theoretical stress-concentration factor K_{ts} of 1.6 is induced by the 3-mm fillet. The length of shaft A from the fixed support to the connection at shaft B is 1 m. The load F cycles from 0.5 to 2 kN.

(*a*) For shaft A, find the factor of safety for infinite life using the modified Goodman fatigue failure criterion.

(*b*) Repeat part (*a*) using the Gerber fatigue failure criterion.

Problem 5–56

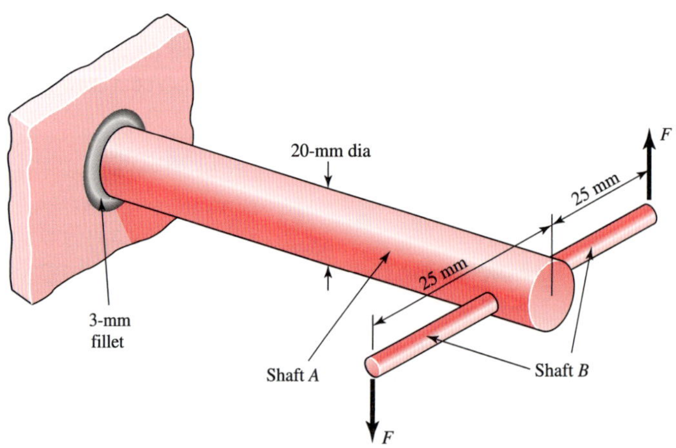

5–57 A schematic of a clutch-testing machine is shown. The steel shaft rotates at a constant speed ω. An axial load is applied to the shaft and is cycled from zero to P. The torque T induced by the clutch face onto the shaft is given by

$$T = \frac{f P(D + d)}{4}$$

where D and d are defined in the figure and f is the coefficient of friction of the clutch face. The shaft is machined with $S_y = 800$ MPa and $S_{ut} = 1000$ MPa. The theoretical stress-concentration factors for the fillet are 3.0 and 1.8 for the axial and torsional loading, respectively.

Assume the load variation P is synchronous with shaft rotation. With $f = 0.3$, find the maximum allowable load P such that the shaft will survive a minimum of 10^6 cycles with a factor of safety of 3. Use the modified Goodman criterion. Determine the corresponding factor of safety guarding against yielding.

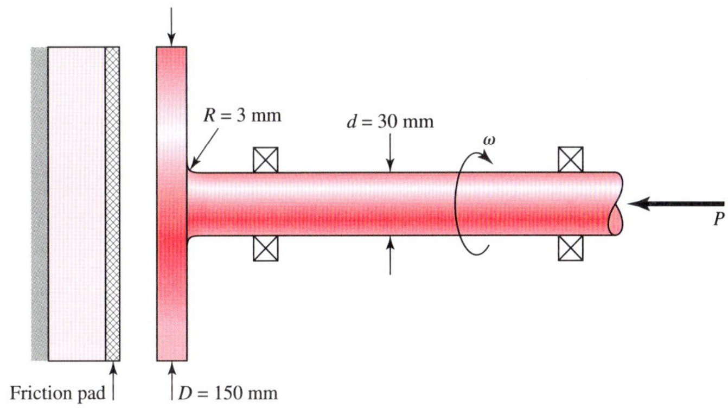

Problem 5–57

5–58 For the clutch of Prob. 5–57, the external load P is cycled between 20 kN and 80 kN. Assuming that the shaft is rotating synchronous with the external load cycle, estimate the number of cycles to failure. Use the modified Goodman fatigue failure criteria.

5–59 A flat leaf spring has fluctuating stress of $\sigma_{max} = 360$ MPa and $\sigma_{min} = 160$ MPa applied for $8\ (10^4)$ cycles. If the load changes to $\sigma_{max} = 320$ MPa and $\sigma_{min} = -200$ MPa, how many cycles should the spring survive? The material is AISI 1020 CD and has a fully corrected endurance strength of $S_e = 175$ MPa. Assume that $f = 0.9$.
(*a*) Use Miner's method.
(*b*) Use Manson's method.

5–60 A rotating-beam specimen with an endurance limit of 350 MPa and an ultimate strength of 700 MPa is cycled 20 percent of the time at 490 MPa, 50 percent at 385 MPa, and 30 percent at 280 MPa. Let $f = 0.9$ and estimate the number of cycles to failure.

5–61 A machine part will be cycled at ± 350 MPa for $5\ (10^3)$ cycles. Then the loading will be changed to ± 260 MPa for $5\ (10^4)$ cycles. Finally, the load will be changed to ± 225 MPa. How many cycles of operation can be expected at this stress level? For the part, $S_{ut} = 530$ MPa, $f = 0.9$, and has a fully corrected endurance strength of $S_e = 210$ MPa.
(*a*) Use Miner's method.
(*b*) Use Manson's method.

5–62 The material properties of a machine part are $S_{ut} = 595$ MPa, $f = 0.86$, and a fully corrected endurance limit of $S_e = 315$ MPa. The part is to be cycled at $\sigma_a = 245$ MPa and $\sigma_m =$

210 MPa for 12 (10^3) cycles. Using the Gerber criterion, estimate the new endurance limit after cycling.
(*a*) Use Miner's method.
(*b*) Use Manson's method.

5–63 Repeat Prob. 5–62 using the Goodman criterion.

Stochastic Problems

5–64 Solve Prob. 5–1 if the ultimate strength of production pieces is found to be $\mathbf{S}_{ut}$ = 1030**LN**(1, 0.0508) MPa.

5–65 The situation is similar to that of Prob. 5–14 wherein the imposed completely reversed axial load $\mathbf{F}_a$ = 15**LN**(1, 0.20) kN is to be carried by the link with a thickness to be specified by you, the designer. Use the 1018 cold-drawn steel of Prob. 5–14 with $\mathbf{S}_{ut}$ = 440**LN**(1, 0.28) $\mathbf{S}_{yt}$ = 370**LN**(1, 0.058) MPa. The reliability goal must exceed 0.999. Using the correlation method, specify the thickness *t*.

5–66 A solid round steel bar is machined to a diameter of 32 mm. A groove 3 mm deep with a radius of 3 mm is cut into the bar. The material has a mean tensile strength of 780 MPa. A completely reversed bending moment $M = 160$ N · m is applied. Estimate the reliability. The size factor should be based on the gross diameter. The bar rotates.

5–67 Repeat Prob. 5–66, with a completely reversed torsional moment of $T = 160$ N · m applied.

5–68 A 30-mm-diameter hot-rolled steel bar has a 3-mm diameter hole drilled transversely through it. The bar is nonrotating and is subject to a completely reversed bending moment of M = 180 N · m in the same plane as the axis of the transverse hole. The material has a mean tensile strength of 406 MPa. Estimate the reliability. The size factor should be based on the gross size. Use Table A–16 for K_t.

5–69 Repeat Prob. 5–68, with the bar subject to a completely reversed torsional moment of 270 N · m.

5–70 The plan view of a link is the same as in Prob. 5–30; however, the forces *F* are completely reversed, the reliability goal is 0.998, and the material properties are $\mathbf{S}_{ut}$ = 448**LN**(1, 0.045) MPa and $\mathbf{S}_y$ = 378**LN**(1, 0.077) MPa. Treat F_a as deterministic, and specify the thickness *h*.

Computer Problems

5–71 A 6 by 40-mm steel bar has a 20-mm drilled hole located in the center, much as is shown in Table A–15–1. The bar is subjected to a completely reversed axial load with a deterministic load of 5.4 kN. The material has a mean ultimate tensile strength of $\bar{S}_{ut} = 560$ MPa.
(*a*) Estimate the reliability.
(*b*) Conduct a computer simulation to confirm your answer to part *a*.

5–72 From your experience with Prob. 5–71 and Ex. 5–19, you observed that for completely reversed axial and bending fatigue, it is possible to

- Observe the COVs associated with a priori design considerations.
- Note the reliability goal.
- Find the mean design factor $\bar{n}_d$ that will permit making a geometric design decision that will attain the goal using deterministic methods in conjunction with $\bar{n}_d$.

Formulate an interactive computer program that will enable the user to find $\bar{n}_d$. While the material properties $\mathbf{S}_{ut}$, $\mathbf{S}_y$, and the load COV must be input by the user, all of the COVs associated with

$\boldsymbol{\phi}_{0.30}$, $\mathbf{k}_a$, $\mathbf{k}_c$, $\mathbf{k}_d$, and $\mathbf{K}_f$ can be internal, and answers to questions will allow C_σ and C_S, as well as C_n and $\bar{n}_d$, to be calculated. Later you can add improvements. Test your program with problems you have already solved.

5–73 When using the Gerber fatigue failure criterion in a stochastic problem, Eqs. (5–80) and (5–81) are useful. They are also computationally complicated. It is helpful to have a computer subroutine or procedure that performs these calculations. When writing an executive program, and it is appropriate to find S_a and C_{Sa}, a simple call to the subroutine does this with a minimum of effort. Also, once the subroutine is tested, it is always ready to perform. Write and test such a program.

5–74 Repeat Problem. 5–73 for the ASME-elliptic fatigue failure locus, implementing Eqs. (5–82) and (5–83).

5–75 Repeat Prob. 5–73 for the Smith-Dolan fatigue failure locus, implementing Eqs. (5–86) and (5–87).

5–76 Write and test computer subroutines or procedures that will implement
(*a*) Table 5–2, returning a, b, C, and $\bar{k}_a$.
(*b*) Equation (5–20) using Table 5–4, returning k_b.
(*c*) Table 5–11, returning α, β, C, and $\bar{k}_c$.
(*d*) Equations (5–27) and (5–75), returning $\bar{k}_d$ and C_{kd}.

5–77 Write and test a computer subroutine or procedure that implements Eqs. (5–76) and (5–77), returning $\bar{q}$, $\hat{\sigma}_q$, and C_q.

5–78 Write and test a computer subroutine or procedure that implements Eq. (5–78) and Table 5–15, returning $\sqrt{a}$, C_{Kf}, and $\bar{K}_f$.

PART

03

Shigley's Mechanical Engineering Design

기계요소의 설계

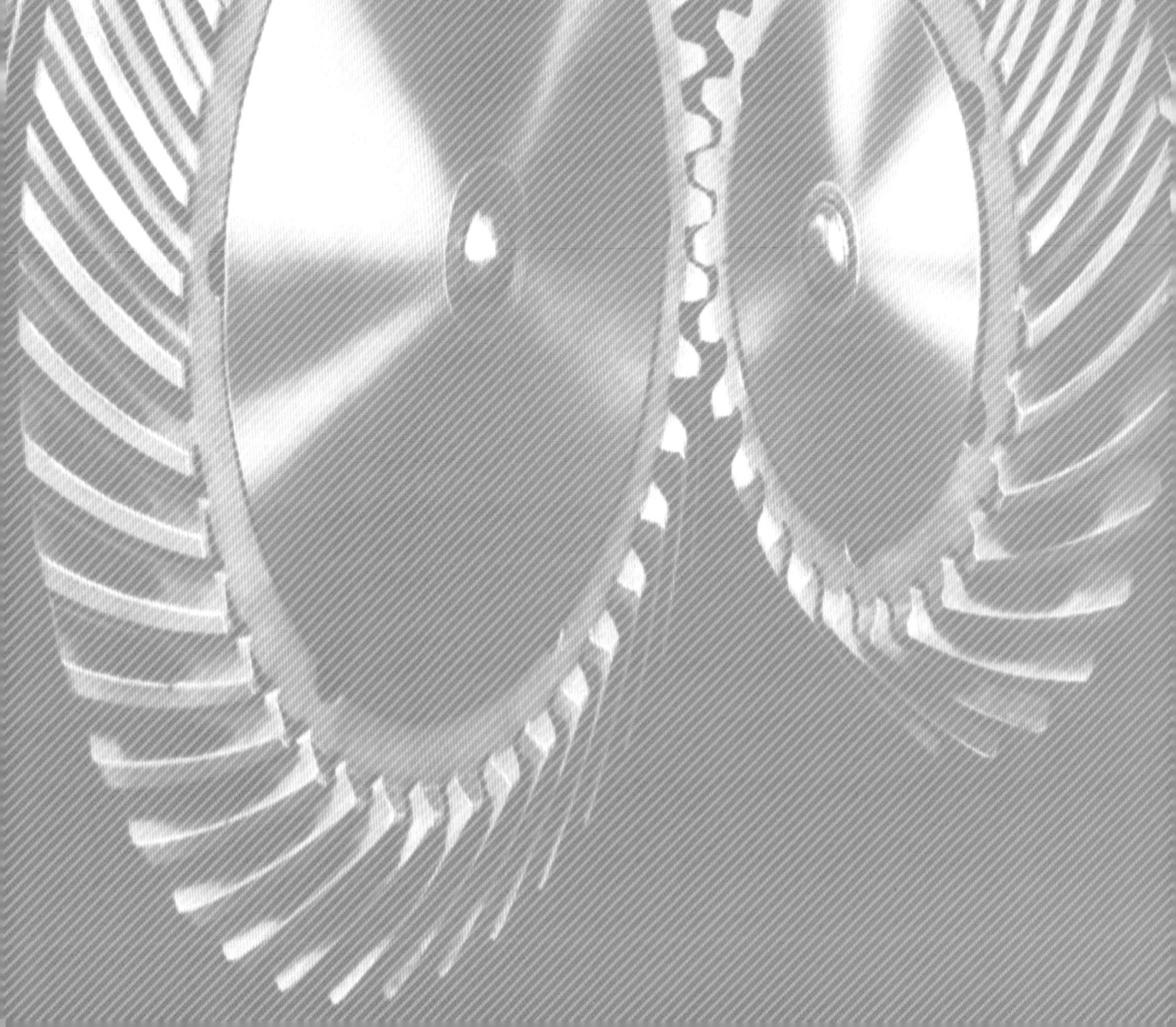

CHAPTER

06

Shigley's Mechanical Engineering Design

축 및 축 요소

Chapter Outline

6-1 서론

축(*shaft*)이란 회전하는 부재로서, 일반적으로 원형단면이며 동력이나 운동(motion)을 전달하는 데 사용된다. 축은 기어, 풀리, 플라이휠, 크랭크, 스프라켓 등과 같은 기계요소들의 회전축이나 진동축으로 사용되며, 이들의 운동형태를 조절한다. 차축(axle)은 회전하지 않는 부재로 토크를 전달하지 않으며 회전체, 풀리 등의 회전요소들을 지지하기 위해 사용된다. 자동차의 차축은 진정한 의미에서의 차축은 아니며, 이 용어는 마차 시대로부터 전해져 온 용어로서 당시에는 축은 회전하지 않고 바퀴가 회전하는 방식이었다. 회전하지 않는 차축은 설계하기 쉽고 정적보로 해석된다. 따라서 이 장에서는 피로하중이 작용하는 회전축만큼 상세하게 다루지는 않는다

앞에서 이미 개발한 기본적인 방법 이외에 특별한 처리를 요하는 축에 대하여 특별히 다른 점은 없다. 그러나 많은 기계설계에서 축이 보편적으로 사용되기에 축과 축설계에 대해 보다 상세하게 다루는 것은 많은 도움이 된다. 전체 축 설계과정은 부품 설계상의 많은 상호작용이 존재한다. 특정 기어, 풀리, 베어링 그리고 다른 여러 요소들을 최소한 부분적으로 분석한 후에, 각 요소들의 크기와 간격을 임시적으로 결정하는 것, 그 자체를 기계의 설계라고 할 수 있다. 14장에 동력전달에 대한 사례 해석을 제시하였으며 특히 전체 설계 과정에 초점을 맞추었다. 이 장에서는 축에 대한 상세한 내용을 다루며 다음의 내용을 포함한다.

- 재료 선정
- 형상 배치
- 응력과 강도
    - 정적 강도
    - 피로강도
- 처짐과 강성
    - 굽힘 처짐
    - 비틀림 변형
    - 베어링과 축지지 요소에서의 처짐각
    - 짧은 축의 횡방향 하중에 의한 전단변형
- 고유진동수에 의한 진동

축의 크기 결정을 위한 방법을 결정하는 데 있어서, 축의 특정 위치에 대한 응력해석이 해당 위치 부근의 축의 형상만으로도 수행 가능하다는 사실을 먼저 인지하는 것이 필요하다. 따라서 축의 전체 형상 정보가 필요하지 않다. 설계 시에는 보통 취약부의 위치를 파악 가능하며, 이들 영역에 대해 강도조건을 만족하는 크기를 결정하는 것도 가능하다. 다음으로 축지지 요소들을 고려한 축의 나머지 부분의 크기도 결정한다.

전체 축의 형상이 결정되기 전까지는 처짐과 처짐각 해석이 수행될 수 없다. 처짐량은 축의 전체 형상을 고려해야 하는 반면, 관심부위에서의 응력은 해당부위의 **국부적 형상**만 고려하면 된다. 이러한 이유 때문에 축 설계 시에는 먼저 응력과 강도의 영향을 고려해야 한다. 그 후 초기 축 치수값을 설정하고, 처짐과 처짐각에 대한 해석을 수행할 수 있다.

6-2 축의 재질

변형은 강도의 영향을 받지 않고, 탄성 계수로 표현되는 강성의 영향을 받는다. 이는 기본적으로 모든 금속에 대해 동일하다. 이러한 이유로 강성은 재료의 선정과는 무관하며, 오직 결정된 형상에 의해서만 영향을 받는다.

작용 응력을 견딜 수 있는 강도는 재료 선정 및 열처리에 영향을 미친다. 많은 축이 ANSI 1020-1050 강과 같은 저탄소, 냉간 인발 혹은 열간 압연 강으로 제작된다.

열처리와 고합금 성분 추가로도 강도를 크게 향상시키지 못하는 경우가 많다. 강도가 증가하면 내구한도에 대한 역효과와 노치 민감도가 고강도의 이점을 상쇄하기 시작하는 시점 이전까지는 피로파손이 다소 감소한다. 바람직한 방법은 설계 계산을 수행할 때 처음에는 저가인 저탄소강이나 중탄소강을 기반으로 시작하는 것이다. 만약 변형보다 강도가 더 지배적인 인자라면 고강도 재료가 고려되어야 하며, 이로 인해 과도한 변형이 문제가 되기 전까지 축 크기가 감소될 수 있다. 재료와 재료 가공에 소요되는 비용은 더 작은 축 지름의 필요성을 고려하여 검토되어야 한다. 결정이 되면 열처리를 위한 ANSI 1340-50, 3140-50, 4140, 4340, 5140, 8650 계열과 같은 전형적인 합금강이 사용된다.

만약 축이 베어링 표면의 저널로 사용되는 것이 아니라면 일반적으로 축에 표면 경화를 시행할 필요는 없다. 표면 경화를 위한 전형적인 재료로는 ANSI 1020, 4320, 4820, 8620 등과 같은 침탄 등급 재료가 있다.

냉간 인발강은 일반적으로 지름이 약 3인치 이하인 경우에 사용된다. 부품들의 조정이 필요하지 않은 영역에서는 봉의 공칭 지름은 기계 가공되지 않을 수 있다. 열간 압연강은 전체적으로 가공되어야 한다. 재료의 절삭이 많이 요구되는 큰 축들은 잔류응력이 뒤틀림을 야기하는 경향이 있다. 만약 동심도(concentricity)가 중요하다면 초기에는 대략적으로 기계 가공을 한 후 잔류 응력을 제거하고 강도를 증가시키기 위해서 열처리를 해야 할 필요가 있을 수 있다. 그리고 최종 치수에 맞도록 가공을 마무리한다.

재료 선정에 있어 생산량이 가장 주요한 인자이다. 생산량이 적다면 선삭(turning)이 흔히 사용되는 초기 형상 제작 공정이다. 경제성 측면에서는 절삭되는 재료가 가장 적어야 할 것이다. 생산량이 많은 경우에는 열간 혹은 냉간 성형, 주조와 같은 체적이 보존되는 형상 제조 공정이 사용될 수 있을 것이다. 그리고 축 제작에 있어 최소 재료를 사용하는 것이 설계 목표가 될 수 있다. 생산량이 많다면 주철이 적용될 수 있으며 기어들은 축과 함께 주조된다.

축의 물성은 냉간 가공, 냉간 성형, 필릿 형상 압연, 열처리(담금질 환경, 교반, 뜨임 양생) 등의 이력에 따라 국부적으로 다르다.[1]

몇몇 환경의 경우에는 스테인리스 강이 적합할 것이다.

6-3 축 배치

기어, 베어링, 풀리와 같은 축 요소를 배치하기 위한 축의 기본 배치는 자유물체도를 이용한

[1] Joseph E. Shigley, Charles R. Mischke, and Thomas H. Brown, Jr. (eds-in-chief), *Standard Handbook of Machine Design*, 3rd ed., McGraw-Hill, New York, 2004. 참고. 냉간 가공 물성 예측을 위해서는 Chap. 29를 참고하고, 열처리 물성 예측에 대해서는 Chap. 29와 33을 참고한다.

해석과 전단력 선도, 굽힘모멘트 선도를 얻을 수 있도록 설계의 초기 단계에 결정되어야 한다. 축의 형상은 일반적으로 다단 실린더 형상이다. 축 숄더의 사용은 축방향으로 축 요소를 설치하고 축방향 하중을 전달하기 위한 매우 좋은 방법이다. 그림 6-1은 웜기어 감속기의 기어를 지지하는 다단축 예를 나타낸 것이다. 축의 각 숄더는 특별한 목적이 있으며, 설계자는 상세한 고찰을 통해 이를 결정할 수 있어야 한다.

설계할 축의 기하학적 형상을 결정할 때에는 기존 모델을 수정하여 이용하는 경우가 많이 있으며 이때에는 몇몇 제한된 변화를 반영한다. 만약 참고할 기존 설계가 없다면 다양한 축 배치안이 제시될 수 있을 것이다. 그림 6-2의 두 예를 제시하였다. 그림 6-2*a*에서 기어가 부착된 중간축이 두 개의 베어링에 의해 지지되고 있다. 그림 6-2*c*에서 팬축(fanshaft)은 그

그림 6-1
수직 웜기어 감속기

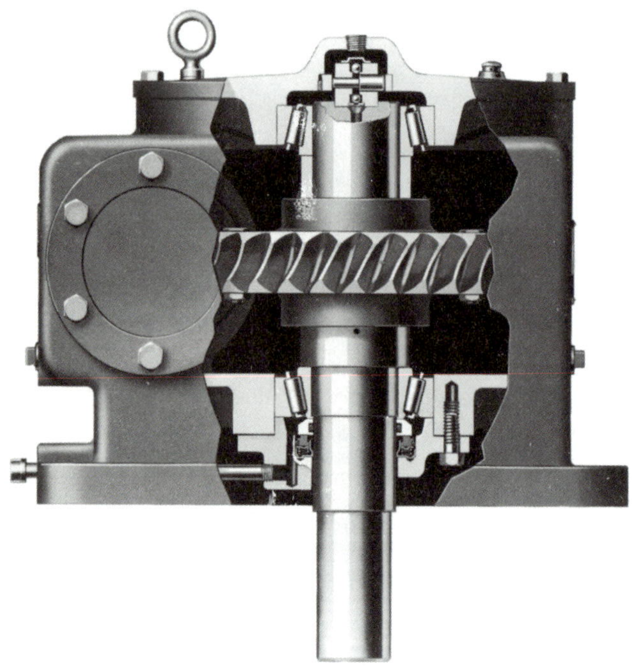

그림 6-2
(*a*) 두 개의 기어와 두 개의 베어링을 지지하고 배치하기 위한 축 형상을 결정하라. (*b*) 일체형 피니언, 3개의 축 숄더, 키와 키홈, 슬리브를 이용한 설계안. (*c*) 팬축의 형상을 결정하라. (*d*) 슬리브 베어링, 직선 관통 축, 칼라, 칼라용 멈춤나사, 팬풀리, 팬을 이용한 설계안. 팬 하우징이 슬리브 베어링을 지지

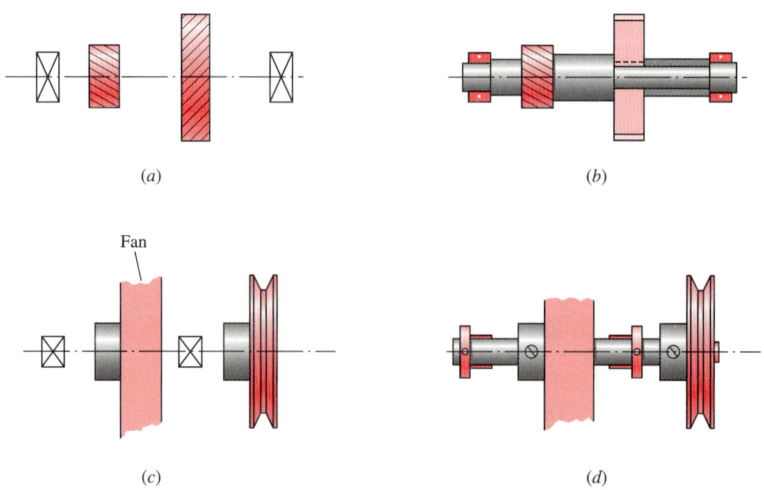

림처럼 구성되어 있다. 그림 6-2*b*와 그림 6-2*d*에 주어진 설계안이 최상의 안은 아니다. 그러나 이들은 어떻게 축에 장착된 요소들이 고정되어 있고 축방향으로 어디에 위치하고 있으며, 또한 부품 간에 토크는 어떤 식으로 전달되는지를 보여준다. 일반적인 축 배치를 규정하는 절대적인 규칙은 없지만, 다음의 가이드라인이 도움이 될 것이다.

부품의 축방향 배치

부품의 축방향 배치는 하우징의 배치와 다른 맞물리는 요소의 배치에 의해 좌우된다. 일반적으로 그림 6-2*c*와 같이 베어링 밖으로 벗어난 외팔형 구조보다는 그림 6-2*a*와 같이 하중전달 요소들이 베어링들의 사이에서 지지되는 것이 가장 좋은 형태이다. 흔히 풀리와 스프로킷은 벨트나 체인의 설치를 용이하게 하기 위해 바깥쪽에 설치될 필요가 있다. 외팔보의 길이는 처짐을 최소화하기 위해 짧게 유지되어야 한다.

대부분의 경우에 두 개의 베어링만이 사용되어야 한다. 몇 개의 하중지지 요소가 있는 매우 긴 축의 경우는 2개 이상의 베어링 지지가 필요할 수 있다. 이 경우 베어링 정렬에 특히 주의해야 한다.

축은 굽힘모멘트와 변형을 최소화하기 위해 짧게 유지되어야 한다. 윤활유의 유로를 형성하고 공구를 이용한 부품 해체 작업 공간을 제공하기 위해 부품들 사이의 축방향 공간이 요구된다. 하중지지 요소들은 응력집중이 야기될 수 있는 위치에서의 굽힘모멘트를 최소화하고 하중전달 요소에서의 처짐을 최소화하기 위해 베어링 근처에 배치되어야 한다.

부품들은 다른 짝을 이루는 부품들과 유기적으로 구동될 수 있도록 축 상에 정확히 위치해 있어야 한다. 그리고 제자리에서 견고하게 고정될 수 있도록 해야 한다. 부품을 배치하는 데 있어 기본적인 방법은 부품을 축의 숄더에 위치시키는 것이다. 숄더는 처짐과 부품의 진동을 최소화하는 지지부의 역할도 수행한다. 때때로 힘의 크기가 어느 정도 작을 때, 숄더는 그루브, 부품 사이의 슬리브, 클램프가 있는 이음고리(clamp-on collar)의 고정링과 함께 제작될 수 있다. 축 하중이 매우 작은 경우에는 전체적으로 숄더 없이 프레스 핏(press fit)과 핀 또는 멈춤나사를 가진 칼라로 축방향 위치를 유지하는 것이 가능할 수 있다. 그림 6-2*b*와 6-2*d*에 이와 같은 축방향 배치 방법 예를 나타내었다.

축 하중 지지

축 하중이 중요한 경우, 축방향 하중을 축으로 전달하여 베어링을 통해 지지바닥으로 전달하기 위한 방법을 제공하는 것은 필수적이다. 이는 헬리컬이나 베벨 기어 혹은 테이퍼 구름 베어링의 경우에 특히 중요한데 이는 이 요소들이 축방향 하중을 발생시키기 때문이다. 흔히 숄더, 고정링, 핀과 같은 축방향 위치 배치 방법들이 동일하게 축방향 하중을 축으로 전달하기 위해 사용될 것이다.

일반적으로 축 길이 치수에 대해 더 큰 공차를 허용하고, 온도변화에 의해 축 팽창이 발생할 경우 구속을 방지하기 위하여 축 하중을 전달하는 하나의 베어링을 적용하는 것이 최선의 안이다. 이는 축이 길 경우 특히 중요하다. 그림 6-3과 6-4는 다른 베어링은 숄더 없이 축에 프레스 핏되어 있고 숄더에 대해 하나의 베어링만이 축 하중을 전달하는 축의 예를 나타낸 것이다.

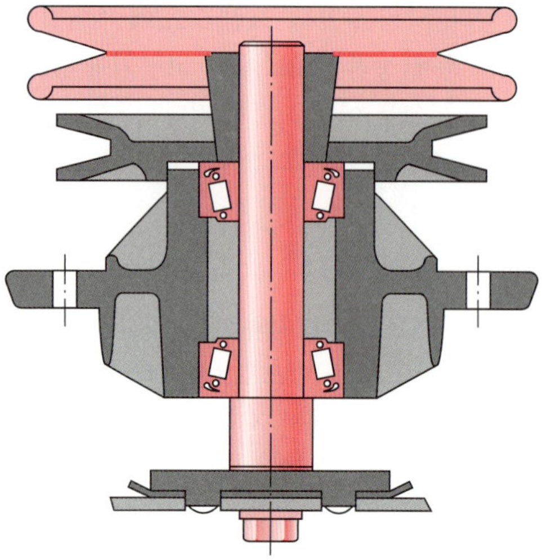

그림 6-3
잔디깎기 기계 스핀들에서 사용된 테이퍼 롤러 베어링. 이 설계는 하나 혹은 하나 이상의 토크 전달 요소가 바깥쪽으로 장착되어야 하는 경우에 대한 좋은 예이다. (출처: *Redrawn from material furnished by The Timken Company.*)

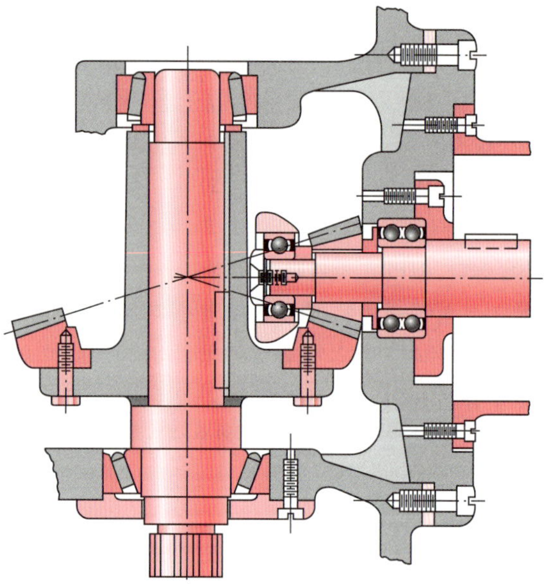

그림 6-4
피니언과 기어 모두가 크게 벌어진 채 장착된 베벨 기어 구동 장치 (출처: *Redrawn from material furnished by Gleason Machine Division.*)

토크 전달

대부분의 축은 입력 기어나 풀리로부터 나온 토크를 출력 기어 혹은 풀리로 전달하는 역할을 한다. 물론 축 자체도 비틀림 응력과 비틀림 변형을 지지할 수 있도록 설계되어야 한다. 또한 축과 기어 사이에서 토크를 전달할 수 있는 방법도 제공할 수 있어야 한다. 일반적인 토크 전달 요소는 다음과 같다.

- 키
- 스플라인
- 멈춤나사

- 핀
- 프레스 핏 또는 억지끼워맞춤
- 테이퍼 핏(tapered fits)

토크 전달 외에도, 이러한 장치의 대부분은 허용 가능한 운전 한계를 초과한 토크가 작용할 경우 파손되도록 설계된다. 이를 통해 더 고가인 부품을 보호하게 된다.

키, 핀, 멈춤나사와 같은 요소의 세부사항은 6-7절에서 자세하게 다룬다. 중간 크기에서 큰 크기까지의 토크를 전달하는 가장 효과적이고 경제적인 방법 중의 하나는 축과 기어 사이의 그루브에 키를 연결하는 것이다. 키로 고정된 부품들은 일반적으로 축에 미끄럼 고정되어 있기 때문에 조립과 분해가 용이하다.

스플라인은 기본적으로 축의 바깥 표면과 하중전달 요소 허브 안쪽에 짧고 굵은 기어 이를 가공한 것이다. 스플라인은 일반적으로 키에 비해 가공비가 매우 비싸며 간단한 토크 전달의 경우에는 통상 필요하지 않다. 스플라인은 일반적으로 큰 토크를 전달할 때 적용된다. 스플라인의 한 특징은 토크를 전달하는 중에도 축과 부품 사이에 큰 축방향 운동이 허용될 수 있도록 비교적 느슨한 미끄럼 고정으로 제작될 수 있다는 점이다. 이것은 트렉터의 동력 인출장치축(PTO축)과 다른 기구를 연결하는 것처럼 두 축 사이의 상대 운동이 일반적인 경우에 해당 축을 연결하는 데 있어 유용하다. SAE와 ANSI는 스플라인에 대한 표준을 제공한다. 스플라인 끝단과 축과 연결되는 부위에서 응력집중계수가 가장 크지만 일반적으로는 적당한 값이다.

전달하는 토크값이 작은 경우에는 핀, 허브 안의 멈춤나사, 테이퍼 핀, 프레스 핏 같은 다양한 토크 전달 방법이 적용된다.

허브(hub)를 축에 고정시키기 위해 **프레스 핏**과 **억지끼워맞춤**이 토크 전달 및 축방향 위치 고정을 위해 사용된다. 가공특성상 응력집중계수값은 일반적으로 매우 작다. 프레스 핏과 억지끼워맞춤으로 토크를 전달함에 있어 적절한 크기 및 공차에 대한 가이드라인이 6-8절에 주어져 있다. 이와 유사한 방법으로 나사를 이용해 축에 허브를 고정시키는 분할 허브(split hub)를 사용하는 방법이 있다. 이 방법은 허브를 분해할 수 있고 길이방향으로의 위치 조정이 가능하다. 또 다른 방법은 테이퍼진 구멍에 고정되는 분할된 내부 부재로 구성되는 두 개의 부분으로 나눠진 허브를 이용하는 것이다. 집합체는 축에 나사로 고정되며, 내부 부재는 휠 쪽으로 힘을 가하게 되고 전체 집합체는 축에 고정된다.

축과 휠과 같은 축에 장착하는 기구 사이에 사용되는 **테이퍼 핏**은 축의 돌출된 끝단에 흔히 사용된다. 축 끝단의 나사산은 휠을 축에 강하게 고정할 수 있도록 너트를 적용할 수 있게 한다. 이 방법은 분해가 가능하다는 장점이 있으나 축에 있는 휠의 축방향 위치를 정확히 맞출 수 없다는 단점이 있다.

축 배치 초기 단계에서 토크를 전달하는 적절한 방법을 선택하고, 그것이 전체 축 배치에 어떤 영향을 미치는지 결정하는 것은 중요하다. 또한 해석 시 취약부를 결정할 수 있도록 키홈, 홀, 스플라인과 같은 축의 형상 불연속부의 위치를 필수적으로 알아야 한다.

조립과 분해

각 요소들을 축에 어떤 방법으로 조립할 것인지, 또한 축을 전체 프레임에 어떻게 조립할 것인지에 대해 충분히 고려해야 한다. 일반적으로 축의 가운데에서 지름이 가장 커야 하며 부품이 축 끝단으로부터 미끄러지는 것을 허용할 수 있도록 끝단으로 갈수록 점진적으로 지름이 작아야 한다. 숄더가 부품의 양쪽 면에서 모두 필요하다면 한쪽은 반드시 고정링과 같은 방법이나 두 부품 사이의 슬리브에 의해 제작되어야 한다. 기어박스 자체도 축을 베어링과 체결하고 베어링을 프레임과 체결하는 방법이 필요할 것이다. 이는 일반적으로 축의 한 끝단에서 하우징을 통해 베어링까지 접근할 수 있게 함으로써 달성할 수 있다. 예로 그림 6-5~6-8을 참고하도록 하여라.

부품이 축에 프레스 핏되어 있다면 부품이 축의 긴 길이를 압축할 필요가 없도록 설계해야 한다. 이는 지름의 추가적인 변화를 필요로 하지만 짧은 길이에 대해서만 정밀한 공차가 요구되므로 생산 및 조립 비용을 감소시킬 것이다.

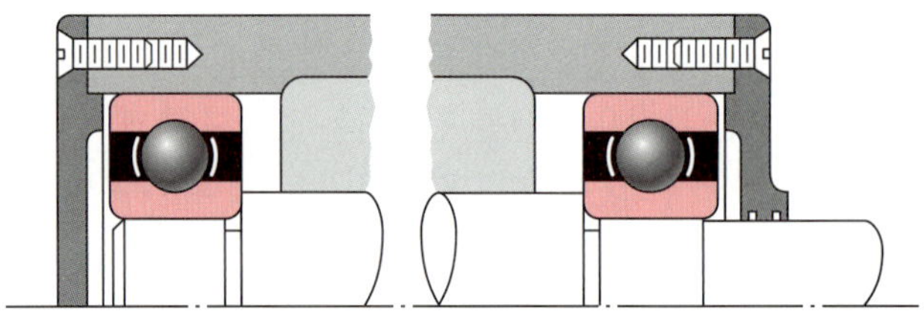

그림 6-5
베어링 외륜이 하우징 안에서 떠 있을 때 축에 프레스 핏된 베어링 내륜 배치 모양. 축방향 틈새는 기계적 진동을 허용할 수 있을 만큼 충분한 여유가 있어야 한다. 우측에 labyrinth seal이 있음에 유의하라.

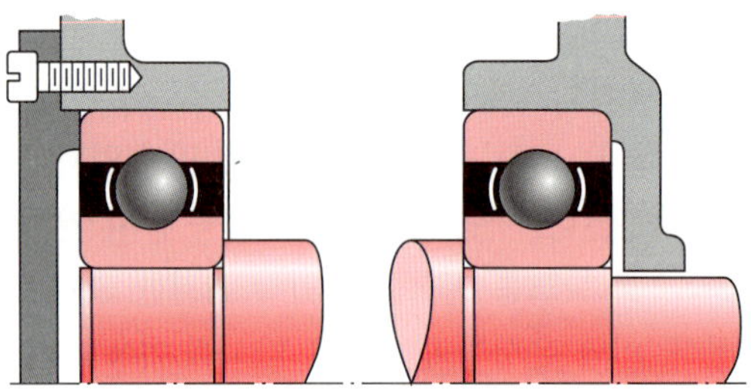

그림 6-6
베어링 외륜이 예압을 받고 있는 것 외에는 그림 6-5와 배치가 유사하다.

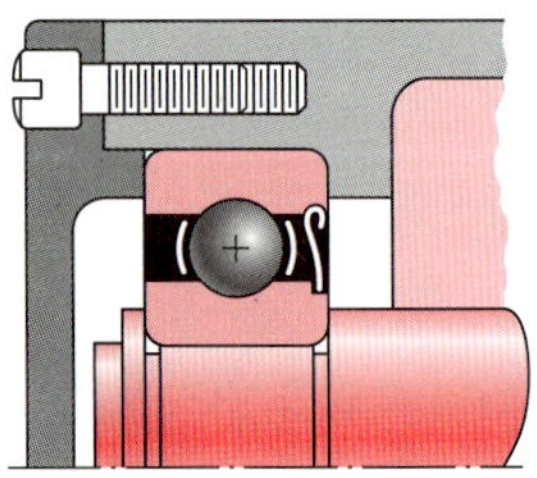

그림 6-8
이 배치는 왼쪽 베어링이 전체 축 어셈블리에 놓여 있는 그림 6-7과 유사하다. 이 경우에 내륜은 스냅링을 이용하여 축에 고정되어 있다. 기계에서 발생한 먼지가 베어링 안으로 들어가는 것을 막기 위한 밀봉재가 사용되고 있음에 유의하라.

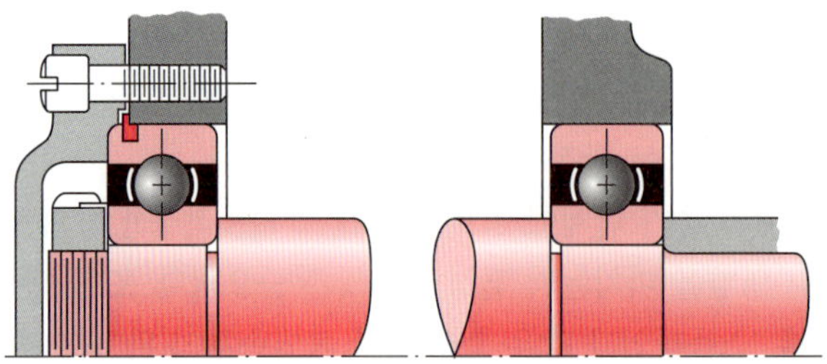

그림 6-7
이 배치에서는 왼쪽 베어링의 내륜이 너트와 축 숄더 사이에 낀 채 축에 고정되어 있다. 잠금너트와 워셔는 AFBMA 표준 부품. 외륜의 스냅링은 축방향으로 축 어셈블리를 정확하게 위치시키기 위해 사용된다. 유동적인 우측 베어링과 축 상에 연마가공된 도피 그루브에 유의하라.

축으로부터 부품을 분해할 필요성에 대해서도 고려해야 한다. 이를 위해 멈춤링의 접근성, 베어링에 접근하기 위한 도구에 필요한 공간, 축이나 베어링 등을 꺼낼 수 있는 하우징 통로 등과 같은 사항에 대해 고려해야 한다.

6-4 축의 응력 설계

취약 위치

축의 모든 지점에서 응력을 평가할 필요는 없다. 몇몇 잠재적인 취약부에 대해서만 평가하면 된다. 일반적으로 굽힘모멘트가 크고 토크가 작용되며 응력집중이 존재하는 위치의 바깥면이 취약부가 된다. 축을 따라 다양한 위치를 직접 비교하면 설계 시 기초가 되는 몇몇 취약부를 식별할 수 있다. 일반적인 응력 상태 평가가 도움이 될 것이다.

대부분의 축은 축 부분을 통해 토크를 전달한다. 일반적으로 토크는 하나의 기어에서 축으로 전달되어 다른 기어를 통해 축에서 나간다. 축에 대해 자유물체도를 그리면 축의 각 위치별 토크값을 결정할 수 있다. 토크는 일반적으로 정상상태 운전 동안 비교적 일정하다. 비틀림에 의한 전단응력은 바깥 표면에서 최대일 것이다.

축에서의 굽힘모멘트는 전단력 선도 및 굽힘모멘트 선도에 의해 결정된다. 대부분의 축 문제들은 두 평면에 대해 힘을 발생시키는 기어 혹은 풀리와 연관되어 있기 때문에 전단력 선도와 굽힘모멘트 선도 역시 두 평면에 대해 작성되어야 한다. 최종 합 모멘트(resultant moment)는 축의 관심 위치에서의 모멘트 벡터의 합으로 구해진다. 축이 회전하고 있기 때문에 모멘트 벡터의 각은 중요하지 않다. 정적 굽힘모멘트는 회전축에 완전 반복 모멘트를 발생시켜 특정 응력 요소의 경우 축의 매 회전마다 압축과 인장을 번갈아 받게 된다. 굽힘모멘트에 의한 수직응력은 바깥 표면에서 최대가 될 것이다. 축의 끝단에 베어링이 존재하는 경우, 굽힘모멘트가 작기 때문에 베어링 근처의 응력은 일반적으로 중요하지 않다.

헬리컬 기어나 테이퍼 롤러 베어링을 통하여 전달되는 축방향 성분에 의한 축의 축방향 응력은 대부분 굽힘응력에 비해 거의 무시할 수 있을 만큼 작을 것이다. 또한 축방향 응력은 거의 일정하고, 피로에도 거의 기여하지 않는다. 따라서 축에 굽힘모멘트가 작용할 때 기어와 베어링에 의해 발생된 축방향 응력은 일반적으로 무시한다. 축방향 하중이 다른 방식으로 축에 작용된다면, 하중 크기를 확인하지 않고 무조건 무시할 수 있다고 가정해서는 안 된다.

축 응력

굽힘응력, 비틀림 응력, 축방향 응력에는 평균응력 성분과 교번응력 성분 모두가 있을 수 있다. 해석 시에는 5-14절의 268쪽에 기술되어 있는 바와 같이 다른 형태의 응력들을 이용하여 von Mises 교번응력과 von Mises 평균응력을 구하는 것으로도 충분하다. 그리고 축 설계에 이용할 수 있는 축 설계식을 만들면 유용하다. 굽힘모멘트와 비틀림 모멘트가 지배적인 취약부에서 축 하중은 상대적으로 매우 작기 때문에 다음의 식에서 축방향 하중은 고려하지 않는다. 굽힘과 비틀림에 의한 변동 응력은 다음과 같이 표현된다.

$$\sigma_a = K_f \frac{M_a c}{I} \qquad \sigma_m = K_f \frac{M_m c}{I} \tag{6-1}$$

$$\tau_a = K_{fs} \frac{T_a c}{J} \qquad \tau_m = K_{fs} \frac{T_m c}{J} \tag{6-2}$$

여기서 M_m과 M_a은 평균 및 교번 굽힘모멘트, T_m과 T_a은 평균 및 교번 토크, K_f과 K_{fs}는 각각 굽힘과 비틀림에 대한 피로응력집중계수를 의미한다.

원형 단면의 중실축으로 가정하면, 형상 변수를 이용하여 다음과 같이 다시 표현할 수 있다.

$$\sigma_a = K_f \frac{32M_a}{\pi d^3} \qquad \sigma_m = K_f \frac{32M_m}{\pi d^3} \tag{6-3}$$

$$\tau_a = K_{fs} \frac{16T_a}{\pi d^3} \qquad \tau_m = K_{fs} \frac{16T_m}{\pi d^3} \tag{6-4}$$

변형에너지 파손 이론에 따라 이 응력들을 조합하고 축방향 하중을 무시하면, 회전하는 원형 중실축의 von Mises 응력을 다음과 같이 표현할 수 있다.

$$\sigma_a' = (\sigma_a^2 + 3\tau_a^2)^{1/2} = \left[\left(\frac{32K_f M_a}{\pi d^3}\right)^2 + 3\left(\frac{16K_{fs}T_a}{\pi d^3}\right)^2\right]^{1/2} \tag{6-5}$$

$$\sigma_m' = (\sigma_m^2 + 3\tau_m^2)^{1/2} = \left[\left(\frac{32K_f M_m}{\pi d^3}\right)^2 + 3\left(\frac{16K_{fs}T_m}{\pi d^3}\right)^2\right]^{1/2} \tag{6-6}$$

연성재료의 경우 국부적인 불연속부에서 항복을 수용할 수 있기에 때때로 평균응력 성분에 대해 응력집중계수를 적용할 수도 있고 하지 않을 수도 있음에 유의해야 한다.

이와 같은 등가 교번 및 평균 응력은 수정 Goodman 선도에서 적절한 파손 선도를 이용하여 평가될 수 있다(5-12절, 255쪽 및 그림 5-27 참조). 예를 들어, 앞의 식 (5-46)에 표현된 바와 같은 수정 Goodman 선도에 대한 피로 파손 기준은 다음과 같이 나타낼 수 있다.

$$\frac{1}{n} = \frac{\sigma_a'}{S_e} + \frac{\sigma_m'}{S_{ut}}$$

σ_a'과 σ_m'에 식 (6-5)와 (6-6)을 대입하면 다음과 같이 표현된다.

$$\frac{1}{n} = \frac{16}{\pi d^3}\left\{\frac{1}{S_e}\left[4(K_f M_a)^2 + 3(K_{fs}T_a)^2\right]^{1/2} + \frac{1}{S_{ut}}\left[4(K_f M_m)^2 + 3(K_{fs}T_m)^2\right]^{1/2}\right\}$$

설계 목적을 위해 이를 지름에 대해 다시 정리하면 다음과 같이 표현된다.

$$d = \left(\frac{16n}{\pi}\left\{\frac{1}{S_e}\left[4(K_f M_a)^2 + 3(K_{fs}T_a)^2\right]^{1/2} + \frac{1}{S_{ut}}\left[4(K_f M_m)^2 + 3(K_{fs}T_m)^2\right]^{1/2}\right\}\right)^{1/3}$$

식 (6-5)와 (6-6)에 주어진 von Mises 응력을 257쪽의 식 (5-45)~(5-48)의 파손 기준에 대입하면 모든 파손 기준에 대한 유사한 식을 얻을 수 있다. 흔히 사용되는 파손곡선에 대한 최종 식을 요약하면 다음과 같다. 각 식을 구분하기 위해 적용된 파손 이론과 피로파손 선도 이름을 이용하여 이름을 각 식마다 나타내었다. 예를 들어, DE-Gerber는 변형에너지 이론으로 등가 응력을 구하고 피로 파손 기준으로 Gerber 선도를 사용하였음을 의미한다.

DE-Goodman

$$\frac{1}{n} = \frac{16}{\pi d^3}\left\{\frac{1}{S_e}\left[4(K_f M_a)^2 + 3(K_{fs} T_a)^2\right]^{1/2} + \frac{1}{S_{ut}}\left[4(K_f M_m)^2 + 3(K_{fs} T_m)^2\right]^{1/2}\right\} \quad (6\text{-}7)$$

$$d = \left(\frac{16n}{\pi}\left\{\frac{1}{S_e}\left[4(K_f M_a)^2 + 3(K_{fs} T_a)^2\right]^{1/2} + \frac{1}{S_{ut}}\left[4(K_f M_m)^2 + 3(K_{fs} T_m)^2\right]^{1/2}\right\}\right)^{1/3} \quad (6\text{-}8)$$

DE-Gerber

$$\frac{1}{n} = \frac{8A}{\pi d^3 S_e}\left\{1 + \left[1 + \left(\frac{2BS_e}{AS_{ut}}\right)^2\right]^{1/2}\right\} \quad (6\text{-}9)$$

$$d = \left(\frac{8nA}{\pi S_e}\left\{1 + \left[1 + \left(\frac{2BS_e}{AS_{ut}}\right)^2\right]^{1/2}\right\}\right)^{1/3} \quad (6\text{-}10)$$

여기서,

$$A = \sqrt{4(K_f M_a)^2 + 3(K_{fs} T_a)^2}$$

$$B = \sqrt{4(K_f M_m)^2 + 3(K_{fs} T_m)^2}$$

DE-ASME Elliptic

$$\frac{1}{n} = \frac{16}{\pi d^3}\left[4\left(\frac{K_f M_a}{S_e}\right)^2 + 3\left(\frac{K_{fs} T_a}{S_e}\right)^2 + 4\left(\frac{K_f M_m}{S_y}\right)^2 + 3\left(\frac{K_{fs} T_m}{S_y}\right)^2\right]^{1/2} \quad (6\text{-}11)$$

$$d = \left\{\frac{16n}{\pi}\left[4\left(\frac{K_f M_a}{S_e}\right)^2 + 3\left(\frac{K_{fs} T_a}{S_e}\right)^2 + 4\left(\frac{K_f M_m}{S_y}\right)^2 + 3\left(\frac{K_{fs} T_m}{S_y}\right)^2\right]^{1/2}\right\}^{1/3} \quad (6\text{-}12)$$

DE-Soderberg

$$\frac{1}{n} = \frac{16}{\pi d^3}\left\{\frac{1}{S_e}\left[4(K_f M_a)^2 + 3(K_{fs} T_a)^2\right]^{1/2} + \frac{1}{S_{yt}}\left[4(K_f M_m)^2 + 3(K_{fs} T_m)^2\right]^{1/2}\right\} \quad (6\text{-}13)$$

$$d = \left(\frac{16n}{\pi}\left\{\frac{1}{S_e}\left[4(K_f M_a)^2 + 3(K_{fs} T_a)^2\right]^{1/2} + \frac{1}{S_{yt}}\left[4(K_f M_m)^2 + 3(K_{fs} T_m)^2\right]^{1/2}\right\}\right)^{1/3} \quad (6\text{-}14)$$

일정한 굽힘 및 비틀림을 받는 회전축의 경우, 굽힘응력은 완전히 반복되고 비틀림은 일정하다. 이와 같은 경우를 고려하기 위해 식 (6-7)~(6-14)에 M_m과 T_a로 0을 대입하면 식이 단순하게 표현된다.

지름을 알고 있고 안전계수가 요구되는 상황이라면 위의 정리된 식을 사용하는 대신 식 (6-5)와 식 (6-6)을 이용하여 교번응력과 평균응력을 구하고 이를 식 (5-45)~(5-48)의 파손 기준 식에 대입하여 직접 안전계수 n을 결정해도 됨에 유의해야 한다. 그러나 설계 상황에서 지름에 대해 미리 정리된 식을 가지고 있으면 크게 도움이 된다.

첫 번째 하중 사이클에서 정적파손의 가능성을 고려하는 것은 항상 필수적이다. 255쪽의 그림 5-27에 나타난 바와 같이 Soderberg 파손 선도는 항상 보수적으로 Langer의 항복 선도 내에 위치하고 있기 때문에 Soderberg 기준은 기본적으로 항복을 방지하고 있다. ASME Elliptic 또한 항복을 고려하지만, 전체 영역에 대해 보수적이지는 않다. 이는 그림 5-27에서 선도가 교차하는 것을 통해 알 수 있다. Gerber와 수정 Goodman 기준도 항복 방지를 보장하지 못하며 항복 발생 여부를 별도로 평가해야 한다. 이를 위해 von Mises 최대 응력이 계산된다.

$$\sigma'_{\max} = \left[(\sigma_m + \sigma_a)^2 + 3(\tau_m + \tau_a)^2\right]^{1/2}$$
$$= \left[\left(\frac{32K_f(M_m + M_a)}{\pi d^3}\right)^2 + 3\left(\frac{16K_{fs}(T_m + T_a)}{\pi d^3}\right)^2\right]^{1/2} \quad (6\text{-}15)$$

항복 발생 여부를 확인하기 위해, von Mises 최대 응력을 항복 강도와 다음과 같이 비교한다.

$$n_y = \frac{S_y}{\sigma'_{\max}} \quad (6\text{-}16)$$

빠르고, 보수적인 평가를 위해, σ'_a과 σ'_m을 단순히 더하여 $\sigma'_{\max}$를 얻을 수 있다. $(\sigma'_a + \sigma'_m)$은 항상 $\sigma'_{\max}$보다 크거나 같기에 보수적이다.

예제 6-1

기계가공된 축 숄더에서 작은 지름 d는 28 mm이고, 큰 지름 D는 42 mm이며, 필릿 반지름은 2.8 mm이다. 굽힘모멘트는 142.4 N·m이고, 비틀림 모멘트는 124.3 N·m로 일정하다. 열처리된 강으로 제작된 축의 인장강도 S_{ut} = 735 MPa이고 항복강도 S_y = 574 MPa이다. 목표 신뢰도는 0.99이다.

(a) 이 절에서 기술한 각 피로 파손 기준을 사용하여 피로에 대한 안전계수를 결정하라.
(b) 항복에 대한 안전계수를 결정하라.

풀이 (a) $D/d = 42/28 = 1.5$, $r/d = 2.8/28 = 0.10$, $K_t = 1.68$ (그림 A-15-9), $K_{ts} = 1.42$ (그림 A-15-8), $q = 0.85$(그림 5-20), $q_{\text{shear}} = 0.92$(그림 5-21)

식 (5-32)로부터,

$$K_f = 1 + 0.85(1.68 - 1) = 1.58$$
$$K_{fs} = 1 + 0.92(1.42 - 1) = 1.39$$

식 (5-8): $S'_e = 0.5(735) = 367.5 \text{ MPa}$

식 (5-19): $k_a = 4.51(735)^{-0.265} = 0.787$

식 (5-20): $k_b = \left(\dfrac{28}{7.62}\right)^{-0.107} = 0.870$

$$k_c = k_d = k_f = 1$$

표 5-6: $k_e = 0.814$

$$S_e = 0.787(0.870)0.814(367.5) = 205 \text{ MPa}$$

회전축에 대해 일정 굽힘모멘트는 완전 반복 굽힘응력을 발생시킨다.

$$M_a = 142.4 \text{ N·m} \qquad T_m = 124.3 \text{ N·m} \qquad M_m = T_a = 0$$

DE-Goodman 기준에 대한 식 (6-7)을 적용하면

$$\frac{1}{n} = \frac{16}{\pi(0.028)^3}\left\{\frac{\left[4\,(1.58 \cdot 142.4)^2\right]^{1/2}}{205 \times 10^6} + \frac{\left[3\,(1.39 \cdot 124.3)^2\right]^{1/2}}{735 \times 10^6}\right\} = 0.615$$

답 $n = 1.62$ DE-Goodman

유사한 방법으로 다른 파손 기준에 대한 식 (6-9), (6-11), (6-13)을 적용하면

답 $n = 1.87$ DE-Gerber

답 $n = 1.88$ DE-ASME Elliptic

답 $n = 1.56$ DE-Soderberg

비교를 위해 직접 응력을 계산하고 피로 파손 기준에 적용한다. 식 (6-5)와 (6-6)으로부터,

$$\sigma'_a = \left[\left(\frac{32 \cdot 1.58 \cdot 142.4}{\pi\,(0.028)^3}\right)^2\right]^{1/2} = 104.4 \text{ MPa}$$

$$\sigma'_m = \left[3\left(\frac{16 \cdot 1.39 \cdot 124.3}{\pi(0.028)^3}\right)^2\right]^{1/2} = 69.4 \text{ MPa}$$

예를 들어, Goodman 파손 기준을 적용하면, 식 (5-46)으로부터

$$\frac{1}{n} = \frac{\sigma'_a}{S_e} + \frac{\sigma'_m}{S_{ut}} = \frac{104.4}{205} + \frac{69.4}{735} = 0.604$$

$$n = 1.62$$

이는 앞의 결과와 일치한다. 다른 파손 기준에 대해서도 동일한 과정을 사용할 수 있다.

(*b*) 항복에 대한 안전계수를 구하기 위해 식 (6-15)를 사용하여 등가 von Mises 최대 응력을 구한다.

$$\sigma'_{\max} = \left[\left(\frac{32(1.58)\,(142.4)}{\pi\,(0.028)^3}\right)^2 + 3\left(\frac{16(1.39)\,(124.3)}{\pi\,(0.028)^3}\right)^2\right]^{1/2} = 125.4 \text{ MPa}$$

답
$$n_y = \frac{S_y}{\sigma'_{\max}} = \frac{574}{125.4} = 4.58$$

비교를 위해 $\sigma'_{\max}$ 대신 $(\sigma'_a + \sigma'_m)$을 이용하여 빠르고 매우 보수적으로 항복 여부를 확인할 수 있다. 이는 이미 σ'_a과 σ'_m이 결정되어 있다면, $\sigma'_{\max}$를 계산하는 데 소요되는 추가 시간을 절약할 수 있다. 예를 들어,

$$n_y = \frac{S_y}{\sigma'_a + \sigma'_m} = \frac{574}{104.4 + 69.4} = 3.3$$

$n_y = 4.58$과 비교하면 매우 보수적이다.

응력 집중 평가

피로 평가를 위한 응력 해석 과정은 응력 집중에 크게 영향을 받는다. 숄더와 키홈에 대한 응력 집중은 크기 사양에 크게 영향을 받으나 이는 설계 과정의 초반부에는 알려져 있지 않다. 다행히도 이러한 요소들은 대개 표준 비율을 따르기 때문에 축 설계 초기 단계에 응력집중계수를 평가하는 것이 가능하다. 이러한 응력 집중은 상세 사항을 알게 되면 계속적인 반복과정 동안 미세 조정될 것이다.

베어링과 기어 지지를 위한 숄더는 특정 베어링 혹은 기어에 대한 카탈로그의 추천 사항과 일치해야 한다. 베어링 카탈로그를 보면 일반적인 베어링이 D/d의 비로 1.2~1.5를 필요로 한다는 것을 알 수 있다. 일단 가장 나쁜 경우인 1.5를 가정할 수 있다. 유사하게 숄더에서의 필릿 반지름은 짝을 이루는 요소의 필릿 반지름과의 간섭을 피할 수 있도록 크기가 결정되어야 한다. 일반적인 베어링의 필릿 반지름과 보어 지름의 비 값에 상당한 변동이 있으며 보통 r/d값이 약 0.02~0.06 범위이다. 응력 집중 차트(그림 A-15-8과 A-15-9)를 보면 이 범위에서 굽힘과 비틀림에 대한 응력 집중이 크게 증가함을 알 수 있다. 예를 들어, 굽힘에서 $D/d = 1.5$일 때, $r/d = 0.02$에서 $K_t = 2.7$이며 $r/d = 0.05$에서는 $K_t = 2.1$로 감소한다. 그리고 $r/d = 0.1$에서는 $K_t = 1.7$로 더욱 감소한다. 이는 이 영역이 약간의 주의가 큰 차이를 야기할 수 있는 영역임을 의미한다. 다행히도 대부분의 경우에 베어링 근처에서의 굽힘모멘트는 매우 작음을 전단력 선도 및 굽힘모멘트 선도로부터 알 수 있는데 이는 반력에 의한 굽힘모멘트가 작기 때문이다.

베어링 숄더부가 취약부로 판명된 경우에는 설계자는 필릿 반지름이 완만한 베어링을 선정할 계획을 세우거나 그림 6-9*a*에서와 같이 숄더의 베이스로 완화시킴으로써 축에 더 큰 필릿 반지름을 반영할 수 있도록 해야 한다. 이는 응력 흐름 선도로 표현된 바와 같이 굽힘 응력이 작용하지 않는 사각 지대를 숄더 영역에 생성시키는 데 효과적이다. 그림 6-9*b*에 나타낸 바와 같은 숄더 릴리프 그루브도 유사한 역할을 한다. 또 다른 방법은 그림 6-9*c*에 나타낸 바와 같이 축의 작은 지름 쪽에 반지름이 큰 릴리프 그루브를 가공하는 것이다. 이로 인해 단면적이 감소하는 단점이 있지만 숄더 전체에 대해 연삭이나 선삭 작업을 해야 하는 것을 방지하기 위해 숄더 앞에 릴리프 그루브를 가공하는 것이 효과적인 경우에 흔히 사용된다.

표준 숄더 필릿에 대해 가장 처음 계산에서 응력집중계수 K_t값을 구하기 위해서는 r/d 값을 선정해야 한다. 형상에 따른 응력집중계수의 변화를 고려하여 가장 나쁜 경우의 값(가

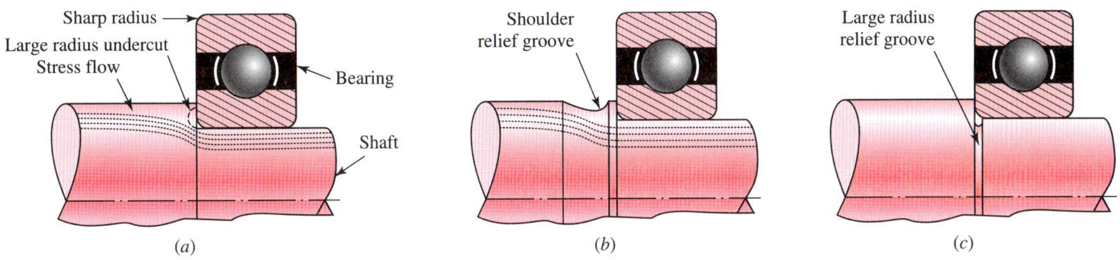

그림 6-9
반지름이 예리한 베어링 지지 숄더에서의 응력 집중 저감 기술. (*a*) 숄더에 반지름이 큰 언더컷 가공, (*b*) 숄더 후단에 반지름이 큰 릴리프 그루브 가공, (*c*) 지름이 작은 쪽에 반지름이 큰 릴리프 그루브 가공

장 보수적인)을 고려하면 $r/d = 0.02$이고 $D/d = 1.5$인 경우 K_t값이 굽힘에 대해 2.7, 비틀림에 대해 2.2, 축 하중에 대해 대해 3.0임을 숄더에 대한 응력집중계수 선도로부터 알 수 있다.

키홈은 하중을 전달하는 부품이 위치한 취약부 근처에서 응력 집중을 야기할 수 있다. 엔드밀로 가공된 키홈에서의 응력 집중은 그루브 바닥에서의 반지름 r과 축 지름 d의 비에 따라 변한다. 설계 초기 단계에서는 실제 축의 치수와 관계없이 일반적인 값인 $r/d = 0.02$로 가정하여 키홈에 대한 응력집중계수를 구할 수 있다. 이 경우 키가 적소에 있다는 가정하에 굽힘에 대하여 $K_t = 2.14$, 비틀림에 대하여 $K_{ts} = 3.0$이다.

그림 A-15-16과 A-15-17은 멈춤링에 대해 사용되는 평저 그루브(flat-bottomed groove)의 응력집중계수를 나타낸 것이다. 판매자의 카탈로그에서 일반적인 멈춤링의 사양을 살펴보면 그루브 폭은 일반적으로 그루브 깊이보다 약간 크고 그루브 바닥의 반지름은 그루브 폭의 약 1/10 정도임을 알 수 있다. 그림 A-15-16과 A-15-17로부터 일반적인 멈춤링 치수에 대한 응력집중계수는 굽힘과 축 하중에 대해 약 5, 비틀림에 대해 3임을 알 수 있다. 다행히도 반지름이 감소하면 노치 민감도도 일반적으로 감소하기에 피로응력집중계수 K_f도 감소하게 된다.

표 6-1에 축 설계를 위한 최초 계산 시 적용할 수 있는 대표적인 응력집중계수값을 정리하였다. 다른 형상에 대해서도 유사한 방법으로 초기 응력집중계수값을 제시할 수 있다. 유의해야 할 점은 응력집중계수는 실제 특정 치수가 아니라 기본적으로 무차원화를 통해서 기하학적 형상 특성의 비로 주어진다는 점이다. 결과적으로 계산에 필요한 적절한 형상비를

표 6-1 초기 설계를 위한 응력집중계수(K_t와 K_{ts})

주의사항: 이 값들은 실제 축의 치수가 결정되지 않았을 때에만 사용된다. 실제 치수가 있을 때에는 이 값들을 사용해서는 안 된다.

	Bending	Torsional	Axial
Shoulder fillet—sharp ($r/d = 0.02$)	2.7	2.2	3.0
Shoulder fillet—well rounded ($r/d = 0.1$)	1.7	1.5	1.9
End-mill keyseat ($r/d = 0.02$)	2.14	3.0	—
Sled runner keyseat	1.7	—	—
Retaining ring groove	5.0	3.0	5.0

표에 값이 없는 경우는 손쉽게 구할 수 없다.

결정한 후 최초 계산에 필요한 응력집중계수를 얻을 수 있다. 이 값들이 초기 설계를 위해 사용될 수 있으며, 지름이 결정되면 실제값이 적용될 수 있다.

예제 6-2

이 예제는 전체 사례 해석의 한 부분이다. 전체 사례 해석에 대한 내용은 14장을 참고한다.

두 개의 감속기어박스 설계를 위한 일반 배치안과 두 개의 스퍼 기어가 장착된 중간축의 축방향 치수안이 그림 6-10과 같이 제시되었다. 기어와 베어링은 숄더에 의해 위치를 잡고 지지되며 멈춤링에 의해 고정된다. 기어는 키를 통해 토크를 전달한다. 기어는 그림에 나타난 바와 같이 지정되어 있으며 다음과 같은 접선방향 및 반지름방향 힘을 기어를 통해 축으로 전달할 수 있어야 한다.

$$W_{23}^t = 2400 \text{ N} \qquad W_{54}^t = -10\,800 \text{ N}$$

$$W_{23}^r = -870 \text{ N} \qquad W_{54}^r = -3900 \text{ N}$$

여기서, 상첨자 t와 r은 각각 접선 및 반지름방향을 의미한다. 그리고 하첨자 23과 54는 각각 기어 2와 5(그림에는 나타내지 않음)가 기어 3과 4에 가하는 힘을 의미한다.

다음 설계 단계는 적합한 재료를 선정하고 축 각 부분의 지름을 결정하는 것이다. 이때 축이 피로 및 정적 응력을 충분히 지지할 수 있도록 하여 무한 수명이 되도록 하며 최소 안전계수 1.5를 고려한다.

풀이 베어링에 작용하는 반력을 얻기 위해 자유물체도 해석을 수행한다.

$$R_{Az} = 422 \text{ N}$$
$$R_{Ay} = 1439 \text{ N}$$
$$R_{Bz} = 8822 \text{ N}$$
$$R_{By} = 3331 \text{ N}$$

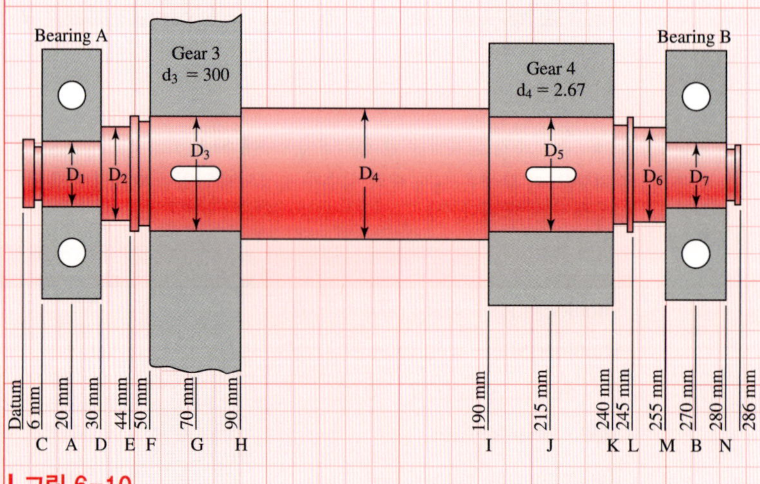

그림 6-10
예제 6-2에 대한 축 배치 (단위: mm)

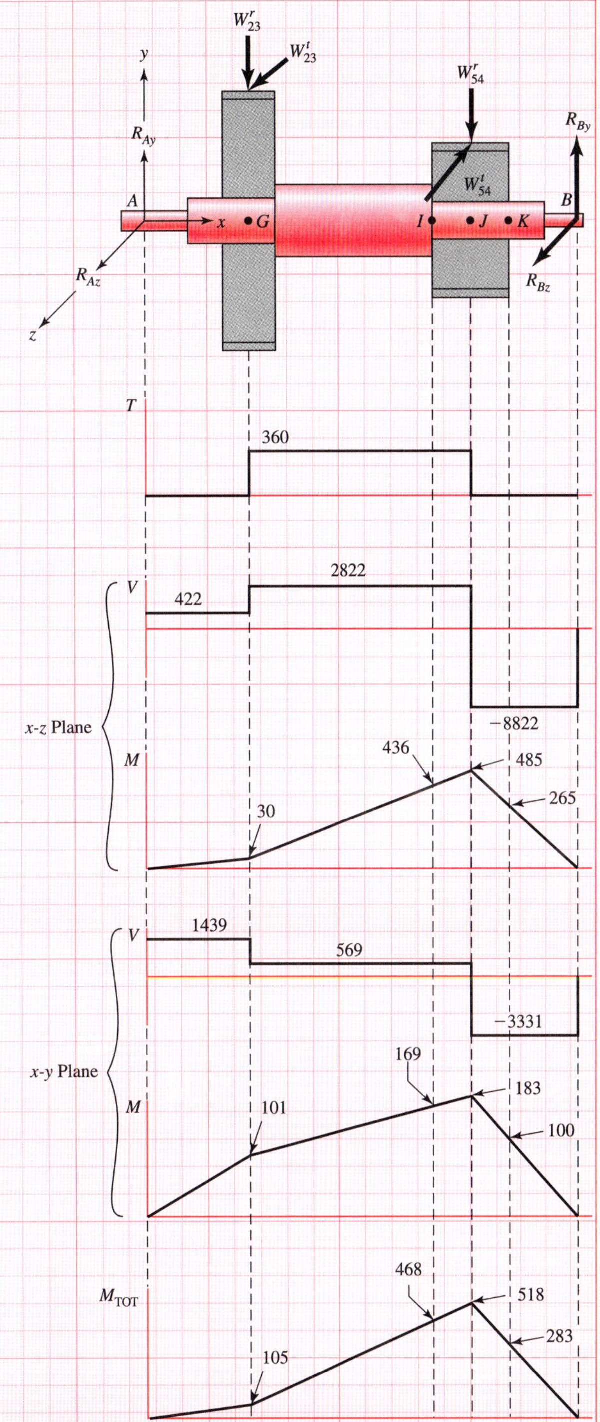

ΣM_x로부터, 기어 사이의 축에 작용하는 토크를 결정하라.

$T = W_{23}^t(d_3/2) = 2400(0.3/2) = 360$ N·m

두 평면에 대해 전단력 선도 및 굽힘모멘트 선도를 작성하라.

두 직교 평면에 대한 값의 벡터 합을 이용하여 합 모멘트를 구하라.

예를 들어, J점에서는 $\sqrt{485^2 + 183^2} = 518$ N·m

굽힘모멘트가 큰 I 지점부터 고려하면, 숄더에서 응력 집중이 발생하며 토크도 작용하고 있다.

$$I\text{에서, } M_a = 468 \text{ N·m}, \; T_m = 360 \text{ N·m}, \; M_m = T_a = 0$$

I에서 기어에 대해 완만한 필릿 반지름을 가정한다.

표 6-1로부터 $K_t = 1.7$, $K_{ts} = 1.5$이다. 빠르고 보수적인 초기 평가를 위해 $K_f = K_t$, $K_{fs} = K_{ts}$로 가정한다.

가격이 저렴한 1020 CD강을 선정한다. 이 강의 $S_{ut} = 469$ MPa이다. S_e를 계산하면

식 (5-19) $$k_a = aS_{ut}^b = 4.51\,(469)^{-0.265} = 0.883$$

$k_b = 0.9$로 가정하고 지름 d가 결정되면 재확인한다.

$$k_c = k_d = k_e = 1$$

식 (5-18) $$S_e = (0.883)(0.9)(0.5)(469) = 186 \text{ MPa.}$$

I 지점에서 숄더의 작은 지름을 최초 정의하기 위해 식 (6-8)의 DE-Goodman 기준을 사용한다. 이 기준은 단순하고 보수적이기 때문에 최초 설계를 위해 유용하다. 식 (6-8)에 $M_m = T_a = 0$을 대입하면

$$d = \left\{\frac{16n}{\pi}\left(\frac{2\,(K_f M_a)}{S_e} + \frac{\left[3\,(K_{fs}T_m)^2\right]^{1/2}}{S_{ut}}\right)\right\}^{1/3}$$

$$d = \left\{\frac{16(1.5)}{\pi}\left(\frac{2\,(1.7)\,(468)}{186\times10^6} + \frac{\{3\,[(1.5)\,(360)]^2\}^{1/2}}{469\times10^6}\right)\right\}^{1/3}$$

$$d = 0.0432 \text{ m} = 43.2 \text{ mm}$$

모든 값들이 보수적일 것이기에 43.2 mm보다 작은 바로 다음 표준 치수($d = 42$ mm)로 선정하고 확인한다.

숄더에서 지지부에 대한 일반적인 D/d 값은 1.2이므로 $D = 1.2 \times 42 = 50.4$ mm가 된다. 공칭 지름이 50 mm인 냉간 인발 축이 사용될 수 있다. 계산값들의 적용 가능 여부를 확인한다.

$$D/d = 50/42 = 1.19$$

필릿 반지름을 $r = d/10 \cong 4$ mm로 가정하면, $r/d = 0.1$

$$K_t = 1.6 \text{ (그림 A-15-9)}, \; q = 0.82 \text{ (그림 5-20)}$$

식 (5-32) $$K_f = 1 + 0.82(1.6 - 1) = 1.49$$

$$K_{ts} = 1.35 \text{ (그림 A-15-8)}, \; q_s = 0.95 \text{ (그림 5-21)}$$

$$K_{fs} = 1 + 0.95(1.35 - 1) = 1.33$$

$$k_a = 0.883 \text{(변화 없음)}$$

식 (5-20) $$k_b = \left(\frac{42}{7.62}\right)^{-0.107} = 0.833$$

$$S_e = (0.883)(0.833)(0.5)(469) = 172 \text{ MPa}$$

식 (6-5) $$\sigma_a' = \frac{32K_f M_a}{\pi d^3} = \frac{32(1.49)(468)}{\pi(0.042)^3} = 96 \text{ MPa}$$

식 (6-6) $$\tau_m' = \left[3\left(\frac{16K_{fs}T_m}{\pi d^3}\right)^2\right]^{1/2} = \frac{\sqrt{3}(16)(1.33)(360)}{\pi(0.042)^3} = 57 \text{ MPa}$$

Goodman 기준을 이용하면,

$$\frac{1}{n_f} = \frac{\sigma'_a}{S_e} + \frac{\sigma'_m}{S_{ut}} = \frac{96}{172} + \frac{57}{469} = 0.68$$

$$n_f = 1.55$$

식 (6-7)을 이용하여 직접 계산하였음에 유의한다.

항복 여부를 평가하면,

$$n_y = \frac{S_y}{\sigma'_{\max}} > \frac{S_y}{\sigma'_a + \sigma'_m} = \frac{393}{96+57} = 2.57$$

또한 키홈의 끝단(I점의 바로 오른쪽)과 K점의 그루브에서 이 지름값의 타당성을 확인한다. 굽힘모멘트 선도로부터 키홈의 끝단에서의 M을 구하면 M = 433 N·m이다.

키홈 바닥에서의 반지름이 표준값인 $r/d = 0.02$, $r = 0.02$, $d = 0.02(42) = 0.84$ mm라고 가정하면,

$$K_t = 2.14(\text{그림 A-15-18}),\ q = 0.65\ (\text{그림 5-20})$$

$$K_f = 1 + 0.65(2.14 - 1) = 1.74$$

$$K_{ts} = 3.0(\text{그림 A-15-19}),\ q = 0.9\ (\text{그림 5-21})$$

$$K_{fs} = 1 + 0.9(3-1) = 2.8$$

$$\sigma'_a = \frac{32K_f M_a}{\pi d^3} = \frac{32(1.74)(443)}{\pi(0.042)^3} = 106\ \text{MPa}$$

$$\sigma'_m = \sqrt{3}(16)\frac{K_{fs}T_m}{\pi d^3} = \frac{\sqrt{3}(16)(2.8)(443)}{\pi(0.042)^3} = 148\ \text{MPa}$$

$$\frac{1}{n_f} = \frac{\sigma'_a}{S_e} + \frac{\sigma'_m}{S_{ut}} = \frac{106}{172} + \frac{148}{469} = 0.93$$

$$n_f = 1.08$$

따라서 키홈이 숄더보다 더욱 취약한 것으로 나타났다. 이때 설계자는 지름을 증가시키거나, 강도가 더 큰 재료를 선정할 수 있다. 변형 평가 결과 지름이 더 큰 축을 사용하지 않아도 된다면, 강도가 더 큰 재료를 이용하도록 하자. 매우 강도가 낮은 재료부터 시작하여, 강도를 시키며 치수가 더 큰 축 사용을 피할 수 있다. S_{ut} = 690 MPa인 1050 CD 강을 적용하여 평가해 보면,

S_{ut}에 의해 영향을 받는 계수들을 재계산한다. 즉 $k_a \rightarrow S_e;\ q \rightarrow K_f \rightarrow \sigma'_a$

$$k_a = 4.51(690)^{-0.265} = 0.797, \quad S_e = 0.797(0.833)(0.5)(690) = 229\ \text{MPa}$$

$$q = 0.72,\ K_f = 1 + 0.72(2.14 - 1) = 1.82$$

$$\sigma'_a = \frac{32(1.82)(443)}{\pi(0.042)^3} = 110.8\ \text{MPa}$$

$$\frac{1}{n_f} = \frac{110.8}{229} + \frac{148}{690} = 0.7$$

$$n_f = 1.43$$

Goodman 기준은 보수적이므로 이 값은 수용 가능하다고 볼 수 있다(요구된 안전계수 1.5와 매우 근사함).

평저 그루브에 대한 K_t는 일반적으로 매우 높기 때문에, K점의 그루브에서의 타당성을 확인한다. 토크 선도로부터 그루브에서는 토크가 작용하지 않음을 확인할 수 있다. 굽힘모멘트 선도로부터, $M_a = 283$ N·m, $M_m = T_a = T_m = 0$이다. 이 위치가 잠재적인 취약부라면 빠른 평가를 위해 표 6-1로부터 $K_f = K_t = 5.0$을 적용한다.

$$\sigma_a = \frac{32K_f M_a}{\pi d^3} = \frac{32(5)(283)}{\pi(0.042)^3} = 194.5 \text{ MPa}$$

$$n_f = \frac{S_e}{\sigma_a} = \frac{229}{194.5} = 1.18$$

이는 작은 값이다. 보다 정확하게 K_f를 구하기 위해 특정 멈춤링에 대한 값을 찾아보기로 한다. 웹사이트 www.globalspec.com에 접속하여 멈춤링 사양을 검색해 보면 지름이 42 mm인 축의 멈춤링에 적합한 그루브 사양을 다음과 같이 얻을 수 있다: 폭 $a = 1.73$ mm, 깊이 $t = 1.22$ mm, 그루브 바닥에서 모서리 반지름 $r = 0.25$ mm.

그림 A-15-16으로부터 $r/t = 0.25/1.22 = 0.205$이고, $a/t = 1.73/1.22 = 1.42$이다.

$$K_t = 4.3,\ q = 0.65 \text{ (그림 5-20)}$$

$$K_f = 1 + 0.65(4.3 - 1) = 3.15$$

$$\sigma_a = \frac{32K_f M_a}{\pi d^3} = \frac{32(3.15)(283)}{\pi(0.042)^3} = 122.6 \text{ MPa}$$

$$n_f = \frac{S_e}{\sigma_a} = \frac{229}{122.6} = 1.87$$

M점이 취약부인지 여부를 빠르게 확인한다. 굽힘모멘트만이 작용하고, 그 값이 작지만 지름이 작고 베어링에 필요한 필릿이 예리하므로 응력 집중이 크다. 굽힘모멘트 선도로부터 $M_a = 113$ N·m, $M_m = T_m = T_a = 0$이다.

표 6.1로부터 $K_t = 2.7$이다. $d = 25$ mm이며 필릿 반지름 r을 일반적인 베어링에 맞도록 고려하면

$$r/d = 0.02,\ r = 0.02(25) = 0.5$$

$$q = 0.7 \text{ (그림 5-20)}$$

$$K_f = 1 + (0.7)(2.7 - 1) = 2.19$$

$$\sigma_a = \frac{32K_f M_a}{\pi d^3} = \frac{32(2.19)(113)}{\pi(0.025)^3} = 161 \text{ MPa}$$

$$n_f = \frac{S_e}{\sigma_a} = \frac{229}{161} = 1.42$$

만족스러운 결과로 볼 수 있다. 베어링 선정 후 재확인하기에 충분히 가깝다.

취약부에 대해 결정된 지름값을 이용하여 다른 부분의 예비 지름값도 결정한다. 베어링과 기어 지지에 대한 일반적인 숄더 높이를 고려한다.

$$D_1 = D_7 = 25 \text{ mm}$$

$$D_2 = D_6 = 35 \text{ mm}$$

$$D_3 = D_5 = 42 \text{ mm}$$

$$D_4 = 50 \text{ mm}$$

축의 왼쪽 끝단에서의 굽힘모멘트는 매우 작다. 그러므로 D_1, D_2, D_3는 더 작아야 한다. 그러나 무게가 중요한 사항이 아니라면 더 적은 재료를 쓴다고 해서 그다지 이점이 있는 것은 아니다. 또한 변형을 작게 유지하기 위해서는 추가적인 강성이 필요할 것이다.

6-5 변형에 대한 고려

축의 어떤 한 점에서만의 변형크기를 얻으려 하더라도, 축 전체에 대한 기하학적 정보가 필요하다. 따라서, 먼저 축의 모든 위치에서 허용응력을 기준으로 안전한 치수를 결정한 후, 과다한 변형이 발생하는지에 대한 해석을 하는 것이 좋다. 기어나 베어링의 위치에서 허용변형(즉, 변위나 기울기)을 초과하지 않는지를 체크하여야 한다. 허용변형이란 다양한 인자에 의하여 결정되므로, 해당 베어링이나 기어에 대한 카탈로그를 참조하여 허용값을 결정하여야 한다. 축 중앙에서의 허용 기울기와 횡변형에 대한 대략의 값을 표 6-2에 정리하였다. 스퍼기어에 대한 횡변형 허용값은 기어 이의 크기를 나타내는 지름피치(즉, P = 기어잇수/피치지름)에 따라 다르다.

축의 여러 지점에서 변형크기를 계산하는 방법으로 특이함수를 이용한 적분법이나 수치적분법이 좋다. 단면적이 계단처럼 변하는 경우는, 모멘트(M)뿐 아니라 단면 위치에 따라 단면 2차 모멘트(I)가 변화되므로 적분이 복잡해진다. 키홈, 필릿, 그루브와 같은 국부적인 기하형상 변화는 변형크기에 큰 영향을 주지 않으므로 무시할 수 있다. 하중이 동일한 평면상에 있지 않은 축의 경우에는, 3차원해석을 하든지, 또는 각 평면에서 구한 변형값을 벡터합성하여 최종크기로 정할 수 있다. 여러 지점에서의 변형크기를 구할때, 컴퓨터 프로그램(예: 유한요소법)을 사용하면 편하다. 예제 6-3은 두 평면상에서의 변형을 각각 구하여 합성함을 보여주는 예제이다.

표 6-2 기울기와 횡 처짐에 대한 최대 범위

Slopes	
Tapered roller	0.0005–0.0012 rad
Cylindrical roller	0.0008–0.0012 rad
Deep-groove ball	0.001–0.003 rad
Spherical ball	0.026–0.052 rad
Self-align ball	0.026–0.052 rad
Uncrowned spur gear	< 0.0005 rad
Transverse Deflections	
Spur gears with $P < 10$ teeth/cm	0.25 mm
Spur gears with $11 < P < 19$	0.125 mm
Spur gears with $20 < P < 50$	0.075 mm

예제 6-3

참고로 14장에서는 이 예제보다 더 종합적인 축 예제를 다룬다.

예제 6-2에서 허용응력을 기준으로 계산한 축의 지름 결과는 다음과 같다.

$$D_1 = D_7 = 25\ \text{mm}$$
$$D_2 = D_6 = 35\ \text{mm}$$
$$D_3 = D_5 = 40\ \text{mm}$$
$$D_4 = 50\ \text{mm}$$

기어와 베어링에서의 변형과 기울기값이 적합한지 체크하고, 적합하지 않다면 필요한 기하 형상을 제시하라.

풀이 두 직교 평면에서 축을 모델링한 후, 각 결과를 벡터합성한다. 축의 재료는 스틸(E = 210 GPa)이다. 수평(xz) 평면에 접선방향의 기어하중을 적용하고, 수직(xy) 평면에 반지름방향 기어하중을 적용한다. 프로그램을 사용하여 베어링 반력을 구하고, 적분을 이용하여 전단력, 모멘트, 기울기와 처짐을 각각 구한다(그림 6-11 참조).

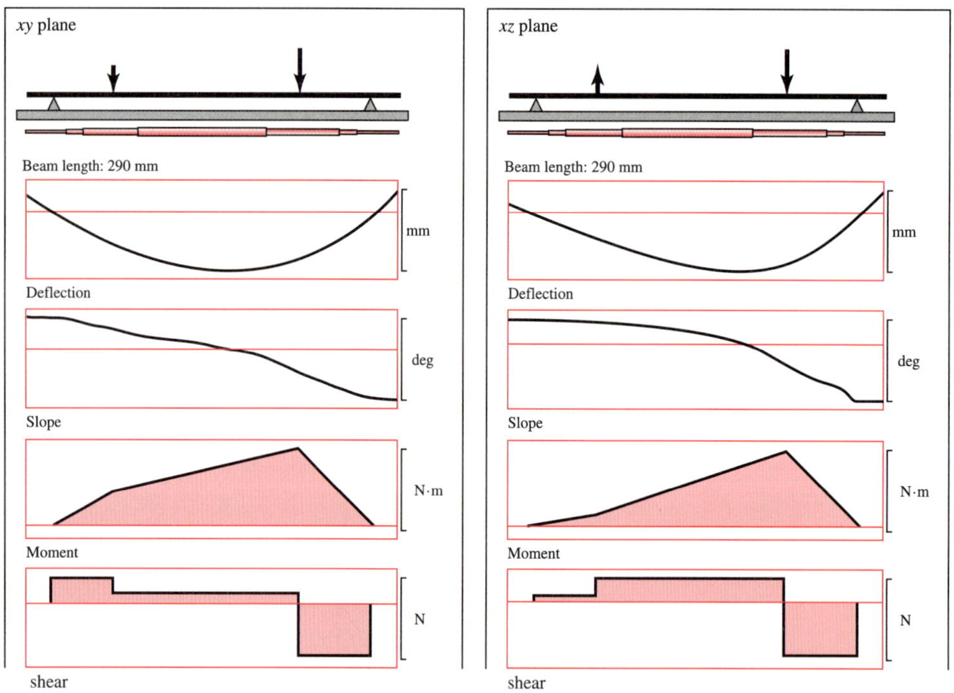

그림 6-11
전단력 선도, 모멘트 선도, 기울기와 처짐에 대한 결과 그래프

변형크기는 각 평면에서의 값을 벡터합성 $\delta = \sqrt{\delta_{xz}^2 + \delta_{xy}^2}$으로 구하며, 표 6-3에 정리하였다.

표 6-3의 값이 적절한지는, 선택된 베어링이나 기어에 따라 다르다. 여기서 계산된 값은 표 6-2에 제시된 값보다 작다. 오른쪽 베어링에서의 하중이 상대적으로 크기 때문에 원통 베어링을 사용할 수 있다.

표 6-3 중요 위치에서의 기울기(회전각)와 처짐

Point of interest	*xz* plane	*xy* plane	Total
Left bearing slope	0.02263 deg	0.01770 deg	0.02872 deg
			0.000501 rad
Right bearing slope	0.05711 deg	0.02599 deg	0.06274 deg
			0.001095 rad
Left gear slope	0.02067 deg	0.01162 deg	0.02371 deg
			0.000414 rad
Right gear slope	0.02155 deg	0.01149 deg	0.02442 deg
			0.000426 rad
Left gear deflection	0.0189 mm	0.0129 mm	0.0229 mm
Right gear deflection	0.0397 mm	0.0188 mm	0.0439 mm

일단 베어링을 선정한 다음, 해당 베어링의 규격에 적합한지를 확인하면 된다. 기어 기울기나 처짐은 표 6-2 값을 잘 만족한다. 축의 강성이 감소된다면, 처짐이 허용값보다 작은지 검사하여야 한다.

만일 여러 지점에서 변형이 결정된 후 어떤 값이라도 그 위치에서의 허용값보다 크다면, I값이 지름의 4승에 비례하므로 지름을 다음 식으로 수정한다.

$$d_{\text{new}} = d_{\text{old}} \left| \frac{n_d y_{\text{old}}}{y_{\text{all}}} \right|^{1/4} \tag{6-17}$$

여기서 y_{all}은 허용 처짐이고, n_d는 설계계수이다. 같은 요령으로, 어떤 위치에서의 기울기가 허용값보다 크다면, 지름은 다음 식으로 다시 계산할 수 있다.

$$d_{\text{new}} = d_{\text{old}} \left| \frac{n_d (dy/dx)_{\text{old}}}{(\text{slope})_{\text{all}}} \right|^{1/4} \tag{6-18}$$

여기서, $(\text{slope})_{\text{all}}$은 허용 기울기이다. 따라서, 최대 $d_{\text{new}}/d_{\text{old}}$의 비율을 구하고, 모든 지름에 이 비율을 곱한다. 대개의 경우에 영향이 작기 때문에, 양 끝단 저널크기에 대하여는 크게 신경쓰지 말라. 이 기법의 장점은 변형크기가 한 번 정해지고 제한조건이 약해지면, 그 다음에는 매번 처짐에 대한 계산을 하지 않아도 된다는 것이다.

예제 6-4 예제 6-3에서, 우측 베어링에서의 기울기가 원통 롤러베어링에 대한 한계값에 가깝다는 것을 알았다. 이 기울기를 0.0005 라디안으로 줄이기 위하여 필요한 지름을 결정하라.

풀이 식 (6-17)을 우측 베어링에서의 처짐에 적용하면,

$$d_{\text{new}} = d_{\text{old}} \left| \frac{n_d \text{slope}_{\text{old}}}{\text{slope}_{\text{all}}} \right|^{1/4} = 25 \left| \frac{(1)(0.001095)}{(0.0005)} \right|^{1/4} = 30.4 \text{ mm}$$

모든 지름에 곱할 비율을 계산한다.

$$\frac{d_{\text{new}}}{d_{\text{old}}} = \frac{30.4}{25} = 1.216$$

따라서, 축의 커진 지름은 다음과 같이 계산된다.

$D_1 = D_7 = 30.4$ mm

$D_2 = D_6 = 42.6$ mm

$D_3 = D_5 = 49.4$ mm

$D_4 = 60.8$ mm

이 지름크기를 사용하여 예제 6-3(보의 처짐)의 해석을 반복해 보면, 우측 베어링에서 지름이 0.0125 mm로 계산되며 처짐값은 이전의 값보다 더 작아지게 된다.

굽힘 하중에 의한 보의 처짐에, 횡전단력에 의한 보의 처짐을 추가로 더할 수 있다. 그 크기가 굽힘에 의한 처짐보다 일반적으로 작으나, (축길이/지름)의 비가 10보다 작으면 추가로 더해야 한다. 각주의 문헌을 참고하라.[2]

계단모양으로 단면적이 변화되는 축의 전체 비틀림각은 각 구간에서의 비틀림각을 모두 더한 식 (6-19)로 구한다.

$$\theta = \sum \theta_i = \sum \frac{T_i l_i}{G_i J_i} \tag{6-19}$$

만일, 동일한 재료이고 비틀림 모멘트가 일정하다면, 식 (6-20)으로 구한다.

$$\theta = \frac{T}{G} \sum \frac{l_i}{J_i} \tag{6-20}$$

식 (6-19), (6-20)에 의한 값보다 실제 측정한 각이 크므로, 식의 값은 추정치로만 사용한다.[3]

비틀림 강성을 $k_i = T_i/\theta_i$로 정의한다면, 일정한 비틀림 모멘트를 받는 축의 비틀림각은 $\theta = T \sum(1/k_i)$로 계산한다. 축의 비틀림 강성은 각 부분의 강성을 더한 값이 된다.

$$\frac{1}{k} = \sum \frac{1}{k_i} \tag{6-21}$$

6-6 축의 위험속도

축이 회전할 때, 편심된 질량은 원심력에 의한 변형을 일으키는데, 이 변형은 축의 강성 *EI*에 의하여 지지된다. 변형이 작다면 문제가 없으나 **위험속도**(즉, 어떤 속도에서 변형이 상한

[2] C.R. Mischke, "Tabular Method for Transverse Shear Deflection," Sec. 17.3 in Joseph E. Shigley, Charles R. Mischke, and Thomas H. Brown, Jr. (eds.), *Standard Handbook of Machine Design*, 3rd ed., McGraw-Hill, New York, 2004.

[3] R. Bruce Hopkins, *Design Analysis of Shafts and Beams*, McGraw-Hill, New York, 1970, pp. 93 – 99.

치 없이 증가하여 축이 불안정해지는 현상)를 고려하여야 한다. 다행히 축의 동적 처짐(dynamic deflection)의 값 대신, 정적(static) 처짐곡선만으로 최저 위험속도를 추정할 수 있다. 처짐곡선은 미분방정식의 경계조건(베어링의 위치에서 모멘트와 처짐이 0임)을 만족시키고, 축 에너지가 처짐곡선의 정확한 형상에 따라 민감하지 않기 때문이다. 설계자는 최저 위험속도가 사용속도의 최소 2배가 되도록 설계한다.

축은 그 자체의 질량 때문에 위험속도를 가지고 있다. 축에 장착된 기어와 같은 추가적인 질량들의 조합은 축의 위험속도보다 더 낮은 속도에서 위험속도를 갖게 한다. 기하학적 형상이 간단하고 축의 지름이 일정한 단순지지(simply supported)축의 위험속도는[4]

$$\omega_1 = \left(\frac{\pi}{l}\right)^2 \sqrt{\frac{EI}{m}} = \left(\frac{\pi}{l}\right)^2 \sqrt{\frac{gEI}{A\gamma}} \tag{6-22}$$

여기서 m은 단위길이당 질량, A는 단면적, γ는 비중량이다. 축을 여러 질량의 합으로 생각하면 Rayleigh의 식은 다음과 같다.[5]

$$\omega_1 = \sqrt{\frac{g \sum w_i y_i}{\sum w_i y_i^2}} \tag{6-23}$$

여기서 w_i는 i번째 위치에 해당하는 무게, y_i는 i번째 위치에서 축의 처짐이다. 식 (6-23)은, 축을 여러 개로 나누어 각각의 축의 질량을 그림 6-12와 같이 나눈 각 부분의 중앙에 위치한다고 가정하면, 식 (6-22) 대신 사용할 수 있다. Rayleigh 식에 의한 위험속도 w의 근사값은 기본 고유 진동수의 참값보다 항상 수 퍼센트 크게 계산된다.

축이 탄성체라는 가정 하에 **영향계수**(*influence coefficient*)를 사용하기로 한다. 영향계수는 축의 j번째 위치에 작용하는 단위 하중에 의한 i번째 위치에서의 y방향 처짐이다. 그림 6-13과 같이 단순 지지된 보의 단위 하중에 대한 영향계수는 부록 표 A-9-6에서

그림 6-12
(*a*) 지름이 일정한 축; (*b*) 여러 개의 질량으로 나누어 모델링한 축

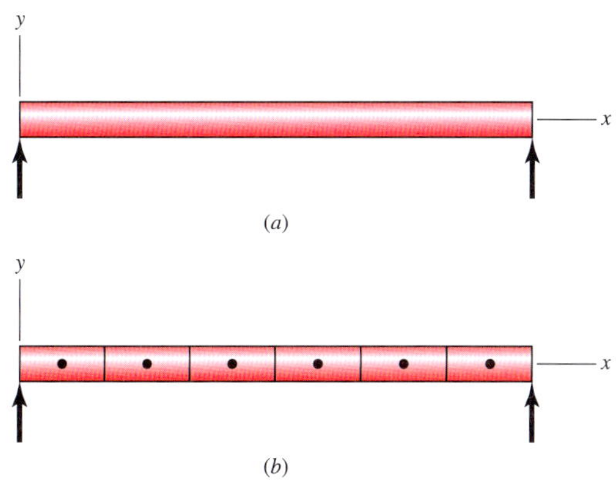

---

[4] William T. Thomson and Marie Dillon Dahleh, *Theory of Vibration with Applications*, Prentice Hall, 5th ed., 1998, p. 273.

[5] Thomson, op. cit., p. 357.

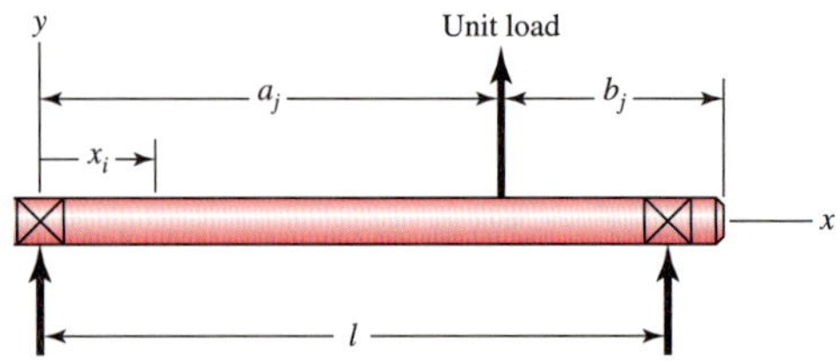

그림 6-13
영향계수 δ_{ij}는 j에 작용하는 단위하중에 의한 i의 처짐이다.

$$\delta_{ij} = \begin{cases} \dfrac{b_j x_i}{6EIl}(l^2 - b_j^2 - x_i^2) & x_i \le a_i \\ \dfrac{a_j(l - x_i)}{6EIl}(2lx_i - a_j^2 - x_i^2) & x_i > a_i \end{cases} \tag{6-24}$$

그림 6-13에서 3개의 힘에 대한 영향계수는 아래와 같이 표시된다.

	j		
i	1	2	3
1	δ_{11}	δ_{12}	δ_{13}
2	δ_{21}	δ_{22}	δ_{23}
3	δ_{31}	δ_{32}	δ_{33}

Maxwell의 상반정리(reciprocity theorem)[6]는 δ_{11}, δ_{22}, δ_{33},으로 연결되는 주 대각선을 경계로 하는 대칭(즉 $\delta_{ij} = \delta_{ji}$)을 나타낸다. 따라서, 이 대칭성을 이용하면 영향계수를 구하는 작업이 단순해진다. 영향계수로부터 식 (6-23)의 처짐 y_1, y_2, y_3는 다음과 같이 구한다.

$$\begin{aligned} y_1 &= F_1\delta_{11} + F_2\delta_{12} + F_3\delta_{13} \\ y_2 &= F_1\delta_{21} + F_2\delta_{22} + F_3\delta_{23} \\ y_3 &= F_1\delta_{31} + F_2\delta_{32} + F_3\delta_{33} \end{aligned} \tag{6-25}$$

힘 F_i는 축에 장착된 무게 w_i나 원심력 $m_i\omega^2 y_i$에 의하여 발생된다. 식 (6-25)를 관성력으로 다시 표현하면

$$\begin{aligned} y_1 &= m_1\omega^2 y_1\delta_{11} + m_2\omega^2 y_2\delta_{12} + m_3\omega^2 y_3\delta_{13} \\ y_2 &= m_1\omega^2 y_1\delta_{21} + m_2\omega^2 y_2\delta_{22} + m_3\omega^2 y_3\delta_{23} \\ y_3 &= m_1\omega^2 y_1\delta_{31} + m_2\omega^2 y_2\delta_{32} + m_3\omega^2 y_3\delta_{33} \end{aligned}$$

위 식을 다음과 같이 정리한다.

$$\begin{aligned} (m_1\delta_{11} - 1/\omega^2)y_1 + (m_2\delta_{12})y_2 + (m_3\delta_{13})y_3 &= 0 \\ (m_1\delta_{21})y_1 + (m_2\delta_{22} - 1/\omega^2)y_2 + (m_3\delta_{23})y_3 &= 0 \\ (m_1\delta_{31})y_1 + (m_2\delta_{32})y_2 + (m_3\delta_{33} - 1/\omega^2)y_3 &= 0 \end{aligned} \tag{a}$$

[6] Thomson, op. cit., p. 167.

식 (a)에서 $y_1 = y_2 = y_3 = 0$의 쓸모없는 해를 버리고 식 (a)를 만족하는 y_1, y_2, y_3의 해는 아래 식으로 구한다(고유값 문제).

$$\begin{vmatrix} (m_1\delta_{11} - 1/\omega^2) & m_2\delta_{12} & m_3\delta_{13} \\ m_1\delta_{21} & (m_2\delta_{22} - 1/\omega^2) & m_3\delta_{23} \\ m_1\delta_{31} & m_2\delta_{32} & (m_3\delta_{33} - 1/\omega^2) \end{vmatrix} = 0 \tag{6-26}$$

위 식은 0이 아닌 처짐이 3개의 ω값에서만 존재한다.
행렬식을 전개하면 다음 식과 같다.

$$\left(\frac{1}{\omega^2}\right)^3 - (m_1\delta_{11} + m_2\delta_{22} + m_3\delta_{33})\left(\frac{1}{\omega^2}\right)^2 + \cdots = 0 \tag{6-27}$$

식 (6-27)에서 3개의 해는 $1/\omega_1^2$, $1/\omega_2^2$, $1/\omega_3^2$로 표시되므로, 식 (6-27)은 다음과 같다.

$$\left(\frac{1}{\omega^2} - \frac{1}{\omega_1^2}\right)\left(\frac{1}{\omega^2} - \frac{1}{\omega_2^2}\right)\left(\frac{1}{\omega^2} - \frac{1}{\omega_3^2}\right) = 0$$

또는

$$\left(\frac{1}{\omega^2}\right)^3 - \left(\frac{1}{\omega_1^2} + \frac{1}{\omega_2^2} + \frac{1}{\omega_3^2}\right)\left(\frac{1}{\omega^2}\right)^2 + \cdots = 0 \tag{6-28}$$

식 (6-27)과 식 (6-28)의 $(1/\omega^2)$항의 계수를 비교하면

$$\frac{1}{\omega_1^2} + \frac{1}{\omega_2^2} + \frac{1}{\omega_3^2} = m_1\delta_{11} + m_2\delta_{22} + m_3\delta_{33} \tag{6-29}$$

만약 m_1만 있다면, 위험속도는 $1/\omega^2 = m_1\delta_{11}$으로부터 구하며 이 위험속도를 ω_{11}이라 한다. 마찬가지로 m_2 또는 m_3만 작용할 때 $1/\omega_{22}^2 = m_2\delta_{22}$, $1/\omega_{33}^2 = m_3\delta_{33}$로 표현된다. 따라서 식 (6-29)를 다시 쓰면

$$\frac{1}{\omega_1^2} + \frac{1}{\omega_2^2} + \frac{1}{\omega_3^2} = \frac{1}{\omega_{11}^2} + \frac{1}{\omega_{22}^2} + \frac{1}{\omega_{33}^2} \tag{6-30}$$

일반적으로 $\omega_1 < \omega_2 < \omega_3$임으로 $1/\omega_1^2 \gg 1/\omega_2^2$ 및 $1/\omega_3^2$이 되어 기본 고유진동수, 즉 위험속도 ω_1은 다음과 같이 구할 수 있다.

$$\frac{1}{\omega_1^2} \doteq \frac{1}{\omega_{11}^2} + \frac{1}{\omega_{22}^2} + \frac{1}{\omega_{33}^2} \tag{6-31}$$

이 개념을 n-개로 나뉘어진 축에 적용하면

$$\frac{1}{\omega_1^2} \doteq \sum_{1=1}^{n} \frac{1}{\omega_{ii}^2} \tag{6-32}$$

위 식은 *Dunkerley* **식**이라고 한다. 고차항을 무시하였기 때문에 1차 위험속도는 실제보다 항상 **낮게** 계산된다.

식 (6-32)는 축에 장착된 무게만 고려하고 작용하는 하중이 나타나 있지 않다. 따라서 하중을 고려하는 경우에는 하중이 작용하는 위치에 대한 등가하중으로 취급하여 위험속도

를 구한다. 축의 중앙(center)에 위치한 지점 1에 작용하는 등가하중은 다음과 같이 구할 수 있다.

$$\omega_{11}^2 = \frac{1}{m_1\delta_{11}} = \frac{g}{w_1\delta_{11}} = \frac{g}{w_{1c}\delta_{cc}}$$

또는

$$w_{1c} = w_1\frac{\delta_{11}}{\delta_{cc}} \tag{6-33}$$

예제 6-5

그림 6-14의 축은 지름 25 mm, 베어링 사이의 간격 775 mm로 단순 지지되어 있으며 무게 175 N, 275 N의 기어가 장착되어 있다.

(*a*) 영향계수를 구하라.

(*b*) $\sum wy$, $\sum wy^2$을 구하고 Rayleigh 식 (6-23)을 이용하여 1차 위험속도를 구하라.

(*c*) 영향계수로부터 ω_{11}과 ω_{22}를 구하라.

(*d*) Dunkerley 식 (6-32)을 이용하여 1차 위험속도를 계산하라.

(*e*) 등가하중을 이용하여 1차 위험속도를 구하라.

(*f*) 축 자체의 위험속도를 계산하라. 축의 특성을 고려한 위험속도를 Dunkerley 식을 이용하여 구하라.

풀이 (*a*)

$$I = \frac{\pi d^4}{64} = \frac{\pi(25)^4}{64} = 19\ 175\ \text{mm}^4$$

$$6EIl = 6(207\ 000)(19\ 175)775 = 18.5 \times 10^{12}\ \text{N}\cdot\text{mm}^3$$

식 (6-24)에서

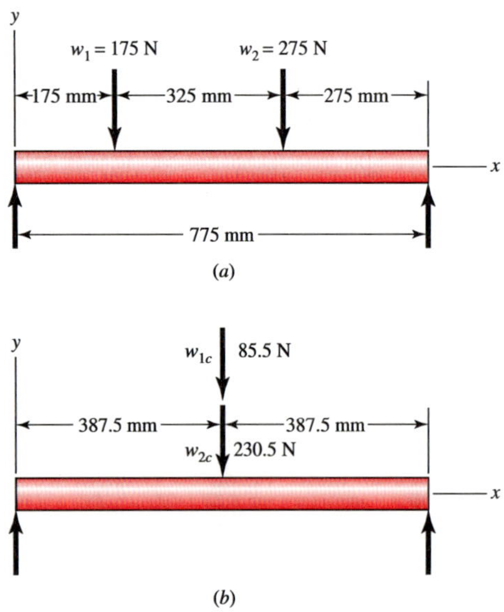

그림 6-14
(*a*) 예제 6-5의 축, (*b*) 등가하중이 축의 중앙에 작용하는 경우

$$\delta_{11} = \frac{600(175)(775^2 - 600^2 - 175^2)}{18.5 \times 10^{12}} = 0.001\ 19 \text{ mm/N}$$

$$\delta_{22} = \frac{275(500)(775^2 - 275^2 - 500^2)}{18.5 \times 10^{12}} = 0.002\ 04 \text{ mm/N}$$

$$\delta_{12} = \delta_{21} = \frac{275(175)(775^2 - 275^2 - 175^2)}{18.5 \times 10^{12}} = 0.001\ 29 \text{ mm/N}$$

답

i	*j* 1	2
1	0.001 19	0.001 29
2	0.001 29	0.002 04

$$y_1 = w_1\delta_{11} + w_2\delta_{12} = 175(0.001\ 19) + 275(0.001\ 29) = 0.56 \text{ mm}$$

$$y_2 = w_1\delta_{21} + w_2\delta_{22} = 175(0.001\ 29) + 275(0.002\ 04) = 0.79 \text{ mm}$$

(*b*)

$$\sum w_i y_i = 175(0.56) + 275(0.79) = 315.3 \text{ N}\cdot\text{m}$$

답 $$\sum w_i y_i^2 = 175(0.56)^2 + 275(0.79)^2 = 226.5 \text{ N}\cdot\text{mm}^2$$

답 $$\omega = \sqrt{\frac{9810(315.3)}{226.5}} = 117 \text{ rad/s}$$

(*c*)

답 $$\frac{1}{\omega_{11}^2} = \frac{w_1}{g}\delta_{11}$$

$$\omega_{11} = \sqrt{\frac{g}{w_1\delta_{11}}} = \sqrt{\frac{9810}{175(0.001\ 19)}} = 217 \text{ rad/s}$$

답 $$\omega_{22} = \sqrt{\frac{g}{w_2\delta_{22}}} = \sqrt{\frac{9810}{275\ (0.002\ 04)}} = 132 \text{ rad/s}$$

(*d*) $$\frac{1}{\omega_1^2} \doteq \sum \frac{1}{\omega_{ii}^2} = \frac{1}{217^2} + \frac{1}{132^2} = 7.863(10^{-5}) \qquad (1)$$

답 $$\omega_1 \doteq \sqrt{\frac{1}{7.863(10^{-5})}} = 113 \text{ rad/s}$$

이 결과는 예상한 대로 (*b*)의 값보다 작다.

(*e*) 식 (6-24)에서

$$\delta_{cc} = \frac{b_{cc}x_{cc}\left(l^2 - b_{cc}^2 - x_{cc}^2\right)}{6EIl} = \frac{387.5(387.5)(775^2 - 387.5^2 - 387.5^2)}{18.5 \times 10^{12}}$$
$$= 0.002\ 44 \text{ mm/N}$$

식 (6-33)에서

$$w_{1c} = w_1 \frac{\delta_{11}}{\delta_{cc}} = 175 \frac{0.001\ 19}{0.002\ 44} = 85.3\ \text{N}$$

$$w_{2c} = w_2 \frac{\delta_{22}}{\delta_{cc}} = 275 \frac{0.002\ 04}{0.002\ 44} = 229.9\ \text{N}$$

답

$$\omega = \sqrt{\frac{g}{\delta_{cc} \sum w_{ic}}} = \sqrt{\frac{9810}{0.002\ \ 44(85.3 + 229.9)}} = 112.9\ \text{rad/s}$$

이 결과는 (d)의 결과와 반올림 오차범위 내에서 일치한다.

(f) 축의 재질이 $E = 207\ 000\ \text{N/mm}^2$, $\gamma = 76.6 \times 10^{-6}\ \text{N/mm}^3$, 단면적이 $A = \pi \cdot (25^2)/4 = 491\ \text{mm}^2$일 때 식 (6-22)에서 축 자체만의 위험속도를 구하라.

답

$$\omega_s = \left(\frac{\pi}{l}\right)^2 \sqrt{\frac{gEI}{A\gamma}} = \left(\frac{\pi}{775}\right)^2 \sqrt{\frac{9810(207\ 000)19\ 175}{491(76.6 \times 10^{-6})}}$$

$$= 529\ \text{rad/s}$$

문항 (d)의 식 (1)에서, Dunkerley 식의 우측 항에 $1/\omega_s^2$을 추가하면 축의 특성을 고려한 위험속도를 구할 수 있다.

답

$$\frac{1}{\omega_1^2} \doteq \frac{1}{529^2} + 7.863(10^{-5}) = 8.22(10^{-5})$$

$$\omega_1 \doteq 110\ \text{rad/s}$$

이 결과는 (d)에서 구한 값보다 약간 작다.

위에서 볼 수 있듯이 축 자체의 위험속도 ω_s는 Dunkerley 식에서 한 개의 질량 효과를 더 고려한 결과가 된다. 축에 의한 항은 합(Σ) 안에 넣지 않고 앞에 별도로 표시한다.

답

$$\frac{1}{\omega_1^2} \doteq \frac{1}{\omega_s^2} + \sum_{i=1}^{n} \frac{1}{\omega_{ii}^2} \tag{6-34}$$

일반적으로 축은 계단형 원통형상을 하기 때문에, 영향계수를 수치해석으로 구한다.

6-7 기타 축 요소

고정나사(멈춤나사)

조임하중 발생을 위하여, 볼트나 작은 나사(캡나사)는 인장력에 의존하지만 멈춤나사는 압축력에 의존한다. 축에 대한 칼라나 보스의 축방향 상대운동을 제어하는 정도를 **억제력**이라고 한다. 억제력은 실제 저항하중이며 칼라와 축에서 접촉부분의 마찰저항 때문에 발생된다.

그림 6-15는 홈붙이 작은나사로 구입가능한 종류를 나타내고 있다. 나사홈 형태 또는 사각머리 형태로도 제작된다.

표 6-4는 인치계 멈춤나사에 대하여 토크와 억제력의 크기를 나타내고 있다. 스러스트

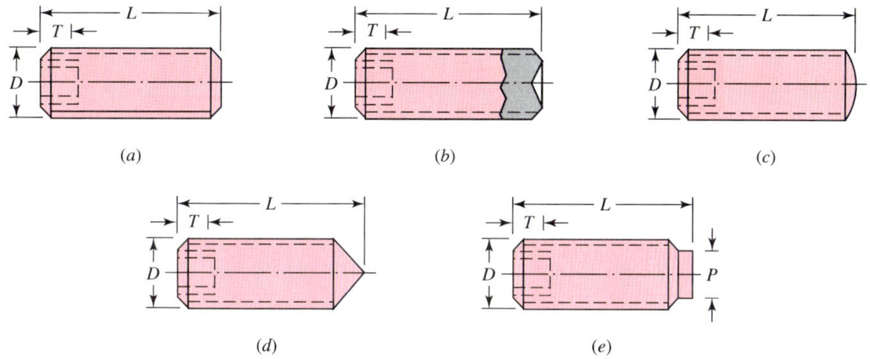

그림 6-15
홈붙이 작은 나사: (*a*) 납작끝, (*b*) 오목끝, (*c*) 둥근끝, (*d*) 뾰족끝 (*e*) 반막대끝

표 6-4
홈붙이 작은 나사의 전형적 억제력 값 (출처: Unbrako division, SPS Technologies, Jenkintown, Pa. 미국)

Size, mm	Seating Torque, N · m	Holding Power, N
#0	0.11	222
#1	0.2	289
#2	0.2	378
#3	0.5	534
#4	0.5	712
#5	1.1	890
#6	1.1	1112
#8	2.2	1713
#10	4.0	2403
6	9.8	4450
8	18.6	6675
10	32.8	8900
11	48.6	11 125
12	70.0	13 350
14	70.0	15 575
16	149.7	17 800
20	271.2	22 250
22	587.6	26 700
25	813.6	31 150

*Based on alloy-steel screw against steel shaft, class 3A coarse or fine threads in class 2B holes, and cup-point socket setscrews.

(추력)를 저항하는 축방향 억제력과, 비틀림을 저항하는 접선방향 억제력에 적용되는 값이다. 전형적인 안전계수는 정하중의 경우 1.5~2.0이며, 동하중의 경우 4~8이다.

멈춤나사는 축 지름 반 정도의 길이이며, 보스 또는 칼라부의 반지름 두께의 결정에도 영향을 미친다.

키와 핀

키나 핀은 기어, 풀리 또는 바퀴와 같은 회전요소와 축의 확고한 연결을 위하여 사용된다. 키는 전달 토크를 축에서부터 축 지지요소에 전달하는 데 사용된다. 핀은 축길이방향의 위치잡이용으로 사용되거나, 토크나 트러스트(또는 양쪽 다)의 전달목적으로 사용된다.

그림 6-16은 다양한 키와 핀을 나타낸다. 핀은 주하중이 전단이며, 비틀림과 스러스트(축력)가 동시에 존재할 때 유용하다. 테이퍼(양쪽 경사) 핀의 크기는 큰 쪽의 지름에 따라 결정되며, 유용한 크기가 표 6-5에 나타나 있다. 작은 쪽의 지름은 식 (6-35)로 구한다.

$$d = D - 0.0208L \tag{6-35}$$

여기서 d = 작은 쪽의 지름(mm)
D = 큰 쪽의 지름(mm)
L = 길이(mm)

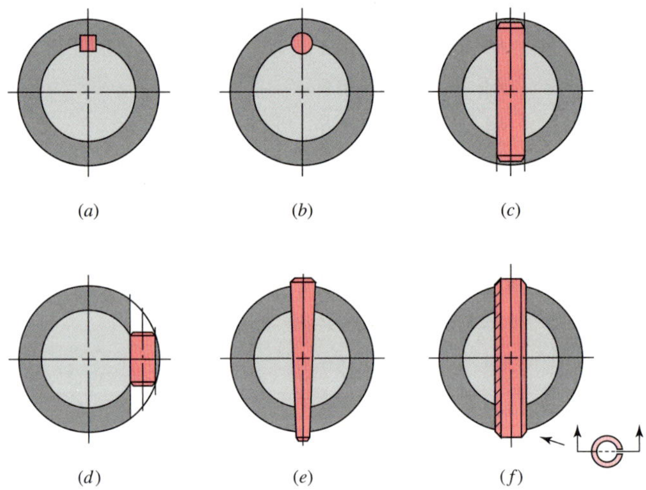

그림 6-16
(a) 묻힘 키, (b) 둥근 키, (c와 d) 둥근 핀, (e) 테이퍼 핀, (f) 분할튜브스프링 핀. (e, f)에서 핀 길이는 끝단에서 모따기를 나타내기 위하여 실제보다 길게 그려져 있으나, 회전부품의 손상방지를 위하여 보스 지름보다 작아야 된다.

표 6-5
표준 테이퍼 핀의 큰 쪽 치수(밀리미터계)

	Commercial		Precision	
Size	Maximum	Minimum	Maximum	Minimum
4/0	2.802	2.751	2.794	2.769
2/0	3.614	3.564	3.607	3.581
0	3.995	3.945	3.988	3.962
2	4.935	4.884	4.928	4.902
4	6.383	6.332	6.375	6.350
6	8.694	8.644	8.687	8.661
8	12.530	12.479	12.522	12.497

일반적으로 맞춤 핀 또는 드라이브 핀이 사용되며, 다양한 형태가 제조자 카탈로그에 표시되어 있다.[7]

묻힘 키(그림 6-16*a*)는 정사각형 또는 직사각형 단면형태로 생산된다. 적용 가능한 축 지름의 범위와 함께, 키의 표준크기가 표 6-6에 있다. 축의 지름을 근거로 키의 폭, 높이, 깊이를 결정한다. 설계자는 비틀림 하중을 지탱할 적절한 키의 길이를 결정한다. 키의 파손은 직접전단이나, 베어링응력에 의하여 발생된다. 예제 6-6은 키의 길이를 결정하는 과정을 보여준다. 키의 최대길이는 부착된 요소의 허브길이에 의하여 제한을 받는데, 축 지름의 1.5배를 초과하지 않아야 한다. 그 이유는 축의 각변형으로 과다한 비틀림을 막기 위함이다. 다중 키는 더 큰 하중을 지지하기 위하여 사용되는데, 상호 90°의 방향을 하게 된다. 키에 대하여 필요 이상의 안전계수를 사용하지 않는 이유는, 과다하중이 작용될 때 더 비싼 부품보다는 키가 먼저 파손되도록 하기 위함이다.

키는 일반적으로 냉간압연 저탄소강을 사용하여 만들며, 치수가 공칭치수를 초과하지 않도록 제작한다. 그래야 키홈에 대하여 표준 커터크기를 사용할 수 있다. 멈춤나사가 키와 함께 사용되어 허브를 축방향으로 잡을 수 있도록 하며, 축이 회전할 때 회전백래시를 최소화할 수 있도록 함이다.

표 6-6
사각형 단면의 묻힘 키에 대한 밀리미터 치수
(출처: J. E. Shigley, "Unthreaded Fasteners," J. E. Shigley, C. R. Mischke, T. H. Brown, Jr. (편집자)의 24장, Standard Handbook of Machine Design, 3판, McGraw-Hill, N. Y, 2004.)

Shaft Diameter		Key Size		
Over	To (Incl.)	*w*	*h*	Keyway Depth
8	11	2	2	1
11	14	3	2	1
		3	3	1.5
14	22	5	3	1.5
		5	5	2
22	30	6	5	2
		6	6	3
30	36	8	6	3
		8	8	5
36	44	10	6	3
		10	10	5
44	58	12	10	5
		12	12	6
58	70	16	12	5.5
		16	16	8
70	80	20	12	6
		20	20	10

[7] J. E. Shigley, *Standard Handbook of Machine Design*, 3판, McGraw-Hill, N.Y. 2004의 24장 참조.

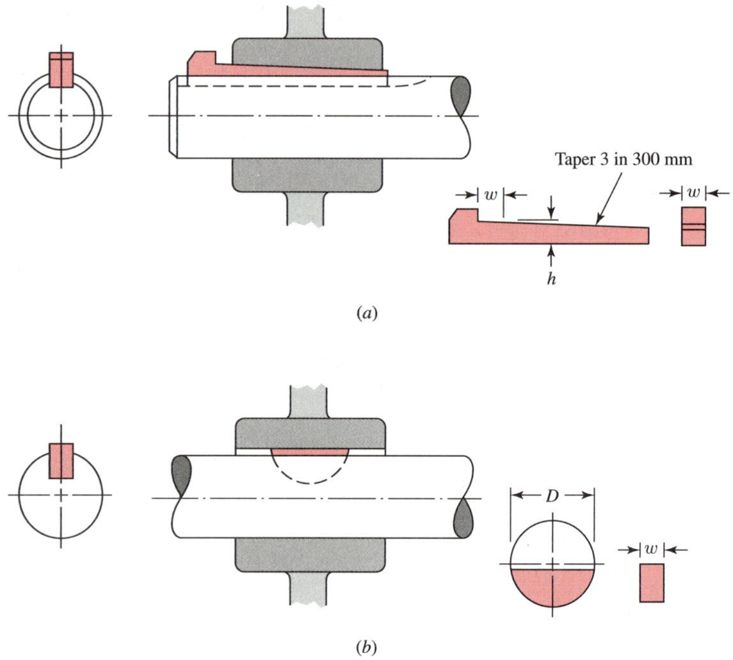

그림 6-17
(*a*) 머리붙이 경사키,
(*b*) 반달키

머리붙이키(그림 6-17*a*)는 테이퍼되어서 제대로 박혔을 때 상대적인 축방향의 이동을 방지한다. 또한, 테이퍼는 최적의 축방향 위치로 보스의 위치를 조절할 수 있게 한다. 헤드부분은 다른 쪽에 접근하지 않고도 키를 제거할 수 있게 하지만, 돌출부분이 위험할 수도 있다.

그림 6-17*b*에는 일반적으로 사용되는 반달키가 있다. 키홈이 숄더부분의 응력집중 지역으로 가공되지 않아도 되기 때문에, 회전부가 축 숄더부분에 위치될 때 특히 좋다. 반달키 사용은 회전부와 축을 결합한 후 축 중심을 잡는 데도 더 유리하다. 터빈휠/축과 같은 고속회전에 특히 중요하다. 표준 반달키의 크기가 표 6-7에 정리되어 있다. 다양한 키홈의 폭에 맞는 축 지름이 표 6-8에 있다.

Pilkey[8] 문헌은 엔드밀 가공된 키홈에서의 응력집중 값을, 홈바닥에서의 반지름 r과 축지름 d에 대한 비율의 함수로 정리하고 있다. 표준밀링기를 사용한 필릿에서 r/d가 0.02일 때, Peterson의 도표는, 굽힘 경우가 $K_t = 2.14$이고, 비틀림 경우 키가 없을 때 $K_{ts} = 2.62$이며, 비틀림에서 키가 있을 때 $K_{ts} = 3.0$으로 표시되어 있다. 키홈 끝부분에서의 응력 집중에 대한 감소방법은, 미끄럼 키홈을 사용하여 그림 6-17에 나타낸 것처럼 급격한 변화를 없앰으로써 가능하다.

그러나 양면 홈의 바닥에서는 곡률반지름이 작아서 여전히 날카롭다. 미끄럼 키홈은, 키를 길이방향으로 확실하게 위치시키지 않아도 될 때에만 사용된다. 또한 숄더(shoulder)부근방에 사용하는 것은 적절하지 못하다. 키홈의 끝을 최소한 숄더부 필릿의 시작점으로부터 최소한 $d/10$의 거리만큼 떨어뜨리면, 두 곳의 응력 집중이 합쳐지는 것을 피할 수 있다.[9]

8 W. D. Pilkey, *Peterson's Stress-Concentration Factors*, 2nd ed., John Wiley & Sons, New York, 1997, pp. 408 – 409.

9 *Ibid, p. 381*

표 6-7
반달키의 치수(밀리미터계)

Key Size		Height	Offset	Keyseat Depth	
w	*D*	*b*	*e*	Shaft	Hub
1.5	6	3	0.4	1.8	0.95
1.5	10	4	0.4	3.4	0.95
2	10	4	0.4	3.0	1.3
2	12	5	1	3.8	1.3
2	16	6	1.5	5.0	1.3
3	12	5	1	3.4	1.7
3	16	6	1.5	4.6	1.7
3	20	8	1.5	6.2	1.7
5	16	6	1.5	4.2	2.1
5	20	8	1.5	5.8	2.1
5	22	10	1.5	7.4	2.1
5	20	8	1.5	5.4	2.5
5	22	10	1.5	7.0	2.5
5	25	11	1.5	8.6	2.5
6	22	10	1.5	6.2	3.3
6	25	11	1.5	7.8	3.3
6	30	14	2	10.6	3.3
8	25	11	1.5	7.0	4.1
8	30	14	2	9.8	4.1
8	38	16	3	12.2	4.1
10	30	14	2	9.0	4.9
10	38	16	3	11.4	4.9

표 6-8
다양한 축 지름에 적절한 반달키의 크기

Keyseat	Shaft Diameter, mm	
Width, mm	From	To (inclusive)
1.5	8	12
2	10	22
3	10	38
5	12	40
5	14	50
6	18	58
8	20	60
10	25	66

리테이너 링

리테이너 링은 부품을 축(이나 하우싱 구멍) 위에 축방향으로 올바르게 위치시키기 위하여, 축숄더나 슬리브 대신에 사용하기도 한다. 그림 6-18에서처럼, 축에 홈을 판 후에 스프링 리

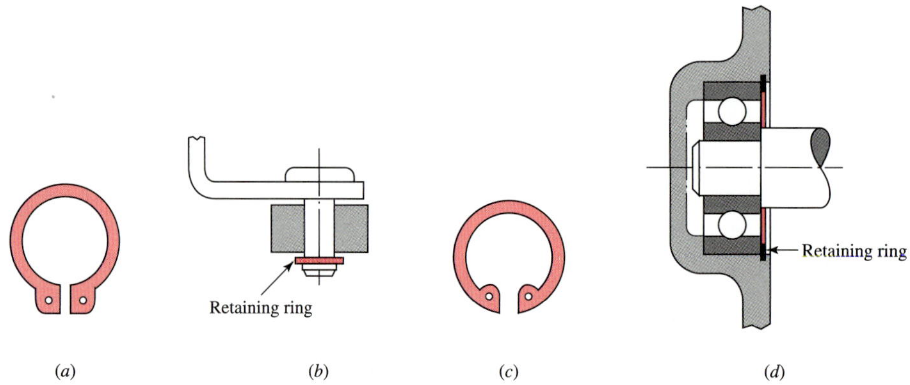

그림 6-18
리테이너 링. (*a*, *b*) 외부 링과 적용 예, (*c*, *d*) 내부 링과 적용 예

테이너를 끼운다. 크기, 치수, 축방향 하중등급 등의 정보는 제조사의 카탈로그를 참조하면 된다.

부록 표 A-15-16과 A-15-17은 평면바닥 홈을 갖는 축에서의 응력집중계수를 보여주고 있다. 링이 평면바닥 홈에 잘 위치할 뿐 아니라, 홈의 옆면에 대하여 축 하중을 잘 지지하기 위하여, 홈의 바닥에서의 반지름은 날카로와야 하는데, 대략 홈 넓이의 1/10 정도로 한다. 이로 인하여, 응력집중계수는 굽힘이나 축 하중일 때 5 정도이고, 비틀림일 때 3 정도의 높은 값을 갖게 된다. 따라서, 높은 굽힘응력이 발생되는 위치에서 리테이너 링을 사용하는 때는 특별한 주의가 필요하다.

예제 6-6

UNS[역자주: Unified Numbering system] G10350 강축이 열처리되어 최소 항복강도가 525 MPa이다. 축 지름은 36 mm, 축의 회전수는 600 rpm이며 기어에 30 kW의 동력을 전달한다. 기어에 적절한 키를 선정하라(그림 6-19 참조).

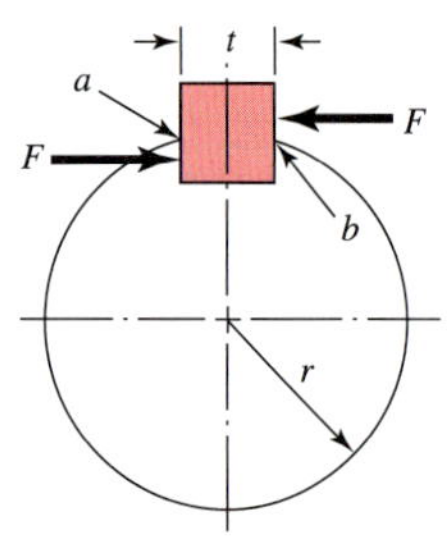

그림 6-19

풀이 10 mm 정사각형 단면, 항복강도가 축보다 낮은 UNS G10200 냉간인발강의 묻힘 키이며, 키의 항복강도는 455 MPa로 가정한다. 안전계수는 하중에 대한 정확한 정보가 없기 때문에 2.80을 사용한다. 동력(kW)과 회전수(rpm)로부터 토크(T)를 구한 후, 키에 전달하중(F)를 계산한다.

$$\text{각속도 } w = 600(2)\pi/60 = 62.8 \text{ rad/s}$$
$$T = 30\,000/62.8 = 478 \text{ N}\cdot\text{m}$$

그림 6-19에서, 축 표면에서의 하중 F는,

$$F = \frac{T}{r} = \frac{478}{0.018} = 26\,556 \text{ N}$$

변형에너지 이론[역자주: 식 (4-21)]과 인장항복강도로부터 전단항복강도를 구한다.

$$S_{sy} = 0.577S_y = (0.577)(455) = 262.5 \text{ MPa}$$

면적 ab에서의 전단하중은 전단응력 $\tau = F/tl$을 발생시킨다. 안전계수를 고려하면,

$$\frac{S_{sy}}{n} = \frac{F}{tl} \quad \text{또는} \quad \frac{262.5 \times 10^6}{2.80} = \frac{26556}{0.01l}$$

$l = 28.3$ mm가 된다. 키 반쪽 면에서의 압축파쇄(crushing) 파손을 고려하면,

$$\frac{S_y}{n} = \frac{F}{tl/2} \quad \text{또는} \quad \frac{455 \times 10^6}{2.80} = \frac{26556}{0.01l/2}$$

$l = 32.7$ mm가 된다. 기어의 허브길이는 일반적으로 축 지름보다 크다. 이 예제에서 키의 길이가 허브길이와 같다고 가정하면, 키의 강도는 충분히 크게 된다. 따라서, 키의 길이를 36 mm 이상으로 결정한다.

6-8 한계와 끼워맞춤

설계자는 계획했던 기능을 확보하기 위하여 축과 구멍에 대한 끼워맞춤 형태를 결정하게 된다. 인치단위계와 미터계[10]의 두 개 각각에 대한 표준이 있는데, 이 책에서는 미터계에 대하여만 설명한다. 대문자는 구멍에 대하여, 그리고 소문자는 축에 대한 부호를 각각 지칭한다(그림 6-20 참조).

- **기준치수**(또는 호칭치수)는 한계나 치수허용차가 정해지는 크기이며, 맞춤의 두 부재에 대하여 동일하다.
- **치수허용차**는 실제치수와 해당 기준치수 간의 차이를 의미한다.
- **위 치수허용차**는 최대한계와 해당 기준치수 간의 차이를 의미한다.
- **아래 치수허용차**는 최소한계와 해당 기준치수 간의 차이를 의미한다.
- **기본치수허용차**는 위 치수허용차와 아래 치수허용차 중에 기준치수에 더 가까운 것을 의미한다.
- **공차**는 부품의 최대와 최소 치수 한계 간의 차이를 의미한다.

[10] *Preferred Limits and Fits for Cylindrical Parts*, ANSI B4.1-1967. *Preferred Metric Limits and Fits*, ANSI B4.2-1978.

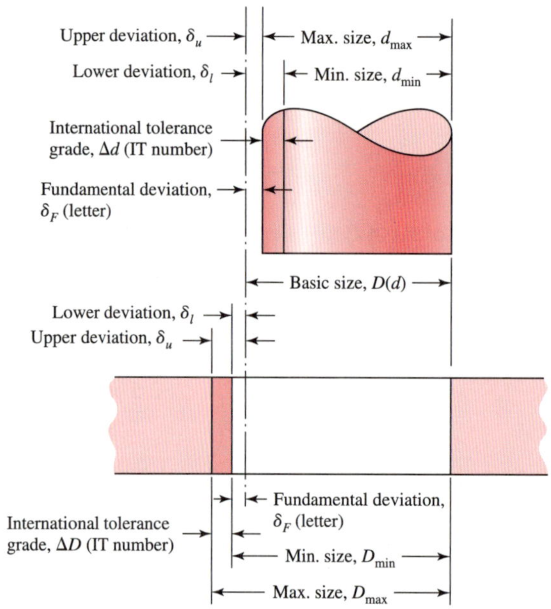

그림 6-20
원통 끼워맞춤에서의 기호

- **국제공차등급번호**(IT)는 공차그룹을 지정하며, 특정 IT 번호에 대한 공차는 동일한 정확도 수준을 나타내지만, 기준치수에 따라 달라진다.
- **구멍기준**이란 기준 구멍치수에 해당되는 맞춤을 의미하며, 기본치수허용차는 H이다.
- **축기준**이란 기준 축치수에 해당되는 맞춤을 의미하며, 기본치수허용차는 h이다.

공차역의 크기는 부품치수에서의 변화를 의미하며, 내부와 외부 치수에 대하여 동일하다. 공차역은 IT 번호로 명시되어 있다. 등급번호가 작다면, 작은 공차역을 의미한다. 이 번호는 IT0부터 IT16까지 있지만, IT6부터 IT11까지가 선호되는 끼워맞춤이다. 표 A-11에서 A-14 사이에 기준치수가 16인치(400 mm)까지 표시되어 있다.

표준정의는 **공차위치기호**를 사용하는데, 대문자 기호는 내부 치수(구멍)를, 그리고 소문자 기호는 외부 치수(축)를 나타낸다. 그림 6-20에서처럼, 기본치수허용차는 기준치수 대비 공차역의 위치를 표시하고 있다.

표 6-9에는 기호가 공차등급과 결합하여, 경우에 맞도록 선호되는 맞춤의 종류를 나타내고 있다. 32 mm가 기준치수인 미끄럼 끼워맞춤에 대한 구멍의 ISO 심볼은 32H7이다. 인치단위는 표준이 아니지만, 표시 ($1\frac{3}{8}$ in) H7은 동일한 정보를 포함하며 사용할 수 있다. 어느 쪽이든지, 대문자 H는 기본치수허용차를 나타내며, 숫자 7은 공차등급 IT7을 정의한다.

미끄럼 맞춤에서, 해당 축 치수는 기호 32g6[($1\frac{3}{8}$ in)g6]로 정의된다.

축에 대한 기본치수허용차는 표 A-11과 A-13에 표시되어 있다.

기호코드 c, d, f, g, h에 대하여

위 치수허용차 = 기준치수허용차

아래 치수허용차 = 위 치수허용차 − 공차등급

기호코드 k, n, p, s, u에 대하여, 축에 대한 치수허용차는

아래 치수허용차 = 기준치수허용차

표 6-9
기준 구멍시스템에서 끼워맞춤 종류 (출처: *Preferred Metric Limits and Fits*, ANSI B4.2-1978. See also BS4500)

Type of Fit	Description	Symbol
Clearance	*Loose running fit:* for wide commercial tolerances or allowances on external members	H11/c11
	Free running fit: not for use where accuracy is essential, but good for large temperature variations, high running speeds, or heavy journal pressures	H9/d9
	Close running fit: for running on accurate machines and for accurate location at moderate speeds and journal pressures	H8/f7
	Sliding fit: where parts are not intended to run freely, but must move and turn freely and locate accurately	H7/g6
	Locational clearance fit: provides snug fit for location of stationary parts, but can be freely assembled and disassembled	H7/h6
Transition	*Locational transition fit:* for accurate location, a compromise between clearance and interference	H7/k6
	Locational transition fit: for more accurate location where greater interference is permissible	H7/n6
Interference	*Locational interference fit:* for parts requiring rigidity and alignment with prime accuracy of location but without special bore pressure requirements	H7/p6
	Medium drive fit: for ordinary steel parts or shrink fits on light sections, the tightest fit usable with cast iron	H7/s6
	Force fit: suitable for parts that can be highly stressed or for shrink fits where the heavy pressing forces required are impractical	H7/u6

위 치수허용차 = 아래 치수허용차 + 공차등급

아래 치수허용차 H(구멍의 경우)는 0이다. 이때, 위 치수허용차는 공차등급과 동일하다.

그림 6-20에서처럼, 다음의 용어표기법을 따른다.

D = 구멍의 기준치수

d = 축의 기준치수

δ_u = 위 치수허용차

δ_l = 아래 치수허용차

δ_F = 기본치수허용차

ΔD = 구멍에 대한 공차등급

Δd = 축에 대한 공차등급

여기 변수값은 특정값으로 정해진다. 따라서 구멍에 대하여,

$$D_{\max} = D + \Delta D \qquad D_{\min} = D \tag{6-36}$$

c, d, f, g, h의 헐거운 끼워맞춤을 갖는 축에 대하여는

$$d_{\max} = d + \delta_F \qquad d_{\min} = d + \delta_F - \Delta d \tag{6-37}$$

k, n, p, s, u의 억지끼워맞춤을 갖는 축에 대하여는

$$d_{\min} = d + \delta_F \qquad d_{\max} = d + \delta_F + \Delta d \tag{6-38}$$

예제 6-7 저널베어링과 부싱이 있다. 공칭크기는 25 mm이다. 작은 하중을 받는 저널과 부싱 조립체라면, 억지끼워맞춤의 25 mm 기준치수에 대하여 필요한 치수를 결정하라.

풀이 기준치수를 25 mm로 한다. 표 6-9로부터 H8/f7의 기호에 해당한다. 표 A-11로부터, 공차등급은 ΔD = 0.033 mm, Δd = 0.021 mm이다.

구멍:

답 $$D_{\max} = D + (\Delta D)_{\text{hole}} = 25 + 0.033 = 25.033 \text{ mm}$$

답 $$D_{\min} = D = 25 \text{ mm}$$

축: 표 A-12로부터, 기본치수허용차는 −0.02 mm이다.

답 $$d_{\max} = d + \delta_F = 25.0000 + (-0.02) = 24.98 \text{ mm}$$

답 $$d_{\min} = d + \delta_F - \Delta d = 25.0000 + (-0.02) - 0.021 = 24.959 \text{ mm}$$

또는, 다음과 같이 계산한다.

답 $$d_{\min} = d_{\max} - \Delta d = 24.98 - 0.021 = 24.595 \text{ mm}$$

예제 6-8 기준 구멍치수가 50 mm이고 중간 끼워맞춤일 때, 구멍과 축의 한계를 구하라.

풀이 표 6-9에서 끼워맞춤에 대한 심볼은 H7/s6에 해당된다. 구멍에 대하여 표 A-11를 사용하면 IT7 등급이므로 ΔD = 0.025 mm이다. 식 (6-36)을 사용하면,

답 $$D_{\max} = D + \Delta D = 50 + 0.025 = 50.025 \text{ mm}$$

답 $$D_{\min} = D = 50 \text{ mm}$$

축에 대한 IT6 공차는 Δd = 0.016 mm이다. 표 A-12로부터 기본편차는 δ_F = 0.043 mm이다. 식 (6-38)을 사용하며, 축에 대한 수치를 다음과 같이 구한다.

답 $$d_{\min} = d + \delta_F = 50 + 0.043 = 50.043 \text{ mm}$$

답 $$d_{\max} = d + \delta_F + \Delta d = 50 + 0.043 + 0.016 = 50.059 \text{ mm}$$

간섭끼워넣기에서 응력과 비틀림 용량

축과 축 요소 사이의 간섭은, 축 숄더와 키홈의 필요성을 최소화하는 목적으로 사용할 수 있

다. 축을 균일한 외압이 걸리는 원통으로 간주하고, 허브(보스)를 균일내압이 작용하는 중공 원통으로 가정하면, 간섭에 의하여 발생되는 응력을 구할 수 있다.

억지끼워넣기에서 경계면에 발생되는 압력(p)을 3-16절의 식 (3-56)에서의 반지름 대신 지름을 사용하여 다음과 같이 표시한다.

$$p = \frac{\delta}{\frac{d}{E_o}\left(\frac{d_o^2 + d^2}{d_o^2 - d^2} + \nu_o\right) + \frac{d}{E_i}\left(\frac{d^2 + d_i^2}{d^2 - d_i^2} - \nu_i\right)} \tag{6-39}$$

두 재료가 동일하다면,

$$p = \frac{E\delta}{2d^3}\left[\frac{(d_o^2 - d^2)(d^2 - d_i^2)}{d_o^2 - d_i^2}\right] \tag{6-40}$$

여기서, d는 공칭 축 지름이고, d_i는 (중공축일 경우)축의 안지름, d_o는 허브의 바깥지름이며, E와 ν는 각각 탄성 계수와 포아송의 비이다. δ는 축과 허브 사이의 **지름방향** 간섭크기이며, δ는 축 바깥지름과 허브 안지름 간의 차이와 같다.

$$\delta = d_{\text{shaft}} - d_{\text{hub}} \tag{6-41}$$

두 지름에서의 공차가 있기 때문에, 최대와 최소 압력은 최대와 최소 간섭크기를 적용함으로 구할 수 있다. 그림 6-20의 기호에 의하면,

$$\delta_{\min} = d_{\min} - D_{\max} \tag{6-42}$$

$$\delta_{\max} = d_{\max} - D_{\min} \tag{6-43}$$

여기서 지름항은 식 (6-36)과 (6-38)에 정의되어 있다. 최대 간섭크기를 식 (6-39)나 (6-40)에 대입하여 과다한 응력이 발생되는지 체크하여야 한다.

식 (3-58)과 (3-59)로부터, 축과 허브의 경계면에서 접선방향의 응력은

$$\sigma_{t,\,\text{shaft}} = -p\frac{d^2 + d_i^2}{d^2 - d_i^2} \tag{6-44}$$

$$\sigma_{t,\,\text{hub}} = p\frac{d_o^2 + d^2}{d_o^2 - d^2} \tag{6-45}$$

경계면에서 반지름방향은

$$\sigma_{r,\,\text{shaft}} = -p \tag{6-46}$$

$$\sigma_{r,\,\text{hub}} = -p \tag{6-47}$$

서로 직교하는 접선방향과 반지름방향 응력을 파손 이론에 대입하여 항복강도와 비교하면 된다. 조립과정에서 축이나 허브가 항복한다면, 전체 압력이 가해지지 않게 되며, 전달 토크가 줄어들게 된다. 정량적인 근거가 필요하다면 유한요소해석을 수행할 수 있다. 회전축의 표면에 응력요소는 길이방향으로 완전히 부호가 바뀌는 굽힘응력을 받게 되며, 접선방향과 반지름방향으로는 일정한 압축응력을 받게 된다. 따라서, 3차원 응력상태가 된다. 비틀림으로 인하여 전단응력이 추가로 발생될 수 있다. 압력 끼워맞춤으로 인한 응력은 압축

이므로, 피로에 대한 저항성은 향상된다. 따라서, 압력 끼워맞춤으로 인하여 발생되는 압축응력은 무시하고 축 해석을 단순화할 수 있다. 그러나 압축응력을 받는 지역에서 받지 않는 지역으로 변화되기 때문에 허브의 끝부분에서 축 굽힘응력에서의 응력집중이 발생된다. 허브에 대한 설계는 응력집중계수에 영향을 주게 되므로, 일반적인 값을 말하기는 어렵지만 대략 2보다 크지 않다고 가정한다.

간섭끼워맞춤으로 전달되는 토크의 양은 경계면에서 간단한 마찰해석을 통해 추정할 수 있다. 마찰력은 마찰계수 f와 경계면에 수직으로 작용하는 하중과의 곱이다. 여기서, 하중은 경계면에서의 압력 p과 표면적 A의 곱이므로, 마찰력 F_f는 다음과 같다.

$$F_f = fN = f(pA) = f[p2\pi(d/2)l] = \pi fpld \tag{6-48}$$

여기서 l은 허브의 길이이다. 마찰력과 모멘트 길이$(d/2)$를 곱하여 이음에서의 토크 용량을 계산할 수 있다.

$$T = F_f d/2 = \pi fpld(d/2)$$
$$T = (\pi/2) fpld^2 \tag{6-49}$$

식 (6-42)에서의 최소 간섭크기를 사용하여 최소 압력을 결정하고, 미끄럼 없이 최대 토크를 전달하도록 이음에 대하여 체크해야 한다.

연습문제 Problems

Problems marked with an asterisk (*) are linked to problems in other chapters, as summarized in Table 1–1 of Sec. 1–16, p. 26.

6–1 A shaft is loaded in bending and torsion such that $M_a = 70\ \text{N}\cdot\text{m}$, $T_a = 45\ \text{N}\cdot\text{m}$, $M_m = 55\ \text{N}\cdot\text{m}$, and $T_m = 35\ \text{N}\cdot\text{m}$. For the shaft, $S_u = 700$ MPa and $S_y = 560$ MPa, and a fully corrected endurance limit of $S_e = 210$ MPa is assumed. Let $K_f = 2.2$ and $K_{fs} = 1.8$. With a design factor of 2.0 determine the minimum acceptable diameter of the shaft using the

(*a*) DE-Gerber criterion.
(*b*) DE-elliptic criterion.
(*c*) DE-Soderberg criterion.
(*d*) DE-Goodman criterion.

Discuss and compare the results.

6–2 The section of shaft shown in the figure is to be designed to approximate relative sizes of $d = 0.75D$ and $r = D/20$ with diameter d conforming to that of standard metric rolling-bearing bore sizes. The shaft is to be made of SAE 2340 steel, heat-treated to obtain minimum strengths in the shoulder area of 1226 MPa ultimate tensile strength and 1130 MPa yield strength with a Brinell hardness not less than 370. At the shoulder the shaft is subjected to a completely reversed bending moment of 70 N · m, accompanied by a steady torsion of 45 N · m. Use a design factor of 2.5 and size the shaft for an infinite life.

Problem 6–2
Section of a shaft containing a grinding-relief groove. Unless otherwise specified, the diameter at the root of the groove $d_r = d - 2r$, and though the section of diameter d is ground, the root of the groove is still a machined surface.

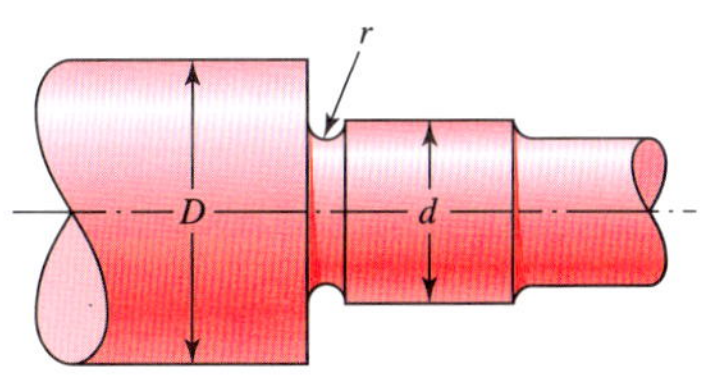

6–3 The rotating solid steel shaft is simply supported by bearings at points B and C and is driven by a gear (not shown) which meshes with the spur gear at D, which has a 150-mm pitch diameter. The force F from the drive gear acts at a pressure angle of 20°. The shaft transmits a torque to point A of $T_A = 340\ \text{N}\cdot\text{m}$. The shaft is machined from steel with $S_y = 420$ MPa and $S_{ut} = 560$ MPa. Using a factor of safety of 2.5, determine the minimum allowable diameter of the 250-mm section of the shaft based on (*a*) a static yield analysis using the distortion energy theory and (*b*) a fatigue-failure analysis. Assume sharp fillet radii at the bearing shoulders for estimating stress-concentration factors.

Problem 6–3

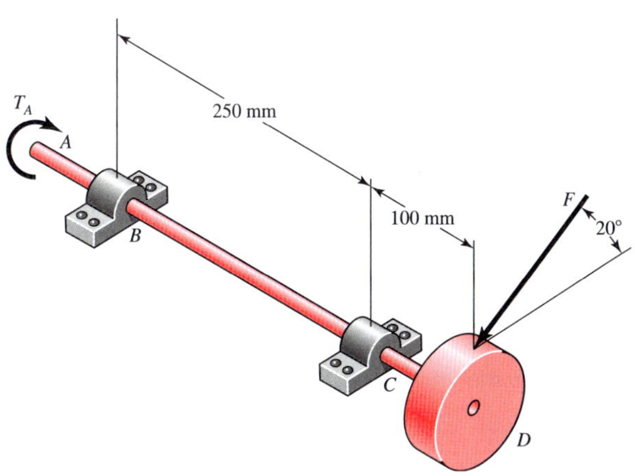

6–4 A geared industrial roll shown in the figure is driven at 300 rev/min by a force F acting on a 75-mm diameter pitch circle as shown. The roll exerts a normal force of 5200 N/m of roll length on the material being pulled through. The material passes under the roll. The coefficient of friction is 0.40. Develop the moment and shear diagrams for the shaft modeling the roll force as (*a*) a concentrated force at the center of the roll, and (*b*) a uniformly distributed force along the roll. These diagrams will appear on two orthogonal planes.

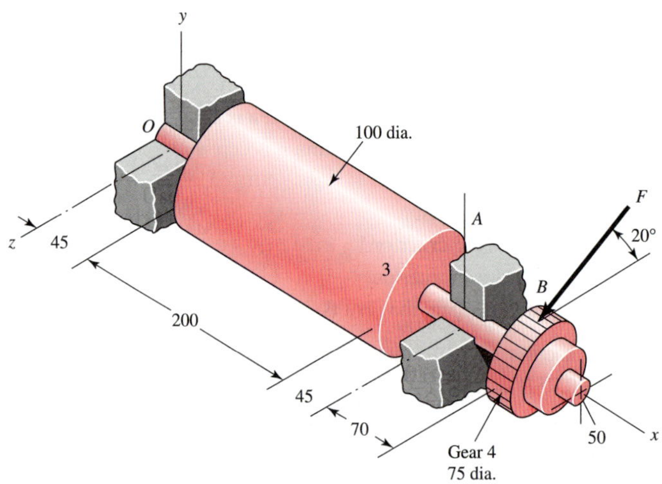

Problem 6–4
Material moves under the roll. Dimensions in millimeters.

6–5 Design a shaft for the situation of the industrial roll of Prob. 6–4 with a design factor of 2 and a reliability goal of 0.999 against fatigue failure. Plan for a ball bearing on the left and a cylindrical roller on the right. For deformation use a factor of safety of 2.

6–6 The figure shows a proposed design for the industrial roll shaft of Prob. 6–4. Hydrodynamic film bearings are to be used. All surfaces are machined except the journals, which are ground and polished. The material is 1035 HR steel. Perform a design assessment. Is the design satisfactory?

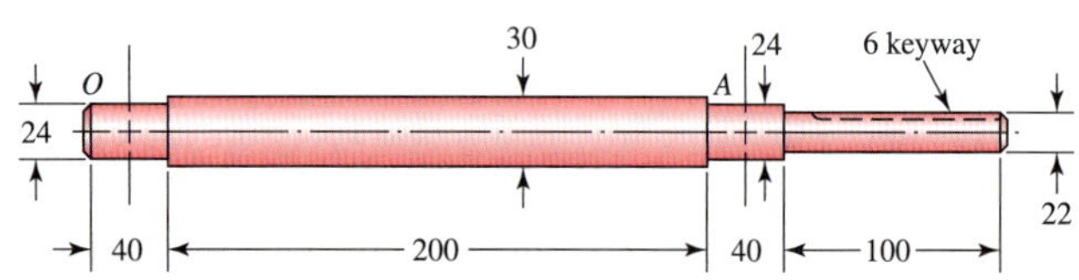

Problem 6–6
Bearing shoulder fillets 0.72 mm, others 1.6 mm. Sled-runner keyway is 90 mm long. Dimensions in mm.

6–7* to 6–16* For the problem specified in the table, build upon the results of the original problem to obtain a preliminary design of the shaft by performing the following tasks.

(*a*) Sketch a general shaft layout, including means to locate the components and to transmit the torque. Estimates for the component widths are acceptable at this point.

(*b*) Specify a suitable material for the shaft.

(*c*) Determine critical diameters of the shaft based on infinite fatigue life with a design factor of 1.5. Check for yielding.

(*d*) Make any other dimensional decisions necessary to specify all diameters and axial dimensions. Sketch the shaft to scale, showing all proposed dimensions.

(*e*) Check the deflections at the gears, and the slopes at the gears and the bearings for satisfaction of the recommended limits in Table 6–2. Assume the deflections for any pulleys are not likely to be critical. If any of the deflections exceed the recommended limits, make appropriate changes to bring them all within the limits.

Problem Number	Original Problem
6–7*	3–68, 147
6–8*	3–69, 147
6–9*	3–70, 147
6–10*	3–71, 147
6–11*	3–72, 148
6–12*	3–73, 148
6–13*	3–74, 148
6–14*	3–76, 149
6–15*	3–77, 149
6–16*	3–79, 149

6–17 In the double-reduction gear train shown, shaft *a* is driven by a motor attached by a flexible coupling attached to the overhang. The motor provides a torque of 10 N · m at a speed of 1200 rpm. The gears have 20° pressure angles, with diameters shown on the figure. Use an AISI 1020 cold-drawn steel. Design one of the shafts (as specified by the instructor) with a design factor of 1.5 by performing the following tasks.

(*a*) Sketch a general shaft layout, including means to locate the gears and bearings, and to transmit the torque.

(*b*) Perform a force analysis to find the bearing reaction forces, and generate shear and bending moment diagrams.

(*c*) Determine potential critical locations for stress design.

(*d*) Determine critical diameters of the shaft based on fatigue and static stresses at the critical locations.

(*e*) Make any other dimensional decisions necessary to specify all diameters and axial dimensions. Sketch the shaft to scale, showing all proposed dimensions.

(*f*) Check the deflection at the gear, and the slopes at the gear and the bearings for satisfaction of the recommended limits in Table 6–2.

(*g*) If any of the deflections exceed the recommended limits, make appropriate changes to bring them all within the limits.

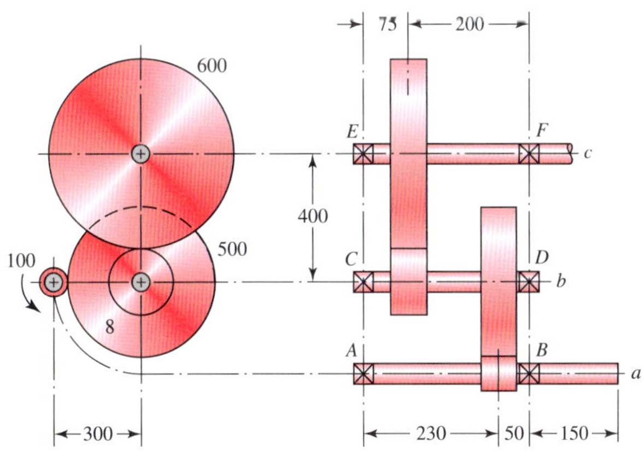

Problem 6–17
Dimensions in mm.

6–18 In the figure is a proposed shaft design to be used for the input shaft *a* in Prob. 6–17. A ball bearing is planned for the left bearing, and a cylindrical roller bearing for the right.

(*a*) Determine the minimum fatigue factor of safety by evaluating at any critical locations. Use a fatigue failure criteria that is considered to be typical of the failure data, rather than one that is considered conservative. Also ensure that the shaft does not yield in the first load cycle.

(*b*) Check the design for adequacy with respect to deformation, according to the recommendations in Table 6–2.

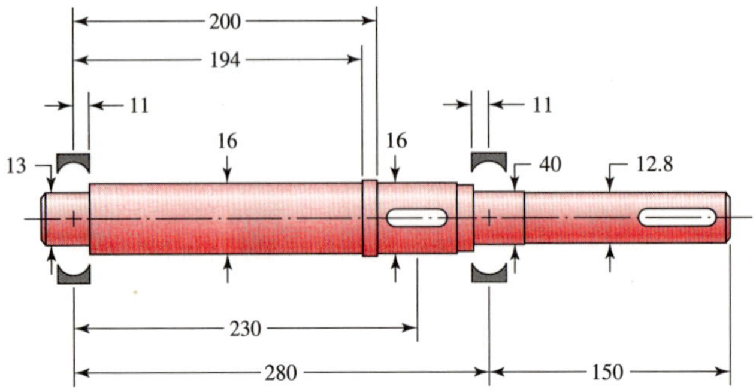

Problem 6–18
Shoulder fillets at bearing seat 0.75-mm radius, others 3-mm radius, except right-hand bearing seat transition, 6 mm. The material is 1030 HR. Keyways 10 mm wide by 5 mm deep. Dimensions in mm.

6–19* The shaft shown in the figure is proposed for the application defined in Prob. 3–72, p. 148. The material is AISI 1018 cold-drawn steel. The gears seat against the shoulders, and have hubs with setscrews to lock them in place. The effective centers of the gears for force transmission are shown. The keyseats are cut with standard endmills. The bearings are press-fit against the shoulders. Determine the minimum fatigue factor of safety.

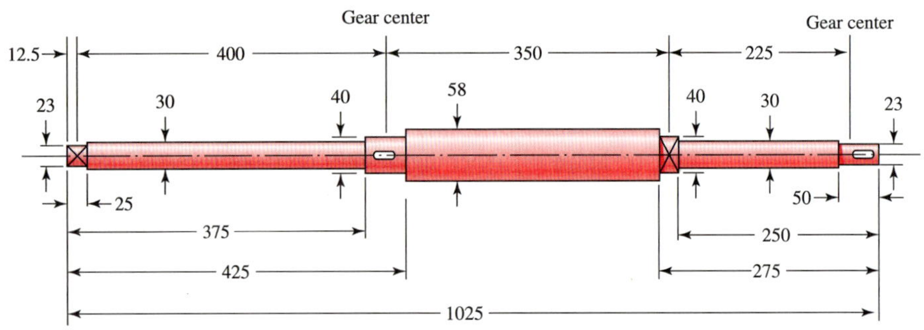

*Problem 6–19**
All fillets 1.6 mm. Dimensions in mm.

6–20* Continue Prob. 6–19 by checking that the deflections satisfy the suggested minimums for bearings and gears in Table 6–2. If any of the deflections exceed the recommended limits, make appropriate changes to bring them all within the limits.

6–21* The shaft shown in the figure is proposed for the application defined in Prob. 3–73, p. 148. The material is AISI 1018 cold-drawn steel. The gears seat against the shoulders, and have hubs with setscrews to lock them in place. The effective centers of the gears for force transmission are shown. The keyseats are cut with standard endmills. The bearings are press-fit against the shoulders. Determine the minimum fatigue factor of safety.

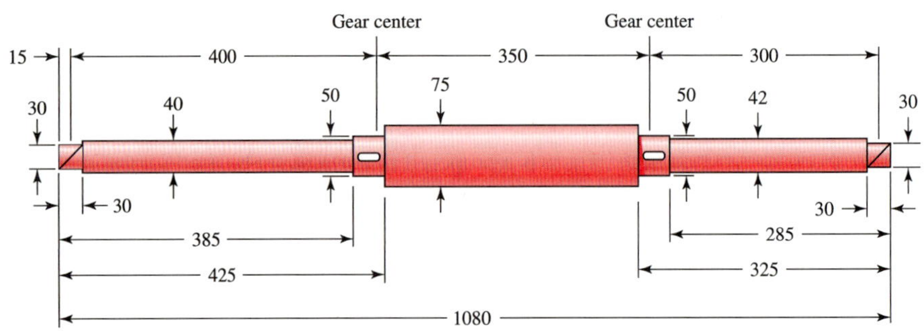

*Problem 6–21**
All fillets 2 mm. Dimensions in mm.

6–22* Continue Prob. 6–21 by checking that the deflections satisfy the suggested minimums for bearings and gears in Table 6–2. If any of the deflections exceed the recommended limits, make appropriate changes to bring them all within the limits.

6–23 The shaft shown in the figure is driven by a gear at the right keyway, drives a fan at the left keyway, and is supported by two deep-groove ball bearings. The shaft is made from AISI 1020 cold-drawn

Problem 6–23
Dimensions in mm.

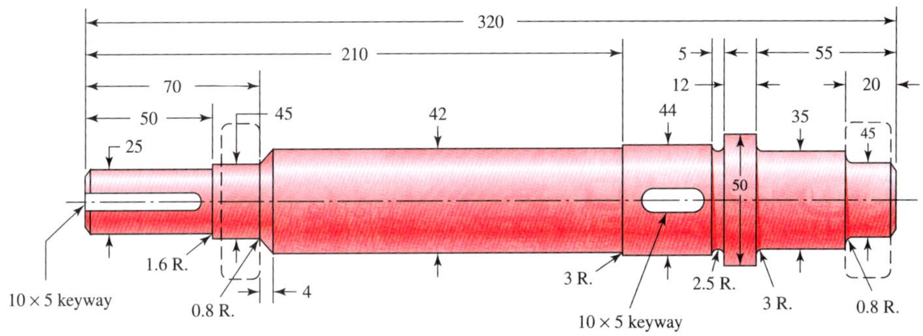

steel. At steady-state speed, the gear transmits a radial load of 1.1 kN and a tangential load of 3 kN at a pitch diameter of 200 mm.

(*a*) Determine fatigue factors of safety at any potentially critical locations.

(*b*) Check that deflections satisfy the suggested minimums for bearings and gears.

6–24 An AISI 1020 cold-drawn steel shaft with the geometry shown in the figure carries a transverse load of 7 kN and a torque of 107 N · m. Examine the shaft for strength and deflection. If the largest allowable slope at the bearings is 0.001 rad and at the gear mesh is 0.0005 rad, what is the factor of safety guarding against damaging distortion? What is the factor of safety guarding against a fatigue failure? If the shaft turns out to be unsatisfactory, what would you recommend to correct the problem?

Problem 6–24
Dimensions in millimeters.

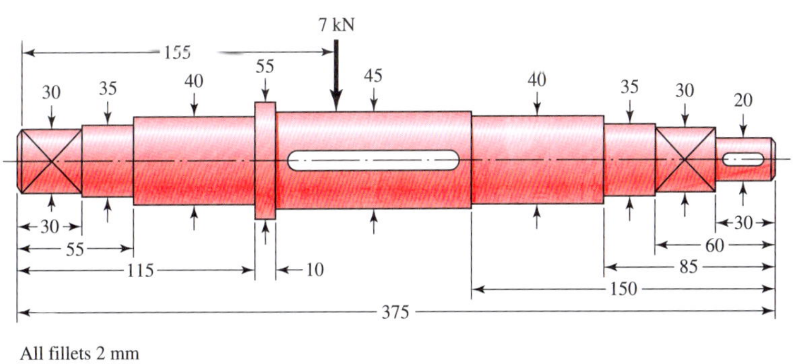

6–25 A shaft is to be designed to support the spur pinion and helical gear shown in the figure on two bearings spaced 700 mm center-to-center. Bearing *A* is a cylindrical roller and is to take only radial load; bearing *B* is to take the thrust load of 900 N produced by the helical gear and its share of the radial load. The bearing at *B* can be a ball bearing. The radial loads of both gears are in the same plane, and are 2.7 kN for the pinion and 900 N for the gear. The shaft speed is 1200 rev/min. Design the shaft. Make a sketch to scale of the shaft showing all fillet sizes, keyways, shoulders, and diameters. Specify the material and its heat treatment.

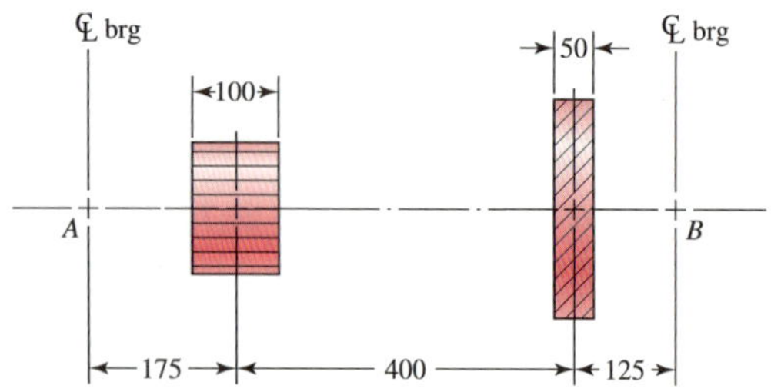

Problem 6–25
Dimensions in millimeters.

6–26 A heat-treated steel shaft is to be designed to support the spur gear and the overhanging worm shown in the figure. A bearing at *A* takes pure radial load. The bearing at *B* takes the worm-thrust load for either direction of rotation. The dimensions and the loading are shown in the figure; note that the radial loads are in the same plane. Make a complete design of the shaft, including a sketch of the shaft showing all dimensions. Identify the material and its heat treatment (if necessary). Provide an assessment of your final design. The shaft speed is 310 rev/min.

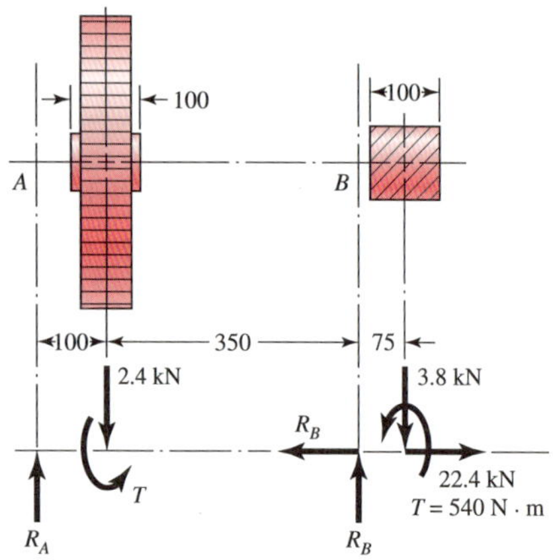

Problem 6–26
Dimensions in millimeters.

6–27 A bevel-gear shaft mounted on two 40-mm 02-series ball bearings is driven at 1720 rev/min by a motor connected through a flexible coupling. The figure shows the shaft, the gear, and the bearings. The shaft has been giving trouble—in fact, two of them have already failed—and the down time on the machine is so expensive that you have decided to redesign the shaft yourself rather than order replacements. A hardness check of the two shafts in the vicinity of the fracture of the two shafts showed an average of 198 Bhn for one and 204 Bhn of the other. As closely as you can estimate the two shafts failed at a life measure between 600 000 and 1 200 000 cycles of operation. The surfaces of the shaft were machined, but not ground. The fillet sizes were not measured, but they correspond with the recommendations for the ball bearings used. You know that the load is a pulsating or shock-type load, but you have no idea of the magnitude, because the shaft drives an indexing mechanism, and the forces are inertial. The keyways are 10 mm wide by 5 mm in deep. The straight-toothed bevel pinion drives a 48-tooth bevel gear. Specify a new shaft in sufficient detail to ensure a long and trouble-free life.

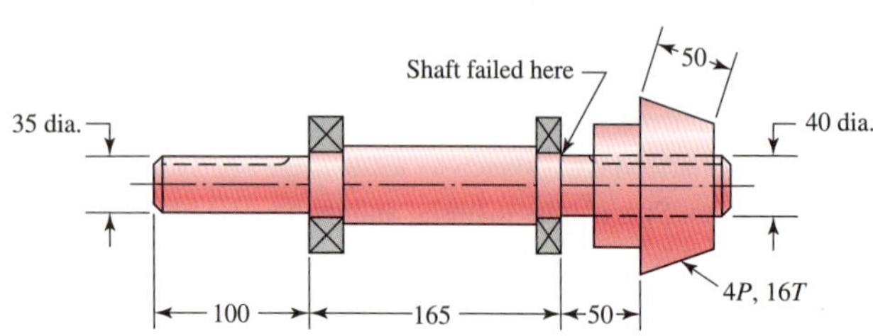

Problem 6–27
Dimensions in mm.

6–28 A 25-mm-diameter uniform steel shaft is 600 mm long between bearings.
(*a*) Find the lowest critical speed of the shaft.
(*b*) If the goal is to double the critical speed, find the new diameter.
(*c*) A half-size model of the original shaft has what critical speed?

6–29 Demonstrate how rapidly Rayleigh's method converges for the uniform-diameter solid shaft of Prob. 6–28, by partitioning the shaft into first one, then two, and finally three elements.

6–30 Compare Eq. (6–27) for the angular frequency of a two-disk shaft with Eq. (6–28), and note that the constants in the two equations are equal.
(*a*) Develop an expression for the *second* critical speed.
(*b*) Estimate the second critical speed of the shaft addressed in Ex. 6–5, parts *a* and *b*.

6–31 For a uniform-diameter shaft, does hollowing the shaft increase or decrease the critical speed?

6–32 The shaft shown in the figure carries a 100-N gear on the left and a 175-N gear on the right. Estimate the first critical speed due to the loads, the shaft's critical speed without the loads, and the critical speed of the combination.

Problem 6–32
Dimensions in mm.

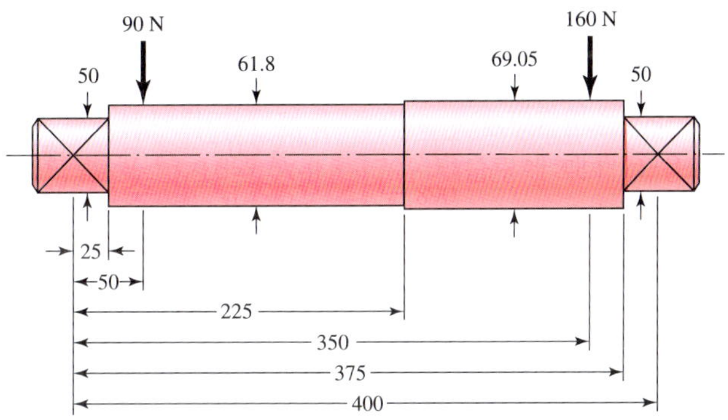

6–33 A transverse drilled and reamed hole can be used in a solid shaft to hold a pin that locates and holds a mechanical element, such as the hub of a gear, in axial position, and allows for the transmission of torque. Since a small-diameter hole introduces high stress concentration, and a larger diameter hole erodes the area resisting bending and torsion, investigate the existence of a pin diameter with minimum adverse affect on the shaft. Then formulate a design rule. (*Hint:* Use Table A–16.)

6–34* The shaft shown in Prob. 6–19 is proposed for the application defined in Prob. 3–72, p. 148 Specify a square key for gear *B*, using a factor of safety of 1.1.

6–35* The shaft shown in Prob. 6–21 is proposed for the application defined in Prob. 3–73, p. 148 Specify a square key for gear *B*, using a factor of safety of 1.1.

6–36 A guide pin is required to align the assembly of a two-part fixture. The nominal size of the pin is 15 mm. Make the dimensional decisions for a 15-mm basic size locational clearance fit.

6–37 An interference fit of a cast-iron hub of a gear on a steel shaft is required. Make the dimensional decisions for a 45-mm basic size medium drive fit.

6–38 A pin is required for forming a linkage pivot. Find the dimensions required for a 45-mm basic size pin and clevis with a sliding fit.

6-39 Find the shaft and hole dimensions for a loose running fit with a 34-mm basic size.

6-40 A ball bearing has been selected with the bore size specified in the catalog as 35.000 mm to 35.020 mm. Specify appropriate minimum and maximum shaft diameters to provide a locational interference fit.

6-41 A shaft diameter is carefully measured to be 36.05 mm. A bearing is selected with a catalog specification of the bore diameter range from 36 mm to 36.025 mm. Determine if this is an acceptable selection if a locational interference fit is desired.

6-42 A gear and shaft with nominal diameter of 35 mm are to be assembled with a *medium drive fit,* as specified in Table 6–9. The gear has a hub, with an outside diameter of 60 mm, and an overall length of 50 mm. The shaft is made from AISI 1020 CD steel, and the gear is made from steel that has been through hardened to provide $S_u = 700$ MPa and $S_y = 600$ MPa.

(*a*) Specify dimensions with tolerances for the shaft and gear bore to achieve the desired fit.

(*b*) Determine the minimum and maximum pressures that could be experienced at the interface with the specified tolerances.

(*c*) Determine the worst-case static factors of safety guarding against yielding at assembly for the shaft and the gear based on the distortion energy failure theory.

(*d*) Determine the maximum torque that the joint should be expected to transmit without slipping, i.e., when the interference pressure is at a minimum for the specified tolerances.

CHAPTER

07

Shigley's Mechanical Engineering Design

나사, 결합요소, 비영구적 이음에 대한 설계

Chapter Outline

나선형의 산이 있는 나사는 중요한 기계적 발명이었다. 나사는 (1) 동력전달이나 큰 하중발생(예: 프레스, 잭)을 목적으로 회전운동을 직선운동으로 바꾸는 운동용 나사이거나, (2) 비영구적이음에서 나사산이 있는 결합용 요소이다.

이 책은 독자에게 결합에 대한 기초 지식이 있는 것을 전제로 한다. 부품을 이음/결합하는 전형적 기법으로는 볼트, 너트, 작은 나사, 멈춤나사, 리벳, 핀, 키, 용접, 접착제 등이 있다. 공학그래픽 또는 금속제조공정에 대한 학문은 다양한 이음기법에 대한 교육을 포함하기 때문에, 기계공학에 관심 있는 사람은 자연스럽게 결합방법에 대하여 충분한 예비지식을 갖게 된다. 이음 주제는 기계설계에서 흥미로운 분야 중 하나이다.

제작성까지 고려한 설계단계에서의 중요 목표 중 하나는 결합의 수를 줄이는 것이다. 반면, 목적에 따라서는 부품해체가 용이하도록 결합자체가 필요하며, 보잉747 제트기에는 결합요소가 무려 250만 개 정도나 있다. 그런데, 어떤 요소는 개당 가격이 비싸기 때문에, 가격절감을 위하여 항공기제조사와 관련업체는 결합요소에 대하여 새로운 설계, 설치법, 가공법을 꾸준히 검토하고 있다.

결합요소 분야에서 언급하고 싶은 새로운 고안은 상당히 많으며, 설계자는 다양한 결합요소 중에서 선택할 수 있다. 성실한 설계자는 결합요소에 대하여 별도로 정리된 요약집을 갖고 있기도 하다. 부품이음법은 고품질의 공학설계에서 중요하기 때문에, 다양한 사용/설계조건 하에서 결합/이음요소의 성능에 대하여 철저한 이해가 필요하다.

7-1 나사산의 표준과 정의

그림 7-1에서 **피치**(p)는 나사 축방향으로 측정한 인접 나사산 간의 거리이다. 미국단위계에서 피치는 나사축선 1인치 내 포함된 나사산 수의 역수로 표시된다.

바깥지름(d)은 수나사의 최대지름이다. 골지름(d_r 또는 d_1)은 수나사에서 **최소지름**이다. [역자주: 나사산이 원통 바깥면에 있는 것을 수나사(볼트), 중공원통의 안쪽면에 나사산이 있는 것을 암나사(너트)라고 하며, 볼트와 너트가 짝을 이루게 된다. 나사의 크기는 수나사의 최대지름인 바깥지름으로 표시하며, 공칭지름(호칭지름)이라고 한다. 한편, 암나사에서의 최대지름은 골지름이며, 최소지름은 안지름이다]. 피치지름(d_p)은 바깥지름과 골지름 사이의 값이다.[역자주: 평균지름$(d+d_1)/2$와 근사한 수치이며, 유효 지름(d_2)으로 정의된다.]

리드(l)는 너트가 1회전하였을 때 나사 축방향으로 너트의 이동거리이다. 그림 7-1의 한 줄나사에서는 리드가 피치와 동일하다.

여러 줄 나사는 두 줄 이상의 나사산이 상호 인접한 제품이다(연필둘레에 나란히 두 줄 이상이 감겨있는 상태를 상상해본다). 두 줄 나사의 리드는 피치의 2배이며, n줄 나사일 때 $l = np$의 관계식이 성립된다. 특별한 언급이 없으면 한 줄 나사이며, 한 줄 나사는 리드가 작기 때문에 나사조임에 소요시간은 길지만 잘 풀어지지 않는 장점이 있다.

나사는 특별한 언급이 없으면 시계 방향으로 회전될 때 축방향으로 전진되는 오른나사를 의미한다.

미국(유니파이)나사표준은 미국/영국의 규격제품에서 사용이 승인되어 있다. 유니파이 나사의 나사산각은 60°이며 나사산 봉우리는 평탄하거나 둥그렇다.

그림 7-2는 미터계의 M 또는 MJ형 윤곽이다. M형상은 인치계를 대신하며 60° 대칭나

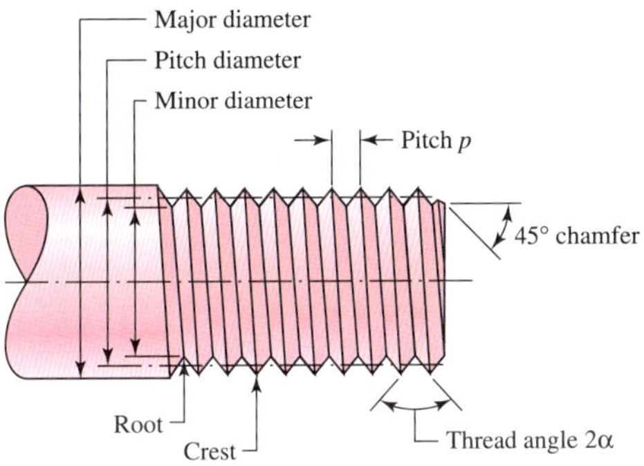

그림 7-1
나사산의 용어. 나사산을 명확히 표현하기 위하여 v자(날카롭게) 표시됨. 봉우리/골부분은 실제 가공중 편평 또는 둥글게 된다.

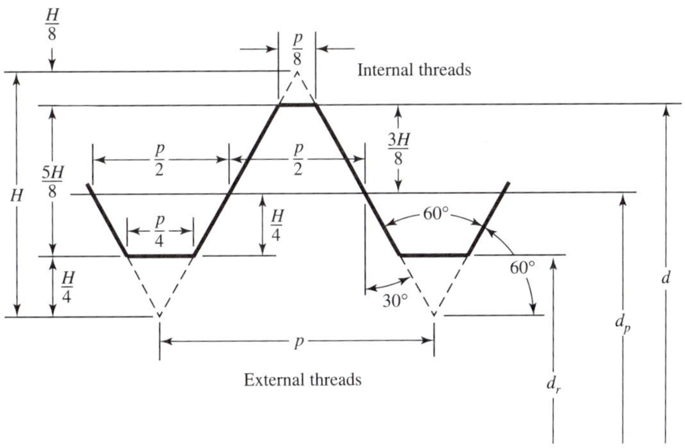

그림 7-2
미터계 M형, MJ 형의 나사산 형상. $D(d)$ = 암(수)나사의 기본 바깥지름, $D_1(d_1)$ = 암(수)나사의 기본 골지름, $D_2(d_2)$ = 암(수)나사의 기본 피치지름, p = 피치, $H = \frac{\sqrt{3}}{2}p$.

사산으로 ISO 68 형상이다. 한편, MJ형은 수나사의 골부분이 둥그런 형상이며 수나사와 암나사의 골지름이 상대적으로 크다. 이런 형은 높은 피로강도가 요구되는 경우에 유용하다.

표 7-1, 7-2는 나사산이 있는 부품을 지정 또는 설계할 때 유용하다. 미터계에서는 피치값을 설계기준으로 하여 나사산의 크기가 결정되며, 유니파이계에서는 1인치당 나사산 수에 의하여 나사산의 크기가 결정된다. 지름이 1/4인치 미만인 나사는 표 7-2에서 그기가 번호로 표시되어 있다. 예를 들어, 표 7-2의 8번나사는 두 번째 열의 수치처럼 공칭바깥지름이 0.1640인치이다.

많은 인장시험의 수행결과, 나사산이 없는 상태에서 피치지름과 수나사 골지름의 평균값을 지름으로 하는 봉의 강도가 나사산이 있는 봉의 강도와 동일하였다. 나사산이 없는 봉의 단면적을 인장응력면적[역자주: 나사의 유효단면적이라고도 함] A_t라고 하며, A_t값은 표 7-1, 7-2에 표시되어 있다.

유니파이나사계열 중 UNR계에서는 골지름의 반(골반지름)이 사용된다는 점이 UN과 UNR의 차이이다. 나사산의 응력집중계수가 작기 때문에 UNR계 나사산은 피로강도가 높다. 유니파이 나사는 공칭바깥지름, 1인치당 나사산의 수[역자주: N, 예제 7-3c 문항 참조], 나사계열로 표시된다(예: 5/8인치-18 UNRF 또는 0.625 in-18 UNRF).

한편, 미터계의 나사는 지름과 피치값을 밀리미터단위로 표시하여 지정한다. M12 × 1.75 표시는 공칭바깥지름이 12 mm이고, 피치가 1.75 mm인 나사이다. 지름 앞의 M문자는 미터계 표시이다.

표 7-1
미터(보통 또는 가는)나사의 지름 및 면적(치수단위는 밀리미터)*

Nominal Major Diameter d mm	Coarse-Pitch Series: Pitch p mm	Coarse-Pitch Series: Tensile-Stress Area A_t mm^2	Coarse-Pitch Series: Minor-Diameter Area A_r mm^2	Fine-Pitch Series: Pitch p mm	Fine-Pitch Series: Tensile-Stress Area A_t mm^2	Fine-Pitch Series: Minor-Diameter Area A_r mm^2
1.6	0.35	1.27	1.07			
2	0.40	2.07	1.79			
2.5	0.45	3.39	2.98			
3	0.5	5.03	4.47			
3.5	0.6	6.78	6.00			
4	0.7	8.78	7.75			
5	0.8	14.2	12.7			
6	1	20.1	17.9			
8	1.25	36.6	32.8	1	39.2	36.0
10	1.5	58.0	52.3	1.25	61.2	56.3
12	1.75	84.3	76.3	1.25	92.1	86.0
14	2	115	104	1.5	125	116
16	2	157	144	1.5	167	157
20	2.5	245	225	1.5	272	259
24	3	353	324	2	384	365
30	3.5	561	519	2	621	596
36	4	817	759	2	915	884
42	4.5	1120	1050	2	1260	1230
48	5	1470	1380	2	1670	1630
56	5.5	2030	1910	2	2300	2250
64	6	2680	2520	2	3030	2980
72	6	3460	3280	2	3860	3800
80	6	4340	4140	1.5	4850	4800
90	6	5590	5360	2	6100	6020
100	6	6990	6740	2	7560	7470
110				2	9180	9080

*ANSI B1.1-1974와 B18.3.1-1978에 의한 표임. 골지름은 $d_r = d - 1.226869p$, 피치지름은 $d_m = d - 0.649519p$이며 바깥지름과 피치의 함수이다. [역자주 : 인장응력면적(A_t)은 d_r과 d_m의 평균값을 사용하며, $A_t = \pi/4(\frac{d_r + d_m}{2})^2 = \pi/4(d - 0.938194p)^2$이 된다(연습문제 7-2 참조)].

그림 7-3a, b에 보인 사각(4각)나사와 사다리꼴(애크미)나사는 동력이 전달되는 경우에 사용된다. 인치계 사다리꼴나사산 중 선호되는 피치값이 표 7-3에 정리되어 있다. 그러나, 이외의 피치값들도 사용되는 이유는 사다리꼴나사에서 표준크기에 대한 필요성이 크지 않기 때문이다. 사각 또는 사다리꼴나사산은 보통 선반용 나사절삭바이트로 가공되기 때문에 공간이 수정되기도 한다. 수정작업은 사각나사의 장점인 높은 효율을 유지하면서 절삭작업을 단순하게 한다. 사다리꼴나사는 나사산의 높이를 짧게 만들기도 하는데, 그 결과 골지름이 증가되어 다소 더 강한 나사가 된다.

표 7-2 유니파이나사(UNC와 UNF)의 지름 및 면적[역자주: C는 보통나사, F는 가는나사를 의미함]*

Size Designation	Nominal Major Diameter in	Coarse Series—UNC Threads per Inch Atmm2 N	Coarse Series—UNC Tensile-Stress Area A_t in^2	Coarse Series—UNC Minor-Diameter Area A_r in^2	Fine Series—UNF Threads per Inch N	Fine Series—UNF Tensile-Stress Area A_t in^2	Fine Series—UNF Minor-Diameter Area A_r in^2
0	0.0600				80	0.001 80	0.001 80
1	0.0730	64	0.002 63	0.002 18	72	0.002 78	0.002 78
2	0.0860	56	0.003 70	0.003 10	64	0.003 94	0.003 94
3	0.0990	48	0.004 87	0.004 06	56	0.005 23	0.005 23
4	0.1120	40	0.006 04	0.004 96	48	0.006 61	0.006 61
5	0.1250	40	0.007 96	0.006 72	44	0.008 80	0.008 80
6	0.1380	32	0.009 09	0.007 45	40	0.010 15	0.010 15
8	0.1640	32	0.014 0	0.011 96	36	0.014 74	0.014 74
10	0.1900	24	0.017 5	0.014 50	32	0.020 0	0.020 0
12	0.2160	24	0.024 2	0.020 6	28	0.025 8	0.025 8
$\frac{1}{4}$	0.2500	20	0.031 8	0.026 9	28	0.036 4	0.036 4
$\frac{5}{16}$	0.3125	18	0.052 4	0.045 4	24	0.058 0	0.058 0
$\frac{3}{8}$	0.3750	16	0.077 5	0.067 8	24	0.087 8	0.087 8
$\frac{7}{16}$	0.4375	14	0.106 3	0.093 3	20	0.118 7	0.118 7
$\frac{1}{2}$	0.5000	13	0.141 9	0.125 7	20	0.159 9	0.159 9
$\frac{9}{16}$	0.5625	12	0.182	0.162	18	0.203	0.203
$\frac{5}{8}$	0.6250	11	0.226	0.202	18	0.256	0.256
$\frac{3}{4}$	0.7500	10	0.334	0.302	16	0.373	0.373
$\frac{7}{8}$	0.8750	9	0.462	0.419	14	0.509	0.509
1	1.0000	8	0.606	0.551	12	0.663	0.663
$1\frac{1}{4}$	1.2500	7	0.969	0.890	12	1.073	1.073
$1\frac{1}{2}$	1.5000	6	1.405	1.294	12	1.581	1.581

*ANSI B1.1-1974에 의한 표임. 골지름은 $d_r = d - 1.299038p$, 피치지름은 $d_m = d - 0.649519p$이다.

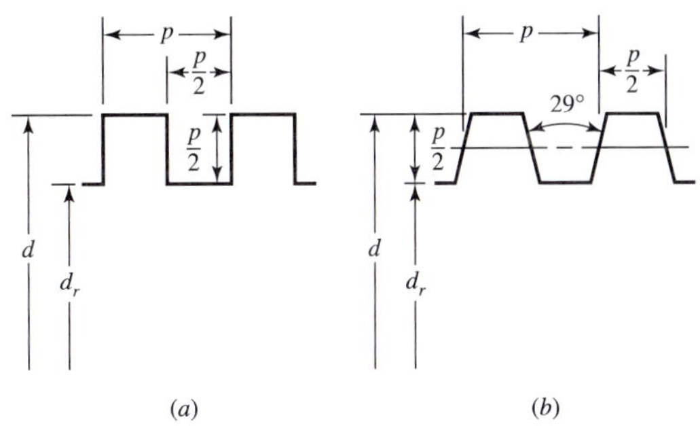

그림 7-3
(*a*) 사각나사산, (*b*) 사다리꼴나사산[역자주: 나사산각은 미터계가 30°, 인치계는 29°이며, 그림 7-7a에서 전체각 30°가 2α로 표시된다.]

표 7-3
사다리꼴나사에서 선호되는 피치

d, in	$\frac{1}{4}$	$\frac{5}{16}$	$\frac{3}{8}$	$\frac{1}{2}$	$\frac{5}{8}$	$\frac{3}{4}$	$\frac{7}{8}$	1	$1\frac{1}{4}$	$1\frac{1}{2}$	$1\frac{3}{4}$	2	$2\frac{1}{2}$	3
p, in	$\frac{1}{16}$	$\frac{1}{14}$	$\frac{1}{12}$	$\frac{1}{10}$	$\frac{1}{8}$	$\frac{1}{6}$	$\frac{1}{6}$	$\frac{1}{5}$	$\frac{1}{5}$	$\frac{1}{4}$	$\frac{1}{4}$	$\frac{1}{4}$	$\frac{1}{3}$	$\frac{1}{2}$

7-2 운동용 나사의 역학

운동용 나사는 기계장치(기구)에서 회전운동을 직선운동으로 전환시키거나 동력전달용으로 사용된다. 응용예로는 선반의 리드나사, 바이스, 프레스, 잭의 나사가 있다.

운동용 나사의 적용 예 중 외부동력으로 구동되는 잭은 웜, 웜기어, 나사, 너트, 베어링으로 구성되어 있다(그림 7-4).

그림 7-5는 평균지름 d_m, 피치 p, 리드각 λ, 비틀림각 ψ일 때, 축 압축 하중 F를 받는 운동용나사의 개략도이다. [역자주: 리드각은 나선각이라고도 하며, 리드각(λ)과 비틀림각(ψ)의 합은 90°이다.]

한 줄 사각나사에서 축 하중을 들어올리거나 내리는 데 필요한 토크에 대한 수식을 만

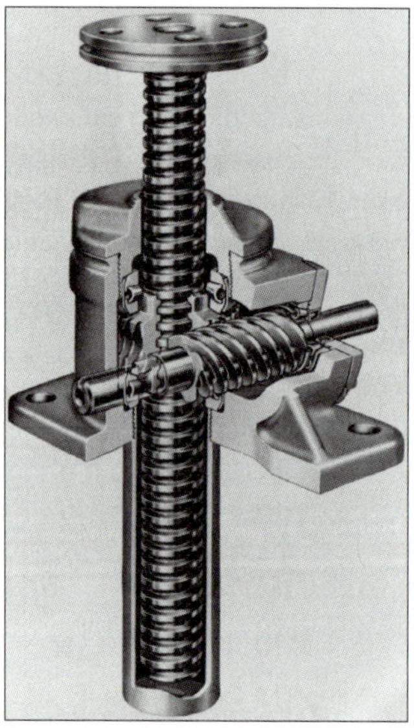

그림 7-4
웜기어를 사용한 나사 잭
(*Joyce-Dayton Corp., Dayton, Ohio*의 허락 하에 인용.)

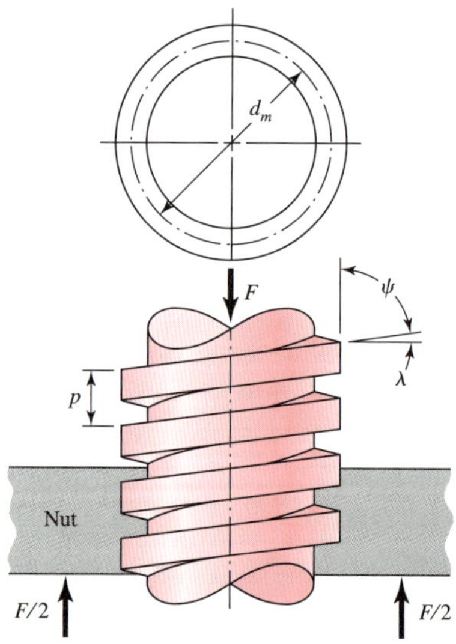

그림 7-5
운동용 나사의 일부분

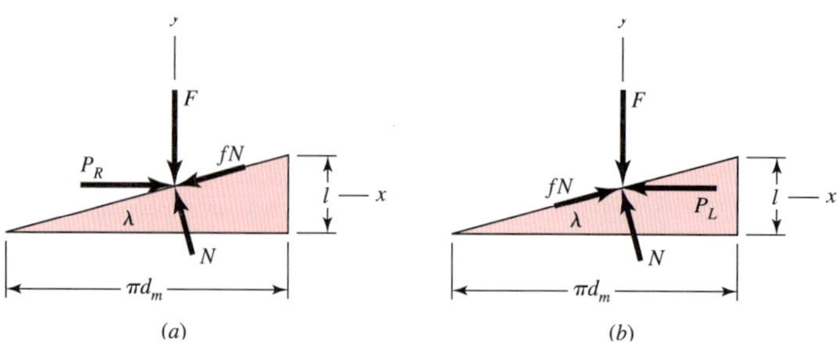

그림 7-6
자유물체도 (*a*) 하중들어올림, (*b*) 하중내림

들기 위하여, 한 바퀴 회전한 한 줄 나사산을 펴놓은 상태를 상상해 본다. 삼각형 밑변은 나사산 평균지름을 지름으로 하는 원통의 원주가 되고, 높이는 리드가 되며 직각삼각형 빗변이 나사산의 한 변이 된다. 나사면에 작용되는 모든 축 하중의 합을 F라고 표시한다. 하중을 들어올리기 위한 힘(즉, 나사를 시계방향으로 회전시키기 위한 힘)인 P_R은 그림 7-6a에서 우측방향으로 표시되어 있다. 하중을 낮추기 위한 힘(즉, 나사를 풀기 위한 하중)인 P_L은 좌측방향으로 표시되어 있다. 마찰력은 접촉면에서 수직하중(N)과 마찰계수(f)의 곱이며 운동을 방해하는 방향으로 작용된다. 하중조건 하에서 평형을 이룬다면, 하중을 들어올리는 경우 식 (a)와 같이 표현된다.

$$\sum F_x = P_R - N\sin\lambda - fN\cos\lambda = 0$$
$$\sum F_y = -F - fN\sin\lambda + N\cos\lambda = 0 \qquad (a)$$

유사한 요령으로, 하중을 낮출 때는 식 (b)로 표현된다[그림 7-6(b) 참조].

$$\sum F_x = -P_L - N\sin\lambda + fN\cos\lambda = 0$$
$$\sum F_y = -F + fN\sin\lambda + N\cos\lambda = 0 \qquad (b)$$

수직하중(N)의 크기에는 관심없기 때문에, 식 (a), (b)에서 N을 소거 후 P에 관하여 식을 정리한다. 하중을 들어올리거나, 낮추는 경우에 각각 식 (c), (d)가 된다.

$$P_R = \frac{F(\sin\lambda + f\cos\lambda)}{\cos\lambda - f\sin\lambda} \qquad (c)$$

$$P_L = \frac{F(f\cos\lambda - \sin\lambda)}{\cos\lambda + f\sin\lambda} \qquad (d)$$

식 (c), (d)의 분자, 분모를 cos λ로 나누고, 식 $\tan\lambda = l/\pi d_m$(그림 7-6 참조)을 대입하면, 식 (c), (d)는 각각 식 (e), (f)가 된다. 한 줄 나사에서는 $l = p$이다.

$$P_R = \frac{F[(l/\pi d_m) + f]}{1 - (fl/\pi d_m)} \qquad (e)$$

$$P_L = \frac{F[f - (l/\pi d_m)]}{1 + (fl/\pi d_m)} \qquad (f)$$

토크는 하중(P_R 또는 P_L)과 평균반지름 $d_m/2$의 곱이므로, 하중을 들어올리는 경우의 토크(T_R)는 식 (7-1)이 된다.

$$T_R = \frac{Fd_m}{2}\left(\frac{l + \pi f d_m}{\pi d_m - fl}\right) \qquad (7\text{-}1)$$

T_R은 나사산마찰을 극복하며, 동시에 하중(F)을 들어올리는 목적에 필요한 토크이다. 한편, 하중을 낮출 때 마찰일부를 극복하는 데 필요한 토크 T_L은 식 (7-2)와 같다.

$$T_L = \frac{Fd_m}{2}\left(\frac{\pi f d_m - l}{\pi d_m + fl}\right) \qquad (7\text{-}2)$$

[역자주: ρ가 마찰각일 때 $f = \tan\rho$이므로, 식 (7-1), (7-2)는 각각 $T_R = F\cdot d_m/2\cdot\tan(\lambda+\rho)$, T_L

$= F \cdot d_m/2 \cdot \tan(\rho - \lambda)$로 표시된다. 그림 7-6(b)에서 P_L의 방향을 P_R과 같이 오른쪽으로 가정하면 식 (7-2)는 $T_L = Fd_m/2 \tan(\lambda - \rho)$가 된다. 그림에서 벡터 P_L의 가정방향에 따라 P_L 및 T_L은 위의 식들과 부호가 반대로 표시된다.]

상대적으로 리드가 크거나 마찰계수가 작은 경우에는 외부작용력이 없이도 나사가 스스로 회전하면서 하중을 스스로 낮춰버릴 수 있다. 이때 식 (7-2)의 토크 T_L은 음이 된다. 식 (7-2)에서 영 이상의 토크값이 계산될 때 나사는 스스로 풀리지 않고 멈추는 **조건(자립)**이 된다. 따라서, 사각나사의 자립조건은,

$$\pi f d_m > l$$

이때, 양변을 πd_m으로 나눈 후 $l/\pi d_m = \tan \lambda$을 대입하면 식 (7-3)이 된다.

$$f > \tan \lambda \tag{7-3}$$

[역자주: 마찰계수 $f = \tan \rho$이므로, 사각나사의 자립조건은 식 (7-3) 대신 일반적으로 $\lambda \leq \rho$로 표시된다. $\lambda < \rho$가 안전이며 등호($\lambda = \rho$)일 때 안전(자립)을 유지하므로 보통 등호까지를 자립조건에 포함시킨다.] 따라서, 나사산의 마찰계수가 리드각(λ)의 탄젠트값 이상이면 나사가 자립을 유지한다.

나사효율을 구하는 식은 운동용 나사를 평가하는 데 유용하다. 식 (7-1)에서 $f = 0$을 대입하면 토크는 식 (g)가 된다.

$$T_0 = \frac{Fl}{2\pi} \tag{g}$$

식 (g)에서의 토크(T_0)는 나사산마찰이 없는 경우 하중을 들어올릴 때 필요한 토크이다. 따라서, 운동용 나사의 효율은 식 (7-4)와 같이 표현된다.

$$e = \frac{T_0}{T_R} = \frac{Fl}{2\pi T_R} \tag{7-4}$$

[역자주: 식 (7-4)에 식 (7-1)의 T_R을 대입하면, 사각나사의 효율이 리드각과 마찰각만의 함수인 $e = \tan \lambda/\tan (\lambda+\rho)$로 표시된다(연습문제 7-3 참조). 마찰계수(즉, 마찰각 ρ)가 일정할 때, 그래프(또는, 효율을 각 λ에 대하여 미분)에 의하여 효율이 최대가 되는 리드각($\lambda = \pi/4-\rho/2$)을 구한다. 이 리드각을 효율식에 대입하면, 최대효율은 $e= \tan(\pi/4-\rho/2)/\tan(\pi/4+\rho/2)= \tan^2 (\pi/4-\rho/2)$로 표시된다. 한편 식 (7-3)에서 자립을 만족시키는 한계값인 $\rho=\lambda$를 $e = \tan \lambda/\tan (\lambda+\rho)$에 대입하면 $e = \tan \lambda/\tan (2\lambda) = 1/2-1/2 \cdot \tan^2\lambda < 0.5$가 된다. 따라서, 나사가 자립조건을 만족하는 경우 나사효율은 50%보다 작게 된다.]

식 (7-4)는 나사산에 수직한 하중방향이 나사축방향과 동일한 사각나사의 경우에만 유효하다. 나사산각이 2α로 표시되는 비 사각(예: 사다리꼴, 삼각)나사에서는 나사산 수직하중이 축방향에 대하여 α만큼 기울어져 있다(그림 7-7a 참조). 비 사각나사산에서는 기울어진 각(나사산각의 반각 α)이 쐐기역할을 하여 마찰력이 증가된다. 식 (7-1)에서 마찰계수(f)만을 $\cos \alpha$로 나누거나, f에 $\sec \alpha$를 곱하는 것으로 표현된다. [역자주: 나사산각(2α)의 반각(α)에 대한 $\sec \alpha$임에 주의하여야 한다.] 따라서, 비 사각나사를 사용하여 하중을 들어올리거나, 비 사각나사를 죌 때는 식 (7-5)와 같다. 식 (7-5)의 유도과정에서 나사산각에 비하여 작은 리드각의 크기를 무시하였기 때문에, 식 (7-5)는 근사식이다.

$$T_R = \frac{F d_m}{2}\left(\frac{l + \pi f d_m \sec\alpha}{\pi d_m - f l \sec\alpha}\right) \tag{7-5}$$

사다리꼴나사산에서는 형상(각 α)으로 인하여 사각나사산에서보다 마찰효과가 더 크게 나타난다. 증가된 마찰효과는 식 (7-4)의 분모크기를 증가시키기 때문에, 운동용 나사에서 사다리꼴나사는 사각나사보다 효율이 낮다. 그러나, 사다리꼴나사는 가공이 쉬우며 마모 보완용으로써 분할너트를 사용할 수 있기 때문에 선호되기도 한다. [역자주: 한편, 비 사각나사의 자립조건은 $f' = f \cdot (\sec\alpha) \geq \tan\lambda$로부터 $f \geq (\cos\alpha) \cdot (\tan\lambda)$이며, 각 α가 0이면 사각나사에 대한 자립조건인 식 (7-3)의 $f \geq \tan\lambda$와 일치한다. 비 사각나사에서 $f' = \tan\rho' = f/\cos(2\alpha/2)$이다. 따라서, 칼라부의 마찰을 무시하며(즉 $f' = 0$) 하중을 들어올릴 때의 효율은 $e = \tan\lambda/\tan(\lambda+\rho') = \tan\lambda \cdot (\cos\alpha - f \cdot \cos\lambda)/(f + \tan\lambda \cdot \cos\alpha)$이며, 이 식에 $\alpha = 0$을 대입하면 사각나사의 효율을 구하는 식이 된다(연습문제 7-3 참조)].

나사에 작용되는 축 하중을 지지하기 위하여 회전/정지부품 간에 스러스트 베어링 또는 칼라 베어링이 사용된다. 따라서, 하중을 들어올릴 때 필요한 토크값 결정시 칼라부에서의 마찰을 추가로 고려하여야 한다.

축 하중은 칼라부의 평균지름(d_c)에 집중하중으로 작용된다고 가정한다(그림 7-7*b* 참조). f_c가 칼라부(또는 너트/와셔 밑면) 마찰계수일 때, 하중을 들어올리기 위한 전체 토크(T)는 식 (7-5)와 식 (7-6)의 합이다.

$$T_c = \frac{F f_c d_c}{2} \tag{7-6}$$

[역자주: 효율을 계산할 때에, 나사효율과 기구(전체)의 효율이 각각 계산될 수 있다. 칼라부의 마찰을 무시($f_c = 0$)하고 나사의 효율을 구하려면, 식 (7-5)만을 식 (7-4)의 T_R위치에 대입하면 된다. 칼라부의 마찰계수를 고려하여 기구전체의 효율을 구하려면, 식 (7-5)의 T_R[사각나사의 경우는 $\alpha = 0$]과 식 (7-6)을 합한 토크를 T_R로 다시 정의하여 식 (7-4)의 T_R위치에 대입한다(예제 7-1(c)항 참조).]

한편, 식 (7-6)에서 칼라부의 평균지름(d_c)이 충분히 크다면, 식 (7-6) 대신 원판클러치의 해석방법으로 토크(T_c)를 다시 정의할 수 있다.

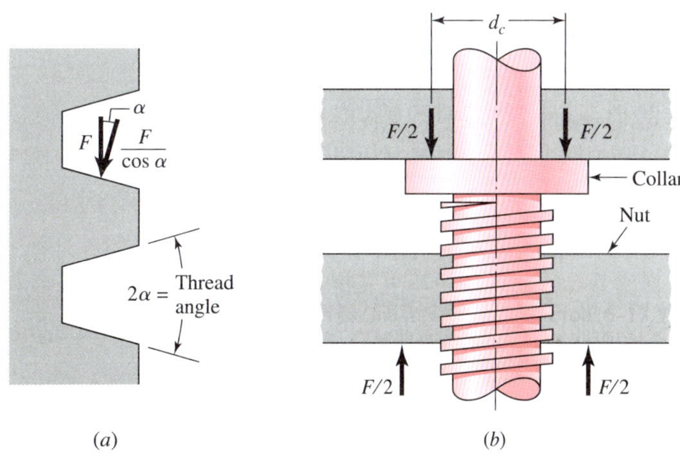

그림 7-7
(*a*) 나사산에 수직한 하중이 각 α로 인하여 증가됨, (*b*) 스러스트 칼라의 마찰지름 d_c

운동용 나사에서 볼트응력과 나사산단면에서의 응력을 각각 (1), (2)로 구분하여 설명한다.

(1) 공칭몸통응력은 나사산 변수와 관련된다. 나사(볼트몸통)의 비틀림에 의한 최대 공칭전단응력(τ)은 수나사의 골지름을 사용하며 식 (7-7)과 같다.

$$\tau = \frac{16T}{\pi d_r^3} \tag{7-7}$$

축 하중(F)에 의한 나사몸통의 축응력(σ)은 식 (7-8)과 같다.

$$\sigma = \frac{F}{A} = \frac{4F}{\pi d_r^2} \tag{7-8}$$

[역자주: 잭에서는 나사가 압축 하중을 받으므로, 식 (7-8)의 응력값(σ_z)은 실제 음의 부호가 됨에 유의하여야 한다(예제 7-1d 문항 참조). 나사잭의 나사처럼 비틀림과 압축 하중을 동시에 받는 경우, 볼트의 최대전단응력($\tau_{\max}$)은 식 (7-7), (7-8)을 식 $\tau_{\max} = \sqrt{(\sigma/2)^2 + \tau^2}$에 대입하여 결정한다(식 3-14 참조).]

나사축을 짧은기둥으로 고려하는 식(J. Johnson)은 다음과 같다.

$$\left(\frac{F}{A}\right)_{\text{crit}} = S_y - \left(\frac{S_y}{2\pi}\frac{l}{k}\right)^2 \frac{1}{CE} \tag{7-9}$$

(2) 한편, 나사산단면에서의 공칭나사산응력도 나사산 변수와 관련된다. 그림 7-8에서 베어링응력은 식 (7-10)으로 표시된다.

$$\sigma_B = -\frac{F}{\pi d_m n_t p/2} = -\frac{2F}{\pi d_m n_t p} \tag{7-10}$$

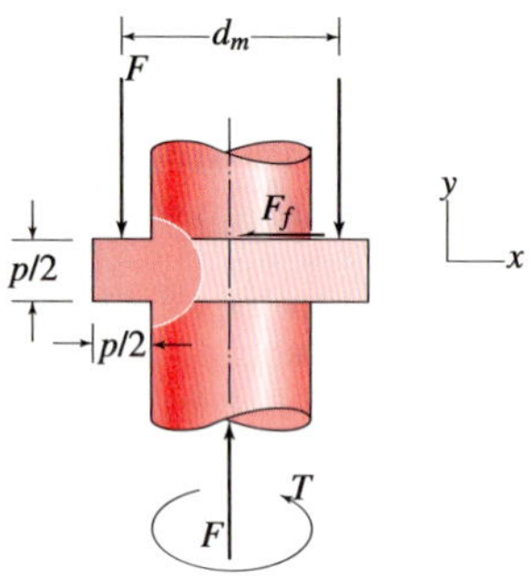

그림 7-8
나사 뿌리면에서 굽힘과 횡방향 전단을 구하는 사각나사의 기하형상.

여기서 n_t는 맞물린 나사산수이다. 나사산 뿌리단면 상단부분에서 발생되는 굽힘응력은 식 (7-11)로 표시된다.

$$Z = \frac{I}{c} = \frac{(\pi d_r n_t)(p/2)^2}{6} = \frac{\pi}{24} d_r n_t p^2, \qquad M = \frac{Fp}{4}$$

$$\sigma_b = \frac{M}{Z} = \frac{Fp}{4}\frac{24}{\pi d_r n_t p^2} = \frac{6F}{\pi d_r n_t p} \tag{7-11}$$

하중(F)으로 인한 횡방향 전단응력은 나사산 뿌리단면 중앙에서

$$\sigma_b = \frac{M}{Z} = \frac{Fp}{4}\frac{24}{\pi d_r n_t p^2} = \frac{6F}{\pi d_r n_t p} \tag{7-12}$$

이지만, 뿌리의 상단위치에서 횡방향 전단응력은 0이다. 그림 7-8의 나사산 뿌리'단면' 상단부에서 구한 다음의 6개 응력값을 식 (4-14)에 대입하면 von Mises 응력(σ')을 구할 수 있다[역자주: 예제 7-1의 문항 g 참조].

$$\sigma_x = \frac{6F}{\pi d_r n_t p} \qquad \tau_{xy} = 0$$

$$\sigma_y = -\frac{4F}{\pi d_r^2} \qquad \tau_{yz} = \frac{16T}{\pi d_r^3}$$

$$\sigma_z = 0 \qquad \tau_{zx} = 0$$

실제 나사산형상은 해석차원에서 본다면 복잡하다. 인장응력면적은 실험결과를 기초로 정의되었다고 앞에서 설명하였다. 하중을 들어올리는 운동용 나사는 압축상태이므로 나사산피치는 탄성 변형에 의하여 짧아진다. 반면, 결합된 너트는 인장상태이므로 너트나사산 피치는 길어진다. 결합되어 맞물린 나사산들 간에 하중이 균일하게 배분되지 않는다. 실험에 의하면 첫 번째 나사산은 하중의 38%를 받으며, 두 번째는 25%, 세 번째는 18%, 일곱 번째는 하중을 전혀 받지 않는 것으로 나타났다. 식 (7-10), (7-11)에 F 대신 $0.38F$를 대입하고 n_t를 1로 하면 나사–너트결합상태에서 나사산의 최대응력을 구할 수 있다.

예제 7-1 바깥지름 32 mm, 피치 4 mm, 두 줄사각나사가 그림 7-4처럼 사용되고 있다. 마찰계수 $f = f_c = 0.08$, $d_c = 40$ mm, 나사당 $F = 6.4$ kN이다.

(*a*) 나사산높이, 폭, 피치지름, 골지름, 리드를 구하라.

(*b*) 하중을 들어올릴 때와 낮출 때 필요한 토크를 각각 구하라.

(*c*) 하중을 들어올릴 때 효율을 구하라.

(*d*) 볼트의 비틀림 전단응력, 압축응력을 구하라.

(*e*) 베어링응력을 구하라.

(*f*) 나사산 뿌리단면의 상단 지점에서 굽힘응력을 구하라.

(*g*) 나사산 뿌리단면에서 von Mises 응력을 구하라.

(*h*) 나사산 뿌리단면에서 최대전단응력을 구하라.

풀이 (*a*) 그림 7-3a에서 나사산높이와 폭은 모두 피치의 반값인 2 mm이다.

$$d_m = d - p/2 = 32 - 4/2 = 30 \text{ mm}$$

답

$$d_r = d - p = 32 - 4 = 28 \text{ mm}$$

$$l = np = 2(4) = 8 \text{ mm}$$

(*b*) 식 (7-1)과 (7-6)을 합하여, 하중을 들어올릴 때 필요한 토크 T_R을 구한다.

$$T_R = \frac{F d_m}{2}\left(\frac{l + \pi f d_m}{\pi d_m - f l}\right) + \frac{F f_c d_c}{2}$$

$$= \frac{6.4(30)}{2}\left[\frac{8 + \pi(0.08)(30)}{\pi(30) - 0.08(8)}\right] + \frac{6.4(0.08)40}{2}$$

답

$$= 15.94 + 10.24 = 26.18 \text{ N} \cdot \text{m}$$

식 (7-2)과 (7-6)을 합하여, 하중을 낮출 때 필요한 토크 T_L을 구한다.

$$T_L = \frac{F d_m}{2}\left(\frac{\pi f d_m - l}{\pi d_m + f l}\right) + \frac{F f_c d_c}{2}$$

$$= \frac{6.4(30)}{2}\left[\frac{\pi(0.08)30 - 8}{\pi(30) + 0.08(8)}\right] + \frac{6.4(0.08)(40)}{2}$$

답

$$= -0.466 + 10.24 = 9.77 \text{ N} \cdot \text{m}$$

T_L의 첫 항에서 음의 부호는 나사자체만으로는 자립되지 않음을 의미하며, 칼라부마찰만 극복된다면 하중작용으로 나사가 회전하여 풀림을 의미한다. 따라서, 하중이 가해질 때 나사를 회전시킬 토크는 칼라마찰만을 극복하는 데 필요한 하중보다 작은 하중이면 된다.

(*c*) (*b*) 문항 답(26.18)을 식 (7-4)의 T_R위치에 대입하여 기구의 효율을 계산한다.

답 $$e = \frac{Fl}{2\pi T_R} = \frac{6.4(8)}{2\pi(26.18)} = 0.311$$

(*d*) 비틀림모멘트 T_R에 의한 볼트(몸통) 전단응력(τ)을 구한다.

답 $$\tau = \frac{16T_R}{\pi d_r^3} = \frac{16(26.18)(10^3)}{\pi(28^3)} = 6.07 \text{ MPa}$$

축방향 압축응력(σ)을 구한다.

답 $$\sigma = -\frac{4F}{\pi d_r^2} = -\frac{4(6.4)10^3}{\pi(28^2)} = -10.39 \text{ MPa}$$

[식 (7-8) 밑의 역자주 참조: 볼트의 최대전단응력은 $\tau_{\max} = \sqrt{(\sigma/2)^2 + \tau^2} = 8$ MPa]

(*e*) 한 개의 나사산이 0.38F 하중을 받을 때, 베어링응력을 구한다.

답 $$\sigma_B = -\frac{2(0.38F)}{\pi d_m(1)p} = -\frac{2(0.38)(6.4)10^3}{\pi(30)(1)(4)} = -12.9 \text{ MPa}$$

(*f*) 한 개의 나사산이 0.38F 하중을 받을 때, 골부분의 굽힘응력을 구한다.

답 $$\sigma_b = \frac{6(0.38F)}{\pi d_r(1)p} = \frac{6(0.38)(6.4)10^3}{\pi(28)(1)4} = 41.5 \text{ MPa}$$

(*g*) 나사산뿌리 단면의 상 · 하부에서 횡방향 전단응력은 0이지만, 토크에 의한 원주방향 전단응력값(6.07 MPa = 문항(d)의 답)이 존재한다. 그림 7-8의 3차원 직각좌표계에서 6개의 응력성분을 구한다.

$$\sigma_x = 41.5 \text{ MPa} \qquad \tau_{xy} = 0$$
$$\sigma_y = -10.39 \text{ MPa} \qquad \tau_{yz} = 6.07 \text{ MPa}$$
$$\sigma_z = 0 \qquad \tau_{zx} = 0$$

식 (4-14)에 6개의 응력성분값을 대입하여 직접 von Mises 응력값(σ')을 구한다.

답 $$\sigma' = \frac{1}{\sqrt{2}}\{(41.5-0)^2 + [0-(-10.39)]^2 + (-10.39-41.5)^2 + 6(6.07)^2\}^{1/2}$$
$$= 48.7 \text{ MPa}$$

또는, 6개의 응력성분값으로부터 주응력값(σ_1, σ_2, σ_3)을 먼저 결정한 후 식 (4-12)를 사용하여 von Mises 응력을 구할 수도 있다. 이런 절차를 따르면 주응력값뿐 아니라, 최대전단응력도 구할 수 있다. 3차방정식 식 (3-15)를 풀어서 3개의 주응력을 구할 수도 있지만, 면에 전단응력이 없음을 고려한다면 σ_x 자체가 주응력 중 하나가 된다. 나머지 2개의 주응력은 평면응력에서의 식 (3-13)으로 구한다.

$$\frac{-10.39}{2} \pm \sqrt{\left(\frac{-10.39}{2}\right)^2 + 6.07^2} = 2.79, -13.18 \text{ MPa}$$

$\sigma_1, \sigma_2, \sigma_3$의 크기순으로 구한 41.5, 2.79, −13.18 MPa을 식 (5-12)에 대입한다.

$$\sigma' = \left\{\frac{[41.5 - 2.79]^2 + [2.79 - (-13.18)]^2 + [-13.18 - 41.5]^2}{2}\right\}^{1/2}$$

답 $$= 48.7 \text{ MPa}$$

(*h*) 최대전단응력은 식 (3-16)의 $\tau_{max} = \tau_{1/3}$을 이용하여 구한다.

답 $$\tau_{max} = \frac{\sigma_1 - \sigma_3}{2} = \frac{41.5 - (-13.18)}{2} = 27.3 \text{ MPa}$$

표 7-4
나사산 베어링압력 *Pb* (*H. A. Rothbart, Mechanical Design and Systems Handbook*, 2판, *McGraw-Hill, 2006*판에서 인용)

Screw Material	Nut Material	Safe pb, MPa	Notes
Steel	Bronze	17.2–24.1	Low speed
Steel	Bronze	11.0–17.2	≤50 mm/s
	Cast iron	6.9–17.2	≤40 mm/s
Steel	Bronze	5.5–9.7	100–200 mm/s
	Cast iron	4.1–6.9	100–200 mm/s
Steel	Bronze	1.0–1.7	≥250 mm/s

Ham과 Ryan[1]은 나사산의 마찰계수가 축 하중, 회전속도와는 거의 무관하지만 윤활이 있으면 마찰이 감소된다고 하였다. 또한, 마찰계수는 짝을 이루는 재료의 변화에 따라 크게 차이가 나지않지만, 청동 위에 강을 결합하는 경우에 마찰이 가장 낮다고 보고하였다. 운동용 나사의 미끄럼마찰계수는 약 0.10~0.15이다.

표 7-4는 나사산 위의 안전한 베어링압력을 보여주는데, 비정상적인 마모로부터 면을 보호하기 위함이다. 표 7-5는 주로 사용되는 재료 짝에 대한 미끄럼마찰계수이다. 표 7-6은 재료 짝에 따라 정지마찰, 운동마찰계수를 보여준다.

[1] Ham and Ryan, An Experimental Investigation of the Friction of Screw-threads, Bulletin 247, Univ. of Illinois Experiment Station, 1932.

표 7-5
나사짝에서 마찰계수 f. (H. A. Rothbart and T. H. Brown, Jr., *Mechanical Design and Systems Handbook*, 2판, McGraw-Hill, *2006*판에서 인용)

Screw Material	Nut Material Steel	Bronze	Brass	Cast Iron
Steel, dry	0.15–0.25	0.15–0.23	0.15–0.19	0.15–0.25
Steel, machine oil	0.11–0.17	0.10–0.16	0.10–0.15	0.11–0.17
Bronze	0.08–0.12	0.04–0.06	—	0.06–0.09

표 7-6
스러스트칼라에서 마찰계수(H. A. Rothbart and T. H. Brown, Jr., *Mechanical Design and Systems Handbook,* 2판, McGraw-Hill, *2006*판에서 인용)

Combination	Running	Starting
Soft steel on cast iron	0.12	0.17
Hard steel on cast iron	0.09	0.15
Soft steel on bronze	0.08	0.10
Hard steel on bronze	0.06	0.08

7-3 나사산이 있는 결합요소

나사산이 있는 결합요소에 대한 해석방법 중에는, 통계학론적 관점과 결정학론적 관점이 있다. 통계학론적 방법은 결합요소가 보증값 이상으로 하중받을 때 위험할 수 있음을 설명하기에 적절하다. 반면에 결정학론적 방법은 피로에 대한 고려가 반드시 필요하지 않을 때 사용된다.

그림 7-9는 표준 6각볼트의 그림이다. 응력집중발생지역은 필릿, 나사산의 시작부분, 너트가 있을 때 나사산뿌리 필릿이다. 치수는 표 A-29에 있다. 와셔면의 지름은 6각형 편평부분의 폭과 같다. D가 공칭지름일 때 인치계볼트의 나사산길이는 식 (7-13)과 같다.

$$L_T = \begin{cases} 2d + \frac{1}{4}\text{ in} & L \le 6\text{ in} \\ 2d + \frac{1}{2}\text{ in} & L > 6\text{ in} \end{cases} \tag{7-13}$$

미터계 볼트의 경우는

$$L_T = \begin{cases} 2d + 6 & L \le 125 \quad d \le 48 \\ 2d + 12 & 125 < L \le 200 \\ 2d + 25 & L > 200 \end{cases} \tag{7-14}$$

이며, 치수단위는 밀리미터이다. 이상적인 볼트길이는 너트가 꽉 죄어진 후 너트 밖으로 한 두 개의 나사산이 나오는 정도이다. 볼트구멍에는 드릴가공 후 가공흠집이나 날카로운 테두리가 남아있기도 한다. 이런 것들이 필릿부분과 맞물려 응력집중을 증대시키기도 한다. 이런 현상의 방지를 위하여 볼트머리 아래에 와셔를 항상 사용하여야 한다. 와셔는 강화된 강으로 만들어야 하며, 구멍의 둥근 테두리가 볼트의 와셔면과 접촉되어야 한다. 때로는 너트 하부에도 와셔사용이 필요하다.

볼트의 목적은 두 개 이상의 부품(부재)을 함께 죄는 것이다. 부재에 작용되는 죔하중은 힘의 평형을 이루기 위하여 볼트를 늘어나게 한다. 볼트가 탄성 한계까지 인장되도록 너트를 돌림에 따라 죔하중이 발생된다. 너트가 풀리지 않는다면 볼트인장력은 초기인장력(또는

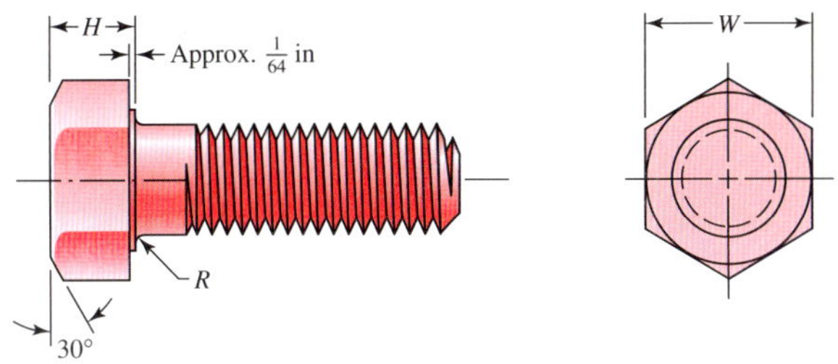

그림 7-9
6각볼트. 와셔면, 머리아래필릿, 나사산의 시작, 양끝에서의 모따기 등을 잘 보기 바란다. 볼트길이는 머리 아래부터 측정된다.

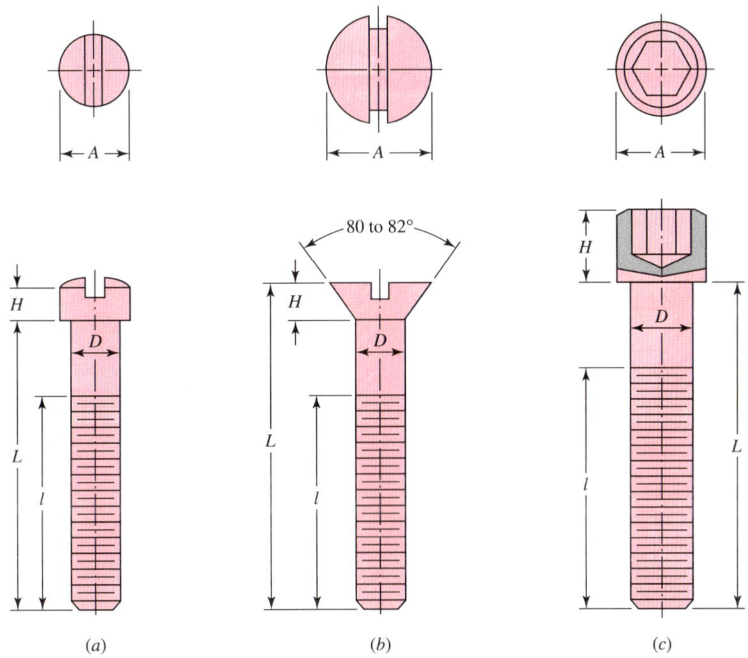

그림 7-10
전형적인 작은 나사머리. (*a*) 홈 머리, (*b*) 편평한 머리, (*c*) 6각홈붙이머리. 작은나사는 그림 7-9와 유사한 6각머리, 또는 다양한 형상으로 제작된다.

조임하중)으로 유지된다. 너트를 죌 때, 되도록 볼트머리를 정지된 상태로 하고 너트를 돌린다. 이렇게 하면 볼트축은 나사산마찰에 의한 토크를 받지 않는다.

6각 작은 나사의 머리부분은 6각볼트의 머리부분보다 얇다. 6각 작은 나사의 치수는 표 A-30에 있다. 6각 작은 나사는 6각볼트의 사용처와 동일하게 사용되기도 하며, 죔부재 중 한쪽에만 나사산이 있는 경우에 사용되기도 한다. 작은 나사머리 형태 중 세 개가 그림 7-10에 예시되어 있다.

그림 7-11에는 다양한 작은 나사의 머리형태가 있다. 인치계 작은 나사는 보통 0번 나사부터 3/8인치의 크기까지 구할 수 있다.

그림 7-12에는 다양한 6각너트 종류가 있으며, 치수는 표 A-31에 있다. 너트의 재료는 볼트의 재료와 조합이 잘 되어야 한다. 죄는 동안 너트의 첫 나사산이 전체하중을 지탱하게 된다. 항복(소성 변형)이 발생되고 냉간가공으로 인하여 약간의 재료강화현상이 발생되며, 하중은 결국 약 세 개 정도의 너트나사산에 분배되게 된다. 이런 이유때문에 부품을 분해하더라도 한 번 사용되었던 너트를 재사용하여 결합해서는 안 된다. 너트의 재사용은 위험하다.

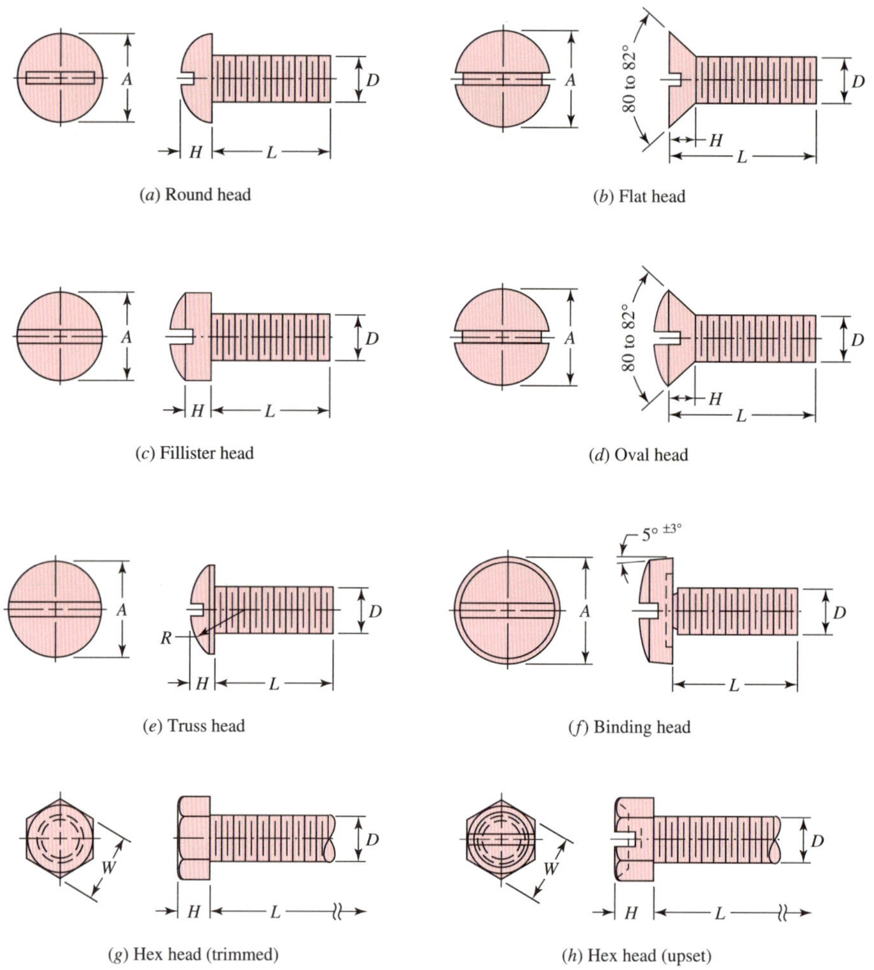

그림 7-11
작은 나사의 머리형태.

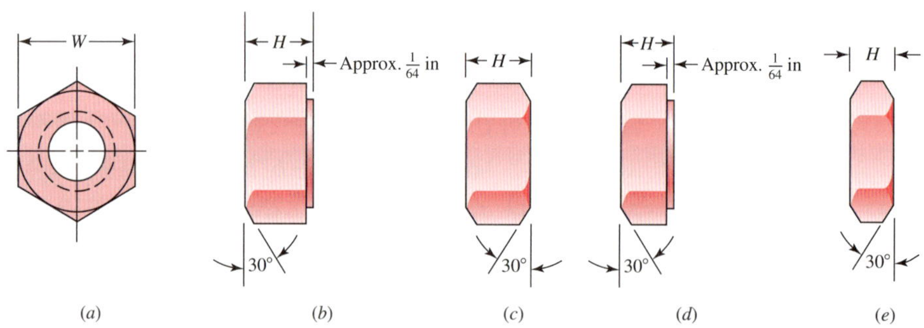

그림 7-12
6각너트. (*a*) 끝면, (*b*) 워셔면있는 일반 너트, (*c*) 양쪽 모따기된 일반 너트, (*d*) 워셔면있는 잼 너트, (*e*) 양쪽 모따기된 잼 너트

7-4 이음에서, 결합요소의 강성

부수지 않고 분해될 수 있는 이음이 필요하거나 각종 외부하중을 잘 견디고자 한다면, 강화된 강으로 만든 와셔를 사용한 볼트이음이 좋은 해결책일 수 있다. 그러나, 적절하게 설계되고 조립되지 않으면 이런 볼트이음도 위험할 수 있다.

인장력을 받는 볼트이음의 단면이 그림 7-13에 예시되어 있다. 볼트구멍에 틈새공간이 있음과 볼트 산이 이음부재 속에 어떻게 되어 있는지를 주의하여 보기 바란다.

볼트의 목적은 두 개 이상의 부분을 결합하는 것이다. 너트를 돌리면 부재를 압축하여

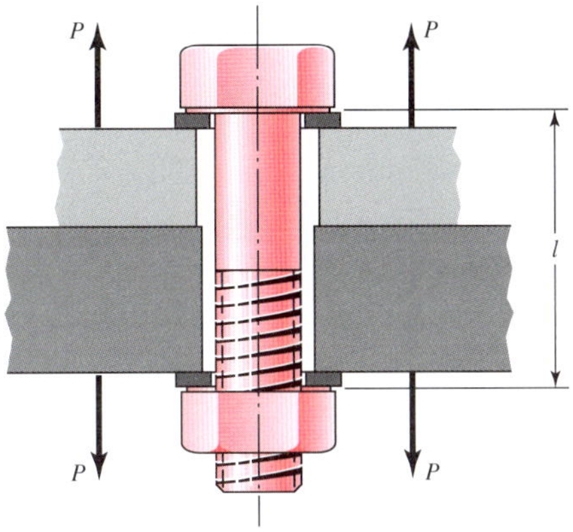

그림 7-13
하중 P에 의하여 인장력을 받는 볼트 연결이음. 와셔 2개가 사용되어 있다.

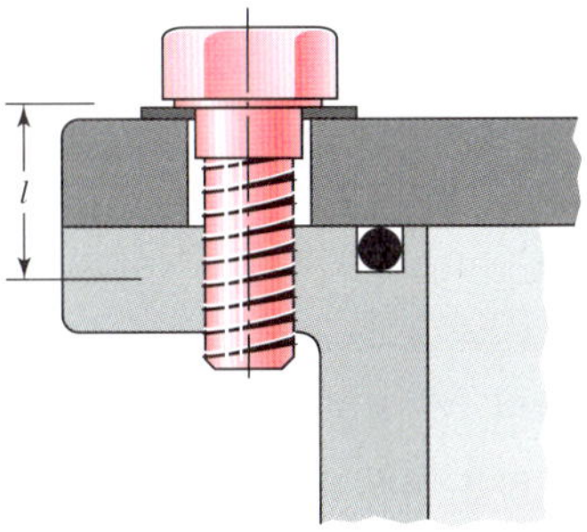

그림 7-14
원통형 압력용기의 단면. 6각작은나사가 원통뚜껑과 몸통을 결합한다. O-링 밀봉장치가 사용되어있다. l'_G는 연결부위 유효 그립의 길이이다(표 7-7 참조).

죄는 힘이 발생되며 동시에 볼트를 인장하게 된다. 이 인장력을 **볼트 초기인장력(예하중)**이라고 한다. 이 하중은 외부하중(P)의 적용여부와 관계없이 너트가 죄어진 다음 결합부위에 발생된다.

결합되는 부재가 죄임상태이므로 볼트에는 인장하중을, 그리고 부재에는 압축하중을 가하게 된다.

인장하중을 받는 그림 7-14의 결합에서 관통볼트 이음은 한쪽 부재에 나시치럼 박혀 있는 작은 나사를 사용하고 있다. 너트를 사용하지 않는 다른 결합요소로써 봉의 길이방향 양쪽 끝분에 나사산이 있는 스터드볼트가 있다. 스터드의 한쪽은 하부 부재에 나사박음된 후, 상부 부재가 놓여지면 강화된 와셔와 너트를 사용하여 죔이 이루어진다. 하부부재속의 스터드볼트는 영구적 이음이며, 전체 이음은 상부의 너트와 와셔만을 제거함으로 해체된다. 따라서, 하부 부재의 나사산이 있는 부분은 부품의 분해/재결합 후에도 손상되지 않는다.

볼트와 같은 탄성부재에서 **스프링상수**는 하중(F)을 변형량으로 나눈 값(AE/l)이다. 두개의 스프링이 직렬연결될 때의 전체 스프링상수를 구하는 방법을 이용하여, 어떤 볼트이음에서든 죔이음의 강성상수를 구할 수 있다. 연결이음에서 길이(L_G)는 죔부재의 전체두께이다. 그림 7-13에서 죔길이는 양쪽 부재두께와 양쪽 와셔두께의 합이다.그림 7-14에서 유효죔길이는 표 7-7에 정리되어 있다.

죔지역에서 볼트나 나사의 일부분에 대한 강성값은 보통 두 부분으로 구성된다. 즉, 축의 나사산이 없는 부분과 나사산이 있는 부분이다. 따라서, 볼트의 강성상수는 직렬로 연결된 두 스프링의 강성과 동등하게 된다.

$$\frac{1}{k} = \frac{1}{k_1} + \frac{1}{k_2} \qquad \text{or} \qquad k = \frac{k_1 k_2}{k_1 + k_2} \tag{7-15}$$

스프링상수가 AE/l로 정의되므로, 볼트의 나사산이 있는 부분과 없는 부분의 강성상수는 각각 다음과 같다.

$$k_t = \frac{A_t E}{l_t} \qquad k_d = \frac{A_d E}{l_d} \tag{7-16}$$

여기서 A_t = 인장응력면적(표 7-1, 7-2)
l_t = 전체길이 중 나사산이 있는 부분의 길이
A_d = 결합이음의 바깥지름면적
l_d = 전체길이 중 나사산이 없는 부분의 길이

식 (7-15)에 대입하면,

$$k_b = \frac{A_d A_t E}{A_d l_t + A_t l_d} \tag{7-17}$$

이며, 여기서 k_b는 결합지역에 있는 볼트나 작은나사에 대하여 추정된 유효 강성값이다. 그림 7-14에서처럼 짧은 결합이음에서는 나사산이 없는 부분이 작게 되며, 식 (7-16)의 첫번째 항이 k_b를 구하는 데 사용된다. 반면, 긴 결합이음에서는 나사산이 있는 부분이 상대적으로 작기 때문에, 식 (7-16)의 두 번째 항을 사용하여 k_b를 구한다. 표 7-7에 절차를 정리하였다.

7-5 이음에서, 부재의 강성

7.4절에서는 이음에서 결합요소의 강성에 대하여 설명하였고 이번 절에서는 이음에서 부재의 강성에 대하여 설명한다.

조립된 이음이 외부 인장하중을 받을 때 어떤 일이 발생되는지 판단하기 위하여 결합요소강성과 부재강성을 모두 알아야 한다. 결합이음에 사용된 두 개 이상의 부재를 직렬로 연결된 압축스프링으로 간주한다면 부재전체에 대한 강성상수는 다음과 같다.

$$\frac{1}{k_m} = \frac{1}{k_1} + \frac{1}{k_2} + \frac{1}{k_3} + \cdots + \frac{1}{k_i} \tag{7-18}$$

부재 중 한 개가 연질의 개스킷이라면 개스킷의 강성(k_g)은 다른 부재의 강성(k_p)보다 상대적으로 매우 작다. 따라서, 다른 부재의 강성은 무시하고 개스킷의 강성(k_g)만이 부재전체의 강성상수(k_m)로 사용된다. [역자주: $k_g \ll k_p$이면 $1/k_g \gg 1/k_p$이다. 식 (7-18)에서 $1/k_m = 1/k_g + 1/k_p \approx 1/k_g$이 되며, $k_m = k_g$가 된다.]

개스킷이 없을 때 실험으로 측정하지 않고는 부재강성을 구하는 것이 다소 어렵다. 그 이유는 볼트머리와 너트 사이에 압축력이 펼쳐지게 되며 면적이 균일하지 않기 때문이다. 이 면적을 구하는 방법이 문헌에 소개되어 있다.

Ito[2]는 초음파기법을 사용하여 부재계면에 압력분포를 측정하였다. 압력은 볼트반지름

[2] Y. Ito, J. Toyoda, and S. Nagata,"Interface Pressure Distribution in a Bolt-Flange Assembly," ASME paper no. 77-WA/DE-11, 1977.

표 7-7 결합요소의 강성을 구하는 절차

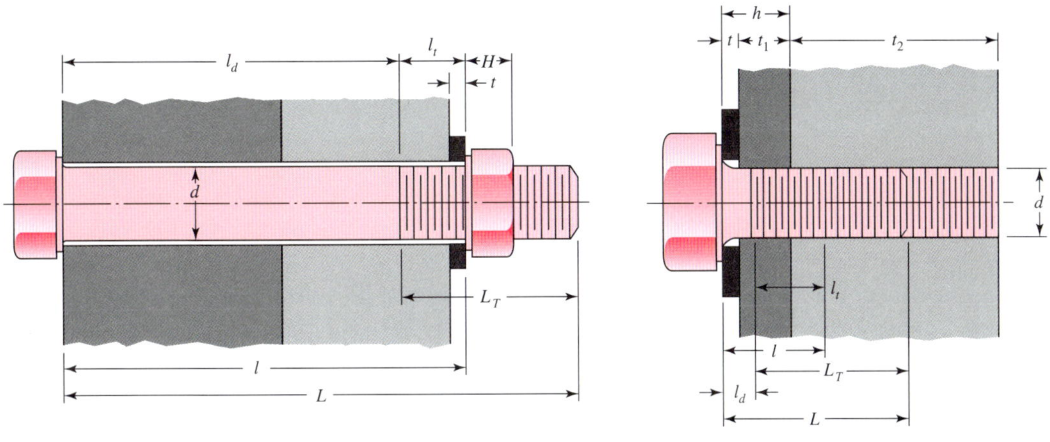

Given fastener diameter d and pitch p in mm or number of threads per inch

Washer thickness: t from Table A–32 or A–33

Nut thickness [Fig. (*a*) only]: H from Table A–31

Grip length:

For Fig. (*a*): l = thickness of all material squeezed between face of bolt and face of nut

For Fig. (*b*): $l = \begin{cases} h + t_2/2, & t_2 < d \\ h + d/2, & t_2 \geq d \end{cases}$

Fastener length (round up using Table A–17*):

For Fig. (*a*): $L > l + H$

For Fig. (*b*): $L > h + 1.5d$

Threaded length L_T: Inch series:

$$L_T = \begin{cases} 2d + \frac{1}{4}\text{ in}, & L \leq 6\text{ in} \\ 2d + \frac{1}{2}\text{ in}, & L > 6\text{ in} \end{cases}$$

Metric series:

$$L_T = \begin{cases} 2d + 6\text{ mm}, & L \leq 125\text{ mm}, d \leq 48\text{ mm} \\ 2d + 12\text{ mm}, & 125 < L \leq 200\text{ mm} \\ 2d + 25\text{ mm}, & L > 200\text{ mm} \end{cases}$$

Length of unthreaded portion in grip: $l_d = L - L_T$

Length of threaded portion in grip: $l_t = l - l_d$

Area of unthreaded portion: $A_d = \pi d^2/4$

Area of threaded portion: A_t from Table 8–1 or 8–2

Fastener stiffness: $k_b = \dfrac{A_d A_t E}{A_d l_t + A_t l_d}$

*표 A-17에 있는 모든 길이의 볼트와 작은 나사를 구할 수 있는 것은 아니다. 길이의 끝자리가 정수가 아닌 결합요소를 구하지 못할 수 있다. 공급자 카탈로그 확인이 필요함.

그림 7-15
속이 빈 원추대로 표현되며, 탄성특성을 갖는 부재를 압축함. 여기서 l은 그립길이이다.

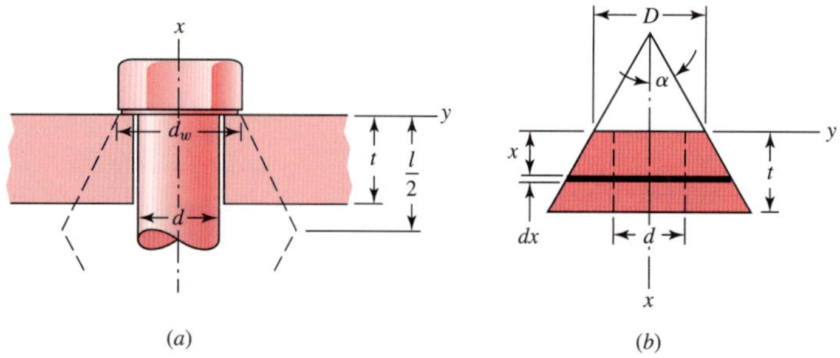

의 1.5배까지 펼쳐지며 볼트에서 멀어지면서 감소되었다. 따라서, Ito는 강성을 결정하기 위하여 다양한 원추각에 대하여 Rotscher의 압력원추기법을 이용하였다. 실제 기법은 복잡하기 때문에 이 책에서는 정해진 한 개의 원추각에 대하여 단순화된 해석을 하였다.

그림 7-15는 원추형상 개략도이다. 각 $\alpha = 45°$를 사용하였을 경우, Little[3]은 죔강성을 과대평가하게 된다고 보고하였다. 하중이 와셔면의 링부분에만 국한된다면, 적절한 원추반각은 45°보다 작다. Osgood[4]은 원추반각의 범위를 25°와 33°사이로 기술하였다. 이 책에서는 원추반각을 30°로 가정하였다.

그림 7-15*b*에서 압축하중 P를 받으며 두께가 dx인 원추요소의 수축은 식 (a)로 표현된다.

$$d\delta = \frac{P\,dx}{EA} \tag{a}$$

요소의 면적은

$$\begin{aligned} A &= \pi\left(r_o^2 - r_i^2\right) = \pi\left[\left(x\tan\alpha + \frac{D}{2}\right)^2 - \left(\frac{d}{2}\right)^2\right] \\ &= \pi\left(x\tan\alpha + \frac{D+d}{2}\right)\left(x\tan\alpha + \frac{D-d}{2}\right) \end{aligned} \tag{b}$$

이며, 이 면적을 식 (a)에 대입하고 적분하면 전체 수축량이 식 (c), (d)로 된다.

$$\delta = \frac{P}{\pi E}\int_0^t \frac{dx}{[x\tan\alpha + (D+d)/2][x\tan\alpha + (D-d)/2]} \tag{c}$$

$$\delta = \frac{P}{\pi E d\tan\alpha}\ln\frac{(2t\tan\alpha + D - d)(D+d)}{(2t\tan\alpha + D + d)(D-d)} \tag{d}$$

이 원추대의 강성은

$$k = \frac{P}{\delta} = \frac{\pi E d\tan\alpha}{\ln\dfrac{(2t\tan\alpha + D - d)(D+d)}{(2t\tan\alpha + D + d)(D-d)}} \tag{7-19}$$

[3] R. E. Little, "Bolted Joints: How Much Give?," *Machine Design*, Nov.9,1967
[4] C. C. Osgood, "Saving Weight on Bolted Joints," *Machine Design*, Oct.25,1979

이며, 각도 $\alpha = 30°$를 대입하면 식 (7-20)이 된다.

$$k = \frac{0.5774\pi Ed}{\ln \dfrac{(1.155t + D - d)(D + d)}{(1.155t + D + d)(D - d)}} \tag{7-20}$$

식 (7-19), (7-20)은 이음의 각 원추대에 대하여 별도로 계산되어야 하는 식이다. 식 (7-18)에 따라 각 강성값을 조합하여 부재의 강성상수(k_m)을 구한다.

이음에서 두 부재의 탄성 계수(E)가 동일하다면, 부재는 동일 스프링이 직렬로 연결된 것과 동일한 의미를 갖는다. 식 (7-18)에서 $k_m = k/2$, 죔길이는 $l = 2t$이며 와셔면의 지름이 d_w일 때, 부재의 강성상수(k_m)는 식 (7-21)이 된다.

$$k_m = \frac{\pi Ed \tan\alpha}{2\ln \dfrac{(l\tan\alpha + d_w - d)\,(d_w + d)}{(l\tan\alpha + d_w + d)\,(d_w - d)}} \tag{7-21}$$

표준 6각볼트 및 작은나사의 경우, 와셔면의 지름은 결합요소의 지름보다 약 50%가 크므로 $d_w = 1.5d$와 원추반각 30°를 식 (7-21)에 대입하면 k_m은 식 (7-22)가 된다.

$$k_m = \frac{0.5774\pi Ed}{2\ln\left(5\dfrac{0.5774l + 0.5d}{0.5774l + 2.5d}\right)} \tag{7-22}$$

이 절에서의 여러 식값을 정하기 위하여, 컴퓨터 프로그래밍작업을 하면 시간절약이 된다.

식 (7-21)을 무차원수인 k_m/Ed에 관하여 정리하면 다음과 같다.

$$\frac{k_m}{Ed} = \frac{\pi\tan\alpha}{2\ln\left[\dfrac{(l\tan\alpha + d_w - d)\,(d_w + d)}{(l\tan\alpha + d_w + d)\,(d_w - d)}\right]}$$

강화된 강, 주철, 또는 알루미늄에 대하여 원추반각 $\alpha = 30°$가 추천된다. Wileman, Choudury, Green[5]은 이 문제에 대하여 유한요소해석을 하였다. 그림 7-16에 해석결과가 요약되어 있는데, 봉의 세장비(d/l)가 0.4인 경우 각 $\alpha = 30°$를 대입한 수식결과와 일치한다. 또한, 지수식 형태의 곡선맞춤이 제안되었다.

$$\frac{k_m}{Ed} = A\exp(Bd/l) \tag{7-23}$$

여기서 상수 A와 B는 표 7-8에 보였다. 표준와셔면과 부재가 동일 재료일 때, 식 (7-23)은 부재의 강성(k_m)을 간단히 계산하는 방법을 보여준다. 동일 재료조건이 아닌 경우에는 식 (7-20)에서 이 문제를 기본적으로 해결하는 방법을 설명하고 있다.

[5] J. Wileman, M. Choudury, and I. Green, "Computation of Member Stiffness in Bolted Connection," *Trans. ASME, J. Mech. Design*, vol. 113, December 1991, pp.432-437.

그림 7-16
볼트이음에서 부재의 세장비 대비 강성에 대한 무차원수 그래프. 여러 연구결과의 상대적인 정확성을 유한요소해석 결과와 비교하고 있다.

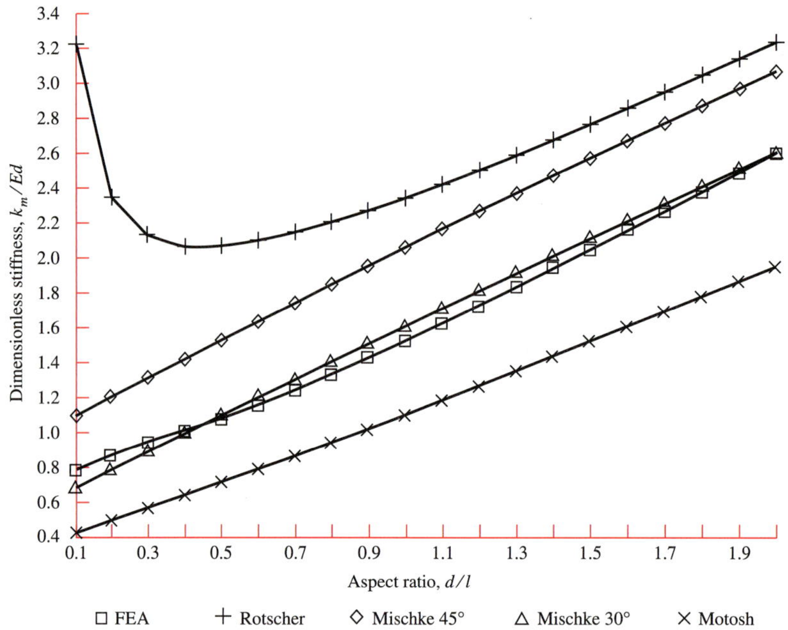

표 7-8
부재의 재료에 따른 강성의 변수값 (†출처: J. Wileman, M. Choudury, and I. Green, "Computation of Member Stiffness in Bolted Connections," *Trans. ASME, J. Mech. Design*, vol. 113, December 1991, pp. 432–437.

Material Used	Poisson Ratio	Elastic GPa	Modulus Mpsi	*A*	*B*
Steel	0.291	207	30.0	0.787 15	0.628 73
Aluminum	0.334	71	10.3	0.796 70	0.638 16
Copper	0.326	119	17.3	0.795 68	0.635 53
Gray cast iron	0.211	100	14.5	0.778 71	0.616 16
General expression				0.789 52	0.629 14

예제 7-2

두 개의 판(그림 7-17*a* 참조)을 $\frac{1}{2}$ in- 20 UNF × $1\frac{1}{2}$ in SAE 5등급 볼트와 표준 $\frac{1}{2}$ N 스틸 평워셔를 사용하여 죄었다.

(*a*) 상판은 스틸이며 하판은 회주철이라고 가정하고, 부재의 강성(k_m)을 결정하라.

(*b*) 상하 판이 모두 스틸일 때, 원뿔대 개념을 사용하여 부재의 강성(k_m)을 결정하라.

(*c*) 상하 판이 모두 스틸이라고 가정하고, 식 (7-23)으로부터 부재의 강성(k_m)을 결정한 후 (*b*) 문항의 답과 비교하라.

(*d*) 볼트의 강성(k_b)을 결정하라.

풀이 표 A-32에서, 표준 $\frac{1}{2}$ N 평워셔의 두께는 0.095인치이다.

(*a*) 그림 7-17*b*에서처럼, 원추대는 이음전체 반 정도의 위치까지 뻗어있다.

$$\frac{1}{2}(0.5 + 0.75 + 0.095) = 0.6725 \text{ in}$$

이음의 경계 위치와 점선사이의 거리는 0.6725 − 0.5 − 0.095 = 0.0775인치이다. 따라서 상부 원추대는 스틸워셔, 스틸판, 그리고 0.0775인치 두께의 주철로 구성된다. 와셔와 상판이 모두 스틸(탄성 계수 30 × 10^6 psi)이므로, 상부 전체를 0.595인치 두께[역자주: 0.6725

그림 7-17
치수는 인치단위

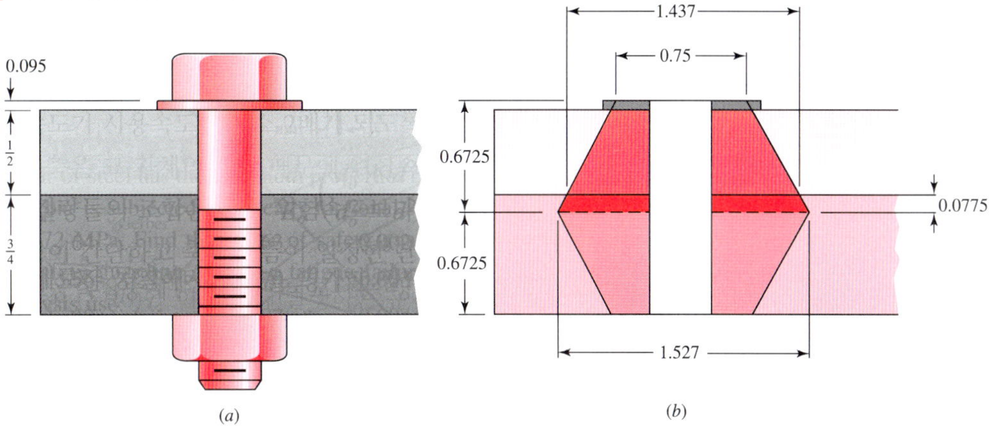

(a) (b)

$-$ 0.0775 = 0.595 인치]의 스틸 원추대로 가정한다. 한편, 이음의 계면에서 원추대 바깥지름은 0.75 + 2(0.595)tan 30° = 1.437인치이다. 전체 조인트의 중간위치에서의 바깥지름은 0.75 + 2(0.6725)tan 30° = 1.527인치이다. 식 (7-20)을 사용하여 스틸의 강성은,

$$k_1 = \frac{0.5774\pi(30)(10^6)0.5}{\ln\left\{\dfrac{[1.155(0.595)+0.75-0.5](0.75+0.5)}{[1.155(0.595)+0.75+0.5](0.75-0.5)}\right\}} = 30.80(10^6)\ \text{lbf/in}$$

상부 주철 원추대에 대하여

$$k_2 = \frac{0.5774\pi(14.5)(10^6)0.5}{\ln\left\{\dfrac{[1.155(0.0775)+1.437-0.5](1.437+0.5)}{[1.155(0.0775)+1.437+0.5](1.437-0.5)}\right\}} = 285.5(10^6)\ \text{lbf/in}$$

하주 주철 원추대에 대하여

$$k_3 = \frac{0.5774\pi(14.5)(10^6)0.5}{\ln\left\{\dfrac{[1.155(0.6725)+0.75-0.5](0.75+0.5)}{[1.155(0.6725)+0.75+0.5](0.75-0.5)}\right\}} = 14.15(10^6)\ \text{lbf/in}$$

3개의 원추대가 직렬연결이며, 식 (7-18)을 사용하면 다음과 같다.

$$\frac{1}{k_m} = \frac{1}{30.80(10^6)} + \frac{1}{285.5(10^6)} + \frac{1}{14.15(10^6)}$$

답 강성은 9.378 (10^6) lbf/in이다.

(*b*) 전체 조인트를 스틸로 가정한다. 식 (7-22)과 길이 $l = 2(0.6725) = 1.345$인치를 사용하여 강성을 계산한다.

답
$$k_m = \frac{0.5774\pi(30.0)(10^6)0.5}{2\ln\left\{5\left[\dfrac{0.5774(1.345)+0.5(0.5)}{0.5774(1.345)+2.5(0.5)}\right]\right\}} = 14.64(10^6)\ \text{lbf/in.}$$

(*c*) 표 7-8로부터, A = 0.787 15, B= 0.628 73.이다. 식 (7-23)을 사용한다.

이때, 식 (7-22)와 식(7-23)결과의 차이는 2퍼센트 이내이다.

(*d*) 표 7-7의 절차를 따라서, 0.5인치 볼트의 나사산이 있는 부분의 길이는 $L_T = 2(0.5) + 0.25 = 1.25$인치가 된다. 나사산이 없는 부분의 길이는 $l_d = 1.5 - 1.25 = 0.25$인치이다. 나사산이 없는 부분의 길이는 $l_t = 1.345 - 0.25 = 1.095$인치이다. 바깥지름 면적은 $A_d = (\pi/4)(0.5^2) = 0.196\,3$제곱인치이며 표 7-2로부터, 인장응력 면적은 $A_t = 0.159\,9$제곱인치이다. 따라서 식 (7-17)을 이용하여 강성을 다음과 같이 구한다.

답
$$k_b = \frac{0.196\,3(0.159\,9)30(10^6)}{0.196\,3(1.095) + 0.159\,9(0.25)} = 3.69(10^6)\text{ lbf/in}$$

7-6 볼트의 강도

볼트의 표준명세에는 강도값이 ASTM 최소기준, **최소보증강도(또는 최소보증하중)** 및 **최소인장강도**를 기준으로 명시된다. **보증하중**은 영구변형이 발생되지 않고 볼트가 견디는 최대하중이다. 보증강도는 보증하중을 인장응력면적으로 나눈 값이다. **보증강도**는 비례한도와 대략 비슷하고, 결합요소에 발생되는 영구변형(탄성거동에서 벗어나는 지점)의 0.0001배에 해당된다. 표 7-9, 7-10, 7-11에는 강볼트에 대한 최소 강도 규격이 표시되어 있다. 평균보증강도, 인장강도의 평균값과 표준편차는 명세코드에 명시되어 있지 않기 때문에 신뢰성설계를 하기 전에 측정실험을 통하여 강도값을 확인하는 것이 설계자의 의무이다.

그림 7-17은 볼트생산에서 극한강도의 분포를 나타낸다. ASTM 최소강도가 120 ksi 이상이면 볼트는 SAE 5등급으로 나타낼 수 있다. 그러나, 설계자는 이런 분포도를 모른다. 대신 표 7-9를 보고, $\frac{1}{4}-1$인치 크기의 SAE 5등급 볼트의 극한강도가 120 kpsi라고 알게된다. 표 7-10, 7-11에 최소강도가 표시되어 있다. SAE 명세사항은 표 7-9에 표시되어 있다. 인장강도에 따라 볼트등급이 표시되어 있는데, 강도가 유사한 수준이면 소숫점으로 등급표기가 분리된다. 표시된 모든 등급의 볼트와 나사를 구할 수 있다. 스터드는 1, 2, 4, 5, 8, 8.1등급으로 구할 수 있는데, 등급 8.1은 표 7-9에 표시되어 있지 않다. 한편, ASTM 명세사항은 표 7-10에 요약되어 있다. ASTM 나사산이 비교적 짧은 이유는 ASTM이 주로 구조용을 다루고 있기 때문이다. 구조이음은 일반적으로 전단에 의하여 하중을 전달하며, 나사산길이를 감소시키면 더 큰 축면적이 나오기 때문이다. 미터계 결합요소의 명세는 표 7-11에 있다. 미국에서 제조되는 볼트의 머리에는 등급표시와 제조자의 회사로고가 찍혀있다. 이런 마크가 있다면 그 볼트는 명세를 만족시킨다는 의미이다. 이런 표시가 없는 볼트는 외국에서 미국으로 수입되었을 것이다. 수입된 볼트에는 미국 명세를 만족시켜야 할 의무가 없다.

축피로하중에 의한 볼트의 파손발생위치는 머리부분하부의 필릿, 나사선이 없는 지역, 너트의 첫 나사산결합 지역이다. 볼트머리하부에 표준어깨부위가 있다면 응력집중계수가 2.1에서 2.3 사이이며, 이 필릿은 와셔에 의하여 흠이 생기거나 파여지지 않도록 보호된다. 만일 나사산 시작부분이 15° 이하의 원추반각형상이라면 너트에 제일 먼저 결합되는 부분에서 더 큰 응력을 받게 된다. SAE 규격은 표 8-9에 정리되어 있다. 볼트 등급은 인장강도에 따라 숫자로 구분되는데, 소숫점표시는 유사한 수준의 강도에서 다소 변화가 있을 때 사

표 7-9 강 볼트에 대한 SAE 명세

SAE Grade No.	Size Range Inclusive, in	Minimum Proof Strength,* kpsi	Minimum Tensile Strength,* kpsi	Minimum Yield Strength,* kpsi	Material	Head Marking
1	$\frac{1}{4}-1\frac{1}{2}$	33	60	36	Low or medium carbon	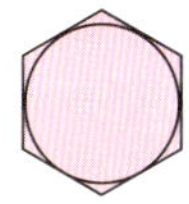
2	$\frac{1}{4}-\frac{3}{4}$	55	74	57	Low or medium carbon	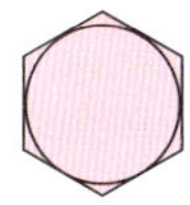
	$\frac{7}{8}-1\frac{1}{2}$	33	60	36		
4	$\frac{1}{4}-1\frac{1}{2}$	65	115	100	Medium carbon, cold-drawn	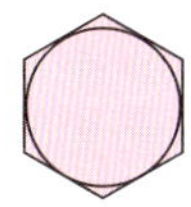
5	$\frac{1}{4}-1$	85	120	92	Medium carbon, Q&T	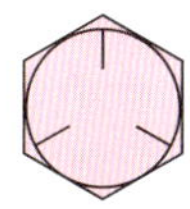
	$1\frac{1}{8}-1\frac{1}{2}$	74	105	81		
5.2	$\frac{1}{4}-1$	85	120	92	Low-carbon martensite, Q&T	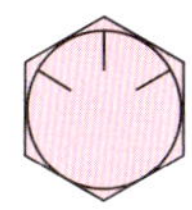
7	$\frac{1}{4}-1\frac{1}{2}$	105	133	115	Medium-carbon alloy, Q&T	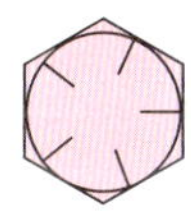
8	$\frac{1}{4}-1\frac{1}{2}$	120	150	130	Medium-carbon alloy, Q&T	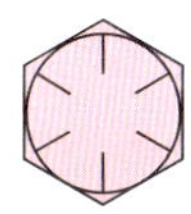
8.2	$\frac{1}{4}-1$	120	150	130	Low-carbon martensite, Q&T	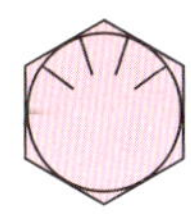

*최소강도는 결합요소강도의 99% 이상 값이다.

용된다. 표시된 모든 등급에 대하여, 볼트와 나사를 구할 수 있다. 스터드는 1, 2, 4, 5, 8, 8.1 등급으로 구할 수 있는데, 등급 8.1은 표 7-9에 표시하지 않았다.

ASTM 규격은 표 7-10에 정리하였다. ASTM 나사산이 비교적 짧은 이유는 ASTM이 주로 구조용을 다루고 있기 때문이다. 구조이음은 일반적으로 전단에 의하여 하중을 전달하며, 나사산 길이를 감소시키면 더 큰 축면적이 나오기 때문이다. 미터계 결합요소의 규격은 표 7-11에 있다. 미국에서 제조되는 볼트의 머리에는 등급표시와 제조자의 회사로고가 찍혀있다. 이런 마크가 있다면 그 볼트는 규격을 만족시킨다는 의미이다. 이런 표시가 없는 볼트는 외국에서 미국으로 수입되었을 것이며, 수입된 볼트에는 미국 규격을 만족시켜야 할 의무가 없다.

너트의 등급은 짝이 되는 볼트의 등급에 따라 결정된다. 너트의 목적은 볼트의 하중을 너트에 잘 배분시키기 위하여 너트의 나사산들이 변형(처짐)되게 하는 것이다. 따라서, 너트의 등급은 볼트의 등급과 같다.

표 7-10 강 볼트에 대한 ASTM 명세사항

ASTM Designation No.	Size Range, Inclusive, in	Minimum Proof Strength,* kpsi	Minimum Tensile Strength,* kpsi	Minimum Yield Strength,* kpsi	Material	Head Marking
A307	$\frac{1}{4}$–$1\frac{1}{2}$	33	60	36	Low carbon	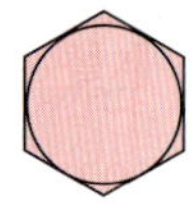
A325, type 1	$\frac{1}{2}$–1	85	120	92	Medium carbon, Q&T	
	$1\frac{1}{8}$–$1\frac{1}{2}$	74	105	81		
A325, type 2	$\frac{1}{2}$–1	85	120	92	Low-carbon, martensite, Q&T	
	$1\frac{1}{8}$–$1\frac{1}{2}$	74	105	81		
A325, type 3	$\frac{1}{2}$–1	85	120	92	Weathering steel, Q&T	
	$1\frac{1}{8}$–$1\frac{1}{2}$	74	105	81		
A354, grade BC	$\frac{1}{4}$–$2\frac{1}{2}$	105	125	109	Alloy steel, Q&T	
	$2\frac{3}{4}$–4	95	115	99		
A354, grade BD	$\frac{1}{4}$–4	120	150	130	Alloy steel, Q&T	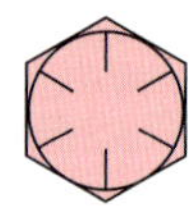
A449	$\frac{1}{4}$–1	85	120	92	Medium-carbon, Q&T	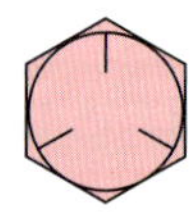
	$1\frac{1}{8}$–$1\frac{1}{2}$	74	105	81		
	$1\frac{3}{4}$–3	55	90	58		
A490, type 1	$\frac{1}{2}$–$1\frac{1}{2}$	120	150	130	Alloy steel, Q&T	
A490, type 3	$\frac{1}{2}$–$1\frac{1}{2}$	120	150	130	Weathering steel, Q&T	

*최소강도는 결합요소강도의 99% 이상 값이다.

표 7-11 강 볼트, 나사, 스터드*에 대한 미터계 기계적 특성

Property Class	Size Range, Inclusive	Minimum Proof Strength,† MPa	Minimum Tensile Strength,† MPa	Minimum Yield Strength,† MPa	Material	Head Marking
4.6	M5–M36	225	400	240	Low or medium carbon	
4.8	M1.6–M16	310	420	340	Low or medium carbon	
5.8	M5–M24	380	520	420	Low or medium carbon	
8.8	M16–M36	600	830	660	Medium carbon, Q&T	
9.8	M1.6–M16	650	900	720	Medium carbon, Q&T	
10.9	M5–M36	830	1040	940	Low-carbon martensite, Q&T	
12.9	M1.6–M36	970	1220	1100	Alloy, Q&T	

*볼트/작은 나사에 대한 나사산 길이는 표 7-7의 미터계 규격과 동일함.

†최소상노는 결합요소상노의 99% 이상 값이다.

7-7 이음에서, 인장방향의 외력으로 인한 식

너트조임에 의하여 볼트에 초기인장력(F_i)이 발생된 후, 7.4절에서 그림 7-13처럼 볼트이음에 외부인장하중(P)이 작용하면 어떤 일이 발생되는지 살펴본다. 더 큰 응력을 받게 된다. 이런 요구사항을 지키지 못함으로 인하여, 결합요소에서의 피로파손의 15%가 머리하부에서 발생하며, 파손의 20%는 나사산 끝, 그리고 나머지 65%가 설계자가 작업구간에서 발생된다.

용어정의는 다음과 같다.

F_i = 볼트의 초기인장력(부재의 초기압축력)의 크기

P_{total} = 이음에 작용되는 총 외부인장하중

P = 외부인장하중

P_b = 외력 P 중 볼트가 분담하는 하중

P_m = 외력 P 중 부재가 분담하는 하중

$F_b = P_b + F_i$ = 볼트에 발생되는 합력

$F_m = P_m - F_i$ = 부재에 발생되는 합력
C = 외력 중 볼트가 받는 비율
$1-C$ = 외력 중 부재가 받는 비율
N = 이음에서 볼트의 수

N개의 볼트가 총 외부하중을 균등하게 받는다면,

$$P = P_{\text{total}}/N \tag{a}$$

외력 P는 인장이며 δ만큼 이음을 벌리거나 볼트를 늘어나게 한다. 볼트/부재가 각각 받는 하중(P_b, P_m)을 볼트/부재 각각의 강성상수(k_b, k_m)로 나누면, 볼트/부재에 동일한 크기로 발생되는 변형량(δ)이 된다[식 (a) 참조].

식 (a)로부터, 하중 P_b와 P_m의 관계를 구한다.

$$\delta = \frac{P_b}{k_b} \quad \text{and} \quad \delta = \frac{P_m}{k_m} \tag{b}$$

$$P_m = P_b \frac{k_m}{k_b} \tag{c}$$

힘의 평형식($P = P_b + P_m$)과 식 (b), (c)를 연립하여 하중(P_b, P_m)을 각각 구한다.

$$P_b = \frac{k_b P}{k_b + k_m} = CP \tag{d}$$

$$P_m = P - P_b = (1 - C)P \tag{e}$$

$$C = \frac{k_b}{k_b + k_m} \tag{f}$$

이며, 이음의 강성상수라고 한다. 볼트에 발생되는 합력은

$$F_b = P_b + F_i = CP + F_i \qquad F_m < 0 \tag{7-24}$$

이며, 이음부재에 발생되는 합력은 식 (7-25)가 된다.

$$F_m = P_m - F_i = (1 - C)P - F_i \qquad F_m < 0 \tag{7-25}$$

식 (7-25)는 부재에 죔하중이 존재한다는 조건(F_m<0) 하에 유효하며, 부등호에 의하여 표시되고 있다.

표 7-12
볼트/부재의 강성계산결과. 강부재가 $\frac{1}{2}$인치-13 NC 강 볼트로 죄어 있다. $C = \dfrac{k_b}{k_b + k_m}$

Bolt Grip, in	Stiffnesses, M lbf/in k_b	k_m	C	$1 - C$
2	2.57	12.69	0.168	0.832
3	1.79	11.33	0.136	0.864
4	1.37	10.63	0.114	0.886

표 7-12는 강성값의 상대적인 크기비교의 예이다. 죔길이는 와셔 없이 동일한 강부재만으로 구성된 경우이다. C와 $1-C$는 P의 계수이며[식 (7-24)와 (7-25)참조], 볼트/부재에 발생되는 하중(P_b, P_m)의 전체하중(P)에 대한 비율이다[식 (c)와 (d) 참조]. 부재가 약 80%의 하중을 지지한다는 사실은 피로하중이 작용될 때 더욱 중요하다. 이음의 죔길이가 길어질수록 외력 중 부재가 받는 하중비율($1-C$)이 더 증가한다.

7-8 볼트토크와 볼트인장력의 관계

앞 절에서, 중요한 볼트이음에서는 초기하중이 커야 함을 설명했는데, 이번 절에서는 부재가 조립되는 과정 중에 초기하중이 실제로 발생될 수 있도록 하는 방법을 설명한다. 조립 후 볼트의 전체길이를 실제 측정할 수 있다면, 초기인장력(F_i)에 대한 볼트신장($\delta = F_i l/AE$)을 계산할 수 있다. 볼트가 δ만큼 신장된 후 너트를 조이면 원하는 초기인장력을 얻을 수 있다.

그러나, 나사산부분이 구멍 속에 있기 때문에 나사의 늘어난 길이를 측정할 수 없으며 실용적 측정방법도 없다. 이런 경우, 명시된 볼트의 초기인장력을 발생시키기 위하여 렌치토크가 이용된다. 토크 조이기, 공기압으로 충격적 조이기 또는 너트돌리기방법이 사용된다. 토크렌치에는 적절한 토크를 알려주는 지시계가 장착되어 있다.

충격렌치방법은 적절한 공기압에 도달되면 자동적으로 공기압이 조절차단되어 렌치를 멈추게 한다.

너트회전법을 설명하기 위하여 먼저 '꼭 맞는 조임법'을 정의한다. 꼭 맞는 조임법은 충격렌치를 사용하여 몇 번의 충격으로 얻어지기도 하며, 보통의 렌치로는 충분한 노력을 하여 얻는 정도를 의미한다. 꼭 맞는 조임상태에 일단 도달한 후 추가적인 회전은 볼트에 유용한 인장력을 발생시킨다. 꼭 맞는 조임상태에서 볼트에 초기인장력을 추가적으로 발생시키기 위한 회전 정도를 계산하여 수행하면 너트회전법이 된다. 예를 들면, 큰 하중을 받는 6각볼트의 경우 너트회전법은 꼭 맞는 조임 상태에서 180° 이상 너트를 더 회전시킴을 의미한다. 승용차의 바퀴너트에서 적절한 너트회전은 약 180°이다. 연습문제 7-15~7-17에 이 기법을 다룬 문제가 있다.

마찰계수가 다양하게 변화하지만, 식 (7-5), (7-6)으로부터 볼트에 일정한 초기인장력을 발생시키는 데 필요한 토크크기를 추정할 수 있다.

$$T = \frac{F_i d_m}{2}\left(\frac{l + \pi f d_m \sec\alpha}{\pi d_m - f l \sec\alpha}\right) + \frac{F_i f_c d_c}{2} \qquad (a)$$

$\tan\lambda = l/\pi d_m$이므로 분자, 분모를 πd_m으로 나누면 식 (b)가 된다.

$$T = \frac{F_i d_m}{2}\left(\frac{\tan\lambda + f\sec\alpha}{1 - f\tan\lambda\sec\alpha}\right) + \frac{F_i f_c d_c}{2} \qquad (b)$$

6각너트의 와셔지름은 편평한 부분의 폭으로, 공칭크기(바깥지름 d)의 약 1.5배이다. 평균칼라지름은 $d_c = (d+1.5d)/2 = 1.25d$가 되며 식 (b)에 대입하고 정리하면 식 (c)가 된다.

$$T = \left[\left(\frac{d_m}{2d}\right)\left(\frac{\tan\lambda + f\sec\alpha}{1 - f\tan\lambda\sec\alpha}\right) + 0.625 f_c\right] F_i d \qquad (c)$$

대괄호 안의 크기를 **토크계수**(K)로 정의하면

$$K = \left(\frac{d_m}{2d}\right)\left(\frac{\tan\lambda + f\sec\alpha}{1 - f\tan\lambda\sec\alpha}\right) + 0.625 f_c \tag{7-26}$$

가 되고, 식 (c)는 식 (7-27)이 된다.

$$T = K F_i d \tag{7-27}$$

마찰계수는 표면거칠기, 정밀도, 윤활 정도에 따라 다르지만 f와 f_c의 평균값은 약 0.15이다. 식 (7-26)에서 $f = f_c = 0.15$이면 볼트크기나 나사구분(가는나사/보통나사)과 관계없이 K값이 대략 0.20이 된다. [역자주: 토크계수(K)를 바깥지름(d)과 피치만의 함수로 식 정리한 후 표 (7-1) 수치 대입해보면 K값이 약 0.20이 됨을 의미한다. 지름에 대한 피치의 비율값이 상대적으로 작은 가는나사가 보통나사보다 K값이 약간 작다. 문헌에 따라 토크계수는 윤활, 표면 다듬질 상태에 따라 0.20보다 훨씬 작거나 크게 보고되기도 한다.]

Blake와 Kurtz는 볼트의 회전시험을 하였다. 통계학적 분석을 통하여 토크계수에 따른 볼트 초기인장력 분포에 대하여 알 수 있다. Blake와 Kurtz는 $\frac{1}{2}$인치-20 UNF나사가 800 lbf · in의 회전력을 받을 때 윤활상태에 따른 초기인장력 값을 결정하였다. 이 크기는 M12 × 1.25볼트가 90 N · m 회전력을 받는 정도에 해당된다. 이 두 개 볼트에 대한 통계적해석을 SI단위계로 변환하여 표 7-13, 7-14에 정리하였다.

두 그룹의 나사에 대한 평균 초기인장력은 34 kN으로 동일하다. 무윤활 볼트의 경우 표준편차가 4.9 kN, 편차계수가 약 0.15이며, 윤활된 볼트 경우 표준편차가 3 kN, 편차계수가 약 0.9이다.

두 샘플에 대한 평균은 약 34 kN으로 거의 동일하며 식 (7-27)에서 $K = 0.208$이다.

표 7-13
볼트 초기인장력값의 분포(비 윤활볼트, 20번의 실험결과)

23.6,	27.6,	28.0,	29.4,	30.3,	30.7,	32.9,	33.8,	33.8,	33.8,
34.7,	35.6,	35.6,	37.4,	37.8,	37.8,	39.2,	40.0,	40.5,	42.7

Mean value $\bar{F}_i = 34.3$ kN. Standard deviation, $\hat{\sigma} = 4.91$ kN.

표 7-14
90 N · m으로 토크되며, 윤활된 볼트에 대한 초기인장력분포(10번의 시험결과)

30.3,	32.5,	32.5,	32.9,	32.9,	33.8,	34.3,	34.7,	37.4,	40.5

Mean value, $\bar{F}_i = 34.18$ kN. Standard deviation, $\hat{\sigma} = 2.88$ kN.

표 7-15
식 (7-27)과 관련한 토크계수 K

Bolt Condition	K
Nonplated, black finish	0.30
Zinc-plated	0.20
Lubricated	0.18
Cadmium-plated	0.16
With Bowman Anti-Seize	0.12
With Bowman-Grip nuts	0.09

결합요소를 많이 생산하는 Bowman회사에서의 추천값을 표 7-15에 요약하였다. 이 책에서는 표 7-15 값을 사용하며, 볼트상태가 명시되어 있지 않는 경우에는 $K = 0.2$를 사용한다.

예제 7-3

SAE 5등급인 $\frac{3}{4}$ 인치-16UNF × $2\frac{1}{2}$ 볼트가 이음에 사용되어 6 kip의 인장하중을 받는다. 볼트 초기인장력은 $F_i = 25$ kip이다. 볼트와 부재의 강성은 각각 $k_b = 6.50$, $k_m = 13.8$ Mlb/in이다.

(*a*) 초기인장력만의 상태와 외력(P)까지 추가된 상태에서 볼트에 발생되는 각각의 응력값을 구하라. 계산된 두 응력값을 볼트의 SAE 최소보증강도와 비교하라.
(*b*) 식 (7-27)을 사용하여 초기인장력을 발생시키는 데 필요한 토크를 구하라.
(*c*) 식 (7-26)과 $f = f_c = 0.15$를 사용하여, 초기인장력을 발생시키는 데 필요한 토크를 구하라.

풀이 표 7-2로부터, $A_t = 0.373$ in^{2}이다.

(*a*) 볼트의 초기인장력에 대한 응력은 다음과 같이 구한다.

답
$$\sigma_i = \frac{F_i}{A_t} = \frac{25}{0.373} = 67.02 \text{ kpsi}$$

강성상수는 $$C = \frac{k_b}{k_b + k_m} = \frac{6.5}{6.5 + 13.8} = 0.320$$

이므로, 식 (7-24)에서 외부하중이 추가된 상태에서의 볼트응력은 다음과 같다.

$$\sigma_b = \frac{F_b}{A_t} = \frac{CP + F_i}{A_t} = C\frac{P}{A_t} + \sigma_i$$

답
$$= 0.320\frac{6}{0.373} + 67.02 = 72.17 \text{ kpsi}$$

표 7-9에서 볼트의 SAE 최소보증강도 $S_p = 85$ kpsi이다. 따라서, 볼트의 초기인장력 상태와 사용하중 상태에서의 응력은 보증강도보다 각각 21%, 15%만큼 작다.

(*b*) 식 (7-27)에서 초기인장력을 얻기 위하여 필요한 토크는 다음과 같다.

답
$$T = KF_i d = 0.2(25)(10^3)(0.75) = 3750 \text{ lbf} \cdot \text{in}$$

(*c*) 표 7-2의 골지름 면적으로부터 골지름을 구한다. $d_r = \sqrt{4A_R/\pi} = \sqrt{4(0.351)/\pi} = 0.6685$인치이므로, 평균지름은 $d_m = (0.75 + 0.6685)/2 = 0.7093$ 인치이다. 리드각은

$$\lambda = \tan^{-1}\frac{l}{\pi d_m} = \tan^{-1}\frac{1}{\pi d_m N} = \tan^{-1}\frac{1}{\pi(0.7093)(16)} = 1.6066°$$

이며, $\alpha = 30°$일 때 식 (7-26)은 다음과 같다.

$$T = \left\{\left[\frac{0.7093}{2(0.75)}\right]\left[\frac{\tan 1.6066° + 0.15(\sec 30°)}{1 - 0.15(\tan 1.6066°)(\sec 30°)}\right] + 0.625(0.15)\right\} 25(10^3)(0.75)$$

$$= 3551 \text{ lbf} \cdot \text{in}$$

(3551 lbf · in)은 (*b*)문항의 답(3750 lbf · in)보다 5.3%가 작다.

7-9 초기하중이 있는 이음에 정적 인장하중이 가해질 때

식 (7-24), (7-25)는 볼트에 초기인장력이 있는 이음에서 볼트 및 부재에 작용되는 하중을 나타낸다. 예제 7-3의 풀이에서처럼 볼트의 인장응력은 다음 식 (a)와 같이 표현된다.

$$\sigma_b = \frac{F_b}{A_t} = \frac{CP + F_i}{A_t} \tag{a}$$

따라서, 보증강도를 초과하는 정적응력에 대한 항복안전계수는 다음 식으로 표시한다.

$$n_p = \frac{S_p}{\sigma_b} = \frac{S_p}{(CP + F_i)/A_t} \tag{b}$$

또는

$$\boxed{n_p = \frac{S_p A_t}{CP + F_i}} \tag{7-28}$$

볼트에 가하는 하중이 통상적으로 보증강도와 가깝게 되므로, 항복안전계수는 대략 1을 크게 넘지 않는다. 항복에 대하여 종종 사용되는 또 다른 지표는 하중 계수인데, 과하중이 가하지 않도록 외부하중 P에만 적용된다. 식 (a)에서 하중는 P에 대한 하중 계수를 적용하고, 이것을 보증강도와 같다고 놓으면, 다음 식과 같이 되며,

$$\frac{Cn_L P + F_i}{A_t} = S_p \tag{c}$$

하중 계수에 대하여 정리하면 식 (7-29)와 같이 된다.

$$\boxed{n_L = \frac{S_p A_t - F_i}{CP}} \tag{7-29}$$

또한, 외부하중은 이음이 분리되는 데 필요한 하중보다 작도록 하여야 안전한 이음이 된다. 이음부재 간에 분리가 발생된 후에는, 전체 외부하중이 볼트에만 작용된다. 이음분리 시점에서의 외력을 P_0라고 정의하면, 부재분리 때 식 (7-25)에서의 합력 F_m이 0이 되므로 다음 식과 같이 된다.

$$(1 - C)P_0 - F_i = 0 \tag{d}$$

이음 분리를 억제하는 안전계수는 식 (e)로 표시한다.

$$n_0 = \frac{P_0}{P} \tag{e}$$

식 (e)에서의 $P_0 = n_0 P$를 식 (d)에 대입하면,

$$\boxed{n_0 = \frac{F_i}{P(1 - C)}} \tag{7-30}$$

가 되며, 이음에서 부재의 분리에 대한 하중 계수가 된다.

그림 7-18은 좋은 품질의 볼트재료에 대한 응력–변형률선도이다. 명확하게 항복강도가 구분되지 않으며 곡선은 파괴(즉, 인장강도)점까지 매끄럽게 이어진다. 따라서, 볼트에 존재

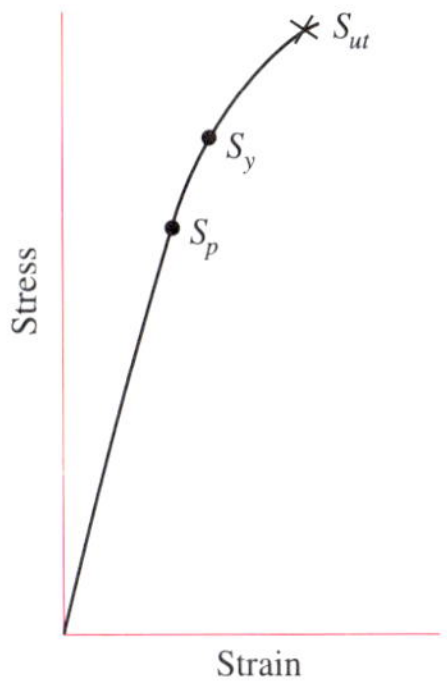

그림 7-18
볼트의 보증강도, 항복강도, 인장강도를 나타내는 볼트재료의 응력-변형률 곡선

하는 초기인장력이 크더라도 상관없이 볼트는 하중지지능력을 보유하게 된다. 초기인장력은 볼트를 죄여진 상태로 유지하게 하며 이음강도를 결정한다. 초기인장력은 이음에서 중요한 요소이며, 그 크기는 볼트강도에 의하여 결정된다. 볼트의 강도가 초기인장력을 발생시키는 데 최대한 사용되지 않는다면 경제적으로 비효율적이며 이음도 약해진다.

좋은 품질의 볼트는 더 큰 강도를 보장하기 위하여, 약간의 소성영역까지 초기인장력을 받는다. 죔과정에서 사용된 볼트토크는 비틀림을 발생시키며, 주 인장응력을 증가시킨다. 그러나, 이 비틀림은 볼트머리와 너트간의 마찰에 의하여서만 유지된다. 즉, 시간이 경과됨에 따라, 비틀림은 완화되고 볼트에 작용되는 인장력을 다소 감소시킨다. 일반적으로, 볼트는 조임과정 동안 파괴되지 않는다면 전혀 파손되지 않게 된다.

측정된 렌치토크값이 초기인장력 크기에 대한 정확한 척도가 아니기 때문에 렌치토크값을 크게 신뢰하지 않는 것이 좋다. 볼트의 실제 신장량을 되도록 사용하여야 하며, 피로하중이 작용될 때는 더욱 더 그러하다. 높은 신뢰도가 요구되는 설계에서는 실제 볼트신장량을 기준하여 초기인장력값을 결정하여야 한다. RB & W회사에 의하면, 비 영구적이음의 SAE 5등급 볼트에서는 60 kpsi[역자주: 약 410 MPa]의 초기인장력이 추천되며, 구조이음에 사용되는 A325볼트(SAE 5와 동급)는 보증하중(또는 1인치 지름 이하에서는 85 kpsi)까지 되어야 한다.

Bowman은 보증강도의 75%까지 초기인장력을 추천하는데, 재활용볼트에 대한 RB & W 회사의 추천값과 거의 동일한 값이다. 정하중/피로하중 조건에서 추천되는 초기인장력은 식 (7-30)과 같다.

$$F_i = \begin{cases} 0.75F_p & \text{비영구이음, 재활용 결합요소에 대하여} \\ 0.90F_p & \text{영구이음에 대하여} \end{cases} \tag{7-31}$$

여기서 F_p는 보증하중이며 식 (7-32)로부터 구한다.

$$F_p = A_t S_p \tag{7-32}$$

또한, S_p는 표 7-9~7-11에서 얻는 보증강도값이다. 기타 재료에 대해서는 $S_p = 0.85S_y$를 사용한다. 나사산이 있는 결합요소에는 되도록 연질재료를 사용하지 않아야 한다. 구조용 연결에서 고강도강 볼트에 효율적인 죔기법이 사용된다면 죔과정 동안 항복이 발생된다. 초기인장력에 대한 RB & W 회사의 추천방식이 이 책의 방식과 유사하다. 이 책의 목적은 독자가 식 (7-30)을 잘 이해할 뿐 아니라, 상황에 따라 더 구체적으로 대처할 수 있도록 함이다.

예제 7-4

그림 7-19는 주철(등급 25)로 만든 압력용기의 단면이다. 총 N개의 볼트가 내압으로 인한 부재분리력인 36 kip를 지탱하고 있다.

(*a*) k_b, k_m, C값을 구하라.
(*b*) 이음이 분리된 후 볼트를 재사용하며 하중 계수가 2일 때, 필요한 볼트 수를 결정하라.
(*c*) 문항 (*b*)에서 계산한 볼트의 수에 근거하여, 과하중에 대한 하중 계수, 항복안전계수, 이음분리에 대한 하중 계수를 각각 구하라.

풀이 (*a*) 그림은 L_G = 150인치, 표 A-31로부터 너트의 두께는 $\frac{35}{64}$인치이다. 너트 밖으로 2개의 나사산을 여유로 하여 $\frac{2}{11}$인치를 더하면 볼트길이는 다음과 같다.

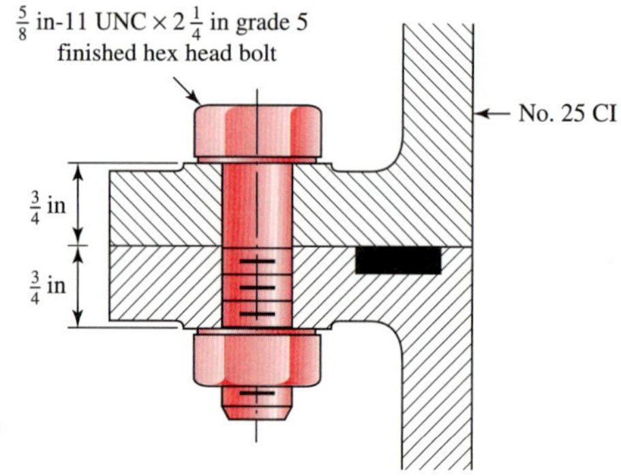

| 그림 7-19

$$L = \frac{35}{64} + 1.50 + \frac{2}{11} = 2.229 \text{ in}$$

계산된 볼트길이가 2.229인치 이상이므로 표 A-17에서 $2\frac{1}{4}$인치를 선택한다. 식 (7-13)에서 나사산의 길이(L_T)는 2(0.625) + 0.25 = 1.5인치이다. 따라서, 그림에서 나사산이 없는 길이(l_d)는 2.25−1.50 = 0.75인치이며, 나사산이 있는 길이(l_t)는 1.5 − 0.75 = 0.75인치이다. 표 7-2에서 A_t = 0.226 in², 바깥지름 면적 $A_d = \pi(0.625)2/4$ = 0.3068 in²을 대입하여 볼트의 강성을 구한다.

답

$$k_b = \frac{A_d A_t E}{A_d l_t + A_t l_d} = \frac{0.3068(0.226)(30)}{0.3068(0.75) + 0.226(0.75)}$$
$$= 5.21 \text{ Mlbf/in}$$

표 A-24에서 주철(번호 25번)의 탄성 계수를 14 Mpsi로 읽는다. 부재의 강성(k_m)을 식 (7-22)로부터 구한다.

답

$$k_m = \frac{0.5774\pi Ed}{2\ln\left(5\dfrac{0.5774l + 0.5d}{0.5774l + 2.5d}\right)} = \frac{0.5774\pi(14)(0.625)}{2\ln\left[5\dfrac{0.5774(1.5) + 0.5(0.625)}{0.5774(1.5) + 2.5(0.625)}\right]}$$
$$= 8.95 \text{ Mlbf/in}$$

표 7-8(주철)에서 A = 0.77871, B = 0.61616을 식 (7-23)에 대입하여 k_m을 구한다.

$$k_m = EdA\ \exp(Bd/l)$$
$$= 14(0.625)(0.778\,71)\ \exp[0.616\,16(0.625)/1.5]$$
$$= 8.81 \text{ Mlbf/in}$$

이 값(8.81)은 첫 번째 계산값(8.95)과의 차이가 겨우 1.6%(즉, 거의 동일한 값)이다.

k_m에 대한 첫 번째 계산값을 사용하여 강성상수 C를 구한다.

답

$$C = \frac{k_b}{k_b + k_m} = \frac{5.21}{5.21 + 8.95} = 0.368$$

(*b*) 표 7-9에서 S_p = 85kpsi이다. 식 (7-31), (7-32)을 사용하여 바람직한 초기인장력의 크기를 구한다.

$$F_i = 0.75A_t S_p = 0.75(0.226)(85) = 14.4 \text{ kip}$$

N개의 볼트가 있다면 식 (7-28)에 볼트당 하중을 P/N으로 대체한 후 하중 계수(n = 2)를 만족하는 최소한의 볼트 수(N)를 구한다.

$$n_L = \frac{S_p A_t - F_i}{C(P_{\text{total}}/N)} \tag{1}$$

$$N = \frac{C n_L P_{\text{total}}}{S_p A_t - F_i} = \frac{0.368(2)(36)}{85(0.226) - 14.4} = 5.52$$

답 따라서, 정수로 6개의 볼트를 사용하여야 한다.

(c) 계산된 5.52 대신 6개의 볼트를 사용할 때, 실제 하중 계수는

답 $$n_L = \frac{85(0.226) - 14.4}{0.368(36/6)} = 2.18$$

식 (7-28)을 사용하면, 항복안전계수는 다음과 같다.

답 $$n_p = \frac{S_p A_t}{C(P_{\text{total}}/N) + F_i} = \frac{85(0.226)}{0.368(36/6) + 14.4} = 1.16$$

식 (7-30)을 사용하면, 이음분리에 대한 하중 계수는 다음과 같다.

답 $$n_0 = \frac{F_i}{(P_{\text{total}}/N)(1 - C)} = \frac{14.4}{(36/6)(1 - 0.368)} = 3.80$$

7-10 개스킷이 부착된 이음

이음 전체에 걸쳐서 개스킷이 사용되며 N개 볼트가 사용된다면, 개스킷압력(역자주: 압력은 음의 부호로 표시함)은 부재에 작용되는 하중(F_m)을 볼트 1개당 개스킷의 면적(A_g/N)으로 나눈 값이 된다.

$$p = -\frac{F_m}{A_g/N} \tag{a}$$

하중 계수가 n이면 식 (7-25)에서 P 대신 nP가 되며, 하중(F_m)은 식 (b)가 된다.

$$F_m = (1 - C)nP - F_i \tag{b}$$

식 (b)의 F_m을 식 (a)에 대입하여 개스킷압력을 구한다.

$$p = [F_i - nP(1 - C)]\frac{N}{A_g} \tag{7-33}$$

이음 전체에 걸쳐 사용된 개스킷이음에서 개스킷에 균일한 압력이 가해지게 함이 중요하다. 볼트원 원주(πD_b)상에 N개의 볼트로 압력이 균일하게 유지되기 위하여, 인접한 볼트는 공칭지름의 6배($6d$) 이하로 떨어져 있어야 한다. 또한, 렌치로 쉽게 작업할 수 있는 공간 확보를 위하여 볼트는 공칭지름의 3배 이상으로 떨어져야 한다. 따라서, 볼트원주상에서 볼트간격을 식 (7-33)으로 표현할 수 있다. 식 (7-33)에서 D_b는 볼트원의 지름이다.

$$3 \le \frac{\pi D_b}{Nd} \le 6 \tag{7-34}$$

7-11 인장방향의 외력이 반복적으로 작용하는 이음

인장 하중이 반복적으로 작용되는 이음에 대하여, 5장에서 기술한 방법으로 해석할 수 있다. 표 7-16에는 볼트머리 하부의 필릿과 볼트축의 나사산이 시작하는 부분에 대한 평균 피로응력집중계수가 정리되어 있다. 이 계수는 노치 민감도 및 표면조도 등을 고려하여 이미 수정된 값이다. 설계자는 이 계수가 평균값이기 때문에, 이 계수값을 보다 정확히 알아야 하는 상황인지 판단한 후 사용하여야 한다. Peterson[9]은 볼트파손의 전형적인 분포가 머리하부에서 15%, 나사산끝에서 15%, 너트의 나사산부분에서 65%라고 하였다.

나사전조법은 나사요소에서 주된 나사산 형성기법이다. 나사산 형성과정에서의 냉간가공 또는 변형률 강화 양을 설계자가 알지 못한다. 따라서, 보정된 (K_f를 포함) 축방향 내구강도를 표 7-17에서 참조한다. 나사산 절단면에 대하여는 5장에서 기술된 방법이 유용하며, 내구강도가 훨씬 낮게 나타날 것이다.

불변 크기의 초기하중이 작용되고, 볼트당 외부하중이 $P_{\min}$~$P_{\max}$ 사이일 때, 볼트는 변동 하중을 다음과 같이 받는다.

$$F_{b\min} = CP_{\min} + F_i \qquad (a)$$

$$F_{b\max} = CP_{\max} + F_i \qquad (b)$$

볼트에 작용되는 교번응력은 다음과 같다.

$$\sigma_a = \frac{(F_{b\max} - F_{b\min})/2}{A_t} = \frac{(CP_{\max} + F_i) - (CP_{\min} + F_i)}{2A_t}$$

$$\sigma_a = \frac{C(P_{\max} - P_{\min})}{2A_t} \qquad (7\text{-}35)$$

볼트에 작용되는 평균응력은 다음과 같다.

$$\sigma_m = \frac{(F_{b\max} + F_{b\min})/2}{A_t} = \frac{(CP_{\max} + F_i) + (CP_{\min} + F_i)}{2A_t}$$

$$\sigma_m = \frac{C(P_{\max} + P_{\min})}{2A_t} + \frac{F_i}{A_t} \qquad (7\text{-}36)$$

표 7-16
나사산이 있는 요소에 대한 피로응력집중계수 K_f

SAE Grade	Metric Grade	Rolled Threads	Cut Threads	Fillet
0 to 2	3.6 to 5.8	2.2	2.8	2.1
4 to 8	6.6 to 10.9	3.0	3.8	2.3

[9] W. D. Pilkey, *Peterson's Stress Concentration Factors*, 2nd ed., John Wiley & Sons, New York, 1977, p. 387.

표 7-17
나사전조법에 의한 볼트와 나사에 대하여, 완전 보정된 내구강도*

Grade or Class	Size Range	Endurance Strength
SAE 5	$\frac{1}{4}$–1 in	18.6 kpsi
	$1\frac{1}{8}$–$1\frac{1}{2}$ in	16.3 kpsi
SAE 7	$\frac{1}{4}$–$1\frac{1}{2}$ in	20.6 kpsi
SAE 8	$\frac{1}{4}$–$1\frac{1}{2}$ in	23.2 kpsi
ISO 8.8	M16–M36	129 MPa
ISO 9.8	M1.6–M16	140 MPa
ISO 10.9	M5–M36	162 MPa
ISO 12.9	M1.6–M36	190 MPa

* 반복, 축 하중, 완전 보정됨

볼트가 받는 하중선은 그림 7-20이 표시되어 있다. 응력은 초기하중응력으로부터 일정한 기울기인 $\sigma_a/(\sigma_m - \sigma_i)$로 증가한다. Goodman 선이 하중선과 함께 그림 8-20에 표시되어 있다. 피로안전계수를 구하기 위하여 하중선과 Goodman 선의 교차점의 위치를 찾는다.

하중선:
$$S_a = \frac{\sigma_a}{\sigma_m - \sigma_i}(S_m - \sigma_i) \tag{a}$$

Goodman 선은, 식 (6-40)으로부터,

Goodman 선:
$$S_a = \frac{\sigma_a}{\sigma_m - \sigma_i}(S_m - \sigma_i) \tag{b}$$

식 (a)와 (b)로부터 S_m을 구한 후 식 (b)에 대입하면 다음과 같다.

$$S_a = \frac{S_e\sigma_a(S_{ut} - \sigma_i)}{S_{ut}\sigma_a + S_e(\sigma_m - \sigma_i)} \tag{c}$$

그림 7-20
Goodman 파손선과 하중선을 나타내는 피로 선도

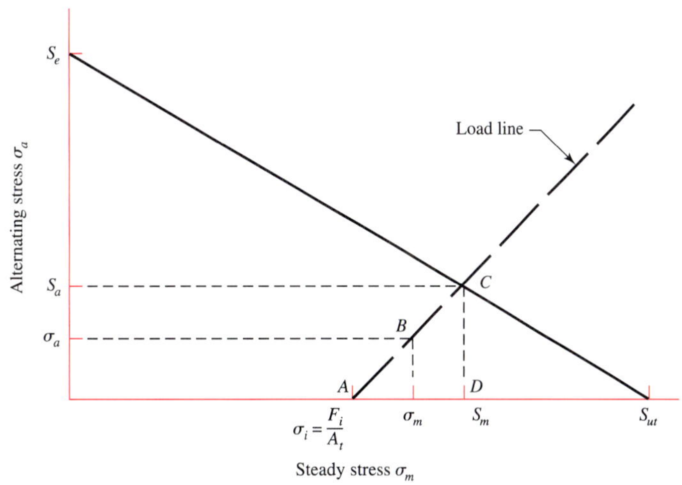

피로안전계수는 다음 식으로 표시한다.

$$n_f = \frac{S_a}{\sigma_a} \tag{7-37}$$

이며, 식 (c)를 식(7-37)에 삽입하면

$$n_f = \frac{S_e(S_{ut} - \sigma_i)}{S_{ut}\sigma_a + S_e(\sigma_m - \sigma_i)} \tag{7-38}$$

다른 파손곡선식에도 동일한 요령을 사용한다. 풀이가 복잡하다면, 수치해석기법을 사용할 수도 있는데, 계산절차는 S_m, S_a를 먼저 구하고 마지막으로 n_f를 구하면 된다.

볼트이음의 해석과정 중 나타나는 피로하중은 0부터 최대하중 P까지의 변동 하중이다. 예를 들면, 압력을 받는 원통의 경우이며, 이때는 식 (7-35)와 식 (7-36)에 $P_{\max} = P$와 $P_{\min} = 0$을 각각 대입하면 다음과 같이 된다.

$$\sigma_a = \frac{CP}{2A_t} \tag{7-39}$$

$$\sigma_m = \frac{CP}{2A_t} + \frac{F_i}{A_t} \tag{7-40}$$

식 (7-40)은 교번응력과 초기하중 응력의 합으로 이해할 수 있다. 초기하중이 일정하다면, 교번응력과 중간응력 사이의 하중선 관계식은 다음과 같다.

$$\sigma_m = \sigma_a + \sigma_i \tag{7-41}$$

하중선의 기울기는 1이며, 그림 7-20에서 보인 하중선의 특정한 경우가 된다. 식 (5-41)~(5-43)의 식을 아래에 인용하였다

Goodman 선:

$$\frac{S_a}{S_e} + \frac{S_m}{S_{ut}} = 1 \tag{7-42}$$

Gerber 선:

$$\frac{S_a}{S_e} + \left(\frac{S_m}{S_{ut}}\right)^2 = 1 \tag{7-43}$$

ASME-elliptic:

$$\left(\frac{S_a}{S_e}\right)^2 + \left(\frac{S_m}{S_p}\right)^2 = 1 \tag{7-44}$$

식 (7-41)과 식(7-42)~(7-44)의 각각 교차점을 구한 후 식 (7-37)을 이용하면, 각 파손 이론에 대한 피로안전계수를 식 (7-45)~(7-47)과 같이 구할 수 있다.

Goodman 선:

$$n_f = \frac{S_e(S_{ut} - \sigma_i)}{\sigma_a(S_{ut} + S_e)} \tag{7-45}$$

Gerber 선:

$$n_f = \frac{1}{2\sigma_a S_e}\left[S_{ut}\sqrt{S_{ut}^2 + 4S_e(S_e+\sigma_i)} - S_{ut}^2 - 2\sigma_i S_e\right] \tag{7-46}$$

ASME-elliptic:

$$n_f = \frac{S_e}{\sigma_a(S_p^2+S_e^2)}\left(S_p\sqrt{S_p^2+S_e^2-\sigma_i^2} - \sigma_i S_e\right) \tag{7-47}$$

식 (7-45)~(7-47)은 반복하중에 대하여만 적용가능한 식이다. σ_a와 σ_m의 각각에 반드시 k_f를 적용하여야 하며, 그렇지 않으면 하중선의 기울기는 1대 1이 되지 않는다.

또는, 식 (7-39)에서의 σ_a와 $\sigma_i = F_i/A_t$를 식 (7-45)~ (7-47) 중의 하나에 바로 대입할 수도 있다. 예를 들어 식(7-45)의 Goodman 식에 대하여, 초기하중 F_i이 0이 아닐 경우에도 사용할 수 있는 식은 다음과 같다.

$$n_f = \frac{2S_e(S_{ut}A_t - F_i)}{CP(S_{ut}+S_e)} \tag{7-48}$$

$C = 1$이며, 초기하중이 없는 ($F_i = 0$)이라면, 식 (7-48)은 식 (7-49)로 표시된다.

$$n_{f0} = \frac{2S_e S_{ut} A_t}{P(S_{ut}+S_e)} \tag{7-49}$$

n_f/n_{f0}가 1보다 클 때, 초기하중은 피로파손에 대한 저항성을 높이는 데 효과적이다. Goodman이론의 경우, 식 (7-48)~(7-49)에서의 n_f/n_{f0}가 1보다 크려면, 초기하중의 상한값은 식 (7-50)과 같다.

$$F_i \le (1-C)S_{ut}A_t \tag{7-50}$$

이 조건과 n_f가 만족되지 않다면, 약간 덜 보수적 평가를 얻기 위하여 Gerber나 ASME-elliptic 이론을 사용한다. 그래도 만족스럽지 않다면, 추가로 볼트의 수를 증가시키거나, 다른 크기의 볼트를 추가할 수 있다.

볼트는 마찰로 결국 헐겁게 되는데, 반복하중이나 진동 등은 시간에 따라서 이음요소가 인장력을 잃게 한다. 그러면, 헐겁게 되는 것을 어떻게 방지할 수 있을까? 강도값이 넘지 않는 한, 초기하중은 클수록 좋다. 대략 보증강도의 60퍼센트 정도의 초기하중이면 헐겁게 되지않는다. 클수록 좋기는 하지만, 이음요소를 다시 사용하게 될 때 좋지 않다. 따라서, 이음요소 잠김법을 대신 사용하기도 한다.

피로안전계수에 대하여 정리한 다음, 보증강도를 사용하여 항복이 발생할 가능성이 있는지 검사하여야 한다.

$$n_p = \frac{S_p}{\sigma_m + \sigma_a} \tag{7-51}$$

식 (7-51)은 식 (7-28)과 동등한 의미이다.

예제 7-5 그림 7-21에 작은 나사를 사용한 이음을 나타내고 있다. 나사당 최대하중이 5 kip이고 변동 하중을 받는다. 작은 나사는 5/8인치-11 UNC, SAE 5등급이며, 경화강 와셔 두께는 $t_w = \frac{1}{16}$인치, 강 덮개판은 두께 $t_1 = \frac{5}{8}$인치, $E_s = 30$ Mpsi, 주철판은 두께 $t_2 = \frac{5}{8}$인치, $E_s = 16$ Mpsi이다.

(*a*) 그림 7-21 제목의 설명에 따라 k_b, k_m, C값을 구하라.

(*b*) 모든 안전계수를 구하고 그 계수값의 의미를 설명하라.

풀이 (*a*) 그림 7-15, 7-21의 기호에 대하여, $h = t_1 + t_w = 0.6875$인치, $l = h + d/2 = 1$인치, $D_2 = 1.5d = 0.9375$인치가 된다. 이음은 3개의 원추대로 구성된다. 두 개의 상부 원추대는 강이며, 하부 원추대는 주철이다.

상부 원추대에 대하여, $t = l/2 = 0.5$인치, $D = 0.9375$인치, $E = 30$ Mpsi의 값을 식 (7-20)에 대입하면 $k_1 = 46.46$ Mlbf/in이다. 중간 원추대에서는, $t = h - l/2 = 0.1875$, $D = 0.9375 + 2(l - h)\tan 30° = 1.298$인치이다. $E_s = 30$ Mpsi를 함께 식 (7-20)에 대입하면 $k_2 = 197.43$ Mlbf/in이다. 하부 원추대에서는, $D = 0.9375$ 인치, $t = l - h = 0.3125$ 인치, $E_{ci} = 16$ Mpsi이므로, $k_3 = 32.39$ Mlbf/in이다.

3개의 강성값을 식 (7-18)에 대입하면 $k_m = 17.40$ Mlbf/in이다. 작은 나사는 짧고 전체에 나사산이 있다. 한편, $l = 1$인치, $At = 0.226\ \text{in}^2$(표 7-2 참조)를 사용하여, $k_b = A_t E/l = 6.78$ Mlbf/in을 구한다. 따라서, 이음의 강성상수(C)를 구한다.

답
$$C = \frac{k_b}{k_b + k_m} = \frac{6.78}{6.78 + 17.40} = 0.280$$

(*b*) 표 7-9로부터 SAE 5등급 작은나사에 대한 $S_p = 85$ kpsi을 사용하며 식 (7-30)으로 초기인장력값을 구한다.

$$F_i = 0.75F_p = 0.75A_t S_p = 0.75(0.226)(85) = 14.4\ \text{kip}$$

답
$$n_p = \frac{S_p A_t}{CP + F_i} = \frac{85(0.226)}{0.280(5) + 14.4} = 1.22$$

식 (7-29)를 사용하여 하중 계수를 구한다. 이 계수(n)는 볼트의 응력이 보증강도보다 작게 되도록 한다.

답
$$n_L = \frac{S_p A_t - F_i}{CP} = \frac{85(0.226) - 14.4}{0.280(5)} = 3.44$$

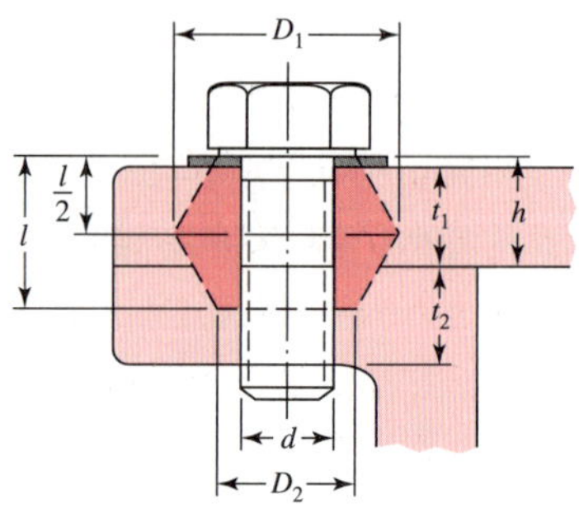

그림 7-21
작은나사로 압력을 받는 부재에 대한 원추대 모델이며, 중요한 수치는 다음과 같다. $l = h + t_2/2$ ($t_2 < d$일 때), $l = h + d/2$ ($t_2 \geq d$일 때)이다. $D_1 = d_w + l \tan\alpha = 1.5d + 0.577l$, $D_2 = d_w = 1.5d$, l은 유효그립길이, 각 α는 30°이다.

식 (7-30)에서 이음이 분리되지 않을 안전계수(n_0)의 값을 구한다.

답
$$n_0 = \frac{F_i}{P(1-C)} = \frac{14.4}{5(1-0.280)} = 4.00$$

하중 P가 과다해져서 이음부분이 분리되면 볼트가 전체하중을 지지하게 된다. 나머지 계수에 대하여는 그림 7-22를 참조할 수 있다. 그림 7-22에는 수정된 Goodman 선, Gerber 선, 보증강도선 및 하중선이 표시되어 있다. 하중선이 각 파손이론의 선과 교차되는 지점 (C,D,E)은 각 교차점에서 강도(S_a, S_m)를 의미한다.

B점은 응력 상태(σ_a, σ_m)를 나타내며, A점은 볼트 초기인장력에 의한 응력(σ_i)를 의미한다. 따라서, 하중직선은 A점에서 시작되며 기울기가 1이 되기 때문에 횡, 종축을 동일한 스케일로 그래프를 그리면 기울어진 각도가 45°가 된다. 그림 7-22의 제목에서 설명된 변수값은 다음과 같이 구한다.

A점 :
$$\sigma_i = \frac{F_i}{A_t} = \frac{14.4}{0.226} = 63.72 \text{ kpsi}$$

B점 :
$$\sigma_a = \frac{CP}{2A_t} = \frac{0.280(5)}{2(0.226)} = 3.10 \text{ kpsi}$$

$$\sigma_m = \sigma_a + \sigma_i = 3.10 + 63.72 = 66.82 \text{ kpsi}$$

C점 : 수정된 Goodman 이론이다. 표 7-17로부터 S_e = 18.6 kpsi이며, 식 (7-45)을 이용하면 안전계수는 다음과 같다.

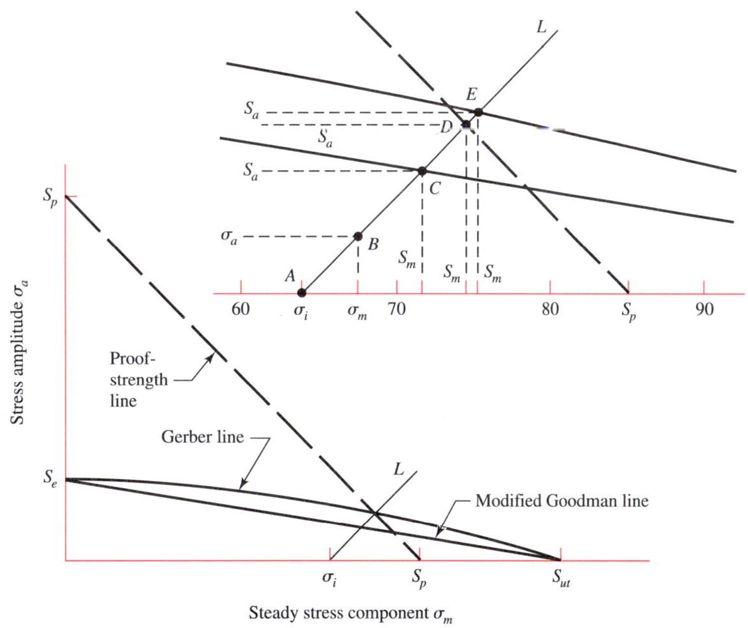

그림 7-22

파손 이론 식의 선과 하중선이 표시되어 있다. S_p = 85 kpsi, S_e = 18.6 kpsi, S_{ut} = 120 kpsi이다. A점의 좌표는 σ_i = 63.72 kpsi, B점은 σ_a = 3.10 kpsi, σ_m = 66.82 kpsi, C점은 S_a = 7.55 kpsi, S_m = 71.29 kpsi, D점은 S_a = 10.64 kpsi, S_m = 74.36 kpsi, E점은 S_a = 11.32 kpsi, S_m = 75.04 kpsi이다.

답 $$n_f = \frac{S_e(S_{ut} - \sigma_i)}{\sigma_a(S_{ut} + S_e)} = \frac{18.6(120 - 63.72)}{3.10(120 + 18.6)} = 2.44$$

D점 : 보증강도 선상에 있으며

$$S_m + S_a = S_p \tag{1}$$

이다. 하중선 AD의 수평선상에 투영하면 식 (2)가 된다.

$$S_m = \sigma_i + S_a \tag{2}$$

식 (1), (2)를 연립하면

$$S_a = \frac{S_p - \sigma_i}{2} = \frac{85 - 63.72}{2} = 10.64 \text{ kpsi}$$

으로, 안전계수는 다음과 같다.

답 $$n_p = \frac{S_a}{\sigma_a} = \frac{10.64}{3.10} = 3.43$$

식 (7-29)로부터 얻은 결과와 동일하다. 보증강도 대신 항복강도를 사용하여 유사한 피로선도 해석을 할 수 있다. 보증/항복강도가 상호 연관이 있지만, 보증강도가 항복강도보다 볼트가 하중을 최대로 받는지에 대한 척도로 더 추천된다. 설계코드에서 보증강도값은 명시되어 있지만, 항복강도값은 명시되어 있지 않다는 사실은 중요하다.

피로선도와 수정된 Goodman 선에 의하면 $n_f = 2.44$가 되고, 보증강도에 기준하면 $n_p = 3.43$이 된다. 따라서, 파손위험은 피로에 의한 것이며 보증강도의 초과에 의한 것이 아니다. 이 두 계수값을 항상 비교하여야 한다.

E점 : Gerber 이론에 의하면

$$n_f = \frac{1}{2\sigma_a S_e}\left[S_{ut}\sqrt{S_{ut}^2 + 4S_e(S_e + \sigma_i)} - S_{ut}^2 - 2\sigma_i S_e\right]$$

답 $$= \frac{1}{2(3.10)(18.6)}\left[120\sqrt{120^2 + 4(18.6)(18.6 + 63.72)} - 120^2 - 2(63.72)(18.6)\right]$$

$$= 3.65$$

가 되며, Gerber 이론에서 안전계수는 다음과 같다.

이 계수값은 $n_p = 3.43$보다 크며, 파손이 피로에 의함이라는 상기의 결론과는 다르다. 그림 7-22에서 D점이 C와 E점 사이에 있게 되는 모순이 생긴다. Goodman 이론이 보수적(안전)인 평가기준이기 때문에 이런 차이가 발생되며, 설계자가 최종 결정을 하여야 한다.

7-12 전단을 받는 볼트 또는 리벳 이음[10]

전단을 받는 리벳 또는 볼트 결합이음은 설계/해석과정에서 동일한 절차를 거친다.

이 결합이음이 파손되는 다양한 경우 중에서 그림 7-23*a*에는 전단을 받는 리벳이음을 나타내고 있다.

그림 7-23*b*에는 리벳(또는 리벳이음된 부재)의 굽힘에 의한 파손을 나타낸다. F가 전단력이고 t가 리벳 해당길이일 때, 굽힘모멘트는 $M = Ft/2$이다. 응력집중의 영향을 무시하면, 부재나 리벳에 발생되는 굽힘응력은 식 (7-7)과 같다.

$$\sigma = \frac{M}{I/c} \tag{7-52}$$

여기서 I/c는 가장 취약한 부재(또는 리벳)에서의 단면계수이며, 각 지역에서의 응력을 구한다. 이렇게 구한 응력은 추정값이다. 그 이유는 실제 리벳에 작용되는 하중분포상태를 알지 못하거나, 리벳과 부재 사이의 상대적인 변형을 모르기 때문이다. 굽힘응력을 추정하기 위하여 식 (7-7)이 사용되지만, 실제 설계에서는 사용되지 못한다. 그 대신, 안전계수를 크게 함으로써 그 영향을 보완한다.

그림 7-24*c*에는 순수전단에 의한 리벳의 파손을 표시한다. 리벳에 발생되는 응력은 식 (7-8)로 표현된다.

$$\tau = \frac{F}{A} \tag{7-53}$$

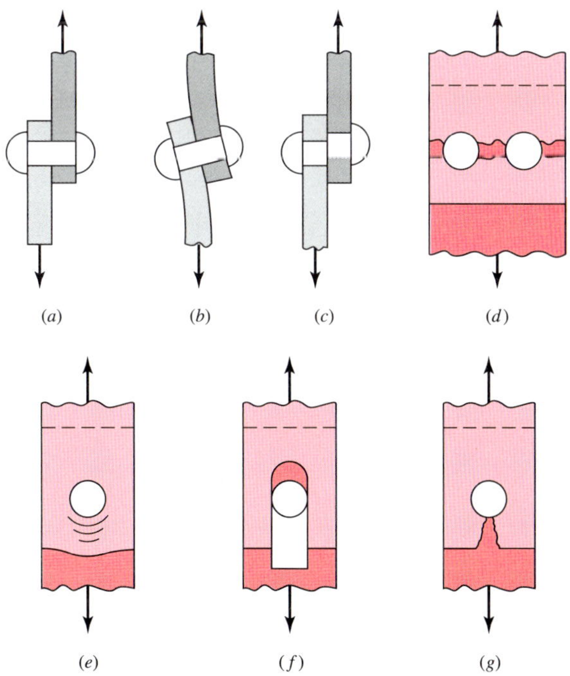

그림 7-23
볼트(또는 리벳)이음에 전단하중 작용 시 파손형태. (*a*) 전단하중, (*b*) 리벳굽힘, (*c*) 리벳전단, (*d*) 부재의 인장파손, (*e*) 리벳이 부재를 (또는 멤버가 부재를) 견딤(압축), (*f*) 판끝의 전단찢어짐, (*g*) 판끝의 인장찢어짐.

[10] 보일러, 교량, 건물처럼 중요한 구조에서 볼트(또는 리벳)이음에 대한 설계작업은 설계안전코드에 준하여 수행된다. 예를 들면, AISC 핸드북(*American Institute of Steel Construction*), Boiler Construction Code, 또는 ASME(American Society of Mechanical Engineers)가 있다.

여기서 A는 모든 리벳의 단면적이다. 구조설계에서, 뜨거운 리벳이 팽창하여 구멍을 거의 다 채우더라도, 구멍의 지름보다는 리벳의 공칭지름을 사용하는 것이 표준 관례이다.

이음연결의 부재(판)이 순수인장에 의한 파손은 그림 7-23d에 있다. 인장응력은

$$\sigma = \frac{F}{A} \tag{7-54}$$

이며, A는 식 (7-9)를 계산할 때 리벳(볼트)구멍의 단면적을 모두 뺀 판의 최소 단면적값이다. 피로하중 하에서는 모든 연성 및 취성재료에 해당되며, 취성재료는 정적 하중 하에서도 응력집중효과를 고려하여야 한다. 볼트에서의 초기인장하중은 부재를 압축하기 때문에, 응력집중정도를 완화하기도 한다. 그러나, 초기하중이 사용조건 하에서 감소되기도 하기 때문에, 응력집중효과가 온전히 존재한다는 가정 하에서 설계하는 것이 안전하다. 일반적인 구조재에는 연성재료를 사용하고 정하중이 작용되므로, 응력 집중을 고려하지 않기도 한다.

그림 7-23e는 리벳 또는 판을 압착시킴에 의한 파손을 나타내며, 이때 응력을 **베어링응력**이라고 한다. 리벳의 원통표면에 작용되는 하중분포를 알지 못한다면, 리벳접촉면적의 투영면적에 균일하게 분포되어 있다고 가정한다.

$$\sigma = -\frac{F}{A} \tag{7-55}$$

여기서, 리벳 한 개에 대한 투영면적은 $A = t_d$이며, t는 가장 얇은 판의 두께이며, d는 리벳/볼트의 지름이다.

가장자리가 전단파손되거나 찢어지는 경우를 그림 7-23f, g에 각각 표시하였다. 실제는 가장자리로부터 리벳을 리벳지름의 1.5배 이상에 위치시킴으로 이런 파손을 피하고 있다. 더욱이, 말끔한 외관을 위하여 볼트연결 간격이 1.5배보다 더 크기 때문에, 이런 파손형태는 일반적으로 평가에서 제외된다.

리벳이음에서는 모든 리벳이 리벳 및 부재에서의 전단과 압축지지 하중을 분담한다. 볼트 이음에서는 죔작용의 마찰로 인한 전단을 받으나, 압축지지(베어링)는 존재하지 않는다. 볼트의 초기하중이 없어지면 한 개의 볼트가 전단과 압축지지를 받다가, 점차 항복이 진행되면 다른 결합요소가 전단과 압축지지 하중을 받게 된다. 모든 볼트에서의 초기하중이 없어지면서, 대부분의 볼트이음에 대한 해석이 된다. 일반적인 해석과정은 다음을 포함한다.

- 볼트에서의 지지(모든 볼트가 관련됨)
- 부재에서의 지지(모든 구멍이 관련됨)
- 볼트의 전단(모든 볼트가 결국 관련됨)
- 전단에서, 나사산이 있는 부분과 없는 부분이 구분됨
- 부재의 가장자리가 전단파손되거나 찢어짐
- 볼트 구멍전체에 걸쳐서, 부재의 인장항복
- 부재의 용량 검사

예제 7-6 그림 7-24의 볼트연결이음은 SAE등급 5인 볼트를 사용하며, 부재는 온간압연한 AISI 1018강이다. 인장전단하중 4000 lb가 이음에 가해질 때, 발생할 수 있는 모든 파손 모드에 대한 안전계수를 계산하라.

풀이 부재: S_y = 32 kpsi

볼트: S_y = 92 kpsi, S_{sy}=(0.577)92 = 53.08 kpsi

| 그림 7-24

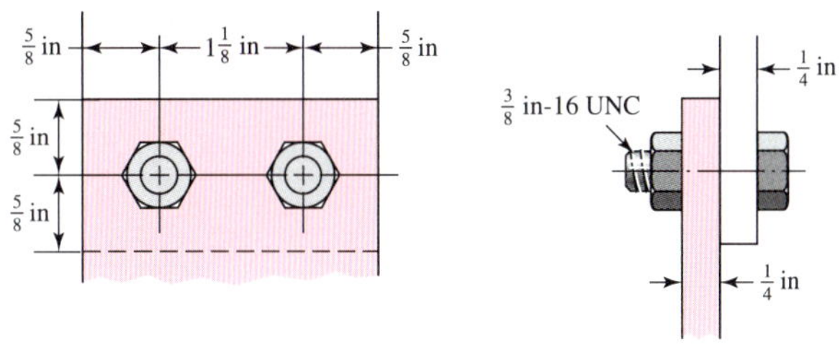

볼트의 전단 모드:

$$A_s = 2\left[\frac{\pi(0.375)^2}{4}\right] = 0.221 \text{ in}^2$$

$$\tau = \frac{F_s}{A_s} = \frac{4}{0.221} = 18.1 \text{ kpsi}$$

답 $$n = \frac{S_{sy}}{\tau} = \frac{53.08}{18.1} = 2.93$$

볼트의 베어링 모드:

$$A_b = 2(0.25)(0.375) = 0.188 \text{ in}^2$$

$$\sigma_b = \frac{-4}{0.188} =- 21.3 \text{ kpsi}$$

답 $$n = \frac{S_y}{|\sigma_b|} = \frac{92}{|-21.3|} = 4.32$$

부재의 베어링 모드:

답 $$n = \frac{S_{yc}}{|\sigma_b|} = \frac{32}{|-21.3|} = 1.50$$

부재의 인장 모드:

$$A_t = (2.375 - 0.75)(1/4) = 0.406 \text{ in}^2$$

$$\sigma_t = \frac{4}{0.406} = 9.85 \text{ kpsi}$$

답 $$n = \frac{S_y}{A_t} = \frac{32}{9.85} = 3.25$$

편심하중을 받는 전단이음

예제 7-6에서는, 하중이 결합요소의 대칭선상에 작용하기 때문에 하중이 여러 볼트에 균등하게 분배된다. 편심하중을 받는 전단이음을 해석하기 위하여, 두 부재 사이의 상대운동 중심을 찾아야 한다. 그림 7-25에서 A_1부터 A_5를 5개의 요소(핀이나 고온리벳, 또는 죔볼트) 집합체에서 각 요소의 단면적으로 정의한다. 회전중심이 전체 요소패턴의 도심과 일치한다고 가정한다. x_i와 y_i가 원점으로부터 i번째 요소중심까지의 각 방향좌표(거리)일 때 도심의 위치($\bar{x}$, $\bar{y}$)를 구하는 정역학 공식은 다음과 같다.

$$\bar{x} = \frac{A_1x_1 + A_2x_2 + A_3x_3 + A_4x_4 + A_5x_5}{A_1 + A_2 + A_3 + A_4 + A_5} = \frac{\sum_1^n A_i x_i}{\sum_1^n A_i}$$
$$\bar{y} = \frac{A_1y_1 + A_2y_2 + A_3y_3 + A_4y_4 + A_5y_5}{A_1 + A_2 + A_3 + A_4 + A_5} = \frac{\sum_1^n A_i y_i}{\sum_1^n A_i} \qquad (7\text{-}56)$$

대부분의 경우에, 도심의 위치는 대칭성을 이용하여 구할 수 있다.

편심하중의 예가 그림 7-26에 있다. 기계 프레임의 일부인데, 보가 굽힘 하중을 받는 구조이다. 보의 양끝단이 수직부재에 하중분담 볼트로 결합되어 있는 상태이다. 그림 7-26*b*에서처럼 양끝단에 전단반력과 모멘트반력이 있는 부정정보로 표시된다.

편의상 왼쪽끝단을 선택하여, 4개 볼트에 대한 도심을 그림 7-26*c*에 보였다. O점은 볼트군의 도심이며, 여기서 볼트의 단면적은 모두 동일하다. 그림 7-26*c*에 보인 힘은 각 핀에 가해지는 합력이다. 총 합력과 모멘트는, O점에서의 반력하중(V_1과 M_1)과 크기는 같고 방향은 반대가 된다. 각 볼트가 받는 총 하중은 다음 3단계로 계산된다.

(1) 전단하중 V_1은 볼트 간에 동일하게 분배되어 각 볼트가 받는 하중은 $F' = V_1/n$이다. 여기서 n은 전체 볼트 수이며 F'는 직접하중 또는 주 전단력이라고 정의한다. 직접하중이 볼트에 동일하게 분배되는 것은 강체부재라는 가정을 의미한다. 볼트의 배열상태, 구조물 형상, 크기변화에 따라 하중의 분배가 변화되기도 한다. 직접하중 F'_n는 그림 7-26*c*에 벡터로 표시되어 있다.

(2) 모멘트하중 또는 2차전단력은 모멘트 M_1에 의하여 각 볼트에 추가로 발생되는 하중이다. r_A, r_B, r_C는 각각 전체 도심에서 각 볼트 중심까지의 직선거리를 나타내며, 모멘트

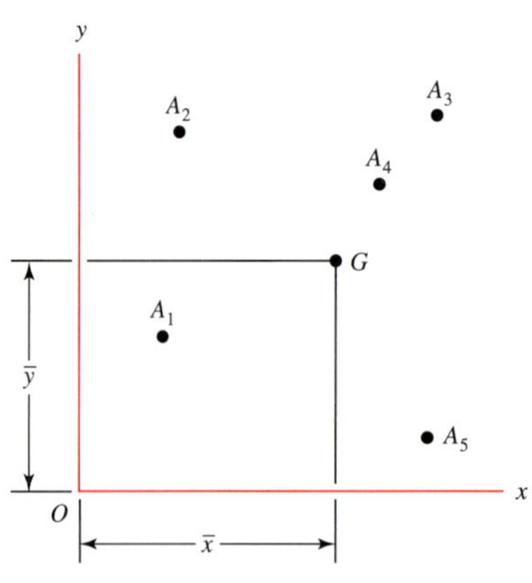

그림 7-25
(핀, 리벳 또는 볼트)이음요소의 도심 G

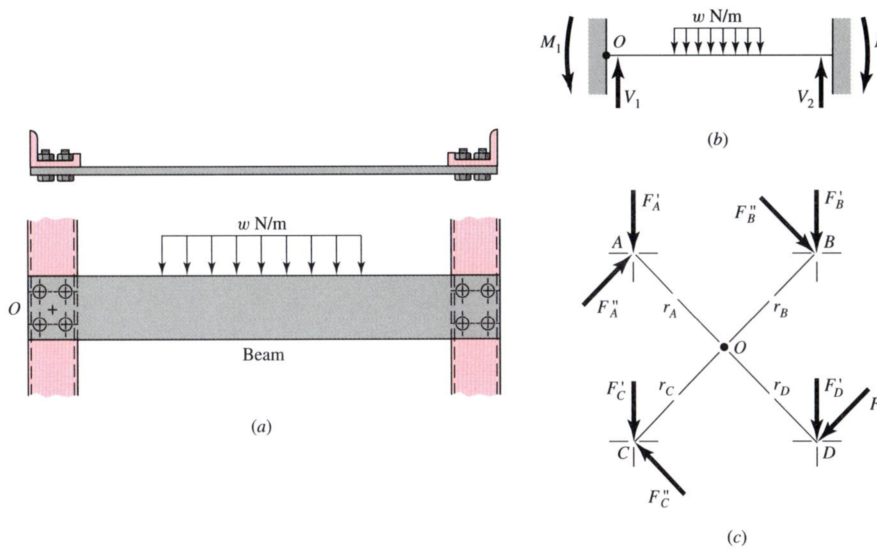

그림 7-26
(*a*) 균일분포하중 보가 양단에 볼트이음되어 있다. (*b*) 자유물체도, (*c*) 점이 도심인 각 볼트 이음에서 주전단, 2차전단력을 나타내고 있다.

는 다음과 같이 표현된다.

$$M_1 = F''_A r_A + F''_B r_B + F''_C r_C + \cdots \tag{a}$$

여기서 F''는 모멘트하중이다. 각 볼트가 받는 하중크기는 도심으로부터 직선거리크기에 비례된다. 즉, 도심에서 가장 먼 볼트는 가장 큰 하중을 받게되고 가장 가까운 볼트는 가장 작은 하중을 받는다. 비례관계를 식 (b)로 표시한다.

$$\frac{F''_A}{r_A} = \frac{F''_B}{r_B} = \frac{F''_C}{r_C} \tag{b}$$

각 볼트의 지름은 동일하다고 가정한다. 동일하지 않은 경우는 식 (b)의 F''를 각 볼트에 대한 전단응력 $\tau'' = 4F''/\pi d^2$의 값으로 표시한다. 식 (a), (b)를 연립하여 풀어서, 모든 볼트 위치에서의 하중(F'')을 구한다.

$$F''_n = \frac{M_1 r_n}{r_A^2 + r_B^2 + r_C^2 + \cdots} \tag{7-57}$$

아래첨자 n은 하중을 결정할 각 볼트의 위치를 의미한다. 모멘트하중(F'')은 그림 7-24*c*에서 벡터로 표시되었다.

(3) 세 번째 단계는 각 볼트에 작용되는 직접하중과 모멘트하중 간의 벡터합성에 의하여 합력을 결정하는 것이다. 모든 볼트(또는 리벳)가 동일크기일 때는 최대 하중을 받는 볼트에 대하여만 고려한다. 최대 하중크기로부터 전단강도(응력)값을 계산한다.

예제 7-7 그림 7-27의 강판(15 × 200 mm의 단면)이 250 mm 강 채널에 4개의 볼트(A, B, C, D)를 사용하여 외팔보 형태의 이음을 하고 있다.

16 kN의 하중에 대하여 다음을 구하라.

(*a*) 각 볼트에서의 합력
(*b*) 각 볼트에서의 최대전단응력
(*c*) 최대 베어링응력
(*d*) 판에 발생되는 임계(위험)굽힘응력

풀이 (*a*) 그림 7-27에서 도심위치는 대칭을 이용하여 결정된다. 자유물체도(그림 7-27)에서 전단반력(V)은 O점을 통과하며, 모멘트반력은 O점에 대하여 정의된다. 각 반력크기를 구한다.

$$V = 16\ \text{kN} \qquad M = 16(425) = 6800\ \text{N} \cdot \text{m}$$

그림 7-28에서 도심에서 각 볼트까지의 거리를 구한다.

$$r = \sqrt{(60)^2 + (75)^2} = 96.0\ \text{mm}$$

4개의 볼트에서 동일한 크기인 주전단력을 구한다.

$$F' = \frac{V}{n} = \frac{16}{4} = 4\ \text{kN}$$

2차전단력의 크기도 각 볼트에서 동일하며 식 (7-57)에 수치를 대입한다.

$$F'' = \frac{Mr}{4r^2} = \frac{M}{4r} = \frac{6800}{4(96.0)} = 17.7\ \text{kN}$$

각 볼트에서 주전단력과 2차전단력을 벡터합성(평행사변형법칙)하여 합력을 결정한다(그림 7-28).

답 $$F_A = F_B = 21.0\ \text{kN},\ F_C = F_D = 14.8\ \text{kN}$$

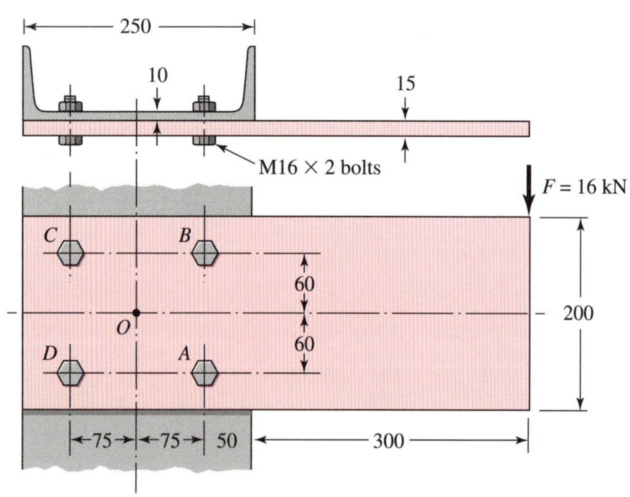

그림 7-27
치수단위는 mm.

| 그림 7-28

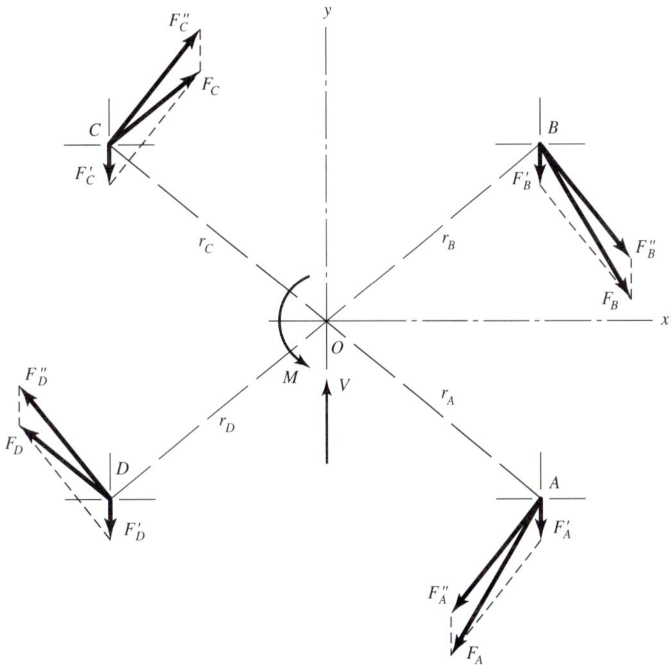

(b) 볼트 C, D에 비하여 볼트 A, B에서 더 큰 전단하중을 지지하고 있기 때문에, A, B 볼트가 더 위험하다. 전단하중이 볼트의 나사선이 있는 부분과 없는 부분 중 어느 부분에 작용될까? 볼트의 전체길이는, 부재두께 25 mm에 너트높이 14.8 mm(표 A-31 참조)와 상 · 하부 와셔 2 mm씩을 모두 더한 길이이다. 너트밖으로 2개의 나사산이 나왔을 것이라고 가정하면 모두 더한 최소한의 길이가 43.8 mm로 계산되므로, 총 길이 46 mm 길이의 볼트를 선택한다. 식 (7-14)로부터 나사산의 길이 = 38 mm이다. 나사산이 없는 길이는 46 − 38 = 8 mm이다. 그림 7-25에서 판의 두께(15 mm)보다 작기 때문에 볼트는 골지름 단면부위에서 전단력을 받게될 것이다. 전단응력을 받는 골지름면적 A_s = 144 mm^2(역자주: 표 7-1 참조)이며 전단력은 다음과 같다.

답
$$\tau = \frac{F}{A_s} = -\frac{21.0(10)^3}{144} = 146 \text{ MPa}$$

(c) 채널이 판보다 얇은 두께이므로, 최대 베어링응력은 볼트를 채널 웹에 압착시킬 때 발생된다. 베어링면적은 $A_b = td = 10(16) = 160$ mm^{2}이다. 따라서 베어링응력은 다음과 같다.

답
$$\sigma = -\frac{F}{A_b} = -\frac{21.0(10)^3}{160} = -131 \text{ MPa}$$

(d) 판에 발생되는 최대 굽힘응력은 y축과 평행하며 A, B를 통과하는 지역에서 발생된다. 이 단면에서 굽힘모멘트(M)를 구한다.

$$M = 16(300 + 50) = 5600 \text{ N} \cdot \text{m}$$

단면 2차 모멘트(I)는 평행축의 정리를 이용하여 구한다.

$$I = I_{\text{bar}} - 2(I_{\text{holes}} + \bar{d}^2 A)$$
$$= \frac{15(200)^3}{12} - 2\left[\frac{15(16)^3}{12} + (60)^2(15)(16)\right] = 8.26(10)^6 \text{ mm}^4$$

판에 발생되는 임계(위험)굽힘응력의 크기를 구한다.

답 $$\sigma = \frac{Mc}{I} = \frac{5600(100)}{8.26(10)^6}(10)^3 = 67.8 \text{ MPa}$$

연습문제 Problems

7–1 A power screw is 25 mm in diameter and has a thread pitch of 5 mm.

(*a*) Find the thread depth, the thread width, the mean and root diameters, and the lead, provided square threads are used.

(*b*) Repeat part (*a*) for Acme threads.

7–2 Using the information in the footnote of Table 7–1, show that the tensile-stress area is

$$A_t = \frac{\pi}{4}(d - 0.938\ 194p)^2$$

7–3 Show that for zero collar friction the efficiency of a square-thread screw is given by the equation

$$e = \tan\lambda \frac{1 - f\tan\lambda}{\tan\lambda + f}$$

Plot a curve of the efficiency for lead angles up to 45°. Use $f = 0.08$.

7–4 A single-threaded 25-mm power screw is 25 mm in diameter with a pitch of 5 mm. A vertical load on the screw reaches a maximum of 5 kN. The coefficients of friction are 0.06 for the collar and 0.09 for the threads. The frictional diameter of the collar is 45 mm. Find the overall efficiency and the torque to "raise" and "lower" the load.

7–5 The machine shown in the figure can be used for a tension test but not for a compression test. Why? Can both screws have the same hand?

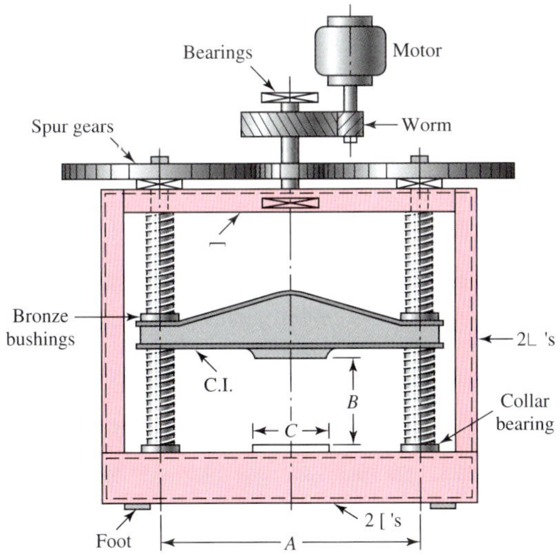

Problem 7–5

7–6 The press shown for Prob. 7–5 has a rated load of 5000 lbf. The twin screws have Acme threads, a diameter of 2 in, and a pitch of $\frac{1}{4}$ in. Coefficients of friction are 0.05 for the threads and 0.08 for the collar bearings. Collar diameters are 3.5 in. The gears have an efficiency of 95 percent and a speed ratio of 60:1. A slip clutch, on the motor shaft, prevents overloading. The full-load motor speed is 1720 rev/min.

(*a*) When the motor is turned on, how fast will the press head move?

(*b*) What should be the horsepower rating of the motor?

7–7 A screw clamp similar to the one shown in the figure has a handle with diameter $\frac{3}{8}$ in made of cold-drawn AISI 1006 steel. The overall length is 4.25 in. The screw is $\frac{3}{4}$ in-10 UNC and is 8 in long, overall. Distance A is 3 in. The clamp will accommodate parts up to 6 in high.

(*a*) What screw torque will cause the handle to bend permanently?

(*b*) What clamping force will the answer to part (*a*) cause if the collar friction is neglected and if the thread friction is 0.15?

(*c*) What clamping force will cause the screw to buckle?

(*d*) Are there any other stresses or possible failures to be checked?

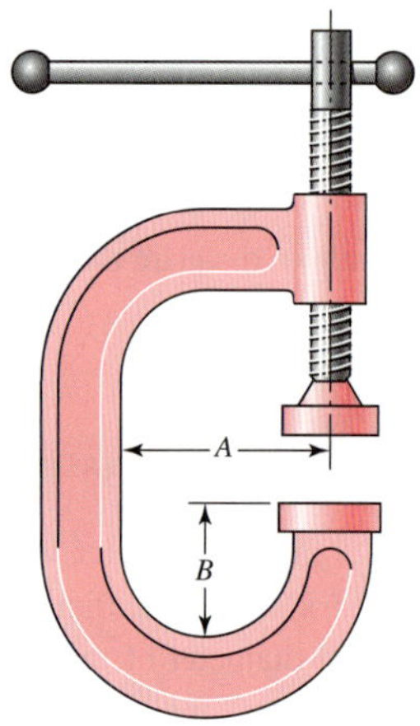

Problem 7–7

7–8 The C clamp shown in the figure for Prob. 7–7 uses a $\frac{3}{4}$ in-6 Acme thread. The frictional coefficients are 0.15 for the threads and for the collar. The collar, which in this case is the anvil striker's swivel joint, has a friction diameter of 1 in. Calculations are to be based on a maximum force of 8 lbf applied to the handle at a radius of $3\frac{1}{2}$ in from the screw centerline. Find the clamping force.

7–9 Find the power required to drive a 40-mm power screw having double square threads with a pitch of 6 mm. The nut is to move at a velocity of 48 mm/s and move a load of $F = 10$ kN. The frictional coefficients are 0.10 for the threads and 0.15 for the collar. The frictional diameter of the collar is 60 mm.

7–10 A single square-thread power screw has an input power of 3 kW at a speed of 1 rev/s. The screw has a diameter of 40 mm and a pitch of 8 mm. The frictional coefficients are 0.14 for the threads and 0.09 for the collar, with a collar friction radius of 50 mm. Find the axial resisting load F and the combined efficiency of the screw and collar.

7–11 An M14 × 2 hex-head bolt with a nut is used to clamp together two 15-mm steel plates.

(*a*) Determine a suitable length for the bolt, rounded up to the nearest 5 mm.

(*b*) Determine the bolt stiffness.

(*c*) Determine the stiffness of the members.

7–12 Repeat Prob. 7–11 with the addition of one 14R metric plain washer under the nut.

7–13 Repeat Prob. 7–11 with one of the plates having a threaded hole to eliminate the nut.

7–14 A 2-in steel plate and a 1-in cast-iron plate are compressed with one bolt and nut. The bolt is $\frac{1}{2}$ in-13 UNC.

(*a*) Determine a suitable length for the bolt, rounded up to the nearest $\frac{1}{4}$ in.

(*b*) Determine the bolt stiffness.

(*c*) Determine the stiffness of the members.

7–15 Repeat Prob. 7–14 with the addition of one $\frac{1}{2}$ N American Standard plain washer under the head of the bolt, and another identical washer under the nut.

7–16 Repeat Prob. 7–14 with the cast-iron plate having a threaded hole to eliminate the nut.

7–17 Two identical aluminum plates are each 2 in thick, and are compressed with one bolt and nut. Washers are used under the head of the bolt and under the nut.
Washer properties: steel; ID = 0.531 in; OD = 1.062 in; thickness = 0.095 in
Nut properties: steel; height = $\frac{7}{16}$ in
Bolt properties: $\frac{1}{2}$ in-13 UNC grade 8
Plate properties: aluminum; $E = 10.3$ Mpsi; $S_u = 47$ kpsi; $S_y = 25$ kpsi
(*a*) Determine a suitable length for the bolt, rounded up to the nearest $\frac{1}{4}$ in.
(*b*) Determine the bolt stiffness.
(*c*) Determine the stiffness of the members.

7–18 Repeat Prob. 7–17 with no washer under the head of the bolt, and two washers stacked under the nut.

7–19 A 30-mm thick AISI 1020 steel plate is sandwiched between two 10-mm thick 2024-T3 aluminum plates and compressed with a bolt and nut with no washers. The bolt is M10 × 1.5, property class 5.8.
(*a*) Determine a suitable length for the bolt, rounded up to the nearest 5 mm.
(*b*) Determine the bolt stiffness.
(*c*) Determine the stiffness of the members.

7–20 Repeat Prob. 7–19 with the bottom aluminum plate replaced by one that is 20 mm thick.

7–21 Repeat Prob. 7–19 with the bottom aluminum plate having a threaded hole to eliminate the nut.

7–22 Two 20-mm steel plates are to be clamped together with a bolt and nut. Specify a bolt to provide a joint constant C between 0.2 and 0.3.

7–23 A 2-in steel plate and a 1-in cast-iron plate are to be compressed with one bolt and nut. Specify a bolt to provide a joint constant C between 0.2 and 0.3.

7–24 An aluminum bracket with a $\frac{1}{2}$-in thick flange is to be clamped to a steel column with a $\frac{3}{4}$-in wall thickness. A cap screw passes through a hole in the bracket flange, and threads into a tapped hole through the column wall. Specify a cap screw to provide a joint constant C between 0.2 and 0.3.

7–25 An M14 × 2 hex-head bolt with a nut is used to clamp together two 20-mm steel plates. Compare the results of finding the overall member stiffness by use of Eqs. (7–20), (7–22), and (7–23).

7–26 A $\frac{3}{4}$ in-16 UNF series SAE grade 5 bolt has a $\frac{3}{4}$-in ID steel tube 10 in long, clamped between washer faces of bolt and nut by turning the nut snug and adding one-third of a turn. The tube OD is the washer-face diameter $d_w = 1.5d = 1.5(0.75) = 1.125$ in = OD.

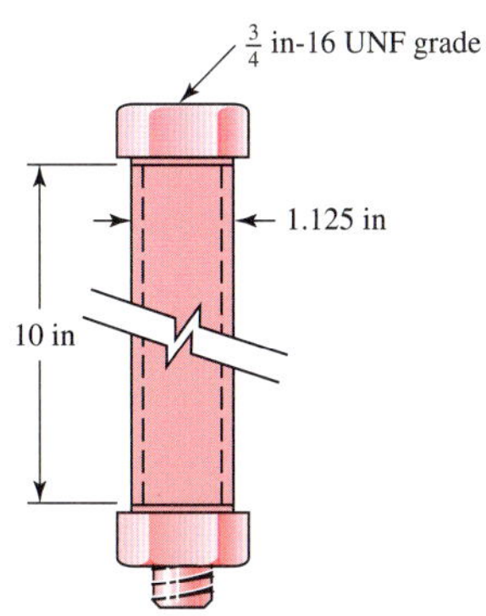

Problem 7–26

7-27 From your experience with Prob. 7–26, generalize your solution to develop a turn-of-nut equation

$$N_t = \frac{\theta}{360^\circ} = \left(\frac{k_b + k_m}{k_b k_m}\right) F_i N$$

where N_t = turn of the nut from snug tight
θ = turn of the nut in degrees
N = number of thread/in ($1/p$ where p is pitch)
F_i = initial preload
k_b, k_m = spring rates of the bolt and members, respectively

Use this equation to find the relation between torque-wrench setting T and turn-of-nut N_t. ("Snug tight" means the joint has been tightened to perhaps half the intended preload to flatten asperities on the washer faces and the members. Then the nut is loosened and retightened finger tight, and the nut is rotated the number of degrees indicated by the equation. Properly done, the result is competitive with torque wrenching.)

7-28 RB&W[11] recommends turn-of-nut from snug fit to preload as follows: $1/3$ turn for bolt grips of 1–4 diameters, $1/2$ turn for bolt grips 4–8 diameters, and $2/3$ turn for grips of 8–12 diameters. These recommendations are for structural steel fabrication (permanent joints), producing preloads of 100 percent of proof strength and beyond. Machinery fabricators with fatigue loadings and possible joint disassembly have much smaller turns-of-nut. The RB&W recommendation enters the nonlinear plastic deformation zone.

For Ex. 7–4, use Eq. (7-27) with $K = 0.2$ to estimate the torque necessary to establish the desired preload. Then, using the results from Prob. 7–27, determine the turn of the nut in degrees. How does this compare with the RB&W recommendations?

7-29 For a bolted assembly with six bolts, the stiffness of each bolt is $k_b = 3$ Mlbf/in and the stiffness of the members is $k_m = 12$ Mlbf/in per bolt. An external load of 80 kips is applied to the entire joint. Assume the load is equally distributed to all the bolts. It has been determined to use $\frac{1}{2}$ in-13 UNC grade 8 bolts with rolled threads. Assume the bolts are preloaded to 75 percent of the proof load.
(*a*) Determine the yielding factor of safety.
(*b*) Determine the overload factor of safety.
(*c*) Determine the factor of safety based on joint separation.

7-30 For the bolted assembly of Prob. 7–29, it is desired to find the range of torque that a mechanic could apply to initially preload the bolts without expecting failure once the joint is loaded. Assume a torque coefficient of $K = 0.2$.
(*a*) Determine the maximum bolt preload that can be applied without exceeding the proof strength of the bolts.
(*b*) Determine the minimum bolt preload that can be applied while avoiding joint separation.
(*c*) Determine the value of torque in units of lbf · ft that should be specified for preloading the bolts if it is desired to preload to the midpoint of the values found in parts (*a*) and (*b*).

7-31 For a bolted assembly with eight bolts, the stiffness of each bolt is $k_b = 1.0$ MN/mm and the stiffness of the members is $k_m = 2.6$ MN/mm per bolt. The joint is subject to occasional disassembly for maintenance and should be preloaded accordingly. Assume the external load is equally distributed to all the bolts. It has been determined to use M6 × 1 class 5.8 bolts with rolled threads.

[11] Russell, Burdsall & Ward, Inc., Metal Forming Specialists, Mentor, Ohio.

(*a*) Determine the maximum external load $P_{\max}$ that can be applied to the entire joint without exceeding the proof strength of the bolts.

(*b*) Determine the maximum external load $P_{\max}$ that can be applied to the entire joint without causing the members to come out of compression.

7–32 For a bolted assembly, the stiffness of each bolt is $k_b = 4$ Mlbf/in and the stiffness of the members is $k_m = 12$ Mlbf/in per bolt. The joint is subject to occasional disassembly for maintenance and should be preloaded accordingly. A fluctuating external load is applied to the entire joint with $P_{\max} = 80$ kips and $P_{\min} = 20$ kips. Assume the load is equally distributed to all the bolts. It has been determined to use $\frac{1}{2}$ in-13 UNC grade 8 bolts with rolled threads.

(*a*) Determine the minimum number of bolts necessary to avoid yielding of the bolts.

(*b*) Determine the minimum number of bolts necessary to avoid joint separation.

7–33 to 7–36 The figure illustrates the connection of a steel cylinder head to a grade 30 cast-iron pressure vessel using N bolts. A confined gasket seal has an effective sealing diameter D. The cylinder stores gas at a maximum pressure p_g. For the specifications given in the table for the specific problem assigned, select a suitable bolt length from the preferred sizes in Table A–17, then determine the yielding factor of safety n_p, the load factor n_L, and the joint separation factor n_0.

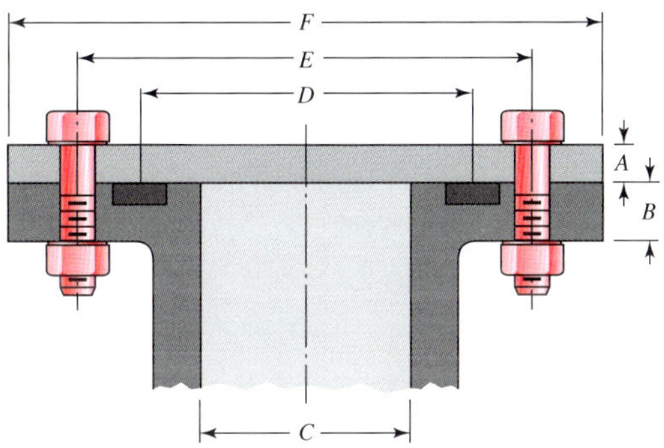

Problems 7–33 to 7–36

Problem Number	7–33	7–34	7–35	7–36
A	20 mm	$\frac{1}{2}$ in	20 mm	$\frac{3}{8}$ in
B	20 mm	$\frac{5}{8}$ in	25 mm	$\frac{1}{2}$ in
C	100 mm	3.5 in	0.8 m	3.25 in
D	150 mm	4.25 in	0.9 m	3.5 in
E	200 mm	6 in	1.0 m	5.5 in
F	300 mm	8 in	1.1 m	7 in
N	10	10	36	8
p_g	6 MPa	1500 psi	550 kPa	1200 psi
Bolt grade	ISO 9.8	SAE 5	ISO 10.9	SAE 8
Bolt spec.	M12 × 1.75	$\frac{1}{2}$ in-13	M10 × 1.5	$\frac{7}{16}$ in-14

7-37 to 7-40 Repeat the requirements for the problem specified in the table if the bolts and nuts are replaced with cap screws that are threaded into tapped holes in the cast-iron cylinder.

Problem Number	Originating Problem Number
7–37	7–33
7–38	7–34
7–39	7–35
7–40	7–36

7-41 to 7-44 For the pressure vessel defined in the problem specified in the table, redesign the bolt specifications to satisfy all of the following requirements.

- Use coarse-thread bolts selecting a class from Table 7–11 for Probs. 7–41 and 7–43, or a grade from Table 7–9 for Probs. 7–42 and 7–44.
- To ensure adequate gasket sealing around the bolt circle, use enough bolts to provide a maximum center-to-center distance between bolts of four bolt diameters.
- Obtain a joint stiffness constant C between 0.2 and 0.3 to ensure most of the pressure load is carried by the members.
- The bolts may be reused, so the yielding factor of safety should be at least 1.1.
- The overload factor and the joint separation factor should allow for the pressure to exceed the expected pressure by 15 percent.

Problem Number	Originating Problem Number
7–41	7–33
7–42	7–34
7–43	7–35
7–44	7–36

7-45 Bolts distributed about a bolt circle are often called upon to resist an external bending moment as shown in the figure. The external moment is 12 kip · in and the bolt circle has a diameter of 8 in. The neutral axis for bending is a diameter of the bolt circle. What needs to be determined is the most severe external load seen by a bolt in the assembly.

(*a*) View the effect of the bolts as placing a line load around the bolt circle whose intensity F'_b, in pounds per inch, varies linearly with the distance from the neutral axis according to the relation $F'_b = F'_{b,\max} R \sin\theta$. The load on any particular bolt can be viewed as the effect of the line load over the arc associated with the bolt. For example, there are 12 bolts shown in the figure. Thus each bolt load is assumed to be distributed on a 30° arc of the bolt circle. Under these conditions, what is the largest bolt load?

(*b*) View the largest load as the intensity $F'_{b,\max}$ multiplied by the arc length associated with each bolt and find the largest bolt load.

(*c*) Express the load on any bolt as $F = F_{\max} \sin\theta$, sum the moments due to all the bolts, and estimate the largest bolt load. Compare the results of these three approaches to decide how to attack such problems in the future.

Problem 7–45

Bolted connection subjected to bending.

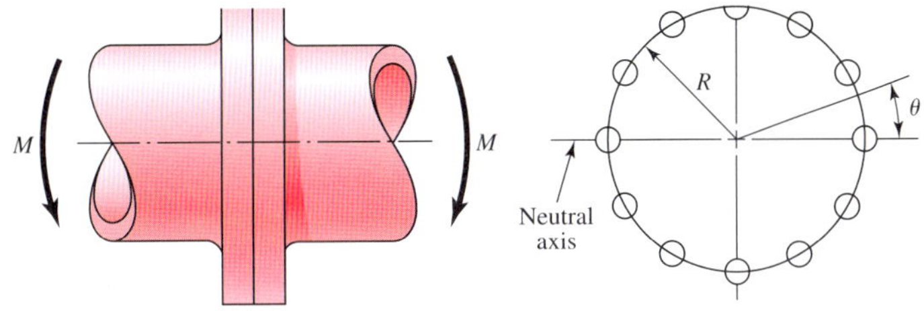

7–46 The figure shows a cast-iron bearing block that is to be bolted to a steel ceiling joist and is to support a gravity load of 18 kN. Bolts used are M24 ISO 8.8 with coarse threads and with 4.6-mm-thick steel washers under the bolt head and nut. The joist flanges are 20 mm in thickness, and the dimension A, shown in the figure, is 20 mm. The modulus of elasticity of the bearing block is 135 GPa.

Problem 7–46

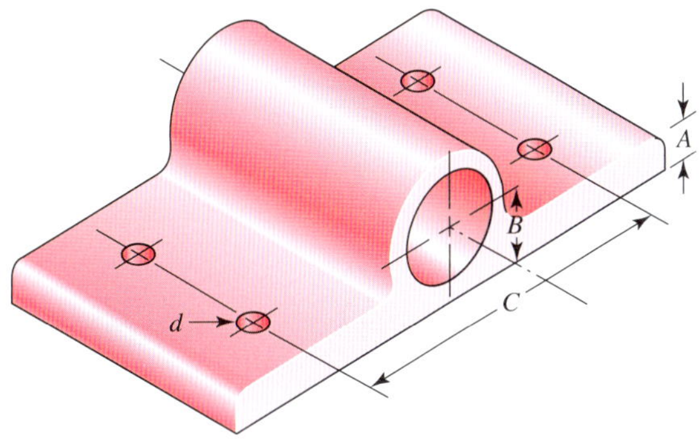

(*a*) Find the wrench torque required if the fasteners are lubricated during assembly and the joint is to be permanent.

(*b*) Determine the factors of safety guarding against yielding, overload, and joint separation.

7–47 The upside-down steel A frame shown in the figure is to be bolted to steel beams on the ceiling of a machine room using ISO grade 8.8 bolts. This frame is to support the 40-kN radial load as illustrated. The total bolt grip is 48 mm, which includes the thickness of the steel beam, the A-frame feet, and the steel washers used. The bolts are size M20 × 2.5.

(*a*) What tightening torque should be used if the connection is permanent and the fasteners are lubricated?

(*b*) Determine the factors of safety guarding against yielding, overload, and joint separation.

Problem 7–47

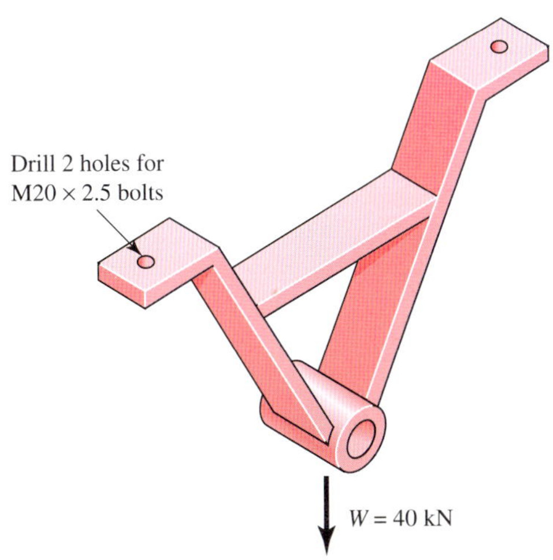

7–48 For the bolted assembly in Prob. 7–29, assume the external load is a repeated load. Determine the fatigue factor of safety for the bolts using the following failure criteria:
(*a*) Goodman.
(*b*) Gerber.
(*c*) ASME-elliptic.

7–49 For a bolted assembly with eight bolts, the stiffness of each bolt is $k_b = 1.0$ MN/mm and the stiffness of the members is $k_m = 2.6$ MN/mm per bolt. The bolts are preloaded to 75 percent of proof strength. Assume the external load is equally distributed to all the bolts. The bolts are M6 × 1 class 5.8 with rolled threads. A fluctuating external load is applied to the entire joint with $P_{\text{max}} = 60$ kN and $P_{\text{min}} = 20$ kN.
(*a*) Determine the yielding factor of safety.
(*b*) Determine the overload factor of safety.
(*c*) Determine the factor of safety based on joint separation.
(*d*) Determine the fatigue factor of safety using the Goodman criterion.

7–50 For the bolted assembly in Prob. 7–32, assume 10 bolts are used. Determine the fatigue factor of safety using the Goodman criterion.

7–51 to 7–54 For the pressure cylinder defined in the problem specified in the table, the gas pressure is cycled between zero and p_g. Determine the fatigue factor of safety for the bolts using the following failure criteria:
(*a*) Goodman.
(*b*) Gerber.
(*c*) ASME-elliptic.

Problem Number	Originating Problem Number
7–51	7–33
7–52	7–34
7–53	7–35
7–54	7–36

7–55 to 7–58 For the pressure cylinder defined in the problem specified in the table, the gas pressure is cycled between p_g and $p_g/2$. Determine the fatigue factor of safety for the bolts using the Goodman criterion.

Problem Number	Originating Problem Number
7–55	7–33
7–56	7–34
7–57	7–35
7–58	7–36

7-59 A 1-in-diameter hot-rolled AISI 1144 steel rod is hot-formed into an eyebolt similar to that shown in the figure for Prob. 3–122, with an inner 3-in-diameter eye. The threads are 1 in-12 UNF and are die-cut.

(*a*) For a repeatedly applied load collinear with the thread axis, using the Gerber criterion, is fatigue failure more likely in the thread or in the eye?
(*b*) What can be done to strengthen the bolt at the weaker location?
(*c*) If the factor of safety guarding against a fatigue failure is $n_f = 2$, what repeatedly applied load can be applied to the eye?

7-60 The section of the sealed joint shown in the figure is loaded by a force cycling between 4 and 6 kips. The members have $E = 16$ Mpsi. All bolts have been carefully preloaded to $F_i = 25$ kip each.
(*a*) Determine the yielding factor of safety.
(*b*) Determine the overload factor of safety.
(*c*) Determine the factor of safety based on joint separation.
(*d*) Determine the fatigue factor of safety using the Goodman criterion.

Problem 7–60

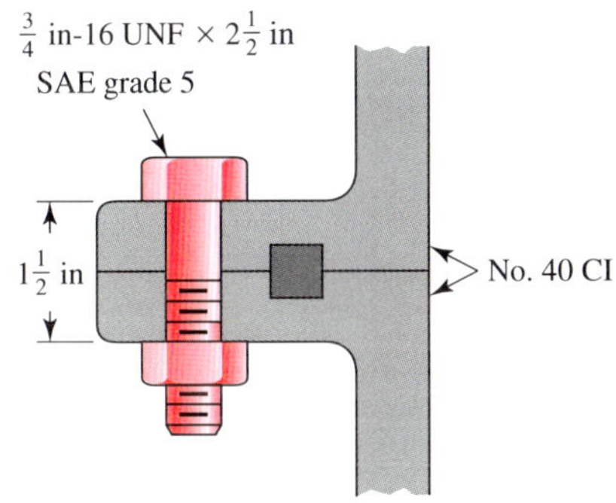

7-61 Suppose the welded steel bracket shown in the figure is bolted underneath a structural-steel ceiling beam to support a fluctuating vertical load imposed on it by a pin and yoke. The bolts are $\frac{1}{2}$-in coarse-thread SAE grade 8, tightened to recommended preload for nonpermanent assembly. The stiffnesses have already been computed and are $k_b = 4$ Mlb/in and $k_m = 16$ Mlb/in.
(*a*) Assuming that the bolts, rather than the welds, govern the strength of this design, determine the safe repeated load that can be imposed on this assembly using the Goodman criterion with the load line in Fig. 7–20 and a fatigue design factor of 2.
(*b*) Compute the static load factors based on the load found in part (*a*).

Problem 7–61

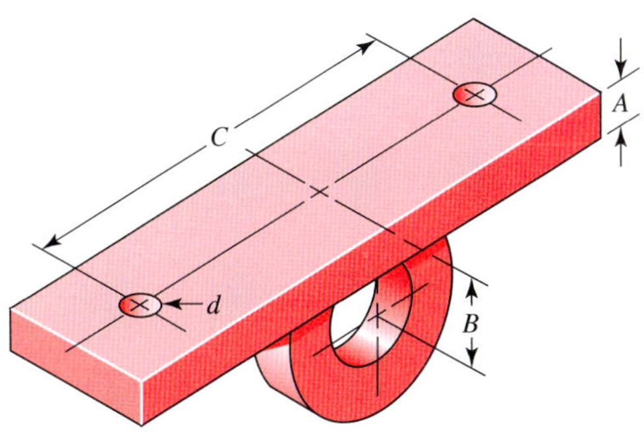

7–62 Using the Gerber fatigue criterion and a fatigue-design factor of 2, determine the external repeated load P that a $1\frac{1}{4}$-in SAE grade 5 coarse-thread bolt can take compared with that for a fine-thread bolt. The joint constants are $C = 0.30$ for coarse- and 0.32 for fine-thread bolts.

7–63 An M30 × 3.5 ISO 8.8 bolt is used in a joint at recommended preload, and the joint is subject to a repeated tensile fatigue load of $P = 65$ kN per bolt. The joint constant is $C = 0.28$. Find the static load factors and the factor of safety guarding against a fatigue failure based on the Gerber fatigue criterion.

7–64 The figure shows a fluid-pressure linear actuator (hydraulic cylinder) in which $D = 4$ in, $t = \frac{3}{8}$ in, $L = 12$ in, and $w = \frac{3}{4}$ in. Both brackets as well as the cylinder are of steel. The actuator has been designed for a working pressure of 2000 psi. Six $\frac{3}{8}$-in SAE grade 5 coarse-thread bolts are used, tightened to 75 percent of proof load.

(*a*) Find the stiffnesses of the bolts and members, assuming that the entire cylinder is compressed uniformly and that the end brackets are perfectly rigid.

(*b*) Using the Gerber fatigue criterion, find the factor of safety guarding against a fatigue failure.

(*c*) What pressure would be required to cause total joint separation?

Problem 7–64

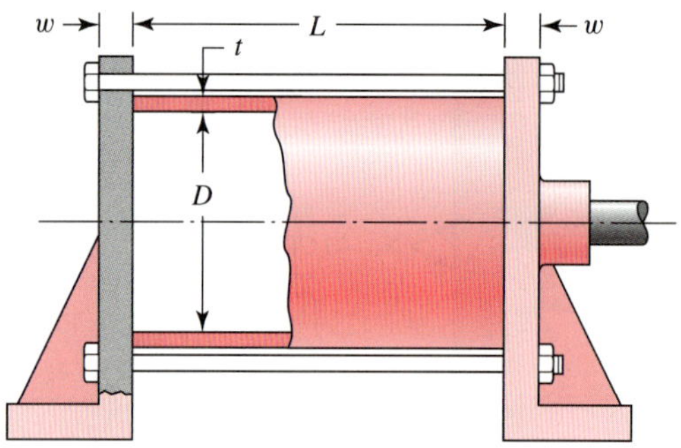

7–65 Using the Goodman fatigue criterion, repeat Prob. 7–64 with the working pressure cycling between 1200 psi and 2000 psi.

7–66 The figure shows a bolted lap joint that uses SAE grade 5 bolts. The members are made of cold-drawn AISI 1020 steel. Find the safe tensile shear load F that can be applied to this connection to provide a minimum factor of safety of 2 for the following failure modes: shear of bolts, bearing on bolts, bearing on members, and tension of members.

Problem 7–66

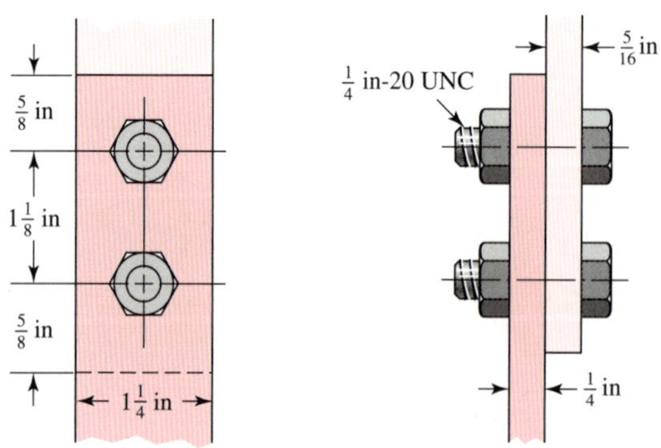

7–67 Two 1- by 4-in 1018 cold-rolled steel bars are butt-spliced with two $\frac{1}{2}$- by 4-in 1018 cold-rolled splice plates using four $\frac{3}{4}$ in-16 UNF grade 5 bolts as depicted in the figure. For a design factor of $n_d = 1.5$ estimate the static load F that can be carried if the bolts lose preload.

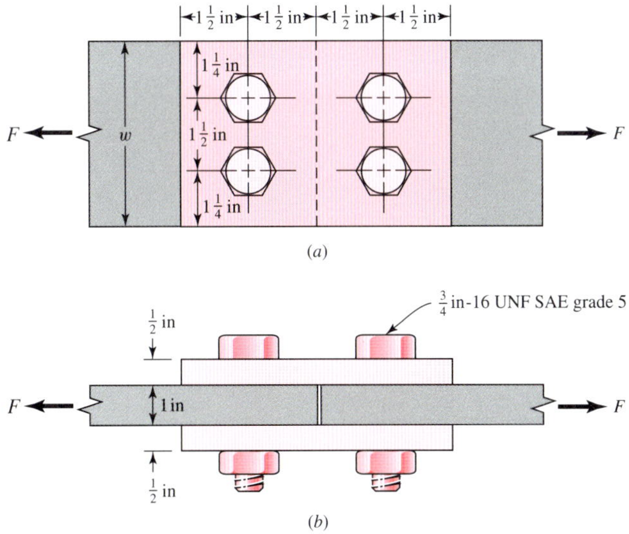

Problem 7–67

7–68 A bolted lap joint using ISO class 5.8 bolts and members made of cold-drawn SAE 1040 steel is shown in the figure. Find the tensile shear load F that can be applied to this connection to provide a minimum factor of safety of 2.5 for the following failure modes: shear of bolts, bearing on bolts, bearing on members, and tension of members.

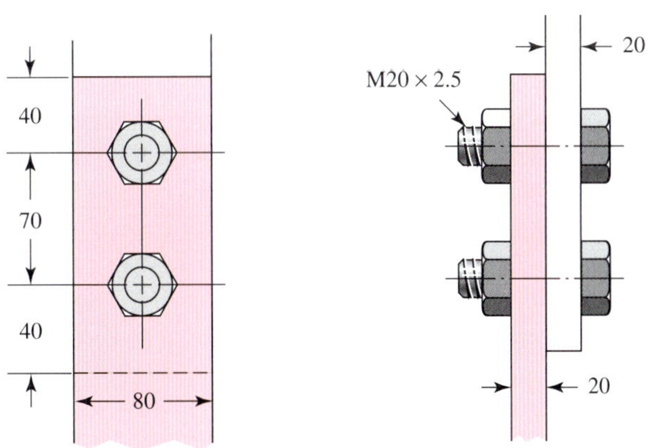

Problem 7–68
Dimensions in millimeters.

7–69 The bolted connection shown in the figure is subjected to a tensile shear load of 90 kN. The bolts are ISO class 5.8 and the material is cold-drawn AISI 1015 steel. Find the factor of safety of the connection for all possible modes of failure.

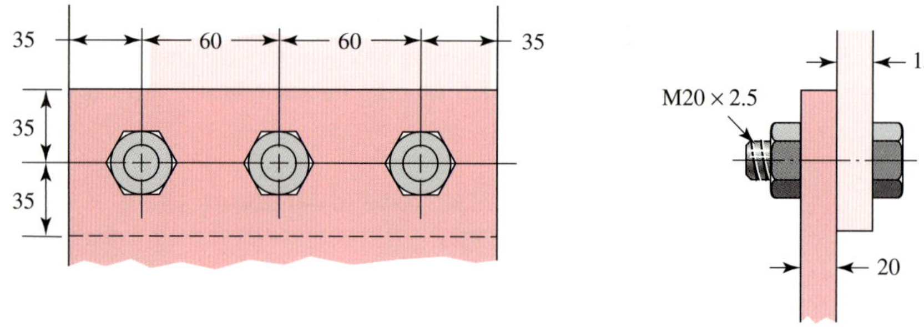

Problem 7–69
Dimensions in millimeters.

7-70 The figure shows a connection that employs three SAE grade 4 bolts. The tensile shear load on the joint is 5000 lbf. The members are cold-drawn bars of AISI 1020 steel. Find the factor of safety for each possible mode of failure.

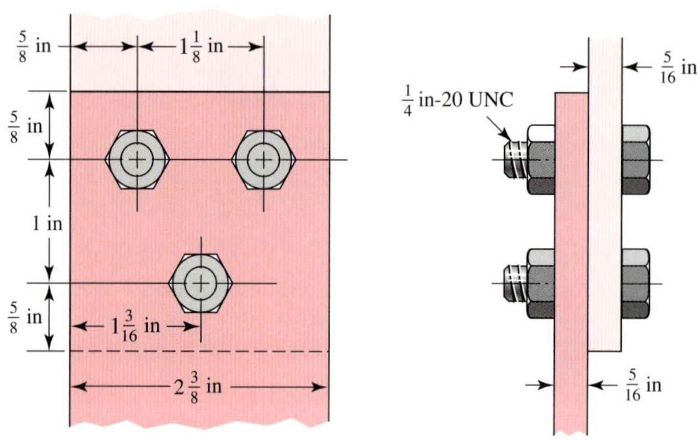

Problem 7–70

7-71 A beam is made up by bolting together two cold-drawn bars of AISI 1018 steel as a lap joint, as shown in the figure. The bolts used are ISO 5.8. Ignoring any twisting, determine the factor of safety of the connection.

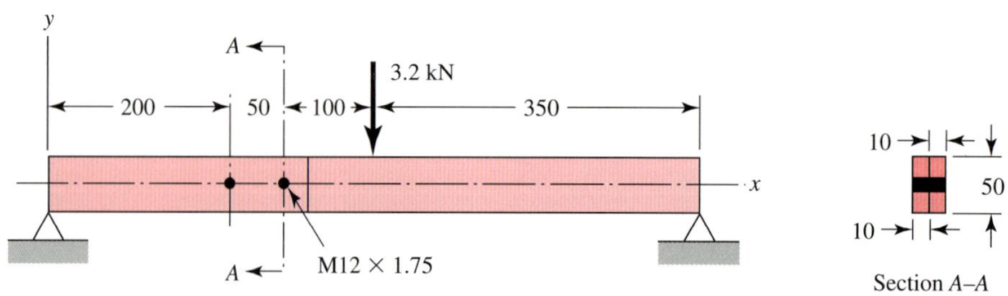

Problem 7–71
Dimensions in millimeters.

7–72 Standard design practice, as exhibited by the solutions to Probs. 7–66 to 7–70, is to assume that the bolts, or rivets, share the shear equally. For many situations, such an assumption may lead to an unsafe design. Consider the yoke bracket of Prob. 7–61, for example. Suppose this bracket is bolted to a wide-flange *column* with the centerline through the two bolts in the vertical direction. A vertical load through the yoke-pin hole at distance B from the column flange would place a shear load on the bolts as well as a tensile load. The tensile load comes about because the bracket tends to pry itself about the bottom corner, much like a claw hammer, exerting a large tensile load on the upper bolt. In addition, it is almost certain that both the spacing of the bolt holes and their diameters will be slightly different on the column flange from what they are on the yoke bracket. Thus, unless yielding occurs, only one of the bolts will take the shear load. The designer has no way of knowing which bolt this will be.

In this problem the bracket is 8 in long, $A = \frac{1}{2}$ in, $B = 3$ in, $C = 6$ in, and the column flange is $\frac{1}{2}$ in thick. The bolts are $\frac{1}{2}$-in UNC SAE grade 4. The nuts are tightened to 75 percent of proof load. The vertical yoke-pin load is 2500 lbf. If the upper bolt takes all the shear load as well as the tensile load, how closely does the bolt stress approach the proof strength?

7–73 The bearing of Prob. 7–46 is bolted to a vertical surface and supports a horizontal shaft. The bolts used have coarse threads and are M20 ISO 5.8. The joint constant is $C = 0.25$, and the dimensions are $A = 20$ mm, $B = 50$ mm, and $C = 160$ mm. The bearing base is 240 mm long. The bearing load is 14 kN. If the bolts are tightened to 75 percent of proof load, will the bolt stress exceed the proof strength? Use worst-case loading, as discussed in Prob. 7–72.

7–74 A split-ring clamp-type shaft collar such as is described in Prob. 4–67 must resist an axial load of 1000 lbf. Using a design factor of $n = 3$ and a coefficient of friction of 0.12, specify an SAE Grade 5 cap screw using fine threads. What wrench torque should be used if a lubricated screw is used?

7–75 A vertical channel 152 × 76 (see Table A–7) has a cantilever beam bolted to it as shown. The channel is hot-rolled AISI 1006 steel. The bar is of hot-rolled AISI 1015 steel. The shoulder bolts are M10 × 1.5 ISO 5.8. For a design factor of 2.0, find the safe force F that can be applied to the cantilever.

Problem 7–75

ıensions in millimeters.

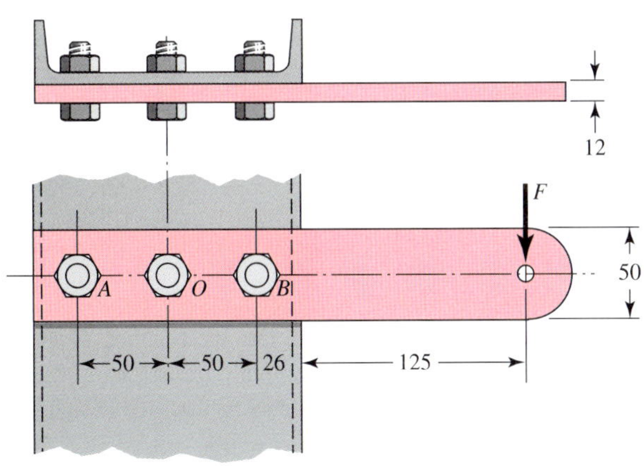

7–76 The cantilever bracket is bolted to a column with three M12 × 1.75 ISO 5.8 bolts. The bracket is made from AISI 1020 hot-rolled steel. Find the factors of safety for the following failure modes: shear of bolts, bearing of bolts, bearing of bracket, and bending of bracket.

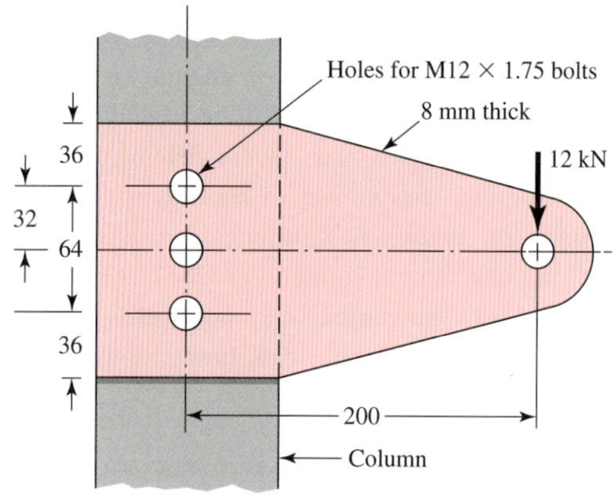

Problem 7–76
Dimensions in millimeters.

7–77 A $\frac{3}{8}$- × 2-in AISI 1018 cold-drawn steel bar is cantilevered to support a static load of 250 lbf as illustrated. The bar is secured to the support using two $\frac{3}{8}$ in-16 UNC SAE grade 4 bolts. Find the factor of safety for the following modes of failure: shear of bolt, bearing on bolt, bearing on member, and strength of member.

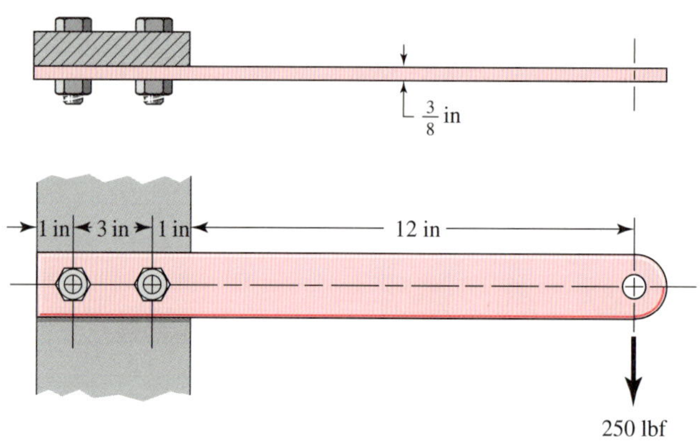

Problem 7–77

7–78 The figure shows a welded fitting which has been tentatively designed to be bolted to a channel so as to transfer the 2000-lbf load into the channel. The channel and the two fitting plates are of hot-rolled stock having a minimum S_y of 42 kpsi. The fitting is to be bolted using six SAE grade 4 shoulder bolts. Check the strength of the design by computing the factor of safety for all possible modes of failure.

Problem 7–78

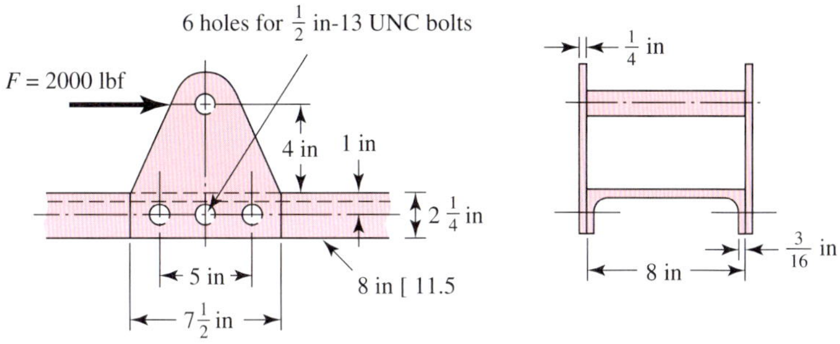

7-79 A cantilever is to be attached to the flat side of a 6-in, 13.0-lbf/in channel used as a column. The cantilever is to carry a load as shown in the figure. To a designer the choice of a bolt array is usually an a priori decision. Such decisions are made from a background of knowledge of the effectiveness of various patterns.

(*a*) If two fasteners are used, should the array be arranged vertically, horizontally, or diagonally? How would you decide?

(*b*) If three fasteners are used, should a linear or triangular array be used? For a triangular array, what should be the orientation of the triangle? How would you decide?

Problem 7–79

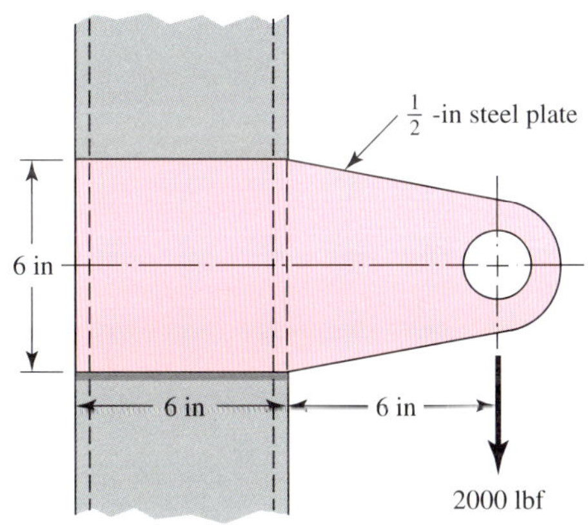

7-80 Using your experience with Prob. 7–79, specify an optimal bolt pattern for two bolts for the bracket in Prob. 7-79 and size the bolts.

7-81 Using your experience with Prob. 7–79, specify an optimal bolt pattern for three bolts for the bracket in Prob. 7-79 and size the bolts.

CHAPTER

08

Shigley's Mechanical Engineering Design

용접, 접착, 영구적 이음에 대한 설계

Chapter Outline

이음과정을 거치는 동안 만들어진 형상은 부품의 기능을 더 충실히 수행할 수 있게 한다. 현재 제조과정에서 이음의 예를 들면, 용접, 경납땜(브레이징), 연납땜, 접착제 이음이 있다. 여러 부품들을 조립하여야 한다면 기본설계단계에서 이런 이음을 고려하여야 한다. 특히 이음단면이 얇을 때 특정 이음법의 사용으로 경비를 절약할 수도 있다. 구멍이 필요한 결합요소를 제거하면 조립단가의 감소와 신속한 조립이 가능하다.

리벳이음법은 압연강판을 서로 영구이음하는 과거의 주된 이음수단이었다. 빨간 체리색처럼 뜨겁게 달구어진 리벳을 집게에 들고, 공기해머를 사용하여 최종형상을 만들어 가던 작업자를 이제는 보기 힘들어졌다. 리벳이음이 감소한 두 가지 원인이 있다. 첫째는 초기하중을 조절할 수 있는 고강도강 볼트의 개발 때문이다. 둘째는 가격 및 이음형상에 있어서 유리한 용접기술의 개선 때문이다.

8-1 용접기호

용접물은 원하는 형상으로 미리 절단된 금속부재를 서로 용접하여 제조된다. 용접과정 동안 부품들이 상호 고정된 상태에서 결합된다. 용접과정은 미국용접학회(AWS)에서 표준화한 용접기호(그림 8-1)를 사용하여 작업도면에 정확히 명시되어야 한다. 화살표는 용접될 이음을 가르킨다. 용접기호에는 다음의 정보가 포함되어 있다.

- 기선
- 지시선, 화살표
- 기본 용접기호(그림 8-2 참조)
- 치수표시 및 관련자료
- 보조기호

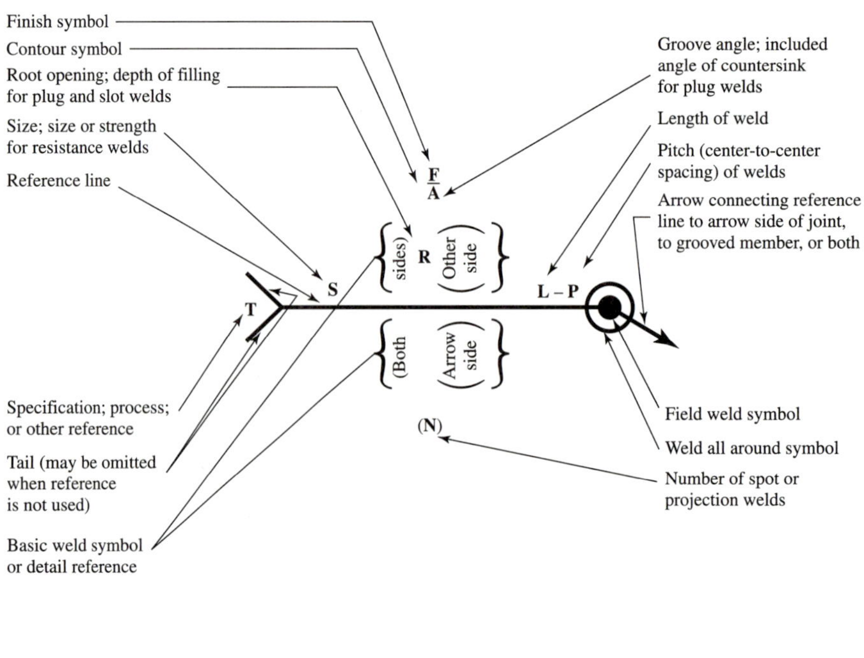

그림 8-1
미국용접학회의 표준용접기호 (각 기호의 위치를 보여줌)

- 다듬질방법기호
- 꼬리
- 특별지시사항

용접이음의 **화살표쪽**은 화살표가 가르키는 선, 변, 면적 또는 부재쪽을 의미한다. 화살표쪽의 반대는 반대쪽 또는 **맞은편쪽**이라고 한다.

그림 8-3~8-6에 주로 사용되는 용접형태가 예시되어 있다. 일반적으로 필릿용접이 많이 사용되며 맞대기용접은 압력용기를 설계할 때 사용된다. 이음될 부품은 용접을 위한 공간이 충분히 확보되도록 배치되어야 한다. 만일 불충분한 공간 또는 특이단면형상으로 인하여 이상한 이음이 될 수밖에 없다면, 설계자는 더 좋은 방법이 없는지 다시 검토하여야 한다.

용접작업 동안 열이 가해지기 때문에 용접부위의 금속모재에는 금속학적 변화가 발생된다. 또한, 용접작업 동안의 구속상태(예: 부재를 붙잡음) 또는 용접순서의 차이에 따라 다른 크기의 용접잔류응력이 발생된다. 용접 후 간단한 열처리를 통하여 잔류응력을 감소시킬 수 있다. 용접될 부재가 두껍다면 부재를 예열하는 것이 좋다. 용접부위의 신뢰성이 매우 중요하다면 최고 품질을 얻기 위한 검사계획이 설정되어야 한다.

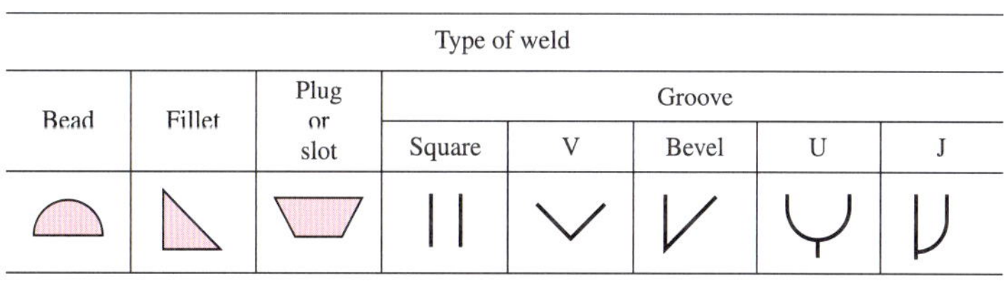

그림 8-2
아크 또는 가스용접기호.

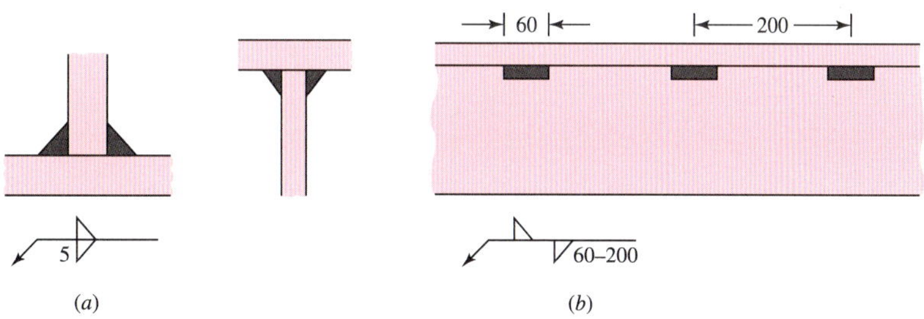

그림 8-3
필릿용접. (*a*) 숫자는 용접(다리)길이를 의미. 양쪽 동일한 경우 화살표는 한쪽 용접부만을 향함. (*b*) 불연속 용접을 의미하며, 200 mm의 중심 간 거리로 60 mm씩 단속용접됨을 의미함.

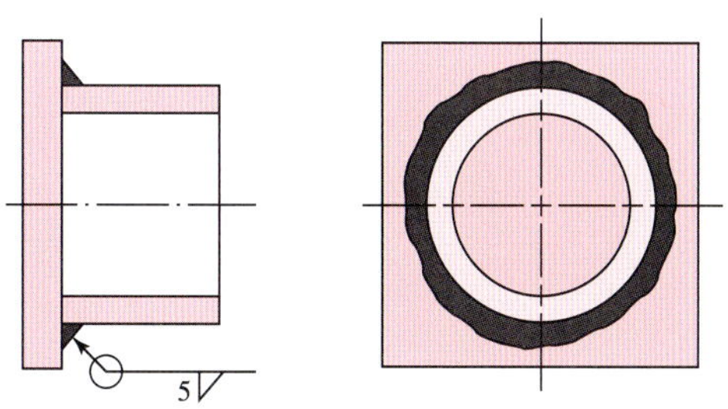

그림 8-4
용접기호 위의 원은 전체둘레 용접을 의미함.

그림 8-5
맞대기 또는 홈용접. (*a*) 평면형 평행맞대기 이음용접 (*b*) V형 60° 그루브(홈)각도의 맞대기 이음용접, 루트간격 2mm, (*c*) 양쪽면 V, (*d*) 45° 한면베벨 맞대기이음용접.

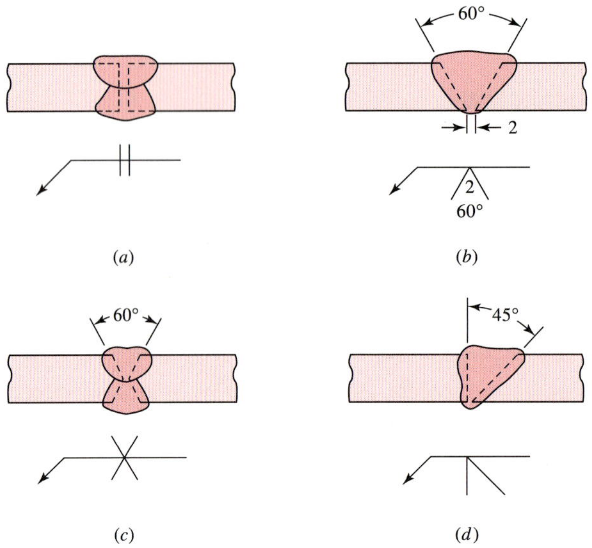

그림 8-6
특수한 홈용접. (*a*) 두꺼운 판에서 T형 용접이음(필릿용접), (*b*) 두꺼운 판에서 U 또는 J 용접, (*c*) 모서리 용접(고강도를 얻기 위하여 내부 비드용접가 능하지만, 큰 하중 하에서는 사용금지), (*d*) 얇은 금속판이 작은 하중받을 때, 가장자리 용접.

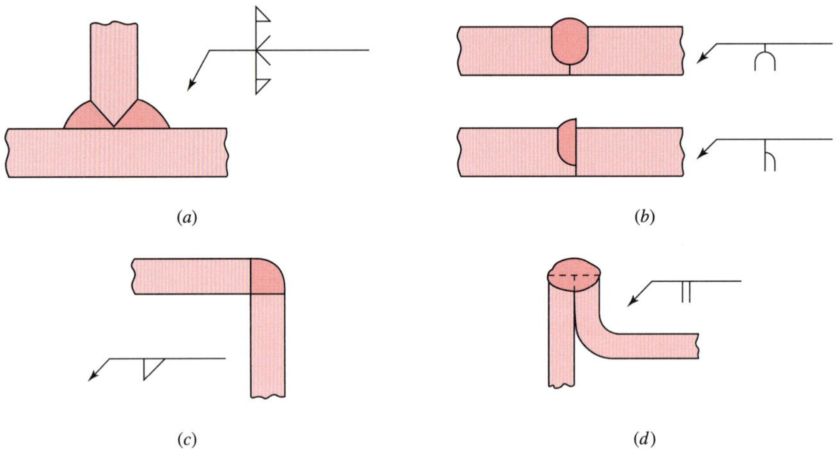

8-2 맞대기용접과 필릿용접

그림 8-7*a*는 인장하중(F)을 받는 한쪽면 V형홈용접을 나타낸다. 인장 또는 압축 하중에 의한 평균수직응력은

$$\sigma = \frac{F}{hl} \tag{8-1}$$

이며, h는 용접목두께, l은 용접길이이다. h값은 용접덧붙임길이를 포함하지 않는다. 덧붙임의 존재가 유용하기도 하지만, 크기가 일정하지 않으면 용접계면(A점)에서 응력 집중을 발생시킨다. 피로하중이 가해진다면 덧붙임부분을 갈아없애는 것이 좋다.

맞대기용접에서 전단하중(그림 8-7*b*)으로 인한 평균응력은 식 (8-2)와 같다.

$$\tau = \frac{F}{hl} \tag{8-2}$$

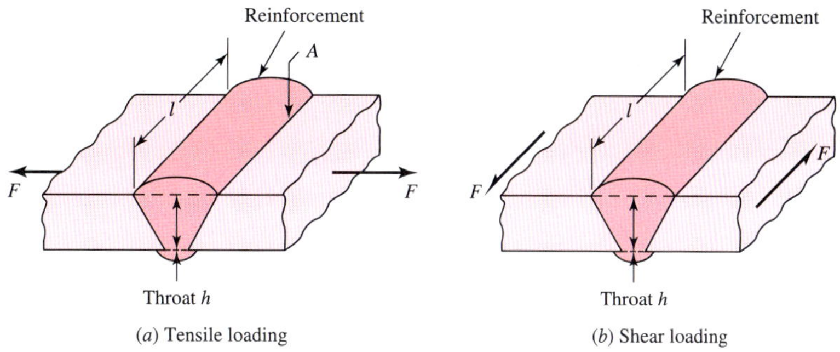

그림 8-7
전형적인 맞대기이음.

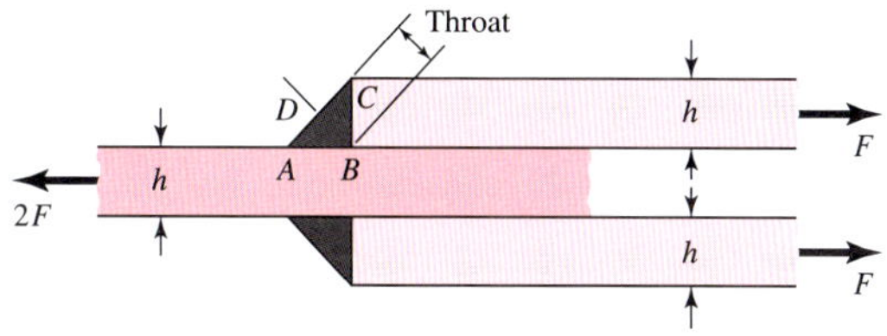

그림 8-8
횡필릿용접.

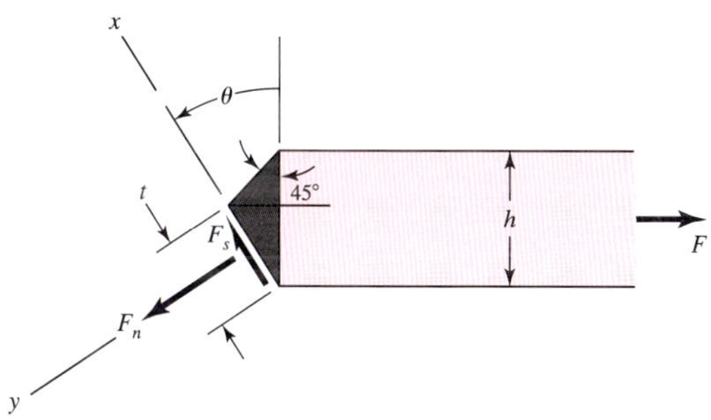

그림 8-9
그림 8-8의 자유물체도.

그림 8-8은 전형적인 횡필릿용접의 예이다. 그림 8-8에서의 용접이음부위를 확대하여 자유물체도를 그림 8-9에 표시하였다. 각 θ에서 각 용접부위의 하중은 수직력(F_n)과 전단력(F_s)으로 구성된다. x, y 각 방향에 대한 하중분력의 합은 식 (a), (b)와 같다.

$$F_s = F\sin\theta \tag{a}$$

$$F_n = F\cos\theta \tag{b}$$

그림 8-9의 삼각형에 사인(sine)법칙을 적용하면

$$\frac{t}{\sin 45^\circ} = \frac{h}{\sin(180^\circ - 45^\circ - \theta)} = \frac{h}{\sin(135^\circ - \theta)} = \frac{\sqrt{2}h}{\cos\theta + \sin\theta}$$

이며, 목단면길이(역자주: 목두께라고도 함) t에 관하여 정리하면 식 (c)가 된다.

$$t = \frac{h}{\cos\theta + \sin\theta} \tag{c}$$

용접물 위의 각 θ 경사면에서 공칭응력은 각각 (d), (e)와 같다.

$$\tau = \frac{F_s}{A} = \frac{F\sin\theta(\cos\theta + \sin\theta)}{hl} = \frac{F}{hl}(\sin\theta\cos\theta + \sin^2\theta) \tag{d}$$

$$\sigma = \frac{F_n}{A} = \frac{F\cos\theta(\cos\theta + \sin\theta)}{hl} = \frac{F}{hl}(\cos^2\theta + \sin\theta\cos\theta) \tag{e}$$

각 θ면에서 von Mises응력(σ')은 식 (f)와 같다[역자주: 식 (4-15) 참조].

$$\sigma' = (\sigma^2 + 3\tau^2)^{1/2} = \frac{F}{hl}[(\cos^2\theta + \sin\theta\cos\theta)^2 + 3(\sin^2\theta + \sin\theta\cos\theta)^2]^{1/2} \tag{f}$$

하중 F에 의한 최대 von Mises응력은 $\theta = 62.5°$에서 발생되며 크기는 $\sigma' = 2.16F/(hl)$이다. 이 때, 전단 및 수직응력은 각각 $\tau = 1.196F/(hl)$, $\sigma = 0.623F/(hl)$이다.

한편, 하중 F에 의한 최대전단응력은 식 (*d*)를 각(θ)에 대하여 미분하여 0이 되는 값으로 구하며, $\theta = 67.5°$에서 발생된다. 이때, $\tau_{max} = 1.207F/(hl)$, $\sigma = 0.5F/(hl)$이다.

식 (d), (f)의 결과를 평가하는 데 유용한 실험 및 해석 결과가 있다. 대칭하중이 작용되는 횡필릿용접(그림 8-8) 형상모델에 대하여, 광탄성기법을 사용하여 응력을 측정할 수 있다. Norris는 용접의 *AB* 및 *BC*선을 따라 응력분포를 측정하였으며[1], 그림 8-10*a*에 개략적으로 표시되어 있다. *A*, *B*점의 수평위치와 *B*점의 수직위치에서 응력집중현상이 관찰된다. Norris는 *A* 및 *B*점에서 응력값을 정확히 측정할 수 없었다고 기술하였다. Salakian[2]은 필릿용접(그림 8-10*b*) 목부분에서의 응력분포를 제시하였다. 이 결과가 중요한 이유는 설계에서 사용되는 것이 목응력이기 때문이다. 그림 8-10*b*에서도 점 *B*에서의 응력 집중을 나타내고 있다. 그림 8-10*a*는 용접금속(용재) 및 모재에 함께 적용되지만, 그림 8-10*b*는 용재에만 적용된다.

식 (*a*)~(*f*)의 결과는 적절한 것처럼 보인다. 횡필릿용접에 대한 광탄성 및 유한요소해석 결과는 재료역학(또는 탄성학) 결과보다는 그림 8-10에 가깝다. 실제 발생되는 응력을 예측하는 이론적 해석방법은 없다. 필릿부분의 기하형상이 개략적으로 가정되더라도 이 교재방법을 사용하기에는 복잡하다. 또한, 편심에 의하여 한 쪽으로 굽힘이 발생될 수도 있다. 확실한 이론적 해석기법이 없긴 하지만, 용접이음은 안전하게 설계되어야 한다. 별도의 실험에 의하여 안전성이 입증되었으며, 단순하고 안전한 해석모델을 다음에 제시한다.

- 외력으로 인하여 용접목부분에 전단력이 발생된다. 목부분에 발생되는 수직응력을 무시하면, 전단응력은 안전한 계산이 되도록 충분히 커진 값이 된다.
- 발생되는 중요 응력에 대하여 변형에너지 이론을 적용한다.
- 코드에 의한 전형적 사례로 제한한다.

이 모델에서, 용접해석에 대한 기본근거는

[1] C. H. Norris, "Photoelastic Investigation of Stress Distribution in Transverse Fillet Welds," *Welding J.*,vol. 24, 1945, p. 557s.

[2] A. G. Salakian and G. E. Claussen, "Stress Distribution in Fillet Welds: A Review of the Literature," *Welding* J., vol. 16, May 1937, pp. 1 – 24.

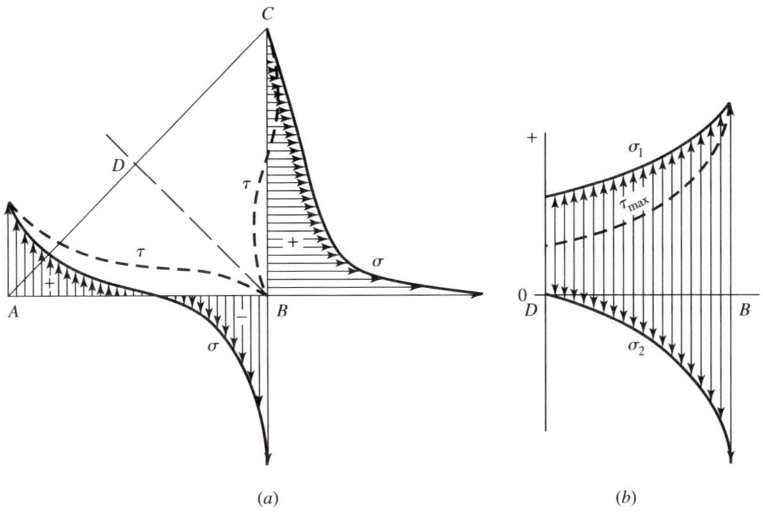

그림 8-10
필릿용접에서의 응력분포. (*a*) Norris가 보고한 용접변상의 응력분포, (*b*) Salakian이 보고한 주응력과 최대전단응력 분포.

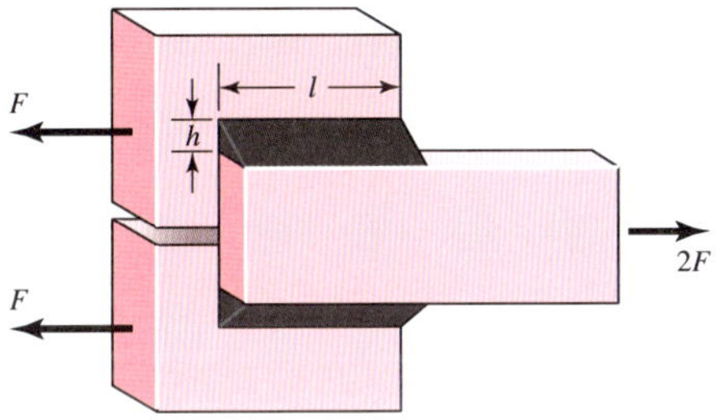

그림 8-11
평행필릿용접.

$$\tau = \frac{F}{0.707hl} = \frac{1.414F}{hl} \tag{8-3}$$

이며, 전체 외력(F)이 최소 목단면에서 전단응력에 의하여만 지지되는 것으로 가정한 결과이다. 이 모델결과는 그림 8-9 결과에 비하여 1.17배(= 1.414/1.207)만큼 최대전단응력이 증가되어 있다. 그림 8-11의 평행필릿에서는 그림 8-8처럼 각 용접부분이 하중(F)을 받고 있다. 그러나, 그림 8-11에서 최대전단응력은 최소 목단면에서 발생되며 응력크기는 식 (8-3)으로 표현된다.

두 개 이상의 하중이 동시에 작용될 때는 다음 절차를 따른다.

- 외력에 의한 주전단응력을 검토한다.
- 비틀림(및 굽힘모멘트)에 의한 2차 전단응력을 검토한다.
- 모재의 강도를 평가한다.
- 용재의 강도를 평가한다.
- 모재에 허용하중 크기를 결정한다.
- 용재에 허용하중 크기를 결정한다.

8-3 비틀림을 받는 용접이음에서의 응력

그림 8-12는 외팔보가 기둥에 상 · 하부 필릿용접된 상태이다. 외팔보의 지지반력은 전단력(V)과 모멘트(M)로 구성된다. 전단력은 용접부에 **주전단**(*primary shear*)응력(τ')을 발생시킨다. 다음 식에서 A는 용접 전체의 목단면적이다.

$$\tau' = \frac{V}{A} \tag{8-4}$$

용접에서의 모멘트는 **2차전단**(*secondary shear*, 또는 비틀림)을 발생시키며, 그로 인한 응력(τ'')이 발생된다.

$$\tau'' = \frac{Mr}{J} \tag{8-5}$$

여기서 r은 용접 전체의 도심으로부터 용접부의 임의 위치까지의 거리이다. J는 용접 전체의 도심에 대한 용접부 극 단면 2차 모멘트값이다.

그림 8-13에는 두 곳(상부, 좌측면)의 용접부가 있다. 직사각형은 용접목단면을 의미한다. 용접 1 및 2의 목두께는 각각 $t_1 = 0.707h_1$, $t_2 = 0.707h_2$가 된다. 여기서, h_1, h_2는 각 용접의 크기이다. 식 (8-4)에 사용될 전체 목단면적은 다음과 같다.

$$A = A_1 + A_2 = t_1 d + t_2 b \tag{a}$$

그림 8-13에서 용접 1(좌측면)만의 도심(G_1)을 통과하는 x축에 대한 단면 2차 모멘트는

$$I_x = \frac{t_1 d^3}{12}$$

이며, y축에 평행하며 G_1을 통과하는 축에 대한 단면 2차 모멘트는 다음과 같다.

$$I_y = \frac{d t_1^3}{12}$$

따라서, 용접 1만의 도심에 대한 극 단면 2차 모멘트는

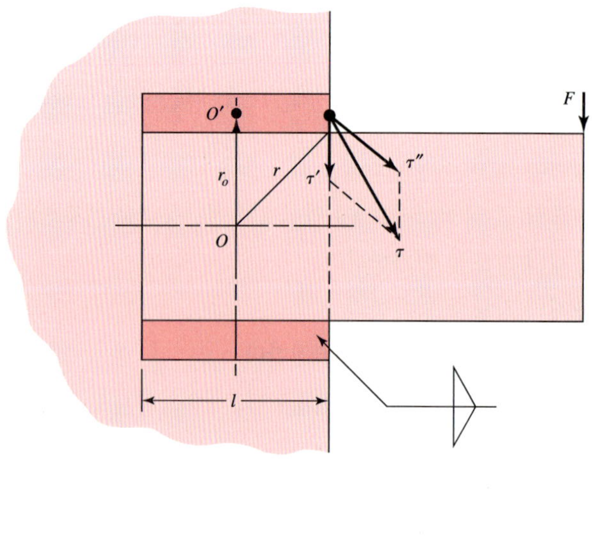

그림 8-12
용접부에 비틀림을 발생시키는 상 · 하 대칭 이음. 전단응력(τ)는 최종벡터 합성 응력.

그림 8-13

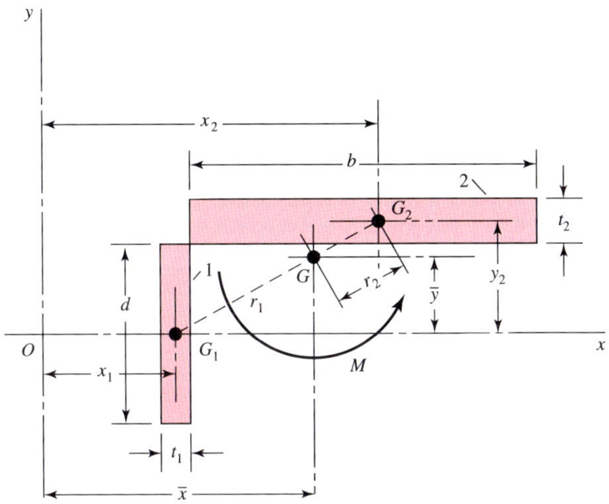

$$J_{G1} = I_x + I_y = \frac{t_1 d^3}{12} + \frac{d t_1^3}{12} \tag{b}$$

이다. 같은 요령으로, 용접 2만의 도심에 대하여는 식 (c)가 된다.

$$J_{G2} = \frac{b t_2^3}{12} + \frac{t_2 b^3}{12} \tag{c}$$

한편, 용접전체에 대한 도심(centroid)위치는 다음과 같이 구한다.

$$\bar{x} = \frac{A_1 x_1 + A_2 x_2}{A} \qquad \bar{y} = \frac{A_1 y_1 + A_2 y_2}{A}$$

그림 8-13에서, 전체도심(G)으로부터 각각의 도심까지 거리(G_1, G_2)를 구한다.

$$r_1 = [(\bar{x} - x_1)^2 + \bar{y}^2]^{1/2} \qquad r_2 = [(y_2 - \bar{y})^2 + (x_2 - \bar{x})^2]^{1/2}$$

평행축의 정리를 이용하면, 용접 전체에 대한 극 단면 2차 모멘트는

$$J = \left(J_{G1} + A_1 r_1^2\right) + \left(J_{G2} + A_2 r_2^2\right) \tag{d}$$

이며, 식 (d)값을 위의 식 (8-5)에 대입한다. 용접크기가 주어질 때, 도심으로부터 가장 먼 용접위치까지 거리(r)와 G점에 관한 모멘트(M) 크기를 결정하여 식 (8-5)의 τ를 구한 후, 식 (8-4)의 τ와 벡터합성하여 최대전단응력크기를 계산한다.

이와는 반대로, 허용전단응력의 크기가 주어지고 용접의 허용크기를 결정하는 문제가 있다. 용접크기를 일단 추정한 후 수렴할 때까지 반복계산을 하여 용접크기를 확정한다.

식 (b)와 (c)에서 t_1, t_2는 각 용접부의 폭인데, 폭이 작기 때문에 t_1^3과 t_2^3의 크기는 더 작으며 무시될 수 있다. 따라서, 남게 되는 $t_1 d^3/12$와 $t_2 b^3/12$항은 각 용접폭에 선형비례하게 된다. 폭(t_1, t_2)을 1로 가정하면 각 필릿용접부분이 선으로 간주되며, 계산된 단면 2차 모멘트는 단위폭당 **극 단면 2차 모멘트값**이 된다. 용접크기를 선으로 가정하면 용접크기에 관계없이 J_u 값이 동일하게 된다. 필릿용접의 목두께가 0.707h이므로 J와 J_u 사이의 관계는 다음과 같다.

$$J = 0.707 h J_u \tag{8-6}$$

J_u는 단위폭 면적에 대한 계산방법으로 구한다. 그림 8-12처럼 부분용접들이 모여서 전체용접을 구성할 때 식 (8-6)의 J_u 환산법을 이용한다. 표 8-1에는 자주 사용되는 용접형상에 대하여, 목단면적값과 단위폭당 극 단면 2차 모멘트값을 정리하였다.

표 8-1 필릿용접의 비틀림특성*

Weld	Throat Area	Location of *G*	Unit Second Polar Moment of Area
1. 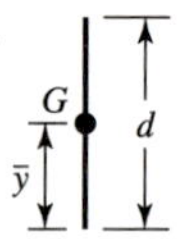	$A = 0.707\, hd$	$\bar{x} = 0$ $\bar{y} = d/2$	$J_u = d^3/12$
2. 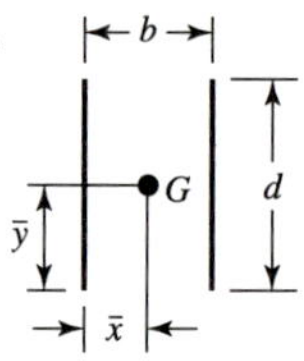	$A = 1.414\, hd$	$\bar{x} = b/2$ $\bar{y} = d/2$	$J_u = \dfrac{d(3b^2 + d^2)}{6}$
3. 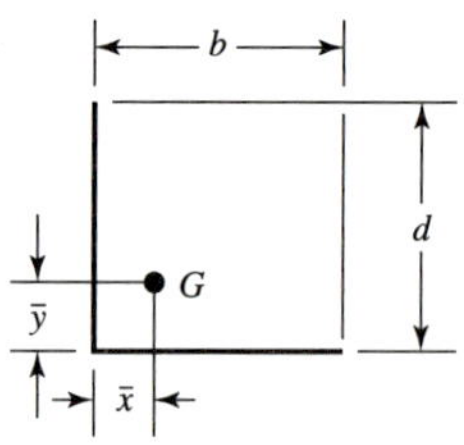	$A = 0.707h(b + d)$	$\bar{x} = \dfrac{b^2}{2(b+d)}$ $\bar{y} = \dfrac{d^2}{2(b+d)}$	$J_u = \dfrac{(b+d)^4 - 6b^2d^2}{12(b+d)}$
4. 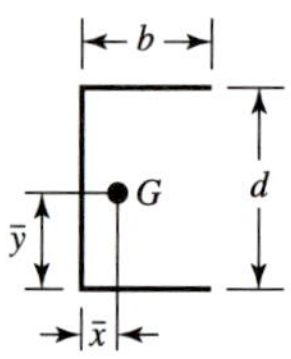	$A = 0.707h(2b + d)$	$\bar{x} = \dfrac{b^2}{2b+d}$ $\bar{y} = d/2$	$J_u = \dfrac{8b^3 + 6bd^2 + d^3}{12} - \dfrac{b^4}{2b+d}$
5. 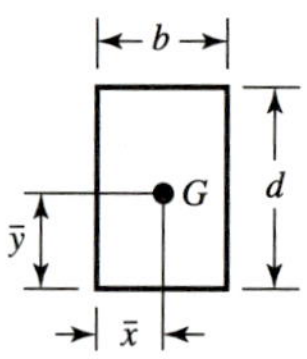	$A = 1.414h(b + d)$	$\bar{x} = b/2$ $\bar{y} = d/2$	$J_u = \dfrac{(b+d)^3}{6}$
6. 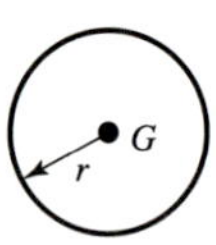	$A = 1.414\, \pi hr$		$J_u = 2\pi r^3$

*G는 용접부의 도심, h는 용접크기, 비틀림 모멘트는 용접부 평면에 작용됨. 모든 용접은 단위두께.

예제 8-1 50 kN의 하중이 그림 8-14에 보인 것처럼 용접부에서 200 mm 강채널에 전달된다. 용접부위에서의 최대응력을 결정하시오.

풀이[3] (a) 각 용접부의 끝과 모서리를 문자로 표시한다(그림 8-15 참조). 때로는 각 용접위치를 문자 대신 숫자로 표시하는 것이 더 편리할 수도 있다.

(b) 주전단응력의 크기를 결정한다. 그림 8-14에서처럼, 각 판은 3개의 6 mm 필릿용접에 의하여 채널에 용접된다. 대칭을 이용하여 하중을 반으로 나누고, 단일 판만 고려한다(그림 8-15). 표 8-1의 4번째 경우로부터, 목단면은

$$A = 0.707(6)[2(56) + 190] = 1280\ \text{mm}^2$$

이며, 주전단응력은 다음과 같다.

$$\tau' = \frac{V}{A} = \frac{25(10)^3}{1280} = 19.5\ \text{MPa}$$

(c) 문자(A, B, C, D)로 표시된 각 모서리에 τ'응력을 비례에 맞춰 그렸다(그림 8-16 참조).

(d) 용접패턴의 도심위치(그림 8-15, 8-16의 O점)를 결정한다. 표 8-1의 4번째 경우의 식에 대입한다.

$$\bar{x} = \frac{(56)^2}{2(56) + 190} = 10.4\ \text{mm}$$

(e) 도심에서 각 모서리까지의 거리를 계산한다(그림 8-16 참조).

$$r_A = r_B = [(190/2)^2 + (56 - 10.4)^2]^{1/2} = 105\ \text{mm}$$
$$r_C = r_D = [(190/2)^2 + (10.4)^2]^{1/2} = 95.6\ \text{mm}$$

그림에서 도식적으로 측정하여 거리를 구할 수도 있다.

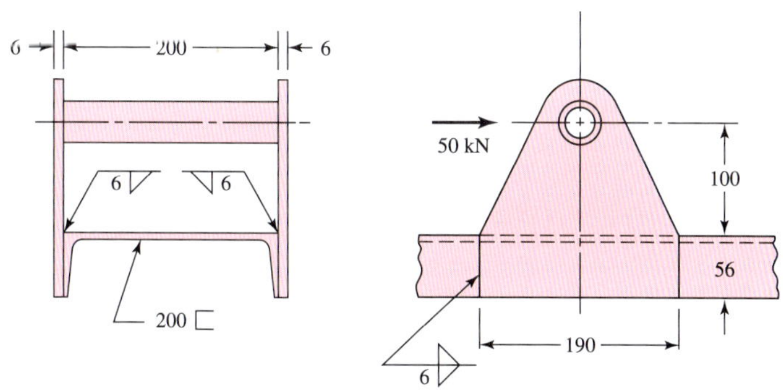

그림 8-14
치수는 밀리미터단위.

[3] 상세한 풀이절차는 플로리다대학의 George Piotrowski교수가 작성함.

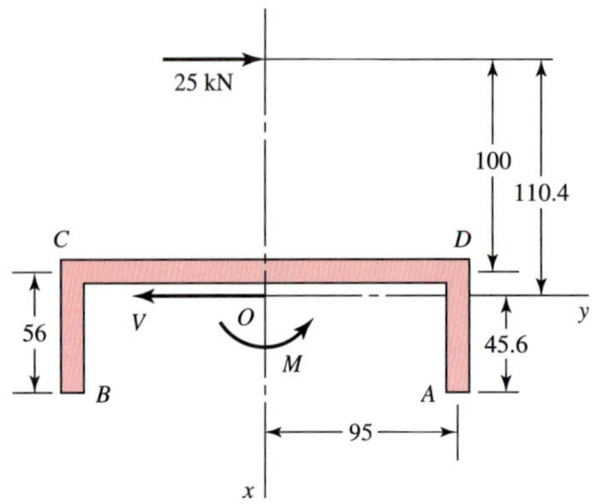

그림 8-15
용접기하형상. 모든 치수는 밀리미터단위. V와 M은 용접에 의하여 판에 가해지는 하중을 의미.

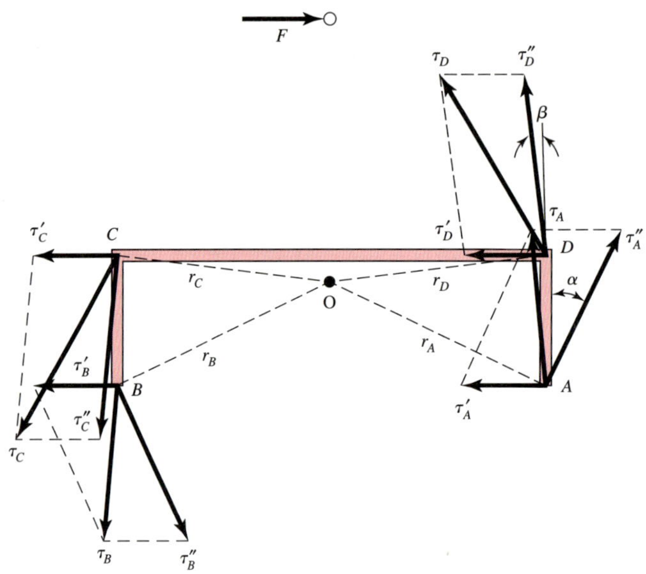

그림 8-16
옆판 하나에 대한 자유물체도.

(f) 표 8-1의 4번째 식을 이용하여 J를 구한다.

$$J = 0.707(6)\left[\frac{8(56)^3 + 6(56)(190)^2 + (190)^3}{12} - \frac{(56)^4}{2(56)+190}\right]$$

$$= 7.07(10)^6 \text{ mm}^4$$

(g) 모멘트(M)를 구한다.

$$M = Fl = 25(100 + 10.4) = 2760 \text{ N} \cdot \text{m}$$

(h) 각 모서리위치에서 2차전단응력(τ'')의 값을 계산한다.

$$\tau''_A = \tau''_B = \frac{Mr}{J} = \frac{2760(10)^3(105)}{7.07(10)^6} = 41.0 \text{ MPa}$$

$$\tau''_C = \tau''_D = \frac{2760(10)^3(95.6)}{7.07(10)^6} = 37.3 \text{ MPa}$$

(i) 각 위치에서 응력크기를 비례에 맞게 그린다(그림 8-16참조). 그림 8-16은 한 쪽판에 대한 자유물체도이기 때문에, 각 응력은 평형을 유지하기 위하여 채널이 판에 어떤 역할을 하는지를 나타내고 있다.

(j) 각 위치에서 발생되는 두 개의 응력성분(τ'와 τ'')을 벡터합성한다.

$$\alpha = \tan^{-1}(45.6/95) = 25.64^\circ$$

$$\tau_A = \tau_B = \sqrt{(19.5 - 41.0 \sin 25.64^\circ)^2 + (41.0 \cos 25.64^\circ)^2} = 37.0 \text{ MPa}$$

$$\beta = \tan^{-1}(10.4/95) = 6.25^\circ.$$

$$\tau_C = \tau_D = \sqrt{(19.5 + 37.3 \sin 6.25^\circ)^2 + (37.3 \cos 6.25^\circ)^2} = 43.9 \text{ MPa}$$

(k) 가장 큰 응력을 받는 지점을 표시한다.

답

$$\tau_{\max} = \tau_C = \tau_D = 43.9 \text{ MPa}$$

8-4 굽힘을 받는 용접이음에서의 응력

그림 8-17*a*는 상하부 필릿용접된 외팔보이며, 용접부에는 전단반력(V)과 모멘트반력(M)이 있다. 용접부에 발생되는 주전단응력은

$$\tau' = \frac{V}{A} \tag{a}$$

이며, 식에서 A는 전체 목단면적이다.

모멘트 M은 용접부위에 횡전단응력성분을 발생시킨다. 그림 8-17*b*의 두 용접부를 선으로 가정하면, 단면에 대한 단위폭당 단면 2차 모멘트를 구할 수 있다.

$$I_u = \frac{bd^2}{2} \tag{b}$$

용접 목단면적에 대한 단면 2차 모멘트(I)는

$$I = 0.707hI_u = 0.707h\frac{bd^2}{2} \tag{c}$$

이므로, 공칭 목전단응력은 식 (d)와 같이 표시된다.

$$\tau'' = \frac{Mc}{I} = \frac{Md/2}{0.707hbd^2/2} = \frac{1.414M}{bdh} \tag{d}$$

8-2절에 의하면, 변형에너지 이론의 경우는 계수가 1.196이었으며 최대전단응력 이론에서는 계수가 1.207이었다. 이 모델결과에서는 계수가 1.414이다. 이 모델의 안정성은 1.414가 단순히 1.196 또는 1.207보다 크기 때문이 아니라, 이 모델의 유효성을 입증하기 위한 별도의 실험에서 본 계수 1.414가 충분히 커서 안전하다고 나타났기 때문이다.

식 (d)에서 단면 2차 모멘트는 두 용접부위 사이 거리(d)의 함수이다. 두 용접부가 기둥에 접촉하는 직사각형 단면들을 기준으로 2차모멘트를 계산하려면, 두 용접부 각각의 도심

그림 8-17
상 · 하변을 지지하도록 용접된 직사각형 단면의 외팔보.

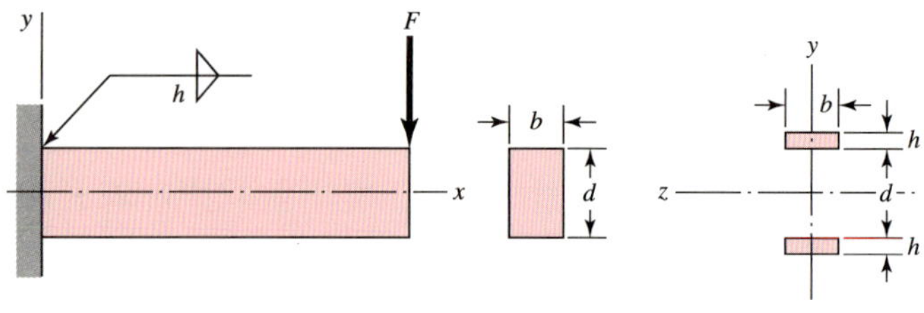

(a) (b) Weld pattern

간 거리는 약 $(d + h)$가 된다. 단면 2차 모멘트는 약간 커지지만 응력은 약간 감소한다. 따라서, 용접부위를 선으로 가정함이 보다 안전한 계산이 된다. 또한, 선으로 가정하면 표 8-2를 사용하기 편리하다.

식 (a)로 계산한 주전단과 식 (d)로 계산한 2차전단응력을 벡터합성하면 식 (e)와 같다.

$$\tau = (\tau'^2 + \tau''^2)^{1/2} \qquad (e)$$

표 8-2 필릿용접의 굽힘특성*

Weld	Throat Area	Location of G	Unit Second Moment of Area
1. 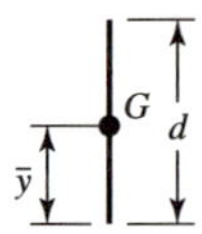	$A = 0.707hd$	$\bar{x} = 0$ $\bar{y} = d/2$	$I_u = \dfrac{d^3}{12}$
2. 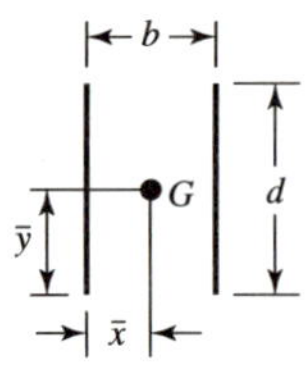	$A = 1.414hd$	$\bar{x} = b/2$ $\bar{y} = d/2$	$I_u = \dfrac{d^3}{6}$
3. 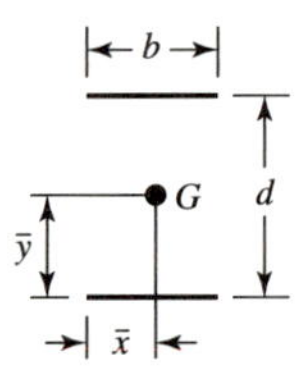	$A = 1.414hb$	$\bar{x} = b/2$ $\bar{y} = d/2$	$I_u = \dfrac{bd^2}{2}$
4. 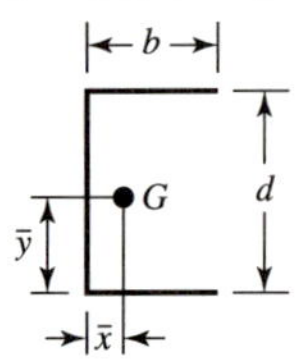	$A = 0.707h(2b + d)$	$\bar{x} = \dfrac{b^2}{2b+d}$ $\bar{y} = d/2$	$I_u = \dfrac{d^2}{12}(6b + d)$
5. 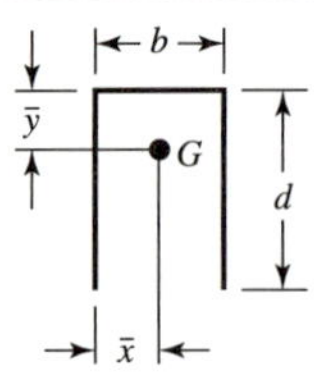	$A = 0.707h(b + 2d)$	$\bar{x} = b/2$ $\bar{y} = \dfrac{d^2}{b+2d}$	$I_u = \dfrac{2d^3}{3} - 2d^2\bar{y} + (b+2d)\bar{y}^2$

표 8-2 (계속)

Weld	Throat Area	Location of G	Unit Second Moment of Area
6. 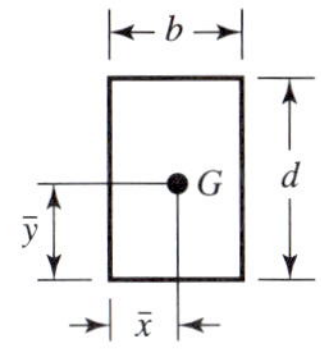	$A = 1.414h(b + d)$	$\bar{x} = b/2$ $\bar{y} = d/2$	$I_u = \frac{d^2}{6}(3b + d)$
7. 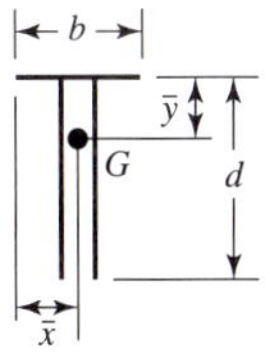	$A = 0.707h(b + 2d)$	$\bar{x} = b/2$ $\bar{y} = \frac{d^2}{b + 2d}$	$I_u = \frac{2d^3}{3} - 2d^2\bar{y} + (b + 2d)\bar{y}^2$
8. 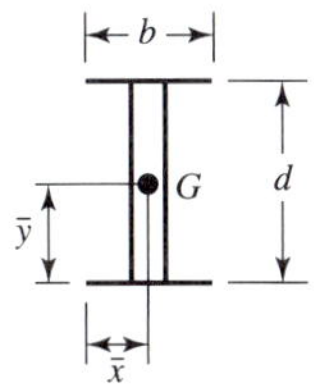	$A = 1.414h(b + d)$	$\bar{x} = b/2$ $\bar{y} = d/2$	$I_u = \frac{d^2}{6}(3b + d)$
9. 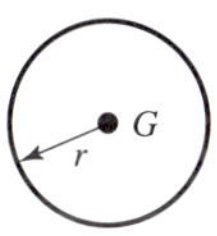	$A = 1.414\pi hr$		$I_u = \pi r^3$

*I_u는 용접부의 도심인 G점을 통과하는 수평축에 관한 단면 2차 모멘트임. h는 용접크기, 굽힘모멘트 작용면은 본 책 평면과 수직하며, y축과 평행함. 모든 용접은 동일 크기.

8-5 용접이음의 강도

용접봉 특성이 모재금속 특성과 잘 맞아야 하는 것은 용접속도, 작업자 조건, 완성된 이음의 외관처럼 중요하지 않다. 용접봉의 특성은 다양하게 변화하며 표 8-3에 몇 가지 용접봉의 최소특성을 요약하였다.

용접부품을 설계할 때, 비록 가공성 등을 저하시키더라도 빠르고 경제적인 강을 선택하는 것이 좋다. 모든 강이 용접될 수 있긴 하지만 G10140~G10230 사이의 UNS강이 가장 잘 용접된다. 이런 강은 열연작업 후 인장강도가 410~480 MPa 정도이다.

설계자가 다른 설계자의 선정사례값을 미리 안다면, 자신도 안전계수 및 허용응력값을 더 자신있게 선정할 수 있다. 가장 잘 사용되는 규격은 건물건설에 사용되는 미국AISC코드이다.[4] 허용응력은 재료의 극한강도 대신 항복강도를 기준하는데, 코드는 항복강도값이 약 230~340 MPa 정도인 ASTM 구조강의 사용을 허용하고 있다. 하중이 동일하다면 모재와 용재에 동일한 응력이 발생되는 것을 허용한다. 이런 ASTM강에서 $S_y = 0.5S_u$이다. 표 8-4

[4] 문서사본을 얻으려면, AISC 400N, Michigan Ave. Chicago, IL 60611로 편지쓰거나, 인터넷 주소 www.aisc.org로 검색할 수 있다.

표 8-3 용재의 최소 특성.

AWS Electrode Number*	Tensile Strength kpsi (MPa)	Yield Strength, kpsi (MPa)	Percent Elongation
E60xx	62 (427)	50 (345)	17–25
E70xx	70 (482)	57 (393)	22
E80xx	80 (551)	67 (462)	19
E90xx	90 (620)	77 (531)	14–17
E100xx	100 (689)	87 (600)	13–16
E120xx	120 (827)	107 (737)	14

*용접봉에 대한 미국용접학회(AWS) 코드번호 시스템. E를 접두사로 사용하며, 4~5개 숫자로 구성되어 있다. 처음 2~3개의 숫자는 인장강도를 의미하며, 마지막 문자는 용접기법에 대한 변수를 의미한다. 마지막 앞의 문자는 용접위치를 의미한다. AWS로부터 전체 표를 얻을 수 있다.

표 8-4 AISC코드에서 용재에 대한 허용응력.

Type of Loading	Type of Weld	Permissible Stress	n*
Tension	Butt	$0.60S_y$	1.67
Bearing	Butt	$0.90S_y$	1.11
Bending	Butt	$0.60–0.66S_y$	1.52–1.67
Simple compression	Butt	$0.60S_y$	1.67
Shear	Butt or fillet	$0.30S_{ut}^{\dagger}$	

*안전계수는 변형에너지 이론을 사용하여 구하였다.
† 모재의 전단응력은 모재의 $0.40S_y$를 초과할 수 없다.

에는 다양한 하중조건에 대하여 코드에서 허용응력을 계산하는 식이 표시되어 있다. 이 코드에서 의미하는 안전계수를 쉽게 추정할 수 있다. 인장상태에서 안전계수는 $n = 1/0.60 = 1.67$이다. 변형에너지 파손이론에 의하면, 전단조건에서 안전계수는 $n = 0.577/0.40 = 1.44$이다.

용접봉재료는 고강도의 재료이다. AISI 1010강봉이 1018강에 용접된다면, 용재는 실제 용접봉재료, 1010, 1018강 간의 혼합상태가 된다. 또한, 용접된 냉간인발봉의 특성은 용

표 8-5 피로응력집중계수(K_{fs}).

Type of Weld	K_{fs}
Reinforced butt weld	1.2
Toe of transverse fillet weld	1.5
End of parallel fillet weld	2.7
T-butt joint with sharp corners	2.0

표 8-6 허용 정하중과 최소 필릿용접크기.

Schedule A: Allowable Load for Various Sizes of Fillet Welds

	Strength Level of Weld Metal (EXX)						
	60*	70*	80	90*	100	110*	120
	Allowable shear stress on throat, MPa of fillet weld or partial penetration groove weld						
$\tau =$	124	145	165	186	207	228	248
	Allowable Unit Force on Fillet Weld, N/mm						
$^{\dagger}f =$	$87.67h$	$102.52h$	$116.66h$	$131.5h$	$146.35h$	$161.2h$	$175.34h$
Leg Size h, mm	Allowable Unit Force for Various Sizes of Fillet Welds N/mm						
25	2192	2563	2916	3288	3659	4030	4383
22	1929	2255	2566	2893	3220	3546	3857
20	1753	2050	2333	2630	2927	3224	3506
16	1403	1640	1866	2104	2342	2579	2805
12	1052	1230	1400	1578	1756	1934	2104
11	964	1127	1283	1447	1610	1773	1927
10	877	1025	1167	1315	1463	1612	1753
8	701	820	933	1052	1171	1290	1403
6	526	615	700	789	878	967	1052
5	438	513	583	658	732	806	877
3	263	308	350	395	439	484	526
2	175	205	233	263	293	322	351

*Fillet welds actually tested by the joint AISC-AWS Task Committee.
$^{\dagger}f = 0.707h\,\tau_{\text{all}}$.

Schedule B: Minimum Fillet Weld Size, h

Material Thickness of Thicker Part Joined, mm		Weld Size, mm
*To 6 incl.		3
Over 6	To 12	5
Over 12	To 20	6
†Over 20	To 38	8
Over 38	To 58	10
Over 58	To 150	12
Over 150		16

Not to exceed the thickness of the thinner part.
*Minimum size for bridge application does not go below 5 mm.
†For minimum fillet weld size, schedule does not go above 8 mm fillet weld for every 20 mm material.

출처: From Omer W. Blodgett (ed.), Stress Allowables Affect Weldment Design, D412, The James F. Lincoln Arc Welding Foundation, Cleveland, May 1991, p. 3. Reprinted by permission of Lincoln Electric Company.

접근방에서 열간압연특성으로 변화된다. 일반적으로 용재는 고강도이기 때문에 모재금속에 발생되는 응력이 안전한지 검토하여야 한다.

교량에 대한 AISC, AWS코드는 피로하중 하에서 허용응력을 기술하고 있다. 설계자는 이런 코드를 쉽게 참조할 수 있지만, 경험에 의한 코드내용이 실제 이 교재 5장(피로파손) 내용과 동일한지는 분명하지 않다. 코드에서 명시된 강에 대하여 실제 응력은 허용응력을 초과할 수 없다. 이를 어기는 설계자는 법적책임을 질 수 있다. 일반적으로 코드에서는 안전여유의 크기를 명시하지 않는다.

표 8-5에 나열되어 있는 피로응력집중계수의 사용을 추천한다. 이 계수를 용재뿐 아니라 모재에도 적용하여야 한다. 표 8-6에는 정하중과 최소 필릿크기가 정리되어 있다.

8-6 정하중

예제를 통하여, 일반해석법과 용접코드해석법에 의한 결과를 비교해 본다.

예제 8-2 직사각형 단면(12×50 mm), 재료 1015인 막대가 73 kN의 정하중을 받는다. 10 mm 필릿, 50 mm 용접길이로 보강판 상하면에 E70XX 용접봉으로 용접된다(그림 8-18). 용접코드법을 사용하여 다음을 계산하라.

(a) 용재의 강도가 충분히 큰가?

(b) 부착재의 강도가 충분히 큰가?

풀이 (a) 표 8-6에서, 용접봉 금속의 단위길이당 허용하중은 1025 N/mm이므로,

$$F = 1025\,l = 1025(100) = 102500\,N = 102.5\text{ kN}$$

이며, 정하중 73 kN보다 크므로, 용재강도는 충분하다.

(b) 용접부위의 부착재 전단강도를 검토한다. 표 8-4 각주의 식과 표 A-20의 (S_y = 190 MPa)에 근거하여 부착물의 허용전단응력은

$$\tau_{\text{all}} = 0.4\,S_y = 0.4(190) = 76\text{ MPa}$$

이며, 용접부위의 모재에 발생되는 전단응력은 다음과 같다.

$$\tau = \frac{F}{2hl} = \frac{73\,000}{2(0.01)(0.05)} = 73\text{ MPa}$$

$\tau_{\text{허용}} \geq \tau_{\text{발생}}$이므로, 용접비드 근방에서 부착재는 안전하다.
한편, 부착재의 인장응력(σ)은 다음과 같다.

$$\sigma = \frac{F}{tl} = \frac{73\,000}{(0.012)(0.05)} = 122\text{ MPa}$$

허용인장응력은, 표 8-4에서의 $0.6S_y$를 이용하여 계산한다.

$$\sigma_{\text{all}} = 0.6S_y = 0.6(190) = 114\text{ MPa}$$

$\sigma_{\text{허용}} \geq \sigma_{\text{발생}}$을 만족하므로, 발생되는 인장응력도 안전하다.

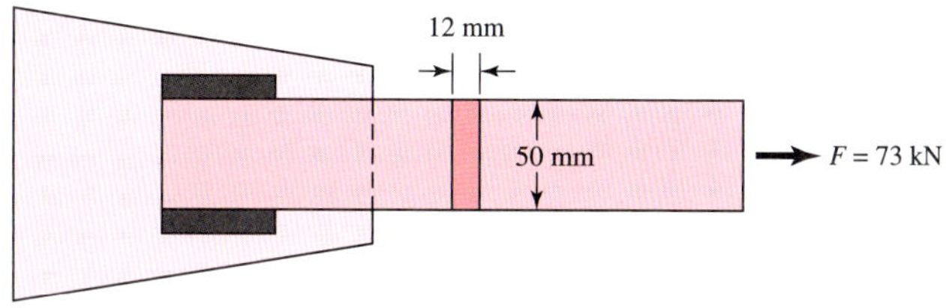

| 그림 8-18

예제 8-3 그림 8-19의 1018 HR강 부착물의 두께는 12 mm이며, 정하중 100 kN을 받는다. 부재의 폭은 75 mm이다. 용접조건(즉, 용접패턴, 용접봉 번호, 용접형태, 용접길이, 용접크기)을 구체적으로 결정하라.

풀이 재료:

부착물(1018 HR): $S_y = 220$ MPa, $S_{ut} = 400$ MPa

부재(A36): $S_y = 250$ MPa, $S_{ut} = 400 \sim 550$ MPa이므로 400을 사용

부재와 부착물은 E60XX 용접봉에 비하여 약하다.

E6010을 선정하면, $\tau_{all} = \min[0.3(400), 0.4(220)] = \min(120, 88) = 88$ MPa

정하중하에서, 평행 및 가로필렛은 동일하다. n을 용접비드의 수라고 가정한다면,

$$\tau = \frac{F}{n(0.707)hl} = \tau_{all}$$

$$nh = \frac{F}{0.707l\tau_{all}} = \frac{100\,000}{0.707(76)(88)} = 21.15$$

표를 만든다.

Number of beads n	Leg size h
1	21.15
2	10.58 → 11 mm
3	7.05 → 8 mm
4	5.29 → 6 mm

결정: 6 mm 용접 다리길이로 결정한다.

결정: 둘레용접한다.

답 용접패턴: 정사각형 둘레용접

용접봉: E6010

형태: 2개의 평행 필렛

2개의 가로 필렛

비드길이: 300 mm

다리길이: 6 mm

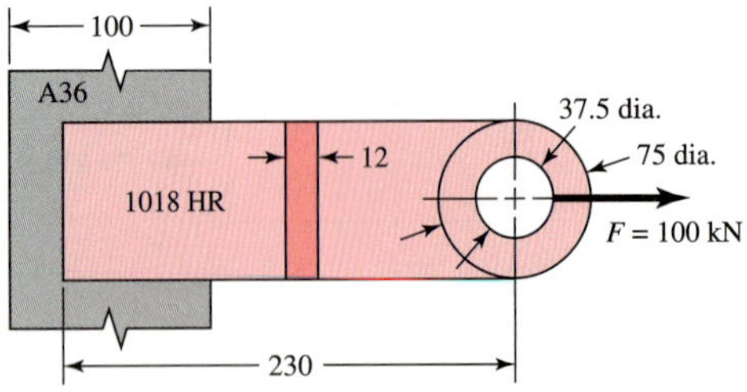

| 그림 8-19

예제 8-4

2.2 kN의 정하중이 가해지는 용접된 외팔보(그림 8-20)가 적절한지를 평가하라. 외팔보는 AISI 1018 HR 강이며, 10 mm 필릿용접되어 있다. E6010 용접봉이 사용되었으며 설계계수는 3.0이다.

(a) 용재에 대하여 일반해석법을 사용하라.

(b) 부착재(외팔보)에 대하여 일반해석법을 사용하라.

(c) 용접코드해석법을 사용하여, (a)의 문항을 다시 계산하라.

풀이 (a) 표 8-3으로부터, 항복강도와 극한강도는 각각 345, 427 MPa 이다. 표 8-2의 두 번째 경우이며, $b = 10$ mm, $d = 50$ mm이다.

$$A = 1.414hd = 1.414(10)50 = 707 \text{ mm}^2$$

$$I_u = d^3/6 = 50^3/6 = 20\ 833 \text{ mm}^3$$

$$I = 0.707hI_u = 0.707(10)20\ 833 = 147\ 289 \text{ mm}^4$$

주전단응력:

$$\tau' = \frac{F}{A} = \frac{2200}{707} = 3.1 \text{ MPa}$$

2차전단응력:

$$\tau'' = \frac{Mr}{I} = \frac{2200(150)25}{147\ 289} = 56 \text{ MPa}$$

τ'와 τ''를 벡터합성한다.

$$\tau = (\tau'^2 + \tau''^2)^{1/2} = (3.1^2 + 56^2)^{1/2} = 56.1 \text{ MPa}$$

최소강도와 변형에너지 이론에 근거한 안전계수는 3.55이다.

답
$$n = \frac{S_{sy}}{\tau} = \frac{0.577(345)}{56.1} = 3.55$$

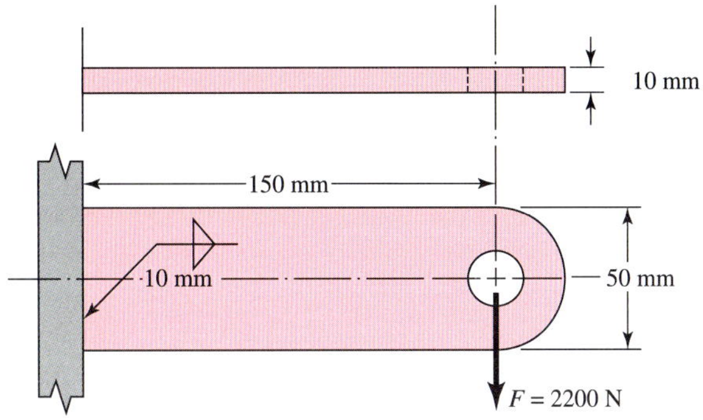

그림 8-20

계산된 안전계수(3.55)가 설계계수(3.0)보다 크므로, 용재는 충분한 강도를 갖고 있다.

(b) 부록 표 A-20으로부터 항복강도(220 MPa), 극한강도(400 MPa)를 대입하여 발생응력과 안전계수를 구한다.

$$\sigma = \frac{M}{I/c} = \frac{M}{bd^2/6} = \frac{2200(150)}{10(50^2)/6} = 79.2\ \text{MPa}$$

답

$$n = \frac{S_y}{\sigma} = \frac{220}{79.2} = 2.78$$

계산된 안전계수(2.78)가 설계계수(3.0)보다 작기 때문에 모재강도 부족이며, 이음이 적절하지 못하다.

(c) (a)문항결과에서 $\tau = 56.1$ MPa이다. E6010용접봉에 대한 허용전단응력은 124 MPa 이다(표 8-6). 발생응력(56.1)이 허용응력(124)보다 작으므로 용접은 안전하다. 코드 자체에서 이미 설계계수가 0.577(345)/124 = 1.6로 포함되기 때문에, 안전계수를 구하면,

답

$$n = 1.6\frac{124}{56.1} = 3.54$$

따라서, (c) 문항의 결과 (3.54)는 (a) 문항의 답 (3.55)와 일치한다.

8-7 피로하중

이 교재에서는 알려진 일반적인 방법만을 설명한다. 피로하중 하에서 Gerber 이론이 가장 적절하지만 보통은 Goodman 이론이 사용된다. 식 (5-19)의 표면계수 관련, 특별히 최상급 표면마무리를 하지 않았다면 용접에서의 표면은 단조한 그대로의 상태로 가정한다. 용접이음에서의 피로하중 예제는 다음과 같다.

예제 8-5 1018 띠강(그림 8-21)이 4500 N의 동하중(완전 반대방향)을 받는다. 무한 수명의 용접부가 되도록 안전계수를 결정하라.

풀이 1018 강은 극한강도, 항복강도가 각각 400, 220 MPa이다(표 A-20). E6010 용접봉은 극한강도, 항복강도가 각각 430, 340 MPa이다(표 8-3). 피로응력집중계수는 2.7(표 8-5)이다. 표 5-2로부터, $k_a = 272(400)^{-0.995} = 0.7$이다. 전단 단면적은 다음과 같다.

$$A = 2(0.707)10(50) = 707 \text{ mm}^2$$

목두께에 균일한 전단응력이라면 $k_b = 1$이다.

비틀림(전단)에 대한 식 (5-26)으로부터 각 보정계수를 구한다.

$$k_c = 0.59 \qquad k_d = k_e = k_f = 1$$

식 (5-8)과 (5-18)로부터 내구한도 등을 구한다.

$$S_{se} = 0.70(1)0.59(1)(1)(1)0.5(400) = 82.8 \text{ MPa}$$

$$K_{fs} = 2.7 \qquad F_a = 4500 \text{ N} \qquad F_m = 0$$

이 예제에서는 주전단응력만 존재하며, 그 크기를 다음과 같이 구한다.

$$\tau_a' = \frac{K_{fs} F_a}{A} = \frac{2.7(4500)}{707} = 17.2 \text{ MPa} \qquad \tau_m' = 0 \text{ MPa}$$

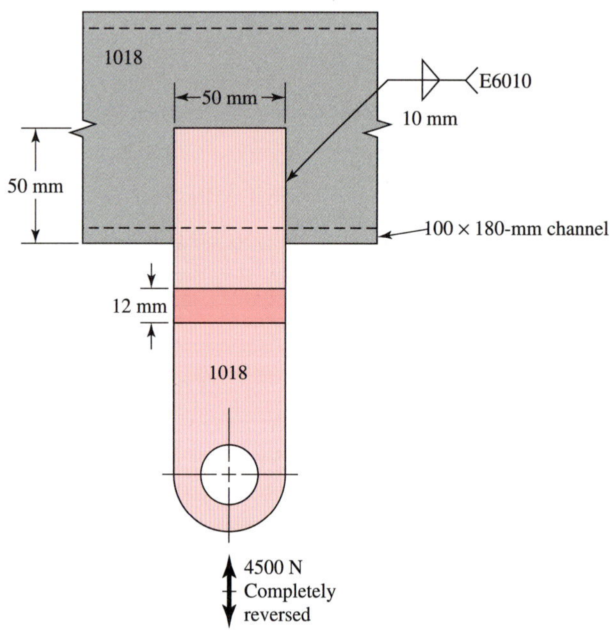

| 그림 8-21

피로안전계수(n_f)는 다음과 같다.

답
$$n_f = \frac{S_{se}}{\tau_a'} = \frac{82.8}{17.2} = 4.81$$

예제 8-6 1018 띠강(그림 8-22)에 반복하중 9000 N ($F_e = F_m = 4500$ N)이 작용된다. 용접피로강도에 대한 피로안전계수를 구하시오.

풀이 표 5-2로부터, $k_a = 272(400)^{-0.995} = 0.7$이다.

$$A = 2(0.707)10(50) = 707 \text{ mm}^2$$

목두께에 균일한 전단응력이라면 $k_b = 1$이며, 6-9절의 식 (5-26)으로부터 $k_c = 0.59$이다. 식 (5-8), (5-18)을 사용하여 내구한도를 구한다.

$$S_{se} = 0.7(1)0.59(1)(1)(1)0.5(400) = 82.8 \text{ MPa}$$

표 8-5에서 $k_{fs} = 2$이다. 이 예제의 경우, 주전단력만이 존재한다.

$$\tau'_a = \tau'_m = \frac{K_{fs}F_a}{A} = \frac{2(4500)}{707} = 12.7 \text{ MPa}$$

$S_{su} = 0.67S_{st}$ [식 (5-54) 참조]와, 표 5-7에서의 Gerber 피로파손 이론에 근거하여 안전계수를 구한다.

$$n_f = \frac{1}{2}\left(\frac{0.67S_{ut}}{\tau_m}\right)^2 \frac{\tau_a}{S_{se}}\left[-1 + \sqrt{1 + \left(\frac{2\tau_m S_{se}}{0.67S_{ut}\tau_a}\right)^2}\right]$$

답

$$n_f = \frac{1}{2}\left[\frac{0.67(400)}{12.7}\right]^2 \frac{12.7}{82.8}\left\{-1 + \sqrt{1 + \left[\frac{2(12.7)82.8}{0.67(400)12.7}\right]^2}\right\} = 5.99$$

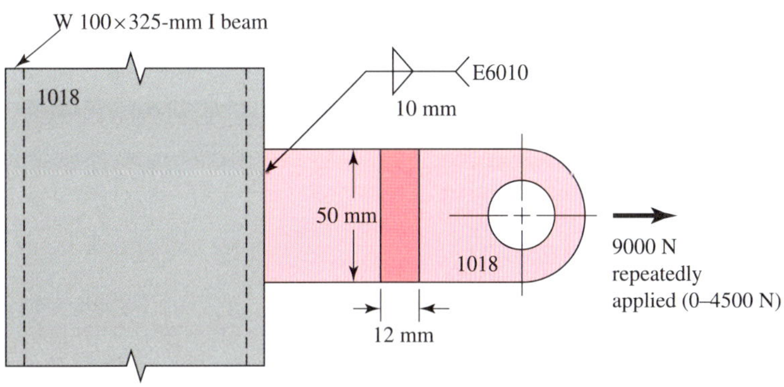

그림 8-22

8-8 저항용접

서로 압착되는 몇 부재에 전류를 통과시킬 때 발생되는 열로 인한 용접을 **저항용접**이라고 한다. **점용접**과 **심용접**이 주로 사용되는 저항용접이다(그림 8-23). 저항용접의 장점은 속도, 시간과 열의 정확한 조절, 용접의 균일함, 우수한 용접강도 등이다. 또한, 저항용접공정은 자동화가 용이하며, 용가재나 용제가 불필요하다.

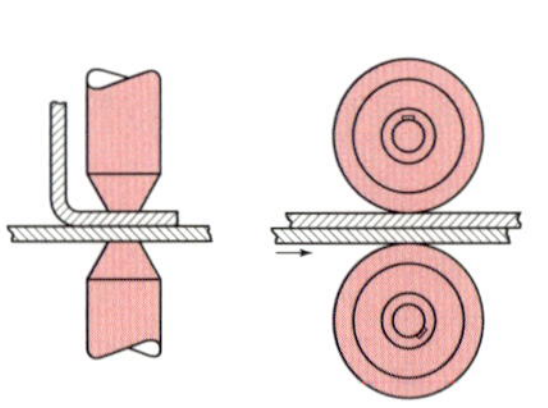

(a) (b)

그림 8-23
(a) 점용접, (b) 심용접.

작업물이 회전용접봉 사이를 통과할 때 전류가 펄스형태로 가해지기 때문에, 심용접은 실질적으로 점용접을 연속중첩한 것이다. 저항용접물이 파손되는 경우는 용접된 부분이 전단을 받거나 용접주위 금속이 찢겨짐에 의해서이다. 찢겨짐의 가능성 때문에 저항용접이음에는 인장력이 발생되지 않도록 하여야 한다. 따라서, 점용접/심용접은 주로 전단하중을 받도록 설계된다. 전단응력은 하중을 점용접단면적으로 나눈 값이다. 용접된 부재의 얇은 판쪽에서 찢김이 발생될 수 있기 때문에, 점용접의 강도는 얇은 판의 두께에 근거하여 용접 한 점당의 하중으로 명시될 수 있다. 실험에 의하여 용접강도를 정확하게 결정할 수 있다.

볼트(리벳) 대신 점용접에 의하여 결합된 부재에는 다소 큰 안전계수가 사용되어야 한다. 그 이유는 용접근방 재료의 금속특성이 변화되었을 수 있기 때문이다.

8-9 접착제이음[5]

접착제이음 자체의 장점뿐 아니라, 접착제 성능의 개선, 친환경적인 접착제개발 등으로 인하여, 모든 부품(즉, 구조용, 반구조용, 비구조용)의 이음에서 폴리머 접착제의 사용은 꾸준히 증가되고 있다. 조립된 구조가 복합해지고 재료가 다양해짐에 따라, 과거 가능하지 못했던 이음이 가능해지고 있다. 접착제는 기계적 결합요소나 용접과 함께 사용되거나, 그 이음을 대체하여 무게절감, 밀봉능력 향상, 부품 수와 조립시간 단축뿐 아니라, 피로와 부식에 대한 저항성이 높아지게 할 수도 있다. 미국에서의 접착제나 밀봉산업은 120억 달러[6] 정도, 전 세계적으로 약 570억 달러의 시장을 형성하고 있다. 그림 8-24는 요즈음 자동차에 사용되는 접착제의 다양한 위치를 보여준다. 실제로, 최근의 자동, 장치 및 구조물에 접착제의 사용이 있다.

적절한 공정과 잘 설계된 이음에서 접착제의 사용으로 상당한 무게절감이 가능하다. 기계적 결합요소를 줄임으로써 결합요소무게와 결합용 구멍에서의 응력집중을 없앨 수 있으며, 작은 치수의 판을 사용하게 되어 무게절감이 가능하다. 폴리머 접착제는 에너지를 분산시켜 진동소음(NVH)을 감소시키고, 자동차 성능 향상에 유익할 수 있다. 접착제이음은, 열

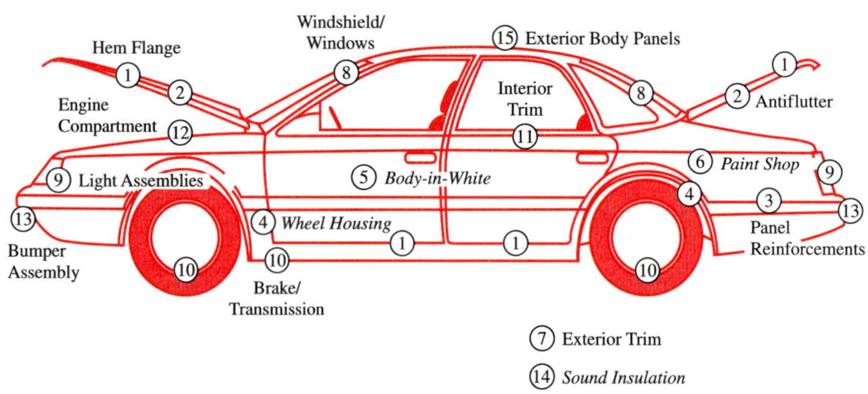

그림 8-24
접착/밀봉이 자동차에 사용되는 예시이다. 바람막이 유리창 부위(8번)에는 하중이 작용되는 데, 접착이음되어있다. 이음 테두리부분에서도 접착이 결합/밀봉목적으로 사용된다(1번). 브레이크/클러치의 마찰면을 접착하기 위하여 사용된다(10번). 떨림방지 접착이음(2번)은 바람이 불 때 후드/엔진후드 뚜껑의 변형을 억제해 준다. 나사산이 있는 밀봉접착이 엔진부분에 사용된다(12번). (A. V. Pocius의 *Adhesion and Adhesives Technology*, 2판, Hans Publishers, Munich, 2002, 자료출처.)

[5] 더 자세한 설명은 이 책 6판(2001)에 있음. 이 절을 작성하는 데 VPI 주립대학의 David A. Dillard교수가 도왔으며 3M(미네소타 주)회사의 기술적 지원이 있었음.

[6] From E. M. Petrie, Handbook of Adhesives and Sealants, 2nd ed., McGraw-Hill, New York, 2007.

에 민감한 부품조립에 이용되거나, 결합요소용 구멍 드릴작업과정 중 부품손상을 방지하며, 이종재료, 얇은 부품이음 등, 다른 이음수단이 어려울 때 사용된다.

접착제의 형태

다양한 종류의 접착제가 있다. 화학성분(에폭시, 폴리우레탄, 폴리이미드)에 따라, 종류(페이스트, 액체, 필름, 펠렛, 테이프)에 따라, 형태(고온용융, 반응 고온용융, 열경화, 압력민감) 또는 하중지지 능력(구조용, 반구조용, 비구조용)에 따라 분류된다.

구조용 접착제는 유리천이온도보다 훨씬 낮은 온도범위에서 강한 접착력을 나타내며, 에폭시와 아크릴계가 있다. 매우 큰 크기의 응력을 지지할 수 있다. 가격경쟁력이 요구되는 조립완성품에서 파손이 덜 중요한 경우에 사용되는 반구조용과 비구조용(예: 미학목적) 접착이 있다. 이런 접착종류 중에 **접촉접착**이 있다. 고무 접착제를 사용하여 적층판의 상하면을 접착이음한다. 압력민감 접착제는 약한 압력에도 잘 변형되는 저탄성 중합체이다. 접착제에 의하여 접촉될 양면이 잘 접촉되면, van der Waals힘으로 접촉이 유지되며 단단한 결합이 완성된다. **압력민감 접착제**(점착제)는 (단 · 양면) 점착 테이프, 점착 라벨형태로 판매된다. 자외선이나 전자빔에너지에 노출시켜서 경화되는 접착제도 있으며, 물기처럼 어느 표면에나 존재하는 물질의 촉매작용으로 경화되기도 한다.

표 8-7에 접착제의 중요 강도값을 표시하였다.

표 8-7 AISC코드에서 용재에 대한 허용응력.

Adhesive Chemistry or Type	Room Temperature Lap-Shear Strength, MPa	(psi)	Peel Strength per Unit Width, kN/m	(lbf/in)
Pressure-sensitive	0.01–0.07	(2–10)	0.18–0.88	(1–5)
Starch-based	0.07–0.7	(10–100)	0.18–0.88	(1–5)
Cellosics	0.35–3.5	(50–500)	0.18–1.8	(1–10)
Rubber-based	0.35–3.5	(50–500)	1.8–7	(10–40)
Formulated hot melt	0.35–4.8	(50–700)	0.88–3.5	(5–20)
Synthetically designed hot melt	0.7–6.9	(100–1000)	0.88–3.5	(5–20)
PVAc emulsion (white glue)	1.4–6.9	(200–1000)	0.88–1.8	(5–10)
Cyanoacrylate	6.9–13.8	(1000–2000)	0.18–3.5	(1–20)
Protein-based	6.9–13.8	(1000–2000)	0.18–1.8	(1–10)
Anaerobic acrylic	6.9–13.8	(1000–2000)	0.18–1.8	(1–10)
Urethane	6.9–17.2	(1000–2500)	1.8–8.8	(10–50)
Rubber-modified acrylic	13.8–24.1	(2000–3500)	1.8–8.8	(10–50)
Modified phenolic	13.8–27.6	(2000–4000)	3.6–7	(20–40)
Unmodified epoxy	10.3–27.6	(1500–4000)	0.35–1.8	(2–10)
Bis-maleimide	13.8–27.6	(2000–4000)	0.18–3.5	(1–20)
Polyimide	13.8–27.6	(2000–4000)	0.18–0.88	(1–5)
Rubber-modified epoxy	20.7–41.4	(3000–6000)	4.4–14	(25–80)

출처: From A. V. Pocius, *Adhesion and Adhesives Technology,* 2nd ed., Hanser Gardner Publishers, Ohio, 2002. Reprinted by permission.

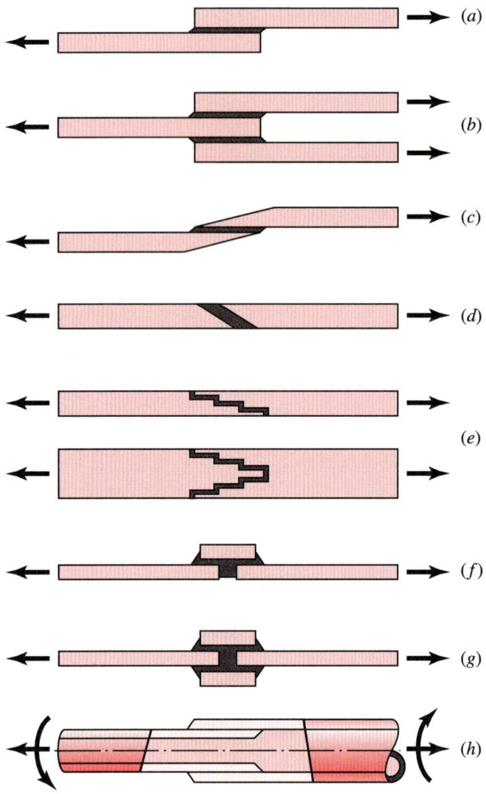

그림 8-25
겹치기이음의 일반적인 형태. (*a*) 한쪽 겹치기, (*b*) 양쪽 겹치기, (*c*) 스카프, (*d*) 베벨경사, (*e*) 계단형, (*f*) 맞대기 덮개판, (*g*) 양쪽 맞대기 덮개판, (*h*) 튜브형 겹치기. (R. D. Adams, J. Comyn, 및 W. C. Wake 저, Structural Ad-hesive Joints in Engi-neering, 2판, Chapman and Hall, (1997)에서 인용함.)

응력분포

접착제이음에서 바람직한 설계는 접착제가 인장보다는 전단하중을 받도록 설계하는 것이다. 인장하중보다는 전단하중하에서 강도가 더 크기 때문이다. 겹치기이음은 접착제특성을 평가하는 용도로 사용되기도 하며, 실제 설계에 적용되는 중요한 이음법이다. 일반적인 겹치기이음 개략도가 그림 8-25에 있다. 겹치기이음에 대한 간단한 해석 결과에 의하면, 하중이 접착면에 균일하게 분포된다. ASTM D1002와 같은 겹치기이음 시험 결과는 '겉보기전단응력'이 하중을 접촉면적으로 나눈 값으로 기술하고 있다. 이런 해석법은 견고한 접착모재 부착물이 연질의 접착제에 비교적 짧은 접착길이에 접착되었을 때에만 유효하지만, 접착제가 매우 연질인 경우를 제외하고 매우 큰 전단응력이 존재한다. ASTM D4896은 겹치기이음에서 발생되는 응력관점에서 기술하고 있다.

1938년, Volkerson은 겹치기이음에서 **전단지연모델**로 알려진 해석결과를 제시하여, 겹치기이음에서 전단응력분포에 대하여 잘 이해할 수 있게 하였다. 단일 겹치기이음에서 편심굽힘현상으로 인한 해석의 복잡성을 피하기 위하여, 이 책에서는 대칭 양쪽 겹치기이음을 고려한다. 그림 8-26의 양쪽겹치기이음에서 전단응력분포는 다음과 같다.

$$\tau(x) = \frac{P\omega}{4b\sinh(\omega l/2)}\cosh(\omega x) + \left[\frac{P\omega}{4b\cosh(\omega l/2)}\left(\frac{2E_o t_o - E_i t_i}{2E_o t_o + E_i t_i}\right) + \frac{(\alpha_i - \alpha_o)\,\Delta T\omega}{(1/E_o t_o + 2/E_i t_i)\cosh(\omega l/2)}\right]\sinh(\omega x) \tag{8-7}$$

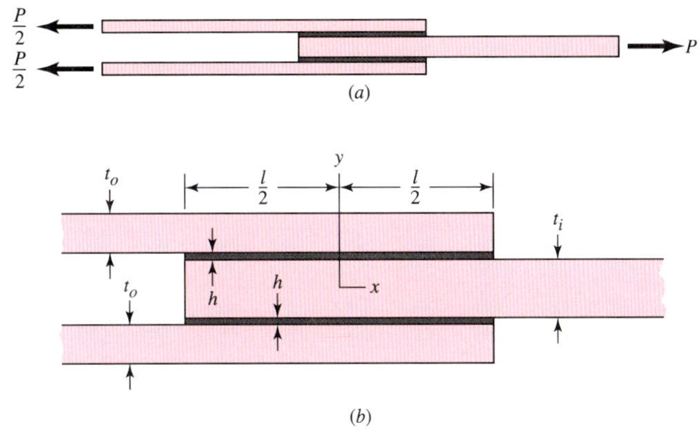

그림 8-26
양쪽 겹치기이음.

이며, w는 다음 식과 같다.

$$\omega = \sqrt{\frac{G}{h}\left(\frac{1}{E_o t_o} + \frac{2}{E_i t_i}\right)}$$

여기서, E_0, t_0, α_0와 E_1, t_1, α_1는 각각 외부 및 내부 피접착체의 탄성 계수, 두께, 열팽창계수이며, G, h, b와 l은 각각 접착제의 전단계수, 두께, 폭, 길이를 의미한다. ΔT는 이음에서의 온도변화이다. 이음의 접착제가 무응력상태인 고온으로부터 실제 이음이 사용되는 온도로 냉각되는 동안, 내 · 외부 피접착체 간 열팽창계수의 차이로 인하여 접착제에 열 전단응력이 발생된다.

예제 8-7

그림 8-26의 두 겹치기이음은 두 바깥쪽의 알루미늄과 중앙의 강 부착재로 구성되어 있다. 250°F에서 경화되었으며 200°F에서 무응력 상태이었다. 완성된 접착이음이 70°F의 온도에서 9000 N의 축 하중을 받는다. 폭(b)과 접착이음 길이(l)은 각각 25 mm이며, 다음 표를 참고하라.

	G, psi	E, psi	α, in/(in · °F)	Thickness, in
Adhesive	1.4		$55(10^{-6})$	0.5
Outer adherend		69	$13.3(10^{-6})$	3.8
Inner adherend		207	$6.0(10^{-6})$	2.5

다음 (a)~(c) 문항에서의 전단응력을 접착이음길이의 함수로 구하고 그래프로 보여라.
(a) 열응력, (b) 하중으로 인한 응력, (c) a, b 문항의 합을 구하고; (d) 제일 큰 전단응력이 최대인 위치

풀이 식 (8-7)에서 매개변수 값을 구한다.

$$\omega = \sqrt{\frac{G}{h}\left(\frac{1}{E_o t_o} + \frac{2}{E_i t_i}\right)}$$

$$= \sqrt{\frac{1400}{0.5}\left[\frac{1}{69\,000(3.8)} + \frac{2}{207\,000(2.5)}\right]} = 0.147\ \text{mm}^{-1}$$

(a) 열팽창계수의 차이와 온도차이는 각각 다음과 같다. $\alpha_i - \alpha_0 = 6(10^{-6}) = 13.3(10^{-6}) = -7.3(10^{-6})$이며, $\Delta T = 70 - 200 = -130°\text{F}$이다.

$$\tau_{th}(x) = \frac{(\alpha_i - \alpha_o)\Delta T \omega \sinh(\omega x)}{(1/E_o t_o + 2/E_i t_i)\cosh(\omega l/2)}$$

$$\tau_{th}(x) = \frac{-7.3(10^{-6})(-130)0.147 \sinh(0.147x)}{\left[\dfrac{1}{69\,000(3.8)} + \dfrac{2}{207\,000(2.5)}\right]\cosh\left[\dfrac{0.147(25)}{2}\right]}$$

$$= 5.642 \sinh(0.147x)$$

열응력 변화를 그림 8-27에 보였고, 아래 표에 요약하였다.

(b) 접착이 '균형'($E_0 t_0 = E_i t_i/2$)조건이므로, 하중에 의한 응력은 다음 식으로 표시된다.

$$\tau_P(x) = \frac{P\omega\cosh(\omega x)}{4b\sinh(\omega l/2)} = \frac{9000(0.147)\cosh(0.147x)}{4(25)\sinh[0.147(25)/2]} = 4.322\cosh(0.147x) \qquad (1)$$

(c) 값을 아래 표에 요약하였다(MPa 단위).

	τ(−12.7)	τ(0)	τ(12.7)
Thermal only	−17	0	17
Load-induced only	13.3	4.2	13.3
Combined	−3.8	4.2	30.3

(d) 전단지연 해석법에 의한 최대전단응력은 끝단에 발생된다(그림 8-27 참조). 제조과정중 발생된 열 잔류응력에, 하중으로 인하여 추가로 더해지는 큰 응력값은 연성접착제의 항복 또는 취성재료의 파손을 발생시킬 수 있다. 서로 다른 종류의 재료로 이음할 때, 열팽창계수 및 온도의 차이로 발생되는 열응력에 대한 주의가 필요하다.

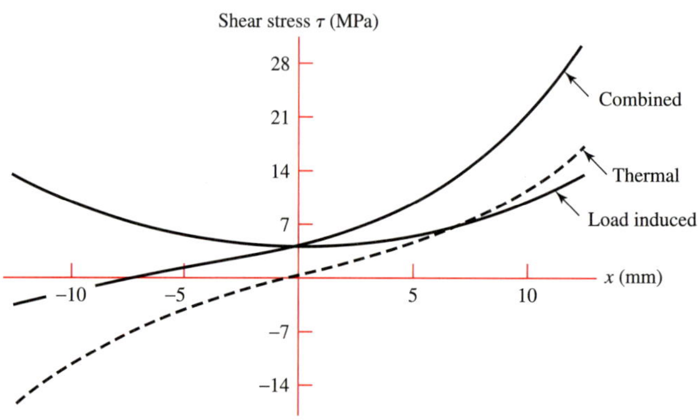

그림 8-27
예제 8-7에 대한 그림

하중으로 인한 평균전단응력이 $\tau_{avg} = P/(2bl) = 7.2$ MPa이므로, 하중으로 인한 표 최대값(13.2)은 평균값의 거의 2배이다.

단일 겹치기이음의 구체적 설계기법에 대하여는 이 책에서 다루지 않았지만, 하중편심이

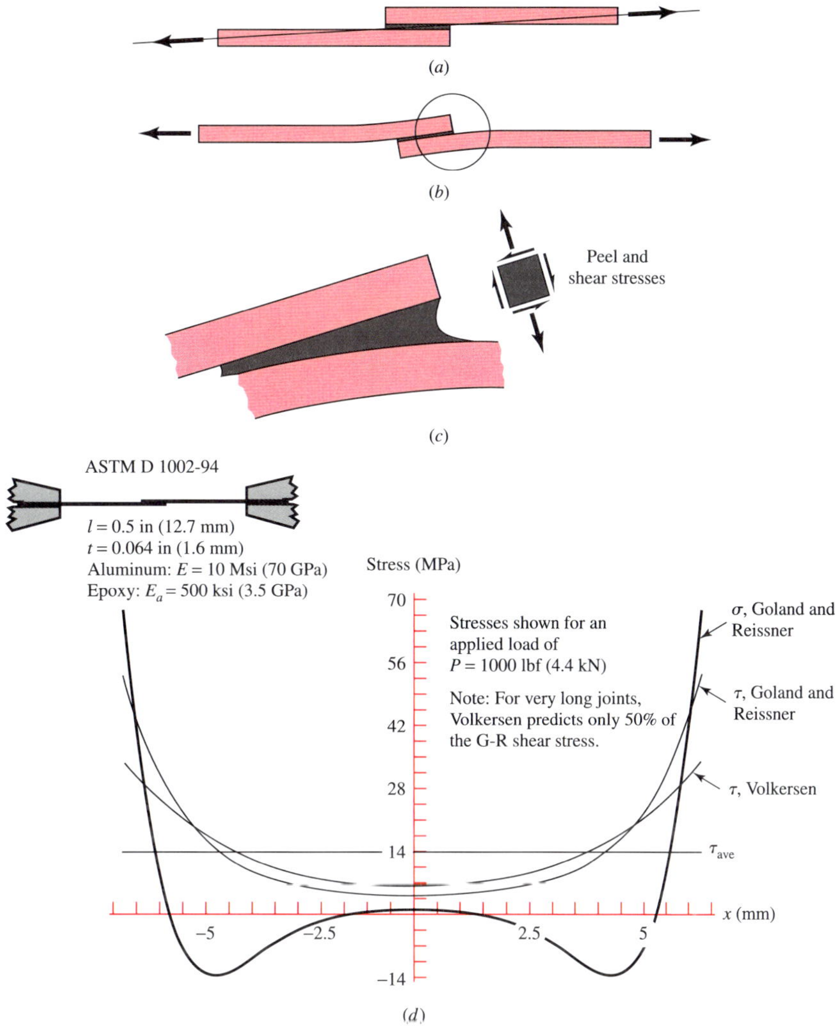

그림 8-28
단일 겹치기이음에서 응력. (a) 겹치기이음에서 인장응력의 작용선은 초기에 부착재면에 평행하지 않다. (b) 하중증가와 함께 부착재와 접착부위가 휘게 된다. (c) 부착재 끝부분에서 벗겨짐 응력이 이음파손을 초래한다. (d) Goland/Reissner 연구결과 (*J. Appl. Mech*, vol. 77, 1944.) 여기서 추측된 전단응력 최대값은 피접착체의 굽힘으로 인하여 *Volkersen*이 추측한 값보다 크게 나타난다.

단일 겹치기이음에 발생되는 응력의 주된 원인이다. 접착재(피접착물)에서의 굽힘현상은 (동일한 접촉면적의) 양쪽 겹치기이음에 발생되는 응력의 2배까지 발생될 수 있다. 또한, 벗겨짐(분리, 박리)응력이 커서 이음파손의 원인이 된다. 접착재의 소성굽힘은 높은 변형률을 발생시키기 때문에, 연성의 접착제가 견디지 못하고 접착파손이 되기도 한다. 겹치기되는 접착재의 끝부분에 발생되는 굽힘응력은 접착재에 발생되는 평균응력의 4배까지 될 수 있기 때문에, 설계단계에서 고려하여야 한다. 그림 8-28은 ASTM D1002 시편에 해당하는 단일 겹치기이음에서의 전단응력, 벗겨짐 응력을 나타내고 있다. 전단응력이 Volkersen의 해석 결과보다 훨씬 크게 나타난 이유는 접착재의 굽힘으로 인하여 접착제 내에 변형률이 증가되었기 때문이다.

접착이음설계

접착이음설계에서 기본지침은 다음과 같다.

그림 8-29
접착이음강도를 향상시키는 설계 예. (a) 회색 하중벡터는 접착강도를 낮게 하기 때문에 피하여야 한다. (b) 겹치기이음에서 벗겨지기 응력을 줄이기 위한 수단.

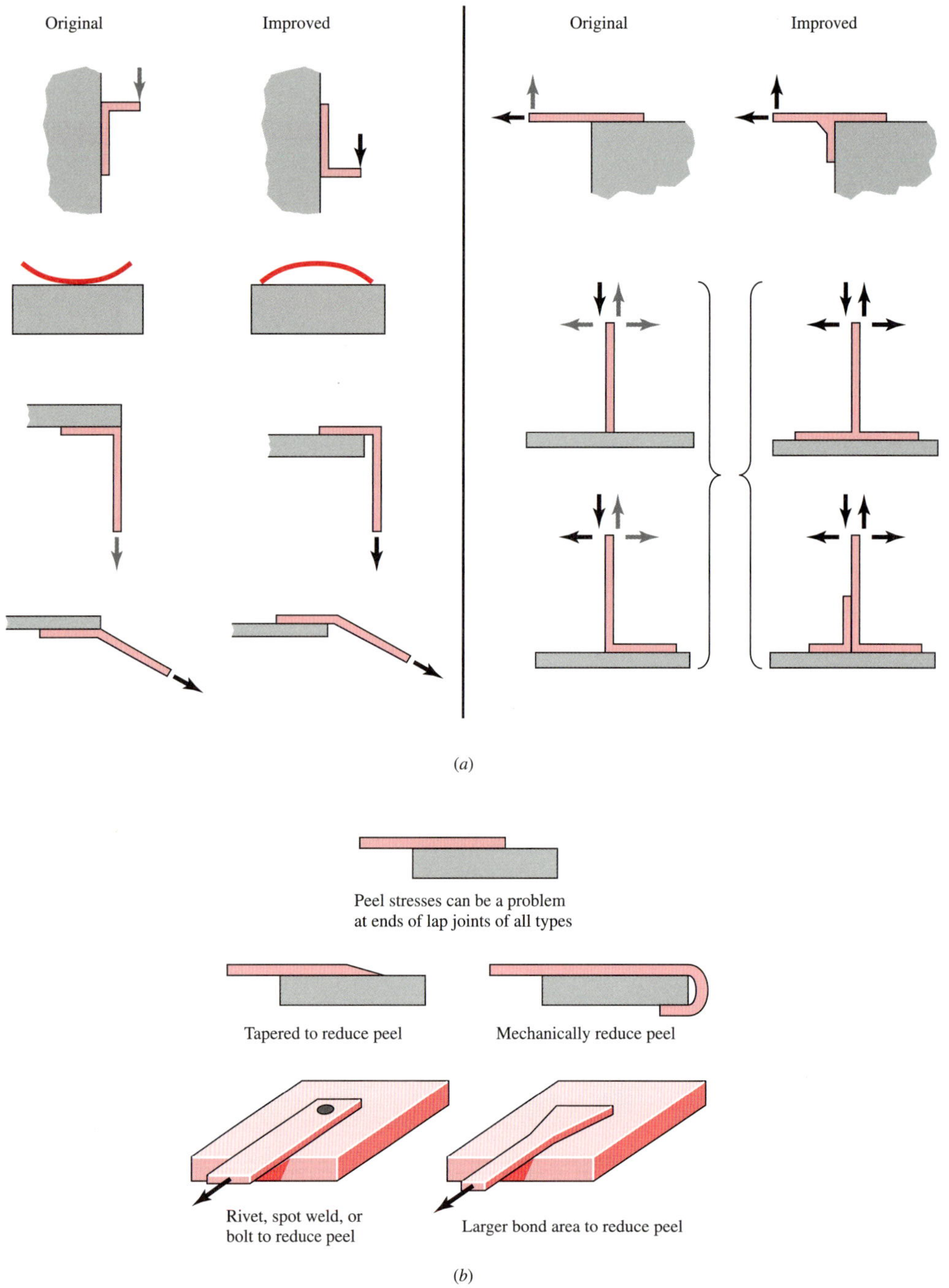

- 접착선이 벗겨지기보다는 전단상태가 되도록 설계하라. 접착종료지역에 벗겨짐 응력이 집중된다. 벗겨짐 응력을 감소시키기 위하여, 접착모재를 테이퍼 경사시키거나, 벗겨짐 응력발생부분에 접착면적을 증가시키거나, 파손시작점의 접착종료부분에 리벳을 사용할 수 있다.
- 적절한 연성을 갖는 접착제를 사용하라. 접착제가 항복함으로써 이음끝단에서 응력집중 정도를 감소시키거나, 접착분리가 진행되는 것을 억제하도록 인성을 증가시킨다.

- 접착제 자체 또는 표면상태 준비과정 중에 환경적 제약이 있는지 확인하라. 습기나 화학용매 등에 노출되면, 접착제가 표면에서 흘러나오게 되거나 접착제 성능이 저하될 수 있다. 접착제 중에는 화학용매와 접촉되어 응력부식균열이 되기도 한다. 또한 자외선에 노출되어 접착제 성능이 저하되기도 한다.
- 접착부분을 쉽게 검사할 수 있도록 설계하라. 볼트/리벳이 없음은 쉽게 검사되지만, 접착분리나 불완전접착을 관찰하기는 쉽지 않다.
- 충분한 접착면적을 보장하여서, 파손되기 전에 약간의 접착분리를 허용하도록 하라. 비교적 낮은 응력지역을 확보하면 내구성과 신뢰성을 향상시킬 수 있다.
- 다양한 방향의 하중을 지지하기 위하여 여러 면에 접착하라. 단일 면에 접착하면 접착면이 벗겨지는 벗겨짐 응력을 발생시키지만, 여러 인접면에 접착하면 하중이 주로 전단상태가 되기도 한다.
- 점용접과 함께 접착제가 사용되기도 하며, **용접결합**이라고 한다. 점용접은 접착이 완전히 경화될 때까지 접착면을 고정시키는 역할을 한다.

그림 8-29는 접착이음에서 개선된 설계 예를 나타낸다.

참고문헌

접착이음에 대한 설계/해석을 다룬 참고문헌을 예시하였다.

R. D. Adams, J. Comyn, and W. C. Wake, *Structural Adhesive Joints in Engineering*, 2nd ed., Chapman and Hall, New York, 1997.

G. P. Anderson, S. J. Bennett, and K. L. DeVries, *Analysis and Testing of Adhesive Bonds*, Academic Press, New York, 1977.

H. F. Brinson (ed.), *Engineered Materials Handbook, vol. 3: Adhesives and Sealants*, ASM International, Metals Park, Ohio, 1990.

A. J. Kinloch, *Adhesion and Adhesives: Science and Technology*, Chapman and Hall, New York, 1987.

A. J. Kinloch (ed.), *Durability of Structural Adhesives*, Applied Science Publishers, New York, 1983.

R. W. Messler, Jr., *Joining of Materials and Structures*, Elsevier Butterworth-Heinemann, Mass., 2004.

E. M. Petrie, *Handbook of Adhesives and Sealants*, 2nd ed., McGraw-Hill, NewYork, 2007.

A. V. Pocius, *Adhesion and Adhesives Technology: An Introduction*, 2nd ed., Hanser Gardner, Ohio, 1997.

인터넷을 통한 참고정보의 예로는 www.3m.com/adhesives가 있다.

연습문제 Problems

8-1 to 8-4 The figure shows a horizontal steel bar of thickness h loaded in steady tension and welded to a vertical support. Find the load F that will cause an allowable shear stress, τ_{allow}, in the throats of the welds.

Problem Number	b	d	h	τ_{allow}
8-1	50 mm	50 mm	5 mm	140 MPa
8-2	50 mm	50 mm	8 mm	140 MPa
8-3	50 mm	30 mm	5 mm	140 MPa
8-4	100 mm	50 mm	8 mm	140 MPa

Problems 8–1 to 8–4

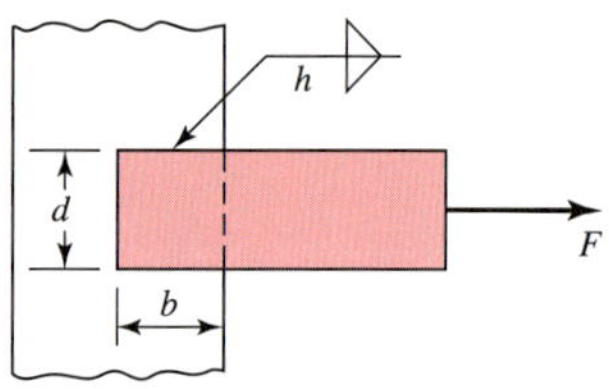

8-5 to 8-8 For the weldments of Probs. 8–1 to 8–4, the electrodes are specified in the table. For the electrode metal indicated, what is the allowable load on the weldment?

Problem Number	Reference Problem	Electrode
8-5	8–1	E7010
8-6	8–2	E7010
8-7	8–3	E7010
8-8	8–4	E6010

8-9 to 8-12 The materials for the members being joined in Probs. 8–1 to 8–4 are specified below. What load on the weldment is allowable because member metal is incorporated in the welds?

Problem Number	Reference Problem	Bar	Vertical Support
8-9	8–1	1018 CD	1018 HR
8-10	8–2	1018 CD	1018 CD
8-11	8–3	1035 HR	1035 CD
8-12	8–4	1035 HR	1020 CD

8-13 to 8-16 A steel bar of thickness h is welded to a vertical support as shown in the figure. What is the shear stress in the throat of the welds due to the force F?

Problem Number	b	d	h	F
8-13	50 mm	50 mm	5 mm	100 kN
8-14	50 mm	50 mm	8 mm	140 kN
8-15	50 mm	30 mm	5 mm	100 kN
8-16	100 mm	50 mm	8 mm	140 kN

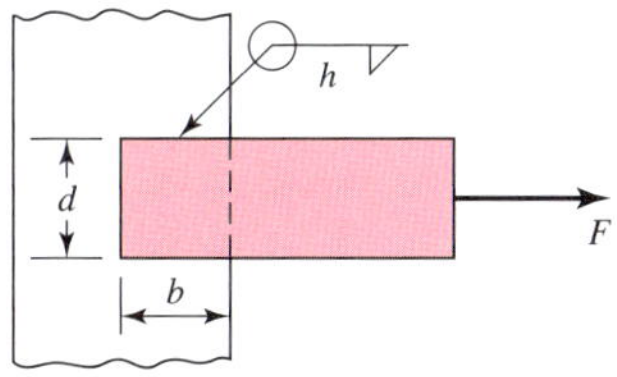

Problems 8-13 to 8-16

8-17 to 8-20 A steel bar of thickness h, to be used as a beam, is welded to a vertical support by two fillet welds as shown in the figure.

(*a*) Find the safe bending force F if the allowable shear stress in the welds is τ_{allow}.

(*b*) In part *a*, you found a simple expression for F in terms of the allowable shear stress. Find the allowable load if the electrode is E7010, the bar is hot-rolled 1020, and the support is hot-rolled 1015.

Problem Number	b	c	d	h	τ_{allow}
8-17	50 mm	150 mm	50 mm	5 mm	140 MPa
8-18	50 mm	150 mm	50 mm	8 mm	140 MPa
8-19	50 mm	150 mm	30 mm	5 mm	140 MPa
8-20	100 mm	150 mm	50 mm	8 mm	140 MPa

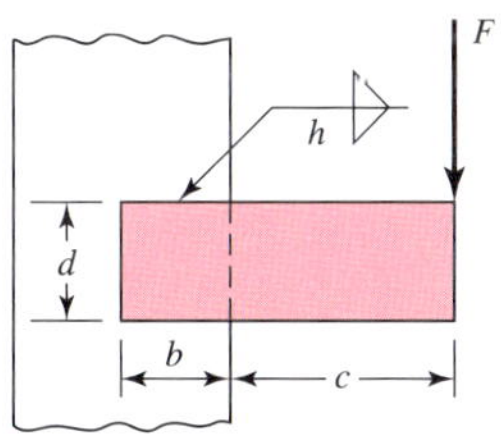

Problems 8-17 to 8-20

8-21 to 8-24 The figure shows a weldment just like that for Probs. 8–17 to 8–20 except there are four welds instead of two. Find the safe bending force F if the allowable shear stress in the welds is τ_{allow}.

Problem Number	b	c	d	h	τ_{allow}
8-21	50 mm	150 mm	50 mm	5 mm	140 MPa
8-22	50 mm	150 mm	50 mm	8 mm	140 MPa
8-23	50 mm	150 mm	30 mm	5 mm	140 MPa
8-24	100 mm	150 mm	50 mm	8 mm	140 MPa

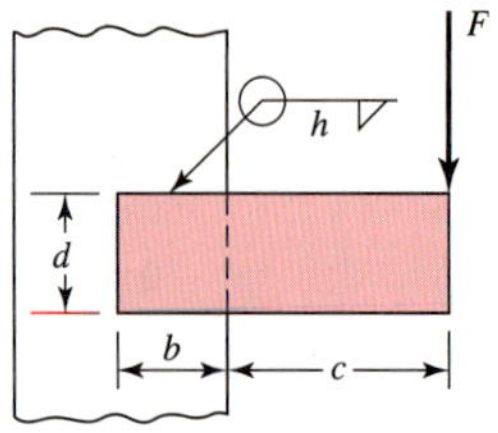

Problems 8–21 to 8–24

8–25 to 8–28 The weldment shown in the figure is subjected to an alternating force F. The hot-rolled steel bar has a thickness h and is of AISI 1010 steel. The vertical support is likewise AISI 1010 HR steel. The electrode is given in the table below. Estimate the fatigue load F the bar will carry if three fillet welds are used.

Problem Number	b	d	h	Electrode
8-25	50 mm	50 mm	5 mm	E6010
8-26	50 mm	50 mm	8 mm	E6010
8-27	50 mm	30 mm	5 mm	E7010
8-28	100 mm	50 mm	8 mm	E7010

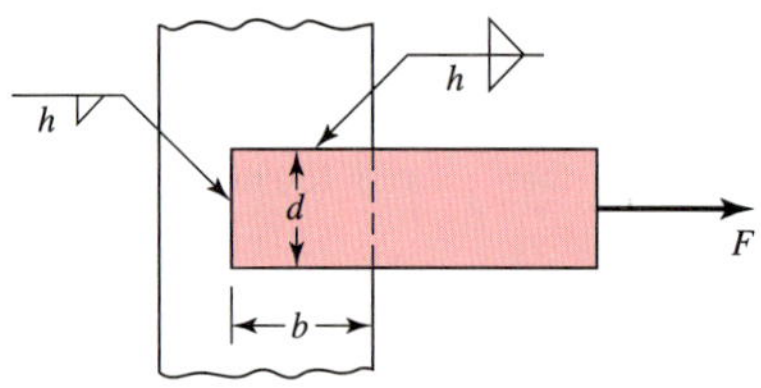

Problems 8–25 to 8–28

8–29 The permissible shear stress for the weldment illustrated is 140 MPa. Estimate the load, F, that will cause this stress in the weldment throat.

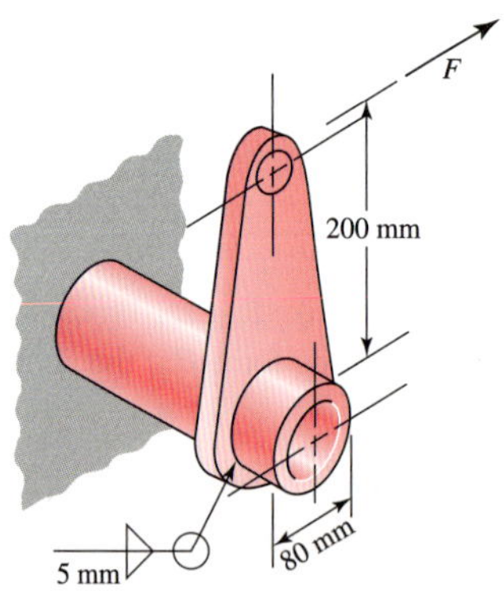

Problem 8–29

8–30 to 8–31 A steel bar of thickness h is subjected to a bending force F. The vertical support is stepped such that the horizontal welds are b_1 and b_2 long. Determine F if the maximum allowable shear stress is τ_{allow}.

Problem Number	b_1	b_2	c	d	h	τ_{allow}
8–30	50 mm	100 mm	150 mm	100 mm	8 mm	140 MPa
8–31	30 mm	50 mm	150 mm	50 mm	5 mm	140 MPa

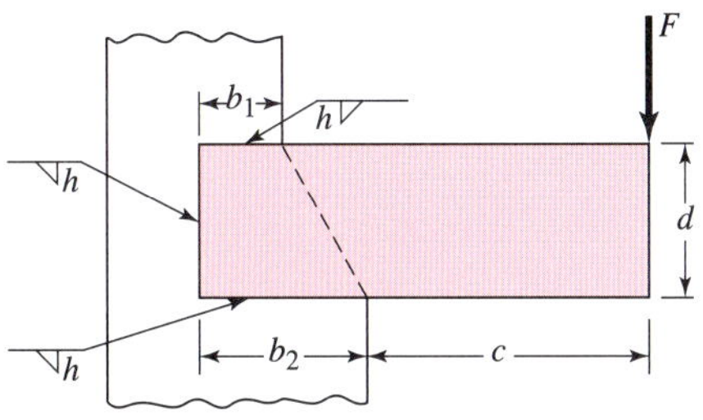

Problems 8–30 to 8–31

8–32 In the design of weldments in torsion it is helpful to have a hierarchical perception of the relative efficiency of common patterns. For example, the weld-bead patterns shown in Table 8–1 can be ranked for desirability. Assume the space available is an $a \times a$ square. Use a formal figure of merit that is directly proportional to J and inversely proportional to the volume of weld metal laid down:

$$\text{fom} = \frac{J}{\text{vol}} = \frac{0.707hJ_u}{(h^2/2)l} = 1.414\frac{J_u}{hl}$$

A tactical figure of merit could omit the constant, that is, $\text{fom}' = J_u/(hl)$. Rank the six patterns of Table 8–1 from most to least efficient.

8–33 The space available for a weld-bead pattern subject to bending is $a \times a$. Place the patterns of Table 8–2 in hierarchical order of efficiency of weld metal placement to resist bending. A formal figure of merit can be directly proportion to I and inversely proportional to the volume of weld metal laid down:

$$\text{fom} = \frac{I}{\text{vol}} = \frac{0.707hI_u}{(h^2/2)l} = 1.414\frac{I_u}{hl}$$

The tactical figure of merit can omit the constant 1.414, that is, $\text{fom}' = I_u/(hl)$. Omit the patterns intended for T beams and I beams. Rank the remaining seven.

8–34 A specially rolled A36 structural steel section for the attachment has a cross section as shown in the figure and has yield and ultimate tensile strengths of 248 and 400 MPa, respectively. It is statically loaded through the attachment centroid by a load of $F = 107$ kN. Unsymmetrical weld tracks can compensate for eccentricity such that there is no moment to be resisted by the welds. Specify the weld track lengths l_1 and l_2 for an 8-mm fillet weld using an E70XX electrode. This is part of a design problem in which the design variables include weld lengths and the fillet leg size.

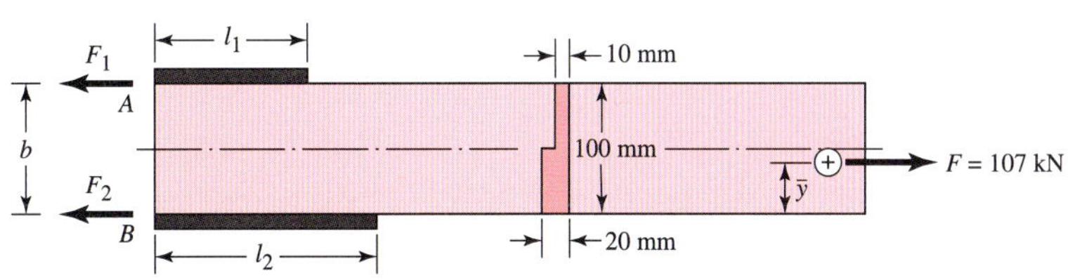

Problem 8–34

8–35 The attachment shown carries a static bending load of 12 kN. The attachment length, l_1, is 225 mm. Specify the weldment (give the pattern, electrode number, type of weld, length of weld, and leg size).

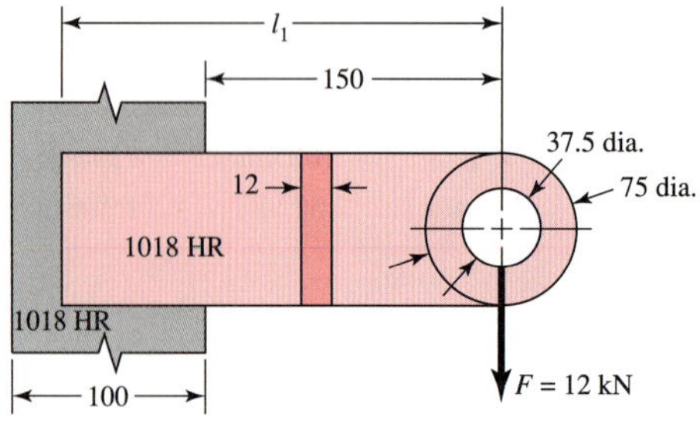

Problem 8–35
Dimensions in millimeters.

8–36 The attachment in Prob. 8–35 has not had its length determined. The static force is 12 kN. Specify the weldment (give the pattern, electrode number, type of weld, length of bead, and leg size). Specify the attachment length.

8–37 A vertical column of A36 structural steel is 250 mm wide. An attachment has been designed to the point shown in the figure. The static load of 80 kN is applied, and the clearance a of 156 mm has to be equaled or exceeded. The attachment is also 1018 hot-rolled steel, to be made from 12-mm plate with weld-on bosses when all dimensions are known. Specify the weldment (give the pattern, electrode number, type of weld, length of weld bead, and leg size). Specify also the length l_1 for the attachment.

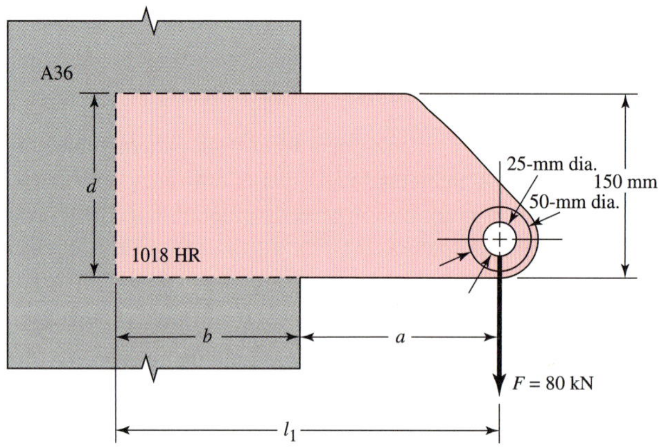

Problem 8–37

8–38 Write a computer program to assist with a task such as that of Prob. 8–37 with a rectangular weld-bead pattern for a torsional shear joint. In doing so solicit the force F, the clearance a, and the largest allowable shear stress. Then, as part of an iterative loop, solicit the dimensions b and d of the rectangle. These can be your design variables. Output all the parameters after the leg size has been determined by computation. In effect this will be your adequacy assessment when you stop iterating. Include the figure of merit $J_u/(hl)$ in the output. The fom and the leg size h with available width will give you a useful insight into the nature of this class of welds. Use your program to verify your solutions to Prob. 8–37.

8–39 Fillet welds in joints resisting bending are interesting in that they can be simpler than those resisting torsion. From Prob. 8–33 you learned that your objective is to place weld metal as far away from the weld-bead centroid as you can, but distributed in an orientation parallel to the x axis. Furthermore, placement on the top and bottom of the built-in end of a cantilever with rectangular cross section results in parallel weld beads, each element of which is in the ideal position. The object of this problem is to study the full weld bead and the interrupted weld-bead pattern. Consider the case of Fig. 8–17, p. 440, with $F = 40$ kN, the beam length is 250 mm, $b = 200$ mm, and $d = 200$ mm. For the second case, for the interrupted weld consider a centered gap of $b_1 = 50$ mm existing in the top and bottom welds. Study the two cases with $\tau_{\text{all}} = 88$ MPa. What do you notice about τ, σ, and $\tau_{\max}$? Compare the fom′.

8-40 For a rectangular weld-bead track resisting bending, develop the necessary equations to treat cases of vertical welds, horizontal welds, and weld-all-around patterns with depth d and width b and allowing central gaps in parallel beads of length b_1 and d_1. Do this by superposition of parallel tracks, vertical tracks subtracting out the gaps. Then put the two together for a rectangular weld bead with central gaps of length b_1 and d_1. Show that the results are

$$A = 1.414(b - b_1 + d - d_1)h$$

$$I_u = \frac{(b - b_1)d^2}{2} + \frac{d^3 - d_1^3}{6}$$

$$I = 0.707hI_u$$

$$l = 2(b - b_1) + 2(d - d_1)$$

$$\text{fom} = \frac{I_u}{hl}$$

8-41 Write a computer program based on the Prob. 8–40 protocol. Solicit the largest allowable shear stress, the force F, and the clearance a, as well as the dimensions b and d. Begin an iterative loop by soliciting b_1 and d_1. Either or both of these can be your design variables. Program to find the leg size corresponding to a shear-stress level at the maximum allowable at a corner. Output all your parameters including the figure of merit. Use the program to check any previous problems to which it is applicable. Play with it in a "what if" mode and learn from the trends in your parameters.

8-42 When comparing two different weldment patterns it is useful to observe the resistance to bending or torsion and the volume of weld metal deposited. Measure of effectiveness, defined as second moment of area divided by weld-metal volume, is useful. If a 150-mm by 200-mm section of a cantilever carries a static 40-kN bending load 250 mm from the weldment plane, with an allowable shear stress of 88 MPa realized, compare horizontal weldments with vertical weldments. The horizontal beads are to be 150 mm long and the vertical beads, 200 mm long.

8-43 to 8-45 A 50-mm dia. steel bar is subjected to the loading indicated. Locate and estimate the maximum shear stress in the weld throat.

Problem Number	F	T
8-43	0	2 kN · m
8-44	8 kN	0
8-45	8 kN	2 kN · m

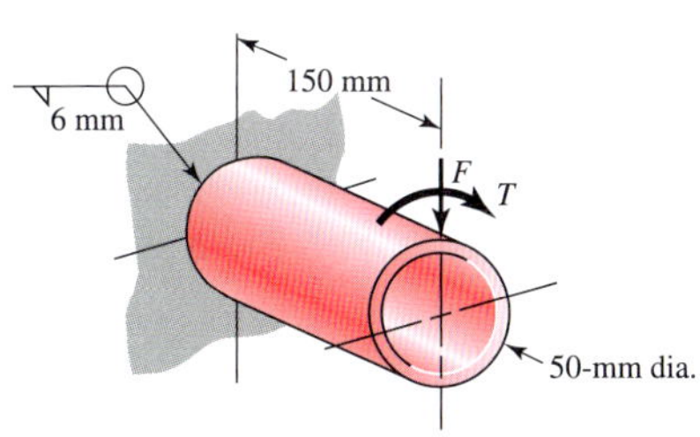

Problems 8–43 to 8–45

8-46 For Prob. 8–45, determine the weld size if the maximum allowable shear stress is 120 MPa.

8-47 Find the maximum shear stress in the throat of the weld metal in the figure.

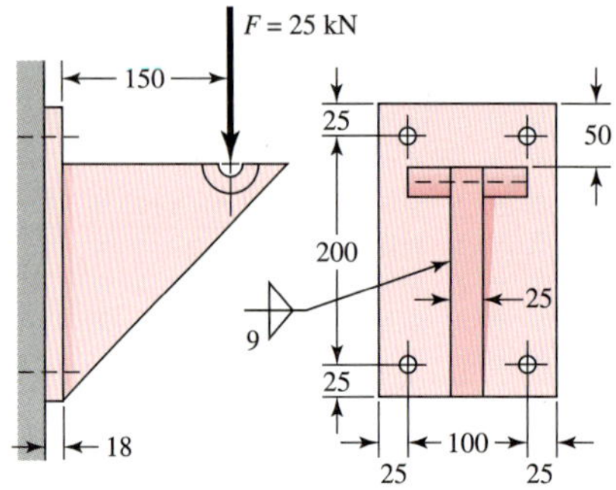

Problem 8–47
Dimensions in millimeters.

8-48 The figure shows a welded steel bracket loaded by a static force F. Estimate the factor of safety if the allowable shear stress in the weld throat is 120 MPa.

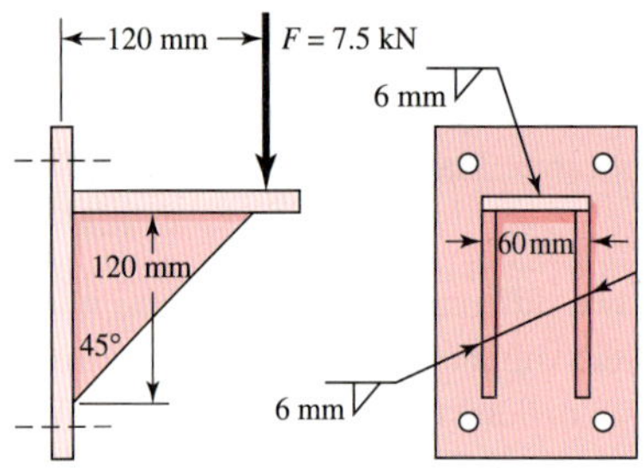

Problem 8–48

8-49 The figure shows a formed sheet-steel bracket. Instead of securing it to the support with machine screws, welding has been proposed. If the combined shear stress in the weld metal is limited to 6 MPa, estimate the total load W the bracket will support. The dimensions of the top flange are the same as the mounting flange.

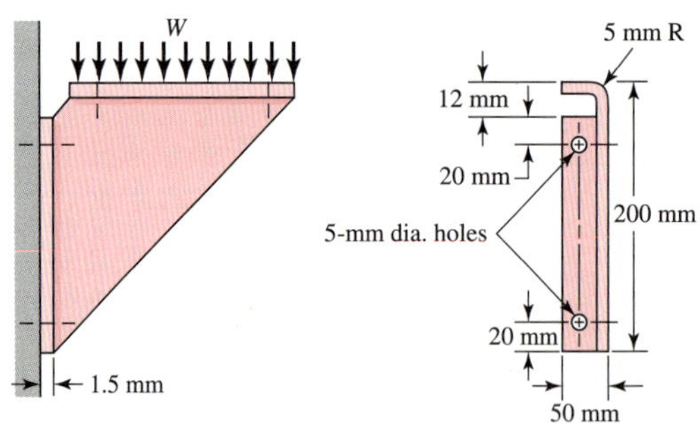

Problem 8–49
Structural support is A26 structural steel, bracket is 1020 press cold-formed steel. The weld electrode is E6010.

8-50 Without bracing, a machinist can exert only about 400 N on a wrench or tool handle. The lever shown in the figure has $t = 12$ mm and $w = 50$ mm. We wish to specify the fillet-weld size to secure the lever to the tubular part at A. Both parts are of steel, and the shear stress in the weld throat should not exceed 20 MPa. Find a safe weld size.

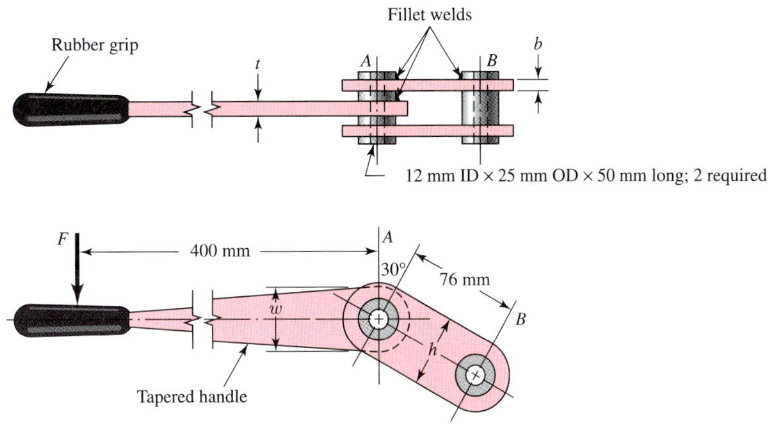

Problem 8–50

8–51 Estimate the safe static load F for the weldment shown in the figure if an E6010 electrode is used and the design factor is to be 2. The steel members are 1015 hot-rolled steel. Use conventional analysis.

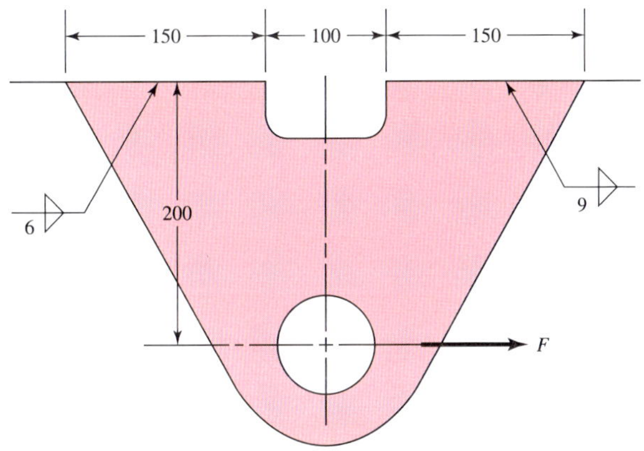

Problem 8–51
Dimensions in millimeters.

8–52 Brackets, such as the one shown, are used in mooring small watercraft. Failure of such brackets is usually caused by bearing pressure of the mooring clip against the side of the hole. Our purpose here is to get an idea of the static and dynamic margins of safety involved. We use a bracket 6 mm thick made of hot-rolled 1018 steel. We then assume wave action on the boat will create force F no greater than 5 kN.

(*a*) Identify the moment M that produces a shear stress on the throat resisting bending action with a "tension" at A and "compression" at C.

(*b*) Find the force component F_y that produces a shear stress at the throat resisting a "tension" throughout the weld.

(*c*) Find the force component F_x that produces an in-line shear throughout the weld.

(*d*) Find A, I_u, and I using Table 8–2, in part.

(*e*) Find the shear stress τ_1 at A due to F_y and M, the shear stress τ_2 due to F_x, and combine to find τ.

(*f*) Find the factor of safety guarding against shear yielding in the weldment.

(*g*) Find the factor of safety guarding against a static failure in the parent metal at the weld.

(*h*) Find the factor of safety guarding against a fatigue failure in the weld metal using a Gerber failure criterion.

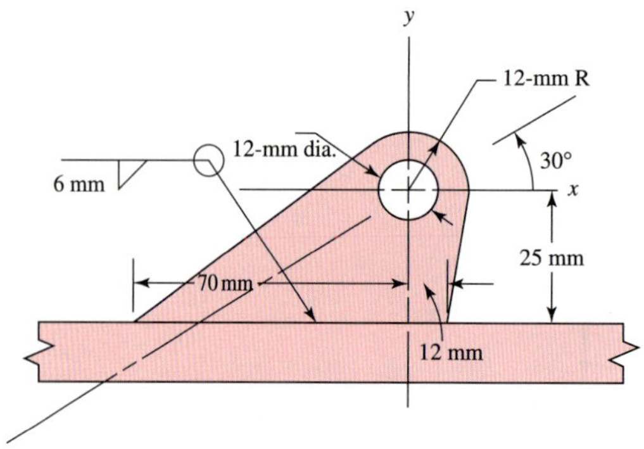

(a)

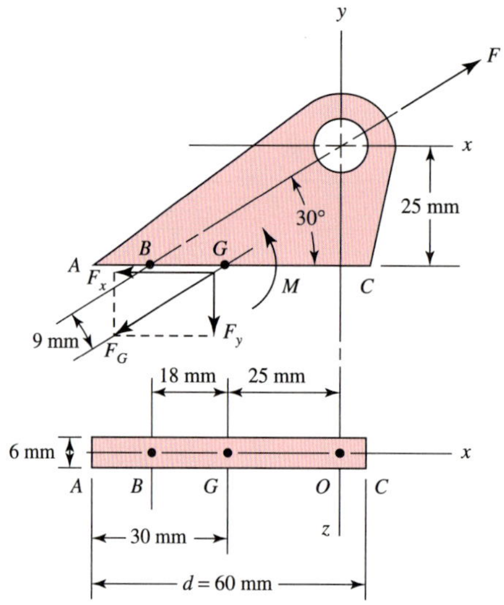

(b)

Problem 8–52
Small watercraft mooring bracket.

8–53 For the sake of perspective it is always useful to look at the matter of scale. Double all dimensions in Prob. 8–18 and find the allowable load. By what factor has it increased? First make a guess, then carry out the computation. Would you expect the same ratio if the load had been variable?

8–54 Hardware stores often sell plastic hooks that can be mounted on walls with pressure-sensitive adhesive foam tape. Two designs are shown in (*a*) and (*b*) of the figure. Indicate which one you would buy and why.

Problem 8–54

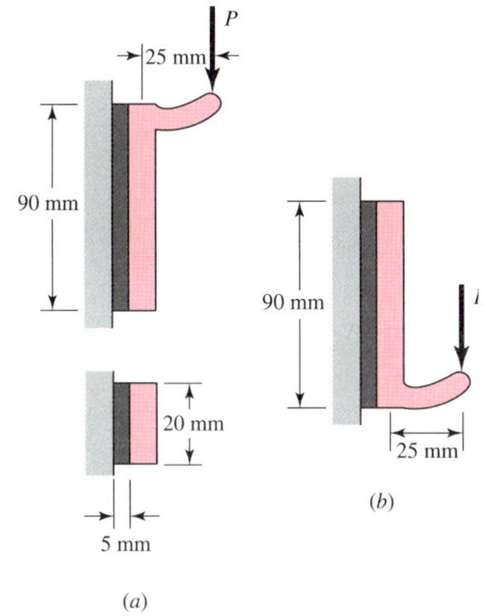

8–55 For a balanced double-lap joint cured at room temperature, Volkersen's equation simplifies to

$$\tau(x) = \frac{P\omega \cosh(\omega x)}{4b \sinh(\omega l/2)} = A_1 \cosh(\omega x)$$

(a) Show that the average stress $\bar{\tau}$ is $P/(2bl)$.
(b) Show that the largest shear stress is $P\omega/[4b \tanh(\omega l/2)]$.
(c) Define a stress-augmentation factor K such that

$$\tau(l/2) = K\bar{\tau}$$

and it follows that

$$K = \frac{P\omega}{4b \tanh(\omega l/2)} \frac{2bl}{P} = \frac{\omega l/2}{\tanh(\omega l/2)} = \frac{\omega l}{2} \frac{\exp(\omega l/2) + \exp(-\omega l/2)}{\exp(\omega l/2) - \exp(-\omega l/2)}$$

8–56 Program the shear-lag solution for the shear-stress state into your computer using Eq. (8–7). Determine the maximum shear stress for each of the following scenarios:

Part	E_a, GPa	t_o, mm	t_i, mm	E_o, GPa	E_i, GPa	h, mm
a	1.4	3	6	207	207	0.13
b	1.4	3	6	207	207	0.4
c	1.4	3	3	207	207	0.13
d	1.4	3	6	207	69	0.13

Provide plots of the actual stress distributions predicted by this analysis. You may omit thermal stresses from the calculations, assuming that the service temperature is similar to the stress-free temperature. If the allowable shear stress is 550 MPa and the load to be carried is 1.2 kN, estimate the respective factors of safety for each geometry. Let $l = 30$ mm and $b = 25$ mm.

CHAPTER

09

Shigley's Mechanical Engineering Design

기계적 스프링

Chapter Outline

설계자가 견고성을 추구할 경우, 기능이 보장되는 정도의 작은 변형은 허용된다. 때로는 유연성이 필요할 때가 있는데, 많은 경우 이 유연성은 형상을 정교하게 통제할 수 있는 금속 물체에 의해 만들어진다. 이러한 물체는 설계자가 추구하는 정도까지 유연성을 만들어낼 수 있다. 이러한 유연성은 하중과 변형 사이의 관계에 있어서 선형 또는 비선형일 수 있다. 이러한 도구는 힘이나 토크를 제어하는 용도로 사용할 수 있으며, 에너지를 저장 또는 방출하는 또 다른 용도로도 사용될 수 있다. 유연성 때문에 일시적인 뒤틀림이 발생할 수 있지만 즉시 그 기능을 회복할 수 있다. 기계류가 설계자에게서 차지하고 있는 가치 때문에, 스프링은 집중적으로 연구되었다. 게다가 스프링은 대량생산되어 생산원가가 낮으며, 다양한 응용 분야에 맞추어 독창적인 스프링들이 만들어졌다. 이 장에서는 흔히 사용되는 스프링의 종류와 그 사용에 필요한 변수들 사이의 관계, 그리고 그 설계에 대하여 다룬다.

일반적으로 스프링은 와이어 스프링, 판 스프링 그리고 특수한 형상의 스프링이 있으며, 그 분류 속에는 또 다양한 변형들이 있다. 와이어 스프링에는 원형 또는 사각형 단면을 가진 와이어로 만들어진 헬리컬 스프링이 있으며, 인장, 압축 및 비틀림 하중에 대해 저항 또는 변형하도록 되어있다. 판 스프링에는 외팔보와 타원형 모양, 모터나 시계류에 사용되는 감긴 형태의 동력 스프링, 그리고 Belleville 스프링이라 불리는 판 스프링 워셔가 있다.

9-1 헬리컬 스프링에 작용하는 응력

그림 9-1*a*에서는 원형 단면 와이어로 만든 헬리컬 압축스프링(helical compression spring)에 축방향 힘 F가 작용하고 있는 것을 보여준다. 여기서 D는 **코일의 평균지름**(*mean coil diameter*)이며, d는 **와이어의 지름**(*wire diameter*)이다. 이제 스프링을 임의의 위치(그림 9-1*b*)에서 절단하여 그 부분을 제거하고, 제거된 부분의 효과를 순수한 내부 반작용으로 대체하였다고 가정하자. 그림에서 나타낸 바와 같이, 잘린 부분에는 평형상태에서 직접적인 전단력 F와 비틀림 모멘트 $T = FD/2$가 작용할 것이다.

와이어에 작용하는 최대 응력은 직접적인 전단응력(식 (3-23)) $V = F$ 와 비틀림 전단응력(식 (3-37))을 중첩하여 구할 수 있다. 그 결과는 스프링의 가장 **안쪽 부분**에서 다음과 같다.

그림 9-1
(*a*) 축방향 힘이 작용하고 있는 헬리컬 스프링; (*b*) 와이어에 직접적인 전단과 비틀림 전단이 작용하는 상태를 보여주는 자유물체도

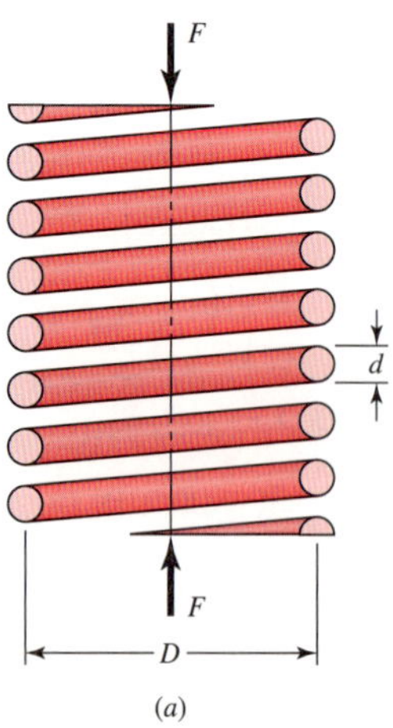

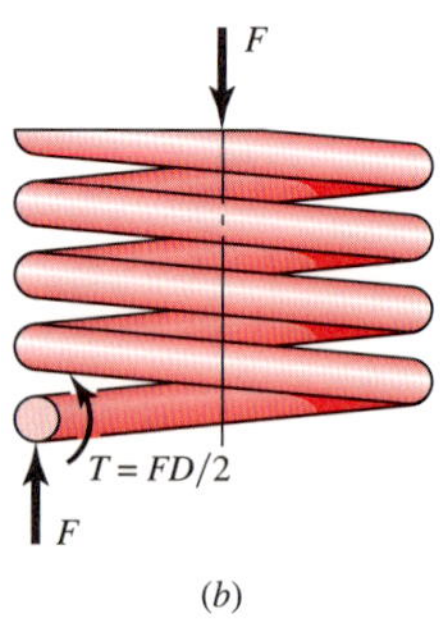

$$\tau_{\max} = \frac{Tr}{J} + \frac{F}{A} \tag{a}$$

위 식에 $\tau_{\max} = \tau$, $T = FD/2$, $r = d/2$, $J = \pi d^4/32$, 그리고 $A = \pi d^2/4$을 대입하면 다음을 얻는다.

$$\tau = \frac{8FD}{\pi d^3} + \frac{4F}{\pi d^2} \tag{b}$$

코일 곡률의 척도인 **스프링 지수**(*spring index*), C 를 다음과 같이 정의한다.

$$C = \frac{D}{d} \tag{9-1}$$

선호하는 C의 값은 약 4 ~ 12[1]다. 이러한 관계를 이용하여 식 (b)를 다시 정리하면 다음과 같다.

$$\tau = K_s \frac{8FD}{\pi d^3} \tag{9-2}$$

여기서 K_s는 **전단응력 수정계수**(*shear stress-correction factor*)이며, 다음 식과 같이 정의한다.

$$K_s = \frac{2C + 1}{2C} \tag{9-3}$$

사각형 단면의 와이어는 공간적 제한으로 불가피한 경우를 제외하고는 바람직하지 못하다. 특수한 단면 형상의 와이어로 만든 스프링은 원형 단면의 그것만큼 대량생산되지 않는다. 따라서 특수단면 와이어 스프링은 지속적인 개발이 이루어지지 않아 원형단면을 가진 와이어 스프링보다 취약할 수 있다. 공간이 매우 제한되어 있다면 원형단면 와이어 스프링을 포개어 사용하는 것을 먼저 고려하여야 한다. 이렇게 하면 특수한 단면을 가진 스프링을 사용하는 것보다 강도뿐만 아니라 경제적인 장점도 갖게 된다.

9-2 곡률효과

식 (9-2)는 와이어가 직선일 경우를 기초로 한 것이다. 그러나 와이어의 곡률이 존재하면 스프링의 안쪽에 작용하는 응력을 증가시키는 반면, 바깥쪽의 응력은 약간 감소시킨다. 이러한 곡률 응력은 피로와 관련하여 근본적인 중요성을 갖는데, 그 이유는 하중의 크기가 국부적인 항복을 발생시키기에는 매우 작기 때문이다. 정적 하중이 작용하는 경우에는, 이러한 곡률 응력은 보통 무시할 수 있는데, 그 이유는 하중이 처음 작용했을 때 변형경화가 발생하기 때문이다.

불행하게도 곡률 계수(curvature factor)를 찾으려면 간접적인 방법이 필요하다. 그것은 발표된 식들이 모두 직접적인 전단의 효과도 함께 포함하고 있기 때문이다. 식 (9-2)의 K_s를

[1] *Design Handbook: Engineering Guide to Spring Design*, Associated Spring-Barnes Group Inc., Bristol, CT, 1987.

곡률과 직접적인 전단을 함께 보정하는 또 다른 계수 K로 대체한다고 해보자. 그러면 이 계수는 다음 두 가지 식에 의해 주어진다.

$$K_W = \frac{4C - 1}{4C - 4} + \frac{0.615}{C} \tag{9-4}$$

$$K_B = \frac{4C + 2}{4C - 3} \tag{9-5}$$

위 식 중 첫 번째 것은 *Wahl factor*이며, 두 번째 것은 *Bergsträsser factor*[2]이다. 이 두 식의 결과의 차이는 1% 미만이므로 식 (9-6)이 선호된다. 이제 곡률 수정계수는 직접적인 전단의 효과를 제거하여 구할 수 있다. 식 (9-5)와 식 (9-3)을 사용하면, 곡률 수정계수는 다음과 같이 구할 수 있다.

$$K_c = \frac{K_B}{K_s} = \frac{2C(4C + 2)}{(4C - 3)(2C + 1)} \tag{9-6}$$

이제 K_s, K_B 또는 K_W 그리고 K_c는 가장 취약한 위치에서 특정 응력을 평가하기 위해 Tr/J에 단순히 곱해주는 응력 수정계수이다. 이것들 중 그 어느 것도 응력 집중계수는 아니다. 이 책에서는 최대전단응력을 예측하기 위해 다음 식을 사용할 것이다.

$$\tau = K_B \frac{8FD}{\pi d^3} \tag{9-7}$$

9-3 헬리컬 스프링의 처짐

변형과 힘 사이의 관계는 Castigliano's theorem을 사용하면 매우 쉽게 구할 수 있다. 헬리컬 스프링의 전체 변형에너지(strain energy)는 비틀림과 전단의 두 가지 요소로 구성되어 있다. 변형에너지는 다음과 같이 구할 수 있다.

$$U = \frac{T^2 l}{2GJ} + \frac{F^2 l}{2AG} \tag{a}$$

여기에 $T = FD/2$, $l = \pi DN$, $J = \pi d^4/32$, 그리고 $A = \pi d^2/4$을 대입하면 다음과 같은 결과를 얻는다.

$$U = \frac{4F^2 D^3 N}{d^4 G} + \frac{2F^2 DN}{d^2 G} \tag{b}$$

여기서 $N = N_a$ = 유효감김수. 그리고 Castigliano's theorem, 식 (4-26)을 사용하여 전체 처짐 y를 다음과 같이 구할 수 있다.

$$y = \frac{\partial U}{\partial F} = \frac{8FD^3 N}{d^4 G} + \frac{4FDN}{d^2 G} \tag{c}$$

그런데 $C = D/d$이므로, 식 (c)를 다시 정리하면 다음과 같다.

[2] Cyril Samónov, "Some Aspects of Design of Helical Compression Springs," *Int. Symp. Design and Synthesis*, Tokyo, 1984.

$$y = \frac{8FD^3N}{d^4G}\left(1 + \frac{1}{2C^2}\right) \doteq \frac{8FD^3N}{d^4G} \tag{9-8}$$

스프링의 크기(scale)라고도 불리는 스프링 상수(spring rate), $k = F/y$는 다음과 같다.

$$k \doteq \frac{d^4G}{8D^3N} \tag{9-9}$$

9-4 압축스프링

압축스프링(compression spring)에 일반적으로 사용되는 4가지 종류의 끝부분은 그림 9-2와 같다. **보통형 끝**(*plain ends*)을 가진 스프링은 끝부분이 나선형을 유지하고 있다. 그 끝은 마치 긴 스프링을 잘라 작은 조각으로 만든 것과 같다. **직각**(*squared, closed*)의 보통형 끝을 가진 스프링은 스프링의 나선형 끝을 나선각이 영(zero)이 되도록 변형시킨 것이다. 중요한 용도로 쓰이는 스프링은 반드시 직각형으로 만들고 연삭작업을 하여야 하중의 전달을 양호하게 할 수 있다.

표 9-1에서는 스프링 끝부분의 종류가 코일의 개수와 스프링의 길이[3]에 어떻게 영향을 주는가를 보여준다. 이것은 스프링 제작자가 스프링 끝을 어떻게 가공하였는가에 따라 달라진다. Forys[4]는 직각 연마형 끝은 다음과 같은 밀착높이 L_s를 갖는다고 지적하였다.

$$L_s = (N_t - a)d$$

여기서 a는 변화하는 값인데, 평균 0.75이다. 따라서 표 9-1에 나와 있는 dN_t의 도입은 과장된 것일 수도 있다. 이러한 편차를 확인하는 방법은 특정 스프링 제작사의 스프링을 취하여 그 밀착높이를 측정하는 것이다. 또 다른 방법으로는 밀착 상태에서 와이어 지름의 개수를 세는 것이다.

세팅(*set removal, presetting*)은 유용한 잔류응력을 만들기 위해 압축스프링의 제작에 사용되는 공정이다. 세팅은 스프링을 필요한 길이보다 길게 만들어 그 밀착높이가 되도록

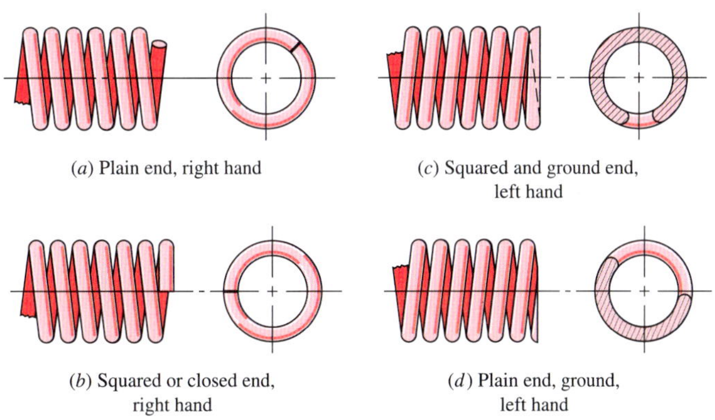

그림 9-2
압축스프링의 끝부분 형상: (*a*) 보통형, (*b*) 직각형 (*c*) 직각 연마형, (*d*) 보통 연마형.

[3] 이러한 관계에 대한 깊은 논의와 전개는 다음을 참고하시오. Cyril Samónov, "Computer-Aided Design of Helical Compression Springs," ASME paper No. 80-DET-69, 1980.

[4] Edward L. Forys, "Accurate Spring Heights," *Machine Design*, vol. 56, no. 2, January 26, 1984.

표 9-1
압축스프링의 치수 관련식. (N_a = 유효감김수)
(출처: *Design Handbook,* 1987, p.32.)

Term	Plain	Plain and Ground	quared or Closed	quared and Ground
	Type of Spring Ends			
End coils, N_e	0	1	2	2
Total coils, N_t	N_a	$N_a + 1$	$N_a + 2$	$N_a + 2$
Free length, L_0	$pN_a + d$	$p(N_a + 1)$	$pN_a + 3d$	$pN_a + 2d$
Solid length, L_s	$d(N_t + 1)$	dN_t	$d(N_t + 1)$	dN_t
Pitch, p	$(L_0 - d)/N_a$	$L_0/(N_a + 1)$	$(L_0 - 3d)/N_a$	$(L_0 - 2d)/N_a$

압축하여 만들어진다. 이 공정을 통하여 스프링은 필요한 최종 자유길이로 만들어지고, 비틀림 항복강도가 초과되었으므로 사용 중에 유도되는 응력과는 반대방향의 잔류응력이 유도된다. 세팅될 스프링은 초기 자유길이의 10~30%가 작업 중에 제거되도록 설계하여야 한다. 밀착높이에서의 응력이 비틀림 항복강도보다 1.3배 이상 크면 뒤틀림이 발생한다. 또한 이 응력이 1.1배 보다 훨씬 작으면 최종 자유길이를 제어하기 어려워진다.

세팅은 스프링의 강도를 증가시키므로 스프링을 에너지 저장의 목적으로 사용할 때 특히 유용하다. 그러나 세팅은 스프링이 피로에 노출될 때에는 사용하지 말아야 한다.

9-5 안정성

4장에서 하중이 과도하게 커지면 기둥은 좌굴하게 된다는 것을 배웠다. 마찬가지로 압축코일스프링도 처짐(또는 휨)이 과도하게 커지면 좌굴한다. 임계 처짐은 다음의 식으로 주어진다.

$$y_{\text{cr}} = L_0 C_1' \left[1 - \left(1 - \frac{C_2'}{\lambda_{\text{eff}}^2} \right)^{1/2} \right] \tag{9-10}$$

여기서 y_{cr} 은 불안정상태의 시작과 관련된 처짐을 의미한다. 이 식은 Samónov[5]에 따르면 Wahl[6]이 인용하였고, Haringx[7]에 의해 실험적으로 증명되었다고 한다. 식 (9-10)의 eff는 유효 세장비(*effective slenderness ratio*)이며, 다음의 식으로 주어진다.

$$\lambda_{\text{eff}} = \frac{\alpha L_0}{D} \tag{9-11}$$

C_1' 과 C_2' 은 다음과 같은 식으로 정의되는 탄성상수(elastic constants)이다.

[5] Cyril Samónov "Computer-Aided Design," op. cit.

[6] A. M. Wahl, *Mechanical Springs*, 2d ed., McGraw-Hill, New York, 1963.

[7] J. A. Haringx, "On Highly Compressible Helical Springs and Rubber Rods and Their Application for Vibration-Free Mountings," I and II, *Philips Res. Rep.*, vol. 3, December 1948, pp. 401-449, and vol. 4, February 1949, pp. 49-80.

표 9-2
헬리컬 압축스프링*의 끝부분 상태 상수 α

End Condition	Constant α
Spring supported between flat parallel surfaces (fixed ends)	0.5
One end supported by flat surface perpendicular to spring axis (fixed); other end pivoted (hinged)	0.707
Both ends pivoted (hinged)	1
One end clamped; other end free	2

*평면에 의해 지지되는 끝부분은 직각 연마형이어야 함.

$$C_1' = \frac{E}{2(E-G)}$$

$$C_2' = \frac{2\pi^2(E-G)}{2G+E}$$

식 (9-11)에는 **끝부분 상태에 따라 정해지는 상수**(*end-condition constant*) α가 포함되어 있다. 이 값은 스프링의 끝이 어떻게 지지되어 있는가에 따라 달라진다. 표 9-2에는 일반적인 끝부분 상태에 대한 α값이 주어져 있다. 이 값이 기둥의 끝부분 상태와 얼마나 유사한지 주의해 보라.

절대적 안정상태는 식 (9-10)의 항 $C_2'/\lambda_{\text{eff}}^2$ 이 1보다 클 때 나타난다. 즉 절대적 안정상태에 대한 조건은 다음 식과 같이 주어진다.

$$L_0 < \frac{\pi D}{\alpha}\left[\frac{2(E-G)}{2G+E}\right]^{1/2} \tag{9-12}$$

철의 경우 이 식은 다음과 같다.

$$L_0 < 2.63\frac{D}{\alpha} \tag{9-13}$$

직각 연마형 끝을 가진 스프링의 경우에는 $\alpha = 0.5$이며, 따라서 $L_0 < 5.26D$이다.

9-6 스프링 재료

스프링은 요구되는 재료의 치수, 스프링 상수 및 특성에 따라 열간 또는 냉간 가공공정을 거쳐 제작된다. 일반적으로 미리 열처리된 와이어는 $D/d < 4$이거나 $d > 6$ mm 인 경우에는 사용해서는 안 된다. 스프링을 감을 때에는 굽힘에 의해 잔류응력이 유도되는데, 이것의 방향은 코일스프링 내의 비틀림 작용응력의 방향에 수직하다. 스프링을 감은 후에 연성 열처리(mild thermal treatment)를 하여 잔류응력을 제거하는 것은 스프링 제작 시에 아주 흔한 일이다.

매우 다양한 종류의 스프링 재료가 존재하는데, 이에는 보통 탄소강, 합금강과 내식성 강뿐만 아니라 비철금속 재료인 인청동(phosphor bronze), 스프링 황동, 베릴륨 구리 그리고 다양한 니켈 합금이 포함된다. 가장 일반적으로 사용되는 철에 대한 설명은 표 9-3

표 9-3
고탄소 스프링강 및 고합금 스프링강
(출처: Harald C. R. Carlson, “Selection and Application of Spring Materials,”*Mechanical Engineering*, vol. 78, 1956, pp. 331-334.)

Name of Material	Similar Specifications	Description
Music wire 0.80–0.95C,	UNS G10850 AISI 1085 ASTM A228-51	This is the best, toughest, and most widely used of all spring materials for small springs. It has the highest tensile strength and can withstand higher stresses under repeated loading than any other spring material.Available in diameters 0.12 to 3mm(0.005 to 0.125 in). Do not use above 120°C (250°F) or at subzero temperatures.
Oil-tempered wire, 0.60–0.70C	UNS G10650 AISI 1065 ASTM 229-41	This general-purpose spring steel is used for many types of coil springs where the cost of music wire is prohibitive and in sizes larger than available in music wire. Not for shock or impact loading. Available in diameters 3 to 12 mm (0.125 to 0.5000 in), but larger and smaller sizes may be obtained. Not for use above 180°C (350°F) or at subzero temperatures.
Hard-drawn wire, 0.60–0.70C	UNS G10660 AISI 1066 ASTM A227-47	This is the cheapest general-purpose spring steel and should be used only where life, accuracy, and deflection are not too important. Available in diameters 0.8 to 12 mm (0.031 to 0.500 in). Not for use above 120°C (250°F) or at subzero temperatures.
Chrome-vanadium	UNS G61500 AISI 6150 ASTM 231-41	This is the most popular alloy spring steel for conditions involving higher stresses than can be used with the high-carbon steels and for use where fatigue resistance and long endurance are needed. Also good for shock and impact loads. Widely used for aircraft-engine valve springs and for temperatures to 220°C (425°F). Available in annealed or pretempered sizes 0.8 to 12 mm (0.031 to 0.500 in) in diameter.
Chrome-silicon	UNS G92540 AISI 9254	This alloy is an excellent material for highly stressed springs that require long life and are subjected to shock loading. Rockwell hardnesses of C50 to C53 are quite common, and the material may be used up to 250°C (475°F). Available from 0.8 to 12 mm (0.031 to 0.500 in) in diameter.

에 나와 있다. 부록 A에 나와 있는 UNS(Unified Numbering System)강은 열간 가공된 중(heavy) 코일 스프링과 평판 스프링, 리프(leaf) 스프링 및 토션바를 설계할 때에 사용되어야 한다.

스프링 재료는 그 인장강도를 측정하여 비교할 수 있다; 이 값은 와이어의 치수에 따라서 상당히 달라지므로 와이어의 치수가 알려지기 전까지는 명기할 수 없다. 물론 재료와 그 가공방법도 인장강도에 영향을 준다. 인장강도와 와이어의 지름 사이의 관계에 대한 그래프를 log-log 스케일로 나타내면 몇몇 재료에서는 거의 직선을 나타냄이 알려져 있다. 이 직선을 다음과 같은 식으로 나타내고,

$$S_{ut} = \frac{A}{d^m} \tag{9-14}$$

그 직선의 절편 A와 기울기 m이 알려져 있으면 인장강도의 최소값을 추정할 수 있다. 표 9-4에는 이 상수들을 최신의 자료로부터 작업하여 나타냈으며, 강도의 단위는 kpsi나 MPa이다. 식 (9-14)에서 d를 밀리미터로 사용하면 A는 MPa · mm^{m}이 되며, d를 인치로 사용하면 A는 kpsi · in^m 이 된다.

스프링을 설계하고 성능을 분석하기 위해서는 비틀림 항복강도가 필요하지만, 스프링 재료는 보통 인장강도만을 시험한다. 그 이유는 그렇게 하는 것이 쉽고 경제적이기 때문이다. 비틀림 항복강도에 대한 매우 대략적인 추정은 인장 항복강도가 인장강도의 60~90%라

표 9-4 일반적인 스프링 와이어의 최소 인장강도를 추정하기 위한 식 $S_{ut} = A/d^m$의 상수 A와 m
(출처: *Design Handbook*, 1987, p. 19. Associated Spring)

Material	ASTM No.	Exponent m	Diameter, in	A, kpsi · in^m	Diameter, mm	A, Mpα · mmm	Relative Cost of Wire
Music wire*	A228	0.145	0.004–0.256	201	0.10–6.5	2211	2.6
OQ&T wire†	A229	0.187	0.020–0.500	147	0.5–12.7	1855	1.3
Hard-drawn wire‡	A227	0.190	0.028–0.500	140	0.7–12.7	1783	1.0
Chrome-vanadium wire§	A232	0.168	0.032–0.437	169	0.8–11.1	2005	3.1
Chrome-silicon wire‖	A401	0.108	0.063–0.375	202	1.6–9.5	1974	4.0
302 Stainless wire#	A313	0.146	0.013–0.10	169	0.3–2.5	1867	7.6–11
		0.263	0.10–0.20	128	2.5–5	2065	
		0.478	0.20–0.40	90	5–10	2911	
Phosphor-bronze wire**	B159	0	0.004–0.022	145	0.1–0.6	1000	8.0
		0.028	0.022–0.075	121	0.6–2	913	
		0.064	0.075–0.30	110	2–7.5	932	

*Surface is smooth, free of defects, and has a bright, lustrous finish.

†Has a slight heat-treating scale which must be removed before plating.

‡Surface is smooth and bright with no visible marks.

§Aircraft-quality tempered wire, can also be obtained annealed.

‖Tempered to Rockwell C49, but may be obtained untempered.

#Type 302 stainless steel.

**Temper CA510.

는 가정으로부터 얻을 수 있다. 비틀림 에너지 이론(distortion-energy theory)을 적용하면 비틀림 항복강도($S_{sy} = 0.577S_s$)를 얻을 수 있다. 철에 대해서는 다음과 같은 결과를 얻는다.

$$0.35S_{ut} \leq S_{sy} \leq 0.52S_{ut} \tag{9-15}$$

표 9-5에는 스프링의 최대 허용 전단응력이 3번째 세로행에 나와 있다. 음악 와이어와 경강 스프링 와이어는 위 영역 중 아래 부분인 $S_{sy} = 0.45S_{ut}$ 를 갖는다. 밸브스프링 와이어, Cr-Va, Cr-Si 그리고 (여기에는 표시하지 않았지만) 기타 담금질과 불림 처리한 탄소강과 저합금강 와이어는 $S_{sy} \geq 0.50S_{ut}$ 부류에 속한다. 많은 비철금속은 (여기에는 표시하지 않

표 9-5 몇몇 스프링 와이어의 기계적 특성

Material	Elastic Limit, Percent of Sut Tension	Torsion	Diameter d, in	mm	E Mpsi	GPa	G Mpsi	GPa
Music wire A228	65–75	45–60	<0.032	<8	29.5	203.4	12.0	82.7
			0.033–0.063	0.8–1.6	29.0	200	11.85	81.7
			0.064–0.125	1.61–3	28.5	196.5	11.75	81.0
			>0.125	>3	28.0	193	11.6	80.0
HD spring A227	60–70	45–55	<0.032	<8	28.8	198.6	11.7	80.7
			0.033–0.063	0.8–1.6	28.7	197.9	11.6	80.0
			0.064–0.125	1.61–3	28.6	197.2	11.5	79.3
			>0.125	>3	28.5	196.5	11.4	78.6
Oil tempered A239	85–90	45–50			28.5	196.5	11.2	77.2
Valve spring A230	85–90	50–60			29.5	203.4	11.2	77.2
Chrome-vanadium A231	88–93	65–75			29.5	203.4	11.2	77.2
A232	88–93				29.5	203.4	11.2	77.2
Chrome-silicon A401	85–93	65–75			29.5	203.4	11.2	77.2
Stainless steel								
A313*	65–75	45–55			28	193	10	69.0
17-7PH	75–80	55–60			29.5	208.4	11	75.8
414	65–70	42–55			29	200	11.2	77.2
420	65–75	45–55			29	200	11.2	77.2
431	72–76	50–55			30	206	11.5	79.3
Phosphor-bronze B159	75–80	45–50			15	103.4	6	41.4
Beryllium-copper B197	70	50			17	117.2	6.5	44.8
	75	50–55			19	131	7.3	50.3
Inconel alloy X-750	65–70	40–45			31	213.7	11.2	77.2

*Also includes 302, 304, and 316.

Note: See Table 10–6 for allowable torsional stress design values.

표 9-6
정적인 사용의 경우 헬리컬 압축스프링의 최대 허용 비틀림 응력 (출처: Robert E. Joerres, "Springs, "Chap. 6 in Joseph E. Shigley and Charles R. Mischke, and Thomas H. Brown, Jr. (eds.), *Standard Handbook of Machine Design*, 3rd ed., McGraw-Hill, New York, 2004.)

Material	Maximum Percent of Tensile Strength Before Set Removed (includes K_W or K_B)	After Set Removed (includes K_s)
Music wire and colddrawn carbon steel	45	60–70
Hardened and tempered carbon and low-alloy steel	50	65–75
Austenitic stainless steels	35	55–65
Nonferrous alloys	35	55–65

았지만) $S_{sy} \geq 0.35S_{ut}$ 부류에 속한다. 이러한 관점에서 Joerres[8]는 정적인 사용영역에서 표 9-6의 최대 허용 비틀림 응력을 사용한다. 비틀림 항복에 대한 정보가 알려져 있는 특정 재료에 대해서는 이 표를 지침으로 사용하면 된다. Joerres는 표 9-6에서 세팅 정보를 제공하는데, 즉 냉간 가공작업에 의해 강도가 증가($S_{sy} \geq 0.65S_{ut}$)하지만 스프링 제작자에게는 부가적인 작업으로 인한 비용의 상승도 가져온다. 때때로 이러한 부가적인 작업은 조립과정에서 제작자가 수행한다. 탄소강 스프링의 상관관계에 따르면 스프링 와이어의 인장 항복강도는 $0.75S_{ut}$ 로부터 추정할 수 있다. 변형에너지 이론에 기초하여 전단 항복강도를 추정하면 $S_{sy} = 0.577(0.75)S_{ut} = 0.433S_{ut} \doteq 0.45S_{ut}$ 가 된다. Sam nov는 허용응력에 대해 논의하면서 고인장 스프링강에 대해 다음과 같은 식을 제시했는데, 이는 Joerres가 경화 합금강에 대해 제시한 값과 유사하다.

$$S_{sy} = \tau_{\text{all}} = 0.56S_{ut} \tag{9-16}$$

그는 식 (9-3)을 응력 수정계수 없이 사용할 때, 허용응력에 대한 이 값은 독일의 표준 초안(Draft Standard) 2089에 의해 정해져 있다고 지적했다.

예제 9-1

음악 와이어 16번으로 만들어진 헬리컬 압축스프링이 있다. 스프링의 바깥지름은 11 mm다. 스프링의 끝은 직각형이며, 전체감김수는 $12\frac{1}{2}$이다.

(*a*) 와이어의 비틀림 항복강도를 추정하라.

(*b*) 항복강도에 해당하는 정적 부하를 추정하라.

(*c*) 스프링 상수를 추정하라.

(*d*) 문항 (*b*)의 부하에 의해 발생하게 될 처짐을 추정하라.

(*e*) 스프링의 밀착높이를 추정하라.

(*f*) 스프링을 압축하여 밀착상태로 만들고 풀어줄 때, 자유길이에 영구변형이 전혀 발생하지 않도록 하기 위해서 스프링의 길이는 얼마이어야 하는가?

(*g*) 스프링의 길이가 문항 (*f*)에서 구한 값이라면 좌굴이 가능한가?

(*h*) 스프링 코일의 피치(pitch)는 얼마인가?

---

[8] Robert E. Joerres, "Springs," Chap. 6 in Joseph E. Shigley, Charles R. Mischke, and Thomas H. Brown, Jr. (eds.), *Standard Handbook of Machine Design*, 3rd ed., McGraw-Hill, New York, 2004.

풀이 (*a*) 표 A-28로부터 와이어의 지름은 $d = 0.94$ mm 다. 표 9-4로부터 $A = 2211$ MPa · mm^{m}이며, $m = 0.145$ 이다. 그러므로 식 (9-14)로부터 다음 값을 얻는다.

$$S_{ut} = \frac{A}{d^m} = \frac{2211}{0.94^{0.145}} = 2231 \text{ MPa}$$

그리고 표 9-6으로부터 다음 값을 구할 수 있다.

답
$$S_{sy} = 0.45S_{ut} = 0.45(2231) = 1004 \text{ MPa}$$

(*b*) 스프링의 평균 코일지름 $D = 11 - 0.94 = 10.06$ mm 이며, 스프링 지수 $C = 10.06/0.94 = 10.7$ 이다. 그리고 식 (9-6)으로부터 다음을 얻을 수 있다.

$$K_B = \frac{4C + 2}{4C - 3} = \frac{4\,(10.7) + 2}{4\,(10.7) - 3} = 1.126$$

식 (9-7)에서 K_s와 τ를 각각 K_B와 S_{ys}로 대체하고, F에 대하여 풀어보면 다음과 같다.

답
$$F = \frac{\pi d^3 S_{sy}}{8K_B D} = \frac{\pi(0.94^3)1004}{8(1.126)10.06} = 31 \text{ N}$$

(*c*) 표 9-1로부터 $N_a = 12.5 - 2 = 10.5$회전이다. 표 9-5로부터 $G = 81\,700$ MPa 이므로 스프링 상수는 식 (9-9)로부터 다음과 같이 구해진다.

답
$$k = \frac{d^4 G}{8D^3 N_a} = \frac{0.94^4(81\,700)}{8(10.06^3)10.5} = 0.9 \text{ N/mm}$$

답 (*d*)
$$y = \frac{F}{k} = \frac{31}{0.9} = 34.4 \text{ mm}$$

(*e*) 표 9-1로부터

답
$$L_s = (N_t + 1)d = (12.5 + 1)0.94 = 12.7 \text{ mm}$$

답 (*f*)
$$L_0 = y + L_s = 34.4 + 12.7 = 47.1 \text{ mm}$$

(*g*) 좌굴을 피하기 위해 식 (9-13)과 표 9-2로부터 다음과 같은 관계를 얻을 수 있다.

$$L_0 < 2.63\frac{D}{\alpha} = 2.63\frac{10.06}{0.5} = 52.9 \text{ mm}$$

수학적으로 자유길이 47.1 mm는 52.9 mm보다 작으므로 좌굴이 발생할 것 같지는 않다. 그러나 스프링의 끝부분을 어떻게 가공하는가에 따라 0.5에 얼마나 가까운가가 달라진다. 이것을 검토하여야 하며, 내부용 막대나 외부용 튜브 또는 구멍이 필요할 수도 있다.

(*h*) 마지막으로 표 9-1로부터 스프링 몸체 코일의 피치를 다음과 같이 구할 수 있다.

답
$$p = \frac{L_0 - 3d}{N_a} = \frac{47.1 - 3(0.94)}{10.5} = 4.4 \text{ mm}$$

9-7 정적 하중을 고려한 헬리컬 압축스프링 설계

스프링 지수는 $4 \le C \le 12$가 선호되어 사용된다. 이 영역 중에서 작은 스프링 지수를 가진 것은 (표면 균열의 위험성 때문에) 성형하기에 어렵고, 큰 스프링 지수를 가진 것은 개별적으로 포장해야 할 만큼 엉키는 경향을 보인다. 이것이 설계 평가에서 첫 번째 항목이 될 수 있다. 유효감김수는 $3 \le N_a \le 15$가 추천되는 영역이다. 스프링이 거의 밀착하게 되었을 경우에도 선형성을 유지하기 위해서는 (피치의 불완전성에 기인하여) 코일들이 점진적으로 가까워지는 것을 피해야 한다. 헬리컬 코일스프링의 힘-처짐 특성은 이상적으로는 선형이다. 실제적으로는 거의 선형에 가깝지만, 힘-처짐 곡선의 각 끝부분에서는 그렇지 못하다. 스프링 힘은 매우 작은 변형에 대해서, 그리고 거의 근접하게 되었을 때에는 재현할 수 없다. 코일들이 접촉하기 시작하여 유효감김수가 줄어듦에 따라 비선형적 거동이 시작된다. 설계자는 스프링의 작동영역을 하중이 작용하지 않을 때 ($F = 0$)와 스프링이 밀착되었을 때 ($F = F_s$) 사이의 곡선 중앙부 75%로 제한한다. 따라서 최대 작동력은 $F_{\max} \le \frac{7}{8}F_s$로 제한되어야 한다. Fractional overrun to closure ξ을 다음과 같이 정의할 수 있다.

$$F_s = (1+\xi)F_{\max} \tag{9-17}$$

위의 식은 다시 다음과 같이 정리할 수 있다.

$$F_s = (1+\xi)F_{\max} = (1+\xi)\left(\frac{7}{8}\right)F_s$$

위의 식으로부터 $\xi = 1/7 = 0.143 \doteq 0.15$을 구할 수 있다. 따라서 $\xi \ge 0.15$이 추천되는 값이다.

스프링의 관계식과 재료특성에 덧붙여서 몇 가지 설계 권고사항이 있는데 다음과 같다:

$$4 \le C \le 12 \tag{9-18}$$

$$3 \le N_a \le 15 \tag{9-19}$$

$$\xi \ge 0.15 \tag{9-20}$$

$$n_s \ge 1.2 \tag{9-21}$$

여기서 n_s 는 밀착높이에서의 안전계수다.

대량생산 스프링의 설계를 고려할 때에는 성능계수(figure of merit)는 스프링을 제작하는 와이어의 비용이 될 수 있다. fom(성능계수)은 상대적 재료비, 비중 그리고 부피에 비례할 것이다.

$$\text{fom} = -(\text{상대적 재료비})\frac{\gamma\pi^2 d^2 N_t D}{4} \tag{9-22}$$

강철끼리 비교할 때에는 비중 γ를 생략할 수도 있다.

스프링을 설계하는 것은 창의적 설계 과정이다. 결정해야 할 것이 많이 있으며, 가능한 해결방향이나 해결안도 많이 있다. 과거에는 표, 계산도표 그리고 “스프링 설계 계산자” 등이 스프링 설계문제를 단순화하기 위해 많이 사용되었다. 오늘날에는 설계자가 서로 다른 많은 형태로(직접 프로그래밍, 표 계산 소프트웨어, MATLAB 등) 프로그램을 만들 수 있게 되었다. 상용 프로그램[9]도 등장하였다. 프로그래머들이 존재하는 것만큼 많은 수의 스프링 설계 프로그램을 만드는 방법이 있다. 여기서는 한 가지 가능한 설계방법을 제안한다.

설계전략

직관적으로 경강 와이어를 첫 번째 선택(상대적 재료비 = 1.0)으로 하는 결정을 한다. 와이어의 치수는 d로 한다. 모든 결정을 한 후에는 변수들에 대한 세로행을 만든다: d, D, C, OD 또는 ID, N_a, L_s, L_0, $(L_0)_{cr}$, n_s, 그리고 fom. 사용가능한 와이어의 치수 종류를 확대하면서, 변수들의 표를 훑어보고 검토하여 설계 추천내용을 적용할 수 있다. 적합하지 않은 와이어의 치수 종류를 제외시킨 후 가장 큰 성능계수(fom)를 갖는 설계를 선택한다. 이렇게 하면 단속적인 설계변수 d와 동질적 및 이질적 구속조건들이 혼재되어 있을지라도 최적의 설계를 찾을 수 있다. 표의 세로행 값들은 그림 9-3에 나타낸 순서도를 이용하여 만들 수 있다. 그것은 막대 둘레에서 또는 구멍에서 작동하는 감긴 상태 그대로의 상태와 세팅 스프링의 상태를 설명하는 데 일반적으로 충분하다. 감긴 상태 그대로의 스프링에서는 제어방정식을 다음과 같이 스프링 지수에 대해 풀어야 한다. 식 (9-3), $\tau = S_{sy}/n_s$, $C = \mathrm{D/d}$, 식 (9-6)에서 K_B, 그리고 식 (9-17)로부터 다음의 식을 얻는다.

$$\frac{S_{sy}}{n_s} = K_B \frac{8F_s D}{\pi d^3} = \frac{4C+2}{4C-3}\left[\frac{8(1+\xi)\,F_{\max}C}{\pi d^2}\right] \tag{a}$$

여기서 α와 β를 다음과 같이 정한다.

$$\alpha = \frac{S_{sy}}{n_s} \tag{b}$$

$$\beta = \frac{8\,(1+\xi)\,F_{\max}}{\pi d^2} \tag{c}$$

식 (b)와 (c)를 (a)에 대입하여 단순화하면 C에 대한 2차방정식이 만들어진다. 두 개의 해 중에서 더 큰 값이 스프링 지수가 된다.

$$C = \frac{2\alpha - \beta}{4\beta} + \sqrt{\left(\frac{2\alpha-\beta}{4\beta}\right)^2 - \frac{3\alpha}{4\beta}} \tag{9-23}$$

예제 9-2

음악 와이어로 만들어진 헬리컬 압축스프링이 50.8 mm로 압축된 후 89 N의 하중을 지지하고 있다. 조립 고려사항 때문에 밀착높이는 25.4 mm를 초과할 수 없으며, 자유길이는 101.6 mm보다 길어서는 안 된다. 이러한 스프링을 설계하라.

풀이 초기 결정사항은 다음과 같다.

- 음악 와이어 A228; 표 9-4로부터 $A = 2211\ \mathrm{MPa \cdot mm}^m$; $m = 0.145$; 표 9-5로부터 $E = 196.5$ GPa, $G = 81$ GPa ($d > 1.61$ mm로 예상됨)

[9] 예를 들어 프로그램 *Advanced Spring Design*을 참고하시오. 이것은 Spring Manufacturers Institute (SMI), www.smihq.org와 Universal Technical Systems, Inc. (UTS), www.uts.com에서 공동 개발하였음.

그림 9-3
정적 하중에 대한 헬리컬 코일 압축스프링 설계 순서도

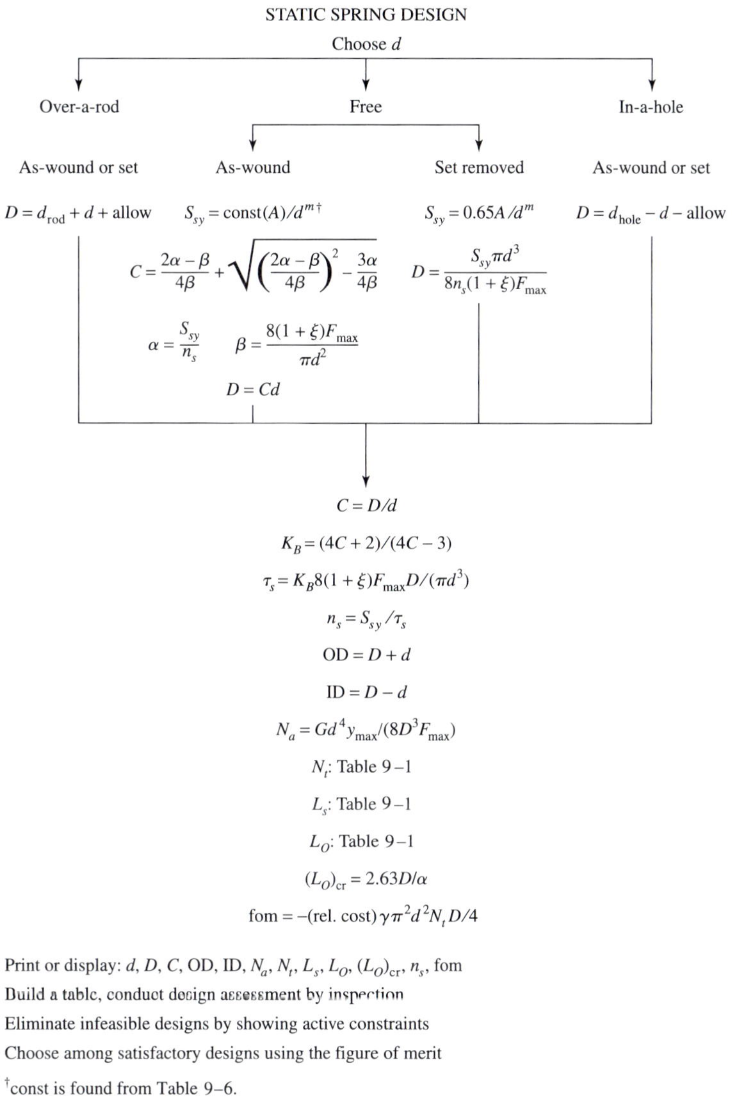

- 양 끝은 직각 연마형
- 기능: $F_{max} = 89$ N, $y_{max} = 50.8$ mm
- 안전: 밀착높이에서의 설계 안전계수 $(n_s)_d = 1.2$를 사용한다
- Robust linearity: $\xi = 0.15$
- 감긴 상태 그대로의 스프링을 사용한다(저렴함), 표 9-6으로부터 $S_{sy} = 0.45S_{ut}$.
- 결정 변수: $d = 2.03$ mm, 음악 와이어 게이지 #30, 표 A-26. 그림 9-3과 표 9-6으로부터

$$S_{sy} = 0.45\frac{2211}{2.03^{0.145}} = 897.9 \text{ MPa}$$

그림 9-3 또는 식 (9-23)으로부터

$$\alpha = \frac{S_{sy}}{n_s} = \frac{897.9}{1.2} = 748.3 \text{ MPa}$$

$$\beta = \frac{8(1+\xi)F_{\max}}{\pi d^2} = \frac{8(1+0.15)89}{\pi(2.03^2)} = 63.2 \text{ MPa}$$

$$C = \frac{2(748.3) - 63.2}{4(63.2)} + \sqrt{\left[\frac{2(748.3) - 63.2}{4(63.2)}\right]^2 - \frac{3(748.3)}{4(63.2)}} = 10.5$$

그림 9-3에서 계속하여:

$$D = Cd = 10.5(2.03) = 21.3 \text{ mm}$$

$$K_B = \frac{4(10.5) + 2}{4(10.5) - 3} = 1.128$$

$$\tau_s = 1.128\frac{8(1 + 0.15)89(21.3)}{\pi(2.03)^3} = 748 \text{ MPa}$$

$$n_s = \frac{897.9}{748} = 1.2$$

$$\text{OD} = 21.3 + 2.03 = 23.3 \text{ mm}$$

$$N_a = \frac{2.03^4(81\,000)50.8}{8(21.3)^3 89} = 10.16 \text{ turns}$$

$$N_t = 10.16 + 2 = 12.16 \text{ total turns}$$

$$L_s = 2.03(12.16) = 24.3 \text{ mm}$$

$$L_0 = 24.3 + (1 + 0.15)50.8 = 82.7 \text{ mm}$$

$$(L)_{\text{cr}} = 2.63(21.3/0.5) = 112 \text{ mm}$$

$$\text{fom} = -2.6\frac{\pi^2(2.03)^2 12.16(21.3)}{4(25.4)^3} = -0.417$$

지름이 다른 와이어를 선택하여 위의 과정을 반복하여 표를 만든다(spreadsheet 프로그램을 사용하면 편리하다):

d:	1.6	1.7	1.8	1.9	2.03	2.1	2.3	2.4
D	9.9	12.2	14.6	17.5	21.3	25.2	31.1	36.0
C	6.2	7.2	8.1	9.2	10.5	12.0	13.5	15.0
OD	11.5	13.8	16.4	19.3	23.3	27.8	32.8	38.4
N_a	39.1	26.9	19.3	14.2	10.2	7.3	5.4	4.1
L_s	65.2	48.8	38.1	30.7	24.3	19.9	16.8	14.6
L_0	123.8	107.3	96.6	89.1	82.7	78.3	75.2	73
$(L_0)_{cr}$	52.1	63.7	76.9	91.5	112	160.5	161.0	189.9
n_s	1.2	1.2	1.2	1.2	1.2	1.2	1.2	1.2
fom	−0.41	−0.40	−0.40	−0.404	−0.42	−0.44	−0.47	−0.51

이제는 표를 점검하여 타당성 평가를 수행하여야 한다. 제한조건 $3 \leq N_a \leq 15$ 때문에 지름 1.9 mm미만의 와이어는 제외된다. 스프링 지수 제한조건 $4 \leq C \leq 12$ 때문에 지름 2.1 mm 보다 큰 와이어는 제외된다. 제한조건 $L_s \leq 1$ 때문에 지름 0.203 mm 미만의 와이어는 제외된다. 제한조건 $L_0 \leq 4$ 때문에 지름 1.8 mm 미만의 와이어는 제외된다. 좌굴기준 때문에, 자유길이가 $(L_0)_{cr}$ 보다 긴 스프링을 제외하는데, 이것은 지름 1.9 mm 미만인 와이어를 제외하는 것을 의미한다. 안전계수 n_s는 계산에 따라 정확히 1.20이다. 스프링을 구멍 속에 넣거나, 스프링 속에 막대를 집어넣으면 스프링의 지름은 설계 안전계수 $(n_s)_d$ 에 대한 기준값 없이 와이어를 택할 수 있다. 결과적으로 적절한 것으로는 와이어 지름 2.03 mm와 2.1 mm의 두 가지 스프링만 남는다. 성능계수(fom)를 비교하여 와이어 지름 2.03 mm의 설계로 결정한다.

스프링을 설계할 때 우리의 명세에 맞게 하였는가? 반드시 그럴 필요는 없다. 실제로 수천 개의 음악 와이어 압축스프링을 재고로 가지고 있는 제작자들이 있다. 그들의 카탈로그를 살펴보면 유사한 것을 여러 개 찾을 수 있다. 그 특성으로 최대 처짐과 최대 부하가 나타나 있다. 스프링의 손상 없이 밀착상태가 될 수 있는지 확인해야 한다. 그렇지 않은 경우가 자주 있다. 스프링 상수는 단지 유사할 수도 있다. 최소한도 이때에는 스프링 몇 개는 시험을 위해 재고를 바로 주문할 수 있다. 그 결정은 흔히 특수 주문과 유사한 것을 수용하는 것과의 경제성에 따라 이루어진다.

스프링 설계는 고정된 형식의 접근이 아니며 반복적인 작업을 요구한다. 예제 9-2에서는 와이어 지름을 첫 번째로 선택함으로써 정적 부하 상태에서의 스프링 설계에 대한 반복적인 접근방법을 제시하고 있다. 지름의 선택은 오히려 임의로 이루어질 수 있다.

예제 9-3 그림 9-4의 인장스프링의 끝은 **둥근 훅**(*full-twisted loop ends*)으로 되어 있다. 재료는 AISI 1065 OQ&T 와이어다. 이 스프링은 코일수 84이며, 예부하 80 N이 작용하고 있다.

(*a*) 스프링의 닫힘길이를 구하라.

(*b*) 예부하에 상응하는 스프링 내의 비틀림 응력을 구하라.

(*c*) 스프링 상수를 구하라.

(*d*) 영구변형을 야기하는 하중의 크기는 얼마인가?

(*e*) 질문 (*d*)에서 구한 하중에 상응하는 스프링 변형은 얼마인가?

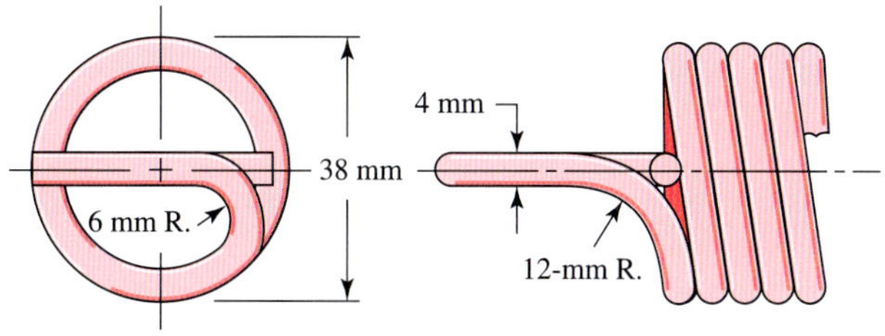

그림 9-4

풀이 주어진 조건: $N_b = 84$ coils, $Fi = 80$ N, OQ&T steel, OD $= 38$ mm, $d = 4$ mm, $D = 38 - 4 = 34$ mm

(*a*) 식 (9-39):

$$L_0 = 2(D - d) + (N_b + 1)d$$

답 $$= 2(34 - 4) + (84 + 1)(4) = 400 \text{ mm}$$

또는 $$2d + L_0 = 2(4) + 400 = 408 \text{ mm 전체}$$

(*b*) $$C = \frac{D}{d} = \frac{34}{4} = 8.5$$

$$K_B = \frac{4(8.5) + 2}{4(8.5) - 3} = 1.161$$

답 $$\tau_i = K_B\left[\frac{8F_iD}{\pi d^3}\right] = 1.161\left[\frac{8(80)(34)}{\pi(4)^3}\right] = 125.7 \text{ MPa}$$

(*c*) 표 9-5로부터: $G = 79.3$ GPa and $E = 196.5$ GPa

$$N_a = N_b + \frac{G}{E} = 84 + \frac{79.3}{196.5} = 84.4 \text{ turns}$$

답 $$k = \frac{d^4G}{8D^3N_a} = \frac{(4)^4(79\,300)}{8(34)^3(84.4)} = 0.765 \text{ N/mm}$$

(*d*) 표 9-4로부터:

$$A = 1855 \text{ MPa} \cdot \text{mm}^m, \quad m = 0.187$$

$$S_{ut} = \frac{1855}{(4)^{0.187}} = 1431.4 \text{ MPa}$$

$$S_y = 0.75(1431.4) = 1073.6 \text{ MPa}$$

$$S_{sy} = 0.75(1431.4) = 715.7 \text{ MPa}$$

몸체

$$F = \frac{\pi d^3 S_{sy}}{\pi K_B D}$$

$$= \frac{\pi(4)^3(715.7)}{8(1.161)(34)} = 455.7 \text{ N}$$

훅 *B*점의 비틀림 응력

$$C_2 = \frac{2r_2}{d} = \frac{2(6 + 4/2)}{4} = 4$$

$$(K)_B = \frac{4C_2 - 1}{4C_2 - 4} = \frac{4(4) - 1}{4(4) - 4} = 1.25$$

$$F = \frac{\pi(4)^3(715.7)}{8(1.25)(34)} = 423.2 \text{ N}$$

훅 *A*점의 수직응력

$$C_1 = \frac{2r_1}{d} = \frac{34}{4} = 8.5$$

$$(K)_A = \frac{4C_1^2 - C_1 - 1}{4C_1(C_1 - 1)} = \frac{4(8.5)^2 - 8.5 - 1}{4(8.5)(8.5 - 1)} = 1.096$$

$$S_{yt} = \sigma = F\left[\frac{16(K)_A D}{\pi d^3} + \frac{4}{\pi d^2}\right]$$

$$F = \frac{1073.6}{[16(1.096)(34)]/[\pi(4)^3] + \{4/[\pi(4)^2]\}} = 352.6 \text{ N}$$

답 $$= \min(455.7, 423.2, 352.6) = 352.6 \text{ N}$$

(*e*) 식 (9-48)로부터:

답 $$y = \frac{F - F_i}{k} = \frac{352.6 - 80}{0.765} = 356.3 \text{ mm}$$

9-8 헬리컬 스프링의 임계 진동수

수영장 한 끝의 요동에 의해 파도가 만들어지면, 이 파도는 수영장의 길이방향으로 이동하고 다시 반대쪽으로 반사되어 돌아오고, 결국 감쇠될 때까지 이 왕복운동이 지속된다. 헬리컬 스프링에서도 이와 동일한 효과가 발생하는데, 이를 **스프링 서지**(*spring surge*)라 부른다. 스프링의 한 끝은 편평한 면에 지지되어 있고 다른 한 면이 요동친다면, 수영장의 파도와 정확히 동일하게 한 끝에서 다른 끝으로 왕복 운동하는 압축파가 만들어진다.

스프링 제작자들은 자동차의 밸브 스프링 서지를 느린 동작 동영상으로 촬영하였다. 이 영상을 보면 스프링이 끝면과의 접촉을 실제적으로 벗어날 정도로 도약하는 매우 강력한 서징을 하고 있다는 것을 알 수 있다. 그림 9-5에서는 그러한 서징에 의한 파손 사진을 보여주고 있다.

헬리컬 스프링이 빠르게 반복되는 운동이 요구되는 곳에 사용된다면, 설계자는 고유진동수가 작용하는 힘의 진동수에 근접하지 않도록 스프링의 실제 치수를 결정하여야 한다; 그렇지 않으면 공진이 발생하고, 스프링 재료의 내부적 감쇠효과는 매우 작기 때문에 손상을 입힐 수 있는 응력이 발생한다.

스프링의 병진 진동에 대한 식은 다음과 같은 파동에 관한 식이다.

$$\frac{\partial^2 u}{\partial x^2} = \frac{W}{kgl^2}\frac{\partial^2 u}{\partial t^2} \tag{9-24}$$

여기서 k = 스프링 상수
g = 중력가속도
l = 스프링 길이
W = 스프링 무게
x = 스프링 길이 방향 좌표
u = 거리 x에서 임의의 입자의 운동

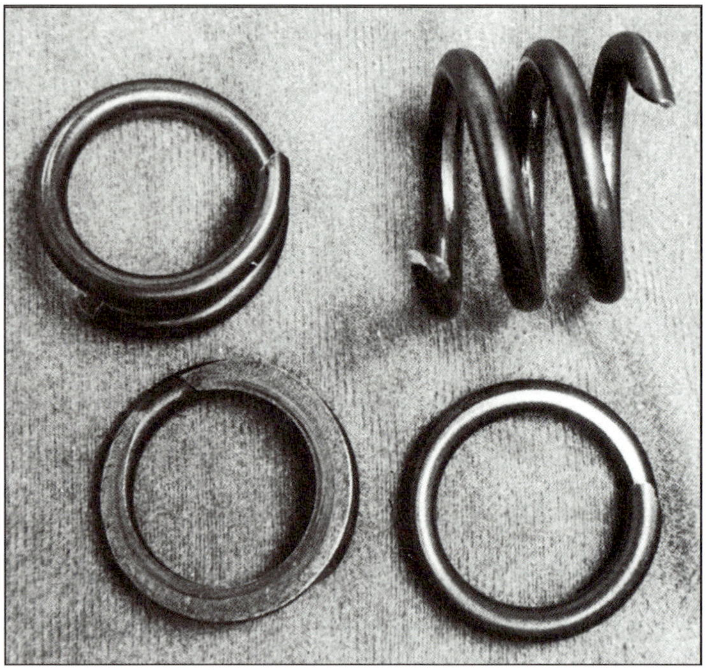

그림 9-5
엔진의 밸브 스프링 파손. 파손은 순수 비틂 하중과 관련된 최대 주응력과 45°를 이루는 선을 따라 발생한다.

이 방정식의 해는 조화함수(harmonic)인데, 주어진 물리적 특성과 스프링의 좌면 조건에 따라 달라진다. 두 개의 편평하고 평행한 판 사이에 위치하고 있는 스프링에 대한 조화(harmonic) **고유진동수**는 radians per second 단위로 다음과 같이 주어진다.

$$\omega = m\pi\sqrt{\frac{kg}{W}} \qquad m = 1, 2, 3, \ldots$$

여기서 기본주파수는 $m = 1$에서 구할 수 있으며, 2차 조화파는 $m = 2$에서 구할 수 있다. 일반적으로 진동수는 cycles per second 단위에 관심이 많으므로, $\omega = 2\pi f$를 이용하여 기본진동수를 hertz로 표시하면 다음과 같다.

$$f = \frac{1}{2}\sqrt{\frac{kg}{W}} \tag{9-25}$$

이때 스프링 좌면은 판과 접촉하고 있다고 가정한다.

Wolford와 Smith[10]는 스프링의 한 끝이 평판에 지지되어 있고, 다른 한 끝이 자유로울 경우에 진동수는 다음과 같음을 보였다.

$$f = \frac{1}{4}\sqrt{\frac{kg}{W}} \tag{9-26}$$

여기서 스프링의 한 끝이 평판에 지지되어 있으며, 다른 한 끝은 자유롭다. 그들은 또한 스프링의 한 끝이 평판에 지지되어 있으며, 다른 한 끝은 sine 파 운동이 주어지면 식 (9-25)를

[10] J. C. Wolford and G. M. Smith, "Surge of Helical Springs," *Mech. Eng. News*, vol. 13, no. 1, February 1976, pp. 4–9.

적용할 수 있다고 지적하였다.

헬리컬 스프링의 유효부분의 무게는 다음과 같다.

$$W = AL\gamma = \frac{\pi d^2}{4}(\pi D N_a)(\gamma) = \frac{\pi^2 d^2 D N_a \gamma}{4} \qquad (9\text{-}27)$$

여기서 γ는 비중이다.

조화파(harmonics)를 동반하는 공진을 방지하기 위해서는, 기본 임계 진동수가 스프링에 가해지는 힘이나 운동의 진동수보다 15~20배 정도 커야 한다. 진동수가 충분히 크지 않을 경우에는 k를 증가하거나, W를 감소하도록 스프링을 재설계하여야 한다.

9-9 헬리컬 압축스프링의 피로하중

스프링은 거의 항상 피로하중에 노출되어 있다. 많은 경우에 요구수명의 사이클 수는 자물쇠 스프링이나 토글스위치 스프링처럼 수천 회 정도로 작을 수도 있다. 그러나 자동차용 밸브 스프링은 파손되지 않고 수백만 번의 작동에 견딜 수 있어야 한다. 즉 무한 수명에 맞춰 설계되어야 한다.

동적 부하를 받는 스프링의 피로강도를 향상시키기 위해 숏 피닝(shot peening) 공정을 적용할 수 있다. 이 방법으로 비틀림 피로강도가 20% 이상 향상될 수 있다. 쇠구슬(shot)의 치수는 대략 0.4 mm 이므로, 와이어 지름과 피치는 스프링 표면을 완전하게 처리할 수 있도록 고려되어야 한다.

스프링강의 비틀림 내구한도에 대한 가장 양호한 데이터는 Zimmerli[11]가 보고한 것이다. 그는 내구한도에 관련된 놀라운 사실을 발견하였는데, 스프링 치수, 재료 그리고 인장강도는 10 mm 미만의 치수를 갖는 스프링강의 내구한도(무한수명의 경우에만)에는 전혀 영향을 미치지 않는다는 것이다. 우리는 이미 높은 인장강도에서는 내구한도가 일정하게 유지되는 것을 보았는데(그림 5-17), 이에 대한 이유는 분명하지 않다. Zimmerli는 그 이유가 원래 표면이 서로 거의 동일하기 때문이거나, 시험하는 동안 소성 변형으로 인해 표면이 동일하게 되었기 때문일 것이라고 추측하였다. 피닝하지 않은 스프링에 대해서는 최소 비틀림 응력 138 MPa부터 최대 620 MPa까지, 피닝한 스프링에 대해서는 138 MPa부터 930 MPa까지 시험하였다. 그에 상응하는 무한 수명에 대한 내구강도는 다음과 같다.

피닝 안함:

$$S_{sa} = 241 \text{ MPa} \qquad S_{sm} = 379 \text{ MPa} \qquad (9\text{-}28)$$

피닝 함:

$$S_{sa} = 398 \text{ MPa} \qquad S_{sm} = 534 \text{ MPa} \qquad (9\text{-}29)$$

예를 들어, S_{su} = 1480 MPa인 피닝 안한 스프링에 대해 Gerber의 수직좌표 절편은 식 (5-42)로부터 다음과 같이 구할 수 있다.

[11] F. P. Zimmerli, "Human Failures in Spring Applications," *The Mainspring*, no. 17, Associated Spring Corporation, Bristol, Conn., August-September 1957.

$$S_{se} = \frac{S_{sa}}{1 - \left(\dfrac{S_{sm}}{S_{su}}\right)^2} = \frac{241}{1 - \left(\dfrac{379}{1480}\right)^2} = 257.9 \text{ MPa}$$

Goodman의 파손 기준을 따랐다면 절편은 331.1 MPa이었을 것이다. S_{su}가 변화하기 때문에 각각의 가능한 와이어 치수에 따라 이 값들이 변화되었을 것이다.

비틀림 피로에 대한 또 다른 연구[12]에 의하면, 비틀림 전단응력을 받고 있는 노치가 없으며 연마된 실린더 모양의 시편에 대해, 파손 없이 견딜 수 있는 최대 반복응력은 일정하며, 사이클의 평균응력과는 무관하다는 것이 밝혀졌다. 이때 최대 응력변위는 금속의 비틀림 항복강도보다 작다고 가정한다. 노치가 존재하고 급격한 단면 변화가 있으면 이것은 맞지 않는다. 그런데 스프링은 노치가 없으며 표면은 매우 부드러운 경우가 많다. 이 파손 기준은 비틀림 피로에 대한 **Sines 파손 기준**(*Sines failure criterion*)이라 알려져 있다.

설계자의 비틀림 피로 다이어그램에 특정 파손 기준을 작성할 때에 파단 시의 비틀림 강도 S_{su} 가 필요하다. 식 (5-54)을 적용하면 다음과 같다.

$$S_{su} = 0.67 S_{ut} \tag{9-30}$$

축이나 기타 많은 기계부품들의 경우에 완전한 교번하중(reversed stresses) 형태의 피로하중은 아주 흔한 일이다. 반면 헬리컬 스프링은 인장과 압축스프링으로 동시에 사용되는 일은 없다. 실제로 스프링은 보통 예하중을 주어 조립하고, 작업부하는 그에 더하여 작용한다. 따라서 그림 5-23*d*의 응력-시간 다이어그램은 헬리컬 스프링에 나타나는 일상적인 상태를 표현하고 있다. 따라서 가장 불리한 상태는 예하중이 존재하지 않는 상태, 즉 $\tau_{\min} = 0$인 경우에 나타날 것이다.

이제 다음과 같이 정의한다.

$$F_a = \frac{F_{\max} - F_{\min}}{2} \tag{9-31a}$$

$$F_m = \frac{F_{\max} + F_{\min}}{2} \tag{9-31b}$$

여기서 축방향 스프링 힘 F가 작용하는 경우에는 아래첨자의 의미는 그림 5-23*d*의 그것과 동일하다. 전단응력 진폭은 다음과 같다.

$$\tau_a = K_B \frac{8 F_a D}{\pi d^3} \tag{9-32}$$

여기서 K_B는 식 (9-5)에서 얻는 Bergstr sser factor로서, 직접 전단과 곡률효과를 모두 보정해 준다. 9-2절에서 언급한 바와 같이 원한다면 Wahl factor K_W를 대신 사용해도 된다.

평균 전단응력은 다음과 같다.

$$\tau_m = K_B \frac{8 F_m D}{\pi d^3} \tag{9-33}$$

[12] Oscar J. Horger (ed.), *Metals Engineering: Design Handbook*, McGraw-Hill, New York, 1953, p. 84.

예제 9-4 음악 와이어로 만든 감긴 상태 그대로의 헬리컬 압축스프링은 와이어 치수 2.3 mm, 바깥 코일지름 14 mm, 자유길이 98 mm, 유효코일수 21, 그리고 양쪽 좌면은 직각 연마형이다. 스프링은 피닝하지 않았다. 이 스프링은 22 N의 예하중 상태로 조립되고, 사용 시 최대하중 156 N의 힘이 작용한다.

(*a*) 비틀림 Gerber 피로파손 기준을 Zimmerli 데이터와 함께 이용하여 피로파손에 대한 안전계수를 계산하라.

(*b*) Sines 비틀림 피로 기준(정상(steady) 응력요소는 영향을 주지 않음)을 Zimmerli 데이터와 함께 이용하여 (*a*)를 다시 계산하라.

(*c*) 비틀림 Goodman 파손 기준을 Zimmerli 데이터와 함께 이용하여 (a)를 다시 계산하라.

(*d*) 스프링의 임계 진동수를 계산하라.

풀이 평균 코일지름 $D = 14 - 2.3 = 11.7$ mm 이다. 스프링 지수는 $C = D/d = 11.7/2.3 = 5.09$ 이다. 그러면 KB는 다음과 같다.

$$K_B = \frac{4C+2}{4C-3} = \frac{4(5.09)+2}{4(5.09)-3} = 1.288$$

식 (9-31)로부터

$$F_a = \frac{156-22}{2} = 67\text{ N} \qquad F_m = \frac{156+22}{2} = 89\text{ N}$$

교번 전단응력 요소는 식 (9-32)로부터 구할 수 있다.

$$\tau_a = K_B\frac{8F_aD}{\pi d^3} = (1.288)\frac{8(67)11.7}{\pi(2.3)^3} = 211.3\text{ MPa}$$

식 (9-33)으로부터 평균 전단응력 요소는 다음과 같다.

$$\tau_m = K_B\frac{8F_mD}{\pi d^3} = (1.288)\frac{8(89)11.7}{\pi(2.3)^3} = 280.7\text{ MPa}$$

표 9-4로부터 $A = 2211$ MPa · mm^m, $m = 0.145$를 구할 수 있다. 극한인장강도는 식 (9-14)로부터 다음과 같이 계산할 수 있다.

$$S_{ut} = \frac{A}{d^m} = \frac{2211}{2.3^{0.145}} = 1959\text{ MPa}$$

또한 전단 극한강도는 다음과 같이 계산할 수 있다.

$$S_{su} = 0.67S_{ut} = 0.67(1959) = 1312\text{ MPa}$$

하중선의 기울기는 $r = \tau_a/\tau_m = 211.3/280.7 = 0.75$이다.

(*a*) Zimmerli 데이터를 적용하면 Gerber 수직축의 절편, 식 (9-28)은 다음과 같다.

$$S_{se} = \frac{S_{sa}}{1-(S_{sm}/S_{su})^2} = \frac{241}{1-(379/1312)^2} = 263\text{ MPa}$$

강도의 진폭요소 S_{sa} 는 표 5-7로부터 다음과 같이 구할 수 있다.

$$S_{sa} = \frac{r^2 S_{su}^2}{2S_{se}} \left[-1 + \sqrt{1 + \left(\frac{2S_{se}}{rS_{su}} \right)^2} \right]$$

$$= \frac{0.75^2 1312^2}{2(263)} \left\{ -1 + \sqrt{1 + \left[\frac{2(263)}{0.75(1312)} \right]^2} \right\} = 246.5 \text{ MPa}$$

피로 안전계수 n_f는 다음과 같다.

답 $$n_f = \frac{S_{sa}}{\tau_a} = \frac{246.5}{211.3} = 1.17$$

(*b*) Sines 파손 기준에서는 S_{sm}을 무시하므로, S_{sa} = 241 MPa과 함께 Zimmerli 데이터를 적용하면 다음과 같다.

답 $$n_f = \frac{S_{sa}}{\tau_a} = \frac{241}{211.3} = 1.14$$

(*c*) Goodman 파손 기준에 대한 수직축 절편 S_{se}는 Zimmerli 데이터를 적용하면 다음과 같다.

$$S_{se} = \frac{S_{sa}}{1 - (S_{sm}/S_{su})} = \frac{241}{1 - (379/1312)} = 338.9 \text{ MPa}$$

Goodman 기준에 대한 강도의 진폭요소 S_{sa}는 표 5-6으로부터 다음과 같이 구해진다.

$$S_{sa} = \frac{rS_{se}S_{su}}{rS_{su} + S_{se}} = \frac{0.75(338.9)1312}{0.75(1312) + 338.9} = 252 \text{ MPa}$$

피로 안전계수는 다음과 같다.

답 $$n_f = \frac{S_{sa}}{\tau_a} = \frac{252}{211.3} = 1.19$$

(*d*) 식 (9-9)와 표 9-5를 사용하면 스프링 상수는 다음과 같다.

$$k = \frac{d^4 G}{8D^3 N_a} = \frac{2.3^4(81\,000)}{8(11.7)^3 21} = 8.4 \text{ N/mm}$$

식 (9-27)로부터 스프링 무게는 다음과 같다.

$$W = \frac{\pi^2(2.3^2)11.7(21)82 \times 10^{-6}}{4} = 0.26 \text{ N}$$

식 (9-25)로부터 기본파의 진동수는 다음과 같다.

답 $$f_n = \frac{1}{2} \left[\frac{8400(9.81)}{0.26} \right]^{1/2} = 281 \text{ Hz}$$

운전 진동수 또는 여기 진동수가 281/20 = 14.1 Hz 이상이면, 그 스프링은 재설계해야 할 수도 있다.

예제 9-4에서 피로 안전계수를 계산하기 위해 세 가지 접근방법을 사용하였다. 그 결과는 작은 것으로부터 큰 것의 순서로 정리하면, 1.18 (Sines), 1.21 (Gerber), 그리고 1.23 (Goodman)이다. Zimmerli 데이터를 활용하면 그 결과는 서로 매우 근접하여 있지만, Sines 기준이 항상 가장 보수적이며, Goodman이 가장 덜하다. 5장에서 했던 것처럼 강도의 특성을 활용하여 피로 분석을 수행하면, 다른 결과를 얻었을 것인데, 즉 Goodman 기준이 Gerber 기준보다는 더 보수적이었을 것이다. 이 방법 중의 어느 하나를 사용하는 설계자나 설계 소프트웨어를 대하게 될 경우를 생각하라. 이것이 여기서 그것들을 모두 다루는 이유다. 어느 기준이 맞는가? 기억해야 할 것은 우리는 여기서 **대략적인 계산**을 하는 것이고, 단지 시험만이 사실을 **통계적**으로 보여줄 것이다.

9-10 피로하중을 고려한 헬리컬 압축스프링 설계

문제 정의로부터 시작한다. 정적 스프링을 동적 스프링과 비교하기 위해 예제 9-2의 스프링을 동적 운전상황에 대해 설계한다.

예제 9-5 끝단의 처짐은 12~50 mm 까지 변화하며, 5 Hz에서 20~80 N 까지 변화하는 동적 하중에 저항하는 무한 수명을 가진 음악 와이어 헬리컬 압축스프링이 필요하다. 조립을 고려하여 밀착높이는 25 mm를 초과할 수 없으며, 자유길이는 100 mm를 넘을 수 없다. 스프링 제작자는 다음과 같은 와이어 치수를 재고로 확보하고 있다: 1.7, 1.8, 2.0, 2.15, 2.3, 2.4, 2.6 그리고 2.8 mm.

풀이 초기 결정사항은 다음과 같다:

- 재료 및 조건: 음악 와이어, $A = 2211$ MPa · mm^m, $m = 0.145$, $G = 81$ GPa; 상대 원가 2.6.
- 표면처리: 피닝 안함
- 끝부분 처리: 직각 연마형
- Robust linearity: $\xi = 0.15$
- 세팅: 감은 상태 그대로
- 피로 안전계수: $n_f = 1.5$ (Sines-Zimmerli 피로파손 기준)
- 기능: $F_{min} = 20$ N, $F_{max} = 80$ N, $y_{min} = 12$ mm, $y_{max} = 50$ mm, 스프링은 자유롭게 작동함(막대나 구멍 없음).
- 결정해야 할 변수: 와이어 치수 d

식 (9-22)에 따르면 성능계수(fom)는 스프링을 구성하는 와이어의 부피가 될 것이다. 설계전략은 우선 와이어 치수 d를 정하고, 표를 작성하여 점검하고 최고의 성능계수(fom)를 만족하는 스프링을 선택하는 것이다.

풀이 $d = 2.8$ mm로 정하자. 그러면 다음과 같다.

$$F_a = \frac{80-20}{2} = 30 \text{ N} \qquad F_m = \frac{80+20}{2} = 50 \text{ N}$$

$$k = \frac{F_{\max}}{y_{\max}} = \frac{80}{50} = 1.6 \text{ N/mm}$$

$$S_{ut} = \frac{2211}{2.8^{0.145}} = 1904 \text{ MPa}$$

$$S_{su} = 0.67(1904) = 1276 \text{ MPa}$$

$$S_{sy} = 0.45(1904) = 857 \text{ MPa}$$

Sines 평가기준을 적용하면 식(9-28)로부터 $S_{se} = S_{sa} = 241$ MPa 이다. 식 (9-23)을 사용하면 S_{sy} , n_s 그리고 $(1 + \xi)F_{\max}$대신 각각 S_{se}, n_f 그리고 F_a 를 사용하면 C를 결정할 수 있다. 따라서

$$\alpha = \frac{S_{se}}{n_f} = \frac{241}{1.5} = 161 \text{ MPa}$$

$$\beta = \frac{8F_a}{\pi d^2} = \frac{8(30)}{\pi(2.8^2)} = 9.7 \text{ MPa}$$

$$C = \frac{2(161)-9.7}{4(9.7)} + \sqrt{\left[\frac{2(161)-9.7}{4(9.7)}\right]^2 - \frac{3(161)}{4(9.7)}} = 15.3$$

$$D = Cd = 15.3(2.8) = 42.8 \text{ mm}$$

$$F_s = (1+\xi)F_{\max} = (1+0.15)80 = 92\text{N}$$

$$N_a = \frac{d^4 G}{8D^3 k} = \frac{2.8^4(8\ 1000)}{8(42.8)^3 1.6} = 4.96 \text{ turns}$$

$$N_t = N_a + 2 = 4.96 + 2 = 6.96 \text{ turns}$$

$$L_s = dN_t = 2.8\ (6.96) = 19.5 \text{ mm}$$

$$L_0 = L_s + \frac{F_s}{k} = 19.5 + 92/1.6 = 77 \text{ mm}$$

$$\text{ID} = 42.8 - 2.8 = 40 \text{ mm}$$

$$\text{OD} = 42.8 + 2.8 = 45.6 \text{ mm}$$

$$y_s = L_0 - L_s = 77 - 19.5 = 57.5 \text{ mm}$$

$$(L_0)_{\text{cr}} < \frac{2.63D}{\alpha} = 2.63\frac{(42.8)}{0.5} = 225 \text{ mm}$$

$$K_B = \frac{4(15.3)+2}{4(15.3)-3} = 1.09$$

$$W = \frac{\pi^2 d^2 D N_a \gamma}{4} = \frac{\pi^2 2.8^2(42.8)4.96(82 \times 10^{-6})}{4} = 0.34\ \text{N}$$

$$f_n = 0.5\sqrt{\frac{9.81k}{W}} = 0.5\sqrt{\frac{9.81(1600)}{0.34}} = 107\ \text{Hz}$$

$$\tau_a = K_B \frac{8F_a D}{\pi d^3} = 1.09\frac{8(30)42.8}{\pi 2.8^3} = 162\ \text{MPa}$$

$$\tau_m = \tau_a \frac{F_m}{F_a} = 162(50)/30 = 270\ \text{MPa}$$

$$\tau_s = \tau_a \frac{F_s}{F_a} = 162(92)/30 = 497\ \text{MPa}$$

$$n_f = \frac{S_{sa}}{\tau_a} = 241/162 = 1.5$$

$$n_s = \frac{S_{sy}}{\tau_s} = 857/497 = 1.7$$

$$\text{fom} = -(\text{상대 재료비})\pi^2 d^2 N_t D/4$$

$$= -2.6\pi^2(2.8)^2 6.96(42.8)/[4(25)^3] = -1.01$$

결과를 검토해 보면, $4 \leq C \leq 12$인 영역을 제외하고는 모든 조건들을 만족한다. 다른 가능한 와이어 치수를 사용하여 그 과정을 반복하여 다음과 같은 표를 작성한다:

d:	1.7	1.8	2.0	2.15	2.3	2.4	2.6	2.8
D	9.5	10.6	15.4	18.7	22.5	26.4	34.8	42.8
ID	6.3	7.2	11.9	15.0	18.6	22.6	32.1	40
OD	9.9	10.9	16.1	19.4	23.2	27.5	37.4	45.6
C	5.6	5.9	7.7	8.7	9.8	11.0	13.4	15.3
N_a	105.2	84.7	37.0	25.21	17.61	12.73	7.13	4.96
L_s	194.3	161.5	81.5	59.9	45.8	36.1	24.3	19.5
L_0	270.3	234.1	145.6	121.7	106.0	95.3	82.3	77
$(L_0)_{cr}$	42.6	47.6	80.8	90.7	110.1	131.8	182.8	225
n_f	1.5	1.5	1.5	1.5	1.5	1.5	1.5	1.5
n_s	1.82	1.81	1.78	1.77	1.75	1.74	1.71	1.7
f_n	86.7	88.9	96.0	98.8	101.0	102.8	105.6	107
fom	−1.17	−1.12	−0.98	−0.95	−0.93	−0.93	−0.96	−1.01

문제와 관련된 부등식 구속조건은 다음과 같다.

$$L_s \le 25 \text{ mm}$$
$$L_0 \le 100 \text{ mm}$$
$$f_n \ge 5(20) = 100 \text{ Hz}$$

일반적인 구속조건은 다음과 같다.

$$3 \le N_a \le 15$$
$$4 \le C \le 12$$
$$(L_0)_{cr} > L_0$$

주어진 제한조건을 만족시키는 지름을 갖는 와이어는 없다는 것을 알게 된다. 지름 2.6 mm의 와이어가 모든 요구사항을 만족시키는 가장 근접한 것이다. $C = 13.4$ 이라는 값은 심각하게 어긋난 값이 아니므로 수용할 수 있다. 그러나 L_s에 대한 엄격한 구속조건은 확인할 필요가 있다. 조립조건을 완화시켜 밀착높이 24.3 mm를 받아들이면 해결안은 존재한다. 이 해결안을 수용할 수 없다면 지름 2.8 mm의 와이어를 사용하면서 $C = 15.3$ 이라는 값을 받아들여야 한다. 이때 스프링을 개별적으로 조립해야 하며, 사용 시 스프링을 지지하기 위한 방안을 고려해야 할 수도 있다.

9-11 인장스프링

인장스프링(extension spring)은 인장하중을 전달한다는 점에서 압축스프링과 다르다. 또한 인장스프링은 지지점으로부터 스프링의 몸체로 하중을 전달하는 어떤 수단이 필요하며, 스프링몸체는 초기 인장부하가 주어진 상태로 감겨있다. 하중전달은 나사플러그나 회전고리를 통해 이루어진다; 이것들은 모두 최종 제품의 가격을 상승시키므로, 보통 그림 9-6의 방법 중 한 가지를 사용한다.

인장스프링 몸체의 응력은 압축스프링의 응력과 동일하게 다룬다. 후크가 달린 스프링을 설계할 때에는, 후크에 작용하는 굽힘과 비틀림을 포함시켜 해석하여야 한다. 그림 9-7*a*와 *b*에는 끝부분을 설계하는 일반적인 방법이 소개되어 있다. *A*에는 굽힘과 축방향 하중에 의한 최대 인장응력이 다음과 같이 발생한다.

그림 9-6
인장스프링에 사용되는 끝부분의 종류. (*Associated Springs*의 허락 하에 인용)

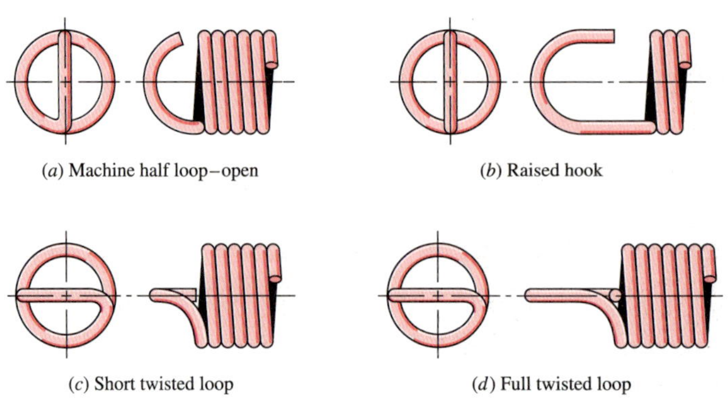

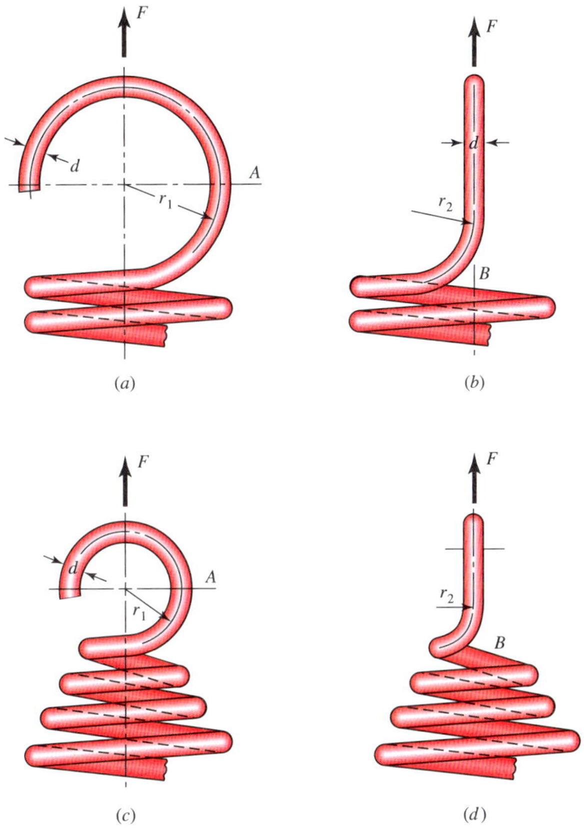

그림 9-7
인장스프링의 끝부분. (*a*) 일반적인 설계; *A*에서의 응력은 축방향 하중과 굽힘모멘트의 합에 기인한다. (*b*) (*a*)의 측면도; B에서의 응력은 주로 비틀림이다. (*c*) 개선된 설계; *A*에서의 응력은 축방향 하중과 굽힘모멘트의 합에 기인한다. (*d*) (*c*)의 측면도; *B*에서의 응력은 주로 비틀림이다.

Note: Radius r_1 is in the plane of the end coil for curved beam bending stress. Radius r_2 is at a right angle to the end coil for torsional shear stress.

$$\sigma_A = F\left[(K)_A \frac{16D}{\pi d^3} + \frac{4}{\pi d^2}\right] \tag{9-34}$$

여기서 $(K)_A$ 는 곡률에 대한 굽힘 응력 수정계수이며 다음과 같이 주어진다.

$$(K)_A = \frac{4C_1^2 - C_1 - 1}{4C_1(C_1 - 1)} \qquad C_1 = \frac{2r_1}{d} \tag{9-35}$$

점 *B*에서의 최대 비틀림 응력은 다음과 같다.

$$\tau_B = (K)_B \frac{8FD}{\pi d^3} \tag{9-36}$$

여기서 $(K)_B$ 는 곡률에 대한 응력 수정계수이며, 다음과 같이 주어진다.

$$(K)_B = \frac{4C_2 - 1}{4C_2 - 4} \qquad C_2 = \frac{2r_2}{d} \tag{9-37}$$

그림 9-7*c*와 *d*에서는 코일지름을 감소시켜 개선된 설계를 보여주고 있다.

인장스프링은 서로 접촉하고 있는 코일로 만들어지므로 **밀착 감김**(*close-wound*)이라고 부른다. 스프링 제작자들은 자유길이를 더욱 정확하게 유지하기 위해 밀착 감김 스프링에 어느 정도 초기 인장 만들기를 선호한다. 관련된 하중-변형 곡선은 그림 9-8*a*에 나와 있으며, 여기서 y는 자유길이 L_0를 초과하는 인장이며, F_i는 스프링이 변형되기 전에 극복해야 되는 스프링 내의 초기 인장이다. 하중-변형 관계는 다음과 같다.

$$F = F_i + ky \tag{9-38}$$

여기서 k는 스프링 상수이다. 자유길이 L_0 는 그림 9-7*b*와 같이 끝부분의 루프나 후크 안쪽에서 측정하며 다음과 같이 표현된다.

$$L_0 = 2(D - d) + (N_b + 1)d = (2C - 1 + N_b)d \tag{9-39}$$

여기서 D는 평균 코일지름, N_b는 몸체 코일의 수, 그리고 C는 스프링 지수이다. 그림 9-8*b*의 보통 비틀림 루프에서는, 스프링 상수 k를 결정할 때 루프의 처짐을 고려하여, 식 (9-9)의 헬리컬 유효감김수 N_a와 동등한 수를 다음과 같이 정의한다.

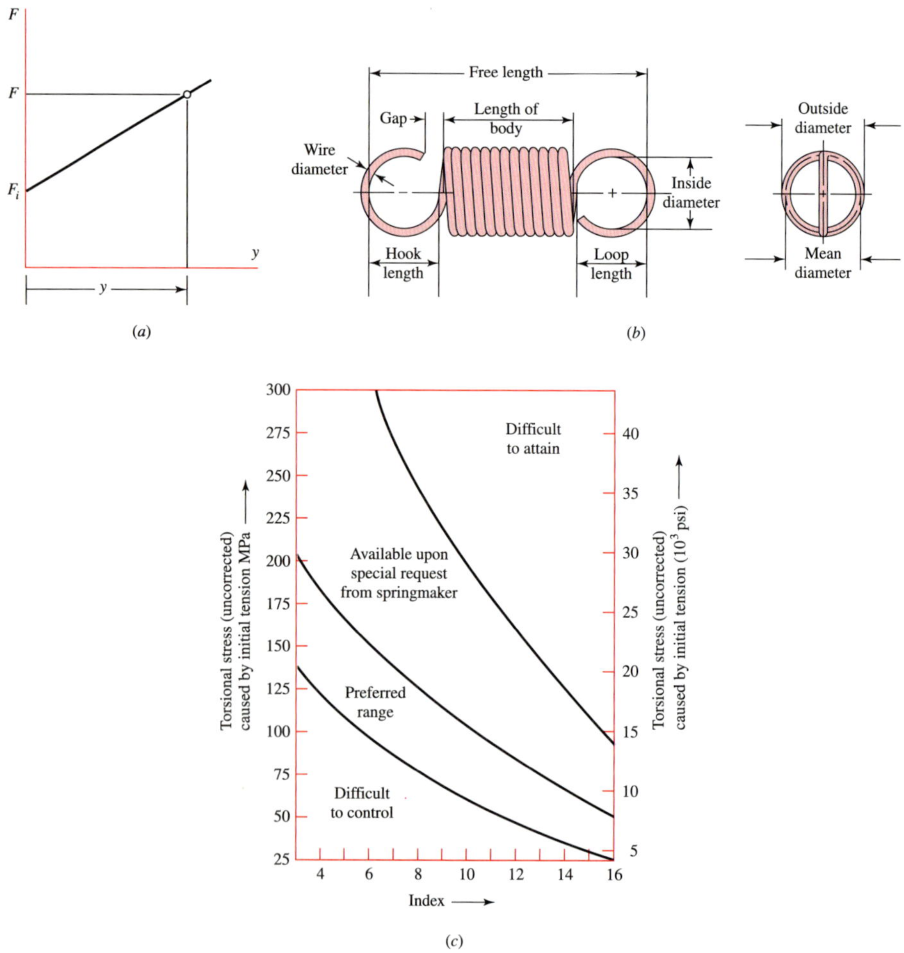

그림 9-8
(*a*) 인장스프링의 위치에 따른 힘 F와 인장 y 사이의 관계; (*b*) 인장스프링의 형태; (*c*) 헬리컬 인장스프링의 스프링 지수 C의 함수로 나타낸, 초기 인장에 기인한 비틀림 응력

표 9-7
정적 응용의 헬리컬 인장스프링에 대한 최대 허용응력 (수정된 K_W 또는 K_B). (출처: *Design Handbook*, 1987, p. 52. Associated Springs의 허락 하에 인용)

Materials	Percent of Tensile Strength In Torsion Body	In Torsion End	In Bending End
Patented, cold-drawn or hardened and tempered carbon and low-alloy steels	45–50	40	75
Austenitic stainless steel and nonferrous alloys	35	30	55

This information is based on the following conditions: set not removed and low temperature heat treatment applied. For springs that require high initial tension, use the same percent of tensile strength as for end.

$$N_a = N_b + \frac{G}{E} \tag{9-40}$$

여기서 G와 E는 각각 전단 탄성 계수와 인장 탄성 계수이다. (문제 9-31 참조)

인장스프링에서 초기 인장은 와이어를 맨드릴 위에 감으면서 와이어에 비틀림이 발생하여 만들어진다. 스프링이 완성되어 맨드릴을 제거하면, 스프링은 더 이상 짧아질 수 없기 때문에 초기 인장은 그 안에 남아 있게 된다. 스프링 제작자들이 일반적으로 포함시키는 초기 인장의 양은 그림 9-8c에 나타나 있다. 선호하는 범위는 수정하지 않은 **비틀림 응력**(*uncorrected torsional stress*) τ_i의 항으로 다음과 같이 나타낼 수 있다.

$$\tau_i = \frac{231}{\exp(0.105C)} \pm 6.9\left(4 - \frac{C-3}{6.5}\right) \quad \text{MPa} \tag{9-41}$$

여기서 C는 스프링 지수다.

표 9-7에는 인장스프링의 정적 응용에 대한 최대 허용 수정 응력의 지침이 나타나 있다.

예제 9-6

경강(hard-drawn steel) 와이어 인장스프링이 와이어 지름 0.9 mm, 바깥 코일지름 6.3 mm, 후크 반지름 $r_1 = 2.7$ mm, $r_2 = 2.3$ mm, 그리고 초기 인장 5 N의 치수를 갖고 있다. 몸체의 감김수는 12.17이다. 주어진 정보로부터 다음을 구하라.

(*a*) 스프링의 물리적 변수를 결정하라.
(*b*) 초기 예하중 응력 상태를 점검하라.
(*c*) 정적 하중 23 N 하에서 안전계수를 결정하라.

풀이 (*a*)

$$D = \text{OD} - d = 6.3 - 0.9 = 5.4 \text{ mm}$$

$$C = \frac{D}{d} = \frac{5.4}{0.9} = 6.0$$

$$K_B = \frac{4C+2}{4C-3} = 1.24$$

식 (9-40)과 표 9-5:

$$N_a = N_b + G/E = 12.17 + 79/198 = 12.57 \text{ 감김수}$$

식 (9-9): $$k = \frac{d^4 G}{8D^3 N_a} = \frac{0.9^4(79\,000)}{8(5.4^3)12.57} = 3.27 \text{ N/mm}$$

식 (9-39): $$L_0 = (2C - 1 + N_b)d = [2(6.0) - 1 + 12.17]\,0.9 = 20.9 \text{ mm}$$

사용 하중 하에서의 처짐은 다음과 같다.

$$y_{max} = \frac{F_{max} - F_i}{k} = \frac{23 - 5}{3.27} = 5.5 \text{ mm}$$

여기서 스프링 길이는 $L = L_0 + y = 20.9 + 5.5 = 26.4$ mm 가 된다.

(*b*) 수정되지 않은 초기 응력은 수정계수 없는 식 (9-3)에 의해 다음과 같이 주어진다.

$$(\tau_i)_{uncorr} = \frac{8F_i D}{\pi d^3} = \frac{8(5)(5.4)}{\pi(0.9^3)} = 94.3 \text{ MPa}$$

선호하는 영역은 식 (9-41)로 주어지며, 이 경우에는 다음과 같다.

$$\begin{aligned}(\tau_i)_{pref} &= \frac{231}{\exp(0.105C)} \pm 6.9\left(4 - \frac{C-3}{6.5}\right)\\ &= \frac{231}{\exp[0.105(6.0)]} \pm 6.9\left(4 - \frac{6.0-3}{6.5}\right)\\ &= 123 \pm 24.4 = 147.4,\ 98.6 \text{ MPa}\end{aligned}$$

답 따라서 초기 인장 94.3 MPa는 선호 영역에 포함되어 있다.

(*c*) 경강 와이어에 대해 표 9-4로부터 $m = 0.190$ 그리고 $A = 1783 \text{ MPa} \cdot \text{mm}^m$.이다. 식 (9-14)로부터 다음을 얻을 수 있다.

$$S_{ut} = \frac{A}{d^m} = \frac{1783}{0.9^{0.190}} = 1819 \text{ MPa}$$

스프링 몸체의 비틀림 전단에 대해, 표 9-7로부터 다음을 구할 수 있다.

$$S_{sy} = 0.45 S_{ut} = 0.45(1819) = 818.6 \text{ MPa}$$

운전부하 시 전단응력은 다음과 같다.

$$\tau_{max} = \frac{8K_B F_{max} D}{\pi d^3} = \frac{8(1.24)23(5.4)}{\pi(0.9^3)} = 538 \text{ MPa}$$

따라서 안전계수는 다음과 같다.

답 $$n = \frac{S_{sy}}{\tau_{max}} = \frac{818.6}{538} = 1.52$$

*A*에서 후크 끝부분 굽힘에 대해

$$C_1 = 2r_1/d = 2(2.7)/0.9 = 6$$

식 (9-35)로부터

$$(K)_A = \frac{4C_1^2 - C_1 - 1}{4C_1(C_1 - 1)} = \frac{4(6^2) - 6 - 1}{4(6)(6 - 1)} = 1.14$$

식 (9-34)로부터

$$\sigma_A = F_{\max}\left[(K)_A\frac{16D}{\pi d^3} + \frac{4}{\pi d^2}\right]$$

$$= 23\left[1.14\frac{16(5.4)}{\pi(0.9^3)} + \frac{4}{\pi(0.9^2)}\right] = 1025.8 \text{ MPa}$$

항복강도는 표 9-7로부터 다음과 같이 주어진다.

$$S_y = 0.75S_{ut} = 0.75(1819) = 1364.3 \text{ MPa}$$

A에서 후크 끝부분 굽힘에 대한 안전계수는 다음과 같다.

답

$$n_A = \frac{S_y}{\sigma_A} = \frac{1364.3}{1025.8} = 1.33$$

B에서 후크 끝부분 비틀림에 대해, 식 (9-37)로부터 다음을 얻는다.

$$C_2 = 2r_2/d = 2(2.3)/0.9 = 5.1$$

$$(K)_B = \frac{4C_2 - 1}{4C_2 - 4} = \frac{4(5.1) - 1}{4(5.1) - 4} = 1.18$$

그에 따른 응력은 식 (9-36)으로부터 다음과 같이 주어진다.

$$\tau_B = (K)_B\frac{8F_{\max}D}{\pi d^3} = 1.18\frac{8(23)5.4}{\pi(0.9^3)} = 511.9 \text{ MPa}$$

항복강도에 대한 표 9-7을 사용하면, B에서 후크 끝부분 비틀림에 대한 안전계수는 다음과 같다.

답

$$n_B = \frac{(S_{sy})_B}{\tau_B} = \frac{0.4(1819)}{511.9} = 1.42$$

후크 끝부분의 굽힘에 의한 항복이 가장 먼저 발생한다.

다음에는 피로에 관한 문제를 살펴보자.

예제 9-7 예제 9-6의 헬리컬 코일 인장스프링이 6.5~20 N 의 동적 하중을 받고 있다. Gerber 파손 기준을 사용하여 다음의 경우에 대하여 안전계수를 계산하라. (*a*) 코일 피로, (*b*) 코일 항복, (*c*) 그림 9-7*a*의 점 A에서 후크 끝부분의 굽힘 피로, (*d*) 그림 9-7*b*의 점 B에서 후크 끝부분의 비틀림 피로

풀이 주어진 값들은 예제 9-6의 것과 동일하다: $d = 0.9$ mm, $S_{ut} = 1819$ MPa, $D = 5.4$ mm, $r_1 = 2.7$ mm, $C = 6$, $K_B = 1.24$, $(K)_A = 1.14$, $(K)_B = 1.18$, $N_b = 12.17$ turns, $L_0 = 20.9$ mm, $k = 3.27$ N/mm, $F_i = 5$ N, and $(\tau_i)_{\text{uncorr}} = 94.3$ MPa.
따라서

$$F_a = (F_{max} - F_{min})/2 = (20 - 6.5)/2 = 6.75 \text{ N}$$
$$F_m = (F_{max} + F_{min})/2 = (20 + 6.5)/2 = 13.25 \text{ N}$$

예제 9-6의 강도값으로부터 $S_{ut} = 1819$ MPa, $S_y = 1364.3$ MPa, 그리고 $S_{sy} = 818.6$ MPa를 알 수 있다. 극한전단강도는 식 (9-30)으로부터 다음과 같이 구해진다.

$$S_{su} = 0.67S_{ut} = 0.67(1819) = 1218.7 \text{ MPa}$$

(*a*) 몸체 코일 피로:

$$\tau_a = \frac{8K_B F_a D}{\pi d^3} = \frac{8(1.24)6.75(5.4)}{\pi(0.9^3)} = 157.9 \text{ MPa}$$

$$\tau_m = \frac{F_m}{F_a}\tau_a = \frac{13.25}{6.75}157.9 = 310 \text{ MPa}$$

식 (9-28)의 Zimmerli 데이터를 이용하면 다음과 같다.

$$S_{se} = \frac{S_{sa}}{1 - \left(\dfrac{S_{sm}}{S_{su}}\right)^2} = \frac{241}{1 - \left(\dfrac{379}{1218.7}\right)^2} = 266.8 \text{ MPa}$$

표 5-7로부터 전단에 대한 Gerber 피로 기준은 다음과 같다.

답
$$(n_f)_{body} = \frac{1}{2}\left(\frac{S_{su}}{\tau_m}\right)^2 \frac{\tau_a}{S_{se}}\left[-1 + \sqrt{1 + \left(2\frac{\tau_m}{S_{su}}\frac{S_{se}}{\tau_a}\right)^2}\right]$$
$$= \frac{1}{2}\left(\frac{1218.7}{310}\right)^2 \frac{157.9}{266.8}\left[-1 + \sqrt{1 + \left(2\frac{310}{1218.7}\frac{266.8}{157.9}\right)^2}\right] = 1.46$$

(*b*) 코일 몸체에 대한 하중선은 $S_{sm} = \tau_i$ 에서 시작하고, 기울기는 $r = \tau_a/(\tau_m - \tau_i)$이다. 항복선과의 교차점은 $(S_{sa})_y = [r/(r+1)](S_{sy} - \tau_i)$에 의해 주어진다는 것을 알 수 있다. 결국 $\tau_i = (F_i/F_a)\tau_a = (5/6.75)157.9 = 117$ MPa, $r = 157.9/(310 - 117) = 0.82$ 이며,

$$(S_{sa})_y = \frac{0.82}{0.82 + 1}(818.6 - 117) = 316 \text{ MPa}$$

따라서

답
$$(n_y)_{body} = \frac{(S_{sa})_y}{\tau_a} = \frac{316}{157.9} = 2.0$$

(*c*) 후크 끝부분 굽힘 피로: 식 (9-34)와 (9-35)를 사용하면 다음과 같다.

$$\sigma_a = F_a\left[(K)_A \frac{16D}{\pi d^3} + \frac{4}{\pi d^2}\right]$$
$$= 6.75\left[1.14\frac{16(5.4)}{\pi(0.9^3)} + \frac{4}{\pi(0.9^2)}\right] = 301 \text{ MPa}$$

$$\sigma_m = \frac{F_m}{F_a}\sigma_a = \frac{13.25}{6.75}301 = 590.9 \text{ MPa}$$

변형에너지 이론을 이용하여 인장 내구한도를 구하면 다음과 같다.

$$S_e = S_{se}/0.577 = 266.8/0.577 = 462.4 \text{ MPa}$$

인장에 대한 Gerber 기준을 사용하면 다음과 같다.

답
$$(n_f)_A = \frac{1}{2}\left(\frac{S_{ut}}{\sigma_m}\right)^2 \frac{\sigma_a}{S_e}\left[-1+\sqrt{1+\left(2\frac{\sigma_m}{S_{ut}}\frac{S_e}{\sigma_a}\right)^2}\right]$$

$$= \frac{1}{2}\left(\frac{1819}{590.9}\right)^2 \frac{301}{462.4}\left[-1+\sqrt{1+\left(2\frac{590.9}{1819}\frac{462.4}{301}\right)^2}\right] = 1.27$$

(*d*) 후크 끝부분 비틀림 피로: 식 (9-36)으로부터 다음을 얻는다.

$$(\tau_a)_B = (K)_B\frac{8F_aD}{\pi d^3} = 1.18\frac{8(6.75)(5.4)}{\pi(0.9^3)} = 150.2 \text{ MPa}$$

$$(\tau_m)_B = \frac{F_m}{F_a}(\tau_a)_B = \frac{13.25}{6.75}150.2 = 294.8 \text{ MPa}$$

다시 Gerber 기준을 사용하면 다음을 얻는다.

답
$$(n_f)_B = \frac{1}{2}\left(\frac{S_{su}}{\tau_m}\right)^2 \frac{\tau_a}{S_{se}}\left[-1+\sqrt{1+\left(2\frac{\tau_m}{S_{su}}\frac{S_{se}}{\tau_a}\right)^2}\right]$$

$$= \frac{1}{2}\left(\frac{1218.7}{294.8}\right)^2 \frac{150.2}{266.8}\left[-1+\sqrt{1+\left(2\frac{294.8}{1218.7}\frac{266.8}{150.2}\right)^2}\right] = 1.53$$

예제 9-6과 9-7에서의 해석은 인장스프링이 압축스프링과 어떻게 다른가를 보여주는 것이다. 후크 끝부분은 보통 굽힘을 받고 있는 가장 약한 부품이다. 또한 피로 파손에 의해 하중의 작용 하에 있는 인장스프링이 분리되는가를 판단하여야 한다. 날아가는 조각, 분실된 하중 그리고 기계정지는 기계의 기능 뿐 아니라 사람의 안전을 위협한다. 이러한 이유 때문에 압축스프링의 경우보다 인장스프링의 설계에서 더 높은 안전계수가 사용된다.

예제 9-7에서는 압축스프링의 비틀림과 변형이론에 기초하고 있는 Zimmerli 데이터를 이용하여 굽힘 상태에 있는 후크의 내구한도를 계산하였다. 다른 대안으로는 응력비 $R = \tau_{min}/\tau_{max} = 0$ 에 기초한 표 9-8을 이용하는 것이다. 이 경우에 $\tau_a = \tau_m = \tau_{max}/2$ 이다. 표 9-8의 강도값에 대해 굽힘에는 S_r , 비틀림에는 S_{sr} 로 표시한다. 예를 들어 비틀림에 대해서 $S_{sa} = S_{sm} = S_{sr}/2$, 그리고 Gerber 수직축 교차점은 식 (5-42)에 의해 다음과 같이 주어진다.

$$S_{se} = \frac{S_{sa}}{1-(S_{sm}/S_{su})^2} = \frac{S_{sr}/2}{1-\left(\dfrac{S_{sr}/2}{S_{su}}\right)^2} \qquad (9\text{-}42)$$

따라서 예제 9-7에서 굽힘 내구한도에 대한 값은 표 9-8로부터 다음과 같이 추정할 수 있다.

$$S_r = 0.45S_{ut} = 0.45(1819) = 818.6 \text{ MPa}$$

표 9-8
반복하중 하에서 ASTM A228과 302 Type의 스테인리스 스틸 헬리컬 인장스프링의 최대 허용응력 (출처: *Design Handbook*, 1987, p. 52. Associated Spring의 허락 하에 인용)

Number of Cycles	Percent of Tensile Strength In Torsion Body	In Torsion End	In Bending End
10^5	36	34	51
10^6	33	30	47
10^7	30	28	45

이 자료는 다음 조건을 기초로 하고 있음: 숏 피닝 안함, 서지 없음, 저온 열처리 함. 응력비 = 0.

그리고 내구한도는 식 (9-42)로부터 다음과 같이 구할 수 있다.

$$S_e = \frac{S_r/2}{1 - [S_r/(2S_{ut})]^2} = \frac{818.6/2}{1 - \left(\dfrac{818.6/2}{1819}\right)^2} = 431 \text{ MPa}$$

그리고 예제 9-7에서 462.4 MPa 대신 이 값을 사용하면 $(n_f)_A = 1.03$이며, 5%의 감소를 얻게 된다.

9-12 헬리컬 코일 비틀림 스프링

헬리컬 코일 스프링의 끝부분이 비틀림에 노출되어 있으면, 그 스프링을 **비틀림 스프링**(*torsion spring*)이라 부른다. 이 스프링은 헬리컬 코일 인장스프링과 마찬가지로 보통 밀착감김이지만, 초기 인장은 무시할 만하다. 그림 9-9에 나타낸 바와 같이 단일몸체와 이중몸체의 두 가지 종류가 있다. 그림에서 보는 바와 같이 편리한 방법으로 코일 몸체에 비틀림을 전할 수 있도록 만들어진 다양한 끝부분 형상을 갖고 있다. 끝부분은 비틀림이 작용하도록 하기 위해, 코일 축으로부터 어느 정도 떨어진 위치에서 힘이 작용하도록 한다. 가장 흔히 사용되며 가장 저렴한 끝부분은 직선 비틀림 끝이다. 코일 사이의 마찰을 완전히 피하기 위해, 스프링은 몸체의 코일이 서로 약간 분리될 수 있는 피치를 갖도록 감겨진다. 헬리컬 코일 비틀림 스프링은 일반적으로 끝부분을 만들 수 없을 때 지지를 위해 막대와 함께 사용되는데, 이를 통해 정렬을 유지하고, 필요에 따라 좌굴저항을 만들어낼 수 있다.

비틀림 스프링의 와이어는 헬리컬 코일 압축스프링과 인장스프링에 비틀림이 발생하는 것과는 반대로 굽힘 상태가 발생한다. 스프링은 사용 시 더욱 단단히 감기도록 설계되어 있다. 작용하는 토크가 증가하면 코일의 안지름은 감소한다. 코일이 핀이나 막대와 간섭을 일으키지 않도록 주의하여야 한다. 코일에 굽힘 모드가 발생하면 사각형 단면의 와이어를 생각하게 되지만 비용, 재료의 등급, 그리고 입수 가능성 때문에 사용이 제한된다.

비틀림 스프링은 집 주변에서는 옷핀, 창문 가리개, 짐승 덫 등에서 흔히 접할 수 있다. 또한 눈에는 띄지 않으나 균형을 잡아주는 기구, 래칫(역회전 방지용 톱니바퀴), 그리고 기타 기계부품에 사용된다. 제작자의 재고로부터 즉시 구매할 수 있는 재고스프링이 많이 있다. 이렇게 선택하여 사용자 설계나 소량생산의 비용에 따른 불이익을 피하면, 소규모 프로젝트의 경우에도 규모의 경제에 의한 이익을 취할 수 있다.

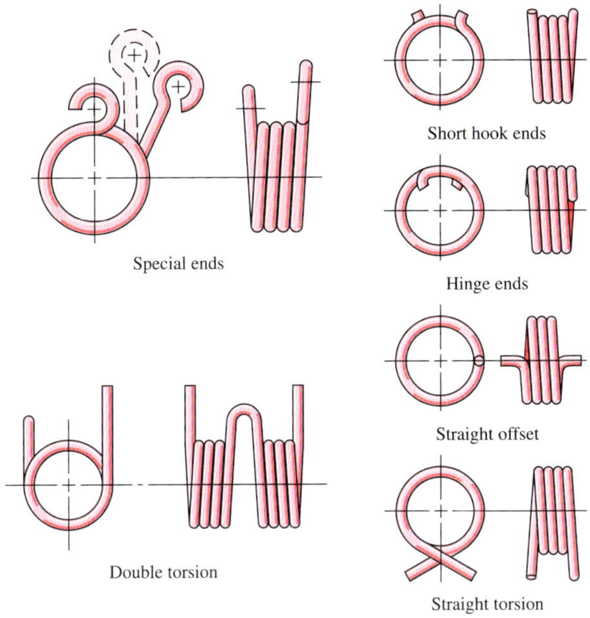

그림 9-9
비틀림 스프링(*Associated Spring*의 허락 하에 인용)

표 9-9
헬리컬 코일 비틀림 스프링의 끝부분 공차 (D/d의 값이 16까지 포함됨) (출처: *Design Handbook*, 1987, p. 52. Associated Spring의 허락 하에 인용)

Total Coils	Tolerance: ± Degrees*
Up to 3	8
Over 3–10	10
Over 10–20	15
Over 20–30	20
Over 30	25

*Closer tolerances available on request.

끝부분 위치

비틀림 스프링을 규정할 때에 끝부분은 서로 상대적으로 위치가 규정되어 있어야 한다. 그러한 상대적 위치에 대한 상용 공차는 표 9-9에 나와 있다. 다른 끝에 대한 한쪽 끝의 초기 무부하 상태의 위치를 표현하는 가장 단순한 방법은 그림 9-10에 나타낸 것처럼 코일 몸체에 존재하는 부분감김수 $N_p = \beta/360°$ 를 정의하는 각도 β를 사용하는 것이다. 그림 9-10의 전문용어는 분석을 목적으로 사용할 수 있다. 스프링 제작자는 끝부분 사잇각 α를 자주 사용한다.

몸체의 감김수 N_b는 자유 스프링 몸체의 감김수를 센 것이다. 몸체의 감김수는 초기 위치각 B와 다음과 같은 관계를 갖고 있다.

$$N_b = \text{integer} + \frac{\beta}{360°} = \text{integer} + N_p$$

여기서 N_p 는 부분 감김수를 나타낸다. 위의 식에서 N_b 는 정수가 아닌 숫자, 예를 들어 특정 스프링 설계 시 가능성 중의 하나로 연속적으로 1의 차이를 갖는 5.3, 6.3, 7.3, . . . 과 같은 단속적인 값을 취한다는 것을 의미한다. 이것은 추후 논의하기로 한다.

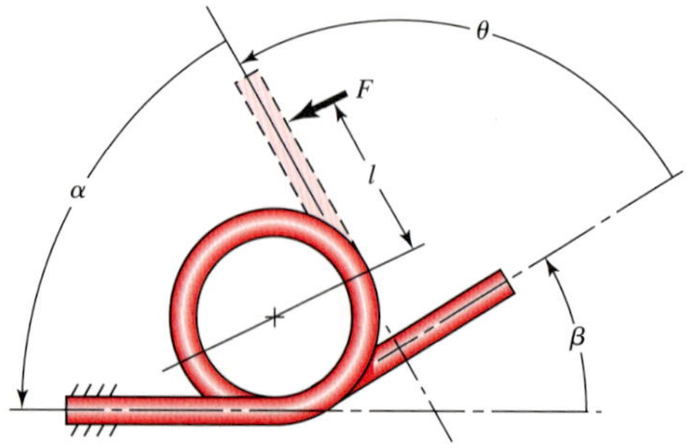

그림 9-10
자유 끝부분 위치각 β. 회전 좌표 θ는 곱 Fl 에 비례한다. 끝부분 사잇각 α. 운동하는 끝부분의 모든 위치에 대해서 $\theta + \alpha = \Sigma =$ constant 이다.

굽힘응력

비틀림 스프링은 비틀림보다는 코일 내부에 유도된 굽힘을 가지고 있다. 이것은 코일을 감는 동안 형성된 잔류응력이 사용 중에 나타나는 작용응력과는 방향은 동일하지만 반대부호를 갖는다는 것을 의미한다. 변형경화는 하중이 항상 스프링의 감는 방향으로 작용한다면 작용응력과 반대방향인 잔류응력 속에 갇혀 버린다. 비틀림 스프링은 감겨있는 와이어의 항복강도를 초과하는 굽힘에서도 작동할 수 있다.

굽힘응력은 다음과 같은 형태로 나타낸 굽은 보 이론으로부터 구할 수 있다.

$$\sigma = K\frac{Mc}{I}$$

여기서 K는 응력 수정계수이다. K의 값은 와이어의 단면 형상과 구하고자 하는 응력이 안쪽 또는 바깥쪽 어느 곳에 위치하는가에 따라 달라진다. Wahl은 둥근 와이어에 대해 K의 값을 해석적으로 구하였다.

$$K_i = \frac{4C^2 - C - 1}{4C(C-1)} \qquad K_o = \frac{4C^2 + C - 1}{4C(C+1)} \tag{9-43}$$

여기서 C는 스프링 지수이며, 아래첨자 i와 o는 각각 안쪽과 바깥쪽을 의미한다. K_o는 항상 1보다 작다는 사실 때문에, 응력을 계산할 때는 K_i를 사용하여야 한다. 굽힘모멘트는 $M = Fr$이고, 단면계수는 $I/c = d^3/32$일 때, 굽힘응력식은 다음과 같이 표현된다.

$$\sigma = K_i\frac{32Fr}{\pi d^3} \tag{9-44}$$

이 식은 둥근 와이어 비틀림 스프링의 굽힘응력을 제공한다.

처짐과 스프링 상수

비틀림 스프링에서는 각처짐(angular deflection)을 radian이나 감김수(revolution, turn)로 나타낼 수 있다. 감김수 단위가 포함된 항은 prime sign (′)을 사용할 것이다. 스프링 상수 k'는 torque/revolution 단위(lbf · in/rev 또는 N · mm/rev)로 표현되며, 모멘트는 radian보다는 감김수로 표현된 각도 θ'에 비례한다. 스프링 상수는 선형적이라면 다음과 같이 표현할 수 있다.

$$k' = \frac{M_1}{\theta_1'} = \frac{M_2}{\theta_2'} = \frac{M_2 - M_1}{\theta_2' - \theta_1'} \tag{9-45}$$

여기서 모멘트 M은 Fl이나 Fr로 나타낼 수 있다.

외팔보 끝부분의 처짐각은 끝부분에서 보면 y/l rad이다. 표 A-9-1로부터

$$\theta_e = \frac{y}{l} = \frac{Fl^2}{3EI} = \frac{Fl^2}{3E(\pi d^4/64)} = \frac{64Ml}{3\pi d^4 E} \tag{9-46}$$

끝부분이 직선 끝인 비틀림 스프링에서는 식 (9-46)과 같은 끝부분 수정이 몸체-코일 처짐에 더해져야 한다. 굽힘에서의 변형에너지는 식 (4-23)으로부터 다음과 같이 나타낼 수 있다.

$$U = \int \frac{M^2\,dx}{2EI}$$

비틀림 스프링에서는 $M = Fl = Fr$ 이며, 몸체-코일 와이어의 길이에 대해 적분을 수행해야 한다. 힘 F는 거리 $r\theta$를 변형시키는데, θ는 radian으로 나타낸 코일 몸체의 각처짐을 나타낸다. Castigliano's theorem을 적용하면 다음과 같다.

$$r\theta = \frac{\partial U}{\partial F} = \int_0^{\pi D N_b} \frac{\partial}{\partial F}\left(\frac{F^2 r^2\,dx}{2EI}\right) = \int_0^{\pi D N_b} \frac{Fr^2\,dx}{EI}$$

둥근 와이어에 대하여 $I = \pi d^4/64$ 를 대입하고, θ에 대하여 나타내면 다음과 같다.

$$\theta = \frac{64FrDN_b}{d^4E} = \frac{64MDN_b}{d^4E}$$

radian으로 나타낸 전체 각처짐은 식 (9-46)을 각각의 끝부분 길이 l_1 과 l_2 에 더해주면 다음과 같이 구할 수 있다:

$$\theta_t = \frac{64MDN_b}{d^4E} + \frac{64Ml_1}{3\pi d^4E} + \frac{64Ml_2}{3\pi d^4E} = \frac{64MD}{d^4E}\left(N_b + \frac{l_1 + l_2}{3\pi D}\right) \tag{9-47}$$

유효감김수 N_a는 다음과 같이 나타낼 수 있다.

$$N_a = N_b + \frac{l_1 + l_2}{3\pi D} \tag{9-48}$$

스프링 상수 k를 torque/radian으로 나타내면 다음과 같다.

$$k = \frac{Fr}{\theta_t} = \frac{M}{\theta_t} = \frac{d^4E}{64DN_a} \tag{9-49}$$

스프링 상수는 단위 감김수당 토크(torque/turn)로 나타낼 수도 있다. 이에 대한 표현은 식 (9-49)에 2π rad/turn을 곱해서 구할 수 있다. 따라서 스프링 상수 k'(torque/turn)는 다음과 같다.

$$k' = \frac{2\pi d^4E}{64DN_a} = \frac{d^4E}{10.2DN_a} \tag{9-50}$$

시험결과에 의하면 코일과 막대 사이의 마찰효과 때문에 상수 10.2를 10.8로 증가시켜야 한다. 위의 식은 다음과 같이 되며, 단위는 torqueyturn이다.

$$k' = \frac{d^4 E}{10.8 D N_a} \tag{9-51}$$

식 (9-51)이 더 나은 결과값을 제공한다. 또한 식 (9-47)은 다음과 같이 나타낼 수 있다.

$$\theta_t' = \frac{10.8 M D}{d^4 E}\left(N_b + \frac{l_1 + l_2}{3\pi D}\right) \tag{9-52}$$

비틀림 스프링은 흔히 둥근 막대나 핀 둘레에 사용된다. 비틀림 스프링에 하중이 작용하면 스프링이 감기면서, 코일 몸체의 안쪽 지름이 감소하게 된다. 코일의 안쪽 지름이 핀의 지름과 같거나 작게 되는 일이 절대 일어나지 않도록 하여야 하는데, 그런 경우에는 스프링이 그 기능을 상실하게 된다. 코일의 나선형 지름 D'은 다음과 같다.

$$D' = \frac{N_b D}{N_b + \theta_c'} \tag{9-53}$$

여기서 θ_c' 은 코일 몸체의 각처짐을 감김수로 나타낸 것이며, 다음과 같다.

$$\theta_c' = \frac{10.8 M D N_b}{d^4 E} \tag{9-54}$$

새로운 안쪽 지름 $D_i' = D - d$는 다음과 같이 몸체 코일과 지름 D_p 인 핀 사이의 지름방향 틈새 Δ를 만들어 낸다.

$$\Delta = D' - d - D_p = \frac{N_b D}{N_b + \theta_c'} - d - D_p \tag{9-55}$$

식 (9-55)을 N_b에 대해 표현하면 다음과 같다.

$$N_b = \frac{\theta_c'(\Delta + d + D_p)}{D - \Delta - d - D_p} \tag{9-56}$$

이 값은 막대의 지름방향 틈새에 상당하는 몸체의 감김수를 나타낸다. 이 각은 필요한 잔여 부분감김수와 일치하지 않을 수도 있다. 따라서 지름방향 틈새는 초과될 수는 있지만 동일하지는 않다.

정적 강도

표 9-6의 첫 번째 세로행을 0.577(변형에너지 이론으로부터)로 나누면 다음과 같다.

$$S_y = \begin{cases} 0.78 S_{ut} & \text{음악 와이어 및 냉간인발 탄소강} \\ 0.87 S_{ut} & \text{OQ\&T 탄소강 및 저합금강} \\ 0.61 S_{ut} & \text{오스테나이트 스테인리스 강 및 비철합금} \end{cases} \tag{9-57}$$

표 9-10
주기적인 하중이 작용할 경우의 S_{ut}에 대한 백분율로 나타낸 헬리컬 비틀림 스프링에 대한 최대 권장 굽힘응력 (수정 K_B) (출처: Associated Spring의 허락 하에 인용)

Fatigue Life, Cycles	ASTM A228 and Type 302 Stainless Steel		ASTM A230 and A232	
	Not Shot-Peened	Shot-Peened*	Not Shot-Peened	Shot-Peened*
10^5	53	62	55	64
10^6	50	60	53	62

이 자료는 다음 조건을 기초로 하고 있음: 서지 없음, 스프링은 잔류응력 없음.

* 항상 가능한 것은 아님.

피로강도

스프링 와이어는 굽힘 상태에 있기 때문에 Sines 식은 적용할 수 없다. Sines 모델은 순수한 비틀림이 존재할 때 사용된다. Zimmerli의 결과는 압축스프링(와이어는 순수 비틀림 상태)에 대한 것이므로, 표 9-10에 나와 있는 Associated Spring에서 제공한 반복 굽힘응력(R = 0) 값들을 사용할 것이다. 식 (9-40)에서와 마찬가지로 Gerber 피로파손 기준을 Associated Spring(R = 0)의 피로강도 S_r과 연계하여 사용할 것이다:

$$S_e = \frac{S_r/2}{1 - \left(\dfrac{S_r/2}{S_{ut}}\right)^2} \tag{9-58}$$

S_r과 S_e의 값은 치수, 표면상태와 하중의 종류에 대해서는 수정되었지만, 온도나 기타 영향에 대해서는 그렇지 못하다. 이제 Gerber의 피로 기준을 정의한다. 강도 진폭 요소는 표 5-7에 의해 다음과 같이 주어진다.

$$S_a = \frac{r^2 S_{ut}^2}{2S_e}\left[-1 + \sqrt{1 + \left(\frac{2S_e}{rS_{ut}}\right)^2}\,\right] \tag{9-59}$$

여기서 하중선의 기울기는 $r = M_a/M_m$ 이다. 하중선은 설계자의 피로 다이어그램의 원점을 관통하는 반지름방향이다. 피로파손에 대한 안전계수는 다음과 같다.

$$n_f = \frac{S_a}{\sigma_a} \tag{9-60}$$

또는 표 5-7을 사용하여 n_f를 직접 구할 수도 있다:

$$n_f = \frac{1}{2}\frac{\sigma_a}{S_e}\left(\frac{S_{ut}}{\sigma_m}\right)^2\left[-1 + \sqrt{1 + \left(2\frac{\sigma_m}{S_{ut}}\frac{S_e}{\sigma_a}\right)^2}\,\right] \tag{9-61}$$

예제 9-8

그림 9-11과 같은 재고품 스프링이 있다. 이것은 지름 1.8-mm의 음악 와이어로 만들어졌으며, 몸체 감김수는 $4\frac{1}{4}$ 이며, straight torsion end를 갖고 있다. 그리고 지름 10 mm의 핀을 감싸서 작동하고 있다. 코일 바깥지름은 15 mm이다.

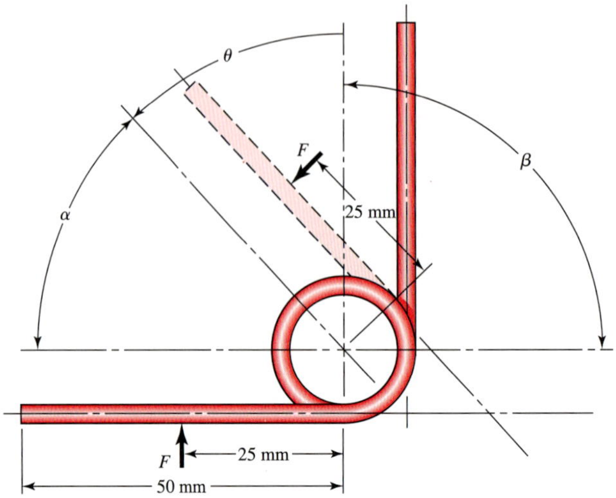

그림 9-11
각 α, β그리고 θ는 코일 축으로 이동한 straight-end 중심선 사이의 각이다. 코일의 바깥 지름은 15 mm 다.

(*a*) 최대 작용 토크와 그에 따른 정적 하중에 대한 회전을 구하라.
(*b*) 스프링에 (*a*)의 토크가 작용할 때 코일 안쪽 지름과 핀 사이의 지름방향 틈새를 계산하라.
(*c*) 작용모멘트가 $M_{\min} = 0.1$ 부터 $M_{\max} = 0.5$ N · m 사이에서 변화할 때 피로 안전계수 nf를 계산하라.

풀이 (*a*) 표 9-4의 음악 와이어에 대해서 $A = 2211$ MPa · mm^m 이며 $m = 0.145$이다.

$$S_{ut} = \frac{A}{d^m} = \frac{2210}{(1.8)^{0.145}} = 2029 \text{ MPa}$$

따라서 식 (9-57)을 이용하면 다음과 같다.

$$S_y = 0.78 S_{ut} = 0.78(2029) = 1582 \text{ MPa}$$

코일 평균지름은 $D = 15 - 1.8 = 13.2$ mm이다. 그리고 스프링 지수 $C = D/d = 13.2/1.8 = 7.33$이다. 식 (9-43)으로부터 굽힘 응력 수정계수 K_i는 다음과 같다.

$$K_i = \frac{4(7.33)^2 - 7.33 - 1}{4(7.33)(7.33 - 1)} = 1.113$$

식 (9-44)에 σ 대신 S_y를 대입하고, 최대 토크 Fr에 대해 정리하면 다음과 같다.

$$M_{\max} = (Fr)_{\max} = \frac{\pi d^3 S_y}{32 K_i} = \frac{\pi (1.8)^3 1583}{32(1.113)} = 814 \text{ N·mm}$$

안전계수는 사용되지 않았음에 유의하라. 다음에 식 (9-54)와 표 9-5로부터 코일 몸체의 감김수 θ_c'는 다음과 같다.

$$\theta_c' = \frac{10.8 MDN_b}{d^4 E} = \frac{10.8(814)13.2(4.25)}{1.8^4(196\,000)} = 0.24 \text{ turn}$$

답 $$(\theta_c')_{\deg} = 0.24(360°) = 86.4°$$

유효감김수 N_a는 식 (9-48)로부터 다음과 같다.

$$N_a = N_b + \frac{l_1 + l_2}{3\pi D} = 4.25 + \frac{25 + 25}{3\pi(13.2)} = 4.65 \text{ turns}$$

전체 스프링에 대한 스프링 상수는 식 (9-51)로부터 다음과 같이 구할 수 있다.

$$k' = \frac{1.8^4(196\,000)}{10.8(13.2)4.65} = 3104 \text{ N}\cdot\text{mm}$$

전체 스프링에 대한 감김수 θ'은 다음과 같다.

$$\theta' = \frac{M}{k'} = \frac{814}{3104} = 0.26 \text{ turn}$$

답 $$(\theta_s')_{\text{deg}} = 0.26(360°) = 93.6°$$

(*b*) 하중이 작용하지 않을 때에는 코일 평균지름은 13.2 mm이다. 식 (9-53)으로부터 다음과 같다.

$$D' = \frac{N_b D}{N_b + \theta_c'} = \frac{4.25(13.2)}{4.25 + 0.24} = 12.5 \text{ mm}$$

하중이 작용할 때 스프링 코일의 안쪽과 핀 사이의 지름방향 틈새는 다음과 같다.

답 $$\Delta = D' - d - D_p = 12.5 - 1.8 - 10 = 0.7 \text{ mm}$$

(*c*) 피로:

$$M_a = (M_{\text{max}} - M_{\text{min}})/2 = (500 - 100)/2 = 200 \text{ N·mm}$$

$$M_m = (M_{\text{max}} + M_{\text{min}})/2 = (500 + 100)/2 = 300 \text{ N·mm}$$

$$r = \frac{M_a}{M_m} = \frac{2}{3}$$

$$\sigma_a = K_i \frac{32M_a}{\pi d^3} = 1.113 \frac{32(200)}{\pi 1.8^3} = 388.8 \text{ MPa}$$

$$\sigma_m = \frac{M_m}{M_a}\sigma_a = \frac{3}{2}(388.8) = 583.2 \text{ MPa}$$

표 9-10으로부터 $S_r = 0.50S_{ut} = 0.50(2029) = 1014.5$ MPa 이다. 그러면

$$S_e = \frac{1014.5/2}{1 - \left(\dfrac{1014.5/2}{2029}\right)^2} = 541 \text{ MPa}$$

강도의 진폭 요소 S_a는 식 (9-59)로부터 다음과 같다.
피로 안전계수는 다음과 같다.

$$S_a = \frac{(2/3)^2 2029^2}{2(541)}\left[-1 + \sqrt{1 + \left(\frac{2}{2/3}\,\frac{541}{2029}\right)^2}\,\right] = 474.4 \text{ MPa}$$

피로 안전계수는 다음과 같다.

답 $$n_f = \frac{S_a}{\sigma_a} = \frac{474.4}{388.8} = 1.22$$

9-13 접시 스프링

그림 9-12에 포함된 그림은 보통 **접시 스프링**(*Belleville spring*)이라 불리는 원뿔디스크 스프링의 단면을 보여주고 있다. 수학적인 취급은 이 책의 범위를 넘어서지만 최소한도 이 스프링의 주목할 만한 특징과는 익숙해져야 한다.

접시 스프링이 작은 공간을 차지한다는 명백한 장점은 차치하고, 그림 9-12에 나타낸 바와 같이 h/t의 비를 변화시킴으로써 매우 다양한 하중-처짐 곡선을 만들어낸다. 예를 들어 h/t의 비가 2.83이나 그 이상을 사용하면 snap-action 메커니즘에 유용하게 사용할 수 있는 S형 곡선이 만들어진다. 그 비(h/t)가 1.41과 2.1 사이의 값으로 감소하면 곡선의 중앙부에 수평 영역이 만들어지는데, 이것은 상당한 처짐 범위에 걸쳐 하중이 일정하게 작용한다는 것을 의미한다.

주어진 처짐에 대하여 더 큰 하중은 스프링을 병렬로 적층함(nesting)으로써 견딜 수 있다. 반면 직렬로 적층함으로써 동일한 하중에 대해 더 큰 처짐을 얻을 수 있으나, 이 경우에는 불안전성의 위험이 있다.

9-14 기타 스프링

그림 9-13의 인장스프링은 편평한 것이 아니고 약간 굽은 강판으로 만들어져서, 그것을 푸

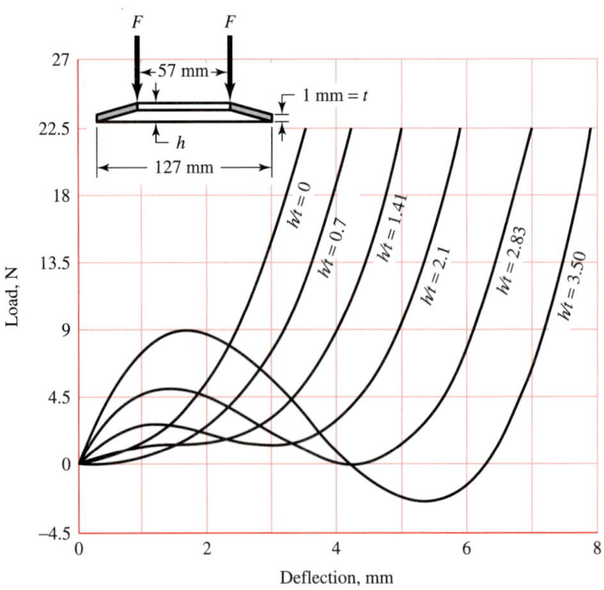

그림 9-12
접시 스프링(Belleville spring)의 하중-처짐 곡선 (*Associated Spring*의 허락 하에 인용)

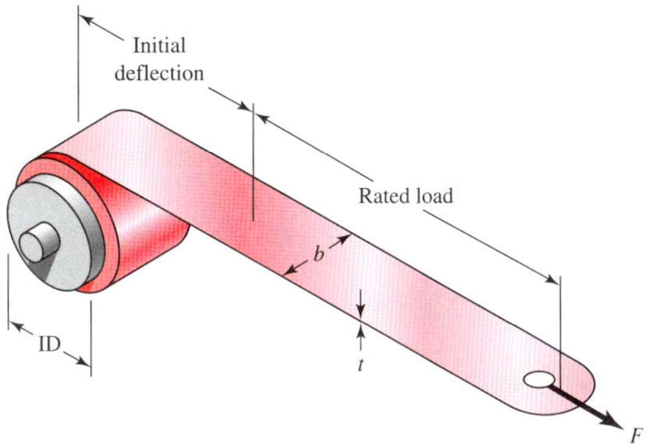

그림 9-13
일정 힘 스프링 (*Vulcan Spring & Mfg. Co. Telford, PA*의 허락하에 인용. *www.vulcanspring.com.*)

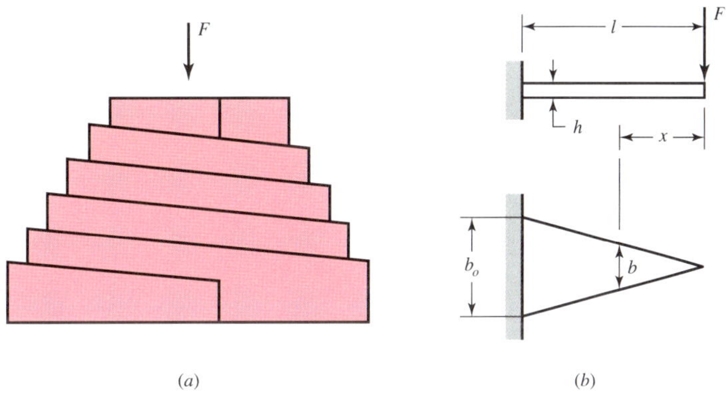

그림 9-14
(*a*) 벌류트 스프링; (*b*) 삼각평판 스프링

는데 필요한 힘은 일정하다. 그러한 이유 때문에 **일정 힘**(*constant-force*) **스프링**이라 부른다. 이것은 스프링 상수 영(zero)과 동등하다. 또한 이러한 스프링은 스프링 상수를 양이나 음이 되게 만들 수도 있다.

그림 9-14*a*의 **벌류트**(*volute*) **스프링**은 폭이 넓고 얇은 강판으로 만들어지며, 코일은 서로 안쪽으로 들어맞도록 되어 있다. 코일이 겹쳐지지 않으므로 강판의 폭이 이 스프링의 밀착높이다. 압축 벌류트 스프링의 가변적인 스프링 세기는 코일이 지지물과 접촉하도록 허용함으로써 얻을 수 있다. 따라서 처짐이 증가함에 따라 유효코일수는 감소한다. 벌류트 스프링은 둥근 와이어 스프링으로는 얻을 수 없는 또 다른 중요한 장점을 갖고 있다: 즉 작동하는 동안 코일이 서로 마찰 또는 미끄러지도록 감겨 있다면, 미끄럼마찰은 진동이나 원하지 않는 일시적인 요동을 감쇠시키는 역할을 한다.

원추 코일(*conical*) **스프링**은 그 이름이 의미하는 바와 같이 원뿔모양으로 감긴 코일 스프링이다(문제 9-29 참조). 대부분의 원추 코일 스프링은 압축스프링이며, 원형 와이어로 만들어진다. 그런데 벌류트 스프링 또한 원추스프링이다. 아마도 이런 종류 스프링의 주된 장점은 밀착높이가 단지 한 개의 와이어 지름과 같도록 감을 수 있다는 것이다.

평판은 시계스프링, 동력 스프링, 비틀림 스프링, 외팔보 스프링 및 (시계 따위의) 가는 스프링과 같은 매우 다양한 스프링에 사용된다. 또한 그것은 휴즈 클립, 릴레이 스프링, 스프링 워셔, 스냅링 및 리테이너를 위한 특정 스프링 작용을 만들어내는 형상을 갖도록 특별히 성형된다.

평판이나 강판 재료로 만들어진 수많은 스프링들을 설계할 때에는 스프링 재료를 관통하여 일정한 응력을 갖도록 재료를 조화시키는 것이 흔히 경제적이고 가치 있는 일이다. 단면이 일정한 외팔보 스프링은 다음과 같은 응력을 가지고 있다.

$$\sigma = \frac{M}{I/c} = \frac{Fx}{I/c} \tag{a}$$

여기서 I/c가 일정하다면, 위의 응력은 거리 x에 비례한다. 그러나 I/c가 일정할 필요가 있다는 이유는 없다. 예를 들어 그림 9-14b에 나타낸 스프링과 같은 것을 설계할 수 있는데, 여기서 두께 h는 일정하며, 폭 b는 변화할 수 있다. 직사각형 단면에 대해서 $I/c = bh^2/6$이므로, 식 (a)로부터 다음을 구할 수 있다.

$$\frac{bh^2}{6} = \frac{Fx}{\sigma}$$

또는

$$b = \frac{6Fx}{h^2\sigma} \tag{b}$$

b는 x에 선형적으로 관련되어 있으므로, 스프링의 기초에서 폭 b_o은 다음과 같다.

$$b_o = \frac{6Fl}{h^2\sigma} \tag{9-62}$$

처짐에 대한 훌륭한 근사치는 Castigliano's theorem을 사용하여 용이하게 구할 수 있다. 이것을 보이기 위해 삼각 평판스프링의 처짐은 주로 굽힘에 의한 것으로 가정하면, 가로축 방향의 전단력[13]은 무시할 수 있다. x의 함수로서 굽힘모멘트는 $M = -Fx$이며, 빔의 폭은 x에서 $b = b_o x/l$로 표현할 수 있다. 따라서 F에 의한 처짐은 식 (4-31)에 의해 다음과 같이 나타낼 수 있다.

$$\begin{aligned} y &= \int_0^l \frac{M(\partial M/\partial F)}{EI}\,dx = \frac{1}{E}\int_0^l \frac{-Fx(-x)}{\frac{1}{12}(b_o x/l)h^3}\,dx \\ &= \frac{12Fl}{b_o h^3 E}\int_0^l x\,dx = \frac{6Fl^3}{b_o h^3 E} \end{aligned} \tag{9-63}$$

따라서 스프링 상수 $k = F/y$는 다음과 같이 계산할 수 있다.

$$k = \frac{b_o h^3 E}{6l^3} \tag{9-64}$$

이 장의 앞 절에서 보인 응력과 처짐에 대한 해석 방법은 본서의 앞 장들에서 논의한 기본사항을 사용하여 스프링을 분석하고 설계할 수 있다는 것을 보여주기 위함이었다. 이것은 또한 이 절의 기타 스프링의 대부분에 대해서도 통용되는 것이며, 스프링에 대한 서적을 읽고 이해하는 데에 별 문제가 없다는 것을 경험해야 할 것이다.

---

13 전단 때문에 빔의 폭은 $x = 0$에서 영(zero)이 될 수 없다. 따라서 설계모델에 이미 어느 정도 단순화가 포함되어 있다.

9-15 요약

이 장에서는 헬리컬 코일스프링에 대해 상당히 상세하게 다루었는데, 그 이유는 공학문제에 대한 접근, 그 분석 및 설계에 대한 관점의 중요성을 보여주기 위함이었다. 정적 및 피로하중이 작용하고 있는 압축스프링에 대해서 완벽한 설계과정을 보여주었다. 이것은 인장스프링과 비틀림 스프링에 대한 것은 아니었지만, 지배적인 조건(governing condition)만 다를 뿐 과정은 동일하다. 그러나 지배적인 조건이 주어졌고, 압축스프링에 대해 주어진 것으로부터 설계과정으로의 확장은 단순하다. 문제들이 이 장의 끝에 나와 있으며, 독자들이 도전할 만하고 부가할 만한 유사한 문제를 개발할 것을 기대한다.

확률적인 고려는 이 장에서는 명백하게 빠져 있다. 결정론적 접근법만이 갖는 복잡성과 뉘앙스는 첫 번째 스프링 설계에서 충분히 논의할 수 있는 내용이다. 스프링 제작자는 스프링의 공차[14]에 관한 방대한 양의 정보를 제공한다. 이 정보를 4장, 5장의 자료와 함께 활용하면, 독자에게 자신의 설계평가를 발전시키는 능력을 제공할 것이다.

스프링 문제에 점점 더 많은 계산관련 내용이 포함되므로 프로그램 가능 계산기나 컴퓨터가 사용되어야 한다. 반복적인 계산이 요구될 때에는 spreadsheet 프로그램이 매우 자주 사용된다. 앞서 언급한 바와 같이 상용프로그램도 활용 가능하다. 이러한 프로그램에서는 역해석(backsolving)도 가능한데, 최종 목적 기준이 입력되면 입력값을 결정해 준다.

[14] 예를 들어 Associated Spring Barnes Group, *Design Handbook*, Bristol, Conn., 1987을 참조하라.

연습문제 Problems

9-1 Within the range of recommended values of the spring index, C, determine the maximum and minimum percentage difference between the Bergsträsser factor, K_B, and the Wahl factor, K_W.

9-2 It is instructive to examine the question of the units of the parameter A of Eq. (9–14). Show that for U.S. customary units the units for A_{uscu} are kpsi · in^m and for SI units are MPa · mm^m for A_{SI}. which make the dimensions of both A_{uscu} and A_{SI} different for every material to which Eq. (9–14) applies. Also show that the conversion from A_{uscu} to A_{SI} is given by

$$A_{SI} = 6.895(25.40)^m A_{uscu}$$

9-3 A helical compression spring is wound using 2.5-mm-diameter music wire. The spring has an outside diameter of 31 mm with plain ground ends, and 14 total coils.
(*a*) What should the free length be to ensure that when the spring is compressed solid the torsional stress does not exceed the yield strength, that is, that it is solid-safe?
(*b*) What force is needed to compress this spring to closure?
(*c*) Estimate the spring rate.
(*d*) Is there a possibility that the spring might buckle in service?

9-4 The spring in Prob. 9–3 is to be used with a static load of 130 N. Perform a design assessment represented by Eqs. (9–13) and (9–18) through (9–21) if the spring is closed to solid height.

9-5 A helical compression spring is made with oil-tempered wire with wire diameter of 5 mm, mean coil diameter of 50 mm, a total of 12 coils, a free length of 125 mm, with squared ends.
(*a*) Find the solid length.
(*b*) Find the force necessary to deflect the spring to its solid length.
(*c*) Find the factor of safety guarding against yielding when the spring is compressed to its solid length.

9-6 A helical compression spring is to be made of oil-tempered wire of 4-mm diameter with a spring index of $C = 10$. The spring is to operate inside a hole, so buckling is not a problem and the ends can be left plain. The free length of the spring should be 80 mm. A force of 50 N should deflect the spring 15 mm.
(*a*) Determine the spring rate.
(*b*) Determine the minimum hole diameter for the spring to operate in.
(*c*) Determine the total number of coils needed.
(*d*) Determine the solid length.
(*e*) Determine a static factor of safety based on the yielding of the spring if it is compressed to its solid length.

9-7 A helical compression spring is made of hard-drawn spring steel wire 2 mm in diameter and has an outside diameter of 22 mm. The ends are plain and ground, and there are $8\frac{1}{2}$ total coils.
(*a*) The spring is wound to a free length, which is the largest possible with a solid-safe property. Find this free length.
(*b*) What is the pitch of this spring?
(*c*) What force is needed to compress the spring to its solid length?
(*d*) Estimate the spring rate.
(*e*) Will the spring buckle in service?

9–8 The spring of Prob. 9–7 is to be used with a static load of 75 N. Perform a design assessment represented by Eqs. (9–13) and (9–18) through (9–21) if the spring closed to solid height.

9–9 to 9–19 Listed in the tables are springs with different parameters. Investigate these squared-and-ground-ended helical compression springs to see if they are solid-safe. If not, what is the largest free length to which they can be wound using $n_s = 1.2$?

Problem Number	d, mm	OD, mm	L_0, mm	N_t	Material
9–9	0.15	0.9	16	40	A228 music wire
9–10	0.3	3.0	20.6	15.1	B159 phosphor-bronze
9–11	1.0	6.0	19.1	10.4	A313 stainless steel
9–12	3.5	50	74.6	5.25	A227 hard-drawn steel
9–13	3.7	25	95.3	13.0	A229 OQ&T steel
9–14	4.9	76	228.6	8.0	A232 chrome-vanadium
	d, mm	**OD, mm**	**L_0, mm**	**N_t**	**Material**
9–15	0.25	0.95	12.1	38	A313 stainless steel
9–16	1.2	6.5	15.7	10.2	A228 music wire
9–17	3.5	50.6	75.5	5.5	A229 OQ&T spring steel
9–18	3.8	31.4	71.4	12.8	B159 phosphor-bronze
9–19	4.5	69.2	215.6	8.2	A232 chrome-vanadium

9–20 Consider the steel spring in the illustration.

(*a*) Find the pitch, solid height, and number of active turns.

(*b*) Find the spring rate. Assume the material is A227 HD steel.

(*c*) Find the force F_s required to close the spring solid.

(*d*) Find the shear stress in the spring due to the force F_s.

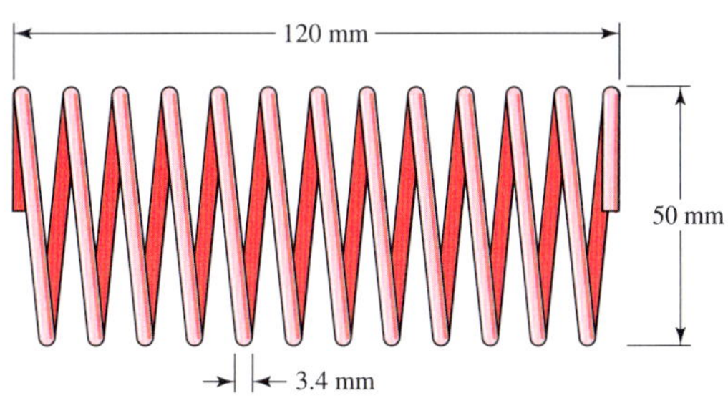

Problem 9–20

9–21 A static service music wire helical compression spring is needed to support a 90-N load after being compressed 50 mm. The solid height of the spring cannot exceed 38 mm. The free length must not exceed 100 mm. The static factor of safety must equal or exceed 1.2. For robust linearity use a fractional overrun to closure ξ of 0.15. There are two springs to be designed. Start with a wire diameter of 1.9 mm.

(*a*) The spring must operate over a 20-mm rod. A 1.2-mm diametral clearance allowance should be adequate to avoid interference between the rod and the spring due to out-of-round coils. Design the spring.

(*b*) The spring must operate in a 25-mm-diameter hole. A 1.2-mm diametral clearance allowance should be adequate to avoid interference between the spring and the hole due to swelling of the spring diameter as the spring is compressed and out-of-round coils. Design the spring.

9–22 Solve Prob. 9–21 by iterating with an initial value of $C = 10$. If you have already solved Prob. 9–21, compare the steps and the results.

9–23 A holding fixture for a workpiece 37.5 mm thick at the clamp locations is being designed. The detail of one of the clamps is shown in the figure. A spring is required to drive the clamp upward when removing the workpiece with a starting force of 45 N. The clamp screw has an M10 × 1.25 thread. Allow a diametral clearance of 1.25 mm between it and the uncompressed spring. It is further specified that the free length of the spring should be $L_0 \leq 48$ mm, the solid height $L_s \leq 31.5$ mm, and the safety factor when closed solid should be $n_s \geq 1.2$. Starting with $d = 2$ mm, design a suitable helical coil compression spring for this fixture. Wire diameters are available in 0.2-mm increments between 0.2 to 3.2 mm.

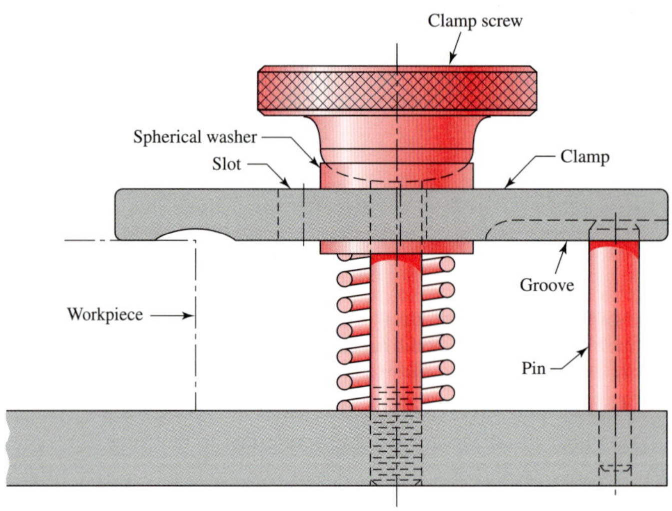

Problem 9–23
Clamping fixture.

9–24 Solve Prob. 9–23 by iterating with an initial value of $C = 8$. If you have already solved Prob. 9–23, compare the steps and the results.

9–25 Your instructor will provide you with a stock spring supplier's catalog, or pages reproduced from it. Accomplish the task of Prob. 9–23 by selecting an available stock spring. (This is design by *selection.*)

9–26 A compression spring is needed to fit over a 12-mm diameter rod. To allow for some clearance, the inside diameter of the spring is to be 15 mm. To ensure a reasonable coil, use a spring index of 10. The spring is to be used in a machine by compressing it from a free length of 125 mm through a stroke of 75 mm to its solid length. The spring should have squared and ground ends, unpeened, and is to be made from cold-drawn wire.

(*a*) Determine a suitable wire diameter.

(*b*) Determine a suitable total number of coils.

(*c*) Determine the spring constant.

(*d*) Determine the static factor of safety when compressed to solid length.

(*e*) Determine the fatigue factor of safety when repeatedly cycled from free length to solid length.

9–27 A compression spring is needed to fit within a 25-mm diameter hole. To allow for some clearance, the outside diameter of the spring is to be no larger than 22 mm. To ensure a reasonable coil, use a spring index of 8. The spring is to be used in a machine by compressing it from a free length of 75 mm to a solid length of 25 mm. The spring should have squared ends, and is unpeened, and is to be made from music wire.

(*a*) Determine a suitable wire diameter.
(*b*) Determine a suitable total number of coils.
(*c*) Determine the spring constant.
(*d*) Determine the static factor of safety when compressed to solid length.
(*e*) Determine the fatigue factor of safety when repeatedly cycled from free length to solid length.

9–28 A helical compression spring is to be cycled between 600 N and 1.2 kN with a 25-mm stroke. The number of cycles is low, so fatigue is not an issue. The coil must fit in a 52-mm diameter hole with a 2-mm clearance all the way around the spring. Use unpeened oil-tempered wire with squared and ground ends.

(*a*) Determine a suitable wire diameter, using a spring index of $C = 7$.
(*b*) Determine a suitable mean coil diameter.
(*c*) Determine the necessary spring constant.
(*d*) Determine a suitable total number of coils.
(*e*) Determine the necessary free length so that if the spring were compressed to its solid length, there would be no yielding.

9–29 The figure shows a conical compression helical coil spring where R_1 and R_2 are the initial and final coil radii, respectively, d is the diameter of the wire, and N_a is the total number of active coils. The wire cross section primarily transmits a torsional moment, which changes with the coil radius. Let the coil radius be given by

$$R = R_1 + \frac{R_2 - R_1}{2\pi N_a}\theta$$

where θ is in radians. Use Castigliano's method to estimate the spring rate as

$$k = \frac{d^4 G}{16 N_a (R_2 + R_1)\left(R_2^2 + R_1^2\right)}$$

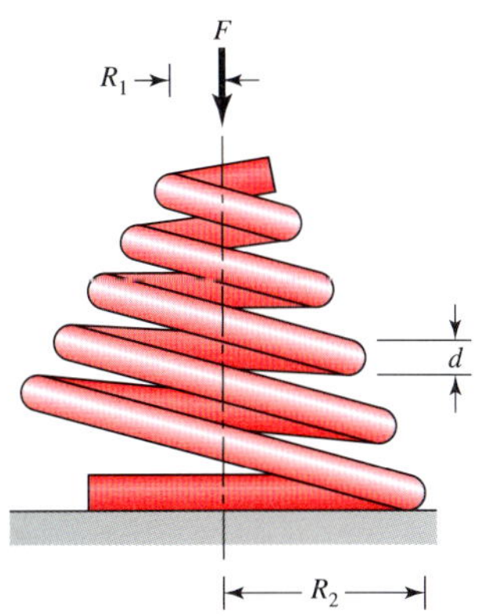

Problem 9–29

9–30 A helical coil compression spring is needed for food service machinery. The load varies from a minimum of 20 N to a maximum of 90 N. The spring rate k is to be 1660 N/m. The outside diameter of the spring cannot exceed 62 mm. The springmaker has available suitable dies for drawing 2-, 2.3-, 2.6-, and 3-mm-diameter wire. Using a fatigue design factor n_f of 1.5, and the Gerber-Zimmerli fatigue-failure criterion, design a suitable spring.

9–31 Solve Prob. 9–30 using the Goodman-Zimmerli fatigue-failure criterion.

9–32 Solve Prob. 9–30 using the Sines-Zimmerli fatigue-failure criterion.

9–33 Design the spring of Ex. 9–5 using the Gerber fatigue-failure criterion.

9–34 Solve Prob. 9–33 using the Goodman-Zimmerli fatigue-failure criterion.

9–35 A hard-drawn spring steel extension spring is to be designed to carry a static load of 90 N with an extension of 12 mm using a design factor of $n_y = 1.5$ in bending. Use full-coil end hooks with the fullest bend radius of $r = D/2$ and $r_2 = 2d$. The free length must be less than 75 mm, and the body turns must be fewer than 30. Integer and half-integer body turns allow end hooks to be placed in the same plane. This adds extra cost and is done only when necessary.

9–36 Design a compression spring with plain ends using hard-drawn wire. The deflection is to be 56 mm when the force is 90 N and to close solid when the force is 100 N. Upon closure, use a design factor of 1.2 guarding against yielding. Select the smallest gauge W&M (Washburn & Moen) wire.

9–37 Design an infinite-life helical coil extension spring with full end loops and generous loop-bend radii for a minimum load of 40 N and a maximum load of 80 N, with an accompanying stretch of 6 mm. The spring is for food-service equipment and must be stainless steel. The outside diameter of the coil cannot exceed 25 mm, and the free length cannot exceed 62 mm. Using a fatigue design factor of $n_f = 2$, complete the design.

9–38 Prove Eq. (9–40). *Hint:* Using Castigliano's theorem, determine the deflection due to bending of an end hook alone as if the hook were fixed at the end connecting it to the body of the spring. Consider the wire diameter d small as compared to the mean radius of the hook, $R = D/2$. Add the deflections of the end hooks to the deflection of the main body to determine the final spring constant, then equate it to Eq. (9–9).

9–39 The figure shows a finger exerciser used by law-enforcement officers and athletes to strengthen their grip. It is formed by winding A227 hard-drawn steel wire around a mandrel to obtain $2\frac{1}{2}$ turns when the grip is in the closed position. After winding, the wire is cut to leave the two legs as handles. The plastic handles are then molded on, the grip is squeezed together, and a wire clip is placed around the legs to obtain initial "tension" and to space the handles for the best initial gripping position. The clip is formed like a figure 8 to prevent it from coming off. When the grip is in the closed position, the stress in the spring should not exceed the permissible stress.

(*a*) Determine the configuration of the spring before the grip is assembled.

(*b*) Find the force necessary to close the grip.

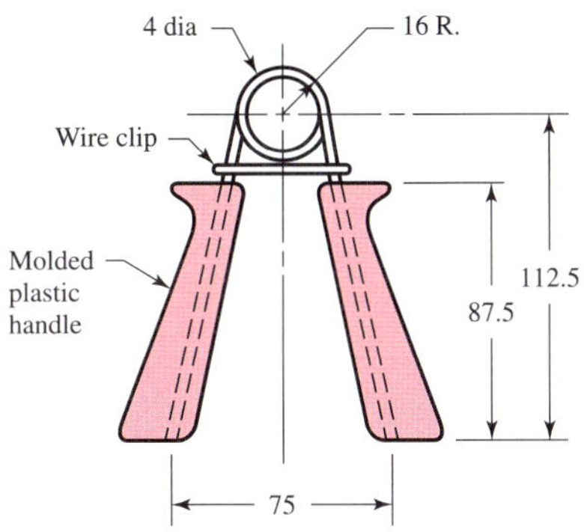

Problem 9–39
Dimensions in millimeters.

9–40 The rat trap shown in the figure uses two opposite-image torsion springs. The wire has a diameter of 2 mm, and the outside diameter of the spring in the position shown is 12 mm. Each spring has 11 turns. Use of a fish scale revealed a force of about 36 N is needed to set the trap.
(*a*) Find the probabable configuration of the spring prior to assembly.
(*b*) Find the maximum stress in the spring when the trap is set.

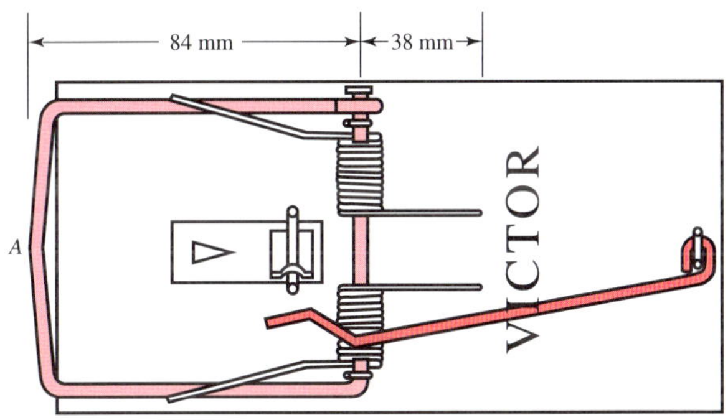

Problem 9–40

9–41 Wire form springs can be made in a variety of shapes. The clip shown operates by applying a force F. The wire diameter is d, the length of the straight section is l, and Young's modulus is E. Consider the effects of bending only, with $d \ll R$.
(*a*) Use Castigliano's theorem to determine the spring rate k.
(*b*) Determine the spring rate if the clip is made from 2-mm diameter A227 hard-drawn steel wire with $R = 6$ mm and $l = 25$ mm.
(*c*) Estimate the value of the load F, which will cause the wire to yield.

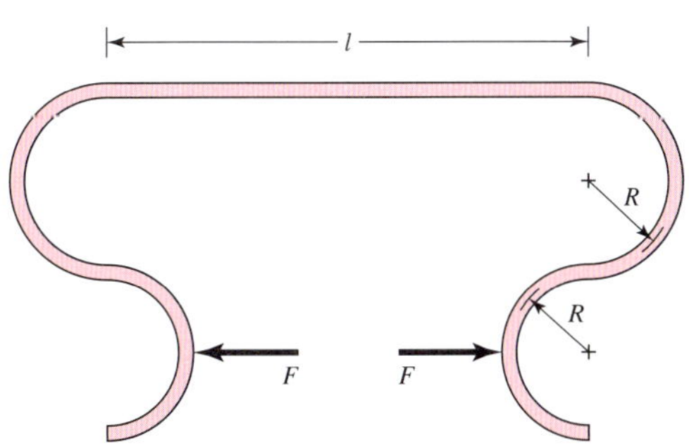

Problem 9–41

9–42 For the wire form shown, the wire diameter is d, the length of the straight section is l, and Young's modulus is E. Consider the effects of bending only, with $d \ll R$.

(*a*) Use Castigliano's method to determine the spring rate k.

(*b*) Determine the spring rate if the form is made from 0.7-mm diameter A313 stainless wire with $R = 15$ mm and $l = 12$ mm.

(*c*) For part (*b*), estimate the value of the load F, which will cause the wire to yield.

Problem 9–42

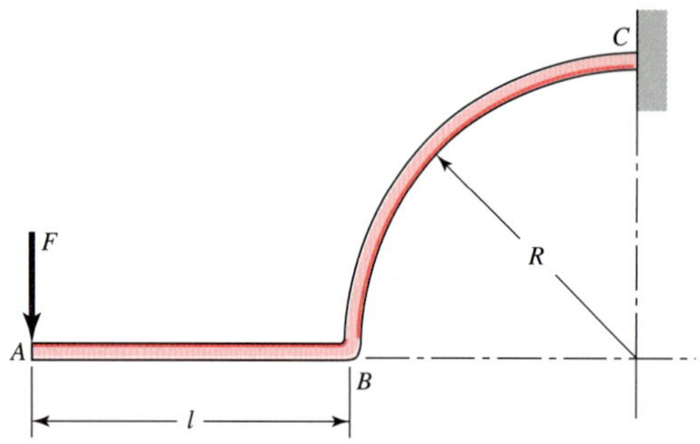

9–43 Figure 9–14*b* shows a spring of constant thickness and constant stress. A constant stress spring can be designed where the width b is constant as shown.

(*a*) Determine how h varies as a function of x.

(*b*) Given Young's modulus E, determine the spring rate k in terms of E, l, b, and h_o. Verify the units of k.

Problem 9–43

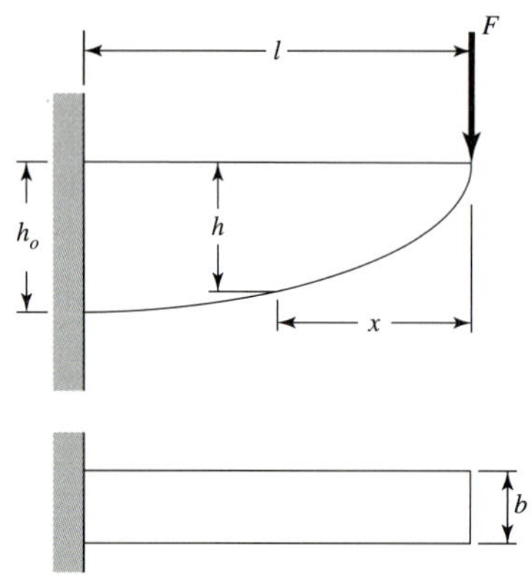

9–44 Using the experience gained with Prob. 9–30, write a computer program that would help in the design of helical coil compression springs.

9–45 Using the experience gained with Prob. 9–37, write a computer program that would help in the design of a helical coil extension spring.

CHAPTER

10

Shigley's Mechanical Engineering Design

구름베어링

Chapter Outline

구름-접촉 베어링, **반저항**(*antifriction*) **베어링**, **구름베어링** 등의 용어는 모두 미끄럼접촉보다는 구름접촉 요소를 통하여 주부하를 전달하는 베어링 종류를 표현하는 데 쓰인다. 구름베어링에서 초기(정지)마찰은 운동마찰보다 두 배 정도이지만, 미끄럼베어링의 초기마찰에 비하면 무시할 정도이다. 하중, 속도 그리고 윤활제의 작동 점도는 구름베어링의 마찰특성에 영향을 준다. 구름베어링을 "반저항(antifriction) 베어링"이라고 표현하는 것은 잘못된 것이지만, 산업계 전반에 걸쳐 일반적으로 사용되고 있다.

기계설계자의 관점에서 보면, 베어링이라 규정한 것은 이미 설계되어 있기 때문에, 반저항 베어링에 대한 연구는 다른 주제의 연구와 비교해 볼 때 여러 가지 점에서 차이가 있다. 반저항 베어링 설계 전문가는 구름베어링을 구성하는 일련의 부품을 설계하는 문제에 직면해 있다. 이 요소들은 주어진 치수의 공간에 맞도록 설계되어야 한다; 이들은 또한 특정한 특성을 가진 부하를 견딜 수 있도록 설계되어야 한다; 그리고 마지막으로 이 요소들은 특정한 조건 하에서 작동할 때 만족할 만한 수명을 갖도록 설계되어야 한다. 따라서 베어링 전문가는 피로하중, 마찰, 열, 부식저항, 역학 문제, 재료 특성, 윤활, 기계가공 공차, 조립, 사용 및 비용과 같은 문제를 고려하여야 한다. 베어링 전문가는 이러한 모든 요소를 고려하면서 그들의 판단에 따라, 정의된 문제에 대한 훌륭한 해결안이라는 절충안에 도달하게 된다.

우리는 여기서 베어링의 종류에 대한 개관으로부터 시작한다. 그리고 베어링의 수명은 결정론적 형태로 기술할 수 없음을 유의해야 한다. 여기서 Weibull 분포를 강하게 따르는 수명의 통계학적 분포를 나타내는 불변량(invariant)을 도입한다. 일정한 신뢰도에서 부하와 수명의 관계를 표현하는 몇 가지 유용한 결정론적 식이 존재하며, 우리는 정격수명(rating life)에 대한 카탈로그 정격수명(catalog rating)을 도입한다.

신뢰도와 수명 관계식은 Weibull 통계학을 포함한다. 하중-수명-신뢰도 관계는, 통계학과 결정론의 관계를 결합하여, 요구되는 하중과 수명으로부터 카탈로그 부하용량을 하나의 식에서 찾는 방법을 설계자에게 제공한다.

볼베어링은 축방향으로도 저항할 수 있는데, 일회전당 축방향의 손상은 반지름방향의 그것과는 다르다. 따라서 축방향과 반지름방향 하중이 동시에 작용할 때 동일한 손상을 주는 동등한 순수 반지름방향 하중을 찾아야 한다. 그리고 단속적 그리고 연속적 변동 하중에 대해서도 다루고, 동일한 손상을 가하는 동등한 순수 반지름방향 하중도 정량화한다. 반복하여 변동하는 하중(oscillatory loading)에 대해서도 언급한다.

이러한 준비를 통해 볼베어링과 실린더 롤러 베어링의 선택을 고려할 수 있는 도구를 갖게 된다. 정렬의 오류에 대한 문제는 정량적으로 접근한다.

원추 롤러 베어링은 다소 복잡하나, 우리의 경험을 활용하여 이해를 돕도록 하였다.

적절한 카탈로그 베어링 등급(bearing ratings)을 선택하는 도구를 갖게 되면, 베어링을 선택하는 결정을 하고, 설계를 평가하고, 베어링 신뢰도를 정량적으로 표현할 수 있다. 윤활과 설치에 대해서도 언급한다. 생산자의 지침서는 생산된 베어링과 관련된 특정한 상세내용을 위해 참고하여야 한다.

10-1 베어링의 종류

베어링은 순수한 반지름방향 하중, 순수한 축방향 하중 또는 두 가지 하중의 조합을 감당하도록 제작된다. 볼베어링의 명칭은 베어링의 네 가지 핵심적인 부품과 함께 그림 10-1에 나타나 있다. 그것은 외륜, 내륜, 볼 또는 구름요소, 그리고 분리자(seperator)이다. 저렴한 베어링에는 가끔 분리자가 빠져있는데, 이것은 요소들을 분리시켜 마찰접촉이 발생하지 않도록 하는 중요한 역할을 담당하는 것이다.

이 장에서는 제작되고 있는 수많은 표준화 베어링 종류에서 선택하는 방법에 대해 설명한다. 대부분의 베어링 제작자는 구입 가능한 종류의 베어링에 대한 상세한 설명을 포함한 공학적 지침서와 안내서를 제공한다. 여기서는 지면의 제한으로 인해 가장 일반적인 종류 몇 가지에 대해서 간략히 설명한다. 따라서 이 장의 학습을 위해 베어링 제작자의 문헌을 참고하여야 한다.

생산되고 있는 다양한 표준 베어링 중 몇 가지를 그림 10-2에 나타냈다. 단열 깊은 홈 볼베어링(single-row deep-groove ball bearing)은 반지름방향 부하뿐만 아니라 축방향 부하도 어느 정도 지탱한다. 볼들은 내륜을 중심에서 벗어난 위치로 이동시킨 후 홈에 장착한다. 볼들은 장착 후 서로 사이를 분리시킨 후 분리자를 삽입한다. 내륜과 외륜에 삽입노치(filling notch)(그림 10-2*b*)를 만들면 더 많은 수의 볼을 삽입할 수 있으므로 부하능력이 향상된다. 그러나 축방향 부하가 작용할 경우에는 노치의 모서리에 볼이 충돌하므로 축방향 부하능력이 감소된다. 앵귤라 콘택트 볼베어링(angular contact ball bearing)(그림 10-2*c*)은 더 큰 축방향 부하능력을 갖고 있다.

이 모든 베어링은 한쪽이나 양쪽에 보호판을 장착할 수 있다. 이 보호판은 완전하게 밀봉하는 것이 아니라, 단지 먼지로부터 보호하는 수단이다. 다양한 베어링이 한쪽이나 양쪽에 밀봉을 하여 제작된다. 양쪽을 밀봉하여 제작하면, 베어링의 윤활은 공장에서 이루어진다. 밀봉된 베어링은 전체 수명 동안 윤활이 될 것으로 예측하지만, 때때로 재윤활이 필요하다.

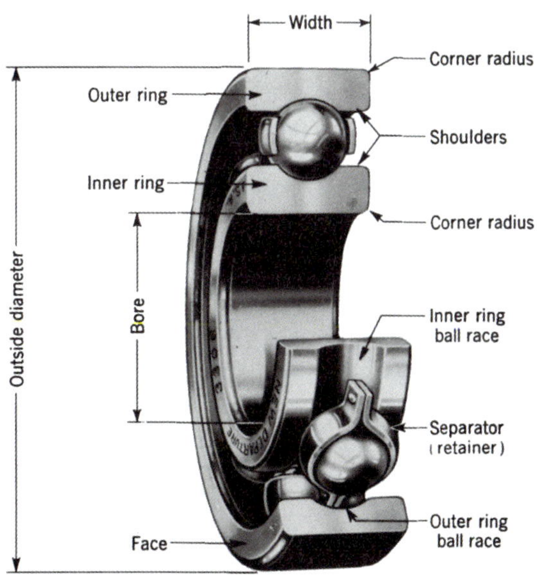

그림 10-1
볼베어링의 명칭(*General Motors Corp.*의 허락 하에 인용)

그림 10-2
다양한 종류의 볼베어링

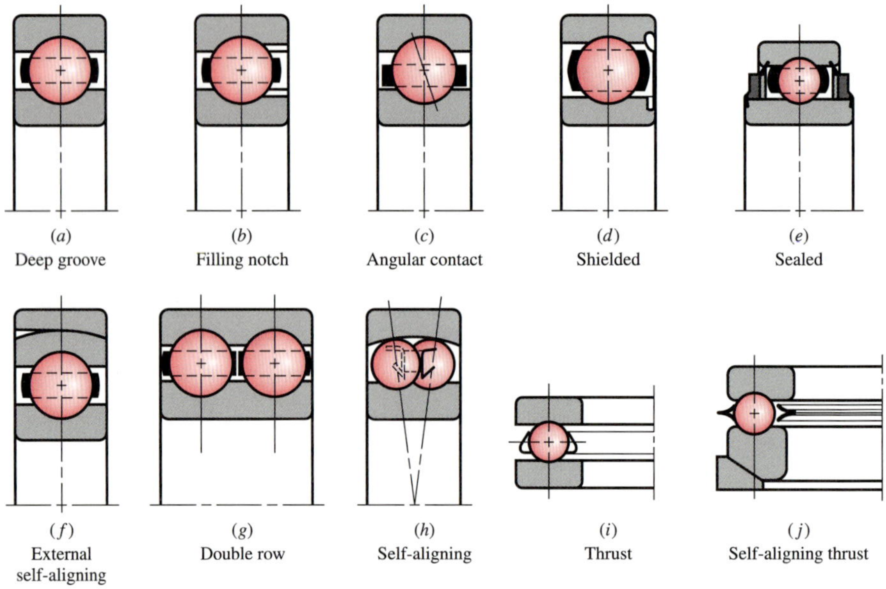

단열 베어링은 축의 처짐에 의한 적은 양의 정렬오차에는 견딜 수 있으나, 이것이 심각한 상황에서는 자동조심형 베어링을 사용해야 한다. 복열 베어링은 반지름방향과 축방향 하중이 큰 경우에 사용할 수 있도록 다양한 종류와 치수로 만들어진다. 때때로 동일한 이유로 두 개의 단열 베어링을 함께 사용하기도 하지만, 복열 베어링이 일반적으로 부품수도 적고 공간도 적게 차지한다. 단일방향 스러스트 볼베어링(그림 10-2*i*)도 여러 가지 종류와 치수로 만들어진다.

다양한 표준 롤러 베어링 중 몇 가지를 그림 10-3에 나타냈다. 원통 롤러 베어링(straight roller bearing)(그림 10-3*a*)은 접촉면적이 크기 때문에 동일한 크기의 볼베어링 보다 더 큰 반지름방향 부하를 견딜 수 있다. 그러나 그것은 내외륜과 롤러의 거의 완벽한 기하를 요구하는 단점을 갖고 있다. 약간의 정렬오차만으로도 롤러는 비스듬해지고 정렬선을 벗어난다. 이런 이유 때문에 리테이너(retainer)는 두꺼워야 한다. 물론 원통 롤러 베어링은 축방향 하중은 지탱하지 못한다.

헬리컬 롤러는 직사각형 재료를 롤러 사이에서 압연한 후 경화, 연삭을 하여 제작된다. 타고난 유연성으로 인해 상당한 정렬오차를 감당할 수 있다. 필요하다면 분리된 내외륜 대신에 축과 하우징이 내외륜을 대신할 수 있다. 이것은 반지름방향 공간이 제한되어 있을 경우에 특히 중요하다.

스페리컬 롤러 스러스트 베어링(spherical-roller thurst bearing)(그림 10-3*b*)은 부하가 크고 정렬오차가 발생하는 곳에 유용하다. 스페리컬 요소들은 부하가 증가함에 따라 접촉면적이 증가하는 장점을 갖고 있다.

니들베어링(needle bearing)(그림 10-3*d*)은 반지름방향 공간이 제한되어 있는 경우에 매우 유용하다. 이것은 분리자가 있으면 매우 큰 부하능력을 가지는데, 분리자 없이도 사용할 수 있다. 또한 내외륜과 함께 또는 없이도 설치할 수 있다.

원추 롤러 베어링(tapered roller bearing)(그림 10-3*e*, *f*)은 볼베어링과 원통 롤러 베어링의

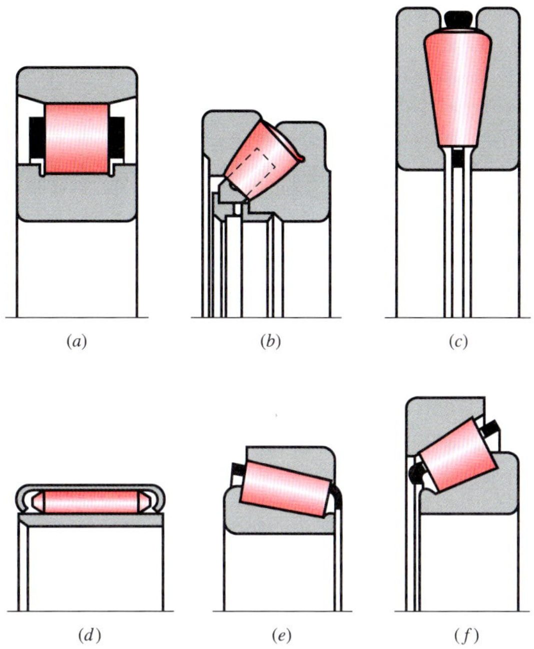

그림 10-3
(*a*) 원통 롤러; (*b*) 스러스트 스페리컬; (*c*) 스러스트 테이퍼; (*d*) 니들; (*e*) 테이퍼롤러; (*f*) 큰 각도 테이퍼롤러. (*The Timken Company*의 허락 하에 인용)

장점을 합한 형태이다. 그것은 축방향이나 반지름방향 하중, 또는 이 두 가지 하중의 조합에 적합하며, 게다가 원통 롤러 베어링이 갖는 고하중 지지능력을 갖고 있다. 원추 롤러 베어링은 롤러의 표면과 내외륜의 모든 요소가 베어링 축의 한 점에서 교차하도록 설계되어 있다.

여기서 설명한 베어링은 선택할 수 있는 많은 것 중의 단지 일부에 불과하다. 많은 특수 목적용 베어링이 제작되며, 또한 특정 등급의 기계류를 위해 베어링은 제작되기도 한다. 이러한 베어링 중 대표적인 것은 다음과 같다:

- 고정밀도를 가지며, 스테인리스 스틸과 고온용 재료로도 만들어지는 정밀기계용 베어링
- 분리자가 없고, 때로 스탬핑 가공으로 만든 금속판재 내외륜으로 구성된 비정밀 베어링
- 회전이나 직선운동 또는 두 가지 운동이 모두 가능한 볼 부싱(ball bushing)
- 유연한 롤러로 만들어진 베어링

10-2 베어링의 수명

구름베어링의 볼이나 롤러가 구를 때에는, 내륜, 구름요소 그리고 외륜에 접촉응력이 발생한다. 접촉요소의 축방향 곡률이 반지름방향의 곡률과 다르기 때문에, 3장에서 언급한 Hertz 식에서 보다 이러한 응력들을 나타내는 식이 더 포함되어 있다. 베어링이 청결하며 적절히 윤활되고 있으며, 녹이나 먼지의 유입에 대해 밀봉되어 있으며, 이러한 상태가 유지되며, 적정 온도에서 작동한다면, 파손의 유일한 원인은 금속 피로다. 금속 피로는 수백만 번의 응력을 성공적으로 견뎌냈다는 것을 의미하기 때문에, 정량적인 수명을 나타내는 척도가 필요하다. 일반적으로 수명을 나타내는 척도는 다음과 같다.

- 최초의 명백한 피로의 증거가 나타날 때까지의 내륜의 회전수(외륜은 정지 상태)
- 최초의 명백한 피로의 증거가 나타날 때까지의 표준 각속도에서의 사용시간

일반적으로 사용하는 용어는 **베어링 수명**(*bearing life*)이며, 이것은 위에서 언급한 척도 중 하나를 적용할 수 있다. 모든 피로에서 그렇듯이, 위에서 정의한 수명은 확률적 변수(stochastic variable)이며, 그렇기 때문에 분포를 갖고 있으며, 그와 연관된 통계학적 파라미터를 갖고 있다. 각각의 베어링에 대한 수명을 나타내는 척도는 파손 평가기준이 발생한 때까지 베어링이 작동한 총 회전수(또는 일정한 속도에서의 시간)로 정의된다. 이상적인 조건에서 피로파손은 하중이 작용하는 표면에 발생한 부스러짐(spalling)에 의해 발생한다. 미국 베어링 제작자 협회(ABMA) 표준에서는 파손의 판단기준은 최초로 발생한 피로의 징후라고 정의한다. Timken 사 연구실에서 사용하는 피로의 판단기준은 면적 0.01 in^2의 부스러짐(spalling)이나 구멍 파임(pitting)이다. Timken 사는 이러한 피로점을 지나서도 베어링의 유용한 수명은 상당히 연장될 수 있다는 것을 관찰을 통해 알고 있다. 이것은 구름베어링에서 피로파손에 대한 운전 측면의 정의이다.

정격수명(*rating life*)은 ABMA에서 승인하고 대부분의 제작자들이 사용하는 용어이다. 공칭으로 동일한 볼이나 롤러 베어링 그룹의 정격수명은 베어링 그룹의 90%가 파손기준이 발생하기 전에 도달 또는 초과하는 회전수(또는 동일한 속도에서 시간)로 정의된다. **최소수명**(*minimum life*), L_{10} *life*, B_{10} *life* 등의 용어도 정격수명과 동의어로 사용된다. 정격수명은 베어링 그룹의 회전수–파손 분포에서 10 백분위수(percentile)의 위치에 존재한다.

수명 중앙값(*median life*)은 베어링 그룹 중 50 백분위수의 수명이다. **평균수명**(*average life*)이란 용어는 혼란을 야기하면서 수명 중앙값의 동의어로 사용되어 왔다. 많은 그룹의 베어링을 시험해 보면, 수명 중앙값은 L_{10} 수명의 4배와 5배 사이에 존재한다.

개별 베어링 제작자들은 베어링 부하의 정격값들이 보고된 특정 정격수명을 선택한다. 가장 일반적으로 사용되는 정격수명은 10^6 회전수이다. Timken 사에서는 예외적으로 정격수명을 500 rev/min에서 3000 hours으로 하고 있는데, 이것은 $90(10^6)$회전수에 해당한다. 이러한 수준의 정격수명은 오늘날의 베어링에서는 실제적으로 매우 낮은 값이지만, 정격수명은 임의의 기준점이므로 전통적인 값이 일반적으로 유지되어 왔다.

10-3 정격 신뢰도에서의 베어링 부하 수명

공칭으로 동일한 베어링 그룹들을 서로 다른 하중에서 수명–파손기준의 관계에 대해 시험하면, 그림 10-4와 같은 log-log 그래프를 얻게 된다. 그래프의 한 점을 얻기 위해서는 하중 F_1과 그룹 1의 정격수명 $(L_{10})_1$을 log로 변환하여 나타내야 한다. 이 점뿐 아니라 다른 모든 점과 관련된 신뢰도는 0.90이다. 따라서 신뢰도 0.90에서의 하중–수명 곡선을 얻게 된다. 다음과 같은 형태의 회귀분석 방정식을 사용하면

$$FL^{1/a} = \text{constant} \tag{10-1}$$

다양한 종류의 베어링에 대해 수많은 시험을 하여 다음과 같은 결과를 얻었다.

- $a = 3$: 볼베어링
- $a = 10/3$: 롤러 베어링(원통 롤러와 원추 롤러)

카탈로그 정격하중(*catalog load rating*)은 베어링 제작자가 정한 정격수명(rating life)에서 베어링 그룹 중 10%가 파손되는 반지름방향 부하로 정의한다. 카탈로그 정격하중을 C_{10}으로 표시한다. 카탈로그 부하용량은 제조사의 정격수명이 10^6 회전수인 경우, **기본 동정격하중**(基本動定格荷重, *basic dynamic load rating*) 또는 간단히 기본 정격 하중(basic load rating)이라 한다. 이렇게 짧은 수명에서 파손을 야기하는 데 필요한 반지름방향 부하는 비현실적으로 클 것이다. 따라서 기본 정격 하중은 참조용 값으로 생각해야 하며, 베어링에서 도달하고자 하는 실제 부하는 아니다.

주어진 응용에서 베어링을 선택할 때에는, 원하는 부하와 수명 요구조건을 카탈로그 정격수명에 대응하는 카탈로그 정격하중과 연결시키는 것이 필요하다. 식 (10-1)로부터 다음과 같이 쓸 수 있다.

$$F_1 L_1^{1/a} = F_2 L_2^{1/a} \tag{10-2}$$

여기서 아래첨자 1과 2는 부하와 수명 조건의 어느 집단을 위미한다. 이 식에서 F_1과 L_1을 카탈로그 정격하중과 정격수명으로, F_2와 L_2를 응용에서 요구하는 부하와 수명으로 연결하면, 식 (10-2)를 다음과 같이 쓸 수 있다.

$$F_R L_R^{1/a} = F_D L_D^{1/a} \tag{a}$$

여기서 L_R과 L_D의 단위는 회전수이며, 아래첨자 R과 D는 정격(rated)과 요구(desired)의 약자다.

때때로 수명을 주어진 속도에서의 시간으로 표현하는 것이 편리하다. 따라서 회전수로 나타낸 임의의 수명 L은 다음과 같이 표현할 수 있다.

$$L = 60\,\mathcal{L}n \tag{b}$$

여기서 $\mathcal{L}$의 단위는 hours, n의 단위는 rev/min이며, 60 min/h는 적절한 변환인자다.

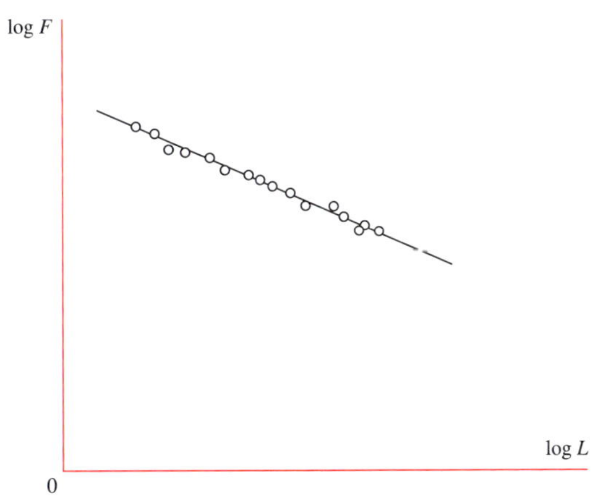

그림 10-4
베어링의 대표적인 하중-수명 곡선(log-log)

식 (*b*)를 식 (*a*)에 대입하면 다음과 같다.

$$F_R(\mathcal{L}_R n_R 60)^{1/a} = F_D(\mathcal{L}_D n_D 60)^{1/a} \tag{c}$$

카탈로그 정격하중, lbf 또는 kN
정격수명, hours
정격속도, rev/min
요구되는 속도, rev/min
요구되는 수명, hours
요구되는 반지름방향 부하, lbf 또는 kN

식 (c)를 F_R에 대해 풀고, 이것이 카탈로그 정격하중 C_{10}의 다른 표현인 것을 생각하면, 카탈로그 정격하중을 요구되는 부하, 요구되는 수명 및 카탈로그 정격수명의 함수로 표현할 수 있다.

$$C_{10} = F_R = F_D\left(\frac{L_D}{L_R}\right)^{1/a} = F_D\left(\frac{\mathcal{L}_D n_D 60}{\mathcal{L}_R n_R 60}\right)^{1/a} \tag{10-3}$$

때때로 $x_D = L_D/L_R$을 **정격수명의 무차원 배수**(dimensionless *multiple of rating life*)로 정의하면 편리하다.

예제 10-1 SKF사에서는 자사의 베어링 수명 등급을 100만 회전으로 정하고 있다. 2 kN의 하중이 작용하며, 1725 rev/min으로 회전하는 베어링이 신뢰도 90 %의 수명 5000 h을 갖도록 하려면, SKF 카탈로그에서 어떤 카탈로그 정격하중(catalog rating)을 선택하여야 하는가?

풀이 정격수명은 $L_{10} = L_R = \mathcal{L}_R n_R 60 = 10^6$ revolutions이다. 식 (10-3)으로부터 다음과 같이 구할 수 있다.

답 카탈로그 정격하중 $C_{10} = F_D\left(\frac{\mathcal{L}_D n_D 60}{\mathcal{L}_R n_R 60}\right)^{1/a} = 2\left[\frac{5000(1725)60}{10^6}\right]^{1/3} = 16.1\text{ kN}$

10-4 베어링 존속: 신뢰성과 수명

일정한 크기의 하중에서 수명을 나타내는 척도는 비스듬히 기울어져 있다. 이러한 분포에 적합한 분포곡선에는 대수정규분포(lognormal)와 Weibull 분포가 있다. 그 중에서 Weibull 분포(Weibull distribution)는 기울기의 정도를 변화시켜 조절할 수 있기 때문에 가장 일반적으로 널리 사용된다. 수명을 나타내는 척도가 $x = L/L_{10}$과 같이 무차원 형태로 표현되면, 신뢰도는 다음과 같이 나타낼 수 있다.

$$R = \exp\left[-\left(\frac{x - x_0}{\theta - x_0}\right)^b\right] \tag{10-4}$$

여기서 R = 신뢰도

x = 수명을 나타내는 척도로써의 무차원 확률변수, L/L_{10}

x_0 = 확률변수의 보장된 값 또는 '최소값'

θ = 확률변수의 63.2121 백분위수에 해당하는 특성 매개변수

b = 기울기를 제어하는 형상 매개변수

Weibull 분포에는 3가지 분포 매개변수 x_0, θ 그리고 b가 있으므로, 일련의 데이터에 일치시킬 수 있는 강력한 능력이 있다. 또한 식 (10-4)에서는 누적분포함수에 대한 양함수(explicit) 표현이 가능하다.

$$F = 1 - R = 1 - \exp\left[-\left(\frac{x - x_0}{\theta - x_0}\right)^b\right] \tag{10-5}$$

예제 10-2 Weibull 매개변수 $x_0 = 0.20$, $(\theta - x_0) = 4.439$, $b = 1.483$인 02-30 mm 계열의 깊은 홈 볼 베어링의 분포 특성을 구하라. 평균, 중앙값, 10 백분위수, 표준편차 그리고 변동계수를 구하라.

풀이 무차원 평균수명 μ_x은 다음과 같다:

답
$$\mu_x = x_0 + (\theta - x_0)\Gamma\left(1 + \frac{1}{b}\right) = 0.02 + 4.439\Gamma\left(1 + \frac{1}{1.483}\right) = 4.033$$

무차원 중앙값 수명 $x_{0.50}$은 다음과 같다(이때 $R = 0.5$):

답
$$x_{0.50} = x_0 + (\theta - x_0)\left(\ln\frac{1}{R}\right)^{1/b} = 0.02 + 4.439\left(\ln\frac{1}{0.5}\right)^{1/1.483}$$

$$= 3.487$$

무차원 수명 x의 10 백분위수 $x_{0.10}$은 다음과 같다:

답
$$x_{0.10} = 0.02 + 4.439\left(\ln\frac{1}{0.90}\right)^{1/1.483} \doteq 1 \qquad \text{(원래 1이 되어야 함)}$$

무차원 수명의 표준편차 $\hat{\sigma}_x$는 다음과 같다:

답
$$\hat{\sigma}_x = (\theta - x_0)\left[\Gamma\left(1 + \frac{2}{b}\right) - \Gamma^2\left(1 + \frac{1}{b}\right)\right]^{1/2}$$

$$= 4.439\left[\Gamma\left(1 + \frac{2}{1.483}\right) - \Gamma^2\left(1 + \frac{1}{1.483}\right)\right]^{1/2} = 2.753$$

무차원 수명의 변동계수 C_x는 다음과 같다:

답
$$C_x = \frac{\hat{\sigma}_x}{\mu_x} = \frac{2.753}{4.033} = 0.683$$

10-5 하중, 수명 그리고 신뢰도 사이의 관계

이것은 설계자의 문제다. 요구되는 하중은 제조사의 시험 하중이나 카탈로그에 표시된 것이 아니다. 요구되는 속도는 제조사의 시험 속도와는 다르며, 신뢰도에 대한 기대는 카탈로그에 나타나 있는 0.90보다 훨씬 크다. 그림 10-5가 그 상황을 설명하고 있다. 카탈로그 정보는 점 A로 표시되어 있는데, 그의 좌표는 C_{10} and $x_{10} = L_{10}/L_{10} = 1$의 log 값이며, 신뢰도 선 0.90 위의 점이다. 설계 위치는 점 D이며, 그 좌표는 F_D와 x_D의 log 값이며, 신뢰도 선 $R = R_D$ 위의 점이다. 설계자는 점 D로부터 점 B를 거쳐 점 A로 이동하여야 한다. 일정한 신뢰도 선 (BD)를 따라 식 (10-2)를 적용하면 다음과 같다.

$$F_B x_B^{1/a} = F_D x_D^{1/a}$$

위 식으로부터

$$F_B = F_D \left(\frac{x_D}{x_B}\right)^{1/a} \tag{a}$$

일정한 하중 선 (AB)를 따라 식 (10-4)를 적용하면 다음과 같다.

$$R_D = \exp\left[-\left(\frac{x_B - x_0}{\theta - x_0}\right)^b\right]$$

위의 식을 x_B에 대해 풀면 다음과 같다.

$$x_B = x_0 + (\theta - x_0)\left(\ln\frac{1}{R_D}\right)^{1/b}$$

위의 식을 식 (a)에 대입하면 다음과 같다.

$$F_B = F_D\left(\frac{x_D}{x_B}\right)^{1/a} = F_D\left[\frac{x_D}{x_0 + (\theta - x_0)(\ln 1/R_D)^{1/b}}\right]^{1/a}$$

그러나 $F_B = C_{10}$이며, 적용계수(application factor) a_f를 포함시키면, 다음과 같이 나타낼 수 있다.

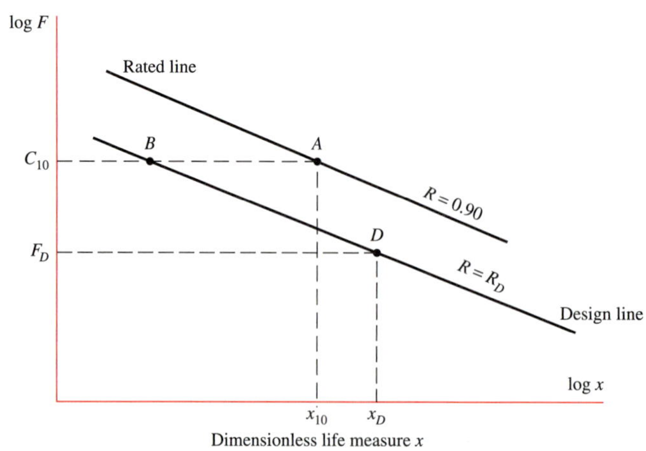

그림 10-5
일정한 신뢰도 선. 점 A는 $x = L/L_{10} = 1$에서의 카탈로그 정격하중 C_{10}을 나타낸다. 점 B는 하중 C_{10}의 작용 하에서 목표 신뢰도 선 R_D 위에 위치한다. 점 D는 설계하중 F_D의 작용 하에서 설계수명 $x_D = L_D/L_{10}$을 나타내는 요구 신뢰도 선 위의 점이다.

$$C_{10} = a_f F_D \left[\frac{x_D}{x_0 + (\theta - x_0)(\ln 1/R_D)^{1/b}} \right]^{1/a} \tag{10-6}$$

적용계수는 안전계수의 역할을 하는데, 과부하, 동적 부하 및 불확실성을 고려하여 설계 부하를 증가시키도록 한다. 특정한 종류의 응용분야에 대한 대표적인 부하 적용계수를 간략히 다룰 것이다.

식 (10-6)은 다음에 유의하면 약간 단순하게 표현할 수 있다.

$$\ln \frac{1}{R_D} = \ln \frac{1}{1 - p_f} = \ln(1 + p_f + \cdots) \doteq p_f = 1 - R_D$$

여기서 p_f는 파손확률이다. 식 (10-6)을 다음과 같이 표현할 수 있다.

$$C_{10} \doteq a_f F_D \left[\frac{x_D}{x_0 + (\theta - x_0)(1 - R_D)^{1/b}} \right]^{1/a} \qquad R \geq 0.90 \tag{10-7}$$

식 (10-6)이나 식 (10-7)은 요구되는 부하, 수명 및 신뢰성이 주어진 설계 상황을 90% 신뢰도의 정격수명에 기초한 카탈로그 정격부하로 바꾸는 데 사용할 수 있다. $R_D = 0.90$일 때 분모는 1이 되며, 위의 식은 식 (10-3)으로 간략하게 된다. Weibull 매개변수는 보통 제조사 카탈로그에 나와 있다. 대표적인 값은 이 장의 끝에 수록된 문제 앞에 수록되어 있다.

예제 10-3

볼베어링에 작용하는 설계부하는 1840 N이며, 적용계수는 1.2가 적당하다. 축의 회전속도는 300 rev/min이며, 수명은 신뢰도 0.99에서 30 kh이다. 정격수명 10^6 회전을 기초로 하는 제조사 카탈로그에서 깊은 홈 볼베어링에 대하여 찾으면, 카탈로그에 나와 있는 C_{10}의 값은 얼마인가? Weibull 매개변수 $x_0 = 0.02$, $(\theta - x_0) = 4.439$ 그리고 $b = 1.483$이다.

풀이

$$x_D = \frac{L}{L_{10}} = \frac{60 L_D n_D}{60 L_R n_R} = \frac{60(30\ 000)300}{10^6} = 540$$

따라서 설계수명은 L_{10} 수명의 540배이다. 볼베어링의 경우 $a = 3$이다. 식 (10-7)로부터 다음과 같은 값을 얻는다.

답

$$C_{10} = (1.2)(1.84) \left[\frac{540}{0.02 + 4.439(1 - 0.99)^{1/1.483}} \right]^{1/3} = 29.7\ \text{kN}$$

축은 일반적으로 두 개의 베어링에 의해 지지되어 있다. 그런데 흔히 이 베어링들은 서로 다르다. 한 쌍의 베어링이 장착된 축의 베어링 신뢰도(Bearing Reliability)가 R이라면, R은 각각의 베어링 신뢰도 R_A 및 R_B와 다음과 같은 관계를 갖는다.

$$R = R_A R_B$$

우선 신뢰도의 곱 $R_A R_B$가 R과 같다면, 일반적으로 R_A 및 R_B는 R보다 크다. 베어링 중 어느 하나 또는 두 개 모두에 파손이 발생하면 축의 운전을 정지시켜야 하므로, 베어링 A 또는 B, 또는 두 개 모두는 파손을 야기할 수 있다. 다음으로 베어링의 치수를 결정할 때에는 R_A 및

R_B를 신뢰도 목표치의 제곱근, 즉 $\sqrt{R}$과 같게 하여 시작할 수 있다. 예제 10-3에서 한 쌍의 베어링 중 하나가 사용되었다면, 신뢰도 목표치는 $\sqrt{0.99}$ 또는 0.995가 되었을 것이다. 선택된 베어링은 신뢰도 특성에 있어서 단속적(discrete)이므로, 선정과정에서 '반올림'을 하여 전체 신뢰도는 목표치 R을 초과하게 된다. 세 번째로 $R_A > \sqrt{R}$일 경우에, 베어링 B에서 끝수를 잘라 버려도 $R_A\,R_B$는 여전히 목표치 R을 초과하도록 하는 것이 가능할 수도 있다.

10-6 반지름방향 하중과 축방향 하중의 조합

볼베어링은 반지름방향과 축방향의 하중을 지탱할 수 있다. 더욱 이 하중들은 결합되어 함께 작용할 수도 있다. F_a와 F_r을 각각 축방향과 반지름방향 하중이며, F_e는 반지름방향과 축방향 하중이 결합되어 작용할 때와 동일한 손상을 가져오는 **반지름방향 등가하중**(*equivalent radial load*)이다. 회전계수 V는 내륜이 회전할 때에는 $V = 1$, 외륜이 회전할 때에는 $V = 1.2$로 정의한다. 이제 두 개의 무차원 항을 만들 수 있는데, $F_e/V\,F_r$과 $Fa/V\,F_r$이다. 이 두 개의 무차원 항은 그림 10-6에 나타낸 바와 같은데, 그 데이터는 두 개의 직선을 이용해 양호하게 근사시킬 수 있는 부드러운 곡선과 일치한다. 가로축 좌표 e는 두 직선의 교차점으로 정의한다. 그림 10-6에 나타낸 두 직선의 방정식은 다음과 같다.

$$\frac{F_e}{V\,F_r} = 1 \qquad \text{when } \frac{F_a}{V\,F_r} \le e \tag{10-8a}$$

$$\frac{F_e}{V\,F_r} = X + Y\frac{F_a}{V\,F_r} \qquad \text{when } \frac{F_a}{V\,F_r} > e \tag{10-8b}$$

여기서 X는 세로축 절편이며, Y는 $F_a/V\,F_r > e$인 경우의 직선 기울기를 나타낸다. 식 (10-8*a*)와 (10-8*b*)를 하나의 방정식으로 나타내는 것이 일반적이다.

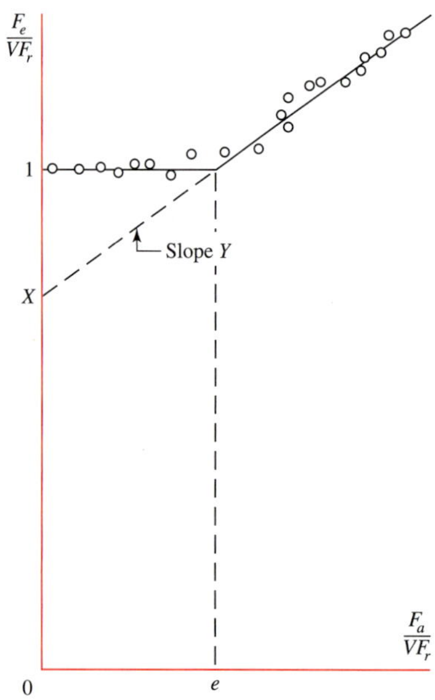

그림 10-6
무차원 항 $F_e/(V\,F_r)$과 $F_a/(V\,F_r)$, 그리고 데이터를 나타내는 직선 사이의 관계

표 10-1
볼베어링의 등가하중 계수

F_a/C_0	e	$F_a/(VF_r) \le e$		$F_a/(VF_r) > e$	
		X_1	Y_1	X_2	Y_2
0.014*	0.19	1.00	0	0.56	2.30
0.021	0.21	1.00	0	0.56	2.15
0.028	0.22	1.00	0	0.56	1.99
0.042	0.24	1.00	0	0.56	1.85
0.056	0.26	1.00	0	0.56	1.71
0.070	0.27	1.00	0	0.56	1.63
0.084	0.28	1.00	0	0.56	1.55
0.110	0.30	1.00	0	0.56	1.45
0.17	0.34	1.00	0	0.56	1.31
0.28	0.38	1.00	0	0.56	1.15
0.42	0.42	1.00	0	0.56	1.04
0.56	0.44	1.00	0	0.56	1.00

*Use 0.014 if $F_a/C_0 < 0.014$.

$$F_e = X_i V F_r + Y_i F_a \qquad (10\text{-}9)$$

여기서 $F_a/(V F_r) \le e$일 때에는 $i = 1$이며, $F_a/(V F_r) > e$일 때에는 $i = 2$이다. 계수 X와 Y는 특정 베어링의 기하와 구성에 따라 달라진다. 표 10-1에는 X_1, Y_1, X_2 그리고 Y_2의 대표적인 값을 e의 함수로 나타냈으며, e는 다시 F_a/C_0의 함수이다. 이때 C_0는 카탈로그 기본 정정격 하중(基本靜動定格荷重)을 나타낸다. **기본 정정격 하중**(基本靜動定格荷重, *basic static load rating*)은 내외륜과 구름요소 사이의 임의의 위치에서 구름요소 지름의 0.0001배의 총 영구변형을 야기하는 하중이다. 기본 정정격 하중 C_0는 기본 동정격 하중(basic dynamic load rating) C_{10}과 함께 대부분의 베어링 제작사의 출판물에 표로 만들어져 있다(예를 들어 표 10-2 참조).

이 식들에서 회전계수 V는 회전하는 링의 조건을 수정하기 위한 것이다. 외륜이 회전할 때의 계수 1.2는 단순히 이러한 조건 하에서는 피로수명이 감소한다는 사실에 기인한다. 자동 조심형 베어링은 예외적으로 모든 링의 회전에 있어서 $V = 1$이다.

원통 또는 실린더 롤러 베어링은 축방향 하중을 지탱하지 못하거나, 하더라도 매우 적은 하중만을 감당하므로 계수 Y는 항상 영(zero)이다.

ABMA에서는 베어링의 표준 외곽치수를 제정하였는데, 여기에서 베어링 구멍, 바깥지름(OD), 폭 그리고 축과 하우징 어깨부분의 필렛(fillet) 치수를 정의한다. 기본체계에서는 미터법의 모든 볼베어링과 원통 롤러 베어링을 포함하고 있다. 그 체계는 매우 유연한데, 주어진 베어링 구멍에 대해서 폭과 바깥지름에 대한 분류가 존재한다. 또한 선택된 바깥지름도 그러한 유연성을 갖고 있는데, 특정한 바깥지름에 대해서 서로 다른 치수의 구멍과 폭을 갖는 다양한 베어링을 찾을 수 있다.

ABMA 기본체계가 그림 10-7에 나타나 있다. 베어링은 **치수–계열 코드**(*dimension-series code*)라고 불리는 2자리 숫자를 사용하여 구분한다. 코드에서 첫 번째 숫자는 **폭 계열**(*width series*) 0, 1, 2, 3, 4, 5 그리고 6에서 기인한다. 두 번째 숫자는 (바깥) **지름 계열**(*di-

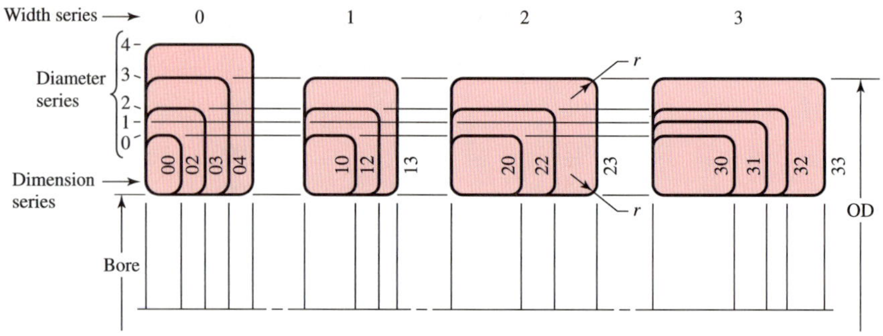

그림 10-7 외곽 치수에 대한 ABMA 기본 체계. 이 값들은 볼베어링, 원통 롤러 베어링, 스페리컬 롤러 베어링에 적용할 수 있으나, 인치 계열의 볼베어링이나 원추 롤러 베어링에는 적용할 수 없다. 모서리의 형상은 지정되지 않았으며, 둥글게 또는 모따기 가공을 할 수 있다. 그러나 그것은 표준규격에 명시된 필렛반지름을 보장할 만큼 작아야 한다.

ameter series) 8, 9, 0, 1, 2, 3 그리고 4에서 따온 것이다. 그림 10-7에서는 특정한 치수의 구멍을 가질 수 있는 다양한 베어링을 보여주고 있다. 치수–계열 코드는 치수를 직접적으로 나타내지 않으므로 표를 참조하여야 한다. 여기에 사용된 02-계열을 통하여 어떤 베어링을 얻을 수 있는지 예를 들었다(표 10-2 참조).

표에 나와 있는 하우징과 축의 어깨지름은 언제나 베어링에 대한 적절한 지지를 보장하

표 10-2 02-계열 단열 깊은 홈 볼베어링과 앵귤라 콘택트 볼베어링의 치수와 정격하중

Bore, mm	OD, mm	Width, mm	Fillet Radius, mm	Shoulder Diameter, mm d_S	Shoulder Diameter, mm d_H	Load Ratings, kN Deep Groove C_{10}	Deep Groove C_0	Angular Contact C_{10}	Angular Contact C_0
10	30	9	0.6	12.5	27	5.07	2.24	4.94	2.12
12	32	10	0.6	14.5	28	6.89	3.10	7.02	3.05
15	35	11	0.6	17.5	31	7.80	3.55	8.06	3.65
17	40	12	0.6	19.5	34	9.56	4.50	9.95	4.75
20	47	14	1.0	25	41	12.7	6.20	13.3	6.55
25	52	15	1.0	30	47	14.0	6.95	14.8	7.65
30	62	16	1.0	35	55	19.5	10.0	20.3	11.0
35	72	17	1.0	41	65	25.5	13.7	27.0	15.0
40	80	18	1.0	46	72	30.7	16.6	31.9	18.6
45	85	19	1.0	52	77	33.2	18.6	35.8	21.2
50	90	20	1.0	56	82	35.1	19.6	37.7	22.8
55	100	21	1.5	63	90	43.6	25.0	46.2	28.5
60	110	22	1.5	70	99	47.5	28.0	55.9	35.5
65	120	23	1.5	74	109	55.9	34.0	63.7	41.5
70	125	24	1.5	79	114	61.8	37.5	68.9	45.5
75	130	25	1.5	86	119	66.3	40.5	71.5	49.0
80	140	26	2.0	93	127	70.2	45.0	80.6	55.0
85	150	28	2.0	99	136	83.2	53.0	90.4	63.0
90	160	30	2.0	104	146	95.6	62.0	106	73.5
95	170	32	2.0	110	156	108	69.5	121	85.0

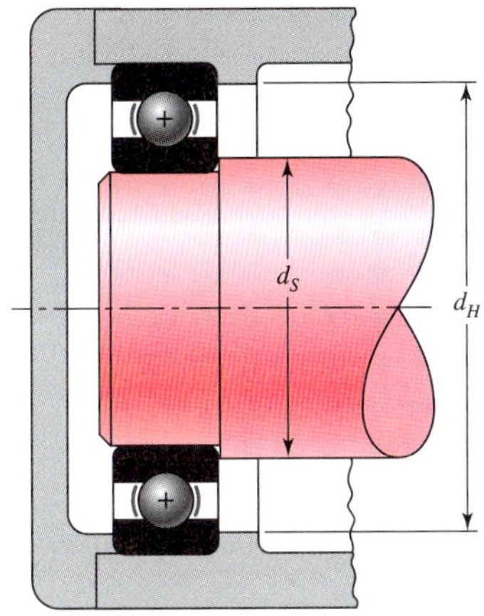

그림 10-8
축의 지름 d_s와 하우징의 어깨 지름 d_H 는 베어링의 양호한 지지를 확실하게 하도록 적절해야 한다.

표 10-3 원통 롤러 베어링의 치수와 기본 정격하중

Bore, mm	02-Series OD, mm	02-Series Width, mm	Load Ratings, kN C_{10}	Load Ratings, kN C_0	03-Series OD, mm	03-Series Width, mm	Angular Contact C_{10}	Angular Contact C_0
25	52	15	16.8	8.8	62	17	28.6	15.0
30	62	16	22.4	12.0	72	19	36.9	20.0
35	72	17	31.9	17.6	80	21	44.6	27.1
40	80	18	41.8	24.0	90	23	56.1	32.5
45	85	19	44.0	25.5	100	25	72.1	45.4
50	90	20	45.7	27.5	110	27	88.0	52.0
55	100	21	56.1	34.0	120	29	102	67.2
60	110	22	64.4	43.1	130	31	123	76.5
65	120	23	76.5	51.2	140	33	138	85.0
70	125	24	79.2	51.2	150	35	151	102
75	130	25	93.1	63.2	160	37	183	125
80	140	26	106	69.4	170	39	190	125
85	150	28	119	78.3	180	41	212	149
90	160	30	142	100	190	43	242	160
95	170	32	165	112	200	45	264	189
100	180	34	183	125	215	47	303	220
110	200	38	229	167	240	50	391	304
120	215	40	260	183	260	55	457	340
130	230	40	270	193	280	58	539	408
140	250	42	319	240	300	62	682	454
150	270	45	446	260	320	65	781	502

고, 최대 축방향 하중(그림 10-8)을 지탱하는 것이 가능하도록 사용하여야 한다. 표 10-3에서는 몇 가지 원통 롤러 베어링에 대한 치수와 정격하중을 나타냈다.

표 10-4 다양한 등급의 기계에 대한 베어링 수명 권고치

Type of Application	Life, kh
Instruments and apparatus for infrequent use	Up to 0.5
Aircraft engines	0.5–2
Machines for short or intermittent operation where service interruption is of minor importance	4–8
Machines for intermittent service where reliable operation is of great importance	8–14
Machines for 8-h service that are not always fully utilized	14–20
Machines for 8-h service that are fully utilized	20–30
Machines for continuous 24-h service	50–60
Machines for continuous 24-h service where reliability is of extreme importance	100–200

표 10-5 하중 적용계수

Type of Application	Load Factor
Precision gearing	1.0–1.1
Commercial gearing	1.1–1.3
Applications with poor bearing seals	1.2
Machinery with no impact	1.0–1.2
Machinery with light impact	1.2–1.5
Machinery with moderate impact	1.5–3.0

설계자의 베어링 선정을 돕기 위해서 대부분의 제작자 핸드북에는 많은 등급의 기계류에 대한 베어링 수명 데이터와 함께 하중 적용계수가 포함되어 있다. 그러한 정보들은 꾸준한 경험을 통해 축적된 것이다. 설계초보자는 충분한 경험을 쌓아서 언제 그것으로부터 벗어나도 되는가를 알기 전까지는 이 정보를 사용하여야 한다. 표 10-4에는 몇 가지 등급의 기계에 대한 베어링 수명에 대한 권고치가 표시되어 있다. 표 10-5의 하중 적용계수는 안전계수와 동일한 목적으로 사용된다; 베어링을 선정하기 전에 이 값을 사용해서 등가하중을 증가시키도록 해야 한다.

예제 10-4

SKF 6210 앵귤라 콘택트 볼베어링이 바깥 링이 정지된 상태에서 축방향 하중 F_a = 1780 N, 반지름방향 하중 F_r = 2225 N을 받고 있다. 기본 정정격 하중 C_0 = 19800 N, 기본 정격 하중 C_{10} = 35150 N이다. 속도 720 rev/min에서 베어링 수명 L_{10}을 계산하라.

풀이 $V = 1$이며 $F_a/C_0 = 1780/19800 = 0.090$이다. 표 10-1에서 e의 값을 보간법(interpolation)으로 구한다.

F_a/C_0	e	
0.084	0.28	
0.090	e	여기로부터 $e = 0.285$
0.110	0.30	

$F_a/(VF_r) = 1780/[(1)2225] = 0.8 > 0.285$이다. 따라서 Y_2를 보간법으로 구한다:

F_a/C_0	Y_2	
0.084	1.55	
0.090	Y_2	여기로부터 $Y_2 = 1.527$
0.110	1.45	

식 (10-9)로부터

$$F_e = X_2 V F_r + Y_2 F_a = 0.56(1)2225 + 1.527(1780) = 3964 \text{ N}$$

$LD = L_{10}$과 $FD = Fe$을 이용하여, 식 (10-3)을 L_{10}에 대해 풀면 다음과 같다.

답 $$L_{10} = \frac{60 L_R n_R}{60 n_D}\left(\frac{C_{10}}{F_e}\right)^a = \frac{10^6}{60(720)}\left(\frac{35\ 150}{3964}\right)^3 = 161\ 395 \text{ h}$$

지금까지 반지름방향 정상 하중(steady radial load)과 축방향 정상 하중(steady thrust load)을 조합하여 반지름방향 정상 등가하중(equivalent steady radial load) F_e로 만드는 방법에 대해 공부하였다. 이때 F_e는 반지름방향과 축방향 하중의 조합이 가하는 것과 동일한, 일회전당 손상을 만들어 낸다.

10-7 변동 하중

베어링 부하는 자주 변화하며, 어느 정도 인지할 수 있는 형식으로 발생한다.

- 주기적인 형식으로 구역에 따라 일정한 크기의 하중
- 반복 주기적인 양식으로 지속적으로 크기가 변동하는 하중
- 무작위 변동

식 (10-1)은 다음과 같이 표시할 수 있다.

$$F^a L = \text{constant} = K \qquad (a)$$

F는 반지름방향–축방향 하중의 조합이 작용할 때에 반지름방향 정상 등가하중(equivalent steady radial load)을 적용할 수 있다. 그림 10-9에서는 식 (a)의 F^a를 세로축으로, L을 가로축으로 하는 그래프를 보여주고 있다. 하중 크기 F_1을 선택하여 파손 기준에 도달할 때까지 작용한다면, 선 F_1-L_1의 아랫부분 면적은 K와 수치적으로 동일하다. 하중 크기 F_2에 대해서도 마찬가지로 성립한다. 즉, 선 F_2-L_2 의 아랫부분 면적은 K와 동일하다. 선형 손상이론에 따르면 하중 크기 F_1의 경우에 $L = 0$부터 $L = L_A$까지의 면적은 크기 $F_1^a L_A = D$의 손상을 만들어 낸다.

그림 10-9
세로축 F^a, 가로축 L로 하는 F^aL = constant 의 그래프. 선형 손상이론에 따르면 하중 크기 F_1의 경우에, $L = 0$부터 $L = L_A$까지 곡선의 아랫부분 면적은 손상의 크기 $D = F_1^a L_A$를 나타낸다. 파손에 이르는 완전한 손상의 크기는 $C_{10}^a L_B$이다.

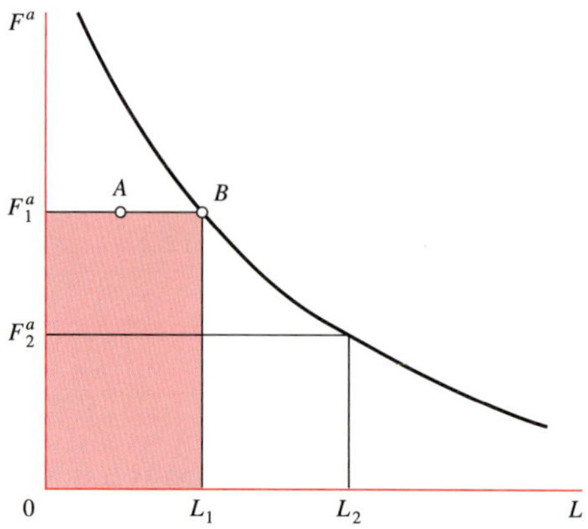

그림 10-10에 나타낸 조각별 연속 사이클을 생각해보자. 하중 F_{ei}는 반지름방향과 축방향 하중이 조합된 반지름방향 정상 등가하중(equivalent steady radial thrust load)이다. 하중 F_{e1}, F_{e2}, 와 F_{e3}에 의해 만들어진 손상은 다음과 같다.

$$D = F_{e1}^a l_1 + F_{e2}^a l_2 + F_{e3}^a l_3 \qquad (b)$$

여기서 l_i는 수명 L_i일 때의 회전수이다. 정상 등가하중 F_{eq}는 회전수 $l_1 + l_2 + l_3$ 동안 작동할 때 동일한 손상 D를 만들어 낸다. 따라서 손상 D는 다음과 같다.

$$D = F_{\text{eq}}^a (l_1 + l_2 + l_3) \qquad (c)$$

식 (b)와 (c)를 사용하여 F_{eq}를 구하면 다음과 같다.

$$F_{\text{eq}} = \left[\frac{F_{e1}^a l_1 + F_{e2}^a l_2 + F_{e3}^a l_3}{l_1 + l_2 + l_3} \right]^{1/a} = \left[\sum f_i F_{ei}^a \right]^{1/a} \qquad (10\text{-}10)$$

여기서 f_i는 하중 F_{ei} 하에서 작동한 회전수의 비율이다. 또한 l_i는 $n_i\, t_i$로 나타낼 수 있기 때문에 F_{eq}는 다음과 같이 표현할 수 있다. 여기서 n_i는 하중 F_{ei} 하에서의 회전속도이며, t_i는 그 속도에서의 지속시간이다.

그림 10-10
세 부분으로 구성된 조각별 연속인(piece-wise continuous) 하중 F_{e1}, F_{e2}와 F_{e3}를 포함하는 주기적 하중 사이클. F_{eq}는 회전수 $l_1 + l_2 + l_3$ 동안 작동할 때 동일한 손상, 즉 주기당 동일한 손상 D를 만들어 내는 정상 등가하중이다.

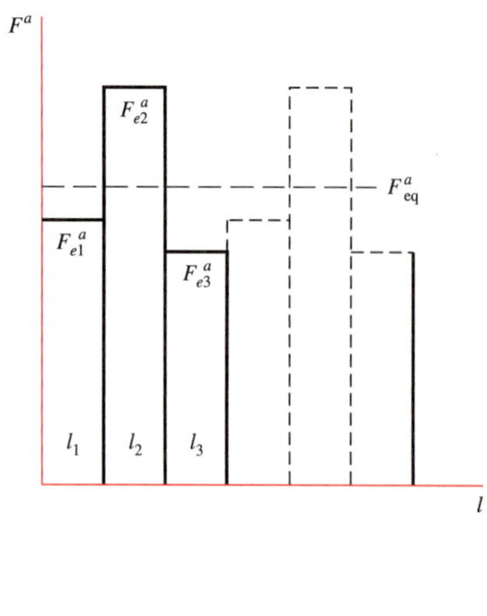

$$F_{eq} = \left[\frac{\sum n_i t_i F_{ei}^a}{\sum n_i t_i} \right]^{1/a} \tag{10-11}$$

각각의 하중 특성은 변화할 수 있으므로, 적용계수 (a_f)를 각각의 F_{ei}와 결합하여 $(a_{fi}\,F_{ei})^a$와 같이 표현할 수 있다. 따라서 식 (10-10)은 다음과 같이 바꿔 쓸 수 있다.

$$F_{eq} = \left[\sum f_i (a_{fi} F_{ei})^a \right]^{1/a} \qquad L_{eq} = \frac{K}{F_{eq}^a} \tag{10-12}$$

예제 10-5

볼베어링이 다음 표에 나타난 바와 같이 네 개의 조각별 연속 정상 하중 하에서 작동하고 있다. 세로행 (1), (2) 그리고 (5)에서 (8)까지는 주어진 값이다.

(1) Time Fraction	(2) Speed, rev/min	(3) Product, Column (1) × (2)	(4) Turns Fraction, (3)/Σ(3)	(5) F_{ri}, N	(6) F_{ai}, N	(7) F_{ei}, N	(8) a_{fi}	(9) $a_{fi}\,F_{ei}$, N
0.1	2000	200	0.077	2700	1350	3573	1.10	3930
0.1	3000	300	0.115	1350	1350	2817	1.25	3521
0.3	3000	900	0.346	3375	1350	3951	1.10	4346
0.5	2400	1200	0.462	1688	1350	3006	1.25	3758
		2600	1.000					

세로행 1과 2를 곱하여 세로행 3을 얻는다. 세로행 3의 값들을 세로행 3의 합 2600으로 나누어 세로행 4를 얻는다. 세로행 5, 6 그리고 7은 각각 반지름방향, 축방향 그리고 등가하중을 나타낸다. 세로행 8은 적절한 적용계수이다. 세로행 9는 세로행 7과 8의 곱이다.

풀이 식 (10-10)에 $a = 3$을 대입하면 반지름방향 등가하중 F_e는 다음과 같다.

답 $$F_e = [0.077(3930)^3 + 0.115(3521)^3 + 0.346(4346)^3 + 0.462(3758)^3]^{1/3} = 3971\text{ N}$$

몇 가지 수준의 하중이 작용하고 난 후에는 어떻게 될까 하는 것이 때때로 의문거리이다: 다음 수준의 응력이 파손 때까지 지속된다면 수명은 얼마나 남아 있을까? 손상 D가 일정한 크기의 $K = F^aL$ 이라면 선형 손상 가설에 따라 파손이 발생한다. 식 (10-10)의 첫 번째 표현을 취하면 다음과 같이 쓸 수 있다.

$$F_{eq}^a L_{eq} = F_{e1}^a l_1 + F_{e2}^a l_2 + F_{e3}^a l_3$$

K는 다음과 같음에 주목한다.

$$K = F_{e1}^a L_1 = F_{e2}^a L_2 = F_{e3}^a L_3$$

따라서 K는 또한 다음과 같이 표현할 수 있다.

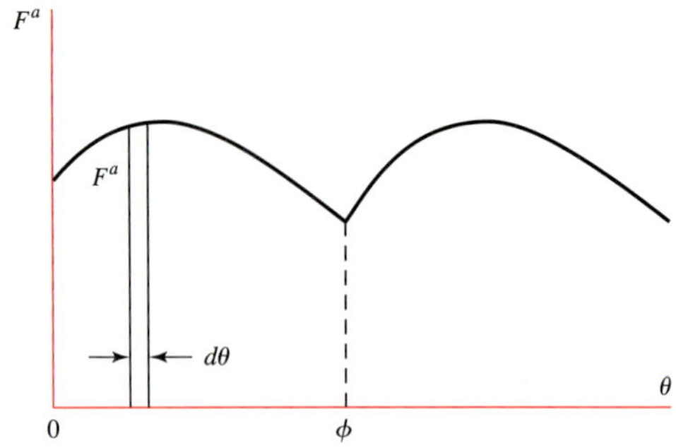

그림 10-11
주기가 ϕ인 사이클 특성을 가진 연속적인 하중 변이

$$K = F_{e1}^a l_1 + F_{e2}^a l_2 + F_{e3}^a l_3 = \frac{K}{L_1} l_1 + \frac{K}{L_2} l_2 + \frac{K}{L_3} l_3 = K \sum \frac{l_i}{L_i}$$

위 식의 양끝 항으로부터 다음을 얻을 수 있다.

$$\sum \frac{l_i}{L_i} = 1 \tag{10-13}$$

이 식은 Palmgren에 의해 1924년에, 다시 Miner에 의해 1945년 유도되었다[식 (5-58) 참조].

하중 변동의 두 번째 종류는 그림 10-11에 나타낸 것과 같은 연속적이며 주기적인 변동이다. 각도 $d\theta$ 회전하는 동안 F^a에 의해 만들어지는 미세 손상은 다음과 같다.

$$dD = F^a d\theta$$

이러한 예로는 캠(cam)과 함께 각도 $d\theta$ 회전하는 베어링이 장착된 캠을 들 수 있다. 캠의 완전한 회전에 의한 전체 손상은 다음과 같다.

$$D = \int dD = \int_0^\phi F^a d\theta = F_{\text{eq}}^a \phi$$

위 식을 등가하중에 대해 표현하면 다음과 같다.

$$F_{\text{eq}} = \left[\frac{1}{\phi}\int_0^\phi F^a d\theta\right]^{1/a} \qquad L_{\text{eq}} = \frac{K}{F_{\text{eq}}^a} \tag{10-14}$$

각도 ϕ의 값은 다른 값이 나타날 경우도 있지만, 많은 경우에 2π이다. 위에 나타낸 적분을 수행할 때, 특히 a가 정수가 아니고, 삼각함수가 포함된 경우에는 수치적분이 유용하다. 지금까지 연속적으로 변화하는 사이클 하중과 동일한 손상을 만들어 내는 정상 등가하중을 구하는 방법에 대하여 공부하였다.

예제 10-6

어느 특수한 회전펌프(rotary pump)의 작동 시 출력은 $P = \bar{P} + A' \sin\theta$이다. 여기서 $\bar{P}$는 평균 출력이다. 베어링에는 $F = \bar{F} + A\sin\theta$와 같은 동일한 변화 추세를 갖는 부하가 작용한다. 여기에 볼베어링을 사용하기 위하여 필요한 적용계수 a_f를 구하라.

풀이 식 (10-14)에 $a = 3$을 대입하면 다음과 같다.

$$F_{\text{eq}} = \left(\frac{1}{2\pi}\int_0^{2\pi} F^a d\theta\right)^{1/a} = \left(\frac{1}{2\pi}\int_0^{2\pi} (\bar{F} + A\sin\theta)^3 d\theta\right)^{1/3}$$

$$= \left[\frac{1}{2\pi}\left(\int_0^{2\pi} \bar{F}^3 d\theta + 3\bar{F}^2 A\int_0^{2\pi} \sin\theta\, d\theta + 3\bar{F}A^2\int_0^{2\pi} \sin^2\theta d\theta + A^3\int_0^{2\pi} \sin^3\theta\, d\theta\right)\right]^{1/3}$$

$$F_{\text{eq}} = \left[\frac{1}{2\pi}(2\pi\bar{F}^3 + 0 + 3\pi\bar{F}A^2 + 0)\right]^{1/3} = \bar{F}\left[1 + \frac{3}{2}\left(\frac{A}{\bar{F}}\right)^2\right]^{1/3}$$

적용계수를 $\bar{F}$의 항으로 표현하면 다음과 같다.

답

$$a_f = \left[1 + \frac{3}{2}\left(\frac{A}{\bar{F}}\right)^2\right]^{1/3}$$

$A/\bar{F}$	a_f
0	1
0.2	1.02
0.4	1.07
0.6	1.15
0.8	1.25
1.0	1.36

적용계수를 다음과 같이 표로 나타낼 수 있다.

10-8 볼베어링과 원통 롤러 베어링의 선정

우리는 이제 볼베어링과 롤러 베어링에 관한 정보를 충분히 가지고 있으므로, 실제로 작용하는 하중과 동일한 손상을 만들어 내는 반지름방향 정상 등가하중을 구할 수 있다. 이제 그것을 활용해 보자.

예제 10-7

그림 10-12에서는 idle 롤러와 쌍을 이루며, 치차에 의해 구동되는 압연 롤러를 나타내고 있다. 롤러는 롤러의 길이에 수직방향 힘 5.25 N/mm가 작용하고, 가공하는 재료에는 잡아당기는 힘 4.2 N/mm가 작용하도록 설계되었다. 롤러의 속도는 300 rev/min, 설계수명은 30 kh을 요구한다. 적용계수는 1.2를 사용하여, 위치 O와 A에 장착할 02-계열의 앵귤라 콘택트 볼베어링 한 쌍을 표 10-2에서 선정하라. 양쪽 위치에 동일한 치수의 베어링을 사용하고, 조합된 신뢰도는 최소한도 0.92여야 한다.

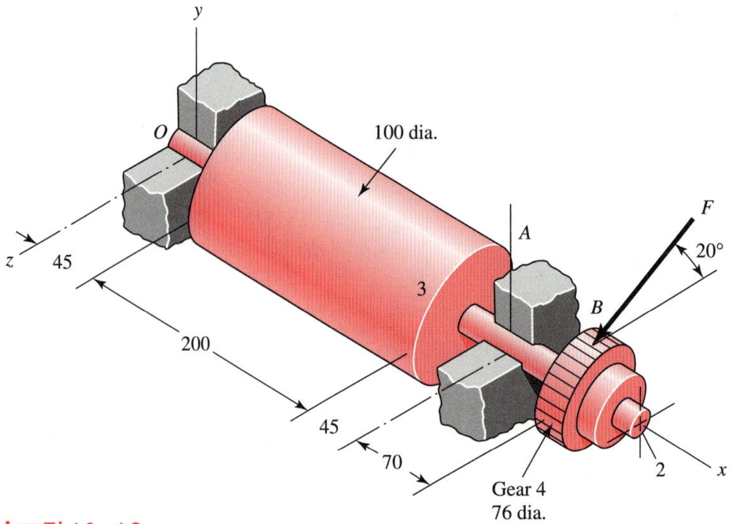

그림 10-12
단위는 mm

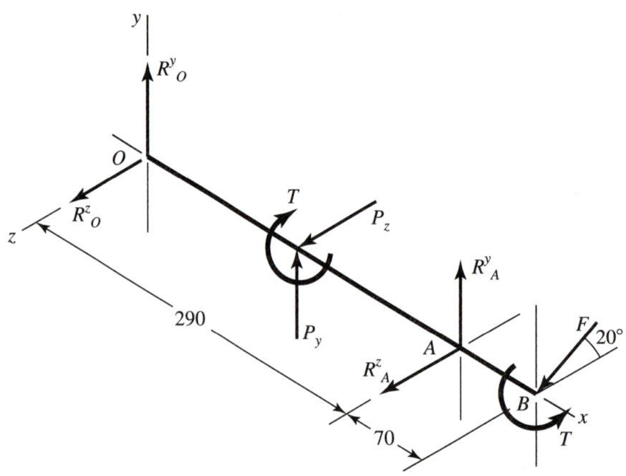

풀이 위 그림과 같이 집중 하중으로 가정한다.

$$P_z = 200(4.2) = 840 \text{ N}$$
$$P_y = 200(5.25) = 1050 \text{ N}$$
$$T = 840(50) = 42\,000 \text{ N} \cdot \text{mm}$$
$$\sum T^x = -42\,000 + 38F \cos 20^\circ = 0$$
$$F = \frac{42\,000}{38(0.940)} = 1176.2 \text{ N}$$
$$\sum M^z_O = 145P_y + 290R^y_A - 360F \sin 20^\circ = 0;$$

따라서

$$145(1050) + 290R_A^y - 360(1176.2)(0.342) = 0$$

$$R_A^y = -25.6 \text{ N}$$

$$\sum M_O^y = -145P_z - 290R_A^z - 360F\cos 20° = 0;$$

따라서

$$-145(840) - 290R_A^z - 360(1176.2)(0.940) = 0$$

$$R_A^z = -1792 \text{ N};$$

$$R_A = [(-1792)^2 + (-25.6)^2]^{1/2} = 1792 \text{ N}$$

$$\sum F^z = R_O^z + P_z + R_A^z + F\cos 20° = 0$$

$$R_O^z + 840 - 1792 + 1176.2(0.940) = 0$$

$$R_O^z = -153.3 \text{ N}$$

$$\sum F^y = R_O^y + P_y + R_A^y - F\sin 20° = 0$$

$$R_O^y + 1050 - 25.6 - 1176.2(0.342) = 0$$

$$R_O^y = -622 \text{ N}$$

$$R_O = [(-153.3)^2 + (-622)^2]^{1/2} = 640.6 \text{ N}$$

따라서 A에서의 반작용을 위주로 고려하여야 한다.

신뢰도 목표: $\sqrt{0.92} = 0.96$

$$F_D = 1.2(1792) = 2150.4 \text{ N}$$

$$x_D = 30\,000(300)(60/10^6) = 540$$

$$C_{10} = 2150.4\left\{\frac{540}{0.02 + 4.439[\ln(1/0.96)]^{1/1.483}}\right\}^{1/3} = 21.59 \text{ kN}$$

앵귤라 콘택트 볼베어링 02-35가 적합하다.

답 결정: 위치 A와 O에 앵귤라 콘택트 볼베어링 02-35 mm를 사용하기로 결정한다. 결합된 신뢰도를 확인하자.

10-9 원추 롤러 베어링의 선정

원추 롤러 베어링(Tapered Roller Bearing)은 그것을 복잡하게 만드는 일련의 특징을 갖고 있다. 원추 롤러, 볼, 그리고 원통 롤러 베어링의 차이에 대해 논의한 바와 같이, 기본원리는 동일하지만 상세한 부분에서는 차이가 있다. 또한 베어링과 컵(외륜)의 조합은 반드시 용량에 비례하여 가격이 결정되는 것은 아니다. 어느 카탈로그에서든지 고생산량, 저생산량, 성공적인 특별 주문 설계를 혼합하여 보여주고 있다. 베어링 공급자들은 컴퓨터 프로그램을 가지고 있는데, 그것을 통해 소비자의 문제를 파악하고, 중간정도의 설계평가 정보를 제공하며, 비용을 절감을 위해 만족할 만한 일련의 컵과 콘(내외륜)의 조합을 제시한다. 베어링 회사의 판매부서에서는 광범위한 공학 서비스에 접근하도록 허용하여 설계자가 베어링을 선정하고 적용할 수 있도록 도와준다.

베어링 공급자는 자신들의 카탈로그와 공학 지침서를 통해 풍부한 공학적 정보와 상세한 내용을 제공하는데, 인쇄물로 또는 온라인으로 한다. 설계자는 공급자의 상세한 특징에 익숙해질 것을 강력하게 추천한다. 그것은 보통 여기서 제시하는 것과 유사한 접근방법을 활용하는 것이 될 것이다. 그러나 온도나 윤활과 같은 것에 대한 다양한 수정계수를 포함할 수도 있다. 많은 공급자들이 베어링 선정을 돕기 위한 온라인 S/W 도구를 제공할 것이다. 엔지니어는 그러한 S/W 도구에 활용된 이론에 대한 일반적인 이해를 통해 항상 이득을 얻을 것이다. 여기서 우리의 목표는 용어를 소개하고, 앞서 공부한 기본원리와의 일치를 보여주고, 실례를 통해 자신감을 길러주는 것이다. 마지막으로 문제를 통해서 체험을 강화해야 한다.

원추 롤러 베어링은 네 개의 부품으로 구성되어 있다.

- 콘(내륜)
- 컵(외륜)
- 원추 롤러
- 케이지[스페이서(공간유지용)-리테이너]

베어링 조립품은 두 개의 분리 가능한 부분으로 구성되어 있다: (1) 콘 조립품: 콘, 롤러 그리고 케이지; (2) 컵. 베어링은 단열, 복열, 네(four)열 그리고 축방향 베어링으로 만들어질 수 있다. 또한 스페이서(spacer)와 밀봉과 같은 보조부품이 사용되기도 한다. 그림 10-13에서는 원추 롤러 베어링에서 사용되는 각부 명칭을 보이고 있으며, 점 *G*는 반지름방향과 축방향 하중 성분이 관통하여 작용하는 점이다.

원추 롤러 베어링은 반지름방향 하중이나 축방향 하중, 또는 두 가지 하중의 조합을 지탱할 수 있다. 그러나 외부에서 축방향 하중이 작용하지 않더라도, 테이퍼 때문에 베어링 내부에는 축방향 반력이 만들어진다. 레이스(race)와 롤러가 분리되는 것을 막기 위해, 이 축방향 힘은 크기가 같고 반대방향으로 작용하는 힘으로 저지되어야 한다. 이러한 힘을 만들어 내는 한 가지 방법은 축에 항상 최소한도 두 개의 원추 롤러 베어링을 사용하는 것이다. 두 개의 베어링은 콘의 뒷면이 서로 마주보도록 설치(**직접적 설치**, *direct mounting*)하거나, 콘의 앞면이 서로 마주보도록 설치(**간접적 설치**, *indirect mounting*)할 수 있다.

그림 10-14에서는 직접적(*b*)으로 그리고 간접적(*a*)으로 설치된 한 쌍의 원추 롤러 베어링을 보여주는데, 축 위에 나타낸 A_0와 B_0는 베어링의 반작용점의 위치를 나타낸다. 축을 빔(beam)으로 생각하면 반작용점 사이의 폭은 a_e(유효 거리, effective spread)이다. 반지름방향 하중은 축 중심선에 수직하게, 축방향 하중은 축 중심선을 따라, A_0와 B_0를 관통하여 작용한다. 직접적 설치 시의 기하학적 거리(geometric spread) a_g는 간접적 설치의 경우보다 더 크다. 간접적 설치 때에는 베어링들이 직접적 설치 때보다 서로 더 가까이 위치한다. 그러나 시스템의 안정성은 동일하다(a_e는 두 경우에 동일함). 따라서 직접적 설치에는 적절한 공간이 필요하며, 간접적 설치는 공간이 좁을 경우 적용되지만, 시스템 안정성은 동일하다.

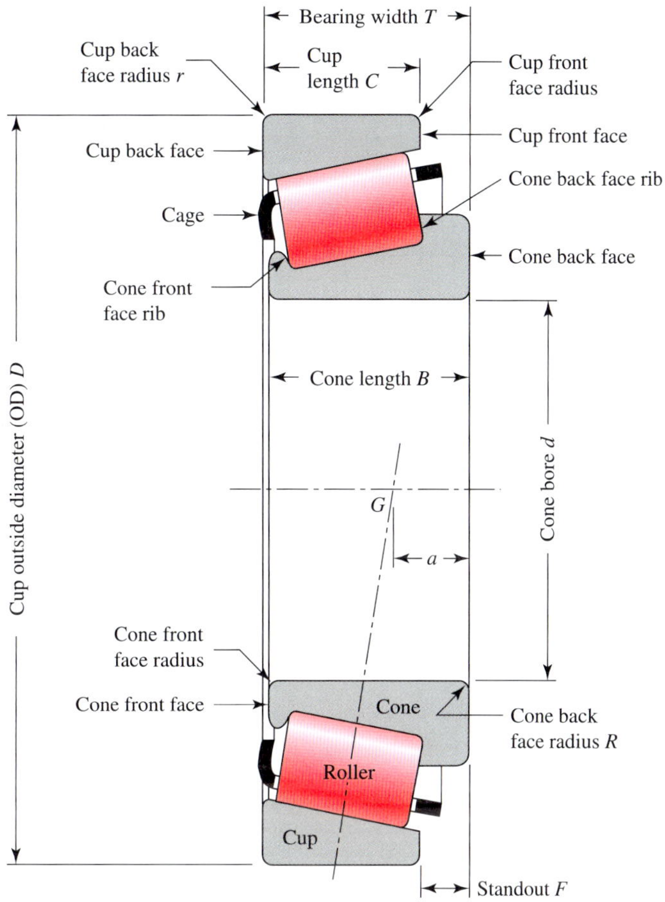

그림 10-13
원추 롤러 베어링의 각부 명칭. 점 *G*는 유효하중점의 위치이며, 이 점은 반지름방향 베어링 하중을 계산할 때 사용한다. (*The Timken Company*의 허락 하에 인용)

원추 롤러 베어링의 카탈로그 데이터에는 통상적인 정격하중과 기하학적 정보 외에 유효 하중점(effective force center)의 위치가 포함될 것이다. 그림 10-15에는 Timken 카탈로그에서 발췌한 두 쪽을 예로 나타냈다.

원추 롤러 베어링에 작용하는 반지름방향 하중은 축방향 반력을 만들어낼 것이다. **하중 영역**(*load zone*)은 롤러의 절반 정도를 포함하며, 대략 180°의 각도로 경계를 이루고 있다. 180°의 하중영역을 가진 반지름방향 하중에 의해 유도된 축방향 하중을 기호 F_i을 사용하여 나타내며, Timken 사에서는 다음과 같은 식으로 계산한다.

$$F_i = \frac{0.47F_r}{K} \tag{10-15}$$

여기서 K 계수는 기하에 따르는 값이며, 축방향 정격하중에 대한 반지름방향 정격하중의 비(比)를 나타낸다. 베어링 초기 선정과정에서 K 계수의 값으로 레이디얼 베어링에 대해서는 대략 1.5의 값을, 경사가 심한(steep) 볼베어링에 대해서는 0.75의 값을 사용한다. 사용가능한 베어링이 결정되고 나면, 각 베어링에 대한 정확한 K 계수는 베어링 카탈로그에서 찾을 수 있다.

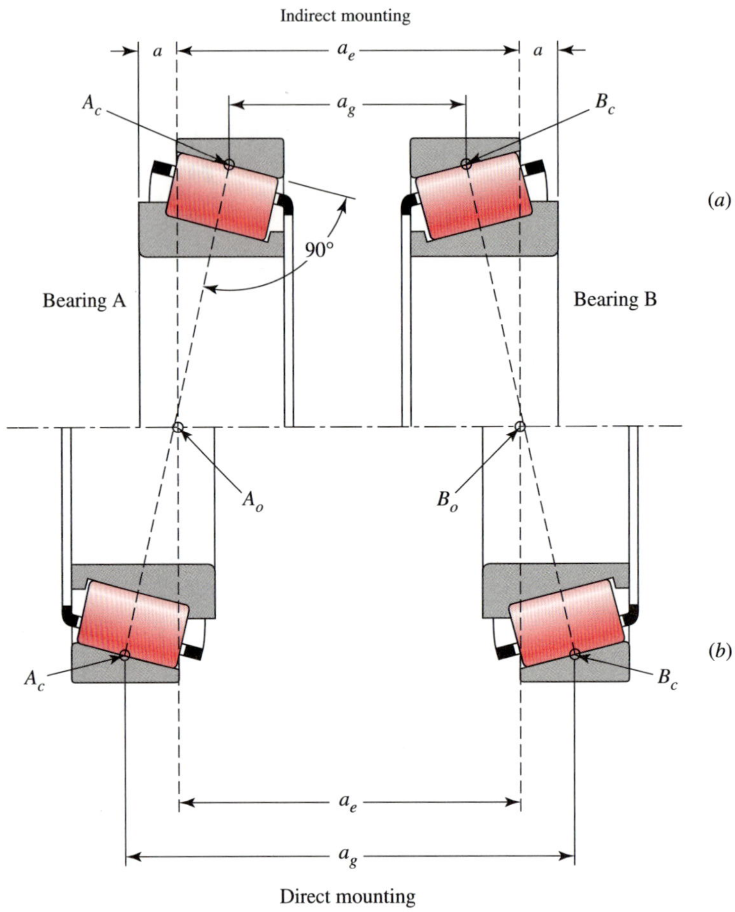

그림 10-14
직접적 설치(direct mounting)와 간접적 설치(indirect mounting)의 비교. (*The Timken Company*의 허락 하에 인용)

그림 10-16에서는 직접적 설치된 원추 롤러 베어링에 의해 지지되고 있는 축을 보이고 있다. 힘 벡터는 축에 작용하는 것을 나타낸 것이다. 반지름방향 하중 F_{rA}와 F_{rB}는 유효 하중점 G_A와 G_B에 작용하며, 베어링에 의해 지지된다. 원추 롤러 베어링에 작용하는 반지름방향 하중에 의해 유도된 하중 F_{iA}와 F_{iB} 또한 표시하였다. 헬리컬 기어의 축방향 하중과 같이, 추가로 외부에서 축에 작용하는 축방향 하중 F_{ae}가 있을 수도 있다. 베어링에는 반지름방향과 축방향 하중이 모두 작용하므로, 반지름방향 등가하중을 결정해야 한다. 식 (10-9)를 따르면 $F_e = XVF_r + Y_{Fa}$인데, Timken 사에서는 모든 경우에 $X = 0.4$와 $V = 1$을 사용하고, Y에 대해서는 특정 베어링의 K 계수를 사용할 것을 권하고 있다. 이때 다음과 같은 식을 얻게 된다.

$$F_e = 0.4F_r + KF_a \quad (a)$$

축방향 하중 F_a는 베어링이 지지해야 하는 순수 축방향 하중인데, 이것은 다른 베어링과 외부 축방향 하중에 의해 유도된 축방향 하중의 조합에 의한 것이다. 그러나 베어링들 중 하나만이 순수 축방향 하중을 지지할 것이다. 그런데 그 하중은 베어링이 설치된 방향, 유도된 하중의 상대적 크기, 외부 하중의 방향 및 축 또는 하우징 중 어느 것이 움직이는 부품이

SINGLE-ROW STRAIGHT BORE

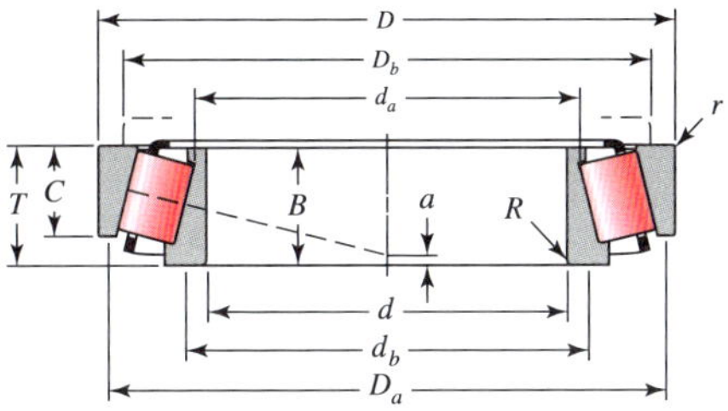

bore d	outside diameter D	width T	rating at 500 rpm for 3000 hours L_{10}: one-row radial N lbf	rating at 500 rpm for 3000 hours L_{10}: thrust N lbf	factor K	eff. load center a②	part numbers: cone	part numbers: cup	cone: max shaft fillet radius R①	cone: width B	cone: backing shoulder diameters d_b	cone: backing shoulder diameters d_a	cup: max housing fillet radius r①	cup: width C	cup: backing shoulder diameters D_b	cup: backing shoulder diameters D_a
25.000 0.9843	**52.000** 2.0472	**16.250** 0.6398	**8190** 1840	**5260** 1180	**1.56**	**−3.6** −0.14	**◆30205**	**◆30205**	**1.0** 0.04	**15.000** 0.5906	**30.5** 1.20	**29.0** 1.14	**1.0** 0.04	**13.000** 0.5118	**46.0** 1.81	**48.5** 1.91
25.000 0.9843	**52.000** 2.0472	**19.250** 0.7579	**9520** 2140	**9510** 2140	**1.00**	**−3.0** −0.12	**◆32205-B**	**◆32205-B**	**1.0** 0.04	**18.000** 0.7087	**34.0** 1.34	**31.0** 1.22	**1.0** 0.04	**15.000** 0.5906	**43.5** 1.71	**49.5** 1.95
25.000 0.9843	**52.000** 2.0472	**22.000** 0.8661	**13200** 2980	**7960** 1790	**1.66**	**−7.6** −0.30	**◆33205**	**◆33205**	**1.0** 0.04	**22.000** 0.8661	**34.0** 1.34	**30.5** 1.20	**1.0** 0.04	**18.000** 0.7087	**44.5** 1.75	**49.0** 1.93
25.000 0.9843	**62.000** 2.4409	**18.250** 0.7185	**13000** 2930	**6680** 1500	**1.95**	**−5.1** −0.20	**◆30305**	**◆30305**	**1.5** 0.06	**17.000** 0.6693	**32.5** 1.28	**30.0** 1.18	**1.5** 0.06	**15.000** 0.5906	**55.0** 2.17	**57.0** 2.24
25.000 0.9843	**62.000** 2.4409	**25.250** 0.9941	**17400** 3910	**8930** 2010	**1.95**	**−9.7** −0.38	**◆32305**	**◆32305**	**1.5** 0.06	**24.000** 0.9449	**35.0** 1.38	**31.5** 1.24	**1.5** 0.06	**20.000** 0.7874	**54.0** 2.13	**57.0** 2.24
25.159 0.9905	**50.005** 1.9687	**13.495** 0.5313	**6990** 1570	**4810** 1080	**1.45**	**−2.8** −0.11	**07096**	**07196**	**1.5** 0.06	**14.260** 0.5614	**31.5** 1.24	**29.5** 1.16	**1.0** 0.04	**9.525** 0.3750	**44.5** 1.75	**47.0** 1.85
25.400 1.0000	**50.005** 1.9687	**13.495** 0.5313	**6990** 1570	**4810** 1080	**1.45**	**−2.8** −0.11	**07100**	**07196**	**1.0** 0.04	**14.260** 0.5614	**30.5** 1.20	**29.5** 1.16	**1.0** 0.04	**9.525** 0.3750	**44.5** 1.75	**47.0** 1.85
25.400 1.0000	**50.005** 1.9687	**13.495** 0.5313	**6990** 1570	**4810** 1080	**1.45**	**−2.8** −0.11	**07100-S**	**07196**	**1.5** 0.06	**14.260** 0.5614	**31.5** 1.24	**29.5** 1.16	**1.0** 0.04	**9.525** 0.3750	**44.5** 1.75	**47.0** 1.85
25.400 1.0000	**50.292** 1.9800	**14.224** 0.5600	**7210** 1620	**4620** 1040	**1.56**	**−3.3** −0.13	**L44642**	**L44610**	**3.5** 0.14	**14.732** 0.5800	**36.0** 1.42	**29.5** 1.16	**1.3** 0.05	**10.668** 0.4200	**44.5** 1.75	**47.0** 1.85
25.400 1.0000	**50.292** 1.9800	**14.224** 0.5600	**7210** 1620	**4620** 1040	**1.56**	**−3.3** −0.13	**L44643**	**L44610**	**1.3** 0.05	**14.732** 0.5800	**31.5** 1.24	**29.5** 1.16	**1.3** 0.05	**10.668** 0.4200	**44.5** 1.75	**47.0** 1.85
25.400 1.0000	**51.994** 2.0470	**15.011** 0.5910	**6990** 1570	**4810** 1080	**1.45**	**−2.8** −0.11	**07100**	**07204**	**1.0** 0.04	**14.260** 0.5614	**30.5** 1.20	**29.5** 1.16	**1.3** 0.05	**12.700** 0.5000	**45.0** 1.77	**48.0** 1.89
25.400 1.0000	**56.896** 2.2400	**19.368** 0.7625	**10900** 2450	**5740** 1290	**1.90**	**−6.9** −0.27	**1780**	**1729**	**0.8** 0.03	**19.837** 0.7810	**30.5** 1.20	**30.0** 1.18	**1.3** 0.05	**15.875** 0.6250	**49.0** 1.93	**51.0** 2.01
25.400 1.0000	**57.150** 2.2500	**19.431** 0.7650	**11700** 2620	**10900** 2450	**1.07**	**−3.0** −0.12	**M84548**	**M84510**	**1.5** 0.06	**19.431** 0.7650	**36.0** 1.42	**33.0** 1.30	**1.5** 0.06	**14.732** 0.5800	**48.5** 1.91	**54.0** 2.13
25.400 1.0000	**58.738** 2.3125	**19.050** 0.7500	**11600** 2610	**6560** 1470	**1.77**	**−5.8** −0.23	**1986**	**1932**	**1.3** 0.05	**19.355** 0.7620	**32.5** 1.28	**30.5** 1.20	**1.3** 0.05	**15.080** 0.5937	**52.0** 2.05	**54.0** 2.13
25.400 1.0000	**59.530** 2.3437	**23.368** 0.9200	**13900** 3140	**13000** 2930	**1.07**	**−5.1** −0.20	**M84249**	**M84210**	**0.8** 0.03	**23.114** 0.9100	**36.0** 1.42	**32.5** 1.27	**1.5** 0.06	**18.288** 0.7200	**49.5** 1.95	**56.0** 2.20
25.400 1.0000	**60.325** 2.3750	**19.842** 0.7812	**11000** 2480	**6550** 1470	**1.69**	**−5.1** −0.20	**15578**	**15523**	**1.3** 0.05	**17.462** 0.6875	**32.5** 1.28	**30.5** 1.20	**1.5** 0.06	**15.875** 0.6250	**51.0** 2.01	**54.0** 2.13
25.400 1.0000	**61.912** 2.4375	**19.050** 0.7500	**12100** 2730	**7280** 1640	**1.67**	**−5.8** −0.23	**15101**	**15243**	**0.8** 0.03	**20.638** 0.8125	**32.5** 1.28	**31.5** 1.24	**2.0** 0.08	**14.288** 0.5625	**54.0** 2.13	**58.0** 2.28
25.400 1.0000	**62.000** 2.4409	**19.050** 0.7500	**12100** 2730	**7280** 1640	**1.67**	**−5.8** −0.23	**15100**	**15245**	**3.5** 0.14	**20.638** 0.8125	**38.0** 1.50	**31.5** 1.24	**1.3** 0.05	**14.288** 0.5625	**55.0** 2.17	**58.0** 2.28
25.400 1.0000	**62.000** 2.4409	**19.050** 0.7500	**12100** 2730	**7280** 1640	**1.67**	**−5.8** −0.23	**15101**	**15245**	**0.8** 0.03	**20.638** 0.8125	**32.5** 1.28	**31.5** 1.24	**1.3** 0.05	**14.288** 0.5625	**55.0** 2.17	**58.0** 2.28

그림 10-15

단열 직각구멍(straight bore) 롤러 베어링에 대한 Timken 사 카탈로그(*The Timken Company*의 허락 하에 인용)

SINGLE-ROW STRAIGHT BORE

bore	outside diameter	width	rating at 500 rpm for 3000 hours L_{10}: one-row radial	rating at 500 rpm for 3000 hours L_{10}: thrust	factor	eff. load center	part numbers: cone	part numbers: cup	cone: max shaft fillet radius	cone: width	cone: backing shoulder diameters		cup: max housing fillet radius	cup: width	cup: backing shoulder diameters	
d	D	T	N lbf	N lbf	K	a②			R①	B	d_b	d_a	r①	C	D_b	D_a
25.400 1.0000	**62.000** 2.4409	**19.050** 0.7500	**12100** 2730	**7280** 1640	**1.67**	**−5.8** −0.23	**15102**	**15245**	**1.5** 0.06	**20.638** 0.8125	**34.0** 1.34	**31.5** 1.24	**1.3** 0.05	**14.288** 0.5625	**55.0** 2.17	**58.0** 2.28
25.400 1.0000	**62.000** 2.4409	**20.638** 0.8125	**12100** 2730	**7280** 1640	**1.67**	**−5.8** −0.23	**15101**	**15244**	**0.8** 0.03	**20.638** 0.8125	**32.5** 1.28	**31.5** 1.24	**1.3** 0.05	**15.875** 0.6250	**55.0** 2.17	**58.0** 2.28
25.400 1.0000	**63.500** 2.5000	**20.638** 0.8125	**12100** 2730	**7280** 1640	**1.67**	**−5.8** −0.23	**15101**	**15250**	**0.8** 0.03	**20.638** 0.8125	**32.5** 1.28	**31.5** 1.24	**1.3** 0.05	**15.875** 0.6250	**56.0** 2.20	**59.0** 2.32
25.400 1.0000	**63.500** 2.5000	**20.638** 0.8125	**12100** 2730	**7280** 1640	**1.67**	**−5.8** −0.23	**15101**	**15250X**	**0.8** 0.03	**20.638** 0.8125	**32.5** 1.28	**31.5** 1.24	**1.5** 0.06	**15.875** 0.6250	**55.0** 2.17	**59.0** 2.32
25.400 1.0000	**64.292** 2.5312	**21.433** 0.8438	**14500** 3250	**13500** 3040	**1.07**	**−3.3** −0.13	**M86643**	**M86610**	**1.5** 0.06	**21.433** 0.8438	**38.0** 1.50	**36.5** 1.44	**1.5** 0.06	**16.670** 0.6563	**54.0** 2.13	**61.0** 2.40
25.400 1.0000	**65.088** 2.5625	**22.225** 0.8750	**13100** 2950	**16400** 3690	**0.80**	**−2.3** −0.09	**23100**	**23256**	**1.5** 0.06	**21.463** 0.8450	**39.0** 1.54	**34.5** 1.36	**1.5** 0.06	**15.875** 0.6250	**53.0** 2.09	**63.0** 2.48
25.400 1.0000	**66.421** 2.6150	**23.812** 0.9375	**18400** 4140	**8000** 1800	**2.30**	**−9.4** −0.37	**2687**	**2631**	**1.3** 0.05	**25.433** 1.0013	**33.5** 1.32	**31.5** 1.24	**1.3** 0.05	**19.050** 0.7500	**58.0** 2.28	**60.0** 2.36
25.400 1.0000	**68.262** 2.6875	**22.225** 0.8750	**15300** 3440	**10900** 2450	**1.40**	**−5.1** −0.20	**02473**	**02420**	**0.8** 0.03	**22.225** 0.8750	**34.5** 1.36	**33.5** 1.32	**1.5** 0.06	**17.462** 0.6875	**59.0** 2.32	**63.0** 2.48
25.400 1.0000	**72.233** 2.8438	**25.400** 1.0000	**18400** 4140	**17200** 3870	**1.07**	**−4.6** −0.18	**HM88630**	**HM88610**	**0.8** 0.03	**25.400** 1.0000	**39.5** 1.56	**39.5** 1.56	**2.3** 0.09	**19.842** 0.7812	**60.0** 2.36	**69.0** 2.72
25.400 1.0000	**72.626** 2.8593	**30.162** 1.1875	**22700** 5110	**13000** 2910	**1.76**	**−10.2** −0.40	**3189**	**3120**	**0.8** 0.03	**29.997** 1.1810	**35.5** 1.40	**35.0** 1.38	**3.3** 0.13	**23.812** 0.9375	**61.0** 2.40	**67.0** 2.64
26.157 1.0298	**62.000** 2.4409	**19.050** 0.7500	**12100** 2730	**7280** 1640	**1.67**	**−5.8** −0.23	**15103**	**15245**	**0.8** 0.03	**20.638** 0.8125	**33.0** 1.30	**32.5** 1.28	**1.3** 0.05	**14.288** 0.5625	**55.0** 2.17	**58.0** 2.28
26.162 1.0300	**63.100** 2.4843	**23.812** 0.9375	**18400** 4140	**8000** 1800	**2.30**	**−9.4** −0.37	**2682**	**2630**	**1.5** 0.06	**25.433** 1.0013	**34.5** 1.36	**32.0** 1.26	**0.8** 0.03	**19.050** 0.7500	**57.0** 2.24	**59.0** 2.32
26.162 1.0300	**66.421** 2.6150	**23.812** 0.9375	**18400** 4140	**8000** 1800	**2.30**	**−9.4** −0.37	**2682**	**2631**	**1.5** 0.06	**25.433** 1.0013	**34.5** 1.36	**32.0** 1.26	**1.3** 0.05	**19.050** 0.7500	**58.0** 2.28	**60.0** 2.36
26.975 1.0620	**58.738** 2.3125	**19.050** 0.7500	**11600** 2610	**6560** 1470	**1.77**	**−5.8** −0.23	**1987**	**1932**	**0.8** 0.03	**19.355** 0.7620	**32.5** 1.28	**31.5** 1.24	**1.3** 0.05	**15.080** 0.5937	**52.0** 2.05	**54.0** 2.13
† **26.988** † 1.0625	**50.292** 1.9800	**14.224** 0.5600	**7210** 1620	**4620** 1040	**1.56**	**−3.3** −0.13	**L44649**	**L44610**	**3.5** 0.14	**14.732** 0.5800	**37.5** 1.48	**31.0** 1.22	**1.3** 0.05	**10.668** 0.4200	**44.5** 1.75	**47.0** 1.85
† **26.988** † 1.0625	**60.325** 2.3750	**19.842** 0.7812	**11000** 2480	**6550** 1470	**1.69**	**−5.1** −0.20	**15580**	**15523**	**3.5** 0.14	**17.462** 0.6875	**38.5** 1.52	**32.0** 1.26	**1.5** 0.06	**15.875** 0.6250	**51.0** 2.01	**54.0** 2.13
† **26.988** † 1.0625	**62.000** 2.4409	**19.050** 0.7500	**12100** 2730	**7280** 1640	**1.67**	**−5.8** −0.23	**15106**	**15245**	**0.8** 0.03	**20.638** 0.8125	**33.5** 1.32	**33.0** 1.30	**1.3** 0.05	**14.288** 0.5625	**55.0** 2.17	**58.0** 2.28
† **26.988** † 1.0625	**66.421** 2.6150	**23.812** 0.9375	**18400** 4140	**8000** 1800	**2.30**	**−9.4** −0.37	**2688**	**2631**	**1.5** 0.06	**25.433** 1.0013	**35.0** 1.38	**33.0** 1.30	**1.3** 0.05	**19.050** 0.7500	**58.0** 2.28	**60.0** 2.36
28.575 1.1250	**56.896** 2.2400	**19.845** 0.7813	**11600** 2610	**6560** 1470	**1.77**	**−5.8** −0.23	**1985**	**1930**	**0.8** 0.03	**19.355** 0.7620	**34.0** 1.34	**33.5** 1.32	**0.8** 0.03	**15.875** 0.6250	**51.0** 2.01	**54.0** 2.11
28.575 1.1250	**57.150** 2.2500	**17.462** 0.6875	**11000** 2480	**6550** 1470	**1.69**	**−5.1** −0.20	**15590**	**15520**	**3.5** 0.14	**17.462** 0.6875	**39.5** 1.56	**33.5** 1.32	**1.5** 0.06	**13.495** 0.5313	**51.0** 2.01	**53.0** 2.09
28.575 1.1250	**58.738** 2.3125	**19.050** 0.7500	**11600** 2610	**6560** 1470	**1.77**	**−5.8** −0.23	**1985**	**1932**	**0.8** 0.03	**19.355** 0.7620	**34.0** 1.34	**33.5** 1.32	**1.3** 0.05	**15.080** 0.5937	**52.0** 2.05	**54.0** 2.13
28.575 1.1250	**58.738** 2.3125	**19.050** 0.7500	**11600** 2610	**6560** 1470	**1.77**	**−5.8** −0.23	**1988**	**1932**	**3.5** 0.14	**19.355** 0.7620	**39.5** 1.56	**33.5** 1.32	**1.3** 0.05	**15.080** 0.5937	**52.0** 2.05	**54.0** 2.13
28.575 1.1250	**60.325** 2.3750	**19.842** 0.7812	**11000** 2480	**6550** 1470	**1.69**	**−5.1** −0.20	**15590**	**15523**	**3.5** 0.14	**17.462** 0.6875	**39.5** 1.56	**33.5** 1.32	**1.5** 0.06	**15.875** 0.6250	**51.0** 2.01	**54.0** 2.13
28.575 1.1250	**60.325** 2.3750	**19.845** 0.7813	**11600** 2610	**6560** 1470	**1.77**	**−5.8** −0.23	**1985**	**1931**	**0.5** 0.03	**19.355** 0.7620	**34.0** 1.34	**33.5** 1.32	**1.3** 0.05	**15.875** 0.6250	**52.0** 2.05	**55.0** 2.17

① These maximum fillet radii will be cleared by the bearing corners.
② Minus value indicates center is inside cone backface.
† For standard class **ONLY**, the maximum metric size is a whole mm value.
* For "J" part tolerances—see metric tolerances, page 73, and fitting practice, page 65.
◆ ISO cone and cup combinations are designated with a common part number and should be purchased as an assembly. For ISO bearing tolerances—see metric tolerances, page 73, and fitting practice, page 65.

| 그림 10-15(계속)

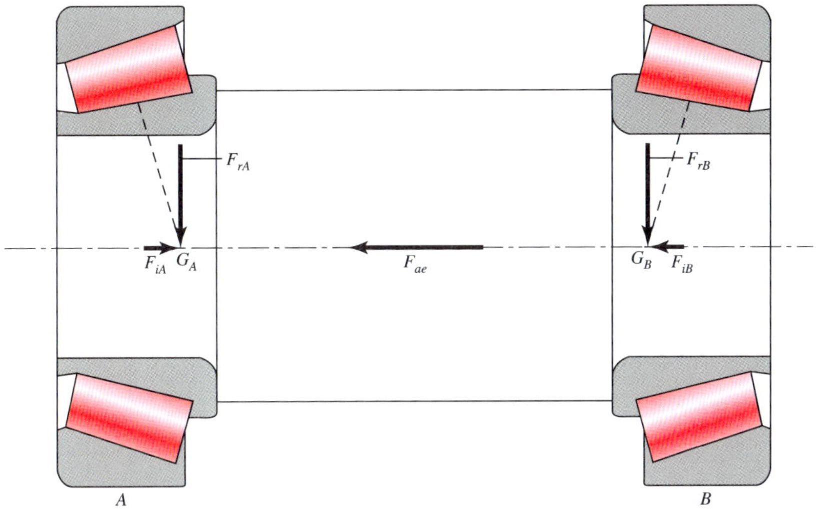

그림 10-16
반지름방향, 유도된 축방향 및 외부 축방향 하중이 작용하는 원추 롤러 베어링의 직접적 설치.

냐 하는 것에 따라 달라진다. Timken 사에서는 각각의 배치와 외부 하중에 대한 부호규약을 포함하는 표를 사용해서 처리한다. 수평으로 왼쪽과 오른쪽에 설치된 베어링은 그에 따른 부호규약과 일치하도록 해야 한다. 여기서 동등한 결과를 가져오는 방법을 소개한다. 그 뒤에 깔려 있는 논리를 시각화하고 이해하는 데에 더 도움이 된다.

우선 어느 베어링이 외부의 축방향 하중에 의해 압착되는지를 시각적으로 결정하고, 베어링 *A*라 이름을 붙인다. 다른 베어링은 베어링 *B*라 부르기로 한다. 예를 들어 그림 10-16에서 보는 바와 같이, 외부의 축방향 하중 F_{ae}는 왼쪽 베어링의 콘(내륜)에 대해 축을 왼쪽으로 밀어 롤러와 컵(외륜)을 압착한다. 반면 그것은 오른쪽 베어링으로부터 컵(외륜)을 당겨 분리시키는 데에 도움을 주고 있다. 따라서 왼쪽 베어링을 베어링 *A*라 부르기로 한다. 만일 F_{ae}의 방향이 반대로 되어 있다면, 오른쪽 베어링을 베어링 *A*라 불렀을 것이다. 외부의 축방향 하중에 의해 압착되는 베어링에 이름을 붙이는 이러한 접근방법은 어느 베어링이 직접적 또는 간접적 설치인가와는 무관하게, 외부의 축방향 하중을 지지하는 것이 축 또는 하우징인가와는 무관하게, 그리고 조립의 배열방향과는 무관하게 적용할 수 있다.

예를 명확히 하기 위해 그림 10-17에서 베어링이 직접적 설치된 수직 축과 실린더를 고려한다. 그림 10-17*a*에서 외부의 축방향 하중이 위쪽으로 회전축에 작용하여 상부의 베어링을 압착하므로, 이 베어링을 베어링 *A*라 불러야 한다. 반면 그림 10-17*b*에서는 축은 정지하고 있으며 바깥쪽에서 회전하는 실린더에 위쪽 방향으로 외부 하중이 작용한다. 이 경우에는 아래쪽의 베어링이 압착되므로, 베어링 *A*라 불러야 한다. 외주의 축방향 하중이 전혀 작용하지 않으면, 어느 베어링이든 베어링 *A*라 부를 수 있다.

다음으로 어느 베어링이 순수 축방향 하중을 실제로 지지하는가를 결정하여야 한다. 외부의 축방향 하중 F_{ae}는, 베어링 *B*로부터 유도된 축방향 하중 F_{iB}와 함께 *A* 방향으로 작용하므로, 일반적으로 베어링 *A*가 축방향 하중을 지지하리라 예상하였을 것이다. 그러나 베어링 *A*로부터 유도된 축방향 하중 F_{iA}가 외부의 축방향 하중과 베어링 *B*로부터 유도된 축방향 하중의 조합보다 크게 된다면, 베어링 *B*가 순수 축방향 하중을 지지하게 될 것이다. 축방향 하중을 지지하는 베어링에 대해 식 (*a*)를 사용할 것이다. Timken 사에서는 음의 순수 축

그림 10-17
어느 베어링이 외부의 축방향 하중을 지지하는가를 결정하는 예. 각각의 경우에 압축되는 베어링에 베어링 A라는 이름을 붙인다. (*a*) 회전축에 외부의 축방향 하중이 작용함; (*b*) 회전 실린더에 외부의 축방향 하중이 작용함.

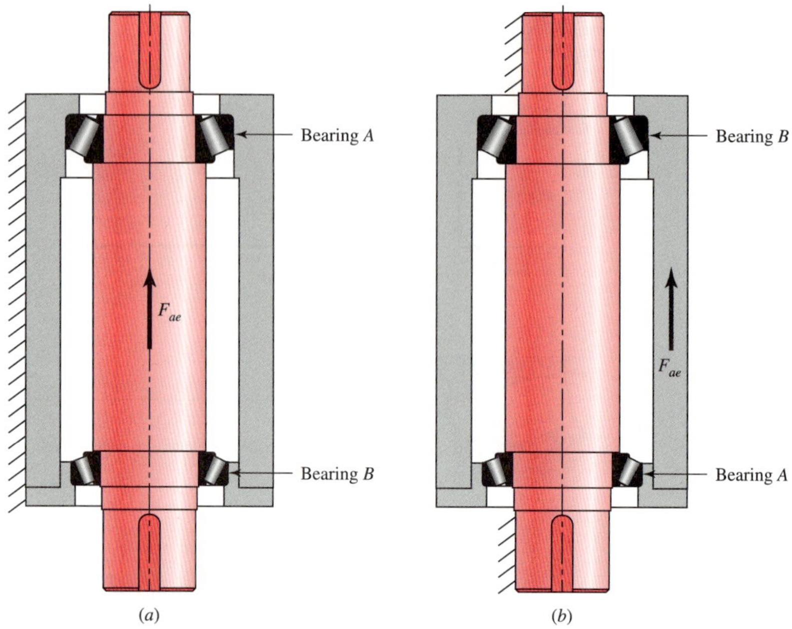

방향 하중 때문에 원래의 반지름방향 하중을 줄이기보다는 다른 베어링을 사용할 것을 원한다. 그 결과는 아래와 같은 식으로 표현되며, 유도된 축방향 하중은 식 (10-15)와 같이 정의하였다.

$$\text{If} \qquad F_{iA} \le (F_{iB} + F_{ae}) \qquad \begin{cases} F_{eA} = 0.4F_{rA} + K_A(F_{iB} + F_{ae}) & \textbf{(10-16a)} \\ F_{eB} = F_{rB} & \textbf{(10-16b)} \end{cases}$$

$$\text{If} \qquad F_{iA} > (F_{iB} + F_{ae}) \qquad \begin{cases} F_{eB} = 0.4F_{rB} + K_B(F_{iA} - F_{ae}) & \textbf{(10-17a)} \\ F_{eA} = F_{rA} & \textbf{(10-17b)} \end{cases}$$

어느 경우에든지 등가 반지름방향 하중이 원래의 반지름방향 하중보다 작으면, 원래의 반지름방향 하중을 사용하여야 한다.

일단 등가 반지름방향 하중이 결정되면, 이 값을 사용하여 카탈로그 정격하중을 찾아야 한다. 이때 식 (10-3), (10-6) 또는 (10-7) 중 하나를 활용한다. Timken 사는 두 개의 매개변수를 가진 Weibull 모델을 사용하는데, 이때 $x_0 = 0$, $\theta = 4.48$ 그리고 $b = 3/2$ 이다. K_A와 K_B는 선정된 특정 베어링에 따라 달라지므로, 선정과정을 반복해야 할 수도 있다.

예제 10-8

그림 10-18*a*에 나타낸 축에는 헬리컬기어가 설치되어 있으며, 그 피치원에는 접선방향 힘 3980 N, 반지름방향 힘 1770 N, 축방향 힘 1690 N이 작용하고 있다. 기어의 피치원 지름은 200 mm이다. 축은 800 rev/min의 속도로 회전하며, 직접적 설치(direct-mounted)된 베어링 사이의 폭(유효 거리)은 150 mm다. 설계수명은 5000 h이며, 적용계수는 1이 적당하다. 베어링 한 쌍의 신뢰도는 0.99가 되도록 적절한 단열 원추 롤러 베어링(Timken 사 제품)을 선택하라.

풀이 그림 10-18*b*에 따르면 *xz* 평면 내의 반작용력은 다음과 같다.

$$R_{zA} = \frac{3980(50)}{150} = 1327\,\text{N}$$

$$R_{zB} = \frac{3980(100)}{150} = 2653\,\text{N}$$

그림 10-18*c*에 따르면 *xy* 평면 내의 반작용력은 다음과 같다.

$$R_{yA} = \frac{1770(50)}{150} + \frac{169\,000}{150} = 1716.7 = 1717\,\text{N}$$

$$R_{yB} = \frac{1770(100)}{150} - \frac{169\,000}{150} = 53.3\,\text{N}$$

반지름방향 하중 F_{rA}와 F_{rB}는 각각 R_{yA}와 R_{zA} 그리고 R_{yB}와 R_{zB}의 벡터합이다:

$$F_{rA} = \left(R_{zA}^2 + R_{yA}^2\right)^{1/2} = (1327^2 + 1717^2)^{1/2} = 2170\,\text{N}$$
$$F_{rB} = \left(R_{zB}^2 + R_{yB}^2\right)^{1/2} = (2653^2 + 53.3^2)^{1/2} = 2654\,\text{N}$$

시도 *1:* 베어링은 직접적 설치되었으며, 축에는 외부의 축방향 하중이 작용하므로, 압착되는 베어링을 그림 10-18*a*에서와 같이 베어링 *A*라 부른다. 각각의 베어링에 대해 초기 추정값 $K = 1.5$를 사용한다.

$$F_{iA} = \frac{0.47F_{rA}}{K_A} = \frac{0.47(2170)}{1.5} = 680\,\text{N}$$

$$F_{iB} = \frac{0.47F_{rB}}{K_B} = \frac{0.47(2654)}{1.5} = 832\,\text{N}$$

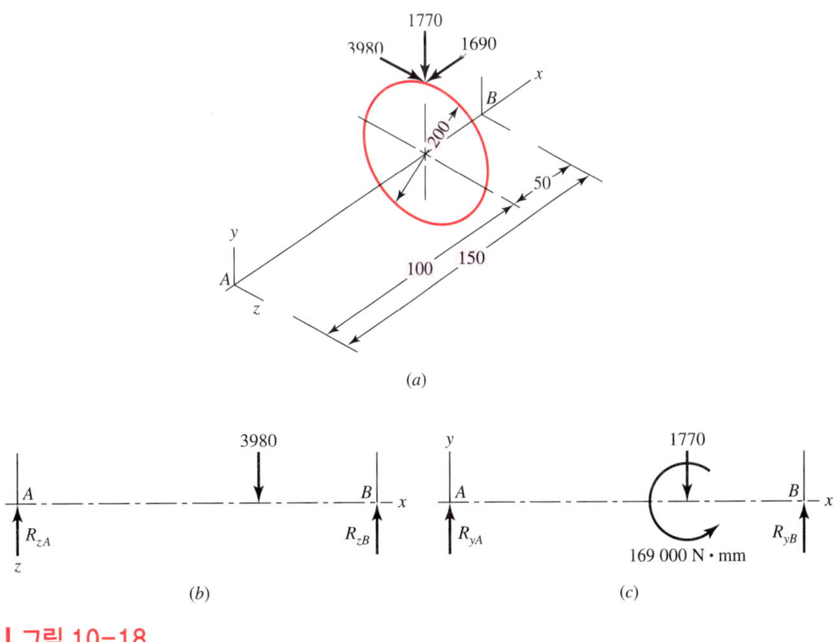

그림 10–18

헬리컬기어와 축의 기본적인 기하. 길이는 mm, 하중은 N, 모멘트는 N · mm이다. (*a*) 축방향, 반지름방향 및 접선방향 힘의 개략도(척도 맞지 않음). (*b*) *xz* 평면 내의 힘. (*c*) *xy* 평면 내의 힘.

F_{iA}는 $F_{iB} + F_{ae}$보다 명백히 작기 때문에, 베어링 A는 순수 축방향 하중을 담당하며, 식 (10-16)을 적용할 수 있다. 따라서 동적 등가하중은 다음과 같다.

$$F_{eA} = 0.4F_{rA} + K_A(F_{iB} + F_{ae}) = 0.4(2170) + 1.5(832 + 1690) = 4651 \text{ N}$$
$$F_{eB} = F_{rB} = 2654 \text{ N}$$

정격수명의 무차원배수는 다음과 같다.

$$x_D = \frac{L_D}{L_R} = \frac{\mathcal{L}_D n_D 60}{L_R} = \frac{(5000)(800)(60)}{90(10^6)} = 2.67$$

각 베어링에 대한 신뢰도 R_D를 추정하면 $\sqrt{0.99} = 0.995$이다. 베어링 A에 대해 식 (10-7)로부터, 카탈로그 기본 동정격 하중(基本動定格荷重) C_{10}은 다음의 값보다 크거나 같아야 한다.

$$C_{10} = (1)(4651)\left[\frac{2.67}{(4.48)(1-0.995)^{2/3}}\right]^{3/10} = 11\,486 \text{ N}$$

그림 10-15로부터 임시로 TS 15100 외륜과 15245 내륜을 선정하면, $K_A = 1.67$, $C_{10} = 12100$ N이다. 베어링 B에 대해 식 (10-17)로부터, 카탈로그 기본 동정격 하중(基本動定格荷重) C_{10}은 다음의 값보다 크거나 같아야 한다.

$$C_{10} = (1)2654\left[\frac{2.67}{(4.48)(1-0.995)^{2/3}}\right]^{3/10} = 6554 \text{ N}$$

임시로 베어링 A와 동일한 베어링을 선정하면, $K_B = 1.67$, $C_{10} = 12100$ N이다.

시도 2: 임시로 선정한 베어링에서 $K_A = K_B = 1.67$을 사용하여 선정과정을 반복한다.

$$F_{iA} = \frac{0.47F_{rA}}{K_A} = \frac{0.47(2170)}{1.67} = 611 \text{ N}$$

$$F_{iB} = \frac{0.47F_{rB}}{K_B} = \frac{0.47(2654)}{1.67} = 747 \text{ N}$$

F_{iA}는 여전히 $F_{iB} + F_{ae}$보다 작으므로, 식 (10-16)을 아직도 적용할 수 있다.

$$F_{eA} = 0.4F_{rA} + K_A(F_{iB} + F_{ae}) = 0.4(2170) + 1.67(747 + 1690) = 4938 \text{ N}$$
$$F_{eB} = F_{rB} = 2654 \text{ N}$$

베어링 A에 대해, 식 (10-7)로부터 수정된 카탈로그 값 C_{10}은 다음 값보다 크거나 같아야 한다.

$$C_{10} = (1)(4938)\left[\frac{2.67}{(4.48)(1-0.995)^{2/3}}\right]^{3/10} = 12\,195 \text{ N}$$

카탈로그 값이 베어링 A에 대해 임시로 선정한 값보다 약간 크지만, 베어링 B의 신뢰도가 0.995를 초과하므로 그대로 사용하기로 한다. 다음 절에서는 베어링 A와 B의 조합 신뢰도가 목표 신뢰도 0.99를 초과하는 것을 정량적으로 보일 것이다.

베어링 B에 대해 $F_{eB} = F_{rB} = 2654$ N이다. 식 (10-7)로부터 다음과 같이 구할 수 있다.

$$C_{10} = (1)2654\left[\frac{2.67}{(4.48)(1-0.995)^{2/3}}\right]^{3/10} = 6554 \text{ N}$$

베어링 A와 B 모두에 대해 내륜과 외륜을 각각 15100과 15245로 선정한다. 그림 10-14로부터 유효 하중점은 $a = -5.8$ mm에 위치하고 있다. 즉 내륜의 뒷면으로부터 내륜 방향으로 5.8 mm 들어와 있다. 따라서 어깨 – 어깨 치수는 $150 - 2(5.8) = 138.4$ mm이어야 한다. 카탈로그 정격하중을 찾기 위해 식 (10-7)을 반복할 때에 괄호 [ ] 안의 내용은 동일하므로 매번 다시 입력할 필요가 없음을 유의하여야 한다.

10-10 선정된 구름베어링에 대한 설계 평가

여러 기계요소설계 교재에서는 기계요소가 하나씩 개별적으로 다루어지고 있다. 이렇게 하면 독자는 설계를 평가할 때 바로 그 부품만을, 여기서는 구름베어링만을 평가하는 것으로 오해하기 쉽다. 직접적으로 인접한 요소들(축 저널과 하우징 구멍)은 성능에 직접적인 영향을 미친다. 멀리 떨어져 있는 요소들(베어링에 가해지는 하중을 만들어 내는 기어) 또한 영향을 준다. “주변에 있는 어떤 것을 잡아당겨 보라. 그러면 다른 모든 것이 그것에 붙어 있는 것을 보게 될 것이다”라고 누군가 얘기한 것과 일치한다. 이 말은 기계장치에 들어 있는 것에도 직관적으로 명백하게 들어맞는다. 그런데 문제에서는 언급도 하지 않은 축의 특성에 대해 어떻게 검토를 할 수 있을까? 그것은 가능하다. 왜냐하면 베어링은 아직 상세한 부분에 대해서 설계되지 않았기 때문이다. 이 모든 것들이 설계의 필연적인 반복 특성(예: 감속기 설계)을 나타내는 것이다. 출력, 속도 및 감속비가 규정되면, 기어 세트(gear sets)는 치수, 기하, 예상 위치, 축에 작용하는 힘과 모멘트의 결정, 베어링의 임시적 선정, 밀봉의 결정 등이 대략 결정된다; 그러면 전체적으로 그 자신을 분명하게 드러내기 시작한다. 하우징과 윤활 계획 및 냉각 문제가 더욱 분명해지고, 축의 돌출 문제와 커플링의 조화 문제가 드러난다. 이제 각각의 요소들을 다시 검토하고, 다른 모든 것들에 대해 훨씬 더 많이 알기 위해 반복 작업을 해야 할 때가 되었다. 이렇게 필요한 반복 작업을 마치고 나면, 베어링에 대한 설계평가를 위해 무엇이 필요한가를 알게 될 것이다. 설계평가를 하는 동안에도 일시적일지라도 잘못된 선택은 피해야 한다. 궁극적으로 완성된 설계가 만족스럽게 될 수 있도록 그 모든 것을 해야 한다는 것을 마음에 새겨두어야 한다.

구름베어링에 대한 설계평가의 주요 특징으로는 최소한 다음을 포함시켜야 한다.

- 작용하는 하중과 예상 수명에 대한 베어링의 신뢰도
- 축과 하우징에 대한 만족스러운 지지
- 저널 부분의 표면거칠기, 지름 및 공차의 적합성
- 하우징 부분의 표면거칠기, 지름 및 공차의 적합성
- 제작자가 추천하는 윤활유의 종류; 작동온도를 만족스럽게 유지하기 위한 윤활유의 경로와 양

- 필요한 경우, 예부하의 준비

우리는 구름베어링에 초점을 맞추고 있으므로 어깨지지부(shouldering) 외에도 베어링의 신뢰도를 정량적으로 검토할 수 있다. 기타 정량적인 처리는 축과 하우징에 대한 재료, 표면 거칠기, 지름 및 공차가 알려지기까지 기다려야 한다.

베어링의 신뢰도

선택된 베어링의 기본 동정격 하중(基本動定格荷重) C_{10}의 항을 이용하여, 식 (10-6)을 신뢰도 R_D에 대해 표현하면 다음과 같다.

$$R = \exp\left(-\left\{\frac{x_D\left(\dfrac{a_f F_D}{C_{10}}\right)^a - x_0}{\theta - x_0}\right\}^b\right) \tag{10-18}$$

마찬가지로 식 (10-7)을 R_D에 대해 표현하면 다음과 같다.

$$R \doteq 1 - \left\{\frac{x_D\left(\dfrac{a_f F_D}{C_{10}}\right)^a - x_0}{\theta - x_0}\right\}^b \qquad R \geq 0.90 \tag{10-19}$$

예제 10-9

예제 10-3에서 $x_D = L_D/L_{10} = 540$, 신뢰도 99%에 대한 최소 요구 정격하중 $C_{10} = 29.7$ kN이다. 표 10-2의 02-40 mm 깊은 홈 볼베어링이 그러한 요구를 만족시킬 것이다. 사용 시의 구멍이 70 mm 이상일 때에(즉, 02-70 mm 깊은 홈 볼베어링을 선정할 때), 최종 신뢰도는 얼마인가?

풀이 표 10-2의 02-70 mm 깊은 홈 볼베어링에 대해 $C_{10} = 61.8$ kN이다. 예제 10-3의 $a_f = 1.2$, $F_D = 1840$ N, $x_0 = 0.02$, $(\theta - x_0) = 4.439$ 및 $b = 1.483$을 이용하여 식 (10-19)에 적용하면 다음과 같다.

답

$$R \doteq 1 - \left\{\frac{\left[540\left[\dfrac{1.2(1840)}{61\ 800}\right]^3 - 0.02\right]}{4.439}\right\}^{1.483} = 0.999\ 962$$

예상대로 이 값은 예제 10-3의 0.99보다 훨씬 크다.

원추 롤러 베어링이나 2개의 매개변수를 가진 Weibull 분포를 가진 다른 베어링에 대해서, 식 (10-18)은 $x_0 = 0$, $\theta = 4.48$, $b = \frac{3}{2}$일 때 다음과 같이 표현된다.

$$R = \exp\left\{-\left[\frac{x_D}{\theta[C_{10}/(a_f F_D)]^a}\right]^b\right\}$$

$$= \exp\left\{-\left[\frac{x_D}{4.48[C_{10}/(a_f F_D)]^{10/3}}\right]^{3/2}\right\} \quad (10\text{-}20)$$

그리고 식 (10-19)은 다음과 같이 표현된다.

$$R \doteq 1 - \left\{\frac{x_D}{\theta[C_{10}/(a_f F_D)]^a}\right\}^b = 1 - \left\{\frac{x_D}{4.48[C_{10}/(a_f F_D)]^{10/3}}\right\}^{3/2} \quad (10\text{-}21)$$

예제 10-10 예제 10-8에서 베어링 A와 B(내륜 15100, 외륜 15245)의 기본 동정격 하중(基本動定格荷重) C_{10} =12100 N이다. 베어링 A와 B의 쌍에 대한 신뢰도는 얼마인가?

풀이 요구수명 x_D는 5000(800)60/[90(10^6)] = 2.67 정격수명이다. 베어링 A에 대하여 식 (10-21)을 사용하면, 다음과 같은 결과를 얻는다. 이때 예제 10-8로부터 $F_D = F_{eA}$ = 4938 N 그리고 a_f = 1이다.

$$R_A \doteq 1 - \left\{\frac{2.67}{4.48\,[12\ 100/(1 \times 4938)]^{10/3}}\right\}^{3/2} = 0.994\ 791$$

이 값은 예상한 대로 0.995보다 작은 값이다. 베어링 B에 대해 식 (10-21)을 사용하면, 다음과 같은 결과를 얻는다. 이때 $F_D = F_{eB}$ =2654 N이다.

$$R_B \doteq 1 - \left\{\frac{2.67}{4.48\,[12\ 100/(1 \times 2654)]^{10/3}}\right\}^{3/2} = 0.999\ 766$$

답 베어링 쌍의 신뢰도는 다음과 같다.

$$R = R_A R_B = 0.994\ 791(0.999\ 766) = 0.994\ 558$$

이 값은 전체 신뢰도 목표 0.99보다 큰 값이다. 두 개의 베어링이 단순성 또는 예비품 수의 감소 또는 다른 조건에 대해 동일하게 만들어지고, 부하는 동일하지 않은 경우에는, 두 개의 베어링은 더 작게 만들고도 신뢰도 목표는 만족시킬 수 있다. 부하가 전혀 다른 경우에는, 두 개 중 더 큰 부하가 작용하는 베어링은 전체 목표보다 약간 더 큰 신뢰도 목표를 달성할 수 있도록 선택할 수 있다.

순수한 축방향 부하가 작용할 경우에 대하여 다음 예제를 통해 알아본다.

예제 10-11 그림 10-19에 나타낸 바와 같이 8000 N의 외부 축방향 힘 F_{ae}를 지탱하는 두 개의 원추 롤러 베어링이 직접식 설치된 구속 하우징을 생각해 보자. 축의 속도는 950 rev/min이고, 요구수명은 10 000 h이며, 예상 축의 지름은 약 1 in이다. 신뢰도 목표값은 0.95이다. 적용계수는 대략 $a_f = 1$이다.

(*a*) *A*에 적합한 원추 롤러 베어링을 선정하라.

(*b*) *B*에 적합한 원추 롤러 베어링을 선정하라.

(*c*) 신뢰도 R_A, R_B 그리고 R을 구하라.

풀이 (*a*) 확인 결과 왼쪽 베어링이 축방향 하중을 지지하므로 베어링 *A*라고 이름 붙인 것은 적절하다. *A*에서 베어링의 반작용은 다음과 같다.

$$F_{rA} = F_{rB} = 0$$

$$F_{aA} = F_{ae} = 8000 \text{ N}$$

베어링 *B*에는 하중이 작용하지 않으므로, $R = R_A = 0.95$로부터 시작한다.

반지름방향 하중이 없으므로 유도된 축방향 하중도 없다. 식 (10-16)을 적용하면 다음과 같다.

$$F_{eA} = 0.4F_{rA} + K_A(F_{iB} + F_{ae}) = K_A F_{ae}$$

$K_A = 1$로 하면, C_{10}을 다음과 같이 구할 수 있다.

$$F_{eA} = (1)8000 = 8000 \text{ N}$$

$$F_{eB} = F_{rB} = 0$$

정격수명의 무차원배수는 다음과 같다.

$$x_D = \frac{L_D}{L_R} = \frac{\mathcal{L}_D n_D 60}{L_R} = \frac{(10\,000)(950)(60)}{90(10^6)} = 6.333$$

따라서 식 (10-7)로부터 베어링 *A*에 대한 C_{10}를 구할 수 있다.

$$C_{10} = a_f F_{eA} \left[\frac{x_D}{4.48(1 - R_D)^{2/3}} \right]^{3/10}$$

$$= (1)8000 \left[\frac{6.33}{4.48(1 - 0.95)^{2/3}} \right]^{3/10} = 16\,159 \text{ N}$$

답 그림 10-15에서 1-in 구멍(25.4-mm) 크기의 한 가지 가능성을 보여준다. 내륜: HM88630, 외륜: HM88610, 축방향 부하용량: $(C_{10})_a = 17\,200$ N.

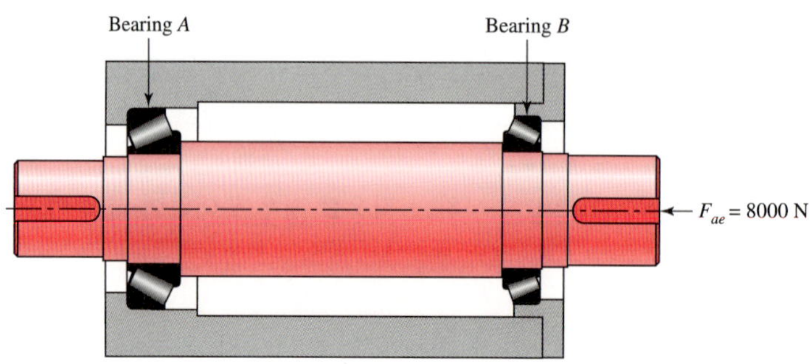

그림 10-19
예제 10-11의 구속 하우징

답 (*b*) 베어링 B에는 하중이 전혀 작용하지 않으므로, 볼이나 롤러 베어링을 포함하여 동일한 구멍 크기의 베어링 중 가장 저렴한 것이면 된다.

(*c*) 베어링 A의 실제 신뢰도는 식 (10-21)로부터 다음과 같이 구할 수 있다.

답

$$R_A \doteq 1 - \left\{ \frac{x_D}{4.48[C_{10}/(a_f F_D)]^{10/3}} \right\}^{3/2}$$

$$\doteq 1 - \left\{ \frac{6.333}{4.48\,[17\ 200/(1 \times 8000)]^{10/3}} \right\}^{3/2} = 0.963$$

이 값은 예상대로 0.95보다 큰 값이다. 베어링 B에 대해서는 다음과 같다.

$$F_D = F_{eB} = 0$$

답

$$R_B \doteq 1 - \left[\frac{6.333}{0.85(17\ 200/0)^{10/3}} \right]^{3/2} = 1 - 0 = 1$$

이 값은 예상한 대로다. 베어링 A와 B의 쌍으로서의 복합 신뢰도는 다음과 같다.

답

$$R = R_A R_B = 0.963(1) = 0.963$$

이 값은 예상대로 신뢰도 목표값 0.95보다 큰 값이다.

끼워맞춤의 문제

표 10-2(그리고 그림 10-8)에서는 단열 02-계열의 깊은 홈형 볼베어링과 앵귤라 콘택트 볼베어링의 정격하중을 나타내고 있다. 또한 여기에서는 내륜 축 자리(shaft seat)의 어깨지름(shoulder diameter)값, d_S와 외륜의 어깨지름(shoulder diameter)값, d_H를 추천하고 있다. 축의 어깨지름은 d_S보다 클 수는 있지만, 틈새(annulus)를 방해할 만큼 커서는 안 된다. 축의 중심선과 중심이 일치하고 수직을 유지하는 것은 중요하며, 그 끝에서 어깨지름은 d_S보다 같거나 커야 한다. 하우징의 어깨지름은 하우징의 구멍 축과 동심도와 직각도를 유지하기 위해 d_H보다 같거나 작아야 한다. 축이나 하우징의 어깨 형상특성은 베어링의 틈새를 통하여 윤활제가 자유롭게 통과하는 것을 간섭해서는 안 된다.

원추 롤러 베어링(그림 10-15)에서는 컵의 하우징 어깨지름이 D_b보다 같거나 작아야 한다. 콘을 위한 축 어깨지름은 d_b보다 같거나 커야 한다. 또한 베어링의 틈새 중 어느 하나라도 막아서 윤활제의 자유로운 흐름을 방해해서는 안 된다. 감속기에 일반적인 비말윤활(splash lubrication)에서는 윤활제가 하우징의 덮개(천장) 부분으로 뿌려지면 리브를 타고 내려와 베어링으로 향한다. 직접적 설치에서 원추 롤러 베어링은 펌프를 이용해 오일을 바깥에서 안으로 밀어 넣는다. 바깥으로 향하는 오일 통로가 마련되어 있어야 한다. 오일은 베어링 펌프작용의 결과로 오일 통으로 되돌아간다. 간접적 설치에서 오일은 안쪽 틈새로 향하고, 베어링은 펌핑작용을 통해 오일을 바깥쪽으로 밀어 보낸다. 바깥쪽으로부터 오일 통으로 향하는 오일 통로가 마련되어 있어야 한다.

10-11 윤활

구름베어링의 접촉면은 구름과 미끄러짐의 상대운동을 하고 있으므로, 무슨 일이 일어나는지 정확하게 이해하는 것은 어렵다. 미끄럼 표면에서의 상대속도가 충분히 크면, 윤활활동은 유체동역학적이다. **유체 탄성 역학적 윤활**(*elastohydrodynamic lubrication*, EHD)은 순수한 구름접촉 상태에 있는 표면 사이에 윤활제가 투입될 때 발생하는 현상이다. 기어 이의 접촉, 구름베어링이나 캠–종동축 표면에서 나타나는 접촉현상이 대표적인 예다. 윤활제가 구름접촉하는 두 면 사이에 갇히게 되면, 윤활제 막 내의 압력이 엄청나게 증가한다. 점성은 압력과 지수함수에 따라 변화하므로, 표면 사이에 갇힌 윤활제의 점도는 매우 크게 증가한다. Leibensperger[1]는 접촉압력이 들어오고 나가는 곳에서의 점도의 변화는 판이하게 다르다는 것을 관찰하였다.

반저항 베어링 윤활제의 목적은 다음과 같이 요약할 수 있다:

1. 미끄러짐면과 구름면 사이에 윤활제 막을 제공함
2. 열의 분산과 방출을 도와줌
3. 베어링 표면의 부식을 방지함
4. 이물질 유입으로부터 부품을 보호함

오일이나 그리스를 윤활제로 사용할 수 있다. 이들 중에서 하나를 결정할 때 다음의 기준을 사용하면 도움이 된다.

그리스 윤활제 사용 조건	오일 윤활제 사용 조건
1. 온도가 200°F를 넘지 않는다.	1. 속도가 높다.
2. 속도가 낮다.	2. 온도가 높다.
3. 이물질의 유입 시에는 특별한 보호장치를 사용하여야 한다.	3. 오일 밀봉을 이미 사용하고 있다.
4. 단순한 베어링 덮개를 사용하여야 한다.	4. 그리스 윤활제가 적합하지 않은 베어링 종류다.
5. 주의를 기울이지 않는 상태에서 장시간 작동하여야 한다.	5. 다른 기계부품에도 적용되는 중앙공급 방식으로 베어링을 윤활하고 있다.

10-12 설치와 밀봉

반마찰 베어링을 설치하는 방법은 매우 많아서, 각각의 새로운 설계는 설계자의 솜씨에 대한 진정한 도전이 된다. 하우징 구멍지름과 축의 바깥지름은 매우 엄격한 공차를 유지해야 하는데, 물론 비용은 많이 든다. 축, 하우징 또는 덮개에 대해 수행해야 할 가공작업이 있는

[1] R. L. Leibensperger, "When Selecting a Bearing," *Machine Design*, vol. 47, no. 8, April 3, 1975, pp. 142-147.

데, 보통 하나 이상의 카운터보링(counterboring) 가공, 여러 개의 페이싱(facing) 가공, 드릴 가공, 나사구멍 가공 및 나사 깎기 가공의 모든 가공이 그것이다. 이러한 각각의 작업은 생산가격을 상승시키므로, 설계자는 문젯거리가 없고 저렴한 설치방법을 탐색할 때 어렵지만 중요한 문제에 직면하게 된다. 다양한 베어링 제작자의 핸드북은 거의 모든 설계영역에서의 수많은 설치법 상세를 알려주고 있다. 그러나 이 교재의 특성상 여기서는 단지 최소한의 상세설명을 제공하는 것만이 가능하다.

가장 흔히 만나는 설치 문제는 축의 각 끝부분에 하나의 베어링이 요구된다는 것이다. 그러한 설계에서는 각 끝에 하나의 볼베어링을 설치하거나, 각 끝에 하나의 원추 롤러 베어링을 설치하거나, 또는 한 끝에는 볼베어링을, 다른 한끝에는 스트레이트 롤러 베어링을 설치할 수도 있다. 일반적으로 베어링들 중 하나에는 축을 축방향으로 고정시키는 부가적인 기능이 추가된다.

그림 10-20에서는 이 문제에 대한 매우 일반적인 해결안을 보여준다. 베어링의 내륜은 축의 어깨부분에 대해 지지되고, 축의 나사 위에 둥근 너트를 사용하여 그 위치에 있도록 유지된다. 왼쪽에 있는 베어링의 외륜은 하우징의 어깨부분에 대해 지지되고, 그림에는 표시되지 않은 장치에 의해 그 위치에 고정된다. 오른쪽에 있는 베어링의 외륜은 하우징에서 자유롭게 움직일 수 있는 부유(float) 상태이다.

그림 10-20에 나타낸 방법에 많은 변이들이 가능하다. 예를 들어 축 어깨부분의 기능은 리테이닝 링(retaining ring), 기어나 풀리의 허브, 또는 간격유지 튜브나 링에 의해 수행될 수 있다. 둥근 너트는 리테이닝 링이나 와셔(나사, 코터 또는 테이퍼 핀으로 고정됨)에 의해 대체될 수 있다. 하우징 어깨부분은 리테이닝 링에 의해 대체될 수 있다. 베어링의 외륜에는 리테이닝 링을 위해 홈을 가공할 수도 있으며, 플랜지가 붙은 외륜을 사용할 수도 있다. 왼쪽 베어링의 외륜에 가해지는 힘은 일반적으로 덮개에 의해 작용한다. 그러나 축방향 힘이 작용하지 않으면, 외륜은 리테이닝 링에 의해 위치를 유지할 수도 있다.

그림 10-21에서는 설치방법의 대안을 소개하는데, 내륜은 앞서와 마찬가지로 축 어깨부분에 지지되어 있지만, 리테이닝 장치를 필요로 하지는 않는다. 이 방법으로 외륜은 완벽하게 유지되고 있다. 이때 돌출된 끝부분에 응력 집중을 야기하는 홈이나 나사부를 제거할 수는 있지만, 축방향으로 정확한 치수를 요구하거나 조절수단의 도입이 필요하다. 이 방법은 단점을 갖고 있는데, 베어링 사이의 거리가 클 경우, 운전 중 온도상승이 축을 팽창시켜 충분히 베어링을 파괴할 수도 있다.

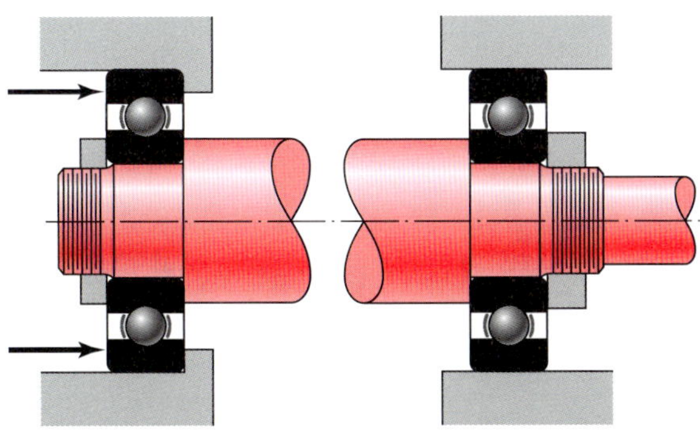

그림 10-20
일반적인 베어링 설치방법

그림 10-21
그림 10-20에 대한 대안적 설치방법

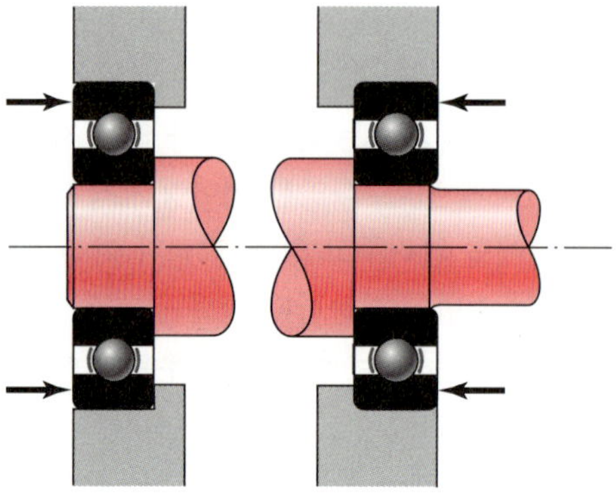

그림 10-22
두 개 베어링의 설치(*The Timken Company*의 허락 하에 인용)

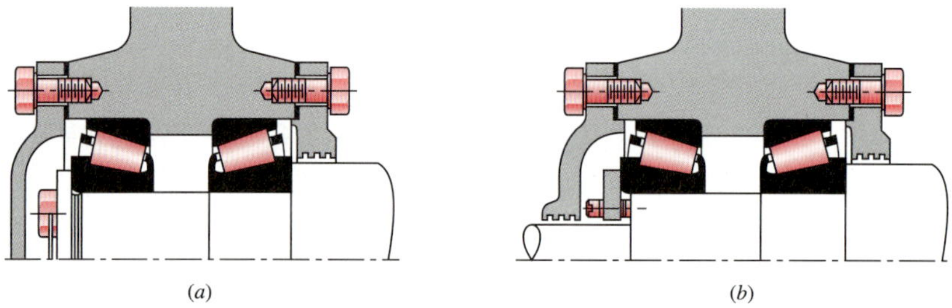

축의 한쪽 끝에 두 개 이상의 베어링이 필요할 때도 자주 있다. 예를 들어 추가적인 강성을 얻기 위해, 또는 부하용량을 증가시키기 위해, 또는 축을 한쪽 끝에서만 지지하기 위해 두 개의 베어링이 사용될 수 있다. 그림 10-22에는 두 개의 베어링을 사용한 몇 가지 설치방법이 나와 있다. 이 경우에 그림과 같이 원추 롤러 베어링이나 볼베어링이 사용될 수도 있다. 어떤 경우이든 이러한 설치의 결과로 베어링에는 축방향 예부하(preload)가 작용한다는 사실에 유의해야 한다.

그림 10-23에서는 또 다른 두 개의 베어링 설치의 예를 보여준다. 이때 내륜의 뒤쪽에 와셔를 사용한 것에 유의하라.

최대 강성이나 축의 정렬불량에 대한 저항이 요구될 때에는 앵귤라 콘택트 볼베어링(그림 10-2)의 쌍이 흔히 사용되는데, 이 배열을 **중복배열**(*duplexing*)이라 부른다. **중복배열**(*duplexing*) 설치를 위해 제작된 베어링은 그 내 외륜들을 오프셋(offset)을 주어 연삭하는데, 베어링의 쌍이 서로 단단히 고정되면 예부하가 자동적으로 생성되도록 하기 위함이다. 그림 10-24와 같이 세 가지 종류의 설치 배열이 사용된다. DF 설치는 얼굴과 얼굴을 마주보는 설치인데, 큰 반지름방향 하중과 양방향으로 작용하는 축방향 하중을 지지한다. DB 설치는 등과 등을 마주하는 설치인데, 가장 큰 정렬 강성을 갖고 있으며, 큰 반지름방향 하중과 양방향으로 작용하는 축방향 하중을 지지하는 데에도 적합하다. DT 설치는 탠덤 배열인데, 축방향 하중이 항상 동일한 방향으로 작용할 때 사용된다; 두 개의 베어링이 동일한 방향으로 축방향 하중을 지지하므로, 필요하다면 예하중을 어떤 다른 방법으로 만들어야 한다.

베어링에서는 일반적으로 내륜이든 외륜이든 회전하는 링을 압력 끼워맞춤(press fit)으로 설치한다. 그리고 정지하고 있는 링은 압입 끼워맞춤(push fit)으로 설치한다. 이것은 정

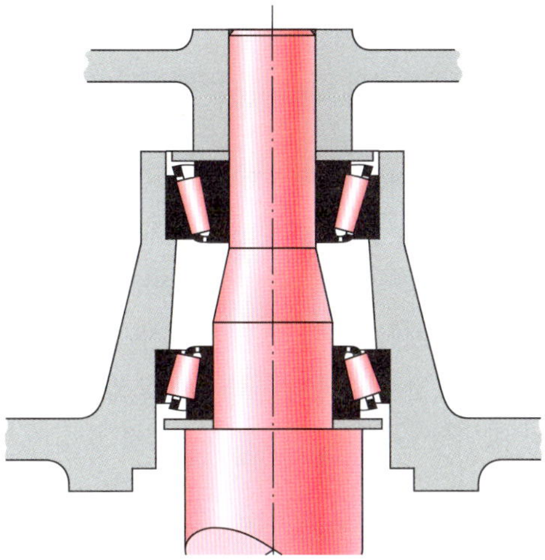

그림 10-23
세탁기 축의 설치(*The Timken Company*의 허락 하에 인용)

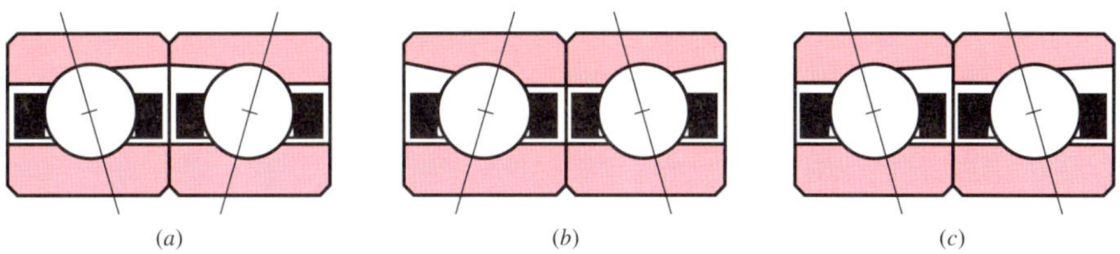

그림 10-24
앵귤라 볼베어링의 정렬. (*a*) DF 설치; (*b*) DB설치; (*c*) DT 설치(*The Timken Company*의 허락 하에 인용)

지 링이 설치부에서 약간 미끄러지는 것을 가능하게 하는데, 이로 인해 링의 새로운 부분이 하중을 감당하는 영역으로 이동하면서 마모를 균등하게 한다.

예하중

예하중의 목적은 베어링에서 보통 나타나는 내부 틈새를 제거하고, 피로수명을 증가시키고, 베어링에서의 축기울기를 감소시키는 데에 있다. 그림 10-25는 전형적인 베어링의 틈새를 과장해서 나타낸 것이다.

원통 롤러 베어링의 예하중은 다음과 같이 얻을 수 있다.

1. 베어링을 경사축이나 내륜을 확장하는 슬리브에 설치
2. 외륜에 억지끼워맞춤 적용
3. 롤러들 둘레에 미리 수축된 외륜을 가진 베어링의 구매

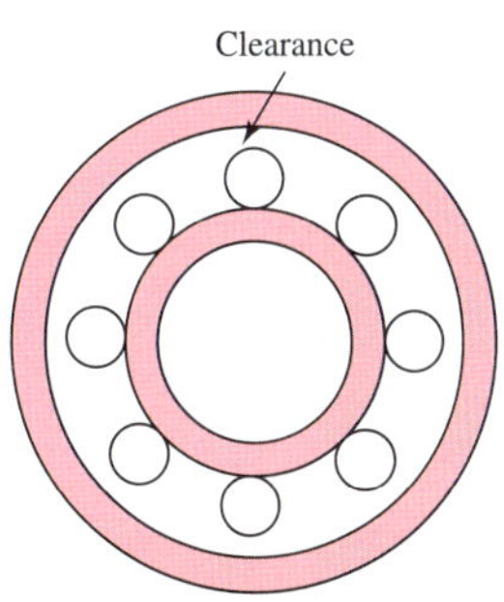

그림 10-25
재고품 베어링의 틈새(과장된 묘사)

볼베어링은 보통 조립 중에 형성된 축방향 하중에 의해 예하중 상태에 있다. 그러나 그림 10-24*a*와 *b*의 베어링은 내륜과 외륜의 폭 차이 때문에 조립 중에 예하중이 만들어진다.

너무 큰 예하중은 조기 파손을 불러일으키기 때문에, 예하중을 결정할 때에는 제작자의 권고사항을 따르는 것이 항상 적절한 선택이다.

정렬

베어링의 정렬 불량은 베어링의 종류, 특정 베어링의 기하학적 및 재료학적 특성에 따라 달라진다. 특정 베어링의 상세한 명세사항은 제작자의 카탈로그를 참조하여야 한다. 일반적으로 실린더 롤러 베어링과 원추 롤러 베어링은 깊은 홈형 볼베어링보다 엄격한 정렬을 요구한다. 구형 볼베어링과 자동 조심형 베어링은 가장 덜 엄격한 정렬이 가능하다. 표 6-2에서는 각 베어링 종류에 대하여 정렬과 관련된 대표적인 최대 허용 치수를 나타낸다. 정렬 불량이 허용한도를 초과하면 베어링의 수명이 현저하게 감소한다.

정렬 불량에 대한 부가적인 보호장치는 제작자가 권고하는 충분한 어깨높이(그림 10-8 참조)를 보장하면 마련할 수 있다. 또한 어느 정렬 불량이라도 존재하면, 조립 중에 발생할 수 있는 정렬불일치의 증가를 고려하여 안전계수를 약 2로 하는 것이 적절한 실행방법이다.

밀봉

지저분한 이물질을 제거하고 윤활제를 유지하기 위해 베어링 설치에는 밀봉이 뒤따라야 한다. 밀봉의 중요한 3가지는 펠트 밀봉, 상용 밀봉 및 라비린스 밀봉이다(그림 10-26 참조).

펠트 밀봉(*felt seal*)은 속도가 작을 때 그리스 윤활과 함께 사용될 수 있다. 문질러지는 표면은 양호하게 연마되어 있어야 한다. 펠트 밀봉은 기계가공한 홈에 장착하거나, 스탬핑 가공된 금속 보호물을 사용하여 오물로부터 보호되어야 한다.

상용 밀봉(*commercial seal*)은 금속판재 주머니에 들어있는 마찰요소와 스프링(spring backing)으로 구성되어 있다. 이러한 밀봉은 일반적으로 베어링 커버에 만들어진 구멍(counterbored hole) 속으로 압력 끼워맞춤하여 만들어진다. 이것은 마찰에 의해 밀봉효과가 얻어지므로 고속에는 사용할 수 없다.

라비린스 밀봉(*labyrinth seal*)은 특히 고속에 효과적이며, 오일이나 그리스 모두 사용할 수 있다. 이것은 때때로 플린저(flinger)와 함께 사용되기도 한다. 최소한도 세 개의 홈이 사용되어야 하며, 그 홈들은 구멍이나 바깥지름에 절삭가공될 수 있다. 틈새는 속도와 온도에 따라 0.25 ~ 1.0 mm 사이에서 변화할 수 있다.

그림 10-26
대표적인 밀봉방법(*General Motors Corp. GM Media Archives*의 허락 하에 게재)

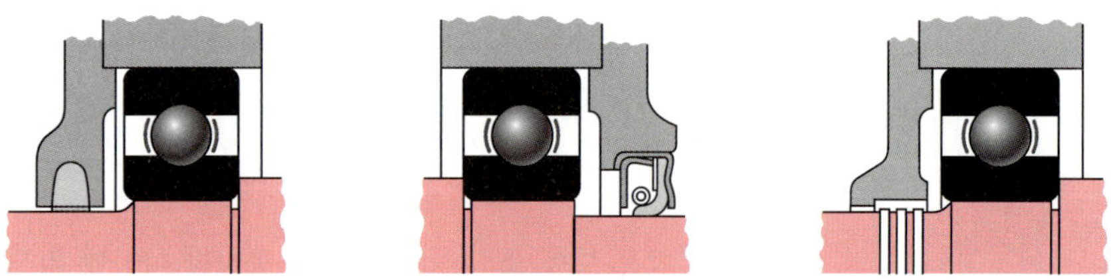

(*a*) Felt seal (*b*) Commercial seal (*c*) Labyrinth seal

연습문제 Problems

Problems marked with an asterisk (*) are linked to problems in other chapters, as summarized in Table 1–1 of Sec. 1–16, p. 26.

Since each bearing manufacturer makes individual decisions with respect to materials, treatments, and manufacturing processes, manufacturers' experiences with bearing life distribution differ. In solving the following problems, we will use the experience of two manufacturers, tabulated as follows:

Manufacturer	Rating Life, Revolutions	Weibull Parameters Rating Lives x_0	θ	b
1	$90(10^6)$	0	4.48	1.5
2	$1(10^6)$	0.02	4.459	1.483

Tables 10–2 and 10–3 are based on manufacturer 2.

10–1 A certain application requires a ball bearing with the inner ring rotating, with a design life of 25 kh at a speed of 350 rev/min. The radial load is 2.5 kN and an application factor of 1.2 is appropriate. The reliability goal is 0.90. Find the multiple of rating life required, x_D, and the catalog rating C_{10} with which to enter a bearing table. Choose a 02-series deep-groove ball bearing from Table 10–2, and estimate the reliability in use.

10–2 An angular-contact, inner ring rotating, 02-series ball bearing is required for an application in which the life requirement is 50 kh at 480 rev/min. The design radial load is 2745 N. The application factor is 1.4. The reliability goal is 0.90. Find the multiple of rating life x_D required and the catalog rating C_{10} with which to enter Table 10–2. Choose a bearing and estimate the existing reliability in service.

10–3 The other bearing on the shaft of Prob. 10–2 is to be a 03-series cylindrical roller bearing with inner ring rotating. For a 7342-N radial load, find the catalog rating C_{10} with which to enter Table 10–3. The reliability goal is 0.90. Choose a bearing and estimate its reliability in use.

10–4 Problems 10–2 and 10–3 raise the question of the reliability of the bearing pair on the shaft. Since the combined reliabilities R is $R_1 R_2$, what is the reliability of the two bearings (probability that either or both will not fail) as a result of your decisions in Probs. 10–2 and 10–3? What does this mean in setting reliability goals for each of the bearings of the pair on the shaft?

10–5 Combine Probs. 10–2 and 10–3 for an overall reliability of $R = 0.90$. Reconsider your selections, and meet this overall reliability goal.

10–6 A straight (cylindrical) roller bearing is subjected to a radial load of 20 kN. The life is to be 8000 h at a speed of 950 rev/min and exhibit a reliability of 0.95. What basic load rating should be used in selecting the bearing from a catalog of manufacturer 2?

10–7 Two ball bearings from different manufacturers are being considered for a certain application. Bearing A has a catalog rating of 2.0 kN based on a catalog rating system of 3 000 hours at 500 rev/min. Bearing B has a catalog rating of 7.0 kN based on a catalog that rates at 10^6 cycles. For a given application, determine which bearing can carry the larger load.

10–8 to 10–13 For the bearing application specifications given in the table for the assigned problem, determine the Basic Load Rating for a ball bearing with which to enter a bearing catalog.

Problem Number	Radial Load	Design Life	Desired Reliability
10–8	2 kN	10^9 rev	90%
10–9	8 kN	5 kh, 900 rev/min	90%
10–10	4 kN	8 kh, 500 rev/min	90%
10–11	3 kN	5 yrs, 40 h/week, 400 rev/min	95%
10–12	9 kN	10^8 rev	99%
10–13	8 kN	5 kh, 900 rev/min	96%

10–14* to 10–17* For the problem specified in the table, build upon the results of the original problem to obtain a Basic Load Rating for a ball bearing at C with a 95 percent reliability. The shaft rotates at 1200 rev/min, and the desired bearing life is 15 kh. Use an application factor of 1.2.

Problem Number	Original Problem, Page Number
10–14*	3–68, 147
10–15*	3–69, 147
10–16*	3–70, 147
10–17*	3–71, 147

10–18* For the shaft application defined in Prob. 3–77, p. 149, the input shaft EG is driven at a constant speed of 191 rev/min. Obtain a Basic Load Rating for a ball bearing at A for a life of 12 kh with a 95 percent reliability.

10–19* For the shaft application defined in Prob. 3–79, p. 149, the input shaft EG is driven at a constant speed of 280 rev/min. Obtain a Basic Load Rating for a cylindrical roller bearing at A for a life of 14 kh with a 98 percent reliability.

10–20 An 02-series single-row deep-groove ball bearing with a 65-mm bore (see Tables 10–1 and 10–2 for specifications) is loaded with a 3-kN axial load and a 7-kN radial load. The outer ring rotates at 500 rev/min.

(*a*) Determine the equivalent radial load that will be experienced by this particular bearing.

(*b*) Determine whether this bearing should be expected to carry this load with a 95 percent reliability for 10 kh.

10–21 An 02-series single-row deep-groove ball bearing with a 30-mm bore (see Tables 10–1 and 10–2 for specifications) is loaded with a 2-kN axial load and a 5-kN radial load. The inner ring rotates at 400 rev/min.

(*a*) Determine the equivalent radial load that will be experienced by this particular bearing.

(*b*) Determine the predicted life (in revolutions) that this bearing could be expected to give in this application with a 99 percent reliability.

10–22 to 10–26 An 02-series single-row deep-groove ball bearing is to be selected from Table 10–2 for the application conditions specified in the table. Assume Table 10–1 is applicable if needed. Specify the smallest bore size from Table 10–2 that can satisfy these conditions.

Problem Number	Radial Load	Axial Load	Design Life	Ring Rotating	Desired Reliability
10–22	8 kN	0 kN	10^9 rev	Inner	90%
10–23	8 kN	2 kN	10 kh, 400 rev/min	Inner	99%
10–24	8 kN	3 kN	10^8 rev	Outer	90%
10–25	10 kN	5 kN	12 kh, 300 rev/min	Inner	95%
10–26	9 kN	3 kN	10^8 rev	Outer	99%

10–27* The shaft shown in the figure is proposed as a preliminary design for the application defined in Prob. 3–72, p. 148. The effective centers of the gears for force transmission are shown. The dimensions for the bearing surfaces (indicated with cross markings) have been estimated. The shaft rotates at 1200 rev/min, and the desired bearing life is 15 kh with a 95 percent reliability. Use an application factor of 1.2.

(*a*) Obtain a Basic Load Rating for a ball bearing at the right end.

(*b*) Use an online bearing catalog to find a specific bearing that satisfies the needed Basic Load Rating and the geometry requirements. If necessary, indicate appropriate adjustments to the dimensions of the bearing surface.

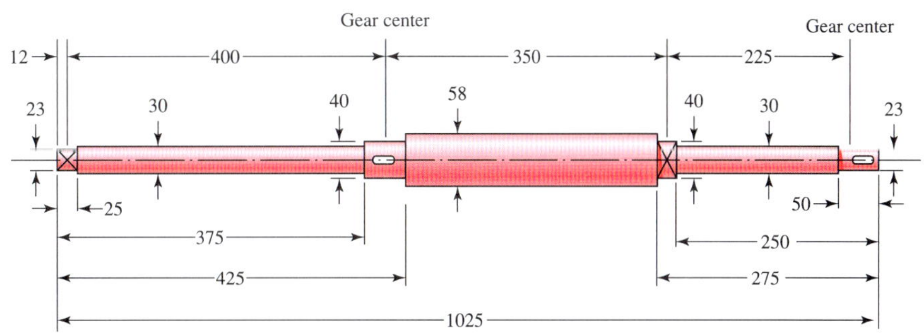

*Problem 10–27**
All fillets 2 mm.
Dimensions in millimeters.

10–28* Repeat the requirements of Prob. 10–27 for the bearing at the left end of the shaft.

10–29* The shaft shown in the figure is proposed as a preliminary design for the application defined in Prob. 3–73, p. 148. The effective centers of the gears for force transmission are shown. The dimensions for the bearing surfaces (indicated with cross markings) have been estimated. The shaft rotates at 900 rev/min, and the desired bearing life is 12 kh with a 98 percent reliability. Use an application factor of 1.2.

(*a*) Obtain a Basic Load Rating for a ball bearing at the right end.

(*b*) Use an online bearing catalog to find a specific bearing that satisfies the needed Basic Load Rating and the geometry requirements. If necessary, indicate appropriate adjustments to the dimensions of the bearing surface.

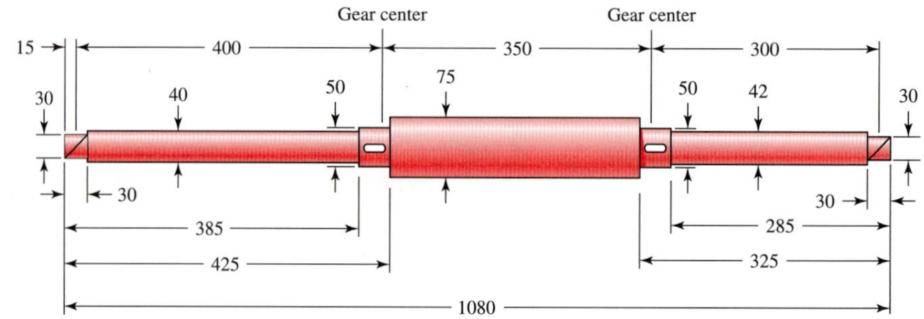

*Problem 10–29**

All fillets 2 mm. Dimensions in millimeters.

10–30* Repeat the requirements of Prob. 10–29 for the bearing at the left end of the shaft.

10–31 The second shaft on a parallel-shaft 18.7 kW foundry crane speed reducer contains a helical gear with a pitch diameter of 205 mm. Helical gears transmit components of force in the tangential, radial, and axial directions (see Chap. 11). The components of the gear force transmitted to the second shaft are shown in the figure, at point A. The bearing reactions at C and D, assuming simple-supports, are also shown. A ball bearing is to be selected for location C to accept the thrust, and a cylindrical roller bearing is to be utilized at location D. The life goal of the speed reducer is 10 kh, with a reliability factor for the ensemble of all four bearings (both shafts) to equal or exceed 0.96 for the Weibull parameters of Ex. 10–3. The application factor is to be 1.2.

(*a*) Select the roller bearing for location D.

(*b*) Select the ball bearing (angular contact) for location C, assuming the inner ring rotates.

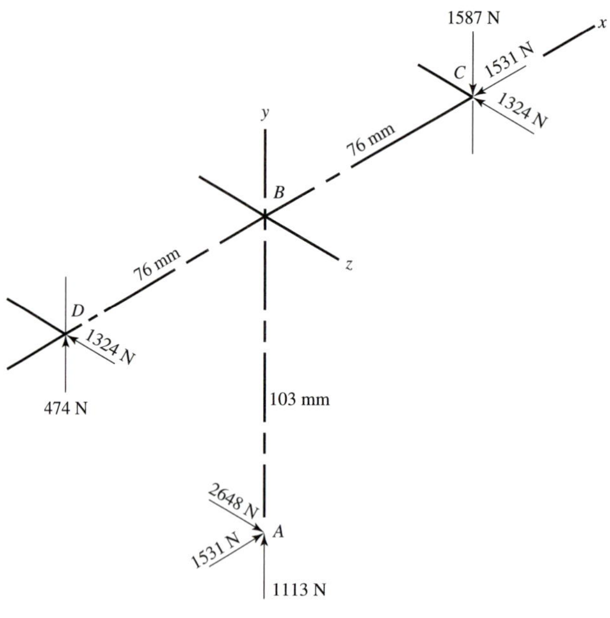

Problem 10–31

10–32 The figure shown is a geared countershaft with an overhanging pinion at C. Select an angular-contact ball bearing from Table 10–2 for mounting at O and a straight roller bearing from Table 10–3 for mounting at B. The force on gear A is $F_A = 2670$ N, and the shaft is to run at a speed of 480 rev/min. Solution of the statics problem gives force of bearings against the shaft at O as $\mathbf{R}_O = 1722\mathbf{j} + 2078$ N, and at B as $\mathbf{R}_B = 1406\mathbf{j} - 7187$ N. Specify the bearings required, using an application factor of 1.4, a desired life of 50 kh, and a combined reliability goal of 0.9.

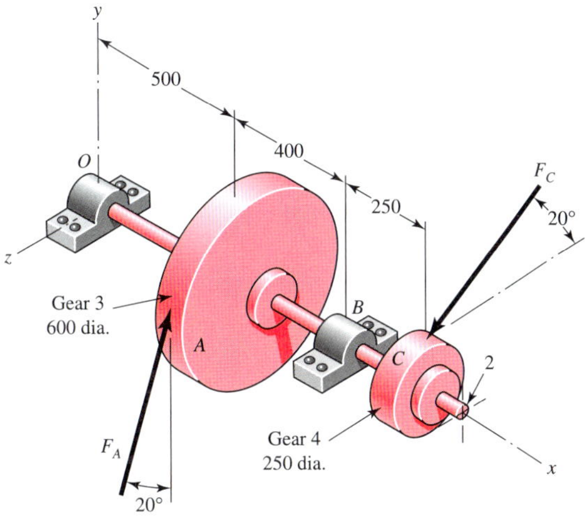

Problem 10–32
Dimensions in mm.

10–33 The figure is a schematic drawing of a countershaft that supports two V-belt pulleys. The countershaft runs at 1500 rev/min and the bearings are to have a life of 60 kh at a combined reliability of 0.98. The belt tension on the loose side of pulley A is 15 percent of the tension on the tight side. Select deep-groove bearings from Table 10–2 for use at O and E, using an application factor of unity.

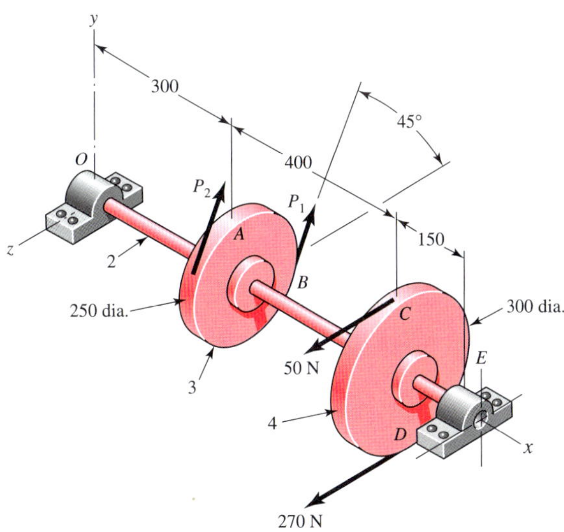

Problem 10–33
Dimensions in millimeters.

10–34 A gear-reduction unit uses the countershaft depicted in the figure. Find the two bearing reactions. The bearings are to be angular-contact ball bearings, having a desired life of 40 kh when used at 200 rev/min. Use 1.2 for the application factor and a reliability goal for the bearing pair of 0.95. Select the bearings from Table 10–2.

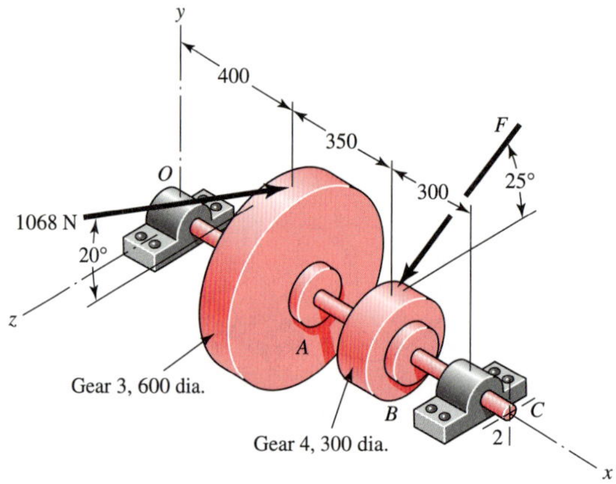

Problem 10–34
Dimensions in mm.

10–35 The worm shaft shown in part *a* of the figure transmits 1007 W at 600 rev/min. A static force analysis gave the results shown in part *b* of the figure. Bearing *A* is to be an angular-contact ball bearing mounted to take the 2470-N thrust load. The bearing at *B* is to take only the radial load, so a straight roller bearing will be employed. Use an application factor of 1.3, a desired life of 25 kh, and a reliability goal, combined, of 0.99. Specify each bearing.

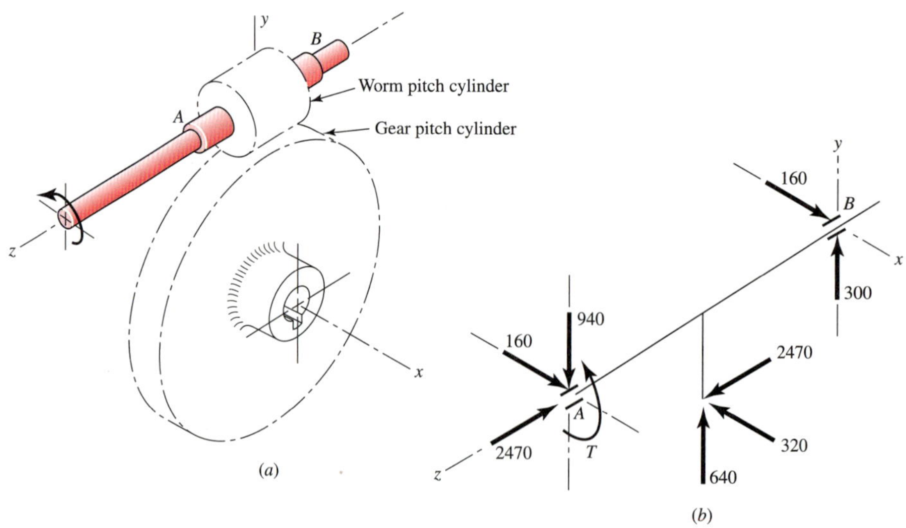

Problem 10–35
(*a*) Worm and worm gear;
(*b*) force analysis of worm shaft,
forces in Newtons.

10–36 In bearings tested at 2000 rev/min with a steady radial load of 18 kN, a set of bearings showed an L_{10} life of 115 h and an L_{80} life of 600 h. The basic load rating of this bearing is 39.6 kN. Estimate the Weibull shape factor b and the characteristic life θ for a two-parameter model. This manufacturer rates ball bearings at 1 million revolutions.

10–37 A 16-tooth pinion drives the double-reduction spur-gear train in the figure. All gears have 25° pressure angles. The pinion rotates ccw at 1200 rev/min and transmits power to the gear train. The shaft has not yet been designed, but the free bodies have been generated. The shaft speeds are 1200 rev/min, 240 rev/min, and 80 rev/min. A bearing study is commencing with a 10-kh life and a gearbox bearing ensemble reliability of 0.99. An application factor of 1.2 is appropriate. Specify the six bearings.

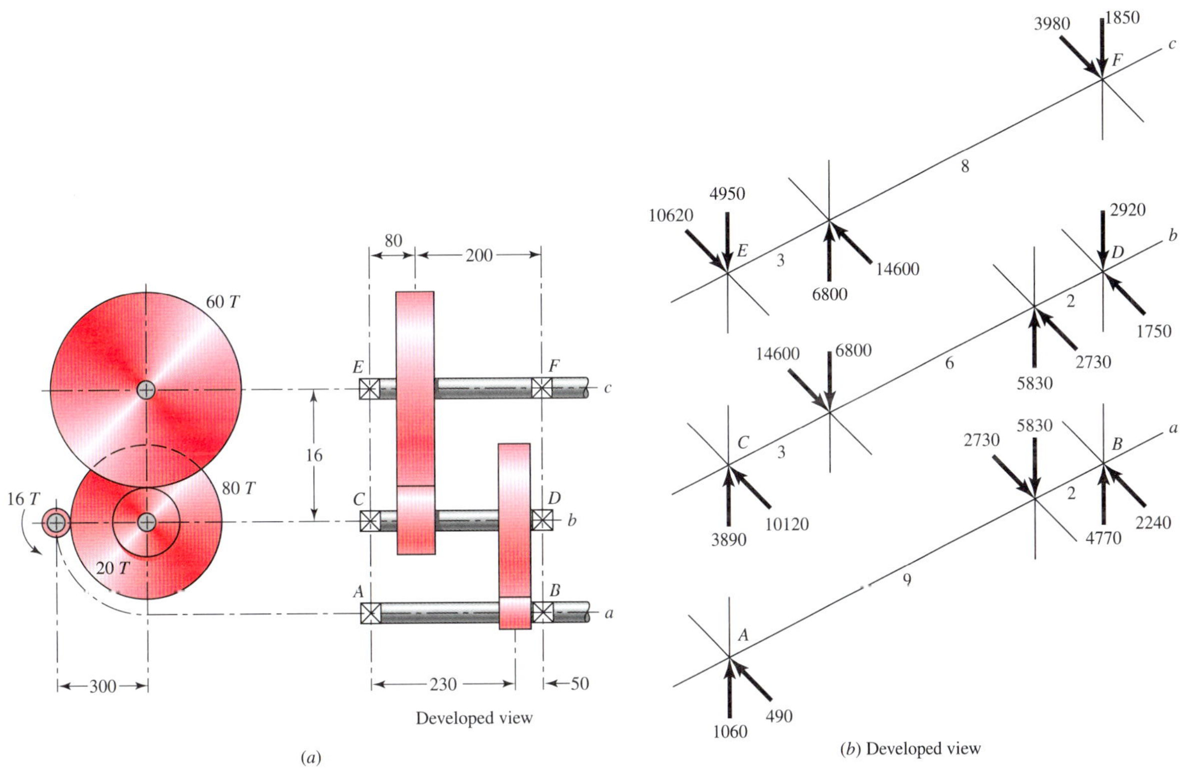

Problem 10–37

(a) Drive detail; (b) force analysis on shafts. Forces in Newtons; linear dimensions in millimeters.

10–38 Estimate the remaining life in revolutions of an 02-30 mm angular-contact ball bearing already subjected to 200 000 revolutions with a radial load of 18 kN, if it is now to be subjected to a change in load to 30 kN.

10–39 The same 02-30 angular-contact ball bearing as in Prob. 10–38 is to be subjected to a two-step loading cycle of 4 min with a loading of 18 kN, and one of 6 min with a loading of 30 kN. This cycle is to be repeated until failure. Estimate the total life in revolutions, hours, and loading cycles.

10–40 A countershaft is supported by two tapered roller bearings using an indirect mounting. The radial bearing loads are 2240 N for the left-hand bearing and 4380 N for the right-hand bearing. An axial load of 800 N is carried by the left bearing. The shaft rotates at 400 rev/min and is to have a desired life of 40 kh. Use an application factor of 1.4 and a combined reliability goal of 0.90. Using an initial $K = 1.5$, find the required radial rating for each bearing. Select the bearings from Fig. 10–15.

10–41* For the shaft application defined in Prob. 3–74, p. 148, perform a preliminary specification for tapered roller bearings at C and D. A bearing life of 10^8 revolutions is desired with a 90 percent combined reliability for the bearing set. Should the bearings be oriented with direct mounting or indirect mounting for the axial thrust to be carried by the bearing at C? Assuming bearings are available with $K = 1.5$, find the required radial rating for each bearing. For this preliminary design, assume an application factor of one.

10–42* For the shaft application defined in Prob. 3–76, p. 149, perform a preliminary specification for tapered roller bearings at A and B. A bearing life of 500 million revolutions is desired with a 90 percent combined reliability for the bearing set. Should the bearings be oriented with direct mounting or indirect mounting for the axial thrust to be carried by the bearing at A? Assuming bearings are available with $K = 1.5$, find the required radial rating for each bearing. For this preliminary design, assume an application factor of one.

10–43 An outer hub rotates around a stationary shaft, supported by two tapered roller bearings as shown in Fig. 10–23. The device is to operate at 250 rev/min, 8 hours per day, 5 days per week, for 5 years, before bearing replacement is necessary. A reliability of 90 percent on each bearing is acceptable. A free body analysis determines the radial force carried by the upper bearing to be 12 kN and the radial force at the lower bearing to be 25 kN. In addition, the outer hub applies a downward force of 5 kN. Assuming bearings are available with $K = 1.5$, find the required radial rating for each bearing. Assume an application factor of 1.2.

10–44 The gear-reduction unit shown has a gear that is press fit onto a cylindrical sleeve that rotates around a stationary shaft. The helical gear transmits an axial thrust load T of 1 kN as shown in the figure. Tangential and radial loads (not shown) are also transmitted through the gear, producing radial ground reaction forces at the bearings of 3.5 kN for bearing A and 2.5 kN for bearing B. The desired life for each bearing is 90 kh at a speed of 150 rev/min with a 90 percent reliability. The first iteration of the shaft design indicates approximate diameters of 28 mm at A and 25 mm at B. Select suitable tapered roller bearings from Fig. 10–15.

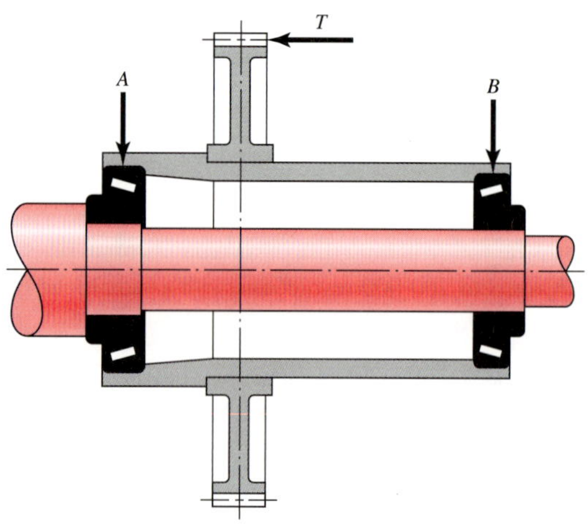

Problem 10–44
(Courtesy of The Timken Company.)

CHAPTER

11

Shigley's Mechanical Engineering Design

기어-일반

Chapter Outline

이 장에서는 스퍼기어, 헬리컬기어, 베벨 기어, 웜 기어 등의 네 가지 기본적인 기어에 대한 기하학, 기구학적인 관계식 그리고 전달력에 대하여 다룬다. 서로 맞물리는 기어 사이에 작용하는 힘은 축의 운동과 동력 전달을 일으키고 또한 축과 베어링의 힘과 모멘트를 발생시킨다.

11-1 기어의 종류

그림 11-1의 **헬리컬기어**(*helical gear*)는 회전축과 이가 평행하며 서로 평행한 두 축 사이에 동력을 전달한다. 스퍼기어는 가장 간단하기 때문에 치형의 기본적인 기구학적 관계식 유도에 사용된다.

그림 11-2의 **스퍼기어**(*spur gear*) 는 회전축에 대하여 경사진 이를 갖는다. 헬리컬기어는 스퍼기어와 같은 용도로 사용되며 이가 점차적으로 맞물리기 때문에 소음이 작다. 헬리컬기어의 경사진 이는 스퍼기어에는 발생하지 않는 드러스트(thrust) 하중과 굽힘 우력(bending couples)을 발생시킨다.

그림 11-3의 **베벨 기어**(*bevel gear*)는 원추 형상의 이를 가지며 주로 서로 교차하는 두 축 간의 동력을 전달하는 데 사용된다. 그림에 나와 있는 베벨 기어는 **직선 베벨 기어**이다. **스파이럴**(*spiral*) **베벨 기어**는 이가 직선이 아니며 원호의 형상을 갖는다. **하이포이드**(*hypoid*) **기어**는 종종 편심을 갖는 축의 동력 전달에 사용된다.

그림 11-4의 웜과 웜 기어(worm gear)는 나사와 같은 동력 전달 원리를 갖는다. 웜 기어는 웜과 웜 휠로 구성된다. 웜 기어는 주로 속도비가 3 이상의 높은 경우에 사용된다.

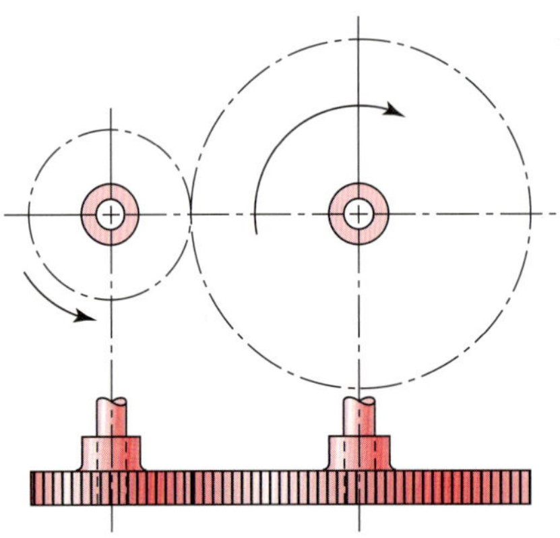

그림 11-1
평행한 축 사이의 동력전달에 사용하는 스퍼기어

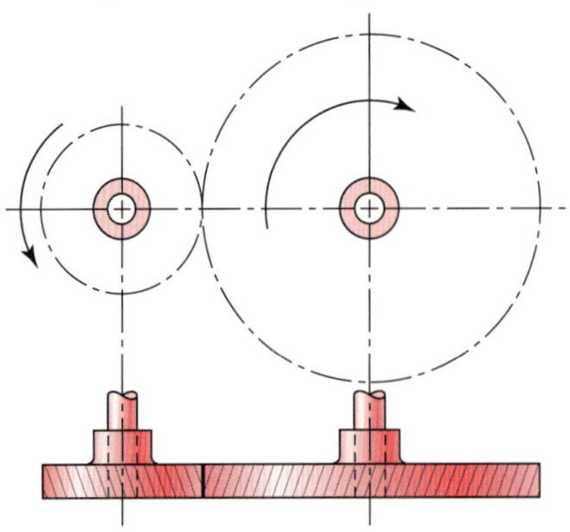

그림 11-2
평행 또는 평행하지 않은 축 사이의 동력전달에 사용하는 헬리컬기어

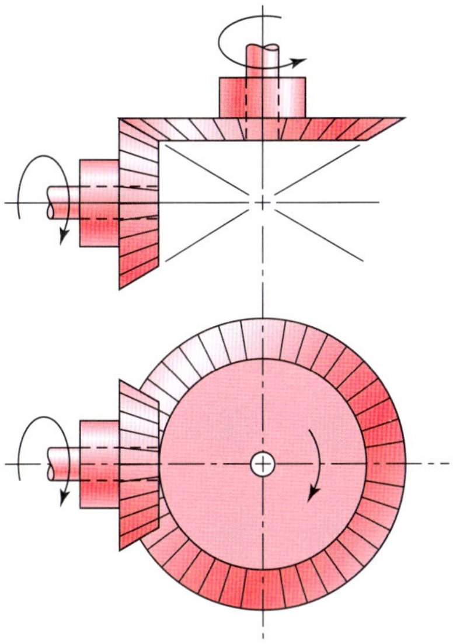

그림 11-3
서로 교차하는 축 사이의 동력 전달에 사용하는 베벨 기어

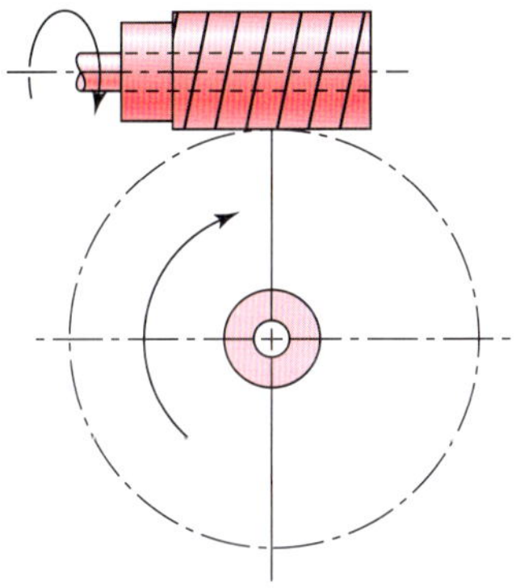

그림 11-4
평행하지 않으며 서로 교차하지 않는 축 사이의 동력전달에 사용하는 웜 기어

11-2 용어의 정의

스퍼기어의 주요 용어는 그림 11-5와 같다. **피치원**(*pitch circle*)은 모든 계산의 기본이 되는 이론적인 원으로서 그 지름을 **피치지름**(*pitch diameter*)이라 한다. 맞물리는 한 쌍의 기어에 피치원은 서로 접하고 있다. 작은 쪽을 **피니언**(*pinion*)이라 하며 큰 쪽을 **기어**라고 부른다.

원주(*circular pitch*) 피치 p는 피치원에서 이와 이 사이를 측정한 것으로 피치원의 원둘레를 **잇수**로 나눈 값이다.

모듈(*module*) m은 피치지름을 잇수로 나눈 값으로 밀리미터(mm)로 표시하고 **지름피치**(*diametral pitch*) P는 잇수를 피치원의 지름으로 나눈 값으로 모듈의 역수이다. 지름피치는 미국에서만 사용되며 단위는 인치(inch)의 역수이다.

어덴덤(~에 더해졌다는 뜻: addendum) a는 피치원에서 이 끝까지의 반지름방향 거리, **디덴덤**(~에서 뺀 것이라는 뜻: dedendum) b는 피치원에서 디덴덤원까지의 거리이며 **이 높이** h_t는 어덴덤과 디덴덤의 합이다.

그림 11–5
스퍼기어의 용어

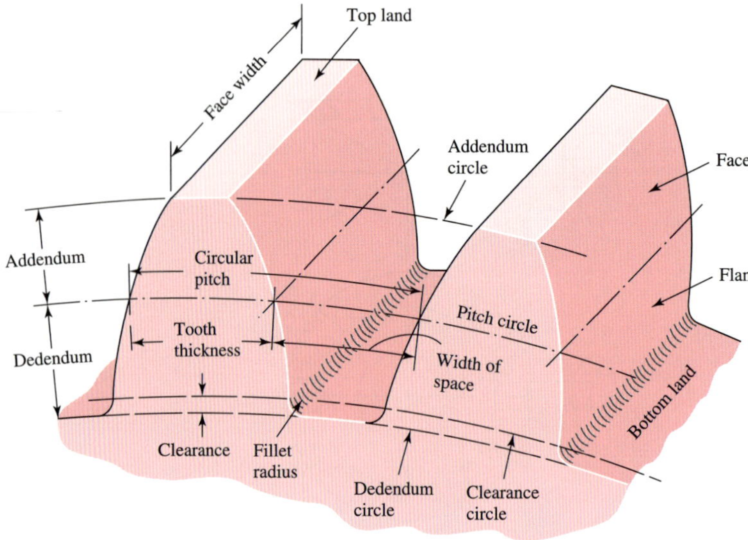

디덴덤은 어덴덤보다 약간 더 큰데 이것은 맞물린 이의 끝과 이 뿌리 사이에 약간의 틈새를 주어야 하기 때문이다. 이두께(tooth thickness)는 피치원에서 측정되고 이홈너비(width of space)는 이 두께보다 약간 더 크다. 이 차이를 **백래시**(*backlash*)라고 한다.

다음은 기어 치형의 주요 관계식이다.

$$P = \frac{N}{d} \tag{11-1}$$

$$m = \frac{d}{N} \tag{11-2}$$

$$p = \frac{\pi d}{N} = \pi m \tag{11-3}$$

$$pP = \pi \tag{11-4}$$

여기서 P = 지름피치
N = 잇수
d = 피치지름, in
m = 모듈, mm
d = 피치지름, mm
p = 원주피치

11-3 기어 이의 물림

그림 11-6과 같이 하나의 곡면이 다른 곡면을 밀어낼 때 접촉점은 두 곡면이 서로 접하는

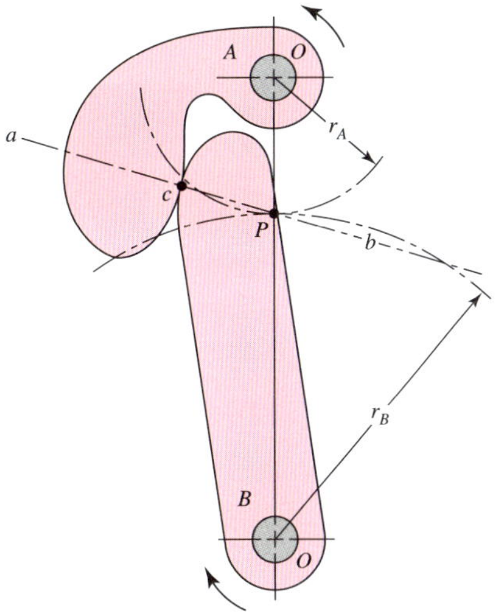

그림 11-6
캠 A와 종동부 B의 접촉. 접촉면이 인벌류트 형상인 경우 이어지는 물림은 등각속도비를 갖는다.

점 c가 되고 임의의 순간에 접촉점에 작용하는 힘은 두 곡면의 공통 법선 ab를 따라 작용한다. 선 ab를 **작용선**(*line of action*)이라 하며 작용선과 중심 O-O가 서로 만나는 P를 **피치점**(*pitch point*)이라 한다. 각속도비는 점 P에서 각각의 중심까지의 반지름에 반비례한다. 점 P가 이루는 원을 **피치원**이라 한다.

그림 11-6에서 한 쌍의 기어는 작은 곡면을 가지는 한 쌍의 캠이라고 생각할 수 있다. 만약 이 캠들이 인벌류트 형상을 갖는다면 한 쌍의 맞물리는 기어는 접촉점에서 중심까지의 거리가 변해도 일정한 각속도비를 가지고 운동할 수 있다. 인벌류트 곡선(involute curve)인 경우, 축간거리 변화에도 기어는 등각속도비를 유지할 수 있다.

일정한 각속도비로 운동을 전달하기 위하여 피치점은 반드시 고정되어야 한다. 즉, 모든 접촉점에 대한 작용선이 동일한 P점을 지나야 한다. 인벌류트 곡선의 경우, 모든 접촉점이 동일한 직선 ab상에 발생하고 접촉점에서 치형 곡선에 수직선이 직선 ab와 일치하여 일정한 회전 운동을 전달함을 알 수 있다.

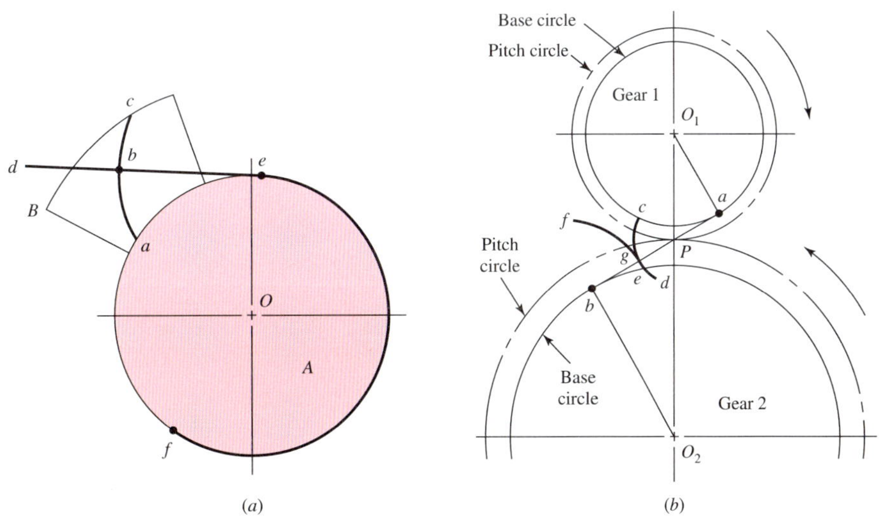

그림 11-7
(*a*) 인벌류트 곡선의 생성
(*b*) 인벌류트 물림

11-4 인벌류트 치형 곡선

인벌류트 곡선은 그림 11-7*a*와 같이 생성된다. 실린더 *A*를 팽팽하게 감싸고 있는 줄 *def*에서 점 *b*의 궤적을 생각해 보자. 줄이 실린더에 감기거나 풀리면 점 *b*의 궤적은 인벌류트 곡선 *ac*가 된다. 인벌류트 곡선의 곡률 반지름은 연속적으로 변하여 점 *a*에서 0이 되고 점 c에서 최대값이 된다. 점 *b*에서의 곡률 반지름은 *be*이다. 선분 *de*는 모든 접촉점에서 인벌류트 곡선과 수직이며 동시에 실린더 *A*의 접선이 된다. 인벌류트가 생성되는 원을 **기초원**(*base circle*)이라고 부른다.

인벌류트 곡선이 어떻게 일정한 각속도비를 만족시키는지 고찰해 보자. 그림 11-7b에서 한 쌍의 기어의 중심은 각각 O_1과 O_2이고 반지름 O_1a와 O_2b를 가지는 기초원으로 구성된다. 기어 1의 기초원 상에서 줄을 시계방향으로 감아 *ab* 사이를 팽팽하게 당기고 기어 2의 기초원을 반시계방향으로 감는다고 가정해 보자. 기초원이 서로 반대 방향으로 회전하여 줄이 팽팽해진다면 줄 위의 점 *g*는 기어 1의 인벌류트 곡선 *cd*를 만들고 기어 2의 인벌류트 곡선 *ef*를 만든다. 접촉점 g는 작용선 *ab*상을 따라 움직이나 작용선은 항상 두 기초원의 접선이기 때문에 작용선은 변하지 않고 따라서 작용선은 접촉점의 인벌류트 곡선에 수직하여 일정한 각속도비의 조건을 만족하게 된다.

11-5 기어 치형 곡선 설계

이 절에서는 한 쌍의 맞물리는 기어를 이해하기 위하여 치형 곡선을 그려보기로 한다.

이를 위해서는 먼저 인벌류트 치형을 제작할 필요가 있다. 그림 11-8과 같이 기초원을 등 간격으로 나누고 반지름 OA_0, OA_1, OA_2를 그린다. A_1점에서 시작하여 OA_1, OA_2, OA_3와 수직하는 A_1B_1, A_2B_2, A_3B_3를 그린다. 그리고 A_1B_1선상에 원호 A_1A_0를 그리고 A_2B_2를 따라서 A_1B_0의 두 배 거리인 원호 A_2A_0를 그려서 각각의 점들을 이으면 인벌류트 치형 곡선을 만들 수 있다.

두 개의 기어가 맞물릴 때 피치원은 미끄럼 없이 구름접촉을 한다. 피치원의 반지름이 각각 r_1과 r_2이고 각속도가 ω_1, ω_2일 때 피치선상의 속도는

$$V = |r_1\omega_1| = |r_2\omega_2|$$

그림 11-8
인벌류트 치형의 작도

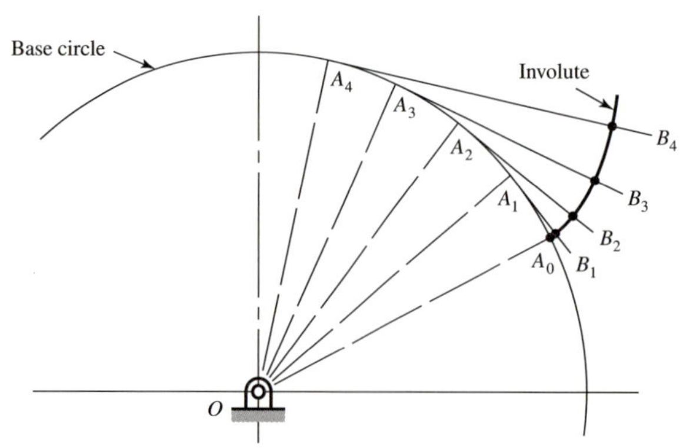

따라서 반지름과 각속도와의 관계는

$$\left|\frac{\omega_1}{\omega_2}\right| = \frac{r_2}{r_1} \tag{11-5}$$

만약 1800 rev/min 의 입력 속도를 1200 rev/min의 출력 속도로 감속시키고자 할 때 기어비는 3 : 2가 되고, 예를 들어 4-in 피니언과 6-in 기어를 사용하면 된다.

만약 피니언이 18개의 잇수를 갖고 기어가 30개의 잇수를 가지며 맞물린 기어의 지름 피치가 2개/inch라면 식 (11-1)에서 피니언과 기어의 피치지름은 각각 다음과 같이 구해진다.

$$d_1 = \frac{N_1}{P} = \frac{18}{2} = 9 \text{ in} \qquad d_2 = \frac{N_2}{P} = \frac{30}{2} = 15 \text{ in}$$

이제 한 쌍의 맞물린 기어의 축 간 거리는 피치 반지름의 합으로 표시되기 때문에 12 in가 되며 그림 11-9에서 12 in만큼 떨어져 있는 점 O_1, O_2를 작도한다. O_1, O_2에 대하여 반지름 r_1, r_2를 갖는 피치원을 그리면 **피치점** P에서 피치원은 서로 접한다. 피치점에서 공통 접선 ab를 그린다. 피니언이 반시계 방향, 기어가 시계 방향으로 회전한다고 하면 공통 접선 ab와 각 ϕ를 갖는 선 cd를 그릴 수 있다. 선 cd는 **압력선**(*pressure line*) 또는 **작용선**으로 불리며 기어 사이의 힘이 작용하는 방향을 표시한다. 각 ϕ는 **압력각**(*pressure angle*)이라 하며 보통 20° 또는 25°의 값을 갖는다.

이제 압력선에 접하는 기초원을 그린다. 그림 11-10과 같이 **기초원**은 압력선과 접하기 때문에 기초원의 반지름은 다음 식으로 표시된다.

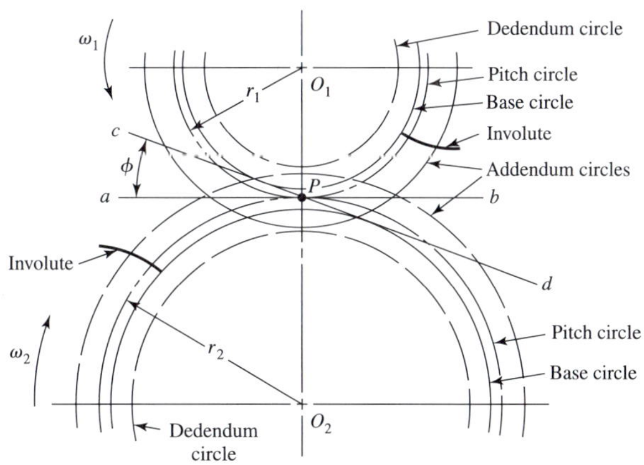

그림 11-9
기어와 관련된 원

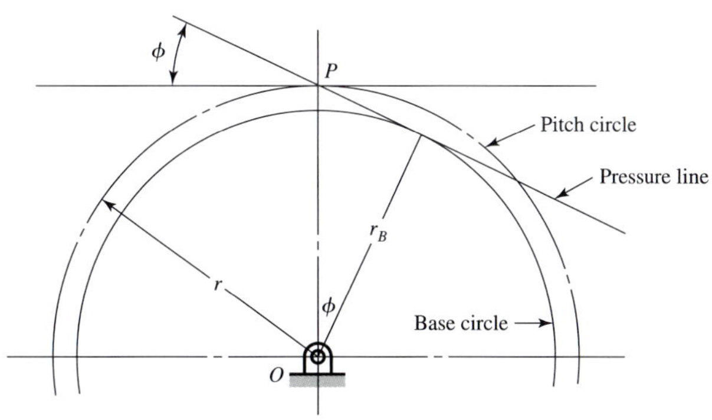

그림 11-10
피치원의 반지름(r)과 압력각(ϕ)으로 표현되는 기초원의 반지름: $r_b = r\cos\phi$

$$r_b = r\cos\phi \tag{11-6}$$

다음 그림 11-9와 같이 기초원에서 인벌류트 치형 곡선을 작도한다. 이 인벌류트 치형은 기어 이의 한쪽 면으로 사용되며 템플레이트(template)를 사용하여 뒤집어 그리면 기어 이의 다른 쪽 면을 작도할 수 있다. 어덴덤과 디덴덤은 표준 기어에서 $1/P$와 $1.25/P$가 되며, 따라서 맞물린 기어에서는

$$a = \frac{1}{P} = \frac{1}{2} = 0.500 \text{ in} \qquad b = \frac{1.25}{P} = \frac{1.25}{2} = 0.625 \text{ in}$$

이 a와 b를 사용하여 어덴덤과 디덴덤 원을 피니언과 기어에 대해서 그림 11-9와 같이 그릴 수 있다.

템플레이트는 그림 11-11과 같이 두꺼운 종이나 투명 플라스틱판에 기어 중심 위치를 정하고 각 인벌류트를 잘라내어 만든다. 반대편 인벌류트 치형을 그리기 위해서는 템플레이트를 뒤집어 사용하면 된다.

이를 그리기 위해서는 이 두께를 알아야 한다. 식 (11-4)에서 원주피치는

$$p = \frac{\pi}{P} = \frac{\pi}{2} = 1.57 \text{ in}$$

이 두께는

$$t = \frac{p}{2} = \frac{1.57}{2} = 0.785 \text{ in}$$

이제 이 두께와 템플레이트를 사용하여 피치원에서 기어 이를 원하는 만큼 그릴 수 있다. 그림 11-12에는 각각의 기어에서 한 개의 이만 그려져 있다. 기어 치형을 작도하는 과정에서 기초원이 디덴덤원보다 더 커지는 경우가 발생할 수 있다. 이것은 인벌류트 치형 곡선이 기초원에서 시작하고 기초원 밑으로는 치형이 없기 때문이다. 이 부분에서 실제 기어 이의 형상은 기어 이를 형성하는 제작 방법에 달려있다.

틈새원과 디덴덤원 사이는 필렛을 주고, 틈새 c는 다음과 같이 구해진다.

$$c = b - a = 0.625 - 0.500 = 0.125 \text{ in}$$

기어의 기초원 지름이 무한대가 된다면 기초원은 직선이 되며 이와 같은 스퍼기어를 랙(rack)이라 한다. 랙의 인벌류트 치형은 사다리꼴 직선이 된다.

그림 11-12에서 중심이 O_1인 피니언이 구동기어로 반시계 방향으로 회전한다. 압력선은 그림 11-7(a)의 줄과 같이 접촉은 이 선을 따라 발생한다. 첫 접촉은 그림 11-12의 a점과 같이 구동기어의 하단(flank)이 종동기어의 상단과 만날 때 발생하고, 여기서 종동기어의 어

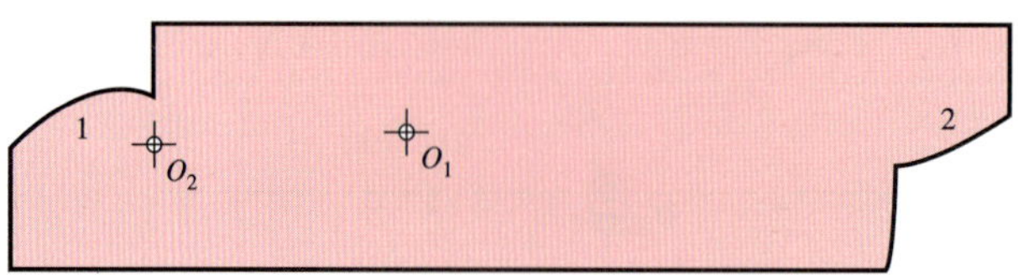

그림 11-11
기어 이를 그리기 위한 템플레이트

그림 11-12
기어 이의 작용

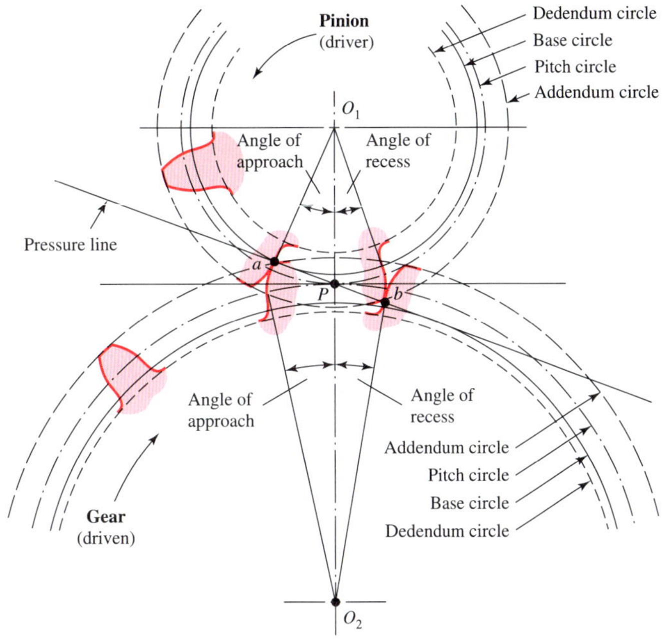

덴덤이 압력선과 교차한다. *a*점을 지나는 치형 곡선을 그리고 양 피치원들과 치형곡선이 만나는 점과 기어 중심을 연결하면 각 기어의 **접근각**(*angle of approach*)을 구할 수 있다.

기어 이가 맞물리면서 접촉점은 구동기어 상단으로 움직이게 되어 최종적으로 그림 11-12의 *b*점인 구동기어의 어덴덤원과 압력선의 교차점이 된다. *b*점을 지나는 또다른 치형곡선을 그림으로써 접근각과 같은 방식으로 **후퇴각**(*angle of recess*)을 구할 수 있다. 접근각과 후퇴각의 합을 **작용각**(*angle of action*), 직선 *ab*를 **작용선**이라고 한다.

랙은 무한대의 피치지름을 갖는 스퍼기어로 볼 수 있고 무한개의 이와 피치점에서 무한한 기초원을 갖는다. 랙의 인벌류트 이 측면은 중심선과 압력각에 해당하는 각도를 이루는 직선이다. 그림 11-13은 피니언과 맞물리는 인벌류트 랙을 나타낸다. 인벌류트 이 측면은 평행한 직선으로 기초피치는 공통법선을 따라서 일정하다. 기초피치와 원주피치의 관계는 다음과 같다.

$$p_b = p_c \cos\phi \tag{11-7}$$

그림 11-13
피니언과 랙

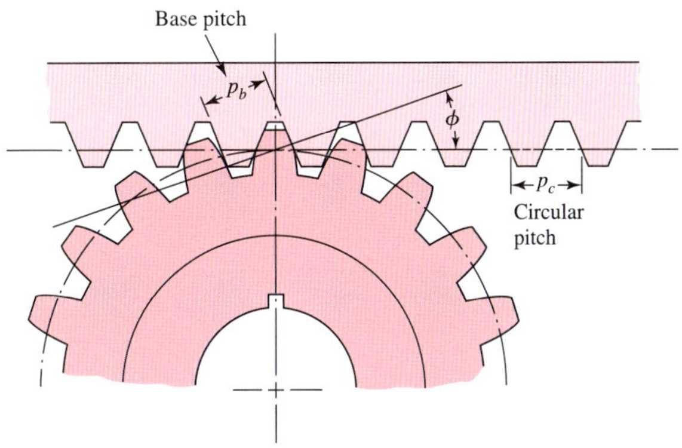

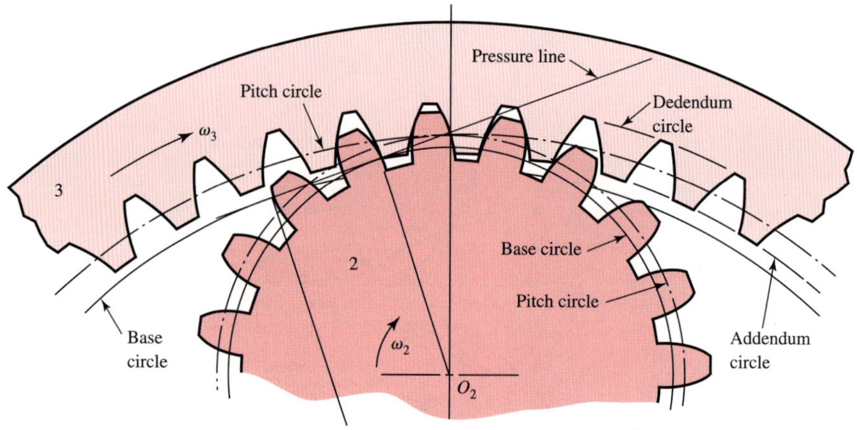

그림 11–14
내접 기어와 피니언

그림 11-14는 내접 기어 또는 링 기어와 피니언이 맞물리는 상태를 도시한 것이다. 두 개의 기어는 회전 중심이 서로 같고 피치원에 대한 어덴덤과 디덴덤 원의 위치가 반대로 되어 있어 내접 기어의 어덴덤원은 피치원의 **안쪽**에 존재하며 내접 기어의 기초원은 피치원의 안쪽에 위치한다.

주목할 점은 실제로 맞물리는 한 쌍의 기어의 피치원 지름이 설계한 피치원 지름과 같지 않아도 된다는 사실이다. 기어 간 중심거리가 증가하는 경우 피치점에서 서로 접해야 하기 때문에 새로운 더 큰 지름의 피치원 두 개를 생성할 수 있다. 따라서 피치원은 기어쌍이 맞물리고서야 생성됨을 알 수 있다.

기초원은 치형 생성에 관련되므로 중심거리의 변화는 기초원에는 아무런 영향이 없다. 중심거리의 증가로 압력각이 증가하고 작용선이 줄어들지만 기어 이는 여전히 컨주게이트 운동을 하므로 일정한 운동 전달에 필요한 요구사항은 만족하고 각속도비도 변하지 않는다.

예제 11–1

구동기어의 잇수 16개, 피동기어의 잇수 40개, 지름피치 2, 어덴덤과 디덴덤은 $1/P$, $1.25/P$, 압력각 20°일 때

(a) 원주피치, 축 간 중심거리, 기초원의 반지름을 계산하라.

(b) 기어를 제작할 때 축 간 중심거리가 $\frac{1}{4}$in 더 크게 제작되었다. 새로운 압력각과 피치원의 지름을 계산하라.

풀이

답 (a)

$$p = \frac{\pi}{P} = \frac{\pi}{2} = 1.57 \text{ in}$$

구동기어와 피동기어의 피치 직경은 각각

$$d_P = \frac{16}{2} = 8 \text{ in} \qquad d_G = \frac{40}{2} = 20 \text{ in}$$

축간 중심거리는

$$\frac{d_P + d_G}{2} = \frac{8 + 20}{2} = 14 \text{ in}$$

압력각이 20°이므로 기초원의 반경은 $r_b = r\cos\phi$에서 다음과 같이 계산된다.

답
$$r_b\ (\text{pinion}) = \frac{8}{2}\cos 20^\circ = 3.76\ \text{in}$$

답
$$r_b\ (\text{gear}) = \frac{20}{2}\cos 20^\circ = 9.40\ \text{in}$$

(b) 중심거리가 $\frac{1}{4}$in 만큼 증가되었을 때 d'_p, d'_G를 각각 새로운 피치원의 직경이라고 하면 중심거리는 다음과 같이 표시된다.

$$\frac{d'_P + d'_G}{2} = 14.250 \tag{1}$$

각속도 비는 변하지 않으므로

$$\frac{d'_P}{d'_G} = \frac{16}{40} \tag{2}$$

식(1)과 식(2)에서

답
$$d'_P = 8.143\ \text{in} \qquad d'_G = 20.357\ \text{in}$$

$r_b = r\cos\phi$이므로 새로운 압력각은 아래와 같이 구할 수 있다.

답
$$\phi' = \cos^{-1}\frac{r_b\ (\text{pinion})}{d'_P/2} = \cos^{-1}\frac{3.76}{8.143/2} = 22.56^\circ$$

11-6 물림률

기어의 맞물림이 그림 11-15에 도시되어 있다. 기어 두 이의 접촉은 두 개의 어덴덤원이 압력선을 따라 시작되어 종료된다. 그림 11-15에서 두 이의 접촉은 a에서 시작되어 b에서 끝난다. 그림에서 AP를 **접근호**(*arc of approach*) q_a, BP를 **후퇴호**(*arc of recess*)라 하고 두 호의 합을 **작용호**(*arc of action*) q_t라고 한다.

이에 맞물림에서 작용호의 길이가 원주피치와 정확히 같으면, 즉 $q_t = p$이면 이 한 개가 호 AB 전체를 차지하게 된다. 즉, 이가 접촉점 a에 들어올 때 먼저 이의 접촉은 접촉점 b를 떠나게 된다.

이제 작용호의 길이가 피치보다 더 큰 경우를 생각해 보자. $q_t = 1.2p$라 하면 이것은 한 쌍의 이가 접촉점 a를 들어올 때 이미 맞물리고 있던 이는 아직 접촉점 b를 떠나지 못한 상태를 의미한다. 따라서 짧은 기간 동안 두 개의 이가 서로 접촉을 유지하고 있게 된다.

이와 같이 어느 한 순간에 접촉해 있는 평균 잇수를 물림률이라 한다. **물림률**(*contact ratio*)은 다음과 같이 정의된다.

$$m_c = \frac{q_t}{p} \tag{11-8}$$

이 비율은 접촉이 발생하는 길이를 기초피치로 나눈 값에 해당한다. 물림률은 일반적으로 1.2보다 작지 않게 설계된다. 물림률이 이보다 작으면 진동과 소음을 일으키기 때문이다.

그림 11-15
물림률의 정의

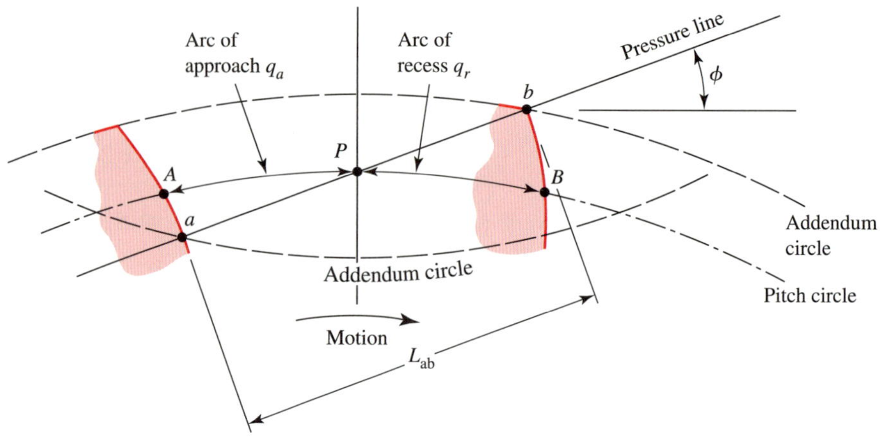

물림률을 구하는 보다 쉬운 방법은 원호 AB 대신 작용선 ab를 사용하는 것이다. 그림 11-15에서 ab는 기초원의 접선이므로 원주피치 대신에 기초원의 피치 p_b를 물림률 m_c를 계산하는 데 사용할 수 있다. 작용선의 길이를 L_{ab}라 하면 물림률은

$$m_c = \frac{L_{ab}}{p \cos \phi} \tag{11-9}$$

11-7 이의 간섭

컨주게이트(conjugate)운동을 하지 않는 치형 곡선 부분들간의 접촉을 **간섭**이라고 부른다. 그림 11-16에 잇수 16개, 압력각 $14\frac{1}{2}°$를 가지는 두 개의 기어가 도시되어 있다. 구동기어 2는 시계 방향으로 회전하며 접촉점은 압력선 상 A에서 시작하여 B에서 끝난다. 이때 압력선이 기초원에 접하는 점 C와 점 D는 점 A와 점 B 내부에 존재하여 간섭이 발생한다.

이의 간섭은 다음과 같이 설명할 수 있다. 피동기어 이가 구동기어 이의 옆면을 접촉할 때 구동기어의 이는 피동기어의 이와 점 A에서 만난다. 이때 점 A는 인벌류트 치형이 존재하지 않으며 접촉은 기어 2의 기초원 밑에 **인벌류트** 치형이 **없는** 곳에서 이루어진다. 이 결과 피동기어의 이가 구동기어 이의 옆면을 파내게 된다.

이의 접촉이 끝날 때도 같은 현상이 발생하게 된다. 접촉은 D에서 끝나야 하나 실제로 B까지 이어지며 이때 구동기어의 이가 피동기어 이의 옆면을 파내게 된다.

가공커터로 기어 치형을 생성할 경우에는 커터가 기어 밑의 간섭부분을 제거하므로 자동적으로 간섭은 발생하지 않는다. 이와 같이 이의 간섭에 의하여 인벌류트 치형이 존재하지 않는 곳의 기어 이를 파내는 것을 **언더컷**(*undercut*)이라 한다. 언더컷은 이 뿌리에서 재료를 깎아내기 때문에 이를 약하게 만든다. 따라서 가공커터에 의한 간섭회피 방법은 근본적인 해결책이 될 수 없다.

언더컷이 발생하지 않는 피니언의 최소 잇수 N_p는 스퍼기어에서 다음과 같이 나타낼 수 있다.[1]

[1] Robert Lipp, "Avoiding Tooth Interference in Gears," Machine Design, Vol. 54, No. 1, 1982, pp. 122 - 124.

그림 11-16
기어 이의 간섭

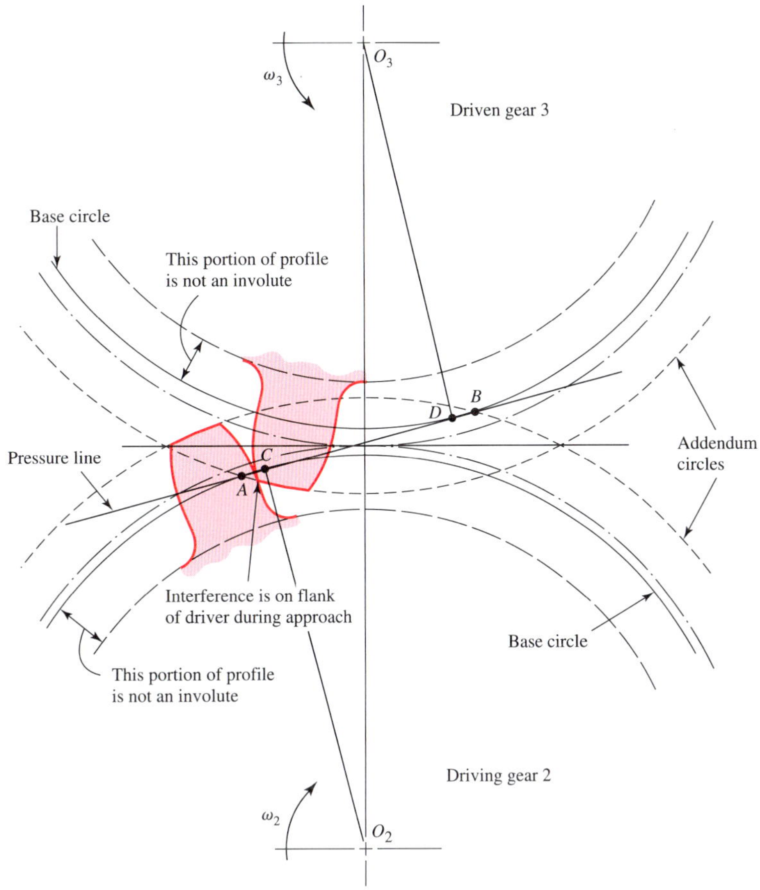

$$N_P = \frac{2k}{3\sin^2\phi}\left(1+\sqrt{1+3\sin^2\phi}\right) \tag{11-10}$$

여기서 기본치형인 경우 $k = 1$이고 ϕ는 압력각이다.

예를 들어, 압력각이 20°이고 $k = 1$인 경우

$$N_P = \frac{2(1)}{3\sin^2 20^\circ}\left(1+\sqrt{1+3\sin^2 20^\circ}\right) = 12.3 = 13\text{개}$$

피니언의 잇수 13개는 이의 간섭을 방지한다. 압력각이 $14\frac{1}{2}^\circ$인 경우 $N_p = 23$개가 된다. 따라서 압력각이 클수록 언더컷을 방지하는 피니언의 잇수가 작아지기 때문에 압력각 $14\frac{1}{2}^\circ$는 더 이상 사용되지 않는다.

기어비 ($m_G = N_G/N_P = m$)가 1보다 크면, 간섭이 발생하지 않는 피니언의 최소 잇수는

$$N_P = \frac{2k}{(1+2m)\sin^2\phi}\left(m+\sqrt{m^2+(1+2m)\sin^2\phi}\right) \tag{11-11}$$

$m = 4$, $\phi = 20^\circ$라면

$$N_P = \frac{2(1)}{[1+2(4)]\sin^2 20^\circ}\left[4+\sqrt{4^2+[1+2(4)]\sin^2 20^\circ}\right] = 15.4 = 16\text{개}$$

따라서 잇수 16개의 피니언과 64개의 기어는 이의 간섭 없이 물림을 가질 수 있다.

랙과 함께 사용되는 스퍼기어 피니언에 간섭이 일어나지 않는 최소 잇수는

$$N_P = \frac{2(k)}{\sin^2 \phi} \tag{11-12}$$

압력각 20°인 경우에 피니언의 최소 잇수는

$$N_P = \frac{2(1)}{\sin^2 20^\circ} = 17.1 = 18\text{개}$$

이의 간섭이 일어나지 않는 기어의 최대 잇수는

$$N_G = \frac{N_P^2 \sin^2 \phi - 4k^2}{4k - 2N_P \sin^2 \phi} \tag{11-13}$$

예를 들어 잇수 13개의 피니언과 압력각이 20°인 경우 기어의 잇수는

$$N_G = \frac{13^2 \sin^2 20^\circ - 4(1)^2}{4(1) - 2(13) \sin^2 20^\circ} = 16.45 = 16\text{개}$$

즉, 잇수 13개의 피니언은 기어의 최대 잇수 16개까지만 간섭 없이 물림을 가질 수 있다.

이의 간섭은 큰 압력각을 사용하여 감소시킬 수 있다. 큰 압력각은 기초원을 작게 하여 이 치형의 많은 부분이 인벌류트 곡선이 되게 한다. 따라서 작은 수의 이를 갖는 작은 피니언들은 마찰력과 베어링 하중이 증가하고 물림률이 감소함에도 불구하고 25°의 큰 압력각을 선호한다.

11-8 기어 이의 성형

기어 이의 제작 방법은 성형과 기계가공으로 크게 나눌 수 있다. 성형은 **사형 주조**(*sand casting*), **몰딩**, **인베스트먼트 주조**(*investment casting*), **다이 주조**(*die casting*), 소결(sintering) 또는 압출(extrusion)하여 만드는 것을 말한다. 모든 기어 이의 성형은 치형의 형태가 이미 기계 가공된 몰드나 다이로부터 한번에 성형된다.

가장 최근의 성형 방법은 냉간 성형 또는 냉간 롤링이며 여기서는 다이가 강 블랭크에 대해 롤링하며 만들어진다. 롤링 과정에 의하여 만들어진 기어의 기계적 성질은 크게 개선된다.

기어 이를 제작하는 또 다른 방법은 기계 밀링(milling), 셰이핑(shaping), 호빙(hobbing)과 같은 기계가공이다. 고정밀도가 필요할 때에는 기계가공으로 만들어진 기어에 셰이빙(shaving), 버니싱(burnishing), 연삭(grinding) 또는 래핑(lapping)과 같은 다듬질 가공을 수행한다.

나일론이나 폴리카본과 같은 열경화성 수지로 만들어진 기어도 널리 사용되며 **사출 몰딩**(*injection molding*) 성형에 의하여 쉽게 가공된다. 이와 같은 기어들은 정밀도가 떨어지지만 대량생산이 가능하여 가격이 낮고 낮은 하중에서 윤활 없이 사용할 수 있다는 장점이 있다.

밀링

기어 이는 밀링 커터(milling cutter)에 의해서 제작된다. 이와 같은 방법을 사용하는 경우는 이론적으로 각 한 개의 기어에 대하여 한 개의 커터가 필요하다. 실제로는 이의 간극의 차이가 크지 않기 때문에 8개의 커터를 사용하여 잇수 12개의 기어로부터 랙까지 모든 기어를 적절한 정밀도로 가공이 이루어진다. 그러나 이러한 방법은 커터에 맞는 치형을 가지는 기어를 제외하고 나머지 모두에서 치형 오차의 원인이 된다.

셰이핑

기어 이는 피니언 커터(pinion cutter)나 랙 커터(rack cutter)로 창성된다. 그림 11-17의 피니언 커터는 축방향을 따라서 왕복 운동하며 필요한 깊이만큼 기어 블랭크가 천천히 회전하는 동안 가공이 이루어진다. 그림 11-18에 도시된 바와 같이 커터는 왕복 운동하며 기어 블랭크에 피치원이 접선(tangent)이 될 때까지 기어 블랭크에 이송된다. 따라서 매 커팅 절삭 동작 후에 기어 블랭크와 커터는 피치원에서 약간 회전한다.

호빙

그림 11-19와 같이 웜과 같은 모양의 커터를 호브라고 한다. 랙처럼 이는 직선이지만 호브 축이 리드각만큼 회전하여 스퍼기어 치형을 가공하므로 호브로 가공한 치형은 랙커터로 가공한 것과는 약간 다르다. 호브와 블랭크는 적절한 각속도비로 회전해야 하며 치형이 완성될 때까지 호브가 블랭크면을 가로질러 천천히 물려들어간다.

그림 11-17
피니언 커터를 사용한 스퍼 기어 창성 (*Boston Gear Works, Inc.*의 허락 하에 인용)

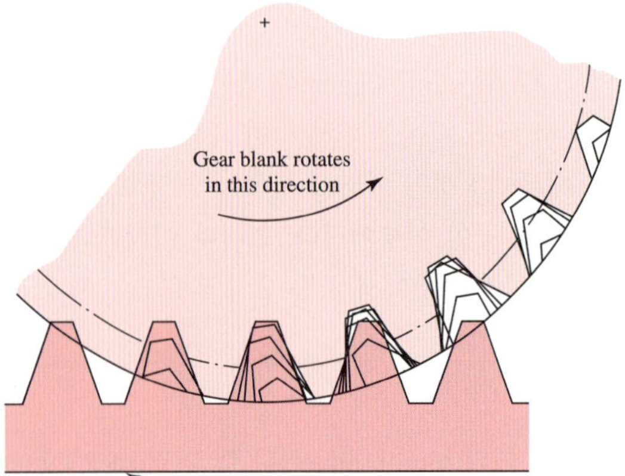

그림 11-18
랙을 이용한 셰이핑
(Shigley 교수가 학생 질문에 대답하기 위해 작도한 그림)

그림 11-19
웜 기어 호빙 (*Boston Gear Works, Inc.*의 허락 하에 인용)

다듬질 가공

치형 오차가 존재하면 고속에서 큰 힘을 전달하는 기어는 추가적인 동력학적 힘을 받게 된다. 치형 오차는 다듬질에 의해서 상당량 감소시킬 수 있다. 기어의 이는 가공 후에 셰이빙(shaving)이나 버니싱(burnishing)에 의해서 다듬질 된다. 여러 가지 셰이빙 기계들이 있고 250 μin 이내의 정밀도로 다듬질할 수 있다. 버니싱은 셰이빙과 마찬가지로 열처리되지 않은 기어의 표면에 사용된다. 연삭과 래핑은 열처리되어 표면 경화가 이루어진 기어의 이에 사용된다.

11-9 베벨 기어

서로 교차하는 축에서 동력을 전달할 때 그림 11-20과 같은 베벨 기어가 사용된다. 베벨 기어는 보통 90°의 교차축에 사용되지만 임의의 각도에도 사용할 수 있다. 베벨 기어의 피치는 이의 큰 쪽에서 측정하며 원주피치와 지름피치는 모두 스퍼기어와 같은 방법으로 계산할 수 있다. 피치 각은 꼭지점에서 만나는 원추에 의해서 다음과 같이 정의된다.

$$\tan\gamma = \frac{N_P}{N_G} \qquad \tan\Gamma = \frac{N_G}{N_P} \tag{11-14}$$

여기서 P와 G는 각각 피니언과 기어를 나타내며 γ와 Γ는 각각 피니언과 기어의 피치 각이다.

그림 11-20의 배 원추(back-cone)에 투사된 스퍼기어가 나와 있다. 이 스퍼기어의 배 원추 반지름은 r_b이다. 이 같은 가상적인 기어의 잇수는

$$N' = \frac{2\pi r_b}{p} \tag{11-15}$$

여기서 N'은 상당 잇수(*virtual number of teeth*)이며 p는 원주피치이다. p는 외단부원주피치이다. 표준 직선 베벨 기어는 압력각 20°, 전위기어(어덴덤과 디덴덤 크기가 다름)로 가공하여 접촉률을 증가시키고 언더컷을 회피하며 피니언의 강성을 증가시킨다.

11-10 헬리컬기어

헬리컬기어의 비틀림각은 각 기어에서 같지만 한 개의 기어가 오른 방향 나선(helix)을 가지면 물리는 다른 기어는 왼 방향 나선을 갖는다. 헬리컬기어의 치형인의 인벌류트 헬리코

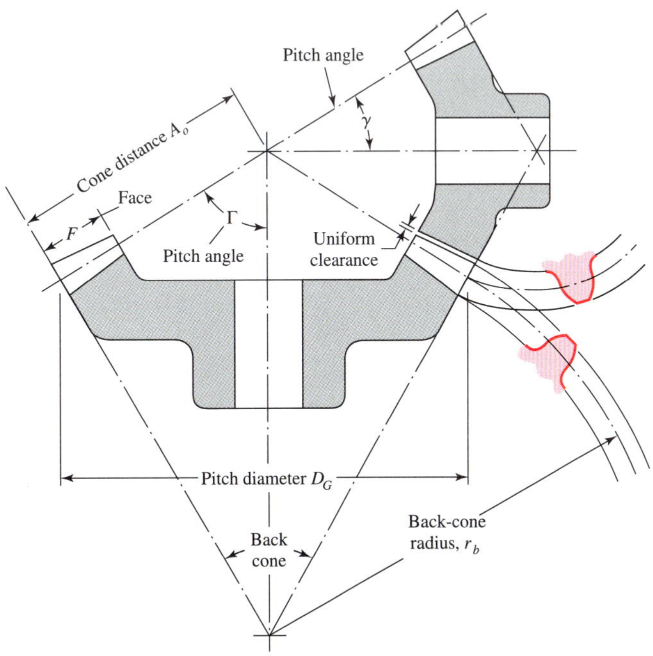

그림 11-20
베벨 기어의 용어정의

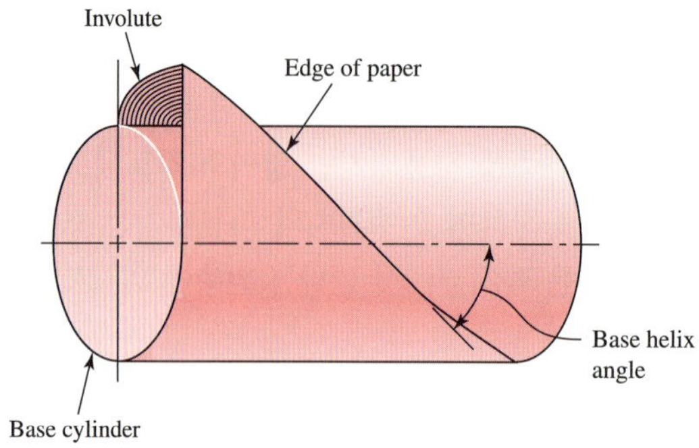

그림 11–21
인벌류트 나선형

이드는 그림 11-21에 나와 있다. 평행사변형모양으로 자른 종이를 원기둥에 감으면 종이의 모서리가 나선이 된다. 이 종이를 풀면 모서리의 각 점이 인벌류트 곡선을 생성한다. 모서리의 모든 점들이 인벌류트를 생성할 때 얻은 면을 인벌류트 헬리코이드라고 한다.

스퍼기어의 이에서 초기 접촉은 이 면을 따라 가로지르는 하나의 선 전체에 걸쳐 이루어진다. 그러나 헬리컬기어에서 초기 접촉은 점으로 시작되어 이의 물림이 진행됨에 따라 선으로 증가한다. 스퍼기어에서는 접촉선이 회전축과 평행하지만 헬리컬기어에서는 이의 접촉면에 따라 대각선을 이룬다. 따라서 이와 같은 점진적인 이 물림은 헬리컬기어가 큰 하중을 고속에서 전달하게 하는 것을 가능케 한다. 이와 같은 헬리컬기어의 접촉 특성 때문에 물림률은 중요하지 않고 접촉 면적 즉, 기어의 이 두께에 비례하는 접촉 면적이 보다 더 중요하게 된다. 헬리컬기어는 반지름방향과 축방향의 베어링 하중이 작용한다. 축방향 하중이 너무 크거나 바람직하지 않은 경우에 더블 헬리컬기어를 사용하는 것이 좋다. 더블 헬리컬기어는 두 개의 헬리컬기어가 반대 방향의 나선을 가지고 장착되어 축방향 하중을 서로 상쇄한다. 두 개 이상의 헬리컬기어가 동일 축에 장착되는 경우 축방향 하중이 최소로 발생하도록 기어의 회전방향을 결정한다.

그림 11-22에서 선 *ab*와 선 *cd*는 피치 평면에서 서로 이웃한 두 개의 이의 중심선이다. 각 ψ는 **비틀림각**이다. 선 *ac*는 **축직각 피치**(*transverse circular pitch*) p_t이며, 선분 *ae*는 **치직각 피치**(*normal circular pitch*) p_n으로 다음의 관계식을 갖는다.

$$p_n = p_t \cos \psi \tag{11-16}$$

거리 *ad*는 **축피치**(*axial pitch*) p_x라 하며 다음의 관계식을 갖는다.

$$p_x = \frac{p_t}{\tan \psi} \tag{11-17}$$

$p_n P_n = \pi$이므로, 치직각 피치는

$$P_n = \frac{P_t}{\cos \psi} \tag{11-18}$$

치직각 방향의 압력각 ϕ_n은 축직각 방향의 압력각 ϕ_t와 다르며 다음 관계를 갖는다.

$$\cos \psi = \frac{\tan \phi_n}{\tan \phi_t} \tag{11-19}$$

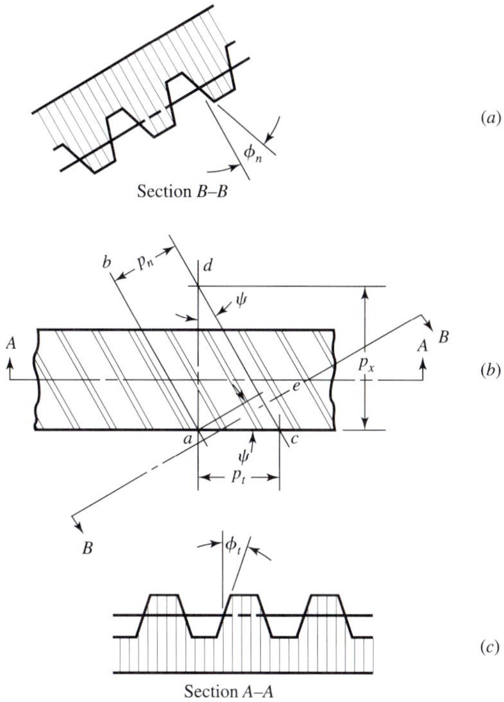

그림 11-22
헬리컬기어의 용어

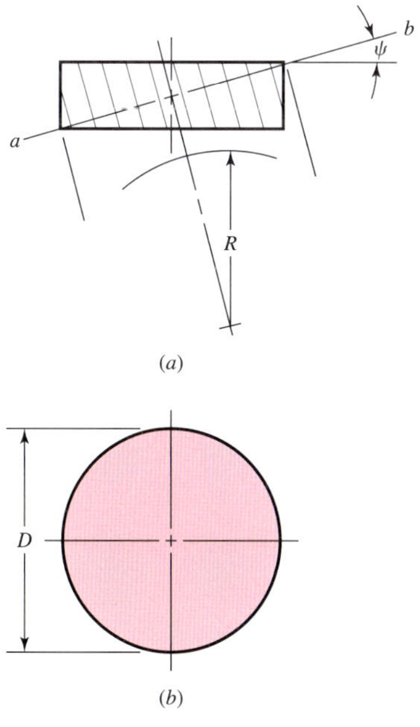

그림 11-23
ab 단면의 상당 실린더 단면

그림 11-23은 비틀림각 ψ을 가지는 경사면 *ab*에 의해서 잘려진 기어를 나타낸다. 경사면은 곡률 반지름 R을 갖게 절단하며 $\psi = 0$일 때, 곡률 반지름 $R = D/2$이다. 비틀림각이 0에서 90°까지 점차 증가한다고 가정하면, 반지름 R은 $D/2$에서 $R = \infty$까지 증가한다. 기

어의 피치는 같지만 반지름이 증가함에 따라 **상당 잇수**(*virtual number of teeth*)는 증가하게 된다. 상당 잇수는 실제 잇수와 다음 식으로 표시된다.

$$N' = \frac{N}{\cos^3 \psi} \tag{11-20}$$

여기서 N'은 상당 잇수이고 N은 실제 잇수이다. 상당 잇수는 헬리컬기어의 강도 설계나 가공에 사용된다. 이렇게 상당곡률반지름이 큰 것은 헬리컬기어가 적은 언더컷으로 더 적은 이 갯수가 가능함을 의미한다.

예제 11-2

헬리컬기어에서 압력각 20°, 비틀림각 25°이며 축직각모듈 5.0 mm, 잇수 18개이다. 다음을 구하라.

(a) 피치지름
(b) 축직각, 치직각, 축피치
(c) 치직각 지름피치
(d) 축직각 압력각

풀이

답 (a) $d = Nm_t = 18(5) = 90$ mm

답 (b) $p_t = \pi m_t = \pi(5) = 15.71$ mm

$$p_n = p_t \cos\psi = 15.71 \cos 25° = 14.24 \text{ mm}$$

$$p_x = \frac{p_t}{\tan\psi} = \frac{15.71}{\tan 45°} = 15.71 \text{ mm}$$

답 (c) $m_n = m_t \cos\psi = 5 \cos 45° = 3.54$ mm

답 (d) $\phi_t = \tan^{-1}\left(\frac{\tan\phi_n}{\cos\psi}\right) = \tan^{-1}\left(\frac{\tan 20°}{\cos 25°}\right) = 21.88°$

스퍼기어와 마찬가지로 헬리컬기어도 간섭이 일어날 수 있다. 식 (11-19)를 이용하여 접선방향(회전방향) 압력각 ϕ_t는 다음과 같다.

$$\phi_t = \tan^{-1}\left(\frac{\tan\phi_n}{\cos\psi}\right)$$

동일한 잇수의 기어와 언더컷이 발생하지 않는 헬리컬피니언의 최소 잇수 N_p는 다음과 같다.[2]

[2] Op. cit., Robert Lipp, *Machine Design*, pp. 122 – 124.

$$N_P = \frac{2k\cos\psi}{3\sin^2\phi_t}\left(1+\sqrt{1+3\sin^2\phi_t}\right) \tag{11-21}$$

예를 들어 치직각압력각 ϕ_n 20°, 비틀림각 30°인 경우,

$$\phi_t = \tan^{-1}\left(\frac{\tan 20^\circ}{\cos 30^\circ}\right) = 22.80^\circ$$

$$N_P = \frac{2(1)\cos 30^\circ}{3\sin^2 22.80^\circ}\left(1+\sqrt{1+3\sin^2 22.80^\circ}\right) = 8.48 = 9\text{개}$$

주어진 기어비 $m_G = N_G/N_P = m$에서 최소 피니언잇수는 다음과 같다.

$$N_P = \frac{2k\cos\psi}{(1+2m)\sin^2\phi_t}\left[m+\sqrt{m^2+(1+2m)\sin^2\phi_t}\right] \tag{13-22}$$

한편 주어진 피니언잇수에 대한 최대 기어 잇수는 다음과 같다.

$$N_G = \frac{N_P^2\sin^2\phi_t - 4k^2\cos^2\psi}{4k\cos\psi - 2N_P\sin^2\phi_t} \tag{13-23}$$

예를 들어 치직각압력각 ϕ_n 20°, 비틀림각 30°인 경우, ϕ_t가 22.80°이므로

$$N_G = \frac{9^2\sin^2 22.80^\circ - 4(1)^2\cos^2 30^\circ}{4(1)\cos 30^\circ - 2(9)\sin^2 22.80^\circ} = 12.02 = 12$$

랙에서 최소 피니언잇수는 다음과 같다.

$$N_P = \frac{2k\cos\psi}{\sin^2\phi_t} \tag{13-24}$$

치직각압력각 ϕ_n 20°, 비틀림각 30°인 경우, ϕ_t가 22.80°이므로

$$N_P = \frac{2(1)\cos 30^\circ}{\sin^2 22.80^\circ} = 11.5 = 12\text{개}$$

헬리컬기어의 경우 기어 폭으로 물리는 기어 잇수는 1보다 크고 이를 **면물림율**(*face-contact ratio*)이라고 한다. 따라서 물림율을 증가시키고 점진적으로 미끄러짐 물림으로 인하여 정숙한 기어가 가능하다.

11-11 웜 기어

웜 기어의 각 명칭이 그림 11-24에 나와 있다. 웜과 웜 기어는 같은 나선(helix)을 가지나 비틀림각은 서로 아주 다르다. 웜의 비틀림각은 일반적으로 아주 크고 기어의 비틀림각은 아주 작다. 이 때문에 웜에서는 리드각(lead angle) λ로 정의하고 기어에서는 비틀림각 ψ_G로 표시한다. 웜의 리드각은 기어의 비틀림각과 그림 11-24에 도시된 바와 같이 서로 보각을 이룬다.

웜 기어 세트에 피치를 정의함에 있어 일반적으로 웜의 **축피치**(*axial pitch*) p_x와 기어의 **원주피치**(*transverse circular pitch*) p_t를 사용한다. 두 축의 각이 90°일 때 축피치와 축직각

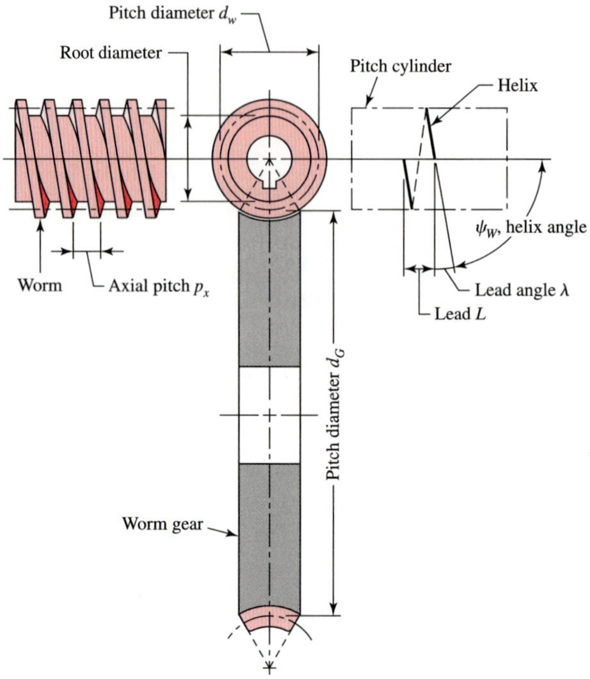

그림 11-24
웜 기어의 명칭

원주피치는 서로 같다. 그림 11-24에 표시된 바와 같이 기어의 피치지름은 웜 축을 포함하는 평면에서 측정된 지름으로 다음과 같이 표시된다.

$$d_G = \frac{N_G p_t}{\pi} \tag{11-25}$$

웜 기어는 잇수와 관계없기 때문에 웜은 임의의 피치지름을 가질 수 있으나 일반적으로 웜의 피치지름은 다음의 범위 내에서 선정된다.

$$\frac{C^{0.875}}{3.0} \le d_W \le \frac{C^{0.875}}{1.7} \tag{11-26}$$

여기서 C는 중심거리이다. 리드 L과 리드각 l는 다음의 관계를 갖는다.

$$L = p_x N_W \tag{11-27}$$

$$\tan\lambda = \frac{L}{\pi d_W} \tag{11-28}$$

11-12 기어 이의 표준[3]

기어 이의 표준은 어덴덤, 디덴덤, 작용깊이, 이두께, 압력각의 관계를 나타낸다. 표준은 동일한 압력각과 피치를 갖는 모든 잇수의 기어의 호환성을 위하여 제안되었다.

표 11-1은 스퍼기어의 표준을 나타낸 것이다. 압력각 $14\frac{1}{2}°$는 과거에는 쓰였으나 간섭회피를 위해서는 상대적으로 크기가 커지므로 현재는 거의 사용되지 않는다.

표 11-2는 기어의 피치와 모듈의 선정에 특별히 유용하다. 일반적으로 표에 있는 크기의 가공커터는 표준으로 구할 수 있다.

표 11-3은 직선 베벨 기어의 이 치수에 대한 공식이다. 이의 모양과 크기는 이의 외단부(large end)에서 정의된다.

표 11-4는 헬리컬기어의 이에 대한 표준이다. 치수들은 치직각압력각을 기준으로 정의하는데, 스퍼기어와 동일한 표준을 사용한다. 일반적으로 헬리컬기어의 면폭은 원활한 물림을 위하여 축피치의 2배 이상으로 정한다.

표 11-1 스퍼기어 표준

Tooth System	Pressure Angle ϕ, deg	Addendum a	Dedendum b
Full depth	20	$1/P_d$ or $1m$	$1.25/P_d$ or $1.25m$
			$1.35/P_d$ or $1.35m$
	$22\frac{1}{2}$	$1/P_d$ or $1m$	$1.25/P_d$ or $1.25m$
			$1.35/P_d$ or $1.35m$
	25	$1/P_d$ or $1m$	$1.25/P_d$ or $1.25m$
			$1.35/P_d$ or $1.35m$
Stub	20	$0.8/P_d$ or $0.8m$	$1/P_d$ or $1m$

표 11-2 일반적인 이의 크기

Diametral Pitch	
Coarse	2, $2\frac{1}{4}$, $2\frac{1}{2}$, 3, 4, 6, 8, 10, 12, 16
Fine	20, 24, 32, 40, 48, 64, 80, 96, 120, 150, 200

Modules	
Preferred	1, 1.25, 1.5, 2, 2.5, 3, 4, 5, 6, 8, 10, 12, 16, 20, 25, 32, 40, 50
Next Choice	1.125, 1.375, 1.75, 2.25, 2.75, 3.5, 4.5, 5.5, 7, 9, 11, 14, 18, 22, 28, 36, 45

[3] 미국기어공업협회(AGMA: American Gear Manufacturers Association) 표준임. 수시로 변경이 가능하니 홈페이지 www.agma.org를 참고하거나 주소 1500 King Street, Suite 201, Alexandria, VA 22314로 우편요청.

표 11-3 압력각 20° 직선 베벨 기어의 제원

Item	Formula
Working depth	$h_k = 2.0/P$ [= 2.0 m]
Clearance	$c = (0.188/P) + 0.002$ in [= 0.188 m + 0.05 mm]
Addendum of gear	$a_G = \dfrac{0.54}{P} + \dfrac{0.460}{P(m_{90})^2}$ $\left[= 0.54\,\text{m} + \dfrac{0.46\,\text{m}}{(m_{90})^2}\right]$
Gear ratio	$m_G = N_G/N_P$
Equivalent 90° ratio	$m_{90} = m_G$ when $\Gamma = 90°$
	$m_{90} = \sqrt{m_G \dfrac{\cos\gamma}{\cos\Gamma}}$ when $\Gamma \neq 90°$
Face width	$F = 0.3A_0$ or $F = \dfrac{10}{P}$, whichever is smaller $\left[F = \dfrac{A_0}{3} \text{ or } F = 10\,\text{m}\right]$
Minimum number of teeth	Pinion: 16, 15, 14, 13 / Gear: 16, 17, 20, 30

Minimum number of teeth:

Pinion	16	15	14	13
Gear	16	17	20	30

Corresponding SI units formula in square brackets.

표 11-4 헬리컬기어 표준

Quantity*	Formula	Quantity*	Formula
Addendum	$\dfrac{1.00}{P_n}$ $[1.0\,m_n]$	*External gears:*	
Dedendum	$\dfrac{1.25}{P_n}$ $[1.25\,m_n]$	*Standard center distance*	$\dfrac{D+d}{2}$
Pinion pitch diameter	$\dfrac{N_P}{P_n \cos\psi}$ $\left[\dfrac{N_P m_n}{\cos\psi}\right]$	*Gear outside diameter*	$D + 2a$
Gear pitch diameter	$\dfrac{N_G}{P_n \cos\psi}$ $\left[\dfrac{N_P m_n}{\cos\psi}\right]$	*Pinion outside diameter*	$d + 2a$
Normal arc tooth thickness†	$\dfrac{\pi}{P_n} - \dfrac{B_n}{2}$ $\left[\pi m_n - \dfrac{B_n}{2}\right]$	*Gear root diameter*	$D - 2b$
Pinion base diameter	$d\cos\phi_t$	*Pinion root diameter*	$d - 2b$
		Internal gears:	
Gear base diameter	$D\cos\phi_t$	*Center distance*	$\dfrac{D-d}{2}$
Base helix angle	$\tan^{-1}(\tan\psi\cos\phi_t)$	*Inside diameter*	$D - 2a$
		Root diameter	$D + 2b$

*All dimensions are in inches, and angles are in degrees.

†B_n is the normal backlash.

Corresponding SI units formula in square brackets.

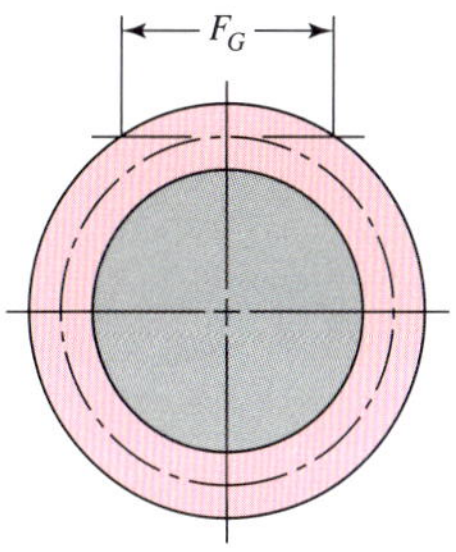

그림 11-25
웜의 면폭

표 11-5 웜 기어의 추천 압력각과 이 크기

Lead Angle λ, deg	Pressure Angle ϕ_n, deg	Addendum a	Dedendum b_G
0–15	$14\frac{1}{2}$	$0.3683p_x$	$0.3683p_x$
15–30	20	$0.3683p_x$	$0.3683p_x$
30–35	25	$0.2865p_x$	$0.3314p_x$
35–40	25	$0.2546p_x$	$0.2947p_x$
40–45	30	$0.2228p_x$	$0.2578p_x$

웜 기어의 이는 필요성이 적어서 아직 표준화가 미비하다. 압력각은 리드각에 의존하고 웜 기어 이의 언더컷을 방지하기에 충분히 커야 한다. 이 깊이는 축방향 원주피치에 비례하여 정할 수 있다. 표 11-5는 웜 기어의 압력각과 이 깊이에 대한 기준이다.

웜 기어의 **면 폭** F_G는 그림 11-25와 같이 피치원에서의 접선이 어덴덤원과 교차하는 길이와 같아야 한다.

11-13 기어 트레인

피니언 2가 기어 3을 구동한다고 가정하면 종동기어의 속도는

$$n_3 = \left|\frac{N_2}{N_3}n_2\right| = \left|\frac{d_2}{d_3}n_2\right| \tag{11-29}$$

여기서 n = 회전수(rev/min)
N = 기어의 잇수
d = 피치지름

식 (11-29)는 스퍼, 헬리컬, 베벨 또는 웜 기어 등 종류에 상관없이 적용된다. 절대값의 부호는 일반적으로 반시계 방향을 양(+)으로 사용한다.

회전 방향의 결정은 웜 기어나 크로스 헬리컬기어에서 어려울 때가 있다. 그림 11-26은 이와 같은 여러 경우에 대한 회전 방향을 나타낸 것이다.

그림 11-27의 기어 트레인은 다섯 개의 기어로 구성되어 있다. 기어 6의 속도는

$$n_6 = -\frac{N_2}{N_3}\frac{N_3}{N_4}\frac{N_5}{N_6}n_2 \tag{a}$$

여기서 기어 3은 아이들(idle) 기어이고, 식 (a)에서 잇수가 서로 상쇄되며 따라서 기어 6의 회전 방향에만 영향을 미친다. 또한 기어 2, 3, 5는 구동기어이고, 기어 3, 4, 6은 종동기어임을 볼 수 있다. 여기서 **트레인 값**(*train value*) e를 아래와 같이 정의한다.

$$e = \frac{\text{구동기어 잇수의 곱}}{\text{종동기어 잇수의 곱}} \tag{11-30}$$

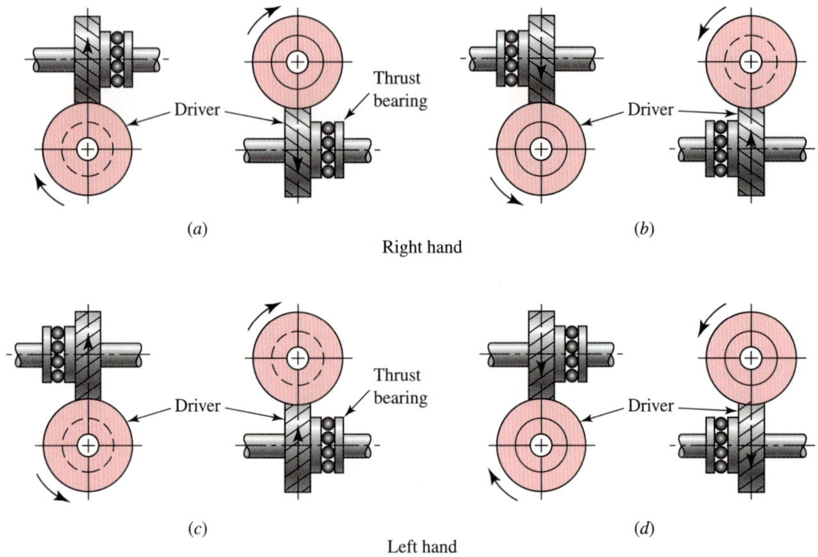

그림 11–26
크로스 헬리컬기어의 회전방향 (*Boston Gear Division, Golfax Corp.*의 허락하에 인용)

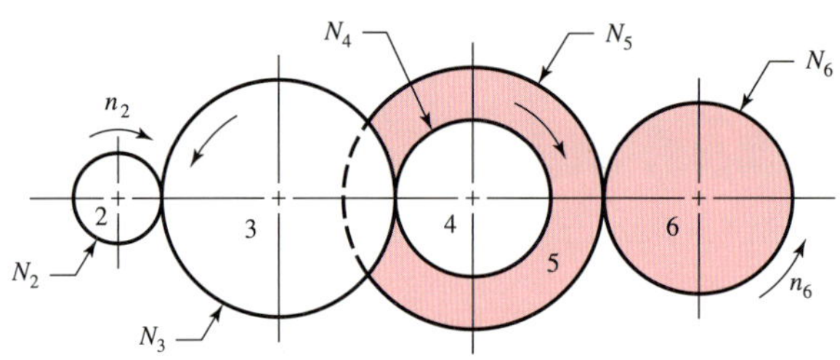

그림 11–27
기어 트레인

식 (11-26)에서 잇수 대신에 피치지름이 사용될 수 있다. 스퍼기어의 경우 식 (11-26) 마지막 기어가 첫 번째 기어와 같은 방향으로 회전하면 e는 양의 값을 갖고 반대이면 음의 값을 갖는다. 이 관계는 다음과 같이 표시할 수 있다.

$$n_L = en_F \tag{11-31}$$

여기서 n_L은 마지막 기어의 속도, n_F는 첫 번째 기어의 속도이다.

대략적인 설계지침으로 한 쌍의 기어에서 얻을 수 있는 트레인값은 10:1 정도이다. 그 이상의 비율은 기어쌍을 추가하여 가능한데, 그림 11-28과 같은 2단 복합 기어트레인의 경우 100:1까지 얻을 수 있다.

특정 트레인값을 구하기 위한 기어설계는 간단하다. 기어 잇수는 정수여야 하므로 잇수를 먼저 결정하고 다음에 피치지름을 구하는 것이 바람직하다. 전체 트레인값을 얻기 위해 필요한 단수를 결정한 후 각 단에 필요한 트레인값을 할당한다. 패키지 크기를 최소화하기 위하여 가능하면 단 사이에 균등하게 배분하는 것이 좋다. 만약 전체 트레인값이 근사값이라도 무관하다면 각 단을 동일하게 설계할 수 있다. 예를 들면 2단 복합 기어트레인에서 전체 트레인값의 제곱근을 취하여 각 단에 배분한다. 만약 정확한 트레인값이 요구되는 경우, 전체 트레인값을 인수분해하여 각 단에 배분한 후 작은 기어쪽에 간섭이 발생하지 않도록

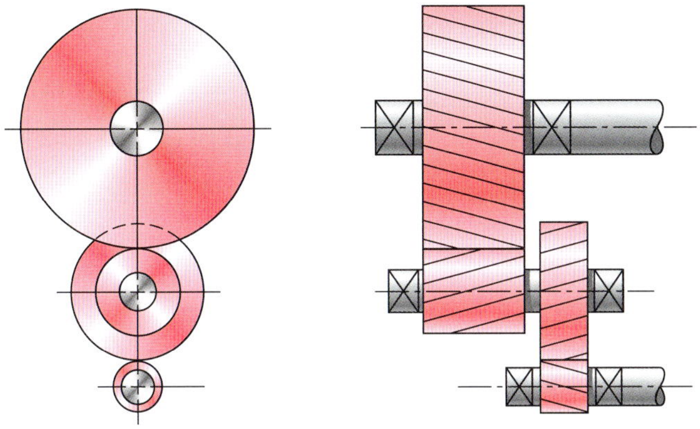

그림 11-28
2단 복합 기어 트레인

최소 잇수를 정한다. 그 다음 배정된 트레인값을 적용하여 맞물리는 기어의 잇수를 결정한다. 근처 정수값으로 반올림하고 최종 트레인값이 허용 공차 내인지 확인한다.

예제 11-3 전체 크기는 최소화하면서 30:1 (±1%)로 가속하는 기어박스를 설계할 때 적절한 기어 잇수를 정하라.

풀이 기어비가 10:1은 넘고 100:1은 안되므로 그림 11-28과 같은 2단 복합 기어 트레인을 고려한다. 각 단에서 담당한 속도비는 $\sqrt{30} = 5.4772$이다. 일반적인 압력각 20°를 가정하면 식 (11-11)에 따른 간섭회피를 위한 최소 잇수는 16개이고 맞물리는 기어의 잇수는 $16\sqrt{30} = 87.64 \doteq 88$이다.

식 (13-30)으로부터 전체 트레인값은

$$e = (88/16)(88/16) = 30.25$$

이 값은 1% 공자 이내이다. 더 적은 공자가 요구된다면 다음 정수값으로 피니언 크기를 증가시키고 다시 계산한다.

예제 11-4 전체 크기는 최소화하면서 정확히 30:1로 가속하는 기어박스를 설계할 때 적절한 기어 잇수를 정하라.

풀이 이전 예제에서 살펴봤듯이 정확한 트레인값을 맞추는 잇수를 찾기는 어렵다. 따라서 전체 트레인값을 인수분해하여 서로 근접한 정수값의 곱으로 표현한다.

$$e = 30 = (6)(5)$$

$$N_2/N_3 = 6 \quad \text{and} \quad N_4/N_5 = 5$$

4개의 미정 잇수로 2개의 식을 표현하였으므로 2개잇수의 자유 선택이 가능하다. N_3와 N_5를 간섭회피하는 가장 작은 잇수로 선정하고 압력각 20°를 가정하면 식 (11-11)

에 따라서 최소 잇수는 16개이다. 따라서

$$N_2 = 6\,N_3 = 6\,(16) = 96$$
$$N_4 = 5\,N_5 = 5\,(16) = 80$$

전체 트레인값은 정확히 30이 된다.

$$e = (96/16)(80/16) = (6)(5) = 30$$

그림 11-29와 같이 2단 복합 기어 트레인에서 입력축과 출력축이 일직선이 되는 것이 바람직한 경우가 종종 있다. 이러한 형태를 복합일렬기어트레인(compound reverted gear train)라고 한다. 이때 2단의 축 간 거리는 동일해야 하고 이는 설계 복잡도를 증가시키는 요인이 된다. 축 간 거리에 대한 제약조건은 다음과 같다.

$$d_2/2 + d_3/2 = d_4/2 + d_5/2$$

지름피치는 지름과 잇수와 관련되므로 ($P = N/d$) 모든 지름을 치환하면 다음과 같다.

$$N_2/(2P) + N_3/(2P) = N_4/(2P) + N_5/(2P)$$

양단에서 동일한 지름피치를 가정하면 기하학적 조건은 잇수 조건으로 표현할 수 있다.

$$N_2 + N_3 = N_4 + N_5$$

입력축과 출력축이 일직선상에 놓이기 위하여 트레인값뿐만 아니라 이 조건을 정확히 만족해야 한다.

예제 11-5 전체 크기는 최소화하면서 정확히 30:1로 가속하는 기어박스를 설계하고자 한다. 입력축과 출력축이 일직선상에 있도록 적절한 기어 잇수를 정하라.

풀이 만족해야 할 식들은 다음과 같다.

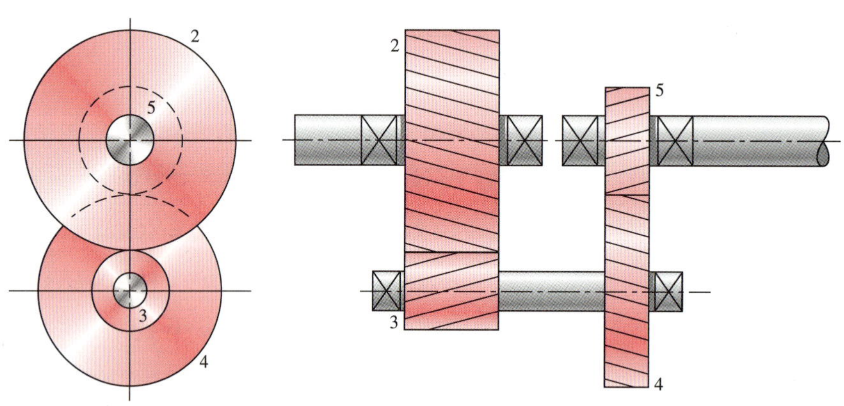

그림 11-29
복합일렬기어트레인

$$N_2/N_3 = 6$$
$$N_4/N_5 = 5$$
$$N_2 + N_3 = N_4 + N_5$$

4개의 미정 잇수로 3개의 식을 표현하였으므로 1개 잇수의 자유 선택이 가능하다. 두 개의 작은 기어(N_3, N_5) 중 더 큰 기어비를 만족해야 하는 N_3를 선택해야 한다. 간섭회피를 위한 최소 잇수는 16개이다. 위의 관계식들을 적용하면

$$N_2 = 6N_3 = 6(16) = 96$$
$$N_2 + N_3 = 96 + 16 = 112 = N_4 + N_5$$

$N_4 = 5N_5$를 대입하면

$$112 = 5N_5 + N_5 = 6N_5$$
$$N_5 = 112/6 = 18.67$$

대략적인 트레인값이 필요한 경우에는 가까운 정수값으로 반올림하면 되지만, 정확한 값이 필요하면 나머지 잇수들이 모두 정수가 되도록 N_3를 선택해야 한다. 이를 위하여 N_3를 17개, 18개 등 변경하면서 시행착오를 하는 방법이 있으나 N_3의 최소값을 찾기 위하여 문제를 정규화하는 편이 좋다. $N_3 = 1$로 설정하고 식들에 적용하면

$$N_2 = 6N_3 = 6(1) = 6$$
$$N_2 + N_3 = 6 + 1 = 7 = N_4 + N_5$$

$N_4 = 5N_5$를 대입하면

$$7 = 5N_5 + N_5 = 6N_5$$
$$N_5 = 7/6$$

이 값은 6을 곱하면 없어지므로 N_3를 6의 배수에서 선정하면 모든 잇수가 정수가 될 수 있음을 알 수 있다. 따라서 최소 잇수 $N_3 = 18$로 다시 계산하면,

$$N_2 = 6N_3 = 6(18) = 108$$
$$N_2 + N_3 = 108 + 18 = 126 = N_4 + N_5$$
$$126 = 5N_5 + N_5 = 6N_5$$
$$N_5 = 126/6 = 21$$
$$N_4 = 5N_5 = 5(21) = 105$$

전체 트레인값을 계산하여 정확히 30인 것을 확인할 수 있다.

답

$$N_2 = 108$$
$$N_3 = 18$$
$$N_4 = 105$$
$$N_5 = 21$$

또한 두 축이 일직선상에 있는 기하학적 제약조건도 만족함을 확인할 수 있다.

$$N_2 + N_3 = N_4 + N_5$$

$$108 + 18 = 105 + 21$$

$$126 = 126$$

몇 개의 기어 축을 다른 기어 주위를 회전시키면 특별한 효과를 얻을 수 있다. 이와 같은 기어를 **유성**(*planetary*)기어, **에피사이클릭**(*epicyclic*)기어 또는 **기어열**(*gear train*)이라고 부른다. 유성기어는 그림 11-30에서 볼 수 있는 것처럼 항상 **선**(*sun*)**기어**, **캐리어**(*carrier*) 또는 **암**(*arm*)과 1개 이상의 **플래닛트**(*planet*) 또는 **피니언**(*pinion*)기어들로 구성되어 있다. 유성기어는 2개의 자유도를 가지며 따라서 운동을 제어하기 위해서는 2개의 입력이 있어야만 한다. 예를 들어 그림 11-30에서 선기어가 시계 방향으로 100 rpm, 링기어가 반시계 방향으로 50 rpm으로 회전한다면 이것이 2개의 입력이 된다. 이때 출력은 암, 즉 캐리어의 운동이다. 대부분의 유성기어에서 요소들 중의 한 개는 구속되어 움직이지 않는 경우가 많다. 그림 11-31은 선기어 2와 캐리어 3 및 피니언 4, 5로 구성되어 있다. 기어 3(캐리어)에 대한 기어 2의 상대속도(rpm)는

$$n_{23} = n_2 - n_3 \tag{b}$$

기어 3에 대한 기어 5의 상대 속도는

$$n_{53} = n_5 - n_3 \tag{c}$$

그림 11-30
유성기어

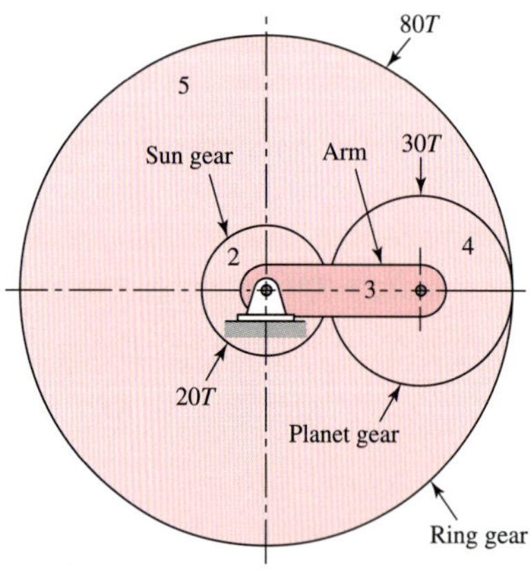

그림 11-31
기어 트레인

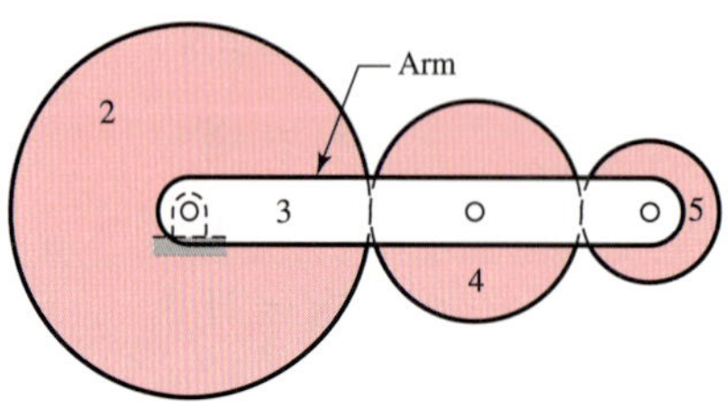

식 (c)를 (b)로 나누면

$$\frac{n_{53}}{n_{23}} = \frac{n_5 - n_3}{n_2 - n_3} \tag{d}$$

식 (d)는 기어 2에 대한 기어 5의 속도비로서 2개의 속도는 모두 캐리어에 대한 상대 속도이다. 이 속도비는 기어 잇수에 비례하며 캐리어의 회전 여부와 관계없이 다음과 같이 표시할 수 있다.

$$e = \frac{n_5 - n_3}{n_2 - n_3} \tag{e}$$

위 식은 유성기어의 출력 운동을 구하는 데 유용하게 사용된다. 이 식은 다음과 같이 더 편리한 형태로 쓸 수 있다.

$$e = \frac{n_L - n_A}{n_F - n_A} \tag{11-32}$$

여기서 n_F = 유성기어의 첫 번째 기어 속도(rpm)
n_L = 유성기어의 마지막 기어 속도(rpm)
n_A = 암(캐리어)의 속도(rpm)

예제 11-6 그림 11-30에서 선기어가 시계 방향 100 rpm으로 회전한다. 선기어가 입력기어로 작용하며 링기어는 고정되어 있다. 캐리어와 기어 4의 속도를 구하라.

풀이 주어진 조건에서 $n_F = n_2 = -100$ rpm, $n_L = n_5 = 0$이다. 기어 5를 풀고 캐리어가 고정되어 있다고 가정하면

$$e = -\left(\frac{20}{30}\right)\left(\frac{30}{80}\right) = -0.25$$

식 (11-32)의 트레인 값(train value)에서

$$-0.25 = \frac{0 - n_A}{(-100) - n_A}$$

또는

$$n_A = -20 \text{ rev/min}$$

답 따라서 $n_A = -20$ rpm으로 구해진다.

기어 4의 속도를 구하기 위하여 식 (b), (c), (d)의 과정을 따르면

$$n_{43} = n_4 - n_3 \qquad n_{23} = n_2 - n_3$$

$$\frac{n_{43}}{n_{23}} = \frac{n_4 - n_3}{n_2 - n_3} \tag{1}$$

$$\frac{n_{43}}{n_{23}} = -\frac{20}{30} = -\frac{2}{3} \tag{2}$$

식 (1)에 알고 있는 속도값을 대입하면

$$-\frac{2}{3} = \frac{n_4 - (-20)}{(-100) - (-20)}$$

답 위 식에서 $n_4 = 33\frac{1}{3}$ rev/min을 구할 수 있다.

11-14 힘의 해석-스퍼기어

기어 힘의 해석에 앞서 먼저 기호 표시를 정의하기로 하자. 숫자 1은 기어 장치의 기준좌표계를 나타내며 입력 기어는 2, 계속되는 기어는 3, 4, … 기어 축은 a, b, c 등으로 표시한다.

다음 기어 2에 의해서 기어 3에 작용하는 힘은 F_{23}, 축 a에 작용하는 기어 2의 힘은 F_{2a}로 표시한다. 좌표계는 x, y, z 좌표계와 반지름 및 접선방향을 나타내기 위한 r, t 좌표계를 사용한다. 이 표현 방법에 따라 F^t_{43}는 기어 4에 의해서 기어 3에 작용하는 접선방향 힘을 나타낸다.

그림 11-32a는 시계 방향 n_2 rpm으로 회전하는 축 a상의 피니언 2와 n_3 rpm으로 회전하는 기어 3을 도시한 것이다. 그림 11-32b는 피니언 2와 기어 3을 분리하고 피니언 2와 기어 3에 작용하는 각 힘과 토크를 도시한 것이다. F_{a2}와 T_{a2}는 각각 축 a에 의해서 피니언 2에 작용하는 힘과 토크이다.

그림 11-33은 피니언의 자유물체도이다. 전달 하중 W_t를

$$W_t = F^t_{32} \tag{a}$$

그림 11-32
자유물체도

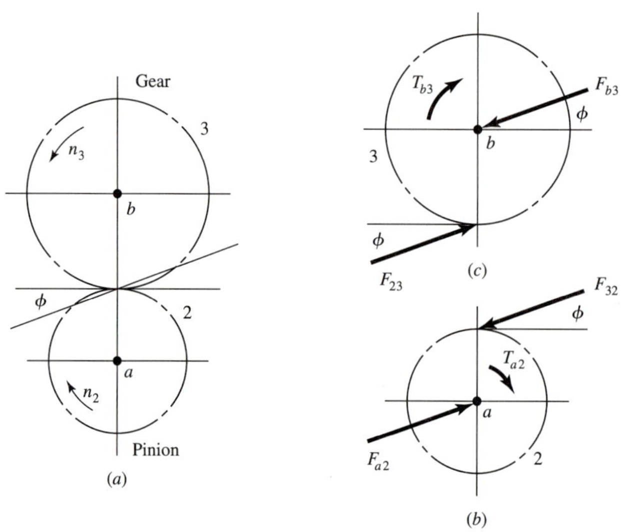

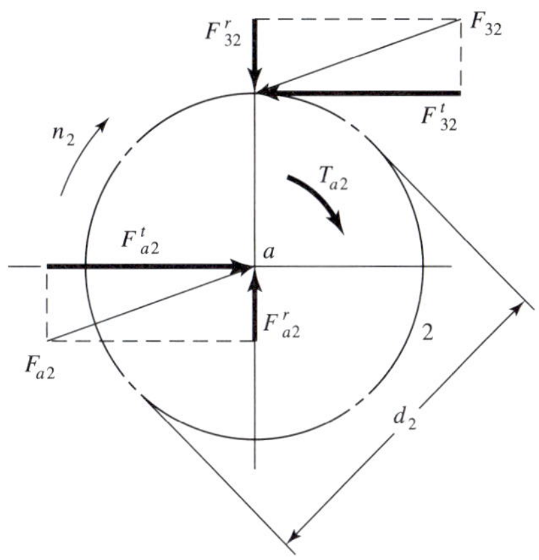

그림 11-33
피니언에 작용하는 힘 분석

와 같이 정의하면 접선방향 힘은 동력 전달에 유용하지만 반지름방향 힘 F^r_{32}은 동력 전달에 아무런 기여를 하지 못함을 알 수 있다. 전달 하중과 토크는 다음 관계가 있다.

$$T = \frac{d}{2} W_t \tag{b}$$

여기서 $T = T_{a2}$, $d = d_2$이다.

회전하는 기어를 통해 전달되는 동력 H는 토크 T와 각속도 ω의 곱으로 구할 수 있다.

$$H = T\omega = (W_t d/2)\,\omega \tag{11-33}$$

어떤 단위계도 이 식에 사용될 수 있지만 동력의 단위는 분명히 다른 변수들의 단위에 의존하게 된다. 동력의 단위로 마력(horsepower)이나 킬로와트(kilowatts)를 사용하는 것이 바람직하며 적절한 단위변환계수를 적용한다.

서로 맞물리는 기어는 손실 2% 이내로 효율적이므로 일반적으로 맞물리는 동안 동력은 일정하다고 간주한다. 따라서 식 (13-33)은 맞물리는 어떤 기어의 d나 ω를 사용해도 동일한 동력을 나타낸다.

피치원 상의 점에서 선속도인 **피치선속도**(*pitch-line velocity*), $V = (d/2)w$를 이용하여 기어 데이터를 나타내는 경우도 있다. 이를 일반 단위계로 변환하면 다음과 같다.

$$V = \pi dn/12 \tag{13-34}$$

여기서 V = 피치선속도, ft/min
d = 기어지름, in
n = 기어속도, rev/min

대부분의 기어설계문제에서는 동력과 속도가 주어지므로 식 (13-33)을 W_t로 나타내면 편리하다. 피치선속도와 적절한 단위변환계수를 적용하면 식 (13-33)은 영미단위계로

$$W_t = 33\,000 \frac{H}{V} \tag{13-35}$$

여기서 W_t = 전달력, lbf
H = 동력, hp
V = 피치선속도, ft/min

SI 단위계로는

$$W_t = \frac{60\,000H}{\pi dn} \tag{13-36}$$

여기서 W_t = 전달력, kN
H = 동력, kW
d = 기어지름, mm
n = 속도, rev/min

예제 11-7 그림 11-34*a*에서 피니언 2는 1750 rpm으로 2.5kW의 동력을 아이들(idle)기어 3에 전달한다. 기어의 압력 각은 20°, 모듈 m = 2.5 mm이다. 기어 3의 자유물체도를 구하고 모든 힘을 표시하라.

풀이 기어 2와 3의 피치지름은 각각

$$d_2 = N_2m = 20(2.5) = 50 \text{ mm}$$
$$d_3 = N_3m = 50(2.5) = 125 \text{ mm}$$

식 (11-36)에서 전달 하중은

$$W_t = \frac{60\,000H}{\pi d_2 n} = \frac{60\,000(2.5)}{\pi(50)(1750)} = 0.546 \text{ kN}$$

즉 $F_{23}^t = 0.546$kN(그림 11-34*b*)가 되고

$$F_{23}^r = F_{23}^t \tan 20° = (0.546)\tan 20° = 0.199 \text{ kN}$$

$$F_{23} = \frac{F_{23}^t}{\cos 20°} = \frac{0.546}{\cos 20°} = 0.581 \text{ kN}$$

기어 3은 아이들 기어이므로

$$F_{43}^t = 0.546 \text{ kN} \qquad F_{43}^r = 0.199 \text{ kN} \qquad F_{43} = 0.581 \text{ kN}$$

축의 x, y 방향 반력은

$$F_{b3}^x = -\left(F_{23}^t + F_{43}^r\right) = -(-0.546 + 0.199) = 0.347 \text{ kN}$$
$$F_{b3}^y = -\left(F_{23}^r + F_{43}^t\right) = -(0.199 - 0.546) = 0.347 \text{ kN}$$

따라서 축의 반력은 다음과 같이 구해진다.

$$F_{b3} = \sqrt{(0.347)^2 + (0.347)^2} = 0.491 \text{ kN}$$

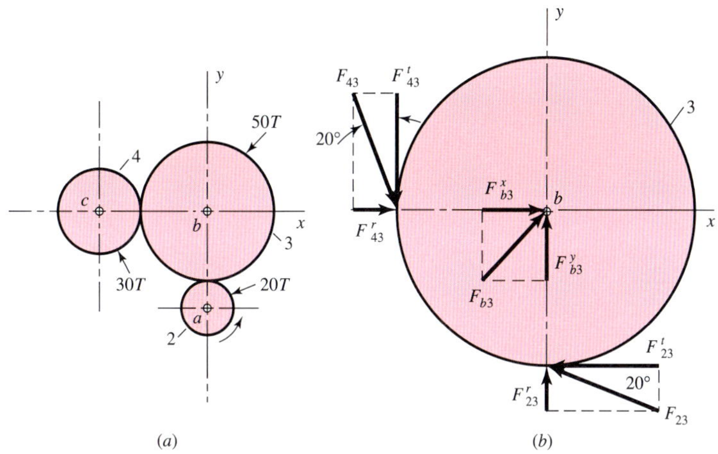

그림 11-34
아이들 기어를 포함한 기어 트레인. (*a*) 기어 트레인, (*b*) 자유물체도.

11-15 힘의 해석–베벨 기어

베벨 기어의 힘의 해석은 일반적으로 모든 하중이 기어 이의 중앙에 작용한다는 가정 하에 수행된다. 실제 하중의 작용점은 이의 중앙과 이의 외단면 사이에 있지만 이같은 가정과의 해석 결과 차이는 아주 작다. 전달 하중은

$$W_t = \frac{T}{r_{\mathrm{av}}} \tag{11-37}$$

여기서 T는 토크, r_{av}는 이 중앙의 피치반지름이다. 그림 11-35에서 이 중앙에 작용하는 합력 W는 다음과 같이 접선방향 힘 W_t, 경방향 힘 W_r과 축방향 힘 W_a의 분력으로 표시된다.

$$\begin{aligned} W_r &= W_t \tan\phi \cos\gamma \\ W_a &= W_t \tan\phi \sin\gamma \end{aligned} \tag{11-38}$$

예제 11-8 그림 11-36*a*에서 피니언이 600 rpm, 3.75 kW의 동력을 기어에 전달하고 있다. 마운팅거리, 베어링위치, 피니언과 기어의 평균 피치반지름은 그림과 같다. 단순화를 위해 기어 이는 피치원추로 표시한다. 베어링 A와 C가 드러스트 하중을 지지할 때 기어 축에 작용하는 베어링 력을 구하라.

풀이 피치 각은

$$\gamma = \tan^{-1}\left(\frac{75}{225}\right) = 18.4^\circ \qquad \Gamma = \tan^{-1}\left(\frac{225}{75}\right) = 71.6^\circ$$

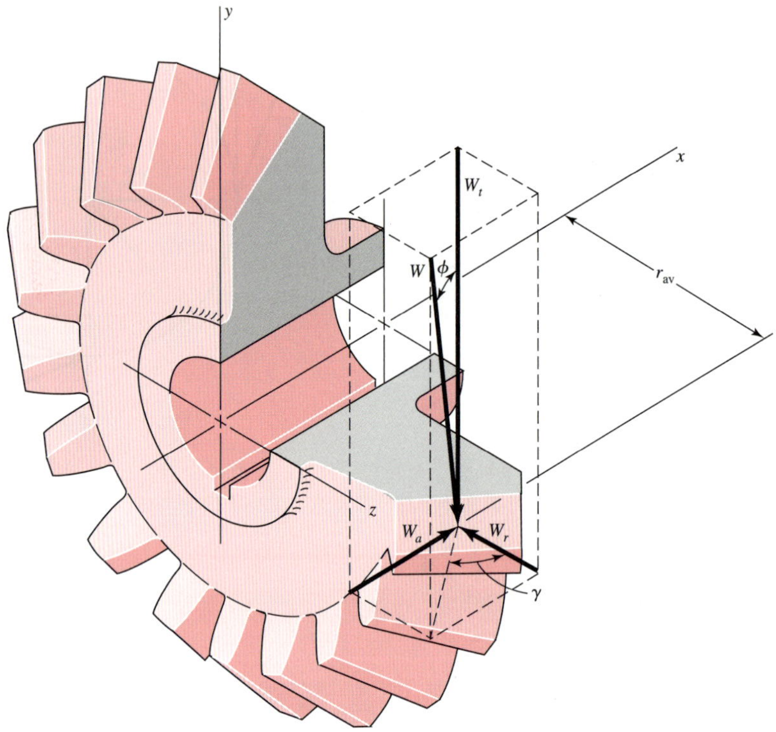

그림 11–35
베벨 기어에 작용하는 힘

피치선속도는

$$V = 2\pi r_P n = \frac{2\pi(32)(600)}{60} = 2011 \text{ mm/s}$$

전달 하중은

$$W_t = \frac{H}{V} = \frac{3750}{2.011} = 1865 \text{ N}$$

W_t는 그림 11-36b에서 $+z$ 방향으로 작용한다. W_r, W_a는 각각

$$W_r = W_t \tan\phi \cos\Gamma = 1865 \tan 20^\circ \cos 71.6^\circ = 214 \text{ N}$$

$$W_a = W_t \tan\phi \cos\Gamma = 1865 \tan 20^\circ \sin 71.6^\circ = 644 \text{ N}$$

W_r은 $-x$ 방향, W_a는 $-y$ 방향으로 작용한다.
베어링 D에 대한 G와 C점의 위치 벡터는 각각

$$\mathbf{R}_G = 90\mathbf{i} - (60 + 32)\mathbf{j} = 90\mathbf{i} - 92\mathbf{j}$$

$$\mathbf{R}_C = -(60 + 90)\mathbf{j} = -150\mathbf{j}$$

D점에 대한 모멘트 평형에서

$$\mathbf{R}_G \times \mathbf{W} + \mathbf{R}_C \times \mathbf{F}_C + \mathbf{T} = \mathbf{0} \tag{1}$$

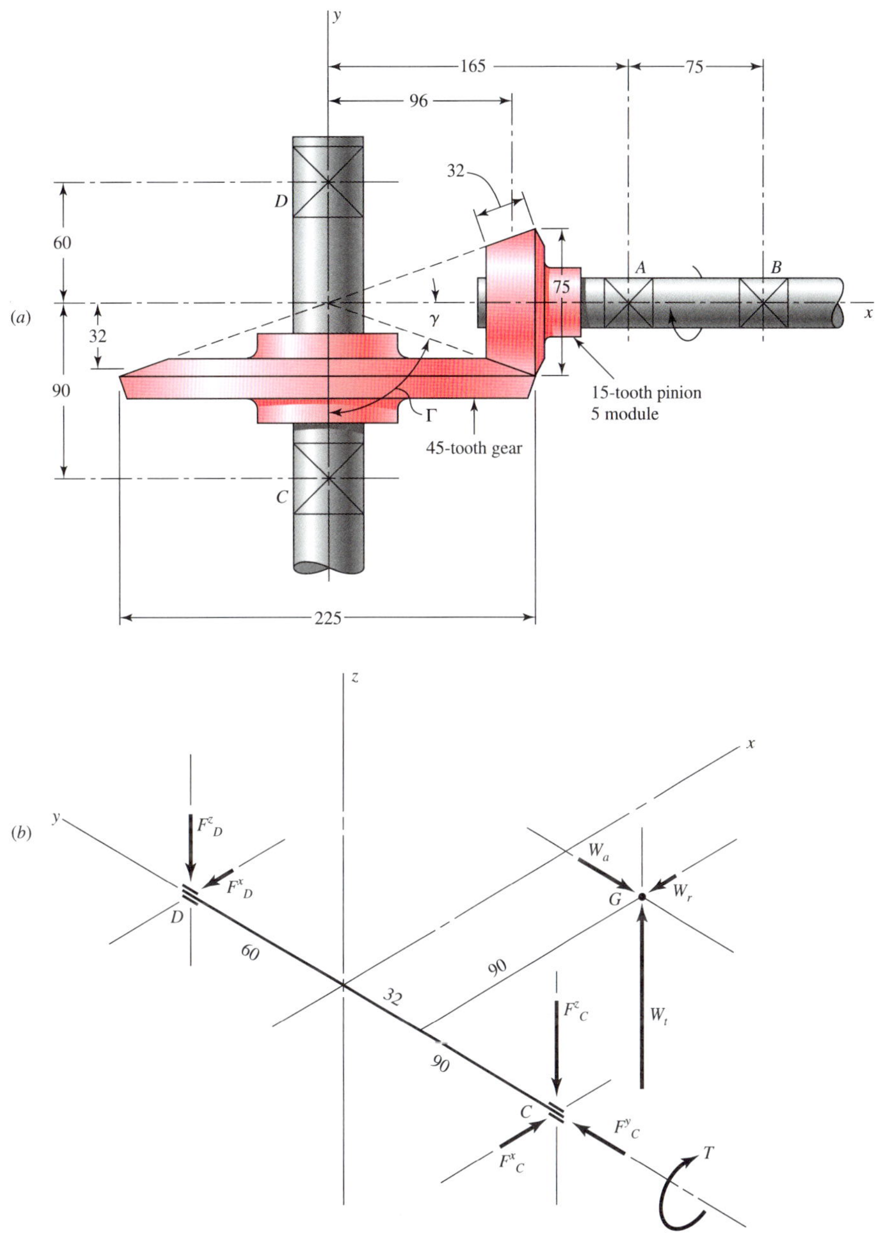

그림 11-36
(*a*) 베벨 기어, (*b*) 자유물체도

$$(90\mathbf{i} - 92\mathbf{j}) \times (-214\mathbf{i} - 644\mathbf{j} + 1865\mathbf{k}) + (-150\mathbf{j}) \times \left(F_C^x\mathbf{i} + F_C^y\mathbf{j} + F_C^z\mathbf{k}\right) + T\mathbf{j} = \mathbf{0} \qquad (2)$$

위 식을 계산하면

$$(-171\,580\mathbf{i} - 167\,850\mathbf{j} - 77\,712\mathbf{k}) + (-150F_C^z\mathbf{i} + 150F_C^x\mathbf{k}) + T\mathbf{j} = 0 \qquad (3)$$

$$\mathbf{T} = 168\mathbf{j}\ \text{N·m} \qquad F_C^x = 518\ \text{N} \qquad F_C^z = -1144\ \text{N}$$

다음 힘의 평형에서

$$\mathbf{F}_D + \mathbf{F}_C + \mathbf{W} = \mathbf{0} \tag{4}$$

$$(F_D^x\mathbf{i} + F_D^z\mathbf{k}) + (518\mathbf{i} + F_C^y\mathbf{j} - 1144\mathbf{k}) + (-214\mathbf{i} - 644\mathbf{j} + 1865\mathbf{k}) = \mathbf{0} \tag{5}$$

답 $$\mathbf{F}_C = 518\mathbf{i} + 644\mathbf{j} - 1144\mathbf{k}\ \text{N}$$

식 (5)에서

답 $$\mathbf{F}_D = 303\mathbf{i} - 721\mathbf{k}\ \text{N}$$

11-16 힘의 해석-헬리컬기어

그림 11-37은 헬리컬기어 이에 작용하는 힘을 3차원으로 나타낸 것이다. 이 그림에서 작용력 W의 3방향 힘은

$$\begin{aligned} W_r &= W \sin\phi_n \\ W_t &= W \cos\phi_n \cos\psi \\ W_a &= W \cos\phi_n \sin\psi \end{aligned} \tag{11-39}$$

여기서 W = 작용력
W_r = 반지름방향 성분
W_t = 접선방향 성분, 전달 하중
W_a = 축방향 성분, 드러스트 하중

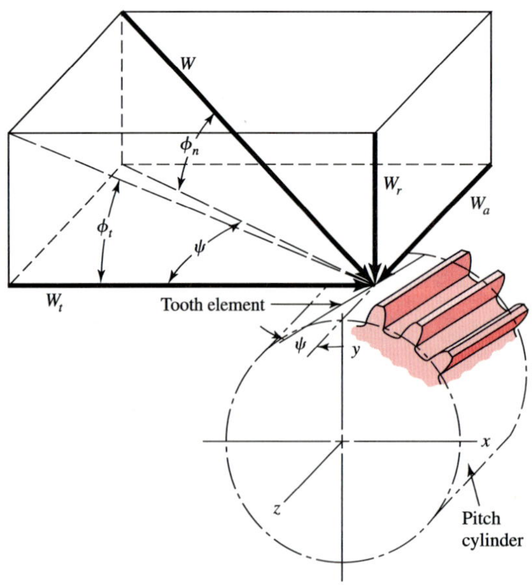

그림 11-37
헬리컬기어에 작용하는 힘

일반적으로 W_t가 주어지고 다른 힘들은 이를 이용하여 다음과 같이 구할 수 있다.

$$W_r = W_t \tan \phi_t$$
$$W_a = W_t \tan \psi \tag{11-40}$$
$$W = \frac{W_t}{\cos \phi_n \cos \psi}$$

예제 11-9 그림 11-38과 같이 750 W 전기 모터가 1800 rpm으로 회전한다. 모터 축에는 잇수 18개, 치직각압력각 20°, 비틀림각 30°, 치직각 모듈 3.0 mm인 헬리컬기어가 조립되어 동력을 전달한다. 나선 방향은 그림과 같다. 모터축과 피니언의 3차원 스케치를 하고 피니언과 베어링 A, B에 작용하는 하중을 구하라. 단, 스러스트는 베어링 A에서 지지한다.

풀이 식 (11-19)에서

$$\phi_t = \tan^{-1}\frac{\tan \phi_n}{\cos \psi} = \tan^{-1}\frac{\tan 20°}{\cos 30°} = 22.8°$$

또한 $m_t = m_n/\cos \psi = 3/\cos 30° = 3.46$ mm에서 피니언의 피치지름은 $d_p = 18(3.46) = 62.3$ mm. 피치선속도는

$$V = \pi dn = \frac{\pi(62.3)(1800)}{60} = 5871.6 \text{ mm/s} = 5.87 \text{ m/s}$$

전달 하중은

$$W_t = \frac{H}{V} = \frac{750}{5.87} = 128 \text{ N}$$

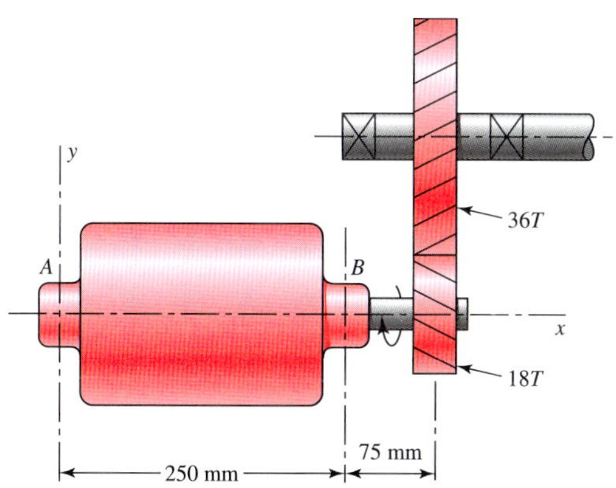

그림 11-38
예제 11-9의 모터와 헬리컬기어

식 (11-40)에서

$$W_r = W_t \tan \phi_t = (128)\ \tan 22.8° = 54 \text{ N}$$

$$W_a = W_t \tan \psi = (128)\ \tan 30° = 74 \text{ N}$$

$$W = \frac{W_t}{\cos \phi_n \cos \psi} = \frac{128}{\cos 20° \cos 30°} = 157 \text{ N}$$

그림 11-39에서와 같이 C점에 작용하는 W_r은 $-y$방향, W_a는 $-x$방향, W_t는 $+z$방향이다. 드러스트는 베어링 A에서 지지되기 때문에 $F_A^x = W_a = 74$ N가 되고 z축에 대한 모멘트 평형에서

$$-(54)(325) + (74)\left(\frac{62.3}{2}\right) + 250F_B^y = 0$$

따라서 $F_B^y = 61$ N으로 구해지고 y방향 힘의 평형에서 $F_A^y = 7$ N을 구할 수 있다. y축에 대한 모멘트 평형에서

$$250F_B^z - 128(325) = 0$$

위 식에서 $F_B^z = 166$ N, z방향 힘의 평형에서 $F_A^z = 38$ N를 구할 수 있다. 한편 토크는 $T = W_t d_p/2 = 128(62.3/2) = 3982$ N · mm로 구해진다.

점 C에 작용하는 힘은

$$\mathbf{W} = -74\mathbf{i} - 54\mathbf{j} + 128\mathbf{k} \text{ N}$$

원점 A에서 B와 C의 위치벡터는

$$\mathbf{R}_B = 250\mathbf{i} \qquad \mathbf{R}_C = 325\mathbf{i} + 31.15\mathbf{j}$$

A점에 대한 모멘트 평형에서

$$\mathbf{R}_B \times \mathbf{F}_B + \mathbf{T} + \mathbf{R}_C \times \mathbf{W} = \mathbf{0}$$

위 식에서

$$250\mathbf{i} \times (F_B^y \mathbf{j} - F_B^z \mathbf{k}) - T\mathbf{i} + (325\mathbf{i} + 31.15\mathbf{j}) \times (-74\mathbf{i} - 54\mathbf{j} + 128\mathbf{k}) = \mathbf{0}$$

따라서 $T = 4$ kN · mm, $F_B^y = 61$ N, $F_B^z = 166$ N로 구해진다.

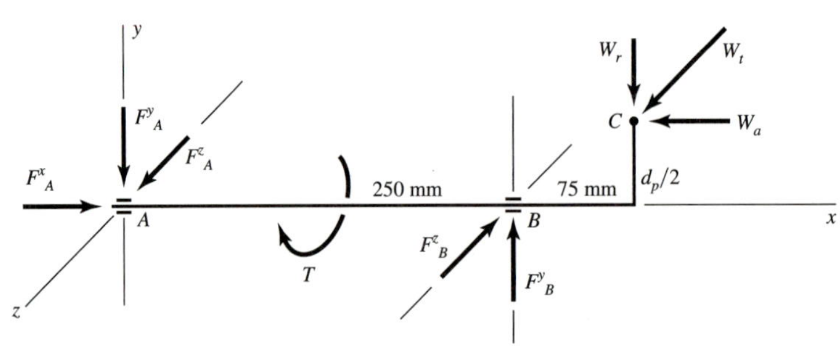

그림 11-39
예제 11-9 모터축의 자유물체도

다음 힘의 평형에서

$$\left(250F_B^y\,\mathbf{k} + 250F_B^z\,\mathbf{j}\right) - T\mathbf{i} + (3987\mathbf{i} - 41\,600\mathbf{j} - 15\,245\mathbf{k}) = \mathbf{0}$$

위 식에서

$$\mathbf{F}_A = -\mathbf{F}_B - \mathbf{W},\;\; \mathbf{F}_A = 74\mathbf{i} - 7\mathbf{j} + 38\mathbf{k}\ \mathrm{N}$$

를 구할 수 있다.

11-17 힘의 해석–웜 기어

그림 11-40에서 마찰을 무시하면 작용력 W에 대한 3방향 힘의 성분은 다음과 같이 구해진다.

$$\begin{aligned} W^x &= W\cos\phi_n \sin\lambda \\ W^y &= W\sin\phi_n \\ W^z &= W\cos\phi_n\cos\lambda \end{aligned} \qquad (11\text{-}41)$$

하첨자 W와 G를 각각 웜과 웜 기어에 작용하는 힘으로 표시하면 W^y는 웜과 웜 기어에 공통으로 작용하는 경방향 힘이고 두 축의 각이 90°라면 웜에 접선방향으로 작용하는 힘 W^x는 기어의 W^z, 웜의 드러스트 W^z는 기어의 W^x가 된다.

웜 기어에 작용하는 힘은 웜의 작용력과 방향이 반대이므로

$$\begin{aligned} W_{Wt} &= -W_{Ga} = W^x \\ W_{Wr} &= -W_{Gr} = W^y \\ W_{Wa} &= -W_{Gt} = W^z \end{aligned} \qquad (11\text{-}42)$$

식 (11-41)과 식 (11-42)은 웜 기어의 축이 x축 방향이고 웜의 축이 z축 방향일 때 유용하게 사용할 수 있다.

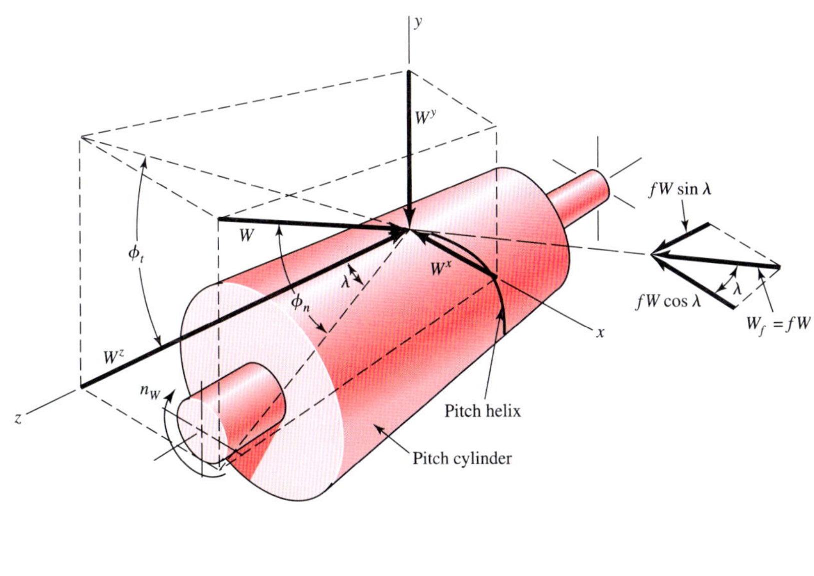

그림 11-40
웜의 피치 실린더에 작용하는 힘

스퍼기어 구동과 달리 웜 기어 구동은 웜과 기어 사이에서 순수한 미끄럼 운동이고 따라서 마찰이 중요한 작용을 한다. 마찰계수 f를 도입하고 마찰력이 $W_f = fW$라 하면 마찰력 성분은 $-x$방향으로 $fW\cos\lambda$, $+z$방향으로 $fW\sin\lambda$의 2개 힘으로 표시된다. 따라서 이를 고려하면 식 (11-41)은 다음과 같이 수정된다.

$$W^x = W(\cos\phi_n \sin\lambda + f\cos\lambda)$$
$$W^y = W\sin\phi_n \qquad (11\text{-}43)$$
$$W^z = W(\cos\phi_n \cos\lambda - f\sin\lambda)$$

식 (11-42)에서 W^z 대신에 $-W_G$를 사용하고 양변에 f를 곱하면 마찰력 W_f를 구할 수 있다.

$$W_f = fW = \frac{fW_{Gt}}{f\sin\lambda - \cos\phi_n \cos\lambda} \qquad (11\text{-}44)$$

식 (11-42)과 식 (11-43)의 첫 번째와 세 번째 항에서 W를 제거하면 W_{Wt}와 W_{Gt}의 관계를 구할 수 있다.

$$W_{Wt} = W_{Gt}\frac{\cos\phi_n \sin\lambda + f\cos\lambda}{f\sin\lambda - \cos\phi_n \cos\lambda} \qquad (11\text{-}45)$$

효율 η는 다음 식으로 정의된다.

$$\eta = \frac{W_{Wt}(\text{without friction})}{W_{Wt}(\text{with friction})} \qquad (a)$$

식 (11-45)의 분자에 $f = 0$을 대입하면 효율은

$$\eta = \frac{\cos\phi_n - f\tan\lambda}{\cos\phi_n + f\cot\lambda} \qquad (11\text{-}46)$$

$f = 0.05$의 전형적인 마찰계수 값을 사용하면 비틀림각 1~30°에 대한 효율을 표 11-6과 같이 구할 수 있다.

많은 실험 결과에 따르면 마찰계수는 상대 속도, 즉 미끄럼 속도에 의존한다. 웜 기어의 피치선속도를 V_G, 웜의 피치선속도를 V_W라 하면 $V_W = V_G + V_S$임으로 미끄럼 속도는

$$V_S = \frac{V_W}{\cos\lambda} \qquad (11\text{-}47)$$

마찰계수는 표면처리, 재질, 윤활유에 따라 20%까지 변화된다고 알려져 있다. 그림 11-42은 미끄럼 속도에 대한 마찰계수의 변화 특성을 나타낸 것이다.

표 11-6 웜 기어 효율($f = 0.5$)

Helix Angle ψ, deg	Efficiency η, %
1.0	25.2
2.5	45.7
5.0	62.0
7.5	71.3
10.0	76.6
15.0	82.7
20.0	85.9
30.0	89.1

그림 11-41
웜 기어의 속도성분

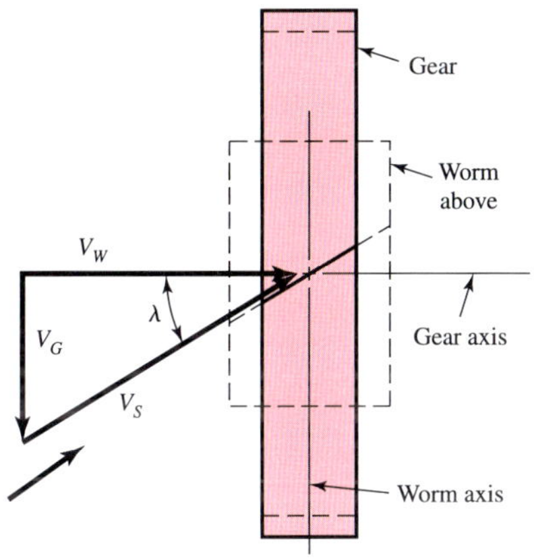

그림 11-42
웜 기어의 마찰계수
(A: 일반재료, B: 고품질재료)

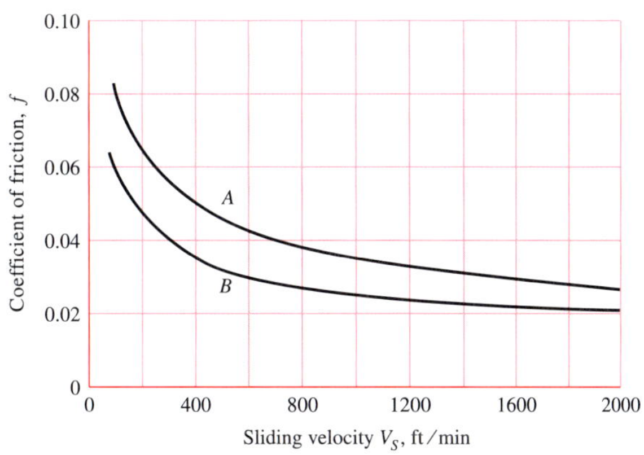

예제 11-10 잇수 2개인 오른 방향 나선 웜이 1 hp, 1200 rpm의 동력을 잇수 30개, 축직각 지름피치 6개/in, 면폭 1 in인 기어에 전달하고 있다. 웜은 피치지름 $2\frac{1}{2}$ in이고 면폭 2 in, 치직각압력각 $14\frac{1}{2}°$이다. 마찰계수는 그림 11-42의 곡선 *B*를 사용한다.

(*a*) 축 피치, 중심거리, 리드, 리드각을 구하라.

(*b*) 그림 14-43과 같이 웜기어가 베어링 *A*와 *B*로 지지된다. 베어링에 작용하는 힘과 출력 토크를 구하라.

풀이 (*a*) 축 피치는 기어의 축직각 원주피치와 같으므로

답
$$p_x = p_t = \frac{\pi}{P} = \frac{\pi}{6} = 0.5236 \text{ in}$$

기어의 피치지름은 $d_G = N_G/P = 30/6 = 5$ in. 따라서 축 간 거리는

답
$$C = \frac{d_W + d_G}{2} = \frac{2+5}{2} = 3.5 \text{ in}$$

식 (11-27)에서 리드는

답
$$L = p_x N_W = (0.5236)(2) = 1.0472 \text{ in}$$

식 (11-28)에서

답
$$\lambda = \tan^{-1}\frac{L}{\pi d_W} = \tan^{-1}\frac{1.0472}{\pi(2)} = 9.46°$$

(*b*) 웜의 회전은 $+z$방향으로(그림 11-43), 웜을 오른 방향 나사를 갖는 볼트로 생각하고 볼트를 오른손 시계 방향($+z$방향)으로 회전시키며 너트가 회전 못하게 잡고 있으면 너트 즉 기어는 오른쪽으로 이동한다. 따라서 웜과 접촉하고 있는 기어면은 $-z$방향으로 움직이고 기어는 x축에 대하여 시계 방향으로 즉 $-x$방향으로 회전한다.

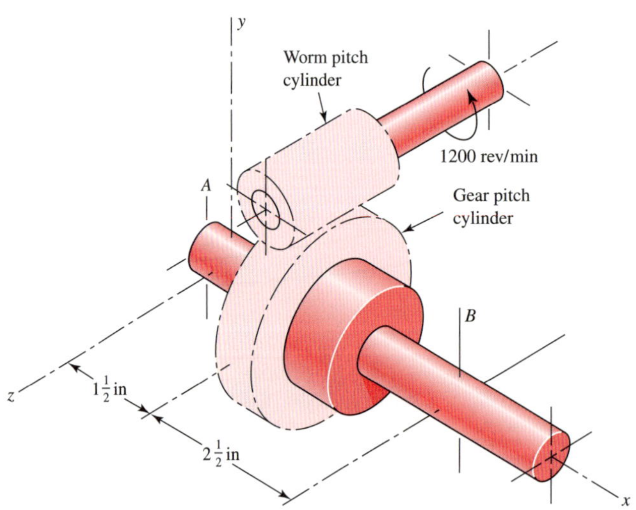

그림 11-43
예제 11-10의 웜 기어장치

웜의 피치선속도는

$$V_W = \frac{\pi d_W n_W}{12} = \frac{\pi(2)(1200)}{12} = 628 \text{ ft/min}$$

웜 기어의 속도는 $n_G = (\frac{2}{30})(1200) = 80$ rpm임으로 피치선속도는

$$V_G = \frac{\pi d_G n_G}{12} = \frac{\pi(5)(80)}{12} = 105 \text{ ft/min}$$

식 (11-47)에서 미끄럼 속도 V_S는

$$V_S = \frac{V_W}{\cos\lambda} = \frac{628}{\cos 9.46^\circ} = 637 \text{ ft/min}$$

웜의 전달 하중은

$$W_{Wt} = \frac{33\,000H}{V_W} = \frac{(33\,000)(1)}{628} = 52.5 \text{ lbf}$$

이 전달 하중은 그림 11-40에서와 같이 $-x$방향이다. 그림 11-42에서 $f = 0.03$을 찾고 이를 식 (11-42)에 적용하면

$$W = \frac{W^x}{\cos\phi_n \sin\lambda + f\cos\lambda}$$

$$= \frac{52.5}{\cos 14.5^\circ \sin 9.46^\circ + 0.03\cos 9.46^\circ} = 278 \text{ lbf}$$

따라서

$$W^y = W\sin\phi_n = 278\sin 14.5^\circ = 69.6 \text{ lbf}$$

$$W^z = W(\cos\phi_n\cos\lambda - f\sin\lambda)$$

$$= 278(\cos 14.5^\circ \cos 9.46^\circ - 0.03\sin 9.46^\circ) = 264 \text{ lbf}$$

식 (11-43)에서 기어에 작용하는 힘은

$$W_{Ga} = -W^x = 52.5 \text{ lbf}$$

$$W_{Gr} = -W^y = -69.6 \text{ lbf}$$

$$W_{Gt} = -W^z = -264 \text{ lbf}$$

그림 11-44는 기어에 작용하는 힘을 3차원으로 도시한 것이다. 베어링 B가 드러스트 하중을 지지하도록 하면 x방향 힘에서

답 $$F_B^x = -52.5 \text{ lbf}$$

z축에 대한 모멘트 평형에서

답 $$-(52.5)(2.5) - (69.6)(1.5) + 4F_B^y = 0 \qquad F_B^y = 58.9 \text{ lbf}$$

y축에 대한 모멘트 평형에서

답 $$(264)(1.5) - 4F_B^z = 0 \qquad F_B^z = 99 \text{ lbf}$$

y방향 힘의 평형에서

답 $$-69.6 + 58.9 + F_A^y = 0 \qquad F_A^y = 10.7 \text{ lbf}$$

z방향 힘의 평형에서

답 $$-264 + 99 + F_A^z = 0 \qquad F_A^z = 165 \text{ lbf}$$

x축에 대한 모멘트 평형에서

답 $$-(264)(2.5) + T = 0 \qquad T = 660 \text{ lbf} \cdot \text{in}$$

마찰에 의한 손실 때문에 출력 토크는 입력 토크에 기어비를 곱한 것보다 작게 된다.

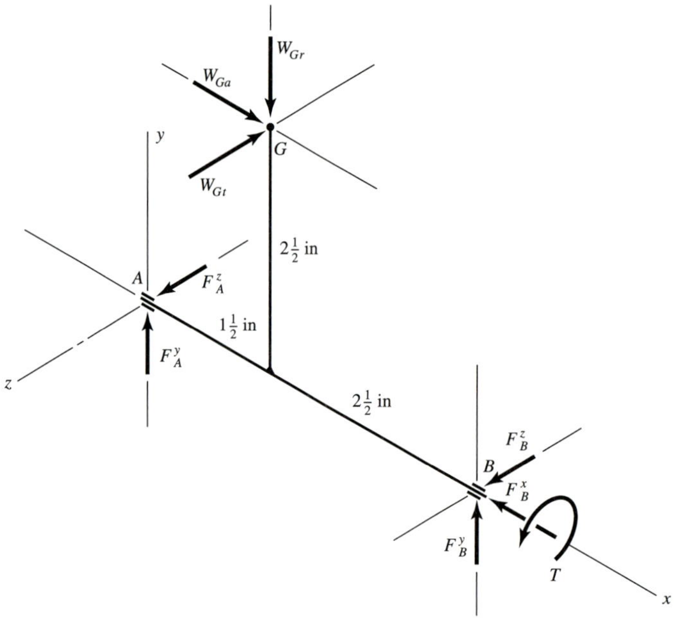

그림 11-44
예제 11-10의 3차원 스케치

연습문제 Problems

Problems marked with an asterisk (*) are linked to problems in other chapters, as summarized in Table 1–1 of Sec. 1–16, p. 26.

11-1 A 17-tooth spur pinion has a diametral pitch of 8 teeth/in, runs at 1120 rev/min, and drives a gear at a speed of 544 rev/min. Find the number of teeth on the gear and the theoretical center-to-center distance.

11-2 A 15-tooth spur pinion has a module of 3 mm and runs at a speed of 1600 rev/min. The driven gear has 60 teeth. Find the speed of the driven gear, the circular pitch, and the theoretical center-to-center distance.

11-3 A spur gearset has a module of 6 mm and a velocity ratio of 4. The pinion has 16 teeth. Find the number of teeth on the driven gear, the pitch diameters, and the theoretical center-to-center distance.

11-4 A 21-tooth spur pinion mates with a 28-tooth gear. The diametral pitch is 3 teeth/in and the pressure angle is 20°. Make a drawing of the gears showing one tooth on each gear. Find and tabulate the following results: the addendum, dedendum, clearance, circular pitch, tooth thickness, and base-circle diameters; the lengths of the arc of approach, recess, and action; and the base pitch and contact ratio.

11-5 A 20° straight-tooth bevel pinion having 14 teeth and a diametral pitch of 6 teeth/in drives a 32-tooth gear. The two shafts are at right angles and in the same plane. Find:
(*a*) The cone distance
(*b*) The pitch angles
(*c*) The pitch diameters
(*d*) The face width

11-6 A gearset consists of a 16-tooth pinion driving a 40-tooth gear. The diametral pitch is 2, and the addendum and dedendum are $1/P$ and $1.25/P$, respectively. The gears are cut using a pressure angle of 20°.
(*a*) Compute the circular pitch, the center distance, and the radii of the base circles.
(*b*) In mounting these gears, the center distance was incorrectly made $\frac{1}{4}$ in larger. Compute the new values of the pressure angle and the pitch-circle diameters.

11-7 A parallel helical gearset consists of a 19-tooth pinion driving a 57-tooth gear. The pinion has a left-hand helix angle of 30°, a normal pressure angle of 20°, and a normal module of 2.5 mm. Find:
(*a*) The normal, transverse, and axial circular pitches
(*b*) The transverse diametral pitch and the transverse pressure angle
(*c*) The addendum, dedendum, and pitch diameter of each gear

11-8 To avoid the problem of interference in a pair of spur gears using a 20° pressure angle, specify the minimum number of teeth allowed on the pinion for each of the following gear ratios.
(*a*) 2 to 1
(*b*) 3 to 1
(*c*) 4 to 1
(*d*) 5 to 1

11-9 Repeat Prob. 11-8 with a 25° pressure angle.

11-10 For a spur gearset with $\phi = 20°$, while avoiding interference, find:
(*a*) The smallest pinion tooth count that will run with itself
(*b*) The smallest pinion tooth count at a ratio $m_G = 2.5$, and the largest gear tooth count possible with this pinion
(*c*) The smallest pinion that will run with a rack

11-11 Repeat problem 11-10 for a helical gearset with $\phi_n = 20°$ and $\psi = 30°$.

11-12 The decision has been made to use $\phi_n = 20°$, $m_t = 3$ mm, and $\psi = 30°$ for a 2:1 reduction. Choose a suitable pinion and gear tooth count to avoid interference.

11-13 Repeat Problem 11-12 with a 6:1 reduction.

11-14 By employing a pressure angle larger than standard, it is possible to use fewer pinion teeth, and hence obtain smaller gears without undercutting during machining. If the gears are spur gears, what is the smallest possible pressure angle ϕ_t that can be obtained without undercutting for a 9-tooth pinion to mesh with a rack?

11-15 A parallel-shaft gearset consists of an 18-tooth helical pinion driving a 32-tooth gear. The pinion has a left-hand helix angle of 25°, a normal pressure angle of 20°, and a normal module of 3 mm. Find:
(*a*) The normal, transverse, and axial circular pitches
(*b*) The transverse module and the transverse pressure angle
(*c*) The pitch diameters of the two gears

11-16 The double-reduction helical gearset shown in the figure is driven through shaft *a* at a speed of 900 rev/min. Gears 2 and 3 have a normal module of 3 mm, a 30° helix angle, and a normal pressure angle of 20°. The second pair of gears in the train, gears 4 and 5, have a normal module of 2 mm, a 25° helix angle, and a normal pressure angle of 20°. The tooth numbers are: $N_2 = 14$, $N_3 = 54$, $N_4 = 16$, $N_5 = 36$. Find:
(*a*) The directions of the thrust force exerted by each gear upon its shaft
(*b*) The speed and direction of shaft *c*
(*c*) The center distance between shafts

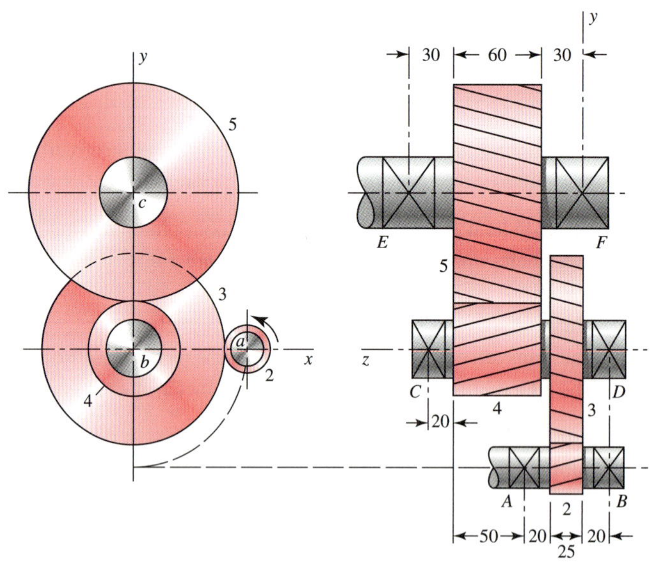

Problem 11-16
Dimensions in mm.

11-17 Shaft *a* in the figure rotates at 600 rev/min in the direction shown. Find the speed and direction of rotation of shaft *d*.

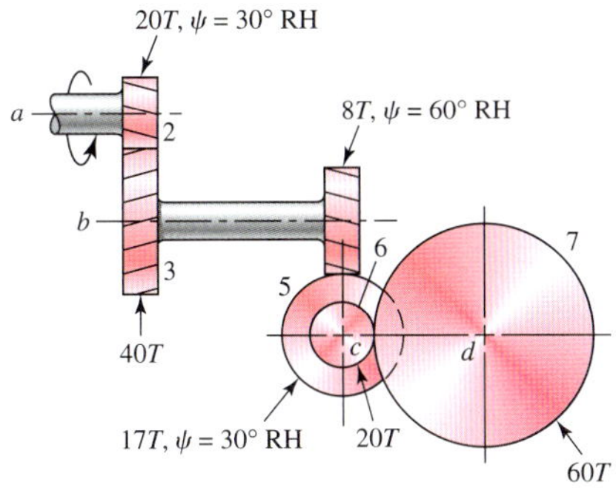

Problem 11–17

11–18 The mechanism train shown consists of an assortment of gears and pulleys to drive gear 9. Pulley 2 rotates at 1200 rev/min in the direction shown. Determine the speed and direction of rotation of gear 9.

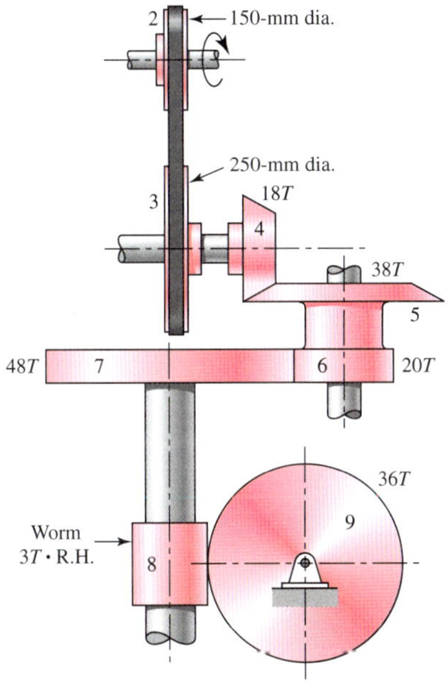

Problem 11–18

11–19 The figure shows a gear train consisting of a pair of helical gears and a pair of miter gears. The helical gears have a $17\frac{1}{2}^\circ$ normal pressure angle and a helix angle as shown. Find:

(a) The speed of shaft c

(b) The distance between shafts a and b

(c) The diameter of the miter gears

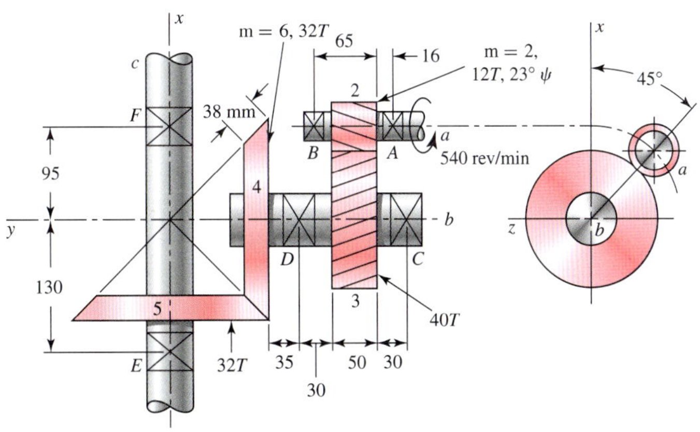

Problem 11–19
Dimensions in mm.

11–20 A compound reverted gear train is to be designed as a speed increaser to provide a total increase of speed of exactly 45 to 1. With a 20° pressure angle, specify appropriate numbers of teeth to minimize the gearbox size while avoiding the interference problem in the teeth.

11–21 Repeat Prob. 11–20 with a 25° pressure angle.

11–22 Repeat Prob. 11–20 for a gear ratio of exactly 30 to 1.

11–23 Repeat Prob. 11–20 for a gear ratio of *approximately* 45 to 1.

11–24 A gearbox is to be designed with a compound reverted gear train that transmits 25 horsepower with an input speed of 2500 rev/min. The output should deliver the power at a rotational speed in the range of 280 to 300 rev/min. Spur gears with 20° pressure angle are to be used. Determine suitable numbers of teeth for each gear, to minimize the gearbox size while providing an output speed within the specified range. Be sure to avoid an interference problem in the teeth.

11–25 The tooth numbers for the automotive differential shown in the figure are $N_2 = 16$, $N_3 = 48$, $N_4 = 14$, $N_5 = N_6 = 20$. The drive shaft turns at 900 rev/min.

(*a*) What are the wheel speeds if the car is traveling in a straight line on a good road surface?

(*b*) Suppose the right wheel is jacked up and the left wheel resting on a good road surface. What is the speed of the right wheel?

(*c*) Suppose, with a rear-wheel drive vehicle, the auto is parked with the right wheel resting on a wet icy surface. Does the answer to part (*b*) give you any hint as to what would happen if you started the car and attempted to drive on?

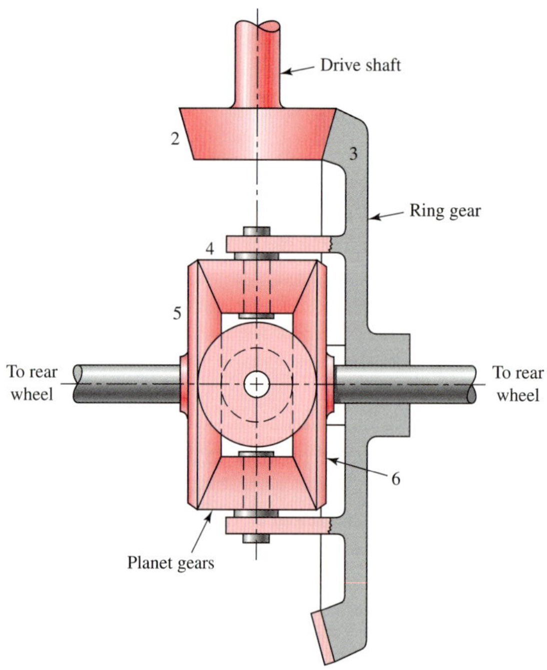

Problem 11–25

11–26 The figure illustrates an all-wheel drive concept using three differentials, one for the front axle, another for the rear, and the third connected to the drive shaft.

(*a*) Explain why this concept may allow greater acceleration.

(*b*) Suppose either the center of the rear differential, or both, can be locked for certain road conditions. Would either or both of these actions provide greater traction? Why?

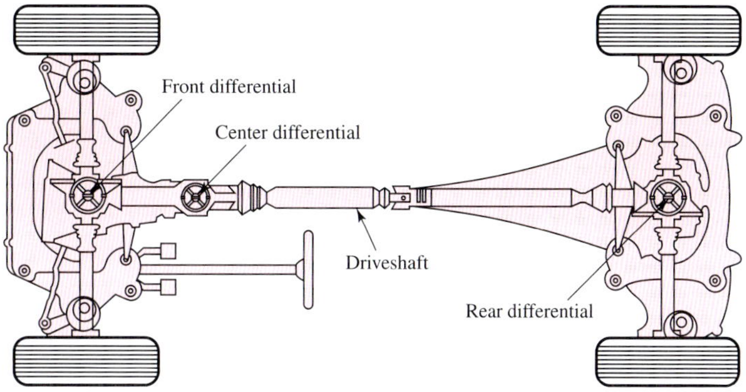

Problem 11–26
Audi "Quattro concept," ...e three differentials that ...rmanent all-wheel drive. *(...printed by permission of Audi of America, Inc.)*

11–27 In the reverted planetary train illustrated, find the speed and direction of rotation of the arm if gear 2 is unable to rotate and gear 6 is driven at 12 rev/min in the clockwise direction.

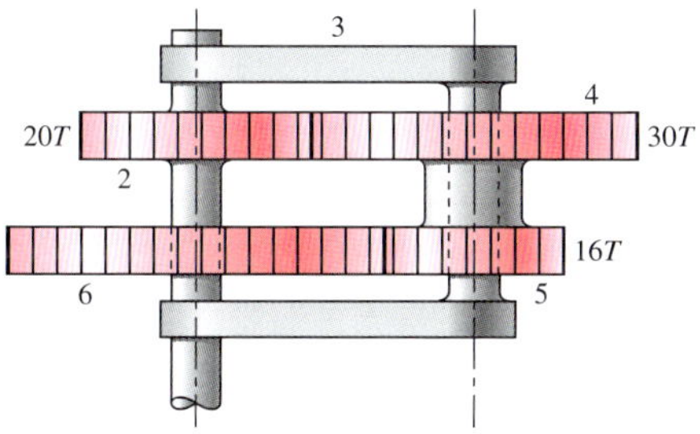

Problem 11–27

11–28 In the gear train of Prob. 11–27, let gear 6 be driven at 85 rev/min counterclockwise while gear 2 is held stationary. What is the speed and direction of rotation of the arm?

11–29 Tooth numbers for the gear train shown in the figure are $N_2 = 12$, $N_3 = 16$, and $N_4 = 12$. How many teeth must internal gear 5 have? Suppose gear 5 is fixed. What is the speed of the arm if shaft a rotates counterclockwise at 320 rev/min?

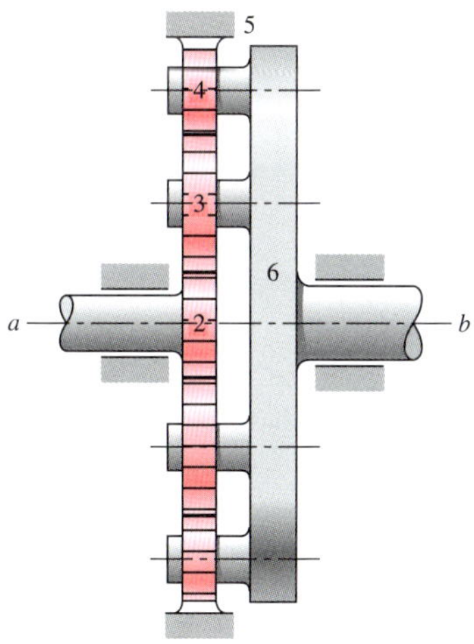

Problem 11–29

11-30 The tooth numbers for the gear train illustrated are $N_2 = 20$, $N_3 = 16$, $N_4 = 30$, $N_6 = 36$, and $N_7 = 46$. Gear 7 is fixed. If shaft a is turned through 10 revolutions, how many turns will shaft b make?

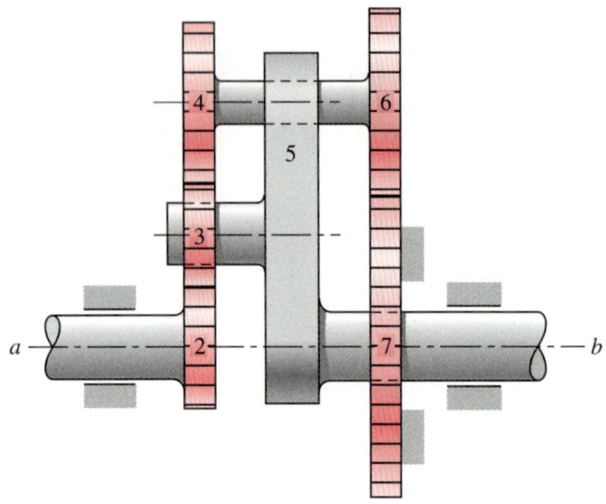

Problem 11-30

11-31 Shaft a in the figure has a power input of 75 kW at a speed of 1000 rev/min in the counter-clockwise direction. The gears have a module of 5 mm and a 20° pressure angle. Gear 3 is an idler.

(a) Find the force F_{3b} that gear 3 exerts against shaft b.

(b) Find the torque T_{4c} that gear 4 exerts on shaft c.

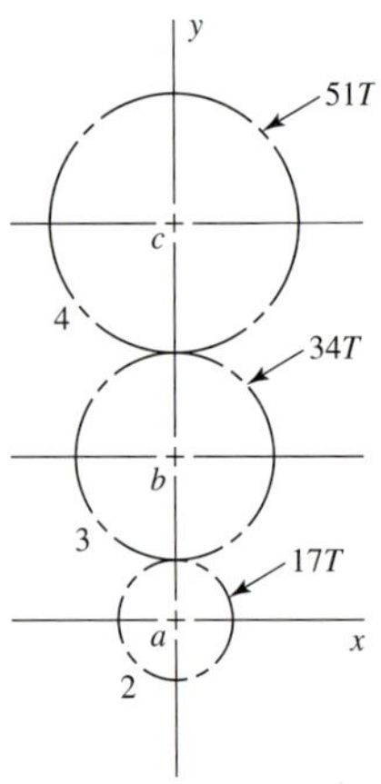

Problem 11-31

11-32 The 24T 6-pitch 20° pinion 2 shown in the figure rotates clockwise at 1000 rev/min and is driven at a power of 25 hp. Gears 4, 5, and 6 have 24, 36, and 144 teeth, respectively. What torque can arm 3 deliver to its output shaft? Draw free-body diagrams of the arm and of each gear and show all forces that act upon them.

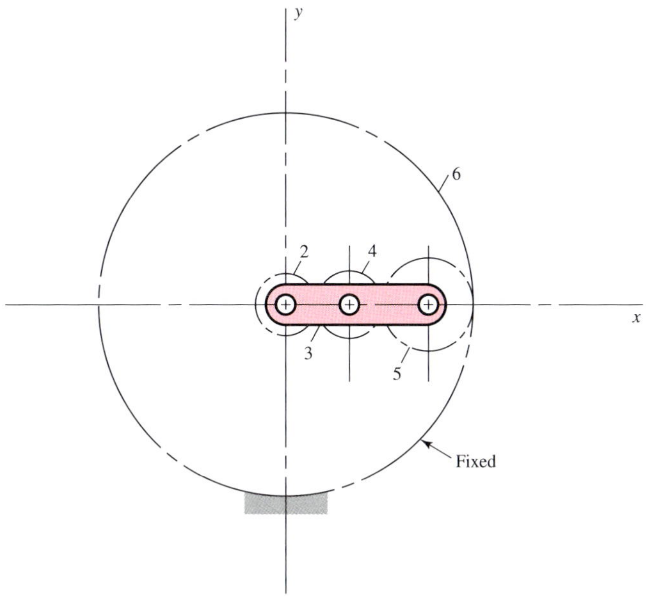

Problem 11-32

11-33 The gears shown in the figure have a module of 12 mm and a 20° pressure angle. The pinion rotates at 1800 rev/min clockwise and transmits 150 kW through the idler pair to gear 5 on shaft c. What forces do gears 3 and 4 transmit to the idler shaft?

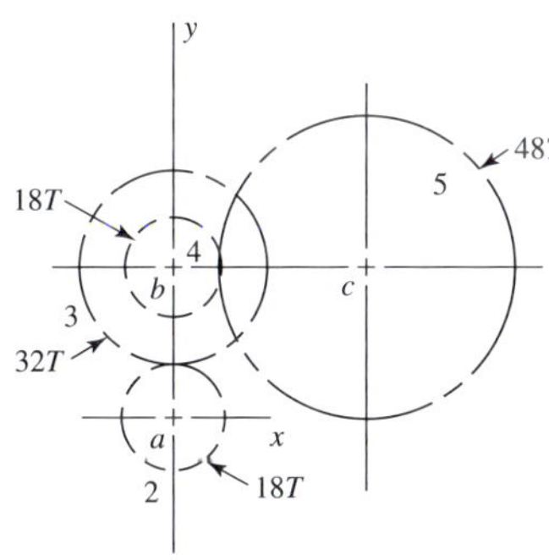

Problem 11-33

11-34 The figure shows a pair of shaft-mounted spur gears having a diametral pitch of 5 teeth/in with an 18-tooth 20° pinion driving a 45-tooth gear. The horsepower input is 32 maximum at 1800 rev/min. Find the direction and magnitude of the maximum forces acting on bearings A, B, C, and D.

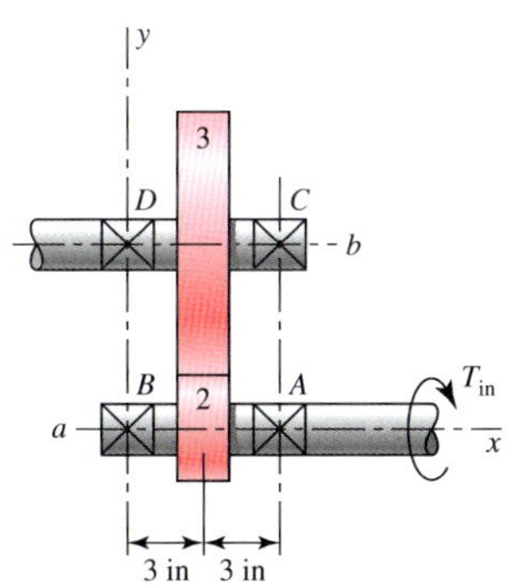

Problem 11-34

11–35 The figure shows the electric-motor frame dimensions for a 30-hp 900 rev/min motor. The frame is bolted to its support using four $\frac{3}{4}$-in bolts spaced $11\frac{1}{4}$ in apart in the view shown and 14 in apart when viewed from the end of the motor. A 4 diametral pitch 20° spur pinion having 20 teeth and a face width of 2 in is keyed to the motor shaft. This pinion drives another gear whose axis is in the same xz plane. Determine the maximum shear and tensile forces on the mounting bolts based on 200 percent overload torque. Does the direction of rotation matter?

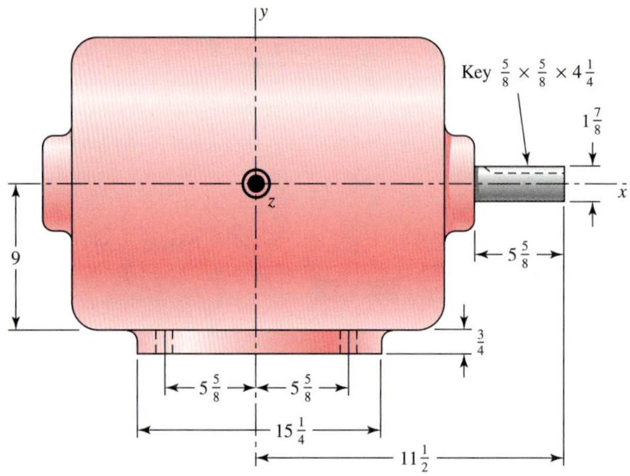

Problem 11–35
NEMA No. 364 frame; dimensions in inches. The z axis is directed out of the paper.

11–36 Continue Prob. 11-24 by finding the following information, assuming a diametral pitch of 6 teeth/in.

(*a*) Determine pitch diameters for each of the gears.

(*b*) Determine the pitch line velocities (in ft/min) for each set of gears.

(*c*) Determine the magnitudes of the tangential, radial, and total forces transmitted between each set of gears.

(*d*) Determine the input torque.

(*e*) Determine the output torque, neglecting frictional losses.

11–37 A speed-reducer gearbox containing a compound reverted gear train transmits 35 horsepower with an input speed of 1200 rev/min. Spur gears with 20° pressure angle are used, with 16 teeth on each of the small gears and 48 teeth on each of the larger gears. A diametral pitch of 10 teeth/in is proposed.

(*a*) Determine the speeds of the intermediate and output shafts.

(*b*) Determine the pitch line velocities (in ft/min) for each set of gears.

(*c*) Determine the magnitudes of the tangential, radial, and total forces transmitted between each set of gears.

(*d*) Determine the input torque.

(*e*) Determine the output torque, neglecting frictional losses.

11–38* For the countershaft in Prob. 3–72, p. 148, assume the gear ratio from gear B to its mating gear is 2 to 1.

(*a*) Determine the minimum number of teeth that can be used on gear B without an interference problem in the teeth.

(*b*) Using the number of teeth from part (*a*), what module is required to also achieve the given 200-mm pitch diameter?

(*c*) Suppose the 20° pressure angle gears are exchanged for gears with 25° pressure angle, while maintaining the same pitch diameters and diametral pitch. Determine the new forces F_A and F_B if the same power is to be transmitted.

11–39* For the countershaft in Prob. 3–73, p. 148, assume the gear ratio from gear B to its mating gear is 5 to 1.

(*a*) Determine the minimum number of teeth that can be used on gear B without an interference problem in the teeth.

(*b*) Using the number of teeth from part (*a*), what module is required to also achieve the given 300-mm pitch diameter?

(*c*) Suppose the 20° pressure angle for gear A is exchanged for a gear with 25° pressure angle, while maintaining the same pitch diameters and module. Determine the new forces F_A and F_B if the same power is to be transmitted.

11–40* For the gear and sprocket assembly analyzed in Prob. 3–77, p. 149, information for the gear sizes and the forces transmitted through the gears was provided in the problem statement. In this problem, we will perform the preceding design steps necessary to acquire the information for the analysis. A motor providing 2 kW is to operate at 191 rev/min. A gear unit is needed to reduce the motor speed by half to drive a chain sprocket.

(*a*) Specify appropriate numbers of teeth on gears F and C to minimize the size while avoiding the interference problem in the teeth.

(*b*) Assuming an initial guess of 125-mm pitch diameter for gear F, what is the module that should be used for the stress analysis of the gear teeth?

(*c*) Calculate the input torque applied to shaft *EFG*.

(*d*) Calculate the magnitudes of the radial, tangential, and total forces transmitted between gears F and C.

11–41* For the gear and sprocket assembly analyzed in Prob. 3–79, p. 149, information for the gear sizes and the forces transmitted through the gears was provided in the problem statement. In this problem, we will perform the preceding design steps necessary to acquire the information for the analysis. A motor providing 0.75 kW is to operate at 70 rev/min. A gear unit is needed to double the motor speed to drive a chain sprocket.

(*a*) Specify appropriate numbers of teeth on gears F and C to minimize the size while avoiding the interference problem in the teeth.

(*b*) Assuming an initial guess of 250-mm pitch diameter for gear F, what is the module that should be used for the stress analysis of the gear teeth?

(*c*) Calculate the input torque applied to shaft *EFG*.

(*d*) Calculate the magnitudes of the radial, tangential, and total forces transmitted between gears F and C.

11–42* For the bevel gearset in Probs. 3–74 and 3–76, pp. 148 and 149 respectively, shaft *AB* is rotating at 600 rev/min and transmits 7.5 kW. The gears have a 20° pressure angle.

(*a*) Determine the bevel angle γ for the gear on shaft *AB*.

(*b*) Determine the pitch-line velocity.

(*c*) Determine the tangential, radial, and axial forces transmitted through the gears. Were the forces given in Prob. 3–74 correct?

11–43 The figure shows a 16*T* 20° straight bevel pinion driving a 32*T* gear, and the location of the bearing centerlines. Pinion shaft *a* receives 2.5 hp at 240 rev/min. Determine the bearing reactions at A and B if A is to take both radial and thrust loads.

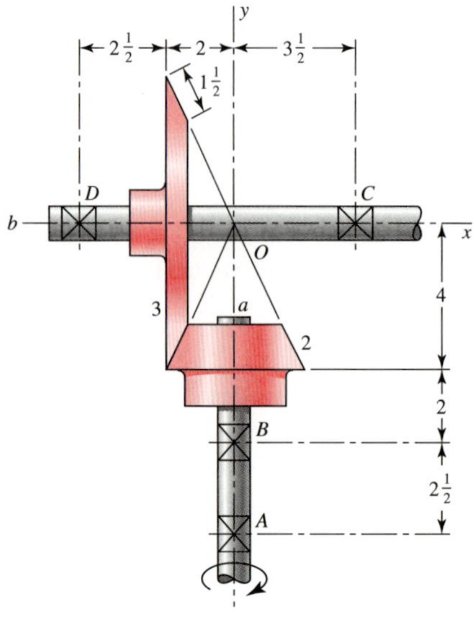

Problem 11–43
Dimensions in inches.

11–44 The figure shows a 10 diametral pitch 18-tooth 20° straight bevel pinion driving a 30-tooth gear. The transmitted load is 25 lbf. Find the bearing reactions at *C* and *D* on the output shaft if *D* is to take both radial and thrust loads.

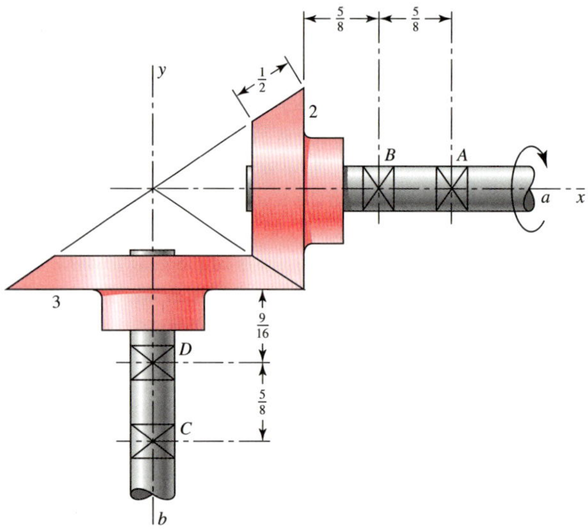

Problem 11–44
Dimensions in inches.

11–45 The gears in the two trains shown in the figure have a normal module of 3 mm, a normal pressure angle of 20°, and a 30° helix angle. For both gear trains the transmitted load is 3.5 kN. In part *a* the pinion rotates counterclockwise about the *y* axis. Find the force exerted by each gear in part *a* on its shaft.

Problem 11–45

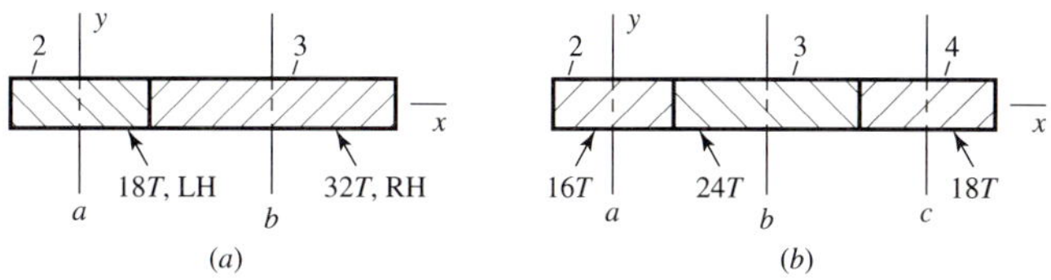

11–46 This is a continuation of Prob. 11–45. Here, you are asked to find the forces exerted by gears 2 and 3 on their shafts as shown in part *b*. Gear 2 rotates clockwise about the *y* axis. Gear 3 is an idler.

11–47 A gear train is composed of four helical gears with the three shaft axes in a single plane, as shown in the figure. The gears have a normal pressure angle of 20° and a 30° helix angle. Shaft *b* is an idler and the transmitted load acting on gear 3 is 500 lbf. The gears on shaft *b* both have a normal diametral pitch of 7 teeth/in and have 54 and 14 teeth, respectively. Find the forces exerted by gears 3 and 4 on shaft *b*.

Problem 11–47

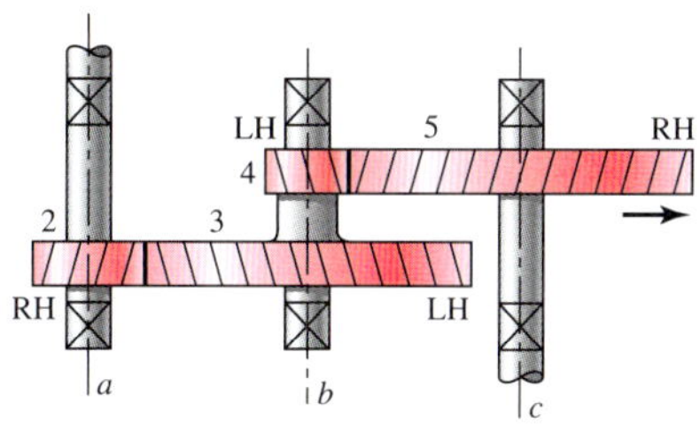

11–48 In the figure for Prob. 11–34, pinion 2 is to be a right-hand helical gear having a helix angle of 30°, a normal pressure angle of 20°, 16 teeth, and a normal diametral pitch of 6 teeth/in. A 25-hp motor drives shaft *a* at a speed of 1720 rev/min clockwise about the *x* axis. Gear 3 has 42 teeth. Find the reaction exerted by bearings *C* and *D* on shaft *b*. One of these bearings is to take both radial and thrust loads. This bearing should be selected so as to place the shaft in compression.

11–49 Gear 2, in the figure, has 16 teeth, a 20° transverse angle, a 15° helix angle, and a module of 4 mm. Gear 2 drives the idler on shaft *b*, which has 36 teeth. The driven gear on shaft *c* has 28 teeth. If the driver rotates at 1600 rev/min and transmits 6 kW, find the radial and thrust load on each shaft.

Problem 11–49

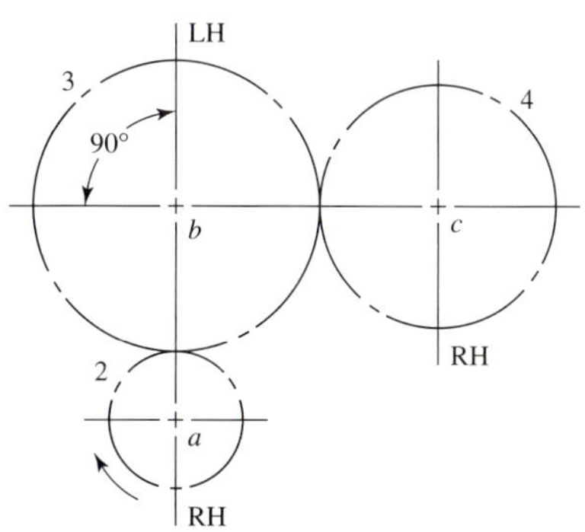

11-50 The figure shows a double-reduction helical gearset. Pinion 2 is the driver, and it receives a torque of 1200 lbf · in from its shaft in the direction shown. Pinion 2 has a normal diametral pitch of 8 teeth/in, 14 teeth, and a normal pressure angle of 20° and is cut right-handed with a helix angle of 30°. The mating gear 3 on shaft b has 36 teeth. Gear 4, which is the driver for the second pair of gears in the train, has a normal diametral pitch of 5 teeth/in, 15 teeth, and a normal pressure angle of 20° and is cut left-handed with a helix angle of 15°. Mating gear 5 has 45 teeth. Find the magnitude and direction of the force exerted by the bearings C and D on shaft b if bearing C can take only radial load while bearing D is mounted to take both radial and thrust load.

Problem 11–50
Dimensions in inches.

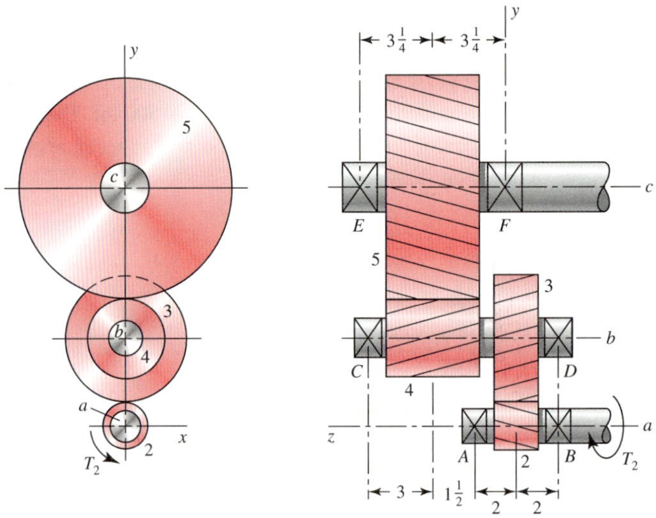

11-51 A right-hand single-tooth hardened-steel (hardness not specified) worm has a catalog rating of 2000 W at 600 rev/min when meshed with a 48-tooth cast-iron gear. The axial pitch of the worm is 25 mm, the normal pressure angle is $14\frac{1}{2}^\circ$, the pitch diameter of the worm is 100 mm, and the face widths of the worm and gear are, respectively, 100 mm and 50 mm. The figure shows bearings A and B on the worm shaft symmetrically located with respect to the worm and 200 mm apart. Determine which should be the thrust bearing, and find the magnitudes and directions of the forces exerted by both bearings.

Problem 11–51
Dimensions in millimeters.

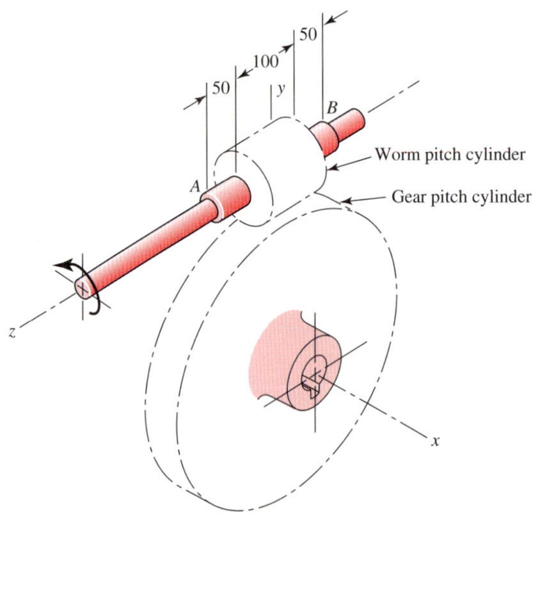

11-52 The hub diameter and projection for the gear of Prob. 11-51 are 100 and 37.5 mm, respectively. The face width of the gear is 50 mm. Locate bearings C and D on opposite sides, spacing C 10 mm from the gear on the hidden face (see figure) and D 10 mm from the hub face. Find the output torque and the magnitudes and directions of the forces exerted by the bearings on the gearshaft.

11-53 A 2-tooth left-hand worm transmits $\frac{3}{4}$ hp at 600 rev/min to a 36-tooth gear having a transverse diametral pitch of 8 teeth/in. The worm has a normal pressure angle of 20°, a pitch diameter of $1\frac{1}{2}$ in, and a face width of $1\frac{1}{2}$ in. Use a coefficient of friction of 0.05 and find the force exerted by the gear on the worm and the torque input. For the same geometry as shown for Prob. 11–51, the worm velocity is clockwise about the z axis.

11-54 Write a computer program that will analyze a spur gear or helical-mesh gear, accepting ϕ_n, ψ, P_t, N_P, and N_G; compute m_G, d_P, d_G, p_t, p_n, p_x, and ϕ_t; and give advice as to the smallest tooth count that will allow a pinion to run with itself without interference, run with its gear, and run with a rack. Also have it give the largest tooth count possible with the intended pinion.

CHAPTER

12

Shigley's Mechanical Engineering Design

스퍼기어, 헬리컬기어

Chapter Outline

이 장에서는 스퍼기어(평치차, 평기어) 또는 헬리컬기어(helical gear)의 설계/해석에 관하여 기술한다. 기어에서 하중에 의한 발생응력이 항복강도 또는 굽힘내구(피로)강도값 이상일 때 굽힘에 의한 기어파손이 발생된다. 또한, 기어잇면(치면)에서의 접촉 응력이 표면내구(치면피로) 강도 이상일 때 피팅(점부식)에 의한 치면파손이 발생된다.

미국 기어생산자 협회(AGMA)[1]에서 기어에 대한 해석/설계기술의 규정을 제시하여왔다. 기어의 강도 및 마모가 주 관심사항일 때 사용되어온 AGMA해석기법에는 다양한 경우에 대한 도표, 그래프가 포함되어 있다. 이 책에서는 단일압력각과 표준치차의 이에 대하여만 기술함으로써 내용의 복잡성을 피하려고 하였지만, 이 책에 기술된 AGMA의 해석법[2]으로부터 개념을 발전시키는 데 무리가 없을 것이다. 12-1, 12-2절에서는 AGMA의 기초 근거지식을 기술하였으며 표 12-1은 AGMA의 용어명칭이다.

12-1 Lewis의 굽힘강도공식

기어형상을 고려하여 기어 이에 발생되는 굽힘응력을 평가하는 공식은 1892년 W. Lewis가 제안하였으며, 대부분의 기어설계에 이 식이 응용되고 있다. Lewis의 기본식을 이해하기 위하여 그림 12-1a의 외팔보를 참조한다. 면폭(치폭, F)에 균일분포하중(W^t)을 받으며 단면치수는 F와 t, 길이는 l이다. 보의 단면계수는 $I/c = Ft^2/6$이므로 굽힘응력은 식 (a)와 같다.

$$\sigma = \frac{M}{I/c} = \frac{6W^t l}{Ft^2} \tag{a}$$

기어설계자에 따라 기어 이의 하중을 W_t, W_r, W_a 또는 W^t, W^r, W^a로 표시하는데 순서대로 각각 동일한 의미이다. 후자표현법(W^t, W^r, W^a)은 자유물체도에서 다른 기호와 중복되지 않기 때문에 더 좋다. 예를 들어 2와 3기어가 맞물린 경우, W^t_{23}는 2기어가 3기어에 가하는 힘을 의미하며 W^t_{32}는 3기어가 2기어에 가하는 힘을 의미한다. 두 개 이상의 감속기어를 설명할 때 이런 표기법은 의미전달이 함축적이어서 좋다. 기어하중의 분력은 지수형태를 거의 하지 않기 때문에 이런 표기법이 문제없다. 피타고라스의 정리처럼 지수가 있는 경우에는 괄호를 사용하거나 관계를 삼각함수로 표시하면 문제없다.

기어 이의 최대응력은 그림 12-1(b)의 a점에서 발생된다고 가정한다. 닮은꼴 두 삼각형의 비례관계를 이용한다.

---

[1] AGMA(American Gear Manufacturers Association), 500 Montgomery Street, Suite 350, Alexandria, VA 22314-1560. ANSI: American National Standards Institute.

[2] 이 책은 표준 ANSI/AGMA 2001-D04, ANSI/AGMA 2101-D04, 인볼류트 스퍼/헬리컬기어에 대한 계수/계산법 등으로부터 발췌인용하였다. 미국표준규격의 사용여부는 사용자가 결정하며 필수사항은 아니다.

표 12-1
기호, 명칭, 본문에 사용된 위치

Symbol	Name	Where Found
b	Net width of face of narrowest member	Eq. (12–16)
C_e	Mesh alignment correction factor	Eq. (12–35)
C_f	Surface condition factor	Eq. (12–16)
C_H	Hardness-ratio factor	Eq. (12–18)
C_{ma}	Mesh alignment factor	Eq. (12–34)
C_{mc}	Load correction factor	Eq. (12–31)
C_{mf}	Face load-distribution factor	Eq. (12–30)
C_p	Elastic coefficient	Eq. (12–13)
C_{pf}	Pinion proportion factor	Eq. (12–32)
C_{pm}	Pinion proportion modifier	Eq. (12–33)
d	Operating pitch diameter of pinion	Ex. 12–1
d_P	Pitch diameter, pinion	Eq. (12–22)
d_G	Pitch diameter, gear	Eq. (12–22)
E	Modulus of elasticity	Eq. (12–10)
F	Net face width of narrowest member	Eq. (12–15)
f_P	Pinion surface finish	Fig. 12–13
H	Power	Fig. 12–17
H_B	Brinell hardness	Ex. 12–3
H_{BG}	Brinell hardness of gear	Sec. 12–12
H_{BP}	Brinell hardness of pinion	Sec. 12–12
hp	Horsepower	Ex. 12–1
h_t	Gear-tooth whole depth	Sec. 12–16
I	Geometry factor of pitting resistance	Eq. (12–16)
J	Geometry factor for bending strength	Eq. (12–15)
K	Contact load factor for pitting resistance	Eq. (5–65)
K_B	Rim-thickness factor	Eq. (12–40)
K_f	Fatigue stress-concentration factor	Eq. (12–9)
K_m	Load-distribution factor	Eq. (12–30)
K_o	Overload factor	Eq. (12–15)
K_R	Reliability factor	Eq. (12–17)
K_s	Size factor	Sec. 12–10
K_T	Temperature factor	Eq. (12–17)
K_v	Dynamic factor	Eq. (12–27)
m	Metric module	Eq. (12–15)
m_B	Backup ratio	Eq. (12–39)
m_G	Gear ratio (never less than 1)	Eq. (12–22)
m_N	Load-sharing ratio	Eq. (12–21)
N	Number of stress cycles	Fig. 12–14
N_G	Number of teeth on gear	Eq. (12–22)
N_P	Number of teeth on pinion	Eq. (12–22)
n	Speed	Ex. 12–1

표 12-1(계속)
기호, 명칭, 본문에 사용된 위치

Symbol	Name	Where Found
n_P	Pinion speed	Ex. 12–4
P	Diametral pitch	Eq. (12–2)
P_d	Diametral pitch of pinion	Eq. (12–15)
p_N	Normal base pitch	Eq. (12–24)
p_n	Normal circular pitch	Eq. (12–24)
p_x	Axial pitch	Eq. (12–19)
Q_v	Transmission accuracy level number	Eq. (12–29)
R	Reliability	Eq. (12–38)
R_a	Root-mean-squared roughness	Fig. 12–13
r_f	Tooth fillet radius	Fig. 12–1
r_G	Pitch-circle radius, gear	In standard
r_P	Pitch-circle radius, pinion	In standard
r_{bP}	Pinion base-circle radius	Eq. (12–25)
r_{bG}	Gear base-circle radius	Eq. (12–25)
S_C	Buckingham surface endurance strength	Ex. 12–3
S_c	AGMA surface endurance strength	Eq. (12–18)
S_t	AGMA bending strength	Eq. (12–17)
S	Bearing span	Fig. 12–10
S_1	Pinion offset from center span	Fig. 12–10
S_F	Safety factor—bending	Eq. (12–41)
S_H	Safety factor—pitting	Eq. (12–42)
W^t or $W_t^{\dagger}$	Transmitted load	Fig. 12–1
Y_N	Stress cycle factor for bending strength	Fig. 12–14
Z_N	Stress cycle factor for pitting resistance	Fig. 12–15
β	Exponent	Eq. (12–44)
σ	Bending stress	Eq. (12–2)
σ_C	Contact stress from Hertzian relationships	Eq. (12–14)
σ_c	Contact stress from AGMA relationships	Eq. (12–16)
σ_{all}	Allowable bending stress	Eq. (12–17)
$\sigma_{c,\text{all}}$	Allowable contact stress, AGMA	Eq. (12–18)
ϕ	Pressure angle	Eq. (12–12)
ϕ_t	Transverse pressure angle	Eq. (12–23)
ψ	Helix angle at standard pitch diameter	Ex. 12–5

* ANSI/AGMA 2001-C95와 ANSI/AGMA 2001-D04에 기호설명이 되어 있다.
† 12-1절의 식 (*a*)와 본문내용을 참조

$$\frac{t/2}{x} = \frac{l}{t/2} \quad \text{or} \quad x = \frac{t^2}{4l} \qquad (b)$$

식 (*a*)를 정리한다.

$$\sigma = \frac{6W^t l}{Ft^2} = \frac{W^t}{F}\frac{1}{t^2/6l} = \frac{W^t}{F}\frac{1}{t^2/4l}\frac{1}{\frac{4}{6}} \qquad (c)$$

| 그림 12-1

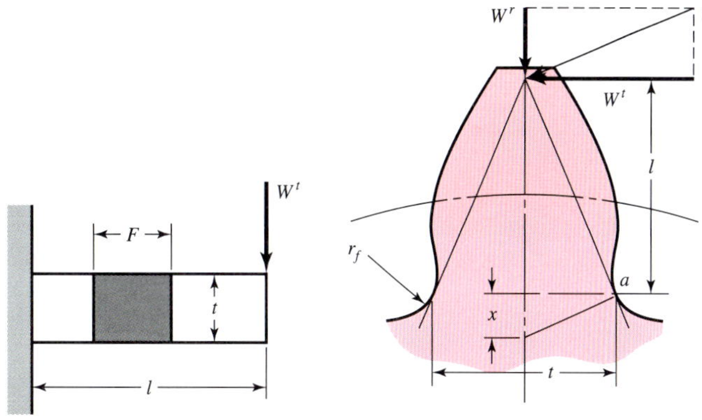

식 (b)의 x 값을 식 (c)에 대입한 후 분자와 분모에 원주피치를 각각 곱한다.

$$\sigma = \frac{W^t p}{F\left(\frac{2}{3}\right) xp} \tag{d}$$

y = 2x/3p로 정의하면 Lewis가 제안한 식 (12-1)이 된다.

$$\sigma = \frac{W^t}{Fpy} \tag{12-1}$$

원주피치(p)를 사용한 *Lewis* **치형계수**(y)값은 기어 이 형상에 대한 도식적 기법이나 수치계산으로 구한다. 식 (12-1)에서의 원주피치 대신 지름피치가 선호되므로, 식 (12-1)에 ($P=\pi/p$, $Y=\pi y$)을 대입하면

$$\sigma = \frac{W^t P}{FY} \tag{12-2}$$

가 되며, 식 (12-2)에서

$$Y = \frac{2xP}{3} \tag{12-3}$$

이다. 이 식은 이의 굽힘만이 고려되며, 하중의 반지름방향 분력에 의한 압축은 무시됨을 의미한다. 지름피치를 사용한 Lewis 치형계수(Y)값을 표 12-2에 정리하였다.

식 (12-3)은 기어 한 개가 전체하중을 받으며 최대하중이 기어의 상단에 가해짐을 전제로 한다. 물림률은 1보다 커야(예컨데 1.5) 한다고 앞 장에서 기술하였다. 기어가 정확하게 가공되었다면 기어 이 끝에 하중이 가해지는 조건은 최악이 아니다. 그 이유는 기어의 한 개 이 끝에 하중이 가해질 때는 이미 다른 한 쌍의 기어 이가 서로 접촉하여 하중을 분담하기 때문이다. 구동 중인 기어 이에서 최대하중은 이의 중간 근방에서 발생되는 것으로 나타났다. 따라서 최대응력은 한 쌍의 이가 전체하중을 받으며, 다른 한 쌍의 이는 막 접촉되기 시작되는 위치에서 발생될 것이다.

표 12-2
Lewis 형상계수 값(압력각 20°, 표준치차이, 회전면에서 원주피치가 1을 기준으로 한다.)

Number of Teeth	Y	Number of Teeth	Y
12	0.245	28	0.353
13	0.261	30	0.359
14	0.277	34	0.371
15	0.290	38	0.384
16	0.296	43	0.397
17	0.303	50	0.409
18	0.309	60	0.422
19	0.314	75	0.435
20	0.322	100	0.447
21	0.328	150	0.460
22	0.331	300	0.472
24	0.337	400	0.480
26	0.346	Rack	0.485

동하중효과

한 쌍의 기어가 중고속으로 구동되며 소음이 발생될 정도일 때 동하중효과가 존재한다. 구동속도증가에 따라 전달하중이 증가됨을 설명하기 위하여, 예전의 연구자는 동일한 크기, 재료, 강도를 갖는 몇 개의 기어를 맞물리고 정지시킨 채로 파손될 때까지 시험하였다. 나머지 기어에 대하여는 다양한 피치선속도에서 파손될 때까지 테스트하였다. 예를 들면, 한 쌍의 기어가 정지상태에서 500 lbf의 접선방향 하중조건에서 파손되었으나 속도 V_1일 때 250 lbf의 하중에서 파손되었다면, 속도 V_1에서 기어의 **속도계수**(K_v)는 2이다. 이때, 피치선속도 V_1으로 구동되는 다른 한 쌍의 동일한 기어는 접선방향(또는 전달되는) 하중의 2배 하중을 받게 된다. 속도계수(K_v)에 대한 정의가 수정되었음에 주의하여야 한다(ANSI/AGMA 2001-D04, 2101-D04참조). 현재 K_v의 정의는 과거 정의의 역수로 표시되기 때문에, 과거 1.0보다 작았던 AGMA의 표준값이 이제는 1보다 크다. 따라서, 표준정의가 수정되기 이전 결과물을 인용할 때에는 정의에 대한 언급이 필요하다.

19세기에 C. Barth가 속도계수에 대하여 처음으로 제안하였으며, 현재 AGMA표준에서는 다음과 같이 표시된다.

$$K_v = \frac{600 + V}{600} \quad \text{(주철, 주조된 형상)} \tag{12-4a}$$

$$K_v = \frac{1200 + V}{1200} \quad \text{(절삭, 밀링된 형상)} \tag{12-4b}$$

여기서 V는 (ft/분) 단위의 피치선속도이다. 이 시험이 수행될 당시에 인볼류트보다는 아마 사이클로이드형상에 대하여 테스트되었을 것이다. 그 이유는 19세기에는 사이클로이드가 더 주조되기 쉬워서 인볼류트보다 사이클로이드치형이 더 널리 사용되었기 때문이다. AGMA에서 추가된 식은 다음과 같다.

$$K_v = \frac{50 + \sqrt{V}}{50} \quad \text{(호빙 또는 셰이핑된 형상)} \tag{12-5a}$$

$$K_v = \sqrt{\frac{78 + \sqrt{V}}{78}} \quad \text{(셰이빙 또는 연삭된 형상)} \tag{12-5b}$$

SI단위계에서는 식 (12-4*a*~5*b*)가 식 (12-6*a*~6*d*)로 표시되며, *V*의 단위는 미터/초이다.

$$K_v = \frac{3.05 + V}{3.05} \quad \text{(주철, 주조된 형상)} \tag{12-6a}$$

$$K_v = \frac{6.1 + V}{6.1} \quad \text{(절삭, 밀링된 형상)} \tag{12-6b}$$

$$K_v = \frac{3.56 + \sqrt{V}}{3.56} \quad \text{(호빙 또는 셰이핑된 형상)} \tag{12-6c}$$

$$K_v = \sqrt{\frac{5.56 + \sqrt{V}}{5.56}} \quad \text{(셰이빙 또는 연삭된 형상)} \tag{12-6d}$$

식 (12-2)에 속도계수개념을 고려하면

$$\sigma = \frac{K_v W^t P}{FY} \tag{12-7}$$

이며, 미터단위의 표시법은 식 (12-8)이다[역자주: 식 (11-1), (11-2)를 참조].

$$\sigma = \frac{K_v W^t}{FmY} \tag{12-8}$$

여기서 면폭(*F*)과 모듈(*m*)의 단위를 mm로 하고, 접선방향하중(W^t)을 Newton으로 표시하면, 응력단위가 MPa가 된다. 일반적으로 스퍼기어에서 면폭(*F*)은 원주피치(*p*)의 3~5배가 된다. 식 (12-7), (12-8)은 기어 이에 대하여 굽힘강도를 정하는 AGMA기법의 근간이므로 중요하다. 이 식들은 기어의 수명이나 신뢰성이 특별히 중요하지 않을 때 기어용량, 기어크기를 추정하는 용도로 사용된다.

예제 12-1

스퍼기어의 지름피치가 잇수 8개/인치이며, 면폭 $1\frac{1}{2}$인치, 총 잇수 16개, 압력각 20°, 표준치차이며, 재료는 압연된 AISI 1020강이다. 설계계수 $n_d = 3$을 사용하며, 회전속도 1,200 rpm의 정상작동상태에서 보통기어에 대한 전달동력(hp)을 구하라.

풀이 정상작동조건에서는 기어의 항복강도를 파손기준으로 평가한다. 표 A-20에서 극한강도 55 kpsi, 항복강도 30 kpsi이다. 설계계수가 3이므로 허용굽힘응력은 30/3=10 kpsi이다. 피치원지름은 $N/P = 16/8 = 2$ 인치이므로 피치선속도는 다음과 같다.

$$V = \frac{\pi dn}{12} = \frac{\pi(2)1200}{12} = 628 \text{ ft/min}$$

식 (12-4b)로부터 속도계수를 구한다.

$$K_v = \frac{1200 + V}{1200} = \frac{1200 + 628}{1200} = 1.52$$

표 12-2에서 16개 이의 치형계수(Y)는 0.296이다. 식 (12-7)을 하중(W^t)에 대하여 정리한 후 값을 대입한다.

$$W^t = \frac{FY\sigma_{\text{all}}}{K_v P} = \frac{1.5(0.296)10\,000}{1.52(8)} = 365 \text{ lbf}$$

전달 가능 마력은 다음과 같다[역자주: 식 (3-42) 참조].

답

$$hp = \frac{W^t V}{33\,000} = \frac{365(628)}{33\,000} = 6.95 \text{ hp}$$

이 예제풀이법은 대략의 추정치이므로 중요한 경우에는 사용하면 안 된다. 이 예제는 AGMA해석법의 기본원리를 설명하기 위함이다.

예제 12-2 앞의 예제 12-1에서의 기어가 굽힘조건에서 무한 수명을 얻을 수 있는 동력(마력)의 크기를 구하라.

풀이 식 (5-8)로부터 회전보의 내구한도를 추정한다.

$$S'_e = 0.5S_{ut} = 0.5(55) = 27.5 \text{ kpsi}$$

표면다듬질 Marin계수(k_a)는 표 5-2의 기계가공면값(a=2.70, b=−0.265)과 식 (5-19)을 이용하여 구한다.

$$k_a = aS_{ut}^b = 2.70(55)^{-0.265} = 0.934$$

식 (5-19)의 치수효과계수(k_b)를 결정하기 위하여, 우선 표 11-1에서 이끝높이(어덴덤)와 이뿌리높이(디덴덤)의 합을 구한다.

$$l = \frac{1}{P} + \frac{1.25}{P} = \frac{1}{8} + \frac{1.25}{8} = 0.281 \text{ in}$$

그림 12-1*b*에서의 이두께(t)는 $t=(4lx)^{1/2}$ (12-1절 식(b) 참조)로 구한다. 예제 12-1 풀이의 Y=0.296, P=8을 대입하여 x와 t를 구한다.

$$x = \frac{3Y}{2P} = \frac{3(0.296)}{2(8)} = 0.0555 \text{ in}$$

$$t = (4lx)^{1/2} = [4(0.281)0.0555]^{1/2} = 0.250 \text{ in}$$

기어의 이를 직사각형단면의 외팔보로 가정하였으며, 이와 동등한 회전보의 지름은 식 (5-25)로 결정한다.

$$d_e = 0.808(hb)^{1/2} = 0.808(Ft)^{1/2} = 0.808[1.5(0.250)]^{1/2} = 0.495 \text{ in}$$

이 값을 식 (5-20)에 대입하여 k_b값을 구한다.

$$k_b = \left(\frac{d_e}{0.30}\right)^{-0.107} = \left(\frac{0.495}{0.30}\right)^{-0.107} = 0.948$$

식 (5-26)에서 하중 계수(k_c)는 1.0이다. 온도와 신뢰성에 대한 언급이 없으므로 다른 계수값($k_d=k_e=1$)도 1.0으로 가정한다. 기타효과를 나타내는 Marin계수(k_f)를 결정할 때 두 가지 영향을 고려한다. 첫째는 한쪽굽힘의 영향이다. 일반적으로 기어의 이는 한 방향으로만 굽힘을 받으나, 아이들러기어와 역회전기어는 예외이다. 일방향 굽힘일 때 균일/교번응력성분은 $\sigma_a = \sigma_m = \sigma/2$이며, σ는 식 (12-7)에서 가해지는 최대 반복 굽힘응력이다. 재료가 Goodman 파손선도를 따른다면 다음 식과 같다.

$$\frac{S_a}{S_e'} + \frac{S_m}{S_{ut}} = 1$$

S_a와 S_m는 한 방향 굽힘 경우에 동일하므로, S_m 대신 S_a를 대입 후 S_a에 관하여 식을 정리한다.

$$S_a = \frac{S_e' S_{ut}}{S_e' + S_{ut}}$$

S_a를 $\sigma/2$로 바꾸고, 분모에서 S'_e를 0.5 S_{ut}로 바꾼다.

$$\sigma = \frac{2S_e' S_{ut}}{0.5S_{ut} + S_{ut}} = \frac{2S_e'}{0.5+1} = 1.33S_e'$$

여기서 $k_f = \sigma/ S'_e = 1.33S'_e / S'_e = 1.33$이다. 한편, Gerber 이론의 식은 다음과 같다.

$$\frac{S_a}{S_e'} + \left(\frac{S_m}{S_{ut}}\right)^2 = 1$$

S_m을 S_a로 놓고 이차방정식을 S_a에 관하여 푼다.

$$S_a = \frac{S_{ut}^2}{2S_e'}\left(-1 + \sqrt{1 + \frac{4S_e'^2}{S_{ut}^2}}\right)$$

여기서, $S_a=\sigma/2$, $S_{ut}=S'_e / 0.5$ 를 대입하면

$$\sigma = \frac{S_e'}{0.5^2}\left[-1 + \sqrt{1 + 4(0.5)^2}\right] = 1.66S_e'$$

이며, $k_f = \sigma/S'_e = 1.66$이다. Gerber 파손 이론이 피로시험결과값 중에 있으므로 $k_f = 1.66$를 선택한다. 보정된 내구강도에 대한 Marin식은

$$\begin{aligned} S_e &= k_a k_b k_c k_d k_e k_f S_e' \\ &= 0.934(0.948)(1)(1)(1)1.66(27.5) = 40.4 \text{ kpsi} \end{aligned}$$

피로응력집중계수(K_f)를 결정한다. 압력각 20°일 때 이뿌리필릿의 반지름(r_f)을 구한다.

$$r_f = \frac{0.300}{P} = \frac{0.300}{8} = 0.0375 \text{ in}$$

그림 A-15-6에서 곡률형상(r/d)의 값을 계산한다.

$$\frac{r}{d} = \frac{r_f}{t} = \frac{0.0375}{0.250} = 0.15$$

D/d가 ∞일 경우(D/d = 3인 경우와 같다고 가정함)값으로 그래프를 읽으면 K_t=1.68이 된다. 식 (5-20)으로 q = 0.62이다. 식 (5-32)로부터,

$$K_f = 1 + (0.62)(1.68 - 1) = 1.42$$

예제 12-1처럼 설계계수 n_d =3을 고려하여 허용굽힘응력을 구한다.

$$\sigma_{\max} = K_f \sigma_{\text{all}} = \frac{S_e}{n_d}$$

$$\sigma_{\text{all}} = \frac{S_e}{K_f n_d} = \frac{40.4}{1.42(3)} = 9.5 \text{ kpsi}$$

전달하중을 구한다.

$$W^t = \frac{F Y \sigma_{\text{all}}}{K_v P} = \frac{1.5(0.296)9\,500}{1.52(8)} = 347 \text{ lbf}$$

예제 12-1에서 속도 V=628 (ft/min)을 이용하여 전달마력을 구한다.

$$hp = \frac{W^t V}{33\,000} = \frac{347(628)}{33\,000} = 6.6 \text{ hp}$$

예제 12-1에서와 마찬가지로, 이 예제결과는 기어 이에서 굽힘의 영향을 이해하기 위한 기초자료로만 사용될 수 있다.

예제 12-2에서 언급된 그림 A-15-6은 기어 이에서 응력 집중을 직접 설명하지 못했다. Dolan과 Broghamer[3]이 1942년 보고한 광탄성실험결과는 응력 집중에 대한 중요 자료이다. Mitchiner과 Marbie[4]는 그 결과를 피로응력집중계수(K_f) 형태로 표시하였다.

$$K_f = H + \left(\frac{t}{r}\right)^L \left(\frac{t}{l}\right)^M \tag{12-9}$$

여기서
$$H = 0.34 - 0.458\,366\,2\phi$$
$$L = 0.316 - 0.458\,366\,2\phi$$
$$M = 0.290 + 0.458\,366\,2\phi$$
$$r = \frac{(b - r_f)^2}{(d/2) + b - r_f}$$

이 식에서 l과 t는 그림 12-1의 치수값, ϕ는 압력각, r_f 는 필릿반지름, b는 디덴덤, d는 피치지름이다. 식 (12-9)에서의 K_f값과, 예제 12-2(그림 A-15-6)의 근사값이 상호 얼마나 다른지를 독자가 직접 비교해보기 바란다[역자주: ϕ압력각의 단위가 라디안(radian)임에 주의하면, 두 값이 크게 다르지 않게 계산됨을 알 수 있다].

3 T. J. Dolan and E. I. Broghamer, A Photoelastic Study of the Stresses in Gear Tooth Fillets (1942) 또는 W. D. Pilkey, Stress Concentration Factors (1997) 참조.

4 R. G. Mitchiner and H. H. Mabie, J. Mech. Des., pp.144-158 (1982).

12-2 표면내구도

이 절에서는 보통 **마모**로 정의되는 기어이면(치면)의 파손에 관하여 기술한다. 5-16절에서 설명한 **피팅**은 높은 접촉 응력이 계속 반복됨에 따른 표면피로파손이다. 다른 형태의 표면 파손으로는, 윤활이 적절하지 않음에 의한 **스코링파손**과 이물질에 의한 **연마마모**가 있다. 표면접촉 응력에 대한 수학적 표현를 위하여 Hertz이론을 인용한다. 식 (3-74)에서 두 원통 사이의 접촉 응력은 식 (a)와 같다.

$$p_{\max} = \frac{2F}{\pi bl} \tag{a}$$

$p_{\max}$ = 최대 표면압력(응력)
F = 두 원통의 지름방향 접촉하중
l = 원통의 길이

여기서, p_{max}는 최대표면압력, F는 두 원통을 압착하는 하중, l은 원통의 길이이다.

접촉폭의 반(b)은 식 (3-73)으로부터 구한다.

$$b = \left\{ \frac{2F}{\pi l} \frac{\left[\left(1-\nu_1^2\right)/E_1\right] + \left[\left(1-\nu_2^2\right)/E_2\right]}{(1/d_1) + (1/d_2)} \right\}^{1/2} \tag{12-10}$$

여기서 ν_1, ν_2, E_1, E_2는 탄성상수이며 d_1, d_2는 지름이다. 기어표기법에 적용하기 위하여, F를 $W^t/\cos\phi$로 대체하며 d를 $2r$로, l을 면폭 F로 바꾼다. 식 (12-10)의 b를 식 (a)에 대입한 후, p_{max}를 σ_c로 대체하여 표면압축응력(Hertz식 접촉 응력)값을 얻는다.

$$\sigma_C^2 = \frac{W^t}{\pi F \cos\phi} \frac{(1/r_1) + (1/r_2)}{\left[\left(1-\nu_1^2\right)/E_1\right] + \left[\left(1-\nu_2^2\right)/E_2\right]} \tag{12-11}$$

여기서 r_1, r_2는 각각 피니언과 기어 이 형상에 대한 접촉점에서의 순간 곡률반지름이다. W^t값에서 하중분담을 고려한다면, 식 (12-11)을 사용하여 이접촉 시작부터 떨어질 때까지의 모든 위치에서 Hertz식 응력을 구할 수 있다. 피치점에서만 순수한 구름접촉이 존재하며 나머지 위치에서는 구름과 미끄럼접촉이 동시에 존재한다. 식 (12-11)의 응력값을 계산하는 과정에서는 미끄럼을 고려하지 않았다. AGMA에서는 프와송비를 μ라고 하며 이 책에서는 ν로 표시한다.

피치선근방에서 마모가 먼저 발생된다. 피치점에서 이형상의 곡률반지름 2개를 구한다.

$$r_1 = \frac{d_P \sin\phi}{2} \qquad r_2 = \frac{d_G \sin\phi}{2} \tag{12-12}$$

여기서 ϕ는 압력각이며, d_P, d_G는 각각 피니언과 기어의 피치지름이다.

AGMA는 식 (12-11)의 분모에 있는 4개의 탄성상수를 이용하여 **탄성정수계수**(C_p)를 정의한다.

$$C_p = \left[\frac{1}{\pi \left(\frac{1-\nu_P^2}{E_P} + \frac{1-\nu_G^2}{E_G} \right)} \right]^{1/2} \tag{12-13}$$

속도계수(K_v)개념을 추가하면 식 (12-11)은 식 (12-14)가 된다.

$$\sigma_C = -C_p \left[\frac{K_v W^t}{F \cos\phi} \left(\frac{1}{r_1} + \frac{1}{r_2} \right) \right]^{1/2} \tag{12-14}$$

여기서 음의 부호는 응력(σ_C)이 압축응력임을 의미한다.

예제 12-3 예제 12-1과 12-2에서의 피니언이 ASTM 번호 50, 주조로 제조된 잇수 50개의 기어와 짝을 이룬다. 1700 N이 접선방향하중일 때 표면피로파손에 대한 안전계수를 결정하라.

풀이 표 A-5로부터 탄성상수는 Ep=207 GPa, ν_P=0.292, E_G=100 GPa, ν_G=0.211이다. 식 (12-13)에 대입하여 탄성정수계수를 구한다.

$$C_p = \left\{ \frac{1}{\pi \left[\frac{1-(0.292)^2}{207(10^9)} + \frac{1-(0.211)^2}{100(10^9)} \right]} \right\}^{1/2} = 150\,927.3$$

예제 12-1에서 피니언과 기어의 피치지름은 각각 d_P=48 mm, d_G=50(3)=150 mm이다. 식 (12-12)로부터 피치점에서 곡률반지름을 구한다.

$$r_1 = \frac{48 \sin 20°}{2} = 8.2 \text{ mm} \qquad r_2 = \frac{150 \sin 20°}{2} = 25.7 \text{ mm}$$

면폭 38 mm, 압력각 20°, 예제 12-1에서 K_v=1.5를 식 (12-14)에 대입하여 접촉 응력(σ_c)을 구한다.

$$\sigma_c = -150\,927.3 \left[\frac{1.5(1700)}{0.038 \cos 20°} \left(\frac{1}{0.0082} + \frac{1}{0.0257} \right) \right]^{1/2} = -511.5 \text{ MPa}$$

표 A-22에서 ASTM 번호-50 주철의 H_B값은 262이다. 주철의 표면내구강도(S_c)는 10^8의 부하횟수, MPa단위의

$$S_C = 2.206 H_B \text{ MPa}$$

식으로 추정되므로 S_c=2.206(262)=578 MPa가 된다. 접촉 응력은 전달하중과 선형 비례관계가 아니다(식 12-14 참조). 기능감소하중을 적용하중으로 나눈 값을 안전계수로 정의한다면, 하중비는 응력비의 제곱이며 다음과 같이 표시된다.

$$n = \frac{\text{loss-of-function load}}{\text{imposed load}} = \frac{S_C^2}{\sigma_C^2} = \left(\frac{578}{511.5} \right)^2 = 1.28$$

안전계수를 S_c/σ_c와 같이 별도로 정의한다면 이상한 일이 발생된다. 굽힘피로에 대한

안전계수가 1.2, 표면피로의 안전계수가 1.28이라고 가정해본다. 하중비를 고려한다면 1.28이 1.20보다 크기 때문에 굽힘피로파손이 예상된다. 그러나 표면피로에 대한 안전계수를 $S_c/\sigma_c = \sqrt{1.28} = 1.13$으로 정의한다면, 1.20이 1.13보다 커지므로 혼란이 발생된다. 따라서 표면피로 안전계수를 하중비 또는 응력비 어느 쪽으로도 정의할 수 있지만, 하중비로 비교하려면 응력비를 제곱하여야 한다.

앞 절에서 설명한 속도계수 외에 전달하중의 변동, 기어접촉면에 불균일한 전달하중, 굽힘응력에 영향을 미치는 림두께를 고려하여야 한다. 표면피로에서는 내구강도는 해당부하횟수(사이클 수)에 따라 정해진 값이어야 하며, *S-N*곡선에서 기울기값도 결정되어야 한다. 굽힘피로에서 S-N곡선의 10^6 부하횟수 근처에서 기울기가 급변하기도 하며, 어떤 경우는 내구한도가 관찰되지 않기도 한다. 기어가 10^{11} 이상의 부하횟수에서도 파손되지 않기도 한다. 굽힘피로에서 내구강도의 감소현상이 AGMA 절차에 포함되어 있다.

12-3 AGMA 응력공식

AGMA해석법에서 2개의 응력식이 사용되는데, 하나는 굽힘응력에 관한 것이며 다른 하나는 접촉응력에 대한 피팅저항성에 관한 것이다. AGMA에서는 이 응력값을 **응력크기**라고 하며 소문자 s로 표시된다. 본 교재에서는 그리스문자 σ로 표시한다. 기본 공식은 식 (12-15)와 같다.

$$\sigma = \begin{cases} W^t K_o K_v K_s \dfrac{P_d}{F} \dfrac{K_m K_B}{J} & \text{(미국 전통단위)} \\ W^t K_o K_v K_s \dfrac{1}{bm_t} \dfrac{K_H K_B}{Y_J} & \text{(SI 단위)} \end{cases} \tag{12-15}$$

식에서 각 변수값은 미국단위(괄호 안은 SI단위)이다.

W^t는 접선방향의 전달하중, lbf(N)
K_o는 과하중계수
K_v는 속도계수
K_s는 치수효과계수
P_d는 축직각 지름피치
F(또는 b)는 좁은 쪽의 면폭, 인치(mm)
K_m(또는 K_H)는 하중분포계수
K_B는 림두께 계수
J(또는 Y_J)는 굽힘강도에서의 형상계수(이뿌리필릿의 응력집중계수 K_f 포함)
(m_t)는 횡방향 미터계 모듈

식 (12-15) 중 용어의 의미를 모두 이해하기보다, 설계자가 고려할 AGMA지침으로 우선 이해할 수 있다. 각 용어는 다음과 관련이 있다.

- 전달하중의 크기
- 과하중
- 동하중 전달로 인한 하중증가
- 치수효과
- 기하형상: 피치와 면폭
- 이면을 따라 하중의 분포정도
- 이의 림 지지상태
- Lewis 형상계수와 이뿌리필릿 응력집중

한편, 피팅저항성(접촉응력)에 대한 기본공식은 식 (12-16)이다.

$$\sigma_c = \begin{cases} C_p\sqrt{W^t K_o K_v K_s \dfrac{K_m}{d_P F}\dfrac{C_f}{I}} & \text{(미국 전통단위)} \\ Z_E\sqrt{W^t K_o K_v K_s \dfrac{K_H}{d_{w1} b}\dfrac{Z_R}{Z_I}} & \text{(SI 단위)} \end{cases} \tag{12-16}$$

여기서, 동일한 기호 변수는 식 (12-15)에서의 정의와 같다. 추가 문자기호는 미국단위(괄호 안은 SI단위)이다.

C_p(또는 Z_E)는 탄성정수계수, $\sqrt{\text{lbf/in}^2}$ ($\sqrt{\text{N/mm}^2}$)
C_f(또는 Z_R)는 표면다듬질계수
dp(또는 d_{wl})는 피니언의 피치지름, in(mm)
I(또는 Z_I)는 면압강도에 대한 형상계수이다.

이 계수값에 대하여는 다음 절에 설명하며, 식 (12-16)에 대하여는 12-5절에 구체적으로 설명한다.

12-4 AGMA 강도공식

AGMA는 강도라는 용어 대신 **허용응력크기(S_a)**라는 용어를 사용한다. 그러나 이 교재에서는 앞에서 정의한 대로 강도를 대문자(S)로 표시하며, 응력은 그리스 소문자(σ)로 표시한다. 또한 혼동을 피하기 위하여 AGMA허용응력크기를 AGMA강도로 표시한다. AGMA굽힘강도(S_t)를 그림 12-2~12-4, 표 12-3, 12-4에 표시하였다. AGMA강도는 다른 강도(예: 극한강도, 항복강도)와는 의미가 다르며 기어문제에만 해당된다. AGMA해석절차에서 강도값은 굽힘/접촉응력의 한계값을 결정하는 다양한 계수로 보정(수정)된다.

보정된 허용굽힘응력(σ_{all})공식은 다음과 같다.

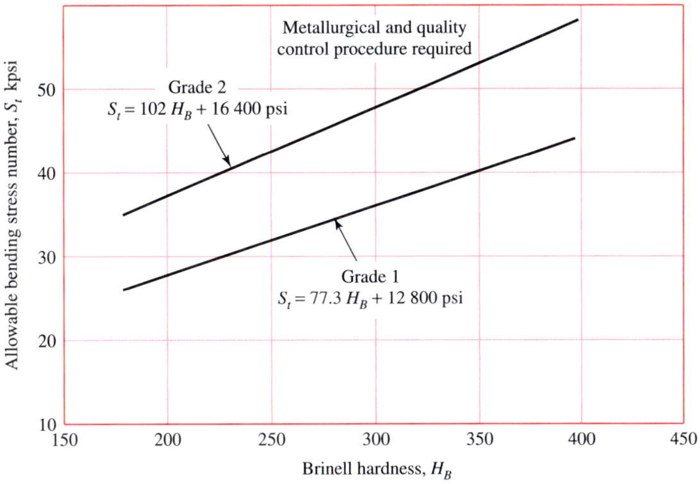

그림 12-2
관통경화강에 대한 허용굽힘응력. SI단위의 공식은 1등급에 대하여, $\sigma_{FP}=0.533H_B+88.3$ MPa, $\sigma_{FP}=0.703H_B+113$ MPa이다.
(*ANSI/AGMA 2001- D04, 2101-D04* 참조)

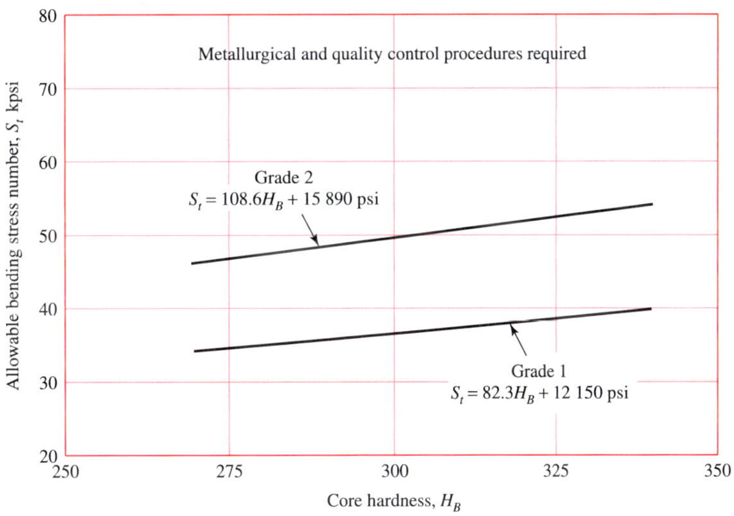

그림 12-3
질화관통경화강 기어에 대한 허용굽힘응력. SI단위의 공식은 1등급에 대하여 $\sigma_{FP}=0.568H_B+83.8$ MPa이며, 2등급에 대하여 $\sigma_{FP}=$ 0.749HB+110 MPa이다.
(*ANSI/AGMA 2001-D04, 2101-D04* 참조)

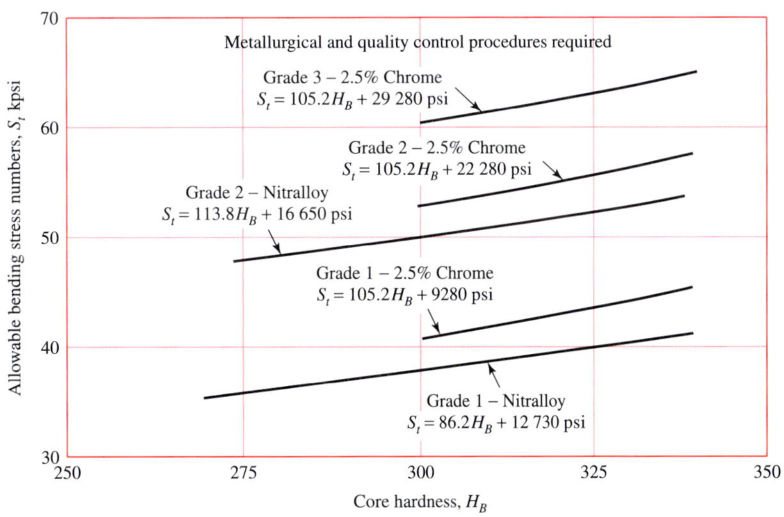

그림 12-4
질화강기어의 허용굽힘응력. SI 단위의 공식은
$\sigma_{FP}=0.594H_B+87.76$ MPa(질화강 1등급), $\sigma_{FP}=0.784H_B+114.81$ MPa(질화강 2등급), $\sigma_{FP}=0.7255H_B+63.89$ MPa(2.5% 크롬강 1등급), $\sigma_{FP}=0.7255H_B+453.63$ MPa(2.5% 크롬강 2등급), $\sigma_{FP}=0.7255H_B+201.91$ MPa(2.5% 크롬강 3등급).
(*ANSI/AGMA 2001-D04, 2101-D04* 참조)

표 12-3 강기어에서 10^7 부하횟수와 99% 신뢰도를 나타내는 반복굽힘강도

Material Designation	Heat Treatment	Minimum Surface Hardness[1]	Allowable Bending Stress Number S_t,[2] psi (MPa) Grade 1	Grade 2	Grade 3
Steel[3]	Through-hardened	See Fig. 12–2	See Fig. 12–2	See Fig. 12–2	—
	Flame[4] or induction hardened[4] with type A pattern[5]	See Table 8*	45 000 (310)	55 000 (380)	—
	Flame[4] or induction hardened[4] with type B pattern[5]	See Table 8*	22 000 (151)	22 000 (151)	—
	Carburized and hardened	See Table 9*	55 000 (380)	65 000 or 70 000[6] (448 or 482)	75 000 (517)
	Nitrided[4,7] (through-hardened steels)	83.5 HR15N	See Fig. 12–3	See Fig. 12–3	—
Nitralloy 135M, Nitralloy N, and 2.5% chrome (no aluminum)	Nitrided[4,7]	87.5 HR15N	See Fig. 12–4	See Fig. 12–4	See Fig. 12–4

1~7까지의 각주에 대하여 ANSI/AGMA 2001-D04를 참조한다.

* ANSI/AGMA 2001-D04의 표 8과 9에는 S_t, S_c에 영향을 미치는 중요한 금속학적 인자에 대한 설명이 있다(표 8 : 화염경화/고주파경화강 기어, 표 9 : 침탄경화강 기어)

표 12-4 10^7부하횟수와 0.99신뢰도에서 강/청동기어의 반복굽힘강도

Material	Material Designation[1]	Heat Treatment	Typical Minimum Surface Hardness[2]	Allowable Bending Stress Number, S_t,[3] psi (MPa)
ASTM A48 gray cast iron	Class 20	As cast	—	5000 (35)
	Class 30	As cast	174 HB	8500 (58)
	Class 40	As cast	201 HB	13 000 (90)
ASTM A536 ductile (nodular) Iron	Grade 60–40–18	Annealed	140 HB	22 000–33 000 (151–227)
	Grade 80–55–06	Quenched and tempered	179 HB	22 000–33 000 (151–227)
	Grade 100–70–03	Quenched and tempered	229 HB	27 000–40 000 (186–275)
	Grade 120–90–02	Quenched and tempered	269 HB	31 000–44 000 (213–275)
Bronze		Sand cast	Minimum tensile strength 40 000 psi	5700 (39)
	ASTM B–148 Alloy 954	Heat treated	Minimum tensile strength 90 000 psi	23 600 (163)

[1] ANSI/AGMA 2004-B89를 참조한다.

[2] 면폭중앙 치형 시작점의 경도값.

[3] 일반 설계작업 시 최소값을 사용한다. 고품질재료의 사용, 또는 품질검사되었다면 큰 값 사용도 가능하다.

$$\sigma_{\text{all}} = \begin{cases} \dfrac{S_t}{S_F}\dfrac{Y_N}{K_T K_R} & \text{(미국 전통단위)} \\ \dfrac{S_t}{S_F}\dfrac{Y_N}{Y_\theta Y_Z} & \text{(SI 단위)} \end{cases} \tag{12-17}$$

다음의 문자기호는 미국단위(괄호 안은 SI단위)이다.

S_t는 보정되기 전의 허용 굽힘피로강도, lbf/in^2 (N/mm^2)
Y_N은 굽힘응력에 대한 응력반복수명계수
K_T(또는 Y_θ)는 온도계수
K_R(또는 Y_Z)은 신뢰도계수
S_F는 AGMA안전계수, 응력비

한편, 보정된 허용접촉응력($\sigma_{\text{c,all}}$)공식은 식 (12-18)과 같다.

$$\sigma_{c,\text{all}} = \begin{cases} \dfrac{S_c}{S_H}\dfrac{Z_N C_H}{K_T K_R} & \text{(미국 전통단위)} \\ \dfrac{S_c}{S_H}\dfrac{Z_N Z_W}{Y_\theta Y_Z} & \text{(SI 단위)} \end{cases} \tag{12-18}$$

다음의 문자기호는 미국단위(괄호 안은 SI단위)이다.

S_C는 보정되기 전의 치면피로강도, lbf/in^2 (N/mm^2)
Z_N는 접촉응력에 대한 응력반복수명계수
C_H(또는 Z_w)는 면압강도에 대한 경도비계수
K_T(또는 Y_θ)는 온도계수
K_R(또는 Y_Z)는 신뢰도계수
S_H는 AGMA안전계수, 응력비

AGMA의 허용면압강도(Sc)를 그림 12-5, 표 12-5~12-7로부터 구한다. 굽힘피로강도와 표면피로강도에 대한 AGMA의 허용응력(강도)값은 다음을 기준으로 한다.

- 일방향 하중
- 10^7부하횟수(역자주: 응력의 반복횟수 또는 사이클 수로 표시되기도 한다.)
- 99% 신뢰성

이 절에서 언급한 문자기호(계수)크기는 다음 절에 설명한다. 아이들러기어에서처럼 양방향하중이 발생되면 AGMA는 허용굽힘강도의 70%를 추천한다. 예제 12-2에서 k_e값으로 1/0.70 = 1.43을 사용한다는 개념이다. 1.43은 Goodman파손이론에서의 값(1.33)과 Gerber 이론에서의 값(1.66) 사이의 값이다.

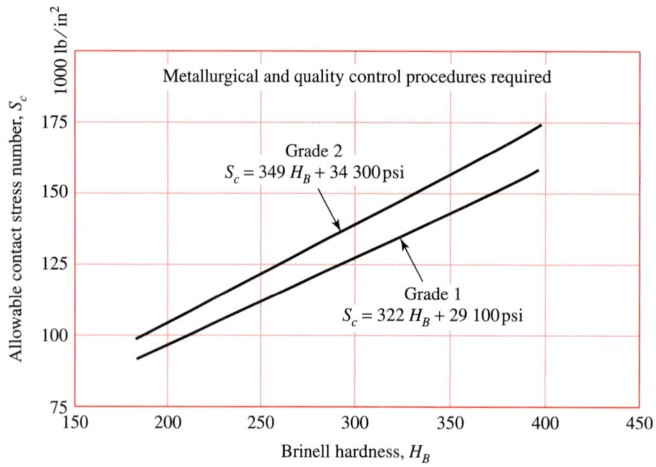

그림 12-5
107부하횟수와 0.99신뢰도에서 관통경화강기어의 반복면압(표면피로)강도. SI단위의 공식은 $\sigma H_P = 2.222H_B + 200$ MPa(1등급), $\sigma H_P = 2.41H_B + 237$MPa(2등급). (출처: ANSI/AGMA 2001-D04, 2101-D04 참조)

표 12-5
질화공정온도와 경도값(출처: Darle W. Dudley, *Handbook of Practical Gear Design, rev.* ed., McGraw-Hill, New York, 1984.)

Steel	Temperature Before Nitriding, °F	Nitriding, °F	Hardness, Rockwell C Scale	
			Case	Core
Nitralloy 135*	1150	975	62–65	30–35
Nitralloy 135M	1150	975	62–65	32–36
Nitralloy N	1000	975	62–65	40–44
AISI 4340	1100	975	48–53	27–35
AISI 4140	1100	975	49–54	27–35
31 Cr Mo V 9	1100	975	58–62	27–33

* Nitralloy는 Nitralloy Corp 회사의 상표명임.

표 12-6 부하횟수 10^7과 0.99신뢰도에서 강기어의 표면피로강도

Material Designation	Heat Treatment	Minimum Surface Hardness[1]	Allowable Contact Stress Number,[2] S_c, psi (σ_{HP}, MPa)		
			Grade 1	Grade 2	Grade 3
Steel[3]	Through hardened[4]	See Fig. 12–5	See Fig. 12–5	See Fig. 12–5	—
	Flame[5] or induction hardened[5]	50 HRC	170 000 (1172)	190 000 (1310)	—
		54 HRC	175 000 (1206)	195 000 (1344)	—
	Carburized and hardened[5]	See Table 9*	180 000 (1240)	225 000 (1551)	275 000 (1896)
	Nitrided[5] (through hardened steels)	83.5 HR15N	150 000 (1035)	163 000 (1123)	175 000 (1206)
		84.5 HR15N	155 000 (1068)	168 000 (1158)	180 000 (1240)
2.5% chrome (no aluminum)	Nitrided[5]	87.5 HR15N	155 000 (1068)	172 000 (1186)	189 000 (1303)
Nitralloy 135M	Nitrided[5]	90.0 HR15N	170 000 (1172)	183 000 (1261)	195 000 (1344)
Nitralloy N	Nitrided[5]	90.0 HR15N	172 000 (1186)	188 000 (1296)	205 000 (1413)
2.5% chrome (no aluminum)	Nitrided[5]	90.0 HR15N	176 000 (1213)	196 000 (1351)	216 000 (1490)

1~7까지의 각주에 대하여 ANSI/AGMA 2001-D04를 참조한다.

* ANSI/AGMA 2001-D04의 표 8과 9에는 S_t, S_c에 영향을 미치는 중요한 금속학적 인자에 대한 설명이 있다.

12-5 형상계수 I와 J(Z_I와 Y_J)

계수 Y가 Lewis공식에서 사용되는 법과 강도식에 미치는 영향을 설명하였다. Y와 동일한 목적의 AGMA(기하)형상계수(I, Y)[5]는 여러 인자를 고려하여 표현된다. I와 J는 **면물림률**(m_F)에 따라 변화되는데, 면물림률은

$$m_F = \frac{F}{p_x} \tag{12-19}$$

이며 p_x는 축방향피치, F는 치폭이다. 스퍼기어의 m_F는 0이다. 작은 나선각(비틀림각), 얇은 폭의 헬리컬기어 면물림률(m_F)은 1보다 작으며, 이 책에서는 $m_F > 1$인 일반적인 헬리컬기어에 대하여만 다룬다.

굽힘강도 형상계수 $J(Y_J)$

AGMA계수 J는 보정된 Lewis 치형계수(Y), **피로응력집중계수**(K_f), 이 **하중분담비**(m_N)의 함수로 정의된다.

$$J = \frac{Y}{K_f m_N} \tag{12-20}$$

Y값은 치직각면에서 이 형상에 근거하여 결정되며, 단일 이접촉의 최상부점을 기준으로 한다.

식 (12-20)에서 계수 K_f를 AGMA에서는 응력보정계수라고 정의한다. 50여 년 전에 기어이의 응력집중에 대한 광탄성기법 측정결과에 근거한다. 하중분담비(m_N)는 면폭을 물림선의 최소전체길이로 나눈 값과 동일하다. 이 계수값은 축직각물림률(m_p), 면물림률(m_F), 치형 수정영향, 이의 변형에 의하여 변화된다. 스퍼기어는 $m_N = 1.0$이다. 면물림률 $m_F > 2.0$인 헬리컬기어에서 m_N을 식 (12-21)로 계산하면 안전한 근사식이 된다.

$$m_N = \frac{p_N}{0.95Z} \tag{12-21}$$

여기서 p_N은 치직각법선피치, Z는 축직각단면에서 작용선길이(그림 11-15에서 L_{ab})이다.

그림 12-6에서 압력각 20° 스퍼기어의 형상계수(J)를 구하며, 그림 12-7, 12-8에서 압력각 20°, $m_F > 2.0$인 헬리컬기어의 형상계수를 구한다. 기타 기어의 J값은 AGMA표준을 참조한다.

면압강도 (또는 표면강도) 형상계수 $I(Z_I)$

계수 I를 AGMA에서는 **피팅저항(면압강도)형상계수**라고 한다. 식 (12-12)의 각 곡률반지름 역수의 합은 식 (a)와 같다.

$$\frac{1}{r_1} + \frac{1}{r_2} = \frac{2}{\sin\phi_t}\left(\frac{1}{d_P} + \frac{1}{d_G}\right) \tag{a}$$

[5] AGMA 908-B89 문헌 참조

표 12-7 부하횟수 10^7과 0.99신뢰도에서 강/청동기어의 반복접촉강도(*ANSI/AGMA 2001-D04*).

Material	Material Designation[1]	Heat Treatment	Typical Minimum Surface Hardness[2]	Allowable Contact Stress Number,[3] S_c, psi (σ_{HP}, MPa)
ASTM A48 gray cast iron	Class 20	As cast	—	50 000–60 000 (344–415)
	Class 30	As cast	174 HB	65 000–75 000 (448–517)
	Class 40	As cast	201 HB	75 000–85 000 (517–586)
ASTM A536 ductile (nodular) iron	Grade 60–40–18	Annealed	140 HB	77 000–92 000 (530–634)
	Grade 80–55–06	Quenched and tempered	179 HB	77 000–92 000 (530–634)
	Grade 100–70–03	Quenched and tempered	229 HB	92 000–112 000 (634–772)
	Grade 120–90–02	Quenched and tempered	269 HB	103 000–126 000 (710–868)
Bronze	—	Sand cast	Minimum tensile strength 40 000 psi	30 000 (206)
	ASTM B-148 Alloy 954	Heat treated	Minimum tensile strength 90 000 psi	65 000 (448)

[1] ANSI/AGMA 2004-B89를 참조한다.
[2] 면폭중앙 치형 시작점의 경도값.
[3] 일반 설계작업 시 최소값을 사용한다. 고품질재료의 사용, 또는 품질검사되었다면 큰 값 사용도 가능하다.

여기서 ϕ를 ϕ_t(축직각 압력각)로 대체하면 식 (a)가 헬리컬기어에도 적용된다. 기어속도비(m_G, 잇수비)를 정의한다.

$$m_G = \frac{N_G}{N_P} = \frac{d_G}{d_P} \tag{12-22}$$

속도비(m_G)를 대입하면 식 (a)는 식 (b)가 된다

$$\frac{1}{r_1} + \frac{1}{r_2} = \frac{2}{d_P \sin\phi_t}\,\frac{m_G+1}{m_G} \tag{b}$$

식 (b)를 식 (12-14)에 대입하면 식 (c)가 된다.

$$\sigma_c = -\sigma_C = C_p\left[\frac{K_V W^t}{d_P F}\,\frac{1}{\dfrac{\cos\phi_t \sin\phi_t}{2}\,\dfrac{m_G}{m_G+1}}\right]^{1/2} \tag{c}$$

외접스퍼기어와 헬리컬기어에서 형상계수 I는 식 (c)의 두 번째 항 분모부분이다. 하중분담비(m_N)를 고려하면 스퍼기어와 헬리컬기어 모두에 유효한 I값을 구할 수 있다.

$$I = \begin{cases} \dfrac{\cos\phi_t \sin\phi_t}{2m_N}\,\dfrac{m_G}{m_G+1} & \text{외접기어} \\ \dfrac{\cos\phi_t \sin\phi_t}{2m_N}\,\dfrac{m_G}{m_G-1} & \text{내접기어} \end{cases} \tag{12-23}$$

그림 12-6

스퍼기어의 형상계수(J). 출처: *The graph is from AGMA 218.01, which is consistent with tabular data from the current AGMA 908-B89. The graph is convenient for design purposes*

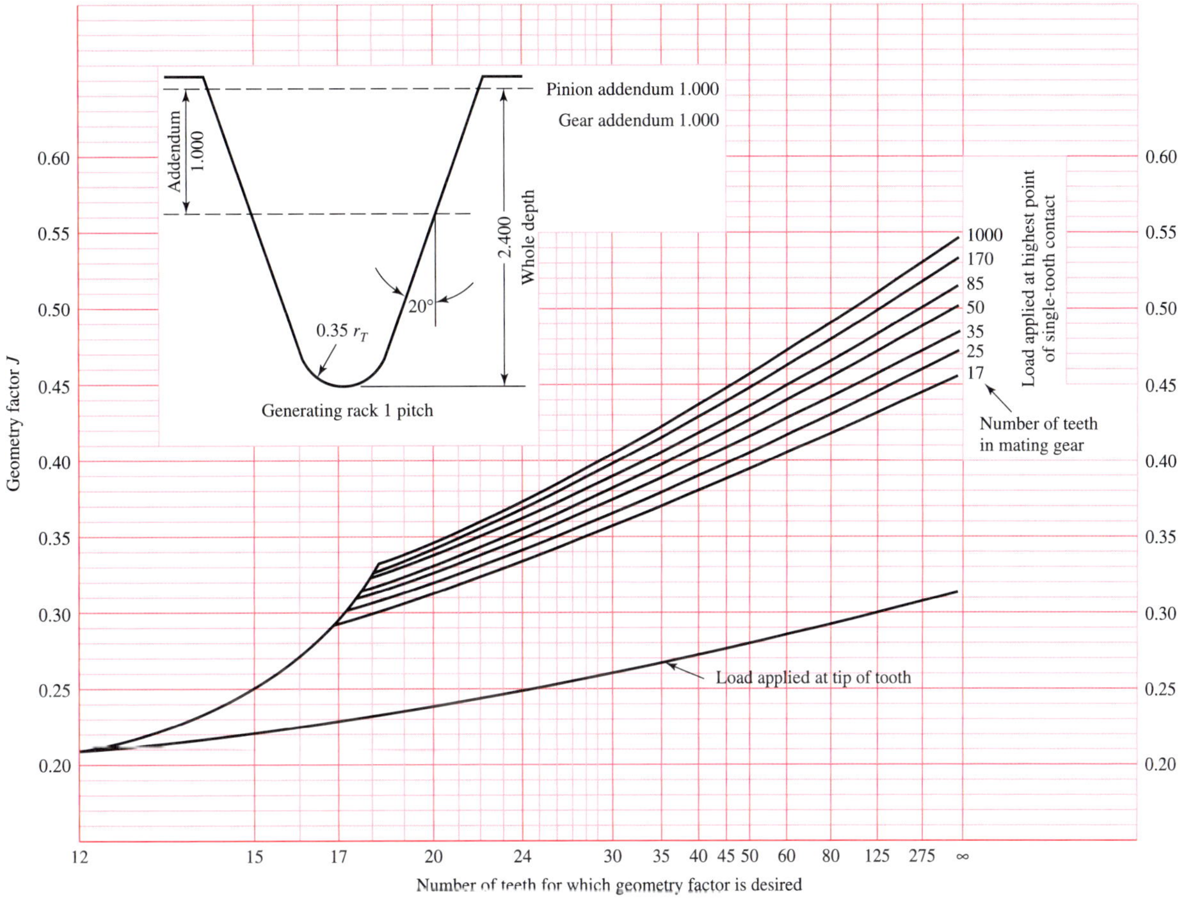

스퍼기어의 $m_N = 1$이다. 식 (12-21)에서

$$p_N = p_n \cos\phi_n \tag{12-24}$$

이며, p_n은 치직각원주피치이다. 기하형상이 정해지지 않았다면 식 (12-21)의 값을 식 (12-25)로 구한다.

$$Z = \left[(r_P + a)^2 - r_{bP}^2\right]^{1/2} + \left[(r_G + a)^2 - r_{bG}^2\right]^{1/2} - (r_P + r_G)\sin\phi_t \tag{12-25}$$

여기서 r_p와 r_G는 각각 피니언, 기어의 피치반지름이며, r_{bp}와 r_{bG}는 피니언, 기어의 기초원반지름이다[6]. 식 (11-6)에서 기초원반지름은 헬리컬기어에도 적용될 수 있도록 식 (12-26)으로 수정표시되었다.

$$r_b = r\cos\phi_t \tag{12-26}$$

6 식 증명은 J. E. Shigley, J. J. Uicker, Jr. Theory of Machines and Mechanisms, McGraw-Hill, New York, 1980, p.262 참조.

그림 12-7

헬리컬기어의 형상계수(J').
출처: 설계할 때 유용한 이 그래프는 AGMA 218.01로부터 인용되었으며 AGMA 908-B89의 표와 일치함.

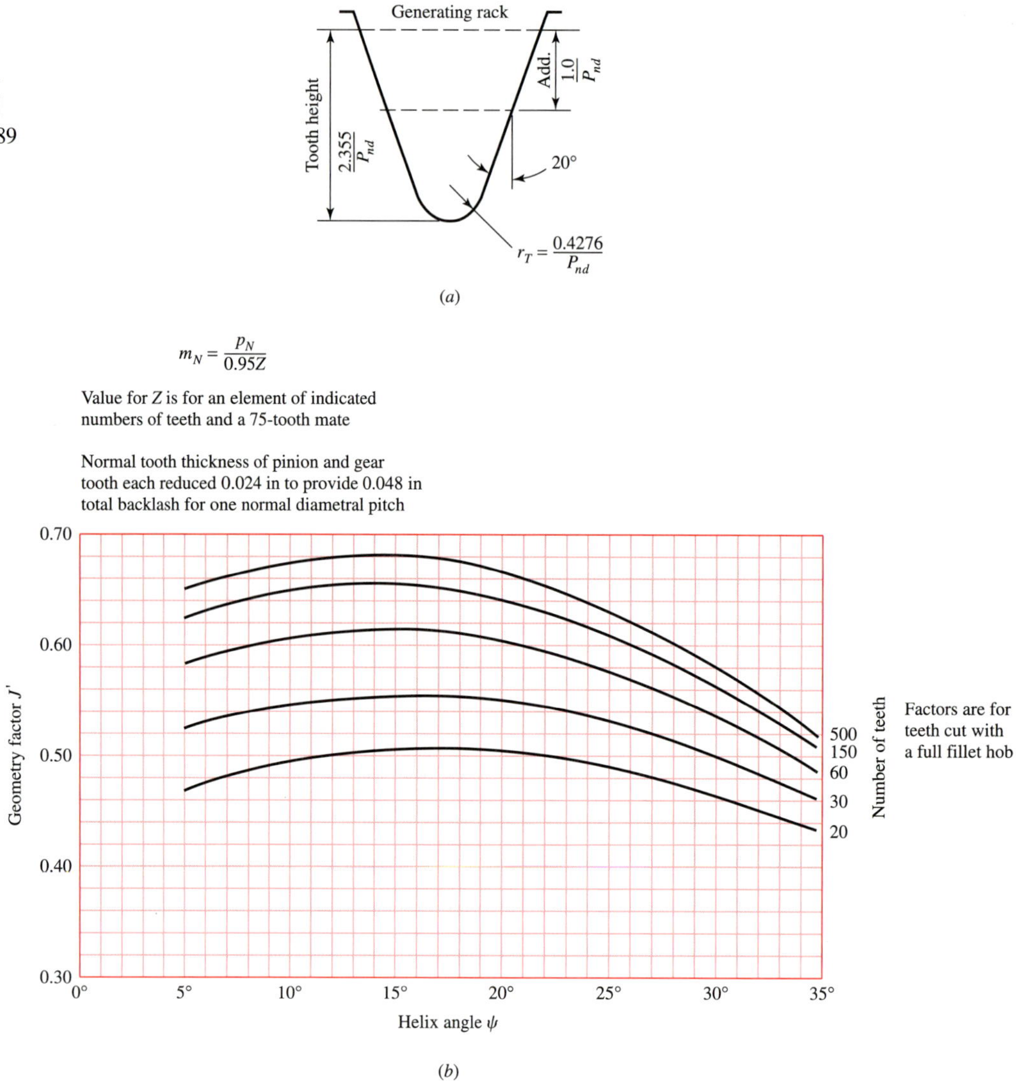

그림 12-8

J값 결정을 위하여 그림 12-7에 사용되는 J'배율수.
출처: 설계할 때 유용한 이 그래프는 AGMA 218.01로부터 인용되었고, AGMA 908-B89의 표와 일치함.

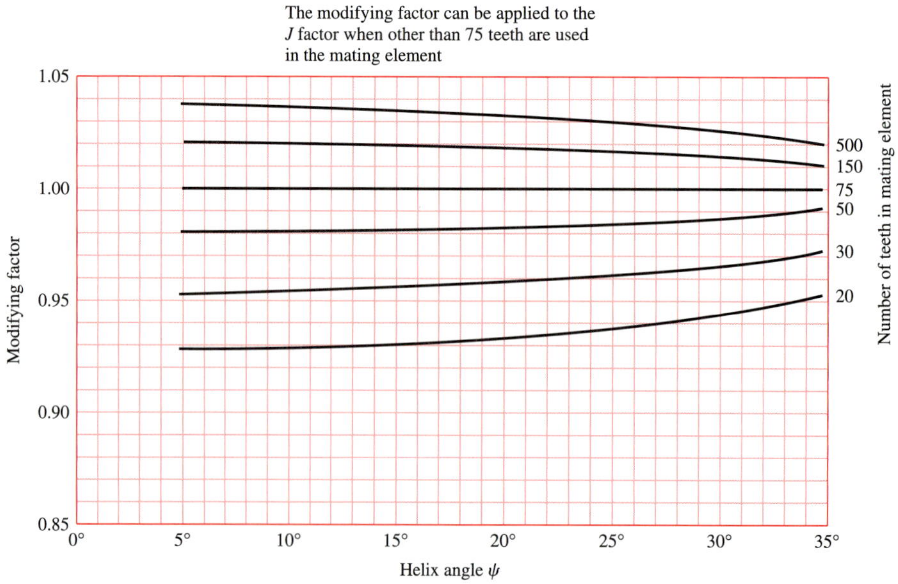

식 (12-25)를 사용함에 있어 주의사항이 있다. 괄호 안 처음 두 항 중 한 개 항이 세 번째 항보다 크다면 세 번째 항으로 바꿔야 한다. 또한, 유효 바깥쪽반지름은 흠집(버)의 제거 또는 이의 상부가 둥글게 됨에 따라 때로는 $r+a$보다 작다. 이런 경우는 $r+a$대신에 유효 반지름을 사용하여야 한다.

12-6 탄성정수계수 $C_p(Z_E)$

탄성정수계수값은 식 (12-13)에서 직접 구하거나 표 12-8로부터 구할 수 있다.

12-7 속도계수 K_v

앞 절에서 설명한 대로 속도계수는 제조의 부정확함과 동작중인 기어이의 맞물림을 고려하기 위함이다. **전달오차**는 기어쌍에서 균일 각속도와의 차이를 의미한다. 전달오차를 발생시키는 영향인자는 다음과 같다.

- 이 형상을 정하는 과정 중 오차: 이 간격, 형상리드 등
- 이의 강성으로 인하여 맞물림 동안 발생되는 이의 진동
- 피치선속도의 크기
- 회전부재의 동적 불균형
- 이 접촉부분의 마모와 영구변형
- 기어축의 오정렬(어긋남), 축의 길이방향, 각방향의 변형
- 이면에서 마찰

이런 효과를 보완하기 위하여 AGMA에서 **품실등급번호**[7]를 정의하였다. 다양한 크기의 기어에 대한 공차를 정의한다. 등급 3부터 7이 상용화된 대부분 기어를 포함하며, 등급 8부터 12가 정밀등급이 된다. 속도계수에 대한 식은 Q_v 숫자를 근거로 계산된다.

$$K_v = \begin{cases} \left(\dfrac{A+\sqrt{V}}{A}\right)^B & \text{속도의 단위는 ft/min} \\ \left(\dfrac{A+\sqrt{200V}}{A}\right)^B & \text{속도의 단위는 m/sec} \end{cases} \tag{12-27}$$

상수 A, B값은 식 (12-28)로 계산한다.

$$\begin{aligned} A &= 50 + 56(1-B) \\ B &= 0.25(12-Q_v)^{2/3} \end{aligned} \tag{12-28}$$

[7] 2004년에 채택된 AGMA 2000-A88. ANSI/AGMA 2001-D04는 Q_v를 A_v로 바꾸었으며, ANSI/AGMA 2015-1-A01을 통합하였다. A_v는 6과 12 사이의 값을 가지는데, 숫자가 작을수록 더 정확함을 의미한다. Q_v 계산법도 가능한 방법이며, Q_v를 사용하여 계산된 K_v값이 최종값이 된다.

표 12–8 탄성정수계수C_p (Z_E), $\sqrt{\text{psi}}$ ($\sqrt{\text{MPa}}$) (출처: *AGMA 218.01*)

Pinion Material	Pinion Modulus of Elasticity E_p psi (MPa)*	Gear Material and Modulus of Elasticity E_G, lbf/in^2 (MPa)* Steel 30×10^6 (2×10^5)	Malleable Iron 25×10^6 (1.7×10^5)	Nodular Iron 24×10^6 (1.7×10^5)	Cast Iron 22×10^6 (1.5×10^5)	Aluminum Bronze 17.5×10^6 (1.2×10^5)	Tin Bronze 16×10^6 (1.1×10^5)
Steel	30×10^6 (2×10^5)	2300 (191)	2180 (181)	2160 (179)	2100 (174)	1950 (162)	1900 (158)
Malleable iron	25×10^6 (1.7×10^5)	2180 (181)	2090 (174)	2070 (172)	2020 (168)	1900 (158)	1850 (154)
Nodular iron	24×10^6 (1.7×10^5)	2160 (179)	2070 (172)	2050 (170)	2000 (166)	1880 (156)	1830 (152)
Cast iron	22×10^6 (1.5×10^5)	2100 (174)	2020 (168)	2000 (166)	1960 (163)	1850 (154)	1800 (149)
Aluminum bronze	17.5×10^6 (1.2×10^5)	1950 (162)	1900 (158)	1880 (156)	1850 (154)	1750 (145)	1700 (141)
Tin bronze	16×10^6 (1.1×10^5)	1900 (158)	1850 (154)	1830 (152)	1800 (149)	1700 (141)	1650 (137)

포와송의 비 = 0.30.

*원통접촉 시험을 통하여 더 정확한 탄성 계수값을 얻는다면 그 값을 사용할 수 있음.

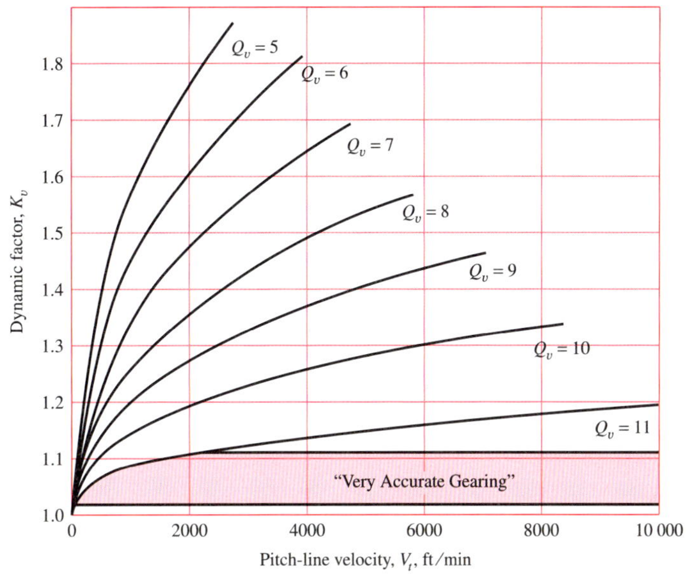

그림 12-9
속도계수(K_v). 곡선에 대한 식은 식 (12-27), (12-29)를 참조. (*ANSI/AGMA 2001-D04, Annex A*)

Q_v곡선의 끝점을 나타내는 최대속도는 식 (12-29)로 구한다.

$$(V_t)_{\max} = \begin{cases} [A + (Q_v - 3)]^2 & \text{ft/min} \\ \dfrac{[A + (Q_v - 3)]^2}{200} & \text{m/s} \end{cases} \quad (12\text{-}29)$$

그림 12-9는 속도계수(K_v)를 피치선속도의 함수로 그린 것이다.

12-8 과부하계수 K_O

과하중계수는 치직각접선방향하중(W^t)을 초과하는 모든 외부하중을 보완하기 위함이나. 예로는 내연기관에서 원통가열로 인한 토크평균값에서의 편차이거나, 피스톤펌프구동장치에서 토크편차에 대한 보완이다. 과부하계수를 적용계수, 사용계수라고도 하는데 현장경험[8]에 따라 만들어졌다.

12-9 표면다듬질계수 $C_f(Z_R)$

표면다듬질계수는 면압강도(피팅저항)식 (12-16)에서만 사용되며, 다음 인자들에 의하여 변화된다.

- 절삭, 셰이빙, 래핑, 연삭, 숏피닝 등의 표면다듬질작업
- 잔류응력

[8] H. B. Schwerdlin의"Couplings", J. E. Shigley의 16장, 또는 Thomas Brown. Jr의 Standard handbook of Machine Design, 3판, McGraw-Hill (2004) 참조

- 소성영향(가공경화)

AGMA는 기어이면에 대하여 표준표면조건을 아직 정하지 않았으며, 표면에 유해한 표면다듬질영향이 존재할 때 1보다 큰 값을 사용할 것을 제안한다.

12-10 치수효과계수 K_S

치수효과계수는 크기에 따라 재료특성이 불균일함을 보정하며, 다음 인자들에 의하여 변화된다.

- 이 크기
- 부품의 지름
- 이 크기와 부품지름의 비
- 면폭
- 응력패턴의 면적
- 표면경화두께와 이 크기의 비
- 경화능과 열처리조건

유해한 크기영향이 있을 때의 표준치수효과계수는 아직 정해지지 않았다. 그런 경우 AGMA에서는 1보다 큰 값의 사용을 제안한다. 별다른 유해 영향이 없으면 AGMA에서는 $K_s = 1$을 추천한다. 표 10-1에서 l = a+b = 2.25/P이다. 그림 12-6에서 기어의 이두께(t)는 12-1절의 식 (b)에 $t = \sqrt{4lx}$로 설명하였다. 식 (5-24)에 의하면 굽힘에서 직사각형단면과 동등한 효과를 나타내는 원형단면 지름은 $d_e = 0.808\sqrt{Ft}$이다. 식 (5-20)에서 $k_b = (d_e/0.3)^{-0.107}$이다. AGMA에서 K_s는 k_b의 역수이다[식 (a) 참조].

$$K_s = \frac{1}{k_b} = 1.192\left(\frac{F\sqrt{Y}}{P}\right)^{0.0535} \quad \text{(미국 전통단위)} \tag{a}$$

$$= 0.904\,(\mathrm{bm}\sqrt{Y})^{0.0535} \quad \text{(SI 단위)}$$

AGMA의 K_s는 Lewis 형상정보를 피로에서의 Marin치수효과계수에 포함시킨 것으로 생각할 수 있다. K_s = 1로 하거나 식 (a)의 값으로 계산한다. 만일 식 (a)에서 K_s의 값이 1보다 작으면 1로 간주한다.

12-11 하중분포계수 $K_m(K_H)$

하중분포계수는 물림선을 따라 하중의 불균일분포를 반영하기 위하여 응력공식보정의 역할을 한다. [역자주: 기어설치의 정렬정밀도를 의미하므로 K_m을 설치(수정)계수라고도 한다.] 이상적인 조건은 하중이 작용될 때 기울기 없는 위치에 있는 두 베어링 간의 기어 중간

위치를 찾는 것이다. 이 작업은 용이하지 않으며 다음 절차가 적용된다.

- 총 면폭과 피니어 피치지름의 비 $F/d \le 2$
- 기어요소가 베어링 사이에 설치됨
- 면폭이 40인치 이하
- 하중받을 때, 좁은 쪽 폭전체에 접촉됨

상기 조건하에서 **하중분포계수**는 식 (12-30)으로 표시된다.

$$K_m = C_{mf} = 1 + C_{mc}(C_{pf}C_{pm} + C_{ma}C_e) \tag{12-30}$$

여기서

$$C_{mc} = \begin{cases} 1 & \text{크라우닝 안 된 이의 경우} \\ 0.8 & \text{크라우닝 된 이의 경우} \end{cases} \tag{12-31}$$

$$C_{pf} = \begin{cases} \dfrac{F}{10d} - 0.025 & F \le 1 \text{ in} \\ \dfrac{F}{10d} - 0.0375 + 0.0125F & 1 < F \le 17 \text{ in} \\ \dfrac{F}{10d} - 0.1109 + 0.0207F - 0.000\,228F^2 & 17 < F \le 40 \text{ in} \\ \dfrac{b}{10d} - 0.025 & b \le 25 \text{ mm} \\ \dfrac{b}{10d} - 0.0375 + 4.92(10^{-4})b & 25 < b \le 425 \text{ mm} \\ \dfrac{b}{10d} - 0.1109 + 8.15(10^{-4})b - 3.53(10^{-7})b^2 & 425 < b \le 1000 \text{ mm} \end{cases} \tag{12-32}$$

식 (12-32)에서 $F/(10d) < 0.05$인 경우에는 $F/(10d) = 0.05$으로 한다.

$$C_{pm} = \begin{cases} 1 & S_1/S < 0.175 \quad \text{일 때} \\ 1.1 & S_1/S \ge 0.175 \quad \text{일 때} \end{cases} \tag{12-33}$$

$$C_{ma} = A + BF + CF^2 \ \text{(표 12-9에서 값을 읽는다.)} \tag{12-34}$$

$$C_e = \begin{cases} 0.8 & \text{조립 시 조정되거나, 래핑으로 호환성이 향상되거나 (또는 양쪽 다)된 기어 경우} \\ 1 & \text{기타 다른 조건의 경우} \end{cases} \tag{12-35}$$

식 (12-33)의 문자정의는 그림 12-10에 있으며, C_{ma}값은 그림 12-11에서 읽는다.

표 12-9

식 (12−34)에 대한 경험적상수, 면폭(F)은 인치단위이다.(출처: *ANSI/AGMA 2001-D04*.)

Condition	A	B	C
Open gearing	0.247	0.0167	$-0.765(10^{-4})$
Commercial, enclosed units	0.127	0.0158	$-0.930(10^{-4})$
Precision, enclosed units	0.0675	0.0128	$-0.926(10^{-4})$
Extraprecision enclosed gear units	0.00360	0.0102	$-0.822(10^{-4})$

• ANSI/AGMA 2101-D04의 20-22쪽에 SI단위 식이 있다.

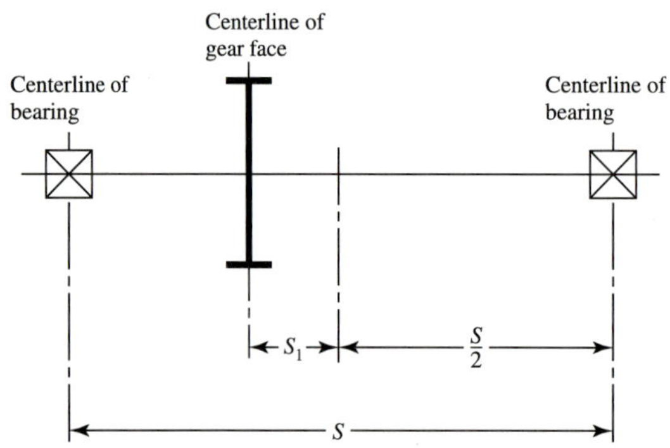

그림 12−10

식 (12-33)에서 거리(S, $S1$)의 정의(*ANSI/AGMA 2001-D04*.)

12-12 경도비계수 $C_H(Z_w)$

일반적으로 피니언에는 기어보다 작은 잇수가 있기 때문에 더 많은 접촉응력 횟수가 추정된다. 피니언과 기어가 각각 관통경화된다면 피니언을 기어보다 더 강하게 함으로써 균일한 표면강도를 얻을 수 있다. 이와 유사한 효과는 표면경화피니언이 관통경화기어와 짝을 이룰 때이다. C_H값은 기어에만 사용되며, 사용목적은 표면강도 간 차이를 보정하기 위함이다. C_H 값은 식 (12-36)을 사용하여 결정한다.

$$C_H = 1.0 + A'(m_G - 1.0) \tag{12-36}$$

식 (12-36)에서 상수 A′를 구하는 식은 다음과 같다.

$$A' = 8.98(10^{-3})\left(\frac{H_{BP}}{H_{BG}}\right) - 8.29(10^{-3})\ 1.2 \le \frac{H_{BP}}{H_{BG}} \le 1.7$$

H_{BP}, H_{BG}항은 각각 피니언과 기어의 브린넬경도값(10 mm 지름의 구를 3,000 kgf 하중으로 압입)이다. m_G항은 속도비이며 식 (12-22)로 구한다. 식 (12-36)은 그림 12-12에 그래프되어 있다.

$$\frac{H_{BP}}{H_{BG}} < 1.2, \quad A' = 0$$

$$\frac{H_{BP}}{H_{BG}} > 1.7, \quad A' = 0.006\,98$$

표면경화된 피니언(로크웰C경도 48 이상)이 관통경화된 기어(브린넬경도 180~400)와 짝을 이룰 때 가공경화가 발생한다. C_H계수는 피니언 표면다듬질정도(f_P)와 상대기어경도의

그림 12-11
정렬계수(C_{ma})의 그래프 식 (12-34) 참조(출처: *ANSI/AGMA 2001-D04.*)

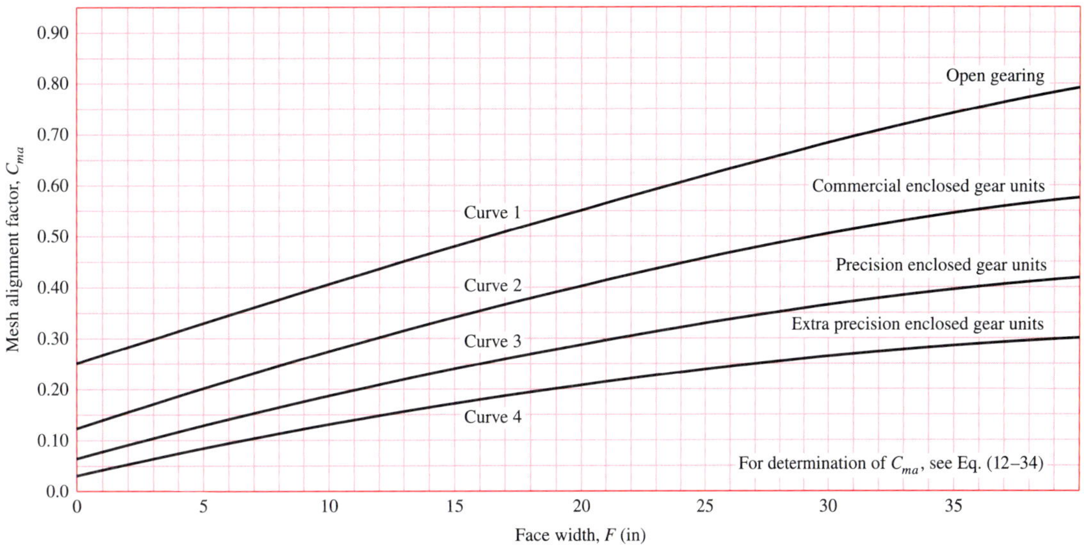

함수이다. 식 (12-37)을 그림 12-13에 그래프로 보였다.

$$C_H = 1 + B'(450 - H_{BG}) \tag{12-37}$$

여기서 $B' = 0.00075\ \exp[-0.0112f_p]$이며, f_p는 피니언의 표면다듬질상태(R_a)를 마이크로 인치난위로 나타낸 것이다.

그림 12-12
경도비계수 C_H(관통경화강감) (*ANSI/AGMA 2001-D04.*)

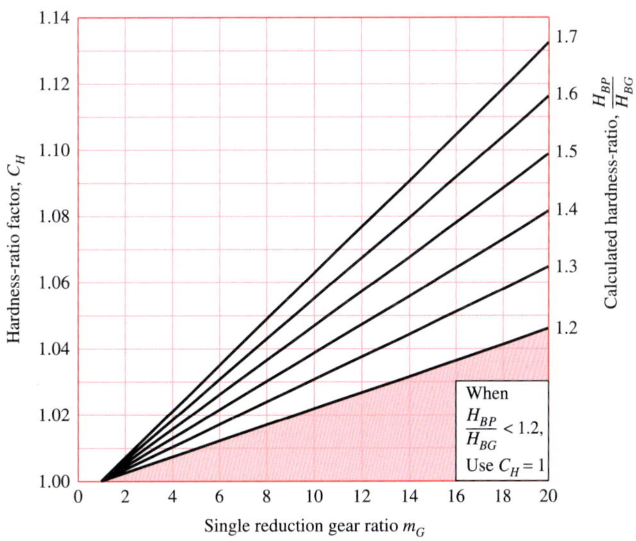

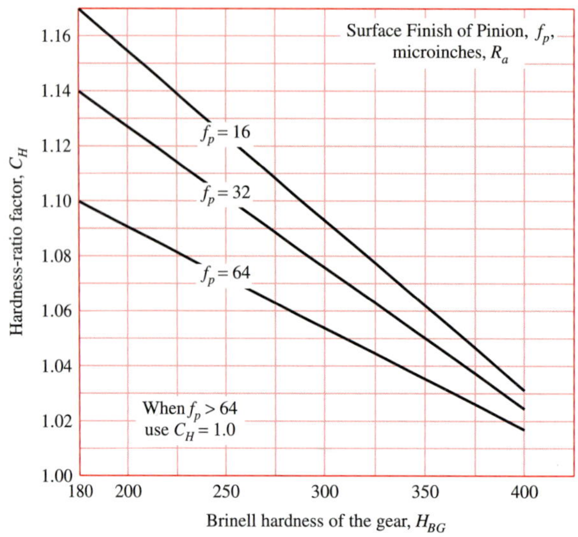

그림 12-13
경도비계수 C_H(표면경화강 피니언)(*ANSI/AGMA 2001-D04.*)

12-13 반복응력 수명계수 (Y_N과 Z_N)

굽힘피로에 대하여 그림 12-2~12-4, 표 12-3, 12-4에 AGMA강도를 설명하였다. 한편, 표면피로에 대하여는 10^7요구수명일 때 그림 12-5, 표 12-5, 12-6에 AGMA 강도를 설명하였다. 하중반복계수(Y_N, Z_N)의 목적은 수명이 10^7이 아닌 경우 수명에 대한 AGMA강도를 보정함이다. 이 계수값은 그림 12-14, 12-15에 표시되어 있다. 각 그래프의 10^7부하횟수에서만 Y_N, Z_N 값이 1이다. 10^7보다 약간 큰 부하수명을 목표로 할 때 상대기어는 10^7보다 작은 부하를 받을 수 있으며, $(Y_N)_P$와 $(Y_N)_G$에 대한 식은 서로 달라질 수 있다. $(Z_N)_P$와 $(Z_N)_G$ 식도 서로 다를 수 있다.

12-14 신뢰도계수 $K_R(Y_Z)$

신뢰도계수는 재료피로파손의 통계적 분포의 영향을 고려하기 위한 것이다. AGMA강도(S_t, S_c)는 99% 신뢰도에 기초한다. 표 12-10은 굽힘피로파손과 치면피로파손에 대한 신뢰도계수이다. K_R과 신뢰도는 비선형적 관계이기 때문에 선형내삽법은 적절하지 못하다. 두 변수값을 로그식 환산하면 선형관계가 되며 최소제곱법으로 곡선맞춤할 수 있다.

$$K_R = \begin{cases} 0.658 - 0.0759 \ln(1 - R) & 0.5 < R < 0.99 \\ 0.50 - 0.109 \ln(1 - R) & 0.99 \le R \le 0.9999 \end{cases} \tag{12-38}$$

12-15 온도계수 $K_T(Y_\theta)$

윤활유나 기어블랭크가 온도 250°F(약 120°C) 이하일 때는 $K_t = Y_\theta = 1$을 사용하고, 그보다 높은 온도에서 계수는 1보다 커야 한다. 사용온도가 이 값을 초과하지 않도록 열교환기를 사용할 수 있다.

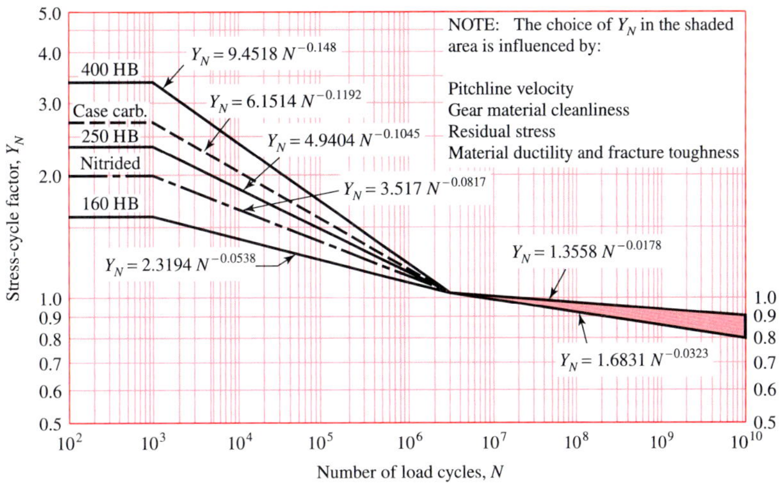

그림 12-14
반복굽힘(굽힘피로)강도 응력 반복수명계수 Y_N(*ANSI/AGMA 2001-D04.*)

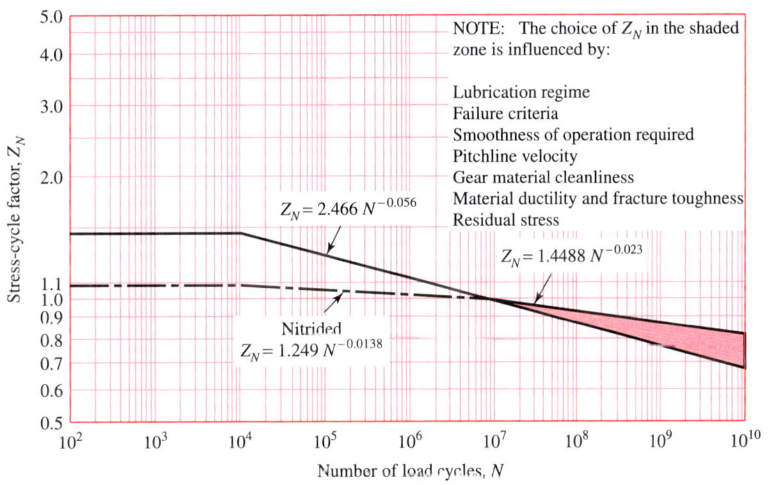

그림 12-15
면압강도(치면피로) 응력 반복수명계수 Z_N(*ANSI/AGMA 2001-D04.*)

표 12-10
신뢰도 계수 $K_R(Y_Z)$(출처: *ANSI/AGMA 2001-D04.*)

Reliability	K_R (Y_Z)
0.9999	1.50
0.999	1.25
0.99	1.00
0.90	0.85
0.50	0.70

12-16 림두께계수 K_B

림두께가 기어 이뿌리를 충분히 지지할 수 있을 정도로 두껍지 않으면, 굽힘피로파손이 이뿌리 대신에 기어림에 발생될 수 있다. 그런 경우에는 응력수정계수(K_B 또는 t_R)를 사용하는 것이 좋다. 림두께계수는 얇은 림 기어에 대한 굽힘응력값을 보정해주며 보강비(m_B)의 함수이다.

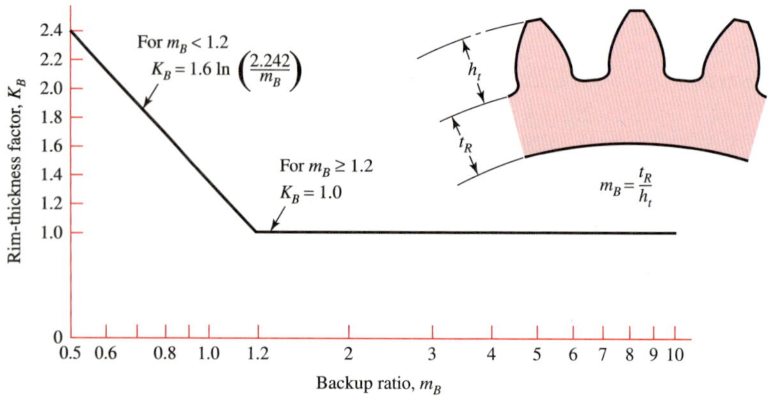

그림 12-16
림두께계수 K_B(*ANSI/AGMA 2001-D04.*)

$$m_B = \frac{t_R}{h_t} \tag{12-39}$$

여기서 t_R는 림두께, h_t는 이높이이다(그림 12-16 참고).

$$K_B = \begin{cases} 1.6 \ln \dfrac{2.242}{m_B} & m_B < 1.2 \\ 1 & m_B \geq 1.2 \end{cases} \tag{12-40}$$

그림 12-16은 K_B값을 도식적으로 보여준다. 림두께계수는 반대방향하중 계수(0.7)에 추가하여 적용되기도 한다.

12-17 안전계수 (S_F와 S_H)

ANSI/AGMA 표준 2001-D04, 2101-D04는 굽힘피로파손과 치면피로파손에 대한 안전계수를 다시 정의하고 있다. 식 (12-17)를 S_F에 관하여 정리하면 식 (12-41)과 같다.

$$S_F = \frac{S_t Y_N/(K_T K_R)}{\sigma} = \frac{\text{fully corrected bending strength}}{\text{bending stress}} \tag{12-41}$$

여기서 σ는 식 (12-15)로 추정한다. 응력이 전달하중(W_t)과 선형비례관계에 있으며, (보정완료된 강도/굽힘응력)의 비로 정의한다.

한편 식 (12-18)를 S_H에 관하여 정리하면, 식 (12-42)와 같다.

$$S_H = \frac{S_c Z_N C_H/(K_T K_R)}{\sigma_c} = \frac{\text{fully corrected contact strength}}{\text{contact stress}} \tag{12-42}$$

여기서 σ는 식 (12-16)으로 추정한다. S_H도 S_F처럼 (강도/응력)비의 형태이지만, 접촉응력은 전달하중과 선형비례관계에 있지 않다.

S_H 자체가 의미 있는 수치이지만, S_F와 S_H값을 근거로 어떤 파손형태가 예상되는지 판단할 때는 주의를 요한다. S_H를 전달하중(W_t)과 선형비례관계를 유지하도록 하기 위하여 S_H는 다음과 같이 정의한다.

$$S_H = \left(\frac{\text{fully corrected contact strength}}{\text{contact stress imposed}}\right)^2 \qquad (12\text{-}43)$$

기능감소(파손) 원인을 판단하기 위하여 S_F와 S_H^2를 비교하여야 한다. 여기서 제곱은 선형 또는 헬리컬접촉일 때이며, 크라우닝된 이(구접촉) 경우에는 세제곱(3승)을 한다.

12-18 해석

굽힘피로와 접촉응력(치면)피로의 각 해석과정을 도식적으로 요약하였다. 그림 12-17에는 AGMA굽힘강도공식, 굽힘내구한도(굽힘피로강도), 안전계수(S_F)가 있으며, 그림 12-18에는 면압강도식, 치면피로강도, 안전계수(S_H)가 요약되어 있다. 파손위험의 가능성을 비교할 때는 S_F와 S_H^2을 비교하여야 한다. 다음에 보인 기어맞물림해석 예제에서는 AGMA 해석절차를 자세히 설명한다.

예제 12-4 17개의 이, 압력각 20°의 스퍼피니언이 1,800 rpm으로 회전하며, 잇수 52개의 기어에 4 hp의 동력을 전달한다. 지름피치는 잇수 10개/인치, 면폭은 1.5인치, 품질등급번호는 6이다. 기어는 양편에 인접한 베어링으로 지지되어 있다. 피니언은 1등급강이며 표면/내부 동일한 브리넬경도값 240이다. 기어는 관통경화 1등급강이며 표면/내부 동일한 브리넬경도값은 200이다. 프와송비는 0.30, J_P=0.30, J_G=0.40, 탄성 계수는 30(10^6) psi이다. 모터를 사용하며 작용하중은 비충격적(균일)이다. 피니언의 요구수명을 10^8, 신뢰도를 0.90, Y_N= 1.3558 $N^{-0.0178}$, Z_N=1.4488 $N^{-0.023}$으로 가정한다. 크라우닝되지 않은 치형이며, 상용화된 기어세트이다.

(a) 굽힘피로파손에 대한 각 기어의 안전계수를 구하라.
(b) 치면피로파손에 대한 각 기어의 안전계수를 구하라.
(c) (a), (b) 문항의 답을 비교하여, 각 기어에 예상되는 파손원인을 판단하라.

풀이 그림 12-17, 12-18의 절차에 따라 구한다(역자주: 값을 구하는 각 단계마다 번호로 구분하여 보기 쉽게 하였다.).

(1)

$$d_P = N_P/P_d = 17/10 = 1.7 \text{ in} \qquad d_G = 52/10 = 5.2 \text{ in}$$

$$V = \frac{\pi d_P n_P}{12} = \frac{\pi(1.7)1800}{12} = 801.1 \text{ ft/min}$$

$$W^t = \frac{33\,000\,H}{V} = \frac{33\,000(4)}{801.1} = 164.8 \text{ lbf}$$

(2) K_o=1로 가정한다[역자주: 식 (12-17) 참조]. 품질등급번호(Q_v=6)를 식 (12-28)에 대입한다.

SPUR GEAR BENDING
Based on ANSI/AGMA 2001-D04

$$d_P = \frac{N_P}{P_d}$$

$$V = \frac{\pi d n}{12}$$

$$W^t = \frac{33\,000\text{ H}}{V}$$

Gear bending stress equation Eq. (12–15)

$$\sigma = W^t K_o K_v K_s \frac{P_d}{F} \frac{K_m K_B}{J}$$

- W^t: from the equation above
- K_o: Table below
- K_v: Eq. (12–27); p.653
- K_s: 1 [or Eq. (a), Sec. 12–10]; p.656
- K_m: Eq. (12–30); p.657
- K_B: Eq. (12–40); p.662
- J: Fig. 12–6; p.651

Gear bending endurance strength equation Eq. (12–17)

$$\sigma_{\text{all}} = \frac{S_t}{S_F} \frac{Y_N}{K_T K_R}$$

- S_t: ${}_{0.99}(S_t)_{10^7}$ Tables 12–3, 12–4; p.646
- Y_N: Fig. 12–14; p.661
- K_T: 1 if $T < 250°\text{F}$
- K_R: Table 12–10, Eq. (12–38); pp.661, 660

Bending factor of safety Eq. (12–41)

$$S_F = \frac{S_t Y_N/(K_T K_R)}{\sigma}$$

Remember to compare S_F with S_H^2 when deciding whether bending or wear is the threat to function. For crowned gears compare S_F with S_H^3.

Table of Overload Factors, K_o

	Driven Machine		
Power source	Uniform	Moderate shock	Heavy shock
Uniform	1.00	1.25	1.75
Light shock	1.25	1.50	2.00
Medium shock	1.50	1.75	2.25

그림 12–17
AGMA 굽힘강도공식의 사용절차표(*ANSI/AGMA 2001-D04.*)[역자주: SI 단위용은 부록 그림 B-1 참조]

SPUR GEAR WEAR
Based on ANSI/AGMA 2001-D04

$$d_P = \frac{N_P}{P_d}$$

$$V = \frac{\pi d n}{12}$$

$$W^t = \frac{33\,000\ H}{V}$$

Gear contact stress equation Eq. (12–16)

$$\sigma_c = C_p \left(W^t K_o K_v K_s \frac{K_m}{d_P F} \frac{C_f}{I} \right)^{1/2}$$

- C_p: Eq. (12–13), Table 12–8; pp.642, 654
- W^t: from the equation above
- K_o: Table below
- K_v: Eq. (12–27); p.653
- K_s: 1 [or Eq. (a), Sec. 12–10]; p.656
- K_m: Eq. (12–30); p.657
- C_f: 1
- I: Eq. (12–23); p.650

Gear contact endurance strength Eq. (12–18)

$$\sigma_{c,\text{all}} = \frac{S_c Z_N C_H}{S_H K_T K_R}$$

- S_c: ${}_{0.99}(S_c)_{10^7}$ Tables 12–6, 12–7; pp.648, 650
- Z_N: Fig. 12–15; p.661
- C_H: Section 12–12, gear only; p.658
- K_T: 1 if $T < 250°$F
- K_R: Table 12–10, Eq. (12–38); pp.661, 660

Wear factor of safety Eq. (12–42)

$$S_H = \frac{S_c Z_N C_H / (K_T K_R)}{\sigma_c}$$

- C_H: Gear only

Remember to compare S_F with S_H^2 when deciding whether bending or wear is the threat to function. For crowned gears compare S_F with S_H^3.

Table of Overload Factors, K_o

	Driven Machine		
Power source	Uniform	Moderate shock	Heavy shock
Uniform	1.00	1.25	1.75
Light shock	1.25	1.50	2.00
Medium shock	1.50	1.75	2.25

그림 12–18
AGMA 마모공식의 사용절차표(*ANSI/AGMA 2001-D04.*)[역자주: SI 단위용은 부록 그림 B-2 참조]

$$B = 0.25(12 - 6)^{2/3} = 0.8255$$
$$A = 50 + 56(1 - 0.8255) = 59.77$$

식 (12-27)에서 속도계수(K_v)를 구한다.

$$K_v = \left(\frac{59.77 + \sqrt{801.1}}{59.77}\right)^{0.8255} = 1.377$$

(3) 치수효과계수(K_s)를 구한다(역자주: 12-10절의 식(a)참조). Lewis 형상계수는 표 12-2에서, 잇수 N_p= 17일 때 Y_p=0.303이다. 기어잇수 N_G=52에 대하여는 내삽하여 Y_G=0.412가 된다. 면폭(F)과 지름피치(Pd)를 대입하여, 기어와 피니언의 K_s를 각각 계산한다.

$$(K_s)_P = 1.192\left(\frac{1.5\sqrt{0.303}}{10}\right)^{0.0535} = 1.043$$

$$(K_s)_G = 1.192\left(\frac{1.5\sqrt{0.412}}{10}\right)^{0.0535} = 1.052$$

(4) 하중분포계수(K_m)는 식 (12-30)에서 구한다.
 식 (12-31)에서 크라우닝 안 된 경우: C_{mc}=1
 식 (12-32)에서: C_{pf}=1.5/[10(1.7)]-0.037510.0125(1.5)=0.0695
 식 (12-33)에서: C_{pm}=1
 상용화 기어(그림 12-11): C_{ma}=0.15
 식 (12-35)에서: C_e=1

따라서,

$$K_m = 1 + C_{mc}(C_{pf}C_{pm} + C_{ma}C_e) = 1 + (1)[0.0695(1) + 0.15(1)] = 1.22$$

(5) 기어를 일정한 두께로 가정하면 림두께계수(K_B)는 1이다. 속도비 m_G=N_G/N_P= 52/17=3.059이다. 하중반복 수명계수(Y, Z)는 문제에 주어진 식을 이용하여 구하며, N(피니언)=10^8, N(기어)=$10^8/m_G$=10^8/3.059이다.

$$(Y_N)_P = 1.3558(10^8)^{-0.0178} = 0.977$$
$$(Y_N)_G = 1.3558(10^8/3.059)^{-0.0178} = 0.996$$

(6) 표 12-10에서 신뢰도 0.9일 때 K_R=0.85이다. 그림 12-18에서 온도(K_T), 표면다듬질계수(C_f)는 각각 1이다. 식 (12-23)에서 스퍼기어는 m_N=1을 대입한다.

$$I = \frac{\cos 20° \sin 20°}{2}\frac{3.059}{3.059 + 1} = 0.121$$

이며, 표 12-8에서 $C_p = 2300\sqrt{\text{psi}}$이다.

(7) AGMA내구(피로)강도식에 필요한 수치들을 구한다. 문제에 주어진 경도값을 그림 12-2에 대입하여 각 기어의 허용굽힘강도를 구한다.

$$(S_t)_P = 77.3(240) + 12\,800 = 31\,350 \text{ psi}$$

$$(S_t)_G = 77.3(200) + 12\,800 = 28\,260 \text{ psi}$$

그림 12-5에서 각 기어의 치면피로강도를 구한다.

$$(S_c)_P = 322(240) + 29\,100 = 106\,400 \text{ psi}$$

$$(S_c)_G = 322(200) + 29\,100 = 93\,500 \text{ psi}$$

그림 12-15에서 수명계수(Z)를 구한다.

$$(Z_N)_P = 1.4488(10^8)^{-0.023} = 0.948$$

$$(Z_N)_G = 1.4488(10^8/3.059)^{-0.023} = 0.973$$

(8) 경도비 H_{BP}=H_{BG}=240/200=1.2를 12-12절 식에 대입하여 A′를 구한다.

$$A' = 8.98(10^{-3})(H_{BP}/H_{BG}) - 8.29(10^{-3})$$

$$= 8.98(10^{-3})(1.2) - 8.29(10^{-3}) = 0.002\,49$$

식 (12-36)으로 경도비계수(C_H)를 구한다.

$$C_H = 1 + 0.002\,49(3.059 - 1) = 1.005$$

(1)~(8)과정 상수값을 대입하여, 4개의 파손위험도를 각각 계산한다.

(a) **피니언 이의 굽힘**:

식 (12-15)에 대입한다.

$$(\sigma)_P = \left(W^t K_o K_v K_s \frac{P_d}{F} \frac{K_m K_B}{J}\right)_P = 164.8(1)1.377(1.043)\,\frac{10}{1.5}\,\frac{1.22\,(1)}{0.30}$$

$$= 6417 \text{ psi}$$

식 (12-41)에서 안전계수 $(SF)_P$를 구한다.

답 $$(S_F)_P = \left(\frac{S_t Y_N/(K_T K_R)}{\sigma}\right)_P = \frac{31\,350(0.977)/[1(0.85)]}{6417} = 5.62$$

기어 이의 굽힘:

식 (12-15)에 대입한다.

$$(\sigma)_G = 164.8(1)1.377(1.052)\frac{10}{1.5}\,\frac{1.22(1)}{0.40} = 4854 \text{ psi}$$

식 (12-41)에서 안전계수를 구한다.

답 $$(S_F)_G = \frac{28\,260(0.996)/[1(0.85)]}{4854} = 6.82$$

(b) **피니언 이의 마모**:

식 (12-16)에 대입한다.

$$(\sigma_c)_P = C_p\left(W^t K_o K_v K_s \frac{K_m}{d_P F}\frac{C_f}{I}\right)_P^{1/2}$$

$$= 2300\left[164.8(1)1.377(1.043)\frac{1.22}{1.7(1.5)}\frac{1}{0.121}\right]^{1/2} = 70\,360 \text{ psi}$$

식 (12-42)에서 안전계수 $(S_H)_P$를 구한다.

답 $$(S_H)_P = \left[\frac{S_c Z_N/(K_T K_R)}{\sigma_c}\right]_P = \frac{106\,400(0.948)/[1(0.85)]}{70\,360} = 1.69$$

기어 이의 마모:

식 (12-16)에서 바뀌는 값은 K_s뿐이다.

$$(\sigma_c)_G = \left[\frac{(K_s)_G}{(K_s)_P}\right]^{1/2}(\sigma_c)_P = \left(\frac{1.052}{1.043}\right)^{1/2} 70\,360 = 70\,660 \text{ psi}$$

식 (12-42)에 C_H=1.005 등 계수값을 대입하여 안전계수를 구한다.

답 $$(S_H)_G = \frac{93\,500(0.973)1.005/[1(0.85)]}{70\,660} = 1.52$$

(c) 피니언: $(S_F)_P$와 $(S_H)_P^2$의 값은 각각 5.62, 1.69^2=2.86이다. 따라서 파손위험은 마모(치면피로)에 의함이다.

기어: $(S_F)_G$와 $(S_H)_G^2$의 값은 각각 6.82, 1.52^2=2.31이다. 따라서, 기어에서도 파손위험은 표면마모에 의함이며, 전체에서 표면마모가 먼저 예상된다.

예제 12-4의 결과를 분석한다.

(1) 피니언은 표면마모(치면피로)에 비하여 굽힘피로조건에 대하여 강하게 설계되어 있다. 따라서, 내마모성 향상을 위하여 표면경화법(예: 화염 또는 고주파경화, 질화, 탄화, 숏피닝)이 가능하다. 표면경화를 하면 기어쌍 크기가 작아질 수도 있다.

(2) 굽힘조건에서 기어가 피니언보다 강하기 때문에, 기어내부경도와 이크기의 감소가 가능하다. 따라서 기어의 P(지름피치)를 증가, 지름을 감소[역자주: 식 (11-1) 참조]시키거나 또는 더 값싼(저강도) 재료의 사용이 가능하다.

(3) 치면피로강도식에 $(Z_N)/K_R$비가 있다. $(Z_N)_P$, $(Z_N)_G$ 값은 기어비(m_G)에 따라 변한다. 설계자는 표면경도값을 명시함으로써 강도를 조절할 수 있다. 뒷부분에서 기술한다.

예제 12-4에서는 스퍼기어에 대하여 상세풀이하였다. 한편, 유사 조건의 헬리컬기어에 대하여 예제 12-5에 풀이하였다. 두 예제를 통하여 두 기어 간의 유사점, 차이점을 비교해 본다.

예제 12-5 잇수 17개, 치직각피치각 20°, 오른방향 비틀림각(나선각) 30°의 헬리컬 피니언이 1,800 rpm으로 회전하며, 잇수 52개 기어에 4 hp의 동력을 전달한다. 치직각 원주피치는 잇수 10개/인치, 면폭은 1.5 인치, 기어쌍의 표준등급번호는 6이다. 기어는 양편에 인접한 베어링으로 지지되어 있다. 피니언은 브리넬경도 240인 관통경화 1등급강이다. 기어는 관통경화 1등급이며 브리넬경도 200이다. 모터와 원심펌프를 연결하며 작용하중은 비충격적(균일)이다. 피니언의 수명을 10^8, 신뢰도를 0.90로 가정하고, 그림 12-14, 12-15의 상부곡선을 사용하여, 다음을 풀라.

(a) 굽힘피로파손에 대한 안전계수를 구하라.
(b) 치면피로(마모)파손에 대한 안전계수를 구하라.
(c) 안전계수값을 비교하여, 각 기어에서의 파손위험도를 평가하라.

(역자주: 계수를 구하는 각 단계마다 번호로 구분하여 보기 쉽게 하였다.)

풀이 (1) 스퍼기어 대신에 헬리컬기어를 사용함 외에는 본 예제 기본변수값은 예제 12-4의 풀이를 참조한다. 헬리컬기어의 축직각 지름피치는 식 (11-18)로 구한다.

$$P_t = P_n \cos\psi = 10 \cos 30^\circ = 8.660 \text{ teeth/in}$$

피치지름은 $d_p = N_p/P_t = 17/8.660 = 1.963$인치, $d_G = 52/8.660 = 6.005$인치이다. 피치선속도와 전달하중을 각각 구한다.

$$V = \frac{\pi d_P n_P}{12} = \frac{\pi(1.963)1800}{12} = 925 \text{ ft/min}$$

$$W^t = \frac{33\,000H}{V} = \frac{33\,000(4)}{925} = 142.7 \text{ lbf}$$

(2) 예제 12-4의 B=0.8255, A=59.77를 식 (12-27)에 대입하여 속도계수를 구한다. (역자주: 예제 12-4의 스퍼기어 피치선속도와 본 예제 12-5의 헬리컬기어 피치선속도가 다름을 주의하여야 한다.)

$$K_v = \left(\frac{59.77 + \sqrt{925}}{59.77}\right)^{0.8255} = 1.404$$

(3) 헬리컬기어 형상계수(I)를 구하기 위하여, 우선 축직각압력각을 식 (11-19)에서 구한다.

$$\phi_t = \tan^{-1}\left(\frac{\tan\phi_n}{\cos\psi}\right) = \tan^{-1}\left(\frac{\tan 20^\circ}{\cos 30^\circ}\right) = 22.80^\circ$$

피니언과 기어의 반지름은 각각 $r_P = 1.963/2 = 0.9815$, $r_G = 6.004/2 = 3.002$ 인치이다. 어덴덤길이는 a=1/Pn=1/10=0.1이며, 피니언과 기어의 기초원반지름은 식 (11-6)에서 구한다($\phi = \phi_t$ 대체).

$$(r_b)_P = r_P \cos\phi_t = 0.9815 \cos 22.80^\circ = 0.9048 \text{ in}$$

$$(r_b)_G = 3.002 \cos 22.80^\circ = 2.767 \text{ in}$$

식 (12-25)에서 면압강도 형상계수를 구한다.

$$Z = \sqrt{(0.9815 + 0.1)^2 - 0.9048^2} + \sqrt{(3.004 + 0.1)^2 - 2.769^2}$$
$$- (0.9815 + 3.004) \sin 22.80°$$
$$= 0.5924 + 1.4027 - 1.544\,4 = 0.4507 \text{ in}$$

처음 두 항이 1.5444보다 작기 때문에 계산된 Z값이 맞다. 식 (12-4)에서 치직각법선 피치(p_N)를 계산한다.

$$p_N = p_n \cos\phi_n = \frac{\pi}{P_n}\cos 20° = \frac{\pi}{10}\cos 20° = 0.2952 \text{ in}$$

식 (12-21)에서 하중분담비(m_N)를 구한다.

$$m_N = \frac{p_N}{0.95Z} = \frac{0.2952}{0.95(0.4507)} = 0.6895$$

식 (12-23)에 모두 대입하여 형상계수(I)를 계산한다.

$$I = \frac{\sin 22.80° \cos 22.80°}{2(0.6895)}\,\frac{3.06}{3.06+1} = 0.195$$

(4) 그림 12-7에서 형상계수는 $(J_P)'$=0.45, $(J_G)'$=0.54이다. 그림 12-8에서 J배율수가 각각 0.94, 0.98이므로 $(J_P)'$, $(J_G)'$값을 보정한다.

$$J_P = 0.45(0.94) = 0.423$$
$$J_G = 0.54(0.98) = 0.529$$

(5) 상수값을 식 (12-32)에서 구한다.

$$C_{pf} = \frac{1.5}{10(1.963)} - 0.0375 + 0.0125(1.5) = 0.0577$$

C_{mc}=1, C_{ma}=0.15(그림 12-11), C_e=1이다. 하중분포계수(k_m)를 식 (12-32)로부터 구한다.

$$K_m = 1 + (1)[0.0577(1) + 0.15(1)] = 1.208$$

(1)~(5)과정 상수값을 대입하여, 다음 밑줄친 4개의 파손위험도를 각각 계산한다.

(a) **피니언 이의 굽힘**:

식 (12-15)에서 피니언 굽힘피로강도를 구한다.

$$(\sigma)_P = \left(W^t K_o K_v K_s \frac{P_t}{F}\frac{K_m K_B}{J}\right)_P = 142.7(1)1.404(1.043)\frac{8.66}{1.5}\frac{1.208(1)}{0.423}$$
$$= 3445 \text{ psi}$$

식 (12-41)에 대입하여 안전계수 $(S_F)_P$를 구한다.

답 $$(S_F)_P = \left(\frac{S_t Y_N/(K_T K_R)}{\sigma}\right)_P = \frac{31\,350(0.977)/[1(0.85)]}{3445} = 10.5$$

기어 이의 굽힘:

식 (12-15)에서 기어 굽힘피로강도를 구한다.

$$(\sigma)_G = 142.7(1)1.404(1.052)\frac{8.66}{1.5}\frac{1.208(1)}{0.529} = 2779 \text{ psi}$$

식 (12-41)에서 안전계수 $(S_F)_G$를 구한다.

답
$$(S_F)_G = \frac{28\,260(0.996)/[1(0.85)]}{2779} = 11.9$$

(b) **피니언 이의 마모**:

식 (12-16)에서 치면피로강도를 구한다.

$$(\sigma_c)_P = C_p\left(W^t K_o K_v K_s \frac{K_m}{d_P F}\frac{C_f}{I}\right)_P^{1/2}$$

$$= 2300\left[142.7(1)1.404(1.043)\frac{1.208}{1.963(1.5)}\frac{1}{0.195}\right]^{1/2} = 48\,230 \text{ psi}$$

식 (12-42)에서 안전계수 $(S_H)_P$를 구한다.

답
$$(S_H)_P = \left(\frac{S_c Z_N/(K_T K_R)}{\sigma_c}\right)_P = \frac{106\,400(0.948)/[1(0.85)]}{48\,230} = 2.46$$

기어 이의 마모:

식 (12-16)에서 K_s값만 변화된다.

$$(\sigma_c)_G = \left[\frac{(K_s)_G}{(K_s)_P}\right]^{1/2}(\sigma_c)_P = \left(\frac{1.052}{1.043}\right)^{1/2} 48\,230 = 48\,440 \text{ psi}$$

식 (12-42)에서 안전계수 $(S_H)_G$를 구한다.

답
$$(S_H)_G = \frac{93\,500(0.973)1.005/[1(0.85)]}{48\,440} = 2.22$$

(c) 피니언: $(S_F)_P$와 $(S_H)_P^2$ 값은 각각 10.5, 2.46^2=6.05이므로, 피니언에서 파손위험은 치면피로(마모)에 의함이다.

분석 ① 기어의 $(S_F)_G$와 $(S_H)_G^2$ 값은 각각 11.9, 2.22^2(=4.93)이므로, 기어에서도 파손위험은 표면마모에 의함이다. 결국, 맞물린 기어쌍에서 마모(치면피로)로 인한 파손위험이 예상된다.

② 스퍼기어/헬리컬기어가 거의 동일한 조건인 예제 12-4, 12-5를 비교하였다. 헬리컬기어이는 나선과 동일한 치폭으로 인하여 스퍼기어이보다 길며, 헬리컬기어의 피치지름이 더 크다. I, J계수값이 더 크므로 발생응력은 작아지고, 따라서 헬리컬기어의 안전계수가 더 크다. 실제 설계단계에서 기어재료와 기어짝간의 상대경도값을 조절하면 기어쌍 크기를 더 작게 할 수도 있다.

AGMA계산절차를 자세히 설명하였으며, 이제 맞물린 기어재료특성에 관하여 설명한다. 피니언/기어의 AGMA 굽힘공식을 모두 나열하였다.

$$\sigma_P = \left(W^t K_o K_v K_s \frac{P_d}{F} \frac{K_m K_B}{J} \right)_P \qquad \sigma_G = \left(W^t K_o K_v K_s \frac{P_d}{F} \frac{K_m K_B}{J} \right)_G$$

$$(S_F)_P = \left(\frac{S_t Y_N/(K_T K_R)}{\sigma} \right)_P \qquad (S_F)_G = \left(\frac{S_t Y_N/(K_T K_R)}{\sigma} \right)_G$$

안전계수를 서로 같다고 놓고 응력/강도값을 대입하고, 동일 항(K_s값은 거의 같은 값)을 소거한 후 $(S_t)_G$에 대하여 정리한다.

$$(S_t)_G = (S_t)_P \frac{(Y_N)_P}{(Y_N)_G} \frac{J_P}{J_G} \tag{a}$$

응력반복 수명계수(Y_N)는 $Y_N = \alpha N^\beta$의 경도관계로 표시된 그림 12-14에서 구한다. 피니언에서는 $(Y_N)_P = \alpha N_p^\beta$, 기어에서는 $(Y_N)_G = \alpha(N_p/m_G)^\beta$이다. 식 (a)에 대입하고 정리한다.

$$(S_t)_G = (S_t)_P m_G^\beta \frac{J_P}{J_G} \tag{12-44}$$

일반적으로 $m_G > 1$이며, $J_G > J_P$이므로 식 (12-44)는 동일한 안전계수값일 때 기어가 피니언보다 낮은 강도(낮은 브리넬경도)임을 의미한다.

예제 12-6

스퍼기어쌍에서, 브리넬경도 300, 18개의 이, 피치 16, 압력각 20°, 표준치차이의 피니언이, 잇수 64의 기어에 맞물려 있다. 기어, 피니언의 재료는 모두 1등급관통경화강이다. $\beta = -0.023$으로 가정하고, 동일한 굽힘피로 안전계수를 기준으로 할 때 기어의 경도값을 구하라.

풀이 스퍼피니언의 굽힘피로강도는 그림 12-2에 있다

$$(S_t)_P = 0.533(300) + 88.3 = 248.2 \text{ MPa}$$

그림 12-6에서 형상계수 $J_P = 0.32$, $J_G = 0.41$이다. 식 (12-44)에서 스퍼기어의 굽힘피로강도를 구한다.

$$(S_t)_G = 248.2 \left(\frac{64}{18} \right)^{-0.023} \frac{0.32}{0.41} = 188.1 \text{ MPa}$$

그림 12-2의 식을 이용하여 경도값을 결정한다.

$$(H_B)_G = \frac{188.1 - 88.3}{0.533} = 187 \text{ Brinell}$$

한편, AGMA면압강도(치면피로)공식을 모두 나열하였다.

$$(\sigma_c)_P = C_p \left(W^t K_o K_v K_s \frac{K_m}{d_P F} \frac{C_f}{I} \right)_P^{1/2} \qquad (\sigma_c)_G = C_p \left(W^t K_o K_v K_s \frac{K_m}{d_P F} \frac{C_f}{I} \right)_G^{1/2}$$

$$(S_H)_P = \left(\frac{S_c Z_N/(K_T K_R)}{\sigma_c} \right)_P \qquad (S_H)_G = \left(\frac{S_c Z_N C_H/(K_T K_R)}{\sigma_c} \right)_G$$

안전계수를 서로 같다고 놓고 동일항을 소거 후 $(SC)_G$에 관하여 정리한다.

$$(S_c)_G = (S_c)_P \frac{(Z_N)_P}{(Z_N)_G}\left(\frac{1}{C_H}\right)_G = (S_C)_P m_G^{\beta}\left(\frac{1}{C_H}\right)_G$$

마모관련 $(Z_N)_P/(Z_N)_G = m_G^{\beta}$로 대입하고 β값을 그림 12-15로부터 찾는다. C_H 값은 1에 가깝다.

$$(S_c)_G = (S_c)_P m_G^{\beta} \tag{12-45}$$

예제 12-7 1등급 관통경화강에서 $\beta = -0.056$으로 가정하고, 예제 12-6을 마모(치면피로)에 대하여 해석하라.

풀이 그림 12-5에서 피니언의 치면피로강도를 구한다.

$$(S_c)_P = 2.22(300) + 200 = 866 \text{ MPa}$$

식 (12-45)로부터 기어의 치면피로강도와 경도값을 구한다.

$$(S_c)_G = (S_c)_P\left(\frac{64}{18}\right)^{-0.056} = 866\left(\frac{64}{18}\right)^{-0.056} = 807 \text{ MPa}$$

$$(H_B)_G = \frac{807 - 200}{2.22} = 273 \text{ Brinell}$$

답 기어 경도값은 피니언경도값인 브린넬경도 300보다 약간 작다.

식 (12-44) 및 (12-45)는 헬리컬기어에도 적용된다.

12-19 기어맞물림 설계

사전(a priori)결정과 설계결정 단계로 나눈다.

사전 결정사항:
- 기능: 하중, 속도, 신뢰도, 수명, K_0
- 불확실한 위험인자: 설계계수 n_d
- 치형 정보: ϕ, ψ, 어덴덤, 디덴덤, 이뿌리 필릿반지름
- 기어비(잇수비) m_G, N_P, N_G
- 품질 등급번호 Q_v

설계 결정사항:
- 지름피치 P_d
- 면폭 F
- 피니언재료, 내부 및 표면 경도값
- 기어재료, 내부 및 표면 경도값

우선 기어쌍의 치수를 결정하며, 설계결정사항들을 중요 순서부터 나열한다.

- 지름피치를 결정한다.
- 면폭, 피치지름, 재료특성간 관계를 검토한다. 만족스럽지 않으면 피치값을 변경한다.
- 피니언재료를 정하고 내부/표면의 경도요건을 검토한다. 만족스럽지 않으면, 피치값을 변경하는 작업을 반복한다.
- 기어재료를 결정하고, 내부/표면의 경도요건을 검토한다. 만족스럽지 않으면, 피치값을 변경하는 작업을 반복한다.

절차를 보다 상세하게 아래에 설명한다. 우선 지름피치를 임의로 결정한다.

피니언의 굽힘:
- 선정된 이 피치값에 대한 중앙면폭을 결정한다($4\pi/P$).
- 필요한 극한강도값의 범위를 찾아본다.
- 재료와 내부경도값을 결정한다.
- 굽힘에서 안전계수를 만족할 면폭을 결정한다.
- 면폭을 결정한다.
- 굽힘에서 안전계수를 검토한다.

기어의 굽힘:
- 짝이 될 상대 기어의 내부경도값을 찾는다.
- 기어의 재료와 내부경도값을 결정한다.
- 굽힘에서 안전계수를 검토한다.

피니언의 마모:
- 필요한 값과 표면경도값을 찾는다.
- 표면경도를 결정한다.
- 마모조건에서 안전계수를 검토한다.

기어의 마모:
- 상대 기어의 표면경도값을 찾는다.
- 표면경도를 결정한다.
- 마모조건에서 안전계수를 검토한다.

선정된 지름피치와 유사한 지름피치 경우에도 설계요건을 만족할 수 있기 때문에, 성능비교지수를 만들어서 결과간에 비교선정기준을 만든다. 재료 및 제조공정단가까지를 고려한다면 성능비교지수 형태가 복잡해진다.

예제 12-4, 12-5의 모든 안전계수를 동일한 값으로 할 수 있다. 강 기어에서 보통 마모가 주된 결정인자이며, $(S_H)_P$와 $(S_H)_G$는 상호 유사한 값으로 만들 수 있다. 기어내부에 연질재료를 사용하면 $(S_F)_P$와 $(S_F)_G$값을 감소시킬 수 있지만, 그 값을 크게 결정하는 것이 의미가 있기도 한다. 굽힘피로에 의하여 파손된 이는 기어쌍전체를 손상시킬 뿐 아니라, 일련의 파워트레인 중 일부에서 바람직하지 못한 응력을 발생시킬 수도 있기 때문이다.

예제 12-8 스틸 스퍼 피니언은, 피치가 6개 잇수/인치이고, 17개의 전체깊이로 밀링된 잇수, 압력각은 20도이다. 피니언이 인볼류트표면에서의 극한인장강도가 117 kpsi이고, 브린넬 경도가 232, 항복강도가 90 kpsi이다. 축회전속도는 1,120 rpm, 면폭은 2인치, 상대 기어는 51개의 잇수가 있다. 설계계수가 2일 때, 동력전달용 피니언을 평가하라.

(a) 피니언 굽힘피로를 기준할 때, 동력한계는 얼마인가?

(b) 피니언 표면피로를 기준할 때, 동력한계는 얼마인가? 기어와 피니언은 동일한 재료특성(강도)이라고 가정한다.

(c) 기어의 굽힘과 마모로 인한 동력한계를 생각해보라.

(d) 기어 세트를 평가하라.

풀이 기본 수치:

$$N_P = 17, \quad N_G = 51$$

$$d_P = \frac{N}{P_d} = \frac{17}{6} = 2.833 \text{ in}$$

$$d_G = \frac{51}{6} = 8.500 \text{ in}$$

$$V = \pi d_P n/12 = \pi(2.833)(1120)/12 = 830.7 \text{ ft/min}$$

식 (12-2b):

$$K_v = (1200 + 830.7)/1200 = 1.692$$

$$\sigma_{\text{all}} = \frac{S_y}{n_d} = \frac{90\,000}{2} = 45\,000 \text{ psi}$$

표 12-2:

$$Y_P = 0.303, \quad Y_G = 0.410$$

식 (12.7):

$$W^t = \frac{F Y_P \sigma_{\text{all}}}{K_v P_d} = \frac{2(0.303)(45\,000)}{1.692(6)} = 2686 \text{ lbf}$$

$$H = \frac{W^t V}{33\,000} = \frac{2686(830.7)}{33\,000} = 67.6 \text{ hp}$$

굽힘에 의한 항복을 기준으로 할 때, 동력은 67.6 hp이다.

(a) **피니언 굽힘피로**:

굽힘

식 (5-8):

$$S'_e = 0.5S_{ut} = 0.5(116) = 58 \text{ kpsi}$$

식 (5-19):

$$a = 2.70, \quad b = -0.265, \quad k_a = 2.70(116)^{-0.265} = 0.766$$

표 11-1:

$$l = \frac{1}{P_d} + \frac{1.25}{P_d} = \frac{2.25}{P_d} = \frac{2.25}{6} = 0.375 \text{ in}$$

식 (12-3):

$$x = \frac{3Y_P}{2P_d} = \frac{3(0.303)}{2(6)} = 0.0758$$

12-1절의 식 (*b*):

$$t = \sqrt{4lx} = \sqrt{4(0.375)(0.0758)} = 0.337 \text{ in}$$

식 (5-25):

$$d_e = 0.808\sqrt{Ft} = 0.808\sqrt{2(0.337)} = 0.663 \text{ in}$$

식 (5-20):

$$k_b = \left(\frac{0.663}{0.30}\right)^{-0.107} = 0.919$$

$k_c = k_d = k_e = 1$이다. k_f의 값은 두 인자가 영향을 미치는데, 우선 일방향 굽힘과 Gerber파손기준에 의하면, $k_{f1} = 1.66$(예제 12-2 참조)이다.

$$r_f = \frac{0.300}{P_d} = \frac{0.300}{6} = 0.050 \text{ in (예제 12-2 참조)}$$

그림 A-15-6에서:

$$\frac{r}{d} = \frac{r_f}{t} = \frac{0.05}{0.338} = 0.148$$

이며, $D/d = \infty$의 경우에 값을 취하면 $K_t = 1.68$이다. 그림 5-20에서 $q = 0.86$이고, 식 (5-32)로부터

$$K_f = 1 + 0.86(1.68 - 1) = 1.58$$

$$k_{f2} = \frac{1}{K_f} = \frac{1}{1.58} = 0.633$$

$$k_f = k_{f1}k_{f2} = 1.66(0.633) = 1.051$$

$$S_e = 0.766(0.919)(1)(1)(1)(1.051)(58) = 42.9\ \text{kpsi}$$

$$\sigma_{\text{all}} = \frac{S_e}{n_d} = \frac{42.9}{2} = 21.5\ \text{kpsi}$$

$$W^t = \frac{FY_P\sigma_{\text{all}}}{K_v P_d} = \frac{2(0.303)(21\,500)}{1.692(6)} = 1283\ \text{lbf}$$

$$H = \frac{W^t V}{33\,000} = \frac{1283(830.7)}{33\,000} = 32.3\ \text{hp}$$

(b) **피니언 표면피로**:

표 A-5의 스틸 경우:

$$\nu = 0.292, \quad E = 30(10^6)\ \text{psi}$$

식 (12-13) 또는 표 12-8:

$$C_p = \left\{\frac{1}{2\pi[(1-0.292^2)/30(10^6)]}\right\}^{1/2} = 2285\sqrt{\text{psi}}$$

식 (12-12):

$$r_1 = \frac{d_P}{2}\sin\phi = \frac{2.833}{2}\sin 20^\circ = 0.485\ \text{in}$$

$$r_2 = \frac{d_G}{2}\sin\phi = \frac{8.500}{2}\sin 20^\circ = 1.454\ \text{in}$$

$$\left(\frac{1}{r_1} + \frac{1}{r_2}\right) = \frac{1}{0.485} + \frac{1}{1.454} = 2.750\ \text{in}$$

식 (5-68): $(S_C)_{10^8} = 0.4H_B \ - 10\ \text{kpsi}$

이므로, 기어에 대하여

$$\sigma_C = [0.4(232) - 10]10^3 = 82\,800\ \text{psi}$$

설계계수 2를 사용하며, 접촉 응력이기 때문에 $\sqrt{2}$로 나눈 값을 사용한다.

$$\sigma_{C,\text{all}} = -\frac{\sigma_c}{\sqrt{2}} = -\frac{82\,800}{\sqrt{2}} = -58\,548\ \text{psi}$$

식 (12-14)를 W^t에 관하여 푼다.

$$W^t = \left(\frac{-58\,548}{2285}\right)^2\left[\frac{2\cos 20^\circ}{1.692(2.750)}\right] = 265\ \text{lbf}$$

$$H_{\text{all}} = \frac{265(830.7)}{33\,000} = 6.67\ \text{hp}$$

답 10^8 사이클에 대하여 허용동력은 6.67 hp이다.

(c) **기어 굽힘과 마모로 인한 기어피로:**

굽힘

식 (12-3): $x = \dfrac{3Y_G}{2P_d} = \dfrac{3(0.4103)}{2(6)} = 0.1026 \text{ in}$

12-1절의 식(b): $t = \sqrt{4(0.375)(0.1026)} = 0.392 \text{ in}$

식 (5-25): $d_e = 0.808\sqrt{2(0.392)} = 0.715 \text{ in}$

식 (5-20):

$$k_b = \left(\frac{0.715}{0.30}\right)^{-0.107} = 0.911$$

$$k_c = k_d = k_e = 1$$

$$\frac{r}{d} = \frac{r_f}{t} = \frac{0.050}{0.392} = 0.128$$

그림 A-15-6에서 D/d가 ∞일 경우($D/d = 3$인 경우와 같다고 가정함)에 $K_t = 1.80$이고, 그림 5-20에서 $q = 0.82$이다.

식 (5-32)로부터:

$$\text{Eq. (6.32): } k_f = 1 + (0.82)(1.80 - 1) = 1.66$$

$$S_e = 0.766(0.911)(1)(1)(1)(1.66)(58) = 67.2 \text{ kpsi}$$

$$\sigma_{\text{all}} = \frac{S_e}{K_f n_d} = \frac{67.2}{1.66(2)} = 20.2 \text{ kpsi}$$

$$W^t = \frac{F Y_G \sigma_{\text{all}}}{K_v P_d} = \frac{2(0.4103)(20\,200)}{1.692(6)} = 1633 \text{ lbf}$$

답

$$H_{\text{all}} = \frac{1633(830.7)}{33\,000} = 41.1 \text{ hp}$$

기어는 굽힘하중하에서 피니언보다 더 강하다.

마모:

피니언과 기어의 재료가 동일하고 접촉 응력은 동일하므로, 허용동력전달은 동일하다. 따라서 각 10^8 사이클에 대하여 허용동력은 6.67 *hp*이다. 그러나 $10^8/3$ 회전에 대한 S_c값을 경정할 수는 없다.

(d) 피니언 굽힘: $H_1 = 32.3$ hp

피니언 마모: $H_2 = 6.67$ hp

기어 굽힘: $H_3 = 41.1$ hp

기어 마모: $H_4 = 6.67$ hp

따라서, 가장 작은 값인 6.67hp가 답이다.

답 $$H_{\text{rated}} = \min\ (32.3, 6.67, 41.1, 6.67) = 6.67 \text{ hp}.$$

자세한 스퍼기어와 헬리컬기어의 설계과정을 보였다. 재료나 기어의 피치가 변경될 수 있다. 다른 설계결과도 가능하므로 설계결과간 우위를 비교할 성능비교지수가 필요하다. 컴퓨터를 사용한 기어설계 프로그램은 설계자에게 중간결과를 알려주고, 설계자가 방향을 수정할 수 있는 반복과정이 가능하여야 한다. 프로그래밍 중 발생되는 문제해결과정을 통하여 설계경험지식이 누적된다.

연습문제 Problems

Problems marked with an asterisk (*) are linked to problems in other chapters, as summarized in Table 1–1 of Sec. 1–16, p. 26.

Because gearing problems can be difficult, the problems are presented by section.

Section 12-1

12-1 A steel spur pinion has a module of 3 mm, 22 full-depth teeth, and a 20° pressure angle. The pinion runs at a speed of 1200 rev/min and transmits 11 kW to a 60-tooth gear. If the face width is 50 mm, estimate the bending stress.

12-2 A steel spur pinion has a diametral pitch of 10 teeth/in, 18 teeth cut full-depth with a 20° pressure angle, and a face width of 1 in. This pinion is expected to transmit 2 hp at a speed of 600 rev/min. Determine the bending stress.

12-3 A steel spur pinion has a module of 1.25 mm, 18 teeth cut on the 20° full-depth system, and a face width of 12 mm. At a speed of 1800 rev/min, this pinion is expected to carry a steady load of 0.5 kW. Determine the resulting bending stress.

12-4 A steel spur pinion has 16 teeth cut on the 20° full-depth system with a module of 8 mm and a face width of 90 mm. The pinion rotates at 150 rev/min and transmits 6 kW to the mating steel gear. What is the resulting bending stress?

12-5 A steel spur pinion has a module of 1 mm and 16 teeth cut on the 20° full-depth system and is to carry 0.15 kW at 400 rev/min. Determine a suitable face width based on an allowable bending stress of 150 MPa.

12-6 A 20° full-depth steel spur pinion has 20 teeth and a module of 2 mm and is to transmit 0.5 kW at a speed of 200 rev/min. Find an appropriate face width if the bending stress is not to exceed 75 MPa.

12-7 A 20° full-depth steel spur pinion has a module of 5 mm and 24 teeth and transmits 4.5 kW at a speed of 50 rev/min. Find an appropriate face width if the allowable bending stress is 140 MPa.

12-8 A steel spur pinion is to transmit 20 hp at a speed of 400 rev/min. The pinion is cut on the 20° full-depth system and has a diametral pitch of 4 teeth/in and 16 teeth. Find a suitable face width based on an allowable stress of 12 kpsi.

12-9 A 20° full-depth steel spur pinion with 18 teeth is to transmit 2.5 hp at a speed of 600 rev/min. Determine appropriate values for the face width and diametral pitch based on an allowable bending stress of 10 kpsi.

12-10 A 20° full-depth steel spur pinion is to transmit 1.5 kW hp at a speed of 900 rev/min. If the pinion has 18 teeth, determine suitable values for the module and face width. The bending stress should not exceed 75 MPa.

Section 12-2

12-11 A speed reducer has 20° full-depth teeth and consists of a 22-tooth steel spur pinion driving a 60-tooth cast-iron gear. The power transmitted is 11 kW at a pinion speed of 1200 rev/min. For a module of 4 mm and a face width of 50 mm, find the contact stress.

12-12 A gear drive consists of a 16-tooth 20° steel spur pinion and a 48-tooth cast-iron gear having a pitch of 12 teeth/in. For a power input of 1.5 hp at a pinion speed of 700 rev/min, select a face width based on an allowable contact stress of 100 kpsi.

12–13 A gearset has a module of 5 mm, a 20° pressure angle, and a 24-tooth cast-iron spur pinion driving a 48-tooth cast-iron gear. The pinion is to rotate at 50 rev/min. What horsepower input can be used with this gearset if the contact stress is limited to 690 MPa and $F = 60$ mm?

12–14 A 20° 20-tooth cast-iron spur pinion having a module of 4 mm drives a 32-tooth cast-iron gear. Find the contact stress if the pinion speed is 1000 rev/min, the face width is 50 mm, and 10 kW of power is transmitted.

12–15 A steel spur pinion and gear have a diametral pitch of 12 teeth/in, milled teeth, 17 and 30 teeth, respectively, a 20° pressure angle, and a pinion speed of 525 rev/min. The tooth properties are $S_{ut} = 76$ kpsi, $S_y = 42$ kpsi and the Brinell hardness is 149. For a design factor of 2.25, a face width of $\frac{7}{8}$ in, what is the power rating of the gearset?

12–16 A milled-teeth steel pinion and gear pair have $S_{ut} = 113$ kpsi, $S_y = 86$ kpsi and a hardness at the involute surface of 262 Brinell. The diametral pitch is 3 teeth/in, the face width is 2.5 in, and the pinion speed is 870 rev/min. The tooth counts are 20 and 100. For a design factor of 1.5, rate the gearset for power considering both bending and wear.

12–17 A 20° full-depth steel spur pinion rotates at 1145 rev/min. It has a module of 6 mm, a face width of 75 mm, and 16 milled teeth. The ultimate tensile strength at the involute is 900 MPa exhibiting a Brinell hardness of 260. The gear is steel with 30 teeth and has identical material strengths. For a design factor of 1.3 find the power rating of the gearset based on the pinion and the gear resisting bending and wear fatigue.

12–18 Design a 4:1 spur-gear reduction for a 100-hp, three-phase squirrel-cage induction motor running at 1120 rev/min. The load is smooth, providing a reliability of 0.95 at 10^9 revolutions of the pinion. Gearing space is meager. Use Nitralloy 135M, grade 1 material to keep the gear size small. The gears are heat-treated first then nitrided.

Sections 12–3 to 12–19

12–19 A commercial enclosed gear drive consists of a 20° spur pinion having 16 teeth driving a 48-tooth gear. The pinion speed is 300 rev/min, the face width 50 mm, and the module 4 mm. The gears are grade 1 steel, through-hardened at 200 Brinell, made to No. 6 quality standards, uncrowned, and are to be accurately and rigidly mounted. Assume a pinion life of 10^8 cycles and a reliability of 0.90. Determine the AGMA bending and contact stresses and the corresponding factors of safety if 4 kW is to be transmitted.

12–20 A 20° spur pinion with 20 teeth and a module of 2.5 mm transmits 120 W to a 36-tooth gear. The pinion speed is 100 rev/min, and the gears are grade 1, 18-mm face width, through-hardened steel at 200 Brinell, uncrowned, manufactured to a No. 6 quality standard, and considered to be of open gearing quality installation. Find the AGMA bending and contact stresses and the corresponding factors of safety for a pinion life of 10^8 cycles and a reliability of 0.95.

12–21 Repeat Prob. 12–19 using helical gears each with a 20° normal pitch angle and a helix angle of 30° and a normal diametral pitch of 6 teeth/in.

12–22 A spur gearset has 17 teeth on the pinion and 51 teeth on the gear. The pressure angle is 20° and the overload factor $K_o = 1$. The diametral pitch is 6 teeth/in and the face width is 2 in. The pinion speed is 1120 rev/min and its cycle life is to be 10^8 revolutions at a reliability $R = 0.99$. The quality number is 5. The material is a through-hardened steel, grade 1, with Brinell hardnesses of 232 core and case of both gears. For a design factor of 2, rate the gearset for these conditions using the AGMA method.

12–23 In Sec. 12–10, Eq. (*a*) is given for K_s based on the procedure in Ex. 12–2. Derive this equation.

12–24 A speed-reducer has 20° full-depth teeth, and the single-reduction spur-gear gearset has 22 and 60 teeth. The diametral pitch is 4 teeth/in and the face width is $3\frac{1}{4}$ in. The pinion shaft speed is 1145 rev/min. The life goal of 5-year 24-hour-per-day service is about $3(10^9)$ pinion revolutions. The absolute value of the pitch variation is such that the transmission accuracy level number is 6. The materials are 4340 through-hardened grade 1 steels, heat-treated to 250 Brinell, core and case, both gears. The load is moderate shock and the power is smooth. For a reliability of 0.99, rate the speed reducer for power.

12–25 The speed reducer of Prob. 12–24 is to be used for an application requiring 40 hp at 1145 rev/min. Estimate the stresses of pinion bending, gear bending, pinion wear, and gear wear and the attendant AGMA factors of safety $(S_F)_P$, $(S_F)_G$, $(S_H)_P$, and $(S_H)_G$. For the reducer, what is the factor of safety for unquantifiable exingencies in W^t? What mode of failure is the most threatening?

12–26 The gearset of Prob. 12–24 needs improvement of wear capacity. Toward this end the gears are nitrided so that the grade 1 materials have hardnesses as follows: The pinion core is 250 and the pinion case hardness is 390 Brinell, and the gear core hardness is 250 core and 390 case. Estimate the power rating for the new gearset.

12–27 The gearset of Prob. 12–24 has had its gear specification changed to 9310 for carburizing and surface hardening with the result that the pinion Brinell hardnesses are 285 core and 580–600 case, and the gear hardnesses are 285 core and 580–600 case. Estimate the power rating for the new gearset.

12–28 The gearset of Prob. 12–27 is going to be upgraded in material to a quality of grade 2 (9310) steel. Estimate the power rating for the new gearset.

12–29 Matters of scale always improve insight and perspective. Reduce the physical size of the gearset in Prob. 12–24 by one-half and note the result on the estimates of transmitted load W^t and power.

12–30 AGMA procedures with cast-iron gear pairs differ from those with steels because life predictions are difficult; consequently $(Y_N)_P$, $(Y_N)_G$, $(Z_N)_P$, and $(Z_N)_G$ are set to unity. The consequence of this is that the fatigue strengths of the pinion and gear materials are the same. The reliability is 0.99 and the life is 10^7 revolution of the pinion ($K_R = 1$). For longer lives the reducer is derated in power. For the pinion and gear set of Prob. 12–24, use grade 40 cast iron for both gears ($H_B = 201$ Brinell). Rate the reducer for power with S_F and S_H equal to unity.

12–31 Spur-gear teeth have rolling and slipping contact (often about 8 percent slip). Spur gears tested to wear failure are reported at 10^8 cycles as Buckingham's surface fatigue load-stress factor K. This factor is related to Hertzian contact strength S_C by

$$S_C = \sqrt{\frac{1.4K}{(1/E_1 + 1/E_2)\sin\phi}}$$

where ϕ is the normal pressure angle. Cast iron grade 20 gears with $\phi = 14\frac{1}{2}^\circ$ and 20° pressure angle exhibit a minimum K of 0.56 and 0.77 MPa, respectively. How does this compare with $S_C = 2.2\ H_B$ MPa?

12–32 You've probably noticed that although the AGMA method is based on two equations, the details of assembling all the factors is computationally intensive. To reduce error and omissions, a computer program would be useful. Write a program to perform a power rating of an existing gearset, then use Prob. 12–24, 12–26, 12–27, 12–28, and 12–29 to test your program by comparing the results to your longhand solutions.

12–33 In Ex. 12-5 use nitrided grade 1 steel (4140) which produces Brinell hardnesses of 250 core and 500 at the surface (case). Use the upper fatigue curves on Figs. 12–14 and 12–15. Estimate the power capacity of the mesh with factors of safety of $S_F = S_H = 1$.

12–34 In Ex. 12–5 use carburized and case-hardened gears of grade 1. Carburizing and case-hardening can produce a 550 Brinell case. The core hardnesses are 200 Brinell. Estimate the power capacity of the mesh with factors of safety of $S_F = S_H = 1$, using the lower fatigue curves in Figs. 12–14 and 12–15.

12–35 In Ex. 12–5, use carburized and case-hardened gears of grade 2 steel. The core hardnesses are 200, and surface hardnesses are 600 Brinell. Use the lower fatigue curves of Figs. 12–14 and 12–15. Estimate the power capacity of the mesh using $S_F = S_H = 1$. Compare the power capacity with the results of Prob. 12–34.

12–36* The countershaft in Prob. 3–72, p. 148, is part of a speed reducing compound gear train using 20° spur gears. A gear on the input shaft drives gear *A*. Gear *B* drives a gear on the output shaft. The input shaft runs at 2400 rev/min. Each gear reduces the speed (and thus increases the torque) by a 2 to 1 ratio. All gears are to be of the same material. Since gear *B* is the smallest gear, transmitting the largest load, it will likely be critical, so a preliminary analysis is to be performed on it. Use a module of 4 mm, a face-width of 4 times the circular pitch, a Grade 2 steel through-hardened to a Brinell hardness of 300, and a desired life of 11 kW with a 95 percent reliability. Determine factors of safety for bending and wear.

12–37* The countershaft in Prob. 3–73, p. 148, is part of a speed reducing compound gear train using 20° spur gears. A gear on the input shaft drives gear *A* with a 2 to 1 speed reduction. Gear *B* drives a gear on the output shaft with a 5 to 1 speed reduction. The input shaft runs at 1800 rev/min. All gears are to be of the same material. Since gear *B* is the smallest gear, transmitting the largest load, it will likely be critical, so a preliminary analysis is to be performed on it. Use a module of 18.75 mm/tooth, a face-width of 4 times the circular pitch, a Grade 2 steel through-hardened to a Brinell hardness of 300, and a desired life of 12 kh with a 98 percent reliability. Determine factors of safety for bending and wear.

12–38* Build on the results of Prob. 11–40, p. 626, to find factors of safety for bending and wear for gear *F.* Both gears are made from Grade 2 carburized and hardened steel. Use a face-width of 4 times the circular pitch. The desired life is 12 kh with a 95 percent reliability.

12–39* Build on the results of Prob. 11–41, p. 626, to find factors of safety for bending and wear for gear *C.* Both gears are made from Grade 2 carburized and hardened steel. Use a face-width of 4 times the circular pitch. The desired life is 14 kh with a 98 percent reliability.

CHAPTER

13

Shigley's Mechanical Engineering Design

클러치, 브레이크, 커플링과 플라이휠

Chapter Outline

이 장에서는 회전하는 에너지를 저장하거나 전달하는 기능을 가진 회전 요소들을 다룬다. 이와 같은 기능상의 유사점 때문에 클러치, 브레이크, 커플링, 플라이휠들이 이 장에서 다루어진다.

마찰 클러치 또는 브레이크의 간단한 동력학적 모델이 그림 13-1*a*에 나와 있다. 두 개의 회전 관성 I_1과 I_2가 각각 회전 각속도 w_1과 w_2로 회전하며 브레이크인 경우에는 그 중 하나의 속도가 제로이고 클러치 또는 브레이크로 연결되어 있으면 같은 속도로 회전한다. 두 개의 요소는 서로 각각 다른 속도로 회전하고 있기 때문에 마찰이 일어나고 그 과정 중에 에너지가 소모되며 결과로써 온도가 상승한다. 이와 같은 요소들의 해석에서 다음을 중점적으로 다루기로 한다.

1. 작용력
2. 전달 토크
3. 에너지손실
4. 온도상승

전달 토크는 작용력과 마찰계수 그리고 클러치 또는 브레이크의 기하학적 형상과 관련이 있다. 이것은 정력학적 문제이며 각각의 기하학적 형상에 따라 별도로 다루어질 예정이다. 그러나 온도상승은 에너지 손실과 관련이 있으며 브레이크나 클러치 형상과 관계없이 다루어질 수 있다.

이 장에서 다루어질 여러 가지 형태의 요소들은 다음과 같이 정의된다.

1. 내부확장식 타입
2. 외부확장식 타입
3. 밴드 타입
4. 디스크 또는 축 타입
5. 원추 타입
6. 기타

플라이휠은 관성 에너지 저장 요소이다. 이것은 각속도 증가에 의하여 기계적인 에너지를 흡수하고 또 각속도를 감소시킴에 의해서 에너지를 전달한다. 그림 13-1*b*는 플라이휠의

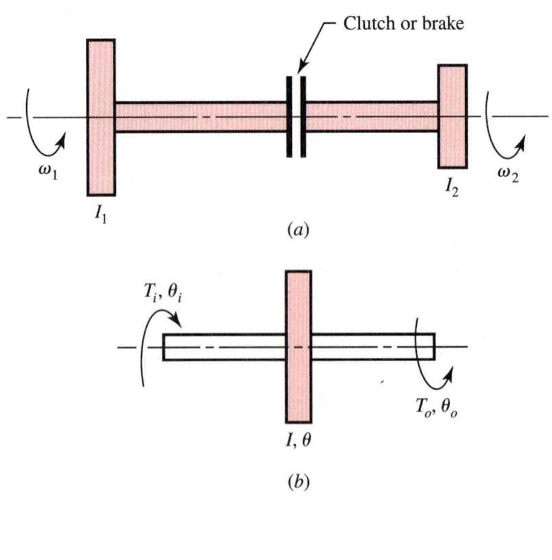

그림 13-1
(*a*) 클러치와 브레이크의 동역학 모델;
(*b*) 플라이휠의 동역학 모델

동역학적인 모델이다. 좌표계의 θ_i와 대응하는 입력토크 T_i는 플라이휠의 속도를 증가시킨다. 그리고 부하 또는 출력토크 T_0는 좌표계 θ_0로서 플라이휠에서의 에너지를 흡수하고 플라이휠의 속도를 감소시킨다. 우리는 적당한 양의 속도 조절을 위한 플라이휠 설계 방법을 다루게 될 것이다.

13-1 클러치와 브레이크의 정상 상태 해석

많은 형식의 클러치와 브레이크는 다음과 같은 일반적인 순서로 해석할 수 있다.

- 마찰면에서의 압력분포를 측정하고 모델링하며 추정한다.
- 최대 압력과 임의의 점에서의 압력과의 관계식을 구한다.
- 정상 상태 평형 관계 조건을 사용하여 제동력이나 제동 토크 또는 작용력들을 구한다.

13-2 내부 확장식 림 클러치와 브레이크

그림 13-2에 있는 내부 확장식 클러치(Internal Expanding Rim Clutch)는 기본적으로 다음 세 가지 요소로 구성된다: 마찰면, 토크를 마찰면에서 혹은 마찰면으로 전달하는 수단 그리고 액츄에이팅 메커니즘. 작용 메커니즘에 따라 이와 같은 클러치들은 **확장 링식**(*expanding-ring*), **원심식**, **자기식**(magnetic), **유압식**(*hydraulic*), **공압식**(*pneumatic*)으로 구분된다.

확장 링식 클러치(Expanding-Ring Clutch)는 섬유기계나 굴착기 또 공작기계에 많이 사용되며 클러지는 구동 풀리 내부에 내장되어 있다. 확장 링식(expanding-ring) 클러치는 원심력을 이용하며 낮은 속도에서도 큰 토크를 전달할 수 있고 충분한 해제력을 필요로 한다.

원심식 클러치(Centrifugal Clutch)는 주로 자동 작동식에 사용된다. 스프링이 사용되지 않는다면 전달 토크는 속도의 제곱에 비례한다. 이 방식은 특별히 전기 모터 구동에 유용하며 출발시 종동측 장치가 충격 없이 설정된 속도에 도달할 수 있다. 설정 속도에 도달할

그림 13-2
내부 확장식 원심 브레이크
(*the Hilliard Corporation*.의 허락 하에 인용)

때까지 접속을 방지하기 위하여 스프링이 사용될 수도 있으나 이 경우에는 충격이 생긴다.

전자식 클러치(Magnetic Clutch)는 자동 그리고 원격제어(remote-control) 시스템이나 복잡한 부하 사이클을 갖는 구동 시스템에 유용하게 사용된다.

유압식과 공압식 클러치는 복잡한 부하 사이클을 갖는 자동화 기계, 로봇과 같은 구동 시스템에 유용하게 사용된다. 이 장치들은 원격으로 제어되는 솔레노이드 밸브에 의해 제어된다. 이와 같은 클러치들은 디스크나 원추, 다판 클러치 같은 곳에 사용된다.

브레이크 시스템에서는 **내부 확장식**(*Internal-Shoe Brake*) 또는 **드럼 방식 브레이크**(*Drum* Brake)가 자동차에 가장 널리 사용된다.

그림 13-3의 내부 확장식 시스템을 해석해 보기로 하자. 그림 13-3에서 슈(shoe)는 A점에 피봇되어 있고 슈의 반대편 끝에 액츄에이팅력 F가 작용한다. 슈의 길이가 길기 때문에 슈에 작용하는 수직력의 분포는 일정하지 않다. 점 A에는 아무런 압력이 가해지지 않기 때문에 여기에 작용하는 압력은 0이라고 생각할 수 있다.

일반적으로 힌지점 A 근처의 마찰재는 실제적으로 기능을 하지 않으므로 간섭을 없애고 성능에 영향을 미치지 않는다. 또 다른 설계로 힌지가 추가 압력을 제공하도록 이동 가능한 유동슈가 있는데 여기서는 다루지 않는다.

그림 13-3에서 힌지점에서 각 θ만큼 떨어진 곳의 미소요소의 마찰면에 작용하는 압력을 p, 힌지점에서 각도 θ_a인 지점에 최대압력 p_a가 작용한다고 하고 점 B(그림 13-4)의 거동을 생각해 보자. 그림 13-4에서 힌지점 A를 중심으로 슈가 미소각 $\Delta\phi$만큼 변형되었다고 가정하면 AB에 수직인 슈의 변형량은 $h\Delta\phi$이다. 삼각형 AOB에서 $h = 2r\sin(\theta/2)$이고, 따라서

$$h\,\Delta\phi = 2\,r\,\Delta\phi\,\sin(\theta/2)$$

림의 수직방향의 변형량은 $h\Delta\cos(\theta/2)$으로 다음과 같이 표시된다.

$$h\,\Delta\phi\cos(\theta/2) = 2\,r\,\Delta\phi\,\sin(\theta/2)\cos(\theta/2) = r\,\Delta\phi\,\sin\theta$$

따라서 변형량, 즉 결과적으로 압력은 $\sin\theta$에 비례한다는 것을 알 수 있다. 최대압력은 B에 작용함으로

$$\frac{p}{\sin\theta} = \frac{p_a}{\sin\theta_a} \tag{a}$$

그림 13-3
마찰슈

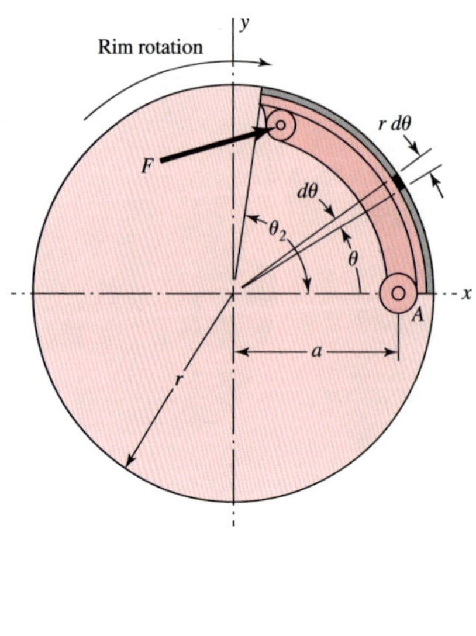

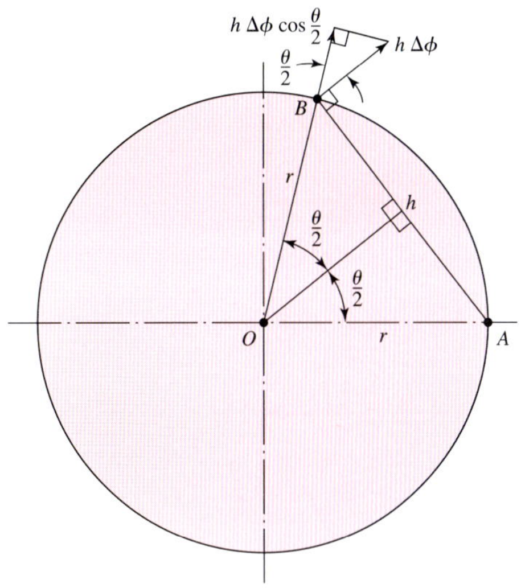

그림 13-4
마찰슈의 기하학적 형상

이 식을 정리하면 다음을 구할 수 있다.

$$p = \frac{p_a}{\sin\theta_a}\sin\theta \tag{13-1}$$

이와 같은 압력분포는 다음과 같은 특성을 가지고 있다.

- 압력분포는 각도 θ에 대하여 정현파(sine) 형태로 변화한다.
- 슈의 거리가 짧으면 그림 13-5a에 표시된 것처럼 슈에 작용하는 최대압력 p_a는 슈의 끝에 θ_2 작용힌다.
- 슈의 길이가 길면 그림 13-5b에 표시된 것처럼 슈의 최대압력은 p_a는 θ_a=90°인 점에서 작용한다.

마찰재의 사용은 마찰면에 작용하는 최대 허용 압력에 의해 제한되기 때문에 설계에 있어서는 정현파형 압력보다는 최대압력이 사용된다.

식 (13-1)에서 θ=0일때, 압력은 0이 된다. 따라서 힌지점에 있는 마찰재는 제동력에 거의 영향을 주지 못한다는 것을 알 수 있고, 생략되어도 된다. 좋은 설계를 위하여는 마찰재를 최대압력이 작용하는 근처에 가능한 한 집중되게 하여야 한다. 그림 13-6은 마찰재를 힌지점을 기준으로 각도 θ_1에서 각도 θ_2 사이에 위치하도록 설계한 것이다.

그림 13-6에서 힌지점에 작용하는 반력은 R_x와 R_y이고 액추에이터 작용력 F는 힌지점에서 거리 C에 성분 F_x와 F_y로 작용한다. 힌지점에서 임의의 각도 θ에서 수직력 dN은 다음 식으로 표시된다.

$$dN = pbr\,d\theta \tag{b}$$

여기서 b는 마찰재의 폭이다. 식 (13-1)에서 압력값을 대입하면 수직력은 다음과 같이 구해진다.

$$dN = \frac{p_a br\sin\theta\,d\theta}{\sin\theta_a} \tag{c}$$

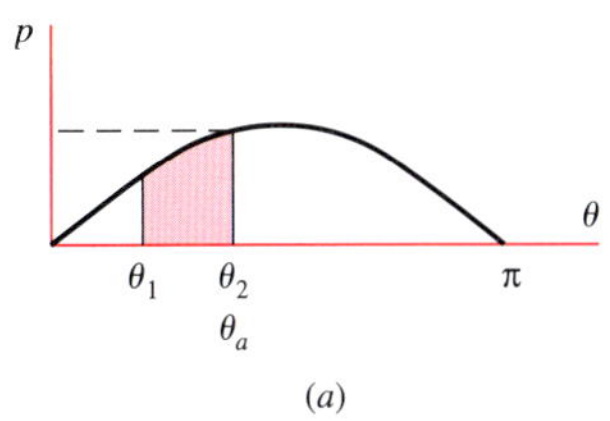

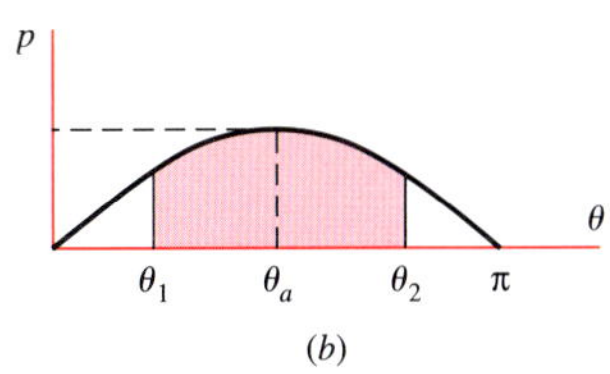

그림 13-5
마찰슈의 최대압력이 작용하는 위치
(a) $\theta_1 \le \theta_2 \le \pi/2$
(b) $\theta_1 \le \pi/2 \le \theta_2$

그림 13-6
슈에 작용하는 힘

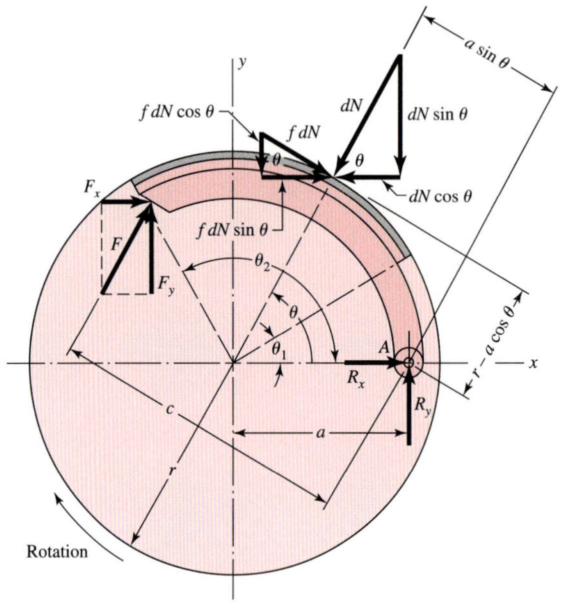

수직력 dN은 수평 및 수직방향 성분 $dN \cos\theta$와 $dN \sin\theta$로 구성되며 마찰력 $f\,dN$도 역시 수직 및 수직방향성분 $f\,dN \sin\theta$와 $f\,dN \cos\theta$로 구성된다. 정적 평형관계에서 액츄에이터 작용력 F와 토크 T 그리고 힌지점에 작용하는 반력 R_x와 R_y를 구할 수 있다.

액츄에이터 작용력 F는 힌지점의 모멘트 평형에서 구할 수도 있다. 마찰력들은 힌지점에서 $r - a\cos\theta$의 모멘트 암을 가진다. 이와 같은 마찰력의 모멘트 M_f는 다음 식으로 표시된다.

$$M_f = \int f\,dN(r - a\cos\theta) = \frac{f p_a b r}{\sin\theta_a}\int_{\theta_1}^{\theta_2} \sin\theta(r - a\cos\theta)\,d\theta \tag{13-2}$$

마찰력의 모멘트 M_f는 식 (13-2)를 적분하여 구할 수 있다. 수직력 dN의 모멘트 암은 힌지점을 중심으로 $a\sin\theta$이며 수직력에 대한 모멘트 M_N은 다음 식으로 구해진다.

$$M_N = \int dN(a\sin\theta) = \frac{p_a b r a}{\sin\theta_a}\int_{\theta_1}^{\theta_2} \sin^2\theta\,d\theta \tag{13-3}$$

액츄에이터 작용력 F는 모멘트 평형에서 아래와 같이 구할 수 있다.

$$F = \frac{M_N - M_f}{c} \tag{13-4}$$

위 식에서 액츄에이터 작용력이 0이 되는 조건을 생각해보자. 즉 $M_N = M_f$이면 self-energizing 상태가 되어 액츄에이터 작용력이 필요하지 않다. 그림 13-6에서 셀프-로킹(self-locking)이 되기 위한 a의 치수는 다음과 같아야 한다.

$$M_N > M_f \tag{13-5}$$

브레이크 슈에 의해서 드럼에 가해지는 토크 T는 마찰력 $f\,dN$과 드럼의 반지름의 곱으로 구해진다.

$$T = \int fr\,dN = \frac{fp_a br^2}{\sin\theta_a}\int_{\theta_1}^{\theta_2}\sin\theta\,d\theta = \frac{fp_a br^2(\cos\theta_1 - \cos\theta_2)}{\sin\theta_a} \tag{13-6}$$

힌지점의 반력은 수평 및 수직방향의 힘의 평형에서 아래와 같이 구할 수 있다.

$$R_x = \int dN\cos\theta - \int f\,dN\sin\theta - F_x = \frac{p_a br}{\sin\theta_a}\left(\int_{\theta_1}^{\theta_2}\sin\theta\cos\theta\,d\theta - f\int_{\theta_1}^{\theta_2}\sin^2\theta\,d\theta\right) - F_x \tag{d}$$

수직방향 성분도 마찬가지 방법으로 구할 수 있다.

$$R_y = \int dN\sin\theta + \int f\,dN\cos\theta - F_y = \frac{p_a br}{\sin\theta_a}\left(\int_{\theta_1}^{\theta_2}\sin^2\theta\,d\theta + f\int_{\theta_1}^{\theta_2}\sin\theta\cos\theta\,d\theta\right) - F_y \tag{e}$$

마찰력의 방향은 회전방향이 반대가 되면 반대가 된다. 따라서 반시계 방향 회전의 경우에 작용력은 아래와 같이 표시된다.

$$F = \frac{M_N + M_f}{c} \tag{13-7}$$

식 (13-7)에서 self-energizing 효과가 없어진 것을 볼 수 있다. 또한 반시계 방향 회전인 경우에는 힌지점의 반력에 관한 식(*d*)와 (*e*)에서 마찰력의 부호가 반대가 되어

$$R_x = \frac{p_a br}{\sin\theta_a}\left(\int_{\theta_1}^{\theta_2}\sin\theta\cos\theta\,d\theta + f\int_{\theta_1}^{\theta_2}\sin^2\theta\,d\theta\right) - F_x \tag{f}$$

$$R_y = \frac{p_a br}{\sin\theta_a}\left(\int_{\theta_1}^{\theta_2}\sin^2\theta\,d\theta - f\int_{\theta_1}^{\theta_2}\sin\theta\cos\theta\,d\theta\right) - F_y \tag{g}$$

식 (*d*), (*e*), (*f*), (*g*)는 다음과 같이 간단히 정리할 수 있다.

$$A = \int_{\theta_1}^{\theta_2}\sin\theta\cos\theta\,d\theta = \left(\frac{1}{2}\sin^2\theta\right)_{\theta_1}^{\theta_2} \qquad B = \int_{\theta_1}^{\theta_2}\sin^2\theta\,d\theta = \left(\frac{\theta}{2} - \frac{1}{4}\sin 2\theta\right)_{\theta_1}^{\theta_2} \tag{13-8}$$

따라서 그림 13-6의 시계 방향 운동에 대해서 힌지점의 반력은 아래와 같이 구해진다.

$$R_x = \frac{p_a br}{\sin\theta_a}(A - fB) - F_x \qquad R_y = \frac{p_a br}{\sin\theta_a}(B + fA) - F_y \tag{13-9}$$

반시계 방향 운동에 대한 식 (*f*)와 (*g*)는 다음과 같이 구해진다.

$$R_x = \frac{p_a br}{\sin\theta_a}(A + fB) - F_x$$
$$R_y = \frac{p_a br}{\sin\theta_a}(B - fA) - F_y \tag{13-10}$$

위 식에서 좌표축은 드럼의 중심에 설정되었고 x축은 힌지점을 통과하도록 y축은 슈의 방향으로 설정되었다. 또한 다음의 가정이 사용되었다.

1. 슈의 임의의 점에 작용하는 압력은 힌지점에서의 거리에 비례하며 힌지점에서의 압력은 0이다. 제조사에서 표기한 압력은 최대값보다는 평균값임에 유의한다.
2. 원심력은 무시되었다. 브레이크의 경우에는 슈가 회전하지 않기 때문에 원심력은 작용하지 않는다. 그러나 클러치 설계에서는 원심력을 고려하여야만 한다.
3. 슈는 강체라고 가정한다. 그러나 이것은 사실이 아니다. 일부 변형이 일어날 수 있고 이 변형은 부하와 압력과 슈의 강성에 의존한다. 따라서 압력분포는 강체로 가정하는 것과 달라질 수 있다.
4. 모든 해석은 마찰계수가 일정하며 압력에 따라 변하지 않는다는 가정 하에 수행되었다. 그러나 마찰계수는 온도, 마모 및 환경조건 등 여러 가지 조건에 따라 변화한다.

예제 13-1

그림 13-7과 같이 4개의 내부확장 슈로 구성된 지름 400 mm의 브레이크 드럼이 있다. 힌지핀 *A*와 *B*는 각각 두 개의 슈를 지지하고 있다. 작동 메커니즘은 각 슈에 동일한 작용력 *F*를 발생시키는 것이다. 슈의 두께는 75 mm, 사용재료의 마찰계수는 0.24, 최대압력은 1000 kPa일 때 다음을 계산하라.

(*a*) 작용력

(*b*) 브레이크 용량

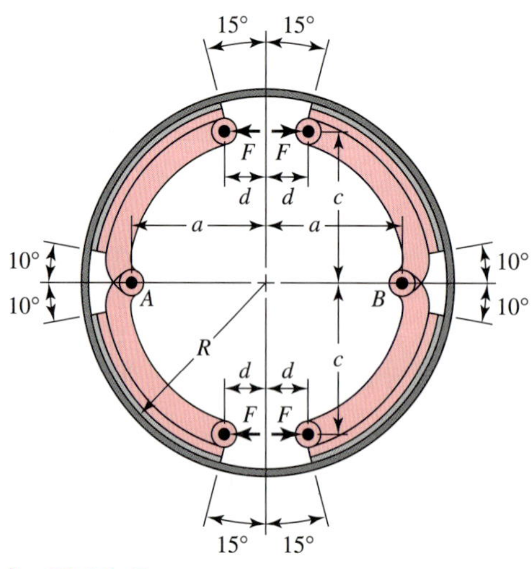

그림 13-7

내부 확장식 브레이크: a=150, c=165, R=200, d=50(치수는 mm)

(*c*) 양쪽 방향으로 회전이 가능할 때 힌지핀의 작용력

풀이 (*a*) 주어진 값은 다음과 같다.

$$\theta_1 = 10°, \quad \theta_2 = 75°, \quad \theta_a = 75°, \quad p_a = 10^6 \text{ Pa}, \quad f = 0.24,$$
$$b = 0.075 \text{ m (shoe width)}, \ a = 0.150 \text{ m}, \ r = 0.200 \text{ m}, \ d = 0.050 \text{ m},$$
$$c = 0.165 \text{ m}.$$

상수값들은 다음과 같이 계산할 수 있다.

$$A = \left[r \int_{\theta_1}^{\theta_2} \sin\theta \, d\theta - a \int_{\theta_1}^{\theta_2} \sin\theta \cos\theta \, d\theta \right] = r\left[-\cos\theta\right]_{\theta_1}^{\theta_2} - a\left[\frac{1}{2}\sin^2\theta\right]_{\theta_1}^{\theta_2}$$
$$= 200\left[-\cos\theta\right]_{10°}^{75°} - 150\left[\frac{1}{2}\sin^2\theta\right]_{10°}^{75°} = 77.5 \text{ mm}$$
$$B = \int_{\theta_1}^{\theta_2} \sin^2\theta \, d\theta = \left[\frac{\theta}{2} - \frac{1}{4}\sin 2\theta\right]_{10\pi/180 \text{ rad}}^{75\pi/180 \text{ rad}} = 0.528$$
$$C = \int_{\theta_1}^{\theta_2} \sin\theta\cos\theta \, d\theta = 0.4514$$

단위를 변환하면 식 (13-2)로부터

$$M_f = \frac{f p_a b r}{\sin\theta_a} A = \frac{0.24[(10)^6](0.075)(0.200)}{\sin 75°}(0.0775) = 289 \text{ N} \cdot \text{m}$$

식 (13-3)으로부터

$$M_N = \frac{p_a b r a}{\sin\theta_a} B = \frac{[(10)^6](0.075)(0.200)(0.150)}{\sin 75°}(0.528) = 1230 \text{ N} \cdot \text{m}$$

최종적으로 식 (13-4)를 이용하여 F를 구할 수 있다.

답
$$F = \frac{M_N - M_f}{c} = \frac{1230 - 289}{165} = 5.70 \text{ kN}$$

(*b*) 식 (13-6)을 이용하여 우상단 슈에 대하여

$$T = \frac{f p_a b r^2(\cos\theta_1 - \cos\theta_2)}{\sin\theta_a}$$
$$= \frac{0.24[(10)^6](0.075)(0.200)^2(\cos 10° - \cos 75°)}{\sin 75°} = 541 \text{ N} \cdot \text{m}$$

우하단 슈에 대하여 p_a를 구해야 한다. 식 (13-7)로부터

$$M_N = \frac{1230}{10^6} p_a \quad \text{and} \quad M_f = \frac{289}{10^6} p_a$$

$$5.70 = \frac{(1230/10^6)p_a + (289/10^6)p_a}{165} \text{ 를 풀면} \quad p_a = 619(10)^3 \text{ Pa}$$

따라서

$$T = \frac{0.24[0.619(10)^6](0.075)(0.200)^2(\cos 10° - \cos 75°)}{\sin 75°} = 335 \text{ N} \cdot \text{m}$$

답 총 브레이크 용량은 $T_{\text{total}} = 2(541) + 2(335) = 1750\text{N} \cdot \text{m}$이다.

(c) 우상단 슈:

$$R_x = \frac{p_a br}{\sin\theta_a}(C - fB) - F_x$$

$$= \frac{(10^6)(0.075)(0.200)}{\sin 75°}[0.4514 - 0.24(0.528)](10)^{-3} - 5.70 = -0.658 \text{ kN}$$

$$R_y = \frac{p_a br}{\sin\theta_a}(B + fC) - F_y$$

$$= \frac{(10^6)(0.075)(0.200)}{\sin 75°}[0.528 + 0.24(0.4514)](10)^{-3} - 0 = 9.88 \text{ kN}$$

우하단 슈:

$$R_x = \frac{p_a br}{\sin\theta_a}(C + fB) - F_x$$

$$= \frac{[0.619(10)^6](0.075)(0.200)}{\sin 75°}[0.4514 + 0.24(0.528)](10)^{-3} - 5.70$$

$$= -0.143 \text{ kN}$$

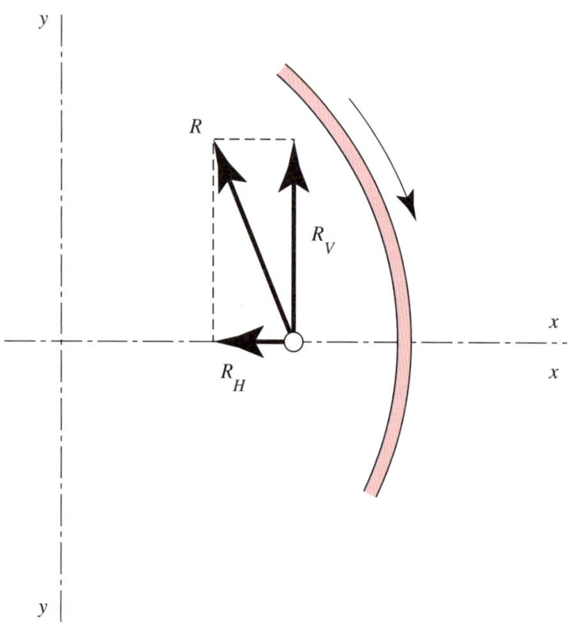

그림 13-8
힌지점 반력

$$R_y = \frac{p_a br}{\sin\theta_a}(B - fC) - F_y$$
$$= \frac{[0.619(10)^6](0.075)(0.200)}{\sin 75°}[0.528 - 0.24(0.4514)](10)^{-3} - 0$$
$$= 4.03 \text{ kN}$$

그림 13-8로부터 우하단 슈의 $+y$방향이 우상단 슈와 반대임에 유의하여

$$R_H = -0.658 - 0.143 = -0.801 \text{ kN}$$
$$R_V = 9.88 - 4.03 = 5.85 \text{ kN}$$
$$R = \sqrt{(0.801)^2 + (5.85)^2}$$

답
$$= 5.90 \text{ kN}$$

13-3 외부 압축식 림 클러치와 브레이크

그림 13-9에 외부 압축식 슈(External Contracting Shoe)의 형상이 나와 있다. 힌지점에 대한 마찰력과 수직력의 모멘트는 내부 확장식 슈와 동일하다. 식 (13-2)와 (13-3)은 동일하게 적용된다.

$$M_f = \frac{f p_a br}{\sin\theta_a}\int_{\theta_1}^{\theta_2} \sin\theta(r - a\cos\theta)\,d\theta \tag{13-2}$$

$$M_f = \frac{f p_a br}{\sin\theta_a}\int_{\theta_1}^{\theta_2} \sin\theta(r - a\cos\theta)\,d\theta \tag{13-3}$$

이 두 가지 식은 외부 압축식 슈가 사용되는 경우 그림 13-9에서 시계 방향으로 양의 모멘트 값을 갖는다. 액츄에이터 작용력은 이 두 모멘트와 균형을 이루기에 충분할 만큼 커야 한다.

$$F = \frac{M_N + M_f}{c} \tag{13-11}$$

힌지점의 수평 및 수직 방향 작용력은 내부 확장식 슈와 같은 방법으로 구할 수 있다.

$$R_x = \int dN\cos\theta + \int f\,dN\sin\theta - F_x \tag{a}$$

$$R_y = \int f\,dN\cos\theta - \int dN\sin\theta + F_y \tag{b}$$

식 (13-8)과 13-2절의 식 (c)를 사용해서 다음을 구할 수 있다.

$$R_x = \frac{p_a br}{\sin\theta_a}(A + fB) - F_x$$
$$R_y = \frac{p_a br}{\sin\theta_a}(fA - B) + F_y \tag{13-12}$$

그림 13-9
외부 압축식 슈

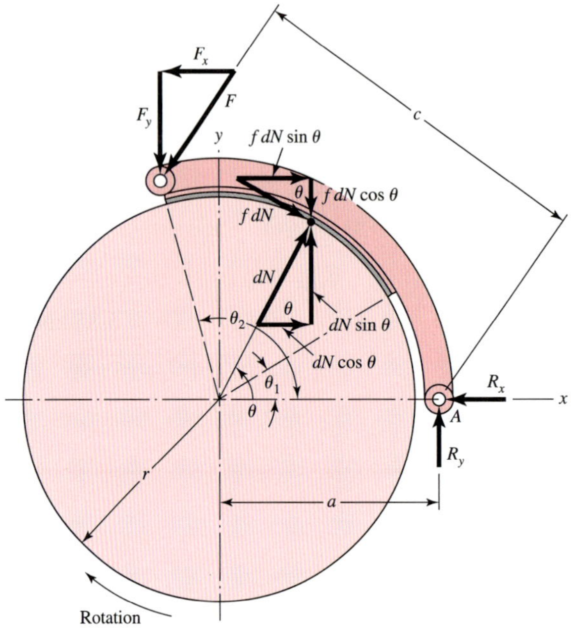

만약 회전 방향이 시계 반대 방향이 되면 각 식에서 마찰력의 부호는 반대가 되고 식 (13-11)의 액츄에이터 작용력은 다음과 같이 된다.

$$F = \frac{M_N - M_f}{c} \tag{13-13}$$

그리고 self-energizing 효과는 시계 반대 방향인 경우에 존재한다. 수평 및 수직 작용력은 전과 마찬가지 방법으로 구할 수 있다.

$$\begin{aligned} R_x &= \frac{p_a br}{\sin\theta_a}(A - fB) - F_x \\ R_y &= \frac{p_a br}{\sin\theta_a}(-fA - B) + F_y \end{aligned} \tag{13-14}$$

외부 압축식 설계를 클러치에 사용하는 경우 원심력의 효과는 수직력을 감소시킬 수 있음을 유의하여야 한다. 이 경우 속도가 증가하면 더 큰 액츄에이터 작용력 F가 요구된다.

13-4 밴드타입 클러치와 브레이크

밴드타입 클러치와 브레이크는 많은 기계요소에 사용된다. 밴드타입 클러치와 브레이크의 형상이 그림 13-10에 나와 있다.

드럼의 마찰력과 회전방향을 고려하면 액츄에이터 작용력 P_2는 핀의 작용력 P_1보다 작다. 밴드의 미소요소 $d\theta$의 힘의 평형에서 다음 식이 구해진다.

$$(P + dP)\sin\frac{d\theta}{2} + P\sin\frac{d\theta}{2} - dN = 0 \tag{a}$$

$$dN = P\,d\theta \tag{b}$$

그림 13-10
브레이크 밴드에 작용하는 힘

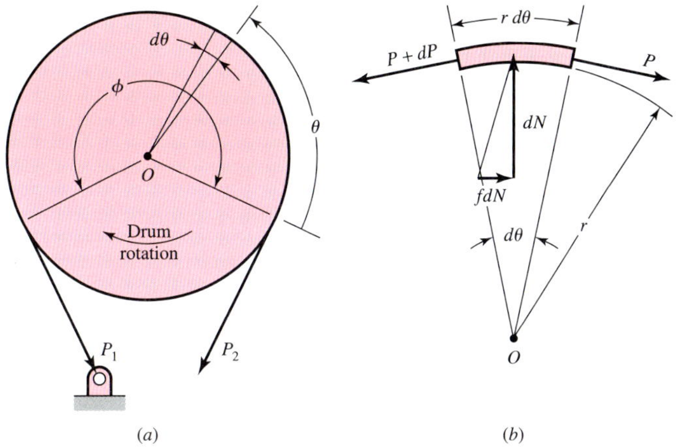

$$(P + dP)\cos\frac{d\theta}{2} - P\cos\frac{d\theta}{2} - f\,dN = 0 \tag{c}$$

$$dP - f\,dN = 0 \tag{d}$$

위 식에서 미소각 $d\theta$에 대하여 $\sin\frac{d\theta}{2} \doteq d\theta/2$, $\cos(d\theta/2)=1$을 사용하고, 식 (*b*)와 (*d*)에서 dN의 값을 대입하고 적분하면

$$\int_{P_2}^{P_1} \frac{dP}{P} = f\int_0^{\phi} d\theta \qquad \text{or} \qquad \ln\frac{P_1}{P_2} = f\phi$$

$$\frac{P_1}{P_2} = e^{f\phi} \tag{13-15}$$

토크는 다음 식으로 구해진다.

$$T = (P_1 - P_2)\frac{D}{2} \tag{13-16}$$

두께 b 길이 $rd\theta$의 면적에 작용하는 수직력 성분 dN은

$$dN = pbr\,d\theta \tag{e}$$

여기서 p는 압력이다. 식 (*b*)에서 dN의 값을 대입하면

$$P\,d\theta = pbr\,d\theta$$

따라서

$$p = \frac{P}{br} = \frac{2P}{bD} \tag{13-17}$$

압력은 밴드의 장력과 비례함을 알 수 있다. 최대압력 p_a는 다음과 같이 구해진다.

$$p_a = \frac{2P_1}{bD} \tag{13-18}$$

13-5 마찰 접촉식 축방향 클러치

축방향 클러치(Axial Clutch)는 마찰멤버가 축에 평행한 방향으로 움직이는 방식이다. 이와 같은 방식의 초기형태는 원추클러치로써 이것은 구조가 간단하고 비교적 큰 동력을 전달할 수 있다. 그러나 상대적으로 간단한 적용 예를 제외하고는, 이 방식은 한 개 혹은 그 이상의 디스크를 사용하는 디스크(disk) 클러치 방식으로 교체되었다. 디스크 클러치 방식의 장점은 원심력 효과에서 자유롭고 좁은 공간에 큰 마찰면적이 사용될 수 있으며 열 발산 측면에서 우수하고 압력분포가 더 바람직하다는 장점이 있다. 그림 13-11은 단판 디스크 클러치의 형상을 보여주며 다판 디스크 클러치의 형상은 그림 13-12에 나와 있다. 이제 디스크 클러치나 혹은 브레이크의 용량을 검토해 보자.

그림 13-13에 바깥지름 D, 안지름 d인 마찰 디스크가 도시되어 있다. 이 마찰 디스크에서 토크 T와 압력 p를 발생하는 데 필요한 축방향 힘 F를 구해보자. F를 구하는 방법은 클러치 구조에 따라서 두 가지 방식이 사용된다. 만약 디스크가 강체라면 초기에 큰 마모가 바깥 지름부근에 일어난다. 이것은 마찰에 의한 일이 바깥 지름부근에 크기 때문이다. 어느 정도 마모가 진행된 후에는 압력분포가 균일해져서 균일한 마모현상을 갖게 된다. 이것이 첫 번째 해석 방법의 기초가 된다. 두 번째 해석 방법은 전 면적에 걸쳐서 압력이 일정하도록 스프링을 채용하는 방식이다.

균일 마모

초기 마모가 발생해서 디스크가 균일한 마모를 갖는 지점에 이르게 되면 축방향 마모는 다음 식으로 표시될 수 있다.

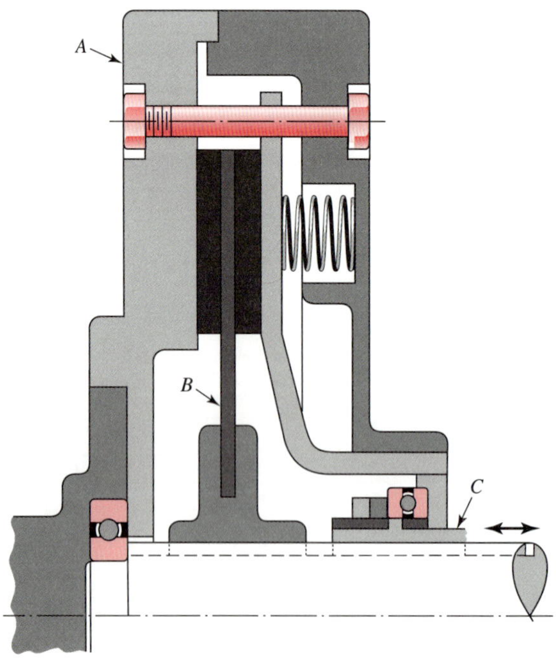

그림 13-11
단판클러치; A, 구동축; B, 종동축; C, 액츄에이터

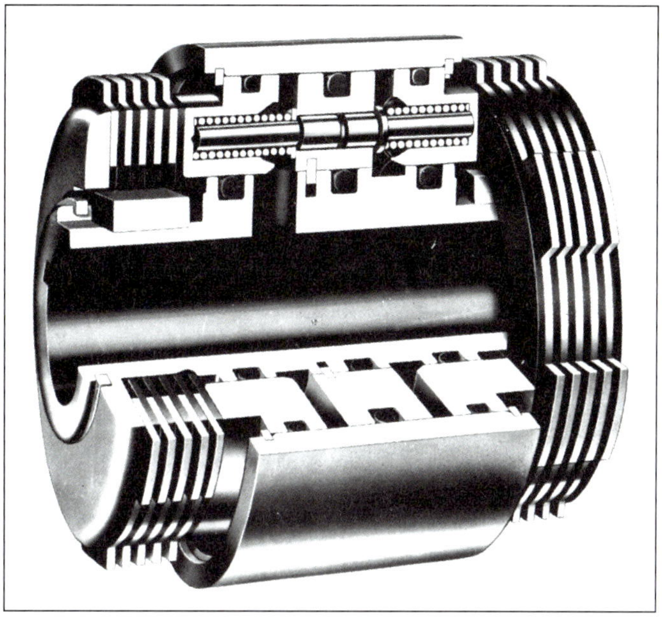

그림 13-12
습식다판클러치
(*Twin Disc Clutch Company.* 의 허락 하에 인용)

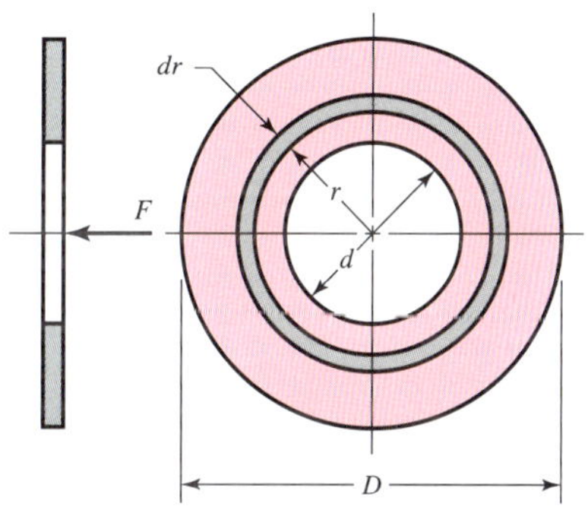

그림 13-13
디스크 마찰판

$$w = f_1 f_2 K P V t$$

여기서 압력 P와 속도 V만이 마찰면에서 위치에 따라 달라진다. 균일한 마모라는 가정에 의해서 마모는 마찰면의 위치에 대하여 일정하므로

$$\begin{aligned} PV &= (\text{constant}) = C_1 \\ pr\omega &= C_2 \\ pr &= C_3 = p_{\max} r_i = p_a r_i = p_a \frac{d}{2} \end{aligned} \qquad (a)$$

그림 13-13에서 반지름 r과 두께 dr의 미소면적은 $2\pi\ r\ dr$이 되고, 이 미소면적에 작용하는 수직력은 $dF = 2\pi\ r\ dr$이 된다. 이 힘을 반지름 $d/2$에서 $D/2$까지 적분하고 pr이 상수($p_a d/2$)인 것을 대입하면

$$F = \int_{d/2}^{D/2} 2\pi pr\, dr = \pi p_a d \int_{d/2}^{D/2} dr = \frac{\pi p_a d}{2}(D - d) \qquad (13\text{-}19)$$

토크는 마찰력과 반지름의 곱을 적분하여 다음과 같이 구해진다.

$$T = \int_{d/2}^{D/2} 2\pi f p r^2\, dr = \pi f p_a d \int_{d/2}^{D/2} r\, dr = \frac{\pi f p_a d}{8}(D^2 - d^2) \tag{13-20}$$

식 (13-19)에서 작용력 F의 값을 대입하면 토크에 대한 다음 식을 구할 수 있다.

$$T = \frac{Ff}{4}(D + d) \tag{13-21}$$

식 (13-19)을 이용하여 최대 압력 p_a에 대한 작용력을 구할 수 있고 이 식은 마찰면의 수에 관계없이 적용된다. 식 (13-21)은 오직 한 개의 마찰면에 대한 토크 용량식임을 유의하라.

균일 압력

압력이 디스크 면적에 걸쳐서 균일하게 작용할 때 액추에이터 작용력 F는 단순히 압력과 면적의 곱으로 다음과 같이 구해진다.

$$F = \frac{\pi p_a}{4}(D^2 - d^2) \tag{13-22}$$

토크는 마찰력과 반지름의 곱을 적분하여 아래와 같이 구할 수 있다.

$$T = 2\pi f p \int_{d/2}^{D/2} r^2\, dr = \frac{\pi f p}{12}(D^3 - d^3) \tag{13-23}$$

$p=p_a$이므로 식 (13-22)에서 식 (13-23)을 다음과 같이 다시 표현할 수 있다.

$$T = \frac{Ff}{3}\,\frac{D^3 - d^3}{D^2 - d^2} \tag{13-24}$$

위 두 식의 토크는 한 쌍의 마찰면에 대하여 구한 것이다. 따라서 마찰면이 여러 개일 때는 마찰면의 수만큼 곱해서 토크를 구하여야 한다.

균일한 마모의 경우 토크에 대한 식 (13-21)을 무차원으로 표현하면 다음과 같다.

$$\frac{T}{fFD} = \frac{1 + d/D}{4} \tag{b}$$

또한 균일한 압력에 대한 토크 식 (13-24)를 무차원으로 표시하면 다음과 같다.

$$\frac{T}{fFD} = \frac{1}{3}\,\frac{1 - (d/D)^3}{1 - (d/D)^2} \tag{c}$$

그림 13-14에 식 (b)와 식 (c)가 도시되어 있다. 여기서 무차원표현으로 변수 개수가 5개(T, f, F, D, d)에서 3개($T/FD, f, d/D$)로 축소됨을 알 수 있고, 식 (b)와 (c)에서 f와 T의 관계로부터 2차원 공간에 나타낼 수 있다. 새 클러치는 압력이 균일하고 [식 (b)], 오래 사용된 클러치는 마모가 균일함으로 [식 (c)] 그림 13-14에서 우리는 새 클러치가 오래 사용된 클러치에 비하여 언제나 더 큰 토크를 전달할 수 있음을 볼 수 있다. 또한 이러한 형식의 클러치는 지름비 d/D가 $0.6 \le d/D \le 1$의 범위에 있으므로 식 (b)와 식 (c)의 차이는 다음과 같이 구할 수 있다.

그림 13-14
식 (*b*)와 식 (*c*)의 무차원 비교

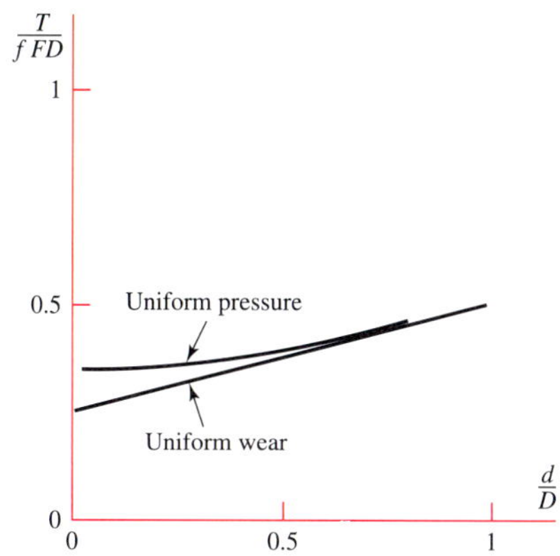

$$\frac{T}{fFD} = \frac{1+0.6}{4} = 0.400 \qquad \text{(old clutch, uniform wear)}$$

$$\frac{T}{fFD} = \frac{1}{3}\frac{1-0.6^3}{1-0.6^2} = 0.4083 \qquad \text{(new clutch, uniform pressure)}$$

따라서 두 식의 오차는 (0.4083−0.400)/0.400=0.021로서 약 2%가 된다. 실제적으로는 마찰계수의 불확실성과 새 클러치가 마모된다는 것을 고려하면 식 (13-19), 식 (13-20), 식 (13-21)은 무리 없이 사용할 수 있다.

13-6 디스크 브레이크

그림 13-13에 나와 있는 바와 같이 디스크 클러치와 디스크 브레이크(Disk Brake)는 근본적인 차이가 없다. 따라서 디스크 클러치에 대한 해석은 디스크 브레이크에 마찬가지로 적용될 수 있다.

앞서 림 또는 드럼 브레이크는 self-energization을 이용하여 설계될 수 있음을 고찰하였다. 이와 같은 특징은 브레이크 제동력을 감소시키는 데 아주 중요하지만 마찰계수의 조그만 차이도 제동력의 큰 차이를 가져올 수 있어 드럼 브레이크가 자동차에 사용되는 경우 주의하여야 한다.

실제로 마찰계수가 온도, 습도의 변화에 대하여 30% 정도 감소하는 것은 늘 있는 일이지만 이와 같은 변화는 브레이크 제동력의 50%의 차이를 가져온다. 그러나 디스크 브레이크는 self-energization 효과가 없기 때문에 마찰계수의 변화에 대하여 민감하게 반응하지 않는다.

디스크 브레이크의 또 다른 형태는 그림 13-15에 나와 있는 **플로우팅 캘리퍼**(*floating caliper*) **브레이크**이다. 캘리퍼는 유압에 의해서 작동하는 한 개의 플로우팅 피스톤을 지지한다. 제동 작용은 나사로 조이는 것과 유사하여 피스톤은 나사의 역할을 한다. 플로우팅 동작은 마모로 인한 마찰 패드의 위치 변화를 보상하고 마찰 패드의 전 면적에 대하여 균일한 압력을 보장한다. 그림 13-15의 씰(seal)과 부트(boot)는 피스톤이 해제되었을 때 피스톤이 되돌아가기 위한 간격을 갖도록 설계된다.

캘리퍼 브레이크(작동 기구의 특성에 따른 이름)와 디스크 브레이크(마찰면의 형상

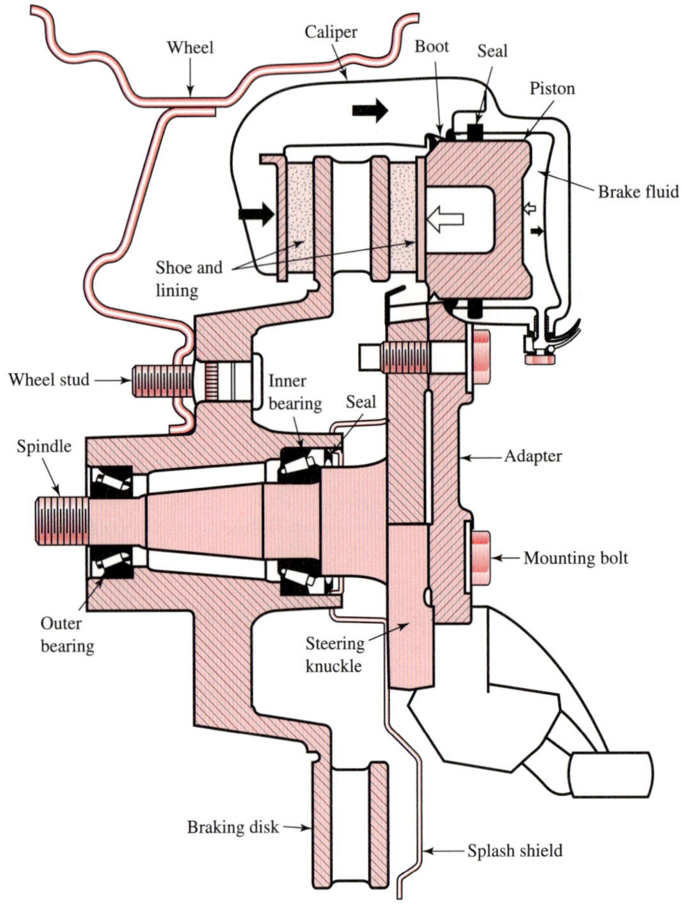

그림 13-15
자동차용 디스크 브레이크 (*DaimlerChrysler Corporation*.의 허락 하에 인용)

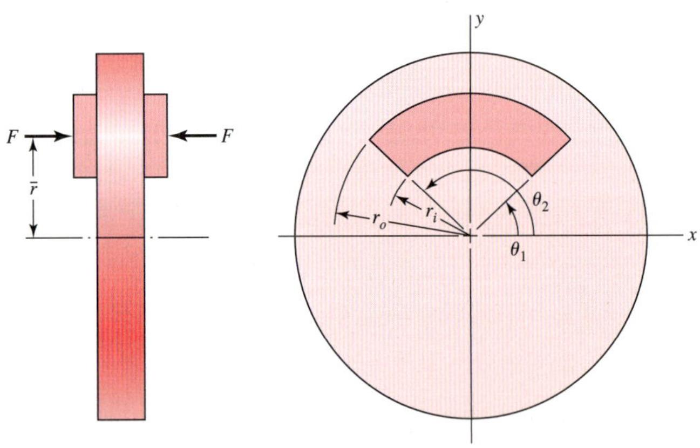

그림 13-16
캘리퍼 브레이크 패드의 접촉 면적

을 따른 이름)는 회전하는 디스크의 면에 대하여 마찰재에 압력을 가하여 작동한다. 그림 13-16에 도시된 브레이크 패드의 면적에서 축방향 마모식은 다음과 같다.

$$w = f_1 f_2 K P V t$$

좌표의 $\bar{r}$는 작용력 F까지의 반지름이다. 압력 p가 작용할 때 작용력 F와 마찰 토크 T는 다음과 같이 구해진다.

$$F = \int_{\theta_1}^{\theta_2} \int_{r_i}^{r_o} pr\,dr\,d\theta = (\theta_2 - \theta_1) \int_{r_i}^{r_o} pr\,dr \tag{13-25}$$

$$T = \int_{\theta_1}^{\theta_2} \int_{r_i}^{r_o} fpr^2\,dr\,d\theta = (\theta_2 - \theta_1) f \int_{r_i}^{r_o} pr^2\,dr \tag{13-26}$$

유효 반지름 r_e는 $fFr_e=T$에서 아래와 같이 구할 수 있다.

$$r_e = \frac{T}{fF} = \frac{\int_{r_i}^{r_o} pr^2\,dr}{\int_{r_i}^{r_o} pr\,dr} \tag{13-27}$$

작용력 $\bar{F}$의 위치 $\bar{r}$는 x축에 대한 모멘트 식에서 다음과 같이 구할 수 있다.

$$M_x = F\bar{r} = \int_{\theta_1}^{\theta_2} \int_{r_i}^{r_o} pr(r\sin\theta)\,dr\,d\theta = (\cos\theta_1 - \cos\theta_2) \int_{r_i}^{r_o} pr^2\,dr$$

$$\bar{r} = \frac{M_x}{F} = \frac{(\cos\theta_1 - \cos\theta_2)}{\theta_2 - \theta_1} r_e \tag{13-28}$$

균일 마모

식 (13-23)에서 축방향 마모는 균일하고 따라서 PV는 상수이다. 최대 허용 압력 p_a는 반지름 r_i에 작용함으로 임의의 반지름 r의 압력 p는 $p=p_a r_i/r$이 되고 따라서 식 (13-25)는

$$F = (\theta_2 - \theta_1) p_a r_i (r_o - r_i) \tag{13-29}$$

식 (13-26)은 다음과 같이 표시된다.

$$T = (\theta_2 - \theta_1) f p_a r_i \int_{r_i}^{r_o} r\,dr = \frac{1}{2}(\theta_2 - \theta_1) f p_a r_i \left(r_o^2 - r_i^2\right) \tag{13-30}$$

식 (13-27)은

$$r_e = \frac{p_a r_i \int_{r_i}^{r_o} r\,dr}{p_a r_i \int_{r_i}^{r_o} dr} = \frac{r_o^2 - r_i^2}{2} \frac{1}{r_o - r_i} = \frac{r_o + r_i}{2} \tag{13-31}$$

식 (13-28)은

$$\bar{r} = \frac{\cos\theta_1 - \cos\theta_2}{\theta_2 - \theta_1} \frac{r_o + r_i}{2} \tag{13-32}$$

균일 압력

이 경우 $p=p_a$인 새 브레이크로써 식 (13-25)는 다음과 같이 표시된다.

$$F = (\theta_2 - \theta_1) p_a \int_{r_i}^{r_o} r\,dr = \frac{1}{2}(\theta_2 - \theta_1) p_a \left(r_o^2 - r_i^2\right) \tag{13-33}$$

식 (13-26)은

$$T = (\theta_2 - \theta_1) f p_a \int_{r_i}^{r_o} r^2\,dr = \frac{1}{3}(\theta_2 - \theta_1) f p_a \left(r_o^3 - r_i^3\right) \tag{13-34}$$

식 (13-27)은

$$r_e = \frac{p_a \int_{r_i}^{r_o} r^2\,dr}{p_a \int_{r_i}^{r_o} r\,dr} = \frac{r_o^3 - r_i^3}{3} \frac{2}{r_o^2 - r_i^2} = \frac{2}{3} \frac{r_o^3 - r_i^3}{r_o^2 - r_i^2} \tag{13-35}$$

식 (13-28)은 다음과 같이 표시된다.

$$\bar{r} = \frac{\cos\theta_1 - \cos\theta_2}{\theta_2 - \theta_1} \frac{2}{3} \frac{r_o^3 - r_i^3}{r_o^2 - r_i^2} = \frac{2}{3} \frac{r_o^3 - r_i^3}{r_o^2 - r_i^2} \frac{\cos\theta_1 - \cos\theta_2}{\theta_2 - \theta_1} \tag{13-36}$$

예제 13-2 2개의 마찰 패드(그림 13-16)가 r_i=98mm, r_0=140mm, 각도 108°, 마찰계수 0.37로써 지름 38mm인 한 쌍의 유압 실린더에 의해 작동되고 있다. 요구되는 토크는 1470N · m이다. 균일 마모인 경우 다음을 구하라.

(*a*) 최대 수직 압력 p_a

(*b*) 작용력 F

(*c*) 유효 반지름 r_e와 작용력 F의 위치 $\bar{r}$

(*d*) 유압 실린더 압력

풀이 (*a*) 한 개의 패드에 작용하는 토크 T=1470/2 = 735 N · m와 식 (13-30)으로부터

답

$$p_a = \frac{2T}{(\theta_2 - \theta_1) f r_i \left(r_o^2 - r_i^2\right)}$$

$$= \frac{2(735\,000)}{(144^\circ - 36^\circ)(\pi/180)0.37(98)(140^2 - 98^2)} = 2.15 \text{ MPa}$$

(*b*) 식 (13-29)에서

답

$$F = (\theta_2 - \theta_1) p_a r_i (r_o - r_i) = (144^\circ - 36^\circ)(\pi/180)2.15(98)(140 - 98)$$

$$= 16\,681 \text{ N}$$

(*c*) 식 (13-31)에서

답

$$r_e = \frac{r_o + r_i}{2} = \frac{140 + 98}{2} = 119 \text{ mm}$$

식 (13-32)에서

표 13-2 브레이크와 클러치 마찰재의 특성 (출처: Ferodo Ltd., Chapel-en-le-frith, England; Scan-pac, Mequon, Wisc.; Raybestos, New York, N.Y. and Stratford, Conn.; Gatke Corp., Chicago, Ill.; General Metals Powder Co., Akron, Ohio; D. A. B. Industries, Troy, Mich.; Friction Products Co., Medina, Ohio.)

Material	Friction Coefficient f	Maximum Pressure p_{max}, MPa	Maximum Temperature Instantaneous, °C	Maximum Temperature Continuous, °C	Maximum Velocity V_{max}, m/s	Applications
Cermet	0.32	1.0	815	400		Brakes and clutches
Sintered metal (dry)	0.29–0.33	2.1–2.8	500–550	300–350	18	Clutches and caliper disk brakes
Sintered metal (wet)	0.06–0.08	3.4	500	300	18	Clutches
Rigid molded asbestos (dry)	0.35–0.41	0.7	350–400	180	18	Drum brakes and clutches
Rigid molded asbestos (wet)	0.06	2.1	350	180	18	Industrial clutches
Rigid molded asbestos pads	0.31–0.49	5.2	500–750	230–350	24	Disk brakes
Rigid molded nonasbestos	0.33–0.63	0.7–1.0		260–400	24–38	Clutches and brakes
Semirigid molded asbestos	0.37–0.41	0.7	350	150	18	Clutches and brakes
Flexible molded asbestos	0.39–0.45	0.7	350–400	150–180	18	Clutches and brakes
Wound asbestos yarn and wire	0.38	0.7	350	150	18	Vehicle clutches
Woven asbestos yarn and wire	0.38	0.7	260	130	18	Industrial clutches and brakes
Woven cotton	0.47	0.7	110	75	18	Industrial clutches and brakes
Resilient paper (wet)	0.09–0.15	2.8	150		$PV < 18$ MPa · m/s	Clutches and transmission bands

이크나 클러치의 주요 마찰재에 대한 특성을 나타낸 것이다.

표 13-3은 전형적인 브레이크 라이닝의 특성을 나타낸 것이다. 브레이크 라이닝은 높은 온도에 견디고 강도와 높은 마찰계수를 가지며 내마모성을 가지도록 화이버(fiber)를 섞은 재질로 구성되어 있다.

표 13-4는 클러치 마찰재에 대한 특성을 나타낸 것이다. 몇 가지 마찰재들은 기름 안에 잠기어 사용될 수 있다. 이와 같은 경우 마찰 계수를 감소시키지만 열방출성이 향상되고 더 높은 압력에서 사용할 수 있다.

표 13-3
브레이크 라이닝의 특성

	Woven Lining	Molded Lining	Rigid Block
Compressive strength, kpsi	10–15	10–18	10–15
Compressive strength, MPa	70–100	70–125	70–100
Tensile strength, kpsi	2.5–3	4–5	3–4
Tensile strength, MPa	17–21	27–35	21–27
Max. temperature, °F	400–500	500	750
Max. temperature, °C	200–260	260	400
Max. speed, ft/min	7500	5000	7500
Max. speed, m/s	38	25	38
Max. pressure, psi	50–100	100	150
Max. pressure, kPa	340–690	690	1000
Frictional coefficient, mean	0.45	0.47	0.40–45

표 13-4 클러치 마찰재의 특성

	Friction Coefficient		Max. Temperature		Max. Pressure	
Material	Wet	Dry	°F	°C	psi	kPa
Cast iron on cast iron	0.05	0.15–0.20	600	320	150–250	1000–1750
Powdered metal* on cast iron	0.05–0.1	0.1–0.4	1000	540	150	1000
Powdered metal* on hard steel	0.05–0.1	0.1–0.3	1000	540	300	2100
Wood on steel or cast iron	0.16	0.2–0.35	300	150	60–90	400–620
Leather on steel or cast iron	0.12	0.3–0.5	200	100	10–40	70–280
Cork on steel or cast iron	0.15–0.25	0.3–0.5	200	100	8–14	50–100
Felt on steel or cast iron	0.18	0.22	280	140	5–10	35–70
Woven asbestos* on steel or cast iron	0.1–0.2	0.3–0.6	350–500	175–260	50–100	350–700
Molded asbestos* on steel or cast iron	0.08–0.12	0.2–0.5	500	260	50–150	350–1000
Impregnated asbestos* on steel or cast iron	0.12	0.32	500–750	260–400	150	1000
Carbon graphite on steel	0.05–0.1	0.25	700–1000	370–540	300	2100

*The friction coefficient can be maintained with ±5 percent for specific materials in this group.

13-11 플라이휠

그림 13-1b에 표시한 플라이휠(Flywheel)의 운동 방정식은 다음 식으로 표시된다.

$$\sum M = T_i(\theta_i, \dot{\theta}_i) - T_o(\theta_o, \dot{\theta}_o) - I\ddot{\theta} = 0$$

$$I\ddot{\theta} = T_i(\theta_i, \omega_i) - T_o(\theta_o, \omega_o) \qquad (a)$$

여기서 T_i는 입력 토크, T_o는 출력 토크, $\dot{\theta}$과 $\ddot{\theta}$은 각각 각속도와 각가속도이다. T_i와 T_o는 각변위와 각속도에 의존한다. 그러나 많은 경우 토크 특성은 각변위나 각속도 중 하나에 의존한다. 예를 들어 인덕션(induction) 모터의 토크는 모터의 속도에 의존한다.

입력과 출력 토크가 주어지면 식 (a)는 선형 방정식을 푸는 일반적인 방법으로 풀 수 있다. $\theta_i = \theta = \theta_0$이고 $w_i = w = w_o$라면 식 (a)는 다음과 같이 된다.

$$I\ddot{\theta} = T_i(\theta, \omega) - T_o(\theta, \omega) \qquad (b)$$

그러나 우리는 위 식에서 플라이휠의 순간적인 시간역 응답보다는 플라이휠의 전체적인 거동, 즉 플라이휠의 회전관성(inertia)은 얼마이고 부하에 대한 동력원은 어떻게 선정되어야 하며 결과적으로 시스템 특성은 어떻게 될 것인가와 같은 문제에 관심이 있다.

이와 같은 문제에 대한 통찰력을 얻기 위하여 그림 13-21에 있는 운동을 생각해 보자. 플라이휠에 변위 θ_1에서 θ_2 동안 일정한 토크 T_i가 작용한다면 입력 토크는 양수로서 그림과 같이 표시된다. 식(b)에서 양의 각 가속도 $\ddot{\theta}$이 발생하고 따라서 축의 속도는 w_1에서 w_2로 증가한다. 다음 θ_2에서 θ_3까지는 입력 토크가 없기 때문에 축은 일정한 속도로 운동하고 $w_3 = w_2$가 된다. θ_3에서 θ_4까지는 부하 또는 출력 토크가 일정한 크기로 작용하고 따라서 축은 w_3에서 w_4로 감소한다. 여기서 출력 토크는 음의 값을 갖기 때문에 음의 영역으로 표시되었다.

플라이휠에 입력된 일은 θ_1과 θ_2 사이에 면적으로 표시된다.

$$U_i = T_i(\theta_2 - \theta_1) \qquad (c)$$

플라이휠에서 출력된 일은 θ_3와 θ_4의 면적으로 표시된다.

$$U_o = T_o(\theta_4 - \theta_3) \qquad (d)$$

U_0가 U_i보다 크면, 부하가 플라이휠에 전달된 에너지보다 더 크고 따라서 w_4는 w_1보다 작게 된다. 만약 $U_0 = U_i$이면, w_4는 w_1과 같고 $U_i > U_0$이면, w_1는 보다 크게 된다. 여기서 운동에너지로 위 관계식을 다시 표현해 보자. $\theta = \theta_1$에서 플라이휠은 w_1의 각속도를 가지고 따라

그림 13-21

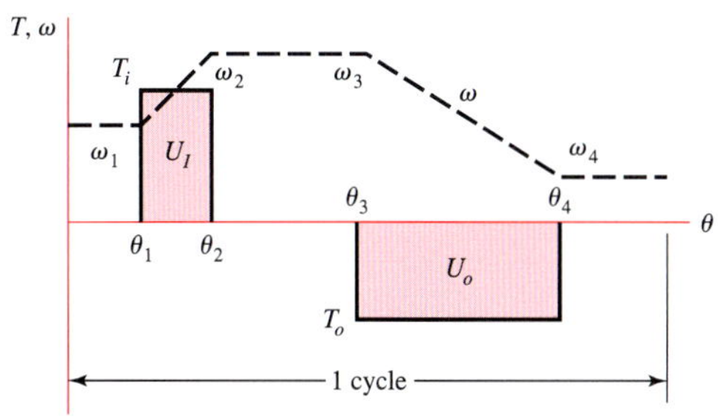

서 운동에너지는 다음과 같이 표시된다.

$$E_1 = \frac{1}{2} I \omega_1^2 \tag{e}$$

$\theta = \theta_2$에서 속도는 w_2이고

$$E_2 = \frac{1}{2} I \omega_2^2 \tag{f}$$

따라서 운동에너지의 변화량은

$$E_2 - E_1 = \frac{1}{2} I \left(\omega_2^2 - \omega_1^2\right) \tag{13-54}$$

많은 경우 실제적인 엔지니어링 문제에서 토크는 변위에 대하여 복잡하게 표시된다. 예를 들어 그림 13-22는 엔진의 한 사이클(cycle) 동안 전형적인 엔진 토크의 형상에 대한 그림이다. 엔진 토크의 일부가 음수이기 때문에 플라이휠은 에너지를 다시 엔진으로 보내게 된다. 따라서 $\theta = 0$에서 4π까지 적분하고 이를 4π로 나누어 주면 한 사이클 동안의 평균 토크 T_m이 구해진다. 여기서 **각속도 변동 계수**(*Coefficient of Speed Fluctuation*)를 아래와 같이 정의하면

$$C_s = \frac{\omega_2 - \omega_1}{\omega} \tag{13-55}$$

w는 평균 각속도이고 아래와 같이 표시된다.

$$\omega = \frac{\omega_2 + \omega_1}{2} \tag{13-56}$$

식 (13-54)를 인수분해하면

$$E_2 - E_1 = \frac{I}{2}(\omega_2 - \omega_1)(\omega_2 + \omega_1)$$

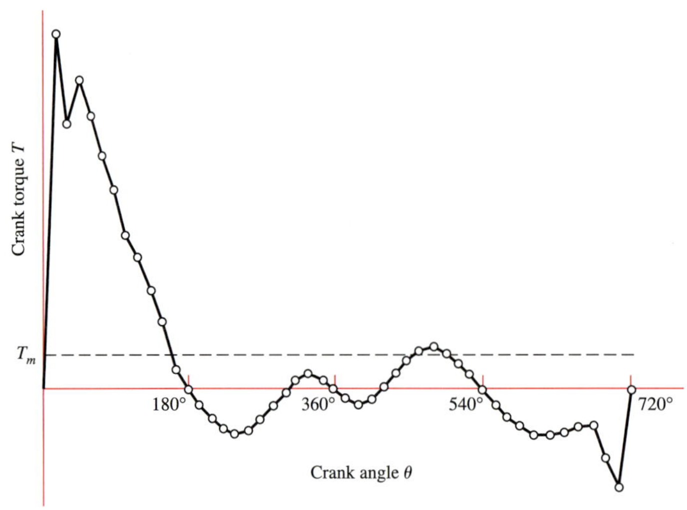

그림 13-22
4행정 내연기관의 실린더 1개의 토크와 크랭크 각도 사이의 관계

여기서 $\omega_2 - \omega_1 = C_s\omega$이고 $\omega_2 + \omega_1 = 2\omega$임으로

$$E_2 - E_1 = C_s I \omega^2 \tag{13-57}$$

식 (13-57)은 에너지 변화량 $E_2 - E_1$에 대응하는 플라이휠의 회전관성을 선정하는 데 사용될 수 있다.

예제 13-4

표 13-5는 그림 13-22의 토크 변화를 나타낸 것이다. 엔진의 평균속도는 250 rad/s 이다.
(*a*) 한 사이클 동안에 토크와 각 변위 사이의 함수를 적분하여 엔진의 출력 에너지를 구하라.
(*b*) 평균 토크 T_m을 구하라.
(*c*) 최대 에너지 변동은 대략 $\theta = 15°$에서 $\theta = 150°$ 사이에 발생한다(그림 13-22 참고, $T_o = -T_m$). 각속도 변동계수 $C_s = 0.1$을 사용하여 적절한 플라이휠의 회전관성을 구하라.
(*d*) ω_2와 ω_1을 구하라.

풀이 (*a*) $\Delta\theta = 4\pi/48$의 $n = 48$개 간격을 사용하여 표 13-5의 데이터를 적분하면 $E = 388$ J를 얻을 수 있다. 이것은 부하로 전달되는 에너지이다.

답 (*b*)

$$T_m = \frac{388}{4\pi} = 30.9\ \text{N}\cdot\text{m}$$

(*c*) 토크와 각속도 선도에서 가장 큰 양의 값은 $\theta = 0°$에서 $\theta = 180°$ 사이에 발생한다. 따라서 이 구간을 가장 큰 속도 변화가 발생하는 구간으로 선정하고 표 13-5의 각 토크 값에서 평균 토크 값 30.9 N·m를 빼면 각각 −30.9, 29.3, 21.1, 25.0, 21.9, 18.2, 15.3, 10.9, 9.2, 6.2, 3.1, −1.0, −30.9 N·m의 값을 갖고 θ에 대하여 $T - T_m$을 수치적분하면 $E_2 - E_1 = 408$ J의 값을 구할 수 있다. 이 값과 식 (13-57)에서 플라이휠의 회전

표 13-5 그림 13-22의 수치 데이터

θ, deg	T, N·m	θ, deg	T, N·m	θ, deg	T, N·m	θ, deg	T, N·m
0	0	195	–12	375	–9	555	–12
15	316	210	–23	390	–14	570	–23
30	236	225	–29	405	–10	585	–33
45	275	240	–36	420	0.9	600	–40
60	244	255	–35	435	14	615	–42
75	208	270	–27	450	27	630	–41
90	180	285	–14	465	35	645	–35
105	137	300	–0.9	480	36	660	–30
120	120	315	10	495	29	675	–31
135	91	330	14	510	23	690	–62
150	60	345	9	525	12	705	–86
165	21	360	0	540	0	720	0
180	0						

관성 I의 값은

답
$$I = \frac{E_2 - E_1}{C_s\omega^2} = \frac{408}{0.1(250)^2} = 0.065\ \text{kg}\cdot\text{s}^2\ \text{m}$$

(*d*) 식 (13-55)와 식 (13-56)을 동시에 풀면 ω_2와 ω_1을 구할 수 있다.

답
$$\omega_2 = \frac{\omega}{2}(2 + C_s) = \frac{250}{2}(2 + 0.1) = 262.5\ \text{rad/s}$$

답
$$\omega_1 = 2\omega - \omega_2 = 2(250) - 262.5 = 237.5\ \text{rad/s}$$

두 속도는 각각 θ=180°와 θ=0°에서 발생한다.

연습문제 Problems

13–1 The figure shows an internal rim-type brake having an inside rim diameter of 300 mm and a dimension $R = 125$ mm. The shoes have a face width of 40 mm and are both actuated by a force of 2.2 kN. The mean coefficient of friction is 0.28.

(*a*) Find the maximum pressure and indicate the shoe on which it occurs.

(*b*) Estimate the braking torque effected by each shoe, and find the total braking torque.

(*c*) Estimate the resulting hinge-pin reactions.

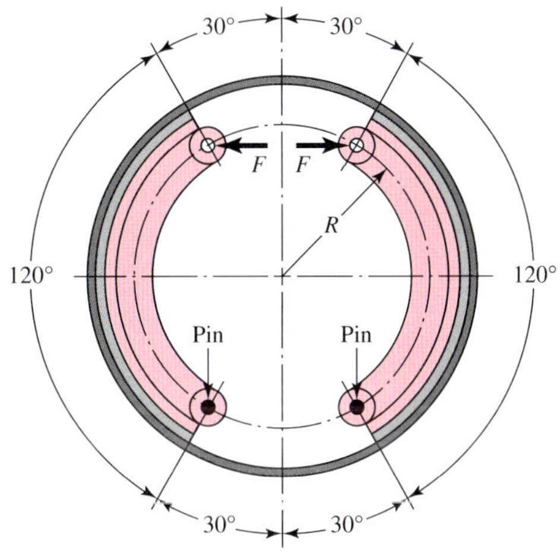

Problem 13–1

13–2 For the brake in Prob. 13–1, consider the pin and actuator locations to be the same. However, instead of 120°, let the friction surface of the brake shoes be 90° and centrally located. Find the maximum pressure and the total braking torque.

13–3 In the figure for Prob. 13–1, the inside rim diameter is 280 mm and the dimension R is 90 mm. The shoes have a face width of 30 mm. Find the braking torque and the maximum pressure for each shoe if the actuating force is 1 kN, the drum rotation is counterclockwise, and $f = 0.30$.

13–4 The brake shown in the figure is 300 mm in diameter and is actuated by a mechanism that exerts the same force F on each shoe. The shoes are identical and have a face width of 32 mm. The lining is a molded asbestos having a coefficient of friction of 0.32 and a pressure limitation of 1000 kPa. Estimate the maximum

(*a*) Actuating force F.

(*b*) Braking capacity.

(*c*) Hinge-pin reactions.

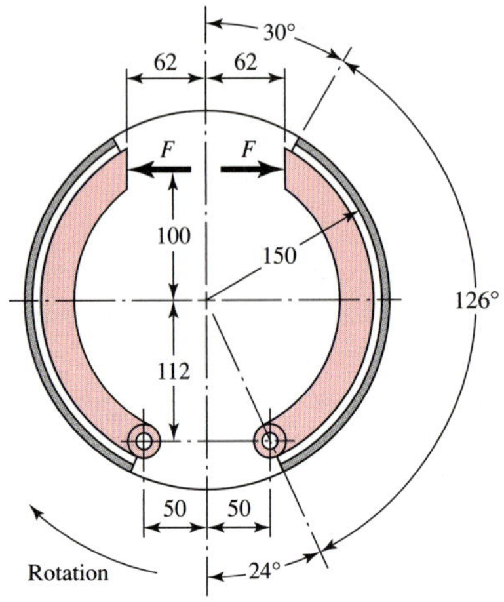

Problem 13–4

Brake with internal expanding shoes; dimensions in millimeters.

13–5 The block-type hand brake shown in the figure has a face width of 30 mm and a mean coefficient of friction of 0.25. For an estimated actuating force of 400 N, find the maximum pressure on the shoe and find the braking torque.

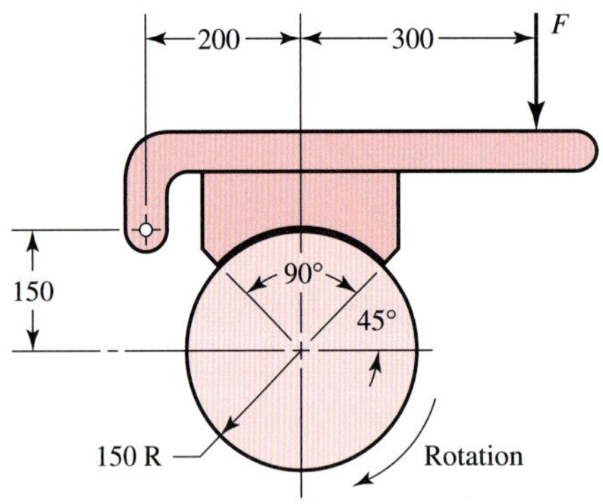

Problem 13–5

Dimensions in millimeters.

13–6 Suppose the standard deviation of the coefficient of friction in Prob. 13–5 is $\hat{\sigma}_f = 0.025$, where the deviation from the mean is due entirely to environmental conditions. Find the brake torques corresponding to $\pm 3\hat{\sigma}_f$.

13–7 The brake shown in the figure has a coefficient of friction of 0.30, a face width of 50 mm, and a limiting shoe lining pressure of 1 MPa. Find the limiting actuating force F and the torque capacity.

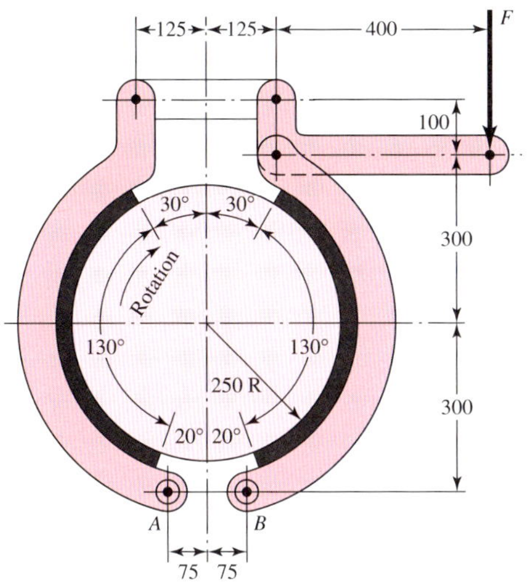

Problem 13–7
Dimensions in millimeters.

13–8 Refer to the symmetrical pivoted external brake shoe of Fig. 13-12 and Eq. (13-15). Suppose the pressure distribution was uniform, that is, the pressure p is independent of θ. What would the pivot distance a' be? If $\theta_1 = \theta_2 = 60^\circ$, compare a with a'.

13–9 The shoes on the brake depicted in the figure subtend a 90° arc on the drum of this external pivoted-shoe brake. The actuation force P is applied to the lever. The rotation direction of the drum is counterclockwise, and the coefficient of friction is 0.30.

(*a*) What should the dimension e be?

(*b*) Draw the free-body diagrams of the handle lever and both shoe levers, with forces expressed in terms of the actuation force P.

(*c*) Does the direction of rotation of the drum affect the braking torque?

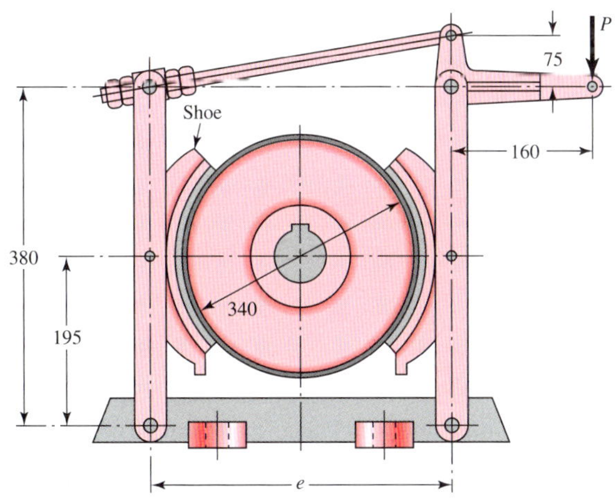

Problem 13–9
Dimensions in millimeters.

13–10 Problem 13-9 is preliminary to analyzing the brake. A rigid molded non-asbestos lining is used dry in the brake of Prob. 13–9 on a cast iron drum. The shoes are 190 mm wide and subtend a 90° arc. Find the maximum allowable actuation force and the braking torque.

13–11 The maximum band interface pressure on the brake shown in the figure is 620 kPa. Use a 350 mm-diameter drum, a band width of 25 mm, a coefficient of friction of 0.30, and an angle-of-wrap of 270°. Find the band tensions and the torque capacity.

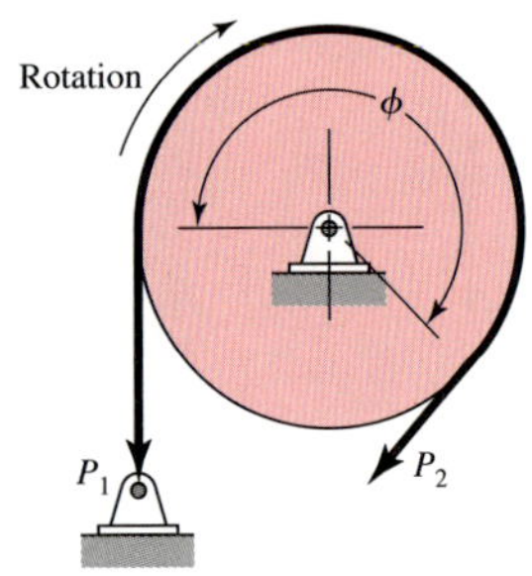

Problem 13–11

13–12 The drum for the band brake in Prob. 13-11 is 300 mm in diameter. The band selected has a mean coefficient of friction of 0.28 and a width of 80 mm. It can safely support a tension of 7.6 kN. If the angle of wrap is 270°, find the lining pressure and the torque capacity.

13–13 The brake shown in the figure has a coefficient of friction of 0.30 and is to operate using a maximum force F of 400 N. If the band width is 50 mm, find the band tensions and the braking torque.

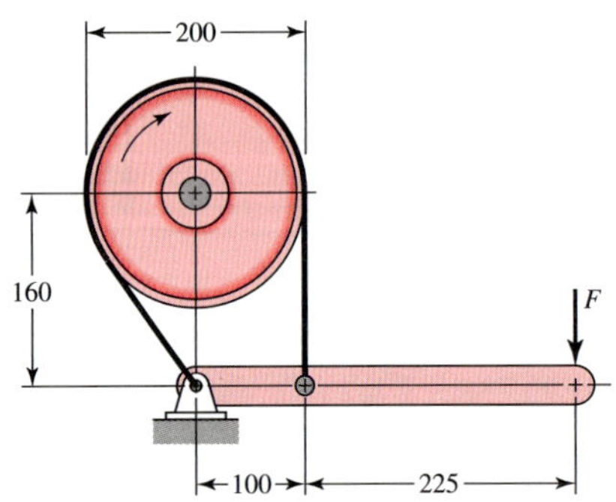

Problem 13–13

Dimensions in millimeters.

13–14 The figure depicts a band brake whose drum rotates counterclockwise at 200 rev/min. The drum diameter is 400 mm and the band lining 75 mm wide. The coefficient of friction is 0.20. The maximum lining interface pressure is 480 kPa.

(*a*) Find the brake torque, necessary force P, and steady-state power.

(*b*) Complete the free-body diagram of the drum. Find the bearing radial load that a pair of straddle-mounted bearings would have to carry.

(*c*) What is the lining pressure p at both ends of the contact arc?

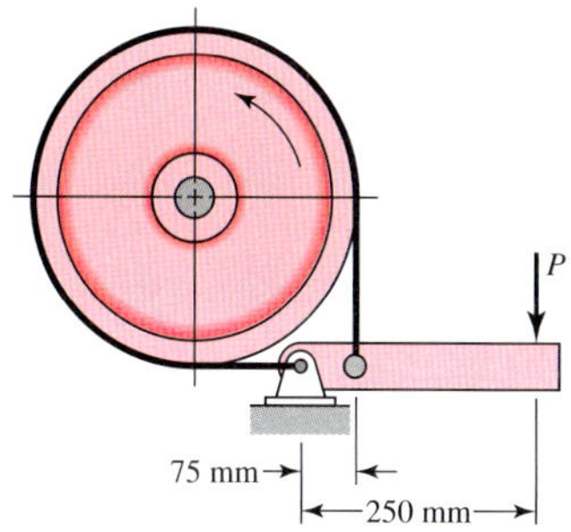

Problem 13-14

13-15 The figure shows a band brake designed to prevent "backward" rotation of the shaft. The angle of wrap is 270°, the band width is 54 mm, and the coefficient of friction is 0.20. The torque to be resisted by the brake is 200 N · m. The diameter of the pulley is 210 mm.

(*a*) What dimension c_1 will just prevent backward motion?

(*b*) If the rocker was designed with $c_1 = 25$ mm, what is the maximum pressure between the band and drum at 200 N · m back torque?

(*c*) If the back-torque demand is 11 N · m, what is the largest pressure between the band and drum?

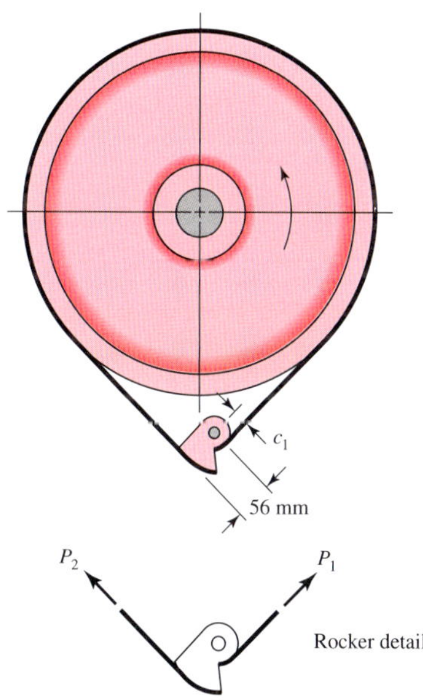

Problem 13-15

13-16 A plate clutch has a single pair of mating friction surfaces 250-mm OD by 175-mm ID. The mean value of the coefficient of friction is 0.30, and the actuating force is 4 kN.

(*a*) Find the maximum pressure and the torque capacity using the uniform-wear model.

(*b*) Find the maximum pressure and the torque capacity using the uniform-pressure model.

13-17 A hydraulically operated multidisk plate clutch has an effective disk outer diameter of 165 mm and an inner diameter of 100 mm. The coefficient of friction is 0.24, and the limiting pressure is 830 kPa. There are six planes of sliding present.

(*a*) Using the uniform wear model, estimate the axial force F and the torque T.
(*b*) Let the inner diameter of the friction pairs d be a variable. Complete the following table:

d, mm	50	75	100	125	150
T, N · m					

(*c*) What does the table show?

13-18 Look again at Prob. 13–17.
(*a*) Show how the optimal diameter d^* is related to the outside diameter D.
(*b*) What is the optimal inner diameter?
(*c*) What does the tabulation show about maxima?
(*d*) Common proportions for such plate clutches lie in the range $0.45 \leq d/D \leq 0.80$. Is the result in part *a* useful?

13-19 A cone clutch has $D = 330$ mm, $d = 306$ mm, a cone length of 60 mm, and a coefficient of friction of 0.26. A torque of 200 N · m is to be transmitted. For this requirement, estimate the actuating force and pressure by both models.

13-20 Show that for the caliper brake the $T/(fFD)$ versus d/D plots are the same as Eqs. (*b*) and (*c*) of Sec. 13-5.

13-21 A two-jaw clutch has the dimensions shown in the figure and is made of ductile steel. The clutch has been designed to transmit 2 kW at 500 rev/min. Find the bearing and shear stresses in the key and the jaws.

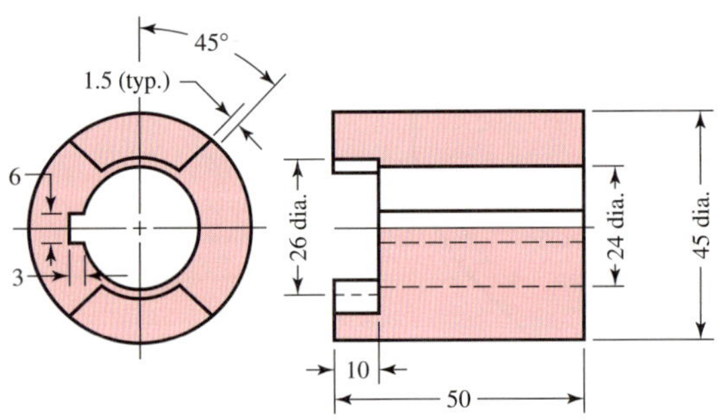

Problem 13-21
Dimensions in millimeters.

13-22 A brake has a normal braking torque of 320 N · m and heat-dissipating surfaces whose mass is 18 kg. Suppose a load is brought to rest in 8.3 s from an initial angular speed of 1800 rev/min using the normal braking torque; estimate the temperature rise of the heat-dissipating surfaces.

13-23 A cast-iron flywheel has a rim whose OD is 1.5 m and whose ID is 1.4 m. The flywheel weight is to be such that an energy fluctuation of 6.75 kJ will cause the angular speed to vary no more than 240 to 260 rev/min. Estimate the coefficient of speed fluctuation. If the weight of the spokes is neglected, what should be the width of the rim?

13-24 A single-geared blanking press has a stroke of 200 mm and a rated capacity of 320 kN. A cam-driven ram is assumed to be capable of delivering the full press load at constant force during the last 15 percent of a constant-velocity stroke. The camshaft has an average speed of 90 rev/min and is geared to the flywheel shaft at a 6:1 ratio. The total work done is to include an allowance of 16 percent for friction.

(*a*) Estimate the maximum energy fluctuation.

(*b*) Find the rim weight for an effective diameter of 1.2 m and a coefficient of speed fluctuation of 0.10.

13–25 Using the data of Table 13-5, find the mean output torque and flywheel inertia required for a three-cylinder in-line engine corresponding to a nominal speed of 2400 rev/min. Use $C_s = 0.30$.

13–26 When a motor armature inertia, a pinion inertia, and a motor torque reside on a motor shaft, and a gear inertia, a load inertia, and a load torque exist on a second shaft, it is useful to reflect all the torques and inertias to one shaft, say, the armature shaft. We need some rules to make such reflection easy. Consider the pinion and gear as disks of pitch radius.

- A torque on a second shaft is reflected to the motor shaft as the load torque divided by the negative of the stepdown ratio.
- An inertia on a second shaft is reflected to the motor shaft as its inertia divided by the stepdown ratio squared.
- The inertia of a disk gear on a second shaft in mesh with a disk pinion on the motor shaft is reflected to the pinion shaft as the *pinion* inertia multiplied by the stepdown ratio squared.

(*a*) Verify the three rules.

(*b*) Using the rules, reduce the two-shaft system in the figure to a motor-shaft shish-kebob equivalent. Correctly done, the dynamic response of the shish kebab and the real system are identical.

(*c*) For a stepdown ratio of $n = 10$ compare the shish-kebab inertias.

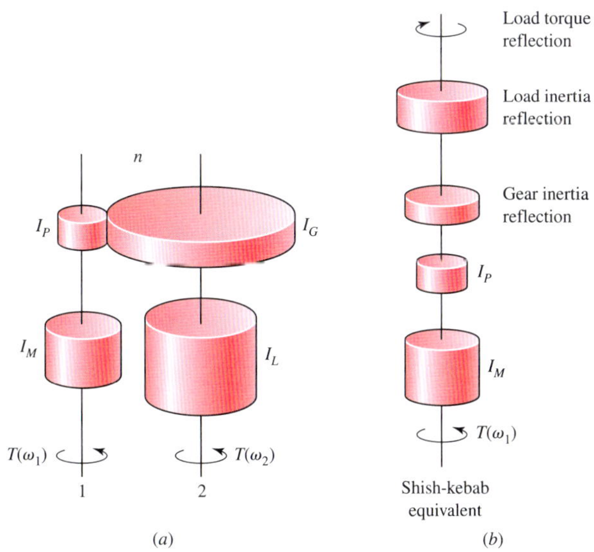

Problem 13–26
sions in millimeters.

13–27 Apply the rules of Prob. 13–26 to the three-shaft system shown in the figure to create a motor shaft shish kebab.

(*a*) Show that the equivalent inertia I_e is given by

$$I_e = I_M + I_P + n^2 I_P + \frac{I_P}{n^2} + \frac{m^2 I_P}{n^2} + \frac{I_L}{m^2 n^2}$$

(*b*) If the overall gear reduction R is a constant nm, show that the equivalent inertia becomes

$$I_e = I_M + I_P + n^2 I_P + \frac{I_P}{n^2} + \frac{R^2 I_P}{n^4} + \frac{I_L}{R^2}$$

(*c*) If the problem is to minimize the gear-train inertia, find the ratios n and m for the values of $I_P = 1$, $I_M = 10$, $I_L = 100$, and $R = 10$.

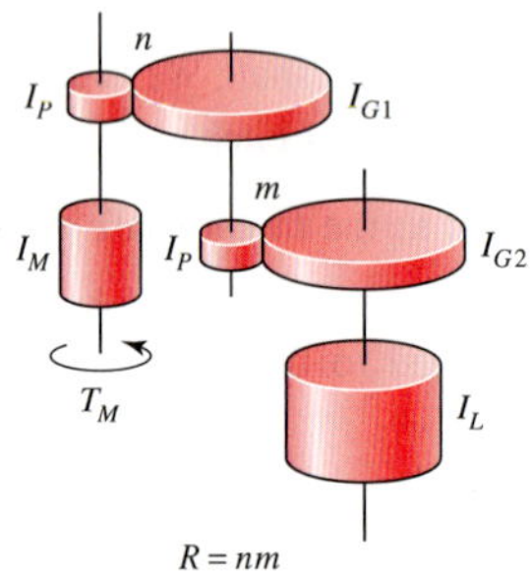

Problem 13–27

13–28 For the conditions of Prob. 13–27, make a plot of the equivalent inertia I_e as ordinate and the stepdown ratio n as abscissa in the range $1 \le n \le 10$. How does the minimum inertia compare to the single-step inertia?

13–29 A punch-press geared 10:1 is to make six punches per minute under circumstances where the torque on the crankshaft is 1800 N · m for $\frac{1}{2}$ s. The motor's nameplate reads 2.2 kW at 1125 rev/min for continuous duty. Design a satisfactory flywheel for use on the motor shaft to the extent of specifying material and rim inside and outside diameters as well as its width. As you prepare your specifications, note $\omega_{\max}$, $\omega_{\min}$, the coefficient of speed fluctuation C_s, energy transfer, and peak power that the flywheel transmits to the punch-press. Note power and shock conditions imposed on the gear train because the flywheel is on the motor shaft.

13–30 The punch-press of Prob. 13–29 needs a flywheel for service on the crankshaft of the punch-press. Design a satisfactory flywheel to the extent of specifying material, rim inside and outside diameters, and width. Note $\omega_{\max}$, $\omega_{\min}$, C_s, energy transfer, and peak power the flywheel transmits to the punch. What is the peak power seen in the gear train? What power and shock conditions must the gear-train transmit?

13–31 Compare the designs resulting from the tasks assigned in Probs. 13–29 and 13–30. What have you learned? What recommendations do you have?

CHAPTER

14

Shigley's Mechanical Engineering Design

동력전달장치 설계 사례

Chapter Outline

엔진이나 모터와 같은 에너지원으로부터 출력단까지 동력을 전달하는 과정은 가장 일반적인 기계 작업 중의 하나이다. 동력전달에 있어서 효과적인 방법은 베어링에 의해 지지되는 축의 회전운동을 통하는 것이다. 축간 토크나 속도 변경을 위해서 기어, 벨트 풀리, 체인 톱니(sprocket) 등이 함께 사용될 수 있다. 대부분 축의 형상은 중실(solid) 또는 중공(hollow) 형태의 실린더 모양이고 베어링, 기어 등 부속품의 위치고정과 지지를 위하여 단차(shoulder)를 두고 있다.

동력을 전달하기 위한 장치 설계에는 기어, 베어링, 축 등 개별 요소의 설계 및 선정에 주의가 요구된다. 그러나 대부분의 설계가 마찬가지이지만 이 요소들은 서로 독립적이 아니라 서로 영향을 미친다. 예를 들면 응력과 처짐량을 고려하여 축을 설계하기 위해서는 축에 작용하는 힘들을 파악해야 하고, 그 힘들이 기어를 통해 전달되면 축에 전달되는 힘을 계산하기 위하여 기어 제원을 결정해야 한다. 그러나 완성품 기어들은 해당 축 지름이 정해져 있으므로 축 지름만 결정하면 된다. 설계과정이 독립적이지 않고 반복적이란 사실이 놀랄만한 일은 아니지만 설계자로서는 어디서부터 시작해야 하는지가 고민이다.

기계설계 교과서는 일반적으로 개별 요소 설계방법을 중심으로 설명하지만, 본 장에서는 각 요소가 전체 설계과정에 적용되는 방법을 소개하기 위하여 동력전달장치 설계에 초점을 맞추어 설명한다. 그림 14-1과 같은 전형적인 이단 기어 감속장치가 그 대상이고 이러한 변속장치를 변형하는 경우에도 유사한 설계순서가 적용된다.

앞으로 설명할 개요는 논리적인 설계 순서를 명확히 이해하는 데 도움을 줄 것이다. 개요의 각 부분이 어떻게 전체 설계과정에 영향을 미치는지 본 장에서 순서대로 설명한다. 주요 요소부품들을 설계하고 선정하기 위한 세부사항들은 이미 별도 장(축설계는 6장, 베어링 선정은 10장, 기어 제원은 11장과 12장)에서 설명하였고 여기서는 설계사례를 통하여 전체 과정을 소개한다.

그림 14-1
(2단 복합) 기어열

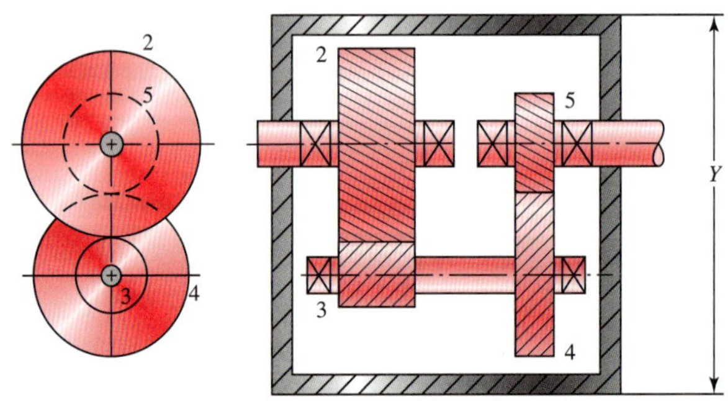

설계사례 1

문제 정의

(1-17절)에서 감속기를 포함한 설계사례에 대한 배경을 설명하였고 그림 14-1과 같은 2단 복합(compound reverted) 기어열을 설계하고자 한다. 본 장에서는 필요한 다른 축들을 고려하여 중간 축 설계와 그 부속 요소들을 설계한다. 이 부분설계에 필요한 설계 제원은 다음과 같다.

전달할 동력: 15kW
입력속도: 1750 rpm
출력속도: 82-88 rev/min
일반적으로 낮은 충격수준, 가끔 중간 충격
입력축과 출력축은 기어박스 밖으로 100mm 튀어 나옴
기어박스 최대 크기: 바닥 350mm X 350mm, 높이 550mm
출력축과 입력축은 동일선 상에 위치
기어와 베어링 수명은 12,000시간 이상, 축 수명은 무한대

14-1 동력전달을 위한 설계순서

어떤 특정 설계과정에 대한 단계의 정확한 순서는 없다. 일반적으로 설계는 초기에 임시적으로 선택하고 설계의 뼈대를 구성한 후 어느 부분이 중요한지를 결정하는 단계가 필요한 반복과정이기 때문이다. 그러나 문제의 부분들 간의 의존성을 이해하고 설계자가 설계변경에 따라서 영향받는 부분들을 알게 해줌으로써 상당한 시간을 절약할 수 있다. 본 절에서는 각 단계별로 개요만 설명하고 구체적인 사항은 이어지는 절에서 부연한다.

- **동력과 토크 요구사항**: 고려하는 동력을 먼저 알아야 한다. 이를 통하여 전체 시스템에 필요한 전체 크기를 결정한다. 기어나 풀리 크기를 정하기 전에 필요한 입출력 속도비 또는 토크비를 결정해야 한다.
- **기어 제원**: 요구되는 기어비와 토크전달 문제는 적절한 기어를 선정하는 것이다. 여기서 축에 대한 전체 힘해석까지는 아직 필요하지 않고 기어를 지정하기 위한 전달력이 필요하다.
- **축 배치(레이아웃)**: 기어와 베어링의 축방향 위치를 포함한 일반적인 축 배치를 지정해야 한다. 또한 기어와 베어링의 위치고정 방법(고정링, 억지끼워맞춤, 너트 등)과 기어로부터 축으로 토크를 전달할 방법(키, 스플라인 등)도 함께 결정해야 한다. 이러한 요소들은 표준 크기로 응력집중계수를 예측할 수 있으므로 요소들의 크기를 이 시점에서 정할 필요는 없다.
- **힘 해석**: 기어나 풀리의 지름, 기어와 베어링의 축방향 위치를 알면 축의 자유물체도, 전단력 선도, 굽힘모멘트 선도를 그릴 수 있고 따라서 베어링의 반력도 계산할 수 있다.
- **축 재료 선정**: 피로설계는 재료 선정에 상당히 영향을 받기 때문에 우선 합리적인 재료선정을 한 후 결과의 만족도를 확인하는 편이 용이하다.
- **피로응력과 정적응력을 고려한 축 설계**: 이 시점에서는 6장 축설계의 전형적인 응력을 고려한 설계문제와 매우 유사하다. 전단력 선도와 굽힘모멘트 선도를 알고 있으므로 취약한 위치를 예측할 수 있고 근사적으로 응력 집중을 활용하여 예상되는 축 지름을 결정할 수 있다.
- **처짐량을 고려한 축 설계**: 처짐량해석은 전체 축형상이 결정된 이후에나 가능하므로 이 시점에서 추정된 축형상으로 해석하여 베어링 위치에서 기울기, 기어 위치에서 처짐량을 구할 수 있다.

- **베어링 선정**: 추정한 축 지름에 맞는 특정 베어링을 카탈로그에서 선정한다. 이때 축 지름은 카탈로그 제원에 맞도록 약간 변경할 수 있다.
- **키와 고정링 선정**: 앞서 결정된 축 지름에 따라서 표준크기의 적당한 키와 고정링을 지정할 수 있다. 이전 단계에서 합리적인 응력집중계수를 가정했다면 전체 설계에 있어서 변화는 미미할 것이다.
- **최종 해석**: 주어진 요구사항을 만족하도록 모든 사양을 가정하고 반복한 후 수정하였다면, 처음부터 끝까지 전체 해석을 통하여 최종 점검하고 완성된 시스템의 안전계수를 명기한다.

14-2 동력과 토크 요구사항

동력전달시스템은 일반적으로 40마력 기어박스 등과 같이 동력 용량으로 제원을 나타낸다. 이러한 동력은 시스템이 견딜 수 있는 토크와 속도의 조합을 지정한다. 이상적인 경우, 입력하는 동력과 출력되는 동력은 같고 따라서 시스템 내에서 동력은 동일하다. 물론 실제로는 베어링과 기어 내 마찰과 같은 인자들로 인한 손실이 발생한다. 대부분의 동력전달시스템에서 구름베어링의 손실은 무시할 만하고 기어는 맞물리는 쌍에서 1~2%의 동력손실만 있고 상당히 효율이 높다. 이러한 손실은 적으므로 일반적으로 입력 시 동력보다는 출력 시 동력을 시스템의 동력이라고 말한다. 평벨트와 타이밍벨트의 효율은 일반적으로 90% 중반에서 후반이고 V벨트와 웜 기어는 효율이 상당히 낮기 때문에 요구되는 출력 동력을 얻기 위해서 필요한 입력 동력을 구분할 필요가 있다.

반면에 토크는 일반적으로 동력전달시스템 내에서 일정하지 않다. 다시 한 번 동력이 토크와 속도의 곱인 것을 기억하면, 입력과 출력 동력이 같으므로 기어열에서 다음 식이 성립함을 알 수 있다.

$$H = T_i \omega_i = T_o \omega_o \tag{14-1}$$

일정 동력 하에 각속도를 감소시키는 기어비는 동시에 토크를 증가시킨다. 따라서 기어열에 있어서 기어비는 다음과 같다.

$$e = \omega_o / \omega_i = T_i / T_o \tag{14-2}$$

일반적으로 동력전달 설계문제에서는 입력과 출력 각속도나 토크와 함께 요구되는 동력 용량을 지정한다. 또한 출력값에 대한 공차도 명시하여 특정 기어를 지정한 후 실제 출력값을 결정할 수 있다.

14-3 기어 제원

기어비를 구한 후 다음 단계는 적절한 기어를 결정하는 것이다. 대략적인 가이드라인으로 기어비가 1~10은 하나의 기어쌍으로 가능하고 10보다 큰 경우는 추가적인 기어쌍을 복합해야 가능하다. (11-13절) 그림 14-1의 복합 기어열은 기어비가 1~100까지 가능하다.

기어 잇수는 정수이어야 하므로 지름보다는 잇수로 설계하는 것이 바람직하다. 입력과 출력 축의 접촉조건 등 필요한 기하조건과 기어비를 만족시키는 적절한 잇수를 결정하는 자세한 방법은 11-3~5절을 참고하기 바란다. 여기서 전체 패키지 크기를 최소화할 수 있는 최적의 잇수 조합을 찾도록 신경을 쓴다. 특히 대략적인 기어비를 만족시키면 되는 경우, 이러한 장점을 충분히 활용하여 전체 패키지 크기를 최소화시킨다. 적은쪽 기어의 잇수 차이가 전체 패키지 크기를 상당히 증가시키는 결과를 초래할 수 있다.

대량 생산을 고려한 설계인 경우에는 선호하는 크기를 걱정할 필요없이 충분히 많은 기어를 구매할 수 있다. 소량생산인 경우 기어박스 크기와 완성품으로 구매하기 어려운 기어 크기에 대한 추가 비용 사이에서 장단점을 고려해야 한다. 만약 완성품을 사용한다면 정해진 잇수로 예상되는 지름피치가 가능한지 확인해 봐야 한다. 필요하다면 사용 가능한 잇수에 맞도록 설계를 반복한다.

설계사례 2

속도, 토크, 기어비

입력속도 1750 rpm을 출력속도 범위 ($82\ \text{rev/min} < \omega_o < 88\ \text{rev/min}$)로 감속하는 적당한 잇수를 결정함으로써 설계 사례를 계속 진행한다.

최종 잇수가 정해지면 다음을 결정한다.

(*a*) 중간 및 출력 축의 속도

(*b*) 15kW를 전달하기 위한 입력, 중간, 출력 축의 토크

풀이 그림 14-1과 동일한 기어 번호를 사용한다. 출력속도로 추기 설계의 평균값을 선택한다.

$$e = \frac{\omega_5}{\omega_2} = \frac{85}{1750} = \frac{1}{20.59} \qquad \text{식 (14-2)}$$

2단 복합 기어열에 대하여

$$e = \frac{1}{20.59} = \frac{N_2}{N_3}\frac{N_4}{N_5} \qquad \text{식 (11-30)}$$

최소 패키지 크기를 구현하기 위하여 양쪽 단계에 동일한 감속비를 적용한다. 또한 두 단계를 동일하게 함으로써 입력과 출력 축에 대한 접촉조건도 자동으로 만족한다.

$$\frac{N_2}{N_3} = \frac{N_4}{N_5} = \sqrt{\frac{1}{20.59}} = \frac{1}{4.54}$$

이러한 기어비에 대하여 식 (11-11)로부터 최소 잇수는 16개이다.

$$N_2 = N_4 = 16\ \text{teeth}$$

$$N_3 = 4.54(N_2) = 72.64$$

출력속도가 범위 내에 있으면 소수점 이하를 버리고 정수로 취한다.

$$\omega_5 = \left(\frac{16}{72}\right)\left(\frac{16}{72}\right)(1750) = 86.42 \text{ rev/min} \qquad \text{Acceptable}$$

$$N_2 = N_4 = 16 \text{ teeth}$$

$$N_3 = N_5 = 72 \text{ teeth}$$

$$e = \left(\frac{16}{72}\right)\left(\frac{16}{72}\right) = \frac{1}{20.25}$$

$$\omega_5 = 86.42 \text{ rev/min}$$

$$\omega_3 = \omega_4 = \left(\frac{16}{72}\right)(1750) = 388.9 \text{ rev/ min}$$

토크를 계산하기 위하여 동력 관계식 (14-1)으로 돌아가면

$$H = T_2\omega_2 = T_5\omega_5 \qquad \text{식 (14-1)}$$

$$T_2 = H/\omega_2 = \left(\frac{15000 \text{ W}}{1750 \text{ rev/min}}\right)\left(\frac{1 \text{ rev}}{2\pi \text{ rad}}\right)\left(60\frac{\text{s}}{\text{min}}\right)$$

$$T_2 = 81.9 \text{ N}\cdot\text{m}$$

$$T_3 = T_2\frac{\omega_2}{\omega_3} = 81.9\frac{1750}{388.9} = 368.5 \text{ N}\cdot\text{m}$$

$$T_5 = T_2\frac{\omega_2}{\omega_5} = 81.9\frac{1750}{86.42} = 1658.5 \text{ N}\cdot\text{m}$$

만약 문제 사양에서 최대크기의 기어박스가 제시되었다면, 기어 지름으로 기어박스 크기를 표현하여 최소 지름피치(최대 이크기)를 예측할 수 있고 지름피치를 통해 잇수로 변환할 수 있다. 예를 들어 그림 14-1로부터 기어박스의 전체 높이는

$$Y = d_3 + d_2/2 + d_5/2 + 2/P + \text{clearances} + \text{wall thicknesses}$$

여기서 $2/P$ 항은 피치원지름보다 큰 기어 2와 5의 어덴덤(addendum) 높이를 나타낸다. $d_i = N_i/P$를 대입하면 다음과 같고

$$Y = N_3/P + N_2/(2P) + N_5/(2P) + 2/P + \text{clearances} + \text{wall thicknesses}$$

P에 대해 정리하면 지름피치를 구할 수 있다.

$$P = (N_3 + N_2/2 + N_5/2 + 2)/(Y - \text{clearances} - \text{wall thicknesses}) \qquad (14\text{-}3)$$

이 값은 가능한 지름피치의 최소값이므로 전체 기어박스 제약조건을 만족시키는 최대 이크기이고, 반올림하여 표준 지름피치로 선택하여 최대 이크기는 줄어들게 된다.

그 다음 12장에서 언급한 굽힘응력과 접촉응력을 고려한 AGMA설계방법을 적용하여 적절한 기어 파라미터들을 결정한다. 설계자가 지정하는 주요 설계 인자들은 재료, 지름피

치, 기어면폭(face width)이다. 여기서는 앞서 추정한 지름피치로부터 시작하는 설계과정을 추천한다. 이로부터 기어지름($d = N/P$), 피치선속도 [식 (11-34)], 전달하중[식 (11-35~36)]을 결정할 수 있다. 일반적으로 스퍼기어에서 기어면폭은 원주피치(p)의 3~5배정도이다. 우선 평균값인 4를 사용하여 기어면폭을 $F = 4p = 4$(pi:Greek)/P로 가정한다. 다른 방법으로 온라인 기어 카탈로그에서 지름피치와 잇수에 해당하는 기어면폭을 찾을 수도 있다.

그 다음으로 12장의 AGMA식들을 이용하여 요구되는 안전계수가 가능한 재료를 결정하는 일이다. 가장 효율적인 방법은 임계상황의 기어부터 계산하는 것으로 이를 통하여 지름피치와 재료강도의 임계값을 구할 수 있다. 일반적으로 기어박스의 높은 토크 (낮은 속도) 쪽에 적은 기어가 기준이 된다.

만약 요구되는 재료강도가 너무 높아서 고가이거나 구할 수 없다면, 보다 적은 지름피치(더 큰 이)로 다시 반복한다. 물론 이러면 전체 기어박스 크기는 증가한다. 가끔 적은 기어 중에 과도한 응력이 발생하게 되는데, 이때 모든 기어의 이크기를 증가시키기 보다는 적은 응력의 기어쌍의 기어비를 늘리거나 과도한 응력의 기어쌍의 기어비를 줄이는 등 잇수 설계를 재고하는 편이 바람직하다. 이렇게 함으로써 문제가 있던 기어의 잇수가 증가하고 지름이 커지면서 응력을 줄일 수 있다.

만약 접촉응력이 굽힘응력보다 문제가 된다면 표면강도를 증가시키기 위하여 열처리되거나 표면처리된(case hardened) 기어재료를 고려해 본다. 크기, 재료, 가격의 균형을 맞출 필요가 있다면 지름피치를 조정해볼 수도 있다. 만약 모든 응력이 재료강도보다 훨씬 낮다면 기어와 기어박스 크기를 줄일 수 있는 더 큰 지름피치를 선택한다.

일반적으로 전체 설계과정 중 이 부분은 다음 단계와는 독립적으로 수행할 수 있으므로 여기까지 모든 과정은 만족할 만한 결과를 얻을 때까지 반복한다. 설계자는 축설계로 나가기 이전에 기어선정이 만족스러워야 한다. 여기서 카탈로그를 통하여 특정 기어를 선정함으로써 알게 되는 전체 폭, 보어(bore) 크기, 숄더(shoulder) 지지 추천, 최대 필렛 반지름 등 정보는 다음 단계에 도움을 준다.

설계사례 3

기어제원

피치지름, 지름피치, 기어면폭, 재료를 포함한 적절한 기어를 결정함으로써 설계 사례를 계속 진행한다.

풀이 전체 기어박스 높이 22인치에 해당하는 최소 지름피치를 예측한다.

식 (14-3)과 그림 14-1로부터

$$P_{\min} = \frac{\left(N_3 + \dfrac{N_2}{2} + \dfrac{N_5}{2} + 2\right)}{(Y - \text{clearances} - \text{wall thickness})}$$

틈새(clearance)와 벽두께를 1.5인치로 고려하여

$$P_{\min} = \frac{\left(72 + \frac{16}{2} + \frac{72}{2} + 2\right)}{(22 - 1.5)} = 5.76 \text{ teeth/in}$$

$P = \underline{6 \text{ teeth/in}}$로부터 시작하면

$$\boxed{\begin{aligned} d_2 = d_4 = N_2/P = 16/6 = 2.67 \text{ in} \\ d_3 = d_5 = 72/6 = 12.0 \text{ in} \end{aligned}}$$

앞에서 구한 축 속도를 통하여

$$\omega_2 = 1750 \text{ rev/min} \qquad \omega_3 = \omega_4 = 388.9 \text{ rev/min} \qquad \omega_5 = 86.4 \text{ rev/min}$$

피치라인속도와 전달하중은 다음과 같다.

$$V_{23} = \frac{\pi d_2 \omega_2}{12} = \frac{\pi(2.67)(1750)}{12} = \underline{1223 \text{ ft/ min}}$$ 식 (11-34)

$$V_{45} = \frac{\pi d_5 \omega_5}{12} = \underline{271.5 \text{ ft/ min}}$$

$$W_{23}^t = 33\,000 \frac{H}{V_{23}} = 33\,000 \left(\frac{20}{1223}\right) = \underline{540.0 \text{ lbf}}$$ 식 (11-35)

$$W_{45}^t = 33\,000 \frac{H}{V_{45}} = \underline{2431 \text{ lbf}}$$

4번 기어가 가장 작고 가장 큰 힘을 전달하므로 임계 기어가 될 가능성이 크다. 접촉응력이 문제가 되므로 마모부터 고려한다.

4번 기어제원

$$I = \frac{\cos 20° \sin 20°}{2(1)} \left(\frac{4.5}{4.5 + 1}\right) = 0.1315$$ 식 (12-23)

For K_v, assume $Q_v = 7$. $B = 0.731$, $A = 65.1$ 식 (12-29)

$$K_v = \left(\frac{65.1 + \sqrt{271.5}}{65.1}\right)^{0.731} = 1.18$$ 식 (12-27)

기어면폭 F는 일반적으로 원주피치의 3~5배이므로 평균값 4를 이용하면

$$F = 4\left(\frac{\pi}{P}\right) = 4\left(\frac{\pi}{6}\right) = 2.09 \text{ in}.$$

기어제원은 이미 인터넷에서 찾을 수 있으므로 www.globalspec.com에서 확인해 본다. $P = 6$ teeth/in와 $d = 2.67$인치를 입력하면 스퍼기어의 기어면폭은 1.5인치나 2.0인치임을 알 수 있고 맞물리는 $d = 12$인치인 5번 기어에 대해서도 구할 수 있다. 여기서는 $F = 2.0$인치로 선택한다.

For K_m, $\quad C_{pf} = 0.0624$ 식 (12-32)

$C_{mc} = 1$ uncrowned teeth 식 (12-31)

$$C_{pm} = 1 \text{ straddle-mounted}$$ 식 (12-33)

$$C_{ma} = 0.15 \text{ commercial enclosed unit}$$ 식 (12-34)

$$C_e = 1$$ 식 (12-35)

$$K_m = 1.21$$ 식 (12-30)

$$C_p = 2300$$ 표 12-8

$$K_o = K_s = C_f = 1$$

$$\sigma_c = 2300\sqrt{\frac{2431(1.18)(1.21)}{2.67(2)(0.1315)}} = \underline{161\,700 \text{ psi}}$$ 식 (12-16)

허용응력에 필요한 상수, 수명상수, 지정된 수명 12,000시간에 대한 회전주기, 안전계수 1.2를 고려한 표면강도는 다음과 같다.

$$L_4 = (12\,000 \text{ h})\left(60\frac{\text{min}}{\text{h}}\right)\left(389\frac{\text{rev}}{\text{min}}\right) = 2.8 \times 10^8 \text{ rev}$$

$$Z_N = 0.9$$ 그림 12-15

$$K_R = K_T = C_H = 1$$

$$\sigma_{c,\text{all}} = S_c Z_N / S_H = \sigma_c$$ 식 (12-18)

$$S_c = \frac{S_H \sigma_c}{Z_N} = \frac{1.2(161\,700)}{0.9} = \underline{215\,600 \text{ psi}}$$

표 12-6로부터 Grade 2 carburized and hardened를 선택한다. 이 재료에 대한 4번 기어의 안전계수는 다음과 같다. ($S_H = 1$ 가정)

$$n_c = \frac{\sigma_{c,\text{all}}}{\sigma_c} = \frac{S_c Z_N}{\sigma_c} = \frac{225\,000(0.9)}{161\,700} = \underline{1.25}$$

4번 기어 굽힘

$$J = 0.27$$ 그림 12-6

$$K_B = 1$$

모든 상수들은 마모인 경우와 동일하다.

$$\sigma = W_t K_v \frac{P_d}{F}\frac{K_m}{J} = (2431)(1.18)\left(\frac{6}{2}\right)\left(\frac{1.21}{0.27}\right)$$ 식 (12-15)

$$\underline{\sigma = 38\,570 \text{ psi}}$$

그림 12-14

$$Y_N = 0.9$$

마모에서 선택한 Grade 2 carburized and hardened를 이용하면 표 12-3로부터 $S_t = 65{,}000$psi 이고

$$\sigma_{\text{all}} = S_t Y_N = 58\,500 \text{ psi}$$

4번 기어의 굽힘에 대한 안전계수는 다음과 같이 1.2 이상이므로 설계요구사항을 만족한다.

$$\boxed{n = \frac{\sigma_{\text{all}}}{\sigma} = \frac{58\,500}{38\,570} = 1.52}$$

5번 기어의 굽힘과 마모

J, Y_N, Z_N을 제외한 모든 상수는 4번 기어와 동일하다.

$$J = 0.41$$ 그림 12-6

$$L_5 = (12\,000\text{h})(60 \text{ min/h})(86.4 \text{ rev/min}) = 6.2 \times 10^7 \text{ rev}$$

$$Y_N = 0.97$$ 그림 12-14

$$Z_N = 1.0$$ 그림 12-15

$$\sigma_c = 2300\sqrt{\frac{2431(1.18)(1.21)}{2.67(2)(0.1315)}} = 161\,700 \text{ psi}$$

$$\sigma = (2431)(1.18)\left(\frac{6}{2}\right)\left(\frac{1.21}{0.41}\right) = 25\,400 \text{ psi}$$

4번 기어와 동일하게 Grade 2 carburized and hardened를 선택하면 안전계수는 모두 설계요구사항을 만족한다.

$$\boxed{\begin{aligned} n_c &= \frac{\sigma_{c,\text{all}}}{\sigma_c} = \frac{225\,000}{161\,700} = 1.39 \\ n &= \frac{\sigma_{\text{all}}}{\sigma} = \frac{65\,000(0.97)}{25\,400} = 2.48 \end{aligned}}$$

2번 기어 마모

2번과 3번 기어는 유사한 방법으로 평가한다.

$$K_v = 1.37$$

2번과 3번 기어에 작용하는 하중이 적으므로 기어면폭 $F = 1.5$인치로 선정한다.

$$K_m = 1.19$$

다른 모든 상수들은 4번 기어와 동일하다.

$$\sigma_c = 2300\sqrt{\frac{(539.7)(1.37)(1.19)}{2.67(1.5)(0.1315)}} = 94\,000 \text{ psi}$$

$$L_2 = (12\,000 \text{ h})(60 \text{ min/h})(1750 \text{ rev/min}) = 1.26 \times 10^9 \text{ rev} \qquad Z_N = 0.8$$

재료로 Grade 1 flame-hardened를 선택하면 $S_c = 170\,000$ psi이고 안전계수 1.2 이상이 가능하다.

$$n_c = \frac{\sigma_{c,\text{all}}}{\sigma_c} = \frac{170\,000(0.8)}{94\,000} = 1.40$$

2번 기어 굽힘

$$J = 0.27 \qquad Y_N = 0.88$$

$$\sigma = 539.7(1.37)\frac{(6)(1.19)}{(1.5)(0.27)} = 13\,040 \text{ psi}$$

$$n = \frac{\sigma_{\text{all}}}{\sigma} = \frac{45\,000(0.88)}{13\,040} = 3.04$$

3번 기어 마모와 굽힘

$$J = 0.41 \qquad Y_N = 0.9 \qquad Z_N = 0.9$$

$$\sigma_c = 2300\sqrt{\frac{(539.7)(1.37)(1.19)}{2.67(1.5)(0.1315)}} = 94\,000 \text{ psi}$$

$$\sigma = 539.7(1.37)\frac{(6)(1.19)}{1.5(0.41)} = 8584 \text{ psi}$$

재료로 Grade 1 steel through-hardened를 선택하고 H_B 300을 적용하면
그림12-2로부터

$$n_c = \frac{126\,000(0.9)}{94\,000} = 1.21$$

$$n = \frac{\sigma_{\text{all}}}{\sigma} = \frac{36\,000(0.9)}{8584} = 3.77$$

S_t = 36,000psi와 그림 12-5로부터 S_c = 126,000 psi를 구할 수 있고 안전계수는 다음과 같다.

정리하면 최종 기어제원은 다음과 같다.

All gears, $P = 6$ teeth/in

Gear 2, Grade 1 flame-hardened, $S_c = 170\,000$ psi and $S_t = 45\,000$ psi
$d_2 = 2.67$ in, face width $= 1.5$ in

Gear 3, Grade 1 through-hardened to 300 H_B, $S_c = 126\,000$ psi and $S_t = 36\,000$ psi
$d_3 = 12.0$ in, face width $= 1.5$ in

Gear 4, Grade 2 carburized and hardened, $S_c = 225\,000$ psi and $S_t = 65\,000$ psi
$d_4 = 2.67$ in, face width $= 2.0$ in

Gear 5, Grade 2 carburized and hardened, $S_c = 225\,000$ psi and $S_t = 65\,000$ psi
$d_5 = 12.0$ in, face width $= 2.0$ in

14-4 축 설계

기어와 베어링의 축방향 위치를 포함한 축의 일반적인 레이아웃이 결정되어야 자유물체 힘 해석을 수행할 수 있고 전단력 선도와 굽힘모멘트 선도를 구할 수 있다. 초기설계로 활용할 기존설계가 없다면 축 레이아웃 결정은 많은 솔루션들이 가능하다. 축 레이아웃에 있어서 고려할 사항들은 6-3절을 참고하고 여기서는 축 레이아웃 결정이 전체 설계과정과 어떻게 연결되는지에 초점을 맞춰 설명한다.

자유물체 힘해석은 축 지름을 몰라도 가능하지만 기어와 베어링간의 축방향 거리를 모르고서는 수행할 수 없다. 아무리 작은 힘이라도 모멘트 암이 크면 큰 굽힘모멘트를 발생시키므로 여기서 축방향거리를 작게 유지하는 것이 매우 중요하다. 또한 보 처짐에 관한 식을 떠올리면 일반적으로 길이의 3제곱에 비례함을 알 수 있다.

따라서 축길이와 축요소 위치를 결정하는 인자들을 알아보기 위하여 기어박스 전체를 살펴볼 필요가 있다. 이를 위하여 그림 14-2와 같은 대략적인 스케치로도 충분하다.

설계사례 4

축 설계

축방향 치수를 결정하기에 충분한 기어박스의 스케치를 준비함으로써 설계 사례를 계속 진행한다. 특히 전체 길이와 다른 축들의 지지 요구사항에 맞도록 중간 축의 기어들간의 거리를 추정한다.

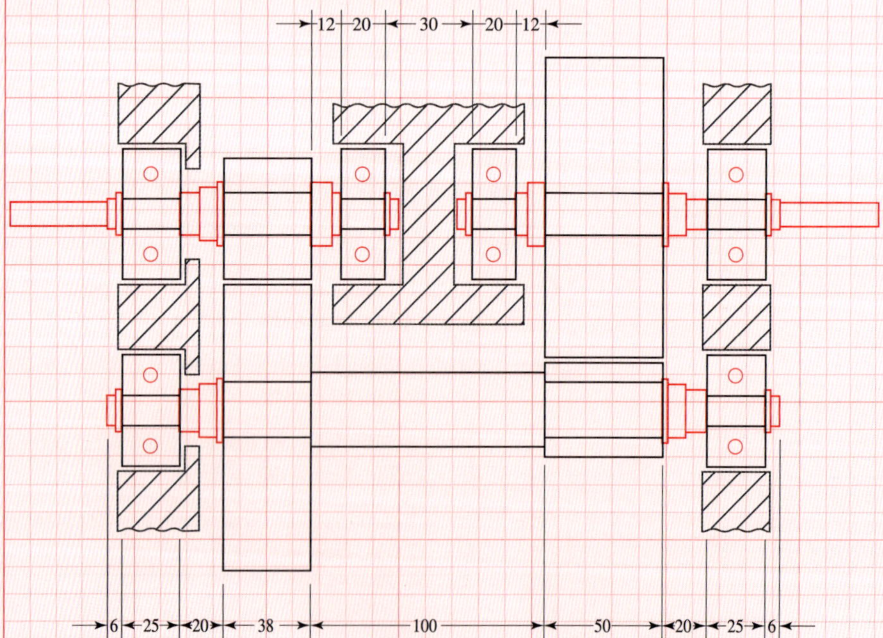

그림 14-2
축 레이아웃 스케치(치수는 mm)

풀이 그림 14-2는 대략적인 스케치로 베어링들의 지지부를 고려한 3개의 축을 나타낸다. 여기서 기어폭은 알고 있고 베어링폭은 가정한다. 더 큰 굽힘모멘트를 받는 중간축의 큰 베어링에 좀 더 공간을 할애한다. 베어링폭에 있어서 작은 변화는 반력 위치에 거의 변화가 없으므로 힘해석에 최소한의 영향을 준다. 베어링을 지지하는 공간을 포함한 입력축과 출력축의 요구사항에 따라서 두 기어간의 거리 100mm를 설정한다. 또한 고정링(retaining ring)과 베어링 여유 공간을 포함하여 중간축의 길이는 290 mm로 설계한다.

기어면폭이 넓어지면 축길이도 따라서 길어진다. 처음에는 응력 집중이 큰 고정링이 아닌 멈춤나사를 사용하도록 허브를 포함한 기어를 설계하였으나, 허브 길이가 축 길이와 기어박스 하우징에 추가되는 결과를 초래하였다.

그림14-2의 레이아웃에 몇 가지 주목할 점은 다음과 같다. 기어와 베어링이 숄더(shoulder)에 의해 자리를 잡고 고정링이 이들을 고정한다. 베어링 근처에 기어를 두는 것이 바람직하지만 베어링 뒤로 연장할 하우징을 두거나 베어링 뒤쪽으로 베어링 풀러가 접근할 추가 공간이 부족하다. 베어링과 기어사이의 축 지름을 추가적으로 변경하면 베어링의 숄더 높이와 기어의 보어 크기가 달라질 것이다. 이 지름은 느슨한 공차와 큰 휠렛 반지름을 갖을 수 있다.

각 베어링은 축상에서 축방향으로 구속되어 있고 각 축당 한 개의 베어링만 약간의 축방향 열팽창을 허용하도록 하우징에 축방향으로 고정되어 있다.

14-5 힘 해석

기어 지름을 알고 요소들의 축방향 위치가 결정되면 축에 대한 자유물체도, 전단력 선도, 굽힘모멘트 선도를 작성할 수 있다. 주어진 전달하중으로부터 기어를 통해 전달되는 반지름방향 힘과 축방향 힘을 계산한다(11-14~17절). 각 축에 대한 힘과 모멘트 합으로부터 베어링에서의 반력을 계산할 수 있다. 기어와 풀리가 있는 축에 있어서 일반적으로 힘과 모멘트는 축을 따라서 2개 평면에 존재한다. 회전하는 축에 있어서 일반적으로 합력의 크기가 필요하므로 베어링의 힘요소들을 벡터로 더한다. 전단력 선도와 굽힘모멘트 선도는 일반적으로 두 평면으로 나누어 작성하고 관심 위치에서 벡터로 더한다. 또한 입력으로부터 축을 통해 출력까지 토크의 전달을 가시화하기 위하여 토크 선도도 작성한다.

중간축 설계 사례의 힘 해석 부분을 위하여 예제 6-2의 앞부분을 참고한다. 4번 기어가 더 작고 훨씬 큰 3번 기어를 통해 축에 전달된 동일한 토크를 전달해야 하므로 굽힘모멘트는 4번 기어에서 가장 클 것이라고 예측 가능하다.

힘 해석은 수작업으로 수행하기 어렵지 않지만, 처짐해석을 위하여 보 소프트웨어를 사용한다면 처짐량을 계산하는 과정에서 전단력 선도와 굽힘모멘트 선도와 함께 반력을 계산해 줄 것이다. 여기서 설계자는 힘 정보를 얻기 위하여 축 지름을 가정하여 입력할 수 있고 나중에 실제 축 지름을 입력하여 처짐량을 결정한다.

14-6 축 재료 선정

축 응력설계 이전에는 축재료를 가정할 수 있고 응력설계 과정 중에도 필요하면 변경할 수 있다. 재료선정에 관한 구체적인 사항은 6-2절을 참고한다. 설계 사례에서는 초기에 저가 철재로 1020 CD를 선택하였다. 응력해석 이후 추가적인 축 지름의 증가없이 임계응력을 낮출 수 있도록 보다 높은 강도의 1050 CD로 변경하였다.

14-7 응력을 고려한 축 설계

임계 위치에서의 응력해석을 통하여 임계 축지름을 결정한다. 응력을 고려한 축 설계와 관련된 사항들은 6-4절을 참고한다.

설계사례 5

응력을 고려한 축 설계

최소 안전계수 1.5와 함께 충분한 피로응력과 정적응력 용량으로 무한 수명을 보장하는 축의 각 단면에 적절한 지름을 추정함으로써 설계 사례를 계속 진행한다.

풀이 6-2절을 참고한다.

굽힘모멘트는 4번 기어 위치에서 최대이므로 잠재적 임계응력 위치는 숄더, 키홈, 고정링 홈이고 결과적으로 키홈이 가장 취약한 것으로 나타났다. 일반적으로 숄더가 임계점으로 알려져 있지만 이 사례는 키홈과 같은 다른 응력집중 위치를 간과하지 말 것을 시사하고 있다.

이 과정에서 축 지름을 2인치로 제한하기 위하여 더 높은 강도의 재료로 변경하였다. 축이 훨씬 커지면 적은 기어는 적절한 보어 크기를 제공할 수 없기 때문이다. 축 지름을 증가시키는 것만이 유일한 대안이라면 기어제원을 재설계할 필요가 있다.

14-8 처짐을 고려한 축 설계

처짐을 고려한 축 설계에 관한 자세한 사항은 6-5절을 참고한다. 일반적으로 축에 있어서 처짐 문제는 축의 엄청난 파손을 일으키지는 않지만, 기어나 베어링의 과도한 소음과 진동, 예상보다 빠른 파손을 야기할 것이다.

설계사례 6

처짐을 고려한 축 설계

중간축에 위치한 기어와 베어링의 처짐량과 기울기가 허용범위 내에 존재하는지 확인함으로써 설계 사례를 계속 진행한다.

풀이 6-3절을 참고한다.

이 문제에서는 모든 처짐량이 베어링과 기어의 추천 한계 내에 존재함을 알 수 있다. 항상 만족하는 것은 아니므로 처짐해석을 무시해서는 안된다. 설계 사례의 초기 설계에서 허브를 갖는 기어를 사용함으로써 축길이가 길어지면 처짐량이 응력보다 더 중요해질 수도 있다.

14-9 베어링 선정

베어링 반력과 대략적인 보어 지름을 알고 있으므로 베어링 선정은 간단하다. 베어링 선정에 대한 자세한 사항은 10장을 참조한다. 구름접촉베어링은 넓은 범위의 하중과 치수에 적용 가능하므로 일반적으로 추정한 보어 지름과 폭에 가까운 적절한 베어링을 찾는 것은 어렵지 않다.

설계사례 7

베어링 선정

신뢰도 99%로 중간축에 적절한 베어링을 선정함으로써 설계 사례를 계속 진행한다. 설계수명은 12,000시간, 중간축 속도는 389 rev/min, 추정한 보어 크기는 25 mm, 폭은 25 mm.

풀이 자유물체도 (예제 6-2)로부터

$$R_{Az} = 422 \text{ N} \qquad R_{Ay} = 1439 \text{ N} \qquad R_A = 1500 \text{ N}$$

$$R_{Bg} = 8822 \text{ N} \qquad R_{By} = 3331 \text{ N} \qquad R_B = 9430 \text{ N}$$

축속도 389 rev/min, 설계수명 12,000시간으로부터 베어링 수명은 L_D = (12 000 h) (60 min/h)(389 rev/min) = 2.8×10^8 rev.

더 큰 하중을 받고 있는 베어링B부터 고려한다. 식(10-7)로부터 볼베어링(a = 3), L = 2.8×10^6을 가정하면,

$$F_{RB} = 9430\left[\frac{2.8 \times 10^8/10^6}{0.02 + 4.439(1-0.99)^{1/1.483}}\right]^{1/3} = 102.4 \text{ kN}$$

인터넷 (www.globalspec.com) 베어링 카탈로그에서 확인하면 이 하중은 보어 크기 25 mm 근처 볼베어링보다 상대적으로 크다. 따라서 실린더 롤러 베어링으로 다시 계산하면($a = 3/10$),

$$F_{RB} = 80.7 \text{ kN}$$

실린더 롤러 베어링은 이 범위에서 가능하고 특정 SKF사의 제원에 따르면 다음과 같다.

Cylindrical roller bearing at right end of shaft
$C = 83$ kN, ID = 30 mm, OD = 72 mm, $W = 27$ mm
Shoulder diameter = 37 mm to 39 mm, and maximum fillet radius = 1.1 mm

베어링A에 대하여 다시 볼베어링을 가정하면,

$$F_{RA} = 1500\left[\frac{2.8 \times 10^8/10^6}{0.02 + 4.439(1-0.99)^{1/1.483}}\right]^{1/3} = 16.3 \text{ kN}$$

마찬가지로 SKF 카탈로그에서 특정 볼베어링을 다음과 같이 선택할 수 있다.

Deep-groove ball bearing at left end of shaft
$C = 20.3$ kN, ID = 25 mm, OD = 62 mm, $W = 19$ mm
Shoulder diameter = 32 mm to 35 mm, and maximum fillet radius = 2 mm

여기서 초기 가정과 비교하여 실제 베어링 치수를 확인할 수 있다. 베어링B의 경우, 보어 지름 30 mm는 초기 25 mm보다 약간 더 커졌는데, 숄더 지름에 여유가 있는 한 문제될 건 없다. 숄더 지지 지름의 초기 가정은 35 mm였고 이 지름이 축의 다음 단인 42 mm이하라면 아무런 문제는 없다. 베어링 숄더부의 응력 집중에 대한 초기 가정이 r/d = 0.02인 필렛 반지름인데, 실제 선정한 베어링은 0.036과 0.080으로 초기설계보다 필렛 반지름이 증가하는 것을 허용하므로 응력집중계수도 줄일 수 있다.

베어링 폭은 초기 가정과 유사하다. 베어링을 맞추기 위하여 축 치수에 약간의 수정이 필요했지만 재설계까지 할 필요는 없다.

14-10 키와 고정링 선정

키의 크기와 선정방법은 예제 6-6과 함께 6-7절에서 소개하였다. 키의 단면크기가 축 크기와 서로 관련이 있고(표 6-6, 표 6-8) 기어 보어의 키홈과 맞아야 한다. 설계결정사항은 키의 길이와 필요하다면 상위 재료선정이다.

키는 전단 또는 베어링 응력에 의한 부서짐에 의해 파손된다. 정사각형 키인 경우, 전단 파손은 부서짐 파손과 비교할 때 뒤틀림에너지 파손 이론에 의하면 덜 심각하고 최대전단 응력 파손 이론에 의하면 동일하므로 부서짐 파손만 고려하는 것이 타당하다.

설계사례 8

키 설계

중간축에 위치한 두 개의 기어에 안전계수 2인 적절한 키를 설계함으로써 설계 사례를 계속 진행한다. 기어는 요구사양에 맞춰 보어와 키홈을 가공한다. 이전까지 사용한 정보는 다음과 같다.

전달 토크: $T = 360\ \mathrm{N \cdot m}$
보어 지름: $d_3 = d_4 = 42\ \mathrm{mm}$
기어 허브 길이: $l_3 = 38\ \mathrm{mm}$, $l_4 = 50\ \mathrm{mm}$

풀이 표 6-6로부터 축 지름 42mm에 대한 정사각형 키 치수 $t = 10$ mm를 선정한다. $S_y = 390$MPa인 1020 CD 재료를 선정한다. 축 면에서 키에 작용하는 힘은

$$F = \frac{T}{r} = \frac{360}{0.042/2} = 17.14\ \mathrm{kN}$$

키 옆면의 절반 면적을 이용하여 부서짐에 의한 파손을 고려한 안전계수는 다음과 같다.

$$n = \frac{S_y}{\sigma} = \frac{S_y}{F/(tl/2)}$$

키 길이 l에 대해 풀면

$$l = \frac{2Fn}{tS_y} = \frac{2(17140)(2)}{(0.01)(390 \times 10^6)} = 18\ \mathrm{mm}$$

두 기어는 동일한 보어 지름이고 동일한 토크를 전달하므로 동일한 키 사양을 사용할 수 있다.

고정링 선정은 단순히 카탈로그 사양을 확인하는 일이다. 고정링은 공칭 축 지름별로 나열되어 있고 다른 축방향 하중이 가능하다. 선정하면 설계자는 홈 깊이, 홈 폭, 홈 바닥의 필렛 반지름을 확인해야 한다. 또한 사양 중에 다음 지름 변화까지의 최소 거리인 모서리 유격(edge margin)이라고 있는데 링에 의해 지지할 수 있는 축방향 하중을 나타낸다. 실제 치수로 응력집중계수가 더 클 수 있으므로 이를 확인하는 것이 중요하다. 설계 사례에서는 4번 기어의 잠재적 임계 위치에서 응력해석 과정에서 특정 고정링이 이미 선정되었다(예제 6-2). 다른 위치의 고정링들은 응력이 큰 부분이 아니므로 고정링에 의한 응력 집중에 신경 쓸 필

요는 없다. 여기서 축의 치수 사양을 완성하기 위하여 특정 고정링을 선정해야 한다.

설계 사례에서 고정링 사양은 인터넷을 통하여 다음 사양의 Truarc사 제품을 선정하였다.

	Both Gears	Left Bearing	Right Bearing
Nominal Shaft diameter	42 mm	25 mm	30 mm
Groove diameter	38 ± 0.125 mm	24 ± 0.1mm	28 ± 0.1 mm
Groove width	$1.7^{+0.1}_{-0.0}$ mm	$1.2^{+0.1}_{-0.0}$ mm	$1.4^{+0.1}_{-0.0}$ mm
Nominal groove depth	1.2 mm	0.8 mm	0.9 mm
Max groove fillet radius	0.25 mm	0.25 mm	0.25 mm
Minimum edge margin	3.6 mm	2.6 mm	2.6 mm
Allowable axial thrust	52.7 kN	26.7 kN	31.2 kN

이 사양들은 초기 축 레이아웃에 사용한 추정값 범위 내이므로 재설계할 필요는 없다. 최종 축은 이 치수로 업데이트해야 한다.

14-11 최종 해석

현 시점에서 모든 것을 확인할 수 있다. 최종 세부사항은 기어와 베어링과 적절한 끼워맞춤을 위한 치수와 공차를 결정하는 것이다. 특정 끼워맞춤을 구현하기 위한 자세한 사항은 6-8절을 참고한다. 이미 정한 공칭 지름에서 적은 변화는 응력해석과 처짐해석에 별다른 영향을 주지 않을 것이다. 그러나 생산과 조립목적을 위하여 설계자는 공차 사양을 간과해서는 안 된다. 부적절한 끼워맞춤은 설계를 실패로 이끌 수 있다. 중간축의 최종 도면은 그림 14-3과 같다.

문서작업과 설계확인을 위하여 설계과정은 최종설계의 완전한 해석으로 마무리되어야 한다. 해석은 설계보다 훨씬 더 간단하다는 사실을 기억하고 따라서 최종 해석을 위한 시간 투자는 상대적으로 적을 것이다.

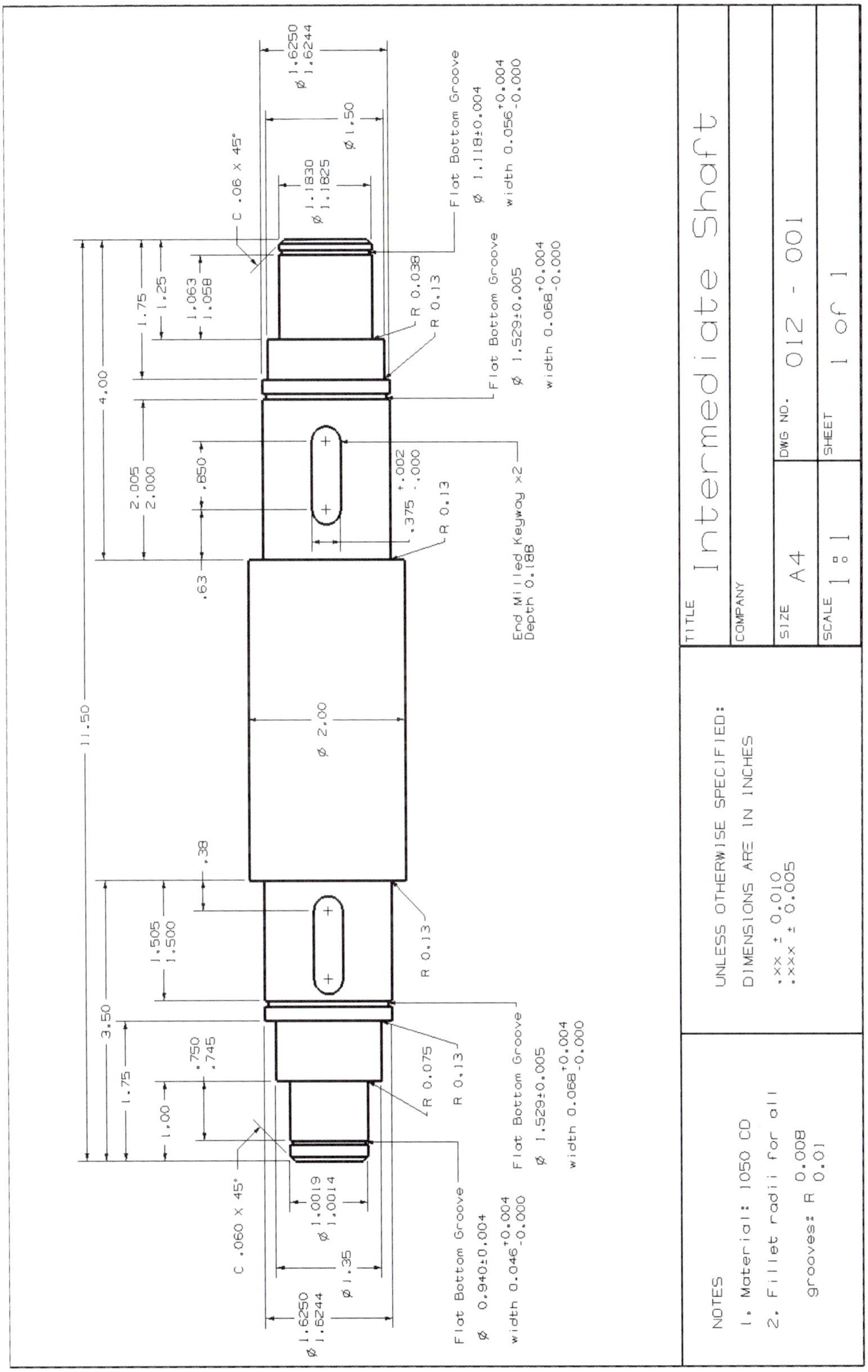

Intermediate Shaft
TITLE
COMPANY
SIZE A4
DWG NO. 012 - 001
SCALE 1 : 1
SHEET 1 of 1
UNLESS OTHERWISE SPECIFIED:
DIMENSIONS ARE IN INCHES
.xx ± 0.010
.xxx ± 0.005
NOTES
1. Material: 1050 CD
2. Fillet radii for all grooves: R 0.008 0.01
End Milled Keyway x2
Depth 0.188
Flat Bottom Groove
Ø 1.118±0.004
width 0.056 +0.004 -0.000
Flat Bottom Groove
Ø 1.529±0.005
width 0.068 +0.004 -0.000
Flat Bottom Groove
Ø 0.940±0.004
width 0.046 +0.004 -0.000
C .06 x 45°
C .060 x 45°
Ø 2.00
11.50

그림 14-3

연습문제 Problems

14-1 For the case study problem, design the input shaft, including complete specification of the gear, bearings, key, retaining rings, and shaft.

14-2 For the case study problem, design the output shaft, including complete specification of the gear, bearings, key, retaining rings, and shaft.

14-3 For the case study problem, use helical gears and design the intermediate shaft. Compare your results with the spur gear design presented in this chapter.

14-4 Perform a final analysis for the resulting design of the intermediate shaft of the case study problem presented in this chapter. Produce a final drawing with dimensions and tolerances for the shaft. Does the final design satisfy all the requirements? Identify the critical aspects of the design with the lowest factor of safety.

14-5 For the case study problem, change the power requirement to 40 horsepower. Design the intermediate shaft, including complete specification of the gears, bearings, keys, retaining rings, and shaft.

Appendix

A

Useful Tables

Appendix Outline

Table A–1

Standard SI Prefixes*†

Name	Symbol	Factor
exa	E	1 000 000 000 000 000 000 = 10^{18}
peta	P	1 000 000 000 000 000 = 10^{15}
tera	T	1 000 000 000 000 = 10^{12}
giga	G	1 000 000 000 = 10^{9}
mega	M	1 000 000 = 10^{6}
kilo	k	1 000 = 10^{3}
hecto‡	h	100 = 10^{2}
deka‡	da	10 = 10^{1}
deci‡	d	0.1 = 10^{-1}
centi‡	c	0.01 = 10^{-2}
milli	m	0.001 = 10^{-3}
micro	μ	0.000 001 = 10^{-6}
nano	n	0.000 000 001 = 10^{-9}
pico	p	0.000 000 000 001 = 10^{-12}
femto	f	0.000 000 000 000 001 = 10^{-15}
atto	a	0.000 000 000 000 000 001 = 10^{-18}

*If possible use multiple and submultiple prefixes in steps of 1000.

†Spaces are used in SI instead of commas to group numbers to avoid confusion with the practice in some European countries of using commas for decimal points.

‡Not recommended but sometimes encountered.

Table A–2

Conversion Factors A to Convert Input X to Output Y Using the Formula $Y = AX$*

Multiply Input X	By Factor A	To Get Output Y
British thermal unit, Btu	1055	joule, J
Btu/second, Btu/s	1.05	kilowatt, kW
calorie	4.19	joule, J
centimeter of mercury (0°C)	1.333	kilopascal, kPa
centipoise, cP	0.001	pascal-second, Pa · s
degree (angle)	0.0174	radian, rad
foot, ft	0.305	meter, m
foot^2, ft^2	0.0929	meter^2, m^2
foot/minute, ft/min	0.0051	meter/second, m/s
foot-pound, ft · lbf	1.35	joule, J
foot-pound/second, ft · lbf/s	1.35	watt, W
foot/second, ft/s	0.305	meter/second, m/s
gallon (U.S.), gal	3.785	liter, L
horsepower, hp	0.746	kilowatt, kW
inch, in	0.0254	meter, m
inch, in	25.4	millimeter, mm
inch^2, in^2	645	millimeter^2, mm^2
inch of mercury (32°F)	3.386	kilopascal, kPa
kilopound, kip	4.45	kilonewton, kN
kilopound/inch^2, kpsi (ksi)	6.89	megapascal, MPa (N/mm^2)
mass, lbf · s^2/in	175	kilogram, kg
mile, mi	1.610	kilometer, km
mile/hour, mi/h	1.61	kilometer/hour, km/h
mile/hour, mi/h	0.447	meter/second, m/s
moment of inertia, lbm · ft^2	0.0421	kilogram-meter^2, kg · m^2
moment of inertia, lbm · in^2	293	kilogram-millimeter^2, kg · mm^2
moment of section (second moment of area), in^4	41.6	centimeter^4, cm^4
ounce-force, oz	0.278	newton, N
ounce-mass	0.0311	kilogram, kg
pound, lbf†	4.45	newton, N
pound-foot, lbf · ft	1.36	newton-meter, N · m
pound/foot^2, lbf/ft^2	47.9	pascal, Pa
pound-inch, lbf · in	0.113	joule, J
pound-inch, lbf · in	0.113	newton-meter, N · m
pound/inch, lbf/in	175	newton/meter, N/m
pound/inch^2, psi (lbf/in^2)	6.89	kilopascal, kPa
pound-mass, lbm	0.454	kilogram, kg
pound-mass/second, lbm/s	0.454	kilogram/second, kg/s
quart (U.S. liquid), qt	946	milliliter, mL
section modulus, in^3	16.4	centimeter^3, cm^3
slug	14.6	kilogram, kg
ton (short 2000 lbm)	907	kilogram, kg
yard, yd	0.914	meter, m

*Approximate.

†The U.S. Customary system unit of the pound-force is often abbreviated as lbf to distinguish it from the pound-mass, which is abbreviated as lbm.

Table A–3

Optional SI Units for Bending Stress $\sigma = Mc/I$, Torsion Stress $\tau = Tr/J$, Axial Stress $\sigma = F/A$, and Direct Shear Stress $\tau = F/A$

Bending and Torsion				Axial and Direct Shear		
M, T	***I, J***	***c, r***	σ, τ	***F***	***A***	σ, τ
N · m*	m^4	m	Pa	N*	m^2	Pa
N · m	cm^4	cm	MPa (N/mm^2)	N†	mm^2	MPa (N/mm^2)
N · m†	mm^4	mm	GPa	kN	m^2	kPa
kN · m	cm^4	cm	GPa	kN†	mm^2	GPa
N · mm†	mm^4	mm	MPa (N/mm^2)			

*Basic relation.

†Often preferred.

Table A–4

Optional SI Units for Bending Deflection $y = f(Fl^3/EI)$ or $y = f(wl^4/EI)$ and Torsional Deflection $\theta = Tl/GJ$

Bending Deflection					Torsional Deflection				
F, wl	***l***	***I***	***E***	***y***	***T***	***l***	***J***	***G***	θ
N*	m	m^4	Pa	m	N · m*	m	m^4	Pa	rad
kN†	mm	mm^4	GPa	mm	N · m†	mm	mm^4	GPa	rad
kN	m	m^4	GPa	μm	N · mm	mm	mm^4	MPa (N/mm^2)	rad
N	mm	mm^4	kPa	m	N · m	cm	cm^4	MPa (N/mm^2)	rad

*Basic relation.

†Often preferred.

Table A–5

Physical Constants of Materials

Material	Modulus of Elasticity *E* Mpsi	Modulus of Elasticity *E* GPa	Modulus of Rigidity *G* Mpsi	Modulus of Rigidity *G* GPa	Poisson's Ratio ν	Unit Weight *w* lbf/in³	Unit Weight *w* lbf/ft³	Unit Weight *w* kN/m³
Aluminum (all alloys)	10.4	71.7	3.9	26.9	0.333	0.098	169	26.6
Beryllium copper	18.0	124.0	7.0	48.3	0.285	0.297	513	80.6
Brass	15.4	106.0	5.82	40.1	0.324	0.309	534	83.8
Carbon steel	30.0	207.0	11.5	79.3	0.292	0.282	487	76.5
Cast iron (gray)	14.5	100.0	6.0	41.4	0.211	0.260	450	70.6
Copper	17.2	119.0	6.49	44.7	0.326	0.322	556	87.3
Douglas fir	1.6	11.0	0.6	4.1	0.33	0.016	28	4.3
Glass	6.7	46.2	2.7	18.6	0.245	0.094	162	25.4
Inconel	31.0	214.0	11.0	75.8	0.290	0.307	530	83.3
Lead	5.3	36.5	1.9	13.1	0.425	0.411	710	111.5
Magnesium	6.5	44.8	2.4	16.5	0.350	0.065	112	17.6
Molybdenum	48.0	331.0	17.0	117.0	0.307	0.368	636	100.0
Monel metal	26.0	179.0	9.5	65.5	0.320	0.319	551	86.6
Nickel silver	18.5	127.0	7.0	48.3	0.322	0.316	546	85.8
Nickel steel	30.0	207.0	11.5	79.3	0.291	0.280	484	76.0
Phosphor bronze	16.1	111.0	6.0	41.4	0.349	0.295	510	80.1
Stainless steel (18-8)	27.6	190.0	10.6	73.1	0.305	0.280	484	76.0
Titanium alloys	16.5	114.0	6.2	42.4	0.340	0.160	276	43.4

Table A–6

Properties of Structural-Steel Equal Legs Angles*†

w = weight per foot, lbf/ft
m = mass per meter, kg/m
A = area, in^2 (cm^2)
I = second moment of area, in^4 (cm^4)
k = radius of gyration, in (cm)
y = centroidal distance, in (cm)
Z = section modulus, in^3, (cm^3)

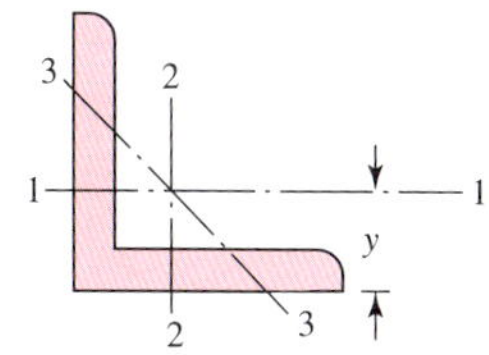

Size, in	w	A	I_{1-1}	k_{1-1}	Z_{1-1}	y	k_{3-3}
$1 \times 1 \times \frac{1}{8}$	0.80	0.234	0.021	0.298	0.029	0.290	0.191
$\times \frac{1}{4}$	1.49	0.437	0.036	0.287	0.054	0.336	0.193
$1\frac{1}{2} \times 1\frac{1}{2} \times \frac{1}{8}$	1.23	0.36	0.074	0.45	0.068	0.41	0.29
$\times \frac{1}{4}$	2.34	0.69	0.135	0.44	0.130	0.46	0.29
$2 \times 2 \times \frac{1}{8}$	1.65	0.484	0.190	0.626	0.131	0.546	0.398
$\times \frac{1}{4}$	3.19	0.938	0.348	0.609	0.247	0.592	0.391
$\times \frac{3}{8}$	4.7	1.36	0.479	0.594	0.351	0.636	0.389
$2\frac{1}{2} \times 2\frac{1}{2} \times \frac{1}{4}$	4.1	1.19	0.703	0.769	0.394	0.717	0.491
$\times \frac{3}{8}$	5.9	1.73	0.984	0.753	0.566	0.762	0.487
$3 \times 3 \times \frac{1}{4}$	4.9	1.44	1.24	0.930	0.577	0.842	0.592
$\times \frac{3}{8}$	7.2	2.11	1.76	0.913	0.833	0.888	0.587
$\times \frac{1}{2}$	9.4	2.75	2.22	0.898	1.07	0.932	0.584
$3\frac{1}{2} \times 3\frac{1}{2} \times \frac{1}{4}$	5.8	1.69	2.01	1.09	0.794	0.968	0.694
$\times \frac{3}{8}$	8.5	2.48	2.87	1.07	1.15	1.01	0.687
$\times \frac{1}{2}$	11.1	3.25	3.64	1.06	1.49	1.06	0.683
$4 \times 4 \times \frac{1}{4}$	6.6	1.94	3.04	1.25	1.05	1.09	0.795
$\times \frac{3}{8}$	9.8	2.86	4.36	1.23	1.52	1.14	0.788
$\times \frac{1}{2}$	12.8	3.75	5.56	1.22	1.97	1.18	0.782
$\times \frac{5}{8}$	15.7	4.61	6.66	1.20	2.40	1.23	0.779
$6 \times 6 \times \frac{3}{8}$	14.9	4.36	15.4	1.88	3.53	1.64	1.19
$\times \frac{1}{2}$	19.6	5.75	19.9	1.86	4.61	1.68	1.18
$\times \frac{5}{8}$	24.2	7.11	24.2	1.84	5.66	1.73	1.18
$\times \frac{3}{4}$	28.7	8.44	28.2	1.83	6.66	1.78	1.17

Table A-6

Properties of Structural-Steel Equal Legs Angles*†
(Continued)

Size, mm	m	A	I_{1-1}	k_{1-1}	Z_{1-1}	y	k_{3-3}
25 × 25 × 3	1.11	1.42	0.80	0.75	0.45	0.72	0.48
× 4	1.45	1.85	1.01	0.74	0.58	0.76	0.48
× 5	1.77	2.26	1.20	0.73	0.71	0.80	0.48
40 × 40 × 4	2.42	3.08	4.47	1.21	1.55	1.12	0.78
× 5	2.97	3.79	5.43	1.20	1.91	1.16	0.77
× 6	3.52	4.48	6.31	1.19	2.26	1.20	0.77
50 × 50 × 5	3.77	4.80	11.0	1.51	3.05	1.40	0.97
× 6	4.47	5.59	12.8	1.50	3.61	1.45	0.97
× 8	5.82	7.41	16.3	1.48	4.68	1.52	0.96
60 × 60 × 5	4.57	5.82	19.4	1.82	4.45	1.64	1.17
× 6	5.42	6.91	22.8	1.82	5.29	1.69	1.17
× 8	7.09	9.03	29.2	1.80	6.89	1.77	1.16
× 10	8.69	11.1	34.9	1.78	8.41	1.85	1.16
80 × 80 × 6	7.34	9.35	55.8	2.44	9.57	2.17	1.57
× 8	9.63	12.3	72.2	2.43	12.6	2.26	1.56
× 10	11.9	15.1	87.5	2.41	15.4	2.34	1.55
100 ×100 × 8	12.2	15.5	145	3.06	19.9	2.74	1.96
× 12	17.8	22.7	207	3.02	29.1	2.90	1.94
× 15	21.9	27.9	249	2.98	35.6	3.02	1.93
150 × 150 × 10	23.0	29.3	624	4.62	56.9	4.03	2.97
× 12	27.3	34.8	737	4.60	67.7	4.12	2.95
× 15	33.8	43.0	898	4.57	83.5	4.25	2.93
× 18	40.1	51.0	1050	4.54	98.7	4.37	2.92

*Metric sizes also available in sizes of 45, 70, 90, 120, and 200 mm.

†These sizes are also available in aluminum alloy.

Table A-7

Properties of Structural-Steel Channels*

a, b = size, in (mm)
w = weight per foot, lbf/ft
m = mass per meter, kg/m
t = web thickness, in (mm)
A = area, in^2 (cm^2)
I = second moment of area, in^4 (cm^4)
k = radius of gyration, in (cm)
x = centroidal distance, in (cm)
Z = section modulus, in^3 (cm^3)

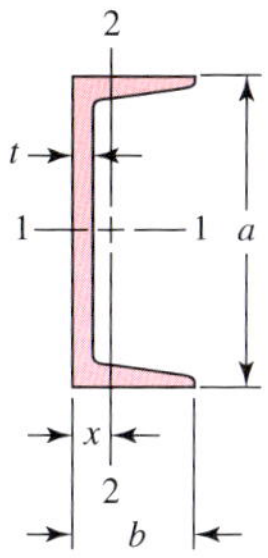

a, in	b, in	t	A	w	I_{1-1}	k_{1-1}	Z_{1-1}	I_{2-2}	k_{2-2}	Z_{2-2}	x
3	1.410	0.170	1.21	4.1	1.66	1.17	1.10	0.197	0.404	0.202	0.436
3	1.498	0.258	1.47	5.0	1.85	1.12	1.24	0.247	0.410	0.233	0.438
3	1.596	0.356	1.76	6.0	2.07	1.08	1.38	0.305	0.416	0.268	0.455
4	1.580	0.180	1.57	5.4	3.85	1.56	1.93	0.319	0.449	0.283	0.457
4	1.720	0.321	2.13	7.25	4.59	1.47	2.29	0.433	0.450	0.343	0.459
5	1.750	0.190	1.97	6.7	7.49	1.95	3.00	0.479	0.493	0.378	0.484
5	1.885	0.325	2.64	9.0	8.90	1.83	3.56	0.632	0.489	0.450	0.478
6	1.920	0.200	2.40	8.2	13.1	2.34	4.38	0.693	0.537	0.492	0.511
6	2.034	0.314	3.09	10.5	15.2	2.22	5.06	0.866	0.529	0.564	0.499
6	2.157	0.437	3.83	13.0	17.4	2.13	5.80	1.05	0.525	0.642	0.514
7	2.090	0.210	2.87	9.8	21.3	2.72	6.08	0.968	0.581	0.625	0.540
7	2.194	0.314	3.60	12.25	24.2	2.60	6.93	1.17	0.571	0.703	0.525
7	2.299	0.419	4.33	14.75	27.2	2.51	7.78	1.38	0.564	0.779	0.532
8	2.260	0.220	3.36	11.5	32.3	3.10	8.10	1.30	0.625	0.781	0.571
8	2.343	0.303	4.04	13.75	36.2	2.99	9.03	1.53	0.615	0.854	0.553
8	2.527	0.487	5.51	18.75	44.0	2.82	11.0	1.98	0.599	1.01	0.565
9	2.430	0.230	3.91	13.4	47.7	3.49	10.6	1.75	0.669	0.962	0.601
9	2.485	0.285	4.41	15.0	51.0	3.40	11.3	1.93	0.661	1.01	0.586
9	2.648	0.448	5.88	20.0	60.9	3.22	13.5	2.42	0.647	1.17	0.583
10	2.600	0.240	4.49	15.3	67.4	3.87	13.5	2.28	0.713	1.16	0.634
10	2.739	0.379	5.88	20.0	78.9	3.66	15.8	2.81	0.693	1.32	0.606
10	2.886	0.526	7.35	25.0	91.2	3.52	18.2	3.36	0.676	1.48	0.617
10	3.033	0.673	8.82	30.0	103	3.43	20.7	3.95	0.669	1.66	0.649
12	3.047	0.387	7.35	25.0	144	4.43	24.1	4.47	0.780	1.89	0.674
12	3.170	0.510	8.82	30.0	162	4.29	27.0	5.14	0.763	2.06	0.674

Table A–7

Properties of Structural-Steel Channels *(Continued)*

$a \times b$, mm	m	t	A	I_{1-1}	k_{1-1}	Z_{1-1}	I_{2-2}	k_{2-2}	Z_{2-2}	x
76 × 38	6.70	5.1	8.53	74.14	2.95	19.46	10.66	1.12	4.07	1.19
102 × 51	10.42	6.1	13.28	207.7	3.95	40.89	29.10	1.48	8.16	1.51
127 × 64	14.90	6.4	18.98	482.5	5.04	75.99	67.23	1.88	15.25	1.94
152 × 76	17.88	6.4	22.77	851.5	6.12	111.8	113.8	2.24	21.05	2.21
152 × 89	23.84	7.1	30.36	1166	6.20	153.0	215.1	2.66	35.70	2.86
178 × 76	20.84	6.6	26.54	1337	7.10	150.4	134.0	2.25	24.72	2.20
178 × 89	26.81	7.6	34.15	1753	7.16	197.2	241.0	2.66	39.29	2.76
203 × 76	23.82	7.1	30.34	1950	8.02	192.0	151.3	2.23	27.59	2.13
203 × 89	29.78	8.1	37.94	2491	8.10	245.2	264.4	2.64	42.34	2.65
229 × 76	26.06	7.6	33.20	2610	8.87	228.3	158.7	2.19	28.22	2.00
229 × 89	32.76	8.6	41.73	3387	9.01	296.4	285.0	2.61	44.82	2.53
254 × 76	28.29	8.1	36.03	3367	9.67	265.1	162.6	2.12	28.21	1.86
254 × 89	35.74	9.1	45.42	4448	9.88	350.2	302.4	2.58	46.70	2.42
305 × 89	41.69	10.2	53.11	7061	11.5	463.3	325.4	2.48	48.49	2.18
305 × 102	46.18	10.2	58.83	8214	11.8	539.0	499.5	2.91	66.59	2.66

*These sizes are also available in aluminum alloy.

Table A-8

Properties of Round Tubing

w_a = unit weight of aluminum tubing, lbf/ft
w_s = unit weight of steel tubing, lbf/ft
m = unit mass, kg/m
A = area, in^2 (cm^2)
I = second moment of area, in^4 (cm^4)
J = second polar moment of area, in^4 (cm^4)
k = radius of gyration, in (cm)
Z = section modulus, in^3 (cm^3)
d, t = size (OD) and thickness, in (mm)

Size, in	w_a	w_s	A	I	k	Z	J
$1 \times \frac{1}{8}$	0.416	1.128	0.344	0.034	0.313	0.067	0.067
$1 \times \frac{1}{4}$	0.713	2.003	0.589	0.046	0.280	0.092	0.092
$1\frac{1}{2} \times \frac{1}{8}$	0.653	1.769	0.540	0.129	0.488	0.172	0.257
$1\frac{1}{2} \times \frac{1}{4}$	1.188	3.338	0.982	0.199	0.451	0.266	0.399
$2 \times \frac{1}{8}$	0.891	2.670	0.736	0.325	0.664	0.325	0.650
$2 \times \frac{1}{4}$	1.663	4.673	1.374	0.537	0.625	0.537	1.074
$2\frac{1}{2} \times \frac{1}{8}$	1.129	3.050	0.933	0.660	0.841	0.528	1.319
$2\frac{1}{2} \times \frac{1}{4}$	2.138	6.008	1.767	1.132	0.800	0.906	2.276
$3 \times \frac{1}{4}$	2.614	7.343	2.160	2.059	0.976	1.373	4.117
$3 \times \frac{3}{8}$	3.742	10.51	3.093	2.718	0.938	1.812	5.436
$4 \times \frac{3}{16}$	2.717	7.654	2.246	4.090	1.350	2.045	8.180
$4 \times \frac{3}{8}$	5.167	14.52	4.271	7.090	1.289	3.544	14.180

Size, mm	m	A	I	k	Z	J
12 × 2	0.490	0.628	0.082	0.361	0.136	0.163
16 × 2	0.687	0.879	0.220	0.500	0.275	0.440
16 × 3	0.956	1.225	0.273	0.472	0.341	0.545
20 × 4	1.569	2.010	0.684	0.583	0.684	1.367
25 × 4	2.060	2.638	1.508	0.756	1.206	3.015
25 × 5	2.452	3.140	1.669	0.729	1.336	3.338
30 × 4	2.550	3.266	2.827	0.930	1.885	5.652
30 × 5	3.065	3.925	3.192	0.901	2.128	6.381
42 × 4	3.727	4.773	8.717	1.351	4.151	17.430
42 × 5	4.536	5.809	10.130	1.320	4.825	20.255
50 × 4	4.512	5.778	15.409	1.632	6.164	30.810
50 × 5	5.517	7.065	18.118	1.601	7.247	36.226

Table A–9

Shear, Moment, and Deflection of Beams (*Note:* Force and moment reactions are positive in the directions shown; equations for shear force V and bending moment M follow the sign conventions given in Sec. 3–2.)

1 Cantilever—end load

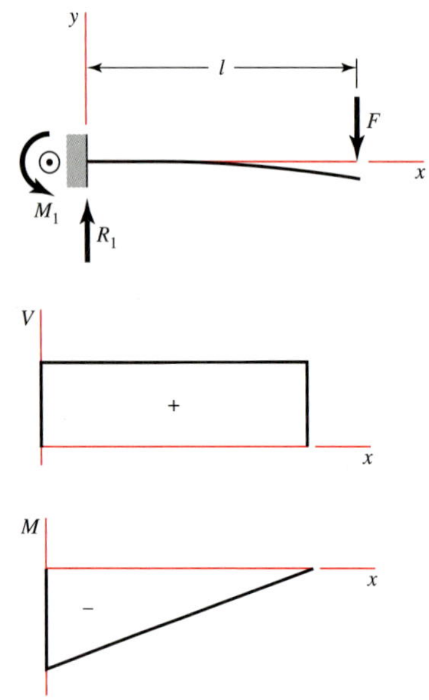

$$R_1 = V = F \qquad M_1 = Fl$$

$$M = F(x - l)$$

$$y = \frac{Fx^2}{6EI}(x - 3l)$$

$$y_{max} = -\frac{Fl^3}{3EI}$$

2 Cantilever—intermediate load

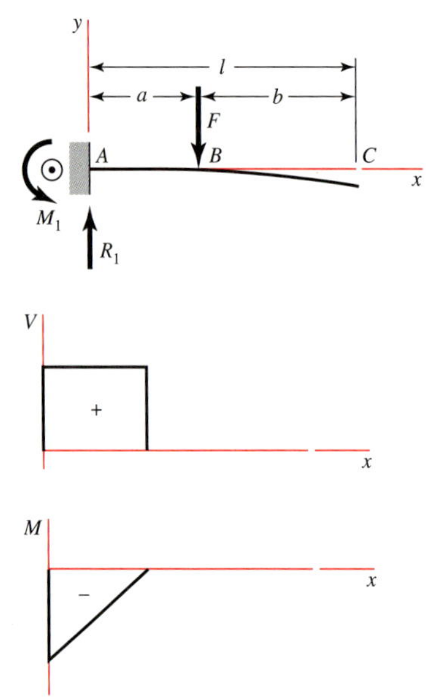

$$R_1 = V = F \qquad M_1 = Fa$$

$$M_{AB} = F(x - a) \qquad M_{BC} = 0$$

$$y_{AB} = \frac{Fx^2}{6EI}(x - 3a)$$

$$y_{BC} = \frac{Fa^2}{6EI}(a - 3x)$$

$$y_{max} = \frac{Fa^2}{6EI}(a - 3l)$$

(continued)

Table A–9

Shear, Moment, and Deflection of Beams *(Continued)*
(*Note:* Force and moment reactions are positive in the directions shown; equations for shear force V and bending moment M follow the sign conventions given in Sec. 3–2.)

3 Cantilever—uniform load

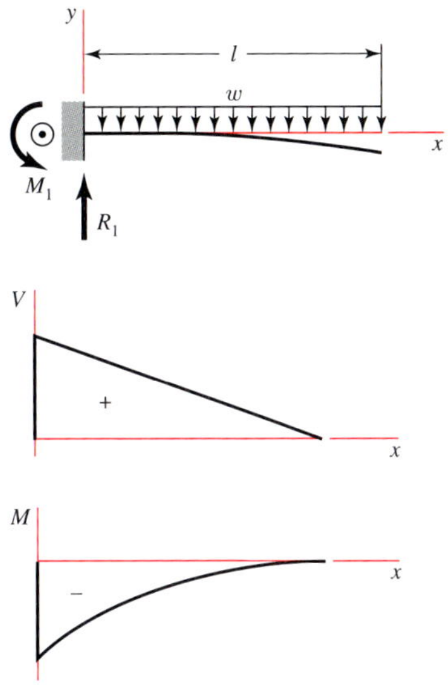

$$R_1 = wl \qquad M_1 = \frac{wl^2}{2}$$

$$V = w(l - x) \qquad M = -\frac{w}{2}(l - x)^2$$

$$y = \frac{wx^2}{24EI}(4lx - x^2 - 6l^2)$$

$$y_{max} = -\frac{wl^4}{8EI}$$

4 Cantilever—moment load

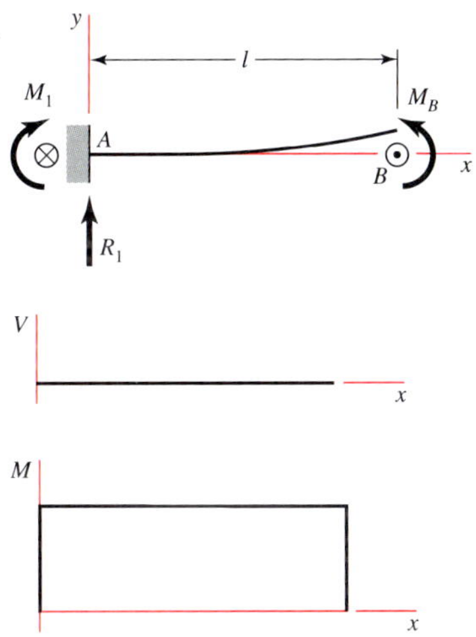

$$R_1 = V = 0 \qquad M_1 = M = M_B$$

$$y = \frac{M_B x^2}{2EI} \qquad y_{max} = \frac{M_B l^2}{2EI}$$

Table A–9

Shear, Moment, and Deflection of Beams *(Continued)*
(*Note:* Force and moment reactions are positive in the directions shown; equations for shear force V and bending moment M follow the sign conventions given in Sec. 3–2.)

5 Simple supports—center load

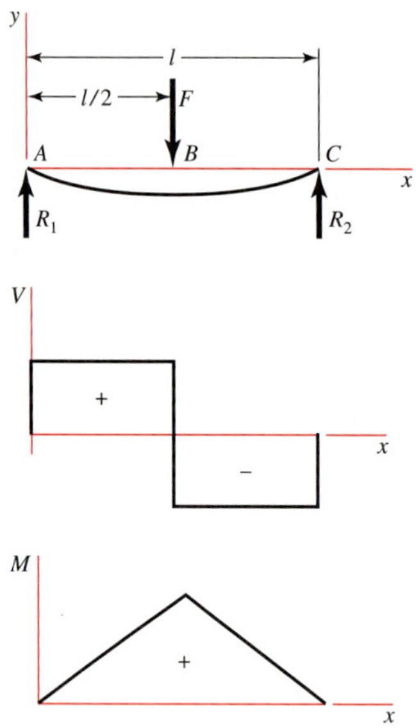

$$R_1 = R_2 = \frac{F}{2}$$

$$V_{AB} = R_1 \qquad V_{BC} = -R_2$$

$$M_{AB} = \frac{Fx}{2} \qquad M_{BC} = \frac{F}{2}(l - x)$$

$$y_{AB} = \frac{Fx}{48EI}(4x^2 - 3l^2)$$

$$y_{max} = -\frac{Fl^3}{48EI}$$

6 Simple supports—intermediate load

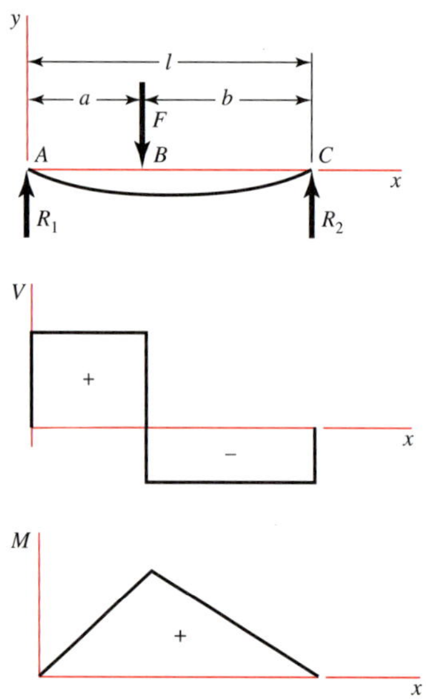

$$R_1 = \frac{Fb}{l} \qquad R_2 = \frac{Fa}{l}$$

$$V_{AB} = R_1 \qquad V_{BC} = -R_2$$

$$M_{AB} = \frac{Fbx}{l} \qquad M_{BC} = \frac{Fa}{l}(l - x)$$

$$y_{AB} = \frac{Fbx}{6EIl}(x^2 + b^2 - l^2)$$

$$y_{BC} = \frac{Fa(l - x)}{6EIl}(x^2 + a^2 - 2lx)$$

(continued)

Table A–9

Shear, Moment, and Deflection of Beams *(Continued)*

(*Note:* Force and moment reactions are positive in the directions shown; equations for shear force V and bending moment M follow the sign conventions given in Sec. 3–2.)

7 Simple supports—uniform load

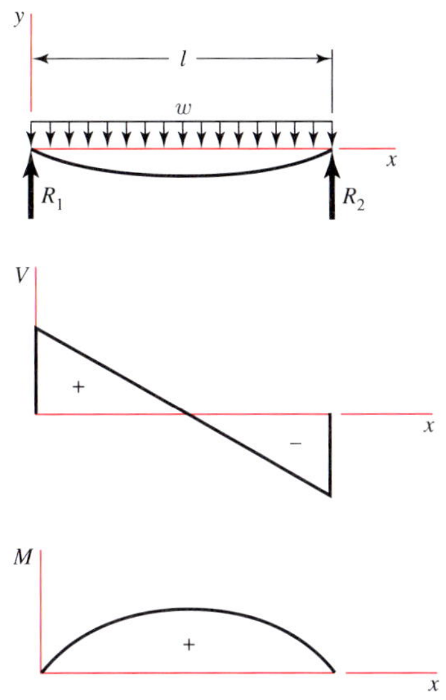

$$R_1 = R_2 = \frac{wl}{2} \qquad V = \frac{wl}{2} - wx$$

$$M = \frac{wx}{2}(l - x)$$

$$y = \frac{wx}{24EI}(2lx^2 - x^3 - l^3)$$

$$y_{max} = -\frac{5wl^4}{384EI}$$

8 Simple supports—moment load

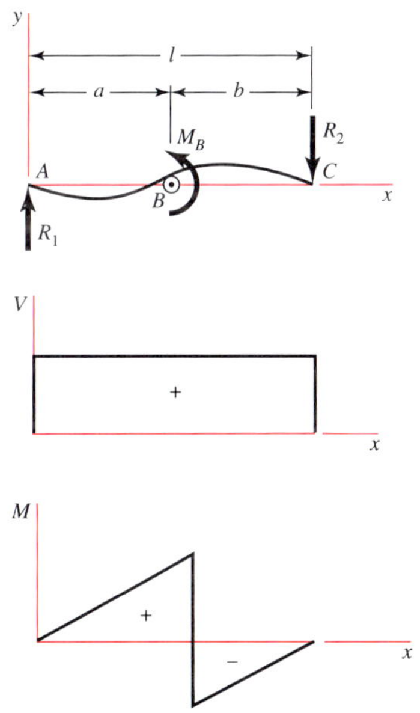

$$R_1 = R_2 = \frac{M_B}{l} \qquad V = \frac{M_B}{l}$$

$$M_{AB} = \frac{M_B x}{l} \qquad M_{BC} = \frac{M_B}{l}(x - l)$$

$$y_{AB} = \frac{M_B x}{6EIl}(x^2 + 3a^2 - 6al + 2l^2)$$

$$y_{BC} = \frac{M_B}{6EIl}[x^3 - 3lx^2 + x(2l^2 + 3a^2) - 3a^2 l]$$

Table A–9

Shear, Moment, and Deflection of Beams *(Continued)*
(*Note:* Force and moment reactions are positive in the directions shown; equations for shear force V and bending moment M follow the sign conventions given in Sec. 3–2.)

9 Simple supports—twin loads

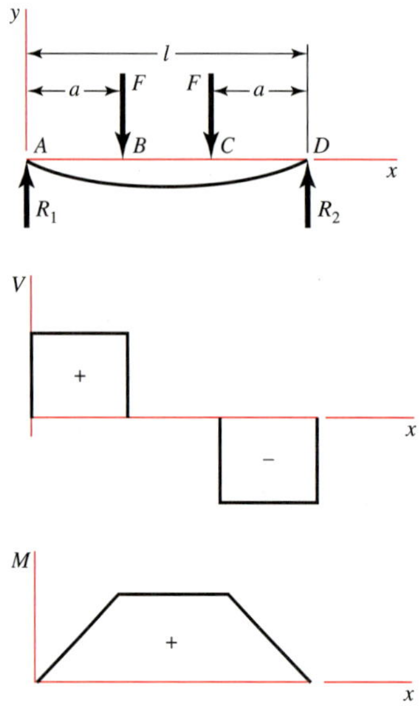

$$R_1 = R_2 = F \qquad V_{AB} = F \qquad V_{BC} = 0$$

$$V_{CD} = -F$$

$$M_{AB} = Fx \qquad M_{BC} = Fa \qquad M_{CD} = F(l - x)$$

$$y_{AB} = \frac{Fx}{6EI}(x^2 + 3a^2 - 3la)$$

$$y_{BC} = \frac{Fa}{6EI}(3x^2 + a^2 - 3lx)$$

$$y_{max} = \frac{Fa}{24EI}(4a^2 - 3l^2)$$

10 Simple supports—overhanging load

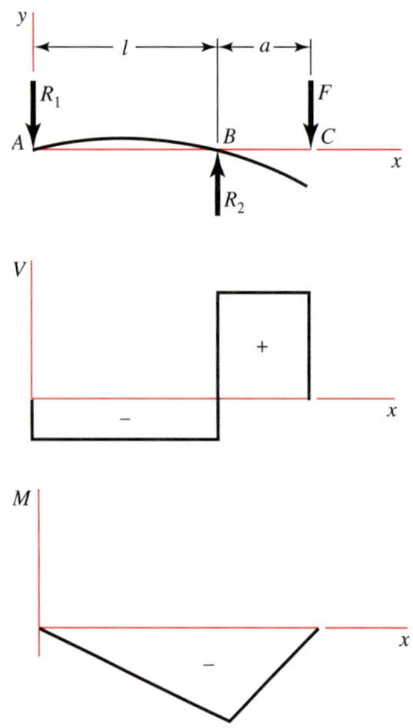

$$R_1 = \frac{Fa}{l} \qquad R_2 = \frac{F}{l}(l + a)$$

$$V_{AB} = -\frac{Fa}{l} \qquad V_{BC} = F$$

$$M_{AB} = -\frac{Fax}{l} \qquad M_{BC} = F(x - l - a)$$

$$y_{AB} = \frac{Fax}{6EIl}(l^2 - x^2)$$

$$y_{BC} = \frac{F(x - l)}{6EI}[(x - l)^2 - a(3x - l)]$$

$$y_C = -\frac{Fa^2}{3EI}(l + a)$$

(continued)

Table A–9

Shear, Moment, and Deflection of Beams *(Continued)*
(*Note:* Force and moment reactions are positive in the directions shown; equations for shear force V and bending moment M follow the sign conventions given in Sec. 3–2.)

11 One fixed and one simple support—center load

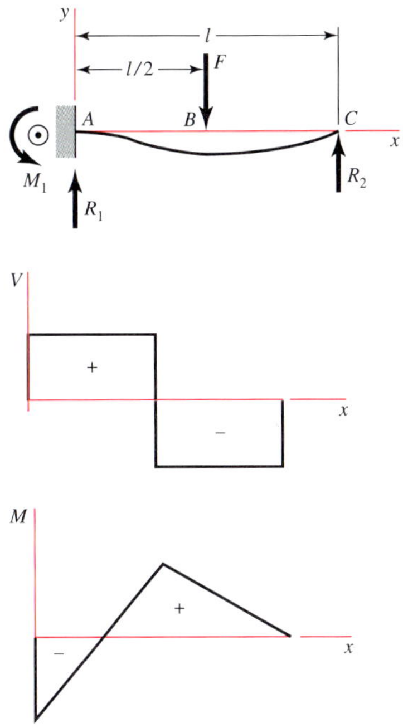

$$R_1 = \frac{11F}{16} \qquad R_2 = \frac{5F}{16} \qquad M_1 = \frac{3Fl}{16}$$

$$V_{AB} = R_1 \qquad V_{BC} = -R_2$$

$$M_{AB} = \frac{F}{16}(11x - 3l) \qquad M_{BC} = \frac{5F}{16}(l - x)$$

$$y_{AB} = \frac{Fx^2}{96EI}(11x - 9l)$$

$$y_{BC} = \frac{F(l - x)}{96EI}(5x^2 + 2l^2 - 10lx)$$

12 One fixed and one simple support—intermediate load

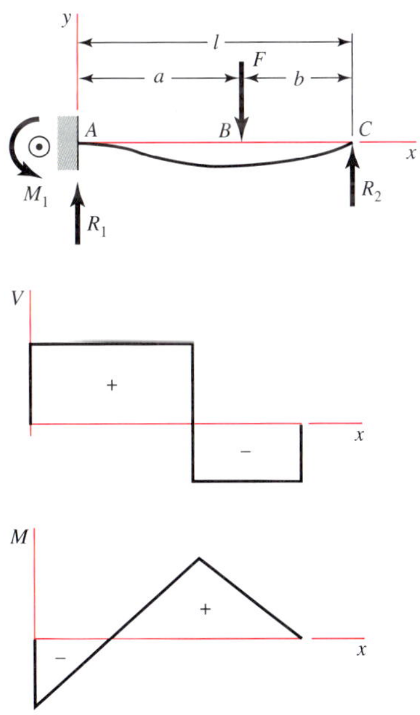

$$R_1 = \frac{Fb}{2l^3}(3l^2 - b^2) \qquad R_2 = \frac{Fa^2}{2l^3}(3l - a)$$

$$M_1 = \frac{Fb}{2l^2}(l^2 - b^2)$$

$$V_{AB} = R_1 \qquad V_{BC} = -R_2$$

$$M_{AB} = \frac{Fb}{2l^3}[b^2 l - l^3 + x(3l^2 - b^2)]$$

$$M_{BC} = \frac{Fa^2}{2l^3}(3l^2 - 3lx - al + ax)$$

$$y_{AB} = \frac{Fbx^2}{12EIl^3}[3l(b^2 - l^2) + x(3l^2 - b^2)]$$

$$y_{BC} = y_{AB} - \frac{F(x - a)^3}{6EI}$$

Table A-9

Shear, Moment, and Deflection of Beams *(Continued)*
(*Note:* Force and moment reactions are positive in the directions shown; equations for shear force V and bending moment M follow the sign conventions given in Sec. 3–2.)

13 One fixed and one simple support—uniform load

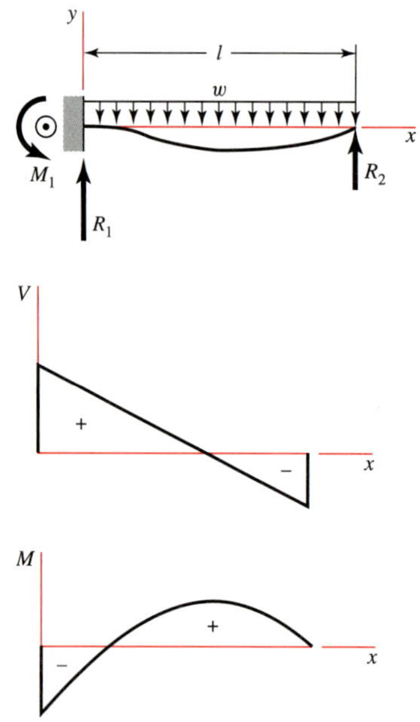

$$R_1 = \frac{5wl}{8} \qquad R_2 = \frac{3wl}{8} \qquad M_1 = \frac{wl^2}{8}$$

$$V = \frac{5wl}{8} - wx$$

$$M = -\frac{w}{8}(4x^2 - 5lx + l^2)$$

$$y = \frac{wx^2}{48EI}(l - x)(2x - 3l)$$

14 Fixed supports—center load

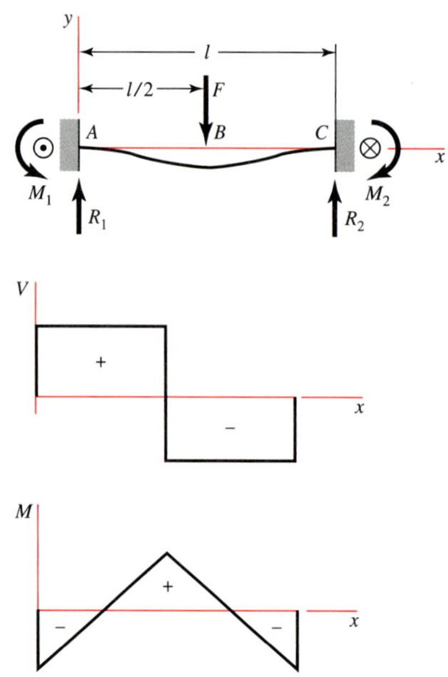

$$R_1 = R_2 = \frac{F}{2} \qquad M_1 = M_2 = \frac{Fl}{8}$$

$$V_{AB} = -V_{BC} = \frac{F}{2}$$

$$M_{AB} = \frac{F}{8}(4x - l) \qquad M_{BC} = \frac{F}{8}(3l - 4x)$$

$$y_{AB} = \frac{Fx^2}{48EI}(4x - 3l)$$

$$y_{\max} = -\frac{Fl^3}{192EI}$$

(continued)

Table A–9

Shear, Moment, and Deflection of Beams *(Continued)*

(*Note:* Force and moment reactions are positive in the directions shown; equations for shear force V and bending moment M follow the sign conventions given in Sec. 3–2.)

15 Fixed supports—intermediate load

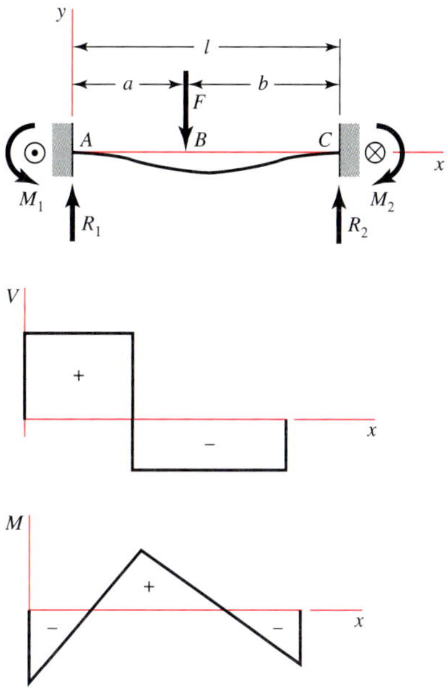

$$R_1 = \frac{Fb^2}{l^3}(3a+b) \qquad R_2 = \frac{Fa^2}{l^3}(3b+a)$$

$$M_1 = \frac{Fab^2}{l^2} \qquad M_2 = \frac{Fa^2b}{l^2}$$

$$V_{AB} = R_1 \qquad V_{BC} = -R_2$$

$$M_{AB} = \frac{Fb^2}{l^3}[x(3a+b) - al]$$

$$M_{BC} = M_{AB} - F(x-a)$$

$$y_{AB} = \frac{Fb^2x^2}{6EIl^3}[x(3a+b) - 3al]$$

$$y_{BC} = \frac{Fa^2(l-x)^2}{6EIl^3}[(l-x)(3b+a) - 3bl]$$

16 Fixed supports—uniform load

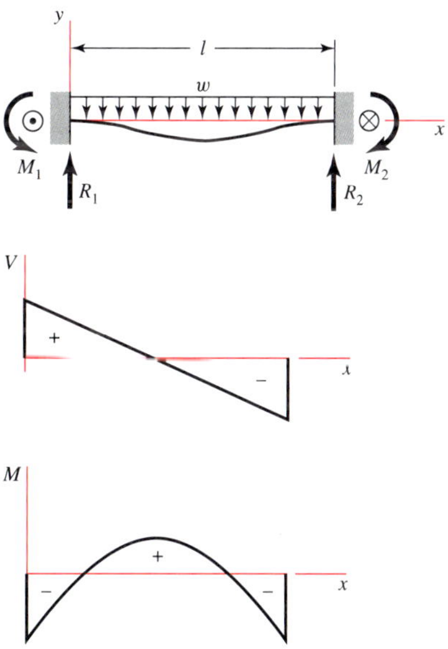

$$R_1 = R_2 = \frac{wl}{2} \qquad M_1 = M_2 = \frac{wl^2}{12}$$

$$V = \frac{w}{2}(l - 2x)$$

$$M = \frac{w}{12}(6lx - 6x^2 - l^2)$$

$$y = -\frac{wx^2}{24EI}(l-x)^2$$

$$y_{\max} = -\frac{wl^4}{384EI}$$

Table A–10

Cumulative Distribution Function of Normal (Gaussian) Distribution

$$\Phi(z_\alpha) = \int_{-\infty}^{z_\alpha} \frac{1}{\sqrt{2\pi}} \exp\left(-\frac{u^2}{2}\right) du = \begin{cases} \alpha & z_\alpha \le 0 \\ 1-\alpha & z_\alpha > 0 \end{cases}$$

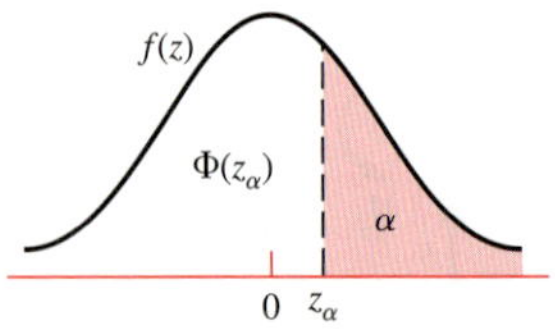

z_α	0.00	0.01	0.02	0.03	0.04	0.05	0.06	0.07	0.08	0.09
0.0	0.5000	0.4960	0.4920	0.4880	0.4840	0.4801	0.4761	0.4721	0.4681	0.4641
0.1	0.4602	0.4562	0.4522	0.4483	0.4443	0.4404	0.4364	0.4325	0.4286	0.4247
0.2	0.4207	0.4168	0.4129	0.4090	0.4052	0.4013	0.3974	0.3936	0.3897	0.3859
0.3	0.3821	0.3783	0.3745	0.3707	0.3669	0.3632	0.3594	0.3557	0.3520	0.3483
0.4	0.3446	0.3409	0.3372	0.3336	0.3300	0.3264	0.3238	0.3192	0.3156	0.3121
0.5	0.3085	0.3050	0.3015	0.2981	0.2946	0.2912	0.2877	0.2843	0.2810	0.2776
0.6	0.2743	0.2709	0.2676	0.2643	0.2611	0.2578	0.2546	0.2514	0.2483	0.2451
0.7	0.2420	0.2389	0.2358	0.2327	0.2296	0.2266	0.2236	0.2206	0.2177	0.2148
0.8	0.2119	0.2090	0.2061	0.2033	0.2005	0.1977	0.1949	0.1922	0.1894	0.1867
0.9	0.1841	0.1814	0.1788	0.1762	0.1736	0.1711	0.1685	0.1660	0.1635	0.1611
1.0	0.1587	0.1562	0.1539	0.1515	0.1492	0.1469	0.1446	0.1423	0.1401	0.1379
1.1	0.1357	0.1335	0.1314	0.1292	0.1271	0.1251	0.1230	0.1210	0.1190	0.1170
1.2	0.1151	0.1131	0.1112	0.1093	0.1075	0.1056	0.1038	0.1020	0.1003	0.0985
1.3	0.0968	0.0951	0.0934	0.0918	0.0901	0.0885	0.0869	0.0853	0.0838	0.0823
1.4	0.0808	0.0793	0.0778	0.0764	0.0749	0.0735	0.0721	0.0708	0.0694	0.0681
1.5	0.0668	0.0655	0.0643	0.0630	0.0618	0.0606	0.0594	0.0582	0.0571	0.0559
1.6	0.0548	0.0537	0.0526	0.0516	0.0505	0.0495	0.0485	0.0475	0.0465	0.0455
1.7	0.0446	0.0436	0.0427	0.0418	0.0409	0.0401	0.0392	0.0384	0.0375	0.0367
1.8	0.0359	0.0351	0.0344	0.0336	0.0329	0.0322	0.0314	0.0307	0.0301	0.0294
1.9	0.0287	0.0281	0.0274	0.0268	0.0262	0.0256	0.0250	0.0244	0.0239	0.0233
2.0	0.0228	0.0222	0.0217	0.0212	0.0207	0.0202	0.0197	0.0192	0.0188	0.0183
2.1	0.0179	0.0174	0.0170	0.0166	0.0162	0.0158	0.0154	0.0150	0.0146	0.0143
2.2	0.0139	0.0136	0.0132	0.0129	0.0125	0.0122	0.0119	0.0116	0.0113	0.0110
2.3	0.0107	0.0104	0.0102	0.00990	0.00964	0.00939	0.00914	0.00889	0.00866	0.00842
2.4	0.00820	0.00798	0.00776	0.00755	0.00734	0.00714	0.00695	0.00676	0.00657	0.00639
2.5	0.00621	0.00604	0.00587	0.00570	0.00554	0.00539	0.00523	0.00508	0.00494	0.00480
2.6	0.00466	0.00453	0.00440	0.00427	0.00415	0.00402	0.00391	0.00379	0.00368	0.00357
2.7	0.00347	0.00336	0.00326	0.00317	0.00307	0.00298	0.00289	0.00280	0.00272	0.00264
2.8	0.00256	0.00248	0.00240	0.00233	0.00226	0.00219	0.00212	0.00205	0.00199	0.00193
2.9	0.00187	0.00181	0.00175	0.00169	0.00164	0.00159	0.00154	0.00149	0.00144	0.00139

(continued)

Table A–10

Cumulative Distribution Function of Normal (Gaussian) Distribution *(Continued)*

Z_α	0.0	0.1	0.2	0.3	0.4	0.5	0.6	0.7	0.8	0.9
3	0.00135	0.0^3968	0.0^3687	0.0^3483	0.0^3337	0.0^3233	0.0^3159	0.0^3108	0.0^4723	0.0^4481
4	0.0^4317	0.0^4207	0.0^4133	0.0^5854	0.0^5541	0.0^5340	0.0^5211	0.0^5130	0.0^6793	0.0^6479
5	0.0^6287	0.0^6170	0.0^7996	0.0^7579	0.0^7333	0.0^7190	0.0^7107	0.0^8599	0.0^8332	0.0^8182
6	0.0^9987	0.0^9530	0.0^9282	0.0^9149	$0.0^{10}777$	$0.0^{10}402$	$0.0^{10}206$	$0.0^{10}104$	$0.0^{11}523$	$0.0^{11}260$

z_α	−1.282	−1.643	−1.960	−2.326	−2.576	−3.090	−3.291	−3.891	−4.417
$F(z_\alpha)$	0.10	0.05	0.025	0.010	0.005	0.001	0.0005	0.0001	0.000005
$R(z_\alpha)$	0.90	0.95	0.975	0.990	0.995	0.999	0.9995	0.9999	0.999995

Table A–11

A Selection of International Tolerance Grades—Metric Series (Size Ranges Are for *Over* the Lower Limit and *Including* the Upper Limit. All Values Are in Millimeters)

Source: Preferred Metric Limits and Fits, ANSI B4.2-1978. See also BSI 4500.

Basic Sizes	Tolerance Grades IT6	IT7	IT8	IT9	IT10	IT11
0–3	0.006	0.010	0.014	0.025	0.040	0.060
3–6	0.008	0.012	0.018	0.030	0.048	0.075
6–10	0.009	0.015	0.022	0.036	0.058	0.090
10–18	0.011	0.018	0.027	0.043	0.070	0.110
18–30	0.013	0.021	0.033	0.052	0.084	0.130
30–50	0.016	0.025	0.039	0.062	0.100	0.160
50–80	0.019	0.030	0.046	0.074	0.120	0.190
80–120	0.022	0.035	0.054	0.087	0.140	0.220
120–180	0.025	0.040	0.063	0.100	0.160	0.250
180–250	0.029	0.046	0.072	0.115	0.185	0.290
250–315	0.032	0.052	0.081	0.130	0.210	0.320
315–400	0.036	0.057	0.089	0.140	0.230	0.360

Table A–12

Fundamental Deviations for Shafts—Metric Series
(Size Ranges Are for *Over* the Lower Limit and *Including* the Upper Limit. All Values Are in Millimeters)

Source: Preferred Metric Limits and Fits, ANSI B4.2-1978. See also BSI 4500.

Basic Sizes	Upper-Deviation Letter					Lower-Deviation Letter				
	c	d	f	g	h	k	n	p	s	u
0–3	−0.060	−0.020	−0.006	−0.002	0	0	+0.004	+0.006	+0.014	+0.018
3–6	−0.070	−0.030	−0.010	−0.004	0	+0.001	+0.008	+0.012	+0.019	+0.023
6–10	−0.080	−0.040	−0.013	−0.005	0	+0.001	+0.010	+0.015	+0.023	+0.028
10–14	−0.095	−0.050	−0.016	−0.006	0	+0.001	+0.012	+0.018	+0.028	+0.033
14–18	−0.095	−0.050	−0.016	−0.006	0	+0.001	+0.012	+0.018	+0.028	+0.033
18–24	−0.110	−0.065	−0.020	−0.007	0	+0.002	+0.015	+0.022	+0.035	+0.041
24–30	−0.110	−0.065	−0.020	−0.007	0	+0.002	+0.015	+0.022	+0.035	+0.048
30–40	−0.120	−0.080	−0.025	−0.009	0	+0.002	+0.017	+0.026	+0.043	+0.060
40–50	−0.130	−0.080	−0.025	−0.009	0	+0.002	+0.017	+0.026	+0.043	+0.070
50–65	−0.140	−0.100	−0.030	−0.010	0	+0.002	+0.020	+0.032	+0.053	+0.087
65–80	−0.150	−0.100	−0.030	−0.010	0	+0.002	+0.020	+0.032	+0.059	+0.102
80–100	−0.170	−0.120	−0.036	−0.012	0	+0.003	+0.023	+0.037	+0.071	+0.124
100–120	−0.180	−0.120	−0.036	−0.012	0	+0.003	+0.023	+0.037	+0.079	+0.144
120–140	−0.200	−0.145	−0.043	−0.014	0	+0.003	+0.027	+0.043	+0.092	+0.170
140–160	−0.210	−0.145	−0.043	−0.014	0	+0.003	+0.027	+0.043	+0.100	+0.190
160–180	−0.230	−0.145	−0.043	−0.014	0	+0.003	+0.027	+0.043	+0.108	+0.210
180–200	−0.240	−0.170	−0.050	−0.015	0	+0.004	+0.031	+0.050	+0.122	+0.236
200–225	−0.260	−0.170	−0.050	−0.015	0	+0.004	+0.031	+0.050	+0.130	+0.258
225–250	−0.280	−0.170	−0.050	−0.015	0	+0.004	+0.031	+0.050	+0.140	+0.284
250–280	−0.300	−0.190	−0.056	−0.017	0	+0.004	+0.034	+0.056	+0.158	+0.315
280–315	−0.330	−0.190	−0.056	−0.017	0	+0.004	+0.034	+0.056	+0.170	+0.350
315–355	−0.360	−0.210	−0.062	−0.018	0	+0.004	+0.037	+0.062	+0.190	+0.390
355–400	−0.400	−0.210	−0.062	−0.018	0	+0.004	+0.037	+0.062	+0.208	+0.435

Table A–13

A Selection of International Tolerance Grades—Inch Series (Size Ranges Are for *Over* the Lower Limit and *Including* the Upper Limit. All Values Are in Inches, Converted from Table A–11)

Basic Sizes	Tolerance Grades IT6	IT7	IT8	IT9	IT10	IT11
0–0.12	0.0002	0.0004	0.0006	0.0010	0.0016	0.0024
0.12–0.24	0.0003	0.0005	0.0007	0.0012	0.0019	0.0030
0.24–0.40	0.0004	0.0006	0.0009	0.0014	0.0023	0.0035
0.40–0.72	0.0004	0.0007	0.0011	0.0017	0.0028	0.0043
0.72–1.20	0.0005	0.0008	0.0013	0.0020	0.0033	0.0051
1.20–2.00	0.0006	0.0010	0.0015	0.0024	0.0039	0.0063
2.00–3.20	0.0007	0.0012	0.0018	0.0029	0.0047	0.0075
3.20–4.80	0.0009	0.0014	0.0021	0.0034	0.0055	0.0087
4.80–7.20	0.0010	0.0016	0.0025	0.0039	0.0063	0.0098
7.20–10.00	0.0011	0.0018	0.0028	0.0045	0.0073	0.0114
10.00–12.60	0.0013	0.0020	0.0032	0.0051	0.0083	0.0126
12.60–16.00	0.0014	0.0022	0.0035	0.0055	0.0091	0.0142

Table A–14

Fundamental Deviations for Shafts—Inch Series (Size Ranges Are for *Over* the Lower Limit and *Including* the Upper Limit. All Values Are in Inches, Converted from Table A–12)

Basic Sizes	Upper-Deviation Letter					Lower-Deviation Letter				
	c	d	f	g	h	k	n	p	s	u
0–0.12	−0.0024	−0.0008	−0.0002	−0.0001	0	0	+0.0002	+0.0002	+0.0006	+0.0007
0.12–0.24	−0.0028	−0.0012	−0.0004	−0.0002	0	0	+0.0003	+0.0005	+0.0007	+0.0009
0.24–0.40	−0.0031	−0.0016	−0.0005	−0.0002	0	0	+0.0004	+0.0006	+0.0009	+0.0011
0.40–0.72	−0.0037	−0.0020	−0.0006	−0.0002	0	0	+0.0005	+0.0007	+0.0011	+0.0013
0.72–0.96	−0.0043	−0.0026	−0.0008	−0.0003	0	+0.0001	+0.0006	+0.0009	+0.0014	+0.0016
0.96–1.20	−0.0043	−0.0026	−0.0008	−0.0003	0	+0.0001	+0.0006	+0.0009	+0.0014	+0.0019
1.20–1.60	−0.0047	−0.0031	−0.0010	−0.0004	0	+0.0001	+0.0007	+0.0010	+0.0017	+0.0024
1.60–2.00	−0.0051	−0.0031	−0.0010	−0.0004	0	+0.0001	+0.0007	+0.0010	+0.0017	+0.0028
2.00–2.60	−0.0055	−0.0039	−0.0012	−0.0004	0	+0.0001	+0.0008	+0.0013	+0.0021	+0.0034
2.60–3.20	−0.0059	−0.0039	−0.0012	−0.0004	0	+0.0001	+0.0008	+0.0013	+0.0023	+0.0040
3.20–4.00	−0.0067	−0.0047	−0.0014	−0.0005	0	+0.0001	+0.0009	+0.0015	+0.0028	+0.0049
4.00–4.80	−0.0071	−0.0047	−0.0014	−0.0005	0	+0.0001	+0.0009	+0.0015	+0.0031	+0.0057
4.80–5.60	−0.0079	−0.0057	−0.0017	−0.0006	0	+0.0001	+0.0011	+0.0017	+0.0036	+0.0067
5.60–6.40	−0.0083	−0.0057	−0.0017	−0.0006	0	+0.0001	+0.0011	+0.0017	+0.0039	+0.0075
6.40–7.20	−0.0091	−0.0057	−0.0017	−0.0006	0	+0.0001	+0.0011	+0.0017	+0.0043	+0.0083
7.20–8.00	−0.0094	−0.0067	−0.0020	−0.0006	0	+0.0002	+0.0012	+0.0020	+0.0048	+0.0093
8.00–9.00	−0.0102	−0.0067	−0.0020	−0.0006	0	+0.0002	+0.0012	+0.0020	+0.0051	+0.0102
9.00–10.00	−0.0110	−0.0067	−0.0020	−0.0006	0	+0.0002	+0.0012	+0.0020	+0.0055	+0.0112
10.00–11.20	−0.0118	−0.0075	−0.0022	−0.0007	0	+0.0002	+0.0013	+0.0022	+0.0062	+0.0124
11.20–12.60	−0.0130	−0.0075	−0.0022	−0.0007	0	+0.0002	+0.0013	+0.0022	+0.0067	+0.0130
12.60–14.20	−0.0142	−0.0083	−0.0024	−0.0007	0	+0.0002	+0.0015	+0.0024	+0.0075	+0.0154
14.20–16.00	−0.0157	−0.0083	−0.0024	−0.0007	0	+0.0002	+0.0015	+0.0024	+0.0082	+0.0171

Table A-15

Charts of Theoretical Stress-Concentration Factors K_t^*

Figure A-15-1

Bar in tension or simple compression with a transverse hole. $\sigma_0 = F/A$, where $A = (w - d)t$ and t is the thickness.

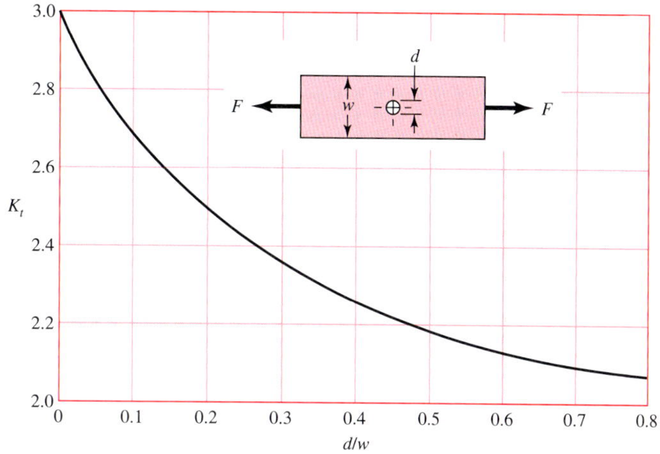

Figure A-15-2

Rectangular bar with a transverse hole in bending. $\sigma_0 = Mc/I$, where $I = (w - d)h^3/12$.

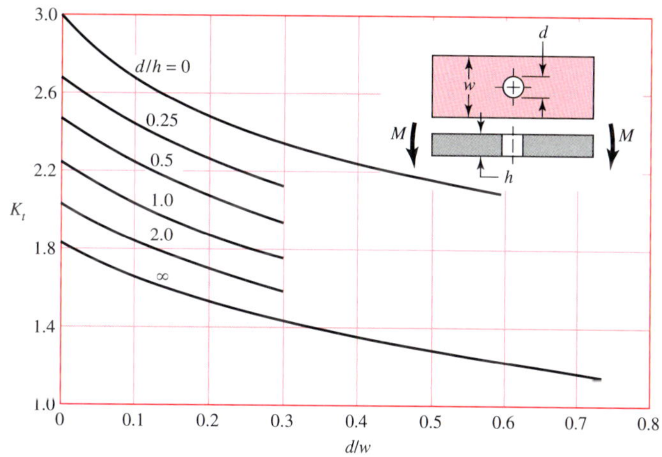

Figure A-15-3

Notched rectangular bar in tension or simple compression. $\sigma_0 = F/A$, where $A = dt$ and t is the thickness.

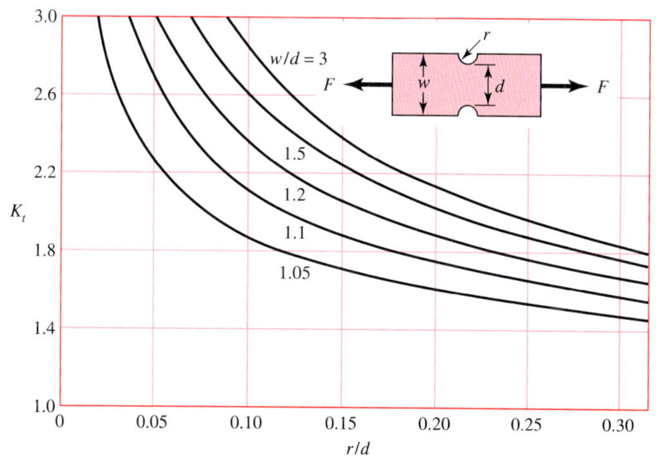

Table A–15

Charts of Theoretical Stress-Concentration Factors K_t^* *(Continued)*

Figure A–15–4

Notched rectangular bar in bending. $\sigma_0 = Mc/I$, where $c = d/2$, $I = td^3/12$, and t is the thickness.

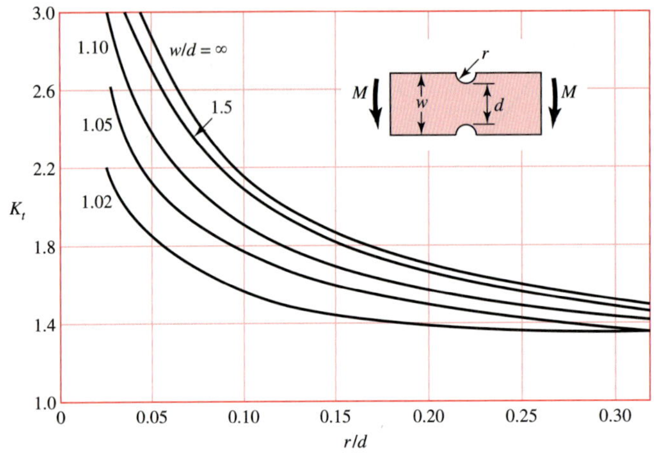

Figure A–15–5

Rectangular filleted bar in tension or simple compression. $\sigma_0 = F/A$, where $A = dt$ and t is the thickness.

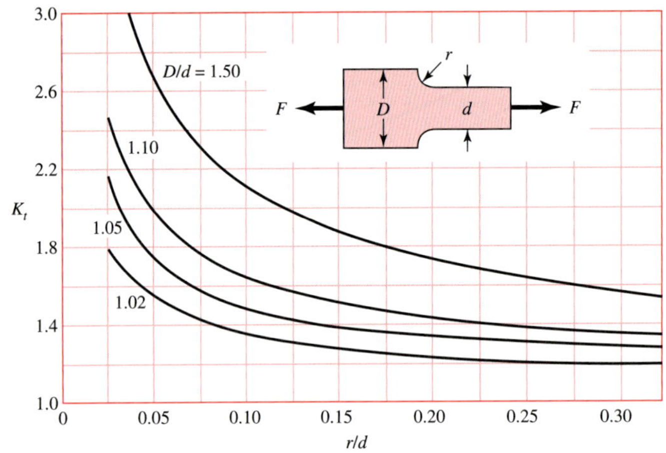

Figure A–15–6

Rectangular filleted bar in bending. $\sigma_0 = Mc/I$, where $c = d/2$, $I = td^3/12$, t is the thickness.

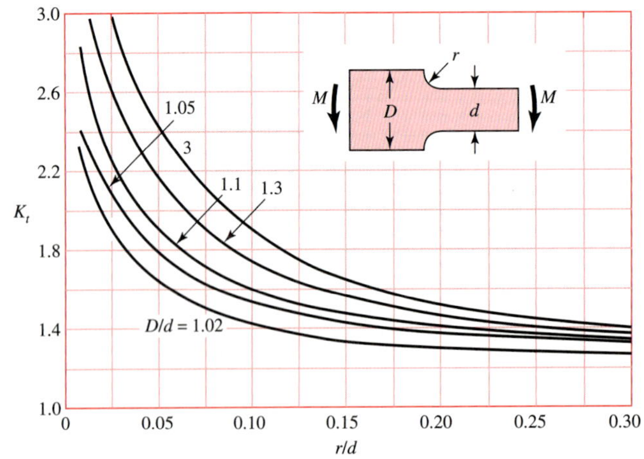

(continued)

*Factors from R. E. Peterson, "Design Factors for Stress Concentration," Machine Design, vol. 23, no. 2, February 1951, p. 169; no. 3, March 1951, p. 161, no. 5, May 1951, p. 159; no. 6, June 1951, p. 173; no. 7, July 1951, p. 155. Reprinted with permission from Machine Design, a Penton Media Inc. publication.

Table A–15

Charts of Theoretical Stress-Concentration Factors K_t^* *(Continued)*

Figure A–15–7

Round shaft with shoulder fillet in tension. $\sigma_0 = F/A$, where $A = \pi d^2/4$.

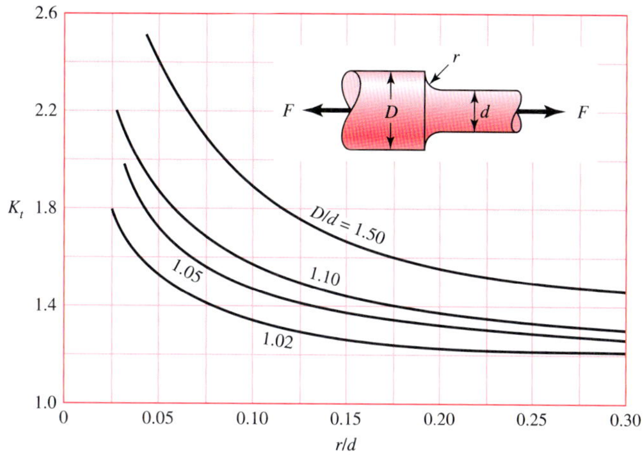

Figure A–15–8

Round shaft with shoulder fillet in torsion. $\tau_0 = Tc/J$, where $c = d/2$ and $J = \pi d^4/32$.

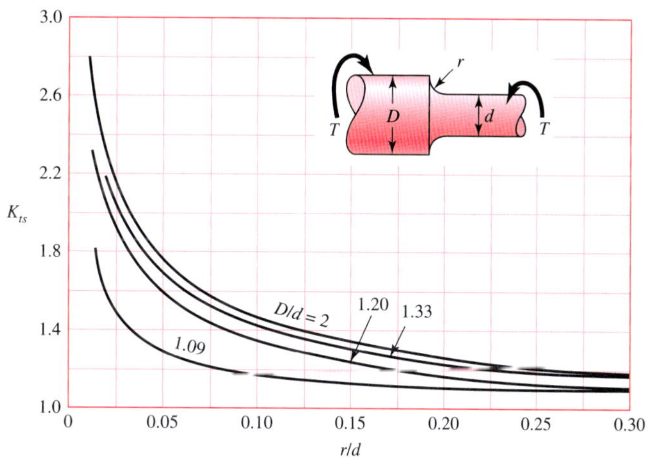

Figure A–15–9

Round shaft with shoulder fillet in bending. $\sigma_0 = Mc/I$, where $c = d/2$ and $I = \pi d^4/64$.

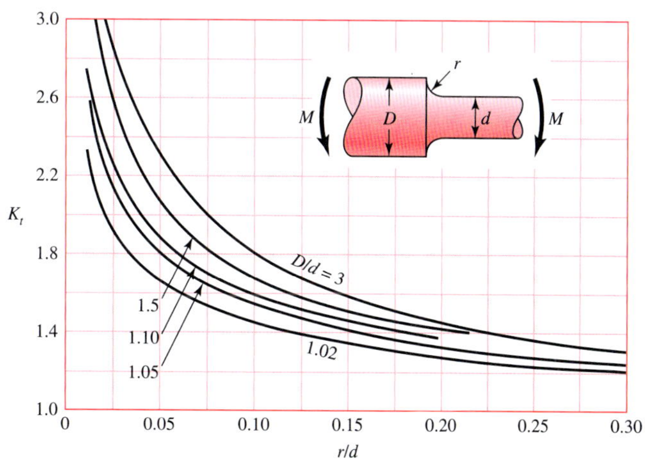

Table A–15

Charts of Theoretical Stress-Concentration Factors K_t^* *(Continued)*

Figure A–15–10

Round shaft in torsion with transverse hole.

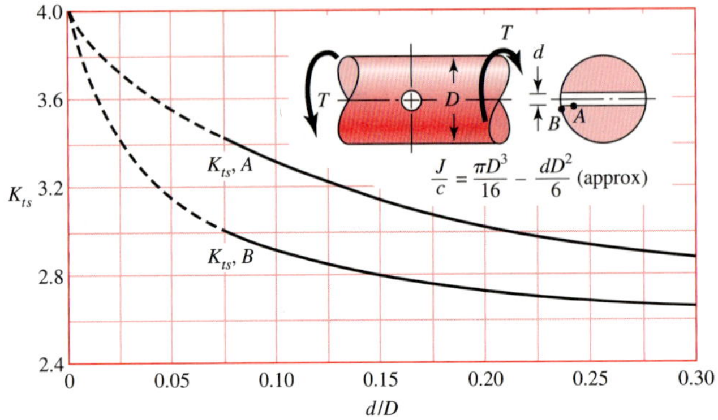

Figure A–15–11

Round shaft in bending with a transverse hole. $\sigma_0 = M/[(\pi D^3/32) - (dD^2/6)]$, approximately.

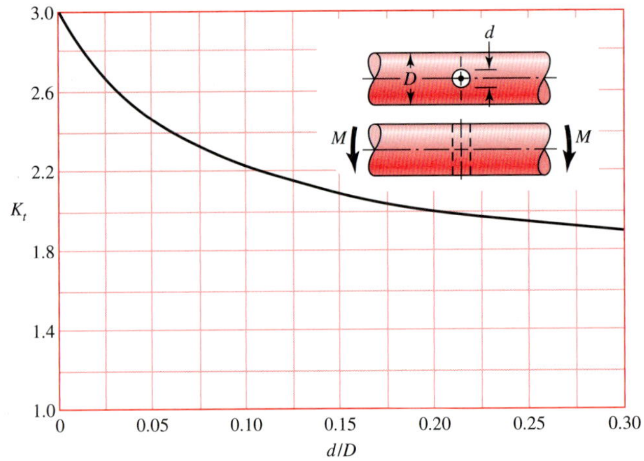

Figure A–15–12

Plate loaded in tension by a pin through a hole. $\sigma_0 = F/A$, where $A = (w - d)t$. When clearance exists, increase K_t 35 to 50 percent. *(M. M. Frocht and H. N. Hill, "Stress-Concentration Factors around a Central Circular Hole in a Plate Loaded through a Pin in Hole," J. Appl. Mechanics, vol. 7, no. 1, March 1940, p. A-5.)*

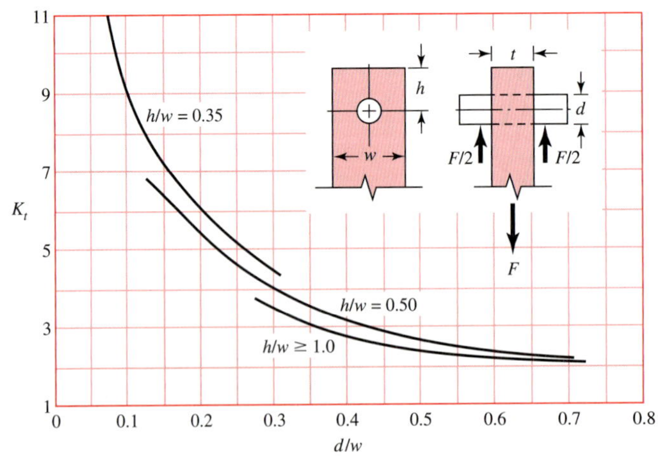

(continued)

*Factors from R. E. Peterson, "Design Factors for Stress Concentration," Machine Design, vol. 23, no. 2, February 1951, p. 169; no. 3, March 1951, p. 161, no. 5, May 1951, p. 159; no. 6, June 1951, p. 173; no. 7, July 1951, p. 155. Reprinted with permission from Machine Design, a Penton Media Inc. publication.

Table A–15

Charts of Theoretical Stress-Concentration Factors K_t^* *(Continued)*

Figure A–15–13

Grooved round bar in tension. $\sigma_0 = F/A$, where $A = \pi d^2/4$.

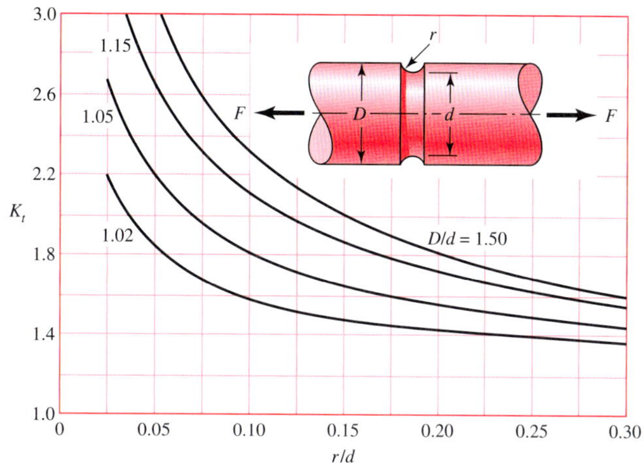

Figure A–15–14

Grooved round bar in bending. $\sigma_0 = Mc/I$, where $c = d/2$ and $I = \pi d^4/64$.

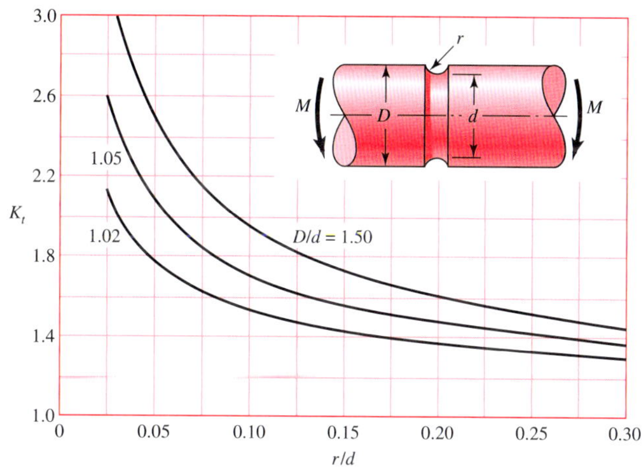

Figure A–15–15

Grooved round bar in torsion. $\tau_0 = Tc/J$, where $c = d/2$ and $J = \pi d^4/32$.

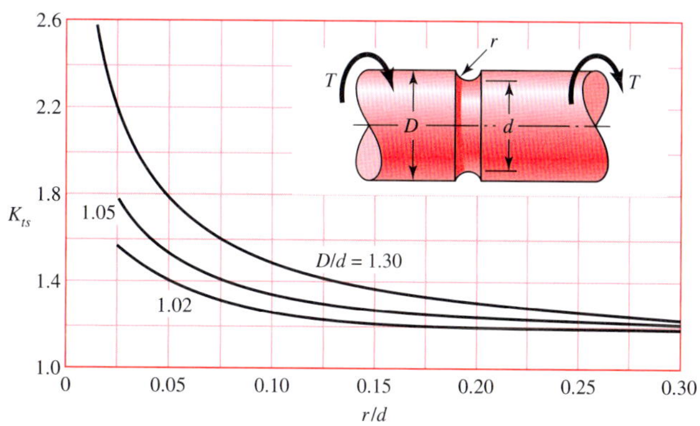

*Factors from R. E. Peterson, "Design Factors for Stress Concentration," Machine Design, vol. 23, no. 2, February 1951, p. 169; no. 3, March 1951, p. 161, no. 5, May 1951, p. 159; no. 6, June 1951, p. 173; no. 7, July 1951, p. 155. Reprinted with permission from Machine Design, a Penton Media Inc. publication.

Table A–15

Charts of Theoretical Stress-Concentration Factors K_t^* *(Continued)*

Figure A–15–16

Round shaft with flat-bottom groove in bending and/or tension.

$$\sigma_0 = \frac{4F}{\pi d^2} + \frac{32M}{\pi d^3}$$

Source: W. D. Pilkey, *Peterson's Stress-Concentration Factors,* 2nd ed. John Wiley & Sons, New York, 1997, p. 115.

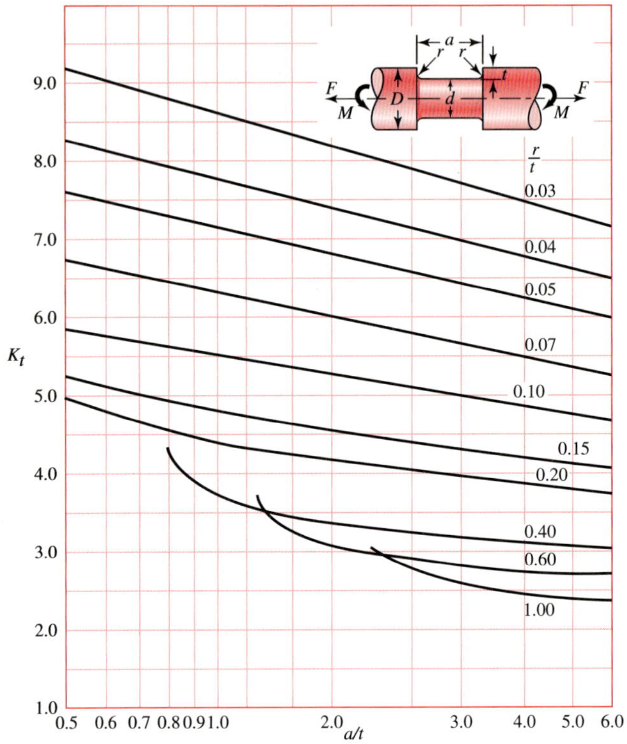

(continued)

Table A–15

Charts of Theoretical Stress-Concentration Factors K_t^* *(Continued)*

Figure A–15–17

Round shaft with flat-bottom groove in torsion.

$$\tau_0 = \frac{16T}{\pi d^3}$$

Source: W. D. Pilkey, *Peterson's Stress-Concentration Factors,* 2nd ed. John Wiley & Sons, New York, 1997, p. 133

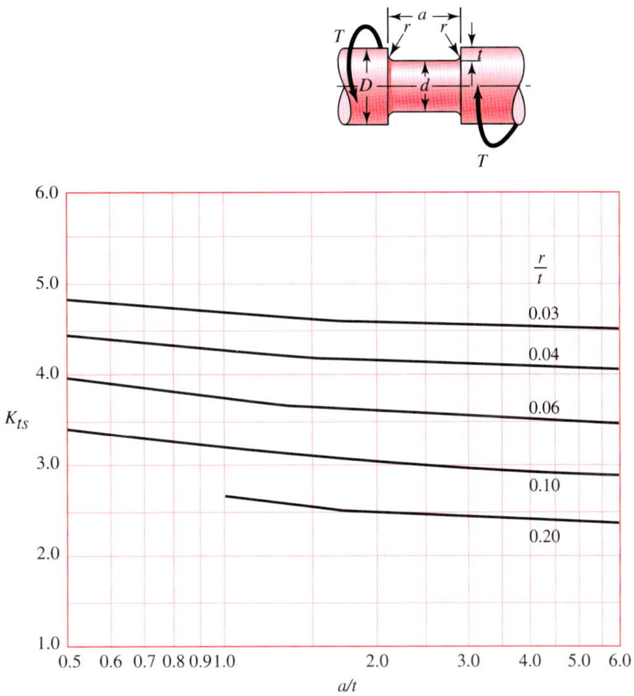

Table A–16

Approximate Stress-Concentration Factor K_t for Bending of a Round Bar or Tube with a Transverse Round Hole

Source: R. E. Peterson, *Stress-Concentration Factors,* Wiley, New York, 1974, pp. 146, 235.

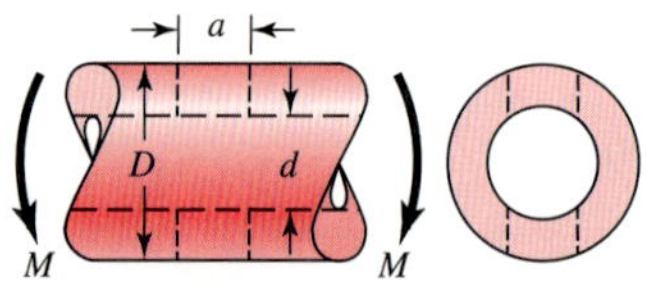

The nominal bending stress is $\sigma_0 = M/Z_{\text{net}}$ where Z_{net} is a reduced value of the section modulus and is defined by

$$Z_{\text{net}} = \frac{\pi A}{32D}(D^4 - d^4)$$

Values of A are listed in the table. Use $d = 0$ for a solid bar

	d/D					
	0.9		0.6		0	
a/D	A	K_t	A	K_t	A	K_t
0.050	0.92	2.63	0.91	2.55	0.88	2.42
0.075	0.89	2.55	0.88	2.43	0.86	2.35
0.10	0.86	2.49	0.85	2.36	0.83	2.27
0.125	0.82	2.41	0.82	2.32	0.80	2.20
0.15	0.79	2.39	0.79	2.29	0.76	2.15
0.175	0.76	2.38	0.75	2.26	0.72	2.10
0.20	0.73	2.39	0.72	2.23	0.68	2.07
0.225	0.69	2.40	0.68	2.21	0.65	2.04
0.25	0.67	2.42	0.64	2.18	0.61	2.00
0.275	0.66	2.48	0.61	2.16	0.58	1.97
0.30	0.64	2.52	0.58	2.14	0.54	1.94

(continued)

Table A–16 *(Continued)*

Approximate Stress-Concentration Factors K_{ts} for a Round Bar or Tube Having a Transverse Round Hole and Loaded in Torsion *Source:* R. E. Peterson, *Stress-Concentration Factors,* Wiley, New York, 1974, pp. 148, 244.

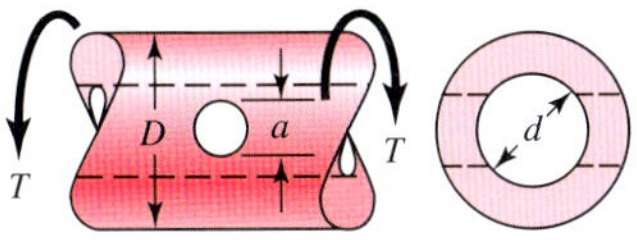

The maximum stress occurs on the inside of the hole, slightly below the shaft surface. The nominal shear stress is $\tau_0 = TD/2J_{\text{net}}$, where J_{net} is a reduced value of the second polar moment of area and is defined by

$$J_{\text{net}} = \frac{\pi A(D^4 - d^4)}{32}$$

Values of A are listed in the table. Use $d = 0$ for a solid bar.

	d/D									
	0.9		0.8		0.6		0.4		0	
a/D	A	K_{ts}	A	K_{ts}	A	K_{ts}	A	K_{ts}	A	K_{ts}
0.05	0.96	1.78							0.95	1.77
0.075	0.95	1.82							0.93	1.71
0.10	0.94	1.76	0.93	1.74	0.92	1.72	0.92	1.70	0.92	1.68
0.125	0.91	1.76	0.91	1.74	0.90	1.70	0.90	1.67	0.89	1.64
0.15	0.90	1.77	0.89	1.75	0.87	1.69	0.87	1.65	0.87	1.62
0.175	0.89	1.81	0.88	1.76	0.87	1.69	0.86	1.64	0.85	1.60
0.20	0.88	1.96	0.86	1.79	0.85	1.70	0.84	1.63	0.83	1.58
0.25	0.87	2.00	0.82	1.86	0.81	1.72	0.80	1.63	0.79	1.54
0.30	0.80	2.18	0.78	1.97	0.77	1.76	0.75	1.63	0.74	1.51
0.35	0.77	2.41	0.75	2.09	0.72	1.81	0.69	1.63	0.68	1.47
0.40	0.72	2.67	0.71	2.25	0.68	1.89	0.64	1.63	0.63	1.44

Table A–17

Preferred Sizes and Renard (R-Series) Numbers
(When a choice can be made, use one of these sizes; however, not all parts or items are available in all the sizes shown in the table.)

Fraction of Inches

$\frac{1}{64}$, $\frac{1}{32}$, $\frac{1}{16}$, $\frac{3}{32}$, $\frac{1}{8}$, $\frac{5}{32}$, $\frac{3}{16}$, $\frac{1}{4}$, $\frac{5}{16}$, $\frac{3}{8}$, $\frac{7}{16}$, $\frac{1}{2}$, $\frac{9}{16}$, $\frac{5}{8}$, $\frac{11}{16}$, $\frac{3}{4}$, $\frac{7}{8}$, 1, $1\frac{1}{4}$, $1\frac{1}{2}$, $1\frac{3}{4}$, 2, $2\frac{1}{4}$, $2\frac{1}{2}$, $2\frac{3}{4}$, 3, $3\frac{1}{4}$, $3\frac{1}{2}$, $3\frac{3}{4}$, 4, $4\frac{1}{4}$, $4\frac{1}{2}$, $4\frac{3}{4}$, 5, $5\frac{1}{4}$, $5\frac{1}{2}$, $5\frac{3}{4}$, 6, $6\frac{1}{2}$, 7, $7\frac{1}{2}$, 8, $8\frac{1}{2}$, 9, $9\frac{1}{2}$, 10, $10\frac{1}{2}$, 11, $11\frac{1}{2}$, 12, $12\frac{1}{2}$, 13, $13\frac{1}{2}$, 14, $14\frac{1}{2}$, 15, $15\frac{1}{2}$, 16, $16\frac{1}{2}$, 17, $17\frac{1}{2}$, 18, $18\frac{1}{2}$, 19, $19\frac{1}{2}$, 20

Decimal Inches

0.010, 0.012, 0.016, 0.020, 0.025, 0.032, 0.040, 0.05, 0.06, 0.08, 0.10, 0.12, 0.16, 0.20, 0.24, 0.30, 0.40, 0.50, 0.60, 0.80, 1.00, 1.20, 1.40, 1.60, 1.80, 2.0, 2.4, 2.6, 2.8, 3.0, 3.2, 3.4, 3.6, 3.8, 4.0, 4.2, 4.4, 4.6, 4.8, 5.0, 5.2, 5.4, 5.6, 5.8, 6.0, 7.0, 7.5, 8.5, 9.0, 9.5, 10.0, 10.5, 11.0, 11.5, 12.0, 12.5, 13.0, 13.5, 14.0, 14.5, 15.0, 15.5, 16.0, 16.5, 17.0, 17.5, 18.0, 18.5, 19.0, 19.5, 20

Millimeters

0.05, 0.06, 0.08, 0.10, 0.12, 0.16, 0.20, 0.25, 0.30, 0.40, 0.50, 0.60, 0.70, 0.80, 0.90, 1.0, 1.1, 1.2, 1.4, 1.5, 1.6, 1.8, 2.0, 2.2, 2.5, 2.8, 3.0, 3.5, 4.0, 4.5, 5.0, 5.5, 6.0, 6.5, 7.0, 8.0, 9.0, 10, 11, 12, 14, 16, 18, 20, 22, 25, 28, 30, 32, 35, 40, 45, 50, 60, 80, 100, 120, 140, 160, 180, 200, 250, 300

Renard Numbers*

1st choice, R5: 1, 1.6, 2.5, 4, 6.3, 10

2d choice, R10: 1.25, 2, 3.15, 5, 8

3d choice, R20: 1.12, 1.4, 1.8, 2.24, 2.8, 3.55, 4.5, 5.6, 7.1, 9

4th choice, R40: 1.06, 1.18, 1.32, 1.5, 1.7, 1.9, 2.12, 2.36, 2.65, 3, 3.35, 3.75, 4.25, 4.75, 5.3, 6, 6.7, 7.5, 8.5, 9.5

*May be multiplied or divided by powers of 10.

Table A–18

Geometric Properties

Part 1 Properties of Sections

A = area

G = location of centroid

$I_x = \int y^2\, dA$ = second moment of area about x axis

$I_y = \int x^2\, dA$ = second moment of area about y axis

$I_{xy} = \int xy\, dA$ = mixed moment of area about x and y axes

$J_G = \int r^2\, dA = \int (x^2 + y^2)\, dA = I_x + I_y$

= second polar moment of area about axis through G

$k_x^2 = I_x/A$ = squared radius of gyration about x axis

Rectangle

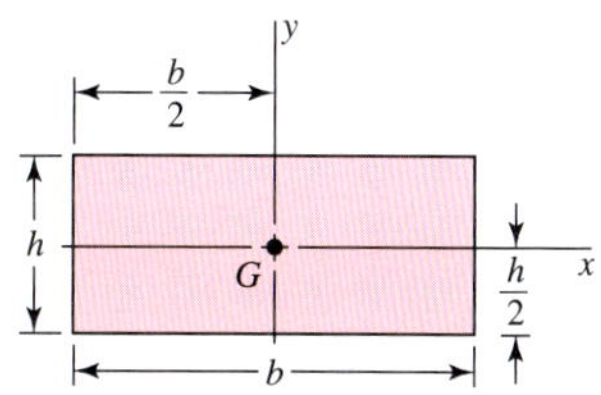

$A = bh \qquad I_x = \dfrac{bh^3}{12} \qquad I_y = \dfrac{b^3h}{12} \qquad I_{xy} = 0$

Circle

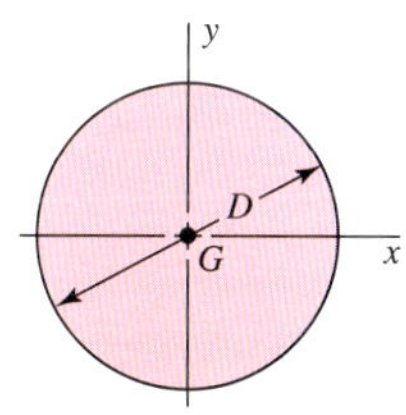

$A = \dfrac{\pi D^2}{4} \qquad I_x = I_y = \dfrac{\pi D^4}{64} \qquad I_{xy} = 0 \qquad J_G = \dfrac{\pi D^4}{32}$

Hollow circle

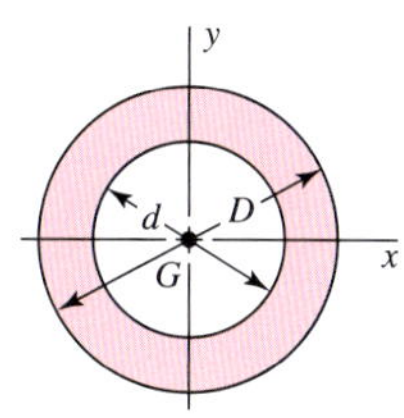

$A = \dfrac{\pi}{4}(D^2 - d^2) \qquad I_x = I_y = \dfrac{\pi}{64}(D^4 - d^4) \qquad I_{xy} = 0 \qquad J_G = \dfrac{\pi}{32}(D^4 - d^4)$

Table A–18

Geometric Properties *(Continued)*

Right triangles

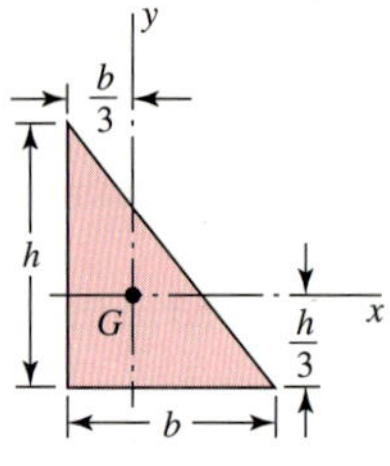

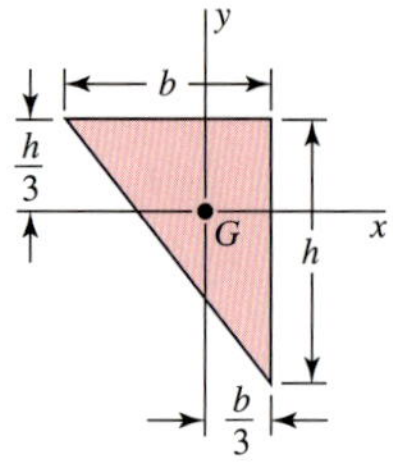

$$A = \frac{bh}{2} \qquad I_x = \frac{bh^3}{36} \qquad I_y = \frac{b^3 h}{36} \qquad I_{xy} = \frac{-b^2h^2}{72}$$

Right triangles

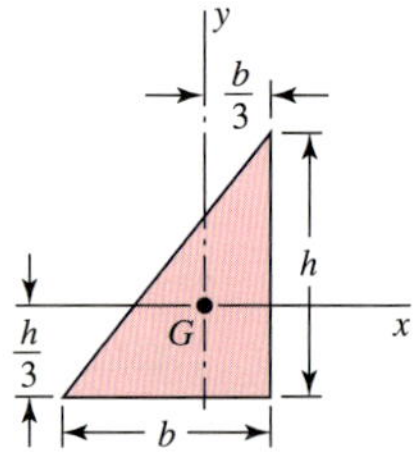

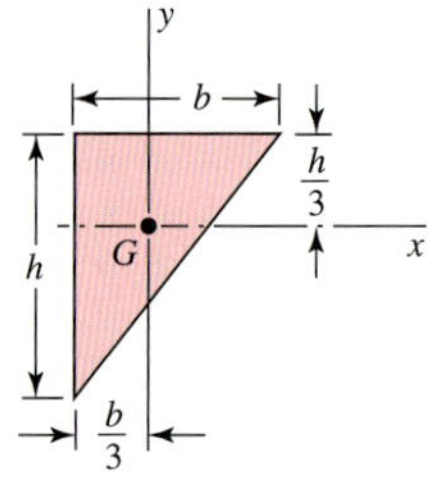

$$A = \frac{bh}{2} \qquad I_x = \frac{bh^3}{36} \qquad I_y = \frac{b^3 h}{36} \qquad I_{xy} = \frac{b^2h^2}{72}$$

Quarter-circles

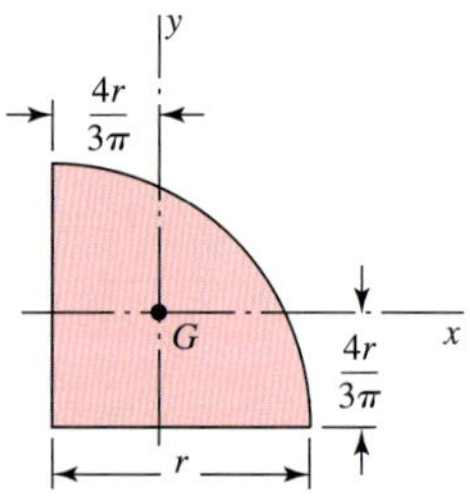

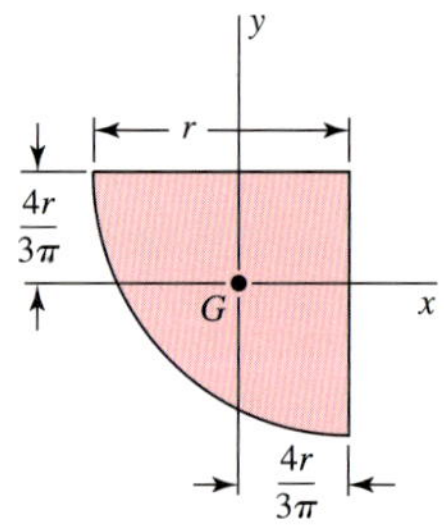

$$A = \frac{\pi r^2}{4} \qquad I_x = I_y = r^4\left(\frac{\pi}{16} - \frac{4}{9\pi}\right) \qquad I_{xy} = r^4\left(\frac{1}{8} - \frac{4}{9\pi}\right)$$

Quarter-circles

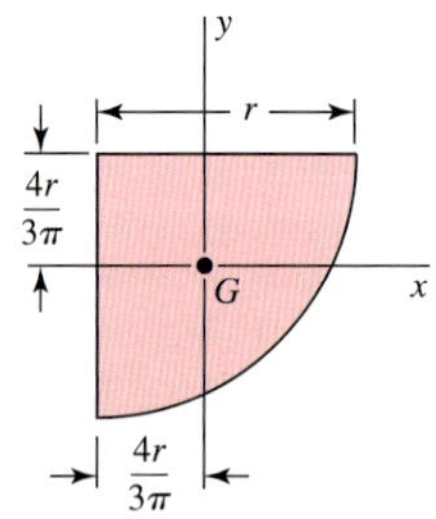

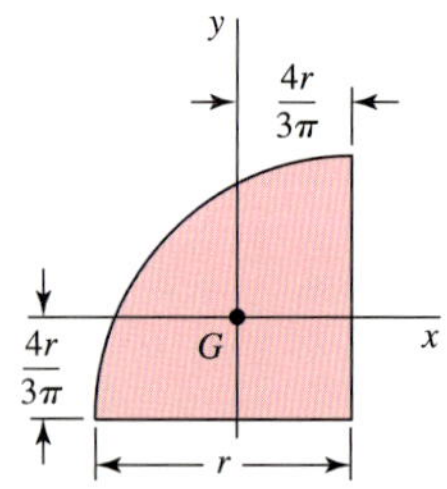

$$A = \frac{\pi r^2}{4} \qquad I_x = I_y = r^4\left(\frac{\pi}{16} - \frac{4}{9\pi}\right) \qquad I_{xy} = r^4\left(\frac{4}{9\pi} - \frac{1}{8}\right)$$

(continued)

Table A–18

Geometric Properties *(Continued)*

Part 2 Properties of Solids (ρ = Density, Weight per Unit Volume)

Rods

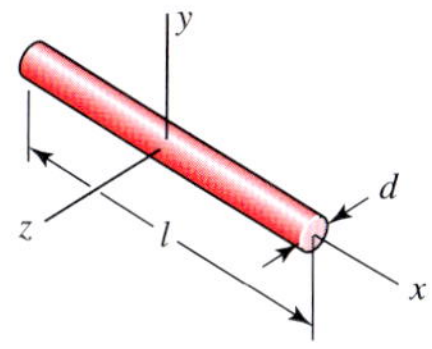

$$m = \frac{\pi d^2 l \rho}{4g} \qquad I_y = I_z = \frac{ml^2}{12}$$

Round disks

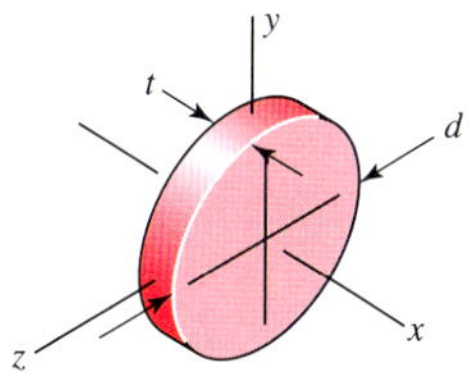

$$m = \frac{\pi d^2 t \rho}{4g} \qquad I_x = \frac{md^2}{8} \qquad I_y = I_z = \frac{md^2}{16}$$

Rectangular prisms

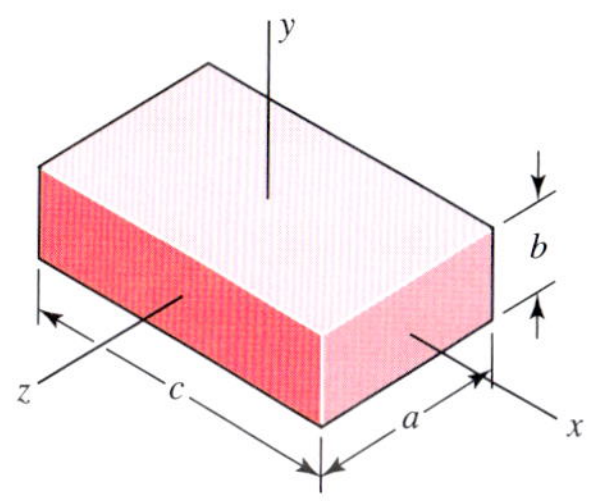

$$m = \frac{abc\rho}{g} \qquad I_x = \frac{m}{12}(a^2 + b^2) \qquad I_y = \frac{m}{12}(a^2 + c^2) \qquad I_z = \frac{m}{12}(b^2 + c^2)$$

Cylinders

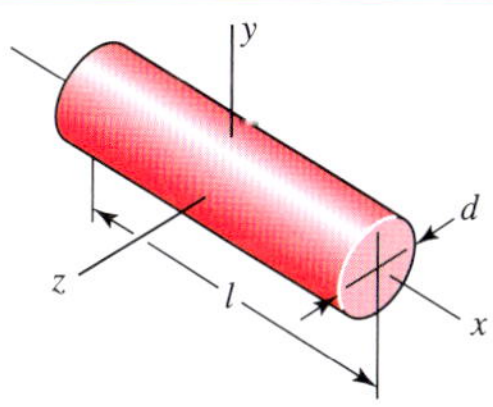

$$m = \frac{\pi d^2 l \rho}{4g} \qquad I_x = \frac{md^2}{8} \qquad I_y = I_z = \frac{m}{48}(3d^2 + 4l^2)$$

Hollow cylinders

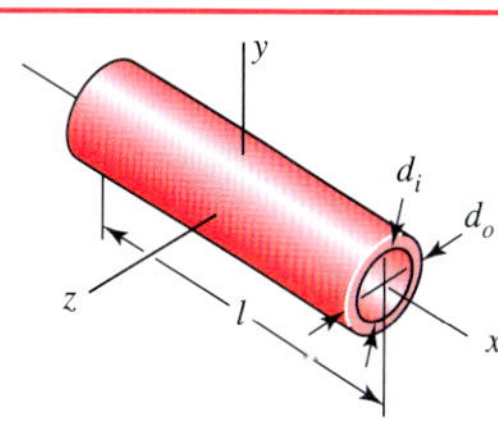

$$m = \frac{\pi \left(d_o^2 - d_i^2\right) l \rho}{4g} \qquad I_x = \frac{m}{8}\left(d_o^2 + d_i^2\right) \qquad I_y = I_z = \frac{m}{48}\left(3d_o^2 + 3d_i^2 + 4l^2\right)$$

Table A–19

American Standard Pipe

Nominal Size, in	Outside Diameter, in	Threads per inch	Wall Thickness, in Standard No. 40	Extra Strong No. 80	Double Extra Strong
$\frac{1}{8}$	0.405	27	0.070	0.098	
$\frac{1}{4}$	0.540	18	0.090	0.122	
$\frac{3}{8}$	0.675	18	0.093	0.129	
$\frac{1}{2}$	0.840	14	0.111	0.151	0.307
$\frac{3}{4}$	1.050	14	0.115	0.157	0.318
1	1.315	$11\frac{1}{2}$	0.136	0.183	0.369
$1\frac{1}{4}$	1.660	$11\frac{1}{2}$	0.143	0.195	0.393
$1\frac{1}{2}$	1.900	$11\frac{1}{2}$	0.148	0.204	0.411
2	2.375	$11\frac{1}{2}$	0.158	0.223	0.447
$2\frac{1}{2}$	2.875	8	0.208	0.282	0.565
3	3.500	8	0.221	0.306	0.615
$3\frac{1}{2}$	4.000	8	0.231	0.325	
4	4.500	8	0.242	0.344	0.690
5	5.563	8	0.263	0.383	0.768
6	6.625	8	0.286	0.441	0.884
8	8.625	8	0.329	0.510	0.895

Table A–20

Deterministic ASTM Minimum Tensile and Yield Strengths for Some Hot-Rolled (HR) and Cold-Drawn (CD) Steels [The strengths listed are estimated ASTM minimum values in the size range 18 to 32 mm ($\frac{3}{4}$ to $1\frac{1}{4}$ in). These strengths are suitable for use with the design factor defined in Sec. 1–10, provided the materials conform to ASTM A6 or A568 requirements or are required in the purchase specifications. Remember that a numbering system is not a specification.] *Source:* 1986 SAE Handbook, p. 2.15.

1 UNS No.	2 SAE and/or AISI No.	3 Process-ing	4 Tensile Strength, MPa (kpsi)	5 Yield Strength, MPa (kpsi)	6 Elongation in 2 in, %	7 Reduction in Area, %	8 Brinell Hardness
G10060	1006	HR	300 (43)	170 (24)	30	55	86
		CD	330 (48)	280 (41)	20	45	95
G10100	1010	HR	320 (47)	180 (26)	28	50	95
		CD	370 (53)	300 (44)	20	40	105
G10150	1015	HR	340 (50)	190 (27.5)	28	50	101
		CD	390 (56)	320 (47)	18	40	111
G10180	1018	HR	400 (58)	220 (32)	25	50	116
		CD	440 (64)	370 (54)	15	40	126
G10200	1020	HR	380 (55)	210 (30)	25	50	111
		CD	470 (68)	390 (57)	15	40	131
G10300	1030	HR	470 (68)	260 (37.5)	20	42	137
		CD	520 (76)	440 (64)	12	35	149
G10350	1035	HR	500 (72)	270 (39.5)	18	40	143
		CD	550 (80)	460 (67)	12	35	163
G10400	1040	HR	520 (76)	290 (42)	18	40	149
		CD	590 (85)	490 (71)	12	35	170
G10450	1045	HR	570 (82)	310 (45)	16	40	163
		CD	630 (91)	530 (77)	12	35	179
G10500	1050	HR	620 (90)	340 (49.5)	15	35	179
		CD	690 (100)	580 (84)	10	30	197
G10600	1060	HR	680 (98)	370 (54)	12	30	201
G10800	1080	HR	770 (112)	420 (61.5)	10	25	229
G10950	1095	HR	830 (120)	460 (66)	10	25	248

Table A–21

Mean Mechanical Properties of Some Heat-Treated Steels
[These are typical properties for materials normalized and annealed. The properties for quenched and tempered (Q&T) steels are from a single heat. Because of the many variables, the properties listed are global averages. In all cases, data were obtained from specimens of diameter 0.505 in, machined from 1-in rounds, and of gauge length 2 in. unless noted, all specimens were oil-quenched.] *Source: ASM Metals Reference Book,* 2d ed., American Society for Metals, Metals Park, Ohio, 1983.

1 AISI No.	2 Treatment	3 Temperature °C (°F)	4 Tensile Strength MPa (kpsi)	5 Yield Strength, MPa (kpsi)	6 Elongation, %	7 Reduction in Area, %	8 Brinell Hardness
1030	Q&T*	205 (400)	848 (123)	648 (94)	17	47	495
	Q&T*	315 (600)	800 (116)	621 (90)	19	53	401
	Q&T*	425 (800)	731 (106)	579 (84)	23	60	302
	Q&T*	540 (1000)	669 (97)	517 (75)	28	65	255
	Q&T*	650 (1200)	586 (85)	441 (64)	32	70	207
	Normalized	925 (1700)	521 (75)	345 (50)	32	61	149
	Annealed	870 (1600)	430 (62)	317 (46)	35	64	137
1040	Q&T	205 (400)	779 (113)	593 (86)	19	48	262
	Q&T	425 (800)	758 (110)	552 (80)	21	54	241
	Q&T	650 (1200)	634 (92)	434 (63)	29	65	192
	Normalized	900 (1650)	590 (86)	374 (54)	28	55	170
	Annealed	790 (1450)	519 (75)	353 (51)	30	57	149
1050	Q&T*	205 (400)	1120 (163)	807 (117)	9	27	514
	Q&T*	425 (800)	1090 (158)	793 (115)	13	36	444
	Q&T*	650 (1200)	717 (104)	538 (78)	28	65	235
	Normalized	900 (1650)	748 (108)	427 (62)	20	39	217
	Annealed	790 (1450)	636 (92)	365 (53)	24	40	187
1060	Q&T	425 (800)	1080 (156)	765 (111)	14	41	311
	Q&T	540 (1000)	965 (140)	669 (97)	17	45	277
	Q&T	650 (1200)	800 (116)	524 (76)	23	54	229
	Normalized	900 (1650)	776 (112)	421 (61)	18	37	229
	Annealed	790 (1450)	626 (91)	372 (54)	22	38	179
1095	Q&T	315 (600)	1260 (183)	813 (118)	10	30	375
	Q&T	425 (800)	1210 (176)	772 (112)	12	32	363
	Q&T	540 (1000)	1090 (158)	676 (98)	15	37	321
	Q&T	650 (1200)	896 (130)	552 (80)	21	47	269
	Normalized	900 (1650)	1010 (147)	500 (72)	9	13	293
	Annealed	790 (1450)	658 (95)	380 (55)	13	21	192
1141	Q&T	315 (600)	1460 (212)	1280 (186)	9	32	415
	Q&T	540 (1000)	896 (130)	765 (111)	18	57	262

(continued)

Table A–21 *(Continued)*

Mean Mechanical Properties of Some Heat-Treated Steels
[These are typical properties for materials normalized and annealed. The properties for quenched and tempered (Q&T) steels are from a single heat. Because of the many variables, the properties listed are global averages. In all cases, data were obtained from specimens of diameter 0.505 in, machined from 1-in rounds, and of gauge length 2 in. Unless noted, all specimens were oil-quenched.] *Source: ASM Metals Reference Book,* 2d ed., American Society for Metals, Metals Park, Ohio, 1983.

1 AISI No.	2 Treatment	3 Temperature °C (°F)	4 Tensile Strength MPa (kpsi)	5 Yield Strength, MPa (kpsi)	6 Elongation, %	7 Reduction in Area, %	8 Brinell Hardness
4130	Q&T*	205 (400)	1630 (236)	1460 (212)	10	41	467
	Q&T*	315 (600)	1500 (217)	1380 (200)	11	43	435
	Q&T*	425 (800)	1280 (186)	1190 (173)	13	49	380
	Q&T*	540 (1000)	1030 (150)	910 (132)	17	57	315
	Q&T*	650 (1200)	814 (118)	703 (102)	22	64	245
	Normalized	870 (1600)	670 (97)	436 (63)	25	59	197
	Annealed	865 (1585)	560 (81)	361 (52)	28	56	156
4140	Q&T	205 (400)	1770 (257)	1640 (238)	8	38	510
	Q&T	315 (600)	1550 (225)	1430 (208)	9	43	445
	Q&T	425 (800)	1250 (181)	1140 (165)	13	49	370
	Q&T	540 (1000)	951 (138)	834 (121)	18	58	285
	Q&T	650 (1200)	758 (110)	655 (95)	22	63	230
	Normalized	870 (1600)	1020 (148)	655 (95)	18	47	302
	Annealed	815 (1500)	655 (95)	417 (61)	26	57	197
4340	Q&T	315 (600)	1720 (250)	1590 (230)	10	40	486
	Q&T	425 (800)	1470 (213)	1360 (198)	10	44	430
	Q&T	540 (1000)	1170 (170)	1080 (156)	13	51	360
	Q&T	650 (1200)	965 (140)	855 (124)	19	60	280

*Water-quenched

Table A–22

Results of Tensile Tests of Some Metals* *Source:* J. Datsko, "Solid Materials," chap. 32 in Joseph E. Shigley, Charles R. Mischke, and Thomas H. Brown, Jr. (eds.-in-chief), *Standard Handbook of Machine Design,* 3rd ed., McGraw-Hill, New York, 2004, pp. 32.49–32.52.

Number	Material	Condition	Strength (Tensile) Yield S_y, MPa (kpsi)	Ultimate S_u, MPa (kpsi)	Fracture, σ_f, MPa (kpsi)	Coefficient σ_0, MPa (kpsi)	Strain Strength, Exponent m	Fracture Strain ϵ_f
1018	Steel	Annealed	220 (32.0)	341 (49.5)	628 (91.1)†	620 (90.0)	0.25	1.05
1144	Steel	Annealed	358 (52.0)	646 (93.7)	898 (130)†	992 (144)	0.14	0.49
1212	Steel	HR	193 (28.0)	424 (61.5)	729 (106)†	758 (110)	0.24	0.85
1045	Steel	Q&T 600°F	1520 (220)	1580 (230)	2380 (345)	1880 (273)†	0.041	0.81
4142	Steel	Q&T 600°F	1720 (250)	1930 (210)	2340 (340)	1760 (255)†	0.048	0.43
303	Stainless steel	Annealed	241 (35.0)	601 (87.3)	1520 (221)†	1410 (205)	0.51	1.16
304	Stainless steel	Annealed	276 (40.0)	568 (82.4)	1600 (233)†	1270 (185)	0.45	1.67
2011	Aluminum alloy	T6	169 (24.5)	324 (47.0)	325 (47.2)†	620 (90)	0.28	0.10
2024	Aluminum alloy	T4	296 (43.0)	446 (64.8)	533 (77.3)†	689 (100)	0.15	0.18
7075	Aluminum alloy	T6	542 (78.6)	593 (86.0)	706 (102)†	882 (128)	0.13	0.18

*Values from one or two heats and believed to be attainable using proper purchase specifications. The fracture strain may vary as much as 100 percent.

†Derived value.

Table A–23

Mean Monotonic and Cyclic Stress-Strain Properties of Selected Steels *Source: ASM Metals Reference Book,* 2nd ed., American Society for Metals, Metals Park, Ohio, 1983, p. 217.

Grade (a)	Orientation (e)	Description (f)	Hardness HB	Tensile Strength S_{ut} MPa	Tensile Strength S_{ut} ksi	Reduction in Area %	True Strain at Fracture ε_f	Modulus of Elasticity E GPa	Modulus of Elasticity E 10^6 psi	Fatigue Strength Coefficient σ'_f MPa	Fatigue Strength Coefficient σ'_f ksi	Fatigue Strength Exponent b	Fatigue Ductility Coefficient ε'_F	Fatigue Ductility Exponent c
A538A (b)	L	STA	405	1515	220	67	1.10	185	27	1655	240	−0.065	0.30	−0.62
A538B (b)	L	STA	460	1860	270	56	0.82	185	27	2135	310	−0.071	0.80	−0.71
A538C (b)	L	STA	480	2000	290	55	0.81	180	26	2240	325	−0.07	0.60	−0.75
AM-350 (c)	L	HR, A		1315	191	52	0.74	195	28	2800	406	−0.14	0.33	−0.84
AM-350 (c)	L	CD	496	1905	276	20	0.23	180	26	2690	390	−0.102	0.10	−0.42
Gainex (c)	LT	HR sheet		530	77	58	0.86	200	29.2	805	117	−0.07	0.86	−0.65
Gainex (c)	L	HR sheet		510	74	64	1.02	200	29.2	805	117	−0.071	0.86	−0.68
H-11	L	Ausformed	660	2585	375	33	0.40	205	30	3170	460	−0.077	0.08	−0.74
RQC-100 (c)	LT	HR plate	290	940	136	43	0.56	205	30	1240	180	−0.07	0.66	−0.69
RQC-100 (c)	L	HR plate	290	930	135	67	1.02	205	30	1240	180	−0.07	0.66	−0.69
10B62	L	Q&T	430	1640	238	38	0.89	195	28	1780	258	−0.067	0.32	−0.56
1005-1009	LT	HR sheet	90	360	52	73	1.3	205	30	580	84	−0.09	0.15	−0.43
1005-1009	LT	CD sheet	125	470	68	66	1.09	205	30	515	75	−0.059	0.30	−0.51
1005-1009	L	CD sheet	125	415	60	64	1.02	200	29	540	78	−0.073	0.11	−0.41
1005-1009	L	HR sheet	90	345	50	80	1.6	200	29	640	93	−0.109	0.10	−0.39
1015	L	Normalized	80	415	60	68	1.14	205	30	825	120	−0.11	0.95	−0.64
1020	L	HR plate	108	440	64	62	0.96	205	29.5	895	130	−0.12	0.41	−0.51
1040	L	As forged	225	620	90	60	0.93	200	29	1540	223	−0.14	0.61	−0.57
1045	L	Q&T	225	725	105	65	1.04	200	29	1225	178	−0.095	1.00	−0.66
1045	L	Q&T	410	1450	210	51	0.72	200	29	1860	270	−0.073	0.60	−0.70
1045	L	Q&T	390	1345	195	59	0.89	205	30	1585	230	−0.074	0.45	−0.68
1045	L	Q&T	450	1585	230	55	0.81	205	30	1795	260	−0.07	0.35	−0.69
1045	L	Q&T	500	1825	265	51	0.71	205	30	2275	330	−0.08	0.25	−0.68
1045	L	Q&T	595	2240	325	41	0.52	205	30	2725	395	−0.081	0.07	−0.60
1144	L	CDSR	265	930	135	33	0.51	195	28.5	1000	145	−0.08	0.32	−0.58

1144	L	DAT	305	1035	150	25	0.29	200	28.8	1585	230	−0.09	0.27	−0.53
1541F	L	Q&T forging	290	950	138	49	0.68	205	29.9	1275	185	−0.076	0.68	−0.65
1541F	L	Q&T forging	260	890	129	60	0.93	205	29.9	1275	185	−0.071	0.93	−0.65
4130	L	Q&T	258	895	130	67	1.12	220	32	1275	185	−0.083	0.92	−0.63
4130	L	Q&T	365	1425	207	55	0.79	200	29	1695	246	−0.081	0.89	−0.69
4140	L	Q&T, DAT	310	1075	156	60	0.69	200	29.2	1825	265	−0.08	1.2	−0.59
4142	L	DAT	310	1060	154	29	0.35	200	29	1450	210	−0.10	0.22	−0.51
4142	L	DAT	335	1250	181	28	0.34	200	28.9	1250	181	−0.08	0.06	−0.62
4142	L	Q&T	380	1415	205	48	0.66	205	30	1825	265	−0.08	0.45	−0.75
4142	L	Q&T and deformed	400	1550	225	47	0.63	200	29	1895	275	−0.09	0.50	−0.75
4142	L	Q&T	450	1760	255	42	0.54	205	30	2000	290	−0.08	0.40	−0.73
4142	L	Q&T and deformed	475	2035	295	20	0.22	200	29	2070	300	−0.082	0.20	−0.77
4142	L	Q&T and deformed	450	1930	280	37	0.46	200	29	2105	305	−0.09	0.60	−0.76
4142	L	Q&T	475	1930	280	35	0.43	205	30	2170	315	−0.081	0.09	−0.61
4142	L	Q&T	560	2240	325	27	0.31	205	30	2655	385	−0.089	0.07	−0.76
4340	L	HR, A	243	825	120	43	0.57	195	28	1200	174	−0.095	0.45	−0.54
4340	L	Q&T	409	1470	213	38	0.48	200	29	2000	290	−0.091	0.48	−0.60
4340	L	Q&T	350	1240	180	57	0.84	195	28	1655	240	−0.076	0.73	−0.62
5160	L	Q&T	430	1670	242	42	0.87	195	28	1930	280	−0.071	0.40	−0.57
52100	L	SH, Q&T	518	2015	292	11	0.12	205	30	2585	375	−0.09	0.18	−0.56
9262	L	A	260	925	134	14	0.16	205	30	1040	151	−0.071	0.16	−0.47
9262	L	Q&T	280	1000	145	33	0.41	195	28	1220	177	−0.073	0.41	−0.60
9262	L	Q&T	410	565	227	32	0.38	200	29	1855	269	−0.057	0.38	−0.65
950C (d)	LT	HR plate	159	565	82	64	1.03	205	29.6	1170	170	−0.12	0.95	−0.61
950C (d)	L	HR bar	150	565	82	69	1.19	205	30	970	141	−0.11	0.85	−0.59
950X (d)	L	Plate channel	150	440	64	65	1.06	205	30	625	91	−0.075	0.35	−0.54
950X (d)	L	HR plate	156	530	77	72	1.24	205	29.5	1005	146	−0.10	0.85	−0.61
950X (d)	L	Plate channel	225	695	101	68	1.15	195	28.2	1055	153	−0.08	0.21	−0.53

Notes: (a) AISI/SAE grade, unless otherwise indicated. (b) ASTM designation. (c) Proprietary designation. (d) SAE HSLA grade. (e) Orientation of axis of specimen, relative to rolling direction; L is longitudinal (parallel to rolling direction); LT is long transverse (perpendicular to rolling direction). (f) STA, solution treated and aged; HR, hot rolled; CD, cold drawn; Q&T, quenched and tempered; CDSR, cold drawn strain relieved; DAT, drawn at temperature; A, annealed. From *ASM Metals Reference Book, 2nd edition,* 1983; ASM International, Materials Park, OH 44073-0002; table 217. Reprinted by permission of ASM International®, www.asminternational.org.

Table A–24

Mechanical Properties of Three Non-Steel Metals

(a) Typical Properties of Gray Cast Iron

[The American Society for Testing and Materials (ASTM) numbering system for gray cast iron is such that the numbers correspond to the *minimum tensile strength* in kpsi. Thus an ASTM No. 20 cast iron has a minimum tensile strength of 138 MPa (20 kpsi). Note particularly that the tabulations are *typical* of several heats.]

ASTM Number	Tensile Strength S_{ut}, MPa (kpsi)	Compressive Strength S_{uc}, MPa (kpsi)	Shear Modulus of Rupture S_{su}, MPa (kpsi)	Modulus of Elasticity, Mpsi		Endurance Limit* S_e, MPa (kpsi)	Brinell Hardness H_B	Fatigue Stress-Concentration Factor K_f
				Tension†	Torsion			
20	152 (22)	572 (83)	179 (26)	9.6–14	3.9–5.6	69 (10)	156	1.00
25	179 (26)	669 (97)	220 (32)	11.5–14.8	4.6–6.0	79 (11.5)	174	1.05
30	214 (31)	752 (109)	276 (40)	13–16.4	5.2–6.6	97 (14)	201	1.10
35	252 (36.5)	855 (124)	334 (48.5)	14.5–17.2	5.8–6.9	110 (16)	212	1.15
40	293 (42.5)	970 (140)	393 (57)	16–20	6.4–7.8	128 (18.5)	235	1.25
50	362 (52.5)	1130 (164)	503 (73)	18.8–22.8	7.2–8.0	148 (21.5)	262	1.35
60	431 (62.5)	1293 (187.5)	610 (88.5)	20.4–23.5	7.8–8.5	169 (24.5)	302	1.50

*Polished or machined specimens.

†The modulus of elasticity of cast iron in compression corresponds closely to the upper value in the range given for tension and is a more constant value than that for tension.

Table A–24

Mechanical Properties of Three Non-Steel Metals *(Continued)*

(b) Mechanical Properties of Some Aluminum Alloys

[These *are typical* properties for sizes of about $\frac{1}{2}$ in; similar properties can be obtained by using proper purchase specifications. The values given for fatigue strength correspond to $50(10^7)$ cycles of completely reversed stress. Alluminum alloys do not have an endurance limit. Yield strengths were obtained by the 0.2 percent offset method.]

Aluminum Association Number	Temper	Strength: Yield, S_y, MPa (kpsi)	Strength: Tensile, S_u, MPa (kpsi)	Strength: Fatigue, S_f, MPa (kpsi)	Elongation in 2 in, %	Brinell Hardness H_B
Wrought:						
2017	O	70 (10)	179 (26)	90 (13)	22	45
2024	O	76 (11)	186 (27)	90 (13)	22	47
	T3	345 (50)	482 (70)	138 (20)	16	120
3003	H12	117 (17)	131 (19)	55 (8)	20	35
	H16	165 (24)	179 (26)	65 (9.5)	14	47
3004	H34	186 (27)	234 (34)	103 (15)	12	63
	H38	234 (34)	276 (40)	110 (16)	6	77
5052	H32	186 (27)	234 (34)	117 (17)	18	62
	H36	234 (34)	269 (39)	124 (18)	10	74
Cast:						
319.0*	T6	165 (24)	248 (36)	69 (10)	2.0	80
333.0†	T5	172 (25)	234 (34)	83 (12)	1.0	100
	T6	207 (30)	289 (42)	103 (15)	1.5	105
335.0*	T6	172 (25)	241 (35)	62 (9)	3.0	80
	T7	248 (36)	262 (38)	62 (9)	0.5	85

*Sand casting.

†Permanent-mold casting.

(c) Mechanical Properties of Some Titanium Alloys

Titanium Alloy	Condition	Yield, S_y (0.2% offset) MPa (kpsi)	Strength Tensile, S_{ut} MPa (kpsi)	Elongation in 2 in, %	Hardness (Brinell or Rockwell)
Ti-35A†	Annealed	210 (30)	275 (40)	30	135 HB
Ti-50A†	Annealed	310 (45)	380 (55)	25	215 HB
Ti-0.2 Pd	Annealed	280 (40)	340 (50)	28	200 HB
Ti-5 Al-2.5 Sn	Annealed	760 (110)	790 (115)	16	36 HRC
Ti-8 Al-1 Mo-1 V	Annealed	900 (130)	965 (140)	15	39 HRC
Ti-6 Al-6 V-2 Sn	Annealed	970 (140)	1030 (150)	14	38 HRC
Ti-6Al-4V	Annealed	830 (120)	900 (130)	14	36 HRC
Ti-13 V-11 Cr-3 Al	Sol. + aging	1207 (175)	1276 (185)	8	40 HRC

†Commercially pure alpha titanium.

Table A–25

Stochastic Yield and Ultimate Strengths for Selected Materials *Source:* Data compiled from "Some Property Data and Corresponding Weibull Parameters for Stochastic Mechanical Design," Trans. *ASME Journal of Mechanical Design,* vol. 114 (March 1992), pp. 29–34.

Material		μ_{Sut}	$\hat{\sigma}_{Sut}$	x_0	θ	b	μ_{Sy}	$\hat{\sigma}_{Sy}$	x_0	θ	b	C_{Sut}	C_{Sy}
1018	CD	87.6	5.74	30.8	90.1	12	78.4	5.90	56	80.6	4.29	0.0655	0.0753
1035	HR	86.2	3.92	72.6	87.5	3.86	49.6	3.81	39.5	50.8	2.88	0.0455	0.0768
1045	CD	117.7	7.13	90.2	120.5	4.38	95.5	6.59	82.1	97.2	2.14	0.0606	0.0690
1117	CD	83.1	5.25	73.0	84.4	2.01	81.4	4.71	72.4	82.6	2.00	0.0632	0.0579
1137	CD	106.5	6.15	96.2	107.7	1.72	98.1	4.24	92.2	98.7	1.41	0.0577	0.0432
12L14	CD	79.6	6.92	70.3	80.4	1.36	78.1	8.27	64.3	78.8	1.72	0.0869	0.1059
1038	HT bolts	133.4	3.38	122.3	134.6	3.64						0.0253	
ASTM40		44.5	4.34	27.7	46.2	4.38						0.0975	
35018	Malleable	53.3	1.59	48.7	53.8	3.18	38.5	1.42	34.7	39.0	2.93	0.0298	0.0369
32510	Malleable	53.4	2.68	44.7	54.3	3.61	34.9	1.47	30.1	35.5	3.67	0.0502	0.0421
Malleable	Pearlitic	93.9	3.83	80.1	95.3	4.04	60.2	2.78	50.2	61.2	4.02	0.0408	0.0462
604515	Nodular	64.8	3.77	53.7	66.1	3.23	49.0	4.20	33.8	50.5	4.06	0.0582	0.0857
100-70-04	Nodular	122.2	7.65	47.6	125.6	11.84	79.3	4.51	64.1	81.0	3.77	0.0626	0.0569
201SS	CD	195.9	7.76	180.7	197.9	2.06						0.0396	
301SS	CD	191.2	5.82	151.9	193.6	8.00	166.8	9.37	139.7	170.0	3.17	0.0304	0.0562
	A	105.0	5.68	92.3	105.6	2.38	46.8	4.70	26.3	48.7	4.99	0.0541	0.1004
304SS	A	85.0	4.14	66.6	86.6	5.11	37.9	3.76	30.2	38.9	2.17	0.0487	0.0992
310SS	A	84.8	4.23	71.6	86.3	3.45						0.0499	
403SS		105.3	3.09	95.7	106.4	3.44	78.5	3.91	64.8	79.9	3.93	0.0293	0.0498
17-7PSS		198.8	9.51	163.3	202.3	4.21	189.4	11.49	144.0	193.8	4.48	0.0478	0.0607
AM350SS	A	149.1	8.29	101.8	152.4	6.68	63.0	5.05	38.0	65.0	5.73	0.0556	0.0802
Ti-6AL-4V		175.4	7.91	141.8	178.5	4.85	163.7	9.03	101.5	167.4	8.18	0.0451	0.0552
2024	0	28.1	1.73	24.2	28.7	2.43						0.0616	
2024	T4	64.9	1.64	60.2	65.5	3.16	40.8	1.83	38.4	41.0	1.32	0.0253	0.0449
	T6	67.5	1.50	55.9	68.1	9.26	53.4	1.17	51.2	53.6	1.91	0.0222	0.0219
7075	T6 .025″	75.5	2.10	68.8	76.2	3.53	63.7	1.98	58.9	64.3	2.63	0.0278	0.0311

Table A–26

Stochastic Parameters for Finite Life Fatigue Tests in Selected Metals *Source:* E. B. Haugen, *Probabilistic Mechanical Design,* Wiley, New York, 1980, Appendix 10–B.

1	2	3	4	5	6	7	8	9
		TS	*YS*	Distri-		Stress Cycles to Failure		
Number	Condition	MPa (kpsi)	MPa (kpsi)	bution	10^4	10^5	10^6	10^7
1046	WQ&T, 1210°F	723 (105)	565 (82)	W x_0	544 (79)	462 (67)	391 (56.7)	
				θ	594 (86.2)	503 (73.0)	425 (61.7)	
				b	2.60	2.75	2.85	
2340	OQ&T 1200°F	799 (116)	661 (96)	W x_0	579 (84)	510 (74)	420 (61)	
				θ	699 (101.5)	588 (85.4)	496 (72.0)	
				b	4.3	3.4	4.1	
3140	OQ&T, 1300°F	744 (108)	599 (87)	W x_0	510 (74)	455 (66)	393 (57)	
				θ	604 (87.7)	528 (76.7)	463 (67.2)	
				b	5.2	5.0	5.5	
2024	T-4	489 (71)	365 (53)	*N* σ	26.3 (3.82)	21.4 (3.11)	17.4 (2.53)	14.0 (2.03)
Aluminum				μ	143 (20.7)	116 (16.9)	95 (13.8)	77 (11.2)
Ti-6A1-4V	HT-46	1040 (151)	992 (144)	*N* σ	39.6 (5.75)	38.1 (5.53)	36.6 (5.31)	35.1 (5.10)
				μ	712 (108)	684 (99.3)	657 (95.4)	493 (71.6)

Statistical parameters from a large number of fatigue tests are listed. Weibull distribution is denoted W and the parameters are x_0, "guaranteed" fatigue strength; θ, characteristic fatigue strength; and b, shape factor. Normal distribution is denoted N and the parameters are μ, mean fatigue strength; and σ, standard deviation of the fatigue strength. The life is in stress-cycles-to-failure. TS = tensile strength, YS = yield strength. All testing by rotating-beam specimen.

Table A–27

Finite Life Fatigue Strengths of Selected Plain Carbon Steels *Source:* Compiled from Table 4 in H. J. Grover, S. A. Gordon, and L. R. Jackson, *Fatigue of Metals and Structures,* Bureau of Naval Weapons Document NAVWEPS 00-25-534, 1960.

			Tensile Strength	Yield Strength		Stress Cycles to Failure								
Material	Condition	BHN*	kpsi	kpsi	RA*	10^4	$4(10^4)$	10^5	$4(10^5)$	10^6	$4(10^6)$	10^7	10^8
1020	Furnace cooled		58	30	0.63			37	34	30	28	25	
1030	Air-cooled	135	80	45	0.62		51	47	42	38	38	38	
1035	Normal	132	72	35	0.54			44	40	37	34	33	33
	WQT	209	103	87	0.65		80	72	65	60	57	57	57
1040	Forged	195	92	53	0.23				40	47	33	33	
1045	HR, N		107	63	0.49	80	70	56	47	47	47	47	
1050	N, AC	164	92	47	0.40	50	48	46	40	38	34	34	
	WQT 1200	196	97	70	0.58		60	57	52	50	50	50	50
.56 MN	N	193	98	47	0.42	61	55	51	47	43	41	41	41
	WQT 1200	277	111	84	0.57	94	81	73	62	57	55	55	55
1060	As Rec.	67 Rb	134	65	0.20	65	60	55	50	48	48	48	
1095		162	84	33	0.37	50	43	40	34	31	30	30	30
	OQT 1200	227	115	65	0.40	77	68	64	57	56	56	56	56
10120		224	117	59	0.12		60	56	51	50	50	50	
	OQT 860	369	180	130	0.15		102	95	91	91	91	91	

*BHN = Brinell hardness number; RA = fractional reduction in area.

Table A–28

Decimal Equivalents of Wire and Sheet-Metal Gauges* (All Sizes Are Given in Millimeters)

Name of Gauge:	American or Brown & Sharpe	Birmingham or Stubs Iron Wire	United States Standard†	Manufacturers Standard	Steel Wire or Washburn & Moen	Music Wire	Stubs Steel Wire	Twist Drill
Principal Use:	Nonferrous Sheet, Wire, and Rod	Tubing, Ferrous Strip, Flat Wire, and Spring Steel	Ferrous Sheet and Plate, 75.4 kN/m³	Ferrous Sheet	Ferrous Wire Except Music Wire	Music Wire	Steel Drill Rod	Twist Drills and Drill Steel
7/0			12.7		12.446			
6/0	14.732		11.906		11.722	0.012		
5/0	13.119		11.112		10.935	0.127		
4/0	11.684	11.532	10.319		10.003	0.152		
3/0	10.388	10.795	9.525		9.207	0.178		
2/0	9.266	9.652	8.731		8.407	0.203		
0	8.252	8.636	7.937		7.785	0.229		
1	7.348	7.62	7.144		7.188	0.254	5.766	5.791
2	6.543	7.214	6.747		6.667	0.279	5.563	5.613
3	5.816	6.579	6.35	6.073	6.19	0.305	5.385	5.41
4	5.189	6.045	5.953	5.695	5.723	0.33	5.258	5.309
5	4.620	5.588	5.556	5.314	5.258	0.356	5.182	5.22
6	4.115	5.156	5.159	4.935	4.87	0.406	5.105	5.182
7	2.908	4.572	4.762	4.554	4.496	0.457	5.055	5.105
8	3.264	4.191	4.366	4.175	4.115	0.508	5.004	5.055
9	2.906	3.759	3.969	3.797	3.759	0.559	4.928	4.987
10	2.588	3.404	3.572	3.416	3.429	0.61	4.851	4.915
11	2.305	3.048	3.175	3.038	3.061	0.66	4.775	4.851
12	2.052	2.768	2.778	2.657	2.68	0.737	4.699	4.8
13	1.828	2.413	2.381	2.278	2.324	0.787	4.623	4.699
14	1.628	2.108	1.984	1.897	2.032	0.838	4.57	4.623
15	1.449	1.829	1.786	1.709	1.829	0.889	4.52	4.572
16	1.29	1.651	1.587	1.499	1.587	0.94	4.445	4.696
17	1.15	1.473	1.429	1.367	1.372	0.991	4.37	4.394

(continued)

Table A–28

Decimal Equivalents of Wire and Sheet-Metal Gauges* (All Sizes Are Given in Millimeters) *(Continued)*

Name of Gauge:	American or Brown & Sharpe	Birmingham or Stubs Iron Wire	United States Standard†	Manu-facturers Standard	Steel Wire or Washburn & Moen	Music Wire	Stubs Steel Wire	Twist Drill
Principal Use:	**Nonferrous Sheet, Wire, and Rod**	**Tubing, Ferrous Strip, Flat Wire, and Spring Steel**	**Ferrous Sheet and Plate, 75.4 kN/m³**	**Ferrous Sheet**	**Ferrous Wire Except Music Wire**	**Music Wire**	**Steel Drill Rod**	**Twist Drills and Drill Steel**
18	1.024	1.245	1.27	1.265	1.206	1.041	4.267	4.305
19	0.912	1.067	1.111	1.062	1.041	1.092	4.166	4.216
20	0.812	0.889	0.952	0.912	0.884	1.143	4.089	4.089
21	0.723	0.813	0.873	0.836	0.805	1.194	3.988	4.039
22	0.644	0.711	0.794	0.759	0.726	1.245	3.937	3.988
23	0.573	0.635	0.714	0.683	0.655	1.295	3.886	3.912
24	0.511	0.559	0.635	0.607	0.584	1.397	3.835	3.861
25	0.455	0.508	0.556	0.531	0.518	1.499	3.759	3.797
26	0.405	0.457	0.476	0.455	0.46	1.6	3.708	3.734
27	0.361	0.406	0.437	0.417	0.439	1.702	3.632	3.658
28	0.321	0.356	0.397	0.378	0.411	1.803	3.531	3.556
29	0.286	0.33	0.357	0.343	0.381	1.905	3.404	3.454
30	0.255	0.305	0.318	0.305	0.356	2.032	3.226	3.264
31	0.227	0.254	0.278	0.267	0.335	2.159	3.048	3.048
32	0.202	0.229	0.258	0.246	0.325	2.286	2.921	2.946
33	0.18	0.203	0.238	0.229	0.3	2.413	2.845	2.87
34	0.16	0.178	0.128	0.208	0.264		2.794	2.819
35	0.143	0.127	0.198	0.19	0.241		2.743	2.794
36	0.127	0.102	0.179	0.17	0.229		2.692	2.705
37	0.113		0.169	0.163	0.216		2.616	2.642
38	0.101		0.159	0.152	0.203		2.565	2.578
39	0.09				0.19		2.515	2.527
40	0.08				0.178		2.464	2.489

*Specify sheet, wire, and plate by stating the gauge number, the gauge name, and the decimal equivalent in parentheses.

†Reflects present average and weights of sheet steel.

Table A–29

Dimensions of Square and Hexagonal Bolts

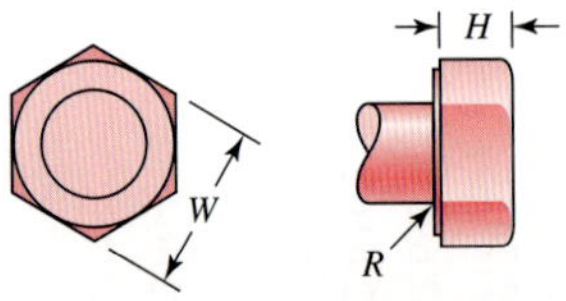

	Head Type										
Nominal Size, in	Square		Regular Hexagonal			Heavy Hexagonal			Structural Hexagonal		
	W	H	W	H	R_{min}	W	H	R_{min}	W	H	R_{min}
$\frac{1}{4}$	$\frac{3}{8}$	$\frac{11}{64}$	$\frac{7}{16}$	$\frac{11}{64}$	0.01						
$\frac{5}{16}$	$\frac{1}{2}$	$\frac{13}{64}$	$\frac{1}{2}$	$\frac{7}{32}$	0.01						
$\frac{3}{8}$	$\frac{9}{16}$	$\frac{1}{4}$	$\frac{9}{16}$	$\frac{1}{4}$	0.01						
$\frac{7}{16}$	$\frac{5}{8}$	$\frac{19}{64}$	$\frac{5}{8}$	$\frac{19}{64}$	0.01						
$\frac{1}{2}$	$\frac{3}{4}$	$\frac{21}{64}$	$\frac{3}{4}$	$\frac{11}{32}$	0.01	$\frac{7}{8}$	$\frac{11}{32}$	0.01	$\frac{7}{8}$	$\frac{5}{16}$	0.009
$\frac{5}{8}$	$\frac{15}{16}$	$\frac{27}{64}$	$\frac{15}{16}$	$\frac{27}{64}$	0.02	$1\frac{1}{16}$	$\frac{27}{64}$	0.02	$1\frac{1}{16}$	$\frac{25}{64}$	0.021
$\frac{3}{4}$	$1\frac{1}{8}$	$\frac{1}{2}$	$1\frac{1}{8}$	$\frac{1}{2}$	0.02	$1\frac{1}{4}$	$\frac{1}{2}$	0.02	$1\frac{1}{4}$	$\frac{15}{32}$	0.021
1	$1\frac{1}{2}$	$\frac{21}{32}$	$1\frac{1}{2}$	$\frac{43}{64}$	0.03	$1\frac{5}{8}$	$\frac{43}{64}$	0.03	$1\frac{5}{8}$	$\frac{39}{64}$	0.062
$1\frac{1}{8}$	$1\frac{11}{16}$	$\frac{3}{4}$	$1\frac{11}{16}$	$\frac{3}{4}$	0.03	$1\frac{13}{16}$	$\frac{3}{4}$	0.03	$1\frac{13}{16}$	$\frac{11}{16}$	0.062
$1\frac{1}{4}$	$1\frac{7}{8}$	$\frac{27}{32}$	$1\frac{7}{8}$	$\frac{27}{32}$	0.03	2	$\frac{27}{32}$	0.03	2	$\frac{25}{32}$	0.062
$1\frac{3}{8}$	$2\frac{1}{16}$	$\frac{29}{32}$	$2\frac{1}{16}$	$\frac{29}{32}$	0.03	$2\frac{3}{16}$	$\frac{29}{32}$	0.03	$2\frac{3}{16}$	$\frac{27}{32}$	0.062
$1\frac{1}{2}$	$2\frac{1}{4}$	1	$2\frac{1}{4}$	1	0.03	$2\frac{3}{8}$	1	0.03	$2\frac{3}{8}$	$\frac{15}{16}$	0.062
Nominal Size, mm											
M5	8	3.58	8	3.58	0.2						
M6			10	4.38	0.3						
M8			13	5.68	0.4						
M10			16	6.85	0.4						
M12			18	7.95	0.6	21	7.95	0.6			
M14			21	9.25	0.6	24	9.25	0.6			
M16			24	10.75	0.6	27	10.75	0.6	27	10.75	0.6
M20			30	13.40	0.8	34	13.40	0.8	34	13.40	0.8
M24			36	15.90	0.8	41	15.90	0.8	41	15.90	1.0
M30			46	19.75	1.0	50	19.75	1.0	50	19.75	1.2
M36			55	23.55	1.0	60	23.55	1.0	60	23.55	1.5

Table A–30

Dimensions of Hexagonal Cap Screws and Heavy Hexagonal Screws (W = Width across Flats; H = Height of Head; See Figure in Table A–29)

Nominal Size, in	Minimum Fillet Radius	Type of Screw Cap W	Heavy W	Height H
$\frac{1}{4}$	0.015	$\frac{7}{16}$		$\frac{5}{32}$
$\frac{5}{16}$	0.015	$\frac{1}{2}$		$\frac{13}{64}$
$\frac{3}{8}$	0.015	$\frac{9}{16}$		$\frac{15}{64}$
$\frac{7}{16}$	0.015	$\frac{5}{8}$		$\frac{9}{32}$
$\frac{1}{2}$	0.015	$\frac{3}{4}$	$\frac{7}{8}$	$\frac{5}{16}$
$\frac{5}{8}$	0.020	$\frac{15}{16}$	$1\frac{1}{16}$	$\frac{25}{64}$
$\frac{3}{4}$	0.020	$1\frac{1}{8}$	$1\frac{1}{4}$	$\frac{15}{32}$
$\frac{7}{8}$	0.040	$1\frac{5}{16}$	$1\frac{7}{16}$	$\frac{35}{64}$
1	0.060	$1\frac{1}{2}$	$1\frac{1}{8}$	$\frac{39}{64}$
$1\frac{1}{4}$	0.060	$1\frac{7}{8}$	2	$\frac{25}{32}$
$1\frac{3}{8}$	0.060	$2\frac{1}{16}$	$2\frac{3}{16}$	$\frac{27}{32}$
$1\frac{1}{2}$	0.060	$2\frac{1}{4}$	$2\frac{3}{8}$	$\frac{15}{16}$
Nominal Size, mm				
M5	0.2	8		3.65
M6	0.3	10		4.15
M8	0.4	13		5.50
M10	0.4	16		6.63
M12	0.6	18	21	7.76
M14	0.6	21	24	9.09
M16	0.6	24	27	10.32
M20	0.8	30	34	12.88
M24	0.8	36	41	15.44
M30	1.0	46	50	19.48
M36	1.0	55	60	23.38

Table A–31

Dimensions of Hexagonal Nuts

Nominal Size, in	Width W	Height H Regular Hexagonal	Thick or Slotted	JAM
$\frac{1}{4}$	$\frac{7}{16}$	$\frac{7}{32}$	$\frac{9}{32}$	$\frac{5}{32}$
$\frac{5}{16}$	$\frac{1}{2}$	$\frac{17}{64}$	$\frac{21}{64}$	$\frac{3}{16}$
$\frac{3}{8}$	$\frac{9}{16}$	$\frac{21}{64}$	$\frac{13}{32}$	$\frac{7}{32}$
$\frac{7}{16}$	$\frac{11}{16}$	$\frac{3}{8}$	$\frac{29}{64}$	$\frac{1}{4}$
$\frac{1}{2}$	$\frac{3}{4}$	$\frac{7}{16}$	$\frac{9}{16}$	$\frac{5}{16}$
$\frac{9}{16}$	$\frac{7}{8}$	$\frac{31}{64}$	$\frac{39}{64}$	$\frac{5}{16}$
$\frac{5}{8}$	$\frac{15}{16}$	$\frac{35}{64}$	$\frac{23}{32}$	$\frac{3}{8}$
$\frac{3}{4}$	$1\frac{1}{8}$	$\frac{41}{64}$	$\frac{13}{16}$	$\frac{27}{64}$
$\frac{7}{8}$	$1\frac{5}{16}$	$\frac{3}{4}$	$\frac{29}{32}$	$\frac{31}{64}$
1	$1\frac{1}{2}$	$\frac{55}{64}$	1	$\frac{35}{64}$
$1\frac{1}{8}$	$1\frac{11}{16}$	$\frac{31}{32}$	$1\frac{5}{32}$	$\frac{39}{64}$
$1\frac{1}{4}$	$1\frac{7}{8}$	$1\frac{1}{16}$	$1\frac{1}{4}$	$\frac{23}{32}$
$1\frac{3}{8}$	$2\frac{1}{16}$	$1\frac{11}{64}$	$1\frac{3}{8}$	$\frac{25}{32}$
$1\frac{1}{2}$	$2\frac{1}{4}$	$1\frac{9}{32}$	$1\frac{1}{2}$	$\frac{27}{32}$
Nominal Size, mm				
M5	8	4.7	5.1	2.7
M6	10	5.2	5.7	3.2
M8	13	6.8	7.5	4.0
M10	16	8.4	9.3	5.0
M12	18	10.8	12.0	6.0
M14	21	12.8	14.1	7.0
M16	24	14.8	16.4	8.0
M20	30	18.0	20.3	10.0
M24	36	21.5	23.9	12.0
M30	46	25.6	28.6	15.0
M36	55	31.0	34.7	18.0

Table A–32

Basic Dimensions of American Standard Plain Washers (All Dimensions in Inches)

Fastener Size	Washer Size	Diameter ID	Diameter OD	Thickness
#6	0.138	0.156	0.375	0.049
#8	0.164	0.188	0.438	0.049
#10	0.190	0.219	0.500	0.049
#12	0.216	0.250	0.562	0.065
$\frac{1}{4}$ N	0.250	0.281	0.625	0.065
$\frac{1}{4}$ W	0.250	0.312	0.734	0.065
$\frac{5}{16}$ N	0.312	0.344	0.688	0.065
$\frac{5}{16}$ W	0.312	0.375	0.875	0.083
$\frac{3}{8}$ N	0.375	0.406	0.812	0.065
$\frac{3}{8}$ W	0.375	0.438	1.000	0.083
$\frac{7}{16}$ N	0.438	0.469	0.922	0.065
$\frac{7}{16}$ W	0.438	0.500	1.250	0.083
$\frac{1}{2}$ N	0.500	0.531	1.062	0.095
$\frac{1}{2}$ W	0.500	0.562	1.375	0.109
$\frac{9}{16}$ N	0.562	0.594	1.156	0.095
$\frac{9}{16}$ W	0.562	0.625	1.469	0.109
$\frac{5}{8}$ N	0.625	0.656	1.312	0.095
$\frac{5}{8}$ W	0.625	0.688	1.750	0.134
$\frac{3}{4}$ N	0.750	0.812	1.469	0.134
$\frac{3}{4}$ W	0.750	0.812	2.000	0.148
$\frac{7}{8}$ N	0.875	0.938	1.750	0.134
$\frac{7}{8}$ W	0.875	0.938	2.250	0.165
1 N	1.000	1.062	2.000	0.134
1 W	1.000	1.062	2.500	0.165
$1\frac{1}{8}$ N	1.125	1.250	2.250	0.134
$1\frac{1}{8}$ W	1.125	1.250	2.750	0.165
$1\frac{1}{4}$ N	1.250	1.375	2.500	0.165
$1\frac{1}{4}$ W	1.250	1.375	3.000	0.165
$1\frac{3}{8}$ N	1.375	1.500	2.750	0.165
$1\frac{3}{8}$ W	1.375	1.500	3.250	0.180
$1\frac{1}{2}$ N	1.500	1.625	3.000	0.165
$1\frac{1}{2}$ W	1.500	1.625	3.500	0.180
$1\frac{5}{8}$	1.625	1.750	3.750	0.180
$1\frac{3}{4}$	1.750	1.875	4.000	0.180
$1\frac{7}{8}$	1.875	2.000	4.250	0.180
2	2.000	2.125	4.500	0.180
$2\frac{1}{4}$	2.250	2.375	4.750	0.220
$2\frac{1}{2}$	2.500	2.625	5.000	0.238
$2\frac{3}{4}$	2.750	2.875	5.250	0.259
3	3.000	3.125	5.500	0.284

N = narrow; W = wide; use W when not specified.

Table A–33

Dimensions of Metric Plain Washers (All Dimensions in Millimeters)

Washer Size*	Minimum ID	Maximum OD	Maximum Thickness	Washer Size*	Minimum ID	Maximum OD	Maximum Thickness
1.6 N	1.95	4.00	0.70	10 N	10.85	20.00	2.30
1.6 R	1.95	5.00	0.70	10 R	10.85	28.00	2.80
1.6 W	1.95	6.00	0.90	10 W	10.85	39.00	3.50
2 N	2.50	5.00	0.90	12 N	13.30	25.40	2.80
2 R	2.50	6.00	0.90	12 R	13.30	34.00	3.50
2 W	2.50	8.00	0.90	12 W	13.30	44.00	3.50
2.5 N	3.00	6.00	0.90	14 N	15.25	28.00	2.80
2.5 R	3.00	8.00	0.90	14 R	15.25	39.00	3.50
2.5 W	3.00	10.00	1.20	14 W	15.25	50.00	4.00
3 N	3.50	7.00	0.90	16 N	17.25	32.00	3.50
3 R	3.50	10.00	1.20	16 R	17.25	44.00	4.00
3 W	3.50	12.00	1.40	16 W	17.25	56.00	4.60
3.5 N	4.00	9.00	1.20	20 N	21.80	39.00	4.00
3.5 R	4.00	10.00	1.40	20 R	21.80	50.00	4.60
3.5 W	4.00	15.00	1.75	20 W	21.80	66.00	5.10
4 N	4.70	10.00	1.20	24 N	25.60	44.00	4.60
4 R	4.70	12.00	1.40	24 R	25.60	56.00	5.10
4 W	4.70	16.00	2.30	24 W	25.60	72.00	5.60
5 N	5.50	11.00	1.40	30 N	32.40	56.00	5.10
5 R	5.50	15.00	1.75	30 R	32.40	72.00	5.60
5 W	5.50	20.00	2.30	30 W	32.40	90.00	6.40
6 N	6.65	13.00	1.75	36 N	38.30	66.00	5.60
6 R	6.65	18.80	1.75	36 R	38.30	90.00	6.40
6 W	6.65	25.40	2.30	36 W	38.30	110.00	8.50
8 N	8.90	18.80	2.30				
8 R	8.90	25.40	2.30				
8 W	8.90	32.00	2.80				

N = narrow; R = regular; W = wide.

*Same as screw or bolt size.

Table A–34

Gamma Function*

Source: Reprinted with permission from William H. Beyer (ed.), *Handbook of Tables for Probability and Statistics,* 2nd ed., 1966. Copyright CRC Press, Boca Raton, Florida.

Values of $\Gamma(n) = \int_0^\infty e^{-x} x^{n-1} dx;\ \Gamma(n+1) = n\Gamma(n)$

n	Γ(n)	n	Γ(n)	n	Γ(n)	n	Γ(n)
1.00	1.000 00	1.25	.906 40	1.50	.886 23	1.75	.919 06
1.01	.994 33	1.26	.904 40	1.51	.886 59	1.76	.921 37
1.02	.988 84	1.27	.902 50	1.52	.887 04	1.77	.923 76
1.03	.983 55	1.28	.900 72	1.53	.887 57	1.78	.926 23
1.04	.978 44	1.29	.899 04	1.54	.888 18	1.79	.928 77
1.05	.973 50	1.30	.897 47	1.55	.888 87	1.80	.931 38
1.06	.968 74	1.31	.896 00	1.56	.889 64	1.81	.934 08
1.07	.964 15	1.32	.894 64	1.57	.890 49	1.82	.936 85
1.08	.959 73	1.33	.893 38	1.58	.891 42	1.83	.939 69
1.09	.955 46	1.34	.892 22	1.59	.892 43	1.84	.942 61
1.10	.951 35	1.35	.891 15	1.60	.893 52	1.85	.945 61
1.11	.947 39	1.36	.890 18	1.61	.894 68	1.86	.948 69
1.12	.943 59	1.37	.889 31	1.62	.895 92	1.87	.951 84
1.13	.939 93	1.38	.888 54	1.63	.897 24	1.88	.955 07
1.14	.936 42	1.39	.887 85	1.64	.898 64	1.89	.958 38
1.15	.933 04	1.40	.887 26	1.65	.900 12	1.90	.961 77
1.16	.929 80	1.41	.886 76	1.66	.901 67	1.91	.965 23
1.17	.936 70	1.42	.886 36	1.67	.903 30	1.92	.968 78
1.18	.923 73	1.43	.886 04	1.68	.905 00	1.93	.972 40
1.19	.920 88	1.44	.885 80	1.69	.906 78	1.94	.976 10
1.20	.918 17	1.45	.885 65	1.70	.908 64	1.95	.979 88
1.21	.915 58	1.46	.885 60	1.71	.910 57	1.96	.983 74
1.22	.913 11	1.47	.885 63	1.72	.912 58	1.97	.987 68
1.23	.910 75	1.48	.885 75	1.73	.914 66	1.98	.991 71
1.24	.908 52	1.49	.885 95	1.74	.916 83	1.99	.995 81
						2.00	1.000 00

*For large positive values of x, $\Gamma(x)$ approximates the asymptotic series

$$x^x e^{-x}\sqrt{\frac{2x}{x}}\left[1+\frac{1}{12x}+\frac{1}{288x^2}-\frac{139}{51\,840x^3}-\frac{571}{2\,488\,320x^4}+\cdots\right]$$

Appendix

B

Gear Equations (in SI Units) Based on AGMA Standards

Appendix Outline

SPUR GEAR BENDING
ANSI / AGMA 2001-D04

$$d_P = (N_P) \times (m) = \frac{2C}{m_G \pm 1} \quad \begin{matrix} + \text{External gears} \\ - \text{Internal gears} \end{matrix}$$

$$V = \frac{\pi d n}{1000}$$

$$W^t = \frac{1000\text{ H}}{V}$$

AGMA bending stress equation (12–15)

$$\sigma = W^t K_O K_V K_S \frac{1}{b m_t} \frac{K_H K_B}{Y_J}$$

- K_O: Table below
- K_V: Eq. (12–27)
- K_S: 1 [or Eq. (a), Sec. 12–10]
- K_H: Eq. (12–30)
- K_B: Eq. (12–40)
- Y_J: Fig. 12–6
- m_t: Transverse module

AGMA bending endurance strength equation (12–17)

$$\sigma_{\text{all}} = \frac{\sigma_{FP}}{S_F} \frac{Y_N}{Y_\theta Y_Z}$$

- σ_{FP}: $_{0.99}(S_t)_{10^7}$ Tables 12-3, 12-4
- Y_N: Fig. 12–14
- Y_θ: 1 if $T < 120°$C
- Y_Z: Eq. (12–38)

Bending factor of safety

$$S_F = \frac{\sigma_{FP} Y_N / (Y_\theta Y_Z)}{\sigma}$$

Remember to compare S_F with S_H^2 when deciding whether bending or wear is the threat to function. For crowned gears compare S_F with S_H^3.

Table of Overload Factors, K_o

	Driven Machine		
Power source	Uniform	Moderate shock	Heavy shock
Uniform	1.00	1.25	1.75
Light shock	1.25	1.50	2.00
Medium shock	1.50	1.75	2.25

Figure B–1

Roadmap of gear bending equations based on AGMA standards. *(ANSI/AGMA 2001-D04.)*

SPUR GEAR WEAR
ANSI / AGMA 2001-D04

$$d_P = (N_P) \times (m) = \frac{2C}{m_G \pm 1} \quad \begin{array}{l} + \text{External gears} \\ - \text{Internal gears} \end{array}$$

$$V = \frac{\pi d n}{1000}$$

$$W^t = \frac{1000\ \text{H}}{V}$$

AGMA contact stress equation (12–16)

$$\sigma_c = Z_E \left(W^t K_O K_V K_S \frac{K_H}{d_{w1} b} \frac{Z_R}{Z_I} \right)^{1/2}$$

- Z_E: Table 12–8
- W^t: from $W^t = \frac{1000\ \text{H}}{V}$
- K_O: Table below
- K_V: Eq. (12–27)
- K_S: 1 [or Eq. (a), Sec. 12–10]
- K_H: Eq. (12–30)
- Z_R: 1
- Z_I: $\dfrac{\cos \phi_t \sin \phi_t}{2} \dfrac{m_G}{m_G \pm 1}$

AGMA contact endurance strength (12–18)

$$\sigma_{c,\text{all}} = \frac{\sigma_{HP} Z_N Z_W}{S_H Y_\theta Y_Z}$$

- σ_{HP}: ${}_{0.99}(S_c)_{10^7}$ Tables 12–6, 12–7
- Z_N: Fig. 12–15
- Z_W: Section 12–12, gear only
- Y_θ: 1 if $T < 120°\text{C}$
- Y_Z: Eqs. (12–38)

Wear factor of safety

$$S_H = \frac{\sigma_{HP} Z_N Z_W / (Y_\theta Y_Z)}{\sigma_c}$$

Remember to compare S_F with S_H^2 when deciding whether bending or wear is the threat to function. For crowned gears compare S_F with S_H^3.

Table of Overload Factors, K_o

	Driven Machine		
Power source	Uniform	Moderate shock	Heavy shock
Uniform	1.00	1.25	1.75
Light shock	1.25	1.50	2.00
Medium shock	1.50	1.75	2.25

Figure B–2

Roadmap of gear wear equations based on AGMA standards. *(ANSI/AGMA 2001-D04.)*

Appendix C

Answers to Selected Problems

Chapter 1

1–8 $P = 100$ units

1–11 (a) $e_1 = 0.005\ 751\ 311\ 1$, $e_2 = 0.008\ 427\ 124\ 7$, $e = 0.014\ 178\ 435\ 8$, (b) $e_1 = -0.004\ 248\ 688\ 9$, $e_2 = -0.001\ 572\ 875\ 3$, $e = -0.005\ 821\ 564\ 2$

1–14 (a) $w = 0.5 \pm 0.45$ mm, (b) $\bar{d} = 163.2$ mm

1–16 $a = 39.225 \pm 0.4$ mm

1–17 $D_o = 91.4 \pm 0.9$ mm

1–22 (a) $\sigma = 13.07$ MPa, (b) $\sigma = 70$ MPa, (c) $y = 15.5$ mm, (d) $\theta = 5.18°$

Chapter 2

2–6 $E = 210$ GPa, $S_y = 295.6$ MPa, $S_{ut} = 594.4$ MPa, area reduction = 45.6 percent

2–9 (a) Before: $S_y = 220$ MPa, $S_u = 341$ MPa, After: $S'_y = 426$ MPa, 93.4% increase, $S'_u = 426.3$ MPa, 25% increase, (b) Before: $S_u/S_y = 1.55$, After: $S'_u/S'_y = 1$

2–15 $\bar{S}_u = 797$ MPa, $s_{S_u} = 8.64$ MPa

2–17 (a) $u_R \doteq (208)(10^3)\ \text{J/m}^3$, (b) $u_T \doteq 466.8\ \text{MJ/m}^3$

2–26 Aluminum alloys have greatest potential followed closely by high carbon heat-treated steel. Warrants further discussion.

2–34 Steel, titanium, aluminum, and composites

Chapter 3

3–1 $R_B = 166.7$ N, $R_O = 333.3$ N, $R_C = 166.7$ N

3–6 $R_O = 2.6$ kN, $M_O = 655\ \text{N}\cdot\text{m}$

3–14 (a) $M_{max} = 32.4\ \text{N}\cdot\text{m}$, (b) $a_{min} = 51.8$ mm, $M_{min} = 24.1\ \text{N}\cdot\text{m}$

3–15 (a) $\sigma_1 = 22$ MPa, $\sigma_2 = -12$ MPa, $\sigma_3 = 0$ MPa, $\phi_p = 14.0°$ cw, $\tau_1 = 17$ MPa, $\sigma_{ave} = 5$ MPa, $\phi_s = 31.0°$ ccw,
(b) $\sigma_1 = 18.6$ MPa, $\sigma_2 = 6.4$ MPa, $\sigma_3 = 0$ MPa, $\phi_p = 27.5°$ ccw, $\tau_1 = 6.10$ MPa, $\sigma_{ave} = 12.5$ MPa, $\phi_s = 17.5°$ cw,
(c) $\sigma_1 = 26.2$ MPa, $\sigma_2 = 7.78$ MPa, $\sigma_3 = 0$ MPa, $\phi_p = 69.7°$ ccw, $\tau_1 = 9.22$ MPa, $\sigma_{ave} = 17$ MPa, $\phi_s = 24.7°$ ccw,
(d) $\sigma_1 = 25.8$ MPa, $\sigma_2 = -15.8$ MPa, $\sigma_3 = 0$ MPa, $\phi_p = 72.4°$ cw, $\tau_1 = 20.8$ MPa, $\sigma_{ave} = 5$ MPa, $\phi_s = 27.4°$ cw

3–20 $\sigma_1 = 21.04$ MPa, $\sigma_2 = 5.67$ MPa, $\sigma_3 = -26.71$ MPa, $\tau_{max} = 23.88$ MPa

3–23 $\sigma = 79.6$ MPa, $\delta = 0.69$ mm, $\epsilon_1 = 384(10^{-6})$, $\epsilon_2 = -112(10^{-6})$, $\Delta d = -1.34(10^{-3})$ mm

3–27 $\delta = 5.9$ mm

3–29 $\sigma_x = 382$ MPa, $\sigma_y = -37.4$ MPa

3–35 $\sigma_{max} = 84.3$ MPa, $\tau_{max} = 5.63$ MPa

3–40 (c) $\sigma = 123.8$ MPa, $\tau = 23.6$ MPa, (d) $\sigma = 176.8$ MPa, $\tau = 23.6$ MPa, (e) $\sigma = 123.8$ MPa, $\tau = 23.6$ MPa

3–51 (a) $T = 169.3\ \text{N}\cdot\text{m}$, $\theta = 5.03°$, (b) $T = 164.9\ \text{N}\cdot\text{m}$, $\theta = 4.78°$

3–53 (a) $T_1 = 1.47\ \text{N}\cdot\text{m}$, $T_2 = 7.45\ \text{N}\cdot\text{m}$, $T_3 = 0\ \text{N}\cdot\text{m}$, $T = 8.92\ \text{N}\cdot\text{m}$, (b) $\theta_1 = 0.00348$ rad/mm

3–59 $H = 55.5$ kW

3–66 $d_c = 45$ mm

3–69 (a) $T_1 = 2880$ N, $T_2 = 432$ N, (b) $R_O = -3036$ N, $R_C = 1794$ N, (d) $\sigma = 263$ MPa, $\tau = 57.7$ MPa, (e) $\sigma_1 = 276$ MPa, $\sigma_2 = -12.1$ MPa, $\tau_{max} = 144$ MPa

3–72 (a) $F_B = 3750$ N, (b) $R_{Cy} = 916$ N, $R_{Cz} = 4307$ N, $R_{Oy} = 1043$ N, $R_{Oz} = 1296$ N, (d) $\sigma = 318.3$ MPa, $\tau = 66.5$ MPa, (e) $\sigma_1 = 331.6$ MPa, $\sigma_2 = -13.35$ MPa, $\tau_{max} = 172.5$ MPa

3–80 (a) Critical at the wall at top or bottom of rod. (b) $\sigma_x = 104.3$ MPa, $\tau_{xz} = 32.6$ MPa, (c) $\sigma_1 = 113.7$ MPa, $\sigma_2 = -9.4$ MPa, $\tau_{max} = 61.5$ MPa

3–84 (a) Critical at the top or bottom. (b) $\sigma_x = 257.9$ MPa, $\tau_{xz} = 147.4$ MPa, (c) $\sigma_1 = 324.8$ MPa, $\sigma_2 = 66.9$ MPa, $\tau_{max} = 195.8$ MPa

3–95 $x_{min} = 8.3$ mm

3–97 $x_{max} = 12.7$ MPa

3–100 $p_o = 82.8$ MPa

3–104 $\sigma_l = -1.72$ MPa, $\sigma_t = 39.16$ MPa, $\sigma_r = 157$ kPa, $\tau_{1/3} = 20.44$ MPa, $\tau_{1/2} = 19.66$ MPa, $\tau_{2/3} = 780$ kPa

3–108 $\tau_{max} = 19.3$ MPa

3–110 $\delta_{max} = 0.021$ mm, $\delta_{min} = 0.0005$ mm, $p_{max} = 65.2$ MPa, $p_{min} = 1.55$ MPa

3–116 $\delta = 0.025$ mm, $p = 57.5$ MPa, $(\sigma_t)_i = -57.5$ MPa, $(\sigma_t)_o = 149.5$ MPa

3–120 $e = 0.00340$ mm, 0.00333 mm

3–126 (a) $\sigma = \pm 382.7$ MPa, (b) $\sigma_i = -485.1$ MPa, $\sigma_o = 312.5$ MPa, (c) $k_i = 1.27$, $k_o = 0.82$

3–129 $\sigma_i = 64.6$ MPa, $\sigma_o = 21.7$ MPa

3–133 $\sigma_{max} = 352F^{1/3}$ MPa, $\tau_{max} = 106F^{1/3}$ MPa

3–138 $F = 333$ N

3–141 $\sigma_x = -65.6$ MPa, $\sigma_y = -22.9$ MPa, $\sigma_z = -96.9$ MPa, $\tau_{max} = 37.0$ MPa

Chapter 4

4–1 (a) MSS: $n = 3.5$, DE: $n = 3.5$, (b) MSS: $n = 3.5$, DE: $n = 4.04$, (c) MSS: $n = 1.94$, DE: $n = 2.13$, (d) MSS: $n = 3.07$, DE: $n = 3.21$, (e) MSS: $n = 3.34$, DE: $n = 3.57$

4–3 (a) MSS: $n = 1.49$, DE: $n = 1.7$, (b) MSS: $n = 1.24$, DE: $n = 1.43$, (c) MSS: $n = 1.31$, DE: $n = 1.4$, (d) MSS: $n = 1.14$, DE: $n = 1.32$, (e) MSS: $n = 0.95$, DE: $n = 1.05$

4–7 (a) $n = 3.03$, (b) $n = 3.01$

4–12 (a) $n = 2.40$, (b) $n = 2.22$, (c) $n = 2.19$, (d) $n = 2.03$, (e) $n = 1.92$

4–17 (a) $n = 1.81$, (b) $n = 1.82$

4–19 (a) BCM: $n = 1.2$, MM: $n = 1.2$, (b) BCM: $n = 1.5$, MM: $n = 2.0$, (c) BCM: $n = 1.18$, MM: $n = 1.24$, (d) BCM: $n = 1.23$, MM: $n = 1.60$, (e) BCM: $n = 2.57$, MM: $n = 2.57$

4–24 (a) BCM: $n = 3.63$, MM: $n = 3.63$, (b) BCM and MM: $n = 3.67$

4–29 (a) $n = 1.54$, (b) $n = 1.52$

4–34 (a) $n = 1.53$, (b) $n = 1.52$

4–40 MSS: $n = 1.29$, DE: $n = 1.32$

4–48 MSS: $n = 14.1$, DE: $n = 14.5$

4–53 MSS: $n = 0.94$, DE: $n = 1.02$

4–58 For yielding: $p = 9.5$ MPa, For rupture: $p = 11.5$ MPa

4–63 $d = 21.6$ mm

4–65 Model *c*: $n = 1.81$, Model *d*: $n = 1.27$, Model *e*: $n = 1.81$

4–67 $F_x = 2\pi f T/(0.2d)$

4–68 (a) $F_i = 16.7$ kN, (b) $p_i = 111.3$ MPa, (c) $\sigma_t = 185.5$ MPa, $\sigma_r = -111.3$ MPa (d) $\tau_{max} = 148.4$ MPa, $\sigma' = 259.7$ MPa, (e) MSS: $n = 1.52$, DE: $n = 1.73$

4–74 $n_o = 1.84$, $n_i = 1.80$

4–76 $n = 1.91$

4–86 $\boldsymbol{\sigma}_{it} = \mathbf{N}(-241.5, 14.2)$ MPa, $\boldsymbol{\sigma}_{ot} = \mathbf{N}(378.6, 22.3)$ MPa

Chapter 5

5–1 $S_e = 434$ MPa

5–3 $N = 117\,000$ cycles

5–5 $S_f = 990.8$ MPa

5–9 $(S_f)_{ax} = 1379.4\, N^{-0.0851}$ MPa for $10^3 \le N \le 10^6$

5–15 $n_f = 0.71$, $n_y = 1.46$

5–17 $n_f = 0.46$, $N = 2700$ cycles

5–20 $n_y = 1.67$, (a) $n_f = 1.06$, (b) $n_f = 1.31$, (c) $n_f = 1.32$

5–24 $n_y = 2.0$, (a) $n_f = 1.20$, (b) $n_f = 1.44$, (c) $n_f = 1.44$

5–25 $n_y = 3.3$, using Goodman: $n_f = 0.64$, $N = 34\,000$ cycles

5–30 The design is controlled by fatigue at the hole, $n_f = 1.38$

5–33 (a) $T = 3.22$ N · m, (b) $T = 3.96$ N · m, (c) $n_y = 2.03$

5–35 $n_f = 1.21$, $n_y = 1.43$

5–38 $n_f = 0.56$

5–46 $n_f = 6.18$

5–47 $n_f = 1.50$

5–51 $n_f = 0.53$, $N = 18$ cycles

5–57 $P = 17.6$ kN, $n_y = 5.10$

5–59 (a) $n_2 = 7\,000$ cycles, (b) $n_2 = 10\,000$ cycles

5–66 $R = 0.995$

5–68 $R = 0.7643$

Chapter 6

6–1 (a) DE-Gerber: $d = 25.85$ mm, (b) DE-Elliptic: $d = 25.77$ mm, (c) DE-Soderberg: $d = 27.70$ mm, (d) DE-Goodman: $d = 27.27$ mm

6–2 Using DE-Elliptic, $d = 24$ mm, $D = 32$ mm, $r = 1.6$ mm

6–6 These answers are a partial assessment of potential failure. Deflections: $\theta_O = 5.47(10)^{-4}$ rad, $\theta_A = 7.09(10)^{-4}$ rad, $\theta_B = 1.10(10)^{-3}$ rad. Compared to Table 7–2 recommendations, θ_B is high for an uncrowned gear. Strength: Using DE-Elliptic at the shoulder at A, $n_f = 3.42$

6–18 (a) Fatigue strength using DE-Elliptic: Left keyway $n_f = 3.8$, right bearing shoulder $n_f = 5.0$, right keyway $n_f = 2.7$. Yielding: Left keyway $n_y = 4.3$, right keyway $n_y = 2.7$, (b) Deflection factors compared to minimum recommended in Table 7–2: Left bearing $n = 1.38$, right bearing $n = 0.72$, gear slope $n = 0.63$

6–28 (a) $\omega = 883$ rad/s (b) $d = 50$ mm (c) $\omega = 1766$ rad/s (doubles)

6–30 (b) $\omega = 437$ rad/s

6–34 6-mm square key, 30 mm long, AISI 1020 CD

6–36 $d_{\min} = 14.989$ mm, $d_{\max} = 15.000$ mm, $D_{\min} = 15.000$ mm, $D_{\max} = 15.018$ mm

6–42 (a) $d_{\min} = 35.043$ mm, $d_{\max} = 35.059$ mm, $D_{\min} = 35.000$ mm, $D_{\max} = 35.025$ mm, (b) $p_{\min} = 35.1$ MPa, $p_{\max} = 115$ MPa, (c) Shaft: $n = 3.4$, hub: $n = 1.9$, (d) Assuming $f = 0.8$, $T = 2702$ N · m

Chapter 7

7–1 (a) Thread depth 2.5 mm, thread width 2.5 mm, $d_m = 22.5$ mm, $d_r = 20$ mm, $l = p = 5$ mm

7-4 $T_R = 15.85$ N · m, $T_L = 7.83$ N · m, $e = 0.251$

7-8 $F = 182$ lbf

7-11 (a) $L = 45$ mm, (b) $k_b = 874.6$ MN/m, (c) $k_m = 3\,116.5$ MN/m

7-14 (a) $L = 3.5$ in, (b) $k_b = 1.79$ Mlbf/in, (c) $k_m = 7.67$ Mlbf/in

7-19 (a) $L = 60$ mm, (b) $k_b = 292.1$ MN/m, (c) $k_m = 692.5$ MN/m

7-25 From Eqs. (8–20) and (8–22), $k_m = 2\,762$ MN/m. From Eq. (8–23), $k_m = 2\,843$ MN/m

7-29 (a) $n_p = 1.10$, (b) $n_L = 1.60$, (c) $n_0 = 1.20$

7-33 $L = 55$ mm, $n_p = 1.29$, $n_L = 11.1$, $n_0 = 11.8$

7-37 $n_p = 1.29$, $n_L = 10.6$, $n_0 = 12.0$

7-41 Bolt sizes of diameters 8, 10, 12, and 14 mm were evaluated and all were found acceptable. For $d = 8$ mm, $k_m = 854$ MN/m, $L = 50$ mm, $k_b = 233.9$ MN/m, $C = 0.215$, $N = 20$ bolts, $F_i = 6.18$ kN, $P = 2.71$ kN/bolt, $n_p = 1.22$, $n_L = 3.53$, $n_o = 2.9$

7-46 (a) $T = 823$ N · m, (b) $n_p = 1.10$, $n_L = 17.7$, $n_0 = 57.7$

7-51 (a) Goodman: $n_f = 7.55$, (b) Gerber: $n_f = 11.4$, (c) ASME-elliptic: $n_f = 9.73$

7-55 Goodman: $n_f = 11.9$

7-60 (a) $n_p = 1.16$, (b) $n_L = 2.96$, (c) $n_0 = 6.70$, (d) $n_f = 4.56$

7-63 $n_f = 4.75$, $n_p = 1.24$, $n_L = 4.62$, $n_0 = 5.39$

7-67 F = 54 kip

7-70 Bolt shear, $n = 1.70$; bolt bearing, $n = 4.69$; member bearing, $n = 2.68$; member tension, $n = 6.68$

7-75 $F = 2.32$ kN based on channel bearing

7-77 Bolt shear, $n = 4.78$; bolt bearing, $n = 10.55$; member bearing, $n = 5.70$; member bending, $n = 4.13$

Chapter 8

8-1 $F = 49.5$ kN

8-5 $F = 51.3$ kN

8-9 $F = 31.1$ kN

8-14 $\tau = 123.7$ MPa

8-18 (a) $F = 9.75$ kN, (b) $F = 5.3$ kN

8-22 $F = 19.4$ kN

8–26 $F = 26$ kN

8–29 $F = 49.8$ kN

8–31 $F = 5.04$ kN

8–34 $l_1 = 58$ mm, $l_2 = 82$ mm

8–45 $\tau_{max} = 184.9$ MPa

8–47 $\tau_{max} = 45.3$ MPa

8–48 $n = 3.56$

8–51 $F = 61.2$ kN

Chapter 9

9–3 (a) $L_0 = 162.8$ mm, (b) $F_s = 167.9$ N, (c) $k = 1.314$ N/mm, (d) $(L_0)_{cr} = 149.9$ mm, spring needs to be supported

9–5 (a) $L_s = 65$ mm, (b) $F_s = 289.5$ N, (c) $n_s = 2.05$

9–7 (a) $L_0 = 47.7$ mm, (b) $p = 5.61$ mm, (c) $F_s =$ 81.12 N, (d) $k = 2.643$ N/mm, (e) $(L_0)_{cr} = 105.2$ mm, buckling is unlikely

9–11 Spring is not solid-safe, $n_s = 0.56$, $L_0 \le 14.4$ mm

9–17 Spring is solid-safe, $n_s = 1.04$, $L_0 \le 68.2$ mm

9–20 (a) $N_a = 12$ turns, $L_s = 44.2$ mm, $p = 10$ mm, (b) $k = 1.08$ N/mm, (c) $F_s = 81.9$ N, (d) $\tau_s = 271$ MPa

9–23 With $d = 2$ mm, $L_0 = 48$ mm, $k = 4.286$ N/mm, $D = 13.25$ mm, $N_a = 15.9$ coils, $n_s = 2.63 > 1.2$, ok. No other d works.

9–28 (a) $d = 6$ mm, (b) $D = 42$ mm, (c) $k =$ 24 N/mm, (d) $N_t = 9.29$ turns, (e) $L_0 = 102.2$ mm

9–30 Use A313 stainless wire, $d = 2.3$ mm, OD = 20.9mm, $N_t = 24.6$ turns, $L_0 = 118.9$ mm

9–39 $\Sigma = 31.3°$ (see Fig. 10–9), $F_{max} = 87.3$ N

9–42 (a) $k = 12EI\{4l^3 + 3R[2\pi l^2 + 4(\pi - 2)\, l\, R + (3\pi - 8)\, R^2]\}^{-1}$, (b) $k = 0.276$ N/m, (c) $F = 1.45$ N

Chapter 10

10–1 $x_D = 525$, $F_D = 3.0$ kN, $C_{10} = 25.5$ kN, 02–35 mm deep-groove ball bearing, $R = 0.920$

10–6 $C_{10} = 145$ kN

10–8 $C_{10} = 20$ kN

10–15 $C_{10} = 26.1$ kN

10–21 (a) $F_e = 5.34$ kN, (b) $\mathcal{L}_D = 444$ h

10–24 60 mm bearing

10–27 (a) $C_{10} = 64$ kN

10–33 $C_{10} = 5.7$ kN, 02–12 mm deep-groove ball bearing of 6.89 kN rating

10–34 $R_O = 0.495$ kN, $R_C = 1.322$ kN, deep-groove 02–12 mm at O, deep-groove 02–30 mm at C

10–38 $l_2 = 0.267(10^6)$ rev

10–43 $F_{RA} = 35.4$ kN, $F_{RB} = 17.0$ kN

Chapter 11

11–1 35 teeth, 3.25 in

11–2 400 rev/min, $p = 3\pi$ mm, $C = 112.5$ mm

11–4 $a = 0.3333$ in, $b = 0.4167$ in, $c = 0.0834$ in, $p = 1.047$ in, $t = 0.523$ in, $d_1 = 7$ in, $d_{1b} = 6.578$ in, $d_2 = 9.333$ in, $d_{2b} = 8.77$ in, $p_b = 0.984$ in, $m_c = 1.55$ in

11–5 $A_0 = 2.91$ in, $\gamma = 23.63°$, $\Gamma = 66.37°$, $F = 0.873$ in

11–10 (a) 13, (b) 15, 45, (c) 18

11–12 10:20 and higher

11–15 (a) $p_n = 3\pi$ mm, $p_t = 10.40$ mm, $p_x =$ 22.30 mm, (b) $m_t = 3.310$ mm, $\phi_t = 21.88°$, (c) $d_p = 59.58$ mm, $d_G = 105.92$ mm

11–17 $n_d = 47.06$ rev/min cw

11–24 $N_2 = N_4 = 15$ teeth, $N_3 = N_5 = 44$ teeth

11–29 $n_A = 68.57$ rev/min cw

11–36 (a) $d_2 = d_4 = 2.5$ in, $d_3 = d_5 = 7.33$ in, (b) $V_i = 1636$ ft/min, $V_o = 558$ ft/min, (c) $W_{ti} = 504$ lbf, $W_{ri} = 184$ lbf, $W_i = 537$ lbf, $W_{to} = 1478$ lbf, $W_{ro} = 538$ lbf, $W_o = 1573$ lbf, (d) $T_i = 630$ lbf · in, $T_o = 5420$ lbf · in

11–38 (a) $N_{pmin} = 15$ teeth, (b) $m = 13.3$ mm/tooth, (c) $F_A = 1.56$ kN, $F_B = 3.89$ kN

11–41 (a) $N_F = 30$ teeth, $N_C = 15$ teeth, (b) $m = 8.33$ mm/tooth, (c) $T = 102.3$ N · m, (d) $W_r = 279.9$ N, $W_t = 818.5$, $W = 871$ N

11–43 $\mathbf{F}_A = 71.5\,\mathbf{i} + 53.4\,\mathbf{j} + 350.5\,\mathbf{k}$ lbf, $\mathbf{F}_B = -178.4\,\mathbf{i} - 678.8\,\mathbf{k}$ lbf

11–50 $\mathbf{F}_C = 1565\,\mathbf{i} + 672\,\mathbf{j}$ lbf, $\mathbf{F}_D = 1610\,\mathbf{i} - 425\,\mathbf{j} + 154\,\mathbf{k}$ lbf

Chapter 12

12–1 $\sigma = 89.8$ MPa

12–4 $\sigma = 32.6$ MPa

12–7 $F = 64$ mm

12–10 $m = 2$ mm, $F = 25$ mm

12–14 $\sigma_c = -617$ MPa

12–17 $W^t = 16\,390$ N, $H = 94.3$ kW (pinion bending); $W^t = 3469$, $H = 20$ kW (pinion and gear wear)

12–22 $W^t = 775$ lbf, $H = 19.5$ hp (pinion bending); $W^t = 300$ lbf, $H = 7.55$ hp (pinion wear), AGMA method accounts for more conditions

12–24 Rating power = min(157.5, 192.9, 53.0, 59.0) = 53 hp

12–28 Rating power = min(270, 335, 240, 267) = 240 hp

12–34 $H = 69.7$ hp

Chapter 13

13–1 (a) Right shoe: $p_a = 734.5$ kPa cw rotation, (b) Right shoe: $T = 277.6$ N · m; left shoe: 144.4 N · m; total $T = 422$ N · m, (c) RH shoe: $R^x = -1.007$ kN, $R^y = 4.128$ kN, $R = 4.249$ kN, LH shoe: $R^x = 570$ N, $R^y = 751$ N, $R = 959$ N

13–3 LH shoe: $T = 161.4$ N · m, $p_a = 610$ kPa, RH shoe: $T = 59$ N · m, $p_a = 222.8$ kPa, $T_{\text{total}} = 220.4$ N · m

13–5 $p_a = 203$ kPa, $T = 38.8$ N · m

13–8 $a' = 1.209r$, $a = 1.170r$

13–10 $P = 1.657$ kN, $T = 3.22$ kN · m

13–14 (a) $T = 878.6$ N · m, $P = 2.16$ kN, $H = 18.4$ kW, (b) $R = 1.932$ kN, (c) $p|_{\theta=0} = 480$ kPa, $p|_{\theta=270} = 187$ kPa

13–17 (a) $F = 8.474$ kN, $T = 808.5$ N · m, (c) torque capacity exhibits a stationary point maximum

13–18 (a) $d^* = D/\sqrt{3}$, (b) $d^* = 95.3$ mm, $T^* = 811.5$ N · m, (c) $75 \le d \le 125$ mm (d) $(d/D)^* = 1/\sqrt{3} = 0.577$

13–19 (a) Uniform wear: $p_a = 82.2$ kPa, $F = 949$ N, (b) Uniform pressure: $p_a = 79.1$ kPa, $F = 948$ N

13–23 $C_s = 0.08$, $t = 143$ mm

13–26 (b) $I_e = I_M + I_P + n^2 I_P + I_L/n^2$, (c) $I_e = 10 + 1 + 10^2(1) + 100/10^2 = 112$

13–27 (c) $n^* = 2.430$, $m^* = 4.115$, which are independent of I_L

찾아보기

ㄱ

ㄴ

ㄷ

ㄹ

ㅁ

ㅂ

ㅅ

ㅇ

ㅈ

ㅊ

ㅋ

ㅌ

ㅍ

ㅎ

기타

Part 1 Properties of Sections

$A =$ area

$G =$ location of centroid

$$I_x = \int x^2\, dA = \text{second moment of area about } x \text{ axis}$$

$$I_{xy} = \int xy\, dA = \text{mixed moment of area about } x \text{ and } y \text{ axes}$$

$$J_G = \int r^2\, dA = \int (x^2 + y^2)\, dA = I_x + I_y$$

$= \text{second polar moment of area about axis through } G$

$k_x^2 = I_x/A =$ squared radius of gyration about x axis

Rectangle

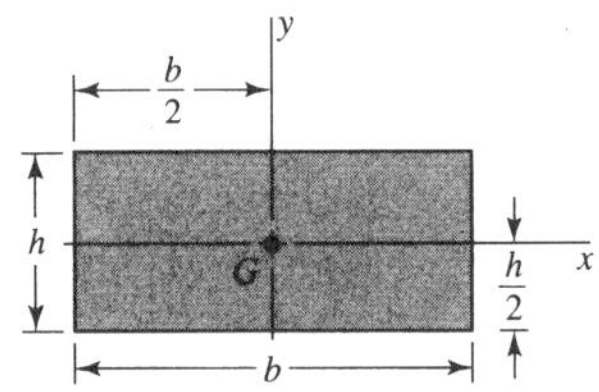

$A = bh \qquad I_x = \dfrac{bh^3}{12} \qquad I_y = \dfrac{b^3h}{12} \qquad I_{xy} = 0$

Circle

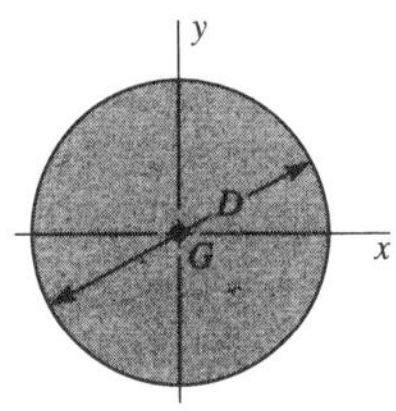

$A = \dfrac{\pi D^2}{4} \qquad I_x = I_y = \dfrac{\pi D^4}{64} \qquad I_{xy} = 0$

Hollow circle

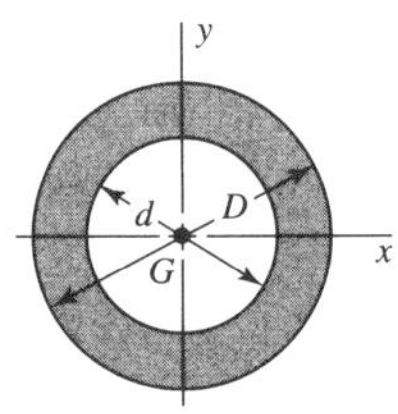

$A = \dfrac{\pi}{4}(D^2 - d^2) \qquad I_x = I_y = \dfrac{\pi}{64}(D^4 - d^4) \qquad I_{xy} = 0$

Geometric Properties *(Continued)*

Right triangles

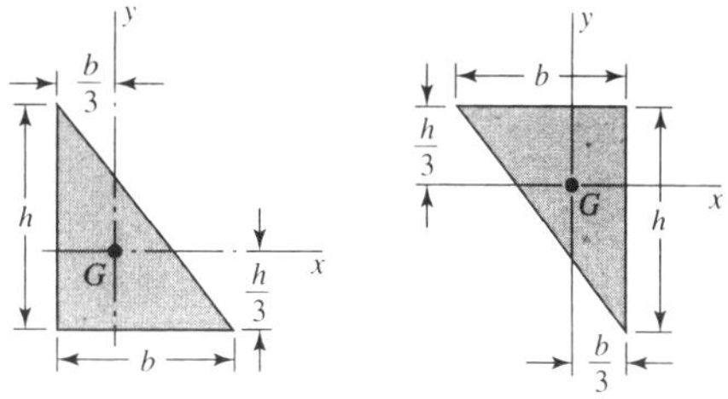

$$A = \frac{bh}{2} \qquad I_x = \frac{bh^3}{36} \qquad I_y = \frac{b^3h}{36} \qquad I_{xy} = \frac{-b^2h^2}{72}$$

Right triangles

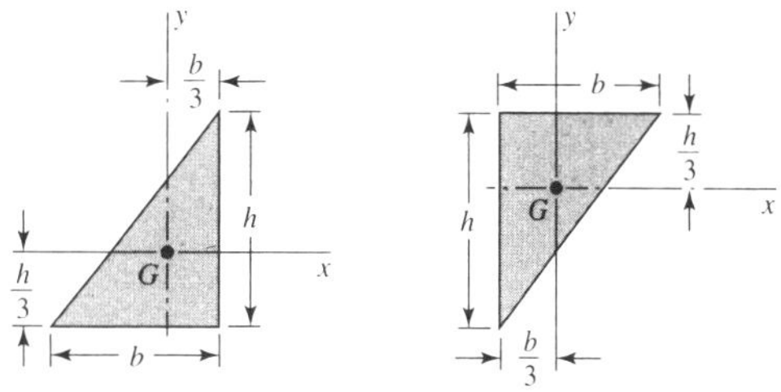

$$A = \frac{bh}{2} \qquad I_x = \frac{bh^3}{36} \qquad I_y = \frac{b^3h}{36} \qquad I_{xy} = \frac{b^2h^2}{72}$$

Quarter-circles

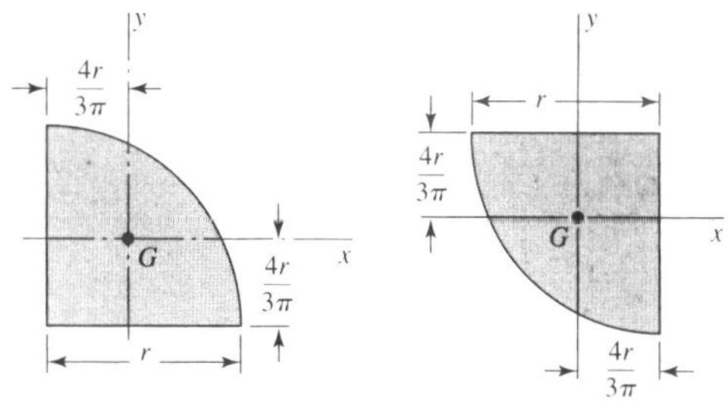

$$A = \frac{\pi r^2}{4} \qquad I_x = I_y = r^4\left(\frac{\pi}{16} - \frac{4}{9\pi}\right) \qquad I_{xy} = r^4\left(\frac{1}{8} - \frac{4}{9\pi}\right)$$

Quarter-circles

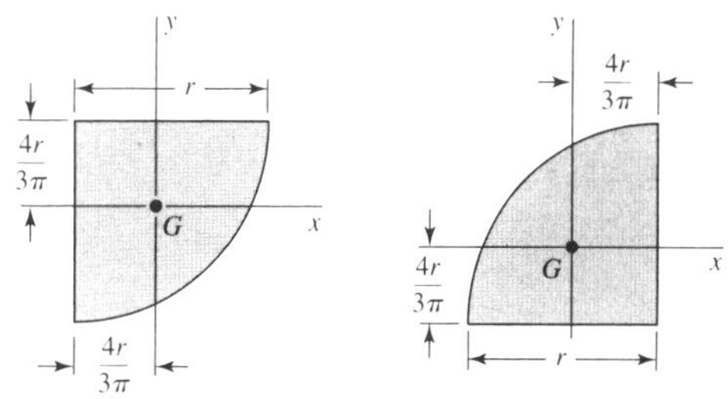

$$A = \frac{\pi r^2}{4} \qquad I_x = I_y = r^4\left(\frac{\pi}{16} - \frac{4}{9\pi}\right) \qquad I_{xy} = r^4\left(\frac{4}{9\pi} - \frac{1}{8}\right)$$